电子工程师必备

必备 （第2版）

——电路板技能速成宝典

胡斌　胡松◎编著

人民邮电出版社

北　京

图书在版编目（CIP）数据

电子工程师必备. 电路板技能速成宝典 / 胡斌，胡
松编著. -- 2版. -- 北京 ：人民邮电出版社，2019.2（2022.7重印）
ISBN 978-7-115-49955-4

Ⅰ. ①电… Ⅱ. ①胡… ②胡… Ⅲ. ①电子技术②印
刷电路板（材料）Ⅳ. ①TN

中国版本图书馆CIP数据核字(2018)第265502号

内 容 提 要

本书以培养实际动手操作技能为出发点，从基础知识讲起，系统地介绍了电子工程师必学必备的电路板关键实操技能，内容包括：百余种元器件引脚的识别和检测方法、百余种元器件典型应用电路和单元电路的故障分析及检修方法、电路故障的20种检查方法、故障机理、职场面试题集、用于电路设计的各种知识及应用等。

本书内容丰富，力求迅速培养读者的动手能力，提高技能操作水平，实现读者成为电子工程师的梦想。本书可作为培养动手能力的指导手册之用，适合立志成为电子工程师的各级别电子爱好者学习参考。

◆ 编　著　胡　斌　胡　松

责任编辑　黄汉兵

责任印制　彭志环

◆ 人民邮电出版社出版发行　北京市丰台区成寿寺路 11 号

邮编　100164　电子邮件　315@ptpress.com.cn

网址　http://www.ptpress.com.cn

北京天宇星印刷厂印刷

◆ 开本：787×1092　1/16

印张：46.5　　　　　　　　　2019 年 2 月第 2 版

字数：1250 千字　　　　　　　2022 年 7 月北京第 18 次印刷

定价：128.00 元

读者服务热线：(010)81055488　印装质量热线：(010)81055316
反盗版热线：(010)81055315
广告经营许可证：京东市监广登字 20170147 号

前言

丛书超级亮点

笔者凭借多年的教学、科研经验，以读者为本，精心组织编写了一套三本电子工程师必备丛书，希望助您在成长为电子工程师的征途中快乐而轻松地学习，天天进步。

★电子工程师必备三剑客：

《电子工程师必备——元器件应用宝典（第3版）》，138万字；

《电子工程师必备——九大系统电路识图宝典（第2版）》，130万字；

《电子工程师必备——电路板技能速成宝典（第2版）》，120万字。

电子工程师必备三本巨著，已经印刷60次，计62700册，以精品图书、畅销书的优秀形象长时间远远领跑国内同类图书，是深受读者喜爱的图书。

★电子工程师必备丛书具有三大类知识群：元器件、电路分析和电路板技能，数十个版块和平台。

★全套丛书以扫码观看的方式免费送出数十个专题，1000多个电子技术辅导小视频，总计数千分钟在线课程（价值百元），400余题"零起点学电子测试题讲解"视频贯穿电子工程师必备三本图书。电子工程师必备是一套性价比极高的丛书。

★电子工程师必备丛书的内容与各类电子技术教材不重复，是教材的实用技术补充，是电子工程实践中所必须具备的电子技术理论与技能。

丛书写作特色和好评如潮

人性化写作方式

所谓人性化写作，是以初学者为本，减轻读者阅读负担、提升阅读效率的崭新写作方式。

在充分研究和考虑电子技术类图书的识图要素后，运用写作技巧及错版技巧，消除视觉疲劳，实现阅读高效率。

个性化写作风格赢得好评如潮

太棒了；

慕名而来；

买了您好多书，现在还想买；

一下子就被吸引了；

我的第一感觉是感激；

这在课堂是学不到的；

给了我这个新手巨大的帮助；

与您的书是"相见恨晚"；

是您的伟大思想和伟大作品成就了我；

只三言两语，便如拨云见日，轻松地捅破了"窗户纸"，而且还是在"轻松"的感觉中完成的；

以前是事倍功半，而现在是事半功倍；

……

本书亮点

笔者强调，工厂和公司急需的不仅是理论知识技术人才，而且迫切需要理论和技能配套、分析问题和动手解决问题能力强的专业技术型人才。本书正是出于这一目的，专为在校大学生和刚进入职场的毕业生精心编写的能力培养之书。

全书内容是各类学校电子技术教材所具备的实用技能知识。

本书具备四大特点：厚实、系统、实用、理论紧密联系实际。

众所周知，学习电子技术要求掌握许多实用技能，本书是专门讲解电子技术诸多技能的图书，是实用性很强、贴近实际的大而全的电路板实用技能典藏之作。

本书围绕电路板讲解了许多实用版块，值得您仔细阅读。例如，"电路板故障 20 种检查方法"系统而全面地讲解了修理过程中的"软件"工具，能使您故障修理"得心应手"。

本书的"电路故障机理"板块值得您一看，因为它从理论高度解答了各种故障的根本性原因，虽然阅读起来有点难度，灵活运用比较困难，但它是解决电路故障"放之四海而皆准的真理"。

本书的"直面招聘面试官"板块（试题平台，"海量"的试题）更值得您仔细阅读，设此平台一为自我检测学习的效果，二为就业考试时应对考试官猜题，三为就业考试官提供考题。如果考试官采纳了本平台中的考题，而恰恰您又阅读了本书，稳操胜券是必然的。本试题平台也可用于各类学校的考试，学生们要小心教师直接或变相采用本平台中的试题。

本书可作为案前产品开发、电路故障分析、调试、检修的手册之用。

本书修订要点

本书是《电子工程师必备——电路板技能速成宝典》的精华版，前书出版已受到广大读者的如潮好评，图书邮购网上的上万条读者留言更让本人感动和激动。同时，电子工程师必备图书在2011年度获得电子类图书销售总册数和总码洋双双全国第一名的优异成绩，这些皆增强了笔者本次修订的"雄心壮志"，希望这次的"精华版"在大江南北、长城内外能继续复制和发扬光大前一版的优良表现。

本次"精华版"主要进行了下列内容和细节的增强。

第一，保留了原书95%的精华内容，又新增了10%的内容，主要是增加了500道电子技术测试题；

第二，在元器件知识群的构建上考虑了与本书同期出版的《电子工程师必备——九大系统电路识图宝典》和《电子工程师必备——电路板技能速成宝典》配套且融为一体，以便三本图书进行无缝对接且知识点无重叠，笔者"企图"用这套丛书构成一个电子工程师必备的理论知识和实用技能体系。

免费赠送辅导小视频

免费赠送了11个大类、近400段辅导小视频（约600分钟），扫码观看。

本书主干知识

本书将帮助读者从动手技能的基础知识起步，随着学习的进行，水平逐步得到提高，从而轻松而快速地系统培养和提高自己的动手技能。

本书主干知识包括：百余种元器件引脚识别和检测方法、识别电路板上元器件和根据电路板画电路图的方法、万用表操作方法及测量仪表、电路故障20种检查方法和修理识图方法、数十种元器件典型应用电路故障分析及检修、电路故障类型和故障机理、常用工具和焊接技术、数十种单元电路故障分析、万用表检修数十种常用单元电路故障方法、丰富的测试题、用于电路设计的各种知识和应用等。

作者简介

作为从事电子技术类图书写作30余年的我，一直秉承着以读者为本的理念，加之勤于思考、敢于创新、努力写作，在系统、层次、结构、逻辑、细节、重点、亮点、表现力上把握能力强，获得了读者的广泛好评和认可。

第一，笔风令读者喜爱，用简单的语句讲述复杂的问题，这是我们最为擅长的方面。

第二，在讲解知识的同时，有机地融入对知识的理解方法和思路，这是我们写作的另一个长处和受到读者好评最多的方面，得到读者的高度认可，我们深感骄傲。

第三，百本著作的理想已经实现，多套畅销书的梦想也已成功实现。

第四，依据"开卷全国图书零售市场观测系统"近几年的数据统计，我们在电子类图书销售总册数和总码洋两项指标中个人排名第一，且遥遥领先，2012年度这两项指标达到第二名的近4倍。

本书读者群体

本书适合于立志成为电子工程师的初级入门者，因为本书从动手操作的基础知识起步。

本书适合于从事电子行业的提高者阅读，因为书中内容的跨度大，整本书构成了一个较为全面和完整的电路板技能知识体系。

本书适合于需要深入掌握元器件知识和电路识图的读者阅读，特别是在校大学生和刚毕业的学生，因为本书内容系统而全面，理论紧密联系实际，细节"丰富多彩"，架起了大学教材与实际工作之间的桥梁。

本书适合于阅读过《电子工程师必备——元器件应用宝典》和《电子工程师必备——九大系统电路识图宝典》的读者，因为本书是这两本书的延续版本，能够让您的知识体系延伸一大步，更加完善。

网络交流平台

自 10 多年前开通 QQ 实时辅导以来，我们回答了数以千计读者学习中遇到的问题。由于读者数量日益庞大，一对一的回答愈加困难，加上应广大读者相互之间交流的需求，我们开通微信群供大家相互交流，微信号：wdjkw0511（QQ 号：1155390）。

江苏大学

胡　斌

2018 年 9 月

|目录|

第3章 万用表检测电路板方法及测量仪表

第4章 电路板故障20种高效检查方法和修理识图方法

第5章　万用表检测元器件方法

第6章 元器件典型应用电路故障分析及故障检修

第7章　电路板故障类型和故障机理

第8章　常用工具和电路板焊接技术

第9章　电路板单元电路故障分析

第 **10** 章

万用表检修电路板常用单元电路故障方法

第 **11** 章   理论指导实践下套件装配学习

第 **12** 章   数十种实用电子电器电路详解

第 13 章　直面招聘面试官（试题平台）

小视频二维码目录

九、电源套件装配方法

十、有源音箱套件电路详解

十一、收音机套件装配方法

十二、某学员公司开发产品指导实例（噪声故障）

电子元器件至少有两根引脚，多则有数十根，甚至上百根引脚。

元器件的引脚有的有极性之分，有的则有规定的排列序号，使用中除部分两根引脚的元器件其引脚可以不分清楚外，其他的元器件引脚都需要分清，这就要求能够识别元器件的引脚极性和具体的引脚排列序号。

例如，普通电阻器只有两根引脚，使用中可以不必分清这两根引脚。

三极管有 3 根引脚，分别是基极、集电极和发射极，在使用中必须分清楚这 3 根引脚，否则就无法使用三极管。

许多集成电路有众多引脚，且各引脚是有排列序号的，如①、②、③、④、⑤脚等，各引脚之间不能搞错。

识别元器件引脚的方法主要有下列几种。

（1）根据引脚长短来识别引脚。

（2）根据引脚分布规律来识别引脚。

（3）根据引脚形状来识别引脚。

（4）通过万用表的检测来识别引脚。

1.1 RCL 元器件引脚及极性识别方法

识别元器件引脚的具体作用如下。

（1）当元器件的两根引脚有正、负之分时，必须分清这两根引脚，否则元器件接入电路后不能正常工作，有的还会造成电路故障。例如，二极管就是两根引脚的器件，且有正、负引脚之分。

（2）多引脚元器件的每一根引脚都要分清楚，例如故障检修中需要测量第三根引脚的直流工作电压或是测量该引脚上的信号波形，这时就需要分清该元器件的引脚，例如排阻就是多引脚的元件。

（3）在设计印制电路板（PCB）时需要分清元器件的各引脚。

1.1.1 排阻共用端识别方法和引脚识别方法

1. 排阻共用端识别方法

图 1-1 是排阻内电路示意图。内电路会有一个共用端，一般内电路中的①脚是共用端，在排阻上会有一个圆点标记的引脚，为引出内电路的共用端。

2. 排阻引脚识别方法

排阻有许多引脚，它们的分布是有一定规律的，利用这个规律可以分清排阻的各引脚序号。

1. 电路板修理入门到高手综述 1

排阻引脚识别方法主要有以下几种。

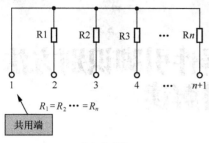

（a）内电路

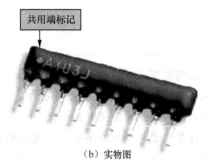

（b）实物图

图1-1　寻找共用端方法示意图

（1）引脚单列分布排阻。 图1-2是单列排阻的引脚识别方法示意图。

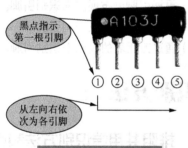

图1-2　单列排阻引脚识别方法

（2）引脚双列分布排阻。 引脚双列分布排阻有两种情况，一是有脚的双列排阻，二是贴片的双列排阻，它们的引脚分布规律和识别方法是相同的，图1-3是贴片双列排阻的引脚识别方法示意图。

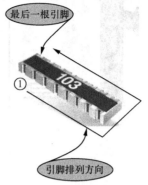

图1-3　贴片双列排阻引脚识别方法

将型号标注正面对着自己，这时左下方的第一根引脚是①脚，然后逆时针方向依次为各引脚。图1-4是使用黑点表示第一根引脚的贴片双列排阻示意图。

图1-4　使用黑点表示第一根引脚的贴片双列排阻

1.1.2　可变电阻器引脚识别方法

1. 碳膜可变电阻器引脚识别方法

碳膜可变电阻器共有3根引脚，这3根引脚有所区别。图1-5是碳膜可变电阻器3根引脚示意图，根据3根引脚的分布位置可以分清楚这3根引脚，动片引脚远离另两根定片引脚。

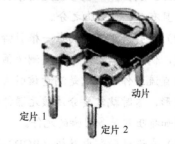

图1-5　碳膜可变电阻器3根引脚示意图

碳膜可变电阻器的一根引脚为动片引脚，另两根是定片引脚，一般两根定片引脚之间可以互换使用，而定片与动片引脚之间不能互换使用。

2. 小功率线绕式可变电阻器引脚识别方法

图1-6是小功率线绕式可变电阻器引脚识别方法示意图，根据3根引脚的分布位置可以分清楚这3根引脚，动片引脚居中，两侧是两个定片。

定片1　动片　定片2

图1-6　小功率线绕式可变电阻器引脚识别方法

3. 大功率线绕式可变电阻器引脚识别方法

图1-7是大功率线绕式可变电阻器引脚识别方法示意图，居中的是动片，两侧的是两个定片。

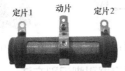

定片1　动片　定片2

图1-7　大功率线绕式可变电阻器引脚识别方法

4. 贴片式可变电阻器引脚识别方法

图1-8是贴片式可变电阻器引脚识别方法示意图。

定片1　动片　定片2

图1-8　贴片式可变电阻器引脚识别方法

1.1.3　电位器引脚识别方法

一般情况下电位器有3根引脚，但是带开关的电位器就有5根引脚，另外双联电位器有3×2共6根引脚。

1. 小型音量电位器引脚识别方法

图1-9是小型音量电位器引脚识别方法示意图，根据各引脚的位置可以方便地识别这种电位器中的5根引脚。

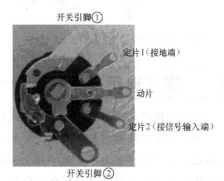

开关引脚①　定片1（接地端）　动片　定片2（接信号输入端）　开关引脚②

图1-9　小型音量电位器引脚识别方法

这种电位器的两根开关引脚没有正、负之分。

这是音量电位器，属Z型（或C型）电位器，由于阻值分布特性的原因，它的两根定片引脚不能相互接反，两根定片引脚中有一根应接地，另一根定片引脚则接信号输入端，这在电路设计中要注意，即设计印制电路板（PCB）时要分清楚这两根定片引脚，否则会导致电位器的控制特性错误。对于常见的音调电位器，则用D型（或A型）电位器，它的两根定片引脚也要分清，方法同上。

在X型（B型）电位器中，当动片转动至一半机械行程处时，动片到两个定片的阻值相等。由于X型电位器是线性的，所以这种电位器的两个定片可以互换。

2. 转柄式电位器引脚识别方法

图1-10是转柄式电位器引脚识别方法示意图，根据引脚分布位置可以识别这类电位器的各引脚。

2. 电路板修理入门到高手综述2

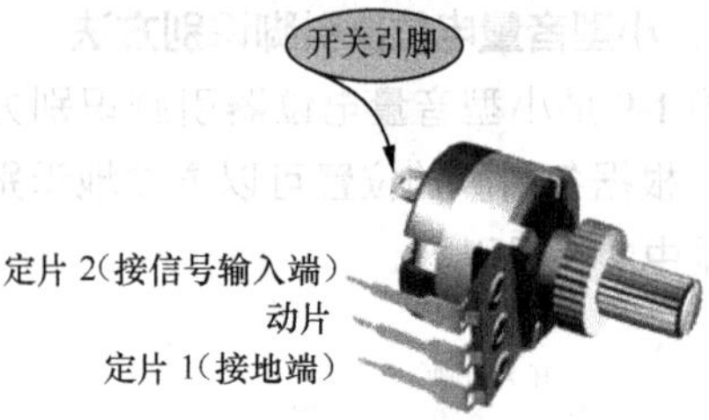

图 1-10　转柄式电位器引脚识别方法

重要提示

识别非线性电位器引脚的方法是这样的，逆时针方向转动转柄到头后，动片与地端定片之间的阻值为零，通过测量动片与定片之间的电阻值可以分辨出两个定片中哪个是应接地的定片。

这一识别方法适合于各类电位器，如可以识别直滑式电位器的引脚。

1.1.4　有极性电解电容器正、负引脚识别方法

在使用电解电容器时，必须识别其正、负极性引脚。

1. 普通电解电容器正、负引脚识别方法

图 1-11 是普通电解电容器正、负引脚识别方法示意图，通常情况下会在电解电容器的外壳上用“–”号表示该引脚为负极性引脚。

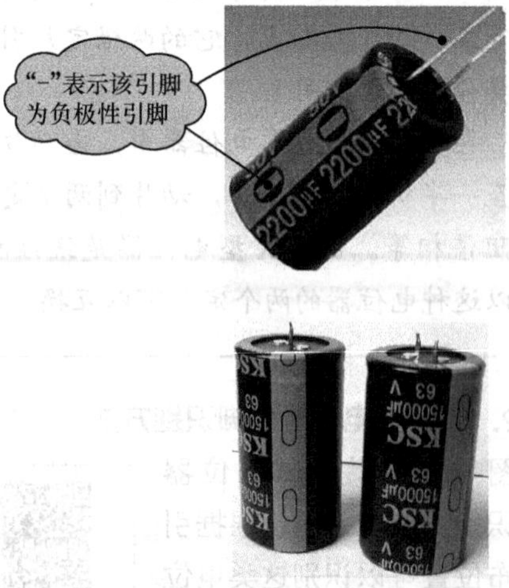

图 1-11　普通电解电容器正、负引脚识别方法

在新的电解电容器中采用长短不同的引脚来表示引脚极性，通常长的引脚为正极性引脚，如图 1-12 所示。在使用电解电容器之后，由于引脚已剪掉便无法识别极性，所以这种表示方法不够完善。

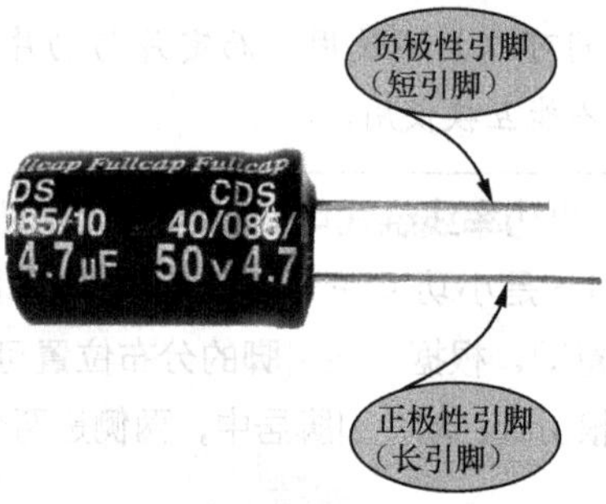

图 1-12　用长短不同的引脚表示引脚极性

2. 贴片铝电解电容器引脚识别方法

图 1-13 是 3 种贴片铝电解电容器引脚极性标记示意图，在侧面或顶部有一个黑色标记，以标出负极性引脚位置。

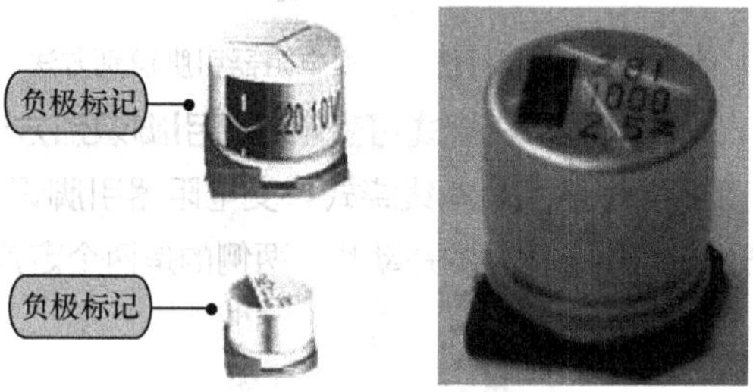

图 1-13　3 种贴片有极性电解电容器引脚极性标记

3. 钽电容器引脚识别方法

图 1-14 是一种钽电容器，它有两根引脚，在外壳上标有“+”号是正极性引脚（新品电容正极性引脚比负极性引脚长一些），另一根为负极性引脚，如图 1-14 所示。

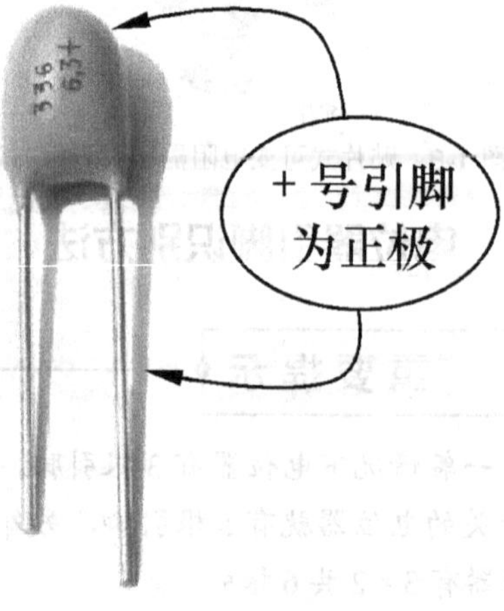

图 1-14　钽电容器

4. 贴片钽电解电容器引脚识别方法

图 1-15 是贴片钽电解电容器引脚识别方法示意图，它用一道有色的（黑色或灰色等）杠来表示正极性的引脚，这一点与贴片铝电解压容器不同，须注意。

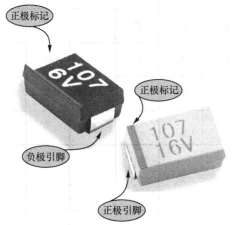

图 1-15　贴片钽电解电容器引脚识别方法

⚠ **重要提示**

只有分清楚贴片铝电解电容器和贴片钽电解电容器后才能正确分清正、负极性引脚。

铝电解电容器的外形特征是上面为圆形的铝外壳，下面为方形。

钽电解电容器的外形特征是长方体形状，一端有杠的标记。

5. 贴片高分子聚合物固体铝电解电容器引脚识别方法

图 1-16 是普通贴片式高分子聚合物固体铝电解电容器示意图，从图中可以看出它的阳极有横道标记，有标记的这根引脚为正极性引脚。

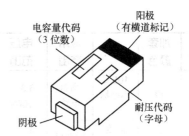

图 1-16　普通贴片式高分子聚合物固体铝电解电容器引脚识别方法

图 1-17 所示是另一种贴片式高分子聚合物固体铝电解电容器，它的正极直接用 "+" 表示。

图 1-17　贴片式高分子聚合物固体铝电解电容器正极示意图

6. 电解电容器防爆口识别方法

在电解电容器上设有防爆设计，图 1-18 所示是人字形防爆口，此外还有十字形等多种，有的防爆口设在底部，形状也多种多样。

3. 电路板修理入门到高手综述 3

图 1-18　电解电容器上的防爆口示意图

7. 铝电解电容器加套颜色含义识别方法及使用特性

表 1-1 所示是铝电解电容器加套颜色含义识别方法及使用特性。

表 1-1　铝电解电容器加套颜色含义识别方法及使用特性

系列	加套颜色	特点	应用范围	电压范围	容量范围	通用	小型化	薄型化	低ESR	双极性	低漏电
MG	黑	小型标准	通用电路	6.3～250V	0.22～10000 μF	是	是				

系列	加套颜色	特点	应用范围	电压范围	容量范围	通用	小型化	薄型化	低ESR	双极性	低漏电
MT	橙	105℃小型标准	高温电路	6.3～100V	0.22～1000μF	是	是				
SM	蓝	高度7mm	微型机	6.3～63V	0.1～190μF	是	是	是			
MG-9	黑	高度9mm	薄型机	6.3～50V	0.1～470μF	是	是	是			
BP	浅蓝	双极性	极性反转电路	6.3～50V	0.47～470μF		是			是	
EP	浅蓝	高稳	定时电路	16～50V	0.1～470μF				是		是
LL	黄	低漏电	定时电路、小信号电路	10～250V	0.1～1000μF		是				是
BPC	深蓝	耐高纹波电流	S校正电路	25～50V	1～12μF				是	是	
BPA	海蓝	音质改善	音频电路	25～63V	1～10μF		是	是	是	是	
HF	灰	低阻抗	开关电路	6.3～63V	22～2200μF		是		是		
HV	西太青蓝	高耐压	高压电路	160～4000V	1～100MF						

1.1.5 微调电容器引脚识别方法

1. 瓷介微调电容器引脚识别方法

图 1-19 是 3 种瓷介微调电容器示意图，根据这个示意图可以识别各引脚。

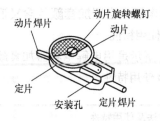

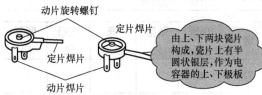

由上、下两块瓷片构成，瓷片上有半圆状银层，作为电容器的上、下极板

图 1-19　3 种瓷介微调电容器

重要提示

实用电路中要将动片接地，这样可消除在调节动片时的干扰，因为调节时手指（人体）与动片相接触，动片接地后，相当于人体接触的是电路中的地线，可以大大减小人体对电路工作的干扰。

2. 有机薄膜微调电容器引脚识别方法

图 1-20 是有机薄膜微调电容器示意图，根据这个示意图可以识别各引脚。

4. 电路板修理入门到高手综述 4

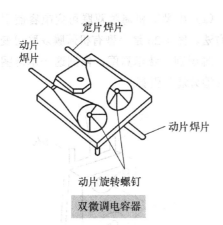

双微调电容器

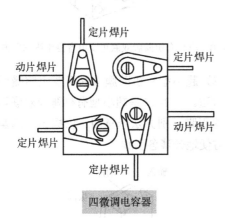

四微调电容器

图 1-20 有机薄膜微调电容器

⚠ 重要提示

　　双微调或四微调电容器共用一根动片引脚，每个微调电容器之间彼此独立。有机薄膜微调电容器通常装在双联或四联内，与双联或四联共用动片引脚。

3. 拉线微调电容器引脚识别方法

　　图 1-21 是拉线微调电容器结构示意图，根据这个示意图可以识别各引脚。

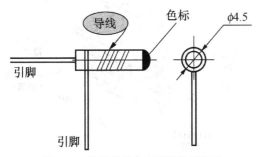

图 1-21 拉线微调电容器结构示意图

1.1.6 可变电容器引脚识别方法

1. 单联可变电容器引脚识别方法

　　图 1-22 是两种单联可变电容器的外形示意图，根据这个示意图可以识别各引脚。

空气单联

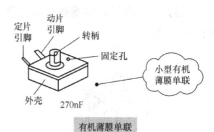

有机薄膜单联

图 1-22 两种单联可变电容器外形图

⚠ 重要提示

　　在有机薄膜单联可变电容器中，定片引脚在左侧端点，而动片引脚设在中间，以便区别动、定片引脚。

2. 等容双联可变电容器引脚识别方法

　　（1）等容空气双联可变电容器引脚识别方法。

图 1-23 是等容空气双联可变电容器引脚识别方法示意图，根据这一示意图可以方便识别各引脚。

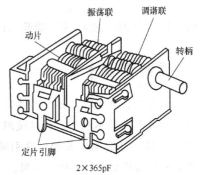

图 1-23 等容空气双联可变电容器引脚识别方法

两个双联的动片共用一根动片引脚，这样双联共有3根引脚，即两根定片引脚，另一根是共用的动片引脚。

由于两个双联的容量相等，所以可不分哪个是调谐联（用于天线调谐回路），哪个是振荡联（用于本振回路）。使用中出于减小干扰的考虑，一般将远离转柄的一个联作为振荡联。

（2）等容小型密封双联可变电容器引脚识别方法。图1-24是等容小型密封双联可变电容器引脚识别方法示意图，根据这一示意图可以方便识别各引脚。

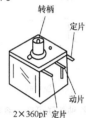

图1-24 等容小型密封双联可变电容器引脚识别方法

3. 差容双联可变电容器引脚识别方法

（1）差容空气双联可变电容器引脚识别方法。图1-25是差容空气双联可变电容器引脚识别方法示意图，依据这一示意图可以方便地分清各引脚，输入联即为调谐联。

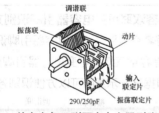

图1-25 差容空气双联可变电容器引脚识别方法

由于差容双联可变电容器中的两只可变电容器的最大容量不相等，所以使用中必须分清这两只可变电容器的定片引脚，两只可变电容器的动片引脚仍然共用。

（2）小型有机薄膜双联可变电容器引脚识别方法。图1-26是小型有机薄膜双联可变电容器引脚识别方法示意图，依据这一示意图可以方便地分清各引脚。

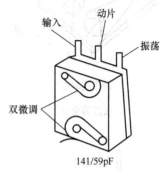

141/59pF

图1-26 小型有机薄膜双联可变电容器引脚识别方法

（3）超小型有机薄膜双联可变电容器引脚识别方法。图1-27是超小型有机薄膜双联可变电容器引脚识别方法示意图，依据这一示意图可以方便地分清各引脚。

图1-27 超小型有机薄膜双联可变电容器引脚识别方法

4. 四联可变电容器引脚识别方法

图1-28是有机薄膜四联可变电容器引脚识别方法示意图，依据这一示意图可以方便地分清各引脚。

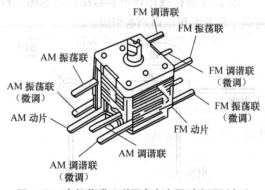

图1-28 有机薄膜四联可变电容器引脚识别方法

1.1.7 磁棒天线线圈引脚识别方法

图 1-29 是磁棒天线线圈引脚识别方法示意图，图中匝数多的是一次绕组，匝数少的是二次绕组。

图 1-29　磁棒天线线圈引脚识别方法

1.1.8 扬声器引脚识别方法

扬声器有两根引脚，它们分别是音圈的头和尾引出线。当两只以上扬声器同时应用时，要注意扬声器两根引脚的极性；当电路中只用一只扬声器时，它的两根引脚没有极性之分。另外，扬声器的引脚极性是相对的，不是绝对的，只要在同一电路中应用的各扬声器极性规定一致即可。

⚠ 重要提示

在同一设备中应用多于一只扬声器时，要分清扬声器引脚极性的原因是：当两只扬声器不是同极性相串联或并联时，流过这两只扬声器音圈的电流方向不同，一个是从音圈的头流入，另一个是从音圈的尾流入，这样当一只扬声器的纸盆向前振动时，另一只扬声器的纸盆为向后振动，两只扬声器纸盆振动的相位相反，使一部分空气振动的能量被抵消。

所以，要求多于一只扬声器在同一设备中应用时，要同极性相串联或并联，以使各扬声器纸盆振动的方向一致。

1. 扬声器引脚直接识别方法

图 1-30 是扬声器背面的接线架示意图。从图中可以看出，在支架上已经标出了两根引脚的正、负极性，此时可以直接识别出来。

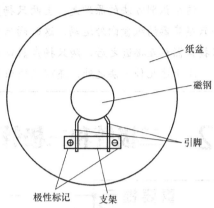

图 1-30　扬声器背面的接线架示意图

2. 扬声器引脚试听判别方法

如图 1-31 所示，将两只扬声器按图示方式接线，即将两只扬声器两根引脚任意并联起来，再接在功率放大器的输出端，给两只扬声器馈入电信号，此时两只扬声器同时发出声音。

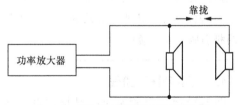

图 1-31　使两只扬声器同时发出声音

然后，将两只扬声器口对口地接近，此时若声音愈来愈小了，说明两只扬声器是反极性并联的，即一只扬声器的正极与另一只扬声器的负极相并联了。

5. 电路板修理入门到高手综述 5

⚠ **重要提示**

这个识别方法的原理是：当两只扬声器反极性并联时，一只扬声器的纸盆向里运动，另一只扬声器的纸盆向外运动，这时两只扬声器口与口之间的声压减小，所以声音低了。当两只扬声器相互接近之后，两只扬声器口与口之间的声压更小，所以声音更小。

除上述几种方法之外，还可以使用万用表进行扬声器的引脚识别。

1.2 二极管和三极管引脚识别方法

⚠ **重要提示**

二极管两根引脚有正、负之分，分清两根引脚主要是利用二极管上的标记。

三极管有基极、集电极和发射极3根引脚，主要利用不同封装三极管的引脚分布图来进行识别。

二极管和三极管引脚还可通过万用表的检测来识别。

1.2.1 普通二极管引脚识别方法

⚠ **重要提示**

二极管正极和负极引脚识别是比较方便的，通常情况下通过观察二极管的外形和引脚极性标记就能够直接分辨出二极管两根引脚的正、负极性。

1. 常见极性标注形式

图 1-32 是二极管常见极性标注形式示意图，这是塑料封装的二极管，用一条灰色的色带表示出二极管的负极。

图 1-32 二极管常见极性标注形式

2. 电路符号极性标注形式

图 1-33 是二极管电路符号极性标注形式示意图，根据电路符号可以知道正、负极，图中右侧为负极，左侧为正极。

3. 贴片二极管负极标注形式

图 1-34 是贴片二极管负极标注形式示意图，在负极端用一条灰杠表示。

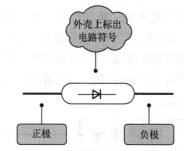
图 1-33 二极管电路符号极性标注形式

图 1-34 贴片二极管负极标注形式

4. 大功率二极管引脚极性识别方法

图 1-35 是大功率二极管引脚极性识别方法示意图。这是采用外形特征识别二极管极性的方法，图中所示二极管的正、负极引脚形式不同，这样也可以分清它的正、负极，带螺纹的一端是负极。这是一种工作电流很大的整流二极管。

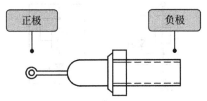

图1-35　大功率二极管引脚极性识别方法

1.2.2　发光二极管引脚识别方法

为了不影响发光二极管的正常发光，在其外壳上不标出型号和极性。

1. 长短引脚方式区别正、负极引脚方法

图1-36是用引脚长短区别正、负极性引脚的发光二极管示意图，它的两根引脚一长一短，长的一根是正极，短的引脚为负极。

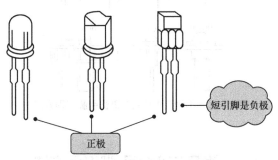

图1-36　用引脚长短区别正、
负极性引脚的发光二极管

2. 突键方式区别正、负极引脚方法

图1-37是突键方式表示正极性引脚方法示意图，发光二极管底座上有一个突键，靠在此键最近的一根引脚为正极。

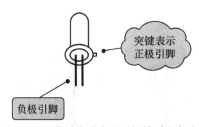

图1-37　突键方式表示正极性引脚方法

3. 3根引脚变色发光二极管引脚识别方法之一

图1-38是3根引脚的变色发光二极管引脚识别方法示意图，依据引脚分布规律可以方便地确定各引脚。

6. 电路板修理入门到高手综述6

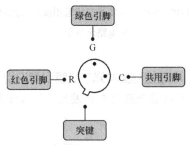

图1-38　3根引脚的变色发光二极管引脚识别方法

4. 3根引脚变色发光二极管引脚识别方法之二

图1-39是另一种3根引脚发光二极管引脚分布规律和内电路示意图。它内设两只不同颜色的发光二极管。K为共同引脚。

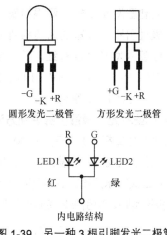

图1-39　另一种3根引脚发光二极管引脚分布规律和内电路示意图

5. 6根引脚发光二极管引脚识别方法

图1-40是6根引脚发光二极管引脚分布规律和内电路示意图。它内设两组3根引脚的发光二极管。

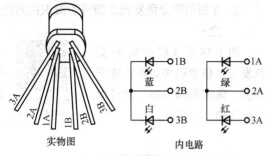

图1-40 6根引脚发光二极管引脚分布规律和
内电路示意图

6. 电压控制型发光二极管引脚识别方法

图1-41是电压控制型发光二极管示意图。

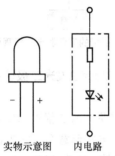

实物示意图   内电路

图1-41 电压控制型发光二极管示意图

电压控制型发光二极管两根引脚中较长的一根为正极性引脚，较短的为负极性引脚。这种发光二极管的发光颜色有红、黄、绿等，工作电压有5V、9V、12V、18V、19V、24V共6种规格，常用的是BTV系列。

7. 闪烁型发光二极管引脚识别方法

闪烁型发光二极管是一种由CMOS集成电路和发光二极管组成的特殊发光器件，图1-42是闪烁型发光二极管示意图。它的两根引脚中，长引脚是正极性引脚，短引脚是负极性引脚。

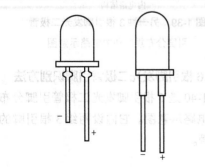

实物示意图

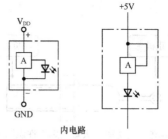

图1-42 闪烁型发光二极管示意图

1.2.3 几种红外发光二极管引脚识别方法

图1-43是几种红外发光二极管引脚识别方法示意图，根据引脚分布规律可以识别正、负引脚。

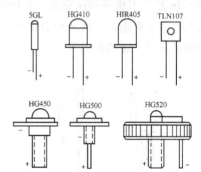

图1-43 几种红外发光二极管引脚识别方法

1.2.4 稳压二极管引脚识别方法

稳压二极管通过不同外形和管壳上的多种标记来区别正、负引脚，如图1-44所示。例如，有的稳压二极管上直接标出电路符号；塑料封装的稳压二极管有标记的一端为负极；金属封装稳压二极管半圆面一端为负极，平面一端为正极。

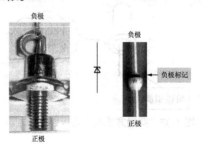

图1-44 稳压二极管极性识别标记

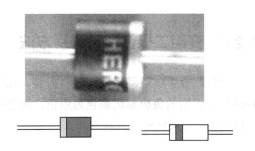

稳压二极管也是一个 PN 结的结构，所以运用万用表欧姆挡测量 PN 结的正向和反向电阻可以分辨正、负引脚。

1.2.5　变容二极管引脚识别方法

有的变容二极管的一端涂有黑色标记，这一端即是负极，如图 1-45 所示，而另一端为正极。

图 1-45　变容二极管黑色环为负极标记

还有的变容二极管的管壳两端分别涂有黄色环和红色环，或是只涂红色点，红色的一端为正极，黄色的一端为负极。图 1-46 是变容二极管红色点标记示意图。

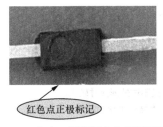

图 1-46　变容二极管红色点标记示意图

1.2.6　快恢复和超快恢复二极管引脚识别方法

图 1-47 是几种快恢复和超快恢复二极管引脚识别方法示意图，带有色环的一端为负极引脚。

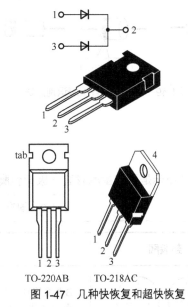

TO-220AB　　　TO-218AC

图 1-47　几种快恢复和超快恢复二极管引脚识别方法

1.2.7　恒流二极管引脚识别方法

图 1-48 是恒流二极管实物照片，恒流二极管只有两根引线，靠近管壳突键的引线为正极引脚。

7. 电路板修理入门到高手综述 7

图 1-48　恒流二极管实物照片

1.2.8 变阻二极管引脚识别方法

变阻二极管一般采用轴向塑料封装，如图1-49所示，它的负极标记颜色为浅色，而普通二极管的色标颜色一般为黑色。

图 1-49 变阻二极管引脚识别方法

1.2.9 国产金属封装三极管引脚识别方法

⚠ 重 要 提 示

三极管的 3 根引脚分布有一定规律（即封装形式），根据这一规律可以非常方便地进行 3 根引脚的识别。

在修理和检测中，需要了解三极管的各引脚。不同封装的三极管，其引脚分布规律不同。这里给出一些塑料封装和金属封装三极管的引脚分布规律。

表 1-2 所示是国产金属封装三极管引脚识别方法。

表 1-2 国产金属封装三极管引脚识别方法

封装图	说明
B 型	B 型金属封装主要用于 1W 及 1W 以下小功率三极管。 有的 B 型金属封装三极管有 4 根引脚，其中一根接外壳，和三极管电路没有关系。 靠近突键的是发射极 E
C 型	C 型金属封装主要用于小功率锗三极管。 靠近突键的是发射极 E
D 型	D 型金属封装管的外形和 B 型管相似，只不过外形尺寸较大。 3 根引脚 E、B、C 呈等腰三角形分布。等腰三角形的左角为发射极 E
E 型	3 根引脚 E、B、C 呈等腰三角形分布。等腰三角形的左角为发射极 E
F 型	F 型金属封装主要用于低频大功率三极管。 这种封装的三极管只有两根引脚，另一根集电极引脚是金属外壳

封装图	说明
G 型	G 型金属封装主要用于低频大功率三极管，共有 5 种规格，外形特征相同，只是尺寸不同。 引脚分布如图所示
B2-01 型	B2-01 型金属封装主要用于低频或高频大功率三极管，常见的有两种规格，它们外形特征相同，只是尺寸不同。 引脚分布如图所示

1.2.10 国产塑料封装三极管引脚识别方法

图 1-50 是国产塑料封装三极管引脚识别方法示意图。S-1、S-2 和 S-4 型塑料封装主要用于小功率三极管，S-5 ～ S-8 型塑料封装主要用于大功率三极管。

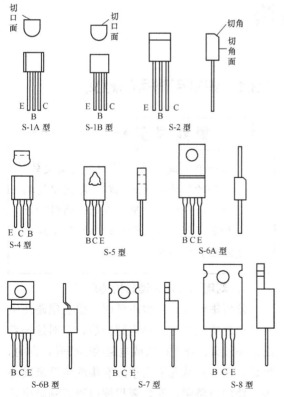

图 1-50 国产塑料封装三极管引脚识别方法

1.2.11 微型三极管引脚识别方法

微型三极管又称芝麻管，它们的外形封装形式有陶瓷封装、环氧树脂封装及玻璃封装。图 1-51 是几种微型三极管引脚识别方法示意图。

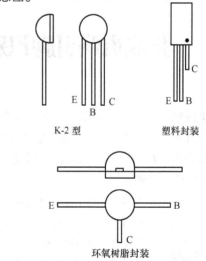

图 1-51 几种微型三极管引脚识别方法

1.2.12 进口半导体三极管引脚识别方法

进口半导体三极管以日本、美国及欧洲的为多见，这些进口三极管的外形封装普遍采用 TO 系列，还有一些其他

1. 完全无声故障与无声故障根本区别 1

形式的封装。

TO 系列及其他系列主要有：TO-92、TO-92S、TO-92NL、TO-126、TO-251、TO-251A、TO-252、TO-263（3 线）、TO-220、SOT-23、SOT-143、SOT-143R、SOT-25、SOT-26、TO-50。图 1-52 是部分 TO 系列及其他系列封装三极管引脚识别方法示意图。

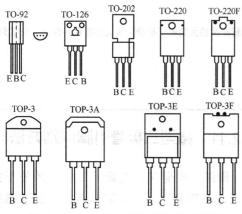

图 1-52　部分 TO 系列及其他系列封装
三极管引脚识别方法

1.2.13　贴片三极管引脚识别方法

图 1-53 是贴片三极管引脚识别方法示意图，依据引脚分布规律可以识别各引脚。

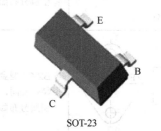

图 1-53　贴片三极管引脚识别方法

1.3　集成电路引脚识别方法

在集成电路的引脚排列图中，可以看到它的各个引脚编号，如①、②、③脚等。在检修、更换集成电路过程中，往往需要在集成电路实物上找到相应的引脚。

例如，在一个 9 根引脚的集成电路中，要找到③脚。由于集成电路的型号很多，不可能根据型号去记忆相应各引脚的位置，只能借助于集成电路的引脚分布规律，来识别形形色色集成电路的引脚号。

这里根据集成电路的不同封装形式，介绍各种集成电路引脚的识别方法。

2. 完全无声故障与无声故障根本区别 2

1.3.1　识别引脚号的意义

⚠ **重要提示**

每一个集成电路的引脚都是确定的，这些引脚的序号与集成电路电路图中的编号是一一对应的。识别集成电路的引脚号对分析集成电路的工作原理和检修集成电路故障都有重要意义。

1. 对电路工作原理分析的意义

分析集成电路工作原理时，根据电路图中集成电路的编号进行外电路分析，仅对这一点而言是没有必要进行集成电路的引脚号识别的。但是，在一些情况下由于没有集成电路及其外围电路的电路图，而需要根据电路实物画出外电路原理图时，就得用到集成电路的引脚号。

例如，先找出集成电路的①脚，再观察电路板上哪些电子元器件与①脚相连，这样可以先画出①脚的外电路图。用同样的方法，画出集成电路的各引脚外电路，就能得到该集成电路的外电路原理图。

2. 对故障检修的意义

对集成电路进行故障检修时，更需要识别集成电路的引脚号。以下几种情况都需要知道集成电路的引脚号。

（1）测量某引脚上的直流工作电压，或观察某引脚上的信号波形。 在故障检修中，往往依据电路原理图进行分析，先确定测量某根引脚上的直流工作电压或观察信号波形，这时就得在集成电路的实物上找出该引脚。

（2）查找电路板上的电子元器件时需要知道集成电路的引脚号。 例如，若检查某集成电路⑨脚上的电容 1C7。因电路板上电容太多不容易找到，此时可先找到集成电路的⑨脚（因为电路板上的集成电路往往比较少），沿⑨脚铜箔线路就能比较方便地找到 1C7。

（3）更换集成电路时，新的集成电路要对准原来的各引脚孔安装，方向装反了就会导致第一根引脚装在了最后一根引脚孔上。 在一些电路板上，会标出集成电路的引脚号，如图 1-54 所示。从图中可看出，①脚在左边，⑨脚在右边，安装新集成电路时要识别出第一根引脚①脚，然后将第一根引脚对准电路板上的①脚孔。

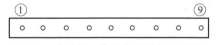

图 1-54　电路板上集成电路引脚号示意图

（4）选配集成电路时需要知道引脚号。 如果是同型号集成电路，进行直接代替时只要搞清楚引脚的方向即可，但有时需要进行改动代替，即新换上的集成电路与原集成电路之间的引脚号可能不对，或需要进行调整，或是在某引脚上另加电子元器件，这时就必须先识别集成电路的引脚号。

1.3.2　单列集成电路引脚识别方法

⚠ 重 要 提 示

单列集成电路有直插和曲插两种。两种单列集成电路的引脚分布规律相同，但在识别引脚号时则有一些差异。

1. 单列直插集成电路引脚识别方法

所谓单列直插集成电路就是指其引脚只有一列，且引脚为直的（不是弯曲的）。这类集成电路的引脚识别方法可以用图 1-55 所示的示意图来说明。

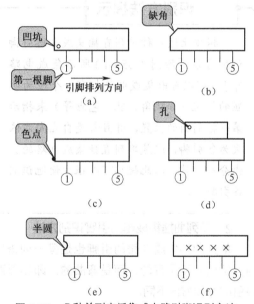

图 1-55　几种单列直插集成电路引脚识别方法

在单列直插集成电路中，一般都有一个用来指示第一根引脚的标记。

图 1-55 （a）所示	集成电路正面朝着自己，引脚向下。集成电路左侧端有一个小圆坑或其他标记，是用来指示第一根引脚位置的，即左侧端点的第一根引脚为①脚，然后依次从左向右为各引脚
图 1-55 （b）所示	集成电路的左侧上方有一个缺角，说明左侧端点第一根引脚为①脚，依次从左向右为各引脚
图 1-55 （c）所示	集成电路左侧有一个色点，用色点表示左侧第一根引脚为①脚，也是从左向右依次为各引脚

图 1-55 （d）所示	集成电路在散热片左侧有一个小孔，说明左侧端第一根引脚为①脚，依次从左向右为各引脚
图 1-55 （e）所示	集成电路中左侧有一个半圆缺口，说明左侧端第一根引脚为①脚，依次从左向右为各引脚
图 1-55 （f）所示	在单列直插集成电路中，会出现如图 1-55（f）所示的集成电路。在集成电路的外形上无任何第一根引脚的标记，此时可将印有型号的一面朝着自己，且将引脚朝下，则最左端的第一根引脚为①脚，依次从左向右为各引脚

⚠ 识别方法提示

根据上述几种单列直插集成电路引脚识别方法［除图 1-55（f）所示集成电路外］，可以看出集成电路都有一个较为明显的标记（如缺角、孔、色点等）来指示第一根引脚的位置，并且都是自左向右依次为各引脚，这是单列直插集成电路的引脚分布规律，以此规律可以很方便地识别各引脚号。

2. 单列曲插集成电路引脚识别方法

单列曲插集成电路的引脚也是呈一列排列的，但引脚不是直的，而是弯曲的，即相邻两根引脚弯曲方向不同。

图 1-56 是两种单列曲插集成电路的引脚识别方法示意图。在单列曲插集成电路中，将集成电路正面对着自己，引脚朝下，一般情况下集成电路的左边也有一个用来指示第一根引脚的标记。

图 1-56（a）所示	集成电路左侧顶端上有一个半圆口，表示左侧顶点第一根引脚为①脚，然后自左向右依次为各引脚，如图中引脚分布所示。从图中可以看出，①、③、⑤、⑦单数引脚在弯曲一侧，②、④、⑥双数引脚在弯曲另一侧

图 1-56（b）所示	集成电路左侧有一个缺口，此时最左端第一根引脚为①脚，自左向右依次为各引脚，也是单数引脚在一侧排列，双数引脚在另一侧排列

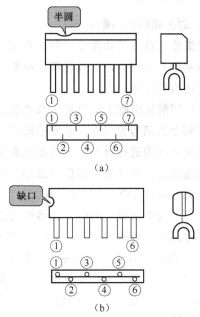

图 1-56　两种单列曲插集成电路引脚识别方法

单列曲插集成电路的外形远不止上述两种，但都有一个标记来指示第一根引脚的位置，然后依次从左向右为各引脚。单数引脚在一侧，双数引脚在另一侧，这是单列曲插集成电路的引脚分布规律，以此规律可以很方便地分辨出集成电路的各引脚号。

3. 完全无声故障机理 1

⚠ 重要提示

当单列曲插集成电路上无明显标记时，可将集成电路印有型号的一面朝着自己，引脚向下，则最左侧第一根引脚是集成电路的①脚，从左向右依次为各引脚，且也是单数的引脚在一侧，双数引脚在另一侧。

1.3.3 双列集成电路引脚识别方法

重要提示

双列直插集成电路是使用量最大的一种集成电路，这种集成电路的外封装材料最常见的是塑料，也可以是陶瓷。双列集成电路的引脚分成两列，两列引脚数相等，引脚可以是直插的，也可以是曲插的，但曲插的双列集成电路很少见到。两种双列集成电路的引脚分布规律相同，但在识别引脚号时则有一些差异。

1. 双列直插集成电路引脚识别方法

图 1-57 是 4 种双列直插集成电路的引脚识别方法示意图。在双列直插集成电路中，将印有型号的一面朝上，并将型号正对着自己，这时集成电路的左侧下方会有不同的标记来表示第一根引脚。

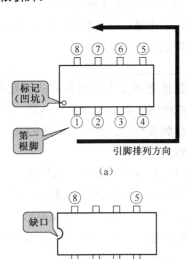

（a）

（b）

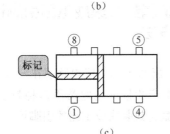

（c）

图 1-57　4 种双列直插集成电路引脚识别方法

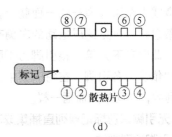

（d）

图 1-57　4 种双列直插集成电路引脚识别方法 （续）

图 1-57（a）所示	集成电路左下端有一个凹坑标记，用来指示左侧下端点第一根引脚为①脚，然后从①脚开始以逆时针方向沿集成电路的一圈，依次排列各引脚，见图中的引脚排列示意图
图 1-57（b）所示	集成电路左侧有一个半圆缺口，此时左侧下端点的第一根引脚为①脚，然后沿逆时针方向依次为各引脚，具体引脚分布如图中所示
图 1-57（c）所示	这是陶瓷封装双列直插集成电路，其左侧有一个标记，此时左下方第一根脚为①脚，然后沿逆时针方向依次为各引脚，如图中引脚分布所示。注意，如果将这一集成电路标记放到右边，引脚识别方向就错了
图 1-57（d）所示	集成电路引脚被散热片隔开，在集成电路的左侧下端有一个黑点标记，此时左下方第一根引脚为①脚，沿逆时针方向依次为各引脚（散热片不算）

2. 双列曲插集成电路引脚识别方法

图 1-58 是双列曲插集成电路引脚识别方法示意图，其特点是引脚在集成电路的两侧排列，每一列的引脚为曲插状（如同单列曲插一样）。

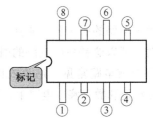

图 1-58　双列曲插集成电路引脚识别方法

将集成电路印有型号的一面朝上，且将型号正对着自己，可见集成电路的左侧有一个半圆缺口，此时在下方第一根引脚为①脚，沿逆时针方向依次为各引脚。在每一列中，引脚是依次排列的，如同单列曲插一样。

3. 无引脚识别标记双列直插集成电路引脚识别方法

图 1-59 所示是无引脚识别标记的双列直插集成电路。该集成电路无任何明显的引脚识别标记，此时可将印有型号的一面朝着自己，则左侧下端第一根引脚为①脚，沿逆时针方向依次为各引脚，参见图中引脚分布。

四列集成电路引脚识别方法示意图。

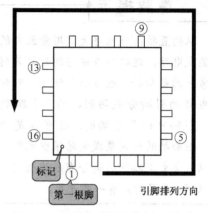

图 1-60　四列集成电路引脚识别方法

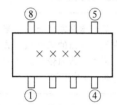

图 1-59　无引脚识别标记双列直插集成电路
引脚识别方法

⚠ 重要提示

上面介绍的几种双列集成电路外形仅是众多双列集成电路中的几种，除最后一种集成电路外，一般都有各种形式的明显引脚识别标记来指明第一根引脚的位置，然后沿逆时针方向依次为各引脚，这是双列直插集成电路的引脚分布规律。

⚠ 识别方法提示

将四列集成电路印有型号的一面朝着自己，可见集成电路的左下方有一个标记，则左下方第一根引脚为①脚，然后逆时针方向依次为各引脚。

如果集成电路左下方没有引脚识别标记，也可将集成电路按如图 1-60 所示放好，将印有型号的一面朝着自己，此时左下角的第一根引脚即为①脚。

这种四列集成电路许多是贴片式的，或称无引脚集成电路，其实这种集成电路还是有引脚的，只是很短，引脚不伸到电路板的背面，所以这种集成电路直接焊在印制线路这一面上，引脚直接与铜箔线路相焊接。

1.3.4　四列集成电路引脚识别方法

四列集成电路的引脚分成 4 列，且每列的引脚数相等，所以这种集成电路的引脚是 4 的倍数。四列集成电路常见于贴片式集成电路、大规模集成电路和数字集成电路中。图 1-60 是

1.3.5　金属封装集成电路引脚识别方法

采用金属封装的集成电路现在已经比较少见，过去生产的集成电路常用这种封装形式。图 1-61 是金属封装集成电路的引脚识别方法示

意图。这种集成电路的外壳是金属圆帽形的，引脚识别方法为：将引脚朝上，从突键标记端起为①脚，顺时针方向依次为各引脚。

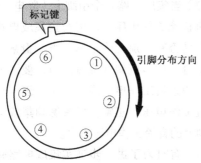

图1-61　金属封装集成电路引脚识别方法

1.3.6　反向分布集成电路引脚识别方法

⚠ **重要提示** ▶

前面介绍的集成电路引脚识别方法均为引脚正向分布的集成电路，即引脚是从左向右依次分布，或从左下方第一根引脚沿逆时针方向依次分布，集成电路的这种引脚分布为正向分布，但集成电路引脚还有反向分布的。

引脚反向分布的单列集成电路	对于反向分布的单列集成电路，将集成电路印有型号的一面正向对着自己，引脚朝下时第一根引脚在最右下方，从右向左依次分布各引脚，这种分布规律恰好与正向分布的单列集成电路相反

引脚反向分布的双列集成电路	对于反向分布的双列集成电路，将集成电路印有型号的一面朝上，且正向对着自己，引脚朝下时第一根引脚在左侧上方（即引脚正向分布双列集成电路的最后一根引脚），沿顺时针方向依次分布各引脚，这种引脚分布规律与引脚正向分布的双列集成电路相反

引脚正向、反向分布规律可以从集成电路型号上看出，例如，音频功放集成电路HA1366W引脚为正向分布，HA1366WR引脚为反向分布，它们的不同之处是在型号最后多一个大写字母R，R表示这种集成电路的引脚为反向分布。

4. 完全无声故障机理2

像HA1366W和HA1366WR这样引脚正、反向分布的集成电路，其内部电路结构、性能参数相同，只是引脚分布相反。HA1366W的第一根引脚为HA1366WR的最后一根引脚，HA1366W的最后一根引脚为HA1366WR的第一根引脚。

⚠ **重要提示** ▶

同型号的正向、反向分布集成电路之间进行直接代换时，对于单列直插集成电路可以反个方向装入，对于双列集成电路则要将新集成电路装到原电路板的背面。

1.4　集成电路电源引脚和接地引脚识别方法

集成电路电源引脚和接地引脚是各种集成电路最基本和最重要的两根引脚。

1.4.1 识别电源引脚和接地引脚的意义

1. 电源引脚和接地引脚的功能

电源引脚	集成电路的电源引脚用来将整机整流滤波电路输出的直流工作电压加到集成电路的内部电路中，为整个集成电路的内电路提供直流电源
接地引脚	集成电路的接地引脚用来将集成电路内电路中的地线与整机电路中的地线接通，使集成电路内电路的电流形成回路

2. 对集成电路工作原理分析的意义

在进行集成电路工作原理分析时，对电源引脚与接地引脚的识别和外电路的分析具有下列几个方面的实际意义。

（1）分析集成电路的直流电源电路工作原理时，首先要找出集成电路的电源引脚，在有多个电源引脚时，要分清每根电源引脚的具体作用。

（2）功率放大器集成电路的电源引脚在外电路与整机电源电路相连，这样在知道了集成电路的电源引脚后即可分析整机的直流电压供给电路；反过来，在知道了整机直流电压供给电路后，也可以找出功率放大器集成电路的电源引脚。

（3）在分析整机电路的直流电压供给电路时，为方便起见可以先找出附近电路中的集成电路电源引脚，这样就能找出整机直流电压供给电路。

（4）集成电路的接地引脚接整机电路的地线，找到了集成电路的接地引脚，就能方便地找出整机电路的地线。

3. 对故障检修的意义

在进行集成电路故障检修时，对电源引脚与接地引脚的识别和外电路的分析具有以下几个方面的实际意义。

（1）在检修集成电路故障时，重点是检查其直流工作电压供给情况，首先要测量集成电路电源引脚上的直流工作电压，它的直流工作电压在集成电路各引脚中最高，这一点

要记住。有一个特殊情况是，具有自举电路的功率放大器集成电路，在大信号时自举引脚上的直流工作电压可以高于电源引脚上的直流工作电压。

（2）当集成电路各个引脚上（除电源引脚）均没有直流工作电压时，要检查集成电路电源引脚上是否有直流工作电压；当测量某些引脚上的直流工作电压偏低或偏高时，要测量电源引脚上的直流工作电压是否正常，因为电源引脚直流工作电压不正常，将会影响集成电路其他引脚上的直流工作电压大小。

（3）有时为了进一步证实集成电路有无故障，需要测量集成电路的静态工作电流，此时要找出集成电路的电源引脚。

（4）当集成电路电源引脚上有直流工作电压但没有电流流过集成电路时，要检查集成电路的接地引脚是否正常接地。因为当集成电路的接地引脚与电路板地线开路后，电路会因构不成回路而无电流。

1.4.2 电源引脚和接地引脚的种类

1. 电源引脚的种类

除开关电源集成电路、稳压集成电路外，每一种集成电路都有电源引脚。该引脚用来给集成电路的内部电路提供直流工作电压。

一般情况下，集成电路的电源引脚只有一根，但是在下列几种情况下可能有多根电源引脚，或有与电源相关的引脚，或者集成电路没有电源引脚。

关于集成电路的电源引脚种类，有以下几点需要说明。

（1）多于一根的电源引脚。集成电路在下列两种情况下有多于一根的电源引脚。

① 一般情况下，双声道的集成电路也只有一根电源引脚，但部分双声道音频功率放大器的集成电路，左、右声道各有一根电源引脚，这时集成电路就会有两根电源引脚。

② 在采用正、负电源供电的电路中，集成电路有两根电源引脚，一根是正电源引脚，另

一根是负电源引脚。

（2）**负电源引脚**。负电源引脚是相对于正电源引脚而言的，集成电路在正常工作时使用直流工作电压，这种电压是有极性的。当采用正极性直流工作电压供电时，集成电路的电源引脚接直流电源的正极；当采用负极性直流电压供电时，集成电路的电源引脚接直流电源的负极，此时集成电路电源引脚就是负电源引脚。

（3）**没有电源引脚**。集成电路工作时都是需要直流工作电压的，所以必须有一个正的或负的电源引脚。但是对于开关电源集成电路和稳压集成电路，因为输入信号就是直流电压，所以这种集成电路就可以没有电源引脚，如图1-62所示，这一点与其他类型集成电路有所不同。

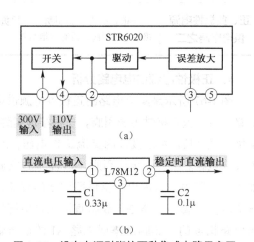

（a）

（b）

图1-62　没有电源引脚的两种集成电路示意图

图1-62 （a）所示	这是开关电源集成电路STR6020的内电路框图，它共有5根引脚，没有电源引脚
图1-62 （b）所示	这是常见的三端稳压集成电路示意图，图中为L78M12，这种电源集成电路只有3根引脚

（4）**前级电源输入引脚**。在部分集成电路中，除了有一个电源引脚外，还有一个前级电源输入引脚，如图1-63所示。

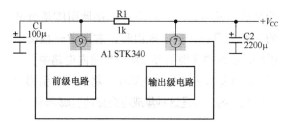

图1-63　具有前级电源输入引脚的集成电路

（5）**前级电源输出引脚**。在部分集成电路中设置了电子滤波电路，这样可以输出经过电子滤波器后的直流工作电压，供给前级电路使用。图1-64是具有前级电源输出引脚的集成电路示意图。

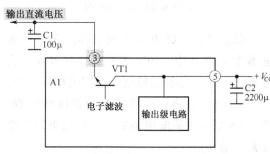

图1-64　具有前级电源输出引脚的集成电路

（6）**开关电源集成电路、稳压集成电路没有电源引脚**。因为这两种集成电路处理的信号就是直流电压，内电路所需要的直流工作电压由输入引脚的直流电压提供，所以就不必再另设电源引脚。

（7）**部分电子开关集成电路也没有电源引脚**。

2．接地引脚的种类

接地引脚用来将集成电路内电路的地线与外电路中的地线接通，集成电路内电路的地线与内电路中的各接地点相

5. 完全无声故障机理3

连，然后通过接地引脚与外电路地线相连，构成电路的电流回路。

关于集成电路接地引脚的种类需要说明下列几点。

（1）一般情况下集成电路只有一根接地引脚。

（2）**左、右声道接地引脚**。在部分双声道

的集成电路中，左、右声道的接地引脚是分开的，即左声道一根接地引脚，右声道一根接地引脚，这两根接地引脚在集成电路内电路中互不相连。在集成电路的外电路中，将这两根引脚分别接地。图 1-65 是这种集成电路接地引脚示意图。

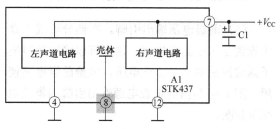

图 1-65　双声道集成电路左、右声道
各一根接地引脚示意图

（3）前、后级电路接地引脚。在一些大规模集成电路中，由于内电路非常复杂，为了防止前级电路和后级电路之间的相互干扰，分别在前级电路和后级电路设置接地引脚。图 1-66 是这种集成电路的前、后级电路接地引脚示意图。

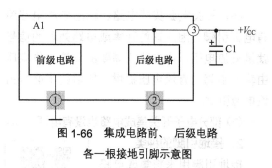

图 1-66　集成电路前、后级电路
各一根接地引脚示意图

图中，①脚是集成电路的前级电路接地引脚，②脚是后级电路的接地引脚，③脚是电源引脚。

一些复合功能的集成电路中，两个接地引脚不是分成前级接地和后级接地，而是一个功能电路有一根接地引脚，另一个功能电路再设置另一根接地引脚。

（4）衬底接地引脚。在一些集成电路中会另设一根衬底接地引脚。

（5）个别集成电路中可以没有接地引脚。

在部分采用正、负对称电源供电的集成电路中就可以没有接地引脚。

1.4.3　电源引脚和接地引脚的 4 种电路组合形式

集成电路的电源引脚和接地引脚有下列 4 种电路组合形式。

正极性电源供电电路	一根正极性电源引脚，一根接地引脚
负极性电源供电电路	一根负极性电源引脚，一根接地引脚
正、负极性电源供电电路之一	一根正极性电源引脚，一根负极性电源引脚，一根接地引脚
正、负极性电源供电电路之二	一根正极性电源引脚，一根负极性电源引脚，没有接地引脚

1.　正极性电源供电电路分析

图 1-67 所示是集成电路的正极性电源供电电路，有一根正极性电源引脚，一根接地引脚。电路中的 $+V_{CC}$ 为正极性的直流工作电压，A1 为集成电路。②脚是电源引脚，$+V_{CC}$ 通过②脚加入内电路中，为内电路提供所需要的直流工作电压。②脚外电路是与整机直流工作电压供给电路相连的。③脚是集成电路 A1 的信号输入引脚。④脚是信号输出引脚。

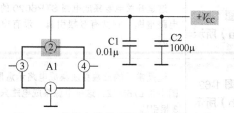

图 1-67　集成电路的正极性电源供电电路

2.　负极性电源供电电路

集成电路除可以采用正极性直流电压供电外，还可以采用负极性的直流电压供电，如图 1-68 所示。电路中，①脚是接地引脚；②脚是负电源引脚,接负电源 $-V_{CC}$;③脚是 A1 的信号输入引脚;④脚是信号输出引脚。

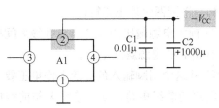

图 1-68 集成电路的负极性电源供电电路

3. 正、负极性电源供电电路之一

集成电路除可以单独采用正电源或负电源供电外,还可以采用正、负极性直流电源同时供电。在正、负极性电源供电电路中,一般是采用正、负对称电源供电,即正电源电压大小的绝对值等于负电源电压大小的绝对值。图 1-69 所示是采用正、负对称电源供电的集成电路,为没有接地引脚的电路。

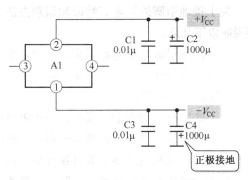

图 1-69 集成电路采用正、负对称电源供电没有接地引脚的电路

电路中,①脚是 A1 的负电源引脚,与负极性直流工作电压 $-V_{CC}$ 相连;②脚是 A1 的正电源引脚,与电源的 $+V_{CC}$ 相连;③脚是 A1 的信号输入引脚;④脚是 A1 的信号输出引脚。

4. 正、负极性电源供电电路之二

图 1-70 所示电路是另一种采用正、负极性对称电源供电的集成电路,是有接地引脚的电路。电路中,①脚是 A1 的负极性电源引脚,③脚是 A1 的正极性电源引脚,②脚是 A1 的接地引脚,④脚是 A1 的信号输入引脚,⑤脚是

A1 的信号输出引脚。

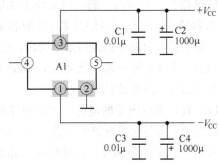

图 1-70 集成电路采用正、负对称电源供电有接地引脚的电路

1.4.4 电源引脚和接地引脚外电路特征及识别方法

1. 电源引脚外电路特征和识别方法

(1)功率放大器集成电路电源引脚外电路的特征是:电源引脚外电路与整机整流滤波电路直接相连,是整机电路中直流工作电压最高点,并且该引脚与地之间接有一只容量较大的滤波电容(1000μF 以上),在很多情况下还并联有一只小电容(0.01μF)。

6. 完全无声故障机理 4

根据这个大容量电容的特征可以确定哪根引脚是集成电路的电源引脚,因为在整机电路中像这样大容量的电容是很少的,只有 OTL 功率放大器电路的输出端有一只同样容量大小的电容,如图 1-71 所示。

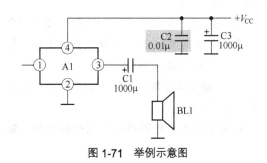

图 1-71 举例示意图

图中，④脚是该集成电路的电源引脚，该引脚与地之间接有一只大容量电容 C3；③脚是该集成电路的信号输出引脚，该引脚上也接有一只大容量电容 C1。虽然 C1 和 C3 的容量都很大，但它们在电路中的连接是不同的，C3 一端接地线，而 C1 另一端不接地线，根据这一点可分辨出④脚是电源引脚。

（2）其他集成电路的电源引脚外电路的特征是： 电源引脚与整机直流电压供给电路相连，除功率放大器集成电路外，其他集成电路的电源引脚外电路特征基本相同，也与功率放大器集成电路电源引脚的外电路特征相似，只是有下列两点不同。

① 电源引脚与地之间接有一只有极性的电解电容，但容量没有那么大，一般为 $100 \sim 200 \mu F$。

② 电源引脚与地之间接有一只 $0.01 \mu F$ 的电容。

（3）负电源引脚外电路的特征与正电源引脚外电路的特征相似，只是负电源引脚与地之间的那只有极性电源滤波电容的正极是接地的。

（4）无论是哪种集成电路的电源引脚，其外电路都有一个明显的特征，即电源引脚与地之间接有一只电源滤波电容。

（5）在集成电路中，正电源引脚上的直流工作电压是所有引脚中的最高点，负电源引脚直流工作电压最低。 如果电路图中标出了集成电路各引脚的直流工作电压，利用这一方法可以相当方便地识别出电源引脚。

（6）集成电路的前级电源引脚外电路的特征是： 如图 1-63 所示电路，前级电源引脚⑨脚具有下列两个特征。

① 前级电源的引脚⑨脚与电源引脚⑦脚之间接有一只电阻 R1，这只退耦电阻的阻值一般为几百欧至几千欧。

② 前级电源引脚与地之间接有一只 $100 \mu F$ 的电源退耦电容。

根据上述两个电路特征可以分辨哪根是集

成电路的前级电源引脚。

（7）集成电路前级电源输出引脚外电路的特征是： 如图 1-64 所示电路，前级电源输出引脚③脚有下列两个外电路特征。

① 前级电源输出引脚③脚与地线之间接有一只 $100 \mu F$ 的电源滤波电容。

② 从这个引脚输入的直流工作电压要供给整机电路的前级电路，所以③脚要与前级电路相连（图中未画出这部分电路）。

根据上述两个电路特征即可以分辨哪一根引脚是集成电路的前级电源输出引脚。

（8）识别集成电路的电源引脚主要有下列两种方法。

① 根据上面介绍的电源引脚外电路特征来识别。

② 可以查阅有关集成电路的引脚作用资料。由于电源引脚的外电路比较简单，且特征明显，所以常用第一种方法来识别。

2. 接地引脚外电路特征和识别方法

关于接地引脚的外电路特征和识别方法主要说明以下几点。

（1）接地引脚是很容易识别出来的，此类引脚与地端直接相连，以此特征很容易识别出集成电路的接地引脚。

（2）这里有一个识别的误区，一些集成电路在某个具体应用电路中，当某一根或几根引脚不使用时，会将这几根引脚直接接地。这会给接地引脚的识别造成困难，此时必须查阅集成电路的引脚作用资料或集成电路手册。

（3）在正电源供电的集成电路中，接地引脚的直流工作电压最低，为零；在负电源供电的集成电路中，接地引脚的直流工作电压最高，也为零。

（4）如果电路图中标出集成电路各引脚的直流工作电压，那么无论什么情况，接地引脚的直流工作电压都是零，但不能说明直流工作电压为零的引脚都是接地引脚，因为有的引脚直流工作电压为零，但不是接地引脚。

1.5 集成电路信号输入引脚和信号输出引脚识别方法

集成电路信号输入引脚用来给集成电路输入信号,信号输出引脚用来输出集成电路放大和处理后的信号。

1.5.1 识别信号输入引脚和信号输出引脚的意义

1. 信号输入引脚和信号输出引脚的功能

信号输入引脚	集成电路的信号输入引脚用来将需要放大或处理的信号送入到集成电路的内部电路中,信号输入引脚是处于集成电路最前端的引脚
信号输出引脚	集成电路的信号输出引脚用来将经过集成电内电路放大、处理后的信号送出集成电路,信号输出引脚是处于集成电路最后端的引脚

2. 对电路工作原理分析的意义

了解信号输入引脚和信号输出引脚对分析集成电路工作原理的具体意义如下。

（1）在进行集成电路工作原理分析时,最基本的信号传输分析是找出信号从哪根引脚输入集成电路,又是从哪根引脚输出集成电路,这是集成电路工作原理分析的最基本要求,完成这一分析需要找出集成电路的信号输入引脚和信号输出引脚。

（2）只有知道了集成电路的信号输入引脚,才能知道信号从哪根引脚输入集成电路内电路,对于信号在集成电路内部的处理只要知道结果就可以了。例如是放大还是衰减,不必详细分析,这样电路分析就会简单得多。

（3）信号输入引脚是与前面一级电路输出端电路相连的,或是与整机电路的信号源电路相连,这样如果知道了集成电路的信号输入引脚,就可以从后级向前级方向进行电路分析,这在整机电路分析中时常采用。

（4）只有知道了集成电路的信号输出引脚,才能知道信号经过放大或处理后是从哪根引脚输出,才能知道信号要传输到后级的什么电路中,所以识图时要找出集成电路的信号输出引脚。

3. 对故障检修的意义

了解信号输入引脚和信号输出引脚对检修集成电路故障的具体意义如下。

（1）在集成电路的许多故障检修中,例如检修彩电的无图像、无声音等故障,只有确定了集成电路的信号输出引脚,才能进行下一步的检修,所以在集成电路中找出信号输出引脚是相当重要的。

（2）故障检修时,要给集成电路的信号输入引脚人为地加入一个信号,以检查集成电路工作是否正常,这是常规条件下检修集成电路故障最方便且最为有效的方法,所以这时需要找出集成电路的信号输入引脚。

（3）为了确定信号是否已经加到集成电路的内电路,就要找出集成电路的信号输入引脚;如果要用示波器观察信号输入引脚上的信号波形,此时也需要找出信号输入引脚;对于电源集成电路,更是要找出信号输入引脚,因为此时的输入信号就是输入集成电路的直流工作电压,没有这一电压的输入,肯定没有直流工作电压的输出。

（4）故障检修中,在确定信号已进入集成电路内电路处理之后,下一步就是要知道信号从哪根引脚输出到外电路中。为了检查信号是否已经从集成电路的信号输出引脚输出,需要了解信号输出引脚。

（5）故障检修过程中,如果能够确定信号已从信号输入引脚端输入集成电路,又能检

7. 完全无声故障两个根本原因分析 1

测到信号已经从信号输出引脚正常输出,则可以证明这一集成电路工作正常。所以,信号输入引脚和信号输出引脚的识别在检修中必不可少,对确定集成电路是否有故障,或排除集成电路的故障都有重要作用。

1.5.2 信号输入引脚和信号输出引脚的种类

1. 信号输入引脚的种类

⚠ 重要提示

一般情况下，集成电路都有信号输入引脚和信号输出引脚，这是集成电路的基本引脚。一个集成电路有几根信号输入引脚和几根信号输出引脚，与该集成电路的功能、内电路结构、外电路等情况直接相关。

关于集成电路的信号输入引脚种类，需要说明下面几点。

（1）通常情况下，集成电路只有一根信号输入引脚，如图 1-72 所示。在图 1-72 中，①脚是集成电路 A1 的信号输入引脚。由于该集成电路只有一根信号输入引脚，那么该引脚若没有信号输入，则该集成电路就一定没有输出信号了。

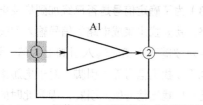

图 1-72 一根信号输入引脚的集成电路示意图

（2）一般情况下双声道集成电路左、右声道各有一根信号输入引脚，图 1-73 是这种集成电路的信号输入引脚示意图。电路中，①脚是该集成电路的左声道电路的信号输入引脚，③脚是该集成电路的右声道电路的信号输入引脚。

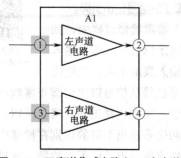

图 1-73 双声道集成电路左、右声道
各一根信号输入引脚示意图

（3）特殊情况下，双声道集成电路有 4 根信号输入引脚，图 1-74 所示是这种集成电路的信号输入引脚示意图。A1 是一个双声道集成电路，但它有 4 根信号输入引脚，每个声道电路有 2 根信号输入引脚。

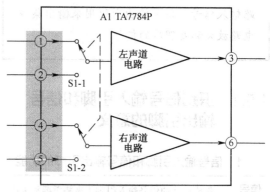

图 1-74 双声道集成电路 4 根信号输入引脚示意图

（4）没有信号输入引脚的振荡器集成电路。通常集成电路都应该至少有一根信号输入引脚，**但是振荡器集成电路就没有信号输入引脚。**

（5）电子转换开关集成电路有多根信号输入引脚，一根信号输出引脚，图 1-75 所示是一种 4 根信号输入引脚、1 根信号输出引脚的电子转换开关集成电路。①、②、③和④脚分别是 4 根信号输入引脚，⑤脚是信号输出引脚，⑥、⑦、⑧和⑨脚分别是内电路中 S1、S2、S3 和 S4 这 4 个电子开关的控制引脚。

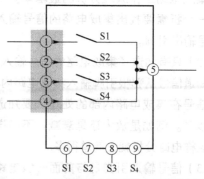

图 1-75 4 根信号输入引脚的电子转换开关
集成电路示意图

2. 信号输出引脚的种类

> **⚠️ 重要提示**
>
> 　　信号输出引脚是集成电路必有的引脚，经过集成电路放大、处理后的信号从该引脚输出到外电路中。集成电路可以没有信号输入引脚，但必须有信号输出引脚。

　　关于集成电路的信号输出引脚种类，有下面几点需要说明。

　　（1）通常集成电路只有一根信号输出引脚。

　　（2）双声道集成电路有两根信号输出引脚，即左、右声道各一根信号输出引脚。双声道集成电路在音响设备中最为常见。

　　（3）集成电路的前级和后级信号输出引脚，这种情况也有两根信号输出引脚。如图1-76所示，电路中的①脚是信号输入引脚，③脚是信号输出引脚，②脚也是一根信号输出引脚。

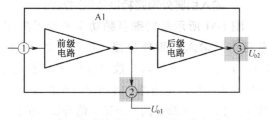

图1-76　集成电路的前级和后级信号输出引脚示意图

　　（4）集成电路的信号输入、输出双重作用引脚，在数字集成电路中常见到这种功能的引脚。某引脚可以作为信号输入引脚为集成电路输入信号，也可以作为信号输出引脚，从集成电路内部输出信号，如图1-77所示。

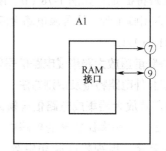

图1-77　集成电路的信号输入、输出双重作用引脚示意图

　　（5）数字集成电路的输入、输出引脚情况相当复杂，不是有几根信号输入引脚和几根信号输出引脚，而是有10多根甚至更多的信号输入引脚和信号输出引脚。

1.5.3　信号输入引脚外电路特征及识别方法

　　各种功能的集成电路信号输入引脚的外电路特征各有不同，这里就常见集成电路信号输入引脚外电路特征和识别方法说明以下几个方面。

1. 音频前置放大器集成电路信号输入引脚外电路特征及识别方法

　　音频前置放大器集成电路信号输入引脚外电路特征是：音频前置放大器集成电路的信号输入引脚通过耦合电路与信号电路相连。

　　图1-78（a）所示电路中，集成电路A1的信号输入引脚①脚与信号源电路之间只有一只电容C1。

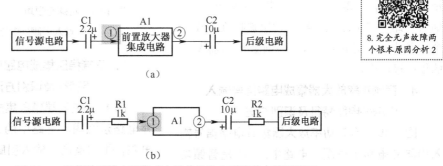

（a）

（b）

图1-78　音频前置放大器集成电路信号输入引脚外电路示意图

另一种音频前置放大器集成电路信号输入引脚外电路特征是：如图1-78（b）所示，A1的信号输入引脚①脚与信号源电路之间只有C1和R1，R1为1kΩ。

2. 高频前置放大器集成电路信号输入引脚外电路特征及识别方法

高频前置放大器集成电路信号输入引脚外电路特征是：在频率比较高的电路中（如收音机的前级电路、电视机高频和中频电路等），信号源电路与前置集成电路信号输入引脚之间的电路特征是基本相同的，只是耦合电容的容量很小，且信号频率愈高，耦合电容的容量愈小，一般为几百皮法（pF）至几千皮法之间。

3. 音频后级放大器集成电路信号输入引脚外电路特征及识别方法

图1-79是音频后级放大器集成电路信号输入引脚外电路示意图。电路中的VT1构成分立电子元器件前置放大器电路，A1是后级放大器集成电路，①脚为A1的信号输入引脚，②脚为A1的信号输出引脚。

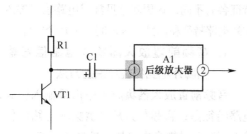

图1-79　音频后级放大器集成电路信号
输入引脚外电路示意图

后级放大器集成电路信号输入引脚外电路特征与前置放大器集成电路信号输入引脚外电路特征一样，也是用一个耦合电容（或一个RC耦合电路）与前级放大器的输出端相连。在这个电路中，是通过电容C1与前置放大器VT1的集电极相连。

4. 音频功率放大器集成电路信号输入引脚外电路特征及识别方法

图1-80是音频功率放大器集成电路信号输入引脚外电路示意图。电路中的A1是音频功率放大器集成电路，①脚是信号输入引脚，②脚是信号输出引脚。

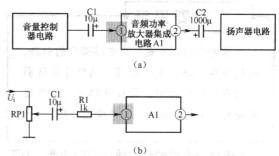

图1-80　音频功率放大器集成电路信号
输入引脚外电路示意图

一般情况下，音频功率放大器集成电路信号输入引脚通过耦合电容与前级的电子音量控制器电路相连，如图1-80（a）所示。

耦合电路还可以是阻容电路，如图1-80（b）所示，A1通过C1和R1与电位器的动片相连，C1起耦合作用，R1用来消除可能出现的高频自激。

5. 特殊音频功率放大器集成电路信号输入引脚外电路特征及识别方法

图1-81所示是特殊音频功率放大器集成电路信号输入引脚外电路。电路中的A1是LA4505双声道音频功率放大器集成电路，图中只画出一个声道电路；⑧脚是一个声道的信号输入引脚，④脚是同一声道的信号输出引脚；RP1是音量电位器。

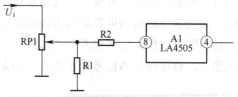

图1-81　特殊音频功率放大器集成电路信号
输入引脚外电路示意图

6. 三端稳压集成电路信号输入引脚外电路特征及识别方法

图1-82是三端稳压集成电路信号输入引脚外电路示意图。电路中的A1是三端稳压集成电路，①脚是信号输入引脚，②脚是信号输出引脚，③脚是接地引脚。

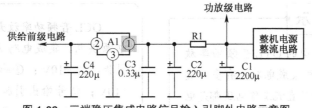

9. 完全无声故障两个根本原因分析3

图1-82　三端稳压集成电路信号输入引脚外电路示意图

重要提示

三端稳压集成电路的信号输入引脚与整机电源的整流电路相连，这是三端稳压集成电路信号输入引脚外电路的特征。

与前面所介绍的集成电路的不同之处是，三端稳压集成电路的信号输入、输出引脚串联在整机的直流供电回路中。

7. 开关集成电路信号输入引脚外电路特征及识别方法

图1-83是开关集成电路信号输入引脚外电路示意图，A1是开关集成电路，图中只画出了其中一组开关。图1-83（a）所示是应用电路，图1-83（b）所示是该集成电路的⑦、⑧和⑩脚局部的内电路。

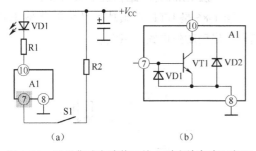

图1-83　开关集成电路信号输入引脚外电路示意图

1.5.4 信号输出引脚外电路特征及识别方法

重要提示

集成电路可以没有电源引脚、信号输入引脚、接地引脚，但不会没有信号输出引脚。一般情况下，集成电路只有一根信号输出引脚，但信号输出引脚也会有许多变化（例如可以是两根甚至更多的信号输出引脚）。

下面说明常见集成电路的信号输出引脚外电路特征及识别方法。

1. OTL音频功率放大器集成电路信号输出引脚外电路特征及识别方法

常见的音频功率放大器集成电路有下列3种。

OTL音频功率放大器集成电路	这是最常见的一种功率放大器集成电路，广泛地应用在各种功率放大器电路中
OCL音频功率放大器集成电路	这是一种输出功率很大的功率放大器集成电路，应用比较广泛
BTL音频功率放大器集成电路	这是一种输出功率更大的功率放大器集成电路

重要提示

这3种音频功率放大器集成电路信号输出引脚外电路完全不同，差别很大。利用3种信号输出引脚的外电路特征，可以方便地分辨出这3种类型的音频功率放大器集成电路，对识图和故障检修都有重要的意义。

图1-84是OTL音频功率放大器集成电路信号输出引脚外电路示意图。

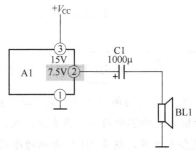

图1-84　OTL音频功率放大器集成电路信号输出引脚外电路示意图

无论是什么类型的OTL音频功率放大器集成电路（这种集成电路也有多种类型），信号输出引脚的直流工作电压都是电源引脚直流电压的一半，这也是检修这种功率放大器集成电路故障的关键测试点。

只要测量出OTL音频功率放大器集成电路信号输出引脚的静态直流工作电压等于电源引脚直流电压的一半，就可以说明该集成电路工作正常。

在双声道OTL音频功率放大器集成电路中，当两个声道的信号输出引脚的静态直流工作电压都等于电源引脚直流电压的一半时，集成电路工作正常。如果有一根信号输出引脚的静态直流工作电压不等于电源引脚直流电压的一半，就说明集成电路已出现故障。

2. OCL音频功率放大器集成电路信号输出引脚外电路特征及识别方法

图1-85是OCL音频功率放大器集成电路信号输出引脚外电路示意图。

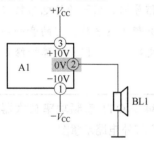

图1-85　OCL音频功率放大器集成电路
信号输出引脚外电路示意图

OCL音频功率放大器集成电路A1的信号输出引脚②脚与扬声器直接相连，没有耦合元器件，这是OCL音频功率放大器集成电路信号输出引脚与OTL电路一个明显不同的特征。

OCL音频功率放大器采用正、负对称电源供电。集成电路A1的①脚是负电源引脚，为-10V；③脚是正电源引脚，为+10V；信号输出引脚②脚的直流工作电压为零，这是OCL音频功率放大器集成电路的另一个特征。由于②脚的直流工作电压为零，所以扬声器BL1可以直接接在信号输出引脚②脚与地线之间，这时在扬声器两端没有直流电压，所以不会有直流电流流过BL1。

当OCL音频功率放大器集成电路出现故障时，信号输出引脚②脚上的直流电压很可能不是零，由于BL1的直流电阻很小，这样会有很大的直流电流流过BL1，烧坏扬声器BL1。为此，在实用电路中常在信号输出引脚②脚与**BL1**之间接有扬声器保护电路。这种扬声器保护电路可以是一个简单的过电流熔丝（熔断器），也可以是专用的扬声器保护电路，所以在识图时要注意这一点。

3. BTL音频功率放大器集成电路信号输出引脚外电路特征及识别方法

图1-86是BTL音频功率放大器集成电路信号输出引脚外电路示意图。

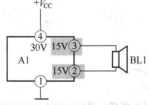

图1-86　BTL音频功率放大器集成电路信号
输出引脚外电路

图1-86中，扬声器直接接在两根信号输出引脚之间，没有耦合元器件，与OCL音频功率放大器集成电路相同。在实用电路中，扬声器回路也要接入扬声器保护电路。

BTL电路有以下两种构成方式。

（1）采用两组OTL电路构成一组BTL电路，

图 1-86 所示就是这种形式，此时集成电路中只有一根电源引脚，即④脚是集成电路 A1 的电源引脚，①脚是接地引脚。这时，两根信号输出引脚的直流工作电压是电源引脚直流电压的一半。

（2）采用两组 OCL 电路构成一组 BTL 电路，此时集成电路具有正、负两根电源引脚，而两根信号输出引脚的直流工作电压为零。

可见，根据集成电路有几根电源引脚可以方便地分辨出这两种 BTL 音频功率放大器集成电路。

4. 三端稳压集成电路信号输出引脚外电路特征及识别方法

三端稳压集成电路如图 1-82 所示。②脚是集成电路 A1 的输出引脚，该引脚与地线之间接一只滤波电容 C4，其输出的直流电压供给前级电路作为直流工作电压。

5. 电子开关集成电路信号输出引脚外电路特征及识别方法

电子开关集成电路的输出控制引脚外电路变化很丰富，在不同的控制电路中有不同的外电路特征，可根据电子开关集成电路的内电路进行输出控制引脚外电路的分析。

6. 其他功能的集成电路信号输出引脚外电路特征及识别方法

不同功能的集成电路其信号输出引脚外电路特征也不同，这里需要说明如下几点。

（1）在工作频率比较高的集成电路应用电路中，信号输出引脚外电路回路中的耦合电容容量比较小，这一点与工作频率比较高的集成电路其信号输入引脚外电路中的耦合电容一样。

（2）一些集成电路的信号输出引脚用来输出控制信号。例如，电子开关集成电路的输出引脚是一个控制引脚。

（3）数字集成电路中的输出引脚情况相当复杂，有的为一组两根输出引脚，例如触发器都有两个输出端，它们之间在工作正常情况下总是反相的关系，当一根引脚输出高电平时，另一根引脚输出低电平。

1.6　其他元器件引脚识别方法

1.6.1 石英晶振和陶瓷滤波器引脚识别方法

1. 石英晶振引脚识别方法

无源石英晶振只有 2 根引脚，无正、负之分。有源石英晶振有 4 根引脚，有色点标记的为①脚，如图 1-87 所示，引脚朝下后按逆时针分别为②、③、④脚。有源晶振通常的接法是：①脚悬空，②脚接地，③脚输出信号，④脚接直流工作电压。

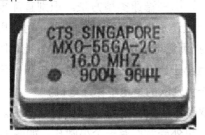

图 1-87　有源石英晶振色点标记

> **重要提示**
>
> 正方形的有源晶振采用 DIP-8 封装，有色点的是①脚，各引脚顺序按集成电路的识别方法：①脚悬空，④脚接地，⑤脚是输出，⑧脚是电源。
>
> 长方形的有源晶振采用 DIP-14 封装，有色点的是①脚，各引脚顺序按集成电路的识别方法：①脚悬空，⑦脚接地，⑧脚是输出，⑭脚是电源。

2. 4 根引脚陶瓷滤波器引脚识别方法

图 1-88 是 4 根引脚陶瓷滤波器引脚识别方法示意图，①脚是信号输入端，②和③脚接地，④脚是信号输出端。

10. 完全无声故障处理思路1

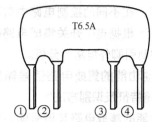

图1-88　4根引脚陶瓷滤波器引脚识别方法

1.6.2　其他元器件引脚识别方法

1. 驻极体电容传声器引脚识别方法

（1）两根引脚驻极体电容传声器引脚识别方法。图1-89是两根引脚驻极体电容传声器引脚识别方法示意图，①脚是电源引脚和输出引脚，②脚是接地引脚。

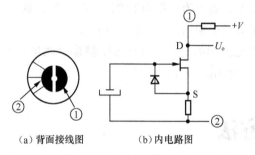

（a）背面接线图　　　（b）内电路图

图1-89　两根引脚驻极体电容传声器引脚识别方法

重要提示

在驻极体电容传声器引脚识别中要注意背面接线图与内电路图之间的引脚关系，这是驻极体电容传声器引脚接外电路的重要依据。

（2）3根引脚驻极体电容传声器引脚识别方法。图1-90是3根引脚驻极体电容传声器引脚识别方法示意图，①脚是电源引脚，②脚是输出引脚，③脚是接地引脚。

2. 直流有刷电机引脚识别方法

直流电机引脚共有以下**3**种表示方式。

（1）采用双股并行胶合线，一根为红色，另一根为白色，其中红色的为正电源引线，白色线是接地引线。

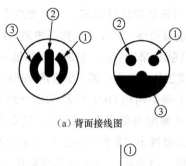

（a）背面接线图

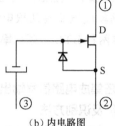

（b）内电路图

图1-90　3根引脚驻极体电容传声器引脚识别方法

（2）采用屏蔽线作为电机的引线，此时芯线为正电源引脚，金属网线为接地引脚。

（3）采用小块电路板作为接线端，板上印出"＋"、"－"标记，这是电源极性标记。双速电机通常采用这种表示方式，另两根引脚没有标记，是转速控制引脚，这两根引脚不分极性。

3. 直流有刷电机其他识别方法

（1）**识别单速和双速直流有刷电机方法。**识别单速还是双速电机的方法是：如果电机只有两根引脚，说明这是单速电机；如果电机有4根引脚，说明是双速电机。

（2）**识别是否是稳速电机方法。**对于小型直流电机（直径只有5分钱硬币大小），其内部不设稳速电机，它的稳速电路设在整机电路中；对于其他电机，可以通过测量电机两根引脚之间的电阻来分辨，测量的电阻大于十几欧时，说明该电机是电子稳速电机。

（3）**识别稳速类型方法。**识别直流电机是机械稳速还是电子稳速的方法是：用万用表的R×1挡测量电机两根引脚之间的直流电阻，测得电阻小于十几欧的是机械稳速电机，测得阻值大于十几欧的是电子稳速电机。

双速电机采用的都是电子稳速方式。如果直流电机外壳背面有一个小圆孔，如图1-91所示，说明这是电子稳速电机。

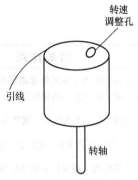

图 1-91 直流电机外壳背面的调速孔示意图

（4）识别直流电机转向方法。看电机铭牌上的标记，标出 CW 的是顺时针方向转动的直流电机，即手拿直流电机，转轴对着自己，此时转轴顺时针方向转动。如果是 CCW 则说明是逆时针方向转动的直流电机。如果是双向直流电机则用 CW/CCW 表示。

如果没有这样的标记，可以给电机通电，通过观察转轴的转动方向来分辨。

4. 波段开关引脚识别方法

图 1-92 所示是一种波段开关，操纵柄为旋转式，转动一格为一个波段，依据这个示意图可以识别各引脚。

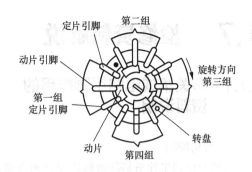

图 1-92 一种波段开关

5. 双声道插头和插座引脚识别方法

图 1-93 是双声道插头和插座引脚识别方法示意图。从实物图中可以看出，双声道插头、插座与单声道插头、插座十分相似，只是引脚数目不同。双声道插座上共有 5 根引脚，双声道插头共有 3 个触点，引出 3 根引线。

11. 完全无声故障处理思路 2

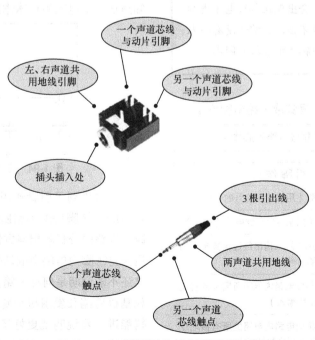

图 1-93 双声道插头和插座引脚识别方法

1.7 检修资料解说

1.7.1 有关集成电路引脚作用的资料说明

1. 资料种类

从集成电路工作分析和故障检修这两点看，所需要的集成电路资料主要有两大类：识图用的集成电路资料和故障检修用的集成电路资料。

从分析集成电路的应用电路工作原理的角度出发，集成电路资料主要有 3 种：**集成电路的引脚作用资料、集成电路的内电路框图和集成电路的内电路**，即内部的详细电路图。

> ⚠️ **重要提示**
>
> 目前出版的电子类书刊中，这 3 种资料都有，但是都不够全面和完整。其中集成电路引脚作用资料较多，内电路框图少些，内电路（详细电路）则更少。
>
> 集成电路的引脚作用资料主要出现在一些电子类图书的附录中，或是出现在一些电子类杂志的合订本附录中，一些最新的集成电路引脚作用资料会出现在各种电子类刊物中，资料的系统性不强，目前还没有一本专门介绍集成电路引脚作用资料的图书。

2. 资料使用方法

表 1-3 所示是某型号集成电路引脚作用。

表 1-3　某型号集成电路引脚作用

引脚号	引脚作用
①	信号输入引脚（用来输入信号的引脚）
②	负反馈引脚（用来接负反馈电路的引脚）
③	信号输出引脚（用来输出经过该集成电路放大、处理后的信号）
④	电源引脚（集成电路内电路所需要的直流工作电压从该引脚输入）
⑤	接地引脚（集成电路内电路的所有接地点都从该引脚接线路板中的地线）

续表

引脚号	引脚作用
⑥	消振引脚 1（用来外接消振电容，消除集成电路可能发生的高频自激）
⑦	消振引脚 2（消振电容需要两根引脚）
⑧	退耦引脚（用来接入电源电路中的退耦电容）
⑨	旁路引脚（用来接入旁路电容）

> ⚠️ **重要说明**
>
> 这类资料给出了某个具体型号集成电路的各引脚作用（没有括号内的说明），这无疑对该型号集成电路工作原理的分析，尤其是电路结构相当复杂的集成电路的分析更为有利，对一些引脚外电路特征十分相似的集成电路也很重要。

例如，在如图 1-94 所示电路中，①脚和②脚的外电路都是接一个有极性的电容，只是一个容量较大，一个较小。如果没有集成电路的引脚作用资料和内电路框图、内电路，则很难知道这两个电容的具体作用。

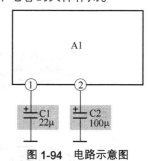

图 1-94　电路示意图

如果查到了引脚作用资料，可知①脚是旁路引脚，②脚是退耦引脚。这样，这一集成电路外电路的分析就相当方便了。C1 是旁路电容，用来将①脚内电路中的信号旁路到地端。但是，这还不能说明是何种旁路，因为旁路也有多种，如基极旁路和发射极旁路等，如果引脚作用资料能进一步说明就更好了。如果有集成电路的内电路，也能分析出这是什么性质的旁路。

根据②脚是退耦引脚可知，C2是退耦电容，这一定是电源电路中的退耦电容，因为C2的容量比较大，只有电源退耦电容才使用这样大的容量。

1.7.2 有关集成电路内电路框图和内电路的资料说明

1. 有关集成电路内电路框图的资料说明

集成电路内电路框图资料主要出现在集成电路手册中，此外一些整机电路图中的集成电路也会标出内电路框图。

知道了集成电路内电路框图，就可以知道集成电路的内电路组成、主要功能，还可得知这部分引脚的作用。这里以图1-95所示集成电路内电路框图为例，说明框图在分析集成电路工作原理时的作用。

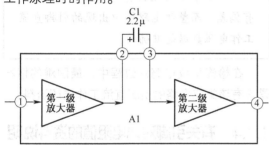

图1-95　内电路框图示意图

从这个框图中可以看出，集成电路A1内部设有两级放大器，①脚是该集成电路的信号输入引脚，②脚是该集成电路第一级放大器的信号输出引脚，③脚是该集成电路内部第二级放大器的信号输入引脚，④脚是该集成电路的信号输出引脚。

电路中，②脚和③脚之间接有一只电容C1，它是级间耦合电容，将该集成电路内电路中的两级放大器连接起来。如果没有集成电路的内电路框图，就很难准确判断C1。**可见集成电路内电路的框图对电路分析有何等重要的作用。**

2. 有关集成电路内电路的资料说明

集成电路的内电路资料是很少的，一些集成电路手册会给出一部分集成电路的内电路，且都是一些中、小规模集成电路。图1-96所示是某型号前置集成电路的内电路，这是一个功能非常简单的集成电路，但内电路却比较复杂。

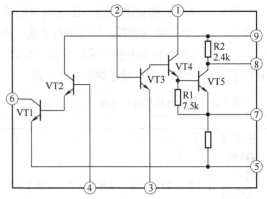

图1-96　某前置集成电路内电路

> ### ⚠ 重要提示
>
> 在进行实际的电路分析时，由于集成电路的内电路一般比较复杂，所以很少对内电路进行详细分析。在需要分析外电路工作原理时，最多是对连接某个引脚的局部内电路进行分析，这一点将在后面进行说明。

1.7.3 有关集成电路引脚直流工作电压的资料说明

> ### ⚠ 集成电路的3种检修资料
>
> 目前集成电路的检修资料有3种：引脚直流工作电压资料、引脚对地电阻值资料和引脚信号波形资料。其中引脚直流工作电压资料最为常见，且最为实用、有效，引脚信号波形资料主要出现在视频集成电路中。

集成电路的引脚直流工作电压资料主要出现在整机电路图中，部分集成电路手册中也有这类资料，还有一些电子类图书的附录和电子类杂志的合订本附录中给出了这一资料，一些比较新的集成电路的引脚直流工作电压资料会出现在电子

12. 完全无声故障处理思路3

类杂志中。

集成电路的引脚直流工作电压资料是检修故障过程中最为重要的资料。修理中有了这些资料，对集成电路故障判断的准确性会大大提高，且便于检修。表1-4所示就是这种检修资料。

表1-4 某型号集成电路引脚直流工作电压

引脚号	①	②	③	④	⑤	⑥	⑦
有信号时直流工作电压（V）	4.2	12	3.8	3.8	1.1	7.5	0.8
无信号时直流工作电压（V）	4.2	12	3.7	3.7	0.94	7.5	5.5

这种检修资料有以下3种情况。

（1）将直流工作电压数据分成有信号和没有信号两种情况。

（2）只给出一组直流工作电压数据时，不说明是有信号还是没有信号。

（3）还有一种情况是：当集成电路工作在两种状态时，如录音机的集成电路，一种是工作在放音状态，另一种是工作在录音状态，这时集成电路中某个引脚的直流工作电压是不同的。相关资料中对此也会加以说明，如2.2V（零），放音时为2.2V，录音时为零。一般电路的主要工作状态（放音和录音两种中放音属于主要工作状态）电压数据放在前面。

从表1-4中可以看出，一些引脚在有信号和没有信号时的电压值相差不大，而有的则相差很大，在检修中这一点一定要搞清楚，否则会产生误判。

所谓有信号是给集成电路通电，并且集成电路中有信号。例如，音响设备处于放音状态，视频设备处于重放状态，这时测量的引脚电压为有信号时的电压。显然这是集成电路工作正常时的电压值，若集成电路工作不正常，则必然引起相关引脚上的直流工作电压值发生改变。故障检修中就是要寻找这些电压变化点，以便判断故障部位和性质。

所谓无信号是给集成电路通电，但不给集成电路输入信号。例如，音响设备通电但不进入放音状态，视频设备通电但不播放节目，这时测量的引脚电压为无信号时的电压。若集成电路工作不正常，则必然引起相关引脚上的直流工作电压值发生改变。

> ⚠ **重要提示**
>
> 一些书中的这类资料可能有误，或是有偏差，而整机电路图中出现的引脚直流工作电压数据是准确的。

在检修集成电路的过程中，最困难的情况是没有该集成电路的引脚直流工作电压资料。

1.7.4 有关引脚对地电阻值的资料说明

> ⚠ **重要提示**
>
> 引脚对地电阻值的资料主要出现在一些电子类书刊的附录中，只是一些常用的集成电路才有这样的检修资料，且都为实测的数据。

表1-5所示是某型号集成电路引脚对地电阻值资料举例。

表1-5 某型号集成电路引脚对地电阻值资料

引脚号	在路电阻（kΩ）		开路电阻（kΩ）	
	红表棒测量黑表棒接地	黑表棒测量红表棒接地	红表棒测量黑表棒接地	黑表棒测量红表棒接地
①	1	1	6.7	7.3
②	0.8	0.8	3.4	6
③	13	17	35.8	7.9

引脚号	在路电阻（kΩ）		开路电阻（kΩ）	
	红表棒测量黑表棒接地	黑表棒测量红表棒接地	红表棒测量黑表棒接地	黑表棒测量红表棒接地
④	12.5	16.1	45	8.7
⑤	5.1	5	55	5
⑥	12.8	17.5	65	12.5
⑦	6.6	6.6	5.9	7.8

集成电路引脚对地电阻值资料有以下两种。

在路阻值资料	这是指集成电路已经接入电路板之后所测量的某引脚与地线（接地引脚）之间的电阻值，这种资料主要用于故障检修
开路阻值资料	这是集成电路还未装入电路板时某引脚与接地引脚之间的电阻值，这种资料主要用于购买集成电路时的质量检测。当然，也可以用于怀疑集成电路已经损坏，且从电路板上拆下后作进一步验证检测

在上述每一种资料中都有两组测量阻值，一组是红表棒接地线（或是接地引脚）、黑表棒接某引脚所测量的阻值，另一组数据是红、黑表棒互换后再次测量的数据。

重要提示

在采用不同型号的万用表进行引脚对地电阻测量时会有一定的偏差，所以有的资料中会标注出采用什么型号万用表测量的数据。在实际操作中很有可能没有同样型号的万用表，所以测量中会有一些偏差。如果测量中的偏差很大，说明集成电路已经损坏；若偏差小于5%，则可以视为正常。

另外，集成电路的这种检测比较麻烦，操作的工作量比较大，需要对每个引脚进行两次测量，如果引脚数量多了，操作起来就显得相当不便，所以在检测集成电路故障时，一般不会首先采用这种检测方法。

一些书中这部分资料可能有误，或是有偏差。

1.7.5　有关引脚信号波形的资料说明

1. 整机电路图中的信号波形

集成电路引脚信号波形的资料主要出现在绝大多数的整机电路图中，即绘在集成电路引脚附近。这种资料只出现在视频集成电路和一些伺服功能集成电路中。图1-97是某型号集成电路①脚上的信号波形示意图，而音频集成电路等没有这种引脚信号的波形资料。

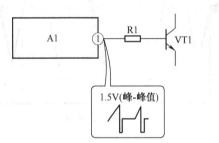

图1-97　某型号集成电路①脚上的信号波形示意图

引脚信号波形资料是十分重要且非常有用的检修资料。当然集成电路工作正常时，①脚就应该有图示的信号波形，如果没有检测到信号波形，则

13. 完全无声故障处理思路4

说明集成电路工作不正常。但是，这种检修资料只适合于利用仪器检修集成电路，因为观察集成电路引脚信号波形需要有相应的信号发生器和示波器。

2. 其他常用信号波形

（1）矩形波。图1-98所示是从示波器上观察到的矩形波。

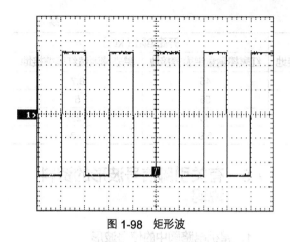

图 1-98　矩形波

（2）三角波。图 1-99 所示是从示波器上观察到的三角波。

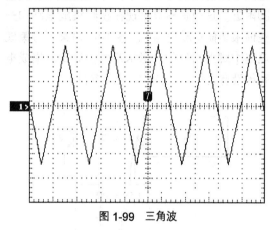

图 1-99　三角波

（3）正半周三角波。图 1-100 所示是从示波器上观察到的正半周三角波。

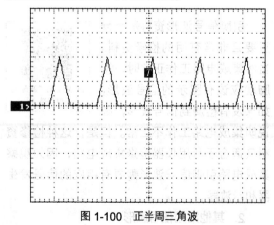

图 1-100　正半周三角波

（4）正弦波。图 1-101 所示是从示波器上观察到的正弦波。

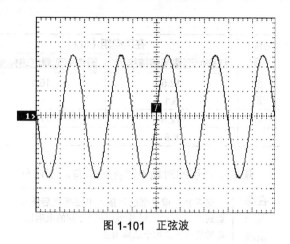

图 1-101　正弦波

（5）正半周正弦波。图 1-102 所示是从示波器上观察到的正半周正弦波。

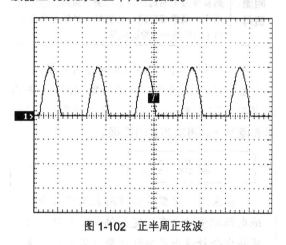

图 1-102　正半周正弦波

（6）负半周被高频干扰的正弦波。图 1-103 所示是从示波器上观察到的负半周被高频干扰的正弦波。

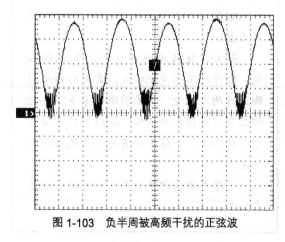

图 1-103　负半周被高频干扰的正弦波

1.7.6　黑白电视机常用信号波形解说

1. 图像信号波形

名称	图像信号波形
波形	白、灰、黑图像 负极性图像信号波形
说明	图像信号是反映画面内容的电信号，又称视频信号。 白、灰、黑垂直条，分别对应白电平、灰电平和黑电平，这是负极性的图像信号（波形）。所谓负极性图像信号是信号电平愈大像素愈暗，正极性的图像信号则是信号电平愈大像素愈亮。 t_0 与 t_1 之间画面均为白色，亮度一样，所以图像信号的电平为最小且大小不变；t_1 与 t_2 之间画面均为灰色，电平较大；t_2 与 t_3 之间画面为黑色，所以信号为最大
提示	图像信号的频率高低表达了图像的复杂程度，低频信号代表了大面积的图像，高频信号则表示了图像的细节，直流成分则表达了图像的背景亮度

1. 寻找电路板上地线方法 1

2. 行同步信号波形

名称	行同步信号波形
波形	行同步信号　　行同步信号　　一行图像信号
说明	行同步信号是电视机同步信号中的一种同步信号，它的作用是控制行振荡器的振荡频率和相位。 每行有一个行同步信号（设在行逆程期间）。 行同步信号是一个矩形脉冲，负极性图像信号中行同步信号的电平为最大，比黑电平还要大。 行同步信号又称行同步头，行同步信号电平最高是为了能够方便地从全电视信号中取出行同步信号，电视机是通过幅度分离的方法切割出同步信号的。 行同步脉冲信号的宽度为 $4.7\mu s$
提示	由于行同步信号设在逆程期间，所以在屏幕上不会反映出行同步信号的情况

3. 场同步信号波形

名称	场同步信号波形
波形	$2.5H$ (160μs)
说明	场同步信号又称场同步头，它也出现在场逆程期间，屏幕上也不会反映出场同步信号的情况。 场同步信号也是一个矩形脉冲
提示	场同步信号的作用是控制电视机中场振荡器的振荡频率和相位，使电视机中的场扫描与摄像机中电子束的场扫描同步

4. 复合同步信号波形

名称	复合同步信号波形
波形	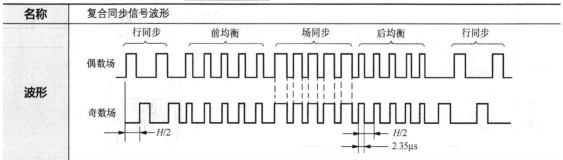

说明	电视机中的复合同步信号通常是指行同步信号和场同步信号复合而成的信号，而实际上是行同步信号、开了5个槽的场同步信号和场同步信号前后各5个共10个均衡脉冲复合而成的信号，图是偶数场和奇数场的复合同步信号的实际波形示意图。 复合同步信号是全电视信号中的一部分，它从全电视信号中分离出来，这一工作由同步分离级完成
提示	复合同步信号是保证电视机扫描系统正常扫描的唯一控制信号，若这一信号不正常，电视机的扫描系统工作将不正常，图像也就不正常。正常地重现图像是靠电视机正常的扫描来保证的，就好比晶体放大器中，没有正常的静态工作状态就没有正常的动态工作状态，静态好比扫描，动态好比图像

5. 行消隐信号波形

名称	行消隐信号波形
波形	1.3μs 行同步头 11.8μs 行消隐信号
说明	行消隐信号是复合消隐信号中的一种信号，作用是消除行逆程期间的行回扫线。 行扫描中，电子束从屏幕左侧向右侧扫描（这是正程），扫到右端后电子束要返回到左侧来，电子束的这一返回过程称为行逆程
提示	逆程期间不传送图像，而电子束回扫在屏幕上要出现一条细的亮线，此亮线称为行回扫线。这一回扫线是没用的，而且还干扰图像的正常重现，所以要去掉这一回线，这由行消隐信号来完成

6. 场消隐信号波形

名称	场消隐信号波形
波形	2.5H 场同步头 场消隐信号 （25H）
说明	场消隐信号是复合消隐信号中的另一个消隐信号，其作用是消除场逆程期间的场逆程回扫线，消除这一逆程回扫线的原理同行消隐信号一样
提示	每一场有一个场消隐信号，场消隐电平等于黑电平

7. 复合消隐信号波形

名称	复合消隐信号波形
波形	行同步头　场同步头　行同步头 行消隐　场消隐　行消隐
说明	复合消隐信号是行消隐信号和场消隐信号复合而成的信号
提示	复合消隐信号同图像信号一起送到显像管阴极（通常是阴极），以控制电子束的工作状态

8. 全电视信号波形

名称	全电视信号波形
波形	U 100% 同步头 消隐电平（黑电平） 75% 12.5% 白电平 0 t
说明	全电视信号由三部分信号组成：图像信号、复合同步信号和复合消隐信号。 全电视信号在电视机中是从检波级输出，这一信号按时间轴来讲各信号是串联、顺序变化的
提示	全电视信号中的三部分信号其电平大小是不同的，从图中可以看出，同步头电平为100%，消隐电平（黑电平）为75%，白电平为12.5%

9. 高频全电视信号波形

名称	高频全电视信号波形
波形	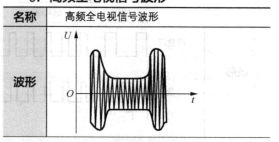

说明	电视信号由全电视信号和伴音信号组成，用全电视信号去调制高频载波的幅度得到了高频全电视信号（调幅波信号），用伴音信号去调制高频载波的频率得到了高频伴音信号（调频波信号）
提示	高频全电视信号和高频伴音信号合起来称为高频电视信号

1.7.7　彩色电视机常用信号波形解说

重要提示

彩色电视机是在黑白电视机基础上发展起来的，它向下兼容黑白电视信号，所以彩色电视机中的许多电路和信号与黑白电视机相同或相近。

1.　色同步信号波形

名称	色同步信号波形
波形	行同步信号　色同步信号　行消隐信号
说明	色同步信号是彩色电视机中特有的信号，它是用来保证彩色电视机色度通道中副载波振荡器同步的信号。 色同步信号是一串8～12个周期的正弦波，其频率和相位与发送端的副载波频率和相位相同
提示	色同步信号位于行消隐信号的后肩处，每行传送一个色同步信号

2.　彩色全电视信号波形

名称	彩色全电视信号波形
波形	白 黄 青 绿 紫 红 蓝 黑　彩色条　亮度信号波形　色度信号波形　彩色全电视信号波形
说明	彩色全电视信号用F、B、Y、S表示，它们分别是色度信号、色同步信号、亮度信号、复合同步与消隐信号。 色度信号F的作用是还原彩色图像的彩色部分信息，彩色电视机中有色度通道，用来放大和处理F信号。 B是色同步信号。 亮度信号Y是表示彩色图像亮度信息的信号，它相当于黑白全电视信号中的图像(视频)信号，彩色电视机中有亮度通道，用来放大和处理Y信号
提示	复合同步与消隐信号S与黑白电视机中的一样，用来保证行、场扫描的同步和扫描逆程的消隐

1.7.8　调幅信号波形解说

2.寻找电路板上地线方法2

重要提示

调幅和调频是两个很重要的概念，对理解收音电路、电视机电路的工作原理和检修电路很有帮助。

收音机调谐器中的中波、短波电路都是处理的调幅信号。

在分析和检修收音电路中的检波器电路时，要运用调幅信号波形特点的概念。

1. 调幅信号波形

名称	调幅信号波形
波形	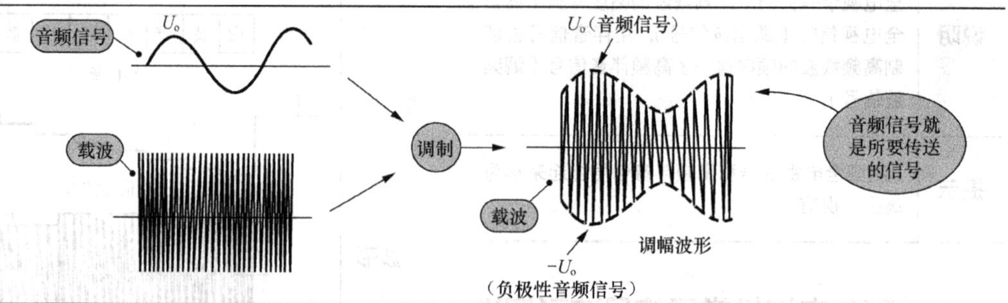
说明	载波可以是某一调幅广播电台的频率，它是一个高频的等幅正弦波信号，由于它的频率很高，所以传送距离远。载波频率远远高于音频信号的频率。 各个中波广播电台的载波频率是固定且不相同的
提示	载波的频率很高，人耳听不到，它的作用是将音频信号传送到很远的地方，所以载波相当于火箭，音频信号相当于卫星，载波用来载着音频信号进行传送

2. 高频信号或射频信号

名称	高频信号或射频信号
说明	两个信号（所要传送的音频信号和载波信号）在广播电台发射机的调制器中进行调制（调幅），得到了可以在天空中传播的高频调幅信号，简称高频信号，又称射频信号。 经过调制后的高频信号其载波频率没有改变，但是这一高频信号的幅度改变了，高频信号的幅度变化规律就是所要传送的音频信号
提示	高频信号的包络（幅度）是按音频信号变化规律而变化的，它的正半周包络为 U_o，负半周包络为 $-U_o$，其中的“–”号表示这一信号与 U_o 信号相位相反，U_o 和 $-U_o$ 对称，但是不相交

3. 高频信号包络

名称	高频信号包络
说明	对于高频信号的包络理解要注意，包络是由载波信号的正峰点、负峰点的一个个点构成的，它是不连续的，正确了解这一点对理解检波器电路的工作原理相当重要

重要提示

中波和短波各波段都是调幅波段，载波信号的特性相同，只是频率不同，中波段载波的频率范围为 525 ～ 1605kHz，短波 1 波段载波的频率范围为 2.5 ～ 5.5MHz，短波 2 波段载波的频率范围为 5.5 ～ 12MHz。

1.7.9 调频信号、平衡调幅信号和立体声复合信号波形解说

1. 调频信号波形

名称	调频信号波形
波形	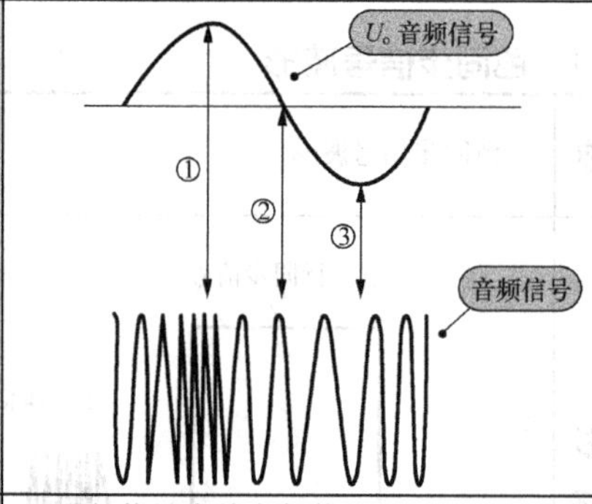
说明	调频信号中的音频信号是所要传送的信号，载波信号也是一个高频等幅信号，只是载波频率更高，在没有调制前这两个信号与调幅信号中的音频信号和载波信号特性相同。 调制之后的调频信号，其信号的幅度保持不变，但载波信号的频率发生了变化，其频率改变规律与所要传送的音频信号的幅度变化规律相关，即调频信号的频率变化规律就是所要传送的音频信号的变化规律，这与调幅信号的幅度变化代表音频信号不同
提示	图中①时刻音频信号 U_o 的幅值最大，调频高频信号的频率最高（波形最密集），此时的频率高于载波信号的频率； 图中②时刻音频信号为零，此时高频调频信号的频率等于载波信号频率； 图中③时刻音频信号的幅度变化最小，所对应的调频高频信号频率最低，且低于载波信号的频率

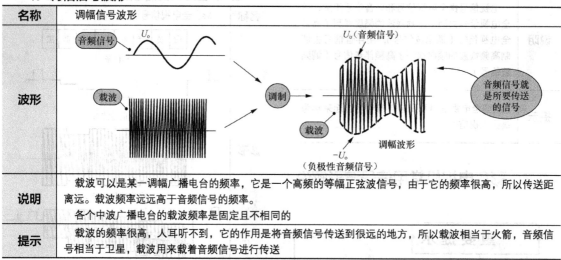

2. 平衡调幅信号波形

名称	平衡调幅信号波形
波形	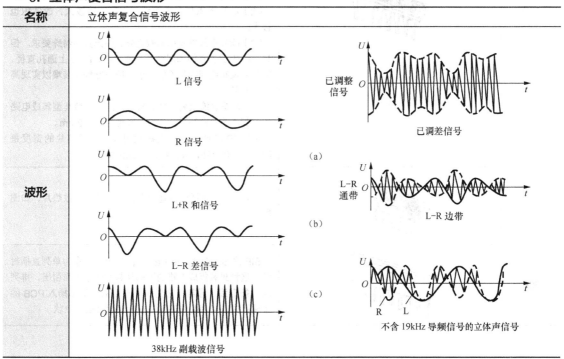
说明	普通调幅（不平衡调幅）的上包络 P 和下包络 $-P$ 是不相交的，上、下包络之间是载波。 平衡调幅的上包络 P 和下包络 $-P$ 是相交的，上、下包络之间也是载波，但特性有所不同（在交点处载波相位反相），使得载波在一个周期内的平均值为零。 这样，在接收机端不能直接从平衡调幅信号中取出载波信号，这一点与不平衡调幅不同
提示	彩色电视机中为此要专门加入一个色同步信号，以恢复标准的副载波。 在调频立体声收音电路中也要加入一个导频信号

3. 立体声复合信号波形

名称	立体声复合信号波形
波形	

3. 寻找电路板上地线方法 3

说明	没有 19kHz 导频信号时立体声复合信号的波形具有下列特点。 L 信号和 R 信号是这一信号包络，L 信号与 R 信号之间是 38MHz 的副载波。 L 信号和 R 信号存在交点，38kHz 副载波在每过一个交点后相位反相 180°。 副载波的正半周峰点始终对准 L 信号，副载波的负半周峰点始终对准 R 信号，在第一个交点处 L 信号变化到负半周，同时副载波反相，所以仍然是副载波的正峰点对准 L 信号，副载波的负峰点对准 R 信号。 了解这一点对立体声解码器电路分析最重要
提示	对副载波正峰点进行采样，便能获得左声道信号 L；若对副载波的负峰点采样，便能得到右声道信号 R

1.7.10 集成电路封装形式

4. 寻找电路板上地线方法 4

1. 几种常见的集成电路封装形式

表 1-6 所示是几种常见的集成电路封装形式说明。

表 1-6　几种常见的集成电路封装形式说明

名称	外形图	说明
DIP		DIP 是 Dual Inline Package 的缩写，意为双列直插封装，绝大多数中、小规模集成电路均采用这种封装形式，其引脚数一般不超过 100 个。 DIP 封装的芯片有两排引脚，分布于两侧，且成直线平行布置，引脚直径和间距为 2.54mm，需要插入到具有 DIP 结构的芯片插座上，也可以直接插在有相同焊孔数和几何排列的电路板上进行焊接。 DIP 具有以下几个特点。 （1）适合在印制电路板（PCB）上穿孔焊接，操作方便。 （2）芯片面积与封装面积之间的比值较大，故体积也较大。 （3）除外形尺寸及引脚数之外，并无其他特殊要求。但是，由于引脚直径和间距都不能太小，PCB 上通孔直径、间距以及布线间距都不能太小，所以此种封装难以实现高密度安装。 S-DIP 是收缩双列直插式封装，这一封装类型集成电路的引脚在芯片两侧排列，引脚节距为 1.778mm。 SK-DIP 是窄型双列直插式封装，除了芯片的宽度是 DIP 的 1/2 以外，其他特征与 DIP 相同
DIP-tab		它是在双列直插封装基础上，多出了一个散热片，如图所示
SIP		SIP 是 Single Inline Package 的缩写，意为单列直插封装，这种封装集成电路的引脚从封装一个侧面引出，排列成一条直线。通常，它们是通孔式的，引脚插入 PCB 的金属孔内。当装配到印制基板上时封装呈侧立状

名称	外形图	说明
ZIP		ZIP 是 Zig-Zag Inline Package 的缩写，意为锯齿形单列式封装，又称单列曲插。 它的引脚仍是从封装体的一边伸出，但是排列成锯齿形。这样，在一个给定的长度范围内提高了引脚密度。 引脚中心距通常为 2.54mm。 有的把形状与 ZIP 相同的封装称为 SIP
SOP		SOP 是 Small Out-line Package 的缩写，意为小外形封装，是表面贴装型封装的一种。 这种封装集成电路的引脚数目在 28 个以内，引脚分布在两边。 引脚节距为 1.27mm
SOJ		SOJ 是 Small Out-line J-leaded Package 的缩写，意为 J 形引线小外形封装，引脚从封装主体两侧引出向下呈 J 字形，直接粘贴在 PCB 的表面。 引脚节距为 1.27mm
HSOP		这也是一种双列型集成电路封装形式，只是在中间两侧装有散热片
QFP		QFP 是 Plastic QuadFlat Package 的缩写，意为四方扁平封装。这种封装的芯片引脚之间距离很小，引脚很细，一般大规模或超大型集成电路都采用这种封装形式，其引脚数一般在 100 个以上。 用这种形式封装的芯片必须采用表面安装技术（SMD）将芯片与电路板焊接起来。采用 SMD 安装的芯片不必在电路板上打孔，一般在电路板表面上有设计好的相应引脚的焊点，将芯片各脚对准相应的焊点即可。QFP 具有以下几个特点。 （1）适用于 SMD 在 PCB 上安装布线。 （2）适合高频使用。 （3）操作方便，可靠性高。 （4）芯片面积与封装面积之间的比值较小
PLCC		PLCC 是 Plastic Leaded Chip Carrier 的缩写，意为塑封 J 引线封装。这种封装的集成电路外形呈正方形，四周都有引脚，呈 J 字形。 PLCC 封装具有外形尺寸小、可靠性高、不易变形等优点，但焊接后的外观检查较为困难。 PLCC 封装适合用 SMD 在 PCB 上安装布线。PLCC 封装的集成电路既可以通过插座焊在板子上，也可以直接焊在板子上

名称	外形图	说明
PGA	 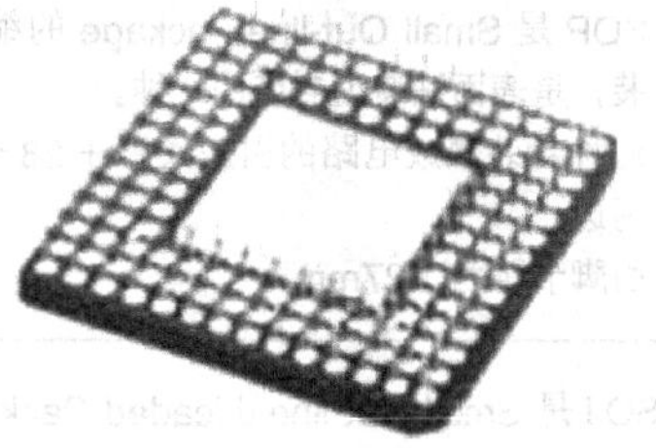	PGA 是 Pin Grid Array 的缩写，意为引脚网格阵列封装。PGA 封装也叫插针网格阵列封装（Ceramic Pin Grid Array Package），目前 CPU 的封装方式基本上是采用 PGA 封装。 引脚节距为 2.54mm 或 1.27mm，引脚数可多达数百个，用于高速的且大规模和超大规模的集成电路。 它在芯片下方围着多层方阵形的插针，每个方阵形插针是沿芯片的四周、间隔一定距离进行排列的，根据引脚数目的多少，可以围成 2～5 圈。它的引脚看上去呈针状，是用插件的方式和电路板相结合。安装时，将芯片插入专门的 PGA 插座即可。 PGA 封装具有插拔操作更方便、可靠性高的优点，缺点是耗电量较大
BOA	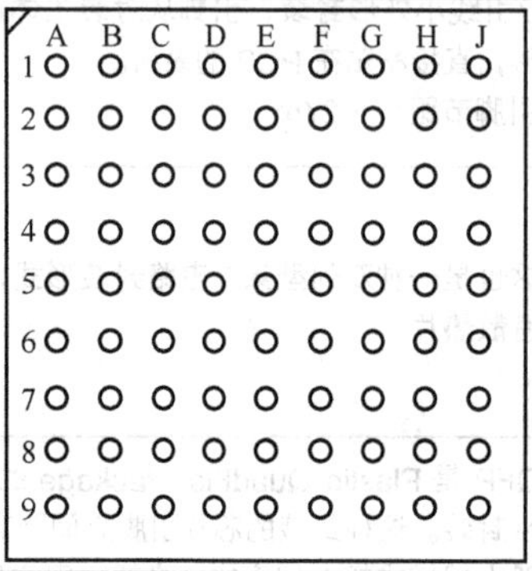	BOA 封装又称栅格阵列引脚封装，是一个多层的芯片载体封装。这类封装的引脚在集成电路的"肚皮"底部，引线是以阵列的形式排列的，所以引脚的数目远远超过引脚分布在封装外围的封装。 利用阵列式封装，可以省去电路板多达 70% 的位置。BOA 封装充分利用封装的整个底部来与电路板互连，而且用的不是引脚而是焊锡球，因此还缩短了互连的距离。 引脚定义方法是：行用英文字母 A、B、C、…表示，列用数字 1、2、3、…表示，用行和列的组合来表示引脚，如 A2、B3 等

2. 集成电路其他一些封装

表 1-7 是集成电路其他一些封装示意图。

表 1-7 集成电路其他一些封装示意图

CLCC　　JLCC　　LCC

LDCC　　FBGA　　LGA

续表

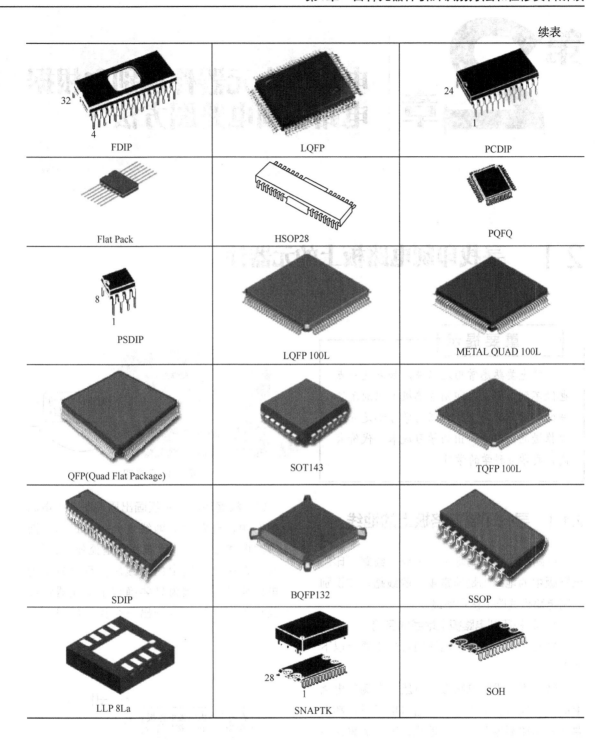

5. 寻找电路板上集
成电路某引脚方法 1

第2章 | 电路板上元器件识别和根据电路板画电路图方法

2.1 寻找印制电路板上的元器件

2.1.1 寻找印制电路板上的地线

电路原理图中的地线是重要的线路，印制电路板中的地线也是非常重要的线路，在识别印制电路板线路中使用率最高。

1. 寻找印制电路板上地线的目的

寻找印制电路板上地线的目的主要有以下两点。

（1）**测量印制电路板中电压**。在测量电路中的直流电压、交流电压、信号电压时，都需要先找出印制电路板中的地线，因为测量这些电压时，电压表的一根表棒接印制电路板上的地线，如图 2-1 所示。使用仪器检修电路故障，或进行电路调试时，需要使用各类信号发生器，这时也要将仪器的一根引线接印制电路板的地线。

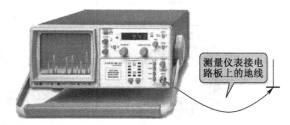

测量仪表接电路板上的地线

图 2-1 示意图

（2）**根据印制电路板画出原理图**。在电路原理图中，电路中的地线是处处相连的，而在印制电路板上的地线线路也是处处相连的，这样，在确定电路中的地线后，可以方便地画电路原理图，因为只要确定了某元器件接电路地线时，就可以画出一个接地符号，如图 2-2 所示。

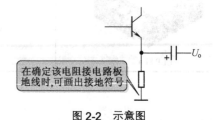

在确定该电阻接电路板地线时,可画出接地符号

图 2-2 示意图

2. 寻找印制电路板上地线的方法

根据印制电路板上地线的一些具体特征可以较方便地找到地线。

（1）**大面积铜箔线路是地线**。印制电路板上面积最大的铜箔线路是地线，通常地线铜箔比一般的线路粗，而且在整个印制电路板上处处相连，如图 2-3 所示。

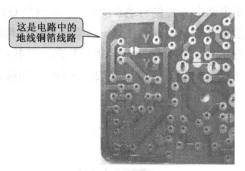

图 2-3 示意图

（2）元器件金属外壳是地线。一些元器件的外壳是金属材料的，如开关件，这些外壳在电路中接地线，所以可以用这一金属外壳作为地线。图 2-4 所示是印制电路板上的晶振示意图，它有金属外壳，它的外壳就是接印制电路板上地线的。

图 2-4 示意图

（3）屏蔽线金属网是地线。如果印制电路板上有金属屏蔽线，如图 2-5 所示，它的金属网线是印制电路板中的地线，根据这一特征也能方便地找到地线。

图 2-5 示意图

（4）体积最大的电解电容的负极为接地线。正极性电源供电电路中，体积最大的电解电容是整机滤波电容，如图 2-6 所示，它的负极接印制电路板的地线。因为体积最大的电解电容比较容易找到，所以找到印制电路板中的地线

也方便。

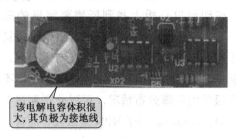

图 2-6 示意图

2.1.2 寻找印制电路板上的电源电压测试点

1. 寻找印制电路板上电源电压测试点的目的

故障检修中，时常需要测量印制电路板上的电源电压，这时需要找到印制电路板上的电源电压端。另外，在故障检修中还需要找到以下一些电压测试点。

（1）集成电路的电源引脚，用来测量集成电路的直流工作电压。

（2）三极管集电极，用来测量该三极管直流工作电压，了解它的工作状态。

（3）电子滤波管发射极或集电极，用来测量电子滤波管输出的直流电压，了解其工作状态。

（4）电路中某一点的对地电压，以便了解这一电路的工作状态。

2. 寻找整机直流工作电压测试点

寻找印制电路板上体积最大、耐压最高、容量最大的电解电容，它是整机滤波电容，它的正极在正极性直流电压供电电路中是整机直流工作电压测试端，如图 2-7 所示。

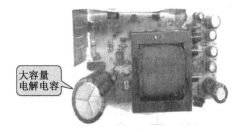

图 2-7 示意图

3. 寻找三极管集电极电压测试点

在印制电路板上找到所需要测量的三极管，根据三极管引脚分布确定哪根引脚是集电极（图2-8是常用的9014三极管示意图），然后测量三极管集电极对地直流电压。如果不知道三极管的引脚分布情况，可以分别测量3根引脚的直流电压。对于NPN型三极管而言，集电极直流电压最高，基极其次，发射极最低；对于PNP型三极管则恰好相反。

图2-8　示意图

4. 寻找集成电路电源引脚的电压测试点

首先在印制电路板上找到集成电路，如果知道该集成电路哪根引脚是电源引脚，可以直接测量。如果不知道哪根引脚是电源引脚，可以测量全部引脚上的直流电压，直流电压最高的是电源引脚，如图2-9所示。

图2-9　示意图

5. 寻找电子滤波管发射极的电压测试点

电子滤波管在电路中起着滤波作用，它输出的直流电压为整机前级电路提供工作电压。寻找时，首先在电路原理图中找出哪只三极管是电子滤波管。图2-10所示是NPN型电子滤波管。

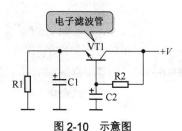

图2-10　示意图

6. 寻找印制电路板中某个电压测试点

故障检修中，往往需要通过测量电路图中某点的直流电压来判断故障。如图2-11所示，测量电路中A点的对地直流电压，A点是OTL功放电路输出端，测量这一点直流电压对判断电路工作状态有着举足轻重的作用。寻找时，首先找到三极管VT1或VT2，它们的发射极连接点是电路中的A点。

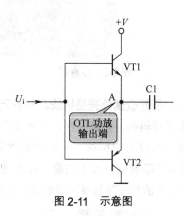

图2-11　示意图

2.1.3　寻找印制电路板上的三极管

1. 根据三极管外形特征寻找印制电路板中的三极管

⚠ 重要提示

印制电路板中的三极管数量远比电阻器和电容器少，所以寻找印制电路板中的某只三极管时可以直接去找，如果电路中的三极管数量很多，可以采取一些简便的方法。

三极管的外形是很有特点的，所以根据这一点可以分清印制电路板上的哪些器件是三极管，关键的问题是确定印制电路板上众多三极管中哪只是所需要找的。如果很熟悉某型号三极管的外形特征，就很容易找到该三极管。图2-12所示是两根引脚的大功率三极管。

图 2-12 示意图

2. 根据标注寻找印制电路板上三极管

如果印制电路板上标出了各三极管的标号，如 VT1、VT2，那么就很容易确定了，如图 2-13 所示。如果没有这样的标注，一是要靠该三极管外形特征来分辨，二是靠外电路特征来确定该三极管。

图 2-13 示意图

3. 寻找印制电路板上贴片三极管

如果在印制电路板的元器件中没有找到三极管，则要注意印制电路板背面，因为贴片三极管装配在印制电路板背面，如图 2-14 所示。

图 2-14 示意图

4. 间接寻找印制电路板上三极管

当印制电路板很大、印制电路板上三极管数量比较多时，在印制电路板上直接寻找三极管就比较困难，此时可以根据原理图中三极管电路的特征，间接寻找印制电路板上的三极管，如图 2-15 所示。例如，在印制电路板上寻找三极管 VT1。

首先，寻找电路中的集成电路 A1，因为印制电路板上的集成电路数量远少于三极管，而且集成电路 A1 的④脚通过电阻 R1 与所需要寻找的三极管 VT1 相连。

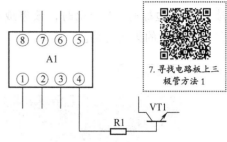

7. 寻找电路板上三极管方法 1

图 2-15 示意图

其次，根据集成电路引脚分布规律，在印制电路板上找到集成电路 A1 的④脚。

最后，沿着集成电路 A1 的④脚铜箔线路找到印制电路板上的电阻器 R1，沿 R1 另一根引脚的铜箔线路可以找到三极管 VT1。

2.1.4 寻找印制电路板上集成电路的某引脚

当需要测量集成电路某引脚的直流电压，或检查某引脚的外电路时，需要在印制电路板中寻找这一集成电路的该引脚。集成电路在印制电路板中的数量相对较少，所以可以采用直接寻找的方法。

在图 2-16 所示电路中寻找所需要的集成电路 U1，找出该集成电路中的⑥脚。

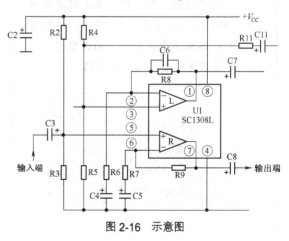

图 2-16 示意图

1. 找出印制电路板中集成电路

在寻找集成电路 U1 的⑥脚时，首先找出集成电路 U1。在印制电路板中可能会有许多个集成电路，此时可以根据印制电路板寻找 U1 的标注，如图 2-17 所示，当某个集成电路旁边标有 U1 标记时，该集成电路就是所需要找的集成电路。

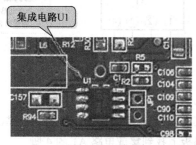

图 2-17　示意图

2．根据引脚分布规律找出某引脚

如图 2-18 所示，根据集成电路的引脚分布规律，可以找出集成电路 U1 的⑥脚。

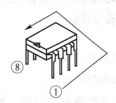

图 2-18　示意图

⚠ **注意事项**

　　有的电路板上不会标出集成电路编号 U1 这样的标注，如图 2-19 所示，这时可以查看电路板上集成电路上面的型号，以此确定是否是所要找的集成电路。

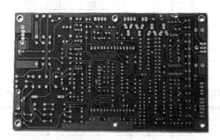

图 2-19　示意图

　　如果电路板上有两块相同型号的集成电路，则要根据该集成电路外电路的特征来确定。注意，如果集成电路是贴片式的，要在电路板的背面（铜箔线路面）寻找。

2.1.5　寻找印制电路板上的电阻器和电容器

　　电阻器在印制电路板上的数量实在太多，根据具体情况可以分成直接寻找和间接寻找两种方法。

1．电阻器分类标注时的寻找方法

　　许多电路图和印制电路板对整机系统中的各部分单元电路的元器件采用分类标注的方法。如图 2-20 所示，1R2 中的 1 表示是整机电路中某一个单元电路中的元器件，这种情况下直接寻找印制电路板上的电阻器是比较方便的。

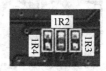

图 2-20　示意图

2．电阻器标注很清楚时的寻找方法

　　有些印制电路板上对元器件的标注非常清楚，特别是贴片式元器件，如图 2-21 所示，而电阻器在印制电路板上的标注比较有规律，这时在印制电路板上直接寻找电阻器比较方便。

图 2-21　示意图

3．间接寻找印制电路板上电阻器方法

　　例如，在印制电路板上寻找图 2-22 所示电路中的电阻 R2，此时可以首先在印制电路板上寻找集成电路 A1，然后根据集成电路引脚的分布规律，在印制电路板上找到集成电路 A1 的④脚，沿着集成电路 A1 的④脚铜箔线路找到印制电路板上的电阻器 R1，沿 R1 另一根引脚的铜箔线路可以找到电阻 R2。

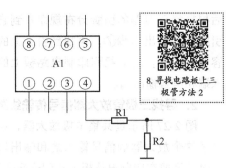

图 2-22　示意图

4. 寻找印制电路板上电容器

印制电路板上电容器的数量也相当多，寻找的方法基本上与寻找电阻器的方法相同。

（1）寻找大容量电解电容器。 如果所需要寻找的电容器是大容量的电解电容（如图 2-23 中所示的 C1，其容量达 2200μF），这样的电容器有一个特征，即体积相当大，且在印制电路板上的数量很少，这时可以在印制电路板上直接寻找。

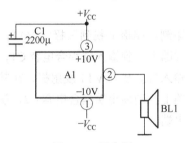

图 2-23　示意图

（2）寻找微调电容器。 如果所需要寻找的是特殊电容器，如微调电容器，如图 2-24 所示，这时也可以在印制电路板上直接寻找。

图 2-24　示意图

2.1.6　寻找印制电路板上其他元器件和识别不认识元器件的方法

1. 寻找印制电路板上其他元器件方法

寻找印制电路板上其他元器件的思路与前面介绍的几种一样，归纳说明如下。

（1）根据外形特征直接寻找印制电路板上的元器件。这需要了解各类元器件的具体外形特征，了解一些元器件的引脚分布规律。

（2）根据电路标注直接寻找印制电路板上的元器件。这需要了解各类电子元器件的电路符号。

（3）根据电路原理图间接寻找电路板上的元器件。根据所需要寻找的元器件在电路原理图中与其他元器件的连接关系，首先寻找其他元器件，再根据电路板上的连接关系找出所需要寻找的元器件。

2. 识别印制电路板上不认识元器件的方法

现代电子元器件技术发展迅速，一些新型电子电器的印制电路板上会出现许多"新面孔"的元器件，给识别这些元器件增加了不少困难，以下一些方法可供参考。

（1）对于印制电路板上某些不认识的元器件，可通过电路原理图去认识它。在印制电路板上找出它在电路原理图中的电路编号，再根据此电路编号找出电路原理图中的相应元器件的电路符号，通过电路符号或电路工作原理来认识该元器件。

（2）如果印制电路板上没有该元器件的电路符号，可以画出与该元器件相连接的相关电路图，根据电路工作原理去判断该元器件的作用。

（3）根据元器件结构和工作原理进行判断。图 2-25 所示是一种外形比较特殊的空气可变电容器（单联），当转动它的转柄时动片和定片相对面积在改变，根据这一原理可以判断它是一个可变电容器。

图 2-25　空气可变电容器

2.1.7 寻找印制电路板上的信号传输线路

在故障检修中，时常需要寻找印制电路板上的信号传输线路，以便用仪器检测电路中的信号传输是否正常。

1. 寻找集成电路信号传输线路

如图 2-26 所示，要检修这一集成电路的信号传输故障，就需要检测它的输入端和输出端上的信号，首先就要在印制电路板上找到这两个检测端。

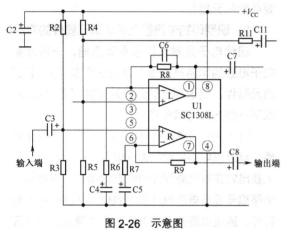

图 2-26　示意图

首先在印制电路板上找到集成电路 U1，然后根据集成电路的引脚分布规律找到它的输入引脚⑤和输出引脚⑦，再找到引脚上的耦合电容 C3 和 C8，就能找到印制电路板上的信号输入端和信号输出端。

2. 寻找三极管放大器信号传输线路

图 2-27 所示是共集电极放大器，电路中标出了这个放大器的信号输入端和输出端，检修中时常需要在印制电路板上找到这两个端点。

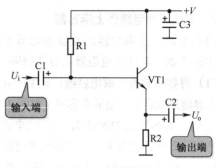

图 2-27　示意图

在印制电路板上找到三极管 VT1，在其基极铜箔线路上找到输入端耦合电容 C1，就能找到信号输入端。找到 VT1 发射极，在其发射极铜箔线路上找到输出端耦合电容 C2，就能找到信号输出端。

2.2　根据印制电路板画出电路图

> ⚠ **重要提示**
>
> 故障检修中，如果没有电路原理图，而故障处理起来又比较困难，此时可以根据电路板上的元器件和印制线路的实际情况画出电路原理图。

2.2.1 根据印制电路板画电路图的方法

1. 画电路图的基本思路

（1）缩小画图范围。没有必要画出整机电路图，根据故障现象和可能采取的检查步骤，将故障范围确定在最小范围内，只对这一范围内的电路依据实物画图。

（2）确定单元电路类型。根据印制电路板上元器件的特征确定电路类型，例如是电源电路中的整流电路还是放大器电路等，确定电路种类的大方向。再根据电路类型，观察印制电路板上元器件的特征，确定具体单元电路的大致种类。例如，见到一只整流二极管是半波整流电路，见到两只整流二极管是全波整流电路，见到 4 只整流二极管在一起的是桥式整流电路。

（3）选用参考电路。根据具体的电路种类，利用所学过的电路作为参考电路。例如，对于全波整流电路先画出一个典型的全波整流电路，然后与印制电路板上的实际电路进行核对，进行个别调整。

（4）验证方法。画出电路图后，再根据所画的电路图与印制电路板的实际情况进行反向检查，即验证所画电路图中的各元器件在印制电路板上是不是连接正确，如果有差错，说明所画电路图有误。

2. 观察印制电路板上铜箔线路走向的方法

观察印制电路板上元器件与铜箔线路的连接和铜箔线路的走向时，可以用灯照的办法。如图 2-28 所示，用灯光照在有铜箔线路的一面，在元器件面可以清晰、方便地看到铜箔线路与各元器件的连接情况，这样可以省去印制电路板的翻转。因为不断翻转印制电路板不但麻烦，而且容易折断印制电路板上的引线。

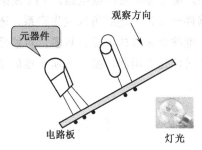

图 2-28　借助灯光观察印制电路板上
铜箔线路走向的示意图

3. 双层印制电路板观察铜箔线路方法

图 2-29 所示是双层印制电路板示意图，在装配元器件面（顶层）和背面（底层）都有铜箔线路，贴片元器件可以装在顶层也可以装在底层。

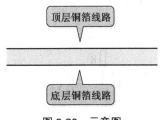

图 2-29　示意图

为了连接顶层和底层的铜箔线路，在印制电路板上设置了过孔，如图 2-30 所示。凡是需

要连接顶层和底层的铜箔线路处，都会设置一个过孔。

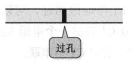

图 2-30　示意图

图 2-31 所示是一个实际的双层铜箔线路示意图。

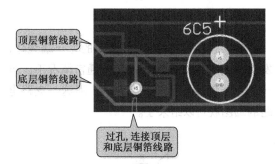

图 2-31　实际的双层铜箔线路示意图

2.2.2 根据元器件画电路图

重要提示

分析电路的工作原理，关键是抓住单元电路的电源电压 +V 端（或 –V 端）、接地端、信号输入端和信号输出端，而根据电路板画电路图时（由于印制电路板上的印制电路板图分布与电路图规律"格格不入"），要先画出各元器件之间的相互连接电路，然后再把它们分别接入各端。

1. 画三极管电路的方法

如图 2-32 所示，先画出三极管电路符号，发现其发射极上连接有两个元件 R1 和 C1，就画出这两个元件。如果三极管 VT1 发射极上有更多相连接的元器件，应全部画出。

图 2-32　示意图

9. 寻找电路板上电阻器方法 1

画出 R1 和 C1 之后，在印制电路板上寻找 R1 和 C1 另一端连接的器件或线路，如图 2-33 所示。发现 R1 与地线相连，可以直接画出地线符号。发现 C1 与另一个电阻 R2 相连，画出 R2 电路符号，它与 C1 相串联。

图 2-33　示意图

继续在印制电路板上找 R2 的另一端线路，发现接地线，如图 2-34 所示。通常情况下，当一个元器件接地线或接电源了，那这一支路电路的画图就可以结束了。

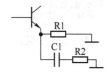

图 2-34　示意图

按照习惯画法，将画出的草图进行整理，如图 2-35 所示，以便对这一电路进行分析和理解。

图 2-35　示意图

2. 画三极管放大器的方法

⚠ 重要提示

根据电路板实物画出电路图也有方法和技巧可言，关键是要熟悉各种三极管电路，这样画图就显得比较容易了。

（1）第一步先画出三极管电路符号。 如图 2-36 所示，首先确定印制电路板上实际的三极管是 NPN 型还是 PNP 型，现在用得最多的是 NPN 型三极管。

图 2-36　示意图

（2）第二步画集电极电路。 在印制电路板上找到 VT1 集电极，然后画出与集电极相连的所有元器件，如图 2-37 所示，并注意哪个电阻器与电源电路相连（R2），哪个耦合电容与下级放大器相连（C2）。

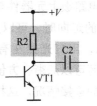

图 2-37　示意图

（3）第三步画发射极电路。 VT1 发射极上的元器件一般是与地线方向发生联系，通常发射极与地线之间接的元器件较多，可能是电容器，也可能是电阻器，图 2-38 所示接的是电阻器（R3）。

图 2-38　示意图

（4）第四步画基极电路。 VT1 基极上的元器件有 3 个方向：一是电源方向，二是地线方向，三是前级电路方向。如图 2-39 所示，电源方向接的是电阻 R1，地线方向上也有可能有电阻器（图中没有），前级方向会有耦合电容（C1）。

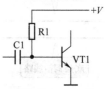

图 2-39　示意图

（5）第五步画出整个三极管电路。 将上述 4 步的电路图拼在一起就是一个完整的电路图，如图 2-40 所示。从这一电路中可以看出，这是一个共发射极放大器的直流电路。如果画出来的电路不符合电路常理，那有可能是画错了，也有可能是这一电路比较特殊。

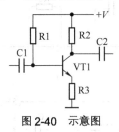

图 2-40　示意图

3. 画其他三极管电路的方法

> **⚠ 重要提示**
>
> 　　根据电路板上元器件实物画出其他的三极管电路时，关键是搞清楚三极管的大致功能，例如构成的是振荡器电路还是控制器电路，在确定了这个大方向之后根据元器件特征再确定可能是哪类具体的电路。

（1）画出三极管的直流电路。三极管在它的大多数应用电路中都有直流电路。如果画图过程中发现三极管没有完整的直流电路，那么该三极管很可能不是工作在放大、振荡等状态，而是构成了一种特殊的电路，如三极管式 ALC（自动电平控制）电路。这样的判断需要有扎实的电路基础知识。

（2）画完与三极管 3 个电极相连的元器件电路。

（3）将画出的草图进行整理，以方便对电路工作原理进行分析。如果电路分析中发现明显的电路错误，说明很有可能是电路图画错了，需要对照印制电路板进行核实。

4. 画集成电路的方法

（1）第一步画出电路符号。首先根据实物搞清楚所画集成电路有几根引脚，再画出相应引脚数的集成电路符号，如图 2-41 所示。这是一个 8 根引脚双列集成电路，所以电路符号要画成双列形式，且为 8 根引脚，各引脚序号符

合一般画图规律，即从左下角起逆时针方向依次排列。

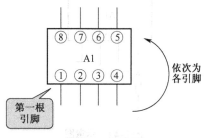

图 2-41　示意图

（2）第二步画出接地引脚电路。电路断电后，用万用表电阻 R×1 挡测量哪根引脚与地线之间的电阻为零，该引脚就是接地引脚，在该引脚上画接地符号，如图 2-42 所示。

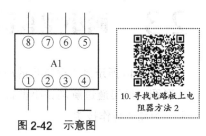

10. 寻找电路板上电阻器方法 2

图 2-42　示意图

（3）第三步画出电源引脚电路。在印制电路板通电状态下，用万用表直流电压挡测量各引脚对印制电路板地线的直流电压，电压最高的引脚为电源引脚，在该引脚上画出电源 $+V_{CC}$ 符号，如图 2-43 所示。

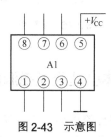

图 2-43　示意图

（4）第四步分别画出各引脚电路。在印制电路板上找到某引脚，如①脚，沿①脚铜箔线路画出所有与①脚相连的元器件的电路符号。如果该引脚外电路中有串联元器件，也应该一一画出，直到画出一个相对明确的电路图，如画到接地端或电源端，或是与集成电路的另一根引脚相连，如图 2-44 所示。

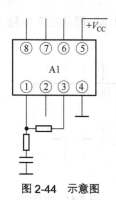

图 2-44　示意图

在画出集成电路的各引脚外电路之后，对电路图进行整理，画成平时习惯的画法，再按照从上而下、自左向右的方向给电路中的各元器件编号，如图 2-45 所示。必要时还要根据印制电路板中元器件的实物，查出它们的型号和标称值。

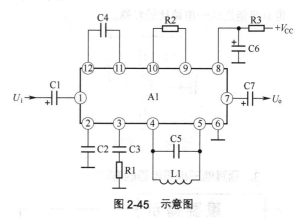

图 2-45　示意图

2.3　画小型直流电源电路图

图 2-46 所示是十分常见的小型直流电源的外形图。这里通过解剖该小型直流电源的过程来学习动手操作技能。

图 2-46　示意图

2.3.1　解体小型直流电源的方法

拆下小型直流电源背面的两颗固定螺钉，取下正面的标签，并拆下图 2-46 所示处的一颗螺钉，这样可以将外壳打开。图 2-47 所示是打开外壳后的内部线路图。从图中可以看出，它由一只小型电源变压器和一块印制电路板组成。

1. 初步了解情况

根据对实物的观察，这一电源变压器二次绕组共有 7 根引出线，以一根引脚为共用引脚，可以得到 6 组不同的交流输出电压。

图 2-47　小型直流电源内部电路图

这一小型直流电源共有 6 组直流输出电压：3V、4.5V、6V、7.5V、9V 和 12V，每一组交流输出电压对应一个相应的直流输出电压。二次绕组的抽头选择由印制电路板上的一只转换开关完成。

2. 了解元器件组成

印制电路板上的主要元器件：两只转换开关，一只是电源变压器二次绕组抽头转换开关，另一只是输出直流电压的极性转换开关（控制是负极性还是正极性直流电压输出）；一只滤波电容；一只电阻器和 4 只二极管。

2.3.2　画出小型直流电源电路图

根据印制电路板上的元器件和铜箔线路画出该小型直流电源的电路图。

1. 画出电源变压器电路图

首先画出电源变压器的电路符号。根据实物可知，电源变压器有一组没有抽头的一次绕组和一组共有7根引脚的二次绕组，图2-48所示是这一电源变压器电路。根据变压器降压电路工作原理可知，一次绕组与220V交流电源线相连，二次绕组应该与整流电路相连。因为二次绕组有抽头，而且使用一组整流电路，所以二次绕组与整流电路之间还应该有一个交流电压转换开关。

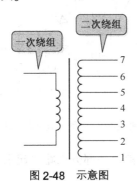

图 2-48 示意图

2. 画出整流和滤波电路图

根据实物可知，该电源中有4只二极管，由于这种小型直流电源不能同时输出正、负极性的直流电压，所以这4只二极管很可能是构成典型的桥式整流电路。所以先画出一个典型的桥式整流电路，如图2-49所示。然后根据印制电路板上4只二极管的实际连接情况进行核对，以确定就是典型的桥式整流电路。

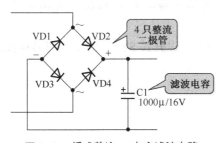

图 2-49 桥式整流、电容滤波电路

因为印制电路板上只有一只滤波电容，所以这一直流电源采用的是典型的电容滤波电路，如图中所示的C1。

3. 画出二次绕组抽头转换开关的电路图

因为这一小型直流电源能够调整直流输出电

压的极性，所以整流和滤波电路的接地端不能简单地接地线，应该与直流输出电压极性转换开关相连。将降压、整流和滤波电路拼起来是画出整个电源电路图的关键，这其中主要是通过印制电路板上铜箔线路的连接情况，画出两只转换开关电路。

图2-50所示是小型直流电源二次绕组抽头转换开关电路。根据实物画出这一电路图，主要说明以下几点。

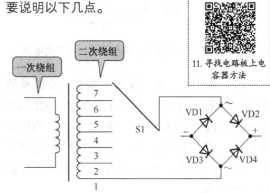

11. 寻找电路板上电容器方法

图 2-50 二次绕组抽头转换开关电路

（1）在印制电路板上找到电源变压器二次绕组，共有7根引脚，其中必然有一根引脚直接与桥堆的交流电压输入引脚相连，见图中引脚①，直接与桥堆的一个交流输入端"～"相连。

（2）桥堆的另一个交流输入端"～"必定与二次绕组抽头转换开关相连，这样可以找到二次绕组抽头转换开关。

（3）二次绕组抽头转换开关必定是一个单刀六掷开关，因为它要转换6挡，得到6种不同的交流电压。

（4）根据变压器工作原理可知，当开关S1置于图示7位置时，小型直流电源输出的直流电压最高，因为这时输入桥堆的交流电压最大。

4. 画出直流电压输出电路图和极性转换开关电路图

小型直流电源的直流输出电压极性可以转换，可以是正极性直流电压输出，也可以是负极性直流电压输出，这一功能通过直流电压极性转换开关来完成。图2-51所示是直流电压输出电路和极性转换开关电路。电路中的S2-1、S2-2是直流电压极性转换开关，这是一个双刀双掷开关。根据实物画出这一电路图，主要说明以下几点。

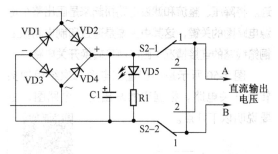

图2-51　直流电压输出电路和极性转换开关电路

（1）画出直流电压输出电路有一个简单的方法。查看印制电路板上的滤波电容C1，C1是一只有极性电解电容，通过其外壳上的极性可以确定桥堆极性，C1的正极与桥堆的"+"端相连，C1的负极与桥堆的"–"端相连，如图2-51所示。

（2）电路中的VD5是发光二极管，是电源指示灯，它通过限流保护电阻R1接在滤波电容C1两端，VD5正极与C1正极相连。

（3）R1用来保护发光二极管VD5，它的色环顺序是棕、红、红、金，查色环电阻器资料可知R1为1.2kΩ，误差为±5%。注意，误差色环只有金、银两种，根据这一点可确定色环顺序，金或银色环为最后一条色环。

（4）画出直流电压极性转换开关最为困难，开关S2-1、S2-2是双刀双掷开关，如图2-51所示。A点和B点是直流电压输出端，当A点电压为正时，B点电压为负。当开关转换到另一个极性时，A点电压为负，B点电压为正。

（5）开关S2-1、S2-2在图示1位置时，A点电压为正，B点电压为负；开关S2-1、S2-2转换到图中2位置时，A点电压为负，B点电压为正。

5. 画出整个电源电路图

图2-52所示是小型直流电源电路。关于这一电源电路的工作原理，主要说明以下几点。

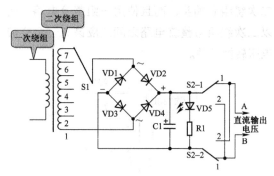

图2-52　小型直流电源电路

（1）将前面各部分电路拼起来就得到了整个电源电路图。

（2）电源电路图可以方便装配和电路故障检修。

（3）T1是电源变压器，它能够输出6组交流低电压；引脚①为共用引脚。当开关S1置于不同位置时，能够得到不同的交流低电压输出，加到桥式整流电路中。

（4）经过整流后的电压通过电容C1滤波，得到直流工作电压。发光二极管VD5用来指示电源状态，它发光时表明电源已接通。

（5）通过开关S2-1、S2-2可以转换直流输出电压的极性。

2.4 接地知识点"微播"

重要提示

接地技术在现代电子领域得到了广泛而深入的应用。

1. 两大类接地

电子设备的"地"通常有两种含义："大地"（安全地，在电路中用符号 ⏚ 表示）和"系统基准地"（信号地，在电路中用符号 ⏛ 表示，一般是接机壳或底板）。

接地技术早期主要应用在电力系统中，后来接地技术延伸应用到弱电系统中。

"接大地"是以地球的电位为基准，并以大地作为零电位，把电子设备的金属外壳、电路基准点与大地相连。由于大地的电容非常大，一般认为大地的电势为零。

系统基准地就是指在系统与某个电位基准面之间建立低阻的导电通路，在弱电系统中的接地一般不是指真实意义上与地面相连的接地。

2. 接地

电子设备将接地线接在一个作为参考电位的导体上，当有电流通过该参考电位时，接地点是电路中的共用参考点，这一点的电位为零。

电路中，其他各点的电位高低都是以这一参考点为基准的，一般在电路图中所标出的各点电压数据都是相对接地端的大小，这样可以大大方便修理中的电压测量。

3. 地线

相同接地点之间的连线称为地线。图 2-53 是电子电路图中的地线示意图。

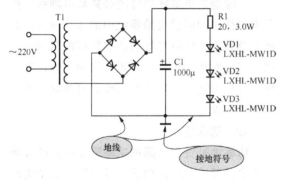

图 2-53　电子电路图中的地线示意图

4. 接地目的

把接地平面与大地连接，往往是出于以下考虑：提高设备电路系统工作的稳定性，静电泄放，为工作人员提供安全保障。

重要提示

接地的目的是出于安全考虑，即保护接地，为信号电压提供一个稳定的零电位参考点（信号地或系统地），起屏蔽保护作用。

5. 安全接地

安全接地即将高压设备的外壳与大地连接。图 2-54 所示是电冰箱保护性接地。

图 2-54　示意图

这种接地出于以下方面的保护目的。

（1）防止机壳上积累电荷，产生静电放电而危及设备和人身安全，例如计算机机箱的接地，油罐车那根拖在地上的尾巴，都是为了使积聚在一起的电荷释放，防止出现事故。

（2）当设备的绝缘损坏而使机壳带电时，促使电源的保护动作而切断电源，以便保护工作人员的安全，例如电冰箱、电饭煲的外壳。

（3）可以屏蔽设备巨大的电场，起到保护作用，例如民用变压器的防护栏。

6. 防雷接地

当电力电子设备遇雷击时，不论是直接雷击还是感应雷击，如果缺乏相应的保护，电力电子设备都将受到很大损害甚至报废。为防止雷击，一般在高处（例如屋顶、烟囱顶部）设置避雷针与大地相连，如图 2-55 所示，以防雷击时危及设备和人员安全。

图 2-55　示意图

12. 识别电路板上不认识元器件方法

重要提示

安全接地与防雷接地都是为了给电子电力设备或者人员提供安全的防护措施，用来保护设备及人员的安全。

接地电阻是接地体的流散电阻与接地线的电阻之和。接地电流流入地下后，通过接地体向大地作半球形散开，这一接地电流就叫做流散电流。流散电流在土壤中遇到的全部电阻叫做流散电阻。流散电阻需用专门的接地电阻测量仪测量。

接地电阻的阻值要求是：安全接地小于4Ω，防雷装置小于1Ω。

7. 工作接地

工作接地是为电路正常工作而提供的一个基准电位。这个基准电位一般设定为零。该基准电位可以设为电路系统中的某一点、某一段或某一块等。

（1）未与大地相连。当该基准电位不与大地连接时，视为相对的零电位。但这种相对的零电位是不稳定的，它会随着外界电磁场的变化而变化，使系统的参数发生变化，从而导致电路系统工作不稳定。

（2）与大地相连。当该基准电位与大地连接时，基准电位视为大地的零电位，而不会随着外界电磁场的变化而变化。但是不合理的工作接地反而会增加电路的干扰。比如接地点不正确引起的干扰，电子设备的共同端没有正确连接而产生的干扰。

> ⚠ **重要提示**
>
> 为了有效控制电路在工作中产生的各种干扰，使之符合电磁兼容原则，设计电路时，根据电路的性质可以将工作接地分为以下不同的种类，比如直流地、交流地、数字地、模拟地、信号地、功率地、电源地等。

8. 信号地

信号地是各种物理量信号源零电位的公共基准地线。由于信号一般都较弱，易受干扰，不合理的接地会使电路产生干扰，因此对信号地的要求较高。

9. 模拟地

模拟地是模拟电路零电位的公共基准地线。模拟电路中有小信号放大电路、多级放大电路、整流电路、稳压电路等，不适当的接地会引起

干扰，影响电路的正常工作。

> ⚠ **重要提示**
>
> 模拟电路中的接地对整个电路来说有很大的意义，它是整个电路正常工作的基础之一。所以模拟电路中，合理地接地对整个电路的作用不可忽视。

10. 数字地

数字地是数字电路零电位的公共基准地线。由于数字电路工作在脉冲状态，特别是脉冲的前后沿较陡或频率较高时，会产生大量的电磁波干扰电路。

> ⚠ **重要提示**
>
> 如果接地不合理，会使干扰加剧，所以对数字地的接地点选择和接地线的敷设也要充分考虑。

11. 电源地

电源地是电源零电位的公共基准地线。由于电源往往同时供电给系统中的各个单元，而各个单元要求的供电性质和参数可能有很大差别，因此既要保证电源稳定可靠的工作，又要保证其他单元稳定可靠的工作。电源地一般是电源的负极。

12. 功率地

功率地是负载电路或功率驱动电路的零电位的公共基准地线。由于负载电路或功率驱动电路的电流较强、电压较高，如果接地的地线电阻较大，会产生显著的电压降而产生较大的干扰，所以功率地线上的干扰较大。因此功率地必须与其他弱电地分别设置，以保证整个系统稳定可靠的工作。

13. 屏蔽接地

屏蔽与接地应当配合使用，才能有良好的屏蔽效果，主要是为了考虑电磁兼容，典型的两种屏蔽是静电屏蔽与交变电场屏蔽。

（1）交变电场屏蔽。为降低交变电场对敏感电路（比如多级放大电路、RAM 和 ROM 电

路）的耦合干扰电压，可以在干扰源和敏感电路之间设置导电性好的金属屏蔽体，或将干扰源、敏感电路分别屏蔽，并将金属屏蔽体接地，如图2-56所示。

图2-56　示意图

13.寻找电路板上电压测试点方法1

⚠ 重 要 提 示

　　只要金属屏蔽体良好接地，就能极大地减小交变电场对敏感电路的耦合干扰电压，这样电路就能正常工作了。

　　（2）**静电屏蔽**。当用完整的金属屏蔽体将带电导体包围起来时，在屏蔽体的内侧将感应出与带电导体等量异种的电荷，外侧出现与带电导体等量的同种电荷，因此外侧仍有电场存在。

　　如果将金属屏蔽体接地，如图2-57所示，外侧的电荷将流入大地，金属壳外侧将不会存在电场，相当于壳内带电体的电场被屏蔽起来了。

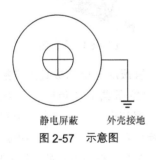

静电屏蔽　　外壳接地

图2-57　示意图

14. 电路的屏蔽罩接地

　　各种信号源和放大器等易受电磁辐射干扰的电路应设置屏蔽罩。

⚠ 重 要 提 示

　　由于信号电路与屏蔽罩之间存在寄生电容，因此要将信号电路地线末端与屏蔽罩相连，以消除寄生电容的影响，并将屏蔽罩接地，以消除共模干扰。

15. 电缆的屏蔽层接地

　　在一些通信设备中的弱信号传输电缆中，为了保证信号传输过程中的安全和稳定，可以使用外面带屏蔽网的电缆。图2-58是同轴电缆示意图。它的作用是防止干扰其他设备并防止本身被干扰。

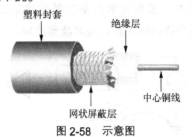

塑料封套　　绝缘层

中心铜线

网状屏蔽层

图2-58　示意图

　　例如，闭路电视使用的是同轴电缆和音频线，它们外面的金属网用来起屏蔽作用。

　　为了进一步提高同轴电缆的抗干扰效果，同轴电缆的接线要采用专门的接线头，图2-59是同轴电缆接线头实物示意图。

图2-59　示意图

⚠ 重 要 提 示

　　屏蔽电缆分类：普通屏蔽线适用于频率低于30kHz的电缆，屏蔽双绞线适用于频率低于100kHz的电缆，同轴电缆适用于频率低于100MHz的电缆。

16. 电缆屏蔽层双端接地

　　图2-60是电缆的屏蔽层双端接地示意图，它在电缆的信号源和负载端同时将屏蔽层接地。

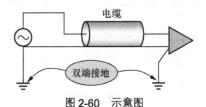

电缆

双端接地

图2-60　示意图

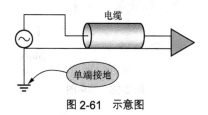

重要提示

如果周围环境的噪声干扰比较大，则应该采用这种双端接地方式。

17．电缆屏蔽层单端接地

图2-61是电缆的屏蔽层单端接地示意图，它只在电缆的信号源端将屏蔽层接地。

图2-61　示意图

重要提示

如果信号传输距离大于几百米，周围环境的噪声干扰比较小，为了抑制低频共模干扰（电源纹波干扰），也可以采用这种单端接地方式，不将电缆负载端接地。

18．低频电路电缆的屏蔽层接地

频率低于1MHz的电缆屏蔽层应采用单点接地的方式，屏蔽层接地点应当与电路的接地点一致，一般是电源的负极。图2-62是几种低频电缆单端接地方式示意图。

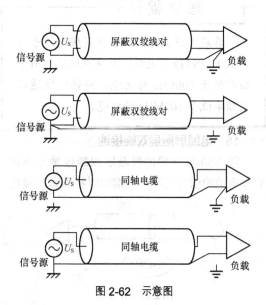

图2-62　示意图

图2-63是屏蔽双绞线实物示意图。双绞线是两根线缠绕在一起制成的，双绞线的绞扭若均匀，所形成的小回路面积相等而法线方向相反，这时其磁场干扰可以相互抵消。屏蔽双绞线则是在双绞线基础上再加屏蔽层。

图2-63　示意图

19．屏蔽线屏蔽层接地方法

同轴电缆有专用的接线头，普通屏蔽线可以采用针型插头连接（又称莲花插头、RCA插头），如图2-64所示，可以提高屏蔽效果，这种连接头可以进行音频和视频连接。

图2-64　示意图

在实现屏蔽层与电路板直接焊接时，接地时应尽量避免所谓的"猪尾巴"效应。如图2-65所示，屏蔽电缆的一端在与电路板连接时屏蔽层的编织网被集中在一侧，扭成"猪尾巴"状的辫子，而芯线有相当长的一段露出屏蔽层，这种做法在很大程度上会降低屏蔽效果。芯线不能曝露在外界电磁场中。

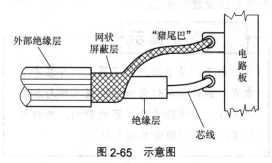

图2-65　示意图

20. 多层屏蔽电缆屏蔽层接地

对于多层屏蔽电缆，每个屏蔽层应在一点接地，但各屏蔽层之间应相互绝缘。

21. 高频电路电缆的屏蔽层接地

高频电路电缆的屏蔽层接地应采用多点接地的方式。高频电路的信号在传递中会产生严重的电磁辐射，数字信号的传输会严重地衰减，缺少良好的屏蔽会使数字信号产生错误。

> ⚠ **重要提示**
>
> 接地一般采用的原则是当电缆长度大于工作信号波长的 0.15 倍时，采用工作信号波长 0.15 倍的间隔多点接地。如果不能实现，则至少将屏蔽层两端接地。

22. 电缆差模和共模电流回路

图 2-66 是电缆产生的差模辐射和共模电流回路产生的共模辐射示意图。

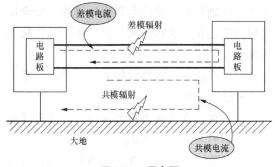

图 2-66　示意图

> ⚠ **重要提示**
>
> 差模电流回路就是电缆中的信号电流回路，而共模电流回路是电缆与大地形成的。

23. 屏蔽电缆各种接地方式抗干扰效果

屏蔽电缆单端接地方式能够很好地抑制磁场干扰，同时也能很好地抑制磁场耦合干扰。

对于屏蔽电缆双端接地方式，它抑制磁场干扰的能力比单端接地方式电路要差。

对于屏蔽电缆屏蔽层不接地方式，屏蔽电缆的屏蔽层悬空，只有屏蔽电场耦合干扰的能力，无抑制磁场耦合干扰的能力。

24. 系统的屏蔽体接地

当整个系统需要抵抗外界电磁干扰，或需要防止系统对外界产生电磁干扰时，应将整个系统屏蔽起来，并将屏蔽体接到系统地上。例如计算机的机箱、敏感电子仪器、某些仪表。

25. 电源变压器屏蔽层

图 2-67 是电源变压器屏蔽层示意图，通常屏蔽层只有一层，设置在一次绕组和二次绕组之间。

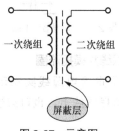

图 2-67　示意图

14. 寻找电路板上电压测试点方法 2

> ⚠ **重要提示**
>
> 共模干扰是一种相对大地的干扰，所以它主要通过变压器绕组间的耦合电容来传输。在一次绕组和二次绕组之间插入屏蔽层，并使之良好接地，便能使干扰电压通过屏蔽层旁路掉，从而减小输出端的干扰电压。屏蔽层对变压器的能量传输并无不良影响，但是影响了绕组间的耦合电容，即减小分布电容，达到抑制共模干扰的目的。

图 2-68 是电源变压器屏蔽层的几种接地电路。

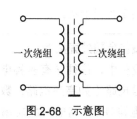

图 2-68　示意图

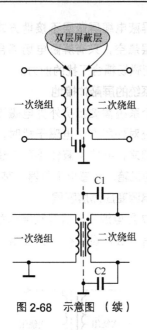

图 2-68 示意图 （续）

26．电源线共模扼流圈

图 2-69 是直流电源线实物示意图，铁氧体磁环套在两根导线上，也可起到共模扼流的作用。

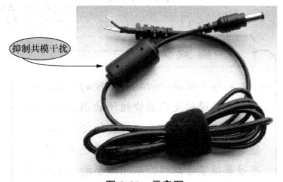

图 2-69 示意图

> ⚠ **重要提示**
>
> 利用光电耦合器只能传输差模信号，不能传输共模信号，完全切断了两个电路之间的地环路，可传输直流和低频信号，但是抑制了共模干扰。

27．设备金属外壳接地

电子设备中，往往含有多种电路，比如低电平的信号电路（如高频电路、数字电路、小信号模拟电路等）、高电平的功率电路（如供电电路、继电器电路等）。为了安装电路板和其他元器件，并抵抗外界电磁干扰，需要设备具有一定机械强度和屏蔽效能的外壳。

这些较复杂的设备接地时一般要遵循以下原则。

50Hz 电源零线应接到安全接地螺栓处，对于独立的设备，安全接地螺栓设在设备金属外壳上，并有良好的电气连接；为防止机壳带电危及人身安全，绝对不允许用电源零线作地线代替机壳地线。

为防止高电压、大电流和强功率电路（如供电电路、继电器电路）对低电平电路（如高频电路、数字电路、模拟电路等）的干扰，一定要将它们分开接地，并保证接地点之间的距离。信号地分为数字地和模拟地，数字地与模拟地要分开接地，最好采用单独电源供电并分别接地，信号地线应与功率地线和机壳地线相绝缘。

信号地线可另设一个和设备外壳相绝缘的信号地接地螺栓，该信号地接地螺栓与安全接地螺栓的连接有 3 种方法，其选用取决于接地的效果。

（1）不连接而成为浮地式，浮地的效果不好，一般不采用。

（2）直接连接成为单点接地式，注意是在低频电路中采用单点接地。

（3）通过 $1 \sim 3\mu F$ 电容器连接，这是直流浮地、交流接地方式。

其他的接地最后全部汇聚在安全接地螺栓上，该点应位于交流电源的进线处。

28．单点接地

工作接地根据工作频率等实际情况，可以采用几种接地方式。

工作频率低（低于 1MHz）的系统一般采用单点接地方式，如图 2-70 所示，就是把整个电路系统中的一个结构点看成一个接地参考点，所有对地连接都接到这一点上，最好设置一个安全接地螺栓，以防两点接地产生共地阻抗的电路性耦合。

15. 寻找电路板上电压测试点方法3

图 2-70 示意图

多个电路的单点接地方式又分为串联和并联两种，由于串联接地产生共地阻抗的电路性耦合，所以低频电路最好采用并联的单点接地方式。

⚠ 重要提示

为防止电路自身的工频和其他杂散电流在信号地线上产生干扰，信号地线应与功率地线和安全地线相绝缘，且只在功率地、安全地和接地线的安全接地螺栓上相连，这里不包括浮地连接方式。

29. 多点接地

多点接地是指设备中各个接地点都直接接到距它最近的接地平面上，以使接地引线的长度最短，如图 2-71 所示。

图 2-71 示意图

在该电路系统中，用一块接地平板代替电路中每部分各自的地回路。因为接地引线的感抗与频率、长度成正比，工作频率高将增加共地阻抗，从而将增加共地阻抗产生的电磁干扰，所以要求地线的长度尽量短。

⚠ 重要提示

采用多点接地时，尽量找最低阻值接地面接地，一般用在工作频率高于 30MHz 的电路中。这种电路一般是工作频率高的弱电电路，如果接地点安排不当，会产生严重的干扰。比如要分开接，以避免数字电路与模拟电路的共模干扰。

30. 混合接地

工作频率介于 1 ～ 30MHz 的电路采用混合接地方式。当地线的长度小于工作信号波长的 1/20 时，采用单点接地方式，大于这个值的采用多点接地方式。有时可视实际情况灵活处理。

31. 浮地

浮地是指设备地线系统在电气上与大地绝缘的一种接地方式。其优点是该电路不受大地电性能的影响；缺点是该电路易受寄生电容的影响，而使该电路的地电位变动并增加了对模拟电路的感应干扰。

由于该电路的地与大地无导体连接，易产生静电积累而导致静电放电，可能造成静电击。

32. 正或负极性电源接地符号

图 2-72 是正极性和负极性电源电路的接地示意图。正电源供电时出现了接地符号，电池负极用接地符号表示，正极用 +V 表示，显然电路图比较简捷，方便识图。

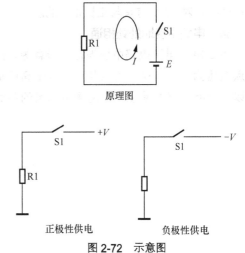

图 2-72 示意图

⚠ 重要提示

负电源供电时，−V 端是电池的负极，接地点是电池的正极。

33. 正、负极性电源同时供电时接地符号

图 2-73 所示是正、负极性电源同时供电时接地符号。

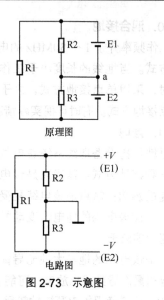

图 2-73　示意图

电压数据是相对地端的大小。

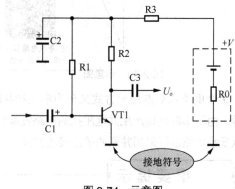

图 2-74　示意图

原理图中没有接地的电路符号，电路中的 E1 和 E2 是直流电源，a 点是两电源的连接点，将 a 点接地就是标准形式的电路图，$+V$ 表示正电源（E1 的正极端），$-V$ 表示负电源（E2 的负极端）。电路中的接地点，对 E1 而言是与负极相连的，对 E2 而言是与正极相连的。

34．电路中接地处处相通

图 2-74 是电子电路中接地符号示意图。接地点电压为零，电路中其他各点的电压高低都是以这一参考点为基准，电路图中标出的各点

⚠ 重要提示

少量电路图中会出现两种不同接地符号，图 2-75 所示是两种不同的接地电路符号，这时一定要注意，这表示电路中存在两个彼此独立的直流电源供电系统，两个接地点之间高度绝缘，切不可用导线将接地点间接通。

图 2-75　示意图

第**3**章 | 万用表检测电路板方法及测量仪表

3.1 初步熟悉万用表

⚠ **重要提示**

万用表的主要功能如下。

（1）通过测量电阻的大小来判断电路的开路、短路和各种元器件的质量情况，这是最为常用的功能。

（2）通过测量电路中某些关键测试点的直流电流（有时还需要测量交流电流）大小，来判断电路的工作状态是否正常。

3.1.1 万用表使用安全永远第一

万用表的操作关系到人身和表的安全，切记安全第一。

1. 人身安全注意事项

在电子技术实验活动中，主要会接触到220V交流市电，220V交流市电对生命安全是有危险的。

用万用表测量220V交流电压时，要注意人身安全，手指和身体不要碰到表棒头的任何金属部位，表棒线不能有破损（以避免因表棒线被电烙铁烫坏而不小心触电的情况）。

16. 寻找电路板上电压测试点方法 4

测量时，应先将黑表棒接地线，再去连接红表棒，如果红表棒连接而黑表棒悬空，手碰到黑表棒时同样有触电危险。

2. 保险型表棒

为了保证万用表的安全，防止操作失误造成的大电流流过万用表，初学者最好购买有串联熔丝的表棒，如图3-1所示，它对过电流有一定阻碍作用。

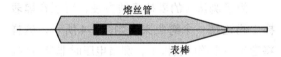

熔丝管

表棒

图 3-1 保险型表棒示意图

3. 挡位开关不能选错

测量前应正确选择挡位开关，例如测量电阻时不要将挡位开关置于其他挡位上。特别是测量电压时不能选择电流挡等，许多情况下，万用表损坏都是因测量电压时放在了电流挡位上所致。

4. 表棒插座

正确插好红、黑表棒。在进行一般测量时红表棒插入有"+"标记的孔中，黑表棒插入有"−"标记的孔中，如图3-2所示。红、黑表棒不要插错，否则指针会反向偏转，这会损害表头，造成测量精度下降，严重时会打弯指针，损坏万用表。

红表棒插孔   黑表棒插孔

图 3-2 红、黑表棒插孔示意图

一些万用表面板上有4孔表棒插孔座，图3-3是一种数字式万用表的4孔插孔座示意图。从图中可以看出，在测量不同项目时，黑表棒都是接"COM"插孔，而红表棒则接不同的插孔。不同类型的万用表，这个插孔座的类型也有所不同，可仔细查看该型号万用表说明书。

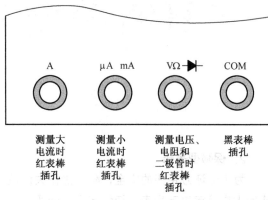

图3-3　一种数字式万用表的4孔插孔座示意图

5. 方便万用表测量的小措施

为了测量时的表棒连线方便，可以在黑表棒上再连接一个鳄鱼夹，如图3-4所示，这样将它夹在电路的底板上，测量电压时非常方便。

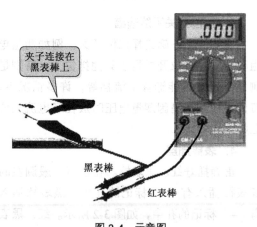

图3-4　示意图

6. 万用表操作注意事项

（1）测量较大电压或电流的过程中，不要去转换万用表的量程开关，否则会烧坏量程开关的触点，应该在表棒离开检测点之后再转换量程开关。

（2）特别注意，万用表在直流电流挡时不能在路测量电阻或电压，否则大电流流过表头会烧坏电表，因为在直流电流挡时表头的内阻很小，红、黑表棒两端只要有较小的电压就会有很大的电流流过表头。

（3）万用表使用完毕，应养成将挡位开关置于空挡的习惯，没有空挡时置于最高电压挡，千万不要置于电流挡，以免下次使用时不注意就去测量电压。也不要置于欧姆挡，以免表棒相碰而造成表内电池放电。

（4）选择好挡位开关后，正确选择量程，所选的量程应使被测量值落在刻度盘的中间位置，这时的测量精度最高。

（5）万用表在使用中不应受振动，不用而搁置时不应受潮。

3.1.2　认识指针式和数字式万用表面板及测量功能

指针式万用表和数字式万用表的测量功能基本相同，操作方法也基本一样。

1. 指针式万用表面板

图3-5是指针式万用表的面板示意图。这是两个选择开关的万用表，它的测量功能开关和量程开关是分开的。

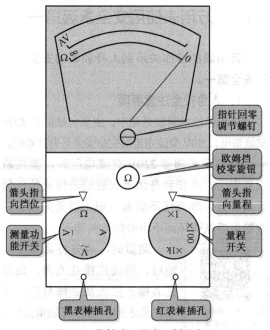

图3-5　指针式万用表面板示意图

图 3-6 所示是另一种指针式万用表的面板图，它的特点是将测量功能开关与量程开关合二为一，用一个开关进行选择。

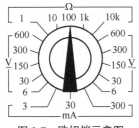

17. 寻找电路板上信号传输线路方法 1

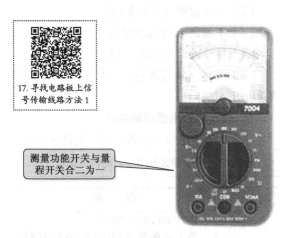

测量功能开关与量程开关合二为一

图 3-6 另一种指针式万用表的面板

2. 指针式万用表测量功能

指针式万用表和数字式万用表的测量功能是基本相同的。

（1）测量电阻的功能。 测量电阻值是其常用的测量功能，还可测量电路的通与断状态。万用表挡位开关置于欧姆挡，即"Ω"挡，这一测量挡有许多挡位，图 3-7 所示为 5 个挡位，分别是 1、10、100、1k 和 10k。测量不同阻值时应使用不同挡位，通过挡位开关进行各挡位的转换。

图 3-7 欧姆挡示意图

（2）测量交流电压的功能。 主要测量 220V 交流市电电压和电源变压器二次绕组输出电压。万用表挡位开关置于交流电压挡，即"$\underset{\sim}{V}$"挡，如图 3-8 所示。这一测量挡有许多挡位，测量不同大小的交流电压时使用不同挡位，通过开关进行挡位的转换。

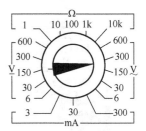

图 3-8 交流电压测量挡示意图

（3）测量直流电压的功能。 测量直流电压大小是其常用测量功能。将万用表挡位开关置于直流电压挡，即"$\underline{V}$"挡，如图 3-9 所示。这一测量挡有许多挡位，测量不同大小的电压时应合理选择不同的测量挡位，使指示精度最高。

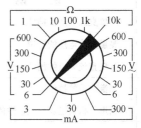

图 3-9 直流电压测量挡示意图

（4）测量直流电流的功能。 该测量功能用来测量直流电流大小。万用表挡位开关置于直流电流挡，即"mA"挡，如图 3-10 所示。这一测量挡有许多挡位，测量不同电流大小时合理选择不同的测量挡位，使指示精度最高。

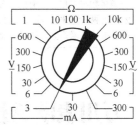

图 3-10 直流电流测量挡示意图

3. 数字式万用表挡位说明

图 3-11 所示是数字式万用表面板实物照片，它与指针式万用表最大的不同在于显示方式上，数字式万用表直接用数字显示测量结果。数字式万用表的优点是防磁、读数方便、数字显示准确。

图 3-11　数字式万用表面板实物照片

表 3-1 所示是数字式万用表挡位说明。

表 3-1　数字式万用表挡位说明

符　号	说　明
V̰	测量交流电压的挡位
V̲	测量直流电压的挡位
mA	测量直流电流的挡位
Ω(R)	测量电阻的挡位
hFE	测量三极管电流放大倍数的挡位
⊬	测量电容器容量的挡位
⊢▷⊢	测量二极管的挡位
♫	测量电路通断的挡位
H 或 HOLD	保持测量数据开关（按下该开关可以使显示数字保持）
℃	测量环境温度的挡位
Hz	测量频率的挡位。有的表分成 2kHz 和 20kHz 两个量程，这一测量功能对电路调试中检测噪声频率等很有用处

4. 数字式万用表一般特性

（1）采用数字显示，字高 18mm，最大显示 1999，21 段模拟棒条及单位符号。

（2）采样速率是 2.5 次 / 秒。

（3）电源是 1.5V 电池 3 节。

（4）整机静态电流是 7mA。

（5）工作环境温度在 0～40℃之间，相对湿度小于 80%RH。

5. 数字式万用表功能特性

表 3-2 所示是数字式万用表功能特性说明。

表 3-2　数字式万用表功能特性说明

名　称	说　明
直、交流电压	2V/ 20V/ 200V/ 600V； 基准不确定度：DCV ±（0.8%+3d），ACV ±（1%+3d）；分辨率：1mV
电阻测量	200Ω/2kΩ/20kΩ/200kΩ/2MΩ/20MΩ； 基准不确定度：±（0.8%+3d）；分辨率：100mΩ
通断测试	200Ω 挡、<10Ω 蜂鸣发声，测试条件：开路电压小于 0.8V
电容量程	20nF/ 200nF/ 2μF/ 20μF/ 200μF； 基准不确定度：±（5%+3d）；分辨率：10pF
晶体管测试	二极管：测试电压≤1V，硅管 0.6V，锗管 0.3V； 三极管 h_{FE}：I_b ≈ 100nA，PNP/ NPN：0～1000
方波输出	输出频率 2.000kHz，输出幅度（峰-峰值）3V，占空比 50%
交、直流电流	200mA；不确定度：DCA ±（2%+5d），ACA ±（3%+5d）；分辨率：100μA

3.2　万用表欧姆挡操作方法

万用表的欧姆挡不只是能够测量电阻值，更广泛的应用是通过测量电阻值来判断一些元器件的好坏。几乎所有电子元器件的电阻值都能通过欧姆挡进行准确测量，或进行质量好坏的粗略判断。

3.2.1　万用表欧姆挡基本操作方法

万用表欧姆挡在测量中使用最频繁。这一测量功能就是要通过测量电阻值的大小来判断测量结果。

一个电路或电子元器件存在着特定大小的电阻值，如开关在断开时两引脚之间的电阻为无穷大，在接通时两引脚之间电阻为零。通过欧姆挡测量这些电阻值来判断电路或电子元器件质量。

1. 万用表欧姆挡三大类测量项目

欧姆挡主要有以下三大类测量项目。

（1）测量电路或元器件的通与断。

（2）测量电阻器的具体阻值大小。

（3）通过测量电子元器件引脚之间阻值的大小来判断元器件质量的好坏。

2. 万用表欧姆挡的表棒极性

使用万用表欧姆挡时，红、黑表棒的极性有时要分清楚，有时不必分清红、黑表棒极性。

（1）测量电阻器的阻值时，如果电阻器不是装在电路板上的，则此时的红、黑表棒可以不分。

18. 寻找电路板上信号传输线路方法 2

（2）如果电阻器装在电路板上进行电阻值测量（这种测量称为在路测量），红、黑表棒有时要分清；测量某些电子元器件时也要分清红、黑表棒，如测量有极性电解电容、测量二极管和三极管等。

（3）如果使用数字式万用表进行在路测量，则可以不分红、黑表棒。

3. 指针式万用表欧姆挡指针校零方法

在使用指针式万用表的欧姆挡时，需要进行表头的校零，否则其电阻值测量结果会有误差。

表 3-3 所示是万用表欧姆挡校零操作方法说明，如果不进行欧姆挡的校零，则会导致测量误差增大。

表 3-3　万用表欧姆挡校零操作方法说明

接线示意图	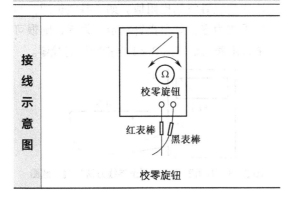 校零旋钮 红表棒　黑表棒 校零旋钮

续表

指针读数	Ω ⌒ 0 指针指示
说明	红、黑表棒接通，选择 R×1 挡，此时指针向右侧偏转，调整有 Ω 字母的旋钮使指针指向零处。 在需要精确测量时，更换不同欧姆挡量程后均进行一次校零。 位于 R×1 挡时，因为校零时流过表头的电流比较大，对表内电池的消耗较大，故校零动作要迅速。 在 R×1 挡无法校到零处时，说明万用表内的一个 1.5V 电池电压不足，要更换这节电池。 在 R×10k 挡无法校零时，说明表内的叠层式电池需要更换

⚠ 重要提示

对于数字式万用表而言，不存在校零问题，但是当表内电池电量不足时，将出现读数不准确或不能显示测量结果等问题。

4. 指针式万用表欧姆挡选择方法

测量电阻值时，电阻值的范围很大，为了保证精度，将欧姆挡分成多种量程，如 R×1、R×10、R×100、R×1k、R×10k 等，以供不同情况下的选择，有一个专门的量程开关进行选择。

有一个方法可以检验量程是否选择合理，那就是观察测量时指针是否落在刻度盘的中央，如图 3-12 所示。如果测量时指针落在中央区域，说明量程选择正常，否则说明偏大或偏小。

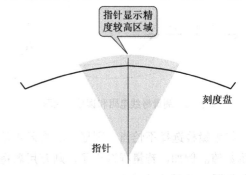

指针显示精度较高区域

刻度盘

指针

图 3-12　检验指针式万用表量程选择是否正确示意图

万用表的不同测量功能的量程调整有所不同，具体方法如表 3-4 所示。

表 3-4　不同测量功能的量程调整说明

测量功能	指针偏右	指针偏左
欧姆挡	减小量程	增大量程
直流电压挡、直流电流挡、交流电压挡	增大量程	减小量程

5. 指针式万用表读数方法

在指针式万用表刻度盘上有多排刻度值，其中只有一排是欧姆挡的，如图 3-13 所示，读到电压挡或电流挡上是错误的。

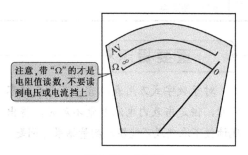

注意，带 "Ω" 的才是电阻值读数，不要读到电压或电流挡上

图 3-13　示意图

6. 数字式万用表欧姆挡选择方法和读数方法

使用数字式万用表欧姆挡测量电阻时，将开关置于欧姆挡适当量程挡位，然后直接读取电阻值。图 3-14 是测量导线电阻和读数示意图，从表的显示屏上可以看出，这段导线的电阻为零。

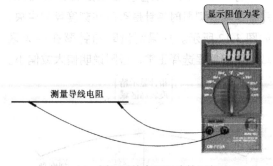

显示阻值为零

测量导线电阻

图 3-14　测量导线电阻和读数示意图

如果量程选择不恰当，则显示屏将无正常显示数值。例如，若量程选小了，则万用表将显示如图 3-15 所示的状态。

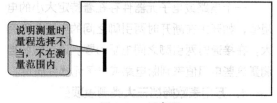

说明测量时量程选择不当，不在测量范围内

图 3-15　示意图

重要提示

一些初学者对操作万用表感到困难较大，特别是在量程选择和表头读数方面。其实学会操作万用表的最好方法是在操作中学习操作，按照本书中的一些操作步骤和方法，边读书边操作，只需几个回合的练习便能掌握。

例如，对欧姆挡的读数，找一只 1kΩ 电阻器，现在已知该电阻器的阻值，那么在测量时观察指针停留在什么位置，可以验证读数的正确与否。同样用 1kΩ 电阻器，在不同量程下测量，再观察指针停留的位置，验证量程与倍率之间的关系。

3.2.2　万用表欧姆挡测量导线和开关通断方法

通过测量导线的电阻和开关的接通、断开两个状态的电阻，可以初步感受欧姆挡测量电阻值的功能，为以后学习测量各种元器件打下基础。

1. 万用表欧姆挡测量导线的方法

图 3-16 是用万用表欧姆挡测量导线方法的接线示意图。将万用表置于欧姆挡 R×1 挡，两支表棒任意接导线的两端，这时指针指示的阻值为这段导线的电阻值。如果导线很短，则其电阻值为零；如果指针指示不为零，则很可能是万用表的欧姆挡 R×1 挡指针没有校零。

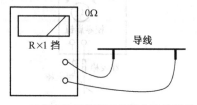

0Ω

R×1 挡　　　导线

图 3-16　万用表欧姆挡测量导线方法接线示意图

2. 万用表欧姆挡测量开关接通状态下接触电阻的方法

图 3-17 是用万用表欧姆挡测量开关接通状态下接触电阻的方法示意图。将万用表置于欧姆挡 R×1 挡，两支表棒任意接开关的两根引脚，并将开关置于接通状态，这时的指针应向右偏转，指向零处。

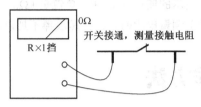

图 3-17　万用表欧姆挡测量开关接通状态下接触电阻的方法示意图

如果测量开关接通时的接触电阻不为零，则说明该开关存在接触不良、接触电阻大等故障，测量的阻值越大，说明接触不良故障越严重。

3. 万用表欧姆挡测量开关断开状态下断开电阻的方法

图 3-18 是用万用表欧姆挡测量开关断开状态下断开电阻的方法示意图。将万用表置于欧姆挡 R×1k 挡，两支表棒任意接开关的两根引脚，并将开关置于断开状态，这时的指针不应该偏转，指示阻值无穷大。

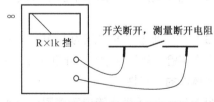

图 3-18　万用表欧姆挡测量开关断开状态下断开电阻方法示意图

如果测量开关断开时的接触电阻不为无穷大，即指针向右偏转了一个角度，说明该开关存在漏电故障，测量的阻值越小，说明开关漏电故障越严重。

3.2.3　指针式万用表欧姆挡测量原理

万用表的重要功能之一是测量电阻值，它

的测量原理可以用图 3-19 所示电路来说明。电路中，E 是表内电池 (直流电压)，在前面介绍的各项测量中，表内都是不设电池的，但测量电阻时要设表内电池，这一电池用来产生流过表头的电流。RP1 是欧姆挡的表内校零电位器，调整 RP1 的阻值大小可以使指针指零。R1 是外电路中所要测量的电阻器。

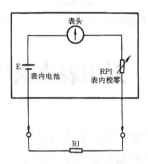

图 3-19　指针式万用表欧姆挡测量原理

表内电池 E 产生的直流电流流过了表头，这一电流大小与外电路中的 R1 阻值大小有关，R1 阻值决定了流过表头的直流电流大小，这样，指针偏转的角度便能够指示电阻 R1 的阻值大小。

1. 根据电路板画出电路图方法 1

这里要说明一点，在 R×10k 挡时，由于所测量的外电路中电阻的阻值比较大，表内电池 E 的电压要增大才能有足够的电流流过表头，所以设有两个电压等级的电池，R×10k 挡用较高电压的电池(通常是层叠式电池)，如 6V、9V；其他各挡用电压较低的电池，即 1.5V。

3.2.4　使用欧姆挡注意事项

（1）使用欧姆挡时要注意的第一个问题是校零，具体方法是：将红、黑表棒接通，此时指针若不是指向零，可调整有 Ω 字母的旋钮，使指针指向零处。在转换不同欧姆量程时均要校零一次，要注意在 R×1 挡时，因校零时流过电表的电流比较大，对表内电池的消耗较大，故校零动作要迅速。

（2）R×1 挡不能校到零处时，说明万用表内 1.5V 电池已经电量不足了，需要更换。

（3）万用表内的 R×10k 挡和其他各量程不共用一个表内电池，R×10k 挡表内电池的电压比较高，一般是 6V 或 9V 等。

（4）万用表黑表棒接表内电池正极，红表棒接表内电池负极，检测 PN 结时要注意。

（5）图 3-5 所示欧姆挡的刻度盘，指针向右侧偏转时阻值是在减小，指针向左侧偏转时阻值是在增大，指针在最右侧时阻值为零，指针在最左侧时阻值为无穷大（表示开路）。

（6）当使用不同量程时，读数的方法是不同的，当用 R×1 挡时，指针指示阻值多大即为多少 Ω；当用 R×100 挡时，指针指示的值再乘上 100，单位为 Ω；当用 R×1k 挡时，指针所指示的值就是多少 kΩ；当用 R×10k 挡时，指针所指示的值再乘上 10，单位是 kΩ。

（7）测量电阻时，红、黑表棒不加以区分。

3.3 万用表直流电压测量操作方法

业余情况下没有专用测试仪器，所以对电子电路的故障检查主要是靠测量电路中关键测试点的直流工作电压，以此来推断电路工作状态和故障部位，所以必须熟练掌握万用表的直流电压测量方法。

重要提示

电子电路中的直流工作电压正常与否直接关系到电路的工作状态，即通过测量电路中一些关键测试点的直流电压大小，就能或基本上能判断电路的工作状态。

3.3.1 指针式万用表游丝校零方法和测量电池电压方法

1. 指针式万用表游丝校零方法

指针式万用表游丝需要校零，否则会导致电压和电流测量存在误差。游丝校零与欧姆挡的表头校零是不同的，所以指针式万用表有两种校零方法，而数字式万用表是没有这种校零的。

图 3-20(a) 是指针式万用表游丝位置示意图，用平口螺丝刀调节指针下的螺钉，此时指针动，使指针对准刻度盘左侧的零，如图 3-20(b) 所示。

游丝校零完成后，交流电压挡、直流电压挡和直流电流挡的校零同时完成。

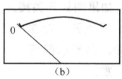
图 3-20 指针式万用表游丝位置示意图

2. 万用表直流电压挡测量电池电压方法

首次进行直流电压测量时，可以测量电池，以熟悉万用表直流电压挡的使用方法。首次实验采用电池作为实验对象有以下几点好处。

（1）电池比较容易获得。

（2）电池电压低，操作不当不会威胁人身安全。

（3）一节新电池的电压为 1.5V，这是已知的，这样实验中可以帮助直流电压的表头读数，以验证操作的正确性。

图 3-21 是万用表直流电压挡测量电池电压示意图。因为电池电压为 1.5V，所以采用直流 2.5V 挡位。

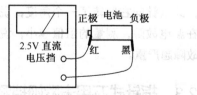
图 3-21 万用表直流电压挡测量电池电压示意图

用直流电压挡测量时红、黑表棒一定要分

清极性,红表棒接高电位(电池的正极),黑表棒接低电位(电池的负极)。如果接反,则指针反向偏转;如果是数字式万用表,则在表棒接反后显示为负电压值。

图 3-22 是测量电池直流电压时指针式和数字式万用表指示示意图。指针指示 1.5V 或略低点,说明电池电压正常。

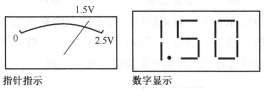

图 3-22 指针式和数字式万用表指示示意图

3.3.2 万用表直流电压挡常用测量项目和注意事项

电路故障检修、调试中,经常要测量电路中的直流电压,下面介绍几种直流电压的测量方法,掌握了这些测量方法之后才能进行实质性的电路故障检修。

1. 测量三极管集电极直流电压方法

图 3-23 是用万用表直流电压挡测量三极管集电极直流电压方法示意图。测量三极管的集电极直流电压是故障检修中经常采用的检测手段。选择直流电压挡的适当量程,给电路通电,黑表棒接地线,红表棒接 VT1 集电极,测量集电极直流电压。

2. 根据电路板画出电路图方法 2

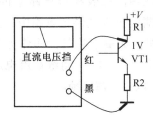

图 3-23 万用表直流电压挡测量三极管集电极直流电压方法示意图

电路图中标出 VT1 集电极直流电压为 1V,如果测量为 1V,说明 VT1 的直流电路工作正常,否则检查 VT1 直流电路。图 3-24 是指针

式和数字式万用表指示示意图,显示三极管集电极直流电压为 1V。

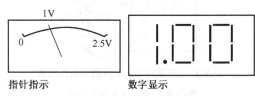

图 3-24 指针式和数字式万用表指示示意图

2. 测量三极管基极直流电压方法

测量三极管基极直流电压可以检查三极管直流偏置电路中的故障,当基极直流电压不正常时,要检查基极偏置电阻。

图 3-25 是万用表直流电压挡测量三极管基极直流电压方法示意图。电路图中标出 VT1 基极直流电压为 1.6V,如果测量值为 1.6V,则说明 VT1 的直流电路工作正常,否则检查 VT1 直流电路。

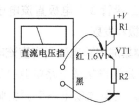

图 3-25 万用表直流电压挡测量三极管基极直流电压方法示意图

图 3-26 是指针式和数字式万用表指示示意图,显示三极管基极直流电压为 1.6V。

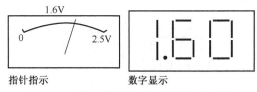

图 3-26 指针式和数字式万用表指示示意图

3. 测量三极管发射极直流电压方法

图 3-27 是万用表直流电压挡测量三极管发射极直流电压方法示意图。电路图中标出 VT1 发射极直流电压为 0.9V,如果测量值为 0.9V,则说明 VT1 的直流电路工作正常,否则检查 VT1 直流电路,特别是发射极电阻。

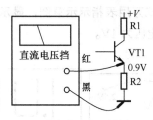

图 3-27　万用表直流电压挡测量三极管
发射极直流电压方法示意图

图 3-28 是指针式和数字式万用表指示示意图，显示三极管发射极直流电压为 0.9V。

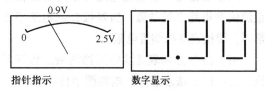

图 3-28　指针式和数字式万用表指示示意图

三极管 3 个电极的直流电压是相关的，即有一个不正常时其他两个电极直流电压也会不正常。测量三极管 3 个电极直流电压的顺序是集电极、基极和发射极。

4. 测量集成电路电源引脚直流电压方法

图 3-29 是测量集成电路电源引脚直流电压方法示意图。测量集成电路电源引脚直流电压是故障检修中常用的方法。给电路通电，直流电压挡置于适当量程，黑表棒接地线，红表棒接 A1 的电源引脚，将测量值与该引脚直流电压标称值进行比较，以判断集成电路的直流工作状态是不是正常。

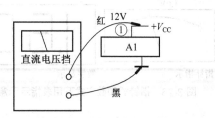

图 3-29　测量集成电路电源引脚直流电压方法示意图

图 3-30 是指针式和数字式万用表指示示意图，显示集成电路电源引脚直流电压为 12V。

如果集成电路电源引脚无电压，则其他引脚无电压是正常的。

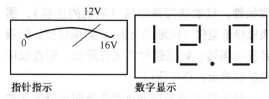

图 3-30　指针式和数字式万用表指示示意图

5. 测量集成电路其他引脚直流电压方法

图 3-31 是测量集成电路其他引脚直流电压方法示意图。测量集成电路其他引脚直流电压的方法与测量电源引脚直流电压方法一样，黑表棒接地线，红表棒接需要测量的引脚。

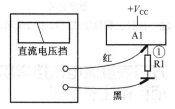

图 3-31　测量集成电路其他引脚直流电压方法示意图

图 3-32 是指针式和数字式万用表指示示意图，显示直流电压为 7V。

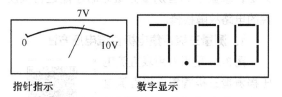

图 3-32　指针式和数字式万用表指示示意图

6. 测量负极性供电电路中的直流电压方法

如果整机电路采用负极性直流电压供电，则在测量电路中的直流电压时，要将红表棒接电路的地线，黑表棒接电路中的测量点，图 3-33 是测量负极性供电电路中的直流电压方法示意图，测量中的其他操作方法与正极性供电电路一样，因为测量直流电压时有极性要求，所以红表棒接地。

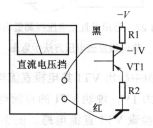

图 3-33　测量负极性供电电路中的直流电压方法示意图

在红表棒接地后，指针仍然向右偏，直流电压的读数一样，但是电路中的电压为负极性，故该数为负值，如图3-34所示。

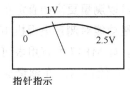

图3-34 指针式万用表指示示意图

在用数字式万用表测量时，如果仍将黑表棒接地，将显示负值，图3-35所示为–1V，其显示的电压绝对值是正确的。

图3-35 数字式万用表指示示意图

7. 测量整流电路输出端直流电压方法

测量整流滤波电容两端的直流电压就是测量整机直流工作电压。图3-36是测量整流电路输出端直流电压方法示意图，找到整流滤波电容（一只容量最大的电解电容），红表棒接滤波电容正极，黑表棒接负极，给整机电路通电，测量直流电压。

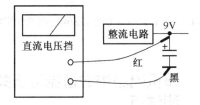

图3-36 测量整流电路输出端直流电压方法示意图

图3-37是指针式和数字式万用表指示示意图，显示直流电压为9V。

8. 测量直流电压时指针摆动情况

测量三极管集电极直流电压时，如果给三极管加上交流信号，则指针会有左右摆动的现象，图3-38是指针式万用表测量时指针摆动示意图。对于测量整机直流电压和集成电路电源引脚直流电压，

3.根据电路板画出电路图方法3

如果指针摆动，则说明直流电源性能差，内阻大。

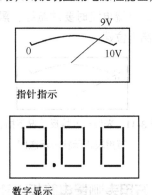

图3-37 指针式和数字式万用表指示示意图

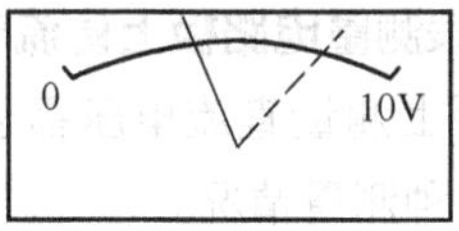

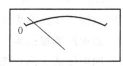

图3-38 指针式万用表测量时指针摆动示意图

9. 万用表直流电压测量过程中的注意事项

（1）量程偏大。图3-39是量程偏大情况下指针式万用表指示状态示意图，指针过分偏向左侧，这时的指示精度不够高，说明所选择的量程偏大，应该减小一挡量程，使指示指针落在表盘的中间区域。

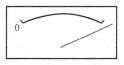

图3-39 量程偏大情况下指针式万用表指示状态示意图

（2）量程偏小。图3-40是量程偏小情况下指针式万用表指示状态示意图，指针过分偏向右侧，这时的指示精度也不够高，说明所选择的量程偏小，应该增大一挡量程，使指示指针落在表盘的中间区域。

图3-40 量程偏小情况下指针式万用表指示状态示意图

（3）表棒极性接反。图3-41是表棒极性接反情况下指针式万用表指示状态示意图，指针偏出左侧的指示区，说明测量时的红、黑表棒

接反，应该调换红、黑表棒后再测量。在测量直流电压、直流电流时要注意红、黑表棒极性，红表棒接高电位端。

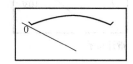

图 3-41 表棒极性接反情况下指针式
万用表指示状态示意图

3.3.3 万用表测量电路板上直流电压方法和测量直流高压方法

1. 万用表测量电路板上直流电压方法

在电路板上测量直流电压需要给电路板通电，有以下两种测量情况。

（1）测量电路中某点与地之间的直流电压，大多数的直流电压测量都是这种情况。测量方法是：黑表棒接电路板的地线，红表棒接电路中所需要测量的点。

（2）测量电路中某两点之间（不是对地）的直流电压。例如，测量某电阻器两端直流电压，此时红、黑表棒分别接在电阻器两端。在用数字式万用表测量时，如果所测量的电压为正值，说明红表棒所接点的电压高于黑表棒所接点的电压；如果所测量的电压为负值，说明红表棒所接点的电压低于黑表棒所接点的电压，如图 3-42 所示。

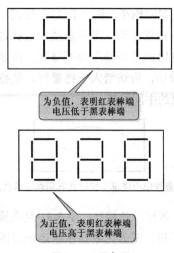

为负值，表明红表棒端
电压低于黑表棒端

为正值，表明红表棒端
电压高于黑表棒端

图 3-42 示意图

2. 万用表测量直流高压方法

很多万用表可以直接测量小于 2500V 的直流电压，而且通过附加的高压探头（万用表的一种附件）可以测量更高的直流电压，这一直流高电压测量功能对测量电视机中的中压和高压非常有用。如 MF47 型万用表可以测量小于等于 25kV 的直流高压。在测量这样的直流高压时应首先详细看万用表说明书，因为它与一般的直流低电压的测量有所不同。

在使用 2500V 测量功能时，黑表棒插在"COM"插孔中，红表棒插在专用的"2500V"插孔中。在测量 2500V 以上直流电压时需要使用专门的测量附件，如图 3-43 所示。测量中一定要注意安全，手指不要碰到表棒。

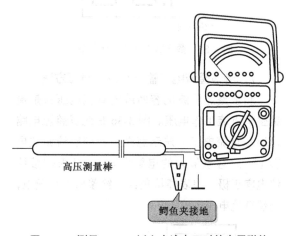

高压测量棒

鳄鱼夹接地

图 3-43 测量 2500V 以上直流电压时的专用附件

3.3.4 整机电路中的直流电压关键测试点

在整机电路的故障检修中，一些关键点的直流电压对故障分析有着极其重要的作用，如在 **OTL** 功率放大器中，输出端的直流电压应该等于直流工作电压的一半，如果直流工作电压是 **12V**，则 **OTL** 功率放大器输出端直流电压正常时应该等于 **6V**，否则说明 **OTL** 功率放大器直流电路出了故障。

电子电路中的直流电压关键测试点主要有以下几个。

1. 整机直流电源电压输出端

这一关键测试点的直流电压的大小直接关系到整机电路的工作状态，测量时的接线如图3-44所示，万用表置于直流电压挡。

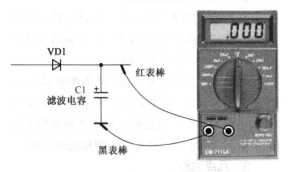

图3-44　测量整机直流电源电压输出
端接线示意图

当出现整机电源指示灯不亮、没有任何响声、电视机无光栅等故障时，首先要测量这一关键测试点有没有直流电压。

如果出现声音很轻的故障，则要测量这一关键测试点电压是否偏低很多。

2. 3种功率放大器输出端

常见的功率放大器有 **3** 种，它们的输出端都是关键测试点：**OTL** 功率放大器输出端直流电压等于直流工作电压的一半；**OCL** 功率放大器输出端直流电压等于零；**BTL** 功率放大器在采用正、负电源供电时输出端直流电压等于零，采用单电源供电时输出端直流电压等于直流工作电压的一半，或者去掉扬声器负载后直接测量两个输出端之间的直流电压应该为零。

图3-45是测量这3种功率放大器输出端直流电压接线示意图。

3. 集成电路引脚端

集成电路中的电源引脚端是最重要的直流电压测试端，其他各引脚的直流电压正常与否也能反映该引脚外电路及内电路的工作状态。

图3-46是测量集成电路引

4. 根据电路板上元
器件画三极管电路
图方法1

脚端直流电压时的接线示意图。在正极性直流供电电路中，黑表棒接地，红表棒接集成电路所需要测量的引脚端。

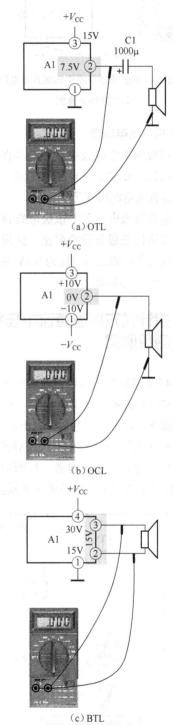

(a) OTL

(b) OCL

(c) BTL

图3-45　测量3种功率放大器输出端直流
电压接线示意图

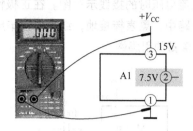

图 3-46   测量集成电路引脚端直流电压
时的接线示意图

4．三极管集电极端

在三极管的 3 个电极中，集电极直流电压最能说明问题，如果这一电压不正常，则说明该级放大器直流电路出现了故障。

当集电极直流电压等于该级电路直流工作电压时，说明该三极管已经截止；如果测量集电极与发射极之间的直流电压为 0.2V 左右，则说明该三极管已经饱和。

3.3.5   指针式万用表直流电压挡测量原理

图 3-47 是指针式万用表直流电压测量原理图。电路中 R1 是表内的降压电阻，在不同直流电压量程下，这一电阻的阻值大小是不同的，这一电阻通过直流电压量程开关来转换。E 是所要测量的外电路的直流电源。从图中可以看出，E、R1 和表头三者之间是串联关系。

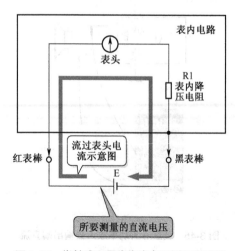

图 3-47   指针式万用表直流电压测量原理图

1．表头偏转原理

外电路中直流电压产生的直流电流经过电阻 R1 流过表头，使表头中的指针发生偏转，指示直流电压的大小。

2．挡位转换量程原理

在表内电阻 R1 的大小一定时，被测电压越大，流过表头的电流越大，指针偏转的角度越大，所指示的直流电压越大。

在改变万用表上直流电压挡的测量量程时，降压电阻 R1 的大小也改变，使流过表头的电流大小基本不变，通过刻度盘上不同量程下的刻度指示，可读出不同量程下的直流电压值。

3．几点说明

关于直流电压挡测量原理，还要说明以下几点。

（1）表头与降压电阻 R1、电源 E 构成串联电路，流过表头的电流就是流过降压电阻 R1 的电流。由于表头所允许流过的电流很小，因此降压电阻 R1 的阻值很大。改变降压电阻的阻值大小，用同一个表头就可以得到不同的直流电压量程，转换量程开关时，就是转换表内的降压电阻大小，量程越大，表内的降压电阻越大。

（2）被测电路中没有电压时，表头中没有电流流过，指针不能偏转，电压指示为零。在同一量程下，外电路中的电压越大，流过表头的电流就越大，指针所指示的电压值就越大。

（3）测量直流电压时表内电池不供电，使指针偏转的电流是电路中的电源 E 提供的。由于表内的降压电阻很大，因此外电路为表头所提供的电流是很小的，这样，测量对电源 E 的影响很小（电源 E 的电压为表头提供电流所造成的电压，下降量很小）。

（4）由于测量直流电压时不使用表内电池，因此表内电池不影响直流电压的测量。

（5）因为测量直流电压时外电路要有电源，所以在测量时要给外电路通电。

（6）由于直流电流的方向不变，而流过表头的电流必须是图中所示的从左向右，因此要求红表棒接外电路中的电流流出端，即接电源 E 的正极，黑表棒接电流流入端，即电源 E 的负极。当红、黑表棒接反后，流过表头的电流方向相反，指针反方向偏转会损伤表头，所以在测量直流电压时要注意红、黑表棒的正

5.根据电路板上元器件画三极管电路图方法 2

确连接。

从直流电压测量原理电路可以看出，表头和降压电阻串联后与被测电压源并联，由于是将红、黑表棒并联在外电路上，测量时不必断开外电路，操作很方便，即电压测量比电流测量方便，因此常常先用电压测量来检查电路故障。

3.4 万用表交流电压挡操作方法

交流电压与直流电压测量的最大的不同是红、黑表棒不分正、负。测量交流电压时万用表置于交流电压挡的适当量程。另外，在电子电路中交流电压的测量项目比直流电压测量少许多。

指针式万用表可以用来测量交流电压，但主要是测量 50Hz 交流电，数字式万用表的交流电压测量频率则很宽。

3.4.1 万用表交流电压挡操作方法和测量项目

1. 万用表交流电压挡测量交流市电电压方法

图 3-48 是用万用表交流电压挡测量交流市电电压方法示意图。测量 220V 交流电时要注意安全，身体不能接触到万用表表棒的金属部分，否则会有生命危险。将万用表置于交流电压的 250V 测量挡，量程不能太小，否则会有损坏表头的危险。

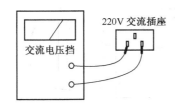

图 3-48 万用表交流电压挡测量交流市电电压方法示意图

首次实验时可以测量室内电源插座上的 220V 交流电压。图 3-49 是指针式和数字式万用表测量的显示示意图，为 220V。

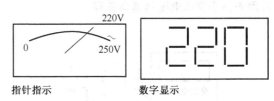

图 3-49 指针式和数字式万用表测量的显示示意图

2. 万用表交流电压挡测量电源变压器一次绕组交流电压方法

图 3-50 是万用表交流电压挡测量电源变压器一次绕组交流电压方法示意图。测量电源变压器一次绕组两端的交流电压时，万用表交流电压挡置于 250V 量程，因为电源变压器的一次绕组两端加上的是 220V 交流市电电压。

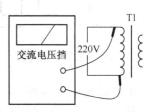

图 3-50 万用表交流电压挡测量电源变压器一次绕组交流电压方法示意图

电源变压器一次绕组两端的交流电压应该等于 220V，图 3-51 是指针式和数字式万用表测量的显示示意图，为 220V。测量时身体不可接触一次绕组和表棒金属部分，否则会有生命危险。

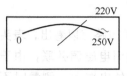 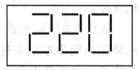

指针指示   数字显示

图 3-51　指针式和数字式万用表测量的显示示意图

3. 万用表交流电压挡测量电源变压器二次绕组交流电压方法

图 3-52 是万用表交流电压挡测量电源变压器二次绕组交流电压方法示意图。测量电源变压器二次绕组两端的交流电压时，给电源变压器一次绕组两端加上 220V 交流市电电压，将万用表置于交流电压挡适当量程。

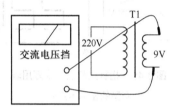

图 3-52　万用表交流电压挡测量电源变压器
二次绕组交流电压方法示意图

图 3-53 是指针式和数字式万用表测量的显示示意图，为 9V。

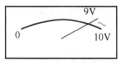 

指针指示   数字显示

图 3-53　指针式和数字式万用表测量的显示示意图

电源变压器是降压变压器，实验通电时 220V 交流电压只能加到一次绕组两端，切不可加到二次绕组上，否则另一组绕组输出电压将非常高。

4. 万用表交流电压挡测量电源变压器二次绕组抽头交流电压方法

图 3-54 是万用表交流电压挡测量电源变压器二次绕组抽头交流电压方法示意图。测量电源变压器二次绕组抽头交流电压的方法与前面所介

绍的一样，只是红、黑表棒分别接在二次绕组的抽头与下端上。

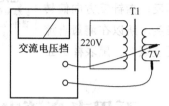

图 3-54　万用表交流电压挡测量电源变压器
二次绕组抽头交流电压方法示意图

图 3-55 是指针式和数字式万用表测量的显示示意图，为 7V。

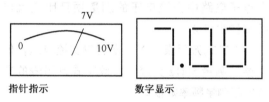

指针指示   数字显示

图 3-55　指针式和数字式万用表测量的显示示意图

这时测量的交流电压值是二次绕组抽头以下部分绕组的交流输出电压。

5. 万用表交流电压挡测量电源变压器二次绕组抽头以上绕组交流电压方法

图 3-56 是万用表交流电压挡测量电源变压器二次绕组抽头以上绕组交流电压方法示意图。测量二次绕组抽头以上部分绕组的交流电压时，按图中所示接上红、黑表棒。

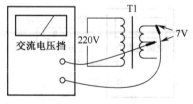

图 3-56　测量电源变压器二次绕组抽头以上绕组
交流电压方法示意图

图 3-57 是指针式和数字式万用表测量的显示示意图，为 7V。

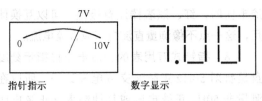

图 3-57　指针式和数字式万用表测量的显示示意图

3.4.2　整机电路中的交流电压关键测试点

电子电器整机电路中的交流电压关键测试点主要有以下两个。

（1）电源变压器二次绕组输出端是关键测试点，如图 3-58 所示。如果二次绕组输出的交流电压正常，则说明电源变压器工作正常，否则说明电源变压器有故障。

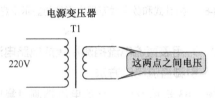

图 3-58　关键测试点——二次绕组输出端

（2）电源变压器一次绕组两端是另一个关键测试点，如图 3-59 所示，应该有 220V 交流电压，否则说明电源变压器输入回路存在开路故障。

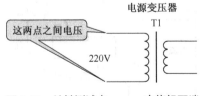

图 3-59　关键测试点——一次绕组两端

3.4.3　指针式万用表交流电压挡测量原理

1. 测量原理

图 3-60 是万用表交流电压挡测量原理电路图。电路中的 VD1 和 VD2 是表内整流二极管。因为表头只能流过直流电流，所以测量交流电压时要将交流电流转换成直流电流，这由两只二极管构成的整流电路来完成。C1 是表内的隔直电容，它不让外电路中的直流电流流过表头，以防止外电路中的直流电流影响交流电压的测量结果。U_S 是所要测量的外电路中的交流电压。

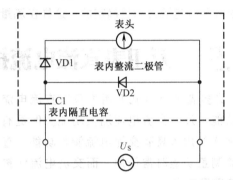

图 3-60　万用表交流电压挡测量原理电路图

外电路中的交流电压通过 C1 加到整流电路中，将交流电流（由交流电压产生的交流电流）转换成直流电流，这一直流电流流过表头，使指针偏转，指示交流电压值。

6. 根据电路板上元器件画三极管电路图方法3

2. 几点说明

关于交流电压挡测量原理，还要说明以下几点。

（1）测量交流电压时将红、黑表棒并联在外电路的被测电压源上，操作很方便。

（2）虽然测量的是交流电压，但通过表内的整流电路，流过表头的是直流电流。

（3）测量交流电压时表内电池不供电，使指针偏转的电流是由被测电路中的交流电压源提供的，由于表内的降压电阻很大（图中未画出），因此测量对被测电压源的影响也是很小的。

（4）当被测电路中没有电压时，表头中没有电流流过，指针不能偏转，电压指示为零。在同一量程下，外电路中电压越大，整流后流过表头的直流电流越大，指针偏转角度越大，所指示的电压值就越大。

（5）由于测量交流电压时不使用表内电池，因此表内电池电压的高低也不影响交流电压的测量。

（6）测量交流电压时外电路中要有电源，所以在测量时也要给外电路通电。

（7）由于交流电流的方向在不断改变，而指针式万用表交流电压挡只用来测量50Hz的交流电，这种交流电的正、负半周幅度对称，因此送入表内的交流电压要通过整流电路，使流过表头的电流方向是确定的。这样在测量交

流电压时，红、黑表棒没有极性，可以互换使用，这一点不像测量直流电压或直流电流。

（8）指针式万用表的交流电压挡指示刻度盘是针对50Hz正弦波交流电设计的，所以在测量非50Hz正弦电压或其他频率非正弦电压时，所测量的电压值是不准确的，它们可以用数字式万用表测量。

（9）交流电压指示刻度是按正弦波电压有效值设计的。

3.5　万用表直流电流挡操作方法

许多普通指针式万用表只有直流电流测量功能，没有交流电流测量功能。但是有些数字式万用表具有交流电流测量功能。直流电流测量功能时常使用，而交流电流测量功能使用量较少。

3.5.1　万用表直流电流挡操作方法和测量项目

1. 万用表直流电流挡测量整机直流电流方法

图3-61是万用表直流电流挡测量整机直流电流方法示意图。测量整机直流电流时，可以利用整机直流电源开关S1，在开关断开状态下测量，红表棒接电源正极端的开关引脚，黑表棒接另一个开关引脚。注意，整流电流较大，必须选择好测量的量程。如果电源开关是交流电源开关，则这种测量方法不行。

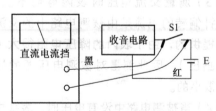

图3-61　万用表直流电流挡测量整机直流电流方法示意图

图3-62是指针式和数字式万用表测量的显示示意图，显示整机静态电流为9mA。

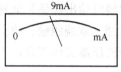 

指针指示　　　　数字显示

图3-62　指针式和数字式万用表测量的显示示意图

2. 万用表直流电流挡测量集成电路电源引脚直流电流方法

图3-63是用万用表直流电流挡测量集成电路电源引脚直流电流方法示意图。测量集成电路直流工作电流时，要找到电源引脚，且断开该引脚铜箔线路，然后接入直流电流挡。

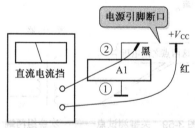

图3-63　万用表直流电流挡测量集成电路电源引脚直流电流方法示意图

在正极性供电的集成电路中，黑表棒接集成电路电源引脚断口这一端。测量时，不给集成电路加入信号，否则指针会左右摆动。图3-64是指针式和数字式万用表测量的显示示意图，显示集成电路静态电流为9mA。

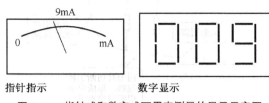

图 3-64　指针式和数字式万用表测量的显示示意图

3. 万用表直流电流挡测量集电极直流电流方法

图 3-65 是用万用表直流电流挡测量集电极直流电流方法示意图。测量三极管集电极直流工作电流时，要找到集电极引脚，且断开该引脚的铜箔线路，然后接入直流电流挡。

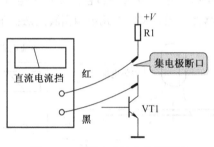

图 3-65　万用表直流电流挡测量
集电极直流电流方法示意图

测量直流电流时，让电流从红表棒流入表内，从黑表棒流出。所以，在采用正极性直流供电的 NPN 型三极管电路中，黑表棒接集电极断口这一端。图 3-66 是指针式和数字式万用表测量的显示示意图，显示集电极静态电流为 2mA。

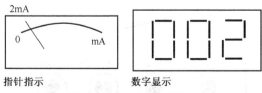

图 3-66　指针式和数字式万用表测量的显示示意图

4. 测量有交流信号时的电路直流电流情况

在测量直流电流时，如果电路中有交流信号，此时直流电流会大小波动，指针左右摆动，如图 3-67 所示，摆动的幅度越大，说明交流信号的幅度越大。

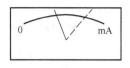

图 3-67　指针摆动示意图

3.5.2　电路板上的电流测量口

由于测量电流需要断开电路，因此在测量电流前要开一个测量口，常用的电流测量口有以下几种情况。

1. 整机直流电流测量口

测量整机直流电流时，可以利用电源开关断开状态进行测量，如图 3-68 所示，在电源开关断开时相当于将整机电路的供电电路断开，将万用表直流电流挡串入其中进行测量。注意，如果整机的电源开关设在交流电源电路中，则由于一般万用表没有交流电流测量挡，因此这种方法不适合。

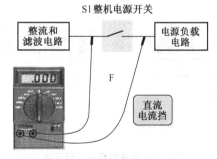

图 3-68　整机直流电流测量口

2. 三极管集电极电流测量口

图 3-69 是断开铜箔线路示意图，这是测量三极管 VT1 集电极电流的测量口，由切断集电极引脚上的铜箔线路获得。

7. 根据电路板上元器件画集成电路的电路图 1

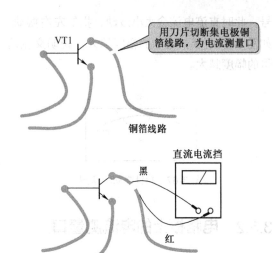

图 3-69 三极管集电极的电流测量口

在有些整机电路中，如收音电路中，为了方便测量三极管集电极电流，在设计铜箔线路时预留了测量口，如图 3-70 所示。在需要测量三极管集电极电流时，用电烙铁将测量口上的焊锡去掉，就能露出测量口，将万用表表棒接在测量口两端的铜箔上，就可以进行直流电流测量。注意，测量完毕要焊好这个测量口，否则电路不通。

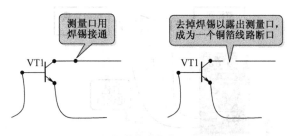

图 3-70 三极管集电极电流预留测量口

3. 集成电路电源引脚电流测量口

图 3-71 是集成电路电源引脚电流测量口示意图。在电路板上先找到集成电路 A1，再找出它的电源引脚⑤脚，然后沿⑤脚铜箔线路用刀片切开一个断口，将表棒串入这个测量口，黑表棒连接着⑤脚一侧的铜箔线路断口，红表棒接断口的另一侧。

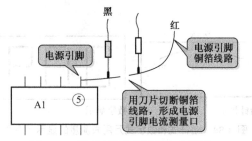

图 3-71 集成电路电源引脚电流测量口

4. 拆下元器件引脚测量电流方法

拆下元器件一根引脚也可以形成电流测量口，如拆下三极管的集电极，即只拆下集电极，其他两根引脚仍然焊在电路板上，如图 3-72 所示，将万用表直流电流挡置于适当量程，红表棒接电路板上集电极引脚焊孔，黑表棒接拆下的集电极。这种方法不适合集成电路电源这样的元器件，因为集成电路电源引脚无法拆下。

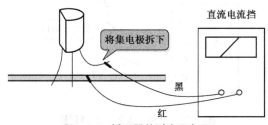

图 3-72 拆元器件引脚示意图

当无法用简单的方法切断电路板上的铜箔线路时，可以采用这种拆下元器件一根引脚的方法形成一个电流测量口。

5. 数字式万用表电流测量插孔

使用指针式万用表测量电流时，红、黑表棒插座不必转换，与欧姆挡时一样；但是数字式万用表需要进行转换，要将红表棒插入"A"插孔中，如图 3-73 所示。

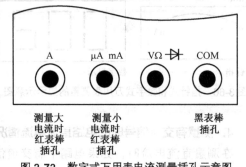

图 3-73 数字式万用表电流测量插孔示意图

这时要注意一点，测量安培级大电流时红表棒插"A"插孔，测量较小的电流时红表棒插"μA mA"插孔。

3.5.3 指针式万用表直流电流挡测量原理

图 3-74 是指针式万用表测量直流电流原理电路图。电路中的 E 和 R1 构成所测量的外电路。E 是外电路中的直流电压源，R1 是被测电路中的电阻。R2 是万用表内的分流电阻，它与万用表内的表头相并联，构成对表头的分流电路，可以减少流过表头的电流。

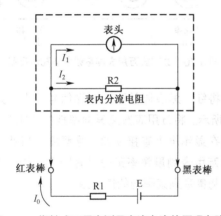

图 3-74　指针式万用表测量直流电流的原理电路图

表头是一个磁电式直流电流计，流过它的直流电流越大，指针偏转的角度越大。流过这种表头的电流一定要是直流电流，而且这一电流是很小的，所以通过一个并联的分流电阻 R2 来扩大电流量程，接入不同阻值的 R2，可以得到不同的直流电流量程。分流电阻 R2 是可以通过开关转换的，即通过电流量程开关转换。

测量时，外电路中的电流 I_0 通过红表棒流入万用表内，流过 R2 的电流 I_2 是很大的，流过表头的电流 I_1 比较小。流过表头的电流使表头中的指针偏转，根据指针所偏转的角度，从刻度盘上便能够指示出所测量电流 I_0 的大小。

接入不同大小的分流电阻 R2，流过 R2 的分流电流 I_2 便不同，而流过表头的直流电流大小基本不变，这样通过表头的刻度和分流的倍率，便能读出不同电流挡下不同的电流值。

8. 根据电路板上元器件画集成电路的电路图 2

关于电流挡测量原理，还要说明以下几点。

（1）表头与分流电阻构成一个并联分流电路，分流电阻用来减少流过表头的电流。当外电路的电流大小一定时，分流电阻的阻值越小，流过表头的电流越小，这样，通过改变分流电阻的大小，即可实现量程的转换。

（2）测量电流时表内电池不供电，使指针偏转的电流是由被测电路中的电源提供的，所以当被测电路中没有电源时，表头中就没有电流流过，指针不能偏转，电流指示为零。在同一量程下，外电路中的电流越大，流过表头的电流越大，指针所指示的电流值就越大。

（3）由于测量直流电流时不使用表内电池，因此表内电池的电压高低不影响直流电流挡的使用。

（4）由于测量电流时外电路中要有电源，因此在测量时要给外电路通电。

（5）由于直流电流的方向不变，而流过表头的电流必须是从左向右（如图 3-74 所示），因此要求红表棒接外电路中的电流流出端，黑表棒接电流流入端。当红、黑表棒接反后，流过表头的电流方向相反，指针反方向偏转，这会损伤表头，所以在测量直流电流时一定要注意红、黑表棒的正确连接。

从直流电流测量原理电路中可以看出，所测量的直流电流是流过电阻 R1 的电流，也就是流过 E 的电流，表头与外电路中的电源串联，为此要将外电路断开，将表头串入外电路中，即要将红、黑表棒串联在外电路中。这样的测量要断开外电路，故操作不方便。

3.6 万用表其他测量功能和操作注意事项

万用表除具有上述几种主要测量功能外，指针式和数字式万用表还有许多其他测量功能，特别是数字式万用表的测量功能更为丰富。

3.6.1 数字式万用表其他测量功能

1. 数字式万用表交流电流测量功能

数字式万用表的交流电流测量功能基本上与直流电流测量功能一样，只是选择的是交流电流挡位，而不是直流电流挡位。

交流电流挡用来测量正弦交流电流，它所显示的是交流电流的有效值。交流电流测量功能主要用来测量电源变压器的一次和二次绕组的交流电流，图3-75是测量时的接线示意图。

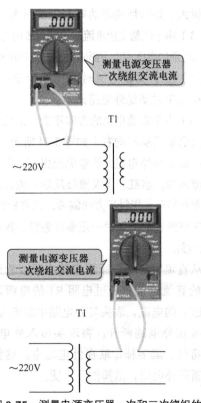

图 3-75 测量电源变压器一次和二次绕组的
交流电流接线示意图

2. 数字式万用表频率测量功能

部分数字式万用表还具有频率测量功能，这种万用表面板上有一个"Hz"插孔，测量频率时红表棒插入该插孔，黑表棒插入"COM"插孔中，如图3-76所示。

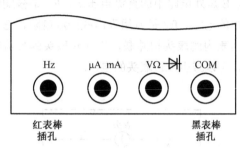

图 3-76 数字式万用表测量频率插孔示意图

将红、黑表棒并联在被测信号源上，如图3-77所示。将万用表置测量频率挡位"Hz"后，便能在显示屏上直接读取信号频率。当然，不同的万用表测量频率范围是有所不同的，通常都能测量音频范围内的信号频率。

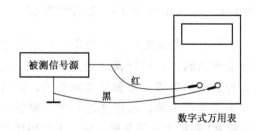

图 3-77 数字式万用表测量信号频率接线示意图

另外，被测信号的幅度也有一定要求，不能太小也不能太大。不同的万用表对具体数值有不同的要求，例如有的数字式万用表要求输入的被测信号幅度不小于30mV（rms），不大于30V（rms）。

3. 测量电池电压功能

利用万用表的直流电压挡可以测量电池电压，但是会出现一个现象：所测量的电池其电压值并不低，可是在手电筒中就是无法使小电珠发亮。这是因为该节电池虽有电压，但内阻太大，无法输出电流。采用万用表的直流电压挡测量电池电压时，没有给电池加上负载，所以所测量的电压是该电池空载下的电压，它不能准确说明电池带负载的能力。

一些数字式万用表具有专门测量电池电压的功能，它在测量电池电压时给电池加上适当的负载，模拟电池供电状态，所以更能反映电池的供电能力。例如，某数字式万用表在测量1.5V电池时给电池配置38Ω负载，在测量9V电池时配置450Ω负载。

测量电池电压时，将数字式万用表置于电池测量状态，红、黑表棒插入相应插孔内（不同数字式万用表不同），红表棒接电池正极，黑表棒接电池负极，此时显示电池电压值。

4．数据保持功能

一些数字式万用表具有数据保持功能，即测量过程中按下万用表面板上的"HOLD"键，表棒离开测试点之后测量所显示的数值仍然保持在显示屏上，以便于观察。

5．测量负载电压和负载电流参数功能

有些万用表中设置了测量负载电压LV（V）和负载电流LI（mA）参数的功能，用来测量在不同电流下非线性元器件电压降性能参数或反向电压降（稳压）性能参数。

6．音频电平测量功能

有些万用表中设置了音频电平测量功能，它是在一定负载阻抗基础上来测量放大器的增益或线路传输过程中的损耗，测量单位用dB（分贝）表示。

测量方法同测量交流电压极其相似。当被测量电路中含有直流电压成分时，可以在红表棒回路中串联一只0.1μF的隔直电容，如图3-78所示，测量中的读数以刻度盘中的dB值读取。

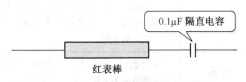

图 3-78　红表棒回路隔直电容示意图

3.6.2　万用表操作注意事项小结

1．使用注意事项小结

万用表在使用过程中要注意以下几点。

（1）正确插好红、黑表棒，有些万用表的表棒孔多于两个，在进行一般测量时红表棒插入标记"+"的孔中，黑表棒插入标记"−"的孔中，红、黑表棒不要插错，否则指针会反向偏转。

（2）在测量前要正确选择好挡位开关，如测量电阻时不要将挡位开关置于其他挡位上。

（3）选择好挡位开关后，正确选择量程，所选择的量程应使被测值落在刻度盘的中间位置，这时的测量精度最高。

（4）在测量220V交流电压时，要注意人身安全，手不要碰到表棒头部金属部位，表棒线不能有破损（常会出现表棒线被电烙铁烫坏的情况）。测量时，应先将黑表棒接地端，再去连接红表棒，若红表棒连接而黑表棒悬空，则在手碰到黑表棒时同样有触电危险。

（5）在测量较大电压或电流过程中，不要去转换万用表的量程开关，否则会烧坏开关触点。

（6）特别注意在直流电流挡时不能测量电阻或电压，否则会有大电流流过表头而烧坏表。因为在直流电流挡时表头的内阻很小，红、黑表棒两端只要有较小的电压就会有很大的电流流过表头。

（7）万用表在使用中不应受振动，保管时不应受潮。

（8）万用表使用完毕，应养成将挡位开关置于空挡的习惯，没有空挡时置于最高电压挡。千万不要置于电流挡，以免下次使用时不注意就去测量电压。也不要置于欧姆挡，以免表棒相碰而造成表内电池放电。

9．根据电路板上元器件画集成电路的电路图 3

2．使用直流电压和直流电流、交流电压挡的注意事项小结

使用直流电压和直流电流、交流电压挡时要注意以下几个方面的问题。

（1）先将万用表的测量功能转换开关置于

直流电压挡或直流电流挡或交流电压挡上，再根据所要测量的电压或电流的大小选择合适量程。

（2）测量直流电压、直流电流、交流电压之前，要先看一下指针是否在左侧的零处，当指针不在零处时可以调整指针回零螺钉，这一校零与欧姆挡的调零是不同的。

（3）直流电压、直流电流和交流电压挡的刻度盘与欧姆挡不同，它们的零点在最左侧，指针向右偏转时说明电压或电流在增大。

（4）关于测量直流电流、直流电压和交流电压时的指针读数方法与欧姆挡时相同，在不同量程时要乘以相应的量程值。

（5）在测量直流电压时，红、黑表棒要分清，红表棒接电路中两个测试点的高电位点，黑表棒接低电位点，如若红、黑表棒接反，指针将反方向偏转，这不仅不能读取数值，而且易损坏万用表，所以在测量时要注意这一点。对于测量交流电压而言，红、黑表棒不分。

（6）测量电压时，直接将红、黑表棒接在所要测量的两个测试点上，电压测量是并联测量。当测量流过电路中某一点的电流时，要将该点断开，将红、黑表棒串联在断开处的两点之间，高电位点接红表棒，低电位点接黑表棒。测量电压或电流时，要给电路通电。

3.7　常用测试仪器仪表知识点"微播"

重要提示

电子技术的实践行动肯定离不开各种测试仪器和仪表，它们是观察信号波形、测量电路电参数、检测元器件性能等的利器，掌握了测试仪器和仪表的使用方法对电子技术实践活动能起到事半功倍的作用。

这里介绍一些常用测试仪器和仪表，它们在一些生产线或修理部会用到。

3.7.1　可调式直流稳压电源知识点"微播"

1. 可调式直流稳压电源

重要提示

稳压电源有以下两大类。

（1）交流稳压电源，它是用来稳定220V交流市电电压的，它输出的是稳定的220V、50Hz交流电压。

（2）直流稳压电源，它输出的是稳定的直流电压，电子电路中主要使用直流稳压电源。

直流稳压电源根据输出电压是否可以调节分为可调式和不可调式，这里主要讲解可调式直流稳压电源。

名称	直流稳压电源
实物图	
说明	在电子产品生产线中会有一调试环节，需要直流稳压电源。 电子制作和修理过程中，要给被修理的放大器或所制作的电路提供直流工作电压，若采用电池供电不方便，电压高低不能连续调整，则当要求直流工作电压很高时需要很多节电池。 有的电路还要求采用正、负电源就更不方便了，而且使用电池也不经济。所以，需要一台直流稳压电源来给机器、放大器供电
提示	采用数字式直流稳压电源时，输出电压调整更为方便，调整精度也更高

　　关于直流稳压电源的具体使用方法可以参考该仪器的使用手册，使用前详细阅读仪器的使用说明书，可以先简单地阅读说明书，再一边看一边动手操作稳压电源，这样记得住。

2. 可调式直流稳压电源使用注意事项

　　这里主要说明该仪器在使用过程中的一些注意事项。

　　（1）这种直流稳压电源的输出电压大小一般可以在 0 ～ 30V 范围内连续调整，配有粗调和细调两个旋钮，先粗调后细调。在将电源接入负载电路之前先要确定输出电压的大小，并准确调准，否则电压调大会很快烧坏负载电路。

　　（2）直流稳压电源的输出端有两根引线，一根为正（用红色引线表示），另一根为负（用黑色引线表示），这两根引线之间不能互换。在接直流稳压电源的输出端引线时，要先搞清楚电路中的正、负电源端，两者之间切不可接反了，否则会烧坏电路。

　　（3）在接通直流稳压电源之后，输出端的两根引线不要相碰，否则输出端短路，直流稳压电源进入保护状态，此时没有直流电压输出（按一次复位开关后电源可恢复正常输出）。

　　（4）为了使用方便，往往将直流稳压电源的正、负极输出引线分别用一个红色和黑色的夹子连接，将黑夹子（地线）往电路的地线上夹，红夹子夹电路中的电源正极端，使用十分方便。另外，要在夹子的外面用绝缘套管套上，以免相互之间相碰后直流稳压电源输出端短路。

　　（5）在一些直流稳压电源上设有直流电流表，可以同时

10.画电源电路图方法
（1）解体直流电源

指示直流稳压电源当前输出的直流电流大小，这对检修是十分方便的。在没有这种电流表时，可以在直流稳压电源输出回路中串联一个直流电流表。

　　（6）在检修 OCL 功率放大器电路时，要采用双电源输出的直流稳压电源，因为这种功率放大器电路需要正、负对称电源供电，其他一些电路也有采用正、负对称电源供电的情况。

　　（7）在能够输出两组直流电压的稳压电源中，两组电路之间是独立的，输出电压调整要分开进行。

3. 可调式直流稳压电源分类

　　图 3-79 是可调式直流稳压电源分类示意图。

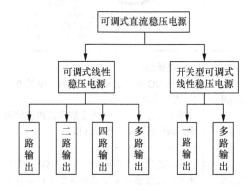

图 3-79　可调式直流稳压电源分类示意图

　　（1）线性直流稳压电源中的调整管工作在线性区，靠调节管集电极和发射极之间的电压降来稳定输出。其优点是稳定性高，纹波小，可靠性高，易做成多路、输出连续可调的成品；缺点是体积大，较笨重，效率相对较低。

　　（2）开关型直流稳压电源中的开关管工作在饱和与截止区状态下，即开关状态。

　　可调式稳压电源按电压调整形式分为波段开关调整式和电位器连续可调式，前者不能线性调节输出电压，后者则能线性地进行输出电压大小的调整。

　　如果按照是否能稳压输出电流划分又有两种：一种是只能稳定输出电压而不能稳定输出电流的电源，另一种是输出电流和电压都能稳定的双稳电源。

4. 0 ～ 30V 四位半显示电源

名称	0 ～ 30V 四位半显示电源
实物图	
说明	一路输出。 电压 DC 0 ～ 30V 连续可调，电流 0 ～ 5A 连续可调。 输出电压和输出电流在额定值内连续可调，满负载连续工作 16h 以上
提示	极高的稳定度和可靠性，适合科研部门、大专院校及企事业单位等需要高稳定性直流供电场合

5. 双四位高精度直流稳压稳流电源

名称	双四位高精度直流稳压稳流电源
实物图	
说明	双路输出。 电压从零到额定值连续可调，电流从零到额定值连续可调，LED 四位数字显示，CV 稳压 / CC 稳流自动切换，电压、电流预置输出，稳压、稳流，全保护
提示	极高的稳定度和可靠性，适合科研部门、大专院校及企事业单位等需要高稳定性直流供电场合

6. 四路直流稳压恒流电源

名称	四路直流稳压恒流电源
实物图	
说明	四路直流稳压电源，其中两路电压、电流从零到额定值连续可调，另外两路为 8 ～ 15V/1A 和 2.2 ～ 5.2V/1A 输出。 用 4 组 LED 显示器分别显示四路电压值，具有稳压和稳流功能，稳压 / 稳流自动转换，电压、电流预置输出，自动跟踪输出，自动串 / 并联操作。 并联使用，双倍电流输出。 串联使用，双倍电压输出。 满负载连续工作
提示	极高的稳定度和可靠性，适合科研部门、大专院校及企事业单位等需要高稳定性直流供电场合

7. 30V 大功率线性电源

名称	30V 大功率线性电源
实物图	
说明	直流大功率输出。 输出电压和输出电流在额定值内连续可调，满负载连续工作 16h 以上。 电压从零到额定值连续可调，电流从零到额定值连续可调。 LED 数码管四位电压显示使显示电压分辨率达到 10mV，LED 数码管四位电流显示使显示电流的分辨率达到 10mA。 在小电流范围内稳流状态下的输出电流稳定度极高，非常适合需要输出稳定的直流小电流的工作场合
提示	极高的稳定度和可靠性，适合科研部门、大专院校及企事业单位等需要高稳定性直流供电场合

8. 可调开关型稳压稳流电源

名称	可调开关型稳压稳流电源
实物图	
说明	稳压、稳流连续可调。 外接电压补偿功能。 过电流、过电压、短路保护。 具有输入电压欠电压保护、输出电压过电压保护、过热保护等功能
提示	适合科研部门、大专院校及企事业单位等需要高稳定性直流供电场合

3.7.2 示波器知识点"微播"

⚠ 重要提示

示波器顾名思义是观察波形随时间变化的仪器，本质上它是一款时域测量的仪器。

示波器经过几十年的发展，它的性能、功能和外表都发生了跨越式变化，但是它始终都是一个时域测量仪器。

泰克公司1946年成立，其创始人在1947年发明了世界上第一台触发式示波器，始于这个突破性的技术创新，如今的泰克已经崛起成为全球最大的测试、测量和监测设备供应商之一。

泰克公司的总部设在美国俄勒冈州毕佛顿，为全球范围内的客户提供备受赞誉的服务和支持。

1. 普通示波器

名称	普通示波器
实物图	
说明	示波器用来显示信号波形，原来电子电路中看不见、摸不着的电信号，通过示波器可以观察到当前测试点上的信号波形。 示波器能观察各种不同信号幅度随时间变化的波形曲线，还可以用它测试各种不同的电量，如电压、电流、频率、相位差、调幅度等
提示	普通示波器的频率不高，但用来显示音频范围内的正弦信号是没有问题的

2. 示波器使用注意事项

关于普通示波器的具体使用方法可以参考该仪器的使用手册，这里主要说明该仪器在使用过程中的一些注意事项。

（1）示波器的最大优点是可以直观地观察到测试点的信号波形，通过信号波形的观察，可以知道在测试点处的信号是否存在非线性失真故障、信号的幅度是否正常等。另外，示波器还可以用来观察电路中测试点处是否存在噪声。

11. 画电源电路图方法
（2）变压器电路图

（2）示波器在检查信号时，接在音频放大器的输出端，或接电路中所要检测的点。示波器的引线是输入信号引线，电路中测试点上的信号通过这一引线加到示波器的内电路中。示波器的输入引线有两根：一根是芯线，它接被测电路中的测试点；另一根是地线，与被测放大器的地线相连。

（3）观察信号波形时，需要给被检查放大器电路输入端输入正弦信号，也就要用一台音频信号发生器配合使用。当使用示波器来观察电路噪声时，则不需要音频信号发生器，直接将示波器接入测试点即可。

（4）在使用中，常常将真空管毫伏表与示

波器的输出端并接起来使用，这样用示波器看信号波形，用真空管毫伏表测量信号电压大小，使用十分方便。

（5）SB-10 型普通示波器是电子管的，所以在使用前要预热 10min。另外，要将示波器的外壳接室内专用地线，防止外壳带电，以确保人身安全。

（6）检查非线性失真故障时，要通过调整示波器上有关旋钮使显示的波形稳定，并使 Y 轴、X 轴方向波形适中。示波器上，Y 轴方向表示信号的幅度大小，X 轴方向表示信号频率的高低。

（7）使用中不要将亮度开得太大，以免烧坏示波管。

3．示波器种类

图 3-80 是示波器分类示意图，这是按功能进行划分的。如果按信号处理方式划分，可分为模拟式和数字式示波器两大类。数字式示波器还可以进一步分为存储示波器（DSO）、数字荧光示波器（DPO）和采样示波器。

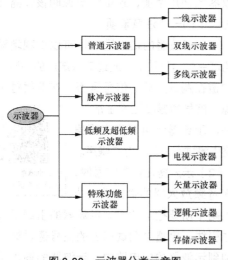

图 3-80　示波器分类示意图

⚠️ **重要提示**

示波器也分为模拟和数字两大类型。对于一般的测量，模拟和数字示波器都能够胜任。模拟和数字示波器具备不同的特性，所以也有不同的特定应用。

4．一线示波器

名称	一线示波器（单踪示波器）
实物图	
说明	一线示波器只有一根扫描线，一次只能测量一个信号。 最简单的示波器，通常用来显示模拟信号，如正弦信号。 带宽通常为 10MHz
提示	结构简单，价格便宜，但同步性和稳定性较差

5．双线示波器

名称	双线示波器（双踪示波器）
实物图	
说明	双线示波器具有两路输入端，可以同时观察两个独立的信号。 在示波器内部，将输入信号放大后，使用电子开关将两路输入信号轮换切换到示波管的偏转板上，使两路信号同时显示在示波管的屏幕上，便于进行两路信号的观测比较
提示	双线示波器是目前应用量最大的一种示波器

6. 多线示波器

名称	多线示波器（多踪示波器）
实物图	
说明	多线示波器同时能观察和测量多个信号，如有的多线示波器通道数达到 20 条，同时分析模拟信号、数字信号和串行信号等。这 20 条通道中模拟通道为 4 条，数字通道为 16 条
提示	卓越的功能能够帮助设计者迅速找到和诊断复杂的嵌入式系统设计中的问题。 极高的带宽（1GHz）和所有通道上 5 倍的过采样率，可以使其获得必要的性能，查看快速变化的信号细节。 多线示波器是电路设计和调试维修的好帮手

7. 长余辉慢扫描双踪示波器

名称	长余辉慢扫描双踪示波器
实物图	 12 画电源电路图方法（3）整流滤波电路图
说明	最慢扫描时间为 20s/div，全程最慢扫描时间为 500s，采用内刻度长余辉 CRT
提示	适用于对低频缓变电参量的观察和测量，还能工作于"单次"状态，便于观察非重复单次信号。 低频及超低频示波器的特点是扫描频率很低，示波管采用长余辉管，适于观察各种缓慢变化的信号

8. 矢量示波器

名称	矢量示波器
实物图	
说明	矢量示波器能在显示器上进行波形监视、矢量、音频显示和简便图形显示
提示	日常使用时，辉度不要调得过亮，以免电子束灼伤示波管屏幕。 保持干燥和清洁，避免强磁干扰和强烈振动。仪器上不能加重压。 不能遮住机壳的通风孔。使用电源应严格按照仪器的要求，仪器不使用时应放在干燥通风的地方。环境潮湿时应放入干燥剂，以免元件受潮锈蚀。应当定时清灰

9. 逻辑示波器

名称	逻辑示波器
实物图	
说明	主要应用有硬件性能测试、多通道数据采集、复合信号分析、A/D 和 D/A 分析、硬件时序分析
提示	具有强大的触发功能，大大缩短了故障定位的时间。 混合模式显示更易于发现时序故障。 所有通道高速采样，易于分析复杂综合的交互系统

10. 数字存储示波器

名称	数字存储示波器
实物图	

说明	采用除正常的荧光屏余辉之外的方式保留被测信号波形信息的示波器。 数字存储示波器有别于一般的模拟示波器，它是将采集到的模拟电压信号转换为数字信号，由内部微机进行分析、处理、存储、显示或打印等操作
提示	这类示波器通常具有程控和遥控能力，通过 GPIB 接口还可将数据传输到计算机等外部设备进行分析处理

11. 笔型示波器

名称	笔型示波器
实物图	
说明	笔型示波器就是像笔一样的示波器，它可以满足广大用户出差、户外的使用需求，是体积小巧、超低功耗的、具有电池供电的手持示波器
提示	它又称为示波笔。 它特别适合于户外、汽车或供电不方便的场合使用

12. 示波表

名称	示波表
实物图	
说明	手持式数字示波表集数字存储示波器、数字万用表、数字频率计三者功能于一体，示波表电池供电，图形液晶显示，是电子测量领域里一类新型的实用仪器。 该仪器功能齐全，并且体积小、重量轻，携带和操作都十分方便，具有极高的技术含量、很强的实用性和巨大的市场潜力，代表了当代电子测量仪器的一种发展趋势

提示	采用嵌入式设计技术，把微控制器、A/D 转换器、LCD 控制器等核心部件嵌入该系统，并利用嵌入式操作系统、ASIC 设计技术、LCD 图形显示技术及数字信号处理技术等综合设计的嵌入式仪器系统

13. 混合域示波器 / 分析仪

名称	混合域示波器 / 分析仪
实物图	
说明	五机一体，即频谱分析仪、矢量信号分析仪、示波器、逻辑分析仪、总线协议分析仪
提示	混合域示波器（Mixed Domain Oscilloscope）分析仪可以帮助工程师捕获时间相关的模拟、数字和射频信号，从而获得完整的系统级观测，帮助工程师快速解决复杂的设计问题

14. 示波器测量开关电源输出纹波与噪声方法

⚠ 重要提示

电源的输出纹波与噪声跟测量方法存在很大的关系，测量方法的不同或方法的正确与否会存在很大的差异。

要求示波器的带宽为 20MHz，如果使用 20MHz 带宽以上的示波器，使用带宽限制功能限制在 20MHz，在这个带宽下测试合格的电源产品能满足绝大多数设备的需要。

具体测试方法是：电源应在输入电压范围以内，输出为纯阻性负载。测试时应使示波器探头靠接在电源的输出端子上，如图 3-81 所示，以避免辐射和共模噪声对测量的干扰。

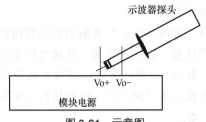

图 3-81　示意图

图 3-82 所示是测量时示波器显示纹波和开关噪声波形。测试的结果一般是纹波较小，噪声相对较大，这是由开关电源的工作原理所决定的。

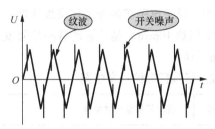

图 3-82　测量时示波器显示纹波和开关噪声波形

> ⚠ **重要提示**
>
> 如果测试发现电源的纹波较大，大于厂家给出的规定值，而且呈现正弦波的状态，说明该电源可能存在问题。

3.7.3　逻辑笔知识点"微播"

> ⚠ **重要提示**
>
> 逻辑笔是采用不同颜色 LED 指示数字电路电平高低的仪器，它是测量数字电路比较简便的工具。

图 3-83 所示是几种逻辑笔。

使用逻辑笔可快速测量出数字电路中有故障的集成电路，逻辑笔一般有两个不同发光颜色的 LED，性能较好的有 3 个不同发光颜色 LED，如图 3-84 所示，用于指示 4 种逻辑状态。

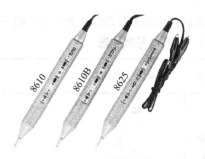

图 3-83　几种逻辑笔

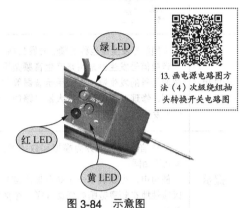

13. 画电源电路图方法（4）次级绕组抽头转换开关电路图

图 3-84　示意图

（1）绿色 LED 亮时，表示逻辑低电位。

（2）红色 LED 亮时，表示逻辑高电位。

（3）黄色 LED 亮时，表示浮空或三态门的高阻抗状态。

（4）如果红、绿、黄三色 LED 同时闪烁，则表示有脉冲信号存在。

> ⚠ **重要提示**
>
> 逻辑笔的电源取自于被测电路。
>
> 测试时，将逻辑笔的红色电源夹子夹到被测电路的任一电源点（电源电路正极端），另一个黑色夹子夹到被测电路的公共接地端。
>
> 逻辑笔与被测电路的连接除了可以为逻辑笔提供接地外，还能改善电路灵敏度，并提升被测电路的抗干扰能力。

3.7.4　音频信号发生器和音频扫描信号发生器知识点"微播"

信号发生器是用来产生检测信号的专用仪

器，音频信号发生器是信号发生器中的一种。

1. 音频信号发生器

名称	音频信号发生器
实物图	
说明	音频信号发生器也称低频信号发生器。 音频信号发生器是用来产生音频范围内正弦波信号的发生器，在使用示波器等仪器来检测、修理、调试音频放大器电路时，音频信号发生器是不可缺少的
提示	音频信号发生器分为模拟和数字两大类，其用途相同。 使用中，可以调节一个频率输出信号，可以线性地在频率范围内任意选择一个频率信号输出

音频信号发生器的具体使用方法可以参考该仪器的使用说明书，这里对使用该仪器过程中的一些注意事项说明如下。

（1）这种信号发生器只能用来检测音频放大器，不能用来检查收音机的高频和中频放大器电路等非音频放大器。

（2）信号发生器的输出引线要采用金属屏蔽线，以减少外部干扰。在使用中要经常检查信号引线，因为引线较长时间使用后，内部的芯线会断线（外表上是看不出来的），使音频信号发生器输出信号不能加到被测的电路中，造成检测误判断。

（3）音频信号发生器输出的信号大小、信号频率高低都是可以连续调整的，输出阻抗也是可以调整的，在使用中要掌握这些调整方法，否则检测的结果是不准确的，甚至会损坏电路。例如，信号从音频放大器电路的前级电路输入时，输出信号要很小，并采用电压信号输出方式，而不要采用功率信号输出方式。另外，当音频信号发生器的输出阻抗与放大器电路的输入阻抗不匹配时，会引

起信号的失真。

（4）音频信号发生器输出引线有两根，接线时要注意，芯线（热端）接放大器电路的输入端（热端），金属屏蔽线接放大器电路的地线，接反后会引起干扰，特别是在小信号时干扰更严重。

（5）可以将音频信号发生器的输出引线（热端）装上插头，这样在检测整机电路时将插头插入机器的输入插口中即可，将输出引线的地端装上夹子，这样操作比较方便。

（6）音频信号发生器有晶体管的，也有电子管的，对于电子管的音频信号发生器，在使用前要预热10min，晶体管的音频信号发生器则不必预热。

2. 音频扫描信号发生器

名称	音频扫描信号发生器
实物图	
说明	它为正弦波输出，输出信号失真小、稳定性好，且频率范围覆盖整个音频范围。 可手动调节，也可对数扫频，扫频起点、终点及扫描时间均可按需设置。 有很好的负载调整率和幅频平坦度。 具有开关机延时、过电流保护、短路保护等保护措施，允许输出端长时间短路，为使用者提供了方便和保障
提示	它可广泛应用于声学、振动、电信等领域作为信号激励源，特别适用于扬声器单元及扬声器系统（音箱）的纯音检验试听

3.7.5 毫伏表知识点"微播"

重要提示

真空管毫伏表又称音频毫伏表，它有晶体管毫伏表和电子管毫伏表两种，当采用电子管时称为真空管毫伏表。

1. 真空管毫伏表

名称	真空管毫伏表
实物图	
说明	普通万用表主要是用来测量50Hz交流电压的，所能测量的最小电压不是很小。在测量音频信号和测量频率不是很高的交流电压时，就要用到真空管毫伏表
提示	真空管毫伏表的最小测量电压为1mV，比万用表小得多，整个电压量程分为10挡。 真空管毫伏表的测量信号频率范围为25Hz～50kHz，比万用表宽得多。它的输入阻抗高，在1kHz时不低于500kΩ；输入电容小，不大于40pF

真空管毫伏表的具体使用方法可以参考该仪器的使用手册，这里主要说明该仪器在使用过程中的一些注意事项。

（1）真空管毫伏表的外壳应接室内保护性地线，且接地应该良好，否则人体电位引起寄生耦合会影响测量精度。

（2）为了保证100mV以下电压的测量精度，表的测试引线不能太长，且测试引线要采用双芯屏蔽引线，引线外面的金属网一端要接仪表的地线（冷端）。

（3）测量时，要将测量引线的热端与被测电路的热端、冷端与被测电路的地线相连，两根引线之间不能相互接反，否则测量结果不准确。

（4）真空管毫伏表是电子管的，开机预热时间不少于10min，并注意每隔30min校零一次，特别是测量较小电压时更要这样，否则会影响测量精度。

（5）真空管毫伏表最好不要用来测量交流市电，因为该仪表的外壳接保护性地线，而外壳又是与冷端测量引线相连的，当测量交流市电时，若将冷端引线接到交流市电的相线上，

将造成交流市电的短路。

（6）该仪表的刻度是以测量正弦波信号为标准的，测量非正弦信号是可以的，但存在误差。

（7）通过真空管毫伏表与示波器联合使用，来测量信号的大小，使检修中对信号的大小能够随时监测。

2. 晶体管毫伏表

名称	晶体管毫伏表
实物图	 14. 画电源电路图方法（5）极性转换开关电路图1
说明	晶体管毫伏表是一种专门用来测量正弦交流电压有效值的交流电压表。它具有输入阻抗大、准确度高、工作稳定、电压测量范围广、工作频带宽等特点
提示	晶体管毫伏表可以进一步分类。 （1）按测量频率范围有低频晶体管毫伏表、高频晶体管毫伏表、超高频晶体管毫伏表和视频毫伏表。 （2）按测量电压有有效值毫伏表和真有效值毫伏表。 （3）按显示方式有指针显示毫伏表和数字显示（LED显示）毫伏表

3.7.6 晶体管特性测试仪知识点"微播"

名称	晶体管特性测试仪
实物图	

说明	晶体管特性测试仪是一种用阴极射线示波显示半导体器件的各种特性曲线，并可测量其静态参数的测试仪器
提示	它能测量晶体管的许多特性曲线，特别是能在不损坏器件的情况下，测量其极限参数，如击穿电压、饱和压降等。 对于中小功率晶体管各种参数的配对和比较使用这种仪器也相当方便

3.7.7 视频电路专用修理仪器知识点"微播"

1. 扫频仪

⚠ 重 要 提 示

在电子测量中，经常遇到对电路的阻抗特性和传输特性进行测量的问题，其中传输特性包括增益和衰减特性、幅频特性、相频特性等。测量这些特性的仪器称为频率特性测试仪，简称扫频仪。

名称	扫频仪
实物图	
说明	扫频仪用来测试高频和中频通道、视频通道的频率特性，还可以调试伴音中频频率特性和鉴频器的频率特性，它通过示波器来显示频率特性情况，比较直观。另外，它还可以测量放大器增益的大小
提示	扫频仪一般由扫描锯齿波发生器、扫频信号发生器、宽带放大器、频标信号发生器、X轴放大、Y轴放大、显示设备及多路输出电源等组成

这种仪器的使用方法详见该仪器的使用说明书，这里对使用中的注意事项说明如下。

（1）要预热 10min 后使用。

（2）扫频仪与被测电路之间的连线应该尽可能短，以减少干扰。

（3）仪器外壳应该有良好的接地措施，且将仪器的接地端与被测电路的地线相连。

（4）仪器的输出阻抗与被测电路输入阻抗之间要匹配，否则会造成测出的频率特性变形或不准确。

（5）扫频仪的输出阻抗只有 75Ω，所以在接入电路时要接隔直电容和隔离电阻，隔直电容一般用 0.1μF 的瓷片电容。

2. 彩色电视信号发生器

名称	彩色电视信号发生器
实物图	
说明	彩色电视信号发生器是一种能够产生多种不同的测试信号、供黑白电视机和彩色电视机调试和检验的信号发生器
提示	常见的彩色电视信号发生器为 S305 型，使用这种仪器时的主要注意事项也是预热、接地，并且不允许有较大的交流信号从被测电路倒加到仪器中

3. 电视扫频信号发生器

名称	电视扫频信号发生器
实物图	
说明	电视扫频信号发生器用来测试 UHF 高频头、UHF 电视机及各种无源元器件的幅频特性
提示	常见的电视扫频信号发生器是 XSQ-4AUHF 型和 AS-1311 型

3.7.8 收音电路专用修理仪器知识点"微播"

1. 高频信号发生器

名称	高频信号发生器
实物图	![实物图]
说明	音频信号发生器所能产生的信号频率很低，在调试和修理收音机中要用到高频信号发生器，这是收音机专用调试仪器。该仪器的配件主要有圆环天线、10∶1衰减器和等效天线
提示	高频信号发生器的主要技术性能指标如下。 （1）频率范围为100kHz～150MHz，分成8个频段。 （2）输出电压在开路时为0～1V。有分压电阻的电缆终端电压，在接线柱"1"时为1～100000μV，输出阻抗为40Ω；在接线柱"0.1"时为0.1～1000μV，输出阻抗为8Ω。 （3）内调制频率为400Hz、1000Hz，外调制频率为50～4000Hz（载波频率为100～400kHz）、50～8000Hz（载波频率大于400kHz）。 （4）调幅度为0～100%

高频信号发生器具体使用方法可见该仪器的使用说明书，这里只说明使用中的主要注意事项。

（1）由于该仪器电源中加有高频滤波电容，机壳带有一定的电位，所以要将仪器的外壳接地，没有接地时要在脚下面垫块绝缘垫。

（2）如果仪器是电子管的，则要预热10min后使用。

2. 统调仪

名称	统调仪
说明	统调仪专门用来进行收音机统调，它是通过观察图像的方法来校准频率刻度和进行补偿调整的专用仪器

| 提示 | 统调仪的一般技术性能指标如下。
（1）扫频输出信号中心频率为200kHz、500kHz、2MHz。
（2）扫频输出幅度为0～10mV，连续可调。
（3）扫描频率为50Hz。
（4）扫描波为锯齿波。
（5）输出阻抗为75Ω |

3. 高频毫伏表

名称	高频毫伏表
实物图	![实物图]
说明	高频毫伏表与普通音频毫伏表相比，其测量频率更高，输入阻抗更高，输入电容更小
提示	高频毫伏表的主要技术性能指标如下。 （1）电压测量范围为1mV～1V，共分成6挡。 （2）测量频率范围为30Hz～10MHz。 （3）探头输入阻抗有功电阻为1MΩ，输入电容为10pF。衰减器的有功输入阻抗为1MΩ，输入电容不大于6pF

高频毫伏表具体使用方法可见该仪器的使用说明书，这里主要说明使用中的几点注意事项。

（1）如果是电子管仪器，则要预热几分钟后再使用。

（2）由于高频毫伏表的灵敏度很高，在测量时应该没有外界的感应和干扰存在，否则测量结果不准确。

（3）当测量电压大于1V时，要使用仪器附配件中的1∶100衰减器，此时可以测量电压的最大值为100V。

（4）要预热之后将探头短路，再进行机械调零，不将探头短路不会调到真正的零点。

15.画电源电路图方法（6）极性转换开关电路图2

4．中频图示仪

名称	中频图示仪
实物图	
说明	中频图示仪是用来对收音机中频放大器频率特性进行调整的专用仪器
提示	一般中频图示仪的主要技术性能指标如下。 （1）扫频信号的中心频率为465kHz。 （2）输出幅度为0～0.3V，连续可调。 （3）扫频频率为50Hz。 （4）扫频波为锯齿波

5．立体声信号发生器

名称	立体声信号发生器
实物图	
说明	立体声信号发生器是调试和修理立体声调频收音机的重要仪器
提示	它的频率范围很宽，从100 kHz到170 MHz，包括FM/AM调制能力

这种仪器上的主要插口和旋钮等的作用说明如下。

（1）音频输入插口，用来输入50～15000Hz的单声道信号。

（2）左、右声道外调制输入插口，用来输入左、右声道外调制信号，为不平衡输入，每个声道的输入阻抗为10kΩ。

（3）电平调节旋钮，用来调整机内音频信号的幅度。

（4）调制信号开关组，用来选择调制信号。

（5）预加重开关组，用来外接左、右声道信号的两种预加重选择。

（6）导频信号电平调整电位器，用来调整导频信号的大小。

（7）导频信号相位调整电位器，用来调整导频信号和副载波信号的相位。

（8）导频开关，用来控制导频信号输出。

（9）立体声复合信号电平控制旋钮，用来控制立体声复合信号的输出大小。

（10）导频信号输出插口，用来输出导频信号。

3.7.9　其他测试仪表知识点"微播"

1．数字式抖晃测试仪

名称	数字式抖晃测试仪
实物图	
说明	数字式抖晃测试仪可以用于机芯的抖晃测试

2．频谱分析仪

名称	频谱分析仪
实物图	
说明	频谱分析仪主要用来测量信号的幅度及频率。 频谱分析仪是研究电信号频谱结构的仪器，用于信号失真度、调制度、谱纯度、频率稳定度和交调失真等信号参数的测量，可用于测量放大器和滤波器等电路系统的某些参数，是一种多用途的电子测量仪器

提示	它又可称为频域示波器、跟踪示波器、分析示波器、谐波分析器、频率特性分析仪或傅里叶分析仪等

3. 频率计

名称	频率计
实物图	
说明	频率计是一种能够通过数字显示方式读出频率值的仪表
提示	电路中的振荡频率可以通过频率计测量和进行准确的调整

4. 逻辑分析仪

名称	逻辑分析仪
实物图	
说明	逻辑分析仪是利用时钟从测试设备上采集和显示数字信号的仪器，其最主要的作用是时序判定。 由于逻辑分析仪不像示波器那样有许多电压等级，通常只显示两个电压（逻辑1和0），因此在设定了参考电压后，逻辑分析仪将被测信号通过比较器进行判定，高于参考电压者为High，低于参考电压者为Low，在High与Low之间形成数字波形
提示	大多数开发人员通过逻辑分析仪等测试工具的协议分析功能可以很轻松地发现错误、调试硬件、加快开发进度，逻辑分析仪为高速度、高质量地完成工程提供了保障

5. 协议分析仪

名称	协议分析仪
实物图	
说明	协议分析仪是网络工程师的常用工具，但是黑客们也在熟练地使用着功能强大的协议分析仪。 协议分析仪通常是软硬件的结合，其使用专用硬件或设置为专用方式的网卡实施对网络中的数据捕捉。 协议分析仪的正当用处在于捕捉分析网络的流量，以便找出所关心的网络中潜在的问题
提示	假设网络的某一段运行得不是很好，报文发送得比较慢，而我们又不知道问题出在什么地方，此时就可以用协议分析仪来做出精确的问题判断

6. 误码率分析仪

名称	误码率分析仪
实物图	
说明	误码率分析仪是一种新型的测量串行数据系统信号完整性的设备。误码率分析仪通过把眼图分析与BER码型生成结合起来，使用户可以更迅速、更准确、更全面地执行误码率检测
提示	通过误码率分析仪，用户可以简便地隔离问题码和码型序列，然后通过7种高级误码分析功能，进一步展开分析，从而具备了异常深入的统计测量能力

1. 多种二极管引脚识别方法1

第4章

电路板故障 20 种高效检查方法和修理识图方法

电子技术是一门综合性很强的技术，它涉及电子电路工作原理、修理理论、操作技术和动手能力等诸多层面，并要求灵活运用各方面知识。修理理论包括检查方法和故障机理两方面的内容，这里先介绍修理理论中的各种检查方法（共 20 种），这是检查电子电路故障所必须掌握的"软件"。

⚠ 重要提示

修理过程中关键是找出电路中的故障部位，即哪一只元器件发生了故障。在查找故障部位过程中，要用到各种方法，这些方法就是检查方法。

这里介绍的检查方法，有的能够直接将故障部位确定，有的则只能将故障范围大大缩小（并不能直接找出故障的具体位置）。

在修理过程中，并不是一步就能找出具体的故障位置，而是通过不断缩小整机电路中的故障范围，要经过几个回合之后，才能确定具体的故障位置。在对故障范围缩小过程中、在确定故障位置时，要用到下面介绍的各种检查方法。

4.1 "一目了然"的直观检查法

⚠ 重要提示

所谓直观检查法，顾名思义，就是直接观察电子电路在静态、动态、故障状态下的具体现象，从而直接发现故障部位或原因，或进一步确定故障现象，为下一步检查提供线索，是一种能够通过观察直接发现故障位置、原因的检查方法。

4.1.1 直观检查法基本原理

直观检查法凭借修理人员的视觉、嗅觉和触觉等感觉，通过对故障机器的仔细观察，再与电子电器正常工作时的情况进行比较，对故障范围进行缩小或直接查出故障部位。

重要提示

直观检查法是一种最基本的检查方法，但它是一个综合性、经验性、实践性很强的检查方法，检查故障的原理很简单，实际运用过程中要获得正确结果则并不容易，要通过不断的实际操作才能提高这一检查技能。

4.1.2　直观检查法3步实施方法

直观检查法实施过程按先简后繁、由表及里的原则，具体可分为以下3步进行。

1. 打开机壳前检查

这是处理过程中的第一步。这时，主要查看电子电器外表上的一些伤痕、故障可能发生点，如机器有无发生碰撞、电

2. 多种二极管引脚识别方法2

池夹是否生锈、插口有无松动现象。对于电视机而言，还要观察光栅、图像等是否有异常现象，如有可疑点则进行进一步检查。

打开机壳前的直观检查，还可以对故障性质进行确定，对故障的具体现象可以进行亲身感受，以便为确定下一步的检查思路提供依据。

2. 打开机壳后检查

当上一步的直观检查不能解决问题时，进一步的检查是打开机壳后进行直观检查。打开机壳后，查看机内有无插头、引线脱落现象，有无元器件相碰、烧焦、断脚、两脚扭在一起等现象，有无他人修整、焊接过等。机内的直观检查可以用手拨动一些元器件，以便进行充分的观察。

打开机壳后的直观检查一般是比较粗略的，主要是大体上观察机内有无明显的异常现象，不必对每一个元器件都进行仔细的直观检查。

重要提示

如果在未打开机壳时的直观检查已经将故障的大致范围确定了，打开机壳后只要对所怀疑的电路部位进行较为详细的直观检查，对其他部位可以不必去检查。

3. 通电检查

上述两步检查无效后，可以进行通电状态下的直观检查。通电后，查看机内有无冒烟、打火等现象，接触三极管时有无烫手的情况。如果发现异常情况，应立即切断电源。

重要提示

通过上述3步直观检查之后，可能已经发现了故障部位，即使没有达到这一目的，对机器的故障也已经有了具体、详细的了解，为下一步所要采取的检查步骤、方法提供了依据。

4.1.3　直观检查法适用范围和特点

1. 适用范围

直观检查法适用于检查各种类型的故障，但比较起来更适合用于以下一些故障。

（1）对于一些非常常见的故障、明显的故障采用直观检查法非常有效，因为这些故障非常常见，一看故障现象就知道故障原因。举个例子说明，整机不能工作，打开熔丝盒便能看到熔丝已熔断。

（2）对于机械部件的机械故障检查很有效，因为机械机构比较直观，通过观察能够发现磨损、变形、错位、断裂、脱落等具体故障的部位。

（3）对于电路中的断线、冒烟、打火、熔丝熔断、引脚相碰、开关触点表面氧化等故障能够直接发现故障部位。

（4）对于视频设备的图像部分故障，能够直接确定故障的性质，如电视机的光栅故障、图像故障等。

2. 特点

直观检查法具有以下一些主要特点，了解这些特点对运用这一检查方法非常有益。

（1）这是一种简易、方便、直观、易学但很难掌握并需要灵活运用的检查方法。

（2）直观检查法是最基本的检查方法，它

贯穿在整个修理过程中，在修理的第一步就是用这种检查方法。

（3）直观检查法能直接查出一些故障原因，但是单独使用直观检查法收效是不理想的，与其他检查方法配合使用时效果更好，检查经验要在实践中不断积累。

> **⚠ 重要提示**
>
> 在运用直观检查法过程中要注意以下几点。
>
> （1）直观检查法常常要配合拨动一些元器件，特别注意在检查电源交流电路部分时要小心，注意人身安全，因为这部分电路中存在 220V 的交流市电。
>
> （2）在用手拨动元器件过程中，拨动的元器件要扶正，不要将元器件搞得歪歪倒倒，以免使它们相碰，特别是一些金属外壳的电解电容（如耦合电容）不能碰到

机器内部的金属部件上，否则很可能会引起噪声。

（3）当对采用直观检查得出的结果有怀疑时，要及时运用其他检查方法配合，不可看看差不多就放过疑点。

（4）对于机械部件上零件的拨动要倍加小心，有些部件是根本不好滑动、摆动的，不要以为它们是可以活动而去硬拉它们，使之变形，造成故障范围的扩大。

（5）直观检查法运用要灵活，不要什么部件、元器件都仔细观察一番，要围绕故障现象有重点地对一些元器件进行直观检查，否则检查的工作量很大。

（6）直观检查法不费神，也无须什么修理资料，是一种有效和很好的检查方法，一定要在修理实践中学会它、掌握它、完善它。

4.2　用耳朵判断故障的试听检查法

电子电器中有以下两大类的故障。

（1）电路类故障，它是指电子元器件问题造成的故障。

（2）机械类故障，它是指电子电器中的机械机构、机械零部件出问题引起的故障。

电路类和机械类故障各有特色，首先一个是电子元器件，一个是机械零部件，前者有一个通电工作的问题，后者零部件本身是不需要通电的。所以，对于电路类故障的检查有一套自己的方法，试听检查法则是一种用于电路类故障的检查方法。

> **⚠ 重要提示**
>
> 试听检查法是一个用得十分广泛的方法，可以这么说，凡是能出声音的电子电器或电子设备，在修理过程中都要使用这

种检查方法，此法可以准确地判断故障性质、类型，甚至它能直接判断出具体的故障部位。

修理之前，通过试听来了解情况，决定对策；在修理过程中，为确定故障处理效果要随时进行试听。所以，试听检查法贯穿在整个修理过程中。

4.2.1　试听检查法基本原理

试听检查法是根据修理人员的听觉，通过试听机器发出的声音情况或音响效果判断问题。试听检查法通过试听声音的有还是没有、强还是弱，失真还是保真、噪声有还是没有来判断故障类型、性质和部位。

4.2.2　试听音响效果方法

　　用自己所熟悉的、高音和低音成分丰富的原声音乐、歌曲节目源重放。

1．试听整体效果

　　适当音量下倾听音乐中的高音、中音、低音成分是否平衡，高音是否明亮、纤细，低音是否丰满、柔和，有没有高音、低音不足等现象。

3.多种二极管引脚识别方法3

2．试听乐曲背景

　　试听乐曲背景是否干净，节目的可懂度、清晰度是否高。然后试听声音有没有失真，原来熟悉的曲子是否有调门的改变等现象。最后试听节目的动态范围，在试听小信号时应没有噪声感觉，试听大信号时无失真、机壳振动等现象。

3．试听立体声

　　对于立体声机器，还要试听立体声效果是否良好，应能分辨出左、右声道中不同的乐器声，应有声像的移动感。在立体声扩展状态，立体声效果应该有明显改变。

4.2.3　试听收音效果方法

　　试听收音效果主要是检查调频、调幅两方面收音效果。试听调频波段主要是要求它的音响效果要好，调频立体声的音响效果则更好。

　　有的调频收音电路具有调谐静噪功能，即在调台过程中无任何噪声，调到电台便出现电台节目。没有这一功能的机器，在选台过程中出现调谐噪声是正常的，只要收到电台后没有噪声即可。

1．试听中波

　　试听中波主要是要求高、低端的灵敏度均匀，灵敏度高（能收到的电台多），其音响效果明显不如调频节目是正常的。

2．试听短波

　　试听短波主要是要求低端的灵敏度要高些，选择性要好（能方便调准电台），高端没有机振现象（在收到电台后会跑台或出现"嗡嗡"声说明存在机振）。

3．天线调整方法

　　中波、短波、调频波段的天线调整对收音效果影响大，它们的调整方法也有所不同。中波天线在机内，天线（磁棒）轴线方向垂直于电波传播方向时接收灵敏度为最高，故要通过转动机壳来改变灵敏度。

　　对接收短波信号而言，要拔出机内天线，呈垂直状态。

　　对于调频波段来说，调整时要使天线长短伸缩，再旋转天线角度。图4-1是3种情况下的天线调整示意图。

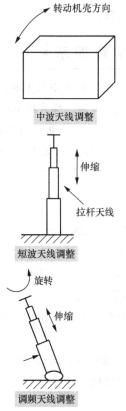

图4-1　3种情况下天线调整示意图

4.2.4 试听音量大小方法

在修理声音轻故障时，需要试听音量的大小。这一试听包括试听最大音量、检查音量电位器控制特性和检查音量电位器噪声 3 项。

用高质量的节目源放音，最大音量下（高、低音提升在最大状态）的输出是该机最大音量输出，这与该机器的输出功率指标有关。此时，根据输出功率指标试听输出是否达标（这要靠平时多体会），在达标情况下机壳的振动应很小，声音无严重失真，无较大噪声，无较大金属声等异常响声。

4.2.5 试听检测音量电位器和音调电位器方法

1. 试听检测音量电位器

试听检测音量电位器控制特性的方法是，随着均匀旋转音量电位器转柄，声音逐渐呈线性增强，不应有音量旋钮刚转动一点儿音量就增大很多的现象。

> ⚠ **重 要 提 示**
>
> 音量电位器在最小位置时，扬声器应无响声（无节目声、噪声很小很小）。
>
> 如果在转动音量电位器转柄过程中，扬声器出现"喀啦、喀啦"的响声，这是电位器转动噪声大故障，应进行清洗处理。

2. 试听检测音调电位器

试听时要用高、低音较丰富的节目源放音。试听低音效果时，改变低音控制器的提升、衰减量（适当听音音量下），此时低音输出应有明显变化。在低音提升最大时，机壳不应有振动、共鸣声。

试听高音效果时，旋转高音旋钮，应有高音输出的明显变化。

4.2.6 试听噪声方法

> ⚠ **重 要 提 示**
>
> 试听噪声应用很广泛，它是检查噪声故障、啸叫故障的一个重要手段。试听包括试听最大噪声、信噪比，以及检查噪声位置和噪声频率 4 项。

1. 试听噪声

将音量电位器开至最大，高、低音提升至最大，不给机器送入信号，此时扬声器发出的噪声为最大噪声，此噪声大小随输出功率的大小而不同，输出功率大的机器此噪声大。

最大噪声中不应存在啸叫声，即不应该存在某种有规律的单频叫声。

2. 试听信噪比

使机器处于重放状态下，音量控制在比正常听音电平稍大一些，然后使机器处于放音暂停状态，此时机器的噪声应很小，在距机体一尺外几乎听不到什么噪声。

如果此时噪声很大，这便是噪声大故障。

3. 判断噪声部位

对于噪声大故障要进一步进行试听，以确定噪声部位，即关死音量电位器后噪声仍然有或略有减小的话，说明噪声部位在音量电位器以后的低放电路中，若是交流声则是滤波不好。

若噪声大小随电位器转动而减小直至消失，说明噪声部位在音量电位器之前的电路中；若是交流声、汽船声，那是前置放大器退耦不好。噪声越大，噪声位置越在前级（即噪声经过的放大环节越多）。

4. 试听噪声频率

试听噪声的频率对判断故障原因是有用的。关小高音、提升低音时出现的噪声为低频噪声，提升高音、关小低音时出现的噪声为高频噪声。

在试听机械传动噪声时，要关死音量电位器。这种传动噪声是由于机械机构中零部件的振动、摩擦、碰撞产生的，它并不是扬声器里发出的，这一点与前面所讲的电路噪声故障有着本质的不同。

4.2.7　试听检查法适用范围和特点

1. 适用范围

试听检查法几乎适用于任何一种电路类故障，它在检查下列故障时更为有效。

（1）声音时有时无的故障，即一会儿机器工作正常，一会儿工作又不正常。

（2）声音轻故障。

（3）机械装置引起的重放失真故障，特别是轻度失真及变调失真故障。

（4）重放时的噪声故障（非巨大噪声故障）。

（5）机械噪声故障。

2. 特点

试听检查法具有以下一些特点。

4. 多种二极管引脚识别方法4

（1）这种检查方法应用十分广泛，几乎所有故障的检查都需要使用试听检查法，因为各种电路故障必定是破坏正常的声音效果，从而通过试听检查能为分析故障原因和处理故障提供依据。

（2）使用方便，无须什么工具。

（3）对很多故障此法有较好的效果。

（4）这种检查方法应用于检查故障的每个环节，在开始检查时的试听特别重要，试听是否准确关系到下一步修理决策是否正确。

（5）常与其他检查方法配合使用。

⚠ 重要提示

在运用试听检查法过程中要注意以下几点。

（1）对于冒烟、有焦味、打火的故障，尽可能地不用试听检查法，以免进一步扩大故障范围。不过，在没有其他更好办法时，可在严格注视机内有关部件、元器件的情况下，一次性使用试听检查法，力求在通电瞬间发现打火、冒烟部位。

（2）对于巨大爆破响声故障，说明有大电流冲击扬声器，最好不用或尽可能少用试听检查法，以免损坏扬声器及其他元器件。

（3）在已知是大电流故障的情况下，要少用试听检查法，且使用时通电时间要短。

（4）使用试听检查法要随时给机器接通电源，进行试听，所以在拆卸机器过程中要尽可能地做到不断开引线、不拔下电路板上的插头等。

（5）试听失真故障时要耐心、准确。

4.2.8　试听检验方法

⚠ 重要提示

试听检验用在完成一台机器修理之后，对修理质量和机器的音响情况进行全面、最后的一次试听检查，发现问题就得返工，试听合格就可以交付用户。

试听检验的方法基本上同试听检查法相同，这里主要说明以下几点。

（1）试听检验同试听检查一样，运用听觉来辨别"是非"，检验经过修理的机器其音响效果有没有达到原机器性能指标要求。

（2）试听检验的内容很全面，凡是机器具有的功能都应进行试听检验，因为在修理过程中可能会影响其他电路，当然重点是试听修理的那一功能。

（3）试听检验方法同试听检查时运用的方法一样，只是试听检验主要是关心音响效果，而不是去寻找故障部位和故障原因，所以试听检验时主要是听和比较，比较单纯，就如同购买机器时的试听。

（4）试听检验时的试听时间比较长，一般在十几分钟，对一些随机性的故障试听时间要更长一些，如处理好时响时不响故障后要反复试听检验。另外，有时一个故障会导致两个元器件出现问题，通过试听检验便能发现另一个故障原因。

（5）试听检验要保证质量，不可马虎。

（6）在重绕电源变压器以后，试听检验要长达 4h 左右，以检验电源变压器长时间通电后是否存在发热故障。

（7）试听检验适用于所有电路类故障处理后的试听，适用于大部分机械类故障处理后的试听，特别适合于检验失真故障、随机故障、过电流故障的处理效果。

4.3　逻辑性很强的功能判别检查法

⚠ 重要提示

在试听检查法的基础上，对于视频设备通过试识图像等了解机器的有关功能，运用整机电路结构（主要是整机电路方框图）和逻辑概念，可以将故障范围缩小到很小的范围内，这就是功能判别检查法。

4.3.1　故障现象与电路功能之间的逻辑联系

在讲述试听（试看）功能判别检查法之前，需要讲解一些逻辑学上的概念，这是因为故障现象与电路功能之间存在着必然的联系，通过简单的检查确定故障现象，运用逻辑理论进行推理就能确定故障的范围。

1. 举例说明

二分频音箱中，高音扬声器发声正常，低音扬声器没有声音，根据二分频扬声器电路结构和逻辑推理可知，低音扬声器损坏或低音扬声器引线回路断线。

图 4-2 所示是二分频扬声器电路，可以用这一电路来说明上述逻辑推理的过程，以便深入掌握逻辑推理在电路故障检修中的基本原理和思路。

高音扬声器工作正常，就可以说明功率放大器和电路中的电容 C1、C2 均正常，低音扬声器支路中因为没有信号电流流过而无声。

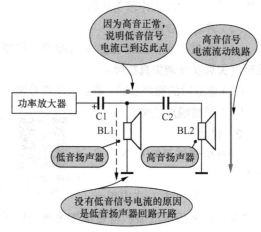

图 4-2　逻辑推理示意图

2. 根本性原因分析

没有信号电流流过低音扬声器有以下两个根本性原因。

（1）无信号电压。本例高音扬声器工作正常，已说明有信号电压了，所以这不是本例的故障原因所在。

（2）低音扬声器回路开路。这是本例的故障原因所在。

⚠ 重要提示

本例故障检修中，只是简单地试听了扬声器是否有声，便能根据电路结构和逻辑推理确定故障位置，显然掌握逻辑推理方法和熟悉电路结构对故障检修非常之重要。

电路故障推理中时常运用逻辑学中的不相容、重合、包含和交叉概念，进行故障部位的逻辑推理，这一推理对故障部位的确定起着举足轻重的作用。

4.3.2 全同关系及故障检修中的运用方法

1. 全同关系定义

图4-3是逻辑学中的全同关系示意图，它又称同一关系，或重合关系。

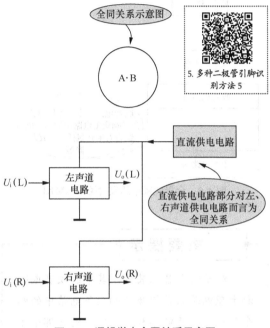

图4-3 逻辑学中全同关系示意图

逻辑学中的全同关系定义：设有两个概念A和B，所有的A都是B，所有的B都是A，那么A与B之间是全同关系。从示意图中可以看出，A、B两部分完全相同，相互影响。

2. 举例说明

⚠ 重要提示

左声道和右声道的电源电压供给电路是同一个电路，电源电路为左、右声道电路提供直流工作电压，这就是全同关系。

关于全同概念在电路故障检修中的运用主要说明以下几点思路和方法。

（1）电源电路同时为左、右声道提供直流工作电压，这部分电路是左、右声道的完全共用电路，一旦电源电路出现故障，将影响到左声道电路和右声道电路，使两声道电路出现相同的故障现象。

（2）运用逻辑学的全同原理可以进行反向推理，如果左、右声道电路出现相同的故障现象，就能说明全同部分的电路出现了故障，例如电源电路。

（3）当电源电路出现无直流工作电压故障时，左、右声道电路同时没有直流工作电压，两声道同时没有信号输出。反之，如果只是左或右声道没有信号输出，则与电源电路无关，因为电源电路只会同时影响两个声道电路的正常工作。

4.3.3 全异关系及故障检修中的运用方法

1. 全异关系定义

图4-4是逻辑学中的全异关系示意图，它又称为不相容。

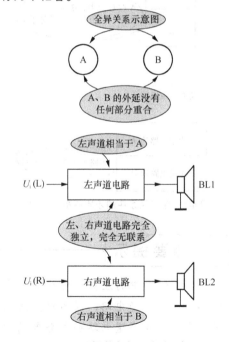

图4-4 逻辑学中全异关系示意图

全异关系的定义：设有两个概念A和B，它们的外延概念没有任何联系，所有的A都不是B，所有的B都不是A，这样的关系称为全异关系。从示意图中可以看出，A、B两部分互为独立，互不影响。

双声道电路中左声道电路与右声道电路之间彼此独立，互不联系，各自放大或处理各自的信号，这样才能得到双声道的立体声音响效果。

全异关系中还有两种关系：矛盾关系和反对关系。

2. 矛盾关系

图 4-5 是逻辑学全异关系中的矛盾关系示意图。**全异关系中的矛盾关系定义是**：A 属于 C，B 也属于 C，A 的外延和 B 的外延之和等于 C，这样的全异关系称为矛盾关系。

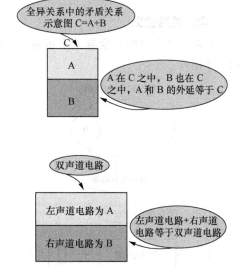

图 4-5　全异关系中的矛盾关系示意图

双声道电路中的左声道电路＋右声道电路等于双声道电路，因为双声道电路等于全部的左声道电路加上全部的右声道电路。

3. 反对关系

图 4-6 是逻辑学全异关系中的反对关系示意图。**全异关系中的反对关系定义是**：A 属于 C，B 也属于 C，A 的外延和 B 的外延之和小于 C，这样的全异关系称为反对关系。

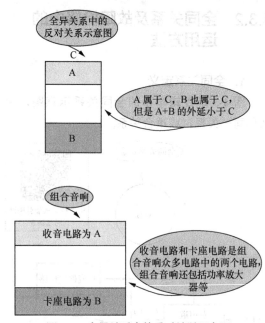

图 4-6　全异关系中的反对关系示意图

对于组合音响装置，其中的收音电路和卡座电路只是组合音响众多电路中的两个部分，收音电路和卡座电路的全部小于组合音响的电路。

关于全异关系概念在电路故障检修中的运用主要说明以下几点思路和方法。

（1）左声道电路和右声道电路是相互独立的，就是说左声道输入信号只在左声道电路中传输、处理和放大，左声道信号与右声道电路无关。右声道信号一样只与右声道电路相关，与左声道电路无关。

（2）当左声道电路出现故障时，只会影响到左声道信号的传输、处理和放大，而不会影响到右声道信号的正常传输、处理和放大。同理，右声道电路出现故障时，只会影响到右声道信号的传输、处理和放大。

（3）假设左声道出现无声故障，此时试听右声道声音正常，**运用逻辑学的全异关系概念可以进行这样的推论**：故障出现在左声道电路中，与右声道电路无关。

重要提示

通过上述的逻辑推理，将故障范围从左、右两个声道的电路范围压缩到左声道电路中，即只需要对左声道电路进一步检查，可见通过简单的逻辑推理能将故障检查范围大幅度压缩，大大地简化了故障判断工作，这就是逻辑推理的强大功效。

4.3.4 属种关系和种属关系及故障检修中的运用方法

1. 属种关系

图 4-7 是逻辑学中的属种关系示意图。**属种关系的定义是**：A 的概念外延与 B 的全部外延重合。

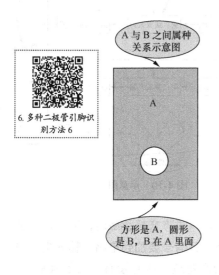

6. 多种二极管引脚识别方法 6

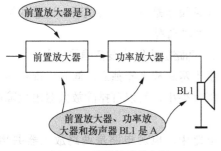

图 4-7　属种关系示意图

从图 4-7 中可以看出，所有 B 的外延都是 A，但是所有的 A 不是 B，这种 A 与 B 之间的关系就是属种关系，又称真包含关系，或 A 包含 B。

B 是 A 的一部分，B 出现问题会影响到 A 的整体。

2. 种属关系

图 4-8 是逻辑学中的种属关系示意图。**种属关系的定义是**：A 的概念外延与 B 的部分外延重合。

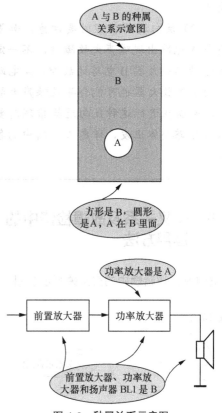

图 4-8　种属关系示意图

从图 4-8 中可以看出，所有 A 的全部外延都是 B，但是所有的 B 不是 A，这种 A 与 B 之间的关系就是种属关系，又称真包含于关系。

在属种和种属关系中，都有一个外延较大的概念和外延较小的概念，外延较大的概念称为属概念，外延较小的概念称为种概念。

前置放大器、功率放大器和扬声器 BL1 构成电路 A，功率放大器是电路 B（或前置放大器是电路 B）。

关于包含概念在电路故障检修中的运用主要说明下列两点思路和方法。

（1）B电路只是A电路其中的一部分电路，它出现任何故障都将影响A电路的整体工作性能。例如，功率放大器出现故障导致信号无法通过时，那么整个电路将无信号输出；功率放大器出现故障导致噪声增大时，那么整个电路将出现噪声大故障。

（2）反向逻辑推理时要注意，如果整个A电路出现噪声大故障时，不一定就是功率放大器B电路的故障，A电路中的前置放大器也可能会导致噪声大故障。所以在进行这种反向逻辑推理时要从A电路整体出发，考虑A电路中的各部分电路。

4.3.5 交叉关系及故障检修中的运用方法

图4-9是逻辑学中的交叉关系示意图。

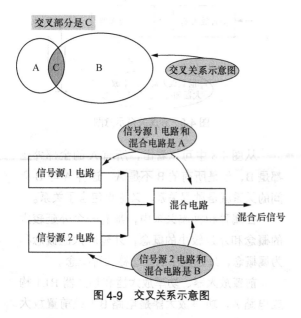

图4-9　交叉关系示意图

交叉关系的定义是：一个A概念的外延部分与另一个B概念的外延部分相重合的关系。C部分是A和B共用的，A、B其余部分是彼此独立的，混合器部分是电路A和B的交叉部分电路。当交叉部分C电路出现故障时，将同时影响A电路和B电路的功能。

4.3.6 第一种电路结构下功能判别检查法实施方法

功能判别检查法可以用于多种故障的检查，这里举数例来说明。

这里以如图4-10所示电路为例，介绍这种检查方法的具体实施过程，电路中两路放大器电路彼此独立，但电源电路是共用的，两部分电路分别放大、处理各自的信号。

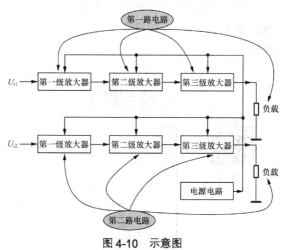

图4-10　示意图

在试听无声或声音轻故障时，要让电路进入工作状态，且信号要加到电路的输入端。先试听或试看两路放大器有没有正常信号输出，对于视频设备是试看，将试听、试看的结果分成以下两种情况。

1. 两路放大器均没有信号输出

由于两路放大器独立，同时出现相同故障的可能性很小，所以可排除放大器出故障的可能性。

电路中，电源电路是两路放大器共用的，当电源电路出现故障时，两路放大器同时不能工作，将出现没有信号输出的故障，所以此时的重点检查部位是电源电路，由于是没有信号输出故障，所以是电源电路没有直流工作电压或电压太低。

> ⚠ **重要提示** ◀
>
> 对于声音轻（输出信号小）故障，试听方法和故障部位判断方法相同，但由于有信号输出只是输出信号小，这说明直流工作电压是有的，只是比正常值低，因为直流电压低之后放大器的增益不足。

2. 只是一路没有信号输出

只是一路电路没有信号输出，另一路信号输出正常。由于有一路信号输出正常，就能说明电源电路是正常的，说明故障就出在有故障这路放大器中。当然，直流工作电压是否加到这一路电路中也要检查。

对于声音轻故障的处理方法与上述方法相同，也是出在有故障这一电路中。

3. 噪声大故障检查中的实施方法

在试听或试看噪声大（杂波多）故障时，不要给电路输入信号，噪声本身作为一种"信号"会从负载上反映出来。在检查放大器电路非线性失真故障时，要给放大器输入正弦信号，在负载上用示波器观察信号波形的失真情况。

7. 多种二极管引脚识别方法7

先试听或试看两路放大器有没有噪声大现象，对于视频设备是试看有没有杂波干扰，将试听、试看的结果分成以下两种情况。

（1）两路放大器均噪声大。 由于两路放大器电路独立，同时出现相同故障的可能性很小，所以可排除放大器电路出故障的可能性。这样，电源电路出现故障的可能性很大，如直流电压太高导致噪声输出增大，以及电源滤波性能不好导致交流声大等。

对于信号失真故障，试听方法和故障部位判断方法相同。

（2）只有一路存在噪声大。 由于有一路电

路工作正常，就能说明电源电路是正常的，说明故障就出在有故障这路放大器电路中。另外，没有直流工作电压不会出现噪声大故障。

对于失真故障处理方法相同，也是检查有失真故障这一路。

4.3.7　第二种电路结构下功能判别检查法实施方法

图 4-11 所示是另一种电路结构情况，电路中的第一级、第二级放大器是共用的，指示器电路和第三级放大器是独立的，这一电路只放大、处理一个信号。此时分别试听、试看负载和指示器上有没有信号，试听、试看的结果也分成以下两种情况。

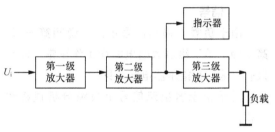

图 4-11　示意图

1. 负载上无信号但指示器正常指示信号

这说明故障出在第三级放大器电路中。根据负载上没有信号这一故障现象，可以说明第一级、第二级、第三级放大器电路都有存在故障的可能性，如图 4-12 所示。

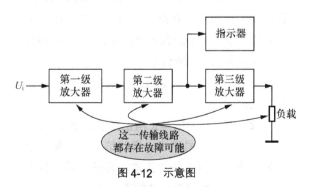

图 4-12　示意图

但是，指示器指示正常可以说明第一级、第二级放大器电路工作正常，如图 4-13 所示，

因为到达指示器和第三级放大器电路的信号都是经过第一级、第二级放大器电路，这样出问题的只能是第三级放大器电路。

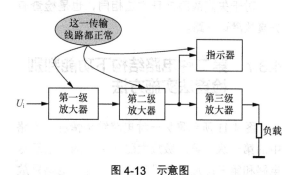

图4-13 示意图

对于负载上输出信号小故障的推理过程与此相同。

2. 负载上输出信号正常但指示器不指示信号

由于负载上输出信号正常，说明第一级、第二级、第三级放大器电路均工作正常，问题只有可能出在指示器电路本身。

对于指示器指示信号小故障分析过程也一样。

3. 噪声大和非线性失真故障检查中的实施方法

处理这种电路结构的噪声大和非线性失真故障时，分别试听、试看负载和指示器上有没有噪声，试听、试看的结果也分成以下两种情况。

（1）负载上噪声大但指示器无噪声指示。这说明噪声故障出在第三级放大器电路中，因为若第一或第二级放大器电路存在噪声大问题，指示器也会指示噪声信号。

对于负载上出现非线性失真故障的推理过程与此相同。

（2）负载输出信号正常但指示器指示噪声。由于负载上的信号正常，说明第一级、第二级和第三级放大器工作均正常，只是指示器存在噪声的显示，根据电路结构进行逻辑判断可知，

问题出在指示器本身，因为只有指示器电路独立于三级放大器。

4.3.8 功能判别检查法适用范围和特点

1. 适用范围

这种检查方法适用于电路类除完全无声故障之外的各种故障，特别是适用于以下几种故障的检查。

（1）声音轻故障。

（2）噪声大故障。

（3）用于一些机械类故障的检查。

2. 特点

这种检查方法具有以下几个特点。

（1）这种检查方法操作简单，十分有效，但只能起到缩小故障范围的作用，不能直接找到具体的故障部位。缩小故障范围，就能够减少后续检查工作量。

（2）在确定故障类型之后，就采用这种检查方法缩小故障范围。

（3）在了解整机电路结构框图的情况下，可以在不看电路原理图的情况下直接进行推理、检查。对于一些高档机器，各种信号的馈入部位变化多，在参照电路原理图时能准确推断出故障范围（精确到放大级或转换开关）。

> **⚠ 重 要 提 示**
>
> 在运用功能判别检查法过程中要注意如下事项。
>
> （1）如果在进行试听、试看机器功能时的结果不正确，会在推理时出差错，甚至推理的结果是矛盾的，所以试听、试看的结果一定要正确。
>
> （2）不要用于一些恶性故障的处理，如冒烟、打火、巨大爆炸声等。

4.4 操作简单行之有效的干扰检查法

重要提示

干扰检查法是信号注入检查法的简化形式，它是一种检查电路某些故障十分有效的好方法。它利用人体感应信号作为注入的信号源，通过扬声器的响声有与无，或屏幕上有无杂波，以及响声、杂波大与小来判断故障部位。

4.4.1 干扰检查法基本原理

人体能感应许多信号，当用手握住螺丝刀去接触放大器输入端时，人身上的杂乱感应信号便被送入放大器中放大。图4-14是干扰检查法接线示意图。

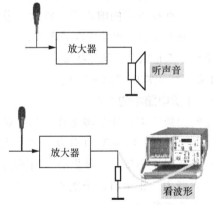

图4-14 干扰检查法接线示意图

若放大器工作在正常状态，当人身上的这些感应信号施加到放大器传输线路的热端时，如耦合电容一根引脚上，或三极管的基极、集电极、发射极上，或是集成电路的输入引脚上，放大器放大这些干扰信号，这些干扰信号便加到扬声器中，扬声器便能发出人身感应响声，或在示波器上出现杂波干扰。

重要提示

当放大器出现故障后，就不能放大干扰信号了，扬声器中所发出的声音就没有或小，屏幕上的杂波没有或少。根据扬声器发声正常、无声、声轻，示波器的杂波有无、多少等各种情况，可判断出电路中的故障部位。

4.4.2 干扰检查法实施方法

这里以如图4-15所示多级放大器的无声故障为例，说明干扰检查法的实施步骤和具体方法。检查视频电路的方法基本一样，只是通过观看示波器的情况来判断故障部位。

8.多种二极管引脚识别方法8

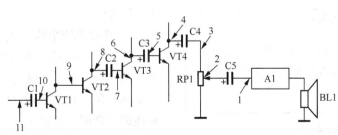

图4-15 干扰检查法实施示意图

对这一电路而言，系统的干扰检查点如图所示，这些点是用来输入人身干扰信号的。检查时，使放大器电路进入通电工作状态，但不给放大器输入信号，手握螺丝刀断续接触电路中的干扰点。

具体检查过程和方法如下。

1. 干扰电路中的1点

电路中的1点是集成电路A1的信号输入引脚，1点之后的电路具有放大功能。进行这一步检查时，要开大音量电位器RP1，如果音量电位器RP1关在最小位置，干扰信号会被RP1动片短路到地而无法加到集成电路A1中，如图4-16所示，这时就不能进行正常的干扰检查。

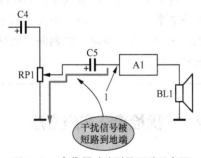

图4-16 电位器动片到最下端示意图

如果集成电路有故障，扬声器发声应不正常：声轻，表明A1增益不足；无声，表明干扰点1到扬声器之间存在故障。

如果集成电路A1输出端以后的电路正常，那声轻、无声说明集成电路A1有问题。

如果干扰1点时，扬声器响声很大，表明1点以后电路工作正常，应继续向前干扰检查。

2. 干扰电路中的2点

干扰检查2点应在干扰电路中1点正常之后进行，而且音量电位器RP1动片应该滑到最上端，否则无法进行干扰检查。

此时如果扬声器无声，说明故障部位出在1与2之间的传输线路中，可能是耦合电容C5开路，或是1与2之间的这段铜箔线路存在开路。

如果音量电位器关死，干扰2点等于干扰地线，扬声器无声是正常的，在干扰检查中要特别注意这一点，以免产生误判。

如果干扰2点时扬声器发声大小与干扰1点时大小一样，说明2点之后的电路工作也正常，应继续向前干扰检查。

3. 干扰电路中的3点

此时如果无声，说明故障出在2与3之间的电路中。干扰3点时，变动音量电位器动片时将控制扬声器发出的干扰声大小。

电位器动片开到最大且不变动情况下，干扰1、2、3点扬声器的响声应一样大，因为它们之间无放大环节，也没有衰减环节。

干扰3点正常后，可干扰4点。

4点干扰正常后可再干扰5点。

4. 干扰电路中的5点

此时如果无声说明故障出在4与5点之间电路中，一般是三极管VT4开路；若干扰响声与干扰4点时差不多，甚至更小，则说明VT4没有放大能力。正常时，干扰5点时的响声比干扰4点响许多。

5点检查正常后，逐步向前干扰，直至查出故障部位。

5. 干扰电路中的11点

此时若扬声器发声很响，与10点时一样响，比9点时响，可以说明这一多级放大器工作正常。图4-17是干扰11点时的干扰信号传输线路示意图，说明这一传输线路上的各电路工作均正常。

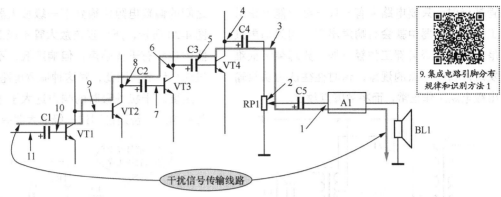

图 4-17　干扰 11 点时的干扰信号传输线路示意图

4.4.3　干扰检查法适用范围和特点

1. 适用范围

干扰检查法主要适用于检查以下几种故障。

（1）无声故障。

（2）声音很轻的故障。

（3）没有图像的故障。

2. 特点

干扰检查法具有以下一些特点。

（1）检查无声和声音很轻的故障十分有效。

（2）操作方便，检查的结果能够说明问题。

（3）在通电的情况下实施干扰检查，干扰时只用螺丝刀。

（4）以扬声器响声来判断故障部位，方便。

（5）若有条件可在扬声器上接上毫伏表进行观察，比较直观。

⚠ **重要提示**

运用干扰检查法的注意事项很多，主要有以下几点。

（1）对于彩色电视机的故障，切不可采用上述干扰方法，因为许多彩色电视机的电路板上是带电的（对大地存在 220V 电压），不能用手握住螺丝刀直接去接触电路板，可以采用测量电压的方式用表棒不断接触电路中的测试点。

（2）所选择的电路中干扰点应该是放大器信号传输的热端，而不是冷端（地线），如干扰耦合电容器的两根引脚，不能

去干扰地线，若干扰到地线时，扬声器中无响声是正常的，这在检查电路时会产生错误的判断。

（3）干扰检查法最好从后级向前级实施，当然也可以从前向后干扰，但这样做不符合检查习惯。

（4）当两个干扰点之间存在衰减或放大环节，但是衰减和放大的量又不大时，扬声器响声大小的变化量也不大，听感不灵敏，容易误判、漏判，此时要用其他方法解决。

（5）当所检查的电路中存在放大环节时，干扰前级应比干扰后级的响声大；当存在衰减环节时，则干扰后级比干扰前级要响。分别干扰耦合电容的两根引脚时，应该一样响。

（6）对于共发射极放大器电路，干扰基极时的响声应比干扰集电极时的响。对共集电极放大器电路，干扰基极时应比干扰发射极时的响，干扰集电极时无响声是正常的，要分清这两种放大器电路之间的这一不同点。

（7）干扰低放电路时，音量电位器动片位置不影响扬声器的响声大小，但当干扰音量电位器动片或低放电路输入端耦合电容的两根引脚时，电位器应该开大，不能关死，记住这一点，以免误判。

3. 干扰检查推挽功率放大器注意点

干扰如图 4-18 所示的推挽功率放大器三极

管基极时，只要电路中有一只三极管能够正常工作，扬声器中就会有响声出现，因为响声只是比两只三极管都工作轻一些，凭耳朵听很难发现声音轻一点的现象，这时往往认为功放输出级电路工作正常，而将故障点放过。

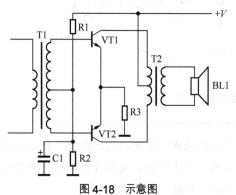

图 4-18　示意图

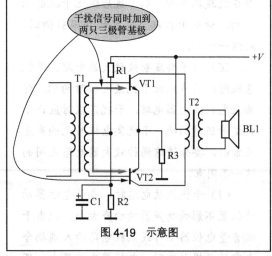

重要提示

　　这是因为两只三极管的直流电路是并联的，设 VT1 管开路，当干扰 VT1 管基极时，其干扰信号通过输入耦合变压器的二次绕组加到了 VT2 管基极，而 VT2 管能够正常放大这一干扰信号，如图 4-19 所示，便容易出现上述错误的判断结果。

图 4-19　示意图

4.　干扰检查集电极－基极负反馈式偏置电路注意点

　　当采用集电极－基极负反馈式偏置电路时，干扰三极管基极的信号通过基极与集电极

之间的偏置电阻传输到下一级放大器电路，如图 4-20 所示，所以当该放大管不能工作时扬声器中也会有干扰响声，但响声低，不细心会放过这个环节。因此，对这种偏置电路的放大器，一定要求干扰基极时的响声远大于干扰集电极时的响声，否则说明这一级放大器有问题。

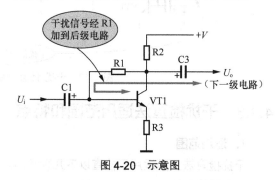

图 4-20　示意图

5.　干扰检查共集电极放大器注意点

　　当没有所修理机器的电路原理图而采用干扰检查法时，可以只干扰三极管基极、集电极，这是干扰检查法的简化方式，这对共发射极放大器来说是可行的，但对共集电极放大器而言不行，因为这种放大器电路的输出端是三极管的发射极而不是集电极。

　　由于没有电路原理图，不知道是什么类型的放大器，所以在干扰集电极无声后，应再干扰发射极，若干扰发射极也无响声可判断如图 4-21 所示的是共集电极放大器。当干扰 VT1 管集电极时，就是干扰电源端，而电源端对交流而言是接地的（干扰信号通过 C3 旁路到地），所以干扰集电极时不会有干扰信号输入放大器中，无声是正常现象。

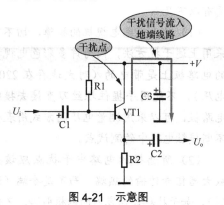

图 4-21　示意图

6. 干扰检查三极管发射极注意点

　　当三极管的发射极上接有旁路电容时，干扰三极管发射极时干扰信号就会通过发射极旁路电容到地，如图 4-22 所示，这时干扰信号就不能加到后级电路中，也会造成干扰检查法的误判断。

10. 集成电路引脚分布规律和识别方法 2

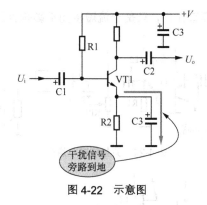

图 4-22　示意图

4.5　专门检修噪声大故障的短路检查法

⚠ **重要提示**

　　短路检查法是一种运用有意识的手段使电路中某测试部位对地端短接，或是电路两点之间短接，不让信号从这一测试点通过加到后级电路中，或是通过短接使某部分电路暂时停止工作，然后根据扬声器中的噪声情况进行故障部位判断的方法，对于视频电路则是短路后通过观察图像来判断故障部位。

声大故障的特点是电路会自发地产生"信号"，即噪声。

　　短路检查法通过对电路中一些测试点的短接（主要是信号传输热端与地端之间的短接），有意地使这部分电路不工作，当使它们不工作时，噪声也随之消失，扬声器中也就没有噪声出现了。这样通过短路、比较便能发现产生噪声的部位。

4.5.2　短路检查法实施方法

　　这里以如图 4-23 所示的多级放大器为例，介绍用短路检查法检查这一电路噪声大故障的方法。

4.5.1　短路检查法基本原理

　　短路检查法主要用于修理噪声大故障，噪

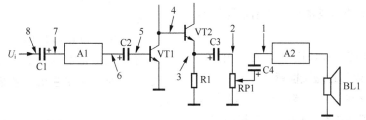

图 4-23　短路检查法示意图

　　短路检查法一般是将检测点对地短接，检查到三极管时是将基极与发射极之间直接短接。直接短接一般是用镊子直接将电路短接，如图 4-24 所示，此时将直流和交流同时短接。

　　在高电位对地短接时，对于音频放大器电路要用 20μF 以上的电解电容去短接，如图 4-25 所示；对于高频电路可以用容量很小的电容（如 0.01μF）去短路，用电容短路时由于电容的隔直作用，只是交流短接而不影响直流。

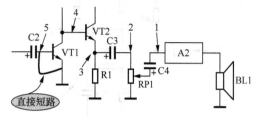

图 4-24　直接短路示意图

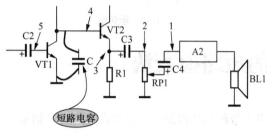

图 4-25　电容短路示意图

⚠ 重 要 提 示

短路检查法也是从后级向前级逐点短接检查。

在检查时，要给电路通电，使之进入工作状态，但不输入信号，这时只有噪声出现。

短路检查法的具体实施过程如下。

1. 电路中 1 点对地短接检查

对这一具体电路而言可以将音量电位器动片置于最小音量位置，此时扬声器中仍然有噪声说明音频功放集成电路存在噪声大故障，重点的检查对象是集成电路本身及外围电路元器件、引线等。

如果短接1点后噪声顿时消失，可向前级检查。

2. 电路中 2 点对地短接检查

此时若噪声存在（只是减小或大大减小），重点怀疑对象是耦合电容 C4 及 C4 两根引脚的铜箔线路开路。

对 2 点的短接可以用镊子直接短接，因为有 C3 隔开 VT2 管发射极上的直流电。如果短接 2 点后噪声消失，检查下一点。

3. 电路中 3 点短接检查

检查这一点时音量电位器可以控制噪声大小。

若此时噪声存在，重点检查部位是 3 点与 2 点之间的这段电路。如果 3 点短接后噪声消失，说明 3 点之后的后级放大电路无噪声故障，继续向前检查。

短接 3 点时要用隔直电容，否则 VT2 管发射极接地会使 VT1 管电流增大许多。

4. 电路中 4 点短接检查时注意点

此时应将三极管基极和发射极之间用镊子直接短接，5 点也是这样。若 4 点短接后噪声消失，而 5 点短接时噪声仍然存在，说明 VT2 管所在放大器产生了噪声故障。

对 6 点、7 点和 8 点处的检查方法一样。

4.5.3　短路检查法适用范围和特点

1. 适用范围

短路检查法只适用于检查电路类故障中的噪声大故障，适用于图像类的杂波大故障。

2. 特点

短路检查法具有以下几个特点。

（1）只适合于噪声故障的检查，对啸叫故障无能为力，因为啸叫故障的产生是一环路电路，当短接这一环路中的任何一处时，都破坏了产生啸叫的条件而使叫声消失，这样就无法准确判断故障部位。

（2）能够直接发现故障部位，或可以将故障部位缩小到很小的范围内。

（3）使用方便，只用一把镊子或一只隔直电容器。

（4）在无电路原理图、印制电路板图的情况下也能进行检查，此时只短接三极管的基极与发射极。

11. 集成电路引脚分布规律和识别方法3

（5）用镊子直接短接结果准确，用电解电容短接有时只能将噪声输出大大降低，但不能消失，有误判的可能。

（6）电路处于通电的工作状态，短路结果能够立即反映出来，具有检查迅速的特点。

（7）无须给电路施加信号源，噪声本身就

是一个被追踪的"信号源"。

> **⚠ 重要提示**
>
> 　　使用短路检查法过程中应注意以下几点。
>
> 　　(1)短路检查法一般只需要检查电位器之前或之后的电路,无须两部分都检查。在运用短路检查法之前应将音量电位器关死,如图4-26所示。若扬声器仍有噪声,说明故障部位在音量电位器之后电路中,只要短路检查音量电位器之后的低放电路。关死音量后,噪声消失,说明故障在音量电位器之前的电路中,此时调节电位器,噪声大小受到控制,只需要检查电位器之前的前置电路。

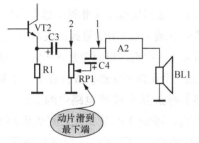

图4-26 示意图

　　(2)短路检查法也有简化形式,即只短路电路放大管的基极与发射极,当发现了具体部位后再进一步细分短接点,修理中为提高检查速度往往是这样操作。

　　(3)在电路中的高电位点对地短接检查时,不可用镊子进行短接,要用隔直电

容对地短接交流通路,以保证电路中的直流高电位不变。所用隔直电容的容量大小与所检查电路的工作频率有关,能让噪声呈通路的电容即可。用电解电容去短接时要特别注意电容器的正、负极性,负极接地。另外,采用电容短接时要注意噪声变化,因为电容不一定能够将所有噪声信号短接到地端,噪声有明显减小就行,这一步搞不好就不能达到预期检查目的。

　　(4)对电源电路(整流、滤流、稳压)切不可用短路检查方法检查交流声故障。

　　(5)短路检查时可以在负载(如扬声器)上并接一只真空管毫伏表,如图4-27所示,用来测量噪声电平的输出大小改变情况,从量的角度上进行判断,使检查更加精准。

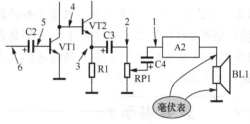

图4-27 示意图

　　(6)对于时有噪声时无噪声故障的检查,短路点应用导线焊好,或焊上电解电容,然后再检查故障现象是否还存在。

　　(7)短路检查法对啸叫故障无能为力,也不能用于检查失真、无声等故障。

　　(8)短路检查法一般是从后级向前级检查,当然也可以倒过来,但不符合平时习惯。

4.6　效果良好的信号寻迹检查法

> **⚠ 重要提示**
>
> 　　信号寻迹检查法是利用信号寻迹器查找信号流程踪迹的检查方法,这是一种采用仪器进行检查的方法。

4.6.1　信号寻迹检查法基本原理

　　一个工作正常的放大器电路,在信号传输的各个环节都应该测得到正常的信号(指所检查电路放大、处理的信号)。当电路发生故障时,根据故障部位的不同位置,在一部分测试

点仍应测得正常的信号，在另一部分电路中则测不到了。信号寻迹检查法就是要查出电路在哪一个部位发生了正常信号的遗失、变形等。

信号寻迹检查法需要一台信号寻迹器，有专业的，也可以业余自制。图4-28是自制寻迹器的示意图，它只能用来检查音频放大器，不能检查收音机等中频、高频放大器。

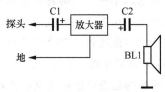

图 4-28　音频信号寻迹器示意图

寻迹器中的放大器增益要足够大，这样才能检查前置放大器。寻迹器也可以用真空管毫伏表代替，但此时不是听声音，而是看输出信号电平的大小变化。也可以用示波器作寻迹器（检查电路非线性失真故障时常用），此时是看波形是否失真或信号在 Y 轴方向的幅度大小（这一大小说明了信号的大小）。

⚠ 重要提示

信号寻迹检查法检查音频放大器无声、非线性失真故障时，还需要一个音频信号发生器。对于视频放大器电路，要用专门的信号发生器。

对于噪声大故障，无须信号源，噪声本身就是一个有用的"信号源"，此时只需要寻迹器。

4.6.2　信号寻迹检查法实施方法

下面分几种情况介绍信号寻迹检查法的具体操作过程。

1. 检查放大器电路非线性失真故障方法

这里以检查如图4-29所示音频放大器的非线性失真故障为例。给电路通电，使之进入工作状态，用音频信号发生器送出很小的正弦信号，地端引线接放大器的地端，信号输出引线接输入

端耦合电容 C1，这样可将信号送入放大器中。

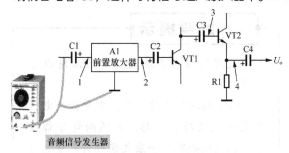

图 4-29　示意图

（1）寻迹器采用示波器，在电路中 1 点探测正弦信号（示波器有两根测量输入引线，地端引线接放大器的地端，另一根接电路中的 1 点），此时应该得到一个标准的正弦波形，否则是耦合电容 C1 有故障。

（2）寻迹器再移至电路中的 2 点，如果此时示波器上的波形失真了（此时应适当调整示波器输入信号衰减），说明信号经过集成前置放大器放大后失真，重点怀疑对象是这一集成电路。若 2 点得到一个正常的波形，应检查下一个测试点。

（3）寻迹器再移至电路中的 3 点，此时若出现失真，说明 2 点与 3 点之间的电路出了故障，应检查C2 是否漏电、VT1 工作是否失常等。

用同样的方法一步一步地检测电路中的各点，便能检查到故障部位。

2. 检查放大器无声故障方法

若检查这个电路的无声故障，应听寻迹器扬声器的响声。如在 2 点测得有正弦信号响声，但移至 3 点后响声消失，说明信号中断问题出现在 2 点与 3 点之间的电路中，这是要重点检查的部位。用同样的方法对后边的检测点检查。

3. 检查放大器噪声大故障方法

⚠ 重要提示

当检查这一电路的噪声大故障时，不必输入正弦信号，通电让放大器工作，此时出现噪声大故障。

寻迹器接在电路中的 2 点处，若存在噪声，说明噪声源在 2 点之前的电路中，应检查这部分电路。若 2 点处无噪声出现，寻迹器测试下

一个点3点处。若也无噪声出现，寻迹器再接入4点处，若此时寻迹器中的扬声器发出噪声，可以说明故障部位在3点与4点之间的电路中，重点检查VT2放大器电路。

4.6.3　信号寻迹检查法适用范围和特点

1. 适用范围

信号寻迹检查法主要适用于电路类失真故障，此外还可以用于下列故障的检查。

（1）无声故障。

（2）噪声大故障。

（3）声音轻故障。

2. 特点

信号寻迹检查法具有以下几个特点。

（1）采用示波器作寻迹器检查放大器电路的非失真故障是比较有效的方法，而且直观。

（2）采用真空管毫伏表作寻迹器，能从量的概念上判断故障部位，因为表上有dB挡，各级放大器之间的增益是分贝加法的关系。如前级放大器测得增益为10dB，后级测得增益为20dB，说明这两个测试点之间的放大环节增益为10dB，利用这一点可以比较方便地检查声音轻故障。

（3）采用寻迹器能听到声音反应，在没有专用寻迹器时要自制一台寻迹器，也可以用一台收音机的低放电路作为音频信号寻迹器。

（4）信号寻迹检查法是干扰检查法的反作用过程。

（5）信号寻迹检查法在检查无声、失真故障时需要标准的正弦波信号源。

⚠ 重要提示

运用信号寻迹检查法过程中应注意以下几点。

（1）信号寻迹检查法对无声、声音轻、噪声大、失真故障的检查有良好的效果，不过由于操作比较麻烦和一般情况下没有专门仪器的原因，除检查电路类非失真故障用这种检查方法外，其他场合一般不用，另外在遇到疑难杂症时使用。

（2）使用时要注意测试电路的大体结构，寻迹器探头一根是接地线的，另一根接信号传输线的热端，两根都接到热端或地端，将测不到正确的结果。另外，还要注意共集电极放大器和共发射极放大器电路的三极管输出电极是不同的。

（3）测量前置放大器时，寻迹器的增益应调整得较大。测试点在后级放大器电路中时，寻迹器增益可以调小些。

（4）注意寻迹器、示波器、真空管毫伏表的正确操作，否则会得到错误的结果，影响正确判断。

4.7　"立竿见影"的示波器检查法

⚠ 重要提示

示波器检查法是利用示波器作检查仪器的检查方法。检查音频放大器电路时，一台普通示波器和一台音频信号发生器就能胜任，而在一般专业修理部门示波器是必不可少的。

在检查视频电路时，要用到频率更高的示波器和其他信号发生器。

4.7.1　示波器检查法基本原理

利用示波器能够直观显示放大器输出波形的特点，根据示波器上所显示信号波形的情况（有还是没有，失真与否，Y轴幅度大还是小，噪声的有无及频率高低），判断故障部位。

12.集成电路引脚分布规律和识别方法4

4.7.2 示波器检查法检查无声或声音轻故障方法

示波器检查法在检查音频放大器电路时需要一台音频信号发生器作为信号源，当检查电视机电路时需要电视信号发生器作为信号源。检查时，示波器接在某一级放大器电路的输出端。根据不同的检查项目，示波器的接线位置也是不同的，图4-30是检查音频放大器时的示意图。

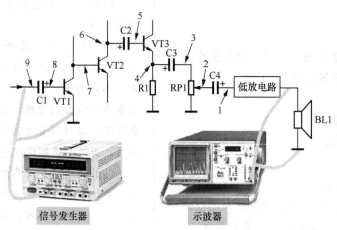

图 4-30　示意图

示波器检查法主要是通过观察放大器输出端的输出波形来判断故障性质和部位。检查时，给放大器电路通电，使之进入工作状态，在被检查电路的输入端送入标准测试信号，示波器接在某一级放大器电路的输出端，观察输出信号波形。

为了查出具体是哪一级电路发生了故障，可将示波器逐点向前移动，见图中的各测试点，直至查出存在故障的放大级。如在4点没有测到信号波形，再测5点，信号波形显示正常，这说明故障出在4、5点之间的电路中，主要是VT3放大级电路。这一检查过程同信号寻迹检查法相同。

13. 集成电路引脚分布规律和识别方法 5

4.7.3 示波器检查法检查 11 种非线性失真故障方法

1. 纯阻性负载上截止、饱和失真

失真名称	纯阻性负载上截止、饱和失真
失真波形	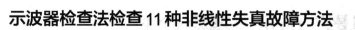
说明	这是非故障性的波形失真，可适当减小输入信号，使输出波形刚好不失真，再测此时的输出信号电压，然后计算输出功率，若计算结果基本上达到或接近机器的不失真输出功率指标，可以认为这不是故障，而是输入信号太大了。 　　当计算结果表明是放大器电路的输出功率不足时，要查失真原因，可用寻迹检查法查出故障出在哪级放大器电路中
处理方法	更换三极管、提高放大器电路的直流工作电压等

2. 削顶失真

失真名称	削顶失真
失真波形	
说明	这是推动三极管的静态直流工作电流没有调好,或某只放大管静态工作点不恰当所致
处理方法	在监视失真波形的情况下,调整三极管的静态工作电流

3. 交越失真

失真名称	交越失真
失真波形	
说明	它出现在推挽放大器电路中
处理方法	加大推挽三极管静态直流工作电流

4. 梯形失真

失真名称	梯形失真
失真波形	
说明	它是某级放大器电路耦合电容太大,或某只三极管直流工作电流不正常造成的
处理方法	减小级间耦合电容,减小三极管静态直流工作电流

5. 阻塞失真

失真名称	阻塞失真
失真波形	
说明	它是由电路中的某个元器件失效、相碰、三极管特性不良所造成的
处理方法	用代替检查法、直观检查法查出存在故障的三极管

6. 半波失真

失真名称	半波失真
失真波形	
说明	它是推挽放大器电路中有一只三极管开路了导致的。当某级放大器中的三极管没有直流偏置电流而输入信号较大时,也会出现类似失真,同时信号波形的前沿和后沿还有类似交越失真的特征
处理方法	用电流检查法检查各级放大器电路中的三极管直流工作电流

7. 大小头失真

失真名称	大小头失真
失真波形	
说明	这种失真或是上半周幅度大,或是下半周幅度大
处理方法	用代替检查法检查各三极管,用电流检查法检查各三极管的直流工作电流

8. 非线性非对称失真

失真名称	非线性非对称失真
失真波形	
说明	这是多级放大器失真重叠所造成的故障
处理方法	用示波器检查各级放大器的输出信号波形

9. 非线性对称失真

失真名称	非线性对称失真
失真波形	
说明	这是推挽放大器三极管静态直流工作电流不正常所造成的
处理方法	减小推挽放大器三极管的静态直流工作电流

10．另一种非线性对称失真

失真名称	另一种非线性对称失真
失真波形	
说明	这是推挽放大器电路两只三极管直流偏置电流一个大一个小所造成的
处理方法	使推挽放大器电路两只三极管直流偏置电流大小相同

11．波形畸变

失真名称	波形畸变
失真波形	
说明	扬声器故障
处理方法	更换扬声器

4.7.4 示波器检查法检查9种电路噪声故障方法

用示波器检查法检查噪声大故障时，不必给放大器输入标准测试信号，只需给它通电使之工作，让它输出噪声波形。具体检查方法如下。

1．高频噪声

噪声名称	高频噪声
噪声波形	
说明	这一波形特点是在最大提升高音、最大衰减低音后，噪声输出大且幅度整齐，噪声输出大小受音量和高音电位器的控制
处理方法	用短路检查法检查前级放大器的电路噪声

2．另一种高频噪声

噪声名称	另一种高频噪声
噪声波形	
说明	这一波形特征是不受音量、高音电位器的控制
处理方法	用电流检查法检查推挽放大器电路中的三极管静态直流工作电流，减小电流

3．低频噪声

噪声名称	低频噪声
噪声波形	
说明	这一波形特点是受音量电位器控制
处理方法	更换电动机试一下

4．杂乱噪声

噪声名称	杂乱噪声
噪声波形	
说明	这一波形特征是受音量电位器控制，关死高音电位器后以低频噪声为主，出现了更加清晰的低频杂乱状噪声波形
处理方法	用短路检查法检查前级放大管，更换三极管

5．交流声

噪声名称	交流声
噪声波形	
说明	这一波形特征是不受音量电位器控制，或受到的影响较小
处理方法	检查整流、滤波电路，加大滤波电容

6. 低频调制

噪声名称	低频调制
噪声波形	 ∿∿
说明	这一波形特征是波形在示波器上滚动，不能稳定，这是不稳定的低频调制
处理方法	检查退耦电容，减小电源变压器漏感，使三极管的工作稳定

7. 交流调制

噪声名称	交流调制
噪声波形	
说明	这一波形特征是用电池供电时无此情况
处理方法	检查电源内阻大的原因，加大滤波电容

8. 高频寄生调制

噪声名称	高频寄生调制
噪声波形	
说明	这是叠加在音频信号上的高频干扰波形，表现为高频噪声"骑"在音频信号上
处理方法	用电流检查法检查各级三极管的静态直流工作电流，特别是末级三极管。另外，可以采用高频负反馈来抑制寄生调制

9. 另一种高频寄生调制

噪声名称	另一种高频寄生调制
噪声波形	
说明	这种波形表现为在音频信号上出现亮点，并破坏中断信号的连续性
处理方法	用电流检查法检查各级三极管的静态直流工作电流，特别是末级三极管。另外，可以采用高频负反馈来抑制寄生调制

4.7.5 示波器检查法适用范围和特点

1. 适用范围

示波器检查法主要适用于电路类失真故障的检查。此外，还可以用来检查以下故障。

（1）无声故障。

（2）声音轻。

（3）噪声大故障。

（4）振荡器电路故障。

14. 集成电路引脚分布规律和识别方法6

2. 特点

示波器检查法具有以下一些特点。

（1）非常直观，能直接观察到故障信号的波形，易于掌握。

（2）示波器检查法在寻迹检查法的配合下，可以进一步缩小故障范围。

（3）为检查振荡器电路提供了强有力的手段，能客观、醒目地指示振荡器的工作状态，比用其他方法检查更为方便和有效。

（4）需要一台示波器及相应的信号源。

⚠ 重要提示

运用示波器检查法应注意以下几点。

（1）仪器的测试引线要经常检查，因常扭折容易在皮线内部发生断线，会给检查、判断带来麻烦。

（2）要正确掌握示波器的操作方法，信号源的输出信号电压大小调整要恰当，输入信号电压太大将会损坏放大器电路，造成额外故障。

（3）示波器检查法的操作过程是比较麻烦的，要耐心、细心。

（4）示波器Y轴方向幅度表征信号的大小，幅度大信号就强，反之则弱。当然，在不同的衰减下是不能一概而论的。

（5）射极输出器电路中三极管基极和发射极上信号的电压大小是基本相等的，要注意到这一特殊情况。

4.8 全凭"手上功夫"的接触检查法

所谓接触检查法是通过对所怀疑部件、元器件的手感接触，来诊断故障部位的方法，这是一个经验性比较强的检查方法。

4.8.1 接触检查法基本原理

接触检查法通过接触所怀疑的元器件、机械零部件时的手感，如烫手、振动、拉力大小、压力大小、平滑程度、转矩大小等情况，来判断所怀疑的元器件是否出了故障。

这种方法存在一个经验问题，如拉力多大为正常，多小则不正常；振动到什么程度可以判断其不正常，等等。解决这一问题要靠平时经验的积累，也可以采用对比同类型机器的手感来确定。

4.8.2 接触检查法实施方法

接触检查法的具体实施方法主要有以下几种。

1. 拉力手感检查方法

这一接触检查法主要是针对电子电器中的机械类故障，例如对电动机传动皮带张力的检查，方法是沿皮带法线方向用手指拉拉皮带，如图4-31所示，以感受皮带的松紧。正常情况下，手指稍用力，皮带变形不大。具体多大，初次采用此法时可在工作正常的机器上试一试。

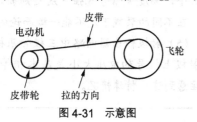

图 4-31 示意图

当皮带设在机壳的下面时，可用螺丝刀代替手指去试试皮带松紧。

拉力手感检查方法还适用于录音机中的录放小轴传动带、计数器传动带，以及收音机中的调谐打滑时的调盘拉线检查等。

2. 振动手感检查方法

这一接触检查法主要用于对电动机的振动检查。可以直接接触电动机外壳、电动机皮带轮，检查它们是否存在振动。

一些振动幅度不大的部件，用肉眼观察是不易发现的，而用这种接触检查法便能方便、灵敏地发现故障位置。

3. 阻力手感检查方法

这一接触检查法主要用于机械故障的检查，对机械机构上的一些平动件进行检查时，用手指拨动这些平动件，在其滑动过程中根据受到阻力的大小来判断故障位置。此外，这一阻力手感检查方法还适合于转动件转动灵活性的检查。

4. 温度手感检查方法

15. 集成电路引脚分布规律和识别方法7

这种接触检查法主要用于检查电动机、功放管、功放集成电路、通过大电流的元件。当用手接触到这些元器件时，如果发现有烫手的现象便可以说明有大电流流过了这些元器件，说明故障就在这些元器件所在的电路中。

电动机外壳烫手，那是转子擦定子；三极管、集成电路、电阻烫手，那是过电流了；电源变压器烫手，那是二次侧负载存在短路故障。烫手的程度也反映了故障的严重程度。

4.8.3　接触检查法适用范围和特点

1. 适用范围

接触检查法主要适用于机械类故障，对于电路中的过电流故障也有检查效果，但对于其他类型的故障，这种检查方法是没有用的，所以也不用这种检查方法。

2. 特点

接触检查法具有以下一些特点。

（1）这种检查方法方便、直观、操作简单。

（2）要求手感经验比较丰富，否则很难正确地确定故障位置。

（3）在进行有些手感检查时，不能准确判断故障部位，需其他方法协助。

（4）这种检查方法能够直接找出故障的具体部位。

（5）具有直接发现、确定故障部位的功效。

（6）对检查元器件发热故障的效果最好。

> ⚠️ **重要提示**
>
> 运用接触检查法过程中要注意以下几点。
>
> （1）检查元器件温度时，要用手指的背面去接触元器件，这样比较敏感。注意温度太高会烫伤手指，所以第一次接触元器件时要加倍小心。
>
> （2）检查电源变压器时要注意人身安全，在断电的情况下检查。另外要用手背迅速碰一下变压器外壳，以防止烫伤手指。
>
> （3）温度手感检查能够直接确定故障部位，当元器件的温度很高时，说明流过该元器件的电流很大，但该元器件还没有烧成开路。
>
> （4）在进行接触检查时要注意安全，一般情况下要在断电后进行，对于彩色电视机切不可在通电状态进行接触检查。

4.9　"以毒攻毒"的故障再生检查法

> ⚠️ **重要提示**
>
> 故障再生检查法是设法让机器故障现象反复再生（即反复出现故障），以便发现更多的与故障相关的现象和问题，为检修故障提供线索。

4.9.1　故障再生检查法基本原理

故障再生检查法的基本原理是：有意识地让故障重复发生，并设法让故障缓慢发生、变化、发展，以便提供充足的观察机会、次数、时间，在观察中寻找异常现象，力求直接发现故障原因。所以，故障再生检查法要在直观检查法的配合下进行。

4.9.2　故障再生检查法实施方法

故障再生检查法主要用于两类故障的检查，

一是机械类故障，二是电子电路中由不稳定因素造成的故障。

1. 机械类故障检查方法

检查机械类故障时，主要是抓住在操作过程或某个杆件动作过程中影响故障出现、消失的机会，也可以是为了反复观察某个机构的工作原理反复使所要检查的机构动作，即使它们缓慢转动、移动，观察它们的变化情况，如转动速度、有无振动和晃动、移动阻力和位移等。一次观察不行再来一次，这样反复让故障出现、消失，以便有充分的观察机会。

2. 不稳定因素造成的故障检查方法

这里指的是电子电路故障，如时响时不响、机器一会儿工作正常一会儿不正常等由不稳定因素造成的故障。对待它们，可以通过各种方式使故障出现、消失，让它们反复变化，以便找出哪些因素对故障出现、消失有影响。如拨动某元器件时影响故障的发生，再拨一下故障又消失，那么这一元器件是重点检查对象，也有可能元器件本身存在接触不良的故障。

> **重要提示**
>
> 为了能使故障现象反复出现、变化，可以拨动元器件、拉拉引线、摇晃接插件、压压电路板、拍打一下机壳，还可采用拆下电路板等措施。

4.9.3 故障再生检查法适用范围和特点

1. 适用范围

故障再生检查法主要适用于以下两种类型故障的检查。

（1）机械类故障，特别是对机械机构工作原理不熟悉时的故障检查。

（2）由不稳定因素造成的电子电路故障，如时响时不响、有时失真或有时噪声大故障等。

2. 特点

故障再生检查法具有以下一些特点。

（1）需要有直观检查法的密切、熟练配合才能获得理想效果。

（2）这种检查方法能够直接找出故障部位。

（3）设法让故障现象分解、缓慢变化，给检查故障提供机会，以找出影响故障现象变化

的关键因素。

（4）具有一定的破坏性，有些故障出现次数太多会扩大元器件的损坏面。

（5）能够将故障性质转化，即将不稳定的故障现象转化成稳定的故障，以方便检查。

（6）在没有电路图的情况下也可以使用这一检查方法。

> **重要提示**
>
> 运用故障再生检查法需要了解下列一些注意事项。
>
> （1）对于一些打火、冒烟、发热、巨大爆破声故障，要慎重、小心地采用故障再生检查法，搞不好会扩大故障范围。不过，使用此法能够很快确定故障的具体部位。在通电时，要严密注视机内情况，一旦发现问题要立即切断电源开关。
>
> （2）在运用故障再生检查法转化故障性质时，要具体情况具体分析，一般以不损坏一些贵重元器件、零部件为前提。在转化过程中，动作不要过猛，尽可能不使机械零部件变形、元器件损坏。
>
> （3）故障再生检查法并不适用于所有故障的检查，对于一些故障现象稳定的故障，不宜运用此法。

4.10 利用对标原理的参照检查法

> **重要提示**
>
> 参照检查法是一种利用比较手段来判断故障部位的方法，此法对解决一些疑难杂症具有较好的检查效果。

4.10.1 参照检查法基本原理

参照检查法利用一个工作正常的同型号电子

电器、一套相同的机械机构、一张电路结构十分相近的电路原理图、立体声音响设备的一个声道电路等为标准参照物，运用移植、比较、借鉴、引伸、参照、对比等手段，查出具体的故障部位。

> **重要提示**
>
> 理论上讲，参照检查法可以查出各种各样的故障原因，因为只要对标准物、故

障机器进行系统的、仔细的对比，必能发现工作正常机器和有故障机器在电路的某个部位上电压或电流不相同处，或机械装置的某处不同，这就是具体的故障位置。但是，如此使用参照检查法费功费事，必须有选择地运用参照检查法。

4.10.2　参照检查法实施方法

为了方便、高效地运用参照检查法，可以在以下几个方面运用。

1. 图纸参照检查方法

对没有电路原理图的电子电器修理，可以采用图纸参照检查方法，这种参照可以有以下两种情况。

（1）利用同牌号相近系列电子电器的电路原理图作为参考电路图，如同牌号机器电路图等可以参照。

（2）利用在电路板上的直观检查，查出功放电路是采用什么类型，以及集成电路是什么型号等，然后去找典型应用电路图来作标准参考图。对于集成电路，可查集成电路手册中的典型应用电路，用这些电路图来指导修理。

2. 实物参照检查方法

实物参照检查方法包括以下两种方法。

（1）修理双声道音响设备的某一个声道故障时，可以用另一个工作正常的声道作为标准参照物。例如，要知道输入级三极管集电极上的直流电压大小，可在工作正常与不正常的两个声道输入级三极管集电极上测量直流电压，两者相同，说明输入管工作正常，两者不相同，说明故障部位就在输入级电路中。

（2）利用另一台同型号机器作为标准参照物。

3. 机械机构参照检查方法

检查机械机构故障时，对机芯上各机构工作原理不够了解，可以另找一只工作正常的机芯进行参照，对比一下它们的相同和不同之处，对不同之处再作进一步的分析、检查。

4. 装配参照检查方法

在拆卸机壳或机芯上的一些部件时，装配发生了困难，例如某零部件不知如何固定，此时可参照另一个相同部件或机器，将正常的机械部件小心拆下，观察它是如何装配的。

4.10.3　参照检查法适用范围和特点

1. 适用范围

参照检查法主要适合以下情况使用。

（1）没有电路原理图时的参照。

（2）装配十分困难、复杂时的参照。

（3）对机械故障无法下手时的参照。

（4）立体声音响设备中只有一个声道出现故障时的参照。

1.整机电路图识图方法详细讲解1

2. 特点

参照检查法具有以下一些特点。

（1）具体参照检查的方法、内容是很多的，需要灵活、有选择的运用，才能事半功倍。

（2）这种检查方法能够直接查出故障部位。

（3）需要有一定的修理资料基础，如各种电子电器电路原理图册、音响和视频集成电路应用手册等。

（4）运用此法最重要的是进行比较，去同存异，这是最大的特点。

（5）这种检查法关键是要有一个标准的参照物。

> ⚠️ **重要提示**
>
> 在运用参照检查法过程中要注意以下几点。
>
> （1）避免盲目采用参照检查法，否则工作量很大，应在其他检查法作出初步判断后，对某一个比较具体的部位再运用参照检查法。
>
> （2）参照检查过程的操作要正确，如果在正常的机器上采集的数据不准确，就无法进行比较，将把检查带入错误的方向中。
>
> （3）在进行装配参照时，要小心拆卸工作正常的机械装置，否则好的拆下后可能会被搞坏，或不能重新装好。

4.11 十分可爱的万能检查法

万能检查法俗称代替检查法，它是一种对所怀疑部位进行代替的检查方法。

4.11.1 万能检查法基本原理

当对电路中的某个元器件产生怀疑时，可以运用质量可靠的元器件去替代它工作（更换所怀疑的元器件），如果替代后故障现象消失，说明怀疑、判断属实，也就找到了故障部位。如果代替后故障现象仍然存在，说明怀疑错误，同时也排除了所怀疑的部位，缩小了故障范围。

> **⚠ 重要提示**
>
> 理论上讲，万能（代替）检查法能检查任何一种故障，即使故障十分隐蔽，只要通过一步步地代替处理，最终是一定能够找到故障部位的。但是，这样做是不切实际的，一是代替过程中的操作工作量大，二是代替操作过程中会损坏电路板等。所以，代替检查法必须坚持简便、速效、创伤小的原则，要有选择地运用。

4.11.2 万能检查法实施方法

考虑到万能（代替）检查法操作过程的特殊性，可在下列几种情况下采用代替检查法。

1. 只有两根引脚的元器件代替检查方法

当怀疑某个两根引脚的元器件出现开路故障时，可在不拆下所怀疑元器件的情况下，用一只质量好的元器件直接并在所怀疑元器件的两根引脚焊点上。如果怀疑属实，机器在代替后应恢复正常工作，否则怀疑不对。这样代替检查操作很方便，无须用烙铁焊下元器件。

2. 整机电路图识图方法详细讲解2

2. 贵重元器件代替检查方法

为确定一些价格较贵的元器件是否出了问题，可先进行代替检查，在确定它们确有问题后再买新的，以免盲目买来造成浪费。

3. 操作方便的元器件代替检查方法

如果所需要代替检查的元器件、零部件曝露在外，具有足够的操作空间方便拆卸，这种情况下可以考虑采用代替检查法，但对那些多引脚元器件不宜轻意采用此法。

4. 疑难杂症故障的代替检查方法

对于软故障，由于检查相当不方便，此时可以对所怀疑的元器件适当进行较大面的代替检查，如对电容漏电故障的检查等。

5. 某一部分电路的代替检查方法

在检查故障过程中，当怀疑故障出在某一级或几级放大器电路中时，可以将这一级或这几级电路作整体代替，而不是只代替某个元器件，通过这样的代替检查可以将故障范围缩小。

4.11.3 万能检查法适用范围和特点

1. 适用范围

万能（代替）检查法适用于任何一种故障的检查（电路类或机械类故障），对疑难故障更为有效。

2. 特点

代替检查法有以下一些特点。

（1）能够直接确定故障部位，对故障检查的正确率为百分之百，这是它的最大优点。

（2）需要一些部件、元器件的备件才能方便实施。

（3）合理、有选择地运用代替检查法能获得较好的效果，否则不但没有收获，反而会进一步损坏电路。

（4）在有些场合下拆卸的工作量较大，比较麻烦。

重要提示

运用代替检查法过程中要注意以下几点。

（1）对于多引脚元器件（如多引脚的集成电路等）不要采用代替检查法，应采用其他方法确定故障。

（2）坚决禁止大面积采用代替检查法，大面积代替显然是盲目的、带有破坏性的。

（3）在进行代替时，主要操作是对元器件的拆卸，拆卸元器件时要小心，操作不仔细会造成新的问题。在代替完毕后的元器件装配也要小心，否则会留下新的故障部位，影响下一步的检查。

（4）当所需要代替检查的元器件在机壳底部且操作不方便时，如有其他办法可

不用代替检查法，只得使用代替检查法时，应做一些拆卸工作，将所要代替的元器件充分曝露在外，以便有较大的操作空间。

（5）代替检查法若采用直接并联的方法，可在机器通电的情况下直接临时并上去，也可以在断电后用烙铁焊上。对需要焊下元器件的代替检查，一定要在断电下操作。

（6）代替检查法应该是在检查工作的最后几步才采用，即在故障范围已经缩小的情况下使用，切不可在检查刚开始时就用。

（7）除有利于使用代替检查法的情况外，应首先考虑采用其他检查法。

4.12　最常用且有效的电压检查法

重要提示

电子电路在正常工作时，电路中各点的工作电压表征了一定范围内元器件、电路工作的情况，当出现故障时工作电压必然发生改变。电压检查法运用电压表查出电压异常情况，并根据电压的变异情况和电路工作原理作出推断，找出具体的故障原因。

值是唯一的（也有可能在很小范围内波动），当电路出现开路、短路、元器件性能参数变化等情况时，电压值必然会作相应的改变，电压检查法的任务是检测这一变化，并加以分析。

重要提示

一般电压检查法主要是测量电路中的直流电压，必要时可以测量交流电压、信号电压大小等。

4.12.1　电压检查法基本原理

这种检查方法的基本原理是：通过检测电路某些测试点工作电压有还是没有、偏大或偏小，判别产生电压变化的原因，这一原因就是故障原因。

电路在正常工作时，各部分的工作电压

4.12.2　电压检查法实施方法

1. 测量项目

各种电子电器中的电压测量项目是不同的，主要有以下几种电压类型。

（1）交流市电电压，它为220V、50Hz。

（2）交流低电压，它为几伏至几十伏、50Hz，不同情况下不同。

（3）直流工作电压，在音响类设备中它是几伏至几十伏，在视频类设备中为几百伏，高压则上万伏。

（4）音频信号电压，它是几毫伏至几十伏。

重要提示

检测上述几种电压，除电视机中的超高压之外，需要交流电压表、直流电压表和真空管毫伏表。

2. 测量交流市电电压

测量方法也很简单，万用表调至交流250V挡或500V挡，测电源变压器一次绕组两端，应为220V；若没有，测电源插口两端的电压，应为220V。

3. 测量交流低电压

测量时用万用表的交流电压挡适当量程，测电源变压器二次绕组的两个输出端，若有多个二次绕组时先要找出所要测量的二次绕组，再进行测量。

在交流市电电压输入正常的情况下，若没有低电压输出，则绝大多数是电源变压器的一次绕组开路了，二次绕组因线径较粗断线的可能性很小。

4. 测量直流工作电压

测量直流工作电压使用万用表的直流电压挡，测量项目很多，具体如下。

（1）整机直流工作电压（指整流电路输出电压）。

（2）电池电压。

（3）某一放大级电路的工作电压或某一单元电路工作电压。

（4）三极管的各电极直流工作电压。

（5）集成电路各引脚工作电压。

（6）电动机的直流工作电压等。

重要提示

测量直流工作电压时，用万用表直流电压挡适当量程，黑表棒接电路板地线，红表棒分别接各所要测量点。整机电路中各关键测试点的正常直流工作电压有专门的资料，在无此资料时要根据实际情况进行分析。以下各种测量结果是正确的。

（1）整机直流工作电压在空载时比工作时要高出许多（几伏），愈高说明电源的内阻愈大。所以，在测量这一直流电压时要在机器进入工作状态后进行。

（2）整机中整流电路输出端直流电压最高，沿RC滤波、退耦电路逐节降低。

（3）有极性电解电容两端的电压，正极端应高于负极端。

（4）测得电容两端电压为零时，只要电路中有直流工作，就说明该电容器已经短路了。电感线圈两端直流电压应十分接近零，否则必是开路故障。

（5）当电路中有直流工作电压时，电阻器工作时两端应有电压降，否则此电阻器所在电路必有故障。

（6）测量电感器两端的直流电压不为零时，说明该电感器已经开路。

5. 测量音频信号电压

音频信号是一个交变量，与交流电相同，但工作频率很高。普通万用表的交流挡是针对50Hz交流电设计的，所以无法用来准确测量音频信号电压，得使用真空管毫伏表。

测量音频信号电压在一般场合下不使用，因为真空管毫伏表并不像万用表那么普及。通常，用真空管毫伏表在检查故障时做如下测量。

（1）测量功率放大器的输出信号电压，以便计算输出信号功率。

（2）测量每一级放大器输入、输出信号电压，以检查放大器电路的工作状态。

（3）测量传声器输出信号电压，以检查传声器工作状态。

4.12.3　电压检查法适用范围和特点

1. 适用范围

电压检查法适用于各种有源电路故障的检查，主要适用于检查以下故障。

（1）交流电路故障。

（2）直流电路故障。

（3）对其他电路故障也有良好的效果。

2. 特点

电压检查法具有以下一些特点。

（1）测量电压时万用表是并联连接，无须对元器件、电路做任何调整，所以操作相当方便。

（2）电路中的电压数据很能说明问题，对故障的判断可靠。

3. 整机电路图识图方法详细讲解3

（3）详细、准确的电压测量需要整机电路图中的有关电压数据。

> ⚠️ **重要提示**
>
> 电压检查法使用不当会出问题，所以要注意以下几点。
>
> （1）测量交流市电电压时注意单手操作，安全第一。测量交流市电电压之前，先要检查电压量程，以免损坏万用表。
>
> （2）测量前要分清交、直流挡，对直流电压还要分清表棒极性，红、黑表棒接反后指针反方向偏转。
>
> （3）在测量很小的音频信号电压（如测量传声器输出信号电压）时，要选择好量程，否则测不到、测不准，影响正确判断。使用真空管毫伏表时要先预热，使用一段时间后要校零，以保证低电平信号测量的精度。
>
> （4）在有标准电压数据时，将测得的电压值与标准值对比；在没有标准数据时电压检查法的运用有些困难，要根据各种具体情况进行分析和判断。

4.13　准确高效的电流检查法

电流检查法通过测量电路中流过某测试点工作电流的大小来判断故障的部位。

4.13.1　电流检查法基本原理

电子电器中都是采用晶体管电路，在这种电路中直流工作电压是整个电子电路工作的必要条件，直流电路的工作正常与否直接关系到整个电路的工作状态。例如为了使放大器能够正常放大信号，给三极管施加了静态直流偏置电流，直流工作电流的大小，直接关系到对音频信号的放大情况。所以，电流检查法主要是通过测量电路中流过某一测试点的直流电流有无、大小来推断交流电路的工作情况，从而找出故障原因。电流检查法不仅可以测量电路中的直流电流大小，还可以测量交流电流的大小，

但由于一般情况下没有交流电流表，所以通常是去测量交流电压。

4.13.2　电流检查法实施方法

1. 测量项目

电流检查法主要有下列几个测量项目，在针对不同故障时可选择使用。

（1）测量集成电路的静态直流工作电流。

（2）测量三极管集电极的静态直流工作电流。

（3）测量整机电路的直流工作电流。

（4）测量直流电动机的工作电流。

（5）测量交流工作电流。

2. 测量集成电路静态直流工作电流

测量集成电路静态直流工作电流的具体方

法是：万用表直流电流挡串联在集成电路的电源引脚回路（断开电源引脚的铜箔线路，黑表棒接已断开的集成电路电源引脚），不给集成电路输入信号，此时所测得的电流为集成电路的静态直流工作电流。

3. 测量三极管集电极静态直流工作电流

测量三极管的集电极静态直流工作电流能够反映三极管当前的工作状态（如是饱和还是截止），具体方法是：断开集电极回路，串入直流电流表（万用表的直流电流挡），使电路处于通电状态，在无输入信号情况下所测得的直流电流为三极管的静态直流工作电流。

关于这一电流检查法还要说明以下几点。

（1）测量电流要在直流工作电压（+V）正常的情况下进行。

（2）当所测得的电流为零时，说明三极管在截止状态；若测得的电流很大，那是三极管饱和了，两个都是故障，重点查偏置电路。

（3）具体工作电流大小应查找有关修理资料，在有这方面资料的情况下，将所测得的电流数据与标准资料相比较，偏大或偏小均说明测试点所在电路出了故障。

（4）在没有具体电流资料时，要了解前级放大器电路中的三极管直流工作电流比较小，以后各级逐级略有增大。

（5）功放推挽管的静态直流工作电流在整机电路各放大管中为最大，约为 8mA，两个推挽管的直流电流相同。

4. 测量直流电动机工作电流

图 4-32 是测量直流电动机工作电流接线示意图，这时直流电流表串联在电动机的电源回路中，电动机不同转矩下会有不同大小的电流，转矩大时电流也大。

5. 测量整机直流工作电流

修理中，有时需要通过测量整机直流工作电流的大小来判断故障性质，因为这一电流能够大体上反映出机器的工作状态。当工作电流很大时，说明电路中存在短路现象；而工作电流很小时，说明电路中存在开路故障。

测量整机工作电流大小应在机器直流工作

电压正常的情况下进行。

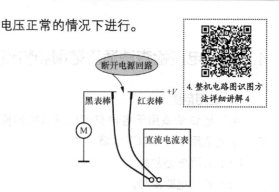

图 4-32 测量直流电动机工作电流接线示意图

6. 测量交流工作电流

测交流工作电流主要是检查电源变压器空载时的损耗，一般是在重新绕制电源变压器、电源变压器空载发热时才去测量，测量时用交流电流表（一般万用表上无此挡）串在交流市电回路上，测量交流电流时表棒没有极性之分。

4.13.3 电流检查法适用范围和特点

1. 适用范围

电流检查法主要适用于检查过电流、无声、声音轻等故障。

2. 特点

电流检查法具有以下几个特点。

（1）在用电压检查法、干扰检查法失效时，电流检查法能起决定性作用，如对一只推挽管开路的检查。推挽电路中的两只三极管在直流状态下是并联的，通过测量每一只三极管的集电极静态工作电流可以发现哪只三极管出现了开路故障。

（2）电流表必须是串接在回路中的，所以需要断开测试点电路，操作比较麻烦。

（3）电流检查法可以迅速查出三极管和其他元器件发热的原因，因为元器件异常发热时说明它的工作电流非常大，这时通过测量它的工作电流能确定故障部位。

（4）在测量三极管集电极直流电流、集成电路直流工作电流时，如果输入音频信号，电流表指针将忽左忽右地摆动，如图 4-33 所示，这能粗略估计三极管、集成电路的工作状况，指针摆动说明它们能够放大信号,指针摆动的幅度愈大,说明信号愈大。

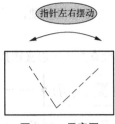

图 4-33 示意图

(5)采用电流检查法需要了解一些电流资料,当有准确的电流数据时它能迅速判断故障的具体位置,没有修理资料时确定故障的能力比较差。

> **⚠ 重要提示**
>
> 在运用电流检查法过程中应注意以下几点。
>
> (1)因为测量中要断开电路,有时是断开铜箔线路,记住测量完毕后要焊好断口,否则会影响下一步的检查。
>
> (2)在测量大电流时要注意表的量程,以免损坏电表。

(3)测量直流电流时要注意表棒的极性,在认清电流流向后再串入电表,红表棒是流入电流的,如图4-34所示,以免电表反向偏转而打弯指针,影响表头精度。

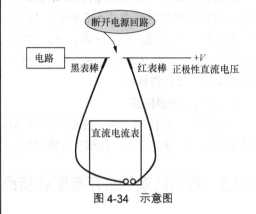

图 4-34 示意图

(4)对于发热、短路故障,测量电流时要注意通电时间越短越好,做好各项准备工作后再通电,以免无意烧坏元器件。

(5)由于电流测量比电压测量麻烦,所以应该是先用电压检查法检查,必要时再用电流检查法。

4.14 频繁使用的电阻检查法

电阻检查法是一种通过万用表欧姆挡检测元器件质量、电路的通与断、电阻值的大小,来判断具体故障原因的方法。

4.14.1 电阻检查法基本原理

一个工作正常的电路在常态时(未通电),某些电路应呈通路,有些应呈开路,有的则有一个确切的电阻值。电路工作失常时,这些电路、阻值状态要发生变化,如阻值变大或变小、电路由开路变成通路、电路由通路变成开路。电阻检查法要查出这些变化,根据这些变化判断故障部位。

另外,许多电子元器件是可以通过万用表的欧姆挡对其质量进行检测的,这也属于电阻

检查法的范畴。

4.14.2 电阻检查法实施方法

1. 检测项目

电阻检查法主要有以下几个检测项目。

(1)开关件的通路与断路检测。

(2)接插件的通路与断路检测。

(3)铜箔线路的通路与断路,以及电路的通路与断路检测。

(4)元器件质量的检测。

2. 铜箔线路通与断的检测

铜箔线路较细又薄,常有断裂故障,而且发生断裂时肉眼很难发现,此时要借助于电阻检查法。测量时,可以分段测量,当发现某一段

铜箔线路开路时，先在2/3处划开铜箔线路上的绝缘层，测量两段铜箔线路，再在存在开路的那一段继续测量或分割后测量。断头一般在元器件引脚焊点附近，或在电路板容易弯曲处。

电阻检查法还可以确定铜箔线路的走向，由于一些铜箔线路弯弯曲曲而且很长，凭肉眼不易发现线路从这端走向另一端，可用测量电阻的方法确定，电阻为零的是同一段铜箔线路，否则不是同一段铜箔线路。

3. 元器件质量检测

这是最常用的检测手段，在检测到电路板上某个元器件损坏后，也就找到了故障部位。

4.14.3 电阻检查法适用范围和特点

1. 适用范围

电阻检查法适用于所有电路类故障的检查，不适合机械类故障的检查，这一检查方法对确定开路、短路故障有特效。

2. 特点

电阻检查法具有以下一些特点。

（1）检查电路通与断有奇特效果，判断结果十分明确，对插口、接插件的检查很方便、可靠。

（2）电阻检查法可以在电路板上直接检测，使用方便。

（3）修理中大量用到测量通、断、阻值，

电阻检查法全部胜任。

（4）当使用某些通路时能发出响声的数字式万用表时，查通路很方便，不必查看表头，只须听声。

（5）这种检查方法可以直接找出故障部位。

⚠ 重要提示

运用电阻检查法时应注意以下一些问题。

（1）严禁在通电情况下使用电阻检查法。

（2）测通路时用R×1挡或R×10挡。

（3）在电路板上测量时，应测两次，以两次中电阻大的一次为准（或作参考值），不过在使用数字式万用表时就不必测两次了。

（4）对在路检测元器件质量有怀疑时，可从电路板上拆下该元器件后再测，对多引脚元器件则要另用其他方法先检查。

（5）表棒搭在铜箔线路上时，要注意铜箔线路是涂上绝缘漆的，要用刀片先刮去绝缘漆。

（6）在检测接触不良故障时，表棒可用夹子夹住测试点，再摆动电路板，如果指针有断续表现电阻大时，说明存在接触不良故障。

4.15 针对性很强的单元电路检查法

4.15.1 单元电路检查法基本原理

⚠ 重要提示

单元电路检查法是一种综合性的检查方法，专门用来检查某一单元电路，这种检查法具有很好的针对性。不同的单元电路所采用的具体方法是不同的，这里只介绍这种方法的基本原理和有关注意事项。

单级放大器电路或单元电路具有一定的工作特性，特别是直流工作特性、未通电状态下的元器件电阻特性。检查电路的变异情况是单元电路检查法的主要目的，通过检测到的变异情况，并结合电路工作情况，可直接找出故障部位。

单级放大器、单元电路中的元器件不多，又相对集中，单元电路检查法通过电阻检查法、电压检查法、电流检查法、直观检查法和代替检查法的优选采用，能直接查出故障的具体原因，这是一种综合性检查方法。

关于这种检查方法的具体实施方法将在后面的具体单元电路故障检查中专门介绍。

4.15.2 单元电路检查法适用范围和特点

1. 适用范围
单元电路检查法适用于各种电路类故障。

2. 特点
单元电路检查法具有以下特点。

（1）电压、电流和电阻测试等的综合运用。

（2）能够直接查出故障原因。

（3）主要运用万用表作检查。

（4）在给放大器电路通电、不通电下分别检查有关项目，测试比较全面，针对性很强。

4.16 "实践出真知"的经验检查法

4.16.1 经验检查法基本原理

经验检查法的基本原理是：运用以往的修理经验，或移植他人的修理经验，在对故障现象做出分析后，直接对某个具体部位采取措施，修好机器。运用经验检查法，无须做详细和系统的检查。

4.16.2 经验检查法实施方法

1. 直接处理
在修理一些常见、多发故障时，从试听检查中已经得知，故障现象与以前处理的某一例

5. 整机电路图识图方法详细讲解5

故障完全一样，而且以前的那例处理结果是知道的，那么本例可直接采取与那例相同的措施，省去了系统的电路检查。这种直接处理要求判断准确，否则无效。

2. 快速修理
快速修理通过试听检查，迅速做出故障原因的判断，用简化的检查方法验证一下判断的正确性后便做出处理。在检查方法运用中，免去了按部就班的检查顺序和操作过程。

4.16.3 经验检查法适用范围和特点

1. 适用范围
经验检查法适用于任何故障，特别是对一些常见、多发故障，对一些已经遇到过的特殊故障更为有效。

2. 特点
经验检查法具有以下一些特点。

（1）运用经验检查法原理，可以简化其他的检查法，如快速干扰检查法、快速短路检查法等。

（2）具有迅速、见效快的特点。

（3）需要有丰富的实践经验，要善于总结自己的修理经验，又能灵活运用他人的修理经验来指导自己的修理。

⚠ 重要提示

运用经验检查法要注意以下几点。

（1）直接处理要有一定的把握，否则会变成盲目的代替检查。

（2）在不太熟练的情况下，对一些多引脚元器件不要采用直接处理的方法，以免判断不准确造成许多麻烦。

（3）要及时总结修理经验，如修理完一台机器后做修理笔记。

4.17　操作简便的分割检查法

⚠ 重要提示

分割检查法主要用于噪声大故障的检查，是一种通过切断信号传输线路进行故障范围缩小的检查方法。

4.17.1　分割检查法基本原理

当噪声出现时，说明噪声产生处之后的电路处于正常工作状态。在将信号传输线路中的某一点切断后噪声若消失，说明噪声的产生部位在这一切割点之前的电路中。若切割后噪声仍然存在，说明故障出在切割点之后的电路中。

通过分段切割电路，可以将故障缩小在很小的范围内。

4.17.2　分割检查法实施方法

先通过试听检查法将故障范围缩小，再将故障范围内的电路分割，如断开级间耦合电路的一根引脚，在不输入信号的情况下通电试听，若噪声消失，接好断开的电容后将前面一级电路的耦合电容断开。若噪声仍然存在，则将后一级电路的耦合电容断开，这样可以将故障缩小到某一级电路中。

4.17.3　分割检查法适用范围和特点

1. 适用范围

这一检查法主要用于噪声大故障的检查。

2. 特点

这种检查方法具有以下特点。

（1）检查中要断开信号的传输线路，有时操作不方便。

（2）对于噪声故障的检查比短路检查法更为准确。

（3）有时对电路的分割要切断铜箔线路，对电路板有一些损伤。

⚠ 重要提示

在运用这一检查方法的过程中要注意以下几点。

（1）对于噪声大故障要先用短路检查法，当这一检查方法不能确定故障部位时再用分割检查法。

（2）在对电路切割、检查后，要及时将电路恢复原样，以免造成新的故障现象而影响正常检查。

（3）在对电路进行分割时，要在断电情况下进行。

4.18 专查热稳定性差故障的加热检查法

重要提示

这一检查方法是通过对电路中某元器件进行加热，通过加热后观察故障现象的变化，以确定该元器件是否存在问题。

4.18.1 加热检查法基本原理

当怀疑某个元器件因为工作温度高而导致某种故障时，可以用电烙铁对其进行加热，以模拟它的故障状态，如加热后出现了相同的故障，说明是该元器件的热稳定性不良，否则也排除了该元器件出故障的可能性。

采用这种加热检查法可以缩短检查时间，因为要是通过通电使该元器件工作温度升高，时间较长，通过人为加热大大缩短了检查时间。

4.18.2 加热检查法实施方法

对某元器件加热的方法有以下两种。

（1）用电烙铁加热，即将电烙铁头部放在被加热元器件附近使之受热。

（2）用电吹风加热，即用电吹风对准加热元器件吹风。

4.18.3 加热检查法适用范围和特点

1. 适用范围

这种检查方法主要适用于以下几种情况。

（1）怀疑某个元器件热稳定性差，主要是三极管、电容器等。

（2）怀疑某线圈受潮。

（3）怀疑某部分电路板受潮。

6. 整机电路图识图方法详细讲解6

2. 特点

这种检查方法具有以下特点。

（1）加热过程的操作比较方便，能够很快验证所怀疑的元器件是否有问题。

（2）可直接处理一些由受潮而引起的故障，如可以处理线圈受潮使 Q 值下降，从而导致电路性能变劣的故障。

重要提示

在运用加热检查法过程中要注意以下几点。

（1）用电烙铁加热时，烙铁头部不要碰到元器件，以免烫坏元器件。

（2）使用电吹风加热时，不要距元器件或电路板太近，并注意加热时间不要太长。为防止烫坏电路中的其他元器件，可以用一张纸放在电路板上，只在被加热元器件处开个孔。

（3）加热操作可以在机器通电下进行，也可以断电后进行。

4.19 简便而有效的清洗处理法

重要提示

这是一种利用清洗液通过清洗零部件、元器件来消除故障的方法，对有些故障此法是十分有效的，而且操作方便。

4.19.1 清洗处理法基本原理

通过使用纯酒精来清洗元器件、部件，消除脏物、锈迹和接触不良现象，达到排除故障的目的，在修理中有许多情况需要采用这种方法来处理故障。

4.19.2 清洗处理法实施方法

清洗处理法主要在以下一些场合下使用。

1. 开关件清洗

开关件的最大问题是接触不良故障，通过清洗处理是可以解决这一问题的。此时设法将清洗液滴入开关件内部，可以打开开关的外壳，或从开关操纵柄处滴入，再不断拨动开关的操纵柄，让开关触点充分摩擦、清洗。

2. 清洗机械零部件

对于一些机械零部件也用这种清洗法处理故障。

4.19.3 清洗处理法适用范围和特点

1. 适用范围

清洗处理法主要适用于能够进行清洗的开关件、电位器等电子元器件和一些机械零部件，这些元器件和零部件的主要问题是接触不良、灰尘、生锈等，会造成无声、声轻、啸叫、噪声等故障。

2. 特点

清洗处理法具有以下两个特点。

（1）操作比较方便，对一些特定故障的处理效果良好。

（2）用纯酒精清洗无副作用，纯酒精挥发快、不漏电。

> **⚠ 重 要 提 示**
>
> 运用清洗处理法应注意以下几点。
>
> （1）必须使用纯酒精，否则因酒精中含有水分会出现漏电、元器件生锈等问题，在通电下清洗时，漏电会烧坏电路板及相关元器件。
>
> （2）清洗要彻底，有时只做简单清洗便能使故障消失，但在使用一段时间后会重新出现故障，彻底清洗能改善这种状况。
>
> （3）清洗时最好用滴管，这样操作方便。再备上一只针筒（医用针筒），以方便对机壳底部元器件、零部件的清洗。
>
> （4）从广义角度上讲，对机内电路板上的灰尘等用刷子清除，这也是清洗处理法范围内的措施。

4.20 专门对付虚焊的熔焊处理法

> **⚠ 重 要 提 示**
>
> 熔焊处理法是通过用电烙铁重新熔焊一些焊点来排除故障的处理方法。

4.20.1 熔焊处理法基本原理

一些虚焊点、假焊点会造成各种故障现象，这些焊点有的看上去表面不光滑，有的则表面光滑内部虚焊。熔焊处理法可以有选择性地、有目的地、有重点地重新熔焊一些焊点，以排除虚焊解决问题。

7. 整机电路图识图方法详细讲解7

4.20.2 熔焊处理法实施方法

对于一些不稳定因素造成的故障（如时常无声故障等），先用试听功能判别方法将故障范围缩小，然后对所要检查电路内的一些重要焊点、怀疑焊点重新熔焊。

熔焊的主要对象是表面不光滑焊点、有毛孔焊点、多引脚元器件的引脚焊点、引脚很粗的元器件引脚焊点、三极管引脚焊点等。

> **⚠ 重 要 提 示**
>
> 在熔焊时，不要给电路通电，以防熔焊时短接电路。可以在熔焊一些焊点后试听一次，以检验处理效果。

4.20.3　熔焊处理法适用范围和特点

1. 适用范围

熔焊处理法主要适用于一些现象不稳定的故障，如时常无声、时常出现噪声大故障等，对于处理无声、声音轻、噪声大等故障也有一定效果。

2. 特点

熔焊处理法具有以下两个特点。

（1）不能准确查出故障点，但可以解决一些虚焊故障。

（2）不是一个主要检查法，只能做辅助处理，而且成功率不高。

重要提示

运用熔焊处理法过程中应注意以下几点。

（1）不可毫无目的地大面积熔焊电路板上的焊点。

（2）熔焊时焊点要光滑、细小，不要给焊点增添许多焊锡，以防止相邻的焊点相碰。另外，也不要过多地使用松香，否则电路板上不整洁。

（3）熔焊时要切断机器的电源。

4.21　修理识图方法及识图方法知识点"微播"

4.21.1　修理识图方法

重要提示

修理过程中识图与学习电路工作原理时的识图有很大的不同，它是紧紧围绕着修理进行的电路故障分析。

1. 修理过程中识图

修理识图主要有以下 3 个部分的内容。

（1）**依托整机电路图建立检修思路。**根据故障现象，结合整机电路图建立检修思路，判断故障可能发生在哪部分电路中，确定下一步的检修步骤（是测量电压还是电流，在电路中的哪一点测量）。

（2）**测量电路中关键测试点修理数据。**查阅整机电路图中某一点的直流电压数据和测量修理数据。

根据测量得到的有关数据，在整机电路图的某一个局部单元电路中对相关元器件进行故障分析，以判断是哪个元器件出现了开路或短路、性能变劣故障，导致了所测得的数据发生异常。例如，初步检查发现功率放大器电路出现了故障，可找出功率放大器电路图进行具体的电路分析。

（3）**分析信号传输过程。**查阅所要检修的某一部分电路图，了解这部分电路的工作，如信号是从哪里来，送到哪里去。

2. 修理过程中识图方法和注意事项

修理过程中识图的基础是十分清楚电路的工作原理，不能做到这一点就无法进行正确的修理过程中的识图。修理识图要注意以下 3 个问题。

（1）主要是根据故障现象和所测得的数据决定分析哪部分电路。例如：根据故障现象决定分析低放电路还是分析前置放大器电路，根据所测得的有关数据决定分析直流电路还是交流电路。

（2）修理过程中识图是针对性很强的电路分析，是带着问题对局部电路的深入了解，识图的范围不广，但要有一定深度，还得会联系故障的实际情况。

（3）测量电路中的直流电压时，主要是分析直流电压供给电路；在使用干扰检查法时，主要是进行信号传输通路的识图；在进行电路故障分析时，主要是对某一个单元电路进行工作原理的分析。修理过程中识图无须对整机电路图中的各部分电路进行全面的系统分析。

4.21.2　印制电路图识图方法知识点"微播"

> ⚠ **重要提示**
>
> 　　印制电路图与修理密切相关，对修理的重要性仅次于整机电路原理图，所以印制电路图主要为修理服务。
> 　　电子电路图主要有下列6种。
> 　　（1）方框图（包括整机电路方框图、系统方框图等）。
> 　　（2）单元电路图。
> 　　（3）等效电路图。
> 　　（4）集成电路应用电路图。
> 　　（5）整机电路图。
> 　　（6）印制电路图。

印制电路图有两种表现形式。

1. 直标方式

图4-35是直标方式印制电路图示意图。

这种方式中没有一张专门的印制电路图纸，而是采取在电路板上直接标注元器件编号的方式，如在电路板某电阻附近标有 **R7**，**R7** 是该电阻在电路原理图中的编号，同样方法将各种元器件的电路编号直接标注在电路板上，如图中的 **C7** 等。

图4-35　直标方式印制电路图示意图

图4-36是元器件符号直接标注在电路板正面的示意图。

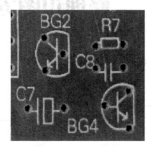

图4-36　示意图

2. 图纸表示方式

图4-37是图纸表示方式印制电路图示意图。

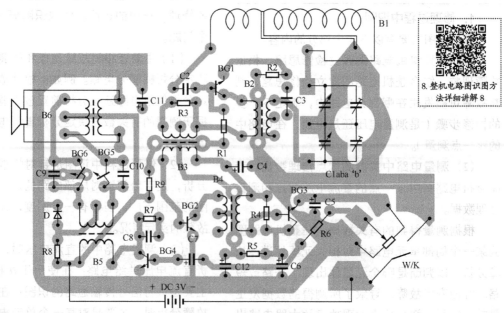

图4-37　图纸表示方式印制电路图示意图

8.整机电路图识图方法详细讲解8

用一张图纸（称之为印制电路图）画出各元器件的分布和它们之间的连接情况，这是传统的表示方式，在过去大量使用。

3. 两种表示方式比较

比较这两种印制电路图各有优、缺点。前者，由于印制电路图可以拿在手中，在印制电路图中找出某个所要找的元器件相当方便，但是在图上找到元器件后还要用印制电路图到电路板上对照后才能找到元器件实物，有两次寻找、对照过程，比较麻烦。另外，图纸容易丢失。

对于直标法，在电路板上找到了某元器件编号便找到了该元器件，所以只有一次寻找过程。另外，这份"图纸"永远不会丢失。不过，当电路板较大、有数块电路板或电路板在机壳底部时，寻找就比较困难。

4. 印制电路图作用

重要提示

印制电路图是专门为元器件装配和机器修理服务的图，它与各种电路图有着本质上的不同。

印制电路图的主要作用有以下几点。

（1）通过印制电路图可以方便地在实际电路板上找到电路原理图中某个元器件的具体位置，没有印制电路图时的查找就不方便。

（2）印制电路图起到电路原理图和实际电路板之间的沟通作用，是方便修理不可缺少的图纸资料之一，没有印制电路图将影响修理速度，甚至妨碍正常检修思路的顺利展开。

（3）印制电路图表示了电路原理图中各元器件在电路板上的分布状况和具体的位置，给出了各元器件引脚之间连线（铜箔线路）的走向。

（4）印制电路图是一种十分重要的修理资料，电路板上的情况被一比一地画在印制电路图上。

5. 印制电路图特点

印制电路图具体有以下一些特点。

（1）从印制电路设计的效果出发，电路板上的元器件排列、分布不像电路原理图那么有规律，这给印制电路图的识图带来了诸多不便。

（2）印制电路图表示元器件时用电路符号，表示各元器件之间连接关系时不用线条而用铜箔线路，有些铜箔线路之间还用跨导连接，此时又用线条连接，所以印制电路图看起来很"乱"，这些都影响识图。

（3）印制电路图上画有各种引线，而且这些引线的绘画形式没有固定的规律，这给识图造成不便。

（4）铜箔线路排布、走向比较"乱"，而且经常遇到几条铜箔线路并行排列，给观察铜箔线路的走向造成不便。

6. 识图方法和技巧

由于印制电路图比较"乱"，采用下列一些方法和技巧可以提高识图速度。

（1）根据一些元器件的外形特征可以比较方便地找到这些元器件，例如集成电路、功率放大管、开关件、变压器等。

（2）对于集成电路而言，根据集成电路上的型号可以找到某个具体的集成电路。尽管元器件的分布、排列没有什么规律而言，但是同一个单元电路中的元器件相对而言集中在一起。

（3）一些单元电路比较有特征，根据这些特征可以方便地找到它们。如整流电路中的二极管比较多，功率放大管上有散热片，滤波电容的容量最大、体积最大等。

（4）找地线时，电路板上的大面积铜箔线路是地线，一块电路板上的地线处处相连。另外，一些元器件的金属外壳接地。找地线时，上述任何一处都可以作为地线使用。在一些机器的各块电路板之间，它们的地线也是相连接的，但是当每块之间的接插件没有接通时，各块电路板之间的地线是不通的，这一点在检修时要注意。

（5）印制电路图与实际电路板对照过程中，在印制电路图和电路板上分别画一致的识图方向，以便拿起印制电路图就能与电路板有同一个识图方向，省去每次都要对照识图的方向，这样可以大大方便识图。

（6）观察电路板上元器件与铜箔线路连接情况、观察铜箔线路走向时，可以用灯照着，如图4-38所示，将灯放置在有铜箔线路的一面，在装有元器件的一面可以清晰、方便地观察到铜箔线路与各元器件的连接情况，这样可以省去电路板的翻转。不断翻转电路板不但麻烦，而且容易折断电路板上的引线。

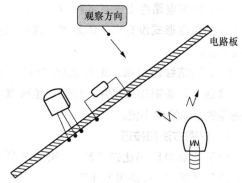

图4-38　观察电路板示意图

找某个电阻器或电容器时，不要直接去找它们，因为电路中的电阻器、电容器很多，寻找不方便，可以间接地找到它们，方法是先找到与它们相连的三极管或集成电路，再找到它们。或者根据电阻器、电容器所在单元电路的特征，先找到该单元电路，再寻找电阻和电容器。

如图4-39所示，寻找电路中的电阻R1，先找到集成电路A1，因为电路中集成电路较少，找到集成电路A1比较方便。然后，利用集成电路的引脚分布规律找到②脚，即可找到电阻R1。

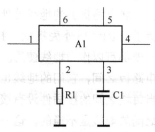

图4-39　寻找元器件示意图

4.21.3　方框图识图方法知识点"微播"

图4-40是一个两级音频信号放大系统的方框图，从图中可以看出，这一系统电路主要由信号源电路、第一级放大器、第二级放大器和负载电路构成。从这一方框图也可以知道，这是一个两级放大器电路。

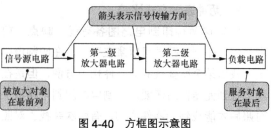

图4-40　方框图示意图

重要提示

方框图种类较多，主要有整机电路方框图、系统电路方框图和集成电路内电路方框图3种。

1. 整机电路方框图

整机电路方框图是表达整机电路图的方框图，也是众多方框图中最为复杂的方框图。关于整机电路方框图主要说明下列几点。

（1）从整机电路方框图中，可以了解到整机电路的组成和各部分单元电路之间的相互关系。

（2）在整机电路方框图中，通常在各个单元电路之间用带有箭头的连线进行连接，通过图中的这些箭头方向，还可以了解到信号在整机各单元电路之间的传输途径等。

（3）有些机器的整机方框图比较复杂，有的用一张方框图表示整机电路结构情况，有的则将整机电路方框图分成几张。

（4）并不是所有的整机电路在图册资料中都给出整机电路的方框图，但是，同类型的整机电路其整机电路方框图基本上是相似的，所以利用这一点，可以借助于其他整机电路方框图了解整机电路组成等情况。

（5）整机电路方框图不仅是分析整机电路工作原理的有用资料，而且是故障检修中逻辑推理、建立正确检修思路的依据。

2. 系统电路方框图

一个整机电路通常由许多系统电路构成，

系统电路方框图就是用方框图形式来表示该系统电路的组成等情况，它是整机电路方框图下一级的方框图，往往系统电路方框图比整机电路方框图更加详细。图4-41是组合音响中的收音电路系统方框图。

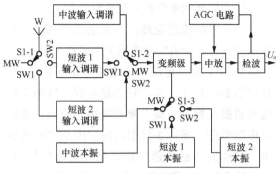

图4-41　收音电路系统方框图

3. 集成电路内电路方框图

重要提示

集成电路内电路方框图是一种十分常见的方框图。集成电路内电路的组成情况可以用内电路或内电路方框图来表示，由于集成电路内电路十分复杂，所以在许多情况下，用内电路方框图来表示集成电路的内电路组成情况更利于识图。

从集成电路的内电路方框图中，可以了解到集成电路的组成、有关引脚作用等识图信息，这对分析该集成电路的应用电路是十分有用的。图4-42是某型号收音中放集成电路的内电路方框图。

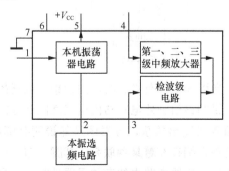

图4-42　集成电路内电路方框图

从这一集成电路内电路方框图中可以看出，

这一集成电路内电路由本机振荡器电路，第一、二、三级中频放大器电路和检波器电路组成。

重要提示

集成电路引脚一般比较多，内电路功能比较复杂，所以在进行电路分析时，借助集成电路的内电路方框图是很有效的。

4. 方框图功能

方框图主要有下列两个功能。

（1）**表达了众多信息。** 粗略表达了某复杂电路（可以是整机电路、系统电路和功能电路等）的组成情况，通常是给出这一复杂电路的主要单元电路位置、名称，以及各部分单元电路之间的连接关系，如前级和后级关系等信息。

（2）**表达了信号传输方向。** 方框图表达了各单元电路之间的信号传输方向，从而能了解信号在各部分单元电路之间的传输次序；根据方框图中所标出的电路名称，可以知道信号在这一单元电路中的处理过程，为分析具体电路提供了指导性的信息。

9.整机电路图识图方法详细讲解9

例如，图4-40所示的方框图给出了这样的识图信息：信号源输出的信号首先加到第一级放大器中放大（信号源电路与第一级放大器之间的箭头方向提示了信号传输方向），然后送入第二级放大器中放大，再激励负载。

重要提示

方框图是一张重要的电路图，特别是在分析集成电路应用电路图、复杂的系统电路，以及了解整机电路组成情况时，没有方框图将造成识图的诸多不便和困难。

5. 方框图特点

提出方框图的概念主要是为了识图的需要，了解方框图的下列一些特点对识图、修理具有重要意义。

（1）方框图简明、清楚，可方便地看出电

路的组成和信号的传输方向、途径，以及信号在传输过程中的处理过程等，例如信号是得到了放大还是受到了衰减。

（2）由于方框图比较简洁、逻辑性强，所以便于记忆，同时它所包含的信息量大，这就使方框图显得更为重要。

（3）方框图有简明的也有详细的，方框图越详细为识图提供的有益信息就越多。在各种方框图中，集成电路的内电路方框图最为详细。

（4）方框图中往往会标出信号传输的方向（用箭头表示），它形象地表示了信号在电路中的传输方向，这一点对识图是非常有用的，尤其是集成电路内电路方框图，它可以帮助了解某引脚是输入引脚还是输出引脚（根据引脚上的箭头方向得知这一点）。

⚠️ 重要提示

分析一个具体电路的工作原理之前，或者在分析集成电路的应用电路之前，先分析该电路的方框图是必要的，有助于分析具体电路的工作原理。

在几种方框图中，整机电路方框图是最重要的方框图，要牢记在心中，这对修理中逻辑推理的形成和故障部位的判断十分重要。

6. 方框图识图方法

关于方框图的识图方法说明以下3点。

（1）**分析信号传输**。了解整机电路图中的信号传输过程时，主要是识图中箭头的方向，箭头所在的通路表示了信号的传输通路，箭头方向指示了信号的传输方向。在一些音响设备的整机电路方框图中，左、右声道电路的信号传输指示箭头采用实线和虚线来分开表示，如图4-43所示。

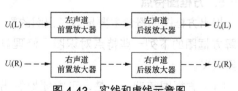

图4-43　实线和虚线示意图

（2）**记忆电路组成**。记忆一个电路系统的组成时，由于具体电路太复杂，所以要用方框图。在方框图中，可以看出各部分电路之间的相互关系（相互之间是如何连接的），特别是控制电路系统，可以看出控制信号的传输过程，以及控制信号的来路和控制的对象。

（3）**分析集成电路**。分析集成电路的应用电路过程中，没有集成电路的引脚作用资料时，可以借助于集成电路的内电路方框图来了解、推理引脚的具体作用，特别是可以明确地了解哪些引脚是输入引脚，哪些是输出引脚，哪些是电源引脚，而这3种引脚对识图是非常重要的。当引脚引线的箭头指向集成电路外部时，这是输出引脚，箭头指向朝里是输入引脚。

举例说明：图4-44所示是集成电路方框图，集成电路的①脚引线箭头向里，为输入引脚，说明信号是从①脚输入到变频级电路中，所以①脚是输入引脚；⑤脚引脚上的箭头方向朝外，所以⑤脚是输出引脚，变频后的信号从该引脚输出；④脚也是输入引脚，输入的是中频信号，因为信号输入到中频放大器电路中，所以输入的信号是中频信号；③脚也是输出引脚，输出经过检波后的音频信号。

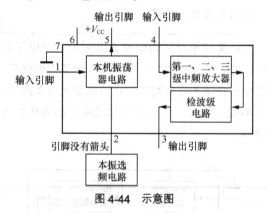

图4-44　示意图

当引线上没有箭头时，例如集成电路的②脚，说明该引脚外电路与内电路之间不是简单的输入或输出关系，方框图只能说明②脚内、外电路之间存在着某种联系，②脚要与外电路中本机振荡器电路中的有关元器件相连，具体是什么联系，方框图就无法表达清楚了，这也是方框图的一个不足之处。

另外，在一些集成电路内电路方框图中，有的引脚上箭头是双向的，如图 4-45 所示，这种情况在数字集成电路中多见，表示信号能够从该引脚输入，也能从该引脚输出。

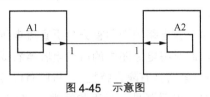

图 4-45　示意图

7. 方框图识图注意事项

方框图的识图要注意以下几点。

（1）厂方提供的电路资料中，一般情况下都不给出整机电路方框图，不过大多数同类型机器其电路组成是相似的，可以利用这一特点用一种机器的整机电路方框图作为参考。

（2）一般情况下，对集成电路的内电路是不必进行分析的，只需要通过集成电路内电路方框图来理解信号在集成电路内电路中的放大和处理过程。

（3）方框图是众多电路中首先需要记忆的电路图，所以记住整机电路方框图和其他一些主要系统电路的方框图，是学习电子电路的第一步。

4.21.4 单元电路图识图方法知识点"微播"

重要提示

单元电路是指某一级控制器电路，或某一级放大器电路，或某一个振荡器电路、变频器电路等，它是能够完成某一电路功能的最小电路单位。从广义角度上讲，一个集成电路的应用电路也是一个单元电路。

学习整机电子电路工作原理过程中，单元电路图是首先遇到的具有完整功能的电路图，这一电路图概念的提出，完全是为了方便电路工作原理分析之需要。

1. 单元电路图功能

单元电路图具有下列一些功能。

10. 整机电路图识图方法详细讲解 10

（1）单元电路图主要用来讲述电路的工作原理。

（2）单元电路图能够完整地表达某一级电路的结构和工作原理，有时还会全部标出电路中各元器件的参数，如标称阻值、标称容量和三极管型号等，如图 4-46 所示，图中标出了可变电阻和固定电阻的阻值。

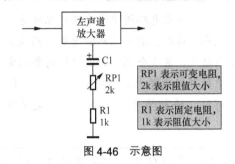

图 4-46　示意图

（3）单元电路图对深入理解电路的工作原理和记忆电路的结构、组成很有帮助。

2. 单元电路图特点

单元电路图主要是为了方便分析某个单元电路工作原理而单独将这部分电路画出的电路图，所以在图中已省去了与该单元电路无关的其他元器件和有关的连线、符号，这样，单元电路图就显得比较简洁、清楚，识图时没有其他电路的干扰，这是单元电路图的一个重要特点。单元电路图中对电源、输入端和输出端已经进行了简化。

图 4-47 所示是一个单元电路。

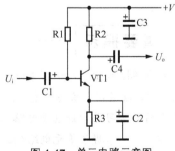

图 4-47　单元电路示意图

（1）**电源表示方法**。电路图中，用 +V 表示直流工作电压，其中正号表示采用正极性直流电压给电路供电，地端接电源的负极；

用 $-V$ 表示直流工作电压，其中负号表示采用负极性直流电压给电路供电，地端接电源的正极。

（2）**输入和输出信号表示方法。** U_i 表示输入信号，是这一单元电路所要放大或处理的信号；U_o 表示输出信号，是经过这一单元电路放大或处理后的信号。

⚠️ **重要提示**

通过单元电路图中这样的标注可方便地找出电源端、输入端和输出端，而在实际电路中，这3个端点的电路均与整机电路中的其他电路相连，没有 $+V$、U_i、U_o 的标注，给初学者识图造成了一定的困难。

例如：见到 U_i 可以知道信号是通过电容 C1 加到三极管 VT1 基极的，见到 U_o 可以知道信号是从三极管 VT1 集电极输出的，这相当于在电路图中标出了放大器的输入端和输出端，无疑大大方便了电路工作原理的分析。

（3）**单元电路图采用习惯画法，一看就明白。** 例如元器件采用习惯画法，各元器件之间采用最短的连线，而在实际的整机电路图中，由于受电路中其他单元电路元器件的制约，该单元电路中的有关元器件画得比较乱，有的在画法上不是常见的画法，有的个别元器件画得与该单元电路相距较远，这样，电路中的连线很长且弯弯曲曲，造成电路识图和电路工作原理理解的不便。

⚠️ **重要提示**

单元电路图只出现在讲解电路工作原理的书刊中，在实用电路图中是不出现的。对单元电路的学习是学好电子电路工作原理的关键。只有掌握了单元电路的工作原理，才能去分析整机电路。

3. 单元电路图识图方法

单元电路的种类繁多，而各种单元电路的具体识图方法有所不同，这里只对共同性的问题说明几点。

（1）**有源电路分析。** 所谓有源电路就是需要直流电压才能工作的电路，例如放大器电路。

对有源电路的识图首先分析直流电压供给电路，此时将电路图中的所有电容器看成开路（因为电容器具有隔直特性），将所有电感器看成短路（电感器具有通直的特性）。图4-48是直流电路分析示意图。

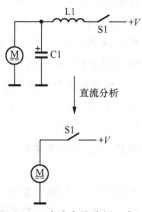

图4-48　直流电路分析示意图

在整机电路的直流电路分析中，电路分析的方向一般是先从右向左，因为电源电路画在整机电路图的右侧下方。图4-49是整机电路图中电源电路位置示意图。

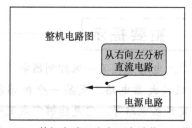

图4-49　整机电路图中电源电路位置示意图

对某一个具体单元电路的直流电路分析时，再从上到下分析，因为直流电压供给电路通常画在电路图的上方。图4-50是某一个单元电路直流电路分析方向示意图。

（2）**信号传输过程分析。** 这一分析就是分析信号在该单元电路中如何从输入端传输到输出端，信号在这一传输过程中受到了怎样的处理（如放大、衰减、控制等）。图4-51是信号传输的分析方向示意图，一般是从左到右进行。

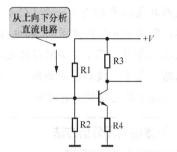

图4-50　某一个单元电路直流电路分析方向示意图

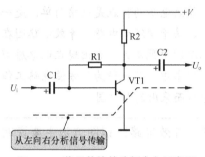

图4-51　信号传输的分析方向示意图

（3）元器件作用分析。电路中的元器件作用分析非常关键，能不能看懂电路的工作过程其实就是能不能搞懂电路中的各元器件作用。

元器件作用分析就是搞懂电路中各元器件起什么作用，主要从直流电路和交流电路两个角度去分析。

举例说明：图4-52所示是发射极负反馈电阻电路。R1是VT1发射极电阻，对直流而言，它为VT1提供发射极直流电流回路，是三极管能够进入放大状态的条件之一。

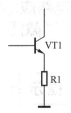

图4-52　发射极负反馈电阻电路

对于交流信号而言，VT1发射极输出的交流信号电流流过了R1，使R1产生交流负反馈作用，能够改善放大器的性能。而且，发射极

负反馈电阻R1的阻值愈大，其交流负反馈愈强，性能改善得愈好。

（4）电路故障分析。注意：在搞懂电路工作原理之后，元器件的故障分析才会变得比较简单，否则电路故障分析将寸步难行。

11. 方框图识图方法详细讲解1

电路故障分析就是分析当电路中元器件出现开路、短路、性能变劣后，对整个电路的工作会造成怎样的不良影响，使输出信号出现什么故障现象，例如出现无输出信号、输出信号小、信号失真、出现噪声等故障。

举例说明：图4-53所示是电源开关电路，S1是电源开关。电路故障分析时，假设电源开关S1出现下列两种可能的故障。

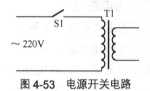

图4-53　电源开关电路

① **接触不良故障分析。**由于S1在接通时两触点之间不能接通，电压无法加到电源变压器T1中，电路无电压而不能正常工作。如果是S1两触点之间的接触电阻大，这样S1接通时开关两触点之间存在较大的电压降，使加到T1一次侧的电压下降，进而使电源变压器T1二次绕组输出电压低。

② **开关S1断开电阻小故障分析。**当开关S1断开电阻小时，在S1断开时仍然有一部分电压加到T1一次绕组，使电路不能彻底断电，机器的安全性能差。

⚠️ **重要提示**

　　整机电路中的各种功能单元电路繁多，许多单元电路的工作原理十分复杂，在整机电路中直接进行分析就显得比较困难，通过单元电路图分析之后，再去分析整机电路就显得比较简单，所以单元电路图的识图也是为整机电路分析服务的。

4.21.5 等效电路图识图方法知识点"微播"

等效电路图是一种便于理解电路工作原理的简化形式的电路图，它的电路形式与原电路有所不同，但电路所起的作用与原电路是一样的（等效的）。

在分析一些电路时，采用这种更利于接受的电路形式去代替原电路，可方便对电路工作原理的理解。

1. 3种等效电路图

等效电路图主要有以下3种。

（1）**直流等效电路图。** 这一等效电路图只画出原电路中与直流相关的电路，省去了交流电路，这在分析直流电路时才用到。

画直流等效电路图时，要将原电路中的电容看成开路，将线圈看成通路。

（2）**交流等效电路图。** 这一等效电路图只画出原电路中与交流信号相关的电路，省去了直流电路，这在分析交流电路时要用到。

画出交流等效电路图时，要将原电路中的耦合电容看成通路，将线圈看成开路。

（3）**元器件等效电路图。** 对于一些新型、特殊元器件，为了说明它的特性和工作原理，用到这种等效电路图。

举例说明：图4-54所示是常见的双端陶瓷滤波器的等效电路图。

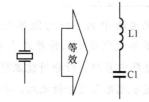

图4-54 双端陶瓷滤波器等效电路图

从等效电路图中可以看出，双端陶瓷滤波器在电路中相当于一个LC串联谐振电路，所以它可以用线圈L1和电容C1串联电路来等效，而LC串联谐振电路是常见电路，大家比较熟悉它的特性，这样可以方便地理解电路的工作原理。

2. 等效电路图分析方法

等效电路的特点是电路简单，是一种常见、易于理解的电路。等效电路图在整机电路图中见不到，它出现在电路原理分析的图书中，是一种为了方便电路工作原理分析而采用的电路图。

关于等效电路图识图方法主要说明以下几点。

（1）分析电路时，用等效电路图去直接代替原电路中的电路或元器件，用等效电路图的特性去理解原电路的工作原理。

（2）3种等效电路图有所不同，电路分析时要搞清楚使用的是哪种等效电路图。

（3）分析复杂电路工作原理时，通过画出直流或交流等效电路图后进行电路分析，这样比较方便。

（4）不是所有的电路都需要通过等效电路图去理解。

4.21.6 集成电路应用电路识图方法知识点"微播"

在电子设备中，集成电路的应用越来越广泛，对集成电路应用电路的识图是电路分析中的一个重点。

1. 集成电路应用电路图功能

集成电路应用电路图具有以下一些功能。

（1）它表达了集成电路各引脚外电路结构、元器件参数等，从而表示了某一集成电路的完整工作情况。

（2）有些集成电路应用电路图中，画出了集成电路的内电路方框图，这对分析集成电路应用电路是相当方便的，但采用这种表示方式的情况不多。

（3）集成电路应用电路图有典型应用电路图和实用电路图两种，前者在集成电路手册中可以查到，后者出现在实用电路中，这两种应用电路图相差不大，根据这一特点，在没有实际应用电路图时，可以用典型应用电路图作为参考电路，这一方法在修理中常常采用。

> ⚠ **重要提示**
>
> 一般情况下，集成电路应用电路图表达了一个完整的单元电路，或一个电路系统，但有些情况下，一个完整的电路系统要用到两个或更多的集成电路。

2. 集成电路应用电路图特点

集成电路应用电路图具有以下两个特点。

（1）大部分应用电路不画出内电路方框图，这对识图不利，尤其对初学者进行电路工作分析时更为不利。

（2）对初学者而言，分析集成电路的应用电路比分析分立元器件的电路更为困难，这是由于对集成电路内部电路不了解而造成的，实际上识图也好，修理也好，集成电路比分立元器件电路更为简便。

> ⚠ **重要提示**
>
> 对集成电路应用电路图而言，在大致了解集成电路内部电路，并详细了解各引脚作用的情况下，再进行识图是比较方便的。这是因为同类型集成电路具有规律性，在掌握了它们的共性后，可以方便地分析许多同功能不同型号的集成电路应用电路图。

3. 了解各引脚作用是识图的关键

了解各引脚的作用可以查阅有关集成电路应用手册。知道了各引脚作用之后，分析各引脚外电路工作原理和元器件作用就方便了。

例如：知道集成电路的①脚是输入引脚，那么与①脚所串联的电容是输入端耦合电容，与①脚相连的电路是输入电路。

> ⚠ **重要提示**
>
> 了解集成电路各引脚作用有查阅有关资料、根据集成电路的内电路方框图分析和根据集成电路的应用电路图中各引脚外电路的特征进行分析3种方法。

对第三种方法要求有比较好的电路分析基础。

4. 电路分析步骤

集成电路应用电路的具体分析步骤如下。

12. 方框图识图方法
详细讲解2

（1）**直流电路分析**。这一步主要是进行电源和接地引脚外电路的分析。

注意：电源有多个引脚时，要分清这几个电源引脚之间的关系，例如是否是前级、后级电路的电源引脚，或是左、右声道的电源引脚；对多个接地引脚也要这样分清。分清多个电源引脚和接地引脚对修理是有用的。

（2）**信号传输分析**。这一步主要分析信号输入引脚和输出引脚外电路。

当集成电路有多个输入、输出引脚时，要搞清楚是前级还是后级电路的引脚；对于双声道电路，还要分清左、右声道的输入和输出引脚。

（3）**其他引脚外电路分析**。例如找出负反馈引脚、消振引脚等，这一步的分析是最困难的，对初学者而言，要借助于引脚作用资料或内电路方框图来完成。

（4）**掌握引脚外电路规律**。有了一定的识图能力后，要学会总结各种功能集成电路的引脚外电路规律，并掌握这种规律，这对提高识图速度是有用的。

例如，输入引脚外电路的规律是：通过一个耦合电容或一个耦合电路与前级电路的输出端相连；输出引脚外电路的规律是：通过一个耦合电路与后级电路的输入端相连。

（5）分析信号放大、处理过程。分析集成电路内电路的信号放大、处理过程时，最好是查阅该集成电路的内电路方框图。

分析内电路方框图时，可以通过信号传输线路中的箭头指示，知道信号经过了哪些电路的放大或处理，最后信号是从哪个引脚输出的。

（6）了解一些关键点。了解集成电路的一些关键测试点、引脚直流电压规律对检修电路是十分有用的。

⚠ **重 要 提 示**

OTL 电路输出端的直流电压等于集成电路直流工作电压的一半。

OCL 电路输出端的直流电压等于零。

BTL 电路两个输出端的直流电压是相等的，单电源供电时等于直流工作电压的一半，双电源供电时等于零。

当集成电路两个引脚之间接有电阻时，该电阻将影响这两个引脚上的直流电压。

当两个引脚之间接有线圈时，这两个引脚的直流电压是相等的，不相等时必是线圈开路了。

当两个引脚之间接有电容或接 RC 串联电路时，这两个引脚的直流电压肯定不相等，若相等说明该电容已经被击穿。

4.21.7　整机电路图识图方法知识点"微播"

1. 整机电路图功能

整机电路图具有以下一些功能。

（1）电路结构。整机电路图表明整个机器的电路结构、各单元电路的具体形式和它们之间的连接方式，从而表达了整机电路的工作原理，这是电路图中最大的一张电路图。

（2）给出各元器件参数。它给出了电路中各元器件的具体参数，如型号、标称值和其他一些重要数据，为检测和更换元器件提供了依据。如图 4-55 所示，更换某个三极管时，可以查阅图中的三极管型号标注（BG1 为老旧符号，现在三极管用 VT 表示）。

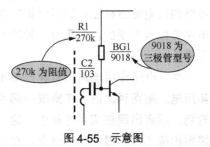

图 4-55　示意图

（3）给出修理数据和资料。许多整机电路图中还给出了有关测试点的直流工作电压，为检修电路故障提供了方便，例如集成电路各引脚上的直流电压标注，以及三极管各电极上的直流电压标注等，视频设备的整机电路图关键测试点处还标出信号波形，为检修这些部分电路提供了方便。图 4-56 是整机电路图中的直流电流数据示意图。

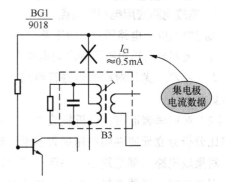

图 4-56　示意图

（4）识图信息。整机电路图给出了与识图相关的有用信息。例如：通过各开关件的名称和图中开关所在位置的标注，可以知道该开关的作用和当前开关状态；通过引线接插件的标注能够方便地将各张图纸之间的电路连接起来。

一些整机电路图中，将各开关件的标注集中在一起标注在图纸的某处，并有开关的功能说明，识图中对某个开关不了解时，可以去查阅这部分说明。整机电路图中还有其他一些有益于识图的信息。

2. 整机电路图特点

整机电路图与其他电路图相比，具有以下一些特点。

13. 方框图识图方法
详细讲解3

（1）整机电路图包括了整个机器的所有电路。

（2）不同型号的机器其整机电路图中的单元电路变化是十分丰富的，这给识图造成了不少困难，要求有较全面的电路知识。同类型的机器其整机电路图有其相似之处，不同类型机器之间则相差很大。

（3）各部分单元电路在整机电路图中的画法有一定规律，了解这些规律对识图是有益的。

⚠ 重要提示

电源电路画在整机电路图右下方；信号源电路画在整机电路图的左侧；负载电路画在整机电路图的右侧；各级放大器电路是从左向右排列的，双声道电路中的左、右声道电路是上下排列的；各单元电路中的元器件是相对集中在一起的。记住上述整机电路的特点，对整机电路图的分析是有益的。

3. 整机电路图给出了与识图相关的有用信息

整机电路图中与识图相关的信息主要有以下几点。

（1）通过各开关件的名称和图中开关所在位置的标注，可以知道该开关的作用和当前开关状态。图4-57是录放开关的标注识别示意图。图中，S1-1是录放开关，P表示放音，R表示录音，图示在放音位置。

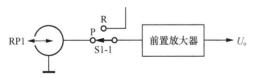

图 4-57　录放开关的标注识别示意图

（2）当整机电路图分为多张图纸时，通过引线接插件的标注能够方便地将各张图纸之间

的电路连接起来。图4-58是各张图纸之间引线接插件连接示意图，图中CSP101在一张电路图中，CNP101在另一张电路图中，CSP101中的101与CNP101中的101表示是同一个接插件，一个为插头，一个为插座，根据这一电路标注可以说明这两张图纸的电路在这个接插件处相连。

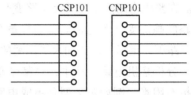

图 4-58　各张图纸之间引线接插件连接示意图

（3）一些整机电路图中，将各开关件的标注集中在一起，标注在图纸的某处，标有开关的功能说明，识图中若对某个开关不了解时可以去查阅这部分说明。图4-59是开关功能标注示意图。

图 4-59　开关功能标注示意图

4. 整机电路图的主要分析内容

整机电路图的主要分析内容有以下几点。

（1）部分单元电路在整机电路图中的具体位置。

（2）单元电路的类型。

（3）直流工作电压供给电路分析。直流工作电压供给电路的识图方向是从右向左，对某一级放大电路的直流电路识图方向是从上而下。

（4）交流信号传输分析。一般情况下，交流信号传输的方向是在整机电路图中从左侧向右侧。

（5）对一些以前未见过的、比较复杂的单元电路工作原理进行重点分析。

5. 其他知识点

（1）对于分成几张图纸的整机电路图可以

一张一张地进行识图。如果需要进行整个信号传输系统的分析，则要将各图纸连起来后再进行。

（2）对整机电路图的识图，可以在学习了一种功能的单元电路之后，分别在几张整机电路图中去找到这一功能的单元电路，并进行详细分析。在整机电路图中的单元电路变化较多，而且电路的画法受其他电路的影响与单个画出的单元电路不一定相同，这加大了识图的难度。

（3）分析整机电路过程中，对某个单元电路的分析有困难，例如对某型号集成电路应用电路的分析有困难，可以查找这一型号集成电

路的识图资料（内电路方框图、各引脚作用等），以帮助识图。

（4）一些整机电路图中会有许多英文标注，了解这些英文标注的含义对识图是相当有利的。在某型号集成电路附近标出的英文说明就是该集成电路的功能说明。图4-60是电路图中英文标注示意图。

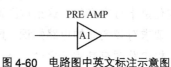

图4-60　电路图中英文标注示意图

第5章 | 万用表检测元器件方法

5.1 万用表检测电阻器方法

5.1.1 万用表测量各种规格电阻器

> **⚠ 重要提示**
>
> 通过以下几个实验，读者可以学会电阻器的质量检测方法，并进一步熟悉万用表的操作，特别是万用表的电阻挡操作方法。

1. 指针式万用表测量各种规格电阻器实验

（1）测量阻值小于 50Ω 电阻器。图 5-1 是测量阻值小于 50Ω 电阻器时接线示意图。万用表置于电阻 R×1 挡，两支表棒任意接电阻器的两根引脚，这时的指针应向右偏转，指向该电阻器的标称阻值处，例如一只 10Ω 电阻器，指针应停止在刻度盘上的 10 处。

14. 方框图识图方法详细讲解4

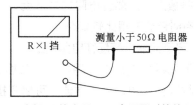

图 5-1 测量阻值小于 50Ω 电阻器时接线示意图

> **⚠ 重要提示**
>
> 如果测量结果与标称值相差很大，首先进行电阻 R×1 挡下的校零。如果校零正确，说明该电阻器阻值不对，电阻器损坏。

（2）测量阻值 50～500Ω 电阻器。图 5-2 是测量阻值 50～500Ω 电阻器时接线示意图。万用表置于电阻 R×10 挡，接线方法同 R×1 挡时一样，在表中读出的数值要 ×10Ω，如表中读出 30，则该电阻阻值应该为 30×10Ω，等于 300Ω。

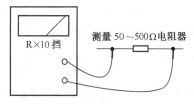

图 5-2 测量阻值 50 ~ 500Ω 电阻器时接线示意图

> **⚠ 重要提示**
>
> 如果 R×10 挡测量不准，应该在 R×10 挡下进行校零调整，然后再进行测量。

（3）测量阻值 500Ω～1kΩ 电阻器。图 5-3 是测量阻值 500Ω～1kΩ 电阻器时接线示意图。

万用表置于电阻 R×100 挡，接线方法同 R×1 挡时一样，表中读出的数值要 ×100Ω。

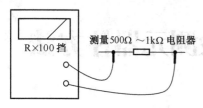

图 5-3　测量阻值 500Ω～1kΩ 电阻器时接线示意图

不同的万用表中电阻的量程挡位有所不同，有的为 5 挡，有的则比较少。

（4）**测量阻值 1～50kΩ 电阻器。** 图 5-4 是测量阻值 1～50kΩ 电阻器时接线示意图。万用表置于电阻 R×1k 挡，接线方法同 R×1 挡时一样，表中读出的数值要 ×1kΩ。

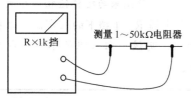

图 5-4　测量阻值 1～50kΩ 电阻器时接线示意图

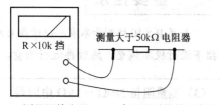

重 要 提 示

根据不同的阻值大小选择适当的量程，其原则是测量时指针要落在刻度盘的中间区域。如果测量时指针没有落在刻度盘中间区域，则要调整测量的量程。

（5）**测量阻值大于 50kΩ 电阻器。** 图 5-5 是测量阻值大于 50kΩ 电阻器时接线示意图。万用表置于电阻 R×10k 挡，接线方法同 R×1 挡时一样，表中读出的数值要 ×10kΩ。

图 5-5　测量阻值大于 50kΩ 电阻器时接线示意图

重 要 提 示

如果测量中指针不动，首先检查万用表内的叠层式电池是否装上，这种电池与普通的电池不同，是方块形状的。

如果这种电池没有电，并不影响电阻挡的其他挡位测量。

在电阻挡使用过程中，如果指针过分偏向左侧或右侧，说明量程选择不当，可以改变量程后再次测量。

2.　数字式万用表测量电阻器实验

找一只电阻器，置电阻挡于适当量程，表棒不分红、黑，分别接电阻器的两根引脚。图 5-6 所示数字式万用表显示该电阻器为 7kΩ。

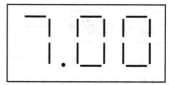

图 5-6　数字式万用表显示示意图

重 要 提 示

检测电阻器，特别是测量几十千欧以上阻值的电阻器，手不要接触到电阻器引脚和测量表棒，否则人体电阻将影响测量结果。

5.1.2　万用表在路测量电阻器阻值

前面介绍的测量电阻器方法都是电阻器没有装配在电路板上的情况，如果电阻器已经装配在电路板上，那测量电阻的方法就会有一些变化，有时还会变得比较复杂。

1.　电子元器件装配在电路板上

电子元器件装配在电路板上，如图 5-7 所示。在故障检修中，为了方便，可以直接对电路上的元器件进行电阻值测量，在电路板上对电阻进行测量称为在路测量。在路测量比较方便，但是受电路板上其他元器件影响，有时会出现测量误差。

图 5-7　电路板示意图

2. 在路测量电阻

通过在路测量元器件的电阻值也可以判断该元器件的质量情况。

（1）**在路测量元器件基本方法。**图 5-8 是在路测量元器件时的接线示意图。在路测量是一种十分常用的测量方法，它操作方便，检测结果有较高的可信度。

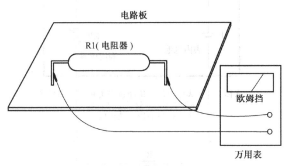

图 5-8　在路测量元器件时的接线示意图

> **重要提示**
>
> 根据测量电阻的大小（估计），选择适当量程。测量一次阻值后，红、黑表棒互换一次再测量，取阻值大的那次阻值作为参考值。

（2）**在路测量铜箔线路方法。**如果电路板上的铜箔线路很长，检查这段铜箔线路是否开裂时，可以用测量这段线路电阻的方法确定。图 5-9 是在路测量铜箔线路时的接线示意图。

15. 方框图识图方法
详细讲解 5

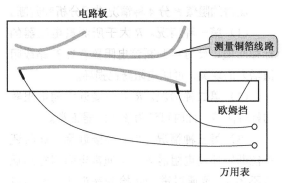

图 5-9　在路测量铜箔线路时的接线示意图

测量电阻为零说明这段铜箔线路正常，否则为开裂故障。

（3）**确定电路板上两点是否成为通路的方法。**需要确定电路板上的两个点是否是同一电路中的两个点时，可以测量这两个点之间的电阻大小。图 5-10 是测量两点是否通路时的接线示意图。如果测量的电阻值为零说明是同一电路中的，否则不是同一电路中的。

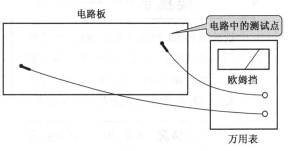

图 5-10　测量两点是否通路时的接线示意图

3. 在路测量结果分析

> **重要提示**
>
> 由于在路测量会受周围电路的影响，其测量结果可能会出现差错。具体测量方法是这样：两支表棒搭在电阻器两引脚焊点上，测量一次阻值；红、黑表棒互换一次，再测量一次阻值，取阻值大的一次作为参考阻值，设为 R。
>
> 如果红、黑表棒互换后的两次测量结果一样，那么不必进行下列分析，最终测量结果就是测量的电阻值。

测得的阻值 R 分4种情况进行分析和判断。

（1）**第一种情况。** R 大于所测量电阻器的标称阻值，此时可判断该电阻器存在开路或阻值增大的现象，说明电阻器已损坏。

（2）**第二种情况。** R 十分接近所测电阻器的标称阻值，此时可认为该电阻器正常。

（3）**第三种情况。** R 十分接近零，此时还不能断定所测电阻器短路（通常电阻器短路现象不多），要通过进一步检测来证实。图5-11所示电路中的电阻 R1，在测得的结果中 R 便会十分接近零。

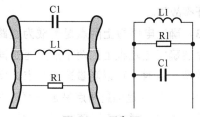

图 5-11　示意图

⚠️ **重要提示**

因为线圈 L1 短接了电阻 R1，测量时所测到的阻值是线圈的直流电阻，而线圈的直流电阻是很小的。这种情况下，可采取后面介绍的脱开检测方法来进一步检查。

（4）**第四种情况。** R 远小于所测电阻器的标称阻值，但是也远大于零，为几千欧。这种情况下也不能准确说明所测电阻器存在阻值变小现象，用图5-12可以说明这一点。

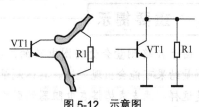

图 5-12　示意图

⚠️ **重要提示**

在 R1 上并有三极管 VT1，其集电极和发射极之间有电阻（内阻），这样测量的 R 是 R1 和 VT1 集电极和发射极之间内阻的并联阻值，故不能说明 R1 是否有问题。

⚠️ **重要提示**

指针式万用表在路测量时需要将红、黑表棒互换后再测量一次，这是因为万用表内部电池结构的原因。

使用指针式万用表在路测量电阻时，为了尽可能地排除外电路对测量结果的影响，需要红、黑表棒互换一次进行两端测量，这其中的根本原因是指针式万用表红、黑表棒具有正、负极性。图5-13是指针式万用表表棒与机内电池之间关系原理图，用这个电路可以说明指针式万用表在欧姆挡时的表棒极性问题。

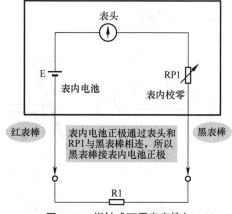

图 5-13　指针式万用表表棒与机内电池之间关系原理图

所以，在测量电解电容（后面将要介绍）等元器件时，要记住黑表棒上的直流电压高于红表棒上的直流电压，这一直流电压是表内电池的电压。

4. 电路板上的脱开检测

当怀疑在路测量结果有问题时，可以将电路板上的元器件拆卸下来。对电路板上的电阻器脱开检测有以下两种方法。

第一种方法是将该电阻器的一根引脚脱开线路，然后再测量。

第二种方法是切断电阻器一根引脚的铜箔线路，脱开所要测量的电阻 R1，如图5-14所示，这时电阻 R1 与电路板上其他电路是处于完全脱离状态的，测量将不受影响。

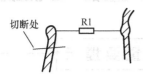

图 5-14 脱开检测示意图

从图中可以看出，此处切断 R1 的左端引脚铜箔线路较方便，而右端需要断开两处铜箔线路，不方便。

图 5-15 所示电路中的 R1 不宜使用断铜箔的方法，因为 R1 的两根引脚铜箔线路均不在顶端，在这样的情况下断铜箔要有两个铜箔断口，创伤大。用焊下 R1 的一根引脚方法脱开比较好。

16.方框图识图方法
详细讲解6

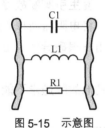

图 5-15 示意图

5. 在路测量互换万用表红、黑表棒原因

在路测量电阻时要求红、黑表棒互换一次后再测量，这主要是为了排除外电路中三极管 PN 结正向电阻对测量的影响，可用图 5-16 所示电路来说明。

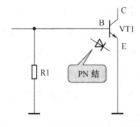

图 5-16 在路测量影响示意图

在测量 R1 阻值时，如若黑表棒接 VT1 基极，红表棒接发射极（测量 R1 阻值），由于 VT1 发射结（PN）处于正向偏置状态（由万

用表欧姆挡表内电池给予正向偏置，黑表棒接表内电池的正极，红表棒接表内电池的负极），设三极管 VT1 发射结电阻为 R，故此时测得阻值为 R_1 与 R 的并联值，因 R 阻值较小而影响了测量结果。

再将红、黑表棒互换后，表内电池给 VT1 发射结加的是反向偏置，其基极与发射极之间内阻 R 很大，相当于开路，这样测得的阻值便能反映 R1 的实际情况。

⚠ 重要提示

万用表测量电阻中的人体电阻影响：使用万用表测量电阻时，手指不要同时碰到表的两支表棒，或不要碰到电阻器两根引脚，否则人体电阻会影响测量精度，如图 5-17 所示。因为人体有一个电阻 R，人体电阻 R 与被测电阻 R1 并联，测到的读数为 $R//R_1$（R 和 R1 的并联值），会使测量的电阻值下降，影响测量结果的准确性。

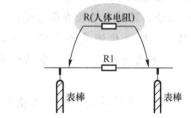

图 5-17 人体电阻与被测电阻并联示意图

6. 切断电路板上铜箔线路方法

切断铜箔线路的方法在修理中常用。如果采用焊下元器件一根引脚的方法也可以，但是不方便：第一是操作麻烦，脱开的引脚在电路板元器件一面，而另一根引脚仍焊在电路板上，万用表的表棒操作不方便，同时还存在测量完毕要装上引脚的麻烦；第二是焊下引脚，如果操作不当会引起铜箔起皮，破坏电路板。

操作时先将铜箔线路上的绝缘层（通常是一层绿色保护漆）刮去，再用刀片切断电阻 R1 一端引脚上的铜箔线路，如图 5-18 所示。

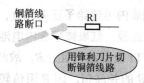

图 5-18 切断铜箔线路操作示意图

采用断开铜箔的方法操作，对电路板创伤小，操作方便，要注意的是测量后不要忘记焊好断口。对于其他元器件也优先采用这种切断铜箔线路的方法进行脱开检测。

重要提示

在路测量电阻要注意以下一些事项。

（1）在路检测时，一定要切断机器的电源，否则测量不准确，且容易损坏万用表。

（2）在电子电路故障检修过程中，先直观检查所怀疑的电阻器，看有无烧焦痕迹（外壳上可看出），有无引脚断、引脚铜箔线路断路（引脚焊点附近），有无虚焊。然后用在路测量方法，有怀疑时再用脱开检测方法。因为直观检查最方便，在路测量其次，脱开检测最不方便，这是修理中必须遵循的先简单后复杂的检查原则。

（3）选择适当的欧姆挡量程很重要，例如对 10Ω 的电阻器，若用 $R \times 1k$ 挡测量则不妥，读数精度差，应用 $R \times 1$ 挡。对 $5.1k\Omega$ 电阻器，则应用 $R \times 1k$ 挡。

（4）电阻器损坏主要是过电流引起的，所以有大电流通过的电阻器容易损坏，而小信号电路中的电阻器一般不易损坏。

（5）检测水泥电阻器的方法及注意事项同检测普通固定电阻器完全相同。

上述各种检测方法及注意事项，不仅适用于对电阻器的检测，也适用于其他电子元器件的检测。

5.1.3 电阻器的修复与选配方法

重要提示

电子电路中的电阻器主要出现以下几种故障。

（1）电阻器被烧坏，这时能从电阻器外表上看出有烧黑的迹象，这通常是因为流过电阻器电流太大所造成的。

（2）电阻器引脚断，这通常是因操作不当所致。

（3）电阻器开路故障，这是因电阻器开路所致。

1. 电阻器修复

电阻器如果发生引脚断故障，此故障可以修复，方法是：将电阻器断掉引脚的一端用刀片刮干净，再用一根硬导线焊上，作为电阻器的引脚。

电阻器的其他故障通常不能修复，要进行更换处理。

2. 电阻器选配原则

尽可能选用原规格的电阻器。选配电阻器时，主要注意以下几点原则。

（1）标称阻值相同的情况下，功率大的可以代替功率小的，但安装空间要足够装下新电阻。

（2）在无法配到原标称阻值电阻器情况下，采用并联或串联的方法来获得所需要的电阻。例如，需要一个 5.1Ω 电阻器，可用两只 10Ω 电阻器并联后代替 5.1Ω 电阻器。

（3）有功率要求的情况下，不仅要考虑串联、并联后的阻值，还要考虑串联、并联后的功率是否达到要求。

（4）熔断电阻器外形与普通电阻器十分相似，对这种电阻器不要用普通电阻器去代替。

5.1.4　熔断电阻器故障处理

⚠ **重要提示** •—

　　熔断电阻器的主要故障是熔断后开路，使熔断电阻器所在的电路中无电流。
　　由于熔断电阻器通常用于直流电路中，所以当熔断电阻器熔断后，有关电路中的直流电压为零。

1. 熔断电阻器检测

　　对熔断电阻器的检测方法采用万用表的欧姆挡，测量它的两根引脚之间的电阻大小，当熔断电阻器熔断时所测量的阻值为无穷大。
　　如果测量的阻值远大于它的标称阻值，说明这一熔断电阻器已经损坏。熔断电阻器不会出现短路故障。

⚠ **重要提示** •—

　　如果采用在路测量方法，给电路通电，分别测量熔断电阻器的两端对地直流电压，当测量一端电压为零，另一端电压正常，说明熔断电阻器已经开路。
　　在路测量也可以测量它的阻值，由于它本身电阻较小，外电路对检测结果影响较小。
　　在维修实践中也有少数熔断电阻器有被击穿短路的现象，检测中也要引起注意。

2. 熔断电阻器代换

　　故障检修中发现熔断电阻器烧坏，首先查明烧坏熔断电阻器的原因，不允许盲目更换，更不能用普通电阻代换，否则

17. 方框图识图方法
详细讲解 7

　　轻则更换上的熔断电阻器继续烧坏，重则进一步烧坏电路中其他元器件。
　　熔断电阻器应该尽可能用原规格熔断电阻器更换。在无相同规格的熔断电阻器情况下，可按以下方法进行应急代换。
　　（1）用电阻器和熔断器串联代替。 用一只普通电阻器和一只熔断器串联起来后代替，如图 5-19 所示。

图 5-19　普通电阻器和熔断器串联

　　所选用的普通电阻器的阻值、功率与熔断器的规格有具体要求。例如原熔断电阻器的规格为 10Ω、25W，则普通电阻器可选用 10Ω/2W，熔断器的额定电流 I 由下列公式计算：

$$I^2R = 56\%P$$

　　式中：R 为电阻值（Ω）；P 为额定功率（W）。
　　将上述数值代入计算后可知熔断器的额定电流应为 0.3A。
　　（2）直接用熔断器代替。 对于一些阻值较小的熔断电阻器损坏后，可直接用熔断器代替。这种方法适合于 1Ω 以下的熔断电阻器，熔断器的额定电流值可按上述公式计算。

⚠ **重要提示** •—

　　图 5-20 是熔断器实物图，用熔断器代替熔断电阻器时，可以将熔断器直接焊在电路板上。

图 5-20　熔断器实物图

5.2 万用表检测可变电阻器和电位器方法

5.2.1 万用表检测可变电阻器

> ⚠ **重要提示**
>
> 可变电阻器比较容易损坏，造成可变电阻器损坏的原因主要有以下两个方面。
> （1）使用时间长了，被氧化。
> （2）电路出故障使可变电阻器过电流而烧坏碳膜，此时从外表上也能看出可变电阻器的烧坏痕迹。

1. 可变电阻器故障特征

使用时间较长的可变电阻器容易发生故障。

（1）可变电阻器碳膜损坏故障。 可变电阻器的碳膜磨损或烧坏，此时动片与碳膜之间接触不良或不能接触上。

（2）可变电阻器动片与碳膜之间接触不良故障。 可变电阻器动片与碳膜之间接触不良，造成动片与碳膜的接触电阻增大。

（3）可变电阻器引脚断故障。 一个定片与碳膜之间断路，此时如果用作可变电阻器（不作电位器使用），可不用断路的这个定片，而用另一个定片与动片之间的阻值。

一根引脚由于扭折而断了，可用硬导线焊上一根引线作为引脚。

2. 万用表检测可变电阻器方法

> ⚠ **重要提示**
>
> 可变电阻器的检测方法同固定电阻器的检测方法基本一样，用欧姆挡测量有关引脚之间的阻值大小，可以在电路板上直接进行测量，也可以将可变电阻器脱开电路后测量。

（1）测量可变电阻器标称阻值。 图 5-21 是测量可变电阻器标称阻值时的接线示意图。万用表置于欧姆挡适当量程，两根表棒接可变电阻器两根定片引脚，这时测量的阻值应该等于该可变电阻器的标称阻值，否则说明该可变电阻器已经损坏。

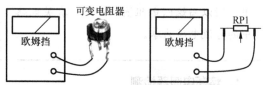

图 5-21 测量可变电阻器标称阻值时的接线示意图

（2）测量可变电阻器动片与定片之间阻值。 图 5-22 是测量可变电阻器动片与定片之间阻值时的接线示意图。万用表置于欧姆挡适当量程，一根表棒接一个定片，另一根表棒接动片，在这个测量状态下，转动可变电阻器动片时，指针偏转，阻值从零增大到标称值，或从标称值减小到零。

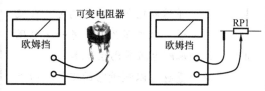

图 5-22 测量可变电阻器动片与定片之间阻值时的接线示意图

> ⚠ **重要提示**
>
> 由于可变电阻器的特殊性，在检测过程中要注意以下几个方面的问题。
> （1）若测量动片与某定片之间的阻值为零，此时应看动片是否已转动至所测定片这一侧的端点，若未转到可认为可变电阻器已损坏（在路测量时要排除外电路的影响）。

（2）若测量动片与任一定片之间的阻值已大于标称阻值，说明可变电阻器已出现了开路故障。

（3）测量中，若测得动片与某一定片之间的阻值小于标称阻值，并不能说明它已经损坏，而应看动片处于什么位置，这一点与普通电阻器不同。

（4）脱开测量时，可用万用表欧姆挡的适当量程，一支表棒接动片，另一支表棒接某一个定片，再用平口螺丝刀顺时针或逆时针缓慢旋转动片，此时指针应从零连续变化到标称阻值。

同样方法再测量另一个定片与动片之间的阻值变化情况，测量方法和测试结果应相同。这样说明可变电阻器是好的，否则可变电阻器已损坏。

3. 可变电阻器故障修理方法

可变电阻器的有些故障可以通过修理使之恢复正常功能，有以下几种情况。

（1）动片触点脏，可用纯酒精清洗触点。

（2）碳膜上原动片触点的轨迹因磨损而损坏时，可以将动片上的触点向里弯曲一些，以改变动片触点原来的轨迹。

（3）一个定片与碳膜之间断路，此时如若用作可变电阻器（不作电位器使用），可不用断路的这个定片，而用另一个定片与动片之间的阻值。

（4）一根引脚由于扭折而断了，此时可用硬导线焊上一根引线作为引脚。

18. 方框图识图方法详细讲解8

4. 可变电阻器选配原则

可变电阻器因过电流而烧坏或碳膜严重磨损须进行更换处理。更换时注意以下几方面问题。

（1）标称阻值应与原件阻值相同或十分相近。

（2）只要安装条件允许，卧式、立式可变电阻器均可。

（3）如果换上的可变电阻器其标称阻值比原来的大，也可以使用，只是动片调节的范围

要小一些。如果新换上的可变电阻器标称阻值略小些，可再串一只适当阻值的普通电阻器，如图5-23所示。R1的阻值应远小于原可变电阻器的标称值，否则可变电阻器的阻值调节范围会大大缩小。

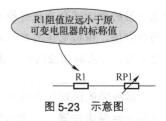

图5-23　示意图

（4）精密可变电阻器损坏后只能用精密可变电阻器代替，不可以用普通可变电阻器代替，否则调节精度不够。

5.2.2　万用表检测电位器

电位器是一个故障发生率比较高的元器件。

1. 电位器故障特征

（1）**电位器转动噪声大。**主要出现在音量电位器中，因为音量电位器经常转动。其次为音调电位器。

（2）**电位器内部引脚断路故障。**这时电位器所在电路不能正常工作，对于音量电位器而言，可能出现无声故障，或出现音量关不死故障（音量电位器关在最小音量位置时，扬声器中仍然有声音）。

（3）**电位器碳膜因过电流而严重烧坏故障。**这时电位器烧成开路。

⚠ 重要提示

一般音量电位器或音调电位器使用一段时间后或多或少地会出现转动噪声大的故障，这主要是由于动片触点与电阻体（碳膜）之间经常摩擦，造成碳膜损坏，使动片与碳膜之间接触不良。

调节音量时扬声器中会出现"喀啦、喀啦"的响声，停止转动电位器时噪声便随之消失，这说明音量电位器出现转动噪声大的故障。故

障比较严重时，动片转动到某一个位置时扬声器会出现无声故障。

2. 电位器检测方法

> ⚠️ **重要提示**
>
> 对电位器的检测可分为试听检查和阻值测量两种方法，根据电位器在电路中的具体作用不同，可采取相应的检测方法。

（1）电位器故障的试听检查方法。 这种检查方法主要用于音量电位器、音调电位器的噪声故障检查，**方法是：** 让电路处于通电工作状态，然后左右旋转电位器转柄，让动片触点在碳膜上滑动。

如若在转动时扬声器中有"喀啦、喀啦"噪声，则说明电位器存在转动噪声大故障。若转动过程中几乎听不到什么噪声，则说明电位器基本良好。

> ⚠️ **重要提示**
>
> 理解这种检查方法的原理，就能够记得比较牢固。图5-24是电位器故障的试听检查方法原理示意图。
>
>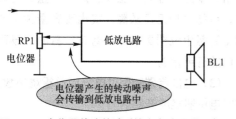
>
> 图 5-24 电位器故障的试听检查方法原理示意图

如果电位器已产生故障，存在转动噪声，那么这一转动噪声将加到低放电路中得到很大的放大，所以在扬声器中会出现"喀啦、喀啦"的转动噪声。

这种故障检查方法就是利用了电路本身的特点，方便了故障检查。

（2）电位器阻值测量方法。 对电位器阻值测量分为在路测量和脱开测量。由于一般电位器的引脚用引线与电路板上的电路相连，焊下

引线比较方便，故常用脱开测量的方法，这样测得的结果能够准确说明问题。

对电位器的阻值测量分成以下两种情况。

一是测量两固定引脚之间的阻值。 其值应等于该电位器外壳上的标称阻值，远大于或远小于标称阻值都说明电位器有问题。

二是检测阻值变化情况。方法是： 用万用表欧姆挡相应量程，一支表棒搭动片，另一支表棒搭一个定片，缓慢地左右旋转电位器的转柄，指针指示的阻值应从零到最大值（等于标称阻值），再从最大值到零连续变化。在上述测量过程中，转动转柄时动作要均匀，指针偏转也应该是连续的，即不应该出现指针跳动的现象。

图5-25是万用表检测电位器时的接线示意图。万用表测量电位器的方法与测量可变电阻器一样，要测量它的标称阻值和动片至每一个定片之间的阻值。

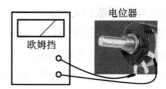

图 5-25 万用表检测电位器时的接线示意图

> ⚠️ **重要提示**
>
> 测量动片至某一个定片之间阻值时，旋转电位器转柄过程中，指针指示不能有突然很大跳动的现象，否则说明电位器的动片存在接触不良故障。

3. 电位器转动噪声大故障清洗方法

电位器最大的故障是转动噪声大，通过清洗处理能够修理好，具体方法是： 设法让纯酒精清洗液流到电位器内部的碳膜上，不断转动转柄，使触点在碳膜上滑动，达到清洗碳膜和触点的目的。这种清洗可以在通电的情况下进行。注意：一定要用纯酒精。转动转柄，试听噪声大小，直到转动噪声消失为止。

让清洗液流到碳膜上的方法有多种，根据电位器的结构情况不同，主要有以下5种方法。

（1）转柄处有较大缝隙的电位器。

名称	转柄处有较大缝隙的电位器
实物图	从转柄缝隙处滴入
清洗方法	这时可让清洗液从此缝隙处滴入

（2）引脚处有较大缝隙的电位器。

名称	引脚处有较大缝隙的电位器
实物图	从引脚缝隙处滴入
清洗方法	这时可让清洗液从此缝隙处滴入

（3）直滑式电位器。

名称	直滑式电位器
实物图	从操纵柄缝隙处滴入
清洗方法	大多数情况下应从直滑式电位器背面的孔中滴入清洗液，但有些直滑式电位器应从正面操纵柄槽中滴入清洗液

（4）无法从外部流入的电位器。

名称	无法从外部流入的电位器
实物图	
清洗方法	可打开电位器的外壳后进行清洗

（5）小型电位器。

名称	小型电位器
实物图	
清洗方法	这种电位器拆下外壳比较方便，故可打开外壳后彻底清洗

⚠ 重要提示

　　电位器通过清洗后，转动噪声会全部消失，最好再滴入一滴润滑油在碳膜上，以减小摩擦。经验表明，清洗后若不滴油，该电位器使用不长时间后会再度出现转动噪声大的故障。

　　在机器中，一般电位器的转柄伸出机壳外，在清洗时可只卸下旋钮而不必打开机壳，让清洗液从转柄缝隙处流入。这种清洗方法无效时，再打开机壳用其他方法清洗。

　　一些音量电位器带电源开关（不是指小型电位器），由于这种电位器内部开关结构较复杂，拆开外壳简便，但是装配相当麻烦，对此应尽可能考虑在不拆下外壳的情况下处理电位器转动噪声大的故障。

4. 电位器故障处理方法

　　对碳膜已磨损严重的电位器，通过清洗往往不能获得良好的效果。此时应打开电位器的外壳进行修整，方法是：用尖嘴钳将动片触点的簧片向里侧弯曲一些，使触点离开原已磨损的轨迹而进入新的轨迹。采用这种方法处理后的电位器，只要处理得当其效果良好。

　　在修整时要打开电位器的外壳，通常比较简单。电位器的外壳用铁卡夹固定，可用螺丝刀撬开外壳上的3个铁卡夹，外壳便能拆下。注意：不可将电位器上的铁卡夹弄断，否则无法重新固定。

19.方框图识图方法详细讲解9

5. 电位器选配原则

电位器除转动噪声大故障外，出现其他故障时一般不能修复，如碳膜严重磨损、电位器过电流烧坏等，此时得更换新的电位器。当然，能采用原型号更换最好。

在无法配到原型号时，可按下列原则进行电位器的选配。

（1）不同型号的电位器，如 X 型（B 型）、Z 型（A 型）、D 型（C 型）电位器之间不可互相代替使用，否则控制效果不好。

（2）其他条件满足，在标称阻值很相近时可以代用。

（3）其他条件满足，额定功率相同，或新换上的电位器略大些时可以代用。

（4）转柄式、直滑式电位器之间不能相互代替，因为安装方式不同。对转柄式电位器而言，其操纵柄长度要相同，否则转柄上的旋钮无法正常装上。

在选配电位器时，上述几个条件要同时满足才行。

6. 电位器更换操作方法

电位器有多根引脚，为了防止在更换时不接错引脚，可以采用如下的具体操作步骤和方法。

（1）将原电位器的固定螺钉取下，但不要焊下原电位器引脚片上的引线，让引线连在电位器上。

（2）将新电位器装上，并固定好。

（3）在原电位器引脚片上焊下一根引线，将此引线焊在新电位器对应引脚片上，新、旧电位器对照地焊接。

（4）用同样方法将各引脚线焊好。采用这种焊下一根再焊上一根的方法可避免引线之间相互焊错位置。

> ⚠ **重 要 提 示**
>
> 在非线性电位器中，两个定片上的引线不能相互接错，否则将影响电位器在电路中的控制效果。例如，音量电位器的两个固定引脚片接线相互接反后，当转柄刚转动一些时音量已很大，再转动音量旋钮时音量几乎不再增大，失去音量控制器的线性控制特性。

5.3 万用表检测敏感电阻器方法

> ⚠ **重 要 提 示**
>
> 敏感类电阻器的万用表检测方法与普通电阻器有所不同，因为这类电阻器的阻值会随一些因素的变化而发生改变，但是检测的基本方法就是测量电阻器的阻值大小以判断电阻器的质量情况。

5.3.1 万用表检测热敏电阻器

1. PTC 热敏电阻器检测方法

图 5-26 是测量 PTC 热敏电阻器时的接线示意图，常温下用 R×1k 挡测量其电阻值应该接近该 PTC 热敏电阻器的标称阻值。

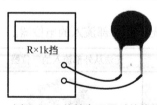

图 5-26　测量 PTC 热敏电阻器时的接线示意图

用手握住该电阻器，这时指针向左偏转，如图 5-27 所示，说明阻值开始增大，当阻值增大到一定值后不再增大，因为这时电阻器的温度已接近人体的体温，所以阻值不再增大。

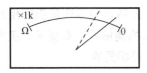

图 5-27　指针偏转示意图

这时可以用电烙铁靠近 PTC 热敏电阻器，给它加温后再测量阻值，阻值应该增大许多。如果测量过程中没有上述阻值增大情况，则说明这一 PTC 热敏电阻器已经损坏。

2. 消磁电阻器检测方法

彩色电视机中所使用的消磁电阻器是 PTC 热敏电阻器。

20. 方框图识图方法详细讲解 10

彩色电视机中消磁电阻器的阻值常见的有 12Ω、18Ω、20Ω、27Ω 和 40Ω 几种。不同的彩色电视机机型中所使用的消磁电阻器不同。

消磁电阻器的好坏可以通过常温下的检测和加温后的检测来进行判别。

（1）常温检测方法。 使用万用表的 R×1 挡，正常情况下所测量的阻值应与标称阻值一致，最大偏差不超过 ±2Ω，当测量的结果为小于 5Ω，或是大于 50Ω 时，说明该消磁电阻器已经损坏了。

⚠ 重要提示

检测时，要拔下印制电路板上的消磁线圈插头，以防止测量的结果受消磁电路的影响。

这种检测要在断电后隔一会儿进行，因为刚断电时消磁电阻器的温度比较高，所测量的阻值会明显地大于标称阻值，应该待消磁电阻器的温度同室温一致时再测量。

对消磁电阻器焊接后不要立即进行阻值的测量，原因是一样的，因为焊接时会使消磁电阻器的温度升高。

（2）加温检测方法。 如果测量的结果是室温下，消磁电阻器的阻值正常，再进行加温下的阻值测量。具体方法是：在测量消磁电阻器的阻值状态下，用电烙铁对其进行加温，注意

不要碰到电阻器，此时如果阻值随着电阻器的温度升高而增大的话，说明消磁电阻器正常，如果阻值不再增大，说明消磁电阻器已损坏。

⚠ 重要提示

彩色电视机中的消磁电阻器是一种非线性电阻器，不同参数的消磁线圈要选用不同型号的消磁电阻器，不能弄错。

在彩色电视机中的消磁电阻器损坏后，最好先用同型号的消磁电阻器更换，在进行选配时，可用阻值相近的消磁电阻器。实践证明，当标称阻值相差 3～5Ω 时，不影响正常的使用。

3. NTC 热敏电阻器检测方法

NTC 热敏电阻器检测方法与 PTC 热敏电阻器检测方法一样，只是需要注意下列几点。

（1）热敏电阻器上的标称阻值与万用表的读数不一定相等，这是由于标称阻值是用专用仪器在 25℃ 的条件下测得的，而万用表测量时有一定的电流通过热敏电阻器而产生热量，而且环境温度不可能正好是 25℃，所以不可避免地会产生误差。

（2）随着给 NTC 热敏电阻器加温，其阻值下降，指针继续向右偏转，如图 5-28 所示，因为 NTC 热敏电阻器是负温度系数的，温度升高其阻值下降。

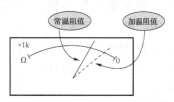

图 5-28　测量 NTC 热敏电阻器时指针指示示意图

⚠ 重要提示

（1）给热敏电阻器加热时，宜用 20W 左右的小功率电烙铁，且烙铁头不要直接去接触热敏电阻器或靠得太近，以防损坏热敏电阻器。

（2）万用表内的电池必须是新换不久的，而且在测量前应校好欧姆挡零点。

（3）普通万用表的欧姆挡由于刻度是非线性的，为了减少误差，读数方法正确与否很重要，即读数时视线正对着指针。若表盘上有反射镜，眼睛看到的指针应与镜子里的影子重合。

（4）一般来讲，热敏电阻器对温度的敏感性高，所以不宜使用万用表来精确测量它的阻值。这是因为万用表的工作电流比较大，流过热敏电阻器时会发热而使阻值改变。但是，对于确认热敏电阻器能否工作，用万用表是可以进行简易判断的，这也是实际操作中时常采用的方法。

5.3.2 万用表检测压敏电阻器和光敏电阻器

1. 压敏电阻器检测方法

对压敏电阻器的一般检测方法是：用万用表的 R×1k 挡测量压敏电阻器两引脚之间的正、反向绝缘电阻，均为无穷大，否则，说明漏电流大。如果所测量电阻很小，说明压敏电阻器已损坏，不能使用。

图 5-29 是测量压敏电阻器标称电压的接线示意图。要求万用表的直流电压挡置于 500V 位置，万用表的直流电流挡置于 1mA 挡。摇动兆欧表，在电流表偏转时读出直流电压表上的电压值，这一电压为该压敏电阻器的标称电压。

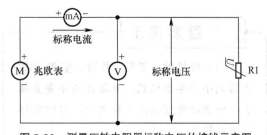

图 5-29 测量压敏电阻器标称电压的接线示意图

然后将压敏电阻器两根引脚相互调换后再次进行同样的测量，正常情况下正向和反向的标称电压值是相同的。

> ⚠ **重 要 提 示**
>
> 兆欧表能产生比较高的电压，用这个电压作为测试电压。
>
> 当电路中有电流流动时，说明压敏电阻器的电阻已明显下降。

2. 光敏电阻器检测方法

用一黑纸片将光敏电阻器的透光窗口遮住，用万用表 R×1k 挡，两根表棒分别接光敏电阻器的两根引脚，阻值应接近无穷大（此时万用表的指针基本保持不动）。此时的电阻值越大说明光敏电阻器性能越好。如果此时的电阻值很小或接近为零，说明光敏电阻器已烧穿损坏，不能再继续使用。

将光源对准光敏电阻器的透光窗口，此时万用表的指针应较大幅度地向右摆动，阻值明显减小。阻值越小说明光敏电阻器性能越好。若此时的阻值很大甚至无穷大，表明光敏电阻器内部开路损坏。

将光敏电阻器透光窗口对准入射光线，用小黑纸片在光敏电阻器的透光窗口上部晃动，使其间断受光，此时万用表指针应随着黑纸片的晃动而左右摆动，这时光敏电阻器的电阻值在随着光线照射强弱而变化。如果万用表指针始终停在某一位置不随纸片晃动而摆动，说明光敏电阻器已经损坏。

> ⚠ **重 要 提 示**
>
> 测量光敏电阻器的基本原理是利用光敏电阻器特性，用光线照射光敏电阻器和遮住光敏电阻器透光窗口，通过这两种情况下光敏电阻器的电阻值大小变化来判断光敏电阻器的质量。

5.4　万用表检测电容器方法

电容器在电路中的故障发生率远高于电阻器，而且故障的种类多，检测的难度大。

5.4.1　电容常见故障现象

1. 小电容常见故障特征

小电容是指容量小于1μF的电容器，小电容和大电容的故障现象有所不同。

（1）**开路故障或断续开路故障**。电容器开路后，没有电容器的作用。不同电路中电容器出现开路故障后，电路的具体故障现象不同。例如，滤波电容开路后出现交流声，耦合电容开路后出现无声故障。

（2）**击穿故障**。电容器击穿后，没有电容器的作用，电容器两根引脚之间为通路，电容的隔直作用消失，电路的直流电路工作出现故障，从而影响电路的交流工作状态。

（3）**漏电故障**。这是小电容中故障发生率比较高的故障，而且故障检测困难。电容器漏电时，电容器两极板之间绝缘性能下降，两极板之间存在漏电阻，有直流电流通过电容器，电容器的隔直性能变劣，同时电容器的容量下降。当耦合电容器漏电时，将造成电路噪声大故障。

（4）**加电后击穿故障**。一些电容器的击穿故障表现为加上工作电压后击穿，断电后它又表现为不击穿，万用表检测时它不表现击穿的特征，通电情况下测量电容两端的直流电压为零或很低。

2. 电解电容器故障特征

电解电容器是固定电容器中的一种，所以它的故障特征与固定电容器故障特征有一定的相似之处，但是由于电解电容器的特殊特性，它的故障特征与固定电容器故障特征还是有所不同的。表5-1所示是电解电容器故障特征说明。

21.修理识图方法详细讲解1

表 5-1　电解电容器故障特征说明

名　　称	说　　明
击穿故障	电容器两引脚之间呈现通路状态，分成两种情况。 （1）常态下（未加电压）已经击穿。 （2）常态下还好，在加上电压后击穿
漏电大故障	电解电容器的漏电比较大，但是漏电太大就是故障。电解电容器漏电后，电容器仍能起一些作用，但电容量下降，会影响电路的正常工作，严重时会烧坏电路中的其他元器件
容量减小故障	不同电路中的电解电容器容量减小后其故障表现有所不同，滤波电容容量减小后交流声增大，耦合电容容量减小后信号受到衰减
开路故障	电解电容器已不能起一个电容作用。不同电路中的电解电容器开路后其故障表现有所不同，滤波电容开路后交流声很大，耦合电容开路后信号无法传输到下级，出现无声故障
爆炸故障	这种情况只出现在有极性电解电容器更换新的之后，由于正、负引脚接反而爆炸

5.4.2　指针式万用表检测小电容器

电容器在电路中的损坏率明显高于电阻器，所以掌握对各类电容器的万用表检测方法很重要。

⚠ 重要提示

实验时准备一只指针式万用表，若有条件再准备一只具备测量电容器容量功能的数字式万用表。准备几只不同容量的电容器：510pF、6800pF、0.01μF、0.22μF、1μF、10μF和1000μF。这些不同容量的电容器具有一定的代表性，因为对不同容量的电容器有不同的检测方法和注意事项。

1. 检测电容器的3种方法说明

（1）**万用表欧姆挡检测法**。使用万用表的欧姆挡，通过测量电容器两引线脚之间电阻大小判断电容器质量。

（2）**代替检查法**。用一只好的电容器对所怀疑的电容器进行代替，如果电路功能恢复正常，说明原电容器已损坏，否则原电容器正常。

（3）**万用表测量电容量检测法**。采用数字式万用表测量电容器容量来判断电容器的质量。

2. 指针式万用表检测小电容的方法说明

对于普通指针式万用表，由于无电容测量功能，可以用欧姆挡进行电容器的粗略检测。虽然是粗略检测，由于检测方便并能够说明一定的问题，所以被普遍采用。

图5-30是指针式万用表检测电容时接线示意图。检测时采用欧姆挡，对小于1μF电容器要用R×10k挡，要将电容器脱开电路。检测中手指不要接触到表棒和电容器引脚，以免人体电阻对检测结果有影响。

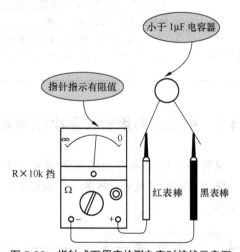

图5-30　指针式万用表检测电容时接线示意图

由于容量小于**1μF**电容器通常都不是电解电容，它们的引脚没有极性之分，所以检测中万用表红、黑表棒可以不分极性。

（1）**测量容量为6800pF～1μF电容器方法**。图5-31是测量容量为6800pF～1μF电容器时接线示意图。

由于容量小，表棒接触电容器引脚的瞬间充电现象不太明显，测量时指针向右偏转不明

显，如图5-32所示，且很快回摆。如果第一次测量没有看清楚，可将红、黑表棒互换后再次测量。

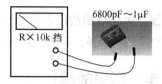

图5-31　测量容量为6800pF～1μF
电容器时接线示意图

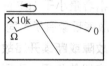

图5-32　示意图

⚠ **重要提示**

由于小电容容量小，漏电阻非常大，所以测量时使用R×10k挡，这样测量结果更为准确。

如果测量中指针指示的电阻值（漏电阻）不是无穷大，而是有一定阻值，如图5-33所示，说明该电容器存在漏电故障，质量有问题。

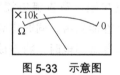

图5-33　示意图

（2）**测量容量小于6800pF电容器方法**。图5-34是测量容量小于6800pF电容器时接线示意图。

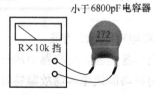

图5-34　测量容量小于6800pF电容器时接线示意图

由于电容器的容量太小，已无法看出充电现象，所以测量时指针不偏转，如图5-35所示，这时测量只能说明电容器不存在漏电故障，

不能说明电容器是否开路。

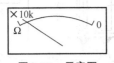

图 5-35　示意图

如果测量有电阻，说明该电容器存在漏电故障。

3. 代替检查法检查电容器

当电容器已焊在电路板上，且检测结果不明确时可以采用代替检查法确认电容器的好坏。

代替检查法是判断电路中元器件是否工作正常的一个基本和重要方法，判断正确率百分之百。这种检查方法不仅可以用来检测电容器，而且可以用来检测其他各种元器件。

⚠ **重要提示**

代替检查法的基本原理是：怀疑电路中某电容器出现故障时，可用一只质量好的电容器去代替它工作，如果代替后电路的故障现象不变，说明对此电容的怀疑不正确；如果代替后电路故障现象消失，说明怀疑正确，故障也得到解决。

对检测电容器而言，代替检查法在具体实施过程中分成下列两种不同的情况。

（1）短路或漏电故障。 如果怀疑电路中的电容器短路或漏电，先断开所怀疑电容器的一根引脚，如图 5-36 所示，然后接上新的电容器。因为电容短路或漏电后，该电容器两根引脚之间不再绝缘，不断开原电容对电路仍然存在影响。

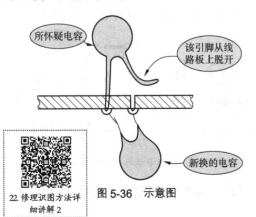

22.修理识图方法详
细讲解2

图 5-36　示意图

（2）开路或容量不足故障。 如果怀疑某电容器存在开路故障或是怀疑它容量不足时，可以不必拆下原电容器，在电路中直接用一只好的电容器并联，如图 5-37 所示，通电检验，查看结果。

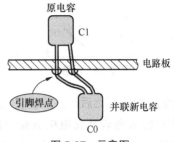

图 5-37　示意图

⚠ **重要提示**

C1 是原电路中的电容，C0 是为代替检查而并联的质量好的电容。由于是怀疑 C1 开路，相当于 C1 已经开路，所以直接并联一只电容 C0 是可以的，这样的代替检查操作过程比较方便。

5.4.3　指针式万用表检测有极性电解电容器

1. 脱开电路时的检测方法

图 5-38 是指针式万用表检测有极性电解电容器时接线示意图。万用表采用 R×1k 挡。检测前，先将电解电容器的两根引脚相碰一下，以便放掉电容器内残留的电荷。

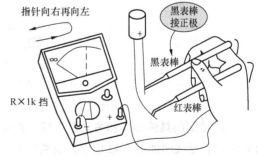

图 5-38　指针式万用表检测有极性
电解电容器时接线示意图

黑表棒接电容器正极，红表棒接负极，在

表棒接触电容引脚时，指针迅速向右偏转一个角度，如图5-39所示，这是表内电池对电容充电开始。电容器容量越大，所偏转的角度越大。无向右偏转，说明电容开路。

图5-39　示意图

指针到达最右端之后，开始缓慢向左偏转，这是表内电池对电容器充电电流减小的过程，指针直到偏转至阻值无穷大之处，如图5-40所示，说明电容器质量良好。

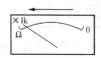

图5-40　示意图

如果指针向左偏转不能回到阻值无穷大处，如图5-41所示，说明电容器存在漏电故障，所指示阻值越小，电容器漏电越严重。

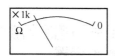

图5-41　示意图

⚠ 重要提示

测量无极性电解电容器时，万用表的红、黑表棒可以不分极性，测量方法与测量有极性电解电容器的方法一样。

2. 指针式万用表在路检测电解电容器方法

电解电容器的在路检测主要是检测它是否开路或是否已击穿这两种明显的故障，对漏电故障，由于受外电路的影响而无法准确检测。

在路检测的具体步骤和方法是：用万用表 R×1k 挡，接线图如图5-42所示，电路断电后先用导线将被测量电容器的两根引脚相碰一下，以放掉可能存在的电荷，对于容量很大的电容则要用100Ω左右的电阻来放电。

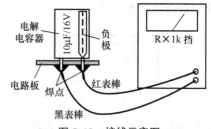

图5-42　接线示意图

然后红表棒接负极，黑表棒接正极进行检测。表5-2所示是测量结果说明。

表5-2　测量结果说明

指针现象	说明
指针先向右迅速偏转，然后再向左回摆到底	说明电容器正常
指针回转后所指示的阻值很小（接近短路）	说明电容器已击穿
指针无偏转和回转	说明电容器开路的可能性很大，应将这一电解电容器脱开电路后进一步检测

5.4.4　指针式万用表欧姆挡检测电容器原理

⚠ 重要提示

通过了解万用表欧姆挡检测电容器原理，可以从理解的角度掌握测量电容器的方法，有利于记忆。

万用表欧姆挡检测电容器的原理如图5-43所示，欧姆挡表内电池与表棒串联，检测电容器时表内电池和表内电阻与被检测电容器串联，由表内电池通过表内电阻对电容器进行充电。

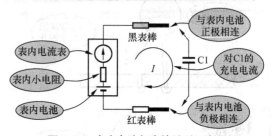

图5-43　表内电池与表棒关系示意图

如果电容器没有开路，当表棒接触电容器那

一刻就会有充电现象，即表内会有电流流动，指针先向右偏转（充电电流大），再逐渐向左偏转（充电电流逐渐减小）直到阻值无穷大处（充电电流为零），如图 5-44 所示。当指针偏转到阻值无穷大处后，说明对电容器的充电已经结束。

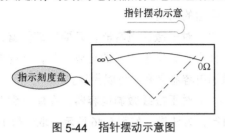

图 5-44 指针摆动示意图

5.4.5 数字式万用表检测电容器

一些数字式万用表上设有电容器容量的测量功能，可以用这一功能挡来检测电容器质量，具体方法是测量前将被测电容器两根引脚短接一下，放掉电。

将专门用来测量电容器的转换插座插在表的"V"和"mA"插孔中，如图 5-45 所示，再将被测电容器插入这个专用的测量座中，如果是有极性电解电容要注意插入的极性。

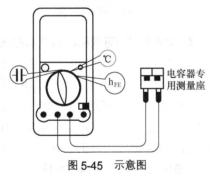

图 5-45 示意图

> **⚠ 重要提示**
>
> 如果指示的电容量大小等于电容器的标称容量，说明电容器正常；如果被测量电容器漏电或超出表的最大测量容量，表显示1。
>
> 对于大于 10μF 的电容器，测量时需要较长时间。

5.4.6 固定电容器的修复与选配方法

23. 修理识图方法详细讲解3

1. 固定电容器修复方法

固定电容器损坏的形式有多种，大多数情况下固定电容器损坏后不能修复，只有电容器的引脚折断故障可以通过重新焊一根引脚来修复，电容器的其他故障均要采取更换措施。

2. 固定电容器选配方法

电容器配件相当丰富，选配比较方便，一般可以选用同型号、同规格电容器。在选不到同型号、同规格电容器的情况下，可按下列原则进行选配。

（1）标称电容量相差不大时考虑代用。许多情况下电容器的容量相差一些无关紧要（要根据电容器在电路中的具体作用而定），但是有些场合下的电容器不仅对容量要求严格，而且对允许偏差等参数也有严格限定，此时就必须选用原型号、同规格的电容器。

（2）在容量要求符合条件的情况下，额定电压参数等于或大于原电容器的参数即可代用，有时略小些也可以代用。

（3）各种固定电容器都有它们各自的个性，在使用中一般情况下只要容量和耐压等要求符合条件，它们之间就可以代替使用，但是有些场合下相互代替后效果不好，例如低频电容器代替高频电容器后高频信号损耗大，严重时电容器不能起到相应的作用。但是，高频电容器可以代替低频电容器。

（4）有些场合下，电容器的代替还要考虑电容器的工作温度范围、温度系数等参数。

（5）标称电容量不能满足要求时，可以采用电容器串联或并联的方法来满足容量要求。

3. 更换操作中注意事项

更换操作中注意事项如下。

（1）一般要先拆下已经损坏的电容器，然后再焊上新的电容器。

（2）容量小于 1μF 的固定电容器一般无极性，它的两根引脚可以不分正、负极，但是对有极性电容器不行，必须注意极性。

（3）需要更换的电容器在机壳附件时（拆下它相当不方便），如果已经确定该电容器是开路故障或容量不足故障，可以用一只新电容器直接焊在该电容器背面焊点上，不必拆下原电容器，但是对于击穿和漏电的电容器，这样的更换操作是不行的。

5.4.7 微调电容器和可变电容器故障特征及故障处理方法

1. 微调电容器和可变电容器故障特征

（1）瓷介质微调和有机薄膜介质微调电容器主要是使用时间长后性能变劣，动片和定片之间有灰尘或受潮。此时影响收音波段高端的灵敏度，高端收到的电台数目减少。

（2）拉线微调电容器主要是受潮和细铜丝松动，引起容量减小，影响波段高端的收音效果。

（3）密封可变电容器的主要问题是转柄松动、动片和定片之间有灰尘，此时调台时有噪声，以及调谐困难（选台困难）。

2. 微调电容器和可变电容器检测方法

（1）对微调电容器和可变电容器没有什么有效的检测方法，主要是用万用表的 R×10k 挡测量动片引脚与各定片引脚之间的电阻，应呈开路，如有电阻很小的现象，则说明动片、定片之间有短路（相碰故障），可能是灰尘或介质（薄膜）损坏所致。当介质损坏时，要做更换处理。

（2）可变电容器转柄是否松动可通过摇晃转柄来检查。如果很松，说明需要更换可变电容器。

3. 微调电容器和可变电容器修理方法

（1）对于动片、定片之间的灰尘故障，可滴入纯酒精加以清洗。

（2）对于受潮故障，可用灯泡或电吹风做烘干处理。

（3）对于引脚断故障，可以设法重新焊好引脚。

4. 微调电容器和可变电容器选配方法

（1）可变电容器损坏后应选用同型号的代替，因为不仅容量偏差不行，还涉及安装尺寸是否合适的问题。

（2）对于微调电容器，只要安装位置、空间条件允许，容量相近的可以代替，不同介质的微调电容器之间也可以代替。

（3）对于拉线微调电容器，在配不到时可以自制，方法是：如图 5-46 所示，取一根 1mm 的细铜线，再取一根 0.10mm 的粗漆包线，将此漆包线在铜线上密集排绕几十圈，绕的圈数愈多，容量愈大。

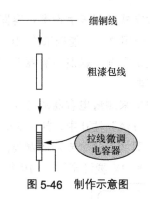

图 5-46 制作示意图

5. 微调电容器和可变电容器装配方法

（1）可变电容器与调谐线或调谐刻度盘是相连的，在拆可变电容器之前要先拆下它们。

（2）拆卸时，要将可变电容器每一根引脚上的焊锡去掉后才能拆下可变电容器。由于可变电容器的引脚比较粗，上面的焊锡也较多，注意不要损坏引脚附近的铜箔线路。拆下可变电容器后，清除引脚孔中的焊锡，以方便新的可变电容器安装。

（3）可变电容器的装配是方便的，由于引脚孔、可变电容器固定孔是不对称的，所以装配时是不会装反方向的。

（4）用电烙铁时，切不可烫断调谐线，否则重绕此线相当麻烦。

24. 修理识图方法详细讲解 4

5.5　万用表检测电感器和变压器方法

5.5.1　万用表检测电感器

电感器的故障处理相对其他电子元器件而言比较容易。

1. 电感器故障现象

> **⚠ 重要提示**
>
> 电感器的主要故障是线圈烧成开路或因线圈的导线太细而在引脚处断线。

当不同电路中的电感器出现线圈开路故障后，会表现为不同的故障现象，主要有下列几种情况。

（1）在电源电路中的线圈容易出现因电流太大烧断的故障，可能是滤波电感器先发热，严重时烧成开路，此时电源的电压输出电路将开路，故障表现为无直流电压输出。

（2）其他小信号电路中的线圈开路之后，一般表现为无信号输出。

（3）一些微调线圈还会出现磁芯松动引起电感量的改变，使线圈所在电路不能正常工作，表现为对信号的损耗增大或根本就无信号输出。

（4）线圈受潮后，线圈的 Q 值下降，对信号的损耗增大。

2. 故障检测方法

图 5-47 是检测电感器时的接线示意图。由于电感器的直流电阻很小，所以在路测量和脱开后的测量结果都是相当准确的。

欧姆挡

图 5-47　检测电感器时接线示意图

如果测量的结果是阻值为无穷大，说明电感器已开路。通常情况下，电感器的电阻值只

有几欧或几十欧。

3. 电感器修整方法

关于电感器的修整方法主要说明以下几点。

（1）如果测量线圈已经开路，此时直观检查电感器的外表有无烧焦的痕迹，当发现有烧焦或变形的迹象，不必对电感器进行进一步检查，直接更换。

（2）外观检查电感器无异常现象时，查看线圈的引脚焊点处是否存在断线现象。对于能够拆下外壳的电感器，拆下外壳后进行检查。引线断时可以重新焊上。有时，这种引脚线较细且有绝缘漆，很难焊好，必须格外小心，不能再将引脚焊断。此时，先刮去引线上的绝缘漆，并在刮去漆的导线头上搪上焊锡，然后去焊引线头。焊点要小，不能有虚焊或假焊现象。小心不要碰伤其他引线上的绝缘漆。

（3）对于磁芯碎了的电感器，可以从相同的旧电感器上拆下一个磁芯换上；对于磁芯松动的电感器，可以用一根新橡皮筋换上。

4. 电感器选配方法

对于电感器的选配原则说明以下几点。

（1）电感器损坏后，一般应尽力修复，因为电感器的配件并不多。

（2）对于电源电路中的电感器，主要考虑新电感器的最大工作电流应不小于原电感器的工作电流，大些是可以的。另外，电感量大些可以，小了则会影响滤波效果。

（3）对于其他电路中的电感器的电感量要求比较严格，应用同型号、同规格的更换。

5.5.2　万用表检测磁棒天线

1. 磁棒天线故障现象

磁棒天线的故障主要有以下几种。

（1）**磁棒断故障**。磁棒的抗断能力较差，在轴线的垂直方向受到力很容易断，此时收音灵敏度下降。

（2）天线绕组断故障。天线绕组可以是全部引线断，也可以是部分引线断。全部引线断后，收音无声；只是部分引线断时，收音灵敏度将变劣。

（3）天线绕组受潮或发霉故障。这时输入谐振回路的 Q 值下降，使收音灵敏度下降。

2．磁棒天线检测方法

磁棒天线故障检测主要是采用直观检查法和万用表欧姆挡测量绕组电阻的方法，具体操作方法有以下几点。

（1）磁棒断裂通过直观检查便可以发现，断裂的磁棒可以粘起来，也可以做更换处理。

（2）天线绕组的断线故障一般发生在引线接头处，通过直观检查便能发现。

（3）对于中波天线绕组，由于采用多股绕制，不应该有 1～2 股断头的现象。

（4）天线绕组的通、断可以用万用表的 R×1 挡来测量，方法是红、黑表棒各接同一个绕组的两个引线头（引线焊点），对中波天线的一次绕组而言，直流电阻应只有几欧，对于二次绕组和短波绕组而言几乎呈通路是正常的，如有电阻很大现象说明绕组存在开路故障。

（5）绕组受潮不容易看出来，如有霉斑说明绕组已受潮。

3．磁棒天线故障处理方法

磁棒天线出故障后，磁棒有备件更换，绕组没有备件，要么尽力修复，要么设法重新绕制。

磁棒断后，可以用胶水重新粘接起来，并且要求断口吻合良好，以减小信号损耗。如果磁棒断成几段，最好更换新磁棒。

⚠️ **重要提示**

更换新磁棒时注意中波、短波磁棒之间不能互换，扁形、圆形磁棒之间因与绕组不能配合而不能互换。磁棒的尺寸（长、宽、高、直径）要一样，否则要么影响使用效果，要么出现装配问题。在更换磁棒后，要重新调整磁棒天线绕组在磁棒上的位置。

4．天线绕组修理方法

根据天线绕组的不同故障，具体修理方法可分成以下两种情况。

（1）绕组引线断头修理方法。无论绕组引线只断了几根还是全部断了，均要重新焊好。焊接断头的方法没有什么特别之处，只是要注意将各引线头均要搪上锡，以防止假焊。对于绕组的中间部位断线故障，没有必要将各根一一对接起来，整体接通即可。

（2）天线绕组受潮修理方法。用灯泡进行烘干处理，在除去绕组中的潮气后可用石蜡封在绕组上，即用电烙铁将石蜡熔化后滴在天线绕组上，但是对短波天线绕组不必如此处理，因为石蜡的高频损耗较大。

⚠️ **重要提示**

一般天线绕组自己绕制时受到材料的限制和技术参数的限制而比较困难，故要尽力修复绕组。中波天线绕组要用多股纱包线来绕制，但是这种纱包线很难找到。短波天线绕组因线径较粗而不易损坏。

5.5.3 万用表检测偏转线圈

1．偏转线圈故障现象

偏转线圈的故障主要有以下 3 种。

（1）线圈断线。行偏转线圈断线后，由于无行偏转磁场，导致只有一条垂直的亮线故障；场偏转线圈断线后，则会出现一条水平亮线故障。

⚠️ **重要提示**

出现一条水平或垂直亮线不一定就是偏转线圈的故障，扫描电路中的其他电路故障也会出现上述故障现象。

（2）线圈局部匝间短路。当行偏转线圈中的一组存在局部匝间短路时，会出现这种梯形失真。

（3）偏转线圈装配松动。当偏转线圈在显像管颈部装配不紧、角度不对等时，则会出现光栅几何尺寸畸变，或是缩小，或是不正常等。

2．光栅特征与故障原因

表5-3是5种光栅几何失真及故障原因说明。

表5-3　5种光栅几何失真及故障原因说明

故障光栅示意图	说　明
	这是平行四边形失真，是由行、场偏转磁场不垂直所造成的，主要是行、场偏转线圈装配不当所致
	这是梯形失真，从图中可以看出场扫描是正常的，问题出在行扫描中。当行偏转线圈中的两组线圈不对称时，或有一组存在局部匝间短路时，便会出现这种梯形失真
	这是梯形失真，但行扫描是正常的，问题出在场扫描中，也是由于场偏转线圈中的两个线圈不对称或其中一组出现局部匝间短路造成的
	这是枕形失真，是因为偏转线圈产生的磁场分布不均匀，磁力线弯曲而造成的
	这是桶形失真，故障原因同上

⚠️ **重要提示**

在显像管左、右两侧设有两块附加磁铁，通过改变该磁铁的位置可使磁场分布均匀，从而达到校正枕形失真的目的。另外，当偏转线圈在显像管颈部固定位置有变化时，或偏转线圈没有正常安装时，光栅都会发生大小、倾斜的变化。

3．偏转线圈检测方法

偏转线圈的检测主要是测量它的通与断，通常行偏转线圈的直流电阻在1Ω以下，而场偏转线圈直流电阻为几欧（并联型）或几十欧（串联型）。

如果测量阻值大则说明是开路。对于并联型偏转线圈，由于两组线圈相并联，在测试时若只有一组线圈开路则无法测出开路的结果，但直流电阻会变小，不注意这一点会得到错误的检测结果。

对于线圈匝间短路故障，通过测量直流电阻很难发现，如果有相同的偏转线圈进行测量比较就方便了，直观检查线圈的匝间短路也比较困难。

25．修理识图方法详细讲解5

对于偏转线圈松动可以直接看出来，对于角度不正常可通过观察光栅来发现。

4．偏转线圈检修方法

（1）对于偏转线圈断线故障可设法将断头处接通，由于偏转线圈的线径较粗，一般是不会断线的，主要是引线焊点处假焊。

（2）对于偏转线圈的局部短路处，可以分开短路点，并用绝缘漆涂上，消除短路点。

（3）对于偏转线圈的安装位置不正常情况，可重新进行调整。

处理偏转线圈的断线、短路点时，注意不要碰坏其他导线的绝缘漆。

5.5.4　万用表检测行线性调节器

1．故障现象

由于行线性补偿线圈是串联在行偏转线圈中的，所以当行线性补偿线圈发生开路故障时，也没有电流流过行偏转线圈，出现一条重亮线故障。

另外，当行线性调节器的调整不恰当时，将出现图像右侧水平方向线性不好故障。

2．检测方法

行线性调节器是一个线圈，可用R×1挡测量直流电阻来判断它是否开路。此外，通过直观检查可发现它的永久磁铁是否可以自如调节和小磁铁是否损坏。

3. 调节方法

当出现行线性不良问题时要考虑调节线性调节器。行线性不良具体表现为图像右侧被压缩时，可用螺丝刀调节行线性调节器中的磁铁，通过观察图像，转动螺丝刀，使图像水平方向线性良好。

5.5.5 变压器修理方法和选配原则

1. 修理方法

变压器损坏后，先要确定损坏部位。变压器的下列故障可以进行修理。

（1）引线头断故障，可以重新焊好。

（2）对于变压器铁芯松动而引起的响声故障，可以再插入几片铁芯，或将铁芯固定紧（拧紧固定螺钉）。

2. 选配原则

对于变压器的选配主要注意以下原则。

（1）主要参数相同或十分相近，例如，二次绕组的输出电压大小和二次绕组的结构要相同，额定功率参数可以相近，要等于或大于原变压器的额定功率参数。

（2）装配尺寸相符或相近，必要时对变压器加以修整，以便可以安装。

5.5.6 万用表检测音频输入变压器和输出变压器

1. 故障特征

音频输入变压器和输出变压器的最主要故障是绕组断线，断在引脚引线焊头处，此时收音机可能出现无声故障，或出现声音轻、失真大故障，这要看具体是哪个变压器、哪组绕组发生断线故障。

2. 检测方法

关于音频输入变压器和输出变压器检测方法主要说明以下几点。

（1）测量一次绕组的直流电阻，一般输入变压器的一次绕组直流电阻为 250Ω 左右，输出变压器的一次绕组直流电阻为 10Ω 左右。当一次绕组有中心抽头时，一支表棒接抽头，另一支表棒分别接另两根引脚，此时两次测得的电阻值应相等，如果测量阻值为零，说明绕组存在短路故障，测得的阻值很大说明存在开路故障。

（2）测量二次绕组直流电阻，一般输入变压器的二次绕组直流电阻为 100Ω 左右，输出变压器的二次绕组直流电阻约为 1Ω。对于二次绕组有中心抽头的情况，也要分别测量抽头与另两根引脚之间是否开路。

（3）测量一次、二次绕组之间的绝缘电阻，以及测量绕组与铁芯之间的绝缘电阻，这些检测方法在前面已经介绍，在此省略。

3. 修理方法

（1）当输入变压器和输出变压器出现引脚引线断故障时，可以通过重新焊接来修复，此时要注意引线很细，容易在焊接中再次断线，如若再断或断在根部处理起来更麻烦，故操作时要倍加小心。当引线不够长时，可另用引线加长，但要注意各引线之间的相互绝缘。

（2）当出现绕组内部断线故障时，要么更换变压器，要么重绕变压器，更换时要用同型号的变压器代用，重绕时需要变压器的各种技术参数，而且相当不方便，所以一般都是进行更换处理。

5.5.7 万用表检测振荡线圈和中频变压器

1. 振荡线圈和中频变压器故障特征

（1）引脚线断或内部线圈断线。这种故障较常见，特别是拆卸时容易发生，此时该线圈所在电路中的直流工作电压将发生改变，收音机表现为无声故障。

（2）线圈受潮 Q 值下降。这时收音机的灵敏度下降，电路直流电压不变。

（3）引线与金属外壳相碰造成短路。由于金属外壳是接电路中地线的，这时该线圈所在电路的直流工作电压发生了改变，收音机无声。

（4）磁帽滑牙导致磁帽松动。这将影响线圈电感量的准确和稳定，轻者造成声音轻故障，严重时无声。

（5）线圈的电感量不足。这时磁帽调到最里面电感量还不够，造成谐振频率不在中频频率上，将出现声音轻故障或无声故障。

2. 振荡线圈和中频变压器检测方法

（1）检测振荡线圈和中频变压器的方法主要是直观检查法和用万用表欧姆挡测线圈的电阻大小的方法。

（2）直接检查可以发现引脚线断、磁帽松动等故障。

26. 修理识图方法详细讲解6

（3）用万用表测量线圈的直流电阻时，万用表要置于R×1挡，根据振荡线圈和中频变压器的各引脚分布规律（接线图），分别测量一次绕组和二次绕组的通与断，正常时电阻值应该很小。

（4）用R×1k挡测量一次绕组与二次绕组之间的绝缘电阻，应该很大。

（5）分别测一次、二次绕组与外壳之间是否短路（如果在路测量时要注意绕组一端是否接地，因为外壳是接地的）。

3. 振荡线圈和中频变压器修理方法

（1）当断线处发生在引脚焊接处时（常见故障），应小心地将断头重新焊好，注意焊接时不要再弄断引线，否则引线长度不够，接线更麻烦，焊接时要拆下外壳。另外，注意焊点不能与外壳相碰。

（2）当断线发生在线圈内部时，若找不到断线部位，则要做更换处理。

（3）出现磁帽松动故障时，将磁帽旋出来，用一截细橡皮筋夹在磁帽与尼龙支架之间，这样可恢复磁帽的正常工作。

（4）线圈受潮时，可拆下金属外壳后用灯泡给予烘干处理。

（5）磁帽已旋到最底部时电感量仍不够（此时声音还可以增大），可略增大并联在线圈上的谐振电容的容量，以补偿电感量的不足。

（6）短路故障修理方法是将短路点断开，并加以绝缘处理。

（7）无法修复而需要做更换处理时，应用同型号器件换上，这涉及安装、引脚分布规律、工作频率和与外部电路配合等问题。

5.5.8　万用表检测行输出变压器

1. 行输出变压器故障现象

行输出变压器是一个故障发生率最高的元器件，通常表现为高压绕组开路或局部匝间短路，其中短路故障最为常见，下面说明一些主要故障现象。

（1）行输出变压器损坏后，在光栅上可以表现出无光栅、光栅暗等现象。

（2）当高压绕组开路时，由于无高压而出现无光栅现象。

（3）当高压绕组出现局部匝间短路时，由于高压不足会出现光栅暗甚至无光栅等现象。

（4）行输出变压器的绕组短路故障会导致行输出级的工作电流增大，使行输出管烧坏。

2. 行输出变压器检测方法

⚠️ **重要提示**

对于行输出变压器的简易测试一直是一个待解决的问题，也有一些测试仪器，例如绕组短路测试仪。

（1）低压绕组一般不会出故障，因为它的线径较粗，工作电压也较低。检测时主要是用万用表的R×1挡测量绕组的直流电阻，如图5-48所示，不应有开路现象，并注意低压绕组的各抽头引脚电阻也要测量。测量时，可直接测线圈的引出脚。

（2）对高压绕组的检测由于内部有数只高压二极管串联，所以不能采用上述测电阻的方法，而要采用测温度和直流电流大小的方法来判别。对于开路故障，可在开机的情况下，用验电笔接近高压线或行输出变压器，如果验电笔发亮则说明有高压，高压绕组未断。如果验电笔不亮，则说明无高压，但是不能说明就是高压绕组开路，也可能是行扫描电路的其他问题，此时要从行振荡器开始逐级检查。

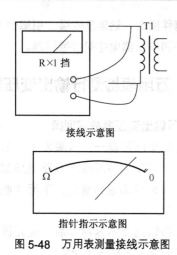

接线示意图

指针指示示意图

图 5-48　万用表测量接线示意图

⚠ **重要提示**

　　如果行输出变压器内部绕组存在短路故障，则会引起行输出管工作电流大、整机电流大的现象。

　　（3）兆欧表检查绕组间绝缘的方法。用兆欧表对其检查，正常为2000MΩ以上（雨季在1000MΩ左右），一旦出现击穿，通常在100MΩ以下，也可能为零。

　　（4）将兆欧表正极夹在行输出变压器引脚上，负极夹在高压帽上的弹片上，摇动兆欧表，指针指示为零。表笔对换，测得为2000MΩ以上。如果都为零，则说明高压整流二极管已坏。

5.5.9　万用表检测枕形校正变压器

　　对枕形校正变压器的检测比较简单，用万用表的 R×1 挡测量两组绕组的直流电阻，不应该出现开路现象。正常情况下两组绕组的直流电阻分别为几欧和几十欧至100Ω。

5.5.10　万用表检测电源变压器

　　电源变压器由于工作在较高电压和较大电流下，所以它的故障发生率在各类变压器中是比较高的。

　　万用表检测电源变压器具体方法如下。

　　（1）测量电源变压器一次线圈直流电阻。

　　图 5-49 所示是万用表欧姆挡测量电源变压器一次线圈直流电阻接线示意图。

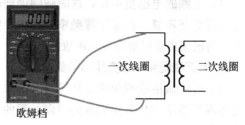

欧姆档

图 5-49　万用表欧姆挡测量电源变压器
一次线圈直流电阻接线示意图

　　万用表置于 R×1Ω 挡或 R×10Ω 挡，正常情况测量的阻值为几十至几百欧，不同的电源变压器其测量的具体阻值是不同的。如果测量阻值为无穷大，说明该电源变压器一次线圈已开路；如果测量阻值为零，说明一次线圈已短路；如果测量阻值为几欧，这时要怀疑一次线圈局部短路的可能。

　　（2）测量电源变压器二次线圈直流电阻。图 5-50 所示是万用表欧姆挡测量电源变压器二次线圈直流电阻接线示意图，两支表棒分别接变压器二次线圈的两根引脚。

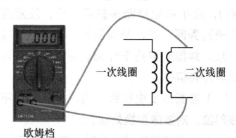

欧姆档

图 5-50　万用表欧姆挡测量电源变压器
二次线圈直流电阻接线示意图

　　万用表置于 R×1Ω 挡，正常情况测量的阻值为几至几十欧，不同的电源变压器其测量的具体阻值是不同的。如果测量阻值为无穷大，说明该电源变压器二次线圈已开路；如果测量阻值为零，说明二次线圈已短路；如果测量阻值为几欧，这时要怀疑二次线圈局部短路的可能。

由于电源变压器是降压变压器，它的一次线圈匝数大于二次线圈匝数，且线径细于二次线圈，所以不管测量的具体阻值大小，都有一个规律就是二次线圈直流电阻应该明显小于一次线圈直流电阻。

利用电源变压器二次线圈直流电阻应该明显小于一次线圈直流电阻这一点，万用表通过测量一次和二次线圈电阻的方法来分清电源变压器的一次和二次线圈。

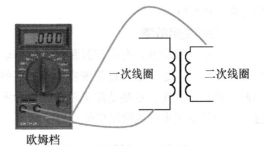

欧姆档

图 5-51　万用表欧姆挡测量一次线圈与二次线圈之间绝缘电阻接线示意图

（3）测量电源变压器绝缘电阻。电源变压器绝缘电阻共有 3 个测量项目：一次线圈与二次线圈之间绝缘电阻、一次线圈与金属外壳之间绝缘电阻和二次线圈与金属外壳之间绝缘电阻。图 5-51 所示是万用表欧姆挡测量一次线圈与二次线圈之间绝缘电阻接线示意图。

万用表置于 $R \times 10 k\Omega$ 挡，正常情况测量阻值应为无穷大，如果测量到几十千欧或更小的阻值，说明电源变压器绝缘损坏，必须立即更换。

万用表置于 $R \times 10 k\Omega$ 挡，一支表棒接电源变压器一次线圈，另一支表棒接金属外壳，正常情况测量阻值应为无穷大，如果测量到几十千欧或更小的阻值，说明电源变压器绝缘损坏，必须立即更换。

同样的方法，一支表棒接电源变压器二次线圈，另一支表棒接金属外壳，正常情况测量阻值应为无穷大，如果测量到几十千欧或更小的阻值，说明电源变压器绝缘损坏，必须立即更换。

27. 修理识图方法详细讲解 7

5.6　万用表检测普通二极管方法

检测二极管的基本原理是：根据各类二极管的基本结构（主要是 PN 结结构），进行 PN 结正向电阻和反向电阻的测量，依据正向和反向电阻的大小进行基本的判断。

5.6.1　普通二极管故障特征

在各种二极管电路中，整流电路的二极管故障发生率比较高，因为整流二极管的工作电流较大，承受的反向电压较高。

普通二极管故障种类和故障特征说明如下。

1. 开路故障

这是指二极管正、负极之间已经断开，二极管正向和反向电阻均为无穷大。二极管开路后，电路处于开路状态。

2. 击穿故障

这是指二极管正、负极之间已成通路，正、反向电阻一样大，或十分接近。

二极管击穿时并不一定表现为正、负极之间阻值为零。二极管击穿后，不同电路有不同反应，有时出现电路过电流故障。

3. 正向电阻变大故障

这是指二极管的正向电阻太大，信号在二极管上的压降增大，造成二极管负极输出信号电压下降，且二极管会因发热而损坏。正向电阻变大后，二极管的单向导电性变劣。

4. 反向电阻变小故障

二极管反向电阻下降，严重破坏了二极管

的单向导电特性。

5. 性能变劣故障

这是指二极管并没有出现开路或击穿等明显故障现象，但是二极管性能变劣后不能很好地起到相应的作用，或是造成电路的工作稳定性差，或是造成电路的输出信号电压下降等。

5.6.2 万用表检测普通二极管

1. 指针式万用表脱开检测二极管方法

对二极管的质量检测主要采用万用表，可以分为在路和脱开电路后的两种检测方法。下面说明指针式万用表检测二极管的方法。

（1）测量二极管正向电阻方法。 图 5-52 是指针式万用表测量二极管正向电阻时接线示意图。

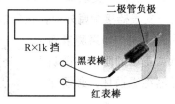

图 5-52　指针式万用表测量二极管
正向电阻时接线示意图

测量正向电阻时指针指示结果分析见表 5-4。

表 5-4　测量正向电阻时指针指示结果分析

指针指示	说明
	用电阻 R×1k 挡测量二极管，正向电阻的阻值为几千欧，指针指示稳定。若指针左右有微小摆动，则说明二极管热稳定性差
	如果测量正向电阻时指针指示几百千欧，说明该二极管已开路
	如果测量正向电阻时指针指示阻值在几十千欧，说明二极管正向电阻大，二极管性能差

万用表测量二极管正向电阻情况说明见

表 5-5。

表 5-5　万用表测量二极管正向电阻情况说明

测量正向电阻大小情况	说明
几千欧	说明二极管正向电阻正常
正向电阻为零或远小于几千欧	说明二极管已经击穿
几百千欧	正向电阻很大，说明二极管已经开路
几十千欧	二极管正向电阻较大，正向特性不好
测量时指针不稳定	测量时指针不能稳定在某一阻值上，说明二极管稳定性能差

（2）测量二极管反向电阻方法。 图 5-53 是指针式万用表测量二极管反向电阻时接线示意图。

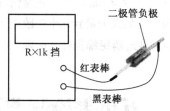

图 5-53　指针式万用表测量二极管
反向电阻时接线示意图

测量反向电阻时指针指示结果分析见表 5-6。

表 5-6　测量反向电阻时指针指示结果分析

指针指示	说明
	测量二极管反向电阻时其值应该为几百千欧，且阻值越大越好，指针指示要稳定
	如果测量反向电阻时只有几千欧，说明该二极管已击穿，二极管已失去单向导电特性

万用表测量二极管反向电阻情况说明见表 5-7。

表 5-7　万用表测量二极管反向电阻情况说明

测量反向电阻大小情况	说　　明
数百千欧	说明二极管反向电阻正常
反向电阻为零	说明二极管已经击穿
远小于几百千欧	反向电阻小，说明二极管反向特性不好
指针不动	说明二极管已开路。注意：有的二极管反向电阻很大，看不出指针摆动，此时不能确定二极管开路，应该测量其正向电阻，若正向电阻正常则说明该二极管并未开路
测量时指针不稳定	测量时指针不能稳定在某一阻值上，说明二极管稳定性能差

⚠ **重 要 提 示**

上述测量都是以硅二极管为例，如果测量锗二极管，则二极管的正向电阻和反向电阻的阻值都有所下降。

2. 指针式万用表断电在路检测普通二极管方法

二极管在路测量分为断电和通电两种情况。图 5-54 是断电在路检测二极管时的接线示意图。

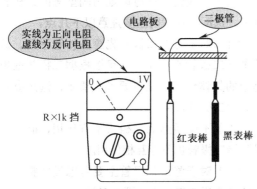

图 5-54　断电在路检测二极管时的接线示意图

断电在路测量二极管的具体方法和测量阻

值的判断方法与单独检测二极管时基本相似，只是要注意下列几点。

（1）外电路对测量结果的影响与在路测量电阻器、电容器一样，测量正向电阻受外电路的影响低于测量反向电阻受外电路的影响。

（2）对测量结果有怀疑时，应该采用脱开电路后的测量方法，以便得到准确的结果。

3. 通电在路检测直流电路中普通二极管方法

通电情况下主要是测量二极管的管压降。**二极管有一个非常重要的导通特征：** 当它导通后的管压降基本不变。如果导通后管

28. 修ীৣ识图方法详细讲解 8

压降正常，可以说明二极管在电路中工作基本正常，依据这一原理可以在通电情况下检测二极管的质量。

具体方法是：给电路通电，万用表置于直流电压 1V 挡。图 5-55 是测量直流电路中二极管导通后管压降接线示意图，红表棒接二极管正极，黑表棒接二极管负极，指针所指示的电压值为二极管的正向电压降。

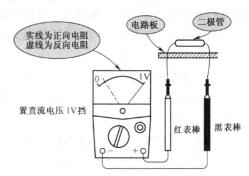

图 5-55　测量直流电路中二极管导通后管压降接线示意图

二极管正向压降测量结果分析说明见表 5-8。

表 5-8　二极管正向压降测量结果分析说明

二极管类型及管压降大小		说　　明
硅二极管	0.6V	说明二极管工作正常，处于正向导通状态
	远大于 0.6V	说明二极管没有处于导通状态，如果电路中的二极管应该处于导通状态，那么说明二极管有故障
	接近零	说明二极管处于击穿状态，二极管所在回路电流会增大许多

续表

二极管类型及管压降大小		说　明
锗二极管	0.2V	说明二极管工作正常，并且二极管处于正向导通状态
	远大于0.2V	说明二极管处于截止状态或二极管有故障
	接近零	说明二极管处于击穿状态，二极管所在回路电流会增大许多，二极管无单向导电特性

在检测二极管过程中应注意以下几个方面的问题。

（1）对于工作于交流电路中的二极管，如整流电路中的整流二极管，由于反向状态下整流二极管处于反向截止状态，二极管两端的反向电压比较大，万用表直流电压挡测量的是二极管两端的平均电压，这时为负电压。

（2）同一个二极管用同一个万用表的不同量程测量时的正、反向电阻大小不同；同一个二极管用不同型号万用表测量的正、反向电阻大小也是不同的，这里的阻值大小不同指大小略有些差别，相差不是很大。

（3）测量二极管的正向电阻时，如果指针不能迅速停止在某一个阻值上，而是在不断摆动，说明二极管的热稳定性不好。

（4）检测二极管的各种方法可以在具体情况下灵活选用。修理过程中，先用在路检测方法或通电检测方法对已经拆下或新二极管直接检测即可。

（5）目前常用硅二极管。不同材料的二极管其正常的正向电阻和反向电阻各不相同，硅二极管正向和反向电阻均大于锗二极管的正向和反向电阻。

4. 数字式万用表检测普通二极管方法

使用数字式万用表时，表中有专门的 PN 结测量挡，此时可以用这一功能去测量二极管的质量，但是二极管必须脱离电路。图5-56是数字式万用表检测脱开二极管时接线示意图。

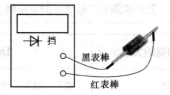

图5-56　数字式万用表检测脱开二极管时接线示意图

数字式万用表检测二极管的方法说明见表5-9。

表5-9　数字式万用表检测二极管的方法说明

指　示　数　值	说　明
624	指示600多时，说明二极管处于正向偏置状态，所指示的值为二极管正向导通后的管压降，单位是毫伏。 这时，红表棒所接引脚是正极，且说明这是一只质量好的硅二极管
1	指示1时，说明二极管处于反向偏置状态，红表棒所接引脚是二极管的负极，说明二极管反向正常
211	指示200左右时，说明二极管处于正向偏置状态，所指示的值为二极管正向导通后的管压降，单位是毫伏，且说明这是一只质量好的锗二极管。 红表棒所接引脚是正极，并能说明二极管是质量好的锗二极管

5.6.3　二极管选配方法和更换方法

1. 二极管选配方法

更换二极管时尽可能地用同型号的二极管更换。选配二极管时主要注意以下几点。

（1）对于进口二极管先查晶体管手册，选用国产二极管来代用，也可以根据二极管在电路中的具体作用以及主要参数要求，选用参数相近的二极管代用。

（2）不同用途的二极管不宜代用，硅二极管和锗二极管也不能互相代用。

（3）对于整流二极管主要考虑最大整流电流和最高反向工作电压两个参数。

（4）当代用的二极管接入电路再度损坏时，考虑是否是代用的二极管型号不对，还要考虑二极管所在的电路是否还存在其他故障。

（5）当代用二极管接入电路后，工作性能不好，应考虑所用二极管是否能满足电路的使用要求，同时也应该考虑电路中是否还有其他元器件存在故障。

2. 二极管更换方法

确定二极管损坏后，需要进行更换，更换二极管过程中需要注意以下两点。

（1）拆下原二极管前认清二极管的极性，焊上新二极管时也要认清引脚极性，正、负引脚不能接反，否则电路不能正常工作，更严重的是错误地认为故障不在二极管，而去其他电路中找故障部位，造成修理走弯路。

（2）原二极管为开路故障时，可以先不拆下原二极管而直接用一个新二极管并联上去（焊在原二极管引脚焊点上），如图 5-57 所示。其他引脚较少的元器件在发生开路故障时，都可以采用这种更换方法，操作简单。怀疑原二极管击穿或性能不良时，一定要将原二极管拆下再接上新的二极管。

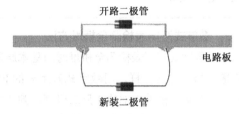

图 5-57 二极管开路故障检测示意图

5.7 万用表检测其他常用二极管方法

5.7.1 万用表检测桥堆

1. 桥堆故障特征说明

全桥堆或半桥堆的故障主要有以下几种。

（1）击穿故障，即内部有一只二极管击穿。

（2）开路故障，即内部有一只二极管或两只二极管出现开路。

（3）桥堆出现发热现象，这主要是电路中有过电流故障，或是桥堆中某只二极管的内阻太大。

> **重要提示**
>
> 全桥堆或半桥堆无论是出现开路还是击穿故障，在电路中均不能正常工作，有的还会损坏电路中的其他元器件。

2. 指针式万用表检测桥堆方法

> **重要提示**
>
> 利用万用表的 R×1k 挡可以方便地检测全桥堆、半桥堆的质量，其基本原理是测量内部各二极管的正向和反向电阻大小。

图 5-58 是指针式万用表检测全桥堆时接线示意图。采用万用表 R×1k 挡，红、黑表棒分别接相邻两根引脚，测量一次电阻，然后红、黑表棒互换后再测量一次，两次阻值中一次应为几百千欧（反向电阻），另一次应为几千欧（正向电阻），正向电阻越小越好，反向电阻越大越好。

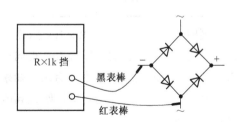

图 5-58 指针式万用表检测全桥堆时接线示意图

测量完这两根引脚再顺时针依次测量下一只二极管的两根引脚，检测结果应同上述一样。这样，全桥堆中共有 4 只二极管，应测量 4 组正向、反向电阻数据。

29.印制电路图识图方法详细讲解1

重要提示

在上述4组检测中，若有一次为正向电阻阻值无穷大，或有一次为短路（几十欧以下），或有一次的正向电阻大、一次的反向电阻小都可以认为该全桥堆已经损坏，准确地讲是全桥堆中某一只或几只二极管已经损坏。

3. 数字式万用表检测全桥堆方法

采用数字式万用表检测全桥堆时的基本原理同测量二极管方法一样，用数字式万用表的PN结挡分别测量全桥堆内部的4只二极管，判断方法也与数字式万用表检测普通二极管方法一样。

4. 半桥堆检测方法

半桥堆的检测方法比检测全桥堆方法更简单，半桥堆由两只整流二极管组成，通过用万用表分别测量半桥堆内部的两只二极管的正、反电阻值是否正常，即可判断出该半桥堆是否正常。

5. 高压硅堆检测方法

重要提示

高压硅堆内部由多只高压整流二极管（硅粒）串联组成，所以它的特点是正向电阻和反向电阻均比普通二极管大得多。

检测时，可用万用表的 R×10k 挡测量其正、反向电阻值。正常的高压硅堆其正向电阻值大于 $200k\Omega$，反向电阻值为无穷大。如果测量正、反向均有一定电阻值，则说明该高压硅堆已软击穿损坏。

5.7.2 万用表检测稳压二极管

1. 稳压二极管故障现象

稳压二极管主要用于直流电压供给电路和限幅电路中，直流电压供给电路中的稳压二极管故障率较高。

（1）稳压二极管击穿故障。这时稳压二极管不仅没有稳压功能，而且还会造成电路的过电流故障，熔断电路中的熔断器或烧坏电路中的元器件，在路通电测量时稳压二极管两端的直流电压为零。

（2）稳压二极管开路故障。这时稳压二极管没有稳压作用，但是不会造成电路过电流故障，在路通电测量时稳压二极管两端的直流电压远大于该二极管的稳压值。

2. 万用表检测稳压二极管方法

对稳压二极管质量的检测方法是测量PN结的正向和反向电阻大小，测量中如果有不正常现象，说明这一稳压二极管已经损坏。

对于一些稳压值较小的稳压二极管，可以用万用表欧姆挡进行识别和稳压性能的简易判断。

具体方法是： 采用 R×1k 挡，黑表棒接稳压二极管的负极，红表棒接正极，测量 PN 结反向电阻，阻值应该很大。

然后，在上述测量状态下将万用表的测量挡转换到 R×10k 挡，此时指针向右偏转一个较大的角度，说明反向电阻已经下降了许多，PN 结处于击穿状态，此稳压二极管性能基本正常。

重要提示

这一测量方法的原理是：万用表 R×10k 挡的表内电池电压比 R×1k 挡的表内电池电压高出许多，表内电池电压升高后使稳压二极管 PN 结击穿，所以电阻下降许多，这种测量方法只能采用指针式万用表。

对于稳压值大于万用表 R×10k 挡表内电池电压的稳压二极管，由于电池电压不足以使 PN 结反向击穿，所以无法进行上述测量。

3. 稳压二极管选配原则

关于稳压二极管的选配原则主要说明以下两点。

（1）不同型号稳压二极管的稳定电压值不同，所以要用原型号的稳压二极管更换。

（2）如果稳压二极管稳定电压值与所需要

求相差一点，可以采用图 5-59 所示增大稳定电压的电路获得所需要的稳定电压。电路中的 VD1 是普通硅二极管，VD2 是稳压二极管，两只二极管负极相连。加上直流工作电压后，VD1 和 VD2 均处于导通状态，VD1 和 VD2 总的稳定电压值是在 VD2 稳压值基础上加普通硅二极管 VD1 正向导通后的 0.6V 管压降。同理，再串联一只普通硅二极管，还能增大 0.6V 稳压值。

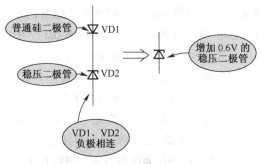

图 5-59　增大稳定电压的电路

5.7.3　万用表检测发光二极管

发光二极管的故障主要有以下两种。

（1）开路故障，这时发光二极管不能发光。

（2）发光强度不足（不是工作电流不足引起的发光不足）。

1. 普通发光二极管质量检测方法

发光二极管的质量检测主要是采用万用表，通过测量它的正向和反向电阻大小来判断质量好坏。

测量正向电阻时，采用 **R×10k** 挡，万用表的黑表棒接正极，红表棒接负极。正向电阻一般小于 **50kΩ**，测量正向电阻时在暗处是可以看到管芯有一个亮点的。发光二极管的反向电阻应该大于几百千欧。

如果测量中出现开路、短路，或是正向、反向电阻相差不大的现象，说明发光二极管已经损坏。

2. 普通发光二极管选配方法

当发光二极管损坏后无法修理时，应采用同型号的发光二极管进行更换。在没有同型号发光二极管更换时，选配应注意以下两点。

（1）发光颜色的要求。对发光颜色无特殊要求时，可以用其他颜色的发光二极管代用。发光二极管的外壳颜色就是它的发光颜色。

（2）注意发光二极管的外形和尺寸，这主要是考虑安装的问题。

3. 红外发光二极管检测方法

（1）正、负极性判别方法之一。红外发光二极管多采用透明树脂封装，管内电极宽大的为负极，而电极窄小的为正极，如图 5-60 所示。

30. 印制电路图识图方法详细讲解 2

宽大的为负极

图 5-60　红外发光二极管极性判断方法示意图之一

（2）正、负极性判别方法之二。新红外发光二极管的两根引脚一长一短，长引脚为正极，短引脚为负极，如图 5-61 所示。

长引脚为正极，短引脚为负极

图 5-61　红外发光二极管极性判断方法示意图之二

（3）指针式万用表检测方法。用 R×10k 挡测量红外发光二极管的正、反向电阻。正常时，正向电阻值为 15～40kΩ，正向电阻愈小愈好。反向电阻大于 500kΩ（用 R×10k 挡测量时反向电阻大于 200kΩ）。

⚠ 重要提示

如果测量正、反向电阻值均接近零，则说明该红外发光二极管内部已击穿损坏。如果测量正、反向电阻值均为无穷大，则说明该二极管已开路损坏。如果测量反向电阻值远远小于500kΩ，则说明该二极管已漏电损坏。

4. 指针式万用表检测红外光敏二极管方法

将万用表置于R×1k挡，测量红外光敏二极管的正、反向电阻值。正常时，正向电阻值（黑表棒所接引脚为正极）为3～10kΩ，反向电阻值为500kΩ以上。如果测量的正、反向电阻值均为零或均为无穷大，则说明该光敏二极管已击穿或开路损坏。

在测量红外光敏二极管反向电阻值的同时，用电视机遥控器对着被测红外光敏二极管的接收窗口，如图5-62所示。正常的红外光敏二极管，在按动遥控器上按键时，其反向电阻值会由500kΩ以上减小至50～100kΩ。阻值下降愈多，说明红外光敏二极管的灵敏度愈高。

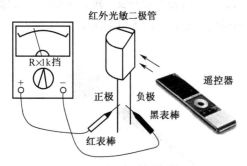

图5-62　测试灵敏度示意图

5. 普通光敏二极管检测方法

（1）测量正、反向电阻方法。用黑纸或黑布遮住光敏二极管的光信号接收窗口，然后用万用表R×1k挡测量光敏二极管的正、反向电阻值。正常时，正向电阻值在10～20kΩ，反向电阻值为无穷大。如果测量正、反向电阻值均很小或均为无穷大，则是该光敏二极管漏电或开路损坏。

⚠ 重要提示

去掉黑纸或黑布，使光敏二极管的光信号接收窗口对准光源，然后观察其正、反向电阻值的变化。正常时，正、反向电阻值均应变小，阻值变化愈大，说明该光敏二极管的灵敏度愈高。

（2）测量电压方法。将万用表置于1V直流电压挡，黑表棒接光敏二极管的负极，红表棒接光敏二极管的正极，将光敏二极管的光信号接收窗口对准光源。正常时应有0.2～0.4V电压，光照愈强，其输出电压愈大。

（3）测量电流方法。将万用表置于50μA或500μA电流挡，红表棒接正极，黑表棒接负极，正常的光敏二极管在白炽灯光下，随着光照强度的增加，其电流从几微安增大至几百微安。

6. 指针式万用表检测激光二极管方法

用万用表R×1k或R×10k挡测量其正、反向电阻值。正常时，正向电阻值为20～40kΩ，反向电阻值为无穷大。如果测量的正向电阻值超过50kΩ，则说明激光二极管的性能已下降。如果测量的正向电阻值大于90kΩ，说明该二极管已严重老化，不能再使用了。

⚠ 重要提示

由于激光二极管的正向压降比普通二极管要大，所以正向电阻比普通二极管的正向电阻大。

5.7.4　万用表检测变容二极管

1. 指针式万用表检测变容二极管方法

变容二极管也是一个PN结的结构，所以可以通过测量它的正、反向电阻来判断其质量。图5-63是指针式万用表检测变容二极管时接线示意图。变容二极管的反向电阻从指针上看接近为无穷大，指针几乎不动。对于变容二极管的软故障，这种方法无法确定，可以用代替检查法检查。

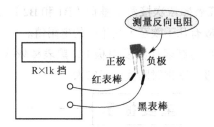

接线示意图

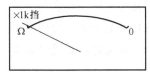

反向电阻指针指示示意图

图 5-63　指针式万用表检测变容二极管时接线示意图

2. 数字式万用表检测变容二极管方法

使用数字式万用表检测变容二极管时，用 PN 结测量。在测量正向电压降时，红表棒接的是变容二极管的正极，黑表棒接的是变容二极管的负极。正常的变容二极管，在测量其正向压降时，表的显示为 580～650（0.58～0.65V）；测量其反向压降时，表的读数显示为溢出符号"1"。

3. 变容二极管选配方法

变容二极管损坏后应该用同型号、同规格的更换，因为在电调谐高频头中，3 个电调谐回路使用同一个调谐电压，要求这 3 个回路中的变容二极管其电压 - 容量特性一致，否则不能准确调谐而影响接收效果。

在变容二极管中，同型号、不同规格的二极管之间用不同的色点颜色表示，或用字母 A、B 等表示，字母的具体含义见表 5-10。

表 5-10　字母的具体含义

字母	容量范围（pF）	字母	容量范围（pF）
A	0～20	E	50～60
B	20～30	F	60～70
C	30～40	G	70～80
D	40～50	H	80～90

续表

字母	容量范围（pF）	字母	容量范围（pF）
J	90～100	L	110～120
K	100～110	M	120～130

⚠ 重要提示

变容二极管更换时要求同型号、同色点或同字母。在高频头 3 个调谐电路上，本振电路中的变容二极管要求可以低一些，这是因为该回路中加有 AFT 电压，可以自动调整频率。当高频头中有一只变容二极管损坏后，可以将本振电路中的这一只拆到已损坏的位置，将新换上的变容二极管装到本振电路中。

5.7.5　万用表检测肖特基二极管

1. 二端型肖特基二极管检测方法

二端型肖特基二极管可以用万用表 R×1 挡测量。正常时，其正向电阻值（黑表棒接正极）为 2.5～3.5Ω，反向电阻值为无穷大。如果测量的正、反向电阻值均为无穷大或均接近零，则说明该二极管已开路或击穿损坏。

2. 三端型肖特基二极管检测方法

三端型肖特基二极管应先测出其公共端，判别出是共阴对管，还是共阳对管，然后再分别测量两个二极管的正、反向电阻值。

图 5-64 是三端肖特基二极管示意图。测量正常阻值见表 5-11。

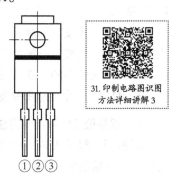

31.印制电路图识图方法详细讲解 3

①②③

图 5-64　三端肖特基二极管示意图

表 5-11　测量正常阻值

欧姆挡	黑表棒 所接引脚	红表棒 所接引脚	电阻值 （Ω）
R×1	①	②	2.6
	②	①	∞
	③	②	2.8
	②	③	∞
	①	③	∞
	③	①	∞

⚠ 重要提示

根据①脚-②脚、③脚-④脚间均可测出正向电阻，判定被测管为共阴对管，①脚、③脚为两个阳极，②脚为公共阴极。

①脚-②脚、③脚-②脚之间的正向电阻只有几欧，而反向电阻为无穷大。

5.7.6　万用表检测双基极二极管

1. 双基极二极管电极判别方法

选择万用表 R×1k 挡，用两表棒测量双基极二极管 3 个电极中任意两个电极间的正、反向电阻值，会测到有两个电极之间的正、反向电阻值均为 2～10kΩ，这两个电极即是基极 B1 和基极 B2，另一个电极即是发射极 E。

再将黑表棒接发射极 E，用红表棒依次去接触另外两个电极，一般会测出两个不同的电阻值。在阻值较小的一次测量中，红表棒接的是基极 B2，另一个电极即是基极 B1。

2. 双基极二极管检测方法

双基极二极管性能的好坏可以通过测量其各极间的电阻值是否正常来判断。

选择万用表 R×1k 挡，将黑表棒接发射极 E，红表棒依次接两个基极（B1 和 B2），正常时均应有几千欧至十几千欧的电阻值。

再将红表棒接发射极 E，黑表棒依次接两个基极，正常时阻值为无穷大。

⚠ 重要提示

双基极二极管两个基极（B1 和 B2）之间的正、反向电阻值均在 2～10kΩ 范围内，如果测量某两极之间的电阻值与上述正常值相差较大时，则说明该二极管已损坏。

5.7.7　万用表检测快恢复、超快恢复二极管方法

用万用表检测快恢复、超快恢复二极管的方法与检测普通硅整流二极管方法基本一样。R×1k 挡测量正向电阻一般为 4～5kΩ，反向电阻为无穷大。再用 R×1 挡复测一次，一般正向电阻为几千欧，反向电阻仍为无穷大。

5.7.8　万用表检测双向触发二极管

用万用表 R×1k 挡，测量双向触发二极管的正、反向电阻值都应为无穷大。如果测量中有万用表指针向右摆动现象，说明有漏电故障。

5.7.9　万用表检测瞬态电压抑制二极管（TVS管）

对于单极型瞬态电压抑制二极管，按照测量普通二极管方法可测出其正、反向电阻，一般正向电阻为 4kΩ 左右，反向电阻为无穷大。

对于双极型瞬态电压抑制二极管，任意调换红、黑表棒测量其两引脚间的电阻值均应为无穷大，否则说明该管性能不良或已经损坏。

5.7.10 万用表检测高频变阻二极管

高频变阻二极管与普通二极管在外观上的区别是其色标颜色不同，普通二极管的色标颜色一般为黑色，而高频变阻二极管的色标颜色则为浅色。

高频变阻二极管极性规律与普通二极管相似，即带绿色环的一端为负极，不带绿色环的一端为正极。

高频变阻二极管的具体检测方法与普通二极管正、反向电阻检测方法相同，当使用 500 型万用表 R×1k 挡测量时，正常的高频变阻二极管的正向电阻为 5kΩ 左右，反向电阻为无穷大。

5.7.11 万用表检测硅高速开关二极管

检测硅高速开关二极管的方法与检测普通二极管的方法相同。这种二极管的正向电阻较大，用 R×1k 电阻挡测量，一般正向电阻值为 5～10kΩ，反向电阻值为无穷大。

5.8 万用表检测三极管方法

5.8.1 三极管故障现象

1. 三极管开路故障

三极管开路故障可以是集电极与发射极之间、基极与集电极之间、基极与发射极之间开路，各种电路中三极管开路后的具体故障现象不同，但是有一点相同，即电路中有关点的直流电压大小发生了改变。

2. 三极管击穿故障

三极管击穿故障主要是集电极与发射极之间击穿。三极管发生击穿故障后，电路中有关点的直流电压发生改变。

3. 三极管噪声大故障

三极管在工作时要求它的噪声很小，一旦三极管本身噪声增大，放大器将出现噪声大故障。三极管发生这一故障时，一般不会对电路中直流电路的工作造成严重影响。

4. 三极管性能变劣故障

如穿透电流增大、电流放大倍数 β 变小等。三极管发生这一故障时，直流电路一般受其影响不太严重。

32. 印制电路图识图方法详细讲解 4

5.8.2 指针式万用表检测 NPN 和 PNP 型三极管

1. 测量发射结正向电阻

测量名称	测量发射结正向电阻
测量接线图	R×1k 挡 NPN 型三极管 黑表棒 红表棒
指针指示 1	×1k Ω 0 根据发射极箭头可知，发射结的正极是基极，所以测量正向电阻时黑表棒接基极，阻值应该为几千欧
指针指示 2	×1k Ω 0 如果发射结正向电阻很大，说明三极管性能已变差

2. 测量发射结反向电阻

测量名称	测量发射结反向电阻
测量接线图	NPN 型三极管；R×1k 挡；红表棒；黑表棒
指针指示 1	×1k Ω　0　测量发射结反向电阻如同测量一个二极管的 PN 结反向电阻一样，应该不小于几百千欧
指针指示 2	×1k Ω　0　如果发射结反向电阻很小，说明三极管性能变差。发射结正向和反向电阻应该相差很大

3. 测量集电结正向电阻

测量名称	测量集电结正向电阻
测量接线图	NPN 型三极管；红表棒；R×1k 挡；黑表棒
指针指示 1	×1k Ω　0　三极管集电极与基极也是一个 PN 结结构，称为集电结，其正向电阻也应该只有几千欧
指针指示 2	×1k Ω　0　如果三极管集电结正向电阻很大，说明三极管性能变差。对于 NPN 型三极管而言，集电结这个 PN 结基极是正极

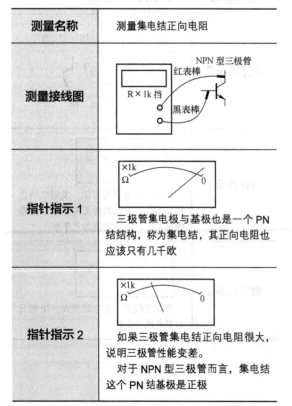

4. 测量集电结反向电阻

测量名称	测量集电结反向电阻
测量接线图	NPN 型三极管；黑表棒；R×1k 挡；红表棒
指针指示 1	×1k Ω　0　测量集电结反向电阻如同测量一个二极管 PN 结反向电阻一样，应该不小于几百千欧
指针指示 2	×1k Ω　0　如果集电结反向电阻很小，说明三极管性能变劣。集电结正向和反向电阻应该相差很大

5. 测量集电极与发射极间正向电阻

测量名称	测量集电极与发射极间正向电阻
测量接线图	NPN 型三极管；黑表棒；R×1k 挡；红表棒
指针指示 1	×1k Ω　0　对于 NPN 型三极管，测量集电极与发射极间正向电阻时，黑表棒接集电极，此时电阻应该是大于几十千欧
指针指示 2	×1k Ω　0　测量集电极与发射极间正向电阻时，如果阻值很小，说明三极管穿透电流大，工作稳定性差

6. 测量集电极与发射极间反向电阻

测量名称	测量集电极与发射极间反向电阻
测量接线图	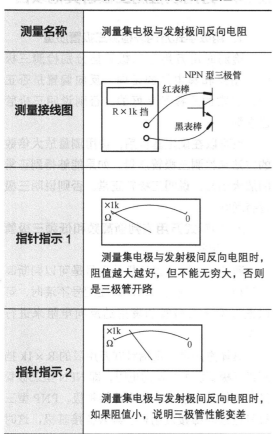
指针指示1	测量集电极与发射极间反向电阻时，阻值越大越好，但不能无穷大，否则是三极管开路
指针指示2	测量集电极与发射极间反向电阻时，如果阻值小，说明三极管性能变差

7. 估测三极管放大倍数

测量名称	估测三极管放大倍数
测量接线图	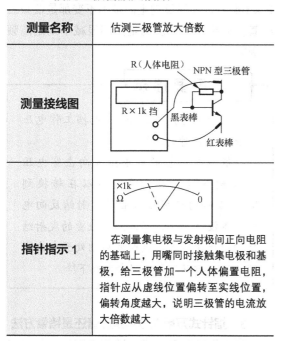
指针指示1	在测量集电极与发射极间正向电阻的基础上，用嘴同时接触集电极和基极，给三极管加一个人体偏置电阻，指针应从虚线位置偏转至实线位置，偏转角度越大，说明三极管的电流放大倍数越大

指针指示2	如果指针只有很小的偏转角度，说明三极管的电流放大倍数很小，放大能力较差

5.8.3 指针式万用表检测PNP型三极管方法

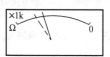

33.印制电路图识图方法详细讲解5

> **⚠ 重 要 提 示**
>
> 对于PNP型三极管的测量方法基本上与NPN型相同，只是集电结与发射结极性相反，所以测量集电结和发射结时万用表红、黑表棒接法相反，电阻值大小判断方法相同。

主要测量PNP型三极管集电极与发射极之间正、反向电阻，具体检测PNP型三极管方法如下。

1. 测量集电极与发射极间正向电阻

测量名称	测量集电极与发射极间正向电阻
测量接线图	PNP型三极管发射极箭头朝管内，所以黑表棒接发射极。测量集电极与发射极间正向电阻，应大于几十千欧
指针指示1	PNP型三极管发射极箭头朝管内，所以黑表棒接发射极。测量集电极与发射极间正向电阻，应大于几十千欧
指针指示2	正向电阻太小，说明三极管的穿透电流太大，工作稳定性能差

2. 测量集电极与发射极间反向电阻

测量名称	测量集电极与发射极间反向电阻
测量接线图	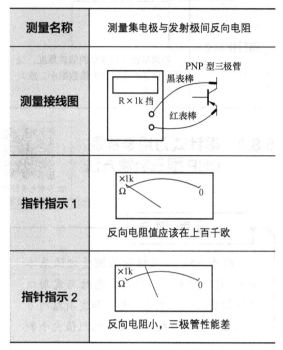
指针指示 1	×1k Ω 0 反向电阻值应该在上百千欧
指针指示 2	×1k Ω 0 反向电阻小，三极管性能差

3. 估测三极管放大倍数

测量名称	估测三极管放大倍数
测量接线图	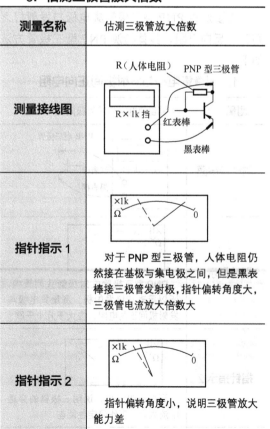
指针指示 1	×1k Ω 0 对于 PNP 型三极管，人体电阻仍然接在基极与集电极之间，但是黑表棒接三极管发射极，指针偏转角度大，三极管电流放大倍数大
指针指示 2	×1k Ω 0 指针偏转角度小，说明三极管放大能力差

5.8.4 万用表检测三极管其他项目

1. 用数字式万用表检测三极管质量

检测时用万用表二极管挡分别检测三极管发射结和集电结的正向、反向偏置是否正常，正常的三极管是好的，否则说明三极管已损坏。

也可以在确定基极后，使用测量放大倍数的方法来检测三极管质量。如果能够得到正常的放大倍数，说明三极管正常，否则说明三极管有问题。

2. 指针式万用表判断高频和低频三极管方法

通常情况下通过三极管型号是可以判断高频三极管和低频三极管的。在型号不清时，可以通过测量三极管的发射结反向电阻来进行判断。

具体方法是：用指针式万用表的 R×1k 挡测量三极管发射结反向电阻，即 NPN 型三极管是黑表棒接发射极、红表棒接基极，PNP 型三极管是红表棒接发射极、黑表棒接基极，这时测量的反向电阻为几百千欧。

保持上述测量状态不变，将万用表转换到 R×10k 挡，如果反向电阻基本不变那是低频三极管，如果这时的反向电阻明显减小则是高频三极管。

> ⚠ **重 要 提 示**
>
> 指针式万用表的 R×10k 挡工作电压比 R×1k 挡时的高得多。
>
> 低频三极管的发射结反向击穿电压比高频三极管高得多，所以在转换到 R×10k 挡时低频三极管的发射结反向电阻基本没有变化，而高频三极管的发射结反向耐压比较低，这时发射结处于电击穿状态下，所以反向电阻会大幅下降。

3. 指针式万用表分辨是硅管还是锗管方法

利用指针式万用表的欧姆挡可以分辨是硅

管还是锗管，具体方法是：用万用表 R×1k 挡测量发射结的正向电阻大小，对于 NPN 型三极管而言，黑表棒接基极、红表棒接发射极；对于 PNP 型三极管而言，则是黑表棒接发射极、红表棒接基极。

如果测量的电阻为 3～10kΩ，说明是硅管；如果测量的电阻为 500～1000Ω，则是锗管。另外，通过测量三极管集电结或发射结的反向电阻大小也可以分辨是硅管还是锗管，对硅管而言为 500kΩ，对锗管而言为 100kΩ。

上述分辨原理是： 硅管和锗管的集电结和发射结正向、反向电阻大小是有较大区别的，硅管的正向和反向电阻都比锗管的大。

4. 数字式万用表分辨是硅管还是锗管方法

用数字式万用表的 PN 结挡测量三极管的发射结，即 NPN 型三极管是黑表棒接发射极、红表棒接基极，PNP 型三极管是红表棒接发射极、黑表棒接基极，如果测得为 200 时是锗管，如果测得为 600 时为硅管。这是因为硅管的 PN 结正向导通电压大于锗管的 PN 结正向电压。

5. 检测大功率三极管方法

利用万用表检测大功率三极管时，基本方法与检测中、小功率三极管一样，只是通常使用 R×10 或 R×1 挡检测大功率三极管。

这是因为大功率三极管的工作电流比较大，所以其 PN 结的面积也较大。PN 结较大，其反向饱和电流也必然增大。所以，使用万用表的 R×1k 挡测量时正向和反向电阻值均小。

5.8.5　三极管选配和更换操作方法

1. 三极管选配方法

对选配三极管过程中的基本原则和方法说明以下几点。

（1）高频电路选用高频管。要求特征频率一般应是工作频率的 3 倍，放大倍数应适中，不应过大。

（2）脉冲电路应选用开关三极管，且具有电流容量大、大电流特性好、饱和压降低的特点。

（3）直流放大电路应选用对管。要求三极管饱和压降、直流放大倍数、反向截止电流等直流电参数基本一致。

（4）功率驱动电路应按电路功率、频率选用功率管。

（5）根据三极管主要性能优势进行选用。一只三极管一般有 10 多项参数，有的特点是频率特性好、开关速度快，有的是具有自动增益控制、高频低噪声特点，有的是特性频率高、功率增益高、噪声系数小。

选配三极管过程中要注意以下几点。

（1）对于进口三极管，可查有关手册，用国产三极管代替。

（2）NPN 型和 PNP 型三极管之间不能代换，硅管和锗管之间不能代换。

34. 印制电路图识图方法详细讲解6

（3）有些情况下对三极管的性能参数要求不严格，可以根据三极管在电路中的作用和工作情况进行选配，主要考虑极限参数不能低于原三极管。

（4）对于功率放大管一定要掌握。推挽电路中的三极管有配对要求，最好是一对（两只）一起更换。

（5）其他条件符合时，高频三极管可以代替低频三极管，但是这是一种浪费。

（6）代换上的三极管再度损坏后，要考虑电路中是否还存在其他故障，也要怀疑新装上的三极管是否合适。

2. 三极管更换操作方法

三极管更换操作方法如下。

（1）从电路板上拆下三极管时要一根一根引脚地拆下，并小心电路板上的铜箔线路，不能损坏它。

（2）三极管的 3 根引脚不要搞错，拆下坏三极管时记住电路板上各引脚孔的位置，装上新三极管时，分辨好各引脚，核对无误后再焊接。

（3）有些三极管的引脚材料不好，不容易搪上锡，要刮干净引脚，先给引脚搪好锡后再装在电路板上。

（4）装好三极管后将伸出的引脚过长部分剪掉。

5.9 万用表检测其他三极管方法

5.9.1 万用表检测达林顿管

1. 普通达林顿管检测方法

> ⚠ **重 要 提 示**
>
> 检测普通达林顿管的方法与检测普通三极管基本一样，主要包括识别电极（基极、集电极和发射极）、区分 PNP 和 NPN 型、估测放大能力等项检测内容。

用万用表对普通达林顿管的基极与发射极之间的 PN 结测量时要用 R×10k 挡，因为达林顿管基极与发射极之间有两个 PN 结，采用 R×10k 挡测量时表内电池电压比较高。

2. 大功率达林顿管检测方法

> ⚠ **重 要 提 示**
>
> 检测大功率达林顿管的方法与检测普通达林顿管基本相同。但是由于大功率达林顿管内部设置了保护稳压二极管以及电阻，所以测量的结果与普通达林顿管有所不同。

（1）用万用表 R×10k 挡测量基极与集电极之间 PN 结电阻值时，应有明显的单向导电性能，即正向电阻应该明显地小于反向电阻。

（2）在大功率达林顿管基极和发射极之间有两个 PN 结，并且接有两只电阻。用万用表欧姆挡测量正向电阻时，测量的阻值是发射结正向电阻与两只电阻阻值并联的结果。当测量发射结反向电阻时，发射结截止，测量的结果是两只电阻阻值之和，为几百欧，且阻值固定，这时将万用表转换到 R×1k 挡阻值不变。

35. 印制电路图识图方法详细讲解7

> ⚠ **重 要 提 示**
>
> 最好根据达林顿管内部电路来指导检测，这样检测思路就会比较清晰。

5.9.2 万用表检测带阻尼行输出三极管

> ⚠ **重 要 提 示**
>
> 行输出三极管是电视机中的一个重要三极管，由于它工作在高频、高压、大功率下，所以其故障率比较高。

1. 带阻尼行输出三极管

图 5-65 所示是带阻尼行输出三极管内电路图。行输出级电路中需要一只阻尼二极管，在一些行输出三极管内部设置了这一阻尼二极管，在行输出三极管的电路图形符号中会表示出来。也有行输出三极管与阻尼二极管分开的情况，这时从电路图形符号中可以看出它们是分开的。

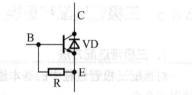

图 5-65 带阻尼行输出三极管内电路图

图 5-66 所示是带阻尼行输出三极管内电路的等效电路，这种三极管内部在基极和发射极之间还接入一只 25Ω 的小电阻 R。将阻尼二极管设在行输出三极管的内部，减小了引线电阻，有利于改善行扫描线性和减小行频干扰。基极

与发射极之间接入的电阻是为了适应行输出三极管工作在高反向耐压的状态。

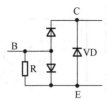

图5-66　带阻尼行输出三极管内电路等效电路

2. 行输出三极管损坏原因

行输出三极管是一个故障发生率较高的器件，它损坏后将出现无光栅现象。同时，根据电路结构和行输出三极管损坏的具体特征不同，还会出现其他一些故障，例如整机直流电压下降、电源开关管损坏（无保护电路）等。

造成行输出三极管损坏的原因除三极管本身的质量外，还有以下一些具体原因。

（1）行输出变压器高压线圈短路，造成行输出级电流增大许多，使行输出三极管过电流而发热损坏，这是最常见的行输出三极管损坏原因之一。

（2）行逆程电容全部开路或某一只行逆程电容开路（导致行逆程电容的总容量减小），致使行输出三极管集电极上的行逆程脉冲电压升高许多，造成行输出三极管击穿。在修理中要小心，不能将行逆程电容开路后通电。

（3）行频太低，造成行输出三极管的工作电流太大。因为行频愈低，行输出三极管的工作电流愈大。

（4）行激励电流不足，造成行输出三极管在导通时导通程度不足，内阻大，使行输出三极管功耗增大。行偏转线圈回路中的S校正电容击穿或严重漏电，造成行输出三极管的电流太大。

3. 行输出三极管电流测量方法

关于行输出三极管电流大小的测量可以有以下多种方法。

（1）开机几分钟后关机，用手摸一摸行输出三极管外壳，若很烫手，说明行输出三极管存在过电流故障。

（2）将万用表直流电流挡串联在行输出三极管回路中进行测量。

（3）测量行输出级直流电源供给电路中电阻上的压降，然后除以电阻值，得到行输出级的工作电流。

> ⚠ **重要提示**
>
> 更换行输出三极管之后要进行行输出三极管的电流检查，以防止行输出三极管仍然存在过电流故障而继续损坏。如果电流仍然大，要按上述方法去检查过电流原因。

4. 带阻尼行输出三极管检测方法

> ⚠ **重要提示**
>
> 由于带阻尼行输出三极管接入了阻尼二极管和保护电阻，用万用表检测这种三极管时，检测方法和结果都有些变化。

（1）测量基极-集电极间正向电阻。

测量名称	测量基极－集电极间正向电阻
测量接线图	红表棒、黑表棒接在R×10挡，B、C、VD、E、R
指针指示	×10 Ω 0
说明	用R×10挡测量基极和集电极之间的正向电阻。正向电阻应该很小

（2）测量基极－集电极间反向电阻。

测量名称	测量基极－集电极间反向电阻
测量接线图	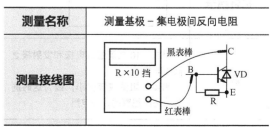

指针指示	
说明	用R×10挡测量基极和集电极之间的反向电阻。 正向电阻明显小于反向电阻时，说明带阻尼行输出三极管的集电结正常

（3）测量集电极和发射极间正向电阻。

测量名称	测量集电极和发射极间正向电阻
测量接线图	
指针指示	
说明	用R×10挡测量集电极和发射极之间的电阻。 测量的阻值应该很大，因为这时测量的是阻尼管的反向电阻，应大于300kΩ

（4）测量集电极和发射极间反向电阻。

测量名称	测量集电极和发射极间反向电阻
测量接线图	
指针指示	
说明	用R×10挡测量集电极和发射极之间的电阻。 测量的阻值应该很小，因为这时测量的是阻尼管的正向电阻

（5）测量基极与发射极间正向电阻。

测量名称	测量基极与发射极间正向电阻
测量接线图	
指针指示	
说明	测量基极与发射极之间的正向电阻，由于保护电阻R的存在，所以正向电阻非常接近25Ω

（6）测量基极与发射极间反向电阻。

测量名称	测量基极与发射极间反向电阻
测量接线图	
指针指示	
说明	测量基极与发射极之间的反向电阻，由于保护电阻R的存在，所以反向电阻也非常接近25Ω

⚠ 重要提示

测量中如果有不符合上述情况的，说明行输出三极管损坏的可能性很大。行输出三极管由于工作在高频、高电压下，所以它的故障发生率比较高。

采用万用表按上述方法测量也可用来识别行输出三极管中是否带阻尼二极管及保护电阻。

5. 带阻尼行输出三极管 β 值测量方法

由于行输出三极管自带阻尼管，而且还接有保护电阻，因此，不能用万用表的 h_{FE}(β) 挡去直接测量这类行输出三极管的 β 值，否则一般都没有读数。

图 5-67 是测量带阻尼行输出三极管 β 值时接线示意图，在行输出三极管的集电极、基极间加接一只 $30k\Omega$ 的可调电阻，作为基极的偏置电阻，然后适当调整可调电阻的值。注意一般应往阻值小的方向调整，即可大致估测出被测管的 β 值。这种测试方法比较适合于同类行输出三极管的比较与选择。

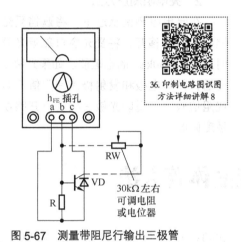

图 5-67　测量带阻尼行输出三极管
β 值时接线示意图

36.印制电路图识图
方法详细讲解8

6. 行输出三极管代用方法

行输出三极管损坏后可用同型号的更换。由于行输出三极管备件较多，一般情况下代换是不困难的。对于性能相近的三极管可以在不改动电路的情况下直接代用。在选用不同型号三极管代用时要注意以下两点。

（1）采用无阻尼二极管的行输出三极管代替有阻尼二极管的行输出三极管时，要另接一只阻尼二极管，在焊接阻尼二极管时，引脚要尽量短。

（2）注意安装方式，特别是金属封装、塑料封装的三极管之间，因外形不同，其散热片形状、安装方式也不同，一般情况下不进行这种代换。

7. 特殊类型行输出三极管

（1）GTO 行输出三极管。 GTO 意为控制极可关断晶闸管。图 5-68 是 GTO 行输出三极管电路图形符号和引脚分布示意图。

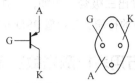

(a) 电路图形符号　(b) 引脚图
图 5-68　GTO 行输出三极管电路图形
符号和引脚分布示意图

这种器件的特性与常见的晶闸管不同。普通的单向晶闸管的控制极只能使晶闸管从关断状态转变成导通状态，且晶闸管一旦导通后，控制极就无法对晶闸管进行控制了，即无法再将晶闸管关断。

> ⚠ **重要提示**
>
> GTO 器件的独特之处就是，它能根据控制极电流或电压的极性来改变晶闸管的导通与关断。当控制极上加有正向控制信号时，GTO 被触发导通。当控制极上加有反向控制信号时，GTO 则由导通转变成关断状态。GTO 器件在作为行输出三极管时，就同一个普通的三极管一样，主要是起一个大功率高速开关器件的作用。
>
> GTO 行输出三极管在索尼彩色电视机中的应用比较多。

（2）高 h_{FE} 行输出三极管。 高 h_{FE} 行输出三极管是一种 h_{FE} 值大于 100（大电流状态下的 h_{FE}）的高反压大功率管，常见型号为 BU806、BU807、BU910、BU911、BU184 等。

高 h_{FE} 行输出三极管一般都是达林顿管，内含阻尼二极管。这类行输出三极管损坏后，不能用普通的行输出三极管直接代换，因为在采用高 h_{FE} 行输出三极管的扫描电路中，一般都没有设置能够输出足够推动功率的行激励级电路；如果直接代换，时间一长就会损坏。

（3）**超高反压行输出三极管。** 某些黑白和彩色电视机中，采用了200V以上的直流工作电压供电，因此行输出三极管一定要承受2000V左右的超高反峰电压，这就需要采用超高反压行输出三极管。例如，三洋79P机芯彩色电视机中的行输出三极管2SD995。

5.9.3 万用表检测光敏三极管

使用万用表的欧姆挡可以测量光敏三极管，光敏三极管只有集电极和发射极两根引脚，基极为受光窗口。测量项目包括暗电阻和亮电阻两项。

1. 暗电阻测量方法

图5-69所示是测量时接线示意图。将光敏三极管的受光窗口用黑纸或黑布遮住，万用表置于R×1k挡，红表棒和黑表棒分别接光敏三极管的两根引脚，测得一个电阻值，然后红、黑表棒调换再测得一次阻值。正常时，正向和

反向电阻值均为无穷大。如果测得一定阻值或阻值接近0Ω，说明该光敏三极管漏电或已击穿短路。

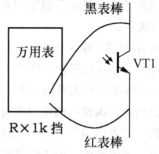

图5-69 测量时接线示意图

2. 亮电阻测量方法

在暗电阻测量状态下，将遮挡受光窗口的黑纸或黑布移开，将受光窗口靠近光源，正常时应有15~30kΩ的电阻值。如果光敏三极管受光后，其集电极和发射极之间阻值仍为无穷大或阻值较大，说明光敏三极管已开路损坏或灵敏度偏低。

5.10 万用表检测场效应晶体管方法

5.10.1 结型场效应晶体管电极和管型判别方法

> ⚠ **重 要 提 示**
>
> 使用万用表的欧姆挡可以识别结型场效应晶体管的3个电极，同时也可识别是P沟道结型场效应晶体管还是N沟道结型场效应晶体管。

1. 找出栅极的方法

具体方法：图5-70所示是测量时接线示意图，万用表置于R×100挡或R×1k挡，用黑表棒任接一个电极，用红表棒依次接触另外两个电极。如果测得某一电极与另外两个电极的阻值均很大（无穷大）或阻值较小（几百欧至

1000Ω），这时黑表棒接的是栅极G，另外两个电极分别是源极S和漏极D。

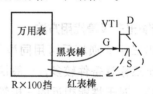

（a）两次阻值均为小为N型管

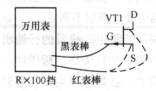

（b）两次阻值均为大为P型管

图5-70 测量时接线示意图

在两个阻值均为高阻值的一次测量中，被测管为P沟道结型场效应晶体管；在两个阻值均为低阻值的一次测量中，被测管为N沟道结

型场效应晶体管。

2. 找出漏极和源极的方法

具体方法：图 5-71 所示是测量时接线示意图，万用表置于 R×100 挡或 R×1k 挡，测量结型场效应晶体管任意两个电极之间的正、反向电阻值。如果测得某两只电极之间的正向和反向电阻值相等，且均为几千欧，这时的两个电极分别为漏极 D 和源极 S，另一个电极则为栅极 G。

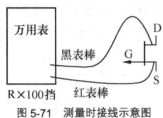

图 5-71　测量时接线示意图

> **重要提示**
>
> 结型场效应晶体管的源极和漏极在结构上具有对称性，可以互换使用。
>
> 如果测得场效应晶体管某两电极之间的正、反向电阻值为 0Ω 或为无穷大，说明该管已击穿或已开路损坏。
>
> 不能用这种方法去检测绝缘栅型场效应晶体管的栅极。因为绝缘栅型场效应晶体管的输入电阻极高，栅极与源极之间的极间电容又很小，测量时只要有少量的电荷，就可在极间电容上形成很高的电压，容易将绝缘栅型场效应晶体管损坏。

5.10.2　结型场效应晶体管放大能力测量方法

使用万用表的欧姆挡可以测量结型场效应晶体管的放大能力。图 5-72 所示是测量时接线示意图，万用表置于 R×100 挡，红表棒接场效应晶体管的源极 S，黑表棒接漏极 D，测得漏、源极之间的电阻值后，再用手捏住栅极 G，万用表表针会向左或向右摆动，只要表针有较

大幅度的摆动，即说明被测管有较大的放大能力。

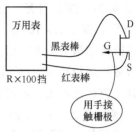

图 5-72　测量时接线示意图

> **重要提示**
>
> 多数场效应晶体管的漏极与源极之间电阻值会增大，表针向左摆动；少数场效应晶体管的漏极与源极之间电阻值会减小，表针会向右摆动。

5.10.3　双栅型场效应晶体管测量方法

1. 电极判别方法

使用万用表欧姆挡可以判别双栅型场效应晶体管的 4 根电极引脚，即源极 S、漏极 D、栅极 G1 和栅极 G2。具体方法：图 5-73 所示是测量时接线示意图，万用表置于 R×100 挡，用两表棒分别测量任意两引脚之间的正向和反向电阻值。当测得某两脚之间的正向和反向电阻值均为几十欧至几千欧时，这两个电极便是漏极 D 和源极 S，另两个电极为栅极 G1 和栅极 G2。注意，两个栅极之间的电阻值为无穷大。

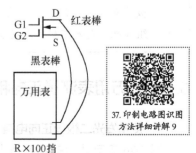

图 5-73　测量时接线示意图

2. 测量放大能力

使用万用表欧姆挡可以测量双栅型场效应晶体管的放大能力，图 5-74 所示是测量时接线示意图，万用表置于 R×100 挡，红表棒接源极 S，黑表棒接漏极 D，这时相当于给双栅型场效应晶体管的源极和漏极之间加一个 1.5V 直流工作电压（万用表欧姆挡表内电池电压），测量漏极 D 与源极 S 之间的电阻值，同时，用手握住螺丝刀绝缘柄（手不要接触螺丝刀金属部分），用螺丝刀头部同时接触场效应晶体管的两个栅极，加入人体感应信号。如果加入人体感应信号后，双栅型场效应晶体管源极和漏极之间的阻值由大变小，则说明该管有一定的放大能力。万用表表针向右摆动愈大（阻值减小愈多），说明其放大能力愈强。

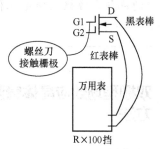

图 5-74　测量时接线示意图

3. 质量检测方法

使用万用表欧姆挡可以对双栅型场效应晶体管的质量进行一个大致的检测。图 5-75 所示是测量时接线示意图，万用表置于 R×10 挡或 R×100 挡，测量场效应晶体管源极 S 和漏极 D 之间的电阻值。正常时，正、反向电阻值均为几十欧至几千欧，而且黑表棒接漏极 D、红表棒接源极 S 时测得的电阻值较黑表棒接源极 S、红表棒接漏极 D 时测得的电阻值要略大些。如果测得漏极 D 与源极 S 之间的电阻值为 0Ω 或为无穷大，说明该管已击穿损坏或已开路损坏。

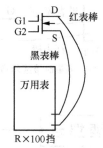

图 5-75　测量时接线示意图

再将万用表置于 R×10k 挡，测量其余各引脚（漏极 D 和源极 S 之间除外）的电阻值。正常时，G1 与 G2、G1 与 D、G1 与 S、G2 与 D、G2 与 S 之间的电阻值均为无穷大。如果测得阻值不正常，则说明该管性能变差或已损坏。

5.11　万用表检测光电耦合器方法

⚠️ **重 要 提 示**

万用表检测光电耦合器基本方法是测量二极管和三极管的方法，因为光电耦合器的组成就是发光二极管和光敏三极管。

5.11.1　万用表测量正向和反向电阻

1. 测量发光二极管正向电阻

图 5-76 所示是指针式万用表测量发光二极管正向电阻接线示意图，表置于 R×1k 挡或

R×100 挡，这时实际上测量的是发光二极管正向电阻值，应该为几至十几千欧，否则说明发光二极管损坏。

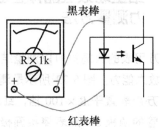

图 5-76　指针式万用表测量发光二极管正向电阻接线示意图

2. 测量发光二极管反向电阻

图 5-77 所示是指针式万用表测量发光二极管反向电阻接线示意图，表置于 R×1k 挡或 R×100 挡，这时实际上测量的是发光二极管反向电阻值，应该为无穷大，否则说明发光二极管损坏。

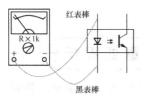

图 5-77　指针式万用表测量发光二极管反向
电阻接线示意图

3. 测量光敏三极管集电极与发射极之间电阻

图 5-78 所示是测量光敏三极管集电极与发射极之间电阻接线示意图，表置于 R×1k 挡或 R×100 挡，红、黑表棒调换位置再测量一次，两次测量阻值均应为无穷大，否则说明光敏三极管不正常。

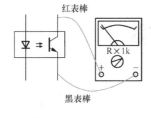

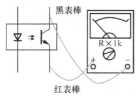

图 5-78　测量光敏三极管集电极与发射极之间
电阻接线示意图

5.11.2 加电测量和双万用表测量方法

1. 加电测量方法

图 5-79 所示是加电测量光电耦合器接线示意图，指针表置于 R×1k 挡或 R×100 挡，在

测量光敏三极管集电极与发射极之间正向电阻的基础上，给发光二极管加入导通电流，即接入限流电阻 R1 和 1.5V 电池，这时万用表的表针应该从左向右偏转一个角度，偏转角度愈大说明光电转换灵敏度愈高，如果没有偏转说明光电耦合器损坏。

1. 指针式万用表检测电烙铁方法 1

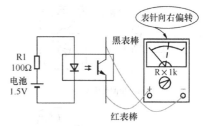

图 5-79　加电测量光电耦合器接线示意图

> ⚠️ **重要提示**
>
> 因为光电耦合器中常用红外发光二极管，它的管压降在 1.3V 左右，所以采用 1.5V 电池能使之导通发光。

2. 双万用表测量方法

图 5-80 所示是采用指针表和数字表同时测量光电耦合器接线示意图，这一测量方法的原理是：用数字万用表三极管测量挡给发光二极管供电，让其导通，这时再测量光敏三极管集电极与发射极之间电阻的变化。

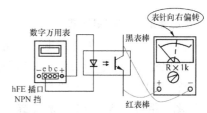

图 5-80　采用指针表和数字表同时测量光
电耦合器接线示意图

测量时，先按图接好指针表，表置于 R×1k 挡或 R×100 挡，这时指示的阻值很大，再接上数字万用表，这时指针表的表针向右偏转一个角度（说明阻值减小），偏转角度愈大说明光电转换灵敏度愈高，如果没有偏转说明

光电耦合器损坏。

3. 单只指针表测量导通方法

图 5-81 所示是采用单只指针表测量导通方法接线示意图，它分为两步。

第一步测量光敏三极管集电极与发射极之间的电阻，指针表置于 R×10 挡，这时测量的阻值很大。

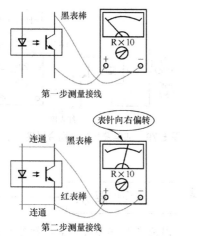

图 5-81　采用单只指针表测量导通方法接线示意图

第二步将红表棒同时接触光敏三极管集电极和发光二极管正极，红表棒同时接触光敏三极管发射极和发光二极管负极，此时用万用表欧姆挡表内电池给发光二极管正向供电，这时表针向右偏转一个角度，偏转角度愈大说明光电转换灵敏度愈高，如果没有偏转说明光电耦合器损坏。

> **重要提示**
>
> 在这种测量方法中，指针表要使用 R×10 挡，不可使用 R×1k 挡或 R×100 挡，因为这两挡的表内电流小，不能使发光二极管导通。

5.12　万用表检测两种继电器方法

使用万用表可以检测多种继电器的质量。

5.12.1　电磁式继电器5种测量方法

1. 触点接触电阻测量方法

使用万用表欧姆挡可以测量电磁式继电器触点的接触电阻，这一测量方法与测量开关件的方法一样。具体方法：图 5-82 所示是测量时接线示意图，用万用表 R×1 挡测量继电器常闭触点的电阻值，正常值应为 0Ω。如果测得接触电阻有一定阻值或为无穷大，则说明该触点已氧化或触点已被烧坏。

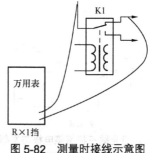

图 5-82　测量时接线示意图

2. 触点断开电阻测量方法

具体方法：图 5-83 所示是测量时接线示意图，用万用表 R×10k 挡测量继电器常开触点的电阻值，正常值应为无穷大。如果测得不是无穷大而是存在一定阻值，说明触点存在漏电故障。

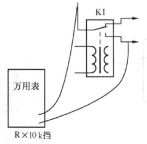

图 5-83 测量时接线示意图

> ⚠ **重要提示**
>
> 　　如果测得的继电器电磁线圈电阻值为无穷大，说明该继电器的线圈已开路损坏；如果测得线圈的电阻值低于正常值许多，则说明线圈内部有短路故障，也已损坏。

4. 吸合电压与释放电压测量方法

　　使用可调式直流稳压电源可以测量电磁式继电器的吸合电压与释放电压，具体方法：图 5-86 所示是测量时接线示意图，将被测继电器电磁线圈的两端接上 0~35V 可调式直流稳压电源（电流为 2A）后，将直流稳压电源的电压从低缓慢调高，当听到继电器触点吸合动作声时，此时的电压值即为（或接近）继电器的吸合电压。额定工作电压一般为吸合电压的 1.3~1.5 倍。

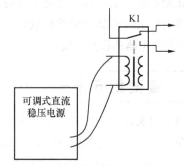

图 5-86 测量时接线示意图

> ⚠ **重要提示**
>
> 　　如果继电器有多组触点时，用同样的方法分别测量每一组触点。对于触点常开式的继电器，要在给线圈通电的情况下进行触点的接触电阻测量和断开电阻测量，如图 5-84 所示。

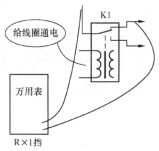

图 5-84 示意图

3. 电磁线圈电阻值测量方法

　　具体方法：图 5-85 所示是测量时接线示意图，继电器正常时，其电磁线圈的电阻值为 25Ω~2kΩ。额定电压较低的电磁式继电器，其线圈的电阻值较小；额定电压较高的继电器，线圈的电阻值相对较大。

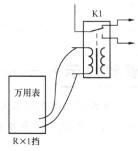

图 5-85 测量时接线示意图

　　在继电器触点吸合后，再缓慢调低线圈两端的电压，当调至某一电压值时继电器触点释放，此电压即为继电器的释放电压，一般为吸合电压的 10%~50%。

5. 吸合电流和释放电流测量方法

　　使用直流稳压电源和万用表可以测量电磁式继电器的吸合电流和释放电流，具体方法：图 5-87 所示是测量时接线示意图，将被测继电器电磁线圈的一端串接一只毫安电流表（万用表毫安挡）后再接直流稳压电源（25~30V）的正极，将电磁线圈的另一端串接一只 10kΩ 的线绕电位器后与稳压电源负极相连。

2.指针式万用表检测电烙铁方法 2

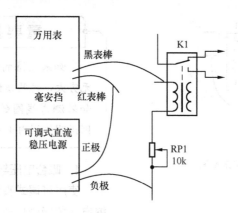

3. 指针式万用表检测
电烙铁方法3

图 5-87　测量时接线示意图

接通直流稳压电源后，将电位器 RP1 的电阻值由最大逐渐调小，当调至某一阻值时继电器动作，其常开触点闭合，此时万用表电流挡的读数即为继电器的吸合电流。继电器的工作电流一般为吸合电流的两倍。

在此测量基础上，再缓慢增大电位器的阻值，当继电器由吸合状态突然释放时，电流表的读数即为继电器的释放电流。

⚠ **重要提示**

　　用万用表的欧姆挡测量电磁线圈的直流电阻值，将这一电阻值乘以继电器的工作电流，得到的即为继电器的工作电压值。

5.12.2　万用表检测干簧式继电器方法

使用万用表欧姆挡能够检测干簧式继电器的质量好坏，具体方法：图 5-88 所示是测量时接线示意图，用万用表 R×1 挡，两表棒分别接干簧式继电器的两端。

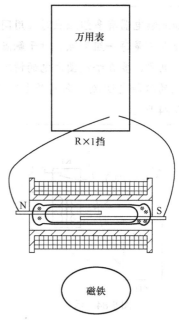

图 5-88　测量时接线示意图

用一块永久磁铁（如外磁式扬声器的磁铁）靠近干簧式继电器，如果万用表指示阻值为 0Ω，说明干簧式继电器内部的干簧管开关吸合良好；然后，将永久磁铁离开干簧式继电器后，万用表的表针返回，阻值变为无穷大，说明干簧式继电器内部的干簧管开关断开正常，其触点能在磁场的作用下正常接通与断开。

⚠ **重要提示**

　　如果将干簧式继电器靠近永久磁铁后，其触点不能闭合，则说明该干簧式继电器已损坏。

5.13　万用表检测开关件方法

5.13.1　开关件故障特征和检测方法

> **⚠️ 重要提示**
>
> 开关件故障有其特点，主要是接触不良故障，对它的检测相当简单，使用万用表的欧姆挡测量触点间电阻即可。
>
> 不同电路中的开关件出现故障时，对电路造成的影响是不同的，例如电源开关电路中的电源开关出现接触不良故障后，将出现整机不能正常工作的故障。

1. 开关件故障种类和特征

在电子元器件中，开关件使用频率比较高（时常进行转换），还有一些开关工作在大电流状态下，所以它的故障发生率就比较高。表5-12所示是开关件故障种类和故障特征说明。

表 5-12　开关件故障种类和故障特征

故 障 种 类	故 障 特 征
漏电故障	（1）外壳漏电故障，这时开关的金属外壳与内部的某触点之间绝缘不够，对于 220V 电源开关这一漏电非常危险，要立即更换。 （2）开关断开时两触点之间的断开电阻小，将影响开关断开时电路的工作状态，可能是由于受潮等原因造成这一故障
接触不良故障	开关最常见的故障之一，出现这种故障时开关的接通性能不好。 （1）开关处于接通状态时，两触点时通时断，在受振动时这种故障发生频率明显增高。 （2）接通状态时两触点之间的接触电阻大。造成接触不良的原因有许多，例如触点氧化、触点工作表面脏、触点受打火而损坏、开关操纵柄故障等而导致触点接触不良

续表

故 障 种 类	故 障 特 征
不能接通故障	开关处于接通工作状态时，两触点之间的电阻却为无穷大
操纵柄断或松动故障	当操纵柄断或松动时，开关将无法转换

2. 开关件基本检测方法

检测开关件的方法比较简单，具体步骤和方法如下。

（1）首先直观检查开关操纵柄是否松动、能否正常转换到位。

（2）可用万用表 R×1 挡测量其接触电阻，具体方法是：一支表棒接开关的一根引脚，另一支表棒接另一根引脚。开关处于接通状态时，所测量的阻值应为零，至少小于 0.5Ω，否则可以认为开关存在接触不良故障。图 5-89 是开关检测过程中的接线和指针指示阻值为零的示意图。

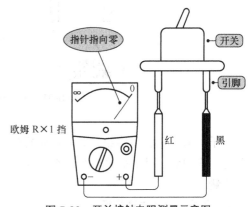

图 5-89　开关接触电阻测量示意图

（3）在测量接触电阻基础上表棒接线不变，将量程转换到 R×10k 挡，同时将开关转换到断开状态，此时所测量的电阻应为无穷大，至少大于几百千欧。图 5-90 是检测过程中的接线和指针指示阻值无穷大示意图。

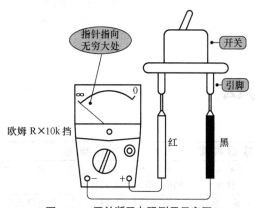

图 5-90　开关断开电阻测量示意图

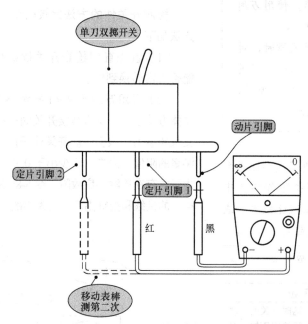

图 5-91　单刀多掷开关检测接线示意图

3. 单刀多掷开关检测方法

对于单刀多掷开关的检测方法是：图 5-91 是单刀多掷开关检测过程中的接线示意图，测量方法基本同上，只是接触电阻和断开电阻要分别测量两次，图中实线所示一次，然后将红表棒转换到虚线所示的第二根定片引脚上，黑表棒所接动片引脚不变，同时将开关操纵柄转换到另一个挡位上。

对于多掷开关和多刀组开关，用同样的方法测量一个刀组，然后转换到另一个刀组进行一次测量。

4. 开关件检测注意事项

在开关件的测量中，判断开关件是否正常的基本原则是：如果测量出现接触电阻大于 0.5Ω 情况，说明该开关存在接触不良故障；如果断开电阻小于几百千欧时，说明该开关存在漏电故障。

关于开关件的检测方法还要说明以下几点。

（1）检测开关可以在路测量，也可以将开关脱开电路后测量，具体方法同上。

（2）在路测量时，对开关接通时的接触电阻测量要求相同，因为测量接触电阻时，开关外电路对测量结果基本没有影响；在路测量开关断开电阻时，外电路对测量有影响。

（3）测量中，如指针向右偏转后又向左偏转，最后确认的阻值应是指针向左偏转停止后的阻值。如果测量的断开电阻比较小，很可能是外电路影响的结果，此时可断开开关的一根引脚铜箔线路后再测量。

4. 有引脚电阻器卧式安装方法 1

无法修复。

5.13.2　开关件故障处理方法

开关件的主要故障是接触不良。

1. 开关件接触不良故障处理方法

开关件的接触不良是一个常见、多发故障，当故障不是十分严重时通常通过清洗处理能够修复，具体处理方法是：将纯酒精注入开关内部，不断拨动开关操纵柄，这样可以清洗开关的各触点，消除触点上的污迹，使之光亮。

许多开关是密封的（不能打开外壳），此时可让清洗液从开关件外壳孔中流入开关内部的触点上，并不断拨动开关操纵柄，使之充分清洗。

通过上述清洗后，一般开关的接触不良故障可以修复，在清洗后最好再滴一滴润滑油到开关各触点上，这样处理后的开关能再使用好几个月。这种清洗方法对于小信号电路中的多刀组开关非常有效。

2. 修复电源开关绝招

对于电源开关，由于流过该开关的电流较大，接触不良故障的发生率较高，经清洗处理后的效果不是很好，如果动片触点没有损坏，可以采取调换定片触点的方法来处理。

图 5-92 是修复电源开关示意图。电路中的S1 是电源开关，它是单刀双掷开关，它的定片触点 3 原来不用，当 1、2 之间发生接触不良故障后，可通过改变印制电路图来使用 1、3 之间的开关。

正式改动前先测量开关 S1 的 1 与 3 之间接触电阻和断开电阻，应该正常，以防止开关 S1 的刀片触点存在故障，如果是刀片触点故障就

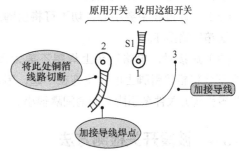

图 5-92　修复电源开关示意图

具体方法是： 对图 5-92 中的印制电路图，用锋利的刀片将 2 上的原铜箔线路切断，再在 3 和图示断开的铜箔线路之间用一根导线连接上，这样便能使用 1、3 之间的触点作为电源开关。

通过这样处理后操纵柄的位置与原先的恰好相反，即原先的断开位置是改动后的接通状态，这并不影响使用效果。

3. 开关件选配方法

由于开关件的更换涉及装配问题，例如引脚多少、引脚之间的间距大小、安装位置和方式，所以应选用同型号的开关件更换代替，实在无法配到原型号开关时要注意以下两点选配原则和操作方法。

（1）通过努力将换上的新开关固定好，而且不要影响使用，也不要影响机内电路板和机器外壳的装配。

（2）各引脚的连线可用导线接通，但是对于引脚数目很多的开关件这样做不妥当。

5.13.3　开关件拆卸和焊接方法

开关件操纵柄断或触点严重损坏，无法修复时做更换处理。

更换开关件时要注意，许多开关件引脚很多，给拆卸和焊接都造成了麻烦，应采用吸焊烙铁进行拆卸，这里主要说明以下几点。

（1）拆卸时，先将开关件上各引脚焊锡去掉，这样可以整体脱出开关件。

（2）拆卸过程中要小心，切不可将引脚附近的铜箔线路损坏。

（3）焊接时，电烙铁头上焊锡不要太多，注意不要将相邻引脚上的焊锡连在一起，因为一些多引脚开关件各引脚之间的间隔很小。

5.13.4 波段开关检测方法

波段开关由于使用频繁，故障发生率比较高，由于引脚多，检测比较困难。

1. 波段开关故障特征

关于波段开关的主要故障及具体特征说明以下两点。

（1）波段开关的主要故障是接触不良。这种故障的发生率较高。当波段开关出现接触不良时，表现为收音无声（某个波段或各波段均无声）、收音轻、噪声大等故障。

（2）杠杆式波段开关还有一个不常见的毛病是操纵柄断裂，这是由于开关质量不好或操作不当所致。

2. 波段开关检测方法

检测波段开关主要使用万用表的欧姆挡，具体检测方法说明以下几点。

（1）对波段开关的接触不良故障可以通过万用表测量开关接通电阻来判别，实际修理中往往是先进行开关的清洗处理（因为测量开关接触电阻的工作量相当大），仍然不见改善时才用检测方法。

> **重要提示**
>
> 用万用表的 $R \times 1$ 挡分别测量各组开关中的刀触片与定片之间的接触电阻，由于引脚太多，测量波段开关接触电阻的操作比较麻烦。

（2）对于旋转式波段开关，可直接观察各触点的接触状态，对怀疑触点用万用表测量。

（3）对于杠杆式开关，可按引脚分布规律

来测量，接触电阻应小于 0.5Ω。

（4）必要时测量断开电阻，以防止各引脚触点簧片之间相碰。

3. 杠杆式波段开关接触不良故障修理方法

首先采取清洗处理方法，由于这种开关为一次性密封开关，外壳不便打开，所以只能设法将纯酒精清洗液滴入开关内部，再不断拨动转柄，使各触点充分清洗。

> **重要提示**
>
> 通过上述清洗处理后波段开关能恢复正常工作，有可能在使用了数月后再度发生接触不良故障。清洗时要反复、彻底。

4. 波段开关选配原则

杠杆式波段开关要求用同规格开关代换，因为这种开关除刀数和掷数可能不同外，引脚分布规律、引脚间的间距、安装尺寸等也可能不同，不同规格的开关可能无法装在电路板上，开关也无法与原电路相配合。

5.13.5 录放开关故障特征和修配方法

1. 录放开关故障特征

录放开关的故障发生率比较高，主要故障有以下两种。

（1）接触不良故障。对于长时间不用录放音功能的机器，当使用录音功能时会出现录不上音、录音轻和录音噪声大故障，这时很可能是录放开关的接触不良故障。在放音状态下一般不会出现接触不良故障。

（2）操纵柄松动故障。此时操纵柄不紧，会引起放音无声、噪声大、啸叫等故障。

2. 录放开关修配方法

关于录放开关的修配方法说明以下几点。

（1）对接触不良故障，可用纯酒精进行清洗，方法是：不拆下录放开关，通过转动电路板将录放开关垂直放置（操纵柄朝上），将清洗液从操纵柄根部滴入开关内部，并不断按动开关的操纵柄，使之充分清洗。一般通过这一清洗，开关的接触不良故障会消失。

（2）对于开关操纵柄松动故障要进行更换处理。

（3）更换录放开关时要用同规格的更换，否则无法装配到电路板上。

（4）如果找不到新的录放开关，可抽出开关的操纵柄，然后将所有放音状态下的引脚焊接起来，这样处理后可以恢复放音功能，但是不能使用录音功能。

5.13.6　机芯开关检测方法

1. 机芯开关故障类型

机芯开关的故障主要有以下两种。

（1）接触不上故障。当机芯开关出现接触不上故障时，两触点之间开路，没有直流工作电压加到电动机上，此时电动机出现不转动故障。

（2）接触电阻大故障。当机芯开关出现这种故障时，开关触点能够接触上，但是两触点之间的接触电阻很大，使两触点上的电压压降大，导致加到电动机上的直流工作电压下降，使电动机转动困难，转速慢，输出力矩减小。

2. 机芯开关检测和修理方法

机芯开关的故障发生率比较高，因为它实际上是电动机的电源开关，而电动机是一个感性负载，感性负载在断电时会在电源开关两触点之间出现很高的反向电动势，这一电动势会导致机芯开关两触点之间出现打火现象。

关于机芯开关的检测和修理方法说明如下。

（1）判断机芯开关是否存在接触不良的方法是：使用万用表 R×1 挡，测量开关接通时的电阻，正常时应该小于 0.5Ω。

（2）机芯开关两触点接触不上时，可以通过修整开关簧片，使之保持良好接触；或通过调整开关支架，使开关在接通状态时保持良好接触。修整簧片过程中，没有按下机芯上录音键时，两簧片不能接触上。机芯开关是一个常开的开关。

（3）当机芯开关存在接触不良故障时，可以用刀片清理触点表面。必要时可在开关两端并联一个 RC 消火花电路，如图 5-93 所示，以保护机芯开关触点。

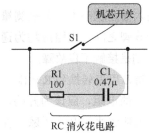

图 5-93　机芯开关加接 RC 消火花电路示意图

5. 有引脚电阻器卧式
安装方法 2

5.14　万用表检测接插件方法

5.14.1　插头和插座故障类型

插头和插座的故障主要有以下两种。

（1）插头的故障主要是引线断、相邻引线焊点之间相碰故障。

（2）插座的主要故障是簧片弹性不好，造成接触不良故障。另外，插座由于经常使用而出现与机壳之间的松动。

5.14.2　万用表检测插头和插座的方法

1. 单声道插头和插座检测方法

检测插头和插座的主要方法是直观检查和用万用表测量触点接通时的接触电阻。用直观检查可以查出插头的引脚断线、焊点相碰故障，旋开插头外壳后可以直接观察，对于插座则要打开机器的外壳才能进行直接观察。

单声道插头、插座的万用表检测方法是：
图 5-94 是测量示意图，不插入插头，用万用表 R×1 挡，两支表棒分别接插座的①脚和②脚，此时应呈通路，否则说明有故障。然后，插头插入插座后测量①脚和②脚之间电阻，应为无穷大。

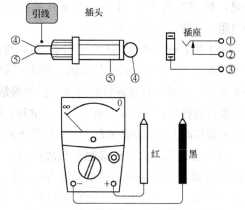

图 5-94　单声道插头、插座检测示意图

插头插入插座状态下，分别测量①脚和④脚、③脚和⑤脚之间的电阻应均为通路，即小于 0.5Ω，否则是接触不良故障。

然后，将万用表转换到 R×1k 挡，测量①脚和③脚之间的电阻，应该为开路，如果是在路测量，阻值应该大于几十千欧。在路测量中有怀疑时断开③脚上的铜箔线路后，再进行这样的断开电阻测量。

2. 双声道插头和插座检测方法

双声道插头、插座的检测方法同单声道插头和插座一样，只是需要分别测量两组单声道插座，图 5-95 是检测示意图。

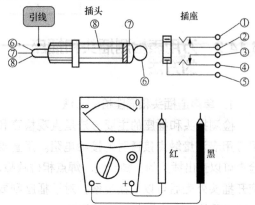

图 5-95　双声道插头、插座检测示意图

插头没有插入插座时，①脚和②脚之间的接触电阻为零，③脚和④脚之间的接触电阻也应该为零，此外这两组触点与⑤脚之间的断开电阻应该均为无穷大。

当插头插入插座后，⑥脚和①脚之间、⑦脚和④脚之间、⑧脚和⑤脚之间的接触电阻均应该为零。

3. 插头和插座（接插件）检测注意事项

关于接插件的检测还要说明以下几点。

（1）检测时，先进行直观检查，再用万用表进行接通和断开电阻的测量。

（2）所有的接触电阻均应该小于 0.5Ω，否则可以认为接插件存在接触不良故障；所有的断开电阻均应该为无穷大，如果测量中有一次断开电阻为零，说明两个簧片相碰。

（3）在路测量接触电阻时，接插件所在外电路不影响测量结果，而测量断开电阻时可能会有影响。

5.14.3　插头和插座故障处理方法

1. 插头断线焊接方法

单声道、双声道插头断线的焊接方法是：先将插头外壳旋下，将引线先穿过外壳的孔，将插头用钳子夹住，给引线断头搪上锡，套上一小段绝缘套管，将引线焊在插头的引片上，注意焊点要小，否则外壳不能旋上，或焊点与其他引脚的焊点相碰而造成新的短路故障。

焊好引线后，将套管套好在焊点上，旋上插头外壳。

2. 插座内部簧片处理方法

单声道、立体声插座内部簧片处理方法是：当这种插座出现接触不良故障时，对于非密封型插座可用砂纸打磨触点，并用尖嘴钳修整簧片的弧度使之接触良好。

密封型插座为一次性封装结构，一般不便做修理，需要更换插座。

6. 有引脚电阻器卧式安装方法 3

5.14.4　接插件选配方法

各种接插件损坏时，首先是设法修复，无法修复时做更换处理。关于接插件的选配主要说明以下两点。

（1）选配的接插件必须同规格，做到这一点对单声道和双声道插头、插座并不困难，因为配件较多。

（2）对于单声道、双声道插座的代换还可以这样，在一台机器上同规格的插座可能有好几个，此时可将不常用的插座拆下换在已经损坏的插座位置上，将已损坏的插座换在不常用的位置上，并对已坏的插座做些适当处理，如直接接通接触不良的触点，这样的处理实践证明是可行的。

5.14.5　插座拆卸和装配方法

单声道、双声道插座拆卸方法是：插座是用槽纹螺母固定在机壳上的，先用斜口钳咬住槽纹螺母的螺纹，旋下此螺母。插座的各引脚焊在印制电路板上，此时要先吸掉各引脚上的焊锡，然后才可以拆下插座。

新插座装上后一定要拧紧螺母，使插座固定紧，因为插头经常插入、拔出，这会使插座扭动而拆断与引脚相连的铜箔线路。插座引脚附近的铜箔线路开裂是一种常见故障。

5.14.6　针型插头/插座和电路板接插件故障

1. 针型插头和插座故障综述

关于针型插头和插座的故障检修主要说明以下两点。

（1）针型插座由于结构牢固的原因，其故障发生率非常低。

（2）针型插头的主要故障是插头内部引线断或由于焊接不当造成的引线焊点之间相碰故障。

2. 电路板接插件故障处理方法

关于电路板接插件的故障检测和处理方法主要说明以下几点。

（1）电路板接插件的拆卸方法是：在拆卸电路板时要卸下引线电路板接插件的插头，此时不要拉住引线向外拔，这样拔不下来，因为这类接插件大多设有一个小倒刺钩住插头，应先用小螺丝刀拨开倒刺后再用手指抓住插头两侧向外拔。

（2）电路板接插件中的插座故障比较少，主要是插头的故障，多数情况是断线故障，有时也会出现插座和插头之间的接触不良故障。引线断的原因很可能是人为造成的，即在拔下插头时拉断。

（3）电路板接插件插头引线断了是件麻烦事，插头的接线管设在插头内部，不容易将接线管取出（因为接线管上设有倒刺），而重新焊线必须要将接线管取出。

（4）拆卸这种接线管的方法：用一根大头针将刺顶出去，再用另一根大头针将接线管顶出来。然后将引线焊在接线管上，注意焊点一定要小，否则接线管无法装入插头的管孔中。

（5）当电路板接插件损坏时，必须设法修复，无法修理时可以省去接插件，用导线直接焊通，也可以在坏的机器上拆一个同规格的电路板接插件代用。

5.15　万用表检测扬声器方法

5.15.1　数字式万用表检测扬声器

图 5-96 是数字式万用表检测电动式扬声器接线示意图。将表置于欧姆挡，选择在 200 量程，红、黑表棒可以不分清，分别接扬声器支架上的两个接线点，正常情况下表显示 7.2Ω。如果显示数值远大于或远小于这个值，都说明该扬声器已损坏。

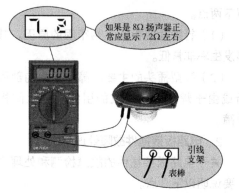

图 5-96　数字式万用表检测电动式扬声器接线示意图

5.15.2　指针式万用表检测扬声器

图 5-97 是指针式万用表检测电动式扬声器接线示意图。将表置于欧姆挡，选择在 R×1 挡量程，其他接线同采用数字式万用表检测是一样的。如果断续接触表棒，扬声器会发出"喀啦、喀啦"响声。

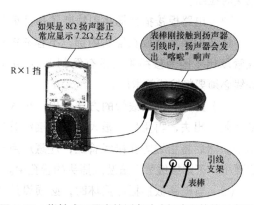

图 5-97　指针式万用表检测电动式扬声器接线示意图

⚠ **重要提示**

上述对扬声器的质量检测是比较粗略的，在业余条件下也只能用这种简便的方法。从检测扬声器这个角度讲，使用指针式万用表的检测结果比数字式万用表检测结果更能说明问题，所以许多情况下并不是使用数字式万用表比使用指针式万用表更好。

5.15.3　扬声器试听检测方法和直观检查

1.　扬声器试听检测方法

扬声器是用来发声的器件，所以采用试听检查法最科学、最放心。试听检测的具体方法是：将扬声器接在功率放大器的输出端，通过听声音来判断它的质量好坏。要注意扬声器阻抗与功率放大器的匹配。不过，现在一般的功率放大器电路都是定压输出特性的，这样一般扬声器不存在阻抗不能匹配的问题。

⚠ **重要提示**

试听检测主要通过听声音来判断扬声器的质量，要声音响、音质好，不过这与功率放大器的性能有关，所以试听时要用高质量的功率放大器。

2.　直观检查

检查扬声器有无纸盆破裂的现象。

3.　检查磁性

用螺丝刀去试磁铁的磁性，磁性愈强愈好。

5.15.4　万用表识别扬声器引脚极性方法

1.　极性识别方法

利用万用表的直流电流挡识别出扬声器引脚极性的方法是：万用表置于最小的直流电流挡（μA 挡），红、黑表棒任意接扬声器的两根引脚，如图 5-98 所示，用手指轻轻而快速地将纸盆向里推动，此时指针有一个向左或向右的偏转。自己规定，当指针向右偏转时（如果向左偏转，将红、黑表棒相互反接一次），红表棒所接的扬声器引脚为正极，黑表棒所接的引脚为负极。以同样的方法和极性规定检测其他扬声器，这样各扬声器的极性就一致了。

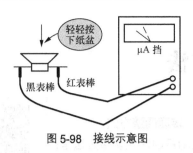

图 5-98　接线示意图

⚠️ **重要提示**

这一方法能够识别扬声器引脚极性的原理是：按下纸盆时，由于音圈有了移动，音圈切割永久磁铁产生的磁场，在音圈两端产生感生电动势，这一电动势虽然很小，但是万用表处于量程很小的电流挡，电动势产生的电流流过万用表，指针偏转。由于指针偏转方向与红、黑表棒接音圈的头还是尾有关，这样可以确定扬声器引脚的极性。

2．识别扬声器引脚极性注意事项

识别扬声器的引脚极性过程中要注意以下两点。

（1）直接观察扬声器背面引线架时，对于同一个厂家生产的扬声器，它的正、负引脚极性规定是一致的，对于不同厂家生产的扬声器，则不能保证一致，最好用其他方法加以识别。

（2）采用万用表识别高音扬声器的引脚极性过程中，由于高音扬声器的音圈匝数较少，指针偏转角度小，不容易看出。此时，可以快速按下纸盆，使指针偏转角度大些。按下纸盆时要小心，切不可损坏纸盆。

5.15.5　扬声器故障处理方法

1．开路故障

两根引脚之间的电阻为无穷大，在电路中表现为无声，扬声器中没有任何响声。此时需要更换扬声器。

2．纸盆破故障

直观检查可以发现这一故障。这种故障的扬声器要更换。

3．音质差故障

这是扬声器的软故障，通常不能发现什么明显的故障特征，只是声音不悦耳，这种故障的扬声器要做更换处理。

5.15.6　扬声器更换方法和选配原则

1．扬声器更换方法

更换扬声器的具体方法和步骤如下。

（1）拆下坏扬声器的各固定螺钉，不要焊下扬声器的各引线。

（2）判断新扬声器的引脚极性，以保持与机器上的其他扬声器引脚极性一致，将新扬声器固定好。

（3）在坏扬声器上焊下一根引线，将此引线焊在新扬声器的相应位置上，再去焊接另一根引线。

（4）焊好两根引线后，直观检查两引线无相碰现象后通电试听。

2．扬声器选配原则解说

关于扬声器的选配原则主要说明以下几点。

（1）国产扬声器要尽可能地用同型号扬声器更换。

（2）代替时要考虑安装尺寸、安装孔的位置，否则新扬声器无法装到机器上。

（3）用阻抗十分相近的扬声器代替，4Ω扬声器不能用8Ω代替，3.2Ω和4Ω的扬声器之间可以进行相互代替。

（4）额定功率指标要十分相近，略大些可以，小得太多会损坏换上的新扬声器。

（5）圆形和椭圆形扬声器之间因为安装问题而不能相互代用。

7.有引脚电阻器立式安装方法

5.16 直流电动机故障处理方法

5.16.1 直流稳速电动机故障现象

1. 不能稳速故障

当直流稳速电动机出现这种故障时，电动机的转速随直流工作电压大小波动而变化，并且当电动机的负载不同时转速不同。此时，重放的声音出现失真，称为抖晃失真。

2. 输出转矩不足故障

如果电动机出现这一故障，当磁带的走带性能不佳时，电动机将出现转速不稳定现象，造成放音失真。

3. 转动噪声大故障

这是直流电动机的一个常见故障，此时放音将出现噪声大故障。

4. 电动机不转动故障

当电动机出现这一故障时，磁带不能走动。

5. 转速偏差大故障

当电动机出现这一故障时，放音的声音或是调门升高，男声变成女声，或是调门降低，女声变男声，对于这一故障可以进行转速的调整。

5.16.2 单速电动机转速调整方法和选配方法

> ⚠️ **重要提示**
>
> 如果直流电动机只是存在转速偏快或偏慢故障，没有调门畸变（快快慢慢的变化），即不存在放音抖晃失真，通过调整直流电动机的转速可以解决问题。如果存在抖晃失真，则调整电动机的转速是无济于事的。

1. 转速调整方法

电动机的常速调整方法是：机器工作在常速放音状态下，用一盒自己非常熟悉的原声磁带（市面上出售的商品磁带）放音，调整电动机的转速微调电阻，放音的声音调门将发生改变，使调门符合正常情况，电动机常速就调整完毕了。

8. 贴片电阻器安装方法

不同机器其电动机的转速微调电阻位置不同，共有以下 3 种情况。

（1）**单速电动机**。它的转速微调电阻设在电动机的外壳内部，在电动机的背面有一个转速调整孔，孔内有一个微调电阻，用螺丝刀伸入内部即可进行调整，有时该转速调整孔被标牌贴住，取下标牌即可。

（2）**双速电动机**。它的常速和倍速微调电阻均在机芯背面的电路板上，不装在电动机的内部，通过双速电动机的转速控制引脚可以寻找到转速调整微调电阻。

（3）**放音机**。它的直流电动机采用小型电动机，电动机内部不设稳速电路，而是设在电路板上，此时在稳速集成电路附近有一只可变电阻器，这就是电动机转速微调电阻。

一般单速直流电动机是电子稳速电动机，有时在转速调整孔旁标有 F 和 S 字母，如图 5-99 所示，F 表示快，沿此方向调整电动机转速变快，S 表示慢，沿此方向调整电动机转速将变慢。

图 5-99 直流电动机旋转方向示意图

2. 注意事项

直流电动机常速调整过程中要注意以下几个问题。

（1）单速电动机中还有一种不常见到的机械稳速电动机，在这种电动机的外壳上没有转速调整孔，由于这种电动机的转速调整相当困难，所以一般采取更换电动机的方法处理，即用一只相同工作电压的直流稳速电动机来更换。

（2）转速调整要打开外壳露出电动机后进行。

（3）采用自己熟悉的原声磁带放音，这是为了能够准确地判断放音时的调门是否准确，是为了提高调整精度。不必怀疑这种通过试听进行转速调整的精度。

（4）对于双速电动机，不是所有的电动机都可以先进行电动机的常速调整，有的则要先调整电动机的倍速，后调整常速，否则在倍速调整后还要进行常速的调整。

（5）对于双卡机器，它的两个卡电动机要分开进行调整，如果两卡共用一只电动机时只要调整一次，而且不必调整电动机的倍速。

3. 直流电动机选配方法

电动机除转速偏差故障外，其他故障一般均无法修复，需要做更换处理。在选配电动机时要注意以下几点：工作电压要相同，做到这一点并不困难；电动机的转向要相同；额定转矩相同或大于原型号电动机，单速电动机不能代替双速电动机。

5.17 万用表检测其他元器件方法

5.17.1 万用表检测晶振

1. 检测晶振方法

石英晶体（即晶振）的常见故障是内部接触不良，或是石英破碎，此时在遥控器中可以引起无法遥控，在彩电中可以引起无彩色图像，在振荡器中引起无振荡信号输出故障。表 5-13 所示是万用表检测晶振方法说明。

表 5-13 万用表检测晶振方法说明

接线示意图	指针指示	说明
		在常规条件下，可用万用表 R×1k 挡测量晶振的两引脚之间电阻，应呈开路特性
		如果有阻值则说明它已损坏

重要提示

对晶振的准确检测可用代替检查法。

2. 晶振修理方法

有时由于无法配到晶振，对于一些晶振是可以通过修理来恢复它的正常工作的，**具体方法如下。**

（1）用小刀片边缘将有字母的侧盖剥开，将电极支架及晶片从另一盖中取出。

（2）用镊子夹住晶片从两电极之间取出来。

（3）将晶片倒置或转动 90° 后，再放入两电极之间，使晶片漏电的微孔离开电极触点。

（4）测量两电极的电阻应该为无穷大，然后重新组装好，边缘用 502 胶水粘好。

5.17.2　磁头故障处理方法

1. 磁头故障特征

（1）磨损。这是除抹音磁头外其他磁头的常见故障。由于使用时间较长后，磁头的工作表面被磨损，这时录音和放音的高音明显变劣。抹音磁头由于磁头材料问题，磨损故障一般不成问题。

（2）工作表面脏。这是磁头的常见故障之一。磁头与磁带接触面（工作表面）上涂有磁粉或有脏东西等，磁头与磁带之间接触不良，出现录音或放音的声音轻、高音输出不足故障，此时只需进行清洗处理即可。

（3）方位角偏。这种故障不存在于抹音磁头中，其他磁头均有这一问题。当磁头出现这一故障时，放音出现高音输出不足现象，可以通过调整方位角加以解决。

2. 磁头检测方法

（1）用直观检查法检查磁头工作表面，可以发现磨损故障和磁头工作表面脏的问题，对于方位角偏的问题则无法看出来。

（2）发现磁头工作表面磨损严重时，要更换磁头。当发现磁头工作表面出现一条垂直的缝隙时，说明该磁头已经报废。

（3）判断磁头方位角是否偏有一个简单的方法：当机器放音高音不足、声音闷时，检查磁头工作表面不脏，也没有磨损，可以用一盒磁带录音再放音，若此时重放时高音很好，就说明方位角偏了。

3. 磁头修整方法

对于轻度磨损的磁头，其工作表面不会出现一条垂直缝隙，此时可以通过修整磁头工作表面来修复，方法是用细砂纸打磨磁头的工作表面，使之重新呈圆弧状。

4. 磁头方位角调整方法

当放音磁头的方位角偏之后，放音将出现高音不足现象，放音时声音闷，此时可以进行方位角调整，**具体方法是**：用一盒高音丰富的新原声磁带放音，在较大音量、提升高音下调整方位角螺钉，此时放音的声音大小和高音输

出大小均会发生改变，通过调整使声音最大、高音输出最为丰富。

> **重要提示**
>
> 对于单声道、双声道机器的调整方法相同，对于采用旋转磁头的机器，方位角调整要分A、B两面进行。调整A面方位角之后再调整B面的方位角，注意这两面有两颗方位角调整螺钉。
>
> 对于四声道磁头的方位角调整方法同双声道机器一样，当A面调整好后B面就是正常的，不必再进行调整。

5. 磁头方位角调整孔

当机器已拆开时可直接看出磁头的方位角螺钉，即垫有弹簧的一颗是方位角调整螺钉，调整方位角就是调整这一颗螺钉。

没有拆开机壳时，也可以进行方位角的调整，此时机壳上有一个方位角调整孔（对于旋转磁头则有两个这样的孔），孔的位置在磁带仓盖板下面，当按下放音键后，磁头所在的滑板移动，磁头上的方位角调整螺钉恰好进入调整孔，用一根细而长的螺丝刀伸入孔中就能进行方位角的调整。

6. 磁头选配方法

（1）安装尺寸要相同，否则无法装在机芯上，如若相差不大时可以通过修整磁头支架上的固定螺钉孔来满足装配要求。

（2）磁头的阻抗要相同或十分相近，通过测量磁头的直流电阻来判断，新、老磁头直流电阻相同或十分相近即可。

（3）不同声道数目磁头之间不要相互代替。当磁头大小相差很大时不要代用，否则会导致磁头与磁带之间接触不紧或接触太紧（影响磁带走带）。

7. 磁头更换操作方法

更换录放磁头的操作方法是：先将旧磁头从机芯上拆下，即拧下它的两颗固定螺钉，然后装上新磁头，将磁头上的固定螺钉拧紧，但方位角螺钉不必拧紧。再将旧磁头上的引线

——对应地焊在新磁头上，最后进行方位角的调整。

双声道磁头的 4 根引线不能接错。图 5-100 是双声道磁头两种引线接线示意图。

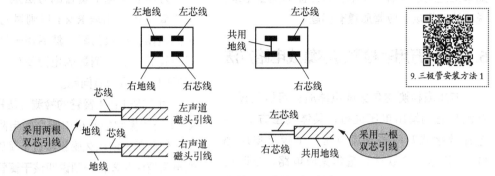

图 5-100　双声道磁头接线示意图

5.17.3　万用表检测动圈式传声器

1. 故障和检测方法

动圈式传声器的主要故障是断线：一是传声器的插头处断线，二是传声器引线本身断线，三是在音圈处断线。

通过万用表欧姆挡可以发现断线故障。

断线故障的处理方法是重焊断线，当线断在音圈连接处时，焊接比较困难，有时甚至无法修复。

2. 动圈式传声器选配方法

动圈式传声器的输出阻抗一般为 600Ω，在需要更换新的传声器时，要选择相同阻抗的传声器。

5.17.4　万用表检测驻极体电容式传声器

1. 检测方法

驻极体电容式传声器的检测方法是：首先检查引脚有无断线情况，然后检测驻极体电容式传声器。

检测两根引脚传声器时，选择万用表 $R \times 1k$ 挡，图 5-101 是红、黑表棒连接示意图，黑表棒接①脚，红表棒接②脚，然后对传声器正面吹气，指针向左偏转，其偏转的角度越大，说明传声器的灵敏度越大。如果经测量为开路，说明传声器已经损坏。

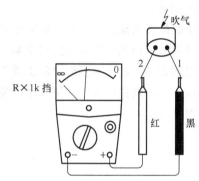

图 5-101　检测两根引脚电容式传声器接线示意图

对于 3 根引脚驻极体电容式传声器检测方法同上，只是黑表棒接输出引脚，红表棒接地线引脚。

2. 驻极体电容式传声器选配方法

这种传声器价格很低，损坏后做更换处理，关于驻极体电容式传声器的选配主要说明以下两点。

（1）两根与 3 根引脚的驻极体电容式传声器之间不能直接代替，一般情况下也不做改动电路的代替。

（2）这种传声器没有型号之分，相同引脚数的传声器可以代替，只是存在性能上的差别。

5.17.5　万用表检测双栅场效应管方法

万用表可以对双栅场效应管的质量进行一个简单的检测，具体方法是：选择万用表 $R \times 10$ 挡，测量漏极与源极之间的电阻，应该为几十欧。再用 R×10k 挡，测量两个栅极分别与漏极和源极之间的电阻，均应该为无穷大。如果上述测量中有一个不符合上面的测量结果，说明该双栅场效应管质量有问题。

5.17.6　万用表检测霍尔集成电路方法

万用表检测霍尔集成电路质量可以通过在路测量它的输出电压进行，具体测量方法是：选择数字式万用表直流电压挡（较低电压挡位），用永久磁铁接近霍尔集成电路，这时用数字式万用表电压挡应该能够测量到它的输出电压，如果没有电压输出则说明该霍尔集成电路已损坏。

对于装配在电动机上的霍尔集成电路，可以采用数字式万用表的交流电压挡来测量，转动电动机的定子，如果测量到霍尔集成电路有交流电压输出，则说明该霍尔集成电路没有问题，否则已损坏。

5.17.7　万用表检测干簧管方法

万用表检测干簧管的方法是：对于常闭式干簧管，用万用表 R×1 挡测量它的两根引脚之间电阻，应该为零。然后用一块永久磁铁接近干簧管，此时测量的电阻值应为无穷大，否则说明该干簧管有问题。

对于常开式干簧管的检测方法是：用万用表 R×1 挡测量它的两根引脚之间电阻，应为无穷大。然后用一块永久磁铁接近干簧管，此时测量的电阻值应为零，否则说明该干簧管有问题。

6.1 万用表检修电阻类元器件电路故障

6.1.1 万用表检修电阻串联电路故障

⚠ 重要提示

电子电路故障检修是要讲究思路的，否则就变成了盲目操作。通过电阻电路故障检修思路的讲解，读者可以较为完整地掌握电子电路故障检修思路和具体操作方法。

1. 电阻串联电路中短路特征

掌握电路发生故障后的特征，即故障现象是分析故障、检修故障的重要一环。通过这些故障特征可以分析出故障的可能原因。

图 6-1 是电阻串联电路短路示意图。电路中，原来电阻 R1 和 R2 串联，现在电阻 R2 被短路，这时串联电路中会发生下列一些变化。

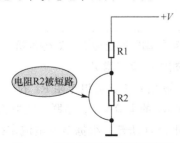

图 6-1 电阻串联电路短路示意图

（1）在电阻 R2 短路后，串联电路中只有电阻

R1 的存在，此时电路的总电阻值减小，等于电阻 R1 的阻值。

10. 三极管安装方法 2

（2）由于电路中的直流工作电压 +V 大小没有变化，而串联电路的总电阻减小了，所以串联电路在电阻 R2 短路后电流会增大。电路中电流增大量的多少与被短路电阻 R2 的阻值有关，如果 R2 的阻值比较大，短路后串联电流中的电流增大量就比较大，这会造成电源的过电流，当电源无法承受过大的电流时，电源就有被烧坏的危险。所以，串联电路中的短路现象是有害的。

同时，由于增大的电流也流过了串联电路中的其他电阻器（如流过 R1），也会对其他电阻器造成过电流，也存在损坏其他电阻器的危险。

（3）串联电路中，如果测量时发现流过某元器件的电流增大了，说明串联电路中存在短路现象。由于串联电路中某个电阻短路后电流会增大，这样，流过串联电路中其他电阻器的电流也将会增大，其他电阻器上的电压降就会增大。

⚠ 重要提示

串联电路中的短路故障是严重故障，它会因为流过串联电路中的电流增大而有损坏串联电路中所有元器件的危险。

2. 串联电路中开路特征

图6-2是电阻串联电路开路示意图。电阻串联电路发生开路现象时，无论串联电路中的哪个环节出现了开路，电路都将表现为一种现象，即电路中没有电流的流动，这是开路故障的特征。

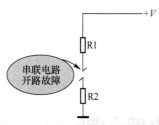

图 6-2　电阻串联电路开路示意图

重要提示

串联电路中，一般情况下开路故障对电路的危害不大。但是，对于负载回路的开路，有时因为负载开路导致负载的驱动电路电压升高，造成驱动电路出现故障。

3. 电阻串联电路故障检修

检修电阻串联电路故障的方法有许多种，例如可以分别用万用表欧姆挡测量电路中各电阻的阻值等。在故障检修中往往会根据故障现象和具体电路情况灵活选择检修方法。

（1）开路故障检修。图6-3所示是两只电阻串联电路。如果这一电路工作在直流电路中，用万用表直流电压挡测量R1两端的电压（两支表棒分别接在R1两根引脚上），便能知道电路是否存在开路故障。

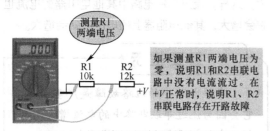

图 6-3　检查电阻串联电路故障示意图

重要提示

如果这一电阻串联电路是工作在交流电路中的，那么将万用表改成毫伏表的交流挡测量R1两端的交流电压。使用数字式万用表的交流电压挡也能进行交流电路中的交流电压测量。

如果流过R1和R2的电流是交流电流，是不能用万用表的直流电压挡测量的，用指针式万用表的交流电压挡也不能测50Hz之外的交流电压，因为指针式万用表的交流电压挡是专门针对50Hz交流电设计的。

（2）**短路故障检修**。理论上讲，检查电阻串联电路的短路故障也可以用上述测量R1两端电压的方法，如果R1两端的电压比正常值高，在电压+V没有增大时可以说明电阻串联电路中存在短路故障，因为只有串联电路中存在短路才会使电路中的电流增大，使R1两端的电压增大。

但是，上述串联电路短路故障检查存在一个问题，就是必须要知道R1两端的正常电压是多少，否则无法判断电路中的电流是不是增大了。所以这一检查方法还存在着不足之处。

重要提示

检查电阻器短路故障最好的方法是测量电阻器的阻值，如果阻值为零，说明已短路，否则也排除了该电阻器短路的可能性。

4. 电阻串联电路电流处处相等特性对故障检修的指导意义

在串联电路中，流过电阻R1的电流是I_1，流过电阻R2的电流是I_2，串联电路中总的电流是I，如图6-4所示，根据节点电流定律可知，流过各串联电阻的电流相等，且等于串联电路中的总电流，即$I = I_1 = I_2$。

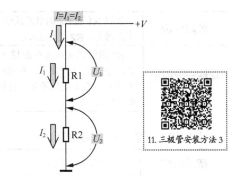

图 6-4　串联电路电流处处相等示意图

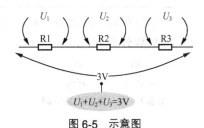

11. 三极管安装方法 3

如果电路中有 3 只或更多的电阻器相串联，流过各电阻器的电流都是相等的，且也等于串联电路中的总电流。

当电源电压 +V 大小保持不变时，若串联电路中总的电阻在增大，则电路中总的电流将减小，流过串联电路中各电阻的电流也将减小。

电阻串联电路的这一电流特点揭示了这样的一个特性：串联电路中，各电阻器要么同时有电流流过，电路中有电流流动；要么各串联电阻器中都没有电流流过，电路中没有电流的流动。

> ## ⚠ 重要提示
>
> 串联电路中电流处处相等特性对电路故障检查的指导意义重大。
>
> 电路故障检修中，只要测得电路中的任何一只电阻器有电流流过，便可以知道这一电路工作是正常的；反之，只要测量电路中任何一只电阻器中没有电流流过，那说明这一电路中没有电流的流动。
>
> 前面解说了利用电路特性指导电路故障检查的思路，在电路故障检修中，就是像这样对形形色色的故障进行逻辑分析和检查，如果不了解电路的工作原理和特性，检修工作就一定带有盲目性，甚至是错误的。

5. 电阻串联电路电压降特性对故障检修的指导意义

根据欧姆定律可知，电阻上的电压等于该电阻的阻值与流过的电流之积，即 $U = I \times R$。在串联电路中，各电阻器上的压降之和等于加到这一串联电路上的电源电压。

例如，由 3 只电阻构成的串联电路，这个串联电路接在直流电压为 3V 的电源上，3 只电阻上的压降之和等于 3V，如图 6-5 所示。

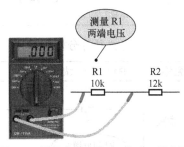

图 6-5　示意图

了解串联电路的电压特性，主要对串联电路故障的检修有益，有以下两个方面的方便之处。

（1）电路故障检修中，测量电压比测量电流方便许多。测量电流时要断开线路，再串入万用表的表棒，而测量电压不需要断开电路，直接将两支表棒并联在电阻器两端即可。如果需要测量流过串联电路中某一只电阻器 R1 的电流时，两支表棒直接接触 R1 的两根引脚进行电压测量，再除以该电阻器的阻值即可得到流过该电阻的电流值。

（2）如果测量串联电路中某个电阻器上的电压为零，同时直流电源电压正常，就可以说明串联电路中没有电流，串联电路存在开路故障，如图 6-6 所示。反之，若测量某个电阻器上有电压，说明这一串联电路工作基本正常。用这种测量电阻器两端电压的方法检查串联电路是否开路相当方便。

图 6-6　测量串联电阻 R1 上电压示意图

6. 电阻串联电路故障分析

⚠ **重 要 提 示**

电路的故障分析是故障检修的理论基础，是指导修理实践的法宝，掌握修理理论能够快、好、准地检修故障。

图6-7所示为两只电阻串联电路，这一电阻串联电路的故障分析如下。

图6-7 两只电阻串联电路

（1）R1开路故障分析。

故障名称	R1开路故障
故障示意图	R1 10k R2 12k R1开路
故障分析	R1和R2中没有电流流过，R1和R2两端测量不到电压
理解方法提示	没有电流流过电阻，所以电阻两端无电压

（2）R1短路故障分析。

故障名称	R1短路故障
故障示意图	R1 10k R2 12k R1短路
故障分析	流过R2的电流增大，有烧坏R2的可能性
理解方法提示	串联电路的总电阻下降，使总电流增大，流过R2的电流太大会烧坏R2

（3）R1阻值增大故障分析。

故障名称	R1阻值增大故障
故障示意图	R1 10k R2 12k R1阻值增大
故障分析	流过R1和R2的电流减小，R1上电压增大，R2上电压减小
理解方法提示	R1阻值增大后总电阻增大，总电流减小。总电流减小，在R2上电压降减小，而总电压不变，这样R1上电压增大

（4）R1阻值减小故障分析。

故障名称	R1阻值减小故障
故障示意图	R1 10k R2 12k R1阻值减小
故障分析	流过R1和R2的电流增大，R1上电压减小，R2上电压增大
理解方法提示	R1阻值减小后总电阻减小，总电流增大。总电流增大，在R2上电压降增大，而总电压不变，这样R1上电压减小

（5）R1接触不良故障分析。

故障名称	R1接触不良故障
故障示意图	R1 10k R2 12k R1接触不良
故障分析	电路工作一会儿正常，一会儿不正常
理解方法提示	接触正常时R1正常接入电路，所以电路工作正常。当出现接触不正常时，R1不接入电路或是R1接触电阻增大导致R1总的阻值增大，这时电路就不能正常工作

（6）电阻R2故障分析。对电阻R2的故障分析与电阻R1的故障分析相同，因为R2和R1是串联电路。

⚠ **重 要 提 示**

对电阻器进行故障分析时，要假设电阻器出现开路故障、短路故障、阻值减小故障和阻值增大故障，然后进行电路故障状态的分析，以培养故障分析能力。

这里要说明的一点是，电阻器通常不会出现阻值增大和减小故障，只是为了学习电路故障分析而进行的假设。

6.1.2 万用表检修电阻并联电路故障

1. 电阻并联电路中短路特征

图 6-8 是电阻并联电路中电阻 R2 被一根导线短路后的示意图。电路中，电阻 R1 与 R2 构成并联电路，但是 R2 被短路了，这样电路中的电阻 R1 也同样被短路。

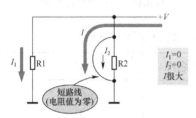

图 6-8 电阻并联电路短路示意图

⚠️ **重要提示**

并联电路中，起主要作用的是阻值小的电阻器，这是并联电路的一个重要特性。电阻 R2 被短路后，这条短路线就相当于一个电阻为零的"电阻器"并联在电阻 R1 和 R2 上，相当于 3 只电阻器的并联电路。

在电阻 R2 短路后，流过电阻 R2 的电流 I_2 为零，因为电流从电阻值很小的短路线流过，而不从电阻值比较大的 R2 流过。同理，电阻 R1 中的电流 I_1 也为零。由此可见，在并联电路出现短路现象后，原来电路中的电阻 R1、R2 中均没有电流流过，这种情况的短路对电阻 R1 和 R2 没有危害，电流都集中流过短路线，这是电路短路的一个特征。

根据欧姆定律公式 $I=U/R$ 可知，由于短路线电阻值几乎为零，这样从公式可知，此时流

过短路线的电流理论上为无穷大。实际电路中，由于电源的内阻影响，电流不会为无穷大，但绝对是很大的，而这一电流就是电源所流出的电流，显然这时对电源而言是重载，将有烧坏电源的危险。

12. 双列直插式集成电路安装方法

⚠️ **重要提示**

上面所说的 R2 短路是指 R2 两根引脚之间被另一根导线短路，在自然发生的短路中情况并非如此，而是电阻器本身内部发生了短路，这时就会有很大的电流流过短路的电阻器，将这一电阻器烧坏。显然，这种元器件本身短路与元器件引脚之间被导线短路是不同的。但是，对电源而言，这两种短路对电源的危害是一样的。

2. 电阻并联电路中开路特征

图 6-9 是电阻并联电路中电阻 R2 开路后的示意图。电路中，电阻 R1 与 R2 构成并联电路，但是 R2 开路了，这样电路中就只有电阻 R1。

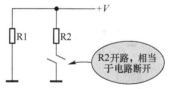

图 6-9 电阻并联电路开路示意图

电阻 R2 的开路具体可以表现为这样几种形式：一是电阻器两根引脚之间的电阻体某处开裂；二是电阻器的一根引脚断路了；三是电阻器两根引脚所在的铜箔线路某一处开裂，这可视作电阻器开路。

这一并联电路中的 **R2** 开路后，电路会发生如下变化。

（1）这一并联电路的总电阻值增大，原先总电阻为 R1 与 R2 的并联值，现在为 R1 的阻值，R1 的阻值大于 R1 与 R2 的并联值。

（2）对于直流工作电压 +V 而言，电阻 R1

和 R2 是这一直流工作电压的负载。当负载电阻比较大时，流过负载电阻的电流就比较小，也就是要求电源流出的电流比较小，通常将这一状态称为电源的负载比较轻。当负载电阻比较小时，流过负载电阻的电流就比较大，也就是要求电源流出的电流比较大，通常将电路的这一状态称为电源的负载比较重。当并联电路中的某只电阻开路后，电路的总电流下降，说明电源的负载轻了。

（3）电阻 R2 支路中的电流为零，电阻 R1 支路中的电流大小不变。并联电路的总电流减小，因为 R2 支路中的电流为零了。R2 支路开路后，这一并联电路的总电流不是为零，只是减小，这一点与串联电路不同。

3. 电阻并联电路故障检修

电阻并联电路的开路故障和短路故障检修方法与电阻串联电路不同，这是因为并联电路和串联电路的结构不同。

（1）开路故障检修。图 6-10 是电阻并联电路故障检修示意图。电路断电情况下，用万用表欧姆挡测量并联电路的总电阻（两根表棒分别接电路地线和电源端），正常情况下测量的总电阻应该小于 R_1 和小于 R_2。

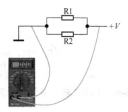

图 6-10　电阻并联电路故障检修示意图

⚠️ **重要提示**

如果测量的阻值大于 R_1 和 R_2 中的任何一个，说明电路中的 R1 或 R2 开路，具体是哪只电阻开路要具体分析，或改用测量每只电阻支路电流的方法来确定。

（2）短路故障检修。如果测量的总电阻为零，说明这一并联电路存在短路故障，短路

的具体部位和性质不能确定，需要进一步检查。已经能够确定这一并联电路存在短路故障，这对故障检修来说意义非常大，它确定了故障电路的范围，同时明确了进一步检修的方向。

13. 双列贴片集成电路安装方法 1

4. 电阻并联电路故障分析

图 6-11 所示为两只电阻并联电路，这一电阻并联电路的故障分析如下。

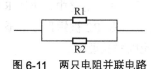

图 6-11　两只电阻并联电路

（1）R1 开路故障分析。

故障名称	R1 开路故障
故障示意图	R1 开路 R1 R2
故障分析	总电阻增大，总电流减小，R1 中无电流流过，R2 中电流正常，R2 工作正常
理解方法提示	R1 开路后不再是并联电路，总电阻增大。 总电压不变，所以 R2 中电流不变

（2）R1 短路故障分析。

故障名称	R1 短路故障
故障示意图	R1 短路 R1 R2
故障分析	整个并联电路短路，总电流很大，会烧坏电源电路。 R2 不起任何作用
理解方法提示	并联电路中有一只电阻短路将使整个并联电路短路，这是并联电路非常危险的故障

（3）R1 阻值增大故障分析。

故障名称	R1 阻值增大故障
故障示意图	R1 阻值增大 → R1 / R2（并联电路示意图）
故障分析	总电阻增大，总电流减小。 R1 中电流减小，对 R2 正常工作无影响
理解方法提示	并联电路中任何一只电阻增大时，总电阻都增大。 因为总电压没有变，所以 R1 中电流减小，但对 R2 无影响

（4）R1 阻值减小故障分析。

故障名称	R1 阻值减小故障
故障示意图	R1 阻值减小 → R1 / R2（并联电路示意图）
故障分析	总电阻减小，总电流增大。 对 R2 正常工作无影响
理解方法提示	并联电路中任何一只电阻减小时，总电阻都减小。 总电压不变，因为 R1 阻值减小，所以流过 R1 的电流增大

（5）R1 接触不良故障分析。

故障名称	R1 接触不良故障
故障示意图	R1 接触不良 → R1 / R2（并联电路示意图）
故障分析	接触不正常时总电流减小
理解方法提示	接触不正常时，R1 与电路断开，此时总电阻增大，所以总电流减小

⚠ 重要提示

电阻串联电路和电阻并联电路故障存在以下两点明显的不同之处。

（1）当串联电路中某一只电阻开路时，整个串联电路呈开路状态，串联电路中无电流。但是，对于并联电路而言，当其中某只电阻开路时，只是该支路中没有电流，只是并联电路的局部出现开路故障，整个并联电路没有开路，并联电路中还是有电流的。

（2）当并联电路中某一只电阻短路时，整个并联电路呈短路状态，对电源造成重大危害。但是，对于串联电路而言，当其中某只电阻短路时，整个串联电路并不短路，只是局部短路，整个电路总的电阻减小，使电源输出更大的电流。

5. 负载短路对电源的影响

如果电源电路的负载电路被导线短路，如图 6-12 所示，由于负载电阻 R 被短路，负载 R 两端的电压 $U=0V$，这样流过负载 R 的电流 $I=0A$，这是因为 $I=U/R$，$U=0V$，所以 $I=0A$。

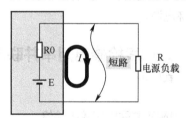

图 6-12 电源负载电路短路示意图

⚠ 重要提示

流过负载电阻 R 的电流等于零了，但并不是表示流过电源的电流也等于零，恰恰相反，流过电源的电流增大了许多。由于负载电阻短路，电源处于短路所在的回路中，此时这一回路中的电流 $I=E/R_0$（R_0 为电源内阻阻值），由于电源的内阻阻值 R_0 通常很小，所以此时的电流 I 很大，这一电流称为短路电流。

由于短路时流过电源的电流很大，这一电流是电源输出的，它全部流过电源内部的内电阻，电源起初会发热，温度高到一定程度后就超出了电源的承受能力，最终会烧坏电源。电路的这种状态称为电源短路。

负载电路开路和短路对电源的影响有所不同，具体影响如下。

（1）**短路影响**。电路发生短路是相当危险的，很容易损坏电源和电路中的其他元器件。使用中，要防止电源短路。发生短路时，电源的端电压 $U = 0V$。

（2）**开路影响**。负载电阻开路时电路中没有电流的流动，即没有电流流过负载和电源本身。对于电源而言，这种状态称为电源的空载，相当于电源没有接入负载。

开路后，对负载没有危害，一般情况下，对电源也不存在危害，但有些情况下，负载开路会损坏电源。

6.1.3 万用表检修电阻串并联电路故障

1. 电阻串并联电路故障检修

图 6-13 是电阻串并联电路故障检修示意图。检查电子电路故障要抓住电路中的关键部分，在电阻串并联电路中，串联电阻 R3 是电路中的关键，因为 R3 开路将造成整个电阻串并联电路中没有电流，所以重点测量串联电阻 R3。

14. 双列贴片集成电路安装方法 2

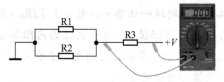

图 6-13　电阻串并联电路故障检修示意图

重要提示

如果测量 R3 上的电压为零，在直流电压 +V 正常的情况下，说明这一电阻串并联电路中没有电流流过，电路中存在开路故障。

如果测量 R3 上电压正常，说明这个电阻串并联电路正常。

如果测量 R3 上电压比正常值大，说明流过电阻串并联电路的电流增大，原因是 R1 或 R2 存在短路故障，或是 R1、R2 中有一只电阻阻值减小。

如果测量 R3 上电压比正常值小，说明 R1 或 R2 中有一只电阻开路。

2. 电阻串并联电路故障分析

图 6-14 所示是电阻串并联电路，关于电阻串并联电路故障分析说明如下。

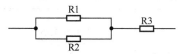

图 6-14　电阻串并联电路

（1）并联电路中电阻开路故障分析。

故障名称	并联电路中电阻开路故障
故障示意图	R1 开路 R1 R2　R3 或 R1　R3 R2 R2 开路
故障分析	当并联电阻器中有一只开路时，串并联电路中的电流不会消失，例如 R1 开路后仍然有电流流过电阻 R2，此时电路的总电流只是有所减小。 但是，如果参与并联的两只电阻 R1 和 R2 同时开路时，电路中就没有电流的流动。 在正常情况下，两只电阻器同时开路的故障可能性比一只电阻器开路的可能性小了许多

（2）串联电路中电阻开路故障分析。

故障名称	串联电路中电阻开路故障
故障示意图	
故障分析	在电阻串并联电路中，当串联的电阻器开路时，即电路中的电阻 R3 开路后，电路中就没有电流流动，因为电阻 R3 要构成流过电阻 R1 和 R2 电流的回路。 显然，在电阻串并联电路中，不同位置的电阻器发生开路后，对整个串并联电路的影响是不同的

（3）电阻短路故障分析。

故障名称	电阻短路故障
故障示意图	
故障分析	在电阻串并联电路中，任何一只电阻器短路，都不会造成电源的直接短路，例如电阻 R3 短路后，还有电阻器 R1 和 R2 作为电源的负载；当电阻 R1 短路后，还有电阻 R3 作为电源的负载（R2 因为被 R1 短路而不起作用）。 通过上述电路分析可知，这种串并联电路有利于防止电源的直接短路，实用的电路一般都是相当复杂的串并联电路，所以当某一个元器件出现短路现象时，并不会造成电源直接短路的严重后果

3. 电阻串并联电路元器件故障分析

电阻串并联电路元器件故障分析如下。

（1）R1 开路故障分析。

故障名称	R1 开路故障
故障示意图	
故障分析	总电阻增大，总电流减小，流过 R2 电流增大，流过 R3 电流减小。 R2 两端电压增大，R3 两端电压减小
理解方法提示	要以总电流大小变化为分析依据。 总电流减小使 R3 两端电压减小，由于加到串并联电路两端的电压不变，这样 R2 两端电压增大，所以流过 R2 电流增大

（2）R1 短路故障分析。

故障名称	R1 短路故障
故障示意图	
故障分析	总电阻减小，总电流增大，流过 R3 电流增大。 R1 和 R2 两端电压为零，R3 两端电压增大
理解方法提示	R1 短路的同时将 R2 也短接了，这样电路中只有 R3，不再是串并联电路

（3）R1 阻值增大故障分析。

故障名称	R1 阻值增大故障
故障示意图	

故障分析	总电流减小，R3 上电压减小，R1 和 R2 两端电压增大
理解方法提示	总电流减小，使 R3 上电压减小。总电压不变，R1 和 R2 上电压就增大

（4）R1 阻值减小故障分析。

故障名称	R1 阻值减小故障
故障示意图	
故障分析	总电流增大，R3 上电压增大，R1 和 R2 两端电压减小
理解方法提示	总电流增大，使 R3 上电压增大。总电压不变，R1 和 R2 上电压就减小

（5）R1 接触不良故障分析。

故障名称	R1 接触不良故障
故障示意图	
故障分析	R1 不能接触上时，电路故障相当于 R1 开路
理解方法提示	分析思路与 R1 开路故障相同

（6）电阻 R2 的开路故障、短路故障、阻值增大故障、阻值减小故障和接触不良故障分析与电阻 R1 的故障分析相同。

（7）R3 开路故障分析。

故障名称	R3 开路故障
故障示意图	

故障分析	总电阻无穷大，总电流为零。R1、R2 和 R3 中都没有电流，3 只电阻上的电压均为零
理解方法提示	R3 是串联电阻，它开路使整个电路处于开路状态，分析思路同串联电路一样

（8）R3 短路故障分析。

故障名称	R3 短路故障
故障示意图	
故障分析	总电阻减小，流过 R1、R2 电流增大，R1、R2 上电压增大
理解方法提示	R3 短路，电路相当于 R1、R2 构成并联电路，总电压直接加到 R1、R2 上，所以流过 R1 和 R2 的电流增大

（9）R3 阻值增大故障分析。

故障名称	R3 阻值增大故障
故障示意图	
故障分析	总电阻增大，总电流减小，流过各电阻的电流减小。R1 和 R2 两端电压减小，R3 上电压增大
理解方法提示	总电流减小，使 R1 和 R2 上电压减小，总电压不变，所以 R3 上的电压增大

（10）R3 阻值减小故障分析。

故障名称	R3 阻值减小故障
故障示意图	

故障分析	总电阻减小，总电流增大，流过各电阻的电流增大。R1 和 R2 两端电压增大，R3 上电压减小
理解方法提示	总电流增大，使 R1 和 R2 上电压增大，总电压不变，所以 R3 上的电压减小

（11）R3 接触不良故障分析。

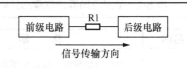

15. 双列贴片集成电路安装方法 3

故障名称	R3 接触不良故障
故障示意图	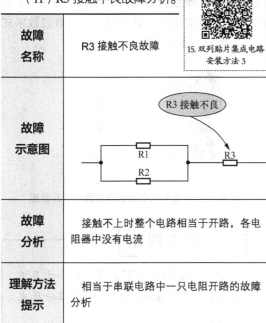
故障分析	接触不上时整个电路相当于开路，各电阻器中没有电流
理解方法提示	相当于串联电路中一只电阻开路的故障分析

⚠️ **重 要 提 示**

上述电阻串并联电路中，R3 开路就使整个串并联电路开路。但是，当 R1 和 R2 中有一只电阻开路时，整个串并联电路并不开路，因为还有另一只电阻在电路中。

4. 电阻开路故障分析小结

⚠️ **重 要 提 示**

在不同的电路中，同是电阻出现开路故障，却会表现为不同的故障现象，这其中的根本原因是电阻在电路中所起的作用不同。

表 6-1 所示是电阻开路故障分析小结。

表 6-1　电阻开路故障分析小结

串联形式电阻开路故障分析	电阻 R1 与前级和后级电路串联，R1 在电路中用来进行信号传输，它可以传输直流或交流信号电压，也可以传输直流或交流信号电流。 从电路中可以看出，当 R1 开路时，前级电路的所有信号都无法加到后级电路中，所以 R1 开路将出现信号传输中断故障。 信号中断对不同电路的影响是不同的，产生的具体故障现象也不同。 （1）如果 R1 传输的是音频信号，那么后级电路由于没有音频信号输入而出现无声故障。 （2）如果 R1 传输的是图像信号，那么将出现无图像故障。 （3）如果 R1 传输的是负反馈信号，那么将出现无反馈信号故障。总之，要视 R1 所传输信号性质的不同，分析具体的故障现象。 （4）如果 R1 传输直流电流和电压，那么 R1 开路时后级电路无直流电流和电压。 （5）如果这一直流电流和电压是后级电路的直流工作电压和电流，将使后级电路无法工作。例如，后级是一个放大器，因为无直流工作电压将出现无信号输出故障，或是无声，或是无图像，或是其他具体的故障现象

串联形式电阻开路故障分析示意图：前级电路—R1—后级电路，信号传输方向

并联形式电阻开路故障分析示意图：前级电路—R1、R2（并联）—后级电路，信号传输方向

并联形式电阻开路故障分析	这是并联形式的电路，R1 与 R2 并联，这里对 R2 的开路故障分析思路进行解说。 从电路中可以看出，由于 R1 与 R2 并联，当 R2 开路时，信号传输线路并没有完全中断，还有 R1 进行电流和电压传输，此时的电路故障分析重点转移至 R1 和 R2 并联电阻阻值大小的变化上。 由电阻并联电路总电阻特性可知，当一个支路开路时另一个支路还有电流流过，所以 R2 开路时不会出现后级电路中无电压、无电流、无声、无图像的故障。 当 R2 开路后，电路中只有 R1，因为 R1 的阻值大于 R2 和 R1 并联后的总电阻，所以通过 R1 加到后级电路的电压减小，根据后级电路的作用不同，会引起不同的故障现象

5. 电阻电路其他故障分析小结

表 6-2 所示是电阻电路其他故障分析小结。

表 6-2　电阻电路其他故障的分析小结

名称	说　明
电阻短路	当电阻短路时，根本的原因是电阻的阻值下降到了零，对电路所造成的影响要视该电阻在电路中的作用而定。 例如，如果该电阻在电路中起限流保护作用，该电阻短路后显然不能起到限流保护作用，因为短路后电阻为零，会因回路电流很大而烧坏所要保护的元器件。 有的电路中的电阻短路后不会引起恶性故障，例如分压电路中，下分压电阻短路后，分压电路没有电压输出到后级电路中。 但是，电阻短路故障比电阻开路故障引起恶性故障的机会要多得多
电阻接触不良	电阻接触不良的故障分析思路是：当电阻接触正常时，电路工作一切正常；当电阻接触不上时，故障分析如同电阻开路故障时的分析一样
电阻增大	在掌握了电阻开路故障分析思路之后，能够较好地进行电阻阻值增大的故障分析。当阻值增大至无穷大时就是电阻开路故障，所以以电阻阻值增大的故障分析思路就同电阻开路故障分析思路一样，只是故障所表现的程度不同
电阻减小	在掌握了电阻短路故障分析思路后，能够较好地进行电阻阻值减小的故障分析。当阻值减小到零时就是电阻短路故障，所以电阻阻值减小的故障分析思路就同电阻短路故障分析思路一样，只是故障所表现的程度不同

6.1.4　万用表检修电阻分压电路故障

1. 电阻分压电路故障检修

图 6-15 是电阻分压电路故障检修方法示意图。电路中，+V 是直流电压，所以 R1 和 R2 构成直流电压分压电路。采用万用表直流电压挡，两根表棒接在电阻 R2 两端。如果 R1 和 R2 接在交流电路中，只要改用毫伏表或数字式万用表的交流电压挡即可。

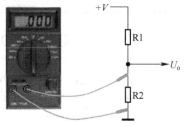

图 6-15　电阻分压电路故障检修方法示意图

⚠ 重要提示

如果测量的电压不为零，且小于直流电压 +V，这时基本可以说明电阻分压电路工作正常。

如果测量的电压为零，在直流电压 +V 正常时，说明 R1 开路或是 R2 短路。

如果测量的电压为 +V，说明 R2 开路，或是 R1 短路。

2. 电阻分压电路故障分析

表 6-3 所示是电阻分压电路故障分析。

表 6-3　电阻分压电路故障分析

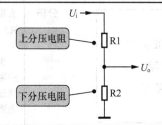

续表

名称	故障现象	故 障 分 析	理解方法提示
上分压电阻 R1	开路	分压电路的输出电压为零	因为 R1 开路后输入信号电压无法加到分压电路输出端
	短路	分压电路的输出电压等于输入电压	因为这时分压电路输出端与输入端相连
	接触不良	分压电路的输出电压时而等于零，时而又正常	R1 接触上时输出电压正常，R1 接触不上时输出电压为零
	阻值增大	分压电路的输出电压下降	因为输入电压在电阻 R1 上的压降增大了
	阻值减小	分压电路的输出电压增大	因为输入电压在电阻 R1 上的压降减小了
下分压电阻 R2	开路	分压电路的输出电压等于输入电压	电阻 R2 中没有电流流过，如果分压电路没有接上负载电路，这时上分压电阻 R1 中没有电流流过，R1 上的电压降为零，所以输出电压等于输入电压
	短路	分压电路输出电压为零，后级电路无输入电压	因为 R2 短路后，等效于分压电路输出端接地，所以输出电压为零
	接触不良	分压电路输出电压时不时地增大到等于输入电压	R2 接触正常时分压电路输出电压正常，R2 接触不正常时分压电路输出电压升至等于输入电压
	阻值增大	分压电路输出电压增大	因为 R_2 增大，在 R2 上的电压增大，而 R2 上的电压就是这一分压电路的输出电压
	阻值减小	分压电路输出电压减小	因为 R_2 减小，在 R2 上的电压减小，而 R2 上的电压就是这一分压电路的输出电压

3. 带负载电阻的电阻分压电路故障分析

表 6-4 所示是带负载电阻的电阻分压电路故障分析。表中 R1 的电路故障分析同前面的电路故障分析一样，但是 R2 和 R_L 的电路故障分析有所不同。

表 6-4 带负载电阻的电阻分压电路故障分析

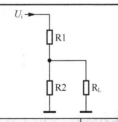

1.有引脚电阻器拆卸方法

名称	故障现象	故 障 分 析	理解方法提示
R2	开路	负载 R_L 上的电压增大	因为 R2 开路后，下分压电阻只有 R_L，比 R2 没有开路时的大，所以负载 R_L 上的电压增大
	短路	负载 R_L 上无电压	因为 R2 短路的同时也短接了负载 R_L
	接触不良	负载 R_L 上电压会时而增大	当 R2 与电路不能正常接触时，相当于 R2 开路故障
	阻值增大	负载 R_L 上的电压会增大，增大量没有 R2 开路时大	因为 R_2 阻值增大，R_2 与 R_L 并联后的阻值增大
	阻值减小	负载 R_L 上的电压会减小	因为 R_2 阻值减小，R_2 与 R_L 并联后的阻值减小

续表

名称	故障现象	故 障 分 析	理解方法提示
R_L	开路	负载 R_L 上无电压	因为负载电阻 R_L 与分压电路之间断开了
	短路	负载 R_L 上无电压，同时流过 R_L 的电流很大，R_L 发热，会烧坏负载 R_L	因为负载电阻 R_L 短路，R_L 两端的电压等于流过 R_L 的电流乘 R_L 的阻值，R_L 阻值等于零，所以 R_L 上电压等于零。 因为 R_L 阻值小到为零，所以流过 R_L 的电流很大，这样会烧坏负载电阻 R_L
	接触不良	负载 R_L 上电压一会儿正常，一会儿为零	当负载电阻 R_L 没有正常接触上时，相当于 R_L 开路
	阻值增大	负载 R_L 上电压将有所增大，流过 R_L 的电流将有所减小	因为负载电阻 R_L 阻值增大导致 R_L 与 R_2 并联的阻值增大。 因为 R_L 阻值增大，所以流过 R_L 的电流减小
	阻值减小	负载 R_L 上电压将有所减小，流过 R_L 的电流将有所增大	因为负载电阻 R_L 阻值减小导致 R_L 与 R_2 并联的阻值减小。 因为 R_L 阻值减小，所以流过 R_L 的电流会增大

6.1.5 万用表检修电阻直流电压供给电路故障

1. 电阻直流电压供给电路故障检修

图 6-16 所示是一种典型直流电压供给电路。

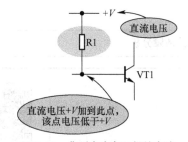

图 6-16　典型直流电压供给电路

对于这一电阻电路的故障检测主要有以下两个方法。

（1）测量电阻 R1 的阻值是否正常。

（2）测量 VT1 基极直流电压是否正常。

上述两种检测方法中，测量 VT1 基极直流电压方法更为简便，因为电压测量是并联测量，只要给电路通电，不需要断开电路中的元器件。图 6-17 是测量 VT1 基极直流电压时的接线示意图。

2.贴片电阻器拆卸方法

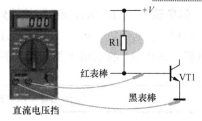

图 6-17　测量 VT1 基极直流电压接线示意图

重要提示

如果测量 VT1 基极电压为零，再测量直流工作电压 +V，在 +V 正常时 VT1 基极无直流电压，说明 R1 开路。

如果测量到 VT1 基极有直流电压，可以说明 R1 没有开路。

如果测量到 VT1 基极直流电压等于 +V，这时有两种可能：一是 R1 短路，二是 VT1 基极对地端开路。

2. 电阻直流电压供给电路故障分析

重要提示

电路故障分析是电路工作原理分析的深化，是建立在掌握电路工作原理基础上的分析。

（1）R1 开路故障分析。

故障名称	R1 开路故障
故障示意图	
故障分析	VT1 基极无直流电压，VT1 截止，无信号输出
理解方法提示	因为直流电压 +V 无法加到 VT1 基极，此时测量 VT1 基极直流电压为零。 因为 VT1 截止，所以它无信号输出

（2）R1 短路故障分析。

故障名称	R1 短路故障
故障示意图	
故障分析	VT1 基极直流电压等于 +V，VT1 进入饱和状态
理解方法提示	因为直流电压 +V 直接加到 VT1 基极，此时测量 VT1 基极直流电压为 +V。 因为 VT1 基极电压太高而使之进入饱和状态

（3）R1 阻值增大故障分析。

故障名称	R1 阻值增大故障
故障示意图	
故障分析	VT1 基极直流电压减小，导致基极直流电流减小，放大能力可能降低
理解方法提示	因为 R1 阻值增大后在 R1 上电压降增大，加到 VT1 基极的直流电压减小，此时测量 VT1 基极直流电压比正常值小。 有一个极限理解方法：当 R1 阻值增大到无穷大时，即 R1 变成开路，VT1 基极电压小到为零

（4）R1 阻值减小故障分析。

故障名称	R1 阻值减小故障
故障示意图	
故障分析	VT1 基极直流电压增大，导致基极直流电流增大，放大能力可能增强
理解方法提示	因为 R1 减小后在 R1 上电压降减小，使加到 VT1 基极的直流电压增大，此时测量 VT1 基极直流电压比正常值大。 有一个极限理解方法：当 R1 阻值减小到零时，即 R1 变成短路，VT1 基极电压大到 +V。 三极管有一个重要特性，即它的电流放大倍数与基极电流大小相关

6.1.6 万用表检修电阻交流信号电压供给电路故障

1. 电阻交流信号电压供给电路故障检修

图 6-18 所示是电阻交流信号电压供给电路。

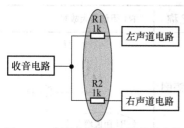

图 6-18 电阻交流信号电压供给电路

对于这一电路的故障检测方法说明以下几点。

（1）如果有一个声道没有声音，可另用一只阻值相同的电阻直接并联在原电路上，如果并联后声音正常，说明是原电阻开路故障，如图 6-19 所示。

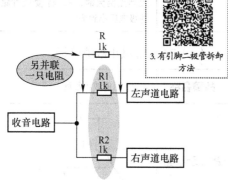

图 6-19 判断电阻 R1 开路的检查方法示意图

（2）如果有一个声道声音明显比另一个声道声音响，断电后用万用表欧姆挡测量声音响的声道中信号传输电阻是否存在短路故障。

（3）如果左、右声道出现相同的故障现象，如左、右声道无声，那说明与电阻 R1 和 R2 无关，故障应该出在左、右声道共同的电路中，即前面的收音电路存在故障。

2. 电阻交流信号电压供给电路故障分析

R1 开路时，左声道电路无信号输入；R1 短路时，左声道电路输入的信号增大量最大；R1 阻值增大时，左声道电路输入信号减小；R1 阻值减小时，左声道电路输入信号增大。

电阻 R2 和 R1 的故障分析相同，R2 故障只影响右声道电路工作。

6.1.7 万用表检修电阻分流电路故障

1. 电阻分流电路故障检修

图 6-20 所示是由电阻构成的分流电路，电阻 R1 是分流电阻。

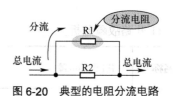

图 6-20 典型的电阻分流电路

图 6-21 是测量电路中流过电阻 R1 电流的接线示意图。这里设电阻 R1 和 R2 工作在直流电路中，在给电路通电情况下进行直流电流测量，将电阻一根引脚与电路断开，如图中所示。

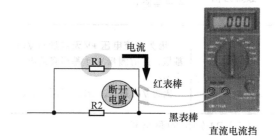

图 6-21 测量流过电阻 R1 电流的接线示意图

> **重要提示**
>
> 根据测量结果可以进行如下判断。
>
> （1）如果测量结果有电流，说明有电流流过 R1，可以判断电阻 R1 没有开路。
>
> （2）如果测量结果没有电流，在电路中直流工作电压正常的情况下说明电阻 R1 开路。

2. 电阻分流电路故障分析

（1）分流电阻 R1 开路故障分析。

故障名称	分流电阻 R1 开路故障
故障示意图	R1 开路 R1 R2
故障分析	流过 R2 的电流明显增大，有烧坏 R2 的可能
理解方法提示	因为所有电流都只能流过 R2，流过 R2 的电流大幅增加。 当流过一个电阻的电流大到一定程度时，该电阻器就会因为过电流而发热，最终导致烧坏该电阻器

（2）分流电阻 R1 短路故障分析。

故障名称	分流电阻 R1 短路故障
故障示意图	R1 短路 R1 R2
故障分析	流过 R1 的电流很大，没有电流流过 R2
理解方法提示	这是因为 R1 短路后，R1 的电阻为零，电流不流经 R2 全部通过短路了的 R1

（3）分流电阻 R1 阻值增大故障分析。

故障名称	分流电阻 R1 阻值增大故障
故障示意图	R1 阻值增大 R1 R2
故障分析	流过 R1 的电流减小，流过 R2 的电流增大
理解方法提示	由电阻并联电路特性可知，当一个电阻大时流过该电阻的电流小，反之则大。 也可以用公式 $I=U/R$ 来理解，U 一定时，R 大时 I 小，R 小时 I 大

（4）分流电阻 R1 阻值减小故障分析。

故障名称	分流电阻 R1 阻值减小故障
故障示意图	R1 阻值减小 R1 R2
故障分析	流过 R1 的电流增大，流过 R2 的电流减小
理解方法提示	理解方法与分流电阻 R1 阻值增大的方法一样，只是分析结果相反

6.1.8 万用表检修电阻限流保护电路故障

重要提示

电阻限流保护电路在电子电路中应用广泛，它用来限制电路中的电流不能太大，从而保证其他元器件的工作安全。

1. 电阻限流保护电路故障检修

图 6-22 所示是典型的电阻限流保护电路。电路中加入电阻 R1 后，流过发光二极管 VD1 的电流减小，防止因为流过 VD1 的电流太大而损坏 VD1。

发光二极管，流过电流时它能发光，流过的电流愈大发光愈亮

图 6-22　典型的电阻限流保护电路

图 6-23 是测量电路中 R1 两端直流电压接线示意图，对于这一电路检查限流电阻 R1 的简单方法是测量其两端的直流电压。

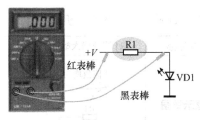

直流电压挡

图 6-23　测量电路中 R1 两端直流电压接线示意图

重 要 提 示

对 R1 两端测量电压结果分析如下。

（1）测量的 R1 两端直流电压等于直流工作电压 +V，说明 R1 开路。

（2）测量的 R1 两端电压等于零，说明 VD1 与地线之间的回路开路，如果这时 VD1 发光很亮，则是 R1 短路。

2. 电阻限流保护电路故障分析

（1）R1 开路故障分析。

故障名称	R1 开路故障
故障示意图	
故障分析	发光二极管不亮
理解方法提示	这是因为没有电流流过 VD1

（2）R1 短路故障分析。

故障名称	R1 短路故障
故障示意图	
故障分析	发光二极管很亮，且会烧坏
理解方法提示	这是因为 R1 短路后电路中的电流增大许多，即流过发光二极管的电流增大许多，由发光二极管特性可知，流过发光二极管的电流愈大，它发光愈亮，但是电流太大时会烧坏发光二极管

（3）R1 阻值增大故障分析。

故障名称	R1 阻值增大故障
故障示意图	

故障分析	发光二极管亮度下降
理解方法提示	这是因为电阻大了，电路中流过发光二极管的电流小了，所以发光亮度下降

（4）R1 阻值减小故障分析。

故障名称	R1 阻值减小故障
故障示意图	
故障分析	发光二极管亮度增强
理解方法提示	这是因为电阻小了，电路中流过发光二极管的电流大了，所以发光亮度增强

（5）R1 接触不良故障分析。

故障名称	R1 接触不良故障
故障示意图	
故障分析	发光二极管时亮时不亮
理解方法提示	这是因为 R1 接触不上时，发光二极管回路无电流，所以不发光

6.1.9 万用表检修直流电压电阻降压电路故障

1. 直流电压电阻降压电路故障检修

图 6-24 所示是典型的直流电压电阻降压电路。由于直流电流流过 R1，R1 两端会有直流电压降，这样 R1 左端的直流电压比 +V 低，起到了降低直流电压的作用。

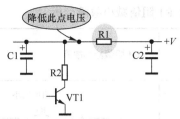

图6-24　典型直流电压电阻降压电路

对于直流电压电阻降压电路，最方便和有效的检测方法是测量电路中的直流电压，图6-25是检查电阻R1供电情况时接线示意图。

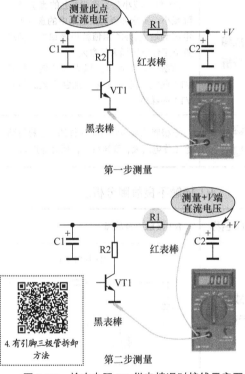

第一步测量

4. 有引脚三极管拆卸方法

第二步测量

图6-25　检查电阻R1供电情况时接线示意图

⚠ 重要提示

关于上面电路故障的检测方法说明以下两点。

（1）测量R1左端直流电压，如果测量结果是该点电压等于直流工作电压 +V，说明没有电流流过R1，或是R1左端与地端之间电路开路，可在断电状态下用万用表欧姆挡测量R1左端对地电阻，如果阻值很大说明是开路故障。

（2）如果测量结果是R1左端直流电压低于直流工作电压 +V，基本可以说明电阻R1正常。

2. 直流电压电阻降压电路故障分析

（1）R1开路故障分析。

故障名称	R1开路故障
故障示意图	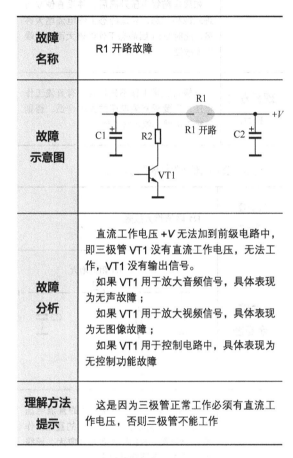
故障分析	直流工作电压 +V 无法加到前级电路中，即三极管 VT1 没有直流工作电压，无法工作，VT1 没有输出信号。 如果 VT1 用于放大音频信号，具体表现为无声故障； 如果 VT1 用于放大视频信号，具体表现为无图像故障； 如果 VT1 用于控制电路中，具体表现为无控制功能故障
理解方法提示	这是因为三极管正常工作必须有直流工作电压，否则三极管不能工作

（2）R1短路故障分析。

故障名称	R1短路故障
故障示意图	

故障分析	直流工作电压 +V 直接加到了前级电路中，由于没有了 R1 的降压作用，前级的直流工作电压会升高，此时电路的故障表现比较复杂，不同的电路会有不同的具体表现。 如果是由于前级直流工作电压升高太多，致使 VT1 工作在饱和状态，这时 VT1 就无信号输出； 如果是前级电压升高后，并没有使 VT1 进入饱和状态，只是静态工作电流增大许多，此时 VT1 因静态工作电流大而出现噪声大故障
理解方法提示	三极管正常工作不只是要求有直流工作电压，还要求直流电压的大小合适，否则三极管仍然不能正常工作

（3）R1 阻值增大故障分析。

故障名称	R1 阻值增大故障
故障示意图	R1 阻值增大
故障分析	R1 阻值增大后，在 R1 上的直流电压降增大，实际加到前级电路中的直流工作电压会下降，R1 阻值增大量愈大，前级直流工作电压下降量愈大。 前级直流工作电压下降也会出现多种情况，不同的电路中会有不同的故障现象。 如果 VT1 静态工作电流本身设置很小，前级直流工作电压下降后，使 VT1 静态电流更小，这时 VT1 进入截止状态，VT1 无信号输出； 如果前级直流电压下降量不是很大，加上 VT1 本身静态电流不是很小，这时可能电路不表现出故障
理解方法提示	三极管的直流工作电压大小不正常后，直接影响了三极管的静态工作电流的大小，从而影响了三极管对信号的正常放大

（4）R1 阻值减小故障分析。

故障名称	R1 阻值减小故障
故障示意图	R1 阻值减小
故障分析	R1 阻值减小后，在 R1 上的直流电压降减小，实际加到前级电路中的直流工作电压会增大，R1 阻值减小量愈大，前级直流工作电压增大量愈大。 前级直流工作电压增大会造成三极管 VT1 向饱和方向变化，且会增大三极管 VT1 的噪声
理解方法提示	三极管的噪声特性是这样的，三极管静态工作电流大，噪声就大，反之噪声则小

（5）R1 接触不良故障分析。

故障名称	R1 接触不良故障
故障示意图	R1 接触不良
故障分析	当 R1 出现接触不良故障时，供给三极管 VT1 的直流工作电压就断断续续，这样三极管就断续工作
理解方法提示	三极管是有源放大器件，它的工作需要直流工作电压

6.1.10　万用表检修电阻隔离电路故障

1. 电阻隔离电路故障检修

如果需要将电路中的两点隔离开，最简单

的是应用电阻隔离电路。

图 6-26 所示是典型电阻隔离电路，电路中的电阻 R1 将电路中 A、B 两点隔离，使两点的电压大小不等。

图 6-26　典型电阻隔离电路

重要提示

关于这一电路的故障检测主要是直接测量电阻 R1 的阻值，在电路断电情况下用万用表欧姆挡进行测量。

2. 电阻隔离电路故障分析

（1）R1 开路故障分析。

故障名称	R1 开路故障
故障示意图	R1 开路 A ——[R1]—— B　+V
故障分析	A、B 两点之间电路开路，电压或信号无法传输
理解方法提示	这是因为电路开路后无法传输信号电压或电流，所以中断了正常的信号传输

（2）R1 短路故障分析。

故障名称	R1 短路故障
故障示意图	R1 短路 A ——[R1]—— B　+V
故障分析	A、B 两点之间直接连通，不存在隔离
理解方法提示	这是因为短路表示了电路中两点之间的电阻为零，在这两点之间无电压降

（3）R1 阻值增大故障分析。

故障名称	R1 阻值增大故障
故障示意图	R1 阻值增大 A ——[R1]—— B　+V
故障分析	A、B 两点之间的隔离度增大，即 A、B 两点之间相互影响的程度更小，同时 R1 对信号或电压的压降增大
理解方法提示	当电路中两点之间电阻增大后，如果流过这一电路的电流没有发生改变，这两点之间的电压增大，这是根据公式 $U=IR$ 推理出来的

（4）R1 阻值减小故障分析。

故障名称	R1 阻值减小故障
故障示意图	R1 阻值减小 A ——[R1]—— B　+V
故障分析	A、B 两点之间的隔离度减小，即 A、B 两点之间相互影响的程度增大，同时 R1 对信号或电压的压降减小
理解方法提示	这是用公式 $U=IR$ 推理出来的 R1 两端的电压降减小

6.1.11　万用表检修电流变化转换成电压变化的电阻电路故障

1. 电流变化转换成电压变化的电阻电路故障检修

重要提示

在电子电路中，为数不少的情况需要电路中电流的变化转换成相同的电压变化，这时可以用电阻电路来完成。

图 6-27 所示是运用电阻将电流变化转换成电压变化的典型电路，**通过 R1 将 VT1 集电极电流的大小变化转换成电路**

5.贴片三极管拆卸方法

中 A 点电位的大小变化。

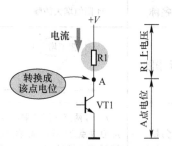

图 6-27　运用电阻将电流变化转换成
电位变化的典型电路

检查这一电路故障采用测量直流电压的方法，图 6-28 是测量直流电压时接线示意图。

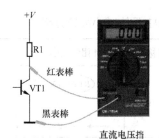

图 6-28　测量直流电压接线示意图

检测分析提示

这一直流电压测量可能有以下几种情况。

（1）如果测量 VT1 集电极有直流电压且低于直流工作电压 +V，说明电阻 R1 没有开路。

（2）如果测量 VT1 集电极直流电压为零，再测量直流工作电压 +V 正常的话，说明电阻 R1 开路。

（3）如果测量 VT1 集电极直流电压等于 +V，说明 VT1 集电极与地线之间开路，与电阻 R1 无关。

2. 采样电阻电路故障分析

图 6-29 所示是采样电阻电路，这也是功率放大器中过电流保护电路中的采样电路。采样电路中采样电阻 R1 的作用就是将电流的变化转换成电压的变化。

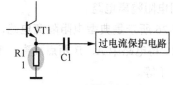

图 6-29　采样电阻电路

这一电路的故障分析如下。

（1）当 R1 开路时，因为 VT1 已不能正常工作，所以也没有采样信号输出。

（2）当 R1 短路时，因为 R1 上的采样输出信号为零，没有采样信号输出。

（3）当 R1 阻值增大时，即使流过 R1 的信号电流大小未变，但因 R1 阻值增大使采样输出信号电压增大，保护电路动作的灵敏度增大。

（4）当 R1 阻值减小时，虽然流过 R1 的信号电流大小未变，但 R1 阻值减小使采样输出信号电压减小，保护电路动作的灵敏度减小。

6.1.12　万用表检修交流信号电阻分压衰减电路故障

1. 交流信号电阻分压衰减电路故障检修

图 6-30 所示是不同电平信号输入插口电路。电路中的 R1 和 R2 构成交流信号电阻分压衰减电路。

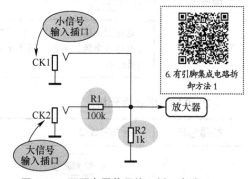

图 6-30　不同电平信号输入插口电路

重要提示

对于这一电路中的 R1 和 R2 故障检测比较方便，其有效的方法是在路测量它们的阻值大小。测量时，电阻 R1 完全不受外电路的影响，而 R2 受外电路的影响也很小，所以测量结果比较准确。

2. 交流信号电阻分压衰减电路故障分析

（1）R1 开路故障分析。

故障名称	R1 开路故障
故障示意图	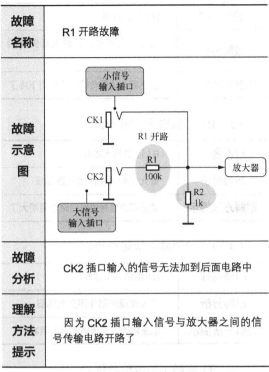
故障分析	CK2 插口输入的信号无法加到后面电路中
理解方法提示	因为 CK2 插口输入信号与放大器之间的信号传输电路开路了

（2）R1 短路故障分析。

故障名称	R1 短路故障
故障示意图	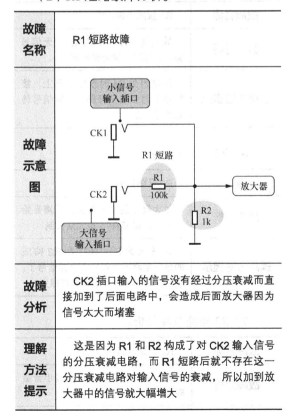
故障分析	CK2 插口输入的信号没有经过分压衰减而直接加到了后面电路中，会造成后面放大器因为信号太大而堵塞
理解方法提示	这是因为 R1 和 R2 构成了对 CK2 输入信号的分压衰减电路，而 R1 短路后就不存在这一分压衰减电路对输入信号的衰减，所以加到放大器中的信号就大幅增大

（3）R2 开路故障分析。

故障名称	R2 开路故障
故障示意图	
故障分析	CK2 插口输入的信号没有经过分压衰减而直接加到了后面电路中，只经过了电阻 R1 的降压衰减，这时也会造成后面放大器因为信号太大而堵塞
理解方法提示	R2 开路后，R1 不存在分压衰减，这样加到放大器的输入信号增大许多

（4）R2 短路故障分析。

故障名称	R2 短路故障
故障示意图	
故障分析	CK2 插口输入的信号无法加到后面放大器中
理解方法提示	这是因为 R2 短路后，相当于放大器输入端对地端短接，所以没有输入信号加到放大器中

6.1.13　万用表检修音量调节限制电阻电路故障

1. 音量调节限制电阻电路故障检修

音量调节限制电阻电路的功能是：音量控制的范围受到限制，音量不能开到最大，也不能开到最小。这一电路用在一些特殊的音量控制场合，防止由于音量控制不当造成对其他电路工作状态的影响。

图 6-31 所示是音量调节限制电阻电路。

7.有引脚集成电路拆卸方法2

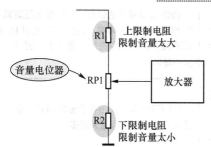

图 6-31　音量调节限制电阻电路

关于这一电路中 R1 和 R2 故障的检测说明以下几点。

（1）这一电路中的 R1 和 R2 外围元器件少，可以在路直接测量 R1 和 R2 的阻值来确定这两只电阻器是否有故障。

（2）在检测 R1 或 R2 之前，可以先试听检查，以确定是 R1 的问题还是 R2 的问题。从上述电路工作原理可知，音量如果关不完全一定是 R2 开路了，这时只要测量 R2 阻值即可，而不必去检查电阻 R1。

（3）通过简单的试听检查能将故障范围缩小，这是故障检修中采用的有效方法。

2. 音量调节限制电阻电路故障分析

（1）R1 开路故障分析。

故障名称	R1 开路故障
故障分析	放大器中无信号，出现无声现象
理解方法提示	这是因为信号传输中断

（2）R1 短路故障分析。

故障名称	R1 短路故障
故障分析	音量增大很多，无最大音量限制作用
理解方法提示	这是因为信号传输回路电阻下降了

（3）R1 阻值增大故障分析。

故障名称	R1 阻值增大故障
故障分析	最大音量限制作用得到加强
理解方法提示	这是因为信号传输回路电阻增大了

（4）R1 阻值减小故障分析。

故障名称	R1 阻值减小故障
故障分析	最大音量限制作用受到削弱
理解方法提示	这是因为信号传输回路电阻减小了

（5）R1 接触不良故障分析。

故障名称	R1 接触不良故障
故障分析	放大器时有信号输入，时无信号输入，出现断续无声情况
理解方法提示	这是因为 R1 时常接触不上，接触不上时相当于开路，这时信号传输回路中断

（6）R2 开路故障分析。

故障名称	R2 开路故障
故障分析	放大器中的信号最大，且声音始终最大，调节 RP1 也无法控制
理解方法提示	这是因为 R1、RP1 和 R2 构成的分压电路不能再分压衰减信号了，使加到后级电路的信号始终很大

（7）R2 短路故障分析。

故障名称	R2 短路故障
故障分析	音量能关死，无法进行最小音量限制

理解方法提示	这是因为 RP1 动片调到最下端时，因 R2 短路而使其动片接地，无信号加到后级电路中

（8）R2 阻值增大故障分析。

故障名称	R2 阻值增大故障
故障分析	最小音量限制作用受到加强
理解方法提示	这是因为 RP1 动片滑到最下端时，其动片从 R2 输出的信号比过去要大

（9）R2 阻值减小故障分析。

故障名称	R2 阻值减小故障
故障分析	最小音量限制作用得到削弱
理解方法提示	这是因为 RP1 动片滑到最下端时，其动片输出信号比过去最小音量要小

（10）R2 接触不良故障分析。

故障名称	R2 接触不良故障
故障分析	音量时而正常时而很大
理解方法提示	这是因为 R2 时常接触不上，接触不上时相当于开路，无信号分压衰减作用

6.1.14 万用表检修阻尼电阻电路故障

1. 阻尼电阻电路故障检修

图 6-32 所示为阻尼电阻电路，电路中的 L1 和 C1 构成 LC 并联谐振电路，阻尼电阻 R1 并联在这一电路上。

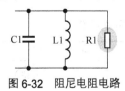

图 6-32 阻尼电阻电路

对于这一电路中的阻尼电阻，由于它与电感 L1 并联，所以不能直接在路测量阻尼电阻 R1 的阻值，需要将 R1 脱开电路后进行阻值的测量。

另外，阻尼电阻 R1 的阻值大小对整个阻尼电路特性影响大，所以必须将 R1 脱开电路后进行测量。

2. 阻尼电阻电路故障分析

（1）R1 开路故障分析。

故障名称	R1 开路故障
故障示意图	
故障分析	无阻尼作用，LC 并联谐振电路频率特性（一种对各种频率信号不同响应的特性）发生改变，频带（最高有效频率与最低有效频率之差）变窄
理解方法提示	阻尼电阻的作用就是通过增加能量损耗来扩展频带，现在 R1 开路就是无阻尼了，就是没有阻尼电阻带来的能量损耗，这样频带就变窄

（2）R1 短路故障分析。

故障名称	R1 短路故障
故障示意图	
故障分析	LC 并联谐振电路无法工作
理解方法提示	由于 R1 的短路，等于将整个 LC 并联谐振电路短路

（3）R1 阻值增大故障分析。

故障名称	R1 阻值增大故障
故障示意图	

故障分析	LC 并联谐振电路阻尼效果变差，频带变窄
理解方法提示	阻尼电阻 R1 阻值增大，使阻尼电阻带来的能量损耗减小，所以频带变窄

（4）R1 阻值减小故障分析。

故障名称	R1 阻值减小故障
故障示意图	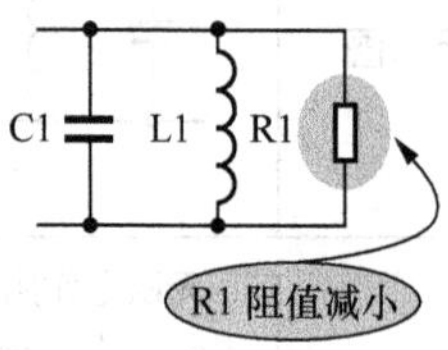 C1 L1 R1 R1 阻值减小
故障分析	LC 并联谐振电路阻尼电路阻尼效果加强，频带变宽
理解方法提示	阻尼电阻 R1 阻值减小，使阻尼电阻带来的能量损耗增大，所以频带变宽

（5）R1 接触不良故障分析。

故障名称	R1 接触不良故障
故障示意图	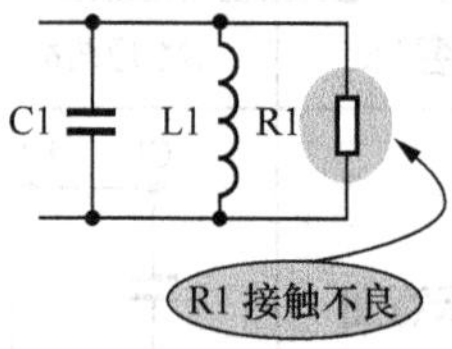 C1 L1 R1 R1 接触不良
故障分析	谐振电路一会儿有阻尼，一会儿无阻尼，振荡不稳定
理解方法提示	R1 接触正常时谐振电路工作正常，R1 没有接触到电路或是接触电阻增大时，谐振电路就不能正常工作

6.1.15 万用表检修电阻消振电路故障

1. 电阻消振电路故障检修

图 6-33 所示是电阻消振电路，电路中的 R1 称为消振电阻。

8.有引脚集成电路拆卸方法 3

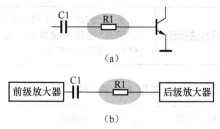

(a)

前级放大器 — C1 — R1 — 后级放大器

(b)

图 6-33 电阻消振电路

这一电路中电阻 R1 的检查方法比较简单，说明以下两点。

（1）如果怀疑 R1 开路，在通电状态下，可以用万用表的一根表棒线将 R1 接通，如图 6-34 所示。如果接通后电路恢复正常信号输出，说明 R1 的确开路。

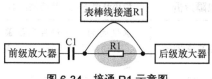

表棒线接通R1

前级放大器 — C1 — R1 — 后级放大器

图 6-34 接通 R1 示意图

（2）如果怀疑电阻 R1 短路，在断电后可以用万用表欧姆挡直接在路测量 R1 阻值，因为短路测量不受外电路的影响。

2. 电阻消振电路故障分析

（1）R1 开路故障分析。

故障名称	R1 开路故障
故障示意图	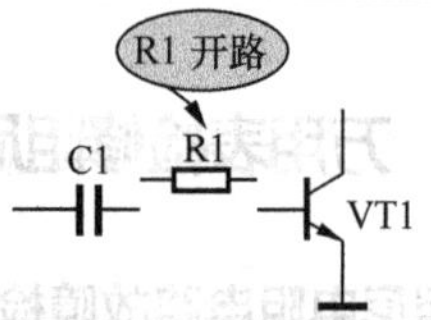 R1 开路 C1 R1 VT1
故障分析	后级放大器中无信号，出现无声现象
理解方法提示	因为前级信号无法通过 R1 加到后级放大器中

（2）R1 短路故障分析。

故障名称	R1 短路故障
故障示意图	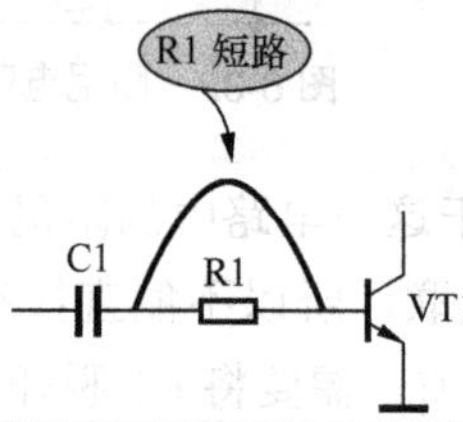 R1 短路 C1 R1 VT1

故障分析	后级放大器输入信号有所增大，无消振作用
理解方法提示	因为 R1 短路后 R1 对信号不存在衰减作用

（3）R1 阻值增大故障分析。

故障名称	R1 阻值增大故障
故障示意图	R1 阻值增大 C1 R1 VT1
故障分析	后级放大器输入信号减小，放大器输出信号减小，消振作用增加
理解方法提示	因为 R1 阻值增大后，输入信号在 R1 上的压降增大，使加到后级放大器的信号减小。同时有害的振荡信号在 R1 上的压降增大，减小了有害振荡信号的传输，使抑制有害信号的作用得到了加强

（4）R1 阻值减小故障分析。

故障名称	R1 阻值减小故障
故障示意图	R1 阻值减小 C1 R1 VT1
故障分析	后级放大器输入信号增大，消振作用减弱
理解方法提示	因为 R1 阻值减小后，输入信号在 R1 上的压降减小，使加到后级放大器的信号增大。同时有害的振荡信号在 R1 上的压降减小，增大了有害振荡信号的传输，抑制有害信号的作用受到了减弱

（5）R1 接触不良故障分析。

故障名称	R1 接触不良故障
故障示意图	R1 接触不良 C1 R1 VT1
故障分析	后级放大器时有信号输入，时无信号输入，出现断续无声的现象
理解方法提示	因为 R1 接触不上时前级信号无法加到后级放大器中，此时出现无声故障；当 R1 接触上时，电路又正常工作了

6.1.16 万用表检修负反馈电阻电路故障

1. 负反馈电阻电路故障检修

图 6-35 所示是三极管偏置电路中的集电极 - 基极负反馈电阻电路。

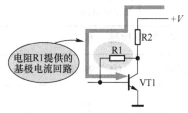

图 6-35　三极管偏置电路中的
集电极 - 基极负反馈电阻电路

关于这一电路中电阻 R1 故障的检测说明以下两点。

（1）对于 R1 的故障检测最好的方法是测量 VT1 基极直流电压，图 6-36 是测量接线示意图。如果没有测量到 VT1 基极直流电压，在测量直流工作电压 +V 正常的情况下，可以说明 R1 已经开路。如果测量到 VT1 基极直流电压，说明 R1 基本正常。

（2）对于这个电路，最好不测量 R1 回路中的直流电流大小，因为这条回路中的电流很小。

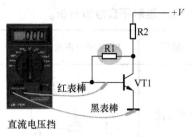

直流电压挡

图 6-36　测量接线示意图

2. 负反馈电阻电路故障分析

（1）R1 开路故障分析。

故障名称	R1 开路故障
故障示意图	R1 开路　+V　R2　VT1
故障分析	VT1 无基极电流而截止，VT1 无信号输出，出现无声故障，更不存在负反馈作用
理解方法提示	因为 R1 为 VT1 提供基极电流，VT1 没有了基极电流就不能起到放大作用，同时，R1 开路也就不存在负反馈电路

（2）R1 短路故障分析。

故障名称	R1 短路故障
故障示意图	R1 短路　+V　R2　R1　VT1
故障分析	VT1 基极与集电极之间短路，VT1 变成了一只二极管，VT1 管无放大作用，无信号输出，无负反馈作用，电路无声
理解方法提示	这时三极管的集电结被短路，三极管只有一个发射结，它是一个 PN 结，相当于一个二极管的结构

（3）R1 阻值增大故障分析。

故障名称	R1 阻值增大故障
故障示意图	R1 阻值增大　+V　R1　R2　VT1
故障分析	VT1 基极电流减小，当基极电流减小太多时 VT1 截止。负反馈量减小
理解方法提示	因为 R1 阻值增大，流过 R1 的电流减小，即基极电流减小。因为 R1 阻值大，从 VT1 集电极输出的信号负反馈到基极的信号小，负反馈量减小

（4）R1 阻值减小故障分析。

故障名称	R1 阻值减小故障
故障示意图	R1 阻值减小　+V　R1　R2　VT1
故障分析	VT1 基极电流增大，当基极电流增大太多时 VT1 管饱和。负反馈量增大
理解方法提示	因为 R1 阻值减小，流过 R1 的电流增大，即基极电流增大。因为 R1 阻值小，从 VT1 集电极输出的信号负反馈到基极的信号大，负反馈量增大

（5）R1 接触不良故障分析。

故障名称	R1 接触不良故障
故障示意图	
故障分析	放大管 VT1 一会儿工作正常，一会儿工作不正常，出现时常无声的情况
理解方法提示	因为 R1 接触不上时 VT1 截止，此时出现无声故障；当 R1 接触上时，电路又正常工作了

6.1.17 上拉电阻电路和下拉电阻电路故障分析

9.有引脚集成电路拆卸方法 4

1. 上拉电阻 R1 电路故障分析

（1）R1 开路故障分析。

故障名称	R1 开路故障
故障示意图	
故障分析	在受到外界干扰的情况下，容易引起反相器朝输出高电平方向翻转的误动作
理解方法提示	因为上拉电阻开路后，高输入阻抗的反相器容易拾取外界的各种干扰，当出现低电平干扰时，反相器会输出高电平，造成误动作

（2）R1 短路故障分析。

故障名称	R1 短路故障
故障示意图	
故障分析	反相器始终处于输出低电平状态，前级触发作用无效，反相器逻辑功能被破坏
理解方法提示	因为上拉电阻短路后，反相器输入端始终为高电平，根据反相器的逻辑功能可知其输出为低电平

（3）R1 阻值增大故障分析。

故障名称	R1 阻值增大故障
故障示意图	
故障分析	上拉作用减弱，阻值增大太多时故障现象同上拉电阻开路一样
理解方法提示	当上拉电阻阻值增大到无穷大时就是上拉电阻开路，而没有上拉电阻时反相器会受外界干扰而误动作，所以，可以知道上拉电阻阻值增大时上拉作用减弱，上拉电阻阻值越大，上拉作用的减弱越明显

（4）R1 阻值减小故障分析。

故障名称	R1 阻值减小故障
故障示意图	

故障分析	上拉作用增强，但是阻值太小时将使反相器无法输出高电平
理解方法提示	当上拉电阻阻值减小到零时就是上拉电阻短路，这时反相器电路功能被破坏，反相器输入端始终是高电平，反相器只能输出低电平，而不能输出高电平

（5）R1 接触不良故障分析。

故障名称	R1 接触不良故障
故障示意图	
故障分析	反相器时常受到干扰而错误地输出高电平
理解方法提示	因为当上拉电阻接触正常时，反相器工作正常；当上拉电阻接触不正常时，相当于无上拉电阻，反相器受外界干扰影响

2. 下拉电阻 R1 电路故障分析

（1）R1 开路故障分析。

故障名称	R1 开路故障
故障示意图	
故障分析	在受到外界干扰的情况下，容易引起反相器输出朝低电平方向翻转的误动作

理解方法提示	因为下拉电阻开路后，高输入阻抗的反相器容易拾取外界的各种干扰，当出现高电平干扰时，反相器会输出低电平，造成误动作

（2）R1 短路故障分析。

故障名称	R1 短路故障
故障示意图	
故障分析	反相器始终处于输出高电平状态，前级触发作用无效
理解方法提示	因为下拉电阻短路后，反相器输入端为低电平，根据反相器的逻辑功能可知，它输出高电平。 反相器的逻辑功能是：输入高电平则输出低电平，输入低电平则输出高电平

（3）R1 阻值增大故障分析。

故障名称	R1 阻值增大故障
故障示意图	
故障分析	下拉作用减弱，阻值增大太多时故障现象同下拉电阻开路一样

理解方法提示	当下拉电阻阻值增大到无穷大时就是下拉电阻开路，而没有下拉电阻时反相器受外界干扰会误动作，所以可以知道下拉电阻阻值增大时下拉作用减弱，下拉电阻阻值越大，下拉作用的减弱越明显

（4）R1 阻值减小故障分析。

故障名称	R1 阻值减小故障
故障示意图	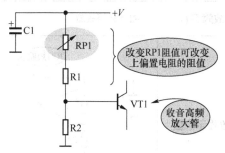
故障分析	下拉作用增强，但是阻值太小时将使反相器无法输出低电平
理解方法提示	当下拉电阻阻值减小到零时就是下拉电阻短路，这时反相器电路功能被破坏了，反相器输入端始终是低电平，反相器只能输出高电平，而不能输出低电平

（5）R1 接触不良故障分析。

故障名称	R1 接触不良故障
故障示意图	
故障分析	反相器时常受到干扰而错误地输出低电平
理解方法提示	因为当下拉电阻接触正常时，反相器工作正常；当下拉电阻接触不正常时，相当于无下拉电阻，反相器受外界干扰影响

6.1.18 万用表检修三极管偏置电路中的可变电阻电路故障

1. 三极管偏置电路中的可变电阻电路故障检修

图 6-37 所示是收音机高频放大管 VT1 的分压式偏置电路。

图 6-37 三极管偏置电路中可变电阻电路

关于这一电路中的 RP1 故障检查最有效的方法是测量 RP1 下端的直流电压，以确定 RP1 是否开路。RP1 下端没有测量到直流电压时，如果直流工作电压 +V 正常，说明 RP1 开路。

对于 RP1 动片接触不良故障（这是可变电阻器常见故障）则需要更换新的可变电阻器。

2. 三极管偏置电路中可变电阻电路故障分析

（1）RP1 开路故障分析。

故障名称	RP1 开路故障
故障示意图	

故障分析	这时 VT1 无基极电压，VT1 进入截止状态，无声
理解方法提示	三极管进入放大状态需要基极直流偏置电压，RP1 开路后没有直流电压加到 VT1 基极，所以 VT1 截止，而 VT1 截止后没有信号输出，所以出现无声故障

（2）RP1 短路故障分析。

故障名称	RP1 短路故障
故障示意图	
故障分析	这时 VT1 基极直流电压升高很多，导致 VT1 进入饱和状态，同样出现无声故障
理解方法提示	三极管基极直流偏置也不能太大，RP1 短路后直流电压 +V 就通过 R1 直接加到 VT1 基极，使 VT1 基极直流电压太高而进入饱和状态，三极管进入饱和状态后也没有信号输出，所以同样出现无声故障

（3）RP1 阻值增大故障分析。

故障名称	RP1 阻值增大故障
故障示意图	

故障分析	这时 VT1 基极直流电压下降，VT1 基极电流变小，造成 VT1 放大倍数下降，出现声音轻故障，如果 RP1 阻值增大太多，将造成无声故障
理解方法提示	三极管有一个重要特性是：三极管放大倍数与基极电流相关，当基极电流小到一定程度时，放大倍数下降，对信号放大量减小，所以出现了声音轻的故障

（4）RP1 阻值减小故障分析。

故障名称	RP1 阻值减小故障
故障示意图	
故障分析	这时 VT1 基极直流电压增大，VT1 基极电流增大，可能造成 VT1 放大倍数增大，声音会增大，同时噪声也会增大。如果 RP1 阻值减小太多，将会造成无声故障
理解方法提示	三极管还有一个重要特性是：它的基极电流大到一定程度时，其噪声将明显增大，所以在一些电路中，前级三极管采用低噪声三极管

（5）RP1 接触不良故障分析。

故障名称	RP1 接触不良故障
故障示意图	

故障分析	这时造成 VT1 基极断续地无直流电压，出现时而无声时而有声故障
理解方法提示	接触不良故障就是一会儿接触正常，一会儿接触不正常，变化无常。当 RP1 接触不上时，相当于 RP1 开路。当 RP1 接触上时能正常工作

6.1.19 万用表检修光头自动功率控制（APC）电路灵敏度调整中的可变电阻电路故障

图 6-38 所示是光头自动功率控制（APC）电路灵敏度调整电路。

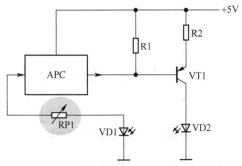

图 6-38 光头自动功率控制 （APC）
电路灵敏度调整电路

电路中，可变电阻 RP1 用于调整激光发射二极管 VD1 的静态工作电流。

检修中，遇到这种情况可以通过调整 RP1 的阻值，增加激光发射二极管的初始工作电流来加大激光发射功率。但是，增大激光发射二极管的初始工作电流会加快激光发射二极管的老化，所以在调整 RP1 前，一定要先确认激光拾音器读片能力差是由于激光发射二极管发射能力减弱造成的，因为激光拾音器中光学系统被灰尘污染也会造成读片能力差。

⚠️ 重要提示

对于电路中的可变电阻 RP1 主要是测量其阻值来发现它有没有出现开路或短路故障。对 RP1 阻值的调整要慎重，因为调整不当会使 VD1 发光功率增大太多，造成 VD1 提前老化而损坏。

6.1.20 万用表检修立体声平衡控制中的可变电阻电路故障

图 6-39 所示是音响放大器中左、右声道（音响中用来处理和传输左、右方向信号的电路）增益平衡调整电路。电路中，RP1 是可变电阻器，与 R1 串联。

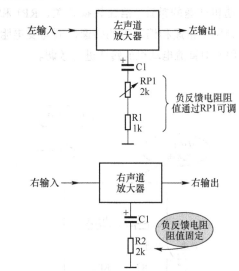

图 6-39 左、右声道增益平衡调整电路

对于电路中的 RP1 主要采用万用表欧姆挡测量其阻值大小，判断它有没有开路或短路。

11. 有源吸锡烙铁及拆卸有引脚集成电路方法 1

立体声平衡调整方法：给左、右声道输入端输入适当的相同大小的测试信号（一种特定频率的正弦信号，由信号发生器提供），如图 6-40 所示。在左、右声道输出端分别接上毫伏表，调节平衡可变电阻器 RP1，使两个声道输出信号幅度大小相等。

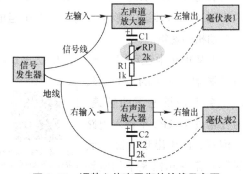

图 6-40 调整立体声平衡的接线示意图

由于可变电阻器 RP1 的阻值调整相当方便，所以这种增益平衡调整非常简便。

6.1.21 万用表检修直流电动机转速调整中可变电阻电路故障

图 6-41 所示是双速直流电动机转速调整电路。电路中的 S1 是机芯开关，S2 是用来转换电动机转速的常速/倍速转换开关，RP1 和 RP2 分别是常速和倍速下的转速微调可变电阻器，用来对直流电动机的转速进行微调。

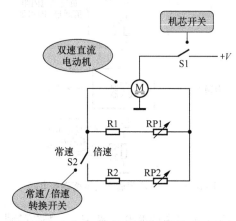

图 6-41　直流电动机转速调整可变电阻器电路

电路故障分析思路如下。

（1）从电路中可以看出，当常速/倍速转换开关置于"倍速"时，R1 和 RP1、R2 和 RP2 并联后接在直流电动机 M 的两根转速控制引脚之间，此时并联后的电阻小，说明直流电动机 M 的两根转速控制引脚之间阻值愈小，电动机的转速愈快，以此可以分析 RP1、RP2 阻值大小对电动机转速的影响。例如，RP1 阻值大，电动机转速慢。

（2）从电路中还可以看出，当 RP2 出现故障时只影响倍速下的电动机转速，不会影响常速下的转速，因为在常速下 RP2 不接入电路中。但是，RP1 出现故障时会同时影响常速和倍速下的电动

12 有源吸锡烙铁及拆卸有引脚集成电路方法 2

机转速。

（3）修理这个电路故障时，通常是先检查常速下电动机转速是不是正常，如果正常就与 RP1 无关，倍速下转速不正常就只与 RP2 相关。如果常速下转速就不正常，那么先处理常速下的故障，处理好后再处理倍速下的故障。

6.1.22 音量控制器电路故障分析

1. 单声道音量控制器电路故障分析

图 6-42 所示是单联电位器构成的单声道音量控制器电路。

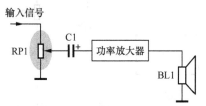

图 6-42　单声道音量控制器电路

（1）RP1 接触不良故障分析。

故障名称	RP1 接触不良故障
故障示意图	![故障示意图] 输入信号　RP1接触不良　RP1　C1　功率放大器　BL1
故障分析	调节音量时会出现"喀哒、喀哒"响声，这是音量电位器的一个十分常见的故障，使用一段时间后的音量电位器均会出现这种故障，可以清洗处理，也可以更换处理
理解方法提示	这是因为动片与碳膜之间接触不良，造成电路断续接通，产生了噪声。使用时间长的电位器还会出现碳膜磨损的问题

（2）RP1 定片开路故障分析。

故障名称	RP1 定片开路故障
故障示意图	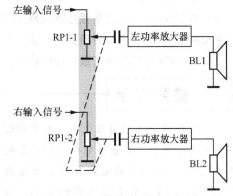
故障分析	扬声器中声音一直很响（最大状态），调节音量电位器无法关死音量
理解方法提示	因为接地定片引线开路后音量电位器不构成分压电路，此时音量调节失灵，音量电位器调到最小时输入信号也全部加到功率放大器中，所以出现音量一直很大的现象

（3）RP1 动片开路故障分析。

故障名称	RP1 动片开路故障
故障示意图	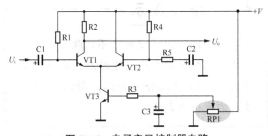
故障分析	扬声器中无信号声，还会有较大的噪声
理解方法提示	动片开路后音量电位器与功率放大器之间开路，所以没有信号加到功率放大器中而出现无声故障。 同时，因为功率放大器输入端与地线之间没有电路接通，这会感应各种干扰而出现噪声大的故障

2. 双声道音量控制器电路故障分析

图 6-43 所示是双声道音量控制器电路。电路中的 RP1-1 和 RP1-2 是双联同轴电位器，用

虚线表示这是一个同轴电位器，其中 RP1-1 是左声道音量电位器，RP1-2 是右声道音量电位器。

图 6-43　双声道音量控制器电路

双声道音量控制器电路故障分析与单声道电路基本一样，但也存在以下两点不同之处。

（1）**RP1-1 故障分析。** 当只是左声道音量电位器 RP1-1 出现各种故障时，只影响左声道的音量控制，对右声道音量控制无影响。

> **重要提示**
>
> 这是因为左、右声道之间的音量控制电路是相互独立的，一个声道音量控制出现故障时不影响另一个声道的音量控制。

（2）**RP1-2 故障分析。** 当只是右声道音量电位器 RP1-2 出现各种故障时，只影响右声道的音量控制。

3. 电子音量控制器电路故障分析

图 6-44 所示是电子音量控制器电路。电路中，VT1、VT2 构成差分放大器，VT3 构成 VT1 和 VT2 发射极回路恒流管，RP1 是音量电位器。U_i 为音频输入信号，U_o 为经过电子音量控制器控制后的输出信号。

图 6-44　电子音量控制器电路

对这一电子音量控制器电路故障的分析如下。

（1）当音量电位器动片与电阻体之间断开后，音量将无法控制。

（2）当电容 C3 开路时音量控制过程中可能会出现噪声，当 C3 漏电时音量开到最大声音还是不够响，当 C3 被击穿时音量在最小状态。

> ⚠ **重要提示** ◆
>
> 当 VT3 基极直流电压大小发生变化时将影响音量控制，而音量电位器动片与电阻体之间断开，C3 的击穿和漏电故障都将影响到 VT3 基极直流电压的大小，所以都对音量控制有影响。

6.1.23 立体声平衡控制器电路故障分析

1. X 型单联电位器构成的立体声平衡控制器电路故障分析

图 6-45 所示是 X 型单联电位器构成的立体声平衡控制器电路，这也是最常见的立体声平衡控制器电路。电路中的 2RP12 构成立体声平衡控制器电路，它接在左、右声道放大器输出端之间，低放电路（音频放大系统中的功率放大器）的输入端。

13. 无源吸锡器及拆卸有引脚集成电路方法 1

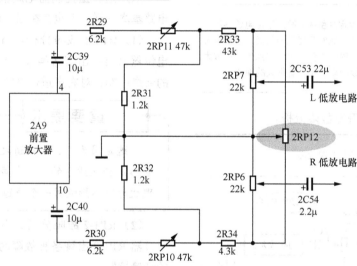

图 6-45 X 型单联电位器构成的立体声平衡控制器电路

这一电路的故障分析说明如下。

（1）2RP12 动片开路故障分析。 这时没有立体声平衡作用，同时左、右声道分离度（左、右声道之间隔离程度）降低。

> ⚠ **重要提示** ◆
>
> 因为调节 2RP12 时已不能改变左声道或右声道信号的大小，这时左、右声道信号通过 2RP12 混合在一起，所以降低了左、右声道分离度。

（2）2RP12 某一定片引线开路故障分析。

这时定片开路所在声道的声音增大许多。

> ⚠ **重要提示** ◆
>
> 因为定片开路后，2RP12 与 2RP7 或 2RP6 构成的并联电路开路，使该声道音量电位器送至低放电路的信号增大。

2. 带抽头电位器的立体声平衡控制器电路故障分析

图 6-46 所示是带抽头电位器的立体声平衡控制器电路，电路中的 RP702 是平衡控制电位器，它的中心阻值处有一个抽头，且抽头接地。

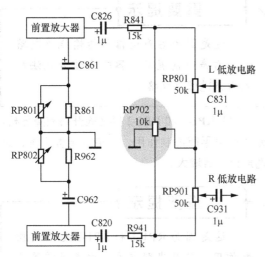

图 6-46　带抽头电位器的立体声平衡控制器电路

这一电路的故障分析说明如下。

（1）2RP702 动片开路故障分析。无平衡调节作用。

重要提示

因为这时 RP702 不能参与平衡调整，调节 RP702 时动片虽然在滑动，但没有电路调节效果。

（2）2RP702 接地引线开路故障分析。基本没有平衡调节效果。

重要提示

从电路上可以看出，RP702 接地中心抽头开路之后，这一电路变成了无抽头电位器构成的平衡控制器电路。

（3）2RP702 某一定片引线开路故障分析。定片开路所在声道的声音增大许多。

重要提示

因为定片开路后，RP702 与 R841 或 R941 构成的这一路分压电路开路，RP702 的衰减作用消失，所以加到后面低放电路的信号增大。

3. 双联同轴电位器构成的立体声平衡控制器电路故障分析

图 6-47 所示是采用双联同轴电位器构成的立体声平衡控制器电路，电路中的 RP1-1、RP1-2 是双联同轴电位器构成的立体声平衡控制器电路，RP2-1 和 RP2-2 是双联同轴电位器构成的双声道音量控制器电路。

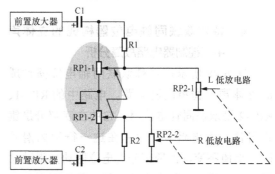

图 6-47　双联同轴电位器构成的
立体声平衡控制器电路

这一电路的故障分析说明如下。

（1）RP1-1 动片开路故障分析。左声道平衡控制失灵，左声道声音增大。

重要提示

这是因为左声道无平衡调整电路，也没有左声道的分压衰减电路，这时左声道信号通过 R1 传输，所以左声道声音增大。

（2）RP1-2 动片开路故障分析。右声道平衡控制失灵，右声道声音增大。

重要提示

这是因为右声道无平衡调整电路，也没有右声道的分压衰减电路，这时右声道信号通过 R2 传输，所以右声道声音增大。

（3）RP1-1 和 RP1-2 共用接地线开路故障分析。无立体声平衡控制作用，两声道声音增大，立体声分离度下降。

⚠ 重要提示

这是因为没有了平衡控制电路，也没有了分压衰减电路，左、右声道的前置信号分别从 R1 和 R2 传输。

左、右声道之间通过 RP1-1 和 RP1-2 相连接而混合，使分离度下降。

4. 特殊双联同轴电位器构成的立体声平衡控制器电路故障分析

图 6-48 所示是特殊双联同轴电位器构成的立体声平衡控制器电路。电路中的 RP1-1、RP1-2 是双联同轴电位器，它的灰底部分是银带导体，无电阻，当动片在这一行程内滑动时，阻值不变，银带部分占电位器动片滑动总行程的一半，故称半有效电气行程双联同轴电位器。RP1-3、RP1-4 是双联同轴音量控制电位器。

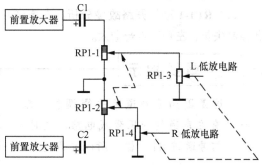

图 6-48　特殊双联同轴电位器构成的立体声平衡控制器电路

这一电路的故障分析说明如下。

（1）RP1-1 动片开路故障分析。 左声道无声。

⚠ 重要提示

这是因为左声道信号传输线路断路了，左声道前置放大器输出信号无法加到左声道低放电路中。

（2）RP1-2 动片开路故障分析。 右声道无声。

⚠ 重要提示

这是因为右声道信号传输线路断路了，右声道前置放大器输出信号无法加到右声道低放电路中。

（3）RP1-1 和 RP1-2 接地线开路故障分析。 无立体声平衡控制作用，声道隔离度下降，且两声道声音增大。

⚠ 重要提示

这是因为 RP1-1 和 RP1-2 无平衡控制作用，只是串联在左、右声道前置放大器输出端之间，降低了声道隔离度，同时因为无分压衰减作用而使两个声道信号增大。

6.1.24　响度控制器电路故障分析

1. 单抽头式响度控制器电路故障分析

图 6-49 所示是单抽头式响度控制器电路，属于开关控制式电路。开关 S1 为响度开关，图示位置具有补偿作用，置于另一位置时无补偿作用。

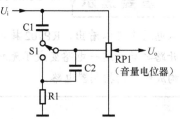

图 6-49　单抽头式响度控制器电路

这一电路的故障分析说明如下。

（1）开关 S1 接触不良时会造成低音或是高音提升失效，或是低音、高音同时提升失效故障。

（2）电位器 RP1 的抽头引脚开路，这时无响度补偿作用。

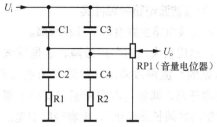

图 6-50　双抽头式响度控制器电路

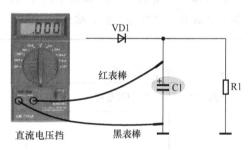

<table><tr><td>

重要提示

当开关 S1 接触不良或 RP1 抽头引脚断开时，低音、高音补偿电路无法接入电路，所以无低音、高音提升作用，无响度补偿。

</td></tr></table>

2. 双抽头式响度控制器电路故障分析

图 6-50 所示是双抽头式响度控制器电路。当音量较低时，其补偿原理与单抽头式相同。当音量开得较大后，上面抽头所接入的补偿电路，仍可继续少量地提升高音和低音。

这一电路的故障分析说明如下。

（1）C1、C2 和 R1 出现故障时，只影响较大音量下的响度补偿。

（2）C3、C4 和 R2 出现故障时，只影响较小音量下的响度补偿。

6.2　万用表检修电容类元器件典型应用电路故障

6.2.1　万用表检修典型电容滤波电路故障

1. 电容滤波电路故障检修

图 6-51 所示电路可以说明电容滤波电路的工作原理。电路中的 C1 是滤波电容。

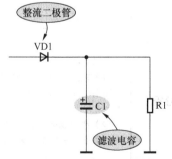

图 6-51　电容滤波电路工作原理示意图

对这一电路中电容 C1 的检测方法，最简单的是测量 C1 两端直流输出电压。给电路通电后，用万用表直流电压挡测量，图 6-52 是测量时接线示意图。

14. 无源吸锡器及拆卸有引脚集成电路方法 2

图 6-52　测量时接线示意图

对 C1 的故障检测要分成以下 3 个层次展开。

（1）如果 C1 两端直流电压测量结果为零，在电路通电的情况下，电路中其他元器件正常时，说明电容 C1 击穿或开路的可能性很大。

（2）为了进一步证实这一推断，电路断电后改用指针式万用表欧姆挡在路检测电容，如果测量 C1 阻值为零，说明 C1 击穿；如果没有击穿，则说明 C1 开路可能性很大，用同容量电容并联在 C1 上，通电后机器工作正常，说明 C1 开路。

（3）如果上述检测都没有发现问题，则说明 C1 没有故障，是电路中其他元器件出了故障。

2. 电容滤波电路故障种类

电容滤波电路主要有以下几种故障。

（1）出现很大"嗡"声故障。这是滤波电路最常见的交流声故障，其故障原因主要有：滤波电容开路，滤波电容容量明显变小（漏电造成或使用时间长而老化），电容轻度漏电。

（2）输出的直流电压低故障。滤波电容漏电愈严重，滤波电路输出的直流电压愈低。

（3）输出直流电压为零故障。滤波电容击穿，或是滤波电路输出端与整机电路之间开路，或是接地点开路。

3. 电容滤波电路故障分析

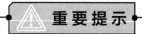

> ⚠ **重 要 提 示**
>
> 电容滤波电路的主要故障是滤波电容漏电。
>
> 滤波电容漏电不仅会造成滤波电路输出的直流工作电压下降、引起交流声大的故障，还有损坏整流二极管的危险，甚至会熔断滤波电路之前的熔丝。

（1）C1 开路故障分析。

故障名称	C1 开路故障
故障示意图	VD1 ⊣▷⊢ ± C1 R1（C1 开路）
故障分析	由于 C1 是电源滤波电容，它开路后电源电路没有滤波作用，这时电源电路输出的不是直流电压，而是脉动性直流电压，含有大量的交流成分，所以电路中的交流声很大，电源电路的负载电路也无法正常工作
理解方法提示	滤波电容 C1 将整流二极管 VD1 输出的脉动性直流电压中的交流成分滤波到地端，因为 C1 开路，这部分交流成分只能流到负载电阻 R1 中，所以会出现交流声很大的故障

（2）C1 短路故障分析。

故障名称	C1 短路故障
故障示意图	VD1 ⊣▷⊢ ± C1 R1（C1 短路）
故障分析	C1 短路后电源电路的负载电路中没有直流工作电压，电路不能工作。 同时，C1 短路造成 C1 前面的电路过载，会烧坏 C1 前面电路中的元器件
理解方法提示	由于 C1 短路，就相当于整流二极管 VD1 负极对地短路，这样 VD1 的负载电阻为零，所以有很大的电流流过 VD1 及之前的元器件。 因为大电流流过这些元器件，所以会烧坏这些元器件

（3）C1 漏电故障分析。

故障名称	C1 漏电故障
故障示意图	VD1 ⊣▷⊢ ± C1 R1（C1 漏电）
故障分析	有以下两种情况。 （1）轻度漏电。这时电源电路直流输出电压稍有下降，交流声稍有增大。 （2）严重漏电。这时对电路的影响类似于滤波电容击穿故障
理解方法提示	C1 漏电就是 C1 的阻抗下降，漏电愈严重阻抗下降得愈多。 C1 漏电后就相当于整流二极管 VD1 负极与地端之间接有一只电阻，构成了分流电路，加重了整流二极管 VD1 及之前电路的负担

（4）C1 容量减小故障分析。

故障名称	C1 容量减小故障
故障示意图	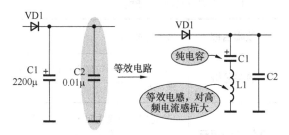
故障分析	容量轻度减小时对电路影响不太大，如果容量明显变小，滤波效果会变差，交流声将增大
理解方法提示	这是因为电容器的容抗与容量成反比关系，容量下降容抗增大，使整流二极管 VD1 输出的脉动性直流电中的交流成分不能完全地通过电容 C1 流到地端，致使有一部分交流成分分流入了负载电阻 R1 中，所以会出现交流声大故障

6.2.2　万用表检修电源滤波电路中的高频滤波电容电路故障

1. 高频滤波电容电路故障检修

图 6-53 所示是电源滤波电路中的高频滤波电容电路。

图 6-53　高频滤波电容电路

当电源电路没有直流电压输出时，如果怀疑电路中的高频滤波电容 C2 存在击穿故障，可以将 C2 从电路中断开，如果断开 C2 后电路恢复正常工作，说明是 C2 击穿造成电源电路无直流电压输出。

如果怀疑 **C1 漏电**造成电源电路直流输出电压下降，也可以通过断开 C2 的方法来确定故障部位。

2. 电源滤波电路中高频滤波电容电路故障分析

电源中的高频滤波电容电路故障分析如下：

这一高频滤波电容电路的故障分析与电源滤波电容电路故障分析基本相同，只是在电容开路时并不会引起交流声故障，而是有可能出现高频干扰，但并不一定就能出现高频干扰，所以解决 C2 故障比较好的方法是更换一只试试。

6.2.3　万用表检修电源电路中的电容保护电路故障

1. 电容保护电路故障检修

图 6-54 所示是电容保护电路，电路中小电容 C1 只有 0.01μF，C1 保护整流二极管 VD1。

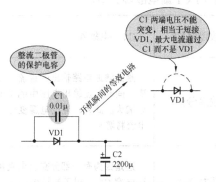

图 6-54　电容保护电路

对于这一电路中保护电容 C1 的故障处理方法很简单，当怀疑它出现故障时进行更换试验。对于这样的简单电路，由于更换试验的元器件只有一只，且为两根引脚，更换的操作相

当方便，更换试验的结果十分准确，所以这种故障处理方法可以常用。

2. 电容保护电路故障分析

（1）C1 开路故障分析。

故障名称	C1 开路故障
故障分析	无保护作用，因此有可能烧坏整流二极管
理解方法提示	这是因为保护电容 C1 开路后，每次开机时的大电流全部通过整流二极管，这对整流二极管是一种损害

（2）C1 短路故障分析。

故障名称	C1 短路故障
故障分析	将熔断整流电路之前的熔丝，如果没有熔丝，将烧坏电源变压器
理解方法提示	这是因为滤波电容将电源变压器二次绕组交流短路了，由于滤波电容 C2 容量很大，对 50Hz 交流电的容抗很小，会有很大的交流电流流过电源变压器，同时也会损坏 C2

（3）C1 漏电故障分析。

故障名称	C1 漏电故障
故障分析	整流滤波电路输出的直流电压下降，同时直流输出电压中的交流成分增大。此外，流过电源变压器的电流将增大
理解方法提示	这是因为有一部分交流电直接通过电容 C1 加到了滤波电路中，当 C1 漏电严重时相当于 C1 短路故障

6.2.4　万用表检修退耦电容电路故障

1. 退耦电容电路故障检修

图6-55所示是退耦电容电路，C1是退耦电容。

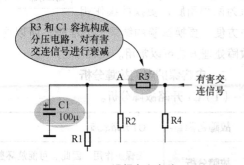

图 6-55　退耦电容电路

对于这一电路故障的处理主要是测量电容 C1 上的直流电压，它能反映出 C1 和 R3 是否正常。图 6-56 是测量 C1 直流电压接线示意图。

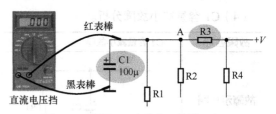

图 6-56　测量 C1 直流电压接线示意图

下面在直流工作电压正常的情况下，对测量结果进行分析。

（1）测量 C1 上直流电压不为零，且低于直流工作电压 +V，说明 C1 没有击穿，电阻 R3 也没有开路，但是不能排除 C1 漏电故障。此时，如果还怀疑 C1 漏电，对 C1 进行更换试验。

2. 三端稳压集成电路套件装配演示之一电路工作原理讲解 2

（2）如果测量 C1 上直流电压为零，说明 C1 击穿或是 R3 开路，改用万用表的欧姆挡在断电下分别检测 C1 和 R3，以确定是哪个元件出了故障。

（3）对于 C1 开路故障，用测量 C1 上直流电压的方法是无法确定的，可以用一只同容量电容并在 C1 上进行代替检查。

2. 退耦电容电路故障分析

（1）C1 开路故障分析。

故障名称	C1 开路故障
故障分析	无退耦作用，可能会出现低频的"突、突"叫声
理解方法提示	这是因为电源内阻大造成了两级放大器之间的有害交连，退耦电容开路后无法将这种有害交连去除

（2）C1 短路故障分析。

故障名称	C1 短路故障
故障分析	前级放大器直流工作电压为零，前级放大器无信号输出
理解方法提示	这时 C1 将前级放大器的直流工作电压短路为零，使前级放大管无直流工作电压而不能进入工作状态

（3）C1 漏电故障分析。

故障名称	C1 漏电故障
故障分析	前级放大器直流工作电压下降，前级放大器放大能力下降，严重时前级放大器进入截止状态而不能输出信号
理解方法提示	这是因为退耦电容漏电后，有直流电流流过了退耦电容，这样，流过退耦电阻的电流增大，在退耦电阻上的直流电压降增大，使前级放大器的直流工作电压下降

（4）C1 容量减小故障分析。

故障名称	C1 容量减小故障
故障分析	退耦效果变差
理解方法提示	这是因为退耦电容容量变小后对交连信号的容抗增大，不能将它彻底旁路到地

6.2.5　万用表检修电容耦合电路故障

1. 电容耦合电路故障检修

图6-57所示是电容耦合电路，C1是耦合电容。

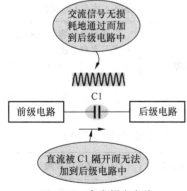

图 6-57　电容耦合电路

当怀疑耦合电容开路时，直接用一只等容量的电容并联在原电容上，如果电路功能恢复正常，说明原电容开路。

如果怀疑电容漏电，则要拆下原电容后再并联一只电容进行通电试验，这一点与怀疑电

容开路故障的检测方法不同。

2. 电容耦合电路故障分析

（1）C1 开路故障分析。

故障名称	C1 开路故障
故障分析	后级电路无输入信号
理解方法提示	这是因为信号传输电路开路了

（2）C1 短路故障分析。

故障名称	C1 短路故障
故障分析	后级电路直流工作状态受到前级电路的影响，具体电路不同受影响的结果也不同，前级和后级电路工作均不正常
理解方法提示	这是因为电容短路后不能隔开前级和后级电路之间的直流电路，两级电路之间直流供电肯定相互影响而不能正常工作

（3）C1 漏电故障分析。

故障名称	C1 漏电故障
故障分析	出现噪声大的故障，严重漏电时还会影响前后两级电路之间的直流工作状态
理解方法提示	这是因为电容器漏电就是有不该有的直流电流通过了耦合电容，而一切不该有的电流都是噪声，所以会出现噪声大的故障

（4）C1 容量减小故障分析。

故障名称	C1 容量减小故障
故障分析	低频特性变劣，音频电路中表现为低音不好
理解方法提示	这是因为电容器容量变小后对同一频率信号而言其容抗增大，而耦合电容对低频信号的容抗本来就大于对中频和高频信号的容抗，所以低频信号受到的损耗最大，表现为低频特性不好

（5）C1 接触不良故障分析。

故障名称	C1 接触不良故障
故障分析	后级电路断续无信号输入
理解方法提示	这是因为当耦合电容接触不上时相当于它开路

6.2.6 万用表检修高频消振电容电路故障

1. 高频消振电容电路故障检修

图 6-58 所示是音频放大器中的高频消振电容电路。电路中的 C1 是音频放大器中常见的高频消振电容。

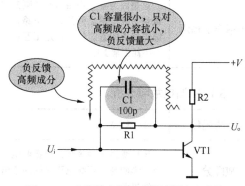

图 6-58 音频放大器中高频消振电容电路

对于电容 C1 的故障处理最简单的方法是：用一只质量好的等容量电容代替 C1，更换后故障现象消失，故障处理完毕，否则也排除了 C1 出现故障的可能性。

3. 三端稳压集成电路套件装配演示之一电路工作原理讲解 3

2. 高频消振电容电路故障分析

（1）C1 开路故障分析。

故障名称	C1 开路故障
故障分析	无高频消振作用，可能会出现高频自激，有高频啸叫声或三极管 VT1 发热

	这是因为高频消振电容开路后无负反馈作用了。
理解方法提示	不加高频消振电容不一定就会出现高频自激，当出现高频自激时，三极管 VT1 就会工作在很高频率的振荡状态下。如果这一频率落在音频范围内（高频段）就会听到高频啸叫声；如果这一振荡频率高于音频的高频段，就听不到叫声，但是因为振荡电流大，VT1 因工作电流大而发热

（2）C1 短路故障分析。

故障名称	C1 短路故障
故障分析	三极管 VT1 集电极与基极之间直流短路，VT1 截止而不能工作，VT1 无输出信号
理解方法提示	这是因为三极管的放大状态是由直流电路所决定的，现在三极管没有了正常的直流工作状态，所以三极管就不能工作在放大状态下，VT1 就无信号输出

（3）C1 漏电故障分析。

故障名称	C1 漏电故障
故障分析	三极管 VT1 直流工作状态变化，高频消振电容严重漏电时，VT1 无法进入放大工作状态
理解方法提示	这是因为电容漏电相当于对直流电流而言有了通路，这样 VT1 集电极上的直流电流有一部分会通过高频消振电容 C1 加到 VT1 基极，破坏了三极管正常的直流工作状态

（4）C1 容量减小故障分析。

故障名称	C1 容量减小故障
故障分析	只能消除频率更高的自激，有可能出现频率较低的自激
理解方法提示	这是因为容量下降后对某一特定高频信号的容抗增大，负反馈强度不足，出现自激。 对于更高频率信号而言，消振电容的容抗仍然很小，所以仍然能消除更高频率的自激

6.2.7 万用表检修消除无线电波干扰的电容电路故障

1. 消除无线电波干扰的电容电路故障检修

如图 6-59 所示，在三极管 VT1 基极与发射极之间接入一只小电容 C1（100pF），用来消除无线电波对三极管工作的干扰。

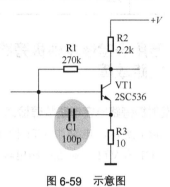

图 6-59 示意图

对于电路中的电容 C1 故障检测最好的方法是进行代替检查，更换一只 C1 试试。

如果采用测量 C1 两端直流电压的方法操作会简单一些，但是检查的结果会不够明确。如果测量 C1 两端的电压不为零，且小于 0.6V，说明 C1 漏电的可能性很大。

对于电路中小电容故障最简单和有效的检测方法小结如下。

（1）怀疑击穿。用万用表欧姆挡在路直接测量小电容两根引脚之间电阻值，应该为零，如果该小电容上没有电感并联，可以说明小电容已击穿。

（2）怀疑漏电。直接对该小电容进行代替处理。

（3）怀疑开路。直接用一只等容量的电容并联在原电容上。

（4）怀疑性能不好。直接对该小电容进行代替处理。

2. 消除无线电波干扰的电容电路故障分析

（1）C1 开路故障分析。

故障名称	C1 开路故障
故障分析	可能会出现无线电波干扰

理解方法提示	这是因为并不是所有的放大器都会出现无线电波干扰的，当三极管存在非线性、电路的电磁屏蔽不好时才会出现无线电波干扰

（2）C1 短路故障分析。

故障名称	C1 短路故障
故障分析	三极管 VT1 基极与发射极直流电压相等，三极管进入截止状态，三极管无信号输出
理解方法提示	这是因为 C1 短路破坏了三极管正常的直流工作状态

（3）C1 漏电故障分析。

故障名称	C1 漏电故障
故障分析	三极管 VT1 基极和发射极的直流工作电压改变，三极管放大状态受到影响，严重漏电时三极管 VT1 进入截止状态
理解方法提示	这是因为三极管 VT1 的直流工作状态受到了影响

（4）C1 容量减小故障分析。

故障名称	C1 容量减小故障
故障分析	消除无线电波干扰的能力受到一定影响
理解方法提示	这是因为 C1 容量变小后对无线电波的旁路能力下降，容量小则容抗大。不过，对频率更高的无线电波抗干扰能力没有下降

6.2.8 万用表检修扬声器分频电容电路故障

1. 扬声器分频电容电路故障检修

图 6-60 所示是二分频电路中的分频电容电路。电路中 C1 是功率放大器输出端耦合电容，C2 是无极性分频电容。

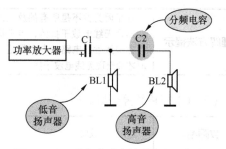

图 6-60　二分频电路中的分频电容电路

对于这一电路中的 C2 故障可以通过试听来判断，说明如下。

（1）如果扬声器 BL1 中声音正常，而 BL2 中没有声音，怀疑 C2 是不是开路。

（2）如果扬声器 BL1 中声音正常，而 BL2 中的声音质量不好，怀疑 C2 是不是漏电。

2. 扬声器分频电容电路故障分析

（1）C2 开路故障分析。

故障名称	C2 开路故障
故障分析	高音扬声器中无任何响声
理解方法提示	这是因为高音信号的传输回路被中断了，高音信号不能加到高音扬声器中

（2）C2 短路故障分析。

故障名称	C2 短路故障
故障分析	高音扬声器声音破，即声音大且难听
理解方法提示	这是因为低音和高音扬声器直接并联了，低音信号也加到了高音扬声器中，使高音扬声器中的电流很大，破坏了高音扬声器的正常工作

（3）C2 漏电故障分析。

故障名称	C2 漏电故障
故障分析	高音扬声器音质变差，声音变响
理解方法提示	一般人会有一个错误的认识：扬声器声音响就是好，其实这是相当错误的，因为要使扬声器声音大些在电路实现上是没有困难的，可是将音质提高是非常困难的事情

（4）C2 容量减小故障分析。

故障名称	C2 容量减小故障
故障分析	高音扬声器声音变小
理解方法提示	这是因为容量小了，对高音信号的容抗增大，使流过高音扬声器的高音信号电流减小

6.2.9　万用表检修发射极旁路电容电路故障

1. 发射极旁路电容电路故障检修

如图 6-61 所示，电路中 VT1 构成一级音频放大器，C1 为 VT1 发射极旁路电容。

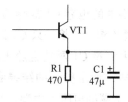

图 6-61　接有旁路电容的发射极负反馈电路

对于电路上电容 C1 的故障检测方法，可分下列几种情况。

（1）如果 VT1 信号增大且伴有噪声增大现象，此时怀疑 C1 短路，用万用表直流电压挡直接测量 VT1 发射极直流电压，如果是零，可以拆下 C1，此时 VT1 输出信号减小，说明 C1 短路。这是因为 C1 短路后 VT1 静态电流增大，放大能力增大，VT1 输出信号增大，同时 VT1 静态电流增大导致噪声增大。

（2）如果 VT1 输出信号减小，可以直接用一只好的等容量电容与 C1 并联上，如果 VT1 输出信号正常，说明怀疑属实。这是因为 C1 开路后，电阻 R1 存在了交流负反馈，使放大器放大能力下降，所以 VT1 输出信号减小。

（3）如果怀疑 C1 漏电，更换一只 C1 试试。

2. 发射极旁路电容电路故障分析

（1）C1 开路故障分析。

故障名称	C1 开路故障
故障分析	VT1 信号放大能力下降，输出信号减小
理解方法提示	这是因为 VT1 发射极输出的交流信号也流过了发射极负反馈电阻 R1，使 VT1 放大倍数下降

（2）C1 短路故障分析。

故障名称	C1 短路故障
故障分析	VT1 输出信号增大很多，VT1 发射极直流电压为零，改变了 VT1 的直流工作状态
理解方法提示	这是因为发射极负反馈电阻 R1 被短路，VT1 不存在负反馈作用，这一级放大器的放大倍数明显增大。 发射极直流电压为零后，使 VT1 直流工作电流增大许多

（3）C1 漏电故障分析。

故障名称	C1 漏电故障
故障分析	影响了 VT1 直流工作状态
理解方法提示	这是因为 C1 漏电导致 VT1 发射极直流电压下降，C1 漏电愈严重，VT1 发射极直流电压愈低，极限情况是 C1 短路，VT1 发射极直流电压为零。

（4）C1 容量减小故障分析。

故障名称	C1 容量减小故障
故障分析	高频特性好，低频特性变差，即 VT1 高频输出信号大于低频输出信号

理解方法提示	这是因为 C1 容量下降后，对低频信号的容抗增大，有一部分低频信号流过了发射极负反馈电阻 R1，存在低频负反馈，所以 VT1 对低频信号放大能力下降。 对于高频信号而言，C1 容量变小后容抗增大量不大，即 C1 对高频信号的容抗仍然远小于 R1 阻值，所以高频信号仍然从 C1 流过，VT1 不存在高频负反馈作用

3. 部分发射极电阻加接旁路电容电路故障分析

图 6-62 所示是部分发射极电阻加接旁路电容的电路。R1 和 R2 串联起来后作为 VT1 总的发射极负反馈电阻，构成 R1 和 R2 串联电路的形式是为了方便形成不同量的直流和交流负反馈。

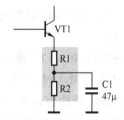

图 6-62　部分发射极电阻加接旁路电容的电路

这一电路的故障分析说明如下。

（1）**C1 开路故障。**VT1 输出信号幅度减小，因为不存在交流负反馈，放大器的放大倍数增大。

（2）**C1 短路故障。**VT1 输出信号幅度增大，因为不仅没有了交流负反馈，同时 R2 短路后也不存在部分直流负反馈，所以放大器的放大倍数增大。

4. 发射极接有不同容量旁路电容电路故障分析

图 6-63 所示电路中接有两个不同容量的发射极旁路电容。电路中的 VT1 构成音频放大器，它有两只串联起来的发射极电阻 R2 和 R3，另有两只

4.三端稳压集成电路套件装配演示之一电路工作原理讲解 4

容量不等的发射极旁路电容 C2 和 C3。由于 C2 容量较小，对高音频信号容抗很小，而对中、低音频信号的容抗大。

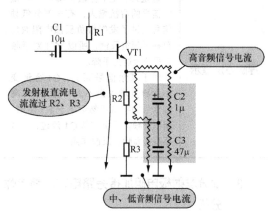

图 6-63 发射极接不同容量旁路电容的
音频放大器电路

这一电路的故障分析说明如下。

（1）**C2 开路故障**。VT1 高音频信号输出幅度减小；当 C2 容量减小时，VT1 高音频信号输出幅度也减小，但是更高频率的信号输出幅度不受太大影响。

（2）**C3 开路故障**。VT1 输出信号幅度大幅下降；当 C3 容量减小时，VT1 输出信号幅度也要下降，且低频输出信号下降幅度最为明显。

（3）**C2 或 C3 短路、漏电故障**。都将影响 VT1 直流工作状态。

6.2.10 加速电容电路故障分析

图 6-64 所示是脉冲放大器中的加速电容电路。电路中的 VT1 是三极管，是脉冲放大管，C1 并联在 R1 上，C1 是加速电容。C1 的作用是加快 VT1 导通和截止的转换速度，所以称为加速电容。

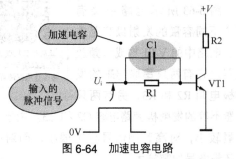

图 6-64 加速电容电路

1．C1 开路故障分析

故障名称	C1 开路故障
故障分析	无加速作用，VT1 导通时间增加
理解方法提示	这是因为在输入脉冲到来时，没有一个上冲的尖顶脉冲出现，电阻 R1 限制了加到 VT1 基极的电压

2．C1 短路故障分析

故障名称	C1 短路故障
故障分析	VT1 开关工作状态受到破坏
理解方法提示	这是因为 VT1 导通和截止时都没有加速过程

3．C1 漏电故障分析

故障名称	C1 漏电故障
故障分析	VT1 开关工作状态受到影响，其程度低于 C1 短路时的影响
理解方法提示	这是因为电容漏电严重时相当于短路

4．C1 容量减小故障分析

故障名称	C1 容量减小故障
故障分析	加速导通和加速截止的速度都受到影响而下降
理解方法提示	这是因为加速电容容量变小后，输入脉冲出现时对 C1 充电时间短，即加到 VT1 基极的正尖顶脉冲时间太短。同理，输入脉冲消失时 C1 很快放完电，使 VT1 加速截止的负尖顶持续时间过短

6.2.11 万用表检修 RC 串联电路故障

1．RC 串联电路故障检修

图 6-65 所示是 RC 串联电路，RC 串联电路由一个电阻 R1 和一个电容 C1 串联而成。

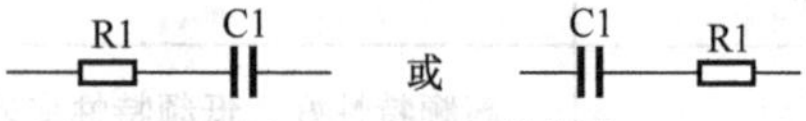

R1 C1 或 C1 R1

图 6-65 RC 串联电路

关于 **RC 串联电路**故障检测总的思路是：与电阻串联电路故障检测思路一样，当电路中有一只元器件出现开路故障时，这一电路中将无电流；当 C1 短路时，电路的阻抗将不随频率变化而变化，只有电阻 R1 起电阻作用。

由于这一电路中元器件比较少，如果怀疑电路中 **R1** 和 **C1** 出现故障，可以直接更换这两只元件。

2. RC **串联电路故障分析**

（1）C1 或 R1 开路故障分析。

故障名称	C1 或 R1 开路故障
故障示意图	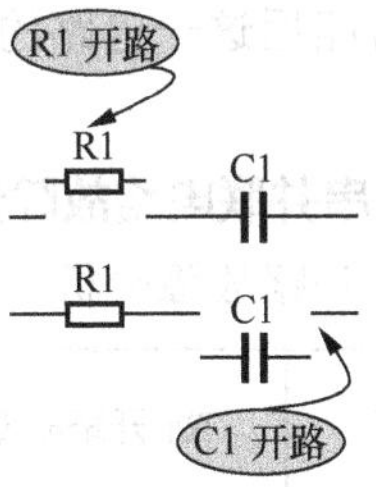 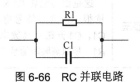
故障分析	信号传输中断
理解方法提示	这是因为串联电路中任何一个元器件或电路断开后，信号电流都不能成回路

（2）C1 短路故障分析。

故障名称	C1 短路故障
故障示意图	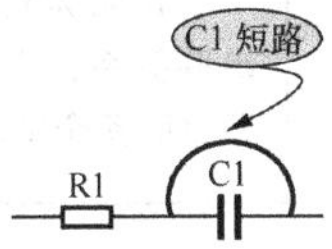
故障分析	RC 串联电路就相当于纯电阻电路
理解方法提示	这是因为在 RC 串联电路中，对不同频率信号的阻抗变化主要是电容在起作用，而电阻对不同频率的信号作用相同

（3）R1 短路故障分析。

故障名称	R1 短路故障
故障示意图	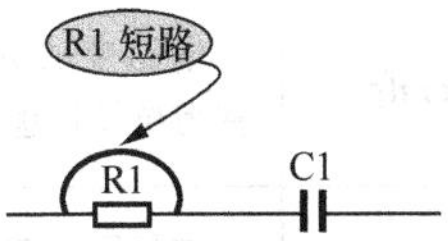
故障分析	RC 串联电路就相当于纯电容电路

理解方法提示	这是因为 RC 串联电路阻抗特性没有转折频率点了，只有电容对各种频率信号的容抗在变化

6.2.12　万用表检修 RC 并联电路故障

1. RC **并联电路故障检修**

图 6-66 所示是 RC 并联电路，它是由一个电阻 R1 和一个电容 C1 相并联而成的电路。

图 6-66　RC 并联电路

关于这一电路中 **R1** 和 **C1** 故障的检测说明如下。

（1）如果怀疑电路中的 C1 开路，可以直接在 C1 上并联一只等容量电容。

（2）如果怀疑 C1 短路，可以用万用表欧姆挡在路测量 C1。

5. 三端稳压集成电路套件装配演示之二指针式万用表测量普通二极管方法 1

2. RC **并联电路故障分析**

（1）R1 开路故障分析。

故障名称	R1 开路故障
故障示意图	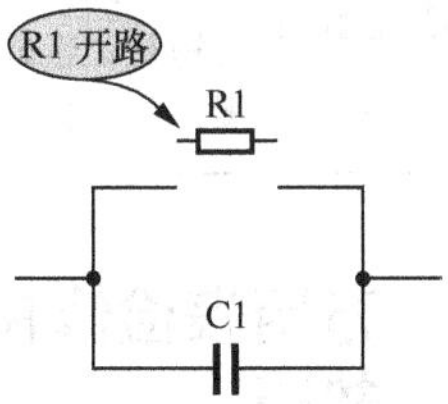
故障分析	电路的总阻抗特别是低频段阻抗增大很多，电路中电流很小，且只能是交流电流
理解方法提示	这是因为并联电路中一个元件开路后电路阻抗会增大，这时只有电容在电路中，它对低频信号的容抗大。R1 开路后电路中只有 C1，所以只能通过交流电流而不能通过直流电流

（2）C1 开路故障分析。

故障名称	C1 开路故障
故障示意图	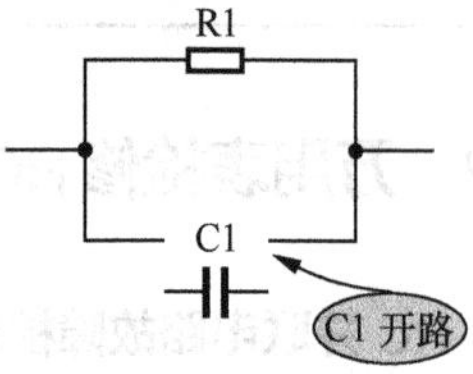 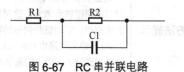
故障分析	电路的总阻抗增大，特别是高频段，阻抗增大使电流减小
理解方法提示	这是因为电容 C1 对高频信号容抗很小，高频信号电流主要流过 C1，C1 开路后高频电流只能流过 R1，所以高频段信号电流减小

（3）C1 短路故障分析。

故障名称	C1 短路故障
故障示意图	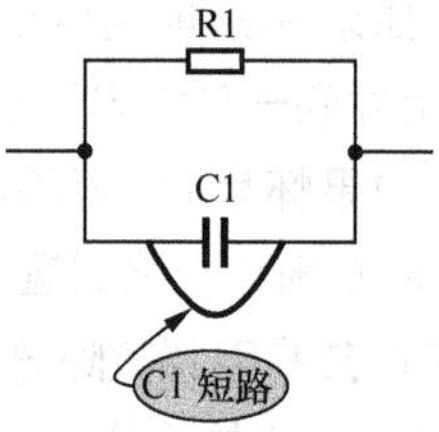
故障分析	电路总的阻抗为零，流过电路的电流很大
理解方法提示	这是因为在并联电路中有一只元器件短路，会将其他并联元器件同时短路，造成整个电路的总阻抗为零，所以电路中的电流会很大

6.2.13　万用表检修 RC 串并联电路故障

1．RC 串并联电路故障检修

图 6-67 所示是一种 RC 串并联电路。电路中的 R2 与 C1 并联之后再与 R1 串联。

图 6-67　RC 串并联电路

关于这一电路中 R1、R2 和 C1 故障的检测说明如下。

6.三端稳压集成电路套件装配演示之二指针式万用表测量普通二极管方法 2

（1）如果测量中发现这一电路没有信号输出，直接用万用表欧姆挡在路测量 R1 是否开路，因为 R1 开路后这一 RC 串并联电路无信号传输能力，而 R2 和 C1 同时开路的可能远远小于 R1 开路。

（2）测量发现这一电路的阻抗特性不随频率变化而变化，那可以直接更换 C1，因为只有 C1 开路或短路后这一电路的阻抗才不随频率变化而变化。

2．RC 串并联电路故障分析

（1）R1 开路故障分析。

故障名称	R1 开路故障
故障示意图	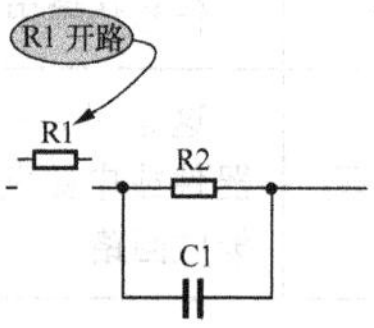
故障分析	整个电路开路
理解方法提示	这是因为 R1 与 R2 并 C1 之间是串联关系，串联电路中有一个元件开路时整个串联电路开路

（2）R2 开路故障分析。

故障名称	R2 开路故障
故障示意图	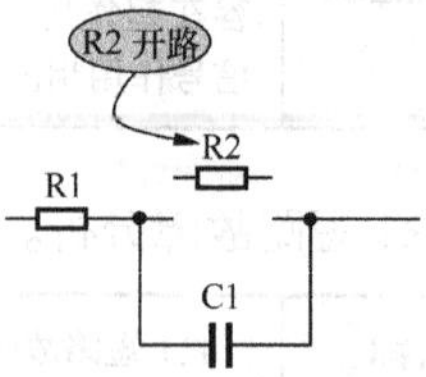
故障分析	电路变成 R1 和 C1 的串联电路，其阻抗特性也改变
理解方法提示	这是因为 R2 和 C1 并联电路的阻抗增大，使整个电路阻抗增大

（3）C1 开路故障分析。

故障名称	C1 开路故障
故障示意图	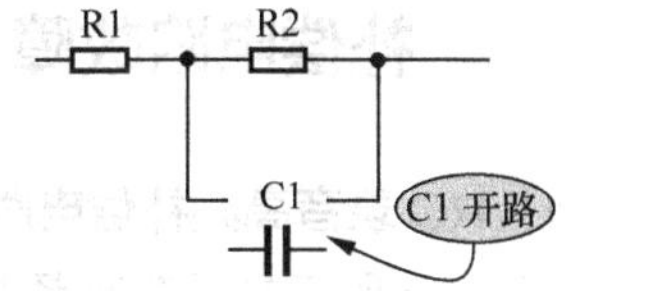 R1 R2 C1 C1 开路
故障分析	电路阻抗特性不随信号频率变化而变化
理解方法提示	这是因为在 RC 串并联电路中主要是电容对各种频率信号的容抗在变化

6.2.14　万用表检修RC消火花电路故障

1. RC 消火花电路故障检修

图 6-68 所示是 RC 消火花电路。电路中，R1 和 C1 构成 RC 消火花电路。

图 6-68　RC 消火花电路

对于这一 R1、C1 电路故障最好的处理方法是更换电容 C1，因为电阻 R1 通常不会损坏。另外，处理完消火花电路故障后并不能立即试验处理的结果，因为通常情况下不是每次关机时都会出现打火现象。

2. RC 消火花电路故障分析

（1）C1 或 R1 开路故障分析。

故障名称	C1 或 R1 开路故障
故障示意图	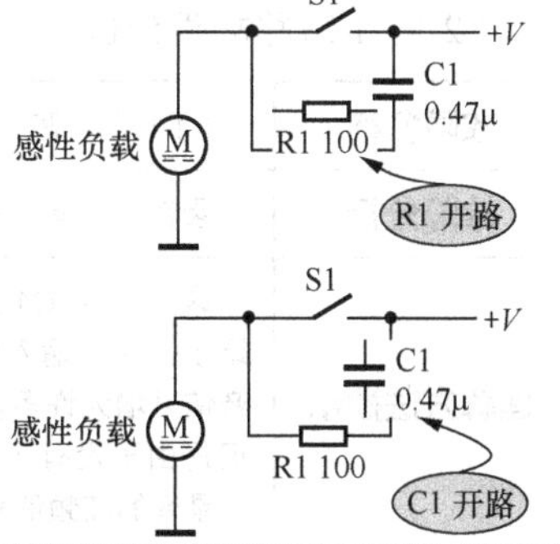 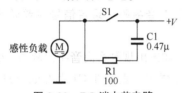 S1 C1 0.47μ R1 100 R1 开路; S1 C1 0.47μ R1 100 C1 开路

故障分析	无消火花作用，开关 S1 使用时间长后会出现打火损伤，从而造成接触不良的故障
理解方法提示	这是因为消火花电路开路后，在开关 S1 断开时 S1 两触点之间会打火，损伤开关触点表面，造成开关的接触电阻增大，使触点两端的电压降增大许多，导致开关输出的电压下降许多

（2）C1 短路故障分析。

故障名称	C1 短路故障
故障示意图	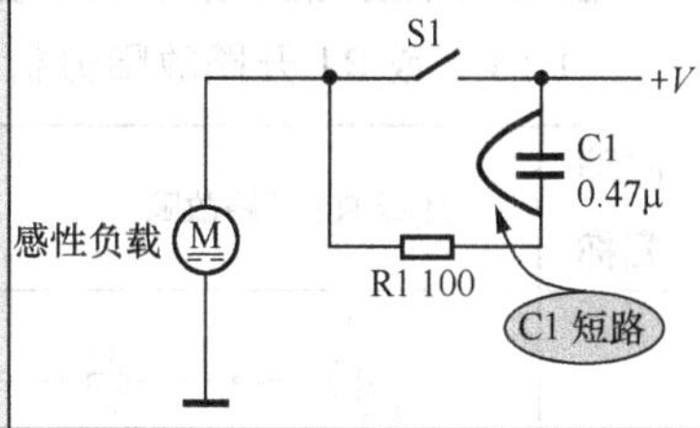 感性负载 M S1 +V C1 0.47μ R1 100 C1 短路
故障分析	无消火花作用，同时开关 S1 断不开
理解方法提示	这是因为在消火花电路中，C1 用来在开关断开瞬间吸收电能，没有了 C1 就无消火花作用。 由于 C1 短路后将 R1 并接在开关 S1 两端，当 S1 断开时电流仍然能够通过电阻 R1 向电路供电，R1 的阻值还很小，所以开关断不开，这一故障很严重

6.2.15　万用表检修传声器电路中的RC低频噪声切除电路故障

1. RC 低频噪声切除电路故障检修

图 6-69 所示是录音机传声器输入电路中的 RC 低频噪声切除电路。电阻 R1 和 C1 构成低频噪声切除电路。

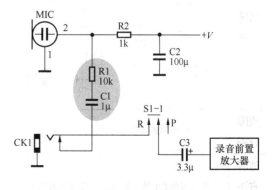

图 6-69　录音机传声器输入电路中的
RC 低频噪声切除电路

关于这一电路中 **R1** 和 **C1** 的故障检测主要说明以下两点。

（1）如果机内传声器录不上音而外接传声器录音正常时，用万用表欧姆挡检测 R1 和 C1 是否开路。

7.三端稳压集成电路套件装配演示之三安装套件中 5 只二极管 1

（2）如果机内传声器录音轻且噪声大而外接传声器录音正常时，直接更换电容 C1 试试。

2. RC 低频噪声切除电路故障分析

（1）C1 或 R1 开路故障分析。

故障名称	C1 或 R1 开路故障
故障示意图	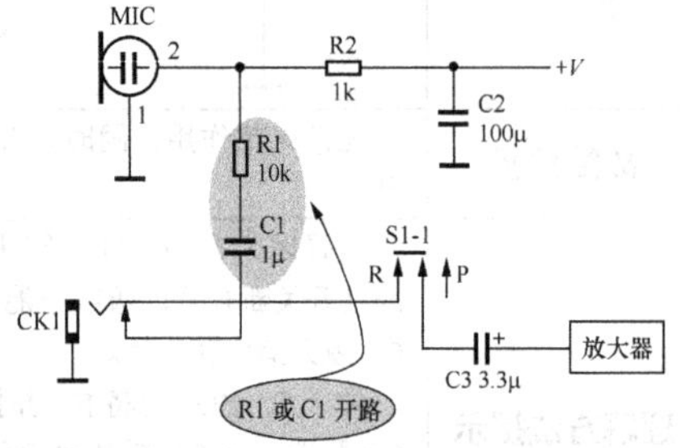 MIC R2 1k +V C2 100μ R1 10k C1 1μ S1-1 R P CK1 放大器 C3 3.3μ R1 或 C1 开路
故障分析	机内传声器无声
理解方法提示	这是因为机内传声器信号传输回路开路了，机内传声器信号无法加到后级电路中

（2）C1 漏电故障分析。

故障名称	C1 漏电故障
故障示意图	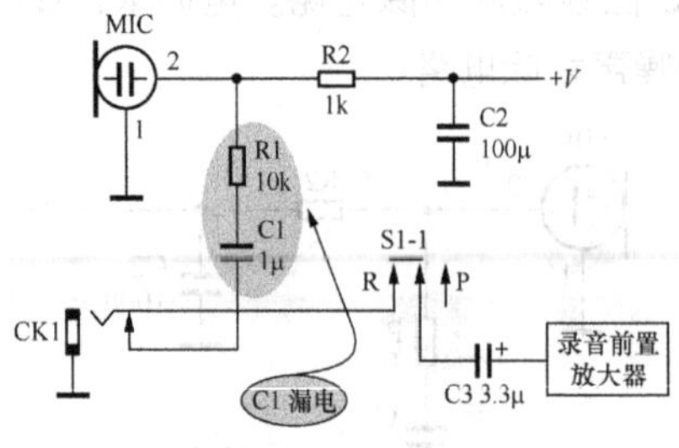 MIC R2 1k +V C2 100μ R1 10k C1 1μ S1-1 R P CK1 录音前置放大器 C3 3.3μ C1 漏电
故障分析	机内传声器噪声大
理解方法提示	这是因为 C1 的漏电就是后级电路的噪声

6.2.16 万用表检修 RC 录音高频补偿电路故障

1. RC 录音高频补偿电路故障检修

图 6-70 所示是录音高频补偿电路，电路中的 R1 是恒流录音（录音电流大小不与录音信号频率相关）电阻，C1 是录音高频补偿电容。

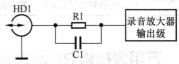

HD1 R1 录音放大器输出级 C1

图 6-70　RC 录音高频补偿电路

关于这一电路中 **R1** 和 **C1** 的故障检测方法说明如下。

（1）如果出现录不上音故障，用万用表欧姆挡在路测量 R1 是否开路，因为 C1 开路不会出现录不上音故障，录音信号主要通过 R1 加到录音磁头中。

（2）如果出现录音高音不足故障，C1 开路的可能性很大，直接在 C1 上并联一只等容量电容器试试。

2. RC 录音高频补偿电路故障分析

（1）C1 开路故障分析。

故障名称	C1 开路故障
故障分析	电路无高频补偿作用
理解方法提示	这是因为电路中只有电阻器了，而电阻器对各频率信号呈现相同的阻值特性，所以没有提升高频信号的作用

（2）C1 短路故障分析。

故障名称	C1 短路故障
故障分析	录音声音响，高音不足
理解方法提示	这是因为 C1 短路后将 R1 也短路了，这样输入到录音磁头中的录音信号增大许多，造成录音声音响，但是由于没有了高频补偿电路，所以录音的高频信号小

（3）R1 开路故障分析。

故障名称	R1 开路故障
故障分析	录不上音
理解方法提示	这是因为录音信号传输回路断开了，录音信号无法加到录音磁头中。虽然电路中仍然存在电容 C1，但是它的容量太小，对录音信号而言容抗太大而无法传输信号

（4）C1 容量减小故障分析。

故障名称	C1 容量减小故障
故障分析	高音补偿量不足
理解方法提示	这是因为 C1 容量变小后，RC 阻值特性改变，对高频信号的提升量下降

6.2.17　万用表检修积分电路故障

1. 积分电路故障检修

图 6-71 所示是积分电路，输入信号 U_i 加在电阻 R1 上，输出信号取自电容 C1。

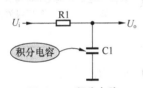

图 6-71　积分电路

关于这一电路中 R1 和 C1 的故障处理说明如下。

（1）对于积分电路的故障检测主要是测量电路输出端的直流电压，图 6-72 是测量时的万用表接线示意图，测量时最好使用数字式万用表，这样对输出电压的影响小。如果电路没有输出电压，在输入信号电压正常情况下，可直接用万用表欧姆挡检查 R1 是否开路，C1 是否短路。

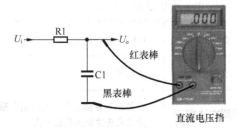

图 6-72　测量直流输出电压时接线示意图

（2）如果测量的输出电压不是直流电压，而是数字表显示数字在不断变动，这说明电容 C1 开路，可以直接在 C1 上并联一只等容量电容试试。

（3）如果怀疑 C1 漏电（这会造成直流输出电压减小），可以直接更换一只 C1 试试。

2. 积分电路故障分析

（1）C1 开路故障分析。

故障名称	C1 开路故障
故障示意图	U_i —— R1 —— U_o，C1 开路
故障分析	无积分作用，输出电压与输入电压一样也是脉冲波形
理解方法提示	这是因为无积分作用，没有电容 C1 的充电和放电，只有电阻 R1 传输信号电压

（2）C1 短路故障分析。

故障名称	C1 短路故障
故障示意图	U_i —— R1 —— U_o，C1 短路
故障分析	无输出电压
理解方法提示	这是因为输入电压被短路的 C1 对地短路

（3）C1 漏电故障分析。

故障名称	C1 漏电故障
故障示意图	U_i —— R1 —— U_o，C1 漏电
故障分析	输出电压下降
理解方法提示	这是因为一部分输出电流被 C1 分流到地，使 R1 上的电压降增大，致使输出电压下降

（4）C1 容量减小故障分析。

故障名称	C1 容量减小故障
故障示意图	U_i — R1 — U_o，C1，C1 容量减小
故障分析	积分特性变劣，甚至不能构成积分电路
理解方法提示	这是因为积分电路的时间常数减小，破坏了积分电路 RC 时间常数 τ 远大于脉冲宽度 T_x 的要求

（5）R1 开路故障分析。

故障名称	R1 开路故障
故障示意图	U_i — R1 — U_o，C1，R1 开路
故障分析	无输出电压
理解方法提示	这是因为信号传输电路已开路

6.2.18　万用表检修 RC 去加重电路故障

1. RC 去加重电路故障检修

图 6-73 所示是单声道调频收音电路中的去加重电路。图中的 R1 和 C1 构成去加重电路。

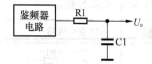

图 6-73　单声道调频收音电路中的去加重电路

关于电路中 **R1** 和 **C1** 的故障处理方法说明如下。

（1）如果出现收音无声故障，用万用表欧姆挡直接测量 R1 是否开路以及检查 C1 是否短路，R1 和 C1 出现其他故障是不会引起收音无声故障的。

（2）如果出现收音声音高音太多，且伴高频噪声大故障，直接用一只等容量电容并联在 C1 上，因为只有 C1 开路才会出现这种故障，这时就是无去加重电路作用。

2. RC 去加重电路故障分析

（1）C1 开路故障分析。

故障名称	C1 开路故障
故障分析	无去加重作用，高音尖，高频噪声大
理解方法提示	这是因为在调频广播电台发射调频信号时进行了预加重，所以高音成分大

（2）C1 短路故障分析。

故障名称	C1 短路故障
故障分析	无音频信号输出，出现无声故障
理解方法提示	这是因为 C1 将音频信号短路到地了，无法加到后级放大器电路中，出现了收音无声故障

（3）C1 漏电故障分析。

故障名称	C1 漏电故障
故障分析	音频输出信号小，声音轻
理解方法提示	这是因为 C1 将一部分音频信号分流到地，使加到后级电路中的音频信号小。如果 C1 漏电严重，则会出现收音无声故障

（4）R1 开路故障分析。

故障名称	R1 开路故障
故障分析	收音无声
理解方法提示	这是因为音频信号传输回路中断，音频信号无法加到后级电路中

6.2.19 万用表检修微分电路故障

图 6-74 所示是微分电路。

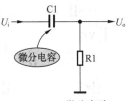

图 6-74 微分电路

关于这一电路中 **C1** 和 **R1** 的故障处理方法
说明如下。

（1）如果怀疑电路中 C1 和
R1 出现了故障，可以直接进行
更换处理，因为这一电路的元
器件数量少，操作方便。

8.三端稳压集成电路
套件装配演示之三安
装套件中 5 只二极
管 2

（2）通常情况下，电容的
故障发生率远高于电阻，所以首先更换电容。

（3）如果采用示波器可以更为精确地进行故
障检测，它可以观察到这一电路输出端的输出信
号波形，图 6-75 是采用示波器检测时接线示意图。
如果检测结果没有输出波形，在输入信号正常情
况下说明 C1 开路，或是 R1 短路（可能性较小）。

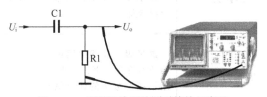

图 6-75 采用示波器检测时接线示意图

（4）用数字式万用表交流电压挡也可以进
行简单的输出信号电压测量，图 6-76 是采用数
字式万用表检测时接线示意图。如果测量中显
示数字能不断跳动，说明这一电路有输出信号，
否则可能无输出信号。

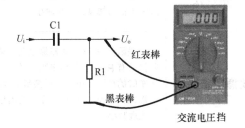

图 6-76 采用数字式万用表检测时接线示意图

6.2.20 万用表检修 RC 低频衰减电路故障

1. RC 低频衰减电路故障检修

图 6-77 所示是采用 RC 串联电路来衰减低
频信号的电路。R5 和 C4 串联电路并联在负反
馈电阻 R4 上，是负反馈电路的一部分。

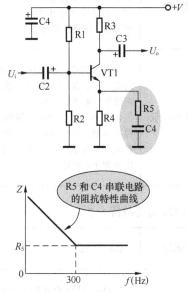

图 6-77 RC 串联低频衰减电路

关于电路中 **R5** 和 **C4** 的故障处理方法说明
如下。

（1）如果采用测量仪器进行电路故障检测，
需要音频信号发生器和示波器，图 6-78 是测量
时接线示意图。信号发生器接在该放大器输入
端，示波器接在该电路输出端。如果测量显示
输出信号明显减小，说明 R5 或 C4 开路。如果
测量结果是输出信号明显增大，说明 C4 短路
的可能性很大。

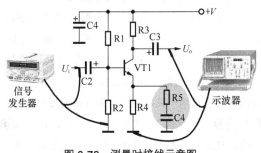

图 6-78 测量时接线示意图

（2）在没有测量仪器时，可以用代替检查的方法对 R5 和 C4 进行检查。

2. RC 低频衰减电路故障分析

（1）C4 或 R5 开路故障分析。

故障名称	C4 或 R5 开路故障
故障分析	电路不存在衰减低频的作用，VT1 输出的音频各频段信号大小一样，同时 VT1 输出的中、高音频信号幅度比电路正常时小
理解方法提示	这是因为中、高音频信号没有旁路电路了，这时所有频率的信号都得流过发射极电阻 R4。 由于中、高音频信号流过了 R4，存在着负反馈，所以 VT1 对中、高音频信号放大能力下降，VT1 的输出幅度比正常时有所下降

（2）C4 短路故障分析。

故障名称	C4 短路故障
故障分析	对低频信号不存在衰减，同时 VT1 输出的所有频率的信号幅度都有增大
理解方法提示	这是因为 R5 和 R4 并联，并联后总的 VT1 发射极电阻下降，使 VT1 负反馈量下降，VT1 放大能力提高，所以 VT1 输出的各频率信号幅度都增大

6.2.21 万用表检修 RC 低频提升电路故障

1. RC 低频提升电路故障检修

图 6-79 所示是采用 RC 串联电路构成的低频提升电路。R5 和 C4 构成电压串联负反馈电路。

关于这一电路中 R5 和 C4 的故障处理方法：如果整个放大器输出信号增大了，说明 R5 或 C4 开路，可直接用一只等阻值电阻或等容量电容进行代替检查。这是因为 R5 或 C4 开路后，负反馈量减小，放大器放大能力增大，所以输出信号增大。

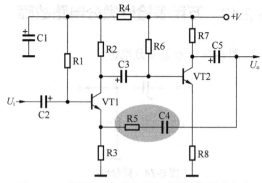

图 6-79　采用 RC 串联电路构成的低频提升电路

如果整个放大器输出信号减小，且伴有噪声的话，直接更换电容 C4 试试。因为 C4 漏电或短路会造成负反馈量增大，放大器放大能力下降，而它漏电又会出现噪声故障。

9.三端稳压集成电路套件装配演示之三安装套件中 5 只二极管 3

2. RC 低频提升电路故障分析

（1）C4 或 R5 开路故障分析。

故障名称	C4 或 R5 开路故障
故障分析	电路不仅不存在提升低频的作用，而且 VT1 输出的音频各频段信号幅度都增大了
理解方法提示	这是因为反馈电路断开，放大器不存在负反馈，放大能力增大，所以所有频率的输出信号幅度都增大

（2）C4 短路故障分析。

故障名称	C4 短路故障
故障分析	对低频信号不存在提升作用，低频输出信号幅度比正常时小
理解方法提示	这是因为 R5 和 C4 串联电路的总阻抗只有 R5，且为纯电阻特性，比正常时的总阻抗小，负反馈量增大，所以放大器放大能力下降，输出信号幅度减小

6.3 万用表检修变压器和 LC 谐振电路故障

6.3.1 万用表检修典型电源变压器电路故障

1. 电源变压器电路故障检修

图 6-80 所示是一种最简单的电源变压器电路。电路中的 S1 是电源开关，T1 是电源变压器，VD1 是整流二极管。

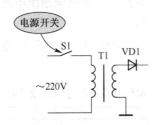

图 6-80 最简单的电源变压器电路

图 6-81 是检测电源变压器故障接线示意图。检测电源变压器故障的关键测试点是测量电源变压器的二次输出电压，这是最为方便和有效的检测方法。

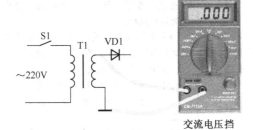

交流电压挡

图 6-81 检测电源变压器故障接线示意图

重要提示

如果测量结果正常，即有正常的交流电压输出，说明电源变压器工作正常。如果测量结果没有交流电压输出，在测量 220V 交流电压输入正常的情况下，说明电源变压器出现了故障（如果电路中有熔断器，则先检测其有没有熔断）。

在确定电源变压器有故障后，可改用万用表欧姆挡测量它的一次和二次绕组电阻，应该均不为无穷大，且一次绕组电阻远大于二次绕组电阻。

如果测量电源变压器的一次输出电压很低，则可能是电源变压器二次侧存在匝间短路故障，这时电源变压器应该有响声和发热现象，应对电源变压器进行代替检查。

2. 电源变压器电路故障分析

⚠ 重要提示

整机电路中，电源变压器承受整机全部的电功率，且工作在高电压、大电流状态下，所以故障发生率比较高，电源变压器故障是整机电路故障中的一种常见、多发故障。

（1）**一次侧开路故障**。当电源变压器 T1 一次绕组开路时，将没有交流市电流过一次绕组，此时 T1 二次绕组两端没有交流电压输出。

这一电路中 T1 一次绕组回路开路的最大可能是电源开关 S1 接触不良（两触点之间开路）和 T1 一次绕组本身开路。

⚠ 重要提示

电源变压器一次侧是一个串联回路，回路中任何一个元器件开路就会出现 T1 二次侧无交流低电压输出的故障。

（2）**一次绕组两端交流电压的偏大或偏小故障**。影响实际加到 T1 一次绕组两端的交流电压大小的因素有两个：一是电源开关 S1 接触电阻大，这是故障，会造成一次绕组两端的交流电压小；二是交流市电电压大小波动，这并非电路故障。

> ⚠ **重要提示**
>
> 这是因为电源开关频繁使用容易出现接触不良故障，且故障率较高，这是从实践中得到的宝贵经验。

（3）一次侧匝间短路或二次侧匝间短路故障。如果电源变压器 T1 一次绕组内部存在局部的匝间短路，一次绕组中的电流会增大，T1 二次侧输出的交流电压将增大，且电源变压器会发热。

如果电源变压器 T1 二次绕组内部存在局部的匝间短路，T1 二次绕组的交流电压将减小，且电源变压器也会发热。

> ⚠ **重要提示**
>
> 一次侧匝间短路后一次绕组中的电流会增大，所以变压器会发热，甚至烧坏电源变压器。
>
> 二次侧匝间短路后，不仅二次绕组中的电流增大，而且一次绕组中的电流也会增大。

6.3.2 电源变压器电路故障综述

电源变压器电路是一个故障发生率相当高的电路。

1. 电源变压器电路故障部位判断逻辑思路

对于电源变压器电路故障部位的判断思路主要说明如下 **3** 点。

（1）当测量电源变压器二次绕组和一次绕组两端都没有交流电压时，可以确定电源变压器没有故障，故障出在电源电路的其他单元电路中。

10.三端稳压集成电路套件装配演示之三安装套件中 5 只二极管 4

（2）确定电源变压器故障的原则是这样的：当电源变压器一次绕组两端

有正常的 220V 交流电压，而二次绕组没有交流输出电压时，可以确定电源变压器出了故障。

（3）当电源变压器一次绕组两端的交流电压低于 220V 时，二次绕组交流输出电压低是正常的；当电源变压器一次绕组两端的交流电压大小正常（220V）时，二次绕组输出交流电压低很可能是负载电路存在短路现象，此时断开负载电路，如果二次绕组交流输出电压仍然低，可以确定电源变压器二次绕组出现匝间短路故障。

2. 电源变压器降压电路故障机理

电源变压器降压电路常见故障主要有一次绕组开路、发热、二次交流输出电压低和二次输出电压升高等。

表 6-5 所示是电源变压器降压电路故障机理说明。

表 6-5　电源变压器降压电路故障机理说明

名　称	说　明
一次侧开路的故障机理	这是电源变压器的常见故障。一般表现为电源变压器在工作时严重发烫，最后烧成开路，一般是一次侧烧成开路。从电路上表现为电源电路没有直流电压输出，电源变压器本身也没有交流低电压输出。 造成电源变压器一次侧开路的主要原因有这样几种。 （1）电源变压器的负载电路（整流电路之后的电路）存在严重短路故障，使流过一次绕组的电流太大。 （2）电源变压器本身质量有问题。 （3）由于交流市电电压意外异常升高所致。 （4）人为原因折断了一次绕组引出线根部引脚。 一次绕组线径比较细，容易发生开路故障；二次绕组的线径比较粗，一般不容易发生开路故障
发热的故障机理	电源变压器在工作时，它的温度明显升高。在电路上表现为整流电路直流电压输出低，电源变压器二次交流低电压输出低，流过变压器一次绕组的电流增大许多

续表

名 称	说 明
二次侧交流输出电压低的故障机理	如果测量电源变压器一次绕组两端输入的交流市电电压正常，而二次侧输出的交流电压低，说明电源有输出电压故障。 造成二次侧交流输出电压低故障的根本性原因有两个。 （1）二次绕组匝间短路，这种故障的可能性不太大。 （2）电源变压器过载，即流过二次绕组的电流太大
二次侧输出电压升高的故障机理	电源变压器二次侧输出的交流低电压增高这一故障对整机电路的危害性大，此时电源电路的直流输出电压将升高。 造成二次侧输出电压升高故障的根本原因有3点。 （1）一次绕组存在匝间短路，即一次绕组的一部分之间短路。 （2）交流市电电压异常升高，这不是电源变压器本身的故障。 （3）有交流输入电压转换开关的电路，其输入电压挡位的选择不正确，应该选择在220V挡位

3. 电源变压器降压电路故障检修思路和方法说明

表6-6是电源变压器降压电路的故障检修方法说明。

表6-6　电源变压器降压电路故障检修方法说明

名 称	说 明
关键测试点	（1）电源变压器降压电路出故障，第一关键测试点是二次绕组两端。当二次交流低电压输出正常时，说明电源变压器降压电路工作正常；而当一次绕组两端220V交流电压正常时，电源变压器降压电路工作可能正常，也可能不正常。 （2）电源变压器降压电路出故障，第二关键测试点是一次绕组两端。在电源变压器二次绕组输出不正常时若一次绕组两端220V交流电压正常，则说明电源变压器降压电路工作不正常

续表

名 称	说 明
检测手段	（1）检修电源变压器电路故障的常用方法是：分别测量一次和二次绕组两端的交流电压，测量一次电压时用交流250V挡，测量二次交流电压时选择适当的交流电压挡，切不可用欧姆挡测量。 （2）对电源变压器进一步的故障检查是：测量绕组是否开路，使用万用表的R×1挡，如果测量结果阻值无穷大说明绕组已经开路，正常情况下二次绕组电阻值应该远小于一次绕组电阻值
检修综述	（1）当变压器二次侧能够输出正常的交流电压时，说明变压器降压电路工作正常；若不能输出正常的交流电压时，则说明存在故障，与降压电路之后的整流电路等无关。 （2）检测降压电路的常规方法是：测量电源变压器的各二次绕组输出的交流电压，若测量有一组二次绕组输出的交流电压正常，说明电源变压器一次回路工作正常；若每个二次绕组交流输出电压均不正常，说明故障出在电源变压器的一次回路，此时测量一次侧的交流输入电压是否正常。 （3）当一次侧开路时，各二次绕组均没有交流电压输出。当某一组二次绕组开路时，只是这一组二次绕组没有交流电压输出，其他二次绕组输出电压正常。 （4）当一次侧存在局部短路故障时，各二次绕组的交流输出电压全部升高，此时电源变压器会有发热现象；当某一组二次绕组存在局部短路故障时，该二次绕组的交流输出电压就会下降，且电源变压器会发热。 （5）电源变压器的一次绕组故障发生率最高，主要表现为开路和烧坏（短路故障）。另外，电源变压器一次或二次回路中的熔断器也常出现熔断故障。 （6）当变压器的损耗很大时，变压器会发热；当变压器的铁芯松动时，变压器会发出"嗡嗡"的响声

4. 电源变压器二次侧无交流电压输出故障检修方法说明

表6-7所示是电源变压器二次侧无交流电压输出的故障检修方法说明。

表 6-7　电源变压器二次侧无交流电压输出故障检修方法说明

名　称	说　明
测量一次绕组两端电压	直接测量电源变压器一次绕组两端的 220V 交流电压，没有电压说明电源变压器正常，故障出现在 220V 交流市电电压输入回路中，检查交流电源开关是否开路、交流电源输入引线是否开路。 测量电源变压器一次绕组两端的 220V 交流电压正常，说明交流电压输入正常，故障出在电源变压器本身，用万用表的 R×1 挡测量一次绕组是否开路
查熔断器	检查电源电路 220V 市电输入回路中的熔断器是否熔断，用万用表的 R×1 挡测量熔断器，阻值无穷大则熔断器熔断
查一次侧内部熔断器	电源变压器一次绕组开路后，通过直接观察如果发现引出线开路，可以设法修复，否则更换。 注意一种特殊情况，少数的电源变压器一次绕组内部暗藏过电流过温熔断器，它熔断的概率比较高，修理这种电源变压器时可以打开变压器，找到这个熔断器，用普通熔断器更换，或直接接通后在外电路中另接入熔断器，这样处理后无过温保险功能
查二次绕组	测量电源变压器一次绕组两端有 220V 交流电压，且一次侧不开路，若二次绕组两端没有交流低电压，说明二次侧开路（发生概率较小），用万用表的 R×1 挡测量二次绕组电阻，阻值无穷大说明二次侧已开路

5. 电源变压器二次侧交流输出电压低故障检修方法说明

表 6-8 所示是电源变压器二次侧交流输出电压低的故障检修方法说明。

表 6-8　电源变压器二次侧交流输出电压低故障检修方法说明

名　称	说　明
主要检查方法	二次绕组还能输出交流电压说明电路没有开路故障，这时主要采用测量交流电压的方法检查故障部位

名　称	说　明
断开负载测量二次输出电压	断开二次绕组的负载，即将二次绕组的一根引线与电路中的连接断开，再用万用表的适当交流电压挡测量二次绕组两端电压，恢复正常说明电源变压器没有故障，问题出在负载电路中，即整流电路及之后的电路中。 如果二次绕组两端的输出电压仍然不正常，而测量一次绕组两端 220V 交流电压正常，说明电源变压器损坏，更换处理
测量一次电压是否低	如果加到电源变压器一次绕组两端的 220V 交流电压低，一般情况下可以说明变压器本身正常（电源变压器重载情况例外，此时电源变压器会发热），检查 220V 交流电压输入回路中的电源开关和其他抗干扰电路中的元器件等
伴有变压器发热现象	如果二次交流输出电压低的同时变压器发热，说明变压器存在过电流故障，很可能二次负载回路存在短路故障，可以按上述检查方法查找故障部位

6. 电源变压器二次侧交流输出电压升高故障检修方法说明

表 6-9 所示是电源变压器二次侧交流输出电压升高的故障检修方法说明。

表 6-9　电源变压器二次侧交流输出电压升高故障检修方法说明

名　称	说　明
一次侧匝间短路	对于二次侧交流输出电压高的故障，关键是要检查一次绕组是否存在匝间短路故障。由于通过测量一次绕组的直流电阻大小很难准确判断绕组是否存在匝间短路，所以这时可以采用更换一只新变压器的方法来验证确定
市电网电压升高	另一个很少出现的故障原因是市电网的 220V 电压异常升高，造成二次侧交流输出电压升高，这不是电源变压器的故障

7. 电源变压器工作时响声大故障检修方法说明

表 6-10 所示是电源变压器工作时响声大的故障检修方法说明。

表 6-10　电源变压器工作时响声大故障检修方法说明

名　　称	说　　明
夹紧铁芯	电源变压器工作时响声大的原因主要是变压器铁芯没有夹紧，可以通过拧紧变压器的铁芯固定夹螺钉来解决
自制变压器	对于自己绕制的电源变压器，要再插入几片铁芯，并将最外层的铁芯固定好

8. 检修电源变压器故障时安全注意事项说明

表 6-11 所示是检修电源变压器故障时的安全注意事项说明。

表 6-11　检修电源变压器故障时安全注意事项说明

名　　称	说　　明
人身安全	电源变压器的一次侧输入回路加有 220V 交流市电电压，这一电压对人身安全有重大影响，人体直接接触将有生命危险，所以安全必须排在第一位
保护绝缘层	电源变压器一次绕组回路中的所有部件、引线都是有绝缘外壳的，在检修过程中切不可随意解除这些绝缘套，测量电压后要及时将绝缘套套好
单手操作习惯	养成单手操作的习惯，即不要同时用两手接触电路，必须断电操作时一定要先断电再操作，这一习惯相当重要。测量时不要接触指针裸露部分。 另外，最好穿上绝缘良好的鞋子，脚下放一块绝缘垫，在修理台上垫上绝缘垫
注意万用表使用安全	电源变压器的一次绕组两端交流电压很高，测量时一定要将万用表置于交流 250V 挡位，切不可置于低于 250V 的挡位，否则会损坏万用表。更不可用欧姆挡测量交流电压

6.3.3　万用表检修二次抽头电源变压器电路故障

1. 二次抽头电源变压器电路故障检修

图 6-82 所示是一种二次绕组有抽头，能够输出两组交流电压的电源变压器降压电路。电路中，S1 是电源开关，T1 是电源变压器。

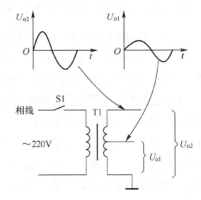

图 6-82　二次绕组有抽头电源变压器电路

如果测量电源变压器两组二次绕组的输出电压均为零，要特别注意二次绕组下端接地是不是开路了，可以用万用表欧姆挡进行测量。

2. 二次抽头电源变压器电路故障分析

不同电源变压器降压电路的故障分析是相似的，这里根据这一电路的特点对电路故障分析说明以下 **3** 点。

11. 三端稳压集成电路套件装配演示之三 安装套件中 5 只二极管 5

（1）二次绕组的接地线开路，将使二次绕组输出的两组交流电压为零，因为这两组输出电流都是通过同一个接地引线构成回路的。

（2）二次绕组除接地引线外，其他两端引线断路只影响一组交流输出电压，使其输出为零。

（3）电源开关 S1 接触不良（开路）将造成二次绕组的两组交流输出电压为零。

6.3.4　万用表检修两组二次绕组电源变压器电路故障

1. 两组二次绕组电源变压器电路故障检修

图 6-83 所示是两组二次绕组的电源变压器

降压电路。电路中的 T1 是电源变压器。

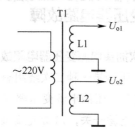

图 6-83　两组二次绕组的电源变压器降压电路

关于这一电路的电源变压器故障检测方法主要说明一点：由于有两组独立的二次绕组，所以要分别测量二次绕组的交流输出电压。

2. 两组二次绕组电源变压器电路故障分析

关于这一电路的故障分析主要说明以下两点。

（1）变压器有两组二次绕组，由于两组二次绕组同时出现开路故障的可能性很小，所以当两组二次绕组同时没有交流输出电压时，故障原因是变压器一次绕组开路，或没有 220V 交流市电电压加到一次绕组上。

（2）当一组二次绕组的接地引线开路时，只会使该组二次绕组所接的电路不能正常工作，不影响另一组二次绕组的工作。但是，如果一组二次绕组负载电路中存在短路故障时，将会造成另一组二次绕组的交流输出电压下降。

6.3.5　万用表检修具有交流输入电压转换装置的电源变压器电路故障

1. 具有交流输入电压转换装置的电源变压器电路故障检修

图 6-84 所示是交流输入电压可转换的电源变压器电路。电路中的 T1 是电源变压器，S1 是交流电压转换开关。

图 6-84　具有交流输入电压转换装置的
电源变压器电路

具有交流输入电压转换装置的电源变压器电路的故障检测方法：故障发生率最高的是转换开关接触不良，可以用万用表欧姆挡测量开关的接触电阻是不是小于 0.5Ω。

如果测量结果接触电阻大于 0.5Ω，说明开关存在接触不良故障，应该进行该开关的清洗处理。

2. 具有交流输入电压转换装置的电源变压器电路故障分析

关于这一电路的故障分析主要说明以下两点。

（1）当交流电压转换开关两触点之间开路时，交流电压不能加到电源变压器一次绕组两端，这时整机电路没有工作电压，不能工作。

（2）交流电压转换开关两触点之间存在接触电阻大的故障时，有一部分交流电压降在了开关触点两端，这样加到电源变压器一次绕组两端的交流电压就小了，T1 二次绕组输出的交流电压就低，影响整机电路正常工作，严重时整机电路不能工作。

6.3.6　万用表检修开关变压器电路故障

1. 开关变压器电路故障检修

图 6-85 所示是开关变压器电路。电路中的 T1 为开关变压器，这一变压器由 L1、L2 和 L3 3 组绕组构成，其中 L1 是储能电感，为一次绕组，L2 是二次绕组，L3 是正反馈绕组（用来起振），VT1 是开关管，VD1 是脉冲整流二极管，C1 是滤波电容，R1 是电源电路的负载电阻。

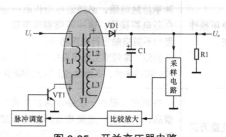

图 6-85　开关变压器电路

对于电路中开关电源变压器的故障检测方法同一般检测变压器方法一样，通过测量变压器一次和二次绕组电阻来粗略判断其质量好坏。对于开关电源的故障检测是比较复杂的。

2. 开关变压器电路故障分析

（1）**L1 开路故障**。这时 T1 无电压输出。

> ⚠ **重 要 提 示**
>
> 这是因为开关电源变压器一次绕组中没有电流，所以二次绕组无输出电压。

（2）**L1 短路故障**。T1 无电压输出，且烧断交流输入回路熔丝。

> ⚠ **重 要 提 示**
>
> 这是因为整流滤波电路输出端被短路，交流输入电压回路和整流滤波电路中有很大的电流，所以会烧断熔丝。

3. 电源变压器电路故障分析小结

关于电源变压器电路故障分析主要小结以下几点。

（1）变压器降压电路的故障是非常危险的，从故障现象的具体表现上可以直观地发现电源变压器冒烟、发热、响声大现象。

（2）当电源变压器的一次绕组存在匝间短路故障时（这是很危险的故障），二次侧输出的交流电压将异常升高，导致电源电路输出的直流工作电压升高，使整机电路的直流工作电压升高，会损坏电路中的许多元器件。

12. 三端稳压集成电路套件装配演示之四指针式万用表测量小电容器方法1

（3）当电源变压器二次绕组匝间短路时，变压器的二次绕组输出电压下降，虽然对整机电路不存在破坏性的影响，但是整机电路由于直流工作电压低而无法正常工作，同时会烧坏电源变压器。

6.3.7 万用表检修音频输入变压器电路故障

1. 音频输入变压器电路故障检修

图 6-86 所示是音频输入变压器电路，电路中的 T1 是音频输入变压器。

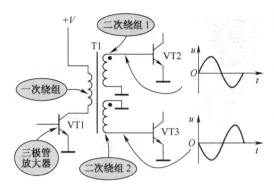

图 6-86　音频输入变压器电路

对于这一电路中的耦合变压器 T1，进行故障检测时可以用万用表欧姆挡测量各绕组电阻，检查是否存在开路故障。注意，由于这是一个音频变压器，所以不能用指针式万用表的交流电压挡测量 T1 二次绕组上的音频信号电压。如果是数字式万用表，在交流电压挡上测量 T1 二次绕组音频信号电压时，表会有显示。

如果有示波器，可以直接观察 T1 二次绕组上的输出信号波形，图 6-87 所示是测试时接线示意图。如果观察到音频信号，再接到另一个二次绕组两端观察信号波形。

2. 音频输入变压器电路故障分析

（1）**T1 一次侧开路故障**。这时 VT1 集电极无直流电流，VT1 无输出信号。

> ⚠ **重 要 提 示**
>
> 这是因为 T1 一次绕组构成了 VT1 集电极直流工作电压供电电路。
>
> 因为这种变压器的线径比较细，所以一般出现开路故障的情况较多。

（2）**T1 一次侧短路故障**。这时 VT1 无信号输出。

> ⚠ **重 要 提 示**
>
> 这是因为 T1 一次绕组是 VT1 集电极负载，VT1 工作在共发射极放大状态，集电极负载电阻为零就无电压放大能力。

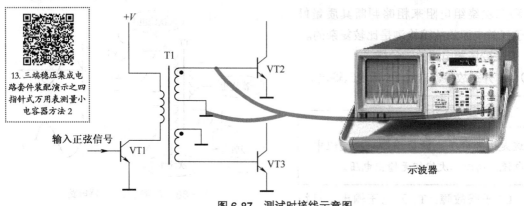

图 6-87 测试时接线示意图

13.三端稳压集成电路套件装配演示之四 指针式万用表测量小电容器方法 2

输入正弦信号

（3）某一二次侧开路故障。 这时该二次绕组所接三极管无基极输入信号，故无输出信号。

> ⚠ **重要提示**
>
> 这是因为二次绕组为后面三极管提供基极信号，该绕组开路后无信号加到后面三极管中。

（4）某一二次侧短路故障。 这时该二次绕组所接三极管基极直流电压为零，该三极管截止，无信号输出。

> ⚠ **重要提示**
>
> 这是因为三极管的基极与发射极之间被 T1 二次绕组短路，使该三极管基极电流为零，三极管截止而无信号输出。

3. 另一种音频输入变压器电路故障分析

图 6-88 所示是另一种音频输入变压器耦合电路，这一电路与前面电路的不同点是：耦合变压器 T1 二次绕组有一个中心抽头，而中心抽头通过电容 C3 交流接地，这样二次绕组 L2 上端、下端的信号电压相位相反。

对于这一变压器耦合电路的故障分析主要说明以下几点。

（1）当二次绕组 L2 的中心抽头开路时，VT2 和 VT3 中均无信号电流，因为这时 VT2

和 VT3 基极交流信号电流不成回路。

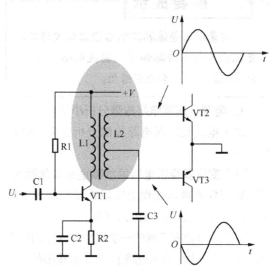

图 6-88 另一种音频输入变压器耦合电路

（2）当 C3 开路时，VT2 和 VT3 中也均无信号电流，因为 VT2 和 VT3 基极交流信号电流不成回路。

（3）如果二次绕组 L2 的抽头以上或以下线圈开路时，那么只影响 VT2 或 VT3 中一只三极管的正常工作。

6.3.8 万用表检修音频输出变压器电路故障

1. 音频输出变压器电路故障检修

图 6-89 所示是音频输出耦合变压器电路，T2 是音频输出耦合变压器，VT2 和 VT3 是放大管，BL1 是扬声器。

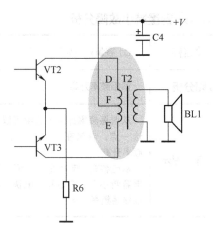

图 6-89　音频输出耦合变压器电路

音频输出变压器的故障发生率比音频输入变压器高,这是因为它的工作电流较大,当功放输出管出现击穿故障时,有可能烧坏音频输出变压器。

用万用表欧姆挡测量音频输出变压器二次绕组电阻,应该只有几欧,否则说明输出变压器损坏了。

2. 音频输出变压器电路故障分析

（1）**T2 抽头开路故障。**这时扬声器 BL1 中没有任何响声。

> ⚠ **重要提示**
>
> 这是因为 VT2 和 VT3 两管集电极都没有了直流工作电压,两管不工作。

（2）**抽头以上或以下线圈开路故障。**这时放大器只有半周信号输出。

> ⚠ **重要提示**
>
> 这是因为有一只三极管集电极没有了直流工作电压,所以只有半周信号输出。

（3）**二次绕组开路故障。**这时扬声器中无声,因为扬声器没有激励信号电流。

6.3.9　线间变压器电路故障分析

图 6-90 所示是线间变压器电路,电路中有 3 只线间变压器并联,然后接在输出阻抗为 250Ω 的扩音机上。线间变压器的一次侧阻抗是 1000Ω,二次侧阻抗是 8Ω,与 8Ω 扬声器连接,这样扬声器能获得最大功率。3 只 1000Ω 线间变压器并联后的总阻抗约为 333Ω,与扩音机的输出阻抗匹配。

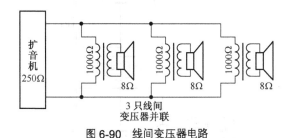

图 6-90　线间变压器电路

（1）**某只线间变压器一次侧开路故障。**这时其他扬声器声音变小。

> ⚠ **重要提示**
>
> 这是因为一只线间变压器一次侧开路后,另两只线间变压器并联后总的阻抗增大,与扩音机之间阻抗不能良好匹配。

（2）**某只线间变压器二次侧开路故障。**这时该变压器二次侧上扬声器无声。这是因为扬声器没有电流流过。

（3）**某只线间变压器二次侧短路故障。**这时所有扬声器无声且会烧扩音机。

> ⚠ **重要提示**
>
> 这是因为变压器二次侧短路后,相当于一次侧也短路,这样造成扩音机输出回路短路。

6.3.10　LC并联谐振电路故障分析

图 6-91 所示是 LC 并联谐振电路。电路中的 L1 和 C1 构成 LC 并联谐振电路,R1 是线圈 L1 的直流电阻,I_s 是交流信号源,这是一个

恒流源（所谓恒流源就是输出电流不随负载大小的变化而变化的电源）。为了便于讨论LC并联电路可忽略线圈电阻R1，见简化后的电路（ $R_1=0\Omega$ ）。

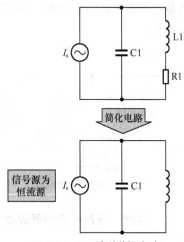

图 6-91　LC 并联谐振电路

1. C1 开路故障分析

故障名称	C1 开路故障
故障分析	无谐振作用，电路相当于一个电感
理解方法提示	这是因为 LC 并联谐振电路在谐振时，电容与电感之间有能量的转换过程

2. C1 短路故障分析

故障名称	C1 短路故障
故障分析	整个 LC 并联谐振电路被短路
理解方法提示	这是因为在并联电路中有一个元器件短路，会将整个并联电路短路

3. C1 漏电故障分析

故障名称	C1 漏电故障
故障分析	谐振质量下降
理解方法提示	这是因为 C1 漏电使电容中存储电荷的能力下降，这就是能量损耗

4. C1 容量减小故障分析

故障名称	C1 容量减小故障
故障分析	谐振频率升高
理解方法提示	从谐振频率计算公式中可以理解这一点，容量在分母上，分母小，频率升高。 从电容充放电特性上也可以理解，电容量小了，充电和放电快了，所以振荡频率升高

5. L1 开路故障分析

故障名称	L1 开路故障
故障分析	无谐振作用，电路相当于一个电容
理解方法提示	这是因为 LC 并联谐振电路在谐振时，电容与电感之间有能量的转换过程，没有电感就无法进行这种能量转换

6. L1 短路故障分析

故障名称	L1 短路故障
故障分析	整个 LC 并联谐振电路被短路
理解方法提示	理解方法同 C1 短路时一样

7. L1 电感量变小故障分析

故障名称	L1 电感量变小
故障分析	谐振频率升高
理解方法提示	理解方法同 C1 容量变小时一样

6.3.11　LC 串联谐振电路故障分析

图 6-92 所示是 LC 串联谐振电路。电路中的 R1 是线圈 L1 的直流电阻，也是这一 LC 串联谐振电路的阻尼电阻，电阻器是一个耗能元件，它在这里要消耗谐振信号的能量。L1 与

C1 串联后再与信号源 U_s 并联，这里的信号源是一个恒压源（所谓恒压源就是输出电压不随负载大小的变化而变化的电源）。

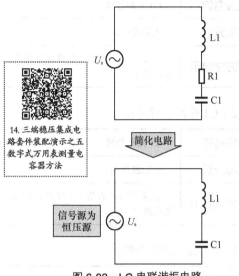

14. 三端稳压集成电路套件装配演示之五数字式万用表测量电容器方法

信号源为恒压源

图 6-92　LC 串联谐振电路

1. C1 开路故障分析

故障名称	C1 开路故障
故障分析	无谐振作用，整个电路开路
理解方法提示	这是因为 LC 串联谐振电路是一个串联电路，串联电路中有一个元器件开路则整个电路开路

2. C1 短路故障分析

故障名称	C1 短路故障
故障分析	电路相当于一个电感电路
理解方法提示	这是因为电容 C1 短路后只有电感 L1

3. C1 漏电故障分析

故障名称	C1 漏电故障
故障分析	谐振质量下降
理解方法提示	这是因为 C1 漏电使电容中存储电荷的能力下降，这就是能量损耗

4. C1 容量减小故障分析

故障名称	C1 容量减小故障
故障分析	谐振频率升高
理解方法提示	从谐振频率计算公式中可以理解这一点

5. L1 开路故障分析

故障名称	L1 开路故障
故障分析	无谐振作用，整个电路开路
理解方法提示	理解方法同 C1 开路一样

6. L1 短路故障分析

故障名称	L1 短路故障
故障分析	这时电路相当于一个电容
理解方法提示	这是因为 L1 短路后只有电容 C1

6.3.12　LC 并联谐振阻波电路故障分析

图 6-93 所示是由 LC 并联谐振电路构成的阻波电路（阻止某频率信号通过的电路）。电路中的 VT1 构成一级放大器电路，U_i 是输入信号，U_o 是这一放大器电路的输出信号。L1 和 C1 构成 LC 并联谐振电路，其谐振频率为 f_0，f_0 在输入信号频率范围内。阻波电路的作用是不让输入信号 U_i 中的某一频率通过，即除 f_0 频率之外，其他频率的信号都可以通过。

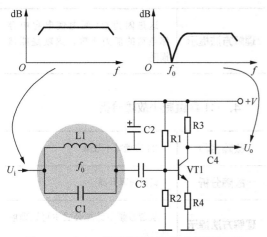

图 6-93 由 LC 并联谐振电路构成的阻波电路

1. LC 并联谐振阻波电路中电感 L1 的故障分析

（1）L1 开路故障分析。

故障名称	L1 开路故障
故障分析	所有的信号无法加到 VT1 基极
理解方法提示	这是因为 L1 断开后只有 C1 串联在电路输入回路中，C1 的容量很小、容抗很大而无法将信号加到 VT1 基极

（2）L1 短路故障分析。

故障名称	L1 短路故障
故障分析	无阻波作用，将出现频率为 f_0 的干扰
理解方法提示	这是因为没有了频率为 f_0 的阻波电路，这一频率信号将干扰后面电路的正常工作

（3）L1 电感量减小故障分析。

故障名称	L1 电感量减小故障
故障分析	阻波的频率升高，影响了对 f_0 的阻波作用，同时还破坏了电路的频率特性
理解方法提示	这是因为电感量减小后，L1 和 C1 构成的并联谐振电路的振荡频率升高，而这一频率的信号是原来电路所需要的信号，现在却受到了阻碍

2. LC 并联谐振阻波电路中电容 C1 的故障分析

（1）C1 开路故障分析。

故障名称	C1 开路故障
故障分析	无阻波作用
理解方法提示	这是因为不存在 LC 并联谐振阻波电路了

（2）C1 短路故障分析。

故障名称	C1 短路故障
故障分析	无阻波作用
理解方法提示	这是因为不存在 LC 并联谐振阻波电路了

（3）C1 漏电故障分析。

故障名称	C1 漏电故障
故障分析	电路出现噪声大
理解方法提示	这是因为 C1 的漏电电流就是噪声，被后面的电路放大

（4）C1 容量减小故障分析。

故障名称	C1 容量减小故障
故障分析	无阻波作用，将出现频率为 f_0 的干扰
理解方法提示	理解方法和 L1 电感量变小时一样

6.3.13 万用表检修 LC 并联谐振选频电路故障

1. LC 并联谐振选频电路故障检修

图 6-94 所示是采用 LC 并联谐振电路构成的选频放大器电路。电路中的 VT1 构成一级共发射极放大器，R1 是偏置电阻，R2 是发射极负反馈电阻，C1 是输入端耦合电容，C4 是 VT1 发射极旁路电容。变压器 T1 一次绕组 L1 和电容 C3 构成 LC 并联谐振电路，作为 VT1 集电极负载。

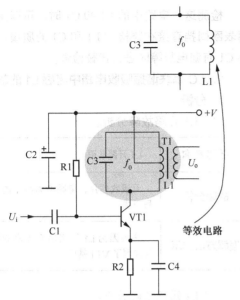

这一电路中，当 LC 并联谐振电路出现故障时，就不会有正常正弦信号输出。如果有示波器可以直接观察电路输出端的信号波形，图 6-95 是检测时接线示意图。如果检测中没有正常的正弦信号波形，说明电路工作不正常，当然除 LC 并联谐振电路工作不正常之外，其他部分电路不正常也会导致电路无正常的正弦信号输出。

15. 三端稳压集成电路套件装配演示之六安装套件中 5 只小电容器 1

图 6-94　采用 LC 并联谐振电路的选频放大器电路

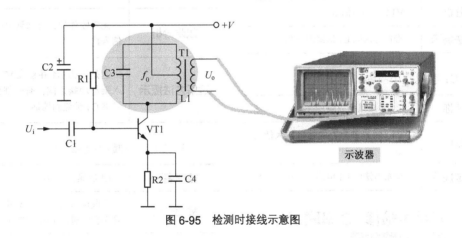

图 6-95　检测时接线示意图

2. LC 并联谐振选频电路中电感 L1 的故障分析

（1）L1 开路故障分析。

故障名称	L1 开路故障
故障分析	VT1 无集电极电压，VT1 无信号输出
理解方法提示	这是因为 L1 不仅构成谐振电路，同时它还为 VT1 集电极提供直流工作电压

（2）L1 短路故障分析。

故障名称	L1 短路故障
故障分析	VT1 无输出信号
理解方法提示	这是因为 VT1 集电极负载电阻为零，VT1 电压放大能力为零

（3）L1 容量减小故障分析。

故障名称	L1 容量减小故障
故障分析	VT1 对频率为 f_0 的信号放大能力降低

理解方法提示	这是因为电感量变小后，谐振频率升高，L1 和 C3 电路对频率为 f_0 的信号失谐，阻抗大大下降，VT1 对频率为 f_0 的信号放大能力降低

3. LC 并联谐振选频电路中电容 C1 的故障分析

（1）C1 开路故障分析。

故障名称	C1 开路故障
故障分析	VT1 对频率为 f_0 的信号放大能力大幅降低
理解方法提示	这是因为 VT1 已不能对频率为 f_0 的信号进行选频放大

（2）C1 短路故障分析。

故障名称	C1 短路故障
故障分析	VT1 无输出信号
理解方法提示	理解方法同 L1 短路时一样

（3）C1 容量减小故障分析。

故障名称	C1 容量减小故障
故障分析	VT1 对频率为 f_0 的信号放大能力降低
理解方法提示	理解方法同 L1 电感量变小时一样

6.3.14 万用表检修 LC 串联谐振吸收电路故障

1. LC 串联谐振吸收电路故障检修

吸收电路的作用是将输入信号中某一频率的信号去掉。图 6-96 所示是采用 LC 串联谐振电路构成的吸收电路。

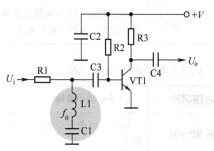

图 6-96　LC 串联谐振吸收电路

检测这一电路中的 L1 和 C1 时，可以用万用表欧姆挡直接在路检测 L1 和 C1 的质量，怀疑 C1 有漏电故障时进行代替检查。

2. LC 串联谐振吸收电路中电感 L1 的故障分析

（1）L1 开路故障分析。

故障名称	L1 开路故障
故障分析	无吸收作用，电路有 f_0 频率的信号干扰
理解方法提示	这是因为 L1 开路后 f_0 频率的信号加到了 VT1 基极

（2）L1 短路故障分析。

故障名称	L1 短路故障
故障分析	无吸收作用，且加到 VT1 基极的信号减小
理解方法提示	这是因为 C1 并接在 VT1 基极输入端与地端之间，有一部分高频信号被 C1 分流到地端

（3）L1 容量减小故障分析。

故障名称	L1 容量减小故障
故障分析	吸收频率升高，对频率为 f_0 的信号吸收减弱或无吸收作用
理解方法提示	这是因为 L1 和 C1 的串联谐振频率改变了

3. LC 串联谐振吸收电路中电容 C1 的故障分析

（1）C1 开路故障分析。

故障名称	C1 开路故障
故障分析	无吸收作用，电路有 f_0 频率的信号干扰
理解方法提示	理解方法与 L1 开路一样

（2）C1 短路故障分析。

故障名称	C1 短路故障
故障分析	无吸收作用
理解方法提示	理解方法与 L1 短路相同

（3）C1 容量减小故障分析。

故障名称	C1 容量减小故障
故障分析	吸收频率升高，对 f_0 频率的信号吸收减弱或无吸收作用
理解方法提示	理解方法与 L1 电感量变小一样

6.4　万用表检修二极管典型应用电路故障

6.4.1　万用表检修正极性半波整流电路故障

1. 正极性半波整流电路故障检修

图 6-97 所示是经典的正极性半波整流电路。T1 是电源变压器，VD1 是用于整流目的的整流二极管，整流二极管导通后的电流流过负载 R1。

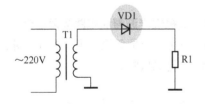

图 6-97　正极性半波整流电路

图 6-98 是检查电路中整流二极管接线示意图，第一步通电后用直流电压挡测量整流电压输出端直流电压，即万用表红表棒接整流二极管负极，黑表棒接地线。如果测量有正常的直流电压，可以说明电源变压器和整流二极管工作正常。如果测量直流输出电压为零，再测量电源变压器二次绕组上的交流输出电压，如果交流输出电压正常，说明整流二极管开路。

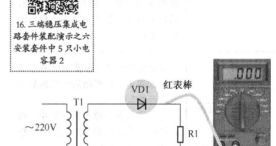

测量整流电路输出端直流电压　　直流电压挡

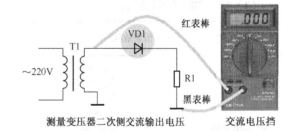

测量变压器二次侧交流输出电压　　交流电压挡

图 6-98　检查电路中整流二极管接线示意图

如果故障表现为总是烧坏交流电路中的熔断器，可以用万用表欧姆挡在路测量整流二极管反向电阻，如果很小说明二极管被击穿。

2. 正极性半波整流电路故障分析

正极性半波整流电路中只有一只整流元器件，所以整流电路的故障主要就是整流二极管的故障。

（1）VD1 开路故障分析。

故障名称	VD1 开路故障
故障示意图	（VD1 开路电路图，含 T1、~220V、VD1、R1）
故障分析	整流电路没有单向脉动直流电压加到负载电路上，电源电路没有直流电压输出。 如果电源电路中只有一路整流电路，整机电路就没有直流工作电压；如果电源电路中有多个整流电路，则只影响这个整流电路的负载电路正常工作
理解方法提示	这是因为整流二极管 VD1 在电流输出回路中，它开路后无法向后级电路提供电流。 这是因为在多路整流电路中，各路整流电路之间是并列关系，一路开路对其他路无影响

（2）VD1 短路故障分析。

故障名称	VD1 短路故障
故障示意图	（VD1 短路电路图，含 T1、~220V、VD1、R1）
故障分析	整流电路没有了整流作用，交流电压直接加到后面的电路上。电源电路中设有熔丝时熔丝会自动熔断
理解方法提示	这是因为二极管已不存在单向导电特性，同时，加到整流二极管的交流电压直接加到后面的电容滤波电路中，造成电路的短路

（3）外电路对整流二极管的影响分析。 输入到整流二极管的交流电压异常升高时，会使流过整流二极管的电流增大而有烧坏整流二极管的危险。

当整流电路的负载电路存在短路故障时，会使流过整流二极管的电流增大许多而烧坏整流二极管。

如果不排除外电路故障，而仅更换新的整流二极管，则整流二极管仍然会被烧坏。

> ⚠ **重要提示**
>
> 这是因为交流输入电压高，整流电路输出的电流大，两者是正比关系。
>
> 这是因为整流电路的负载电路短路后，流过负载的电流很大，而这一电流是流过整流二极管的，所以会烧坏整流二极管。
>
> 这是因为虽然更换新的二极管，但电路中仍然存在过电流故障，所以新二极管也会烧坏。

6.4.2 万用表检修负极性半波整流电路故障

1. 负极性半波整流电路故障检修

图 6-99 所示是负极性半波整流电路。电路中的 VD1 是二极管。

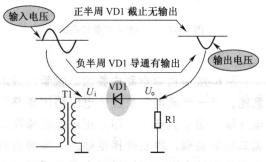

图 6-99 负极性半波整流电路

对于负极性半波整流电路的故障检测方法同前面介绍的正极性半波整流电路的故障检测方法一样，只是注意万用表的红、黑表棒接法，在测量整流电路输出端直流电压时，红表棒接地线，否则指针反向偏转，数字式万用表读数时为负值。

2. 负极性半波整流电路故障分析

对于负极性半波整流电路的故障分析方法和思路与正极性电路一样，只是要注意：在测量整流电路输出端直流电压时，由于它是负极性的，所以注意红、黑表棒的极性，红表棒接地线，黑表棒接整流电路输出端。

6.4.3　万用表检修正、负极性半波整流电路故障

1. 正、负极性半波整流电路故障检修

图 6-100 所示是正、负极性半波整流电路。电路中 T1 是电源变压器，VD1 和 VD2 是两只整流二极管。

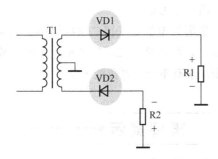

图 6-100　正、负极性半波整流电路

关于这一电路的故障检测方法与前面介绍的检测半波整流电路方法一样，只是提醒一点：如果正、负极性半波整流电路都没有直流电压输出，用万用表欧姆挡测量电源变压器二次抽头与地之间的电阻，检测是否开路。

2. 正、负极性半波整流电路故障分析

这一电路实际上是两个半波整流电路，且为并联结构，所以对这一电路的故障分析主要有以下几点。

（1）当一组整流电路出现开路故障时不影响另一组整流电路的工作。但是，如果有一组整流电路出现短路故障，由于影响了电源变压器的正常工作，所以另一组整流电路的工作也受到不良影响。

（2）当 T1 二次绕组抽头接地线开路后，两组整流电路均无电压输出。

（3）对每一组整流电路的故障分析同前面介绍的半波整流电路故障分析一样。

6.4.4　两组二次绕组的正、负极性半波整流电路故障分析

图 6-101 所示是有两组二次绕组的正极性和负极性半波整流电路。电路中的电源变压器是 T1，这里是降压变压器，L1 和 L2 是它的两个二次绕组，分别输出 50Hz 交流电压。VD1 和 VD2 是两只整流二极管。L1、VD1、R1 和 L2、VD2、R2 分别构成两组半波整流电路，R1 和 R2 分别是两个整流电路的负载。

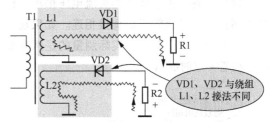

图 6-101　双二次绕组正、负极性半波整流电路

对这一电路的故障分析主要说明以下两点。

（1）当 T1 一组二次绕组接地引脚断开时，仅使该组整流电路无直流电压输出。

（2）当某一只整流二极管短路时，该整流电路无输出电压的同时另一组整流电路也无电压输出，这是因为该短路二极管使电源变压器发生负载短路（经滤波电容）故障熔断电源回路熔丝。

6.4.5　万用表检修正极性全波整流电路故障

1. 正极性全波整流电路故障检修

图 6-102 所示是正极性全波整流电路。VD1 和 VD2 是两只整流二极管。

对于这一全波整流电路的故障检测方法主要说明以下几点。

（1）由于两只整流二极管同时开路的可能性很小，所以当整流电路输出端电压为零时，可先检测电源变压器二次绕组中心抽头接地是否开路。

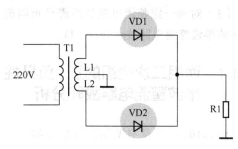

图 6-102　正极性全波整流电路

（2）在路检测两只整流二极管时要先脱开一只整流二极管，因为两只整流二极管直流电路是并联的，如图 6-103 所示，VD1 和 VD2 负极直接相连接，正极则是通过电源变压器 T1 二次绕组相连。由于绕组的直流电压很小，相当于两只整流二极管正极直接相连。如果在路测量一只整流二极管时，实际测量的是两只整流二极管并联时的情况。

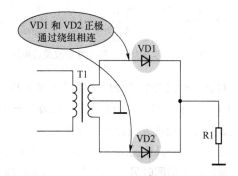

图 6-103　VD1 和 VD2 正极通过绕组相连示意图

（3）对于这一电路的整流电路直流输出电压测量情况也一样，不能准确地确定两只整流二极管是否存在故障。所以，检测这一电路故障最为准确的方法是分别检查这两只整流二极管。

2. 正极性全波整流电路故障分析

（1）**VD1 开路故障分析**。这时全波整流电路输出的单向脉动直流电压只有正常时电压值的一半。

⚠ 重要提示

这是因为整流二极管 VD1 开路后全波整流电路实际成为半波整流电路。

（2）**VD1 短路故障分析**。这时整流电路输出电压为零，还会使电源变压器一次绕组和二次绕组的电流增大许多，熔断电源变压器回路中的熔丝。

⚠ 重要提示

这是因为 VD1 短路后使电源变压器二次绕组出现短路故障，二次绕组没有交流电压输出，造成整流电路没有电压输出。

（3）**VD2 故障分析**。VD2 的故障分析与 VD1 相同。

这是因为全波整流电路中的两只整流二极管原理相同，只是一个控制交流输入电压的正半周，另一个控制负半周。

（4）**中心抽头断路故障分析**。这时负载电路上输出电压为零。

这是因为电源变压器二次绕组中心抽头接地断线后，两只整流二极管的电流不能构成回路，所以没有电流流过负载电路。

⚠ 重要提示

图 6-104 是正极性全波整流电路故障分析示意图。

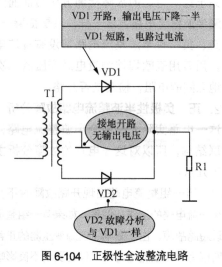

图 6-104　正极性全波整流电路

故障分析图解示意图

6.4.6 万用表检修正、负极性全波整流电路故障

1. 正、负极性全波整流电路故障检修

图 6-105 所示是能输出正、负极性单向脉动直流电压的全波整流电路。电路中，VD2 和 VD4 构成一组正极性全波整流电路，VD1 和 VD3 构成另一组负极性全波整流电路，两组全波整流电路共用二次绕组。

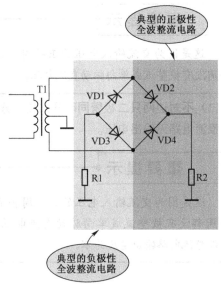

图 6-105 输出正、负极性单向脉动直流电压的全波整流电路

关于这一电路的故障检测方法说明以下两点。

（1）如果正极性和负极性直流输出电压都不正常，可以不必检查整流二极管，而是检测电源变压器，因为几只整流二极管同时出现相同故障的可能性较小。

（2）对于某一组整流电路出现故障，可按前面介绍的故障检测方法进行检查。这一电路中整流二极管中的 VD1 和 VD3、VD2 和 VD4 是并联的，进行在路检测时会相互影响，所以为了准确地检测应该将二极管脱开电路。

18.三端稳压集成电路套件装配演示之七 指针式万用表测量有极性电解电容器方法 1

2. 正、负极性全波整流电路故障分析

（1）**VD1 或 VD3** 中有一只开路故障分析。这时负极性电压输出仅为半波整流，正极性电压输出正常。

> ⚠ **重要提示**
>
> 这是因为正、负极性两组全波整流电路是并联的，有一组开路对另一组影响不大。

（2）**VD2 或 VD4** 中有一只开路故障分析。这时正极性电压输出仅为半波整流，负极性电压输出正常。

（3）**4** 只整流二极管中有一只短路故障分析。这时将影响正、负极性电压输出，熔断熔丝。

> ⚠ **重要提示**
>
> 这是因为只要有一只整流二极管短路就会使电源变压器二次绕组短路，造成电源变压器短路和过载。

6.4.7 万用表检修正极性桥式整流电路故障

1. 正极性桥式整流电路故障检修

桥式整流电路是电源电路中应用量最大的一种整流电路。

图 6-106 所示是典型的正极性桥式整流电路，VD1～VD4 是一组整流二极管，T1 是电源变压器。

关于这一电路的故障检测方法说明以下两点。

（1）图 6-107 是测量这一整流电路输出端直流电压时接线示意图。对于正极性桥式整流电路，红表棒接两只整流二极管负极相连处。如果测量结果没有直流输出电压，再用万用表欧姆挡在路测量 VD1 和 VD2 正极相连处的接地是不是开路了。如果这一接地没有开路，再测量电源变压器二次绕组两端是否有交流电压输出。

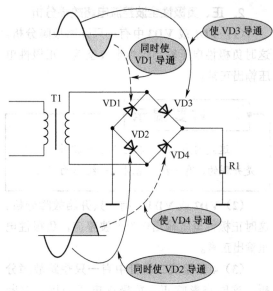

图 6-106　正极性桥式整流电路

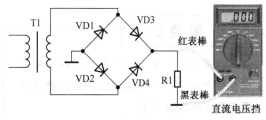

图 6-107　测量桥式整流电路输出
端直流电压时接线示意图

（2）图 6-108 是测量电源变压器二次绕组交流输出电压时接线示意图。由于这是桥式整流电路，所以电源变压器二次绕组两端没有一个是接地的，万用表的两根表棒要直接接在电源变压器二次绕组两端。

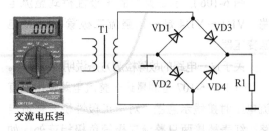

图 6-108　测量电源变压器二次绕组
交流输出电压时接线示意图

2. 正极性桥式整流电路故障分析

（1）**接地线开路故障分析**。这时整流电路

没有直流电压输出。

> **⚠ 重要提示**
>
> 这是因为桥式整流电路中各整流二极管的电流不能构成回路，整流电路无法正常工作。

（2）**任意一只二极管开路故障分析**。这时整流电路所输出的单向脉动直流电压下降一半。

> **⚠ 重要提示**
>
> 这是因为交流输入电压的正半周或负半周没有被整流成单向脉动直流电压。

（3）**不对边两只二极管同时开路故障分析**。这时整流电路无输出电压。

> **⚠ 重要提示**
>
> 这是因为交流输入电压的正半周和负半周都没有被整流成单向脉动直流电压，所以整流电路输出电压为零。

6.4.8　万用表检修二倍压整流电路故障

1. 二倍压整流电路故障检修

图 6-109 所示是经典的二倍压整流电路。电路中，U_i 为交流输入电压，是正弦交流电压，U_o 为直流输出电压；VD1、VD2 和 C1 构成二倍压整流电路；R1 是这一倍压整流电路的负载电阻。

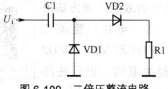

图 6-109　二倍压整流电路

这个电路中故障发生率最高的是电容 C1，

当测量这一整流电路输出端的直流输出电压低时，可以试试更换电容 C1。图 6-110 是测量二倍压整流电路输出端直流电压时接线示意图。

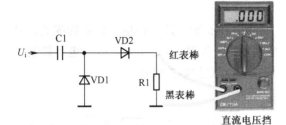

图 6-110　测量二倍压整流电路输出
端直流电压时接线示意图

2. 二倍压整流电路故障分析

关于这一电路的故障分析说明如下。

（1）当 VD1 和 VD2 中有一个开路时，都不能得到二倍的直流电压；当 VD1 短路时，这一整流电路没有直流电压输出。

（2）当 C1 开路时整流电路没有直流电压输出，当 C1 漏电时整流电路的直流输出将下降，当 C1 击穿时这一整流电路只相当于半波整流电路，没有倍压整流功能。

19. 三端稳压集成电路套件装配演示之七指针式万用表测量有极性电解电容器方法 2

6.4.9　万用表检修二极管简易直流稳压电路故障

1. 二极管简易直流稳压电路故障检修

图 6-111 所示是由 3 只普通二极管构成的简易直流稳压电路。电路中的 VD1、VD2 和 VD3 是普通二极管，它们串联后构成一个简易直流稳压电路。

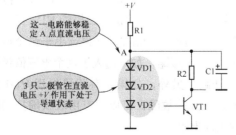

图 6-111　3 只普通二极管构成的简易直流稳压电路

检测这一电路中的 3 只二极管最为有效的方法是测量二极管上的直流电压，图 6-112 是测量时接线示意图。如果测量直流电压结果是 1.8V 左右，说明 3 只二极管工作正常；如果测量直流电压结果是零，要测量直流工作电压 +V 是否正常和电阻 R1 是否开路，与 3 只二极管无关，因为 3 只二极管同时击穿的可能性较小；如果测量直流电压结果大于 1.8V，检查 3 只二极管中是否有一只存在开路故障。

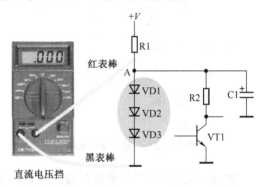

图 6-112　测量二极管上直流电压接线示意图

2. 二极管简易直流稳压电路故障分析

（1）某只二极管开路故障分析。这时电路不能进行直流电压的稳定，且二极管上没有直流电压，但是电路中 R1 下端的直流电压升高，造成 VT1 直流工作电压升高。

⚠ 重要提示

二极管导通后的内阻很小，这时相当于 3 只二极管内阻与电阻 R1 构成对直流电压 +V 的分压电路。当二极管开路后，不存在这种分压电路，所以 R1 下端的电压要升高。

（2）某只二极管短路故障分析。这时电路能够稳定直流电压，但是 R1 下端的直流电压降低了 0.6V，使 VT1 直流工作电压下降，影响了 VT1 的正常工作。

⚠ 重要提示

二极管短路后，它两端的直流电压为零，所以 3 只二极管上的直流电压减小了。

6.4.10 万用表检修二极管限幅电路故障

图 6-113 所示是二极管限幅电路。VD1～VD6 是限幅二极管。

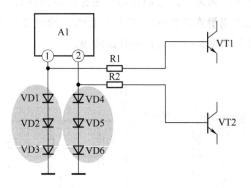

图 6-113　二极管限幅电路

对这一电路中的二极管故障检测主要采用万用表欧姆挡在路测量其正向和反向电阻大小，因为这一电路中的二极管不工作在直流电路中，所以采用测量二极管两端直流电压降的方法不合适。

6.4.11 万用表检修二极管温度补偿电路故障

图 6-114 所示是利用二极管温度特性构成的温度补偿电路，VD1 起温度补偿作用。

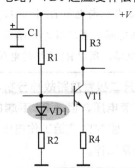

图 6-114　二极管温度补偿电路

这一电路中的二极管 VD1 故障检测方法比较简单，可以采用万用表欧姆挡在路测量 VD1 正向和反向电阻大小的方法。

6.4.12 万用表检修二极管控制电路故障

图 6-115 所示是一种由二极管构成的自动控制电路，又称 ALC 电路（自动电平控制电路），VD1 是控制二极管。

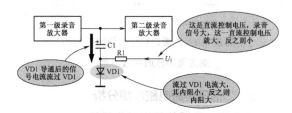

图 6-115　二极管构成的自动控制电路

对于这一电路中的二极管故障检测最好的方法是进行代替检查，因为如果二极管性能不好也会影响到电路的控制效果。

6.4.13 万用表检修二极管典型应用开关电路故障

二极管构成的电子开关电路形式多种多样，图 6-116 所示是一种常见的二极管开关电路，VD1 是开关二极管。

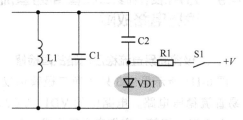

图 6-116　常见的二极管开关电路

图 6-117 是检测电路中开关二极管时接线示意图，在开关接通时测量二极管 VD1 两端直流电压降，应该为 0.6V，如果远小于这个电压值说明 VD1 短路，如果远大于这个电压值说明 VD1 开路。另外，如果没有明显发现 VD1 出现短路或开路故障，可以用万用表欧姆挡测量它的正向电阻。

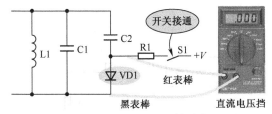

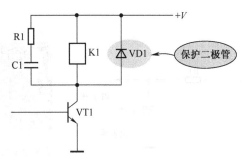

图 6-117　检测电路中开关二极管时接线示意图

6.4.14　万用表检修二极管检波电路故障

图 6-118 所示是二极管检波电路。电路中，VD1 是检波二极管，C1 是高频滤波电容，R1 是检波电路的负载电阻，C2 是耦合电容。

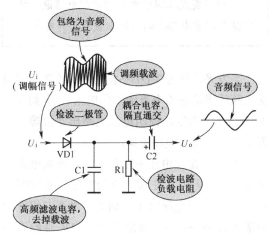

图 6-118　二极管检波电路

对于检波二极管不能用测量直流电压的方法来进行检测，因为这种二极管不工作在直流电压下，所以要采用测量正向电阻和反向电阻的方法来判断检波二极管质量。

6.4.15　万用表检修继电器驱动电路中的二极管保护电路故障

图 6-119 所示是继电器驱动电路中的二极管保护电路，电路中的 K1 是继电器，VD1 是驱动管 VT1 的保护二极管，R1 和 C1 构成继电器内部开关触点的消火花电路。

20. 三端稳压集成电路套件装配演示之七 指针式万用表测量有极性电解电容器方法 3

图 6-119　二极管保护电路

对于这一电路中的保护二极管不能采用测量二极管两端直流电压降的方法来判断检测故障，也不能采用在路测量二极管正向和反向电阻的方法，因为这一二极管两端并联着继电器线圈，这一线圈的直流电阻很小，所以无法通过测量电压降的方法来判断二极管质量。应该采用代替检查的方法。

6.4.16　万用表检修稳压二极管应用电路故障

稳压二极管主要用来构成直流稳压电路，图 6-120 所示是稳压二极管构成的典型直流稳压电路。电路中，VD1 是稳压二极管，R1 是 VD1 的限流保护电阻。

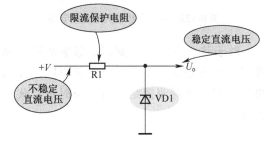

图 6-120　稳压二极管构成的典型直流稳压电路

关于这一电路的故障检测最好的方法是测量其直流输出电压。图 6-121 是测量时接线示意图。如果直流电压测量结果等于稳压二极管的稳压值，说明稳压二极管工作正常；如果测量结果直流电压为零，测量直流输入电压 +V 正常情况下说明 R1 开路，或是稳压二极管击穿（此时 R1 很烫）；如果测量结果直流电压等于直流输入电压 +V，说明稳压二极管已开路。

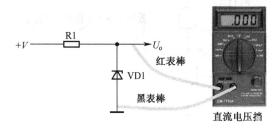

图 6-121　测量时接线示意图

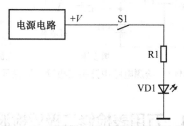

图 6-123　发光二极管电源指示灯电路

6.4.17　万用表检修变容二极管电路故障

图 6-122 所示是变容二极管典型应用电路，电路中的 VD1 是变容二极管。

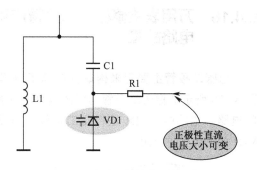

图 6-122　变容二极管典型应用电路

对于这一电路中的变容二极管故障检测最简单的方法是：在路进行正向电阻和反向电阻测量，当对测量结果有怀疑时进行代替检查。

6.4.18　万用表检修发光二极管电源指示灯电路故障

现代电子电器中大量采用发光二极管作为电源指示灯，图 6-123 所示就是这样一种电路。采用发光二极管作为指示器件具有许多优点，如发光醒目、耗电小、指示颜色可变等。

1. 发光二极管电源指示灯电路故障检修

⚠ **重要提示**

检修发光二极管电源指示灯电路最好的方法是测量电路中的关键点直流工作电压。

当发光二极管 VD1 不发光时，首先测量电源电路输出端是否有直流工作电压 +V。如果没有这一直流电压，说明电源电路出了故障，与发光二极管指示电路无关。

当测量直流电压 +V 正常后，接通电源开关 S1 后测量 VD1 正极上直流电压，正常时有 1.7V 左右直流电压降（不同型号发光二极管的直流电压降不同），如果无这一电压降检查电阻器 R1 是否开路。

2. 发光二极管电源指示灯电路故障分析

关于这一电路故障分析如下。

（1）当电阻器开路后，发光二极管不发光。

⚠ **重要提示**

这是因为直流工作电压 +V 加到二极管 VD1 正极上。

（2）当 VD1 损坏后，发光二极管不发光。

21. 三端稳压集成电路套件装配演示之八安装套件中大容量电解电容器1

6.5 万用表检修三极管典型应用电路故障

6.5.1 万用表检修三极管固定式偏置电路故障

1. 三极管固定式偏置电路故障检修

图 6-124 所示是典型固定式偏置电路。电路中的 VT1 是 NPN 型三极管，采用正极性电源 +V 供电，R1 是偏置电阻。

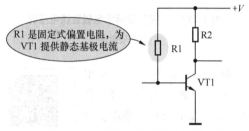

R1 是固定式偏置电阻，为 VT1 提供静态基极电流

图 6-124 典型固定式偏置电路

对于这一电路中偏置电阻 R1 的故障，有效的检测方法是测量三极管 VT1 集电极直流工作电压，图 6-125 是测量时接线示意图。测量结果 VT1 集电极电压等于直流工作电压 +V，说明 R1 开路；如果测量结果 VT1 集电极直流电压等于 0.2V 左右，说明 R1 短路。

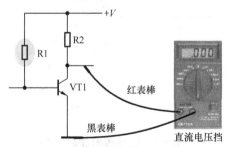

红表棒

黑表棒

直流电压挡

图 6-125 测量时接线示意图

2. 三极管固定式偏置电路故障分析

（1）R1 开路故障分析。

故障名称	R1 开路故障
故障示意图	R1 R2 +V VT1 R1 开路

故障分析	VT1 无基极电流，VT1 无信号输出
理解方法提示	这是因为在三极管电路中，没有基极电流就肯定没有其他电极的电流，也就没有信号从三极管输出

（2）R1 短路故障分析。

故障名称	R1 短路故障
故障示意图	R1 R2 +V VT1 R1 短路
故障分析	VT1 因基极电流很大而被烧坏
理解方法提示	这是因为 R1 短路后直流工作电压 +V 直接加到 VT1 基极，使其基极电流很大，导致 VT1 各电极电流都很大

（3）R1 阻值增大故障分析。

故障名称	R1 阻值增大故障
故障示意图	R1 R2 +V VT1 R1 阻值增大
故障分析	VT1 基极电流减小，VT1 放大能力变化

理解方法提示	这是因为三极管基极电流大小与它的电流放大倍数在一定范围内相关

（4）R1 阻值减小故障分析。

故障名称	R1 阻值减小故障
故障示意图	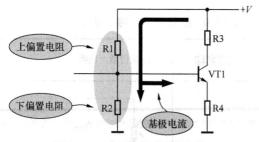
故障分析	这时 VT1 基极电流增大，VT1 放大能力变化
理解方法提示	这是因为三极管基极电流大小与它的电流放大倍数在一定范围内相关

6.5.2 万用表检修三极管分压式偏置电路故障

1. 三极管分压式偏置电路故障检修

图 6-126 所示是典型的分压式偏置电路。R1 和 R2 构成分压式偏置电路。

图 6-126 典型分压式偏置电路

对于电路中的偏置电阻 R1、R2 的故障检测，最好的方法如下。

第一步，测量三极管 VT1 集电极直流电压。图 6-127 是测量时接线示意图。如果测量结果 VT1 集电极直流电压等于直流工作电压 +V，说

明三极管 VT1 进入了截止状态，可能是 R1 开路，也可能是 R2 短路，通常情况下 R2 发生短路情况的可能性很小。

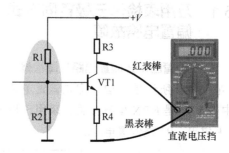

图 6-127 测量三极管集电极直流电压时接线示意图

第二步，测量三极管集电极与发射极之间的电压降。图 6-128 是测量时接线示意图。如果测量结果是 0.2V，说明三极管 VT1 进入了饱和状态，很可能是 R2 开路，或是 R1 短路，但是 R2 短路的可能性较小。

22. 三端稳压集成电路套件装配演示之八 安装套件中大容量电解电容器 2

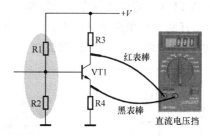

图 6-128 测量三极管集电极与发射极之间电压降时接线示意图

2. 三极管分压式偏置电路故障分析

⚠️ **重要提示**

两个偏置电阻中，有一只电阻直接构成了基极电流的回路，分析电路时需识别出哪只电阻通过基极电流，因为当这只电阻开路时三极管就没有基极电流，而另一只电阻开路只会使基极电流更大。

这一分压式偏置电路的故障分析如下。

（1）R1 开路故障分析。

故障名称	R1 开路故障
故障分析	VT1 无基极电流，VT1 无信号输出
理解方法提示	这是因为在三极管电路中，没有基极电流三极管就截止

（2）R1 短路故障分析。

故障名称	R1 短路故障
故障分析	VT1 基极电流很大而被烧坏
理解方法提示	这是因为 R1 短路后直流工作电压 +V 直接加到 VT1 基极，使其基极电流很大，损坏了三极管

（3）R1 阻值增大故障分析。

故障名称	R1 阻值增大故障
故障分析	VT1 基极电流减小
理解方法提示	这是因为 R1 和 R2 分压后加到 VT1 基极的直流电压下降

（4）R1 阻值减小故障分析。

故障名称	R1 阻值减小故障
故障分析	VT1 基极电流增大
理解方法提示	这是因为 R1 和 R2 分压后加到 VT1 基极的直流电压增大

（5）R2 开路故障分析。

故障名称	R2 开路故障
故障分析	VT1 基极电流增大很多而使 VT1 饱和
理解方法提示	这是因为 R1 和 R2 对直流工作电压 +V 不存在分压，流过 R1 的直流电流全部流入三极管基极，使基极电流增大许多

（6）R2 短路故障分析。

故障名称	R2 短路故障
故障分析	VT1 基极电压为零，VT1 截止
理解方法提示	这是因为 R1 和 R2 构成的分压电路输出电压为零，VT1 基极无直流偏置电压

（7）R2 阻值增大故障分析。

故障名称	R2 阻值增大故障
故障分析	VT1 基极电流增大
理解方法提示	这是因为 R1 和 R2 构成的分压电路输出电压增大

（8）R2 阻值减小故障分析。

故障名称	R2 阻值减小故障
故障分析	VT1 基极电流减小
理解方法提示	这是因为 R1 和 R2 构成的分压电路输出电压减小

6.5.3 万用表检修三极管集电极 - 基极负反馈式偏置电路故障

1. 三极管集电极 - 基极负反馈式偏置电路故障检修

图 6-129 所示是典型的三极管集电极 - 基极负反馈式偏置电路。R1 是集电极 - 基极负反馈式偏置电阻。

这一电路中偏置电阻 R1 故障检测的最方便方法是测量三极管 VT1 集电极直流电压，图 6-130 是测量时接线示意图。如果测量结果集电极直流电压等于直流工作电压 +V，说明电阻 R1 开路；如果测量结果集电极直流电压等于 0.2V，说明电阻 R2 短路。

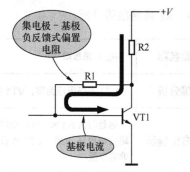

图 6-129　典型的三极管集电极－基极
负反馈式偏置电路

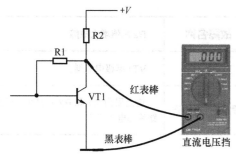

图 6-130　测量三极管集电极直流电压时接线示意图

2. 三极管集电极－基极负反馈式偏置电路故障分析

（1）R1 开路故障分析。

故障名称	R1 开路故障
故障分析	这时 VT1 无基极电流，VT1 无信号输出
理解方法提示	这是因为 R1 开路后 VT1 无基极电流，VT1 处于截止状态

（2）R1 短路故障分析。

故障名称	R1 短路故障
故障分析	这时 VT1 不工作，成为一只二极管
理解方法提示	这是因为 VT1 集电极和基极接通，VT1 只有发射结在工作

（3）R1 阻值增大故障分析。

故障名称	R1 阻值增大故障
故障分析	这时 VT1 基极电流增大

理解方法提示	这是因为 R1 串联在 VT1 基极电流回路中，R1 阻值小，其基极电流就大

（4）R1 阻值减小故障分析。

故障名称	R1 阻值减小故障
故障分析	这时 VT1 基极电流减小
理解方法提示	这是因为 R1 串联在 VT1 基极电流回路中，R1 阻值大，其基极电流就小

6.5.4　万用表检修三极管集电极直流电路故障

1. 三极管集电极直流电路故障检修

这里以图 6-131 所示的典型集电极直流电路为例，讲解其故障检测方法和电路故障分析。

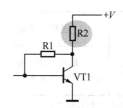

图 6-131　典型集电极直流电路

检测这一集电极直流电路（由电阻 R2 构成）最有效和方便的方法是测量三极管直流电压，图 6-132 是测量时接线示意图。如果测量结果 VT1 集电极直流电压等于零，说明 R2 开路；如果测量结果 VT1 集电极直流电压等于直流工作电压 $+V$，说明 R2 短路。

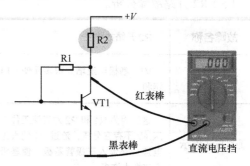

图 6-132　测量三极管直流电压接线示意图

2. 三极管集电极直流电路故障分析

（1）R2 开路故障分析。

故障名称	R2 开路故障
故障分析	这时 VT1 集电极和基极均无直流电压，无信号输出
理解方法提示	这是因为 R2 开路后，R1 也不能将直流电压加到 VT1 基极，所以 VT1 各电极直流电压均为零

（2）R2 短路故障分析。

故障名称	R2 短路故障
故障分析	这时 VT1 集电极直流电压等于 +V，VT1 电流增大许多
理解方法提示	这是因为直流电压 +V 端与 VT1 集电极直接相连，R1 直接接在 +V 端，使 VT1 基极直流电压明显增大

（3）R2 阻值增大故障分析。

故障名称	R2 阻值增大故障
故障分析	这时 VT1 集电极直流电压下降，VT1 电压放大能力变化
理解方法提示	这是因为 R2 阻值增大后，在 R2 两端直流电压降增大，所以 VT1 集电极直流电压下降，VT1 集电极电压等于 +V 减 R2 两端的电压降

（4）R2 阻值减小故障分析。

故障名称	R2 阻值减小故障
故障分析	这时 VT1 集电极直流电压增大，VT1 电压放大能力变化
理解方法提示	这是因为 R2 阻值减小后，在 R2 两端直流电压降减小，所以 VT1 集电极直流电压增大

6.5.5 万用表检修三极管发射极直流电路故障

1. 三极管发射极直流电路故障检修

这里以图 6-133 所示典型的发射极直流电路（R2 构成发射极电路）为例，讲解故障检测方法。

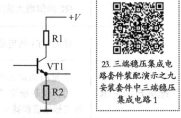

23. 三端稳压集成电路套件装配演示之九 安装套件中三端稳压集成电路1

图 6-133　典型的发射极直流电路

对于这一电路中发射极直流电压（R2 构成）最简单、有效的故障检测方法是测量三极管 VT1 发射极直流电压，图 6-134 是测量时接线示意图。如果测量结果 VT1 发射极直流电压等于 +V，说明电阻 R2 开路；如果测量结果 VT1 发射极直流电压等于零，说明电阻 R2 短路。

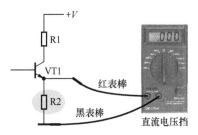

图 6-134　测量三极管发射极
直流电压时接线示意图

2. 三极管发射极直流电路故障分析

（1）R2 开路故障分析。

故障名称	R2 开路故障
故障分析	这时 VT1 各电极无电流，VT1 无信号输出
理解方法提示	这是因为 VT1 发射极开路后，集电极和基极电流回路都开路

（2）R2 短路故障分析。

故障名称	R2 短路故障
故障分析	这时 VT1 各电极电流增大很多
理解方法提示	这是因为 R2 短路后发射极直接接地，使基极电流增大，导致集电极和发射极电流都增大许多

（3）R2 阻值增大故障分析。

故障名称	R2 阻值增大故障
故障分析	这时 VT1 各电极电流减小
理解方法提示	这是因为发射极电阻 R2 阻值增大后，使基极电流减小，所以 VT1 各电极电流都减小

（4）R2 阻值减小故障分析。

故障名称	R2 阻值减小故障
故障分析	这时 VT1 各电极电流增大
理解方法提示	这是因为发射极电阻 R2 阻值减小后，使 VT1 基极电流增大，所以 VT1 各电极电流都增大

第7章 | 电路板故障类型和故障机理

检查和修理是针对电路故障而言，电子电器中的每一个电子元器件或机械机构中的每一个零部件，都有可能出问题而造成电子电器出现形形色色的故障。当电子元器件或机械零部件出现不同性质的问题时，又会引起不同表现形式的故障现象。由此可知，检查和修理故障是十分复杂的。加上电子电器中的电子元器件、机械零部件的数量很多，这又给修理工作造成了更大的困难。

检查和修理的最终目标是要找出某一个出问题的电子元器件或机械零部件，而且是根据具体的故障表现（故障现象）来找出某一个电子元器件或机械零部件。在故障处理过程中是不是要对每一个电子元器件或机械零部件都进行地毯式检查呢？

电路故障分析理论解决了某个电子元器件出现某种特定问题后，整机电路会出现什么具体故障现象这一问题。故障机理这一修理理论要解决从具体故障现象迅速找出某个具体电子元器件或机械零部件出了问题。故障机理如此神奇是基于下列理论基础。

（1）某一个电子元器件或机械零部件出现某种特定问题后，它所引起的整机故障现象是非常具体的，甚至是唯一的。它可能引起某种特定的故障现象，而绝不会造成其他的故障现象。

（2）某一个单元电路、某一个系统电路或某一个机械机构系统出现某种特定问题后，它所引起的整机故障现象也是非常具体的。

（3）整机电路工作的制约条件有很多，当某一个工作条件不能满足时，它也只是出现某种特定的故障现象。

24. 三端稳压集成电路套件装配演示之九安装套件中三端稳压集成电路2

（4）整机电路中的各部分单元电路、系统电路存在不相容、重合、包含、交叉等逻辑关系，各部分单元电路对故障现象的具体影响通过逻辑推断可以方便地搞清楚。

（5）整机电路出现故障后，从修理的角度出发会有许许多多的故障原因，在这些原因中有的是主要的、根本性的，有的则是次要的，甚至是可以不必引起注意的，抓住主要矛盾就是抓住了根本。

（6）修理经验、故障规律对于弄清故障机理举足轻重。

图 7-1 所示是电子设备故障周期曲线，由于这一曲线形状如同浴盆，所以俗称电子设备故障浴盆曲线。这是一条电子设备故障发生率随时间变化的曲线。

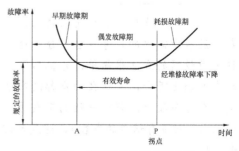

图 7-1　电子设备故障周期曲线

从曲线中可以看出下列几点。

（1）电子设备制造完成后，刚开始使用时的故障发生率高，随着使用时间的增长，故障发生率快速下降，在进入时间轴 A 点后，故障发生率进入一个平稳期，且故障发生率最低。

（2）A 点之前称为早期故障期，这个时期故障发生率高是因为元器件的质量问题、制造工艺问题等，所以电子设备刚买回来的一段时间内故障发生的可能性比较大。

（3）时间轴过 P 点（拐点）后，故障发生率快速增大，这段时期称为耗损故障期，这是因为电子元器件使用一段时间后进入故障高发期，导致整机故障发生率明显上升。

7.1 音响设备的故障类型和故障机理

7.1.1 故障类型和故障定义

一般音频电子电器的故障可以划分成以下几种。

1. 完全无声故障

为方便没有声音类故障的检修，将这一故障按具体的故障现象分成两种情况：一是完全无声故障，二是无信号声故障。

对于完全无声故障而言，机器通电后扬声器中没有信号声音，同时也没有一丝电流声或其他什么响声。

2. 无信号声故障

无信号声故障俗称无声故障，它是指扬声器中只是没有所要的节目源信号声音，但存在电流声或其他什么噪声。

在以后的故障分析中可以知道，这两种故障是相互对立的，故障原因彼此不相容，所以将这两种无声故障分开讨论将有利于简化无声类故障的检修工作。

⚠ 重要提示

这两种故障有一个共同的特点，即都是没有所需要的信号声音，分清这两种无声故障的方法很简单，开机后耳朵贴在音箱上听音，若什么响声都没有则是完全无声故障，若有一丝响声或噪声还很大（但没有信号的声音），这是无信号声故障。

在对这两种无声故障的判别过程中，还要说明以下几点。

（1）对完全无声故障，在机器的各种节目源工作方式下均会表现为完全无声的现象，如卡座放音完全无声，调谐器收音也完全无声。

（2）对无声故障则要分成两种类型的情况：一是各种节目源的重放均表现为无声特征，如电唱盘和调谐器等重放均无声；二是只有某一个节目源重放时出现无声故障，而其他节目源重放工作均正常，如调谐器无声而卡座等重放工作均正常。

（3）通过试听检查可以确定这两种类型的无声故障，方法是分别试听两种以上节目源的重放，若都表现为无声则是第一种类型的无声故障，若有一个节目源重放工作正常则是后一种类型的无声故障。这两种类型无声故障在电路中的故障部位不同，且相反。

3. 声音轻故障

声音轻故障是指音频电器重放的声音大小没有达到规定的程度，通俗地讲就是重放时的声音轻，音量电位器开大后声音仍然小。

声音轻故障的判别方法是：让机器进入重放状态，用正常的节目源重放，开大音量电位器，声音不够大，将音量电位器开到最大时声音也不够大。重放时声音到底多大属正常，可以与机器购买时的情况相比，同样情况下重放声音小了，就是声音轻故障。注意：下列情况之一不属于声音轻故障范畴。

（1）当将音量电位器置于某一位置时，重放声音很大而且正常。

（2）重放某一节目源（如某盒磁带或光盘）时声音轻，而重放其他磁带或光盘时正常。

4. 噪声大故障

放大器电路在正常时，除输出信号外不应该有较大的其他信号输出，这些其他的信号被视为噪声。在放大器工作时不可避免地存在噪声，但是当放大器输出的噪声比较大时，会影响正常的信号输出，导致信噪比下降，这时的故障称为噪声大故障。噪声大故障使听音费力，声音不清晰，严重影响音响效果。

5. 啸叫故障

啸叫故障从广义上讲是噪声故障中的一种特殊情况，为了便于说明对这种故障的处理方法，将这一故障单列出来。当机器出现单频的叫声时（噪声大故障不是某单一频率的叫声），说明电路出现了啸叫故障。

6. 非线性失真大故障

若给放大器电路输入一个标准的正弦信号，放大器输出的信号仍然是标准的正弦信号，当然信号幅度增大了，但不存在信号的畸变，如正、负半周正弦信号的幅度大小相等，这样的放大器不存在非线性失真。

25. 三端稳压集成电路套件装配演示之九安装套件中三端稳压集成电路3

音频放大器在放大信号的同时，不可避免地会对信号产生非线性失真，即输出信号与输入信号相比总是存在着一点畸变，如信号的正、负半周幅度大小相差一点，但当非线性失真大到一定程度时，就是放大器电路的非线性失真大故障。

> ⚠ **重要提示**
>
> 当音频放大器存在非线性失真大故障时，从听感上一般不能听出什么失真，只是感觉到声音不好听，如声音发毛、声音变硬等，所以这一故障往往不是通过试听检查确定的，而是要通过示波器或失真度测试仪才能确定。

7.1.2 完全无声的故障机理和处理思路

1. 完全无声故障的根本性原因

完全无声故障的特征是扬声器中无任何响声，造成这一现象的根本、唯一原因是扬声器中无任何电流流过，这是对这种故障进行原因分析的第一步，也是关键的一步，这里用如图7-2所示的电路对故障原因作进一步分析。电路中，BL1是扬声器，是功放电路的负载。U_i是音频输入信号，$+V_{CC}$是功放电路的直流工作电压。

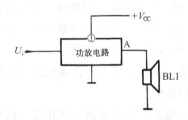

图 7-2　示意图

要使扬声器回路中产生电流，必须同时满足两个条件：一是扬声器电路要成回路，二是功率放大器输出端（扬声器电路的输入端）A点有电压（无论是信号电压还是噪声电压，或直流电压）。若这两个条件之一不满足，扬声器电路中就无电流，便会出现完全无声故障。所以，到这一步为止已将完全无声故障的机理推断出来，即完全无声故障有两方面根本原因：一是扬声器回路开路，二是图中A点无电压。下一步就是对这两条故障线索进行深入分析。

2. 开路故障分析

在扬声器回路开路这一故障原因中，只要该回路中的任何一个部位出现开路问题，回路中就无电流，所以具体故障原因有以下几种。

（1）功放电路与音箱之间的连接插口接触不良，该插口的地线（铜箔开裂）开路。

（2）音箱的连线断，音箱内的扬声器连线断，扬声器的音圈断线。

（3）扬声器（音箱）保护电路动作（此时扬声器与低放电路之间被切断）。

（4）对OTL功放电路还有输出端耦合电容

开路、功放电路的输出端铜箔线路开裂等。

3. A点无电压故障分析

造成电路A点没有直流电压的原因有以下3个方面。

（1）功放电路的电源引脚①脚上没有直流电压。

功放电路无直流工作电压，主要是电源电路或直流电压供给电路的故障，或者是电源电路存在开路或短路，其具体原因很多，主要有以下一些。

① 电源电路中的熔丝熔断。

② 电源变压器一次侧开路。

③ 整流电路中的一对整流二极管开路。

④ 直流电压输出线路中的铜箔线路开裂。

⑤ 整机滤波电容击穿等。

注意：如果只是①脚直流电压低不会造成完全无声故障。

（2）电路中①脚直流电压正常，而电路中的A点无电压。

这种情况说明功放电路输出端A点与电源引脚①脚之间的功放输出管（上功放管）开路，图中未画出该管，它在集成电路的内电路中，由于上功放管开路而不能将直流电压加到A点。这时，功放集成电路已经损坏，要更换集成电路。

（3）电路中A点对地短接，致使A点没有直流电压，这种情况下必须更换功放集成电路。

4. 完全无声故障处理思路

前面介绍了产生这种故障的根本原因和对根本原因的故障分析，现在介绍这种故障的具体处理过程和步骤。

（1）试听检查是首步，压缩故障范围最重要。

对于音频电器因其结构的原因，对完全无声故障还可以进一步分类，分类的目的是为了缩小故障范围和简化故障处理过程，通过简单的试听检查可以达到上述目的。这里的试听检查就是在开机状态下听左、右声道音箱的声音，听某一个音箱中高音、低音和中音扬声器的声音。通过试听检查可将故障分成以下3种具体现象。

① 左、右声道音箱中的各扬声器均无声故障，若某个声道音箱中只要有一只扬声器有任

何声音的话，均不属于这种完全无声故障。

② 一个声道正常，另一个声道中各扬声器均完全无声，无论是左声道还是右声道出问题都属于这种故障。此时可以是左声道故障，也可以是右声道故障。

③ 某一声道音箱中的某一只扬声器存在完全无声故障，其他扬声器工作正常。此时可以是高音扬声器无声，或低音、中音扬声器无声。

（2）左、右声道音箱中各扬声器均完全无声故障处理思路。

由于两只音箱电路不太可能同时出现开路故障，所以此时的检查重点应放在主功率放大器无直流工作电压上。处理方法是用万用表的直流电压挡测量主功率放大器集成电路电源引脚上的直流电压，此脚无电压时查电源电路，即沿主功率放大器电路的直流电压供给线路查找直流电压中断的部位和具体原因，一直查到交流电源输入端，注意在查到电源变压器电路时要改用万用表的交流电压挡去检查。

> ⚠️ **重要提示**
>
> 若测得主功率放大器电路的直流工作电压正常，则不必再去查电源电路，而是改去查扬声器保护电路（在一些采用OCL、BTL功放电路的中、高档组合音响中设有这种电路），这一电路同时对左、右声道扬声器进行保护，所以会出现两声道同时完全无声的现象。

（3）只是某一声道完全无声故障。

由于有一个声道工作正常，这就可以说明功放电路的直流工作电压正常，所以不必去查电源电路，而是重点查该声道功放电路输出端至扬声器之间电路的开路故障，如音箱引线断、音箱插口接触不良等，主要的检查方法是用万用表的欧姆挡测量线路是否存在开路故障。对于扬声器保护电路也只是检查有故障声道继电器触点是否有接触不良问题。

（4）只是某一只扬声器完全无声故障。

这一故障的检查很简单，打开音箱后查

该扬声器引线是否开路，以及该扬声器的音圈是否断了，或该扬声器的分频元件是否开路。检查过程中用万用表的欧姆挡测量线路的通断。

7.1.3 无声的故障机理和处理思路

1. 无声故障的4个主要原因

无声故障要比完全无声故障复杂得多。这里用如图7-2所示电路来说明无声故障机理。根据理论分析可知，没有信号电流流经扬声器是产生无声故障的根本所在，如果扬声器中无信号声音的同时有其他噪声，可以说明扬声器回路正常，问题出在为什么功放输出级电路没有将信号输入扬声器中。造成功放输出级电路不能将信号送入扬声器中的主要原因有以下4个方面。

26. 三端稳压集成电路套件装配演示之十 安装套件中集成电路散热片1

（1）前级电路无直流工作电压。这里讲的前级指功放输出级之前任何一级，没有直流工作电压导致前级电路不能正常工作，就没有信号加到功放输出级电路中。

（2）信号传输中断。在前级电路有直流工作电压时，从信号源电路到功放输出级之间电路中某一个部位出故障使信号中断，这样也没有信号加到功放输出级电路中。

（3）信号传输线路的热端对地短路。从信号源电路到功放输出级之间信号传输线路中某一个热端对地端短接，使短接点之后的电路中没有信号。

（4）根本没有信号产生。这是信号源电路故障。

下面对上述4个方面的故障原因进行系统的分析。

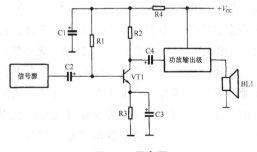

图7-3 示意图

2. 前级电路无直流工作电压故障分析

如图7-3所示，由于不是完全无声故障，说明功放输出级电路有直流工作电压。当前级放大器电路无直流工作电压时，前级电路没有输出信号加到功放输出级电路中，功放输出级电路也就无信号送入扬声器中，这样就出现了无声故障。只要是功放输出级之前的任何一级放大器电路无直流工作电压，机器都将出现无声故障。

造成前级放大器电路没有直流工作电压的具体原因主要有以下几点。

（1）前级电路的电子滤波管发射结由于过电流而开路。

（2）前级直流电压供给电路中的退耦电阻开路。

（3）前级滤波电容严重漏电或击穿，有时是加电压后才击穿。

3. 信号传输中断故障分析

一个放大系统由许多级放大器和其他电路组成，信号是一级一级地放大、传输到功放输出级电路中的，只要其中有一级电路或一个环节中的信号传输中断，功放输出级电路中便无信号，导致无声故障。

引起信号传输中断的具体原因有许多，归纳起来主要有下列3个方面。

（1）信号传输回路开路，如耦合电容开路，后一级放大器电路输入回路开路，地线开路等。

（2）电路中某放大环节不仅不能放大信号，而且中断了信号传输，如放大管截止或开路等。

（3）某选频调谐回路严重失谐，致使该回路无法输出信号，如调谐器电路的中频调谐回路出问题等。

4. 信号传输线路中的热端对地短路故障分析

若信号传输线路的某环节与地之间短路了，这相当于将后级放大器的输入端对地短接，使信号无法传输到后面电路中，造成无声故障。例如，图示电路中的VT1管基极与地相碰，VT1管处于饱和导通状态等。

5. 根本没有信号产生故障分析

如果信号源本身有问题而无信号输出，当

然机器会出现无声故障。这方面的原因主要有下列两种情况。

（1）一次信号源本身故障。如卡座中的放音磁头引线开路，致使放音信号无法加到放音放大器电路中；又如，CD 唱机的主轴电动机不转，激光拾音头无法拾取信号等。

（2）二次信号源电路故障。所谓二次信号源电路就是指解调器电路，如收音机中的鉴频器电路、检波器电路等，这在组合音响、电视机中有许多。这些电路出了问题后，不能输出所要的信号，导致无声故障。

6. 无声故障的特征和现象

在上述 4 个方面的原因中，每种原因都会导致机器出现无声故障，但是在伴随无声的同时其具体的故障现象有所不同，了解这些不同之处对检查故障十分有利，通过这些故障现象可以了解到无声故障的类型，对此说明以下几点。

（1）没有直流工作电压。 由于机器的左、右声道电路往往采用的是同一条供电线路，所以此时机器表现为左、右声道都无声的故障现象。反之，当机器出现左、右声道均无声故障时，直流电压供给电路是一个检查的重点。

（2）信号传输回路开路。 由于后级放大器的输入端处于"悬空"状态，并且后级放大器仍然具有放大能力，这时后级放大电路会拾取各种干扰信号，导致无声的同时还伴有噪声大现象，开路处愈在放大系统的前级，此时的噪声就愈大。根据这一点可知，当无声的同时伴有噪声大故障时，要重点怀疑信号传输回路出现开路的可能性。

（3）对于信号传输线路的热端与地之间短路的故障。 此时后级放大器的输入端被短接到地，使后级放大器不能放大信号的同时也不能拾取、输入各种干扰信号。所以，此时机器无声的同时也没有任何噪声。根据这一点可知，当出现无声且噪声很小时，应重点检查信号传输线路是否存在对地短接现象。

（4）根据无声的同时有没有噪声现象，还可以判断是开路还是短路引起的无声故障，这对判断无声故障的性质、检查这种故障非常有用。

（5）对于一次信号源问题引起的无声故障，可以导致左、右声道同时无声，如电唱盘电动机不转动将导致左、右声道均无信号，也可以导致只有一个声道无声。如卡座中放音卡的一个声道磁头引线开路，此时就是该声道放音无声，另一个声道放音正常。

（6）对于二次信号源电路出问题，只会出现左、右声道同时无声故障，如鉴频器电路出问题导致无立体声复合信号输出，便无左、右声道的音频信号。

7. 故障种类和判别方法

音频电器无声故障的范围很广，除了造成完全无声故障的故障范围之外的电路都是要检查的对象。为提高修理速度，压缩所要检查的电路范围十分必要。所以，对无声故障的修理首先是进行试听检查，以压缩故障电路的范围。然后，才是对已压缩的电路进行系统检查。

> ⚠ **重要提示**
>
> 根据具体的故障现象不同无声故障可以划分成以下两大类。
> （1）各节目源均无声，此时卡座放音、调谐器收音等均无声。
> （2）只是某一节目源无声，此时其他节目源重放声音均正常。

判别方法是：先试听有故障节目源的重放，如卡座放音存在无声故障，再试听调谐器收音，若此时也无声，则说明机器存在第一种类型的无声故障，即各种节目源重放均有无声故障。若收音正常，则说明只是卡座放音存在无声故障，是第二类的无声故障。对第二类无声故障，在组合音响中有多种，除卡座放音无声外，还有调谐器无声、电唱盘无声、CD 唱机无声等。

根据音频电器整机电路结构可知，各节目源都有相同的故障，说明是各节目源信号所经过的共用电路出了问题，也就是从功能转换电路之后的电路出了故障，这部分电路是各节目源无声故障的检查范围。

对只有一个节目源重放时出现无声的故障，由于有一种节目源重放正常，可以知道在功能转换电路之后的电路工作正常，问题出在有故障节目源的电路中，例如出在调谐器电路中。

8. 各节目源无声故障处理思路

前面已经确定了这种无声故障的电路检查范围，这里着重介绍具体检查步骤和操作过程。

（1）测量主功率放大器的直流电压。

测量电路输出端的直流工作电压，分为以下两种情况。

27. 三端稳压集成电路套件装配演示之十 安装套件中集成电路散热片2

① 对于采用 OTL 功放电路的机器，首先测量功放电路输出端的直流工作电压，正常时应等于功放集成电路直流工作电压的一半。若测得电压大于一半，则可以直接更换功放集成电路；若测得电压小于一半，则将音箱引线断开后再测量一次，若测得的结果仍为小于一半，则更换集成电路。若断开音箱引线后测得的电压恢复正常（等于一半），则说明是输出端的耦合电容存在漏电故障，更换之。这一步的检查判断过程可以用图7-4所示的电路来说明。

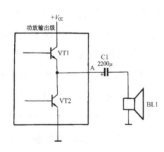

图 7-4 示意图

重要提示

测量 OTL 功放输出级输出端直流电压的目的是为了检查集成电路内部功放输出管 VT1、VT2 的直流工作状态。

输出端耦合电容 C1 漏电，说明 C1 能够通过一部分直流电流，使功放电路输出端 A 点对地之间的电阻小于 A 点与电源 $+V_{CC}$ 端之间的

电阻，这样分压后的直流电压不等于电源电压的一半。在正常情况下，C1 不漏电，A 与地之间和与 $+V_{CC}$ 端之间的直流电阻相等（VT1、VT2 管集电极与发射极之间的内阻相等），所以 A 点的直流电压等于 $+V_{CC}$ 的一半。检查中，切断音箱引线等于切断了 C1 的漏电回路（通过 BL1 的直流电阻成回路），这样 A 点的直流电压高、低才真正反映了功放输出级电路的情况，在检查电路故障中要注意这一点。另外，这一检查方法还适用于其他存在电容电路的检查。一般漏电的是容量较大的电解电容，小容量电容漏电现象不多。

② 对于 OCL、BTL 功放电路不必去检查功放电路的输出端直流电压，因为这种电路的输出端直流电压出现异常时，扬声器保护电路要动作而导致机器出现完全无声故障。

（2）检查主功放电路中的静噪电路。

检查功率放大器中的静噪电路工作是否正常，也可以分下列两种情况。

① 对于左、右声道均为无声故障，在检查功放电路输出端的直流电压正常后，还要通过查阅电路图，了解该机器的主功率放大器电路中是否有静噪电路。有这一电路时，查这一电路是否处于静噪状态。因为这一电路处于静噪状态时，左、右声道功放输出级电路无信号输出。

对静噪电路的检查方法是：如功放集成电路 TA7240AP 的③脚为静噪控制引脚，③脚与地之间接有静噪电容 C1。当③脚为低电位时集成电路处于静噪状态，⑨脚、⑫脚无信号输出。当③脚为高电位时，集成电路中的静噪电路不工作，⑨脚、⑫脚正常地输出左、右声道音频信号。

开机状态下先测量集成电路③脚的直流工作电压，若大于 3V 则说明静噪电路没有问题。若是小于 3V，则断开静噪电容 C1 后再测量一次，测得的电压仍低则是集成电路内部的静噪电路有问题，更换集成电路。若断开后③脚电压升高至正常情况，则说明是静噪电容 C1 漏电，更换该电容。

② 若只是一个声道出现无声故障，可不必

检查静噪电路，因为一般情况下这一静噪电路出问题将同时影响左、右声道，不会只影响一个声道。

（3）进行系统检查。

在进行系统检查时，根据无声故障的具体情况不同，分成以下两种情况。

① 左、右声道均为无声故障，检查的重点是功放级之前电路的直流工作电压。图 7-5 是采用电子音量控制电路、集成电路功能开关电路，用这一电路说明电路的检查方法和过程。

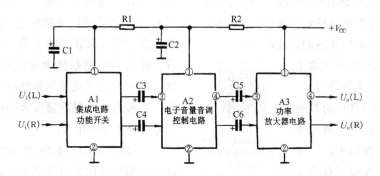

28. 三端稳压集成电路套件装配演示之十一指针式万用表测量电源变压器方法 1

图 7-5　示意图

用万用表的直流电压挡分别测量 A1 和 A2 的电源引脚①脚的直流电压，若 A1 的①脚无电压，则查 R1 是否开路和 C1 是否短路。若 A2 的①脚无电压，则查 R2 是否开路和 C2 是否短路。

⚠ 重要提示

　　若各集成电路的直流工作电压均正常，则用万用表的欧姆挡分别测量各集成电路的地线引脚接地是否良好。

② 对于只有一个声道存在无声的故障，不必去测量各集成电路的直流工作电压，有一个声道工作正常，就能说明各集成电路的直流工作电压正常，因为左、右声道电路的直流工作电压是由一条线路供给。

在个别机器中，左、右声道各用一块单声道的集成电路作为放大器，此时虽然直流电压供给线路是共用的一条，但仍要测量无声故障声道集成电路电源引脚上的电压，以防铜箔线路存在开裂故障。

在放大器电路直流工作电压检查正常后，再用干扰检查法进行故障范围的再压缩。这里仍以图 7-4 所示右声道出现无声故障为例，介绍干扰法的具体运用过程。

首先用螺丝刀去断续接触（干扰）集成电路 A3 的输入端③脚，此时若右声道扬声器中没有"喀啦、喀啦"的响声，则说明集成电路 A3 工作不正常，故障就出在这一集成电路中，对此集成电路进行进一步的检查（检查方法在后面介绍）。若干扰时有较大的响声，则说明这一集成电路工作正常，应继续向前级电路检查。

在检查 A3 正常之后，再干扰 A2 的右声道输出端④脚，若此时无声则是耦合电容 C6 开路，或是 A2 的④脚与 A3 的③脚之间铜箔线路出现开裂故障。若干扰时扬声器中有较大的响声（与干扰 A3 的③脚时一样大小的响声），说明从 A2 的④脚之后的电路工作均正常。

下一步是干扰 A2 的右声道输入端④脚，此时若无响声则是 A2 出了问题，对该集成电路进行进一步的检查。若干扰时的响声比干扰 A3 的③脚时还要响，则说明集成电路 A2 工作也正常。用上述干扰方法进一步向前级电路进行检查。

无声故障经上述干扰检查后，可以将故障范围缩小到某一级分立放大器电路中，或缩小到某一集成电路中，然后进行下一步的检查。

（4）缩小范围，进入重点检查。

在将故障范围缩小到某一单元电路中后，运用检查单元电路的一些方法找出故障的具体部位，处理之。下面分成几种情况来介绍具体检查过程和方法。

① **检查集成电路。**检查集成电路主要是用万用表的直流电压挡测量各引脚的直流工作电压，特别是关键测试点（引脚）电压。

② **检查分立元器件放大器电路。**这种电路造成无声故障的原因较简单，主要查管子是否开路或击穿、偏置电阻是否开路（导致管子处于截止或饱和状态）、输入或输出端耦合电容是否开路等，可用代替法或用万用表欧姆挡检测元器件的好坏来确定。

③ **检查电子音量控制器电路。**

④ **检查集成电路功能转换开关电路。**

9. 调谐器无声故障处理思路

调谐器无声故障的处理方法与一般收音机中的收音无声故障处理基本一样，对这种故障的检查说明以下几个方面的问题。

（1）调谐器无声故障也分成两种：一是各波段均无声故障，此时检查的重点是各波段信号共用的电路，如直流电压供给电路、各波段共用音频信号放大器电路、静噪电路等，许多调谐器中调幅检波之后的音频信号是送入立体声解码器的，这一电路出问题也将使各波段无声；二是某一波段收音无声（其他波段正常），此时重点检查该波段电路和波段开关。波段开关主要是接触不良。电路的故障原因很多，主要原因有本振停振、该波段电路无直流工作电压、输入调谐回路故障、放大器电路故障、检波器（鉴频、立体声解码器）电路故障等。

（2）调谐器无声故障的常见原因有波段开关接触不良引起的无直流工作电压和信号传输中断、四连故障、天线线圈开路、本振停振等。

（3）对调谐器无声故障，可先清洗功能开关和波段开关，无效后查电路的直流工作电压是否正常，电压正常后用干扰法进行系统检查。干扰法对调谐器无声故障同样是有效的，它能将故障范围压缩到某一级。

（4）中频变压器严重失谐会导致中频信号不能通过这一级中频放大器电路，在业余条件下对中频变压器的调整不方便，所以在修理中不要随便去调整中频变压器磁芯，必须调整时

要尽可能地在收到某个电台信号时再调它（信号小没关系）。调整的次序是从后级中频变压器向前级去调，但要注意本机线圈不要去调它（在外形上它同中频变压器一样，磁芯是黑色的）。

7.1.4　声音轻的故障机理和处理思路

1. 声音轻故障的根本性原因

声音轻故障表现为扬声器中有信号声，但是在开大音量电位器后声音仍然不够大，产生这种故障的根本性原因有以下两个方面。

（1）流过扬声器的信号电流不够大。

（2）流过扬声器的信号电流正常，但扬声器将信号电流转换成声音的效率太低，造成声音轻故障。

2. 声音轻故障与无声故障的不同之处

通过对声音轻故障与无声故障比较后，会发现存在以下几个方面的根本不同。

（1）声音轻故障由于有信号流过扬声器，说明从信号源电路到扬声器之间的信号回路没有开路，因为若存在开路故障，就没有信号电流流过扬声器，将出现无声故障。

（2）整个信号传输线路与地端之间也不存在短接现象。

（3）整个放大电路系统有直流工作电压，因为没有直流电压会造成无声故障。

3. 声音轻故障的5个主要原因

从上述分析可知，声音轻故障的故障部位和原因与无声故障相比有着本质的不同，造成声音轻故障的主要原因有以下5个方面。

（1）直流工作电压偏低。

放大器的直流工作电压偏低会使放大器的放大倍数低，对信号的放大不够，使流入扬声器中的信号电流太小，出现声音轻故障。

（2）放大器增益不足。

放大系统的电路故障致使放大器增益不足，导致对信号的放大倍数不够，出现声音轻故障。

（3）信号衰减。

信号传输线路故障导致信号在传输过程中存在额外的信号衰减，使流入扬声器中的信号

电流减小，出现声音轻故障。

（4）信号源本身的输出信号小。

这时放大器放大能力正常也不能使放大器的信号输出功率达到要求，出现声音轻故障。

（5）扬声器本身故障。

有足够的电功率馈入扬声器但声音仍然不大，这是扬声器故障所致，此时往往还伴有音质不好等现象。

4. 直流电压故障分析

当放大器的直流工作电压偏低之后，影响了放大器中三极管的直流工作电流，使三极管的电流放大倍数下降，从而影响整个放大器的放大倍数，关于这一故障的原因主要说明以下几点。

（1）各级放大器电路直流工作电压偏低对整个放大系统中各级电路的影响是有所不同的，其中功放输出级电路对整个放大系统输出功率的影响最大，功放输出级直流电压下降，放大器输出功率下降，且直流工作电压愈低，放大器的输出功率愈小。

造成功放输出级直流工作电压下降的原因有以下两个方面。

一是电源电路故障导致直流电压下降，整机电源电路输出的直流电压直接加到功放输出级电路，这一直流工作电压不设稳压电路，所以当电源电路有故障时就直接反映到功放输出级的直流工作电压上。

二是功放输出级电路本身故障（如功放输出管击穿造成的过电流）导致电源电路过载，使直流工作电压下降。功放输出级消耗电源电路绝大部分功率，功放输出级出现过电流故障必将使整机直流电压下降。

（2）对于前级放大器而言，当直流工作电压下降太多时，将导致三极管进入截止状态，此时就变成无声故障而不是声音轻故障。

（3）当整机直流电压偏低时，除功放级直流电压低之外，前级电路的直流电压也同样偏低，此时修理好整机直流电压偏低故障后，各级电压均会恢复正常。

（4）对于无源电路，直流工作电压偏低对它没有影响，因为这种电路工作时不需要直流电压。

5. 放大器增益不足故障分析

直流工作电压偏低会造成放大器增益不足，这里主要分析在直流工作电压正常时的放大器增益不足故障，主要说明以下几点。

（1）放大管的直流工作电流不正常，当三极管的直流电流偏大或偏小时，都会造成三极管的电流放大倍数下降。引起三极管直流电流偏大或偏小的主要原因是偏置电路故障，即偏置电路中的电阻器阻值发生改变。

（2）放大管本身性能变劣，导致放大能力下降。

（3）发射极旁路电容开路或容量变小，导致放大器的负反馈量增大，使放大器增益减小。

6. 信号受到衰减故障分析

当放大器直流工作电压正常，放大器的增益正常，但信号受到额外的衰减时，到达扬声器中的信号电流也会减小，造成声音轻故障，这方面的具体故障原因有以下几点。

（1）原电路中的耦合电路故障，导致对信号的衰减增大，如耦合电容变质引起的信号衰减。

（2）耦合变压器二次绕组局部短路，导致二次绕组的信号输出电压减小，相当于增加了信号的衰减。

（3）滤波器性能变劣导致信号的插入损耗增大，增加了信号的衰减。

（4）调谐回路的 Q 值下降，或调谐回路的调谐频率偏移，导致输出信号减小，相当于增大了信号的衰减。

7. 信号源本身输出信号小的故障分析

当放大系统一切正常时，若信号源本身输出的信号就小，必然导致流入扬声器中的信号电流小，出现声音轻故障。

例如调谐器天线折断或输入调谐回路故障，导致高频信号减小，会出现收音声音轻故障。

8. 扬声器本身故障

当扬声器本身有故障而导致声音轻时，重放的声音质量往往很差，而且往往只是一只扬声器有这样的故障现象。

9. 声音轻故障种类

声音轻故障通过试听检查可以分成以下几种类型。

（1）各种节目源重放声音都轻故障。 通过试听两种以上的节目源重放，若都有相同的声音轻故障，这是重放声音都轻故障。根据组合音响的电路结构可知，造成这种故障的原因是各节目源共用电路出了故障，即从功能转换开关起之后的电路是要进行检查的电路。

（2）某一种节目源出现重放声音轻故障。 通过试听检查，若只是某一种节目源重放时才存在声音轻故障，这说明故障只存在于有故障这一节目源电路中。

从上述分析可知，这两种故障通过简单的试听检查可以确定故障性质，同时又能确定所要检查的故障范围，所以检修声音轻故障的第一步是通过试听，确定故障种类。

在上述两种故障中通过试听检查还可以进一步将故障分类。

（1）左、右声道声音均轻故障。此时说明是两声道共用的电路发生故障，主要检查电源电路。

（2）只是一个声道存在声音轻故障。此时只要检查有故障的这一声道电路，电源电路一般工作正常。

10．声音轻故障处理思路

关于声音轻故障的处理方法说明以下几点。

（1）声音轻故障的检查步骤是：先用试听功能判别检查法将故障部位压缩到功能转换开关电路之前或之后的电路中，再用干扰检查法将故障范围进一步压缩到某一级放大器电路，之后用电压、电阻代替检查法等确定具体的故障部位。

（2）在检修过程中一般通过试听检查还要确定声音轻到什么程度，若轻到几乎无声的地步，则可以按照无声故障的处理方法进行检修。若只是略微轻，就可以不必进行系统检查，只要适当减小放大器的负反馈量（如加一只发射极旁路电容、适当减小功率放大器的负反馈电阻等），通过提高放大器增益来解决声音轻问题。

（3）对于声音轻故障，干扰检查法是有效的检查方法，通过简单的几步干扰检查，可将故障范围压缩到某一级放大电路中，或是在某一集成电路中。但是，对于声音略轻故障，由

于干扰检查时的扬声器响声变化不大，通过试听不容易确定故障部位，所以对于声音不是很轻的故障用干扰检查法不理想。

11．功率放大器声音轻故障处理思路

当功能转换开关之后的电路出现故障时，将导致各种节目源重放时声音轻故障，关于这部分电路的声音轻故障检查主要说明以下几点。

（1）测量功放输出级直流工作电压是否偏低，若偏低，可断开功放输出级电源电路后再测量整机直流电压，若仍然偏低，则是电源电路的故障，此时主要进行以下两个方面的检查：一是检测整机滤波电容是否漏电，可更换滤波电容试一试；二是检查整流二极管是否有开路的，或是有无正向电阻大的二极管。

29．三端稳压集成电路套件装配演示之十一指针式万用表测量电源变压器方法2

（2）若断开功放级电源电路后测得整机直流电压恢复正常，这说明功放输出级存在短路现象，此时要更换功放输出级电路（更换功放集成电路）。

（3）在测得功放级直流工作电压正常时，可以用干扰检查法进行干扰检查，将故障压缩在某一级放大器电路中。

12．调谐器声音轻故障处理思路

（1）调谐器声音轻故障可以分成以下4种：一是各波段都存在声音轻故障，二是某一波段声音轻故障，三是调频或调幅波段声音轻故障，四是某一个声道声音轻故障。

（2）对于各波段均声音轻故障，可以先清洗波段开关，无效后主要是检查电源电路，从测量各级电路的直流电压入手，没有发现问题时重点检查立体声解码器电路，检查调谐器输出回路中的调谐静噪电路是否正常。

（3）对于某一个波段声音轻故障，先清洗波段开关，无效后重点检查该波段所特有的电路，主要是高频输入调谐电路和本振选频回路，检查统调是否正常。

（4）对于调幅正常而调频波段声音轻故障，先清洗波段开关，无效后重点检查调频波段特有的电路，可用干扰检查法先压缩故障范围。

如果此时只是一个声道存在声音轻故障，只要检查立体声解码器之后的电路；如果是左、右声道都存在声音轻故障，则要检查立体声解码器之前的电路。

（5）对于调频正常而调幅各波段声音轻故障，先清洗波段开关，无效后重点检查调幅各波段共用的电路，即从变频电路开始检查，可用干扰检查法先压缩故障范围，对于采用中频变频器作为调谐器件的电路，可以进行中频频率调整。如果只是调幅的某一波段存在声音轻故障，则只要检查该波段的高频输入调谐回路和本振选频回路。

（6）如果只是一个声道存在声音轻故障，说明故障出在立体声解码器之后的该声道音频放大器电路中，这一电路比较简单，一般只是一级共发射极放大器电路。

（7）如果声音轻且调谐时有噪声存在（不调谐时没有噪声），此时重点检查可变电容器，可进行清洗处理试一试。

7.1.5 噪声大的故障机理和处理思路

1. 噪声大故障的 5 个主要原因

（1）机器的外部干扰，或通过电磁辐射或是由电源电路窜入机器。

（2）电路中某元器件噪声变大。

（3）电路中某元器件引脚的焊接质量问题。

（4）电路的地线设计不良。

（5）交流声大则是电源电路的滤波特性不好。

下面对各种故障原因进行进一步的分析。

2. 外部干扰故障分析

外部电器在工作时会产生各种频率的干扰信号，它们或是通过交流市电的电源线窜入电源电路中，或是以电磁波辐射的形式对机器产生干扰，使机器在工作时出现噪声大故障。在不同的放大器电路中，设有不同形式的抗干扰电路，当外部干扰太强时这些抗干扰电路也变得无能为力，如果机器内部的抗干扰电路出了故障失去抗干扰作用，也将出现噪声大故障。

在电路中，有些元器件用金属外壳包起来，并将外壳接电路的地端，这就是为了防止外部电磁辐射而采取的抗干扰措施，当金属外壳的接地不良时，便会产生干扰。在电源电路中的抗干扰措施更多，主要有以下一些。

（1）电源变压器的一次与二次绕组之间设屏蔽层。

（2）在各整流二极管两端并联小容量电容器。

（3）在滤波电容上并联小容量的高频滤波电容器。

（4）在交流市电的输入回路中设置各种抗干扰电路。

当上述抗干扰电路中一些元器件出现故障后，便会失去抗干扰作用，产生噪声大故障。

3. 元器件噪声大故障分析

各种元器件都一定程度地存在噪声，当它们的性能变劣导致噪声增大后，这些噪声将被后面的放大器放大，出现噪声大故障。这方面的原因主要有以下一些。

（1）耦合电容器漏电增大。由于电容器的漏电电流将被输入到下一级放大器电路中，这是不该有的电流，便是噪声，愈是前级电路中的耦合电容漏电，所产生的噪声愈大，因为被后级放大器放大的量大了。

（2）三极管的噪声变大。另外，工作在小信号状态下的三极管，其静态电流增大后噪声也增大。

（3）控制电路中的电位器转动噪声，如音量电位器转动噪声大故障。

（4）信号传输电路中的一些开关件接触不良，造成噪声大。

4. 元器件引脚焊接质量故障分析

元器件引脚焊点质量不好，会造成虚焊等问题，在电路板受到振动时，焊点松动将引起电路出现噪声大现象，这时往往是噪声不一定始终出现，表现为噪声时有时无。

5. 地线设计不良故障分析

整机电路中地线是各部分电路的共用线，当地线走向、排列等设计不合理时，各部分电路中的信号会通过地线相互耦合，造成噪声大故障。

6. 噪声大故障处理总思路

对于噪声大故障，先是通过试听检查和试听功能判别检查，将故障范围缩小，再用短路检查法对已经缩小的电路范围进行检查，进一步将故障范围缩小到某一级放大器电路中，然后采用单元电路检查法处理。

7. 噪声大故障处理注意点

（1）噪声愈大说明故障部位愈是在前级电路中。

（2）交流声大主要是检查电源电路中的滤波电容是否开路或容量变小。

（3）电位器噪声一般只在转动电位器时才表现出来。

（4）三极管只会在静态工作电流大时才出现噪声大问题，电流小时没有噪声大故障。

7.1.6　啸叫的故障机理和处理思路

1. 啸叫故障的根本性原因

啸叫故障是由于电路存在自激，它在一个环路的电路范围内，输出信号通过有关正反馈路径又加到了放大器的输入端，使信号通过反馈、放大、反馈后愈来愈大，导致放大器出现单频的叫声。

> **⚠ 重要提示**
>
> 　　从产生自激的条件上讲，啸叫故障有两个方面的根本原因，一是放大环节，二是正反馈原因。但由于放大器本身就存在放大作用，所以产生啸叫故障的根本原因是出现了某一频率信号的正反馈。

2. 啸叫故障的4个主要原因

（1）消振元件开路，失去消振作用。

（2）退耦电容开路或容量变小，不能退耦，使级间出现有害的交连。

（3）集成电路性能变劣，特别是功率放大集成电路性能变劣，导致集成电路出现自激现象。

（4）电源内阻大，或滤波、高频滤波性能不好，这会导致功率放大器电路出现自激。

下面对上述各种故障原因进行进一步的分析。

3. 消振元件开路故障分析

一般放大器都是负反馈放大器，为了防止这种放大器电路产生自激，在电路中设有消除自

激的元件，当这些元件开路后，放大器电路很可能会出现自激（不是一定会出现自激），这种自激往往是高频的。消振元件一般是小容量的电容器，如三极管集电极与基极之间的消振电容。

4. 退耦不良故障分析

多级放大器电路中，设有级间退耦电路，以防止两级放大器之间的有害交连，即防止后级放大器的输出信号通过电源电路又窜入到前级放大器的输入端。当退耦电容的容量下降时，退耦性能不好，特别是低频退耦性能差，这时出现低频叫声。

5. 集成电路自激故障分析

一些集成电路由于质量问题或使用一段时间后性能变劣，出现自激。除出现音频自激外，还会出现超音频自激和超低频自激，此时听

30. 三端稳压集成电路套件装配演示之十一指针式万用表测量电源变压器方法3

不到啸叫声，但没有给集成电路输入信号时，集成电路就会发热。在集成电路外电路中若消振电路工作时出现这种故障，往往要更换集成电路。

6. 电源电路性能不好故障分析

电源电路在内阻大、滤波不良、高频滤波性能不良时，对功率放大器电路的影响最大，因为功放电路的工作电流很大。这一电路的自激故障主要有以下两种情况。

（1）电源内阻大或滤波电容的容量小时，在音量较小时功放电路工作正常，但当音量较大后出现"嘟、嘟"声，并且出现输出信号中断的现象。

（2）电源电路中的高频滤波电容（小电容）开路时，将出现高频自激现象。

7. 啸叫故障处理思路

啸叫故障处理的总思路是： 对于低频自激主要是用一只大容量电解电容（100μF）分别并在各退耦电容上试一试，用2200μF电容并在电源滤波电容上试一试，对于高频自激则是用小电容并联在高频消振电容上试一试，对于超低频或超音频自激，先检查集成电路外电路消振电路，无收效后更换集成电路试一试。

8. 啸叫故障处理注意点

（1）对于这种故障采用短路检查法是无效的，因为短路自激环路中的任何一处时，都将

破坏自激的幅度条件，啸叫均消失，这样就无法准确判断故障部位。

（2）可以先用试听检查法和试听功能判别检查法将故障范围缩小一些，再做具体的检查。

（3）啸叫故障是一种比较难处理的故障，检查中主要采用上面介绍的各种代替检查方法。

7.1.7 非线性失真大的故障机理和处理思路

1. 非线性失真大故障的3个主要原因

放大器是由三极管构成的，三极管是一个存在非线性特性的放大器件，当三极管工作在放大区时，三极管对信号所产生的非线性失真很小，但是当三极管进入截止区或饱和区时，三极管会使信号产生很大的非线性失真，所以放大器电路的非线性失真主要是三极管的工作状态不正常，而决定三极管工作状态的主要因素之一是三极管的静态工作电流大小。非线性失真故障主要有以下一些原因。

（1）三极管的静态工作电流不正常。

（2）三极管的直流工作电压变低。

（3）三极管本身性能变劣。

下面对上述各种故障原因进行进一步分析。

2. 三极管静态工作电流不正常故障分析

三极管有3个工作区，只有放大区是线性的。在放大器电路中，为了克服三极管的非线性，给三极管一个合适的静态工作电流，使信号落在三极管的放大区内。当三极管的静态电流大小不正常时，必然引起信号的全部或部分进入截止区（负半周）或饱和区（正半周），进入这两区的信号将产生很大的非线性失真，使放大器的输出信号出现非线性失真大故障。

重要提示

为三极管提供静态偏置电流的是偏置电路，这一电路工作不正常将导致三极管不能得到合适的静态电流，所以当静态电流不正常导致非线性失真大故障时，主要是检查偏置电路。

3. 三极管直流工作电压低故障分析

当三极管的直流工作电压变低后，三极管的动态范围变小，本来信号可以落在较大的线性区域内，直流电压变低后这一线性区域变小，使信号正半周顶部进入饱和区，信号负半周顶部进入截止区，产生非线性失真大故障。

4. 三极管性能不良故障分析

电路设计时按三极管的正常特性设置静态偏置电流大小，当三极管的性能变劣后，仍然是这么大小的静态偏置电流就不能使信号落在放大区内，使信号中的一部分进入非线性区，引起非线性失真大故障。

5. 非线性失真大故障处理思路

对于非线性失真大故障处理的总思路是：首先测量放大器的直流工作电压大小，然后测量三极管的静态偏置电流大小，不正常时检查偏置电路，最后对三极管进行代替检查。

6. 非线性失真大故障处理注意点

（1）这一故障通过试听是很难发现的，通常只是表现为声音不悦耳，要用示波器通过观察放大器输出信号波形才能发现是非线性失真大故障。

（2）有条件用示波器检查这种故障时，一级级地观察放大器的输出波形，这样检查起来比较方便。

（3）对于推挽放大器，当三极管的静态偏置电流太小时，会出现交越失真，此时要加大偏置电流。

（4）当信号的负半周出现削顶失真时，说明放大器的静态工作电流太小。当信号的正半周出现削顶失真时，说明放大器的静态工作电流太大了，了解这一点对检查偏置电路有利。

（5）另有一种情况要注意，当输入放大器电路的信号太大时，也会导致放大器输出信号非线性失真增大，这不是放大器电路的故障。例如，电路中的信号衰减电路故障（如信号的分压衰减电路故障），使信号没有得到衰减，这时送入后级放大器的信号太大，将出现上述失真现象。

31. 三端稳压集成电路套件装配演示之十一指针式万用表测量电源变压器方法4

7.1.8 故障现象不稳定的故障机理和处理思路

所谓故障现象不稳定的故障是指一会儿机器工作正常，一会儿出现故障，有故障出现时可以通过摆动机器使机器恢复正常，有的不摆动机器也能恢复正常。

1. 根本性故障原因

造成故障现象不稳定的根本原因是电路中的某元器件或电路工作不稳定，或接触不好，所以在机器遇到振动等情况时故障现象时有改变。

2. 主要故障原因

（1）机械式开关件的接触不良故障。

机械式开关接触不良是一个常见故障，当开关的部件存在松动等情况时，开关的触点就发生断续接触不良现象，从而造成故障现象的不稳定。

（2）电子开关的质量问题。

电子电路中有许多电子开关电路，有分立元器件的，有集成电路的。一般集成电路的电子开关件比较容易出现工作不稳定故障，表现为有时开关能接通，有时则不能接通或不能转换，就会出现上述故障现象。

（3）铜箔线路的断裂故障。

当电路板上的某处铜箔线路发生断裂故障时，随着机器的振动，铜箔线路断口处出现断续接通现象，就会造成电路工作不稳定。

（4）元器件焊点质量问题。

当元器件的引脚焊点质量不好时，就会出现引脚接触不良现象，也会造成故障现象不稳定的故障。这种情况在质量较差的机器中多见。

3. 处理思路

（1）有的故障变化表现得很频繁，一动机器故障现象就变化，对于这种故障最好用故障再生检查法将故障性质转变，将它转变成故障现象不变的故障，如时常无声故障转换成无声故障，这样有利于故障的处理。

（2）故障现象不稳定的故障根据出故障的具体现象也可以分成：一是时常无声故障，二是时常声音轻故障，三是时常噪声大故障等。当机器故障现象出现时，根据这些故障现象用前面介绍的方法进行检查和处理。

（3）对于机械开关件接触不良故障主要是进行清洗处理，对于电子开关件的这一故障要更换电子电路元器件。对于集成电路电子开关，要用螺丝刀轻轻振动它，若振动过程中机器功能恢复正常，说明这一电子集成电路出现故障的可能性很大。

（4）对于元器件引脚接触不良故障，可以用熔焊法对线路板上的可疑焊点进行重焊，主要是引脚粗的元器件焊点、集成电路引脚焊点、开关件引脚焊点等。

（5）对于电路板铜箔线路开裂故障，可以拆下电路板，轻轻弯曲电路板使铜箔线路完全断开，使故障现象稳定。

（6）对于时常无声或时常声音轻故障，可以采用信号注入检查法，即用信号源给电路中送入信号（将信号源的输出引脚焊在电路板上），再摆动机器，若故障现象消失，说明故障部位在被检查点之前的电路中，用同样方法将信号源注入点向前移动，若此时故障现象又出现，则说明故障部位在信号注入点之后的电路。这样，故障部位就在这两点之间的电路中。

（7）对于时常出现噪声大故障，可断开电路中的某一点，若断开后噪声消失，说明故障部位在断开点之前的电路中。恢复接通这一点后，往前断开电路中某一点，若断开后噪声消失，说明故障部位就在这两点之间的电路中。

> ⚠ **重要提示**
>
> （1）先用试听、试看功能判别法将故障范围缩小，再采用具体的检查方法。
>
> （2）在将故障转换成稳定的故障时，不要过分摆动机器，以免损坏机器中的其他元器件。
>
> （3）机器内部电路板的装配不当或机器外壳的装配不当时，也会引起故障现象不稳定的故障。如果装配前机器工作正常，而装配好后故障现象出现，这就是由于装配不当造成的故障。

7.2   电视机故障机理

7.2.1   光栅故障机理

1．无光栅、无伴音故障机理

造成无光栅故障的根本原因是显像管没有同时完成水平和垂直方向的电子扫描。

2．无光栅、有伴音故障机理

无光栅、有伴音的故障机理与无光栅、无伴音故障基本相同，由于伴音正常，整机电源电路工作正常，这样故障的检查范围可以缩小。此时在测量显像管阴极直流电压正常后，可重点检查行扫描电路。

3．光栅缩小故障机理

造成光栅缩小故障的根本原因是稳压电路输出端的直流电压偏低，使行、场扫描电路的直流工作电压不足，造成行、场扫描的幅度不够。

4．一条水平亮线故障机理

由于有一条水平亮线，可以说明行扫描电路和显像管的高压等直流电路工作正常，问题主要出在场扫描电路，造成这一故障的根本原因是没有场锯齿波电流流过场偏转线圈。

5．行幅不足故障机理

造成行幅不足故障的根本原因是流过行偏转线圈的行扫描电流幅度偏小，使行幅拉不开，这与垂直一条亮线故障不同。前者是行偏转线圈中有行扫描电流但偏小，后者是根本无扫描电流流过行偏转线圈。

6．行线性不良故障机理

根据行扫描电路工作原理可知，造成行线性不良故障的根本原因是流过行偏转线圈的行扫描电流线性不好。

7．垂直一条亮线故障机理

垂直方向有一条亮线，说明显像管的直流电压正常，高压正常。高压正常，说明行扫描电路中的行振荡器、行推动级和行输出级电路工作都正常，这一故障的根本原因是水平偏转线圈中没有行扫描电流流过。根据上述理论分析，造成垂直一条亮线故障的原因是行输出级的负载开路。

8．场幅小故障机理

由于故障表现为一条水平亮带，说明行扫描电路和显像管直流电路工作正常，场扫描电路工作也基本正常；由于是一条亮带，可以说明场振荡器振荡正常。这样根据上述分析可推断，造成这一故障的根本原因是流过场偏转线圈的场扫描电流幅度不够大。

9．场线性不良故障机理

根据场扫描电路工作原理可知，造成场线性不良故障的根本原因是流过场偏转线圈的场扫描电流线性不好。

10．场回扫线故障机理

造成场回扫线故障的根本原因是场逆程扫描期间显像管电子束没有截止。

11．光栅亮度增大故障机理

造成光栅亮度增大故障的根本原因是稳压电路输出的直流电压异常升高。

12．光栅暗故障机理

造成光栅暗故障的根本原因是显像管电子束没有足够的速度轰击荧光屏。

13．光栅亮度失控故障机理

造成光栅亮度失控故障的主要原因是显像管栅、阴极之间的负电压太小，调整亮度电位器也无法使显像管截止。

14．亮度增大图像随之扩大故障机理

造成这种故障的主要原因是显像管高压回路的内阻大。

7.2.2   图像故障、伴音故障和不同步故障机理

1．光栅正常、无图像和无伴音故障机理

由于光栅正常，可以说明机器的电源电路、

行和场扫描电路及显像管直流电路工作正常。造成这一故障的根本原因是图像和伴音信号共用的通道出了故障，使图像和伴音信号同时中断。

2. 光栅正常、伴音正常、无图像故障机理

这一故障与前一故障相比伴音正常，基本上可以说明高频头、图像中放、视频检波、预视放和 AGC 电路工作正常，问题主要出在视放输出级，其根本原因是没有视频信号加到显像管的阴极。

3. 光栅正常、图像正常、无伴音故障机理

由于图像正常，故障范围应该在预视放第二伴音中频信号输出端至扬声器之间的电路中。

4. 收台少（灵敏度低）故障机理

由于故障表现为能够收到一些强信号电台，说明电视机的全通道工作基本正常，一些弱电台无法收到，说明通道中的放大器增益低、视放级

增益低，或电路中对信号的衰减过大。造成这一故障的根本原因是加到显像管阴极的信号小。

5. 行不同步故障机理

由于图像在垂直方向没有不稳定现象，所以场同步正常，可以说明同步分离级之前的各级电路工作正常。造成这一故障的根本原因是行振荡器的振荡频率和相位不同步。

6. 场不同步故障机理

由于图像没有水平方向的不稳定现象，说明复合同步信号正常，即同步分离级之前的电路工作正常。造成故障的根本原因是场振荡器的振荡频率和相位不正常。

7. 行和场均不同步故障机理

由于行和场均不同步，所以故障出在行和场共用的、与同步相关的电路中。其根本故障原因是行和场没有得到正常的同步信号。

7.3　音响设备调整方法和修理后产生故障处理方法

⚠ 重要提示

检修音响故障时，许多情况下需要进行机械或电路的调整，有的故障通过调整便能解决，有的更换元器件后需要调整。在这里，介绍一些常用的调整项目和具体操作方法，大多数情况下不需要什么仪器，有时为了达到很高的精度则需要一些仪器。

7.3.1　功率放大器调整方法

1. 立体声平衡控制器调整方法

一些音响中设有立体声平衡控制器电位器，当机器工作在各种节目源重放状态下存在左、右声道增益不相等现象时（即一个声道的声音始终略大于另一个声道的声音），可以进行平衡调整。

具体方法是：用一盒单声道磁带放音（如外语磁带），调试者站在左、右声道音箱对称

线上，在适当音量下放音，调节立体声平衡电位器，使声像在左、右声道音箱的中央位置上。

如果左、右声道声音相差较大，或只是某一个节目源重放时存在上述增益不平衡现象，则调整立体声平衡电位器无效。

2. 主功率放大器增益调整方法

主功率放大器增益略小时，或主功率放大器的一个声道增益略小于另一个声道增益时，可以对主功率放大器的增益进行微调，如图 7-6 所示。电路中，R1、R2 分别是主功率放大器左、右声道的交流负反馈电阻，减小 R1、R2 的阻值可提高左、右声道主功率放大器的增益。

如果左、右声道增益均略低，可用两只阻值相同的电阻分别并联在 R1 和 R2 上，并联的电阻一般取几十欧，其阻值愈小放大器的增益愈大，但并联的电阻阻值也不能太小，否则放大器会严重失真。

32. 三端稳压集成电路套件装配演示之十二安装套件中电源变压器1

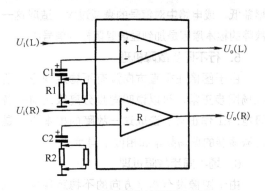

图 7-6　放大器增益微调示意图

如果只是一个声道增益略低，设左声道增益低，可用一只电阻并联在R1上（R2上不并），通过调整并在R1上电阻的阻值大小，达到左、右声道增益一致。

3. 直流工作电压调整方法

一些音响电源电路中，有直流输出电压可调整的稳压电路。修理这部分电路的故障后，要重新调整电源的输出电压。方法是用万用表直流电压挡测量稳压电源的输出电压，调整微调电阻器（在电源电路中），使输出电压符合规定值要求。

7.3.2　调谐器调整方法

1. 调幅中频变压器的调整方法

调谐器采用中频变压器作为调谐元件时，要求中频调谐频率准确，否则会造成收音声音轻等故障。中频频率调整的方法有多种，下面介绍两种。

（1）直接调整方法。

在低端接收一个电台信号并使之最响，然后用万用表的表棒线将振荡连短接，此时声音消失，说明可以用这一电台信号进行中频调整。如果短接后仍有声音，则不能用此电台信号进行中频调整。

然后，将音量电位器开得较大，转动机器或天线，使收到的这一电台声音尽可能地小（但要能听到电台信号声音），这样做是为了能较精确地调整中频。

再用无感螺丝刀从最后一级中频变压器开始逐级向前调整变压器的磁芯，使声音达到最响为止。调整一次后，必须再从后级向前级逐一调整各中频变压器磁芯，这样中频可调在最佳位置上。

（2）仪器调整方法。

采用仪器调整中频有多种方法，采用不同的仪器有不同的调整方法，图7-7是采用高频信号发生器调整时的接线示意图。

从高频信号发生器输出465kHz、调制度为30%的调幅信号，高频输出信号可以用环形天线以电波形式输出，也可以按图中所示，接在天线输入调谐回路两端，将真空管毫伏表或示波器接在检波级之后或直接接在扬声器上。

为了可靠起见，将中波本振线圈L2用导线接通（此时机器应置于中波段），即L2的头、尾接通。然后，从最后一级开始逐级向前调整各中频变压器磁芯，使输出为最大，这样中频便能调准。

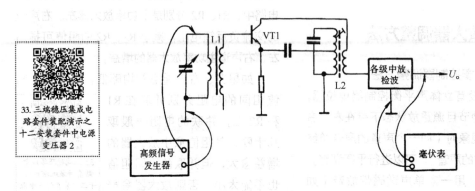

33. 三端稳压集成电路套件装配演示之十二安装套件中电源变压器2

图 7-7　接线示意图

无需调整使用陶瓷中频滤波器的电路（中、高档机器中都是这样，特别是调频波段），因为中频特性与滤波器有关，而这种滤波器是不用调整的。

2. 中波统调方法

统调有下列两项内容：一是校准频率刻度，二是调整补偿。

（1）校准频率刻度。

中波的频率范围为 535～1605kHz，它是双连可变电容器从容量最大调到容量最小的调谐频率，这一指标不准将影响收音。

首先，将双连从最大调到最小，观察调谐指针是否能恰好覆盖 535～1605kHz，不能时将指针在调谐线上的位置加以变动，以达到这一要求。

在波段低端收听一个电台，如 700kHz 的电台，调谐到 700kHz 处（指针指在 700kHz 上），若不能收到这一电台或收到的声音较小，则用无感螺丝刀调整中波本振线圈的磁芯，使该频率处收音的声音最响。

在波段高端收听一个电台，如 1400kHz 是某电台的频率，指针调到 1400kHz，调整中波本振回路的微调电容器容量，使这一电台的声音最响。然后，在低、中、高端各收听一个电台，以检验频率刻度是否准确，不准确的话再细调一次。通常，在低、高端校准后，中间频率是准确的。对中波而言，将 800kHz 以下的称为低端（低频段），800～1200kHz 为中间波段，1200kHz 以上的称为高端（高频段）。

（2）调整补偿。

在波段低端收听一个电台，通过移动天线线圈在磁棒上的位置，使这一电台声音最响，这样低端补偿基本调好。

在波段高端收听一个电台，通过调整天线输入调整回路中的微调电容器容量，使该电台的声音达到最响，这样高端补偿基本调好。

然后，再接收低端一个电台，进行细调，高段也进行细调，这样可调到最佳的补偿状态。

（3）跟踪点的检查。

校核跟踪点通常采用 600kHz、1000kHz 和 1500kHz 3 点，可用测试棒来校核。棒的一端为铜块（铜片或铜环），另一端为一截磁棒，并为绝缘棒。

具体校核方法是：接收 600kHz 信号，将测试棒的铜头接近磁棒天线，此时输出信号有所增大，说明存在铜升，即天线线圈电感量偏大，应将天线线圈向磁棒外侧移动一些，直到无铜升为止。然后，用测试棒的铁头端去接近磁棒天线，若有输出增大现象，说明有铁升，即天线线圈的电感量偏小了，应将天线线圈向磁棒里侧移动，直到无铁升为止。不断调整天线线圈在磁棒上的位置，直至无铜、铁升为止。

在校核好低端后，再校高端和中间波段，在校核中间波段时略有一些偏差是允许的。

3. 短波统调方法

短波段的统调与中波基本一样，只是在调低端时，移动短波无线线圈的位置效果不大，而应采用增加一圈或减少一圈的方法来调整天线线圈的电感量。在细调时，可改变天线线圈引出线的位置和角度。

4. 集成电路开关式立体声解调器调整方法

集成电路开关式立体声解调器的调整主要是 19kHz、38kHz 调谐频率调整和立体声分离度调整。可以用立体声信号发生器来调整，也可以用试听调整方法，这里介绍试听调整方法。

调准一个调频立体声电台后，反复调整 19kHz、38kHz 调谐回路的谐振频率，此时立体声指示灯应发光，然后调整分离度控制微调电阻器，再微调 19kHz、38kHz 调谐回路的谐振频率，使声音最响、最佳和立体声指示灯最亮。

5. 锁相环解码器的调整方法

锁相环解码器的调整方法有立体声信号发生器调整和试听调整两种方法，这里介绍试听调整方法。

先接收一个立体声电台，最好收到一个强电台，并调谐到最佳状态，然后调整压控振荡器的频率微调电阻器，将该电阻器从一端转到另一端，记下立体声指示灯点亮和熄灭时的电阻器动片位置，然后将动片转动至这两个位置的中间位置。

再调节分离度微调电位器，使左、右声道分离度最佳，且立体声指示灯最亮。

7.3.3 音响设备修理后产生的故障及处理方法

在修理音响时，由于操作及装配不小心、不当会引起新的故障，这些故障是原机器所没有的，是"修出来"的故障。

修理后产生故障是一种较常见的现象，造成的主要原因有以下几个。

（1）检修过程中的操作动作过度，造成线路板上的引线断或零部件变形、断裂，可能会引起无声等故障。

（2）对电路进行检测的过程中，由于表棒在接触电路测试点时与相邻焊点相碰，造成短接，引起机内元器件过电流而烧坏。

（3）装配不仔细、强行装配等，造成机内装配错误或装配不到位，引起多种故障。

（4）所更换的元器件不符合要求，未能彻底解决故障而引起其他故障。

从上述4点可以看出，造成修理后故障的主要原因是检修工作不仔细，所以检修时要认真、细心，避免修理后故障的发生。

关于这类故障主要说明以下几点。

（1）若出现调频和短波段无声或声音轻故障，这是天线插头忘记插上了，重新插上。

（2）电平指示器不亮，这很可能是电平指示器电路的引线接插件未装上，此时打开机壳重新装上。

此外，还有一些由于组合音响各层之间连接线接错引起的故障，有时甚至会烧坏机内某些元器件，如熔丝、熔断电阻器、电子滤波管等。

第**8**章 常用工具和电路板焊接技术

工欲善其事，必先利其器。

8.1 常用工具

得心应手的工具对电子电路调试、检修是必需的。

8.1.1 电子技术实验元器件

初学者进行电子技术实验主要使用万用表检测常用的电子元器件，不必专门购买新的元器件，可以找一只老的收音机或是小型直流电源，或是其他电子电器，用它们里面的元器件进行实验，成本低，而且方便。

找只坏收音机，可以进行许多项目的实验

坏收音机找来了，怎么动手实验？

练习外壳和电路板拆装，拆卸技术很重要；
练习测量电路板上的直流工作电压；
用电烙铁焊下和焊上电路板上元器件；
万用表练习检测拆下元器件质量；
学会实验完之后写实验报告，总结提高。

8.1.2 主要材料

1. 焊锡丝

名称	焊锡丝
实物图	

34. 三端稳压集成电路套件装配演示之十二安装套件中电源变压器 3

说明	焊锡丝最好使用低熔点的，使用细的焊锡丝，细焊锡丝管内的助焊剂含量正好与焊锡用量一致，而粗焊锡丝焊锡的量较多
提示	焊接过程中若发现焊点成为豆腐状态，这很可能是焊锡质量不好，或是焊锡丝的熔点偏高，或是电烙铁的温度不够，这样的焊点质量是不过关的

2. 助焊剂

名称	助焊剂
实物图	

助焊剂

松香

说明	助焊剂用来帮助焊接，可以提高焊接的质量和速度，是焊接中必不可少的。在焊锡丝的管芯中有助焊剂，用电烙铁头去熔化焊锡丝时，管芯内的助焊剂便与熔化的焊锡熔合在一起。焊接中，只用焊锡丝中的助焊剂是远远不够的，需要有专门的助焊剂。助焊剂主要有以下两种。 （1）成品的助焊剂店里有售，它是酸性的，对电路板存在一定的腐蚀作用，用量不要太多，焊完焊点后最好擦去多余的助焊剂。 （2）平时常用松香作为助焊剂，松香对电路板没有腐蚀作用，但使用松香后的焊点有斑点，不美观，可以用酒精棉球擦净
提示	使用助焊剂过程中要注意以下几个方面的问题。 （1）最好不用酸性助焊剂。 （2）松香是固态的，成品助焊剂是液态的。 （3）助焊剂在电烙铁上会挥发，在搪过助焊剂后要立即去焊接，否则助焊剂挥发后没有助焊作用。 （4）松香可以单独盛在一个铁盒子里。搪助焊剂时，烙铁头在助焊剂上短时间接触即可

3. 清洗液

名称	清洗液
实物图	

说明	修理过程中使用的清洗液有以下两种。 （1）纯酒精可以用来作为清洗液，这是一种常用的清洗液。 （2）专用的高级清洗液，它的清洗效果很好，但价格比较贵。 使用纯酒精作为清洗液时要注意以下两个方面的问题。 （1）一定要使用纯酒精，不可以使用含水分的酒精，否则会由于水的导电性而引起电路短路。 （2）纯酒精不含水分，所以它是绝缘的，不会引起电路短路，也不会使铁质材料生锈。另外，它挥发快，成本低
提示	纯酒精由于易挥发，所以保管时要注意密封。可使用滴瓶来装纯酒精，这种瓶子是密封的。另外它还有一个滴管，清洗时用滴管吸些纯酒精，再对准所要清洗的部位挤出纯酒精，操作十分方便

4. 润滑油

名称	润滑油
实物图	
说明	润滑油可以使用变压器油或缝纫机油，它是用来润滑传动机械的。在使用润滑油过程中要注意以下几个方面的问题。 （1）在机械装置中，不是所有的部位都需要加润滑油，对于摩擦部件是绝对不能加润滑油的，否则适得其反。 （2）加油量要严格控制，太多则会流到其他部件上，影响这些部件的正常工作。 （3）润滑油也可以用滴瓶来装，用滴管来加油
提示	在橡胶和塑料部件上不要擦油，否则它们会老化，倘若沾上油应立即擦净

5. 硅胶

名称	硅胶
实物图	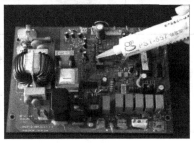
说明	电子硅胶用于电子或电路板部分电子元器件的涂敷保护、粘接、密封及加固，以及电子工业中零件和表壳等的粘接密封
提示	主要用于有阻燃要求部位的电子元器件的粘接、密封

8.1.3　常用工具

1. 多种规格的螺丝刀

⚠ 重要提示

> 螺丝刀俗称起子，它是用来拆卸和装配螺钉必不可少的工具。要准备几种规格的螺丝刀，以方便各种情况下的操作。

35. 三端稳压集成电路套件装配演示之十二安装套件中电源变压器 4

（1）扁口螺丝刀。

名称	扁口螺丝刀
实物图	
说明	要备几种长度的，现在有少数电子电器中的固定螺钉仍然为一字形的螺钉

（2）十字头螺丝刀。

名称	十字头螺丝刀
实物图	
说明	要备几种长度的，且要注意螺丝刀头的大小要有多种规格。目前电子电器中主要使用十字头的固定螺钉。 还要准备加长细杆十字头螺丝刀，这主要是用于音箱的拆装

（3）钟表小螺丝刀。

名称	钟表小螺丝刀
实物图	
说明	这主要是用于一些小型、微型螺钉的拆装

（4）无感螺丝刀。

名称	无感螺丝刀
实物图	
说明	在调整中频变压器的磁芯时，不能使用普通的金属螺丝刀，因为金属螺丝刀对线圈的电感量大小有影响。当用金属螺丝刀调整使电路达到最佳状态后，螺丝刀一旦移开，线圈的电感量又会发生变化，使电路偏离最佳状态，所以要使用无感螺丝刀。 无感螺丝刀可以用有机玻璃棒制作，将它的一头用锉刀锉成螺丝刀状即可，也可以用塑料材料制作。还有成品无感螺丝刀出售，但价格比较贵

（5）缺口螺丝刀。

名称	缺口螺丝刀
示意图	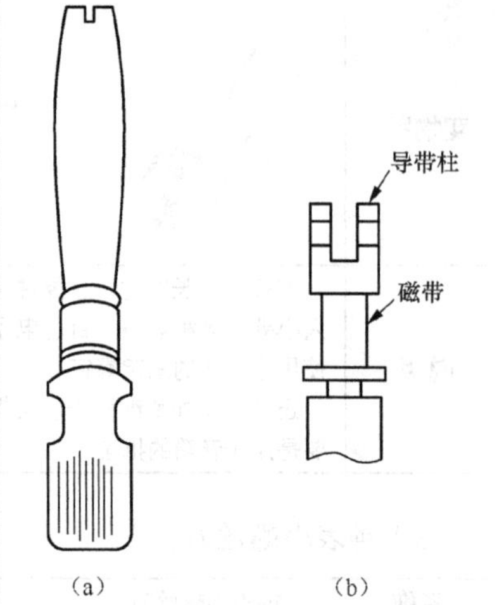 导带柱 磁带 （a）　　　（b）
说明	缺口螺丝刀可以自制，即用一般的一字头螺丝刀，将中间部分锉掉，如图（a）所示。这种螺丝刀用来调整机芯上的倾斜导带柱，如图（b）所示

⚠ **重要提示**

在使用螺丝刀过程中应注意以下几点。

（1）根据螺钉口的大小选择合适的螺丝刀，螺丝刀口太小会拧毛螺钉口而导致无法拆下螺钉。

（2）在拆卸螺钉时，若螺钉很紧，不要硬去拆卸，应先顺时针方向拧紧该螺钉，以便让螺钉先松动，再逆时针方向拧下螺钉。

（3）将螺丝刀口在扬声器背面的磁钢上擦几下，以便刀口带些磁性，这样在拆卸和装配螺钉时能够吸住螺钉，可防止螺钉落到机壳底部。

（4）在装配螺钉时，不要装一个就拧紧一个，应注意在全部螺钉装上后，再将对角方向的螺钉均匀拧紧。

2. 辅助工具

⚠ **重要提示**

在电子电路故障检修中，许多情况下需要一些针对性强的辅助工具。

（1）注射器。

名称	注射器
实物图	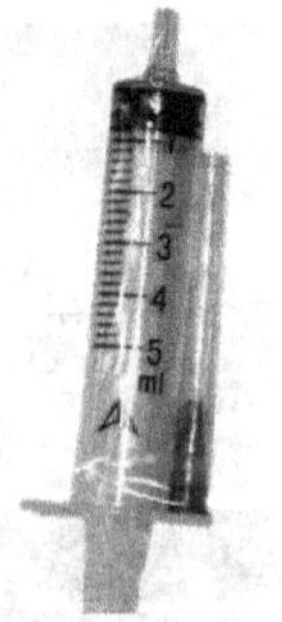
说明	这是医用的注射器，也是用来方便清洗的。当所要清洗的部位在机器底部时，为了不进一步拆卸，可以用这一注射器吸些清洗液，再用注射器对准所要清洗部位挤出清洗液，这样操作就很方便了

（2）钢针。

名称	钢针
实物图	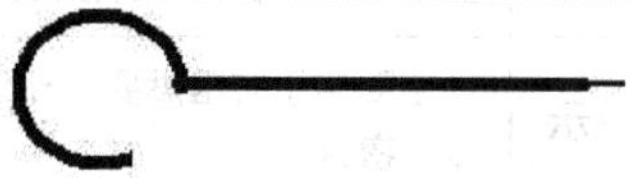
说明	钢针用来穿孔，即在拆下元器件后，电路板上的引脚孔会被焊锡堵住，此时用钢针在电烙铁的配合下穿通引脚孔。 钢针可以自制，方法是：取一根约20cm的自行车钢条，一端弯个圆圈，另一端锉成细细的针尖，以便能够穿过电路板上的元器件引脚孔

（3）刀片。

名称	刀片
实物图	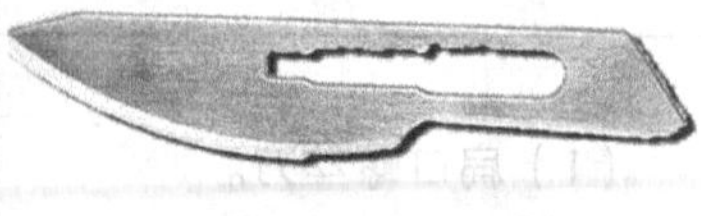
说明	刀片主要用来切断电路板上的铜箔线路，因为在修理中时常要对某个元器件进行脱开电路的检查，此时用刀片切断该元器件一根引脚的铜箔线路，这样省去了拆下该元器件的不便
提示	刀片可以用钢锯条自己制作，要求刀刃锋利，这样切割时就不会损伤电路板上的铜箔线路。刀片也可以用刮胡刀片（只是比较容易断裂），还可以用手术刀

（4）镊子。

名称	镊子
实物图	
说明	镊子是配合焊接不可缺少的辅助工具，它可以用来拉引线、送引脚，方便焊接。另外，镊子还有散热功能，可以减少元器件烫坏的可能。 当镊子夹住元器件引脚后，烙铁焊接时的热量通过金属的镊子传递散发，防止了元器件承受更多的热。要求镊子的钳口要平整，弹性适中

（5）剪刀。

名称	剪刀
实物图	
说明	剪刀用来剪引线等软的材料，另外剥引线皮时也常用到剪刀。剥引线皮的方法是：用剪刀刀口轻轻夹住引线头，抓紧引线的一头，将剪刀向外拔动，便可剥下引线头的外皮，也可以先在引线头处轻轻剪一圈，割断引线外皮，再剥引线皮
提示	一是剪刀刀口要锋利，二是剪刀夹紧引线头时不能太紧也不能太松，太紧会剪断或损伤内部的引线，太松又剥不下外皮，通过几次实践可以掌握剥线技术。用这种方法剥引线皮比用电烙铁烫引线皮更美观。另外，剥线可以采用专用的剥线钳

（6）钳子。

名称	钳子
实物图	

钳子用来剪硬的材料和作为紧固工具。要准备一把尖嘴钳，它可以用来修整一些硬的零部件，如开关触点簧片等。

另要准备一把斜口钳，它可以用来剪元器件引脚，还可以用来拧紧一些插座的螺母，由于这种螺母比较特殊，其他方法不行

说明	（见上文）
提示	用斜口钳拆卸和紧固这种螺母的具体方法是：用钳口咬紧螺母，旋转钳子，便可以紧固或拧下这种螺母

（7）针头。

名称	针头
实物图	 36. 三端稳压集成电路套件装配演示之十三测量电源电路中关键点电压方法1
说明	针头是医用挂水的针头，它用来拆卸集成电路等多引脚的元器件，应当注意拆卸不同粗细引脚的元器件时要选用不同口径的针头

（8）刷子。

名称	刷子
实物图	
说明	刷子用来清除电路板和机器内部的灰尘等，绘画用的排笔可以作为刷子使用。在清扫机器时要注意，不要弄倒元器件，以避免元器件引脚之间相互碰撞。 另外，对于电路板上的一些小开关，在清扫过程中不要改变它们的开关状态，以免引起不必要的麻烦

（9）盒子。

名称	盒子
实物图	
说明	盒子可以是金属的，也可以是纸质的或塑料的，主要用来装从机器上拆下的东西，如固定螺钉等。在同时检修几台机器时，应准备几只盒子，从各机器上拆下的东西分别装在不同的盒子内，以免相互之间搞错

（10）工具箱。

名称	工具箱
实物图	
说明	准备一个工具箱，用来盛放修理工具，这样工具不容易丢失，同时能方便外出检修

（11）灯光。

名称	灯光
示意图	

说明	灯光用来照明。修理中，在检查机壳底部的元器件时，可以使用灯光照明，以方便检修。另外，在进行电路板观察时也要用到灯光。将灯光放在电路板的铜箔线路一面，在装有元器件的一面可以清楚地看出铜箔线路的走向，以及铜箔线路与哪些元器件相连等。 没有电路原理图而要进行实测，即根据电路板实际元器件、铜箔线路走向画出电路原理图时，用这一方法观察十分方便，可以省去不断翻转电路板的麻烦。在查看机内元器件或电路时，使用手电筒很方便

（12）放大镜。

名称	放大镜
实物图	
说明	在检修电路故障中，现代电子仪器大量使用微型元器件和贴片元器件，它们体积非常小，为了便于观察电路板中的这些元器件，需要备一个放大镜
提示	在检查电路板上铜箔线路是否开裂故障时也需要一个放大镜，这样观察更加仔细

3. 专用工具铜铁棒

名称	铜铁棒
示意图	
说明	在进行收音机跟踪校验时，要用到试验棒，也就是铜铁棒。 这种铜铁棒可以自己制作，具体方法是：取一根绝缘棒（只要是绝缘的材料即可），在一头固定一小截铜棒作为铜头。在另一头固定一小截磁棒（收音机中所用的磁棒），这就是铁头。

4. 热熔胶枪

名称	热熔胶枪
实物图	
说明	热熔胶枪由热熔胶枪与热熔胶棒两部分组成，枪体熔化胶棒实现对元器件的粘贴，是电子制作中时常运用的一种工具
提示	对一些体积较大且难以固定的元器件，以及电路板中的引线进行固定操作时可选用热熔胶枪

5. 离子风机

名称	离子风机
实物图	
说明	离子风机的主要作用是除静电，具有出众的除静电性能，防止静电污染及破坏
提示	用于电子生产线、维修台等个人型静电防护区域

6. 热风枪

图8-1是热风枪示意图。热风枪主要由气泵、气流稳定器、线性电路板、手柄、外壳等基本组件构成。

热风枪的主要作用是拆焊小型贴片元器件和贴片集成电路。

（1）吹焊片状电阻、片状电容、片状电感及片状晶体管等小型元器件时，要掌握好风量、风速和气流的方向。如果操作不当，不但会将小元器件吹跑，而且还会损坏大的元器件。

焊接小元器件时，要将元器件放正，如果焊点上的锡不足，可用烙铁在焊点上加注适量的焊锡。焊接方法与拆卸方法一样，只要注意温度与气流方向即可。

图8-1 热风枪示意图

（2）吹焊贴片集成电路时，首先应在芯片的表面涂放适量的助焊剂，这样既可防止干吹，又能帮助芯片底部的焊点均匀熔化。

⚠ 重要提示

由于贴片集成电路的体积相对较大，在吹焊时可采用大嘴喷头，热风枪的温度可调至3或4挡，风量可调至2或3挡，风枪的喷头离芯片2.5cm左右为宜。吹焊时应在芯片上方均匀加热，直到芯片底部的锡珠完全熔解，再用镊子将整块集成电路片取下。

在吹焊贴片集成电路时，一定要注意是否影响周边元器件。另外芯片取下后，电路板会残留余锡，可用烙铁将余锡清除。

焊接贴片集成电路时，应将芯片与电路板相应位置对齐，焊接方法与拆卸方法相同。

8.1.4 重要工具电烙铁

37. 三端稳压集成电路套件装配演示之十三测量电源电路中关键点电压方法2

⚠ 重要提示

电烙铁是用来焊接的，为了获得高质量的焊点，除需要掌握焊接技能、选用合适的助焊剂外，还要根据焊接对象、环境温度合理选用电烙铁。

1. 内热式电烙铁和吸锡烙铁

一般电子电器均采用晶体管元器件，焊接温度不宜太高，否则容易烫坏元器件。初学者在动手实验时至少准备一把内热式电烙铁，吸锡烙铁可以在动手拆卸集成电路等元器件时再购置。

（1）内热式电烙铁。

名称	内热式电烙铁
实物图	
说明	准备 20W 内热式电烙铁一把，主要用来焊接晶体管、集成电路、电阻器和电容器等元器件。内热式电烙铁具有预热时间短、体积小巧、效率高、重量轻、使用寿命长等优点。 冬季温度低时要准备 30W 电烙铁，太低的焊接温度会造成焊点质量不好。 另准备一把 40W 左右的电烙铁，用来焊接一些引脚较粗的元器件，例如电池夹、电视机中的行输出变压器、插座引脚等

（2）无源吸锡电烙铁。

名称	无源吸锡电烙铁
实物图	
说明	准备吸锡电烙铁一把，主要用于拆卸集成电路等多引脚元器件。 图示为无源吸锡电烙铁，它需要普通电烙铁配合才能完成吸锡工作，其方法是：用普通电烙铁熔化焊点上焊锡，再用吸锡电烙铁吸掉焊点上的焊锡

（3）电烙铁支架。

图 8-2 所示是电烙铁支架，它用来放置电烙铁，有了这个支架电烙铁就不会随便乱放在桌子上，这样可避免电烙铁烫坏桌子上的设备。

图 8-2　电烙铁支架

2. 其他专用电烙铁

在一些专业场合和工作中需要这些专业型的电烙铁，可以提高工作效率和实现专业焊接。

（1）有源吸锡电烙铁。

名称	有源吸锡电烙铁
实物图	
说明	这种吸锡电烙铁是将普通电烙铁与吸锡器结合起来，在熔化电路板上焊点焊锡的同时，按动吸锡开关就能自动吸掉焊点上的焊锡，操作比无源吸锡电烙铁更方便

（2）电焊台。

名称	电焊台
实物图	
说明	这是由电烙铁和控制台组成的焊接工具，控制台控制电烙铁的工作温度，并保持烙铁头工作温度的恒定。 此外，电焊台还有多种保护功能，如防静电等

（3）无绳电烙铁。

名称	无绳电烙铁
实物图	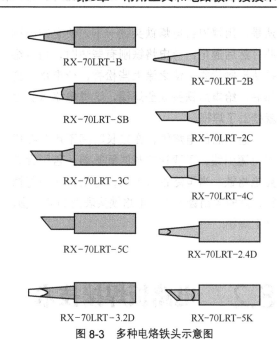
说明	它是由无绳（线）电烙铁单元和红外线恒温焊台（专用烙铁架）单元两部分组成的，是一种新型无线恒温焊接工具，无任何静电，无电磁辐射，不受操作距离限制。 技术指标：功率 15～150W 可调，温度 160～400℃ 可调，设置温度恒温自动保持在 ±2℃；输入电压 160～260V 范围可正常恒温，无绳活动范围 1～100m，电烙铁架（焊台）上设有电源开关、指示灯、调温旋钮和松香焊锡槽。 每套包括一台烙铁架（焊台）和两把无绳电烙铁，配有各种规格的长寿命合金电烙铁头

（4）镊子电烙铁。

名称	镊子电烙铁
实物图	
说明	这种电焊台的电烙铁部分比较特殊，它的电烙铁头是镊子形状的，操作时镊子型的电烙铁头将焊点熔化，然后就可以直接将元器件夹出来

3. 多种电烙铁头

图 8-3 是多种电烙铁头示意图，焊接不同类型电路板、元器件时，可选择不同的电烙铁头，以方便焊接。

RX-70LRT-B

RX-70LRT-2B

RX-70LRT-SB

RX-70LRT-2C

RX-70LRT-3C

RX-70LRT-4C

RX-70LRT-5C

RX-70LRT-2.4D

RX-70LRT-3.2D

RX-70LRT-5K

图 8-3 多种电烙铁头示意图

4. 电烙铁安全操作注意事项

（1）最好更换引线。 买来的电烙铁电源引线一般是胶质线，当电烙铁头碰到引线时就会烫坏线皮，为了安全起见，应换成防火的花线。

在更换电源线之后，还要进行安全检查，主要是引线头不能碰在电烙铁的外壳上。

（2）必须进行安全检查。 新买来的电烙铁要进行安全检查，具体检查方法是：用万用表的 R×10k 挡，分别测量插头两根引线与电烙铁头（外壳）之间的绝缘电阻，如图 8-4 所示，应该均为开路，如果测量有电阻，说明这一电烙铁存在漏电故障。

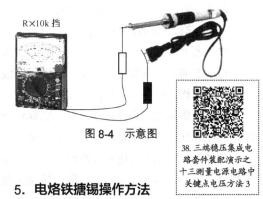

R×10k 挡

图 8-4 示意图

38.三端稳压集成电路套件装配演示之十三测量电源电路中关键点电压方法 3

5. 电烙铁搪锡操作方法

新买来的电烙铁通电前要先搪锡，**具体方**

法是：用锉刀将电烙铁头锉一下，使之露出铜芯，然后通电，待电烙铁刚有些热时，将电烙铁头接触松香，使之涂上些松香，待电烙铁全热后，给电烙铁头吃些焊锡，这样电烙铁头上就搪上了焊锡。

通电后的电烙铁，在较长时间不用时要拔下电源引线，不要让它长时间热着，否则会烧死电烙铁。当电烙铁烧死后，电烙铁头不能搪锡，此时再用锉刀锉去电烙铁头表面的氧化物，搪上焊锡。

⚠ **重要提示**

自己的电烙铁不要借给他人，如果他人将电烙铁损坏（指存在漏电等故障）后还来，而在自己不知道的情况下通电使用会出危险。

修理中，要养成一个良好的习惯，即电烙铁放置在修理桌上的位置要固定，不能随便乱放，否则若将拆下的机器外壳碰到已热的电烙铁上，将造成机壳损坏。

8.2　电路板焊接技术

⚠ **重要提示**

电子技术中的焊接主要是焊接电路板上的元器件。同时，也需要将电路板上的元器件拆卸下来。

8.2.1　电路板知识

电路板提供集成电路等各种电子元器件固定装配的机械支撑，实现集成电路等各种电子元器件之间的布线和电气连接等。它还为自动锡焊提供阻焊图形，为元器件插装、检查、维修提供识别字符和图形。

图 8-5 所示是常见的电路板实物外观。

1. 电路板正面和背面特征

电路板的正面是元器件，其背面是铜箔线路，目前普通电子电器中主要使用单面铜箔线路板，即电路板只有一面上有铜箔线路。

通常，铜箔线路表面往往涂有一层绿色绝缘漆，起绝缘作用，在测试和焊接中要注意，先用刀片刮掉铜箔线路上的绝缘漆后再操作。铜箔线路很薄、很细，容易出现断裂故障，特别是电路板被弯曲时更易损坏，操作中要注意这一点。

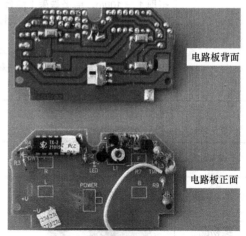

图 8-5　常见的电路板实物外观图

电路板的背面有许多形状不同的长条形铜箔线路，它们是用来连接各元器件的线路，铜箔线路是导体，如图 8-6 所示，图中圆形的是焊点。

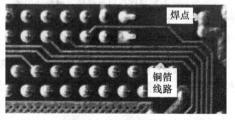

图 8-6　电路板上铜箔线路和焊点示意图

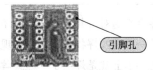

图 8-8 电路板上的元器件引脚孔示意图

双层电路板上的孔有多种情况。

（1）元器件插装孔。

名称	元器件插装孔
示意图	基板 铜箔线路　　　　　　　　　　孔
说明	元器件引脚只与一层铜箔线路焊接起来

（2）双面互连导通孔。

名称	双面互连导通孔
示意图	基板 铜箔线路　　　　　　　　　　孔
说明	这个孔中插入元器件引脚的同时还将上下两层铜箔线路相连

（3）双面导通孔。

名称	双面导通孔
示意图	基板 铜箔线路　　　　　　　　　　孔
说明	这个孔中不插入元器件引脚，焊锡将上下铜箔线路连接起来，通常这个孔的孔径比元器件安装孔的孔径小点

（4）定位孔。

名称	定位孔
示意图	基板 　　　　　　　　　　孔
说明	这个孔不参与元器件的电路连接，只作为基板安装的定位孔

8.2.2 焊接操作一般程序

焊接技术对保证电子产品质量有着举足轻重的作用，电子电器中的接触不良故障许多原因是焊接过程中出现了虚焊和假焊。

一台机器中，可能只有一块电路板，也可能会有许多块。当有许多块电路板时，往往是某一部分功能电路板装在一起，这对修理来讲是比较方便的，因为检查故障时只要拆下相关的电路板即可。

2. 电路板规格

（1）厚度。电路板的厚度有多种规格，一般的电路板厚度在 1mm 左右。电路板的大小根据不同用途而不同。其形状一般是长方形的，也有其他形状的。

（2）多层板。常见的电路板是单层的，只有一层铜箔线路，双层和多层电路板则有多层铜箔线路，如图 8-7 所示。实用多层电路板中，每一层的铜箔线路都是不同的，只在复杂电路中才使用多层电路板。

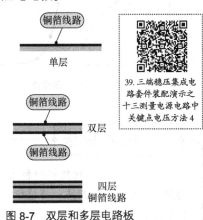

39. 三端稳压集成电路套件装配演示之十三测量电源电路中关键点电压方法 4

图 8-7 双层和多层电路板

3. 电路板上的多种小孔

电路板上有许多小孔，孔径为 1mm 左右，如图 8-8 所示，这是元器件引脚孔，元器件的引脚从此孔伸到背面的铜箔线路上。有些机器中采用了贴片元器件，这种元器件是没有引脚的（有电阻器、电容器和晶体管等），此时电路板上可以没有引脚孔（也可以仍然有孔），因为贴片元器件安装时无须引脚孔。

正规工艺制作的电路板，在焊点周围的铜箔线路上镀有助焊层，这时焊接就相当方便，而且焊接质量好。

初学者普遍对焊接技术有一种不重视态度，但是一旦进入焊接操作就会发现问题多多，不是焊不上就是焊上了一碰就掉下，假焊、虚焊现象更是普遍。

初学者焊接质量不好的根本原因是对焊接技术的认识不足，重视不够，没有严格按照焊接程序来操作。

1. 焊接操作的一般程序

先在焊接处表面（通常是电路板焊点处）除去氧化层，再加松香后搪上锡，最后去焊接。对于每一个焊接表面都要进行上述处理。不做上述处理而直接去焊接时，焊出的焊点很可能不合格。

对于焊点表面的基本要求是保持清洁，无氧化物，否则影响焊接质量。

对于焊点表面可以用以下两种方法进行处理。

（1）用刀片刮干净焊点表面。

（2）对于不方便用刀片刮的焊点，可以用电烙铁除去氧化层，方法是：电烙铁头上适当含起锡，将焊点放在松香上，用电烙铁接触焊点，如图8-9所示，此时助焊剂松香能去掉焊点表面的氧化层，同时给焊点表面搪上焊锡，这时焊接质量能够保证，此过程也是焊点搪锡的过程。

电烙铁

松香

图8-9 焊点处理示意图

2. 对接焊接

图8-10是两个元器件引脚对接焊接示意图。将两个元器件引脚靠在一起，将细的焊锡丝与加热的电烙铁头同时接触引脚焊点处，这时焊锡丝熔化，焊锡丝内部的助焊剂流出，帮助提高焊接质量，在引脚连接处留下一个光滑的圆焊点。

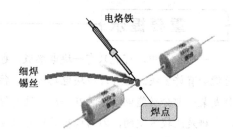
电烙铁

细焊锡丝

焊点

图8-10 两个元器件引脚对接焊接示意图

3. 导线焊接

练习焊接技术的起步阶段可以进行导线焊接。

如图8-11所示，取一根细的多股导线，将它剪成10段，再将它们焊成一个圆圈。然后，在多股细导线中抽出一根来，也将它剪成10段，焊成一个圈。经过焊接导线练习后，再去焊接元器件、电路板。

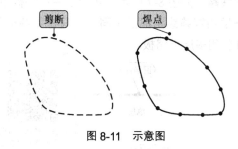
剪断   焊点

图8-11 示意图

⚠ **重要提示**

焊点大小与焊锡丝粗细和送锡量相关，为保证焊出漂亮的焊点，焊锡丝宜细，通过控制送锡量保证焊点大小均匀。

8.2.3 电路板上元器件焊接方法

电子元器件装配在电路板上，所以更多的焊接是将元器件焊接在电路板上。

1. 焊接前元器件引脚处理方法

如果是新的元器件，它们的引脚上都做过搪锡处理，可以直接进行焊接。如果元器件买回来时间长了，引脚表面有了氧化层，此时要进行元器件引脚表面的搪锡处理，方法如同前面给焊点去污处理一样，给元器件引脚表面搪上一层薄薄的焊锡，留锡量不能大，否则引脚无法插进电路板上的引脚孔中，图8-12是电路板上元器件引脚孔示意图。

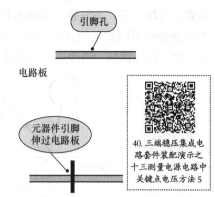

图 8-12　电路板上元器件引脚孔示意图

40.三端稳压集成电路套件装配演示之十三测量电源电路中关键点电压方法5

2. 电路板上元器件焊接方法

（1）插入元器件。

名称	插入元器件
示意图	将引脚伸入孔中，再弯曲以防止元器件脱落
说明	在进行电路板上元器件焊接前，要先将元器件装配在电路板上，将元器件引脚从孔中穿过，再从根部开始弯曲，这样可以防止元器件从电路板上脱落
提示	将装好元器件的电路板放在一块海绵上，将元器件引脚一面朝上，用海绵托紧元器件，以方便焊接

（2）焊接引脚。

名称	焊接引脚
示意图	电烙铁　焊锡线　电路板
说明	电烙铁头与焊锡丝同时接触焊点，熔化的焊锡中含有适量助焊剂，有助于提升焊接质量并使焊接方便

提示	焊接电路板时，要注意电烙铁在电路板上停留时间不宜过长，否则会烫坏元器件和铜箔线路。快速焊接能否成功，助焊剂的使用成了关键，焊接质量差助焊剂是原因之一。 如果是没有搪过锡的元器件引脚，应该先给元器件引脚搪上焊锡，否则焊接质量很难得到保证。 焊好焊点之后，要将元器件引脚从根部剪掉

3. 焊点的检验

焊接之后要进行焊点检验，合格的焊点表面光洁度好，呈半球面，没有气孔，各焊点大小均匀，图8-13是标准焊点示意图。

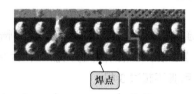

焊点

图 8-13　标准焊点示意图

⚠ **重要提示**

不合格的焊点表面有毛刺，各焊点大小不一，焊点附近斑斑点点，焊点表面有气孔，甚至元器件引脚能动，拨动元器件引脚时引脚与焊点脱离等，这样的焊点是假焊、虚焊。但有时这样的焊点开始并不能清楚地显露出来，使电路中会出现接触不良故障，而且电路检查中很难发现这类故障。

4. 贴片元器件焊接方法

图8-14是贴片元器件焊接示意图。

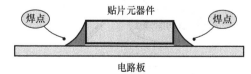

贴片元器件　焊点　焊点　电路板

图 8-14　贴片元器件焊接示意图

焊点在贴片元器件的两侧，贴片元器件焊在铜箔线路这一面。要求焊点没有气孔，有一定的坡度。

8.2.4 拆卸电路板上元器件方法

做拆卸电路板上元器件实验时，找一只坏收音机或其他电子电器，拆下它的电路板，上面会有许多元器件，可以进行电路板上元器件拆卸实验。

1. 两种引脚情况

拆卸电路板上元器件分成以下两种情况。

（1）2根和3根引脚的元器件，大多数元器件的引脚不超过3根。

（2）引脚数量大于3根，如集成电路、多刀组开关等。对于多引脚元器件的拆卸要用专门的工具和方法，这里先介绍引脚少的元器件拆卸方法。

2. 拆卸方法

拆卸方法是：如图8-15所示，先用电烙铁熔化一根引脚的焊点，然后用手拔出该引脚，让该引脚与电路板脱离，再用同样的方法拆下另一根引脚，这样该元器件就能脱离电路板。进行这样的数十个元器件拆卸实验，操作能力会有质的提高。

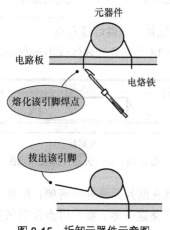

图8-15　拆卸元器件示意图

3. 引脚孔堵塞处理方法

在拆卸电路板上元器件后，电路板上的引脚孔很可能被焊锡堵塞了，此时需要将堵塞的引脚孔清理一下，**方法是：**如图8-16所示，用电烙铁熔化引脚孔上的焊锡，再用钢针伸入引脚孔中，转动钢针，清理堵塞的引脚孔。

41. 三端稳压集成电路套件装配演示之十三测量电源电路中关键点电压方法6

图8-16　清理引脚孔示意图

8.2.5 常用元器件安装知识点"微播"

电子元器件在电路板上有卧式和立式两种安装方式，这里介绍常用电子元器件的这两种安装方式。

1. 常用元器件卧式安装方式

（1）电解电容器卧式安装。

名称	电解电容器卧式安装
示意图	电解电容器　引脚　硅胶　电路板　焊点
说明	将电解电容器的两引脚按极性要求向一个方向折弯，插入电路板孔内。折弯时，折弯处不要太靠近引脚根部
提示	电解电容器因为机器内部空间的要求采用卧式安装方式时，由于这样安装时电容器不稳固，所以需要在电容器下方打一点硅胶，用于固定电容器

（2）电阻器卧式安装。

名称	电阻器卧式安装
示意图	电阻器　引脚　电路板　焊点

说明	将两只引脚均折弯成直角，插入电路板安装孔内。电阻器是无极性的，所以不必考虑极性。安装时电阻器可以紧贴于电路板上
提示	采用这一安装方式时应考虑到，如果安装的电阻器因为有较大电流流过而发热，这时应将电阻器离开电路板一段距离，以便电阻器散热

（3）二极管卧式安装。

名称	二极管卧式安装
示意图	
说明	将两只引脚均折弯成直角，插入电路板安装孔内。二极管卧式安装时可以紧贴于电路板上
提示	二极管是有极性的元器件，安装时要注意极性，不得装反而造成故障。二极管管体上有环的电极为二极管的负极。对于玻璃封装的二极管，在折弯引脚时，要注意折弯处不能太靠近管体，以免损坏二极管

（4）集成电路卧式安装。

名称	集成电路卧式安装
示意图	
说明	双列直插式集成电路应采用卧式安装。安装时，应将集成电路插到底，并检查是否有引脚弯曲没有插入电路板孔内
提示	安装时要注意集成电路的方向，不能插反。焊接集成电路时，应遵守集成电路的焊接要求，速度要快，不能使集成电路过热，以免损坏集成电路

2. 常用元器件立式安装方式

⚠ **重要提示**

元器件由于外形不尽相同，有的引脚均在元器件的一侧，比如功能开关、晶体三极管等；有的引脚却在元器件的两侧，比如电阻器、晶体二极管等。安装时可以根据需要采用不同的安装方式。

常用元器件立式安装方式说明如下。

（1）电阻器立式安装。

名称	电阻器立式安装
示意图	
说明	要求在折弯引脚时，将引脚折弯成直角。电阻器是无极性的，所以不必考虑极性。安装时电阻器应与电路板垂直
提示	采用这一安装方式时，应考虑到电阻器两端的电位高低，应该把高电位的引脚放在下面，低电位的引脚放在上面，这样做可以降低在发生短路时造成的损坏程度

（2）瓷片电容器立式安装。

名称	瓷片电容器立式安装
示意图	
说明	瓷片电容器应采用立式安装方式，应尽量插到底，特别是安装在调频接收头这样的高频电路时，可以减小分布电容对电路的影响
提示	安装瓷片电容时，应尽量插到底，这样做可使电容器更加稳固。这种电容器是无极性要求的，但安装时，要将元器件的型号一面朝向外侧，以便观察

（3）电解电容器立式安装。

名称	电解电容器立式安装
示意图	
说明	电解电容器立式安装时不需折弯引脚。如果电路板的安装孔距比电容两引脚间距大，可将电容器的引脚分开点，再插上电路板
提示	对于电解电容器采用这一方式时，应该将电容器尽量插到底，这样做可使电容器更加稳固。安装时应注意电解电容器的极性

（4）二极管立式安装。

名称	二极管立式安装
示意图	
说明	引脚的折弯方法与电阻一样，要注意二极管的极性
提示	晶体二极管采用这一安装方式时，应注意二极管的极性，并且把二极管的负极放在上面，正极放在下面。焊接时速度要快，不能长时间烫引脚，以免损坏二极管

（5）晶体三极管立式安装。

名称	晶体三极管立式安装
示意图	
说明	晶体三极管应采用立式安装方式，安装时不必将三极管的引脚插到底。如果三极管发热，则应将引脚留长一点，这样有利于散热，但不能太高而影响外壳的安装
提示	大多数三极管的3个引脚按一字形排列，要注意安装方向。如果不是一字形排列，安装时应将三极管的3个引脚分别插入电路板上相应的孔中，不能插错。焊接时速度要快，不能长时间烫引脚，以免损坏三极管

（6）开关立式安装。

名称	开关立式安装
示意图	
说明	安装时，要求将开关尽量插到底，并使开关与电路板垂直，这样不会影响最后外壳的安装
提示	焊接时速度要快，不能长时间烫引脚，以免热量经引脚传导到开关内的塑料部分，使塑料变形损坏

（7）立体声插座立式安装。

名称	立体声插座立式安装
示意图	
说明	安装时要求将插座尽量插到底，并使插座下的定位销进入电路板的定位孔内，这样做是为了在使用中插座不出现摇晃，使焊点脱焊
提示	由于插座的引脚更短，所以在焊接时速度要快，不能长时间烫引脚，以免热量经引脚传导到插座内的塑料部分，使塑料变形，损坏插座内的开关

（8）发光二极管立式安装。

名称	发光二极管立式安装
示意图	发光二极管 引脚　外壳 焊点　电路板
说明	安装时由于发光二极管要求能在外壳上明显的指示，所以需要将二极管折弯成90°，并留有一定的长度
提示	由于发光二极管封装特点，所以在焊接时速度要快，不能长时间烫引脚，以免热量经引脚传导到管体上，使封装变形，损坏二极管。安装时要注意二极管的极性，长脚的是正极，短脚的是负极

8.2.6 面包板、一次性万用电路板和电路板手工制作方法知识点"微播"

> ⚠️ **重要提示**
>
> 在电子制作、实验过程中，需要将电子元器件放置在一个载体上，这就是电路板。但是电路板的制作在业余条件下比较困难，建议使用面包板或一次性万用电路板。

1. 面包板

名称	面包板
实物图	
说明	面包板又称万用型免焊电路板，它的具体尺寸大小有许多种，它是一种具有多孔插座的插件板。复杂电路、多引脚元器件均可使用它

提示	使用面包板时，各元器件引脚插入面包板的引脚孔中，无须焊接

2. 面包板的使用方法

（1）结构。面包板内部采用高弹性不锈钢金属片，可以保证反复使用而不会出现接触不良的问题。面包板分上下两部分，上面部分一般是由一行或两行插孔构成的窄条，行与行之间电气不连通。例如，某型号面包板由4行23列弹性接触簧片和ABS塑料槽板构成。

面包板上，有的标有A、B、C、D、E字母，旁边的每竖列上有5个方孔，被其内部的一条金属簧片所接通，但竖列与竖列之间方孔是相互绝缘的。同理，标有F、G、H、I、J的每竖列的5个方孔也是相通的。

不同的面包板有不同的连接形式，观察面包板实物可以看出这些连接规律，以便使用中正确接入元器件。

（2）使用方法。由于面包板是根据标准间距设计的，所以可以直接插入集成电路等元器件。

元器件和连接导线都通过插孔插入，不需要焊接，因此可以很方便地拆卸下来，不仅修改电路很方便，而且还可以反复使用，很适合做一些重复性的实验。

42. 三端稳压集成电路套件装配演示之十三测量电源电路中关键点电压方法7

跨导线可以采用0.5mm左右线径的单股硬导线，如漆包线（两端要去掉绝缘漆）或网线中的一根导线。

（3）主要缺点。元器件的引脚和连接导线比较长，当电路较复杂时面包板上相互跨线较多，显得比较乱；电路的分布电容、电感较大，不适合制作高频电路；无法使用贴片元器件。

3. 一次性万用电路板

名称	一次性万用电路板
实物图	

说明	一次性万用电路板尺寸大小有许多规格，在电子器材商店很容易买到
提示	一次性万用电路板上已经预先按照标准集成电路（2.54mm）间距打好插孔，每一个插孔的后面都有铜箔焊盘，各种元器件都可以很方便地安装上去，并焊接引脚

4. 一次性万用电路板使用方法

一次性万用电路板与面包板最大的不同之处是元器件之间连接需要焊接，某种意义上讲这种方式更贴近于电路板的实际情况，所以初学者应该更多地学习使用一次性万用电路板。

使用方法：先设计好元器件的布局、铜箔走线图，然后按照图纸依次安装元器件，焊接引脚并剪脚，再用导线连通电路。使用中应尽可能地利用一次性万用电路板上原有的铜箔线路，这样可以少焊导线。

⚠ 重要提示

如果出于电路连接方便的需要，也可以将一次性万用电路板上的原铜箔线路进行切割。总之，要以少连接导线为好。

5. 手工制作电路板的方法

业余条件下制作电路板比较困难，主要问题在于缺少一些必备的材料和工具，对于一些复杂电路的电路板，制作起来更是不方便，所以初学者并不一定需要学会这种业余的手工制作方法，而可以直接用面包板或一次性万用电路板。如果需要进行正式的电路设计，则必须采用印制电路板（PCB）软件来正规设计和制作电路板，手工制作的电路板不能满足产品设计的要求。

手工制作电路板的方法有许多种，这里介绍一种最简单的方法，即刀刻法。例如，需要制作如图8-17所示的电路板，可先在纸上设计出印制电路图，用复写纸复写在覆铜板铜箔面上，然后用美工刀将多余的铜箔刻掉，再用钻头打孔，即可得到电路板。

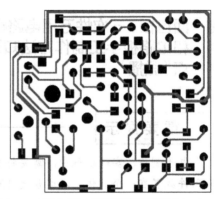

图8-17　自制电路板示意图

8.3　电路板上集成电路更换和拆卸方法知识点"微播"

⚠ 重要提示

由于集成电路引脚比较多，所以拆卸和装配方法与一般元器件有所不同，有时还需要专用的拆卸工具。

8.3.1　普通集成电路拆卸方法知识点"微播"

1. 更换操作方法（见表8-1）

表8-1　更换操作方法

操作步骤	操作方法说明
第一步，引脚除锡	断电后采用各种方法将集成电路引脚上的焊锡除掉

续表

操作步骤	操作方法说明
第二步，脱出集成电路	将集成电路从电路板上整体脱出。由于引脚多，不能采用一根一根引脚抽出的方法拆卸。拆卸中注意保护铜箔线路
第三步，清理引脚孔	拆卸时可能会导致引脚孔被焊锡堵塞，或相邻焊点被焊锡接通等现象，清理之
第四步，装入新集成电路	可拨动集成电路各引脚，使之恰好伸入电路板孔中，并检查引脚装配方向
第五步，焊接引脚	注意焊点要小，相邻引脚焊点之间切不可相碰

2. 去除引脚孔焊锡方法

拆卸时可能会导致引脚孔被焊锡堵塞，或相邻焊点被焊锡接通等现象。对引脚孔中的焊锡，可用烙铁熔解焊锡后，再用一根很尖的针伸入引脚孔中，如图 8-18（a）所示，然后移开烙铁，便能将引脚孔中的焊锡去除。同样的方法一一去除各引脚孔的焊锡。

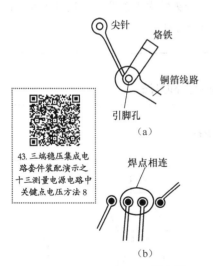

43. 三端稳压集成电路套件装配演示之十三测量电源电路中关键点电压方法 8

图 8-18　示意图

对于相邻焊点被焊锡接通时，如图 8-18（b）所示，可将烙铁头上的焊锡甩干净，再用烙铁去熔焊相连的焊锡，让焊锡吸附在烙铁头上。然后甩净，再吸，直至清除完毕。也可在焊锡熔化后，用刀片切开相邻的焊锡。

3. 安装方法

⚠️ **重 要 提 示**

　　拆下集成电路之前要记住各引脚的安装位置。有的电路板上，在集成电路装配孔附近有集成电路的引脚编号，装配相当方便。

新的集成电路各引脚伸入相应引脚孔时，注意检查集成电路的引脚次序是否正确。集成电路的①脚只能伸入电路板上①脚的孔中，不要伸入最后一根引脚孔中，否则通电后会损坏集成电路，而且还要重新更换。

有些电子产品中，集成电路装在管座上，如图 8-19 所示。此时更换集成电路相当方便，只要从管座上取下集成电路，装上新的集成电路即可。

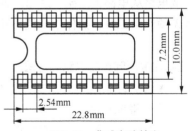

图 8-19　集成电路管座

4. 吸锡电烙铁拆卸集成电路的方法

集成电路的引脚多，拆卸集成电路是比较复杂的，掌握了集成电路的拆卸方法还可以拆卸其他多引脚元器件。

使用吸锡电烙铁拆卸集成电路的方法是：让电烙铁预热，然后将电烙铁头中的孔套在集成电路露出的引脚上，此时引脚焊点上的焊锡熔化，再按动电烙铁上的开关，即可将引脚焊点上的焊锡吸掉，一次吸不干净时再次吸锡。——吸掉集成电路各引脚上的焊锡，集成电路便可整体脱离电路板。

使用无源吸锡器拆卸的方法是：用电烙铁熔化引脚上焊锡，紧接着用无源吸锡器套在引脚上吸锡，使用中动作要快，在焊锡冷却前吸掉焊锡。

5. 针头拆卸集成电路的方法

用一个医用针头也可以拆集成电路，方法是用电烙铁先熔化集成电路一根引脚上的焊锡，如图8-20所示，然后伸入针头，同时移开电烙铁，旋转针头，这样针头便将引脚与电路板之间的焊锡切断，使引脚脱开了电路板。

44. 三端稳压集成电路套件装配演示之十四安装电源外壳1

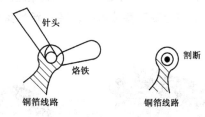

图8-20 针头拆卸集成电路方法示意图

采用同样的方法——切割各引脚上的焊点，便能将集成电路从电路板上整体脱出。使用针头拆卸法无须专用工具，操作较方便，故常常使用。

6. 清除焊锡拆卸集成电路的方法

清除焊锡法拆卸集成电路的操作过程是：先用电烙铁熔化集成电路一根引脚上的焊锡，然后用硬刷子（如牙刷）刷去引脚焊点上的焊锡。用同样的方法将各引脚上的焊锡去掉，便能将集成电路整体脱出电路板。

> ⚠ **重 要 提 示**
>
> 刷子刷去的焊锡不能让它到处乱落，否则它们会短接电路板上的其他焊点，造成短路故障。

8.3.2 贴片集成电路拆卸和装配方法知识点"微播"

> ⚠ **重 要 提 示**
>
> 采用吸锡电烙铁、针头等工具无法拆卸贴片集成电路和装配在双层铜箔电路板上的直插式集成电路，图8-21是贴片集成电路安装示意图。
>
>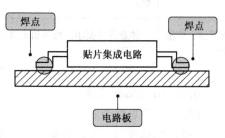
>
> 图8-21 贴片集成电路安装示意图
>
> 贴片集成电路装在电路板铜箔线路一面，引脚是扁平的，电路板上没有孔，吸锡电烙铁、针头对它无能为力，这时需要采用新的拆卸方法。

1. 细铜丝拆卸方法

名称	细铜丝拆卸方法
示意图	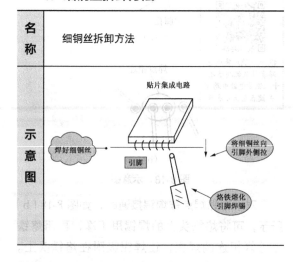

说明	用一根很细的铜丝（例如细漆包线）从集成电路一侧引脚的根部穿过各引脚（在集成电路每一侧引脚的根部都有间隙），然后将细漆包线的一端焊在电路板上的某焊点上（如上图所示），用手抓住另一端。 用电烙铁熔化引脚上的焊锡，同时向集成电路引脚外侧方向拉细漆包线。当焊锡熔化时细漆包线能够拉出引脚，此时移开电烙铁。这样，细漆包线将引脚下面的焊锡刮开，使集成电路这一列引脚与电路板脱开
提示	用同样方法将集成电路各列的引脚全部脱开

2. 吸锡绳拆卸方法

名称	吸锡绳拆卸方法
示意图	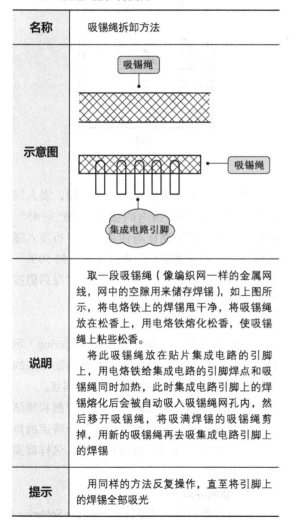
说明	取一段吸锡绳（像编织网一样的金属网线，网中的空隙用来储存焊锡），如上图所示，将电烙铁上的焊锡甩干净，将吸锡绳放在松香上，用电烙铁熔化松香，使吸锡绳上粘些松香。 将此吸锡绳放在贴片集成电路的引脚上，用电烙铁给集成电路的引脚焊点和吸锡绳同时加热，此时集成电路引脚上的焊锡熔化后会被自动吸入吸锡绳网孔内，然后移开吸锡绳，将吸满焊锡的吸锡绳剪掉，用新的吸锡绳再去吸集成电路引脚上的焊锡
提示	用同样的方法反复操作，直至将引脚上的焊锡全部吸光

3. 剥离集成电路的方法

吸光各引脚上的焊锡后并不能取下集成电路，因为在集成电路引脚与铜箔电路板之间的焊锡无法吸掉，集成电路的引脚与铜箔电路板之间仍然焊着。这时，在电烙铁将某根引脚上的焊锡熔化后用一个刀片去挑开集成电路的该引脚，用同样方法将各引脚全部挑开。

集成电路与电路板之间还有胶粘着，用刀片沿集成电路的四周小心切割，这时注意不要将集成电路下面的铜箔线路搞断（这类集成电路的下面往往会有铜箔线路）。做这样的切割后，用平口小螺丝刀将集成电路向上撬（小螺丝刀下面垫个纸块），在不损坏电路板上铜箔线路的情况下拆下贴片集成电路。

4. 贴片集成电路装配方法

（1）贴片集成电路通常是双列和四列，引脚对称排列，容易搞错装配方向，如果集成电路装错方向，返工时就会损坏铜箔线路，因为在拆卸时铜箔线路已经受到过一次损伤。

（2）焊接前将集成电路的各引脚与铜箔线路对齐，这种集成电路各引脚的间隔很小，有一点对不齐就会使相邻两引脚的焊点相碰。

（3）最好将电烙铁头锉小些，电烙铁头上的焊锡要少。也可以用扁头电烙铁，将相邻两根引脚同时焊接。

8.3.3 双层铜箔电路板上集成电路拆卸和装配方法知识点"微播"

1. 切割引脚拆卸方法

名称	切割引脚拆卸方法
示意图	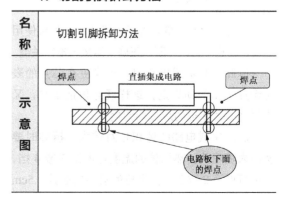

说明	这是双层铜箔电路板上集成电路装配示意图，电路板的两面都有铜箔线路和焊锡，采用吸锡电烙铁和针头都无法拆卸这样装配的集成电路。 可采用切割集成电路的方法来拆卸：用剪刀沿集成电路边沿将各引脚剪断，然后用吸锡电烙铁先将背面各引脚上的焊锡吸光，再用电烙铁熔化一根引脚正面上的焊锡，待引脚上焊锡熔化后，用镊子将该引脚夹出，拆下了一根引脚
提示	用同样的方法将各引脚全部拆下

2. 双层铜箔电路板上集成电路装配方法

拆下集成电路，清理各引脚孔，方法是：用电烙铁熔化一个引脚孔上的焊锡后，再用一根尖针穿入孔内，挤去焊锡，使引脚孔通。

将集成电路放入引脚孔中，先焊背面的引脚，再焊正面的焊点。

8.3.4 热风枪拆卸贴片集成电路方法

在条件允许的情况下，使用热风枪拆卸贴片集成电路最为方便。图8-22是热风枪操作示意图。

图 8-22　热风枪操作示意图

正确使用热风枪可提高维修效率，如果使用不当，会损坏主板，所以正确使用热风枪很关键。

拆卸贴片集成电路时，首先应在芯片的表面涂放适量的助焊剂，这样既可防止干吹，又能帮助芯片底部的焊点均匀熔化。

贴片集成电路的体积相对较大，拆卸时要换用大嘴喷头，热风枪的温度可调至3或4挡，风量可调至2或3挡，风枪的喷头离芯片2.5cm

左右为宜，应在集成电路上方均匀加热，直到集成电路引脚焊锡完全熔化，再用镊子将整个集成电路片取下。

拆卸时要注意是否影响周边元器件，以免其他元器件被移位等。

8.3.5 其他焊接技术知识点"微播"

1. 锡锅浸焊技术

浸焊是将插装好元器件的印制电路板浸入有熔融状态料的锡锅内，一次完成印制电路板上所有焊点的焊接。图8-23是浸焊过程示意图。

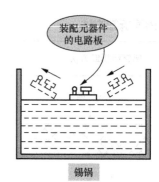

图 8-23　浸焊过程示意图

焊接时用夹具夹住电路板的边缘，浸入锡锅时让电路板与锡锅内的锡液呈30°～45°的倾角，然后将电路板与锡液保持平行浸入锡锅内，浸入的深度以印制电路板厚度的50%～70%为宜，浸焊时间3～5s，浸焊完成后仍按原浸入的角度缓慢取出。

2. 波峰焊

图8-24是单向波峰焊（Wave Soldering）示意图。波峰焊是将熔融的液态焊料借助与泵的作用在焊料槽液面形成特定形状的焊料波。

插装了元器件的电路板经涂敷焊剂和预热后，由传送带送入焊料槽，经过某一特定的角度以一定的浸入深度穿过焊料波峰，这样就实现了焊点焊接。

3. 双波峰焊接

图8-25是双波峰焊接（Double-wave Soldering）示意图。焊接时，焊接部位先接触第一个波峰，然后接触第二个波峰。

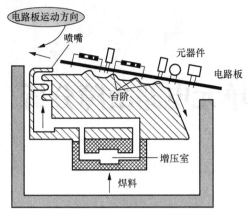

图 8-24　单向波峰焊示意图

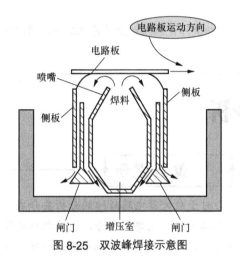

图 8-25　双波峰焊接示意图

它的一波起到初步固定的作用，它是高波，能让焊接阴影部分上锡。二波是整形，保证焊点的质量，防止连焊、接尖、虚焊等产生。

45.三端稳压集成电路套件装配演示之十四安装电源外壳2

4．回流焊

回流焊（Reflow Soldring）又称"再流焊"或"再流焊机"（Reflow Machine），它是通过提供一种加热环境使焊锡膏受热熔化，从而让表面贴装元器件和电路板焊盘通过焊锡膏合金可靠地结合在一起的焊接技术。

⚠ **重要提示**

回流是对表面贴装元器件而言的，而对接插件使用波峰焊。

第9章 电路板单元电路故障分析

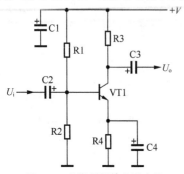

9.1 单级放大器电路故障分析

9.1.1 共发射极放大器电路故障分析

图 9-1 所示为共发射极放大器电路，下面以共发射极放大器电路为例，讲解电路故障分析方法。

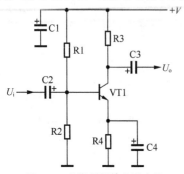

图 9-1 共发射极放大器电路

关于这一共发射极放大器电路故障的分析主要说明以下几点。

（1）当电阻 R1、R2、R3 和 R4 中有一只开路、短路、阻值变化时，都会直接影响 VT1 的直流工作状态。

（2）当 R1 开路时，VT1 集电极电压等于 +V；当 R2 开路时，VT1 基极电流增大，集电极与发射极之间电压为 0.2V，VT1 饱和。

（3）当电路中的电容出现开路故障时，对放大器直流电路无影响，电路中的直流电压不发生变化；当电路中的电容出现漏电或短路故障时，影响了放大器直流电路的正常工作，电路中的直流电压发生变化。

（4）当 C1 漏电时 VT1 集电极直流电压下降，当 C1 击穿时 VT1 集电极直流电压为零；当 C2 或 C3 漏电时，电路中的直流工作电压发生改变；当 C4 漏电时，VT1 发射极电压下降。

9.1.2　共集电极放大器电路故障分析

下面以图 9-2 所示的电路为例，说明共集电极放大器电路的故障分析方法。

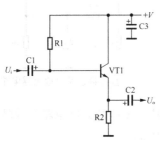

图 9-2　共集电极放大器电路

重要提示

共集电极放大器电路中的三极管集电极接直流工作电压 +V 端，在测量三极管集电极直流工作电压时要注意这一点，以免产生错误的判断。

关于这一共集电极放大器电路的故障分析说明如下。

（1）当电阻 R1 开路时，VT1 集电极电压等于 +V，与电路工作正常时相同，但是集电极电流等于零；电阻 R1 发生其他故障时，VT1

集电极直流电压都等于 +V，这是因为共集电极放大器电路中的三极管没有集电极负载电阻，这一点与共发射极放大器电路不同，应引起注意。

1.有源音箱套件电路详解 1

（2）当 R2 开路时，VT1 没有直流工作电流；当 R2 短路时，VT1 发射极电压为零（这一点与共发射极放大器电路相同），但是没有交流信号输出，这一点与共发射极放大器电路不相同。

9.1.3　共基极放大器电路故障分析

图 9-3 所示是共基极放大器电路。共基极放大器电路图中的三极管习惯性地画成图中所示，基极朝下。

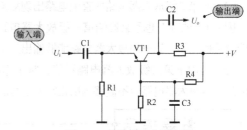

图 9-3　共基极放大器电路

关于共基极放大器电路的故障分析说明以下两点。

（1）电路中所有的电阻有一只开路或短路时，都将影响三极管 VT1 各电极的直流工作电压。

（2）当基极电容 C3 开路时，加到三极管 VT1 基极的信号将大大减小，导致 VT1 输出信号减小；当 C3 短路时，VT1 基极电压为零，VT1 截止，没有信号输出；当 C3 漏电时，VT1 基极直流电压下降，VT1 向截止方向变化。

9.2　多级放大器电路故障分析

9.2.1　阻容耦合多级放大器电路故障分析

这里以图 9-4 所示的阻容耦合放大器电路为例，进行电路故障分析说明。

关于多级放大器电路的故障分析同单级放大器电路的故障分析基本一样，这里再作以下几点补充说明。

（1）当 VT1 放大级中的直流电路出现故障时，由于 C3 的隔直作用，不会影响 VT2 放大级的直流电路工作，但由于第一级放大器电路已经不能正常工作，它没有正常的信号加到第二级放大器电路中，第二级放大器电路虽然能够正常工作，但它没有信号输出。

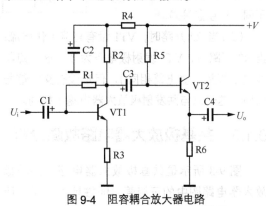

图 9-4　阻容耦合放大器电路

（2）当第二级放大器电路的直流电路出现故障后，因为 C3 的存在也不会影响第一级放大器电路直流电路的工作，第一级放大器电路能够输出正常的信号，但由于第二级放大器电路不能正常工作，所以第二级放大器电路也不能够输出正常的信号。

> ⚠ **重要提示**
>
> 　　在多级放大器电路中，只要有一级放大器电路出现问题，整个多级放大器电路均不能输出正常的信号。

（3）当 C2 开路时，对第二级放大器电路无影响，会使第一级放大器电路输出信号电压有所升高，因为 VT1 集电极负载电阻增加了 R4，在一定范围内集电极负载电阻大电压放大倍数大。当 C2 漏电或击穿时，第一级放大器电路直流工作电压变小或无直流电压，同时由于流过 R4 的电流加大，也会使 +V 有所下降而影响第二级放大器电路的正常工作，此时整个放大器电路没有输出信号或信号小。

（4）当 R4 开路时，第一级放大器电路无直流工作电压，不影响第二级放大器电路工作，但整个放大器电路没有输出信号。

9.2.2　直接耦合多级放大器电路故障分析

图 9-5 所示是直接耦合两级放大器电路。

第一级放大管 VT1 集电极与第二级放大管 VT2 基极直接相连，所以是直接耦合放大器。VT1 和 VT2 的信号都从基极输入，从集电极输出，所以是共发 – 共发双管直接耦合放大器电路。

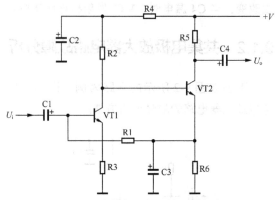

图 9-5　直接耦合两级放大器电路

关于这一多级放大器电路的故障分析主要说明以下几点。

（1）当 R4 开路时，VT1 没有直流工作电压，同时 VT2 基极也没有直流电流，此时两只三极管均处于截止状态，无信号输出。

（2）当 C2 击穿或严重漏电时，VT1 和 VT2 均处于截止状态。

（3）当 C2 出现击穿或漏电故障时，因直流工作电压为零或太低，影响了 VT1 正常工作，也影响了 VT2 正常工作。

（4）当 R2 开路时，VT1 和 VT2 均不能工作。

（5）当 R1 开路后，VT1 处于截止状态，VT1 无集电极电流，这样流过 R2 的电流全部流入 VT2 基极，使 VT2 基极电流很大而处于饱和状态，放大器无信号输出。当 R1 短路时，VT1 处于饱和状态，其集电极直流电压很低，使 VT2 基极直流偏置电压很低，VT2 将处于截止状态。

> ⚠ **重要提示**
>
> 　　由于 VT1 和 VT2 两级放大器电路之间是采用直接耦合电路，所以其中一级电路出故障后，将同时影响两级电路的直流工作状态，所以在检查这种直接耦合电路的故障时，要将两级电路作为一个整体来进行检查。

9.2.3 三级放大器电路故障分析

图 9-6 所示是一个由 3 只三极管构成的三级放大器电路。电路中，VT1 接成共集电极放大器电路，这是输入级放大器电路。VT2 接成共发射极放大器电路，这是第二级放大器电路，第一级与第二级放大器电路之间采用电容 C3 耦合。VT3 接成共发射极放大器电路，这是第三级放大器电路，它与第二级电路之间采用直接耦合方式。

关于这一多级放大器电路的故障分析主要说明以下两点。

（1）由于第一级放大器电路与后面两级电路之间采用的是电容耦合，所以当第一级放大器电路中的直流电路出现故障时，对后面两级电路的直流电路没有影响，但没有正常信号加到后面的放大器电路中。同样，后两级放大器电路中的直流电路出现问题，对输入级放大器直流电路也没有影响。

（2）电路中只要有一级放大器出现故障，这一多级放大器电路的输出信号就不正常，但在故障点之前的放大器电路工作是正常的。如 VT2 放大级存在故障，VT1 发射极输出信号是正常的。

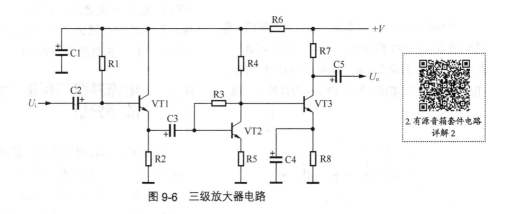

图 9-6 三级放大器电路

9.3 负反馈放大器和差分放大器电路故障分析

9.3.1 电压串联负反馈放大器电路故障分析

图 9-7 所示是电压串联负反馈放大器电路，负反馈电路由电阻 R4 构成，这是一个典型的双管阻容耦合负反馈放大器电路。

关于负反馈放大器电路的故障分析说明以下几点。

（1）各种具体的负反馈电路出现故障时，会有不同的故障现象。

（2）在只有直流负反馈作用的电路中，当负反馈元件出现开路故障时，影响了放大器直流电路的正常工作，所以放大器将出现无信号输出的故障。在直流和交流双重负反馈的电路

中，出现上述故障时也会影响放大器的直流工作状态，放大器也没有信号输出。

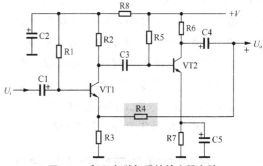

图 9-7 电压串联负反馈放大器电路

（3）在只存在交流负反馈而没有直流负反馈的放大器电路中，当负反馈元件出现开路故

障时，由于没有交流负反馈，放大器的增益将有所增大，输出信号也增大，但是放大器输出信号的质量变差，因为交流负反馈是以降低放大器增益为条件以改善输出信号质量的。

（4）当反馈电阻 R4 开路时，不影响 VT1 和 VT2 直流工作状态，因为有隔直流电容 C4 的存在，但是由于没有负反馈作用，放大器的输出信号 $U_\circ$ 会增大，同时失真也有所增大，输出噪声也将增大。

（5）当 R4 短路时，交流负反馈量很大，放大器的输出信号 $U_\circ$ 很小。

9.3.2 电压并联负反馈放大器电路故障分析

图 9-8 所示是电压并联负反馈放大器电路。电路中的 R1 是 VT1 集电极－基极负反馈电阻，它构成电压并联负反馈电路。电路中的 C1 构成高频电压并联负反馈电路，VT1 构成一级音频放大器。

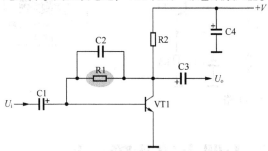

图 9-8　电压并联负反馈放大器电路

这一电压并联负反馈放大器电路的故障分析是：当电阻 R1 出现开路故障时，VT1 因没有基极直流偏置电流而处于截止状态，此时 VT1 的集电极直流电压等于 +V，放大器没有信号输出；当 R1 短路时，VT1 因基极电流太大而处于饱和状态，放大器也没有信号输出。

当电路中的 C2 开路时，一般情况下对放大器电路的工作没有影响，但是有可能会出现高频自激而导致放大器工作不正常，出现没有输出信号或输出信号失真等不正常现象。

9.3.3 电流串联负反馈放大器电路故障分析

图 9-9 所示是一级共发射极放大器电路，

R3 构成电流串联负反馈放大器。

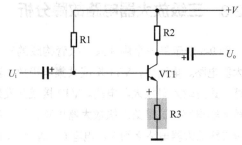

图 9-9　电流串联负反馈放大器电路

这一电路的故障分析是：当电路中的 R3 开路时 VT1 发射极直流电流不成回路，VT1 不能工作，此时没有输出信号 $U_\circ$；当 R3 短路时，VT1 发射极电流增大，同时 R3 负反馈作用消失，放大器增益增大许多，输出信号 $U_\circ$ 增大，同时输出信号失真增大，输出噪声增大。

9.3.4 电流并联负反馈放大器电路故障分析

图 9-10 所示是电流并联负反馈放大器电路。电路中的 VT1 和 VT2 构成第一、二级放大器电路，它们都是共发射极放大器。U_i 为输入信号，$U_\circ$ 是经过两级放大器电路放大后的输出信号。

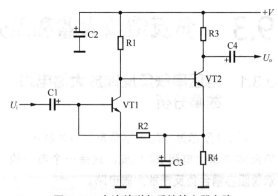

图 9-10　电流并联负反馈放大器电路

这一电路的故障分析是：当负反馈电阻 R2 开路时，VT1 基极没有偏置电压，VT1 处于截止状态，其集电极直流电压明显升高，使 VT2 基极直流电压太高，VT2 进入饱和状态，此时放大器没有输出信号 $U_\circ$；当电阻 R2 短路时，影响到 VT1 和 VT2 两管的直流工作状态，造

成输出信号 U_o 小；当 VT2 发射极旁路电容 C3 开路时，R2 和 R4 具有了交流负反馈作用，使整个放大器的交流负反馈量增大许多，导致放大器的放大倍数下降，输出信号 U_o 减小。

9.3.5 单端输入、双端输出式差分放大器负反馈电路故障分析

图 9-11 所示是典型单端输入、双端输出式差分放大器电路。电路中，输入信号 U_i 从 VT1 基极与地端之间输入，VT2 基极上没有另加输入信号，而是通过电容 C1 交流接地。输出信号 U_o 取自 VT1 和 VT2 集电极之间，为双端输出式电路。图 9-11 所示是典型单端输入、双端输出式差分放大器。电路中，输入信号 U_i 从 VT1 基极与地端之间输入，VT2 基极上没有另加输入信号，而是通过电容 C1 交流接地。输出信号 U_o 取自 VT1 和 VT2 集电极之间，为双端输出式电路。电路中 R6 具有负反馈作用。

关于负反馈电路的故障分析主要说明以下几点。

（1）在只有直流负反馈作用的电路中，当负反馈元件出现开路故障时，影响了放大器的

直流电路正常工作，所以放大器将出现无信号输出的故障。在直流和交流双重负反馈的电路中，出现上述故障时也影响放大器的直流工作状态，放大器也没有信号输出。

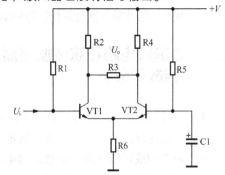

图 9-11 典型单端输入、双端输出式差分放大器

（2）在只存在交流负反馈而没有直流负反馈的放大器电路中，当负反馈元件出现开路故障时，由于没有交流负反馈，放大器的增益将有所增大，输出信号也增大，但放大器输出信号的质量变差，因为交流负反馈是以降低放大器的增益为条件的，以改善输出信号的质量。

3.有源音箱套件电路详解3

（3）各种具体的负反馈电路出现故障，会有不同的故障现象。

9.4 正弦波振荡器电路故障分析

9.4.1 RC 移相式正弦波振荡器电路故障分析

图 9-12 所示是 RC 移相式正弦波振荡器电路。电路中的 VT1 接成共发射极放大器电路，VT1 为振荡管，U_o 是这一振荡器的输出信号（为正弦信号）。

关于这一 RC 移相式正弦波振荡器电路的故障分析主要说明以下几点。

（1）当三节 RC 移相电路中有一个元件出故障时，由于不能产生足够的附加相移，振荡器因不能满足相位条件而停振，即没有振荡信号输出。

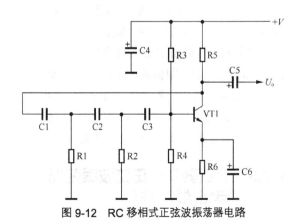

图 9-12 RC 移相式正弦波振荡器电路

（2）当三节 RC 移相电路中的阻容元件参数发生变化时，振荡器的振荡频率将发生改变，

VT1 输出的振荡信号频率不是原来的频率，偏低或偏高。

（3）当 VT1 直流电路工作不正常时，VT1 对振荡器没有足够的放大倍数，振荡器不能满足幅度条件而停振，此时振荡器也没有信号输出。

9.4.2 RC 选频电路正弦波振荡器电路故障分析

图 9-13 是采用 RC 选频电路的振荡器电路，这是一个由两只三极管构成的振荡器电路，VT1 和 VT2 两管构成两级共发射极放大器电路，R2、C1、R1 和 C2 构成 RC 选频电路。

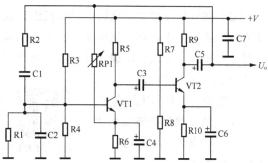

图 9-13　采用 RC 选频电路的正弦波振荡器电路

关于这一振荡器电路的故障分析主要说明以下几点。

（1）当 C3 开路后，振荡器无输出信号。

（2）当 R1、R2、C1 和 C2 中有一个元件开路时，振荡器因为没有选频电路而不能输出信号。

（3）当 VT1 或 VT2 放大器出现故障而不能放大信号时，振荡器也不能输出信号。

（4）RP1 的阻值调整不当会影响振荡器的稳定工作。当 RP1 阻值调得太小时，负反馈量太大，放大倍数小，振荡器不能振荡；RP1 阻值调得太大时，负反馈量太小，放大倍数大，振荡器能够振荡，但振荡的稳定性差。

9.4.3 变压器耦合正弦波振荡器电路故障分析

图 9-14 所示是采用变压器耦合的正弦波振荡器电路。电路中的 VT1 为振荡管，T1 为

振荡变压器，L2 和 C2 构成 LC 谐振选频电路，振荡信号从 VT1 集电极通过电容 C4 输出。

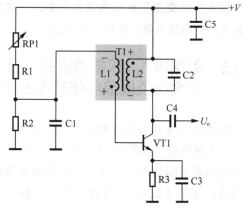

图 9-14　变压器耦合正弦波振荡器电路

关于这一变压器耦合正弦波振荡器电路的故障分析主要说明以下几点。

（1）当 VT1 直流电路发生故障时，将影响振荡器的正常工作，可能造成无振荡信号输出、振荡信号小或大等问题，因为这会影响振荡管 VT1 的放大状态。

（2）当 T1 的一次或二次绕组开路或短路时，无振荡信号输出，因为 VT1 不具备放大能力，L1 和 L2 绕组构成了 VT1 直流回路。

（3）当 C2 开路时，没有振荡信号输出，因为此时无选频环节。

（4）当 C1 开路时，振荡器不能起振或振荡输出信号小，因为正反馈信号经过了 R2，要受到电阻 R2 的衰减。

（5）当 RP1 动片位置不正常时，将影响振荡输出信号的大小，或无振荡信号输出，因为 VT1 直流工作电流大小改变。

（6）当 C4 开路后，振荡器能够正常振荡，但是不能将振荡信号加到其他电路中，从效果上讲相当于无振荡信号输出。

9.4.4 电感三点式正弦波振荡器电路故障分析

图 9-15 所示是电感三点式正弦波振荡器电路。电路中的 VT1 是振荡管，T1 的一次绕组 L1 是振荡线圈，振荡器信号由变压器 T1 的二

次绕组 L2 输出。

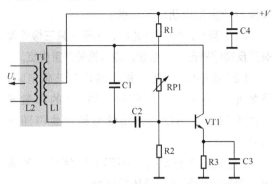

图 9-15 电感三点式正弦波振荡器电路

关于这一振荡器电路的故障分析主要说明以下几点。

（1）当 T1 的一次绕组开路时，VT1 无正常直流工作电压，振荡器停振。当它的二次绕组开路时，振荡器振荡正常，但无振荡信号输出。

4. 有源音箱套件电路详解 4

（2）当 C1 开路后，无振荡信号输出，因为此时没有选频电路。

（3）当 C2 开路后，无振荡信号输出，因为没有正反馈回路。

9.4.5 电容三点式正弦波振荡器电路故障分析

图 9-16 所示是电容三点式正弦波振荡器电路。电路中的 VT1 是振荡管，C6 是输出端耦合电容，U_o 是振荡器输出信号。L1 和 C5、C4、C3、C2 构成 LC 并联谐振选频电路。C1 是 VT1 集电极旁路电容，将 VT1 集电极交流接地。

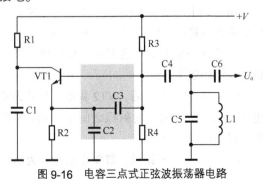

图 9-16 电容三点式正弦波振荡器电路

关于这一电容三点式正弦波振荡器电路的故障分析主要说明以下几点。

（1）当 L1 开路时，振荡器无选频电路，振荡器不能输出振荡信号。

（2）当电路中某一个电阻开路时，VT1 的直流工作状态被破坏，振荡器不工作，无振荡信号输出。

（3）当 C5 开路后，谐振电容的容量非常小（分布电容），使振荡信号频率明显升高。当 C4 或 C6 开路后，没有振荡信号输出。

9.4.6 差动式正弦波振荡器电路故障分析

图 9-17 所示是差动式正弦波振荡器电路。VT1 和 VT2 两只振荡管构成差动式振荡器，VT1 基极因旁路电容 C1 而接成共基极电路，VT2 接成共集电极电路，两管构成共集 - 共基的反馈放大器。

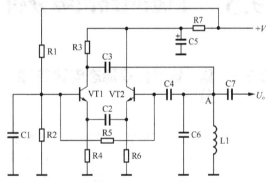

图 9-17 差动式正弦波振荡器电路

关于这一差动式正弦波振荡器电路的故障分析主要说明以下几点。

（1）当电路中的电阻发生开路故障时，将影响振荡器的直流工作状态，无振荡信号输出。

（2）当 L1 或 C6 开路时，无振荡信号输出。

（3）当电容 C2 或 C3 开路时，没有正反馈回路，电路就不能振荡，无振荡信号输出。

9.4.7 双管推挽式正弦波振荡器电路故障分析

图 9-18 所示是双管推挽式正弦波振荡器

电路。一般振荡频率在 50 ～ 180kHz 的超音频范围内，作为超音频振荡器。电路中的 VT1 和 VT2 是振荡管，T1 是振荡变压器，U_o 是振荡器输出信号。

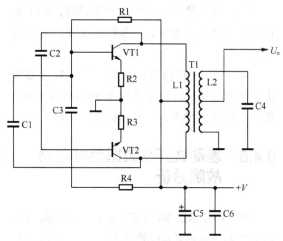

图 9-18　双管推挽式正弦波振荡器电路

关于这一双管推挽式正弦波振荡器电路的故障分析主要说明以下几点。

（1）当 C1 或 C2 开路时，由于一只三极管没有正反馈回路而不能振荡，输入信号严重失真。

（2）当 C4 开路时，振荡器没有选频电路，不能输出频率为 f_0 的信号。当 C4 的容量发生改变时，振荡器的输出信号频率也将随之改变。

（3）当 C3 开路时，不影响振荡信号的输出，但输出的振荡信号质量不好。

（4）当 T1 的 L1 抽头开路时，VT1 和 VT2 两管集电极上没有直流工作电压，通过测量两管集电极直流电压可以发现这一问题，同时振荡器无信号输出。

9.5　稳态电路故障分析

9.5.1　集－基耦合双稳态电路故障分析

图 9-19 所示是实用集－基耦合双稳态电路。

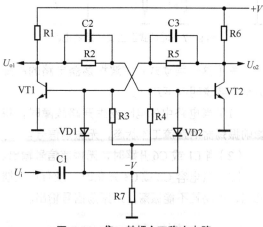

图 9-19　集－基耦合双稳态电路

关于这一电路的故障分析主要说明下列几点。

（1）当 VT1 开路时，VT1 集电极始终为高电平，VT2 集电极为低电平；当 VT1 集电极与发射极之间击穿时，VT1 集电极始终为低电平，VT2 集电极为高电平。

（2）当 VD1 开路后，VT1 集电极始终为低电平，VT2 集电极为高电平。

（3）当 C1 开路后，无触发信号加到电路中，电路不能翻转。

9.5.2　发射极耦合双稳态电路故障分析

图 9-20 所示是发射极耦合双稳态电路，发射极耦合双稳态电路又称施密特触发器。

关于这一发射极耦合双稳态电路的故障分析主要说明以下几点。

（1）当 VT1 开路后，VT2 集电极始终为低电平；VT1 集电极与发射极之间击穿后，VT2 集电极始终为高电平。

（2）当 VT2 开路后，其集电极始终为高电平；当 VT2 集电极与发射极之间击穿后，其集电极始终为低电平。

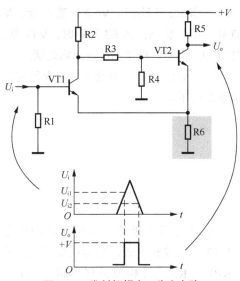

图 9-20　发射极耦合双稳态电路

（3）当 R2 或 R3 开路后，VT2 集电极始终为高电平。

9.5.3　集-基耦合单稳态电路故障分析

单稳态电路因在触发后能保持一段暂稳状态，所以这种电路又称为记忆电路，即将触发信号保持一段时间。图 9-21 所示是集-基耦合单稳态电路。

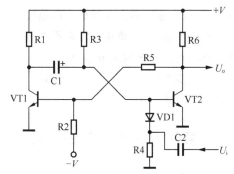

图 9-21　集-基耦合单稳态电路

关于这一集-基耦合单稳态电路的故障分析主要说明以下几点。

（1）当没有触发信号加到电路中时，电路始终处于稳态，此时 VT2 饱和，其集电极为

低电平，VT1 截止，其集电极为高电平。检查这一电路故障时，可以通过测量 VT1 和 VT2 两管集电极直流电压大小，判断电路中 VT1、VT2 的工作状态。

（2）当电容 C1 开路之后，电路不存在正反馈回路，VT2 始终饱和，VT1 始终截止。

（3）当 VT1 开路之后，VT2 始终处于饱和状态。当 VT2 开路之后，VT1 始终处于饱和状态。

（4）当触发电路中的 VD1、R4 或 C2 开路时，没有触发信号加到这一单稳态电路中，电路一直处于稳定状态。

9.5.4　发射极耦合单稳态电路故障分析

图 9-22 所示是发射极耦合单稳态电路，具有单稳态的特性。电路中，R4 是两管共用发射极电阻，输入触发信号为负尖顶脉冲，电路中没有画出输入回路中的触发电路。

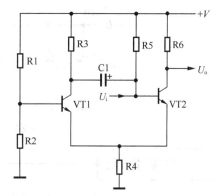

图 9-22　发射极耦合单稳态电路

关于这一发射极耦合单稳态电路的故障分析主要说明以下两点。

（1）当 C1 开路之后，电路始终处于 VT2 饱和、VT1 截止的状态。

（2）当 R5 开路之后，VT2 截止，电路始终输出高电平。

5. 有源音箱套件电路详解 5

9.5.5　无稳态电路故障分析

图 9-23 所示是无稳态电路。

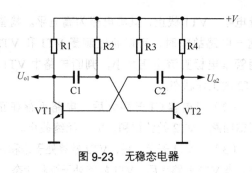

图 9-23　无稳态电器

关于这一无稳态电路的故障分析主要说明以下两点。

（1）当 R2 开路时，VT2 一直截止、VT1 一直处于饱和状态；当 R3 开路时，VT1 截止、VT2 饱和。同时，电路不能进入振荡状态。

（2）当 C1 或 C2 开路之后，电路不能工作在振荡状态下。

9.6　电源电路故障分析

9.6.1　典型串联调整型稳压电路故障分析

图 9-24 所示是典型串联调整型稳压电路。电路中的 VT1 是调整管，它构成电压调整电路；VD2 是稳压二极管，它构成基准电压电路；VT2 是比较放大管，它构成电压比较放大器；RP1 和 R3、R4 构成采样电路；VD1 是整流二极管；C1 和 C2 分别是滤波电容和高频滤波电容。

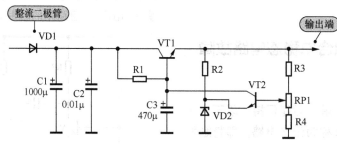

图 9-24　典型串联调整型稳压电路

⚠ 重要提示

当整流、滤波电路工作正常而稳压电路无直流电压输出或输出电压不正常时，才说明直流稳压电路存在故障，所以在修理直流稳压电路时，首先测量第一节滤波电容上的直流电压，正常之后再对稳压电路进行检查。

关于这一典型串联调整型稳压电路的故障分析主要说明以下几点。

（1）当启动电阻 R1 开路后，VT1 基极无直流工作电压，调整管 VT1 处于截止状态，稳压电路无直流电压输出。

（2）当可变电阻器 RP1 动片与碳膜之间开路后，VT2 基极上无直流电压，VT2 截止，导致 VT1 基极电压升高，此时稳压电路输出的直流电压很高；当 RP1 动片的位置不对时，稳压电路输出的直流电压偏大或偏小。

（3）当滤波电容 C1 或 C3 开路后，无滤波作用，出现交流声大故障。

9.6.2　实用电源电路故障分析

1. 电路之一

图 9-25 所示是一种实用的电源电路。电路中的 4T1 是电源变压器，桥堆 4ZL1 构成桥式整流电路，4C3 是整机滤波电容，2S6 是电源开关。

关于这一电源电路的故障分析主要说明下列几点。

（1）电路中的熔丝 4F1 熔断时，整个电源电路没有工作电压；熔丝 4F2 熔断时，整流、滤波电路之后没有直流工作电压。

（2）电容 4C1 和 4C2 容易出现漏电故障，它们中有一个漏电时将熔断熔丝 4F1；4C1 和 4C2 出现开路故障时，对电源电路的工作基本没有影响。

（3）电容 4C3 开路将出现严重交流声，漏电将造成直流工作电压低，严重时将熔断熔丝 4F1。

（4）电路中的开关件主要会出现接触不良故障，检测方法是测量所怀疑开关的接通电阻和断开电阻，接通电阻应该等于零，断开电阻应该为无穷大。但是在电路中测量开关断开电阻时要注意开关外电路的影响，所测量的断开电阻不一定表现为无穷大，要根据具体电路进行分析判断。

2. 电路之二

图 9-26 所示是一种电源电路。电路中，T701 是电源变压器，SC702 是电源插口内附的直流 / 交流转换开关，SO702 是外接直流电源插口，S701 是整机电源开关，VT711、VT712 是两只电子滤波管（一种能起滤波作用的三极管电路）。

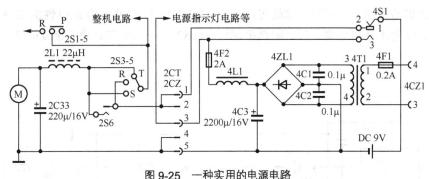

图 9-25 一种实用的电源电路

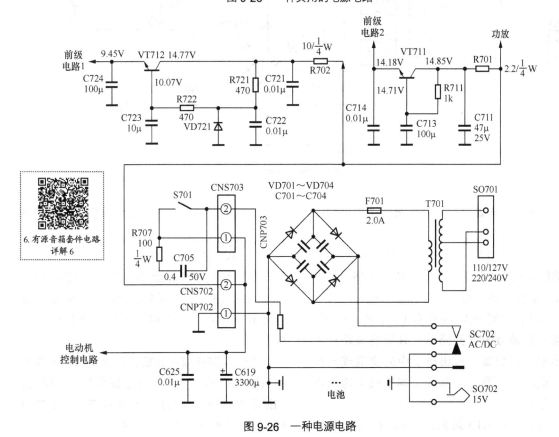

6. 有源音箱套件电路详解6

图 9-26 一种电源电路

这一电源电路比较复杂，在进行电路故障分析时要抓住重点，从逻辑的角度进行电路分析，现主要说明以下几点。

（1）整机电源开关 S701 设置在各路直流工作电压供给电路之前，所以当它出现故障时必然要影响各路直流工作电压的正常工作。根据这一逻辑可知，当各路直流工作电压供给均不正常时，首先要检查各路直流工作电压供给电路的共用电路，电源开关 S701 是其中的一个元器件。

（2）在 3 路直流工作电压供给电路中，如果有一路电压供给电路工作正常，那就可以说明 3 路直流工作电压共用电路正常，哪路出现故障就重点检查该路直流工作电压供给电路。

（3）电源变压器降压电路、整流电路、滤波电路是各路直流工作电压供给电路的共用电路，当它们出现故障时将使各路直流工作电压均不正常。

3. 电路之三

组合音响在家庭中的拥有量巨大，电源电路发生故障的概率也比较高。图 9-27 所示是组合音响的一种主电源电路。电路中的 S6 是整机的交流电源开关，T1 是电源变压器。11VD5 ～ 11VD8 构成正、负极性对称全波整流电路，11VD9 和 11VD10 构成另一组正极性的全波整流电路，11A3 是 + 12V 三端稳压集成电路。

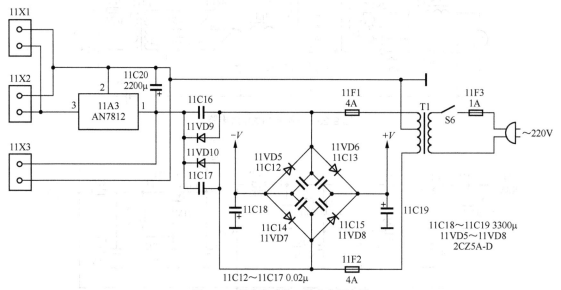

图 9-27　组合音响的一种主电源电路

关于这一电源电路的故障分析主要说明以下几点。

（1）当电源变压器 T1 二次绕组中心抽头开路时，电路中的 3 组全波整流电路都不能正常工作，整流电路的电流不能成回路。

（2）3 路整流电路有各自的滤波电容，当某一只滤波电容开路时，只影响该路直流输出电压，使该路输出电压中的交流成分很大，造成交流声大，从而影响整机电路的正常工作。

（3）熔丝 11F3 熔断时，3 路整流电路都

没有交流电压输入，也就没有整机直流工作电压。

4. 电路之四

图 9-28 所示是组合音响的另一种实用电源电路。电路中的 3T1 是电源变压器，S1 是交流电源开关，3VD6×4 和 3VD7×4 都是整流二极管。

这一电路的故障分析是：对复杂电源电路的故障分析第一步要按照逻辑划分故障区域，如果没有进行这样的逻辑分析就直接查找故障部位，大多数情况下是盲目的。

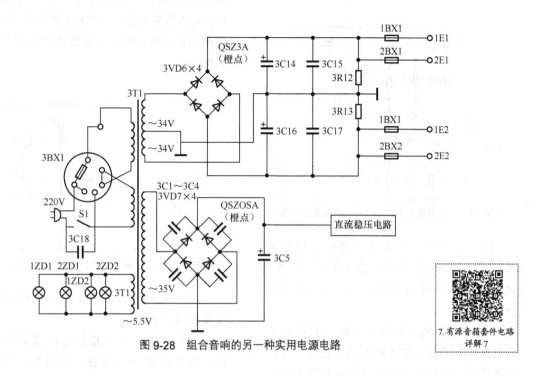

图 9-28 组合音响的另一种实用电源电路

7.有源音箱套件电路
详解7

⚠️ **重要提示**

　　电源电路的故障分析可以用树状结构来比喻以方便理解、记忆：电源进线电路、电源变压器降压电路如同"大树"的主干，这个主干出故障，全"树"倒下，影响整个电源电路的正常工作；电源变压器二次绕组之后的电路相当于"树枝"，一个电源电路可能只有一根"树枝"，即只有一组整流、滤波、稳压电路，也可能有多根"树枝"，即多组整流、滤波、稳压电路，它们是并列的，当"树枝"出现开路故障时，不影响"树"的主干，也不影响其他的枝，但是"树枝"出现短路故障时将影响整棵"树"。

9.7 功率放大器电路故障分析

9.7.1 分立元器件OTL功率放大器故障分析

　　图 9-29 所示是分立元器件构成的 OTL 功率放大器电路。

　　关于这一 OTL 功率放大器电路的故障分析主要说明以下几点。

　　（1）当 RP1 的动片未调整在正常位置上时，放大器输出端的直流电压不等于 + V 的一半，可能高也可能低，这要看 RP1 动片的具体位置，此时这一放大器电路不能正常工作。各种 OTL 功率放大器的正常工作条件之一是输出端的直流工作电压等于电源直流工作电压的一半。

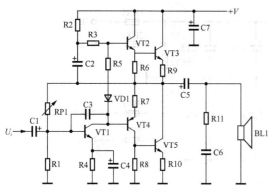

图9-29　分立元器件构成的OTL功率放大器电路

率放大器电路。电路中，VT1和VT2两管构成差分输入级放大器，作为电压放大级。VT3构成推动级放大器，VT4和VT5两管构成互补推挽式输出级。

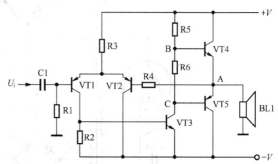

图9-30　分立元器件构成的OCL功率放大器电路

（2）电路中，除R11之外的电阻器发生故障时，放大器电路的直流正常状态将改变，此时放大器的输出端直流电压不等于+V的一半。

（3）电路中，除C6之外的电容器发生击穿或漏电故障时，放大器电路的直流正常状态将也改变，此时放大器的输出端直流电压不等于+V的一半。

（4）当VT1发射极旁路电容C4开路之后，R4具有了交流负反馈作用，这会使整个放大器的输出功率有所减小。

（5）当自举电容C2开路之后，放大器对大信号的输出功率不足。

（6）当输出端耦合电容C5开路后，BL1没有任何响声。当C5击穿后，放大器输出端的直流电压为零，将烧坏功放输出管，也会烧坏扬声器。

（7）当VT1~VT5各管中有一只三极管性能不好时，放大器输出端的直流电压不等于+V的一半。

（8）当R11或C6开路时，对放大器的正常工作基本没有影响，但是C6击穿或漏电时，扬声器声音轻，并有烧坏功放输出管的可能。

9.7.2　分立元器件构成的OCL功率放大器电路故障分析

图9-30所示是由分立元器件构成的OCL功

关于这一OCL功率放大器电路的故障分析主要说明以下几点。

（1）这是一个直接耦合的多级放大器电路，所以电路中的任意一个电阻、三极管出现故障时，均将影响其他各级放大器直流电路的正常工作，导致电路输出端的直流电压不为零，而扬声器的直流电阻是很小的，这样会有很大的直流电流流过扬声器，将烧坏扬声器。

（2）在检查OCL功率放大器电路时，首先是测量放大器的输出端直流电压是否等于零，不等于零说明OCL功率放大器的直流电路存在故障，修理应从恢复输出端直流电压等于零开始。

（3）在检查OCL功率放大器过程中，如果操作不当会使放大器的输出端直流电压不为零，这就会损坏扬声器。为了保护扬声器可以先断开扬声器，或换上一只低价格的扬声器，待修理完毕放大器电路工作稳定后再接入原配的扬声器，这样可防止原配扬声器的意外损坏。

（4）一些OCL功率放大器输出回路中接有多种形式的扬声器保护电路，在检查电路故障时这一保护电路切不可随意断开，否则会有损坏扬声器的可能。

（5）当扬声器开路时，电路输出端的直流电压仍然为零，但是扬声器中无任何响声。

（6）当电阻 R1 开路后，VT1 没有直流偏置电流，处于截止状态，功放电路输出端的直流电压不等于零。

（7）当直流工作电压 +V 或 -V 中有一个没有时，功放电路输出端的直流电压偏离零很多，将烧坏扬声器。

9.7.3　分立元器件BTL功率放大器电路故障分析

图 9-31 所示是 BTL 功率放大器原理电路。电路中，VT1 构成分负载放大级（也是推动级放大器），VT2 ~ VT5 各管构成输出级放大器。

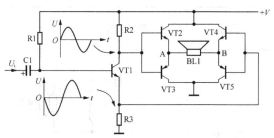

图 9-31　分立元器件 BTL 功率放大器原理电路

关于这一 BTL 功率放大器电路的故障分析主要说明以下几点。

（1）检查 BTL 功率放大器电路时，首先是测量扬声器两端的直流电压是否相等。对于单电源供电的电路，其输出端直流电压应等于直流工作电压的一半；对于采用正、负对称电源供电的电路，其输出端的直流电压应等于零。

（2）由于 BTL 功率放大器同 OCL 功率放大器电路一样，其扬声器回路中没有隔直元件，在修理中要设法保护扬声器的安全，具体方法与 OCL 电路中提到的相同。

8.有源音箱套件电路详解8

（3）当输入端耦合电容 C1 开路时，扬声器中没有信号电流流过。当 C1 击穿或漏电

时，两组功率放大器输出端的直流电压大小将改变，便有直流电流流过扬声器，会烧坏扬声器。

（4）当 VT1 直流电路发生故障时，功率放大器输出端的直流电压改变，有烧坏扬声器的危险。

（5）当 4 只功放输出管中有一只发生故障时，也将烧坏扬声器。

9.7.4　二分频扬声器电路故障分析

> ⚠️ **重要提示**
>
> 所谓二分频扬声器电路就是在一只音箱中设有高音扬声器和中、低音扬声器。高音扬声器的高频特性好、低频特性差，即它重放高音的效果好，重放中音和低音的效果差，让功率放大器输出的高音信号通过高音扬声器重放出高音，让低音扬声器（习惯称法）重放中音和低音，采用这种分频重放方式还原高、中、低音，效果比单独使用一只扬声器好。

1. 二分频扬声器电路之一

名称	二分频扬声器电路之一
示意图	
说明	当某一只扬声器开路时，这只扬声器没有任何响声。在二分频扬声器电路中，由于有两只扬声器，加上两只扬声器同时开路的可能性很小，这样某只扬声器开路时另一只扬声器会发声工作，所以此时只是没有低音或没有高音，只要通过试听便能分清

2．二分频扬声器电路之二

名称	二分频扬声器电路之二
示意图	
说明	当分频电容 C1 开路时，BL2 无声，但 BL1 发声正常。当 C1 漏电时，高音效果变差

3．二分频扬声器电路之三

名称	二分频扬声器电路之三
示意图	
说明	当 L1 开路时，低音扬声器无声，高音扬声器发声正常

4．二分频扬声器电路之四

名称	二分频扬声器电路之四
示意图	
说明	当 L2 开路时，对高音扬声器的影响不太大，只是高音效果变差，但高音仍然存在

5．二分频扬声器电路之五

名称	二分频扬声器电路之五
示意图	
说明	当 C2 开路时，对低音扬声器的影响不太大，只是低音效果变差，但中音和低音仍然存在；当 C2 漏电时，低音声音变小

9.8   集成电路故障分析

9.8.1   集成电路引脚电路故障分析

1．集成功率放大器的电源引脚典型电路故障分析

图 9-32 所示是集成功率放大器的电源引脚典型电路。

关于这一电路的故障分析说明以下两点。

（1）由于功率集成电路工作在整机的最高电压和最大电流状态下，所以它的故障发生率比前级集成电路要高许多，主要故障现象表现

为烧坏，图9-33所示是过电流烧坏的集成电路。

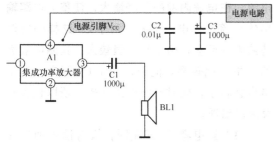

图9-32　集成功率放大器电源引脚电路

图9-33　过电流烧坏的集成电路

（2）当集成电路电源引脚上没有直流工作

电压时，重点查电源电路，因为一方面电源电路也是整机电路中的一个故障高发电路，另一方面集成功率放大器电路的直流工作电压是由整机电源电路直接供给的。

2. 集成电路接地引脚电路故障分析

接地引脚用来将集成电路内部电路的地线与外电路中的地线接通。集成电路内电路的地线与内电路中的各接地点相连，如图9-34所示，然后通过接地引脚与外电路地线相连，构成电路的电流回路。

关于集成电路接地引脚外电路的故障分析很简单，当接地引脚开路（主要是接地引脚铜箔线路开裂）时，集成电路内电路地线与外电路地线断开，集成电路不能工作，无任何信号或噪声输出。

9.有源音箱套件电路详解9

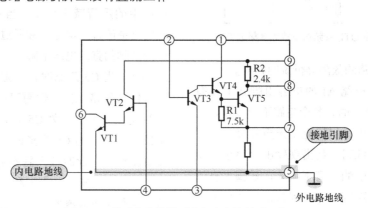

图9-34　集成电路接地引脚与内电路关系示意图

这时，测量集成电路的电源引脚与外电路地线之间的直流工作电压是正常的，但是测量集成电路电源引脚回路的电流却为零，这是因为电路构不成回路。

3. 集成电路输入引脚电路故障分析

集成电路输入引脚电路的故障分析比较简单，当输入引脚铜箔线路开裂时，没有信号输入到集成电路内电路中，所以集成电路也就没有信号输出。这时，如果是音频集成电路就会出现无声故障，如果是视频集成电路就会出现无图像故障，如果是控制集成电路就会出现无

法控制的故障，等等。

4. 集成电路输出引脚电路故障分析

集成电路输出引脚电路的故障分析是：当输出引脚铜箔线路开裂时，没有信号加到后级电路中。

在不同的集成电路输出引脚电路中，还会出现不同的具体情况。例如，双声道集成电路中只有一个声道信号输出引脚铜箔线路开裂时，只影响该声道的信号输出，对另一个声道的信号输出没有影响。

9.8.2 单声道OTL功率放大器集成电路故障分析

图9-35所示是单声道OTL音频功率放大器集成电路的经典电路。电路中，A1为单声道OTL音频功率放大器集成电路。U_i为输入信号，这一信号来自前级的电压放大器输出端。RP1是音量电位器，BL1是扬声器。

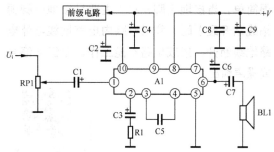

图9-35 单声道OTL音频功率放大器集成电路

关于这一电路的故障分析说明如下。

（1）当集成电路A1的电源引脚⑧上没有直流工作电压$+V_{cc}$时，整个电路不能工作，无信号加到扬声器中，出现完全无声故障；当⑧脚上直流电压偏低时，将出现输出功率小的现象，此时扬声器中的声音不够大，⑧脚上直流电压低得愈多，声音愈小。因为在功率放大器电路中，放大器的输出功率在一定范围内与直流电压相关，直流工作电压高，放大器输出功率大。

（2）造成集成电路A1的⑧脚上没有电压或电压低的原因：一是整机电源电路故障；二是电容C8和C9的故障，主要问题是滤波电容C9。若C9开路，将出现交流声大故障，因为C9开路等于滤波电路失效，直流工作电压中的交流成分变得很大，这一交流成分窜入放大器电路中，就会引起"嗡嗡"的交流声。

当C9漏电时，有直流电流流过C9，会造成集成电路A1的⑧脚上直流工作电压下降，C9漏电越严重，⑧脚上的直流电压下降得越

多，这是因为C9漏电加大了电源电路的工作电流，在电源内部的压降增大，使整流电路输出的直流工作电压下降。对于C9这样的电源滤波电容而言，由于其容量较大，其漏电故障的发生率比较高。同时，由于C9漏电，其容量也会减小，此时滤波效果变劣，所以也会有交流声出现。

（3）当电容C1开路时，没有信号加到集成电路A1中，此时扬声器无声；当C1漏电时，将出现噪声大的故障，这是因为C1漏电，有直流电流流过C1，这一电流就是噪声。由于C1在整个放大器的最前面，稍有噪声就会被后级放大器电路放大，所以扬声器中将会出现很大的噪声。

（4）当电容C3开路时，相当于交流负反馈电阻R1开路，即阻值为无穷大，使放大器的负反馈很大，放大器增益减小很多，此时扬声器中的声音减小许多；当C3漏电时，②脚内电路中的直流电流就会通过C3和R1到地端，这使②脚的直流电压下降。

（5）当C5开路时，一般情况下放大器不会有什么异常现象，但有可能出现高频噪声或啸叫现象，这是因为C5开路后没有了高频负反馈的存在；当C5击穿时，③脚和④脚的直流电压相等，此时放大器不能工作，扬声器无声；当C5漏电时，③脚和④脚的直流电压异常，会影响放大器的工作，C5漏电严重时放大器将不能正常工作。

（6）接地引脚的主要故障是接地引脚与电路板地线之间开路，通过测量集成电路A1的⑤脚和电路板地线之间的电阻可以确定是否开路。开路时，整个集成电路A1不能工作，扬声器无声。

（7）输出引脚⑥是检查故障中最关键的引脚之一，测量它的直流电压应该等于$+V_{cc}$的一半，如果是这样，可以说明这一电路除C8和C9外所有电容不存在漏电和击穿故障，但不能保证没有开路的故障，这是因为电容具有隔直通交功能；如果测量⑥脚电压小于$+V_{cc}$的一半，检查C7是否漏电，可断开C7，断开后如

果电压恢复正常，说明 C7 漏电，否则与 C7 无关，测量集成电路其他引脚的直流电压，无异常时更换集成电路 A1；如果测量⑥脚直流电压大于 +V_{CC} 的一半，不必检查 C7，直接测量集成电路其他引脚直流电压，无异常时更换集成电路 A1。

（8）电容漏电会造成集成电路 A1 的⑥脚直流电压下降，这是因为 C7 漏电后⑥脚有直流电流输出，通过 C7 和 BL1 到地；当 C7 严重漏电时，将损坏扬声器 BL1；当 C7 开路时，扬声器完全无声。

（9）当自举电容 C6 开路时，没有自举作用，在小信号（音量开得不大）时问题不大，但在大信号时放大器输出功率不够；当 C6 漏电时，将影响到⑥脚和⑦脚的直流电压，通过测量这两根引脚的直流电压可以发现这一问题。

（10）测量电源引脚⑧上的直流电压是检查这种电路的另一个关键之处，当⑧脚上直流电压为零时，扬声器完全无声。

10. 有源音箱套件电路详解 10

（11）当电容 C4 漏电时，会使集成电路⑨脚直流电压下降；当 C4 开路时，前级电源的滤波效果差，会出现随音量电位器开大交流声增大的故障现象。

（12）当 C2 开路时，每次开机，扬声器中都会出现"砰"的冲击响声；当电容 C2 漏电时，会使集成电路⑩脚直流电压下降，当⑩脚电压低到一定程度时，集成电路 A1 就不能工作，扬声器无声。

9.8.3 音频电压放大集成电路故障分析

重要提示

集成电路电子元器件故障分析难度很大，它是直接为检修集成电路故障服务的，只有在完全掌握了集成电路工作原理的基础上，才能进行电子元器件故障分析，它也是检修过程中电路故障原因分析的逆过程。

表 9-1 所示为图 9-36 所示右声道电路中每个电子元器件的故障分析。对电容分为开路、短路和漏电 3 种故障情况，对于电阻分为开路、短路、阻值变大或阻值变小 4 种情况，对于开关件分为开路、短路和接触不良 3 种情况。

表 9-1 电路故障分析

元器件	故障现象	故 障 分 析
C93	开路	右声道放音时无声，因为没有右声道信号送入集成电路 A1
	短路	右声道放音时无声，因为此时集成电路 A1 的⑦脚被电阻很小的磁头 R 短路，使内电路的右声道前置放大器无法正常工作
	漏电	右声道放音声音小且有噪声大故障，因为 C93 漏电后破坏了集成电路 A1 的⑦脚内电路前置放大器的正常工作，所以出现声音小故障；同时因 C93 漏电，有漏电流进入⑦脚内电路前置放大器，出现噪声大

元器件	故障现象	故 障 分 析
C95	开路	右声道放音高频噪声大故障，因为没有放音高频补偿作用
	短路	右声道放音时无声，因为此时 C95 短路将集成电路 A1 信号输入引脚⑦脚对地短接，将⑦脚上的右声道放音信号对地短路
	漏电	右声道放音声音小，C95 漏电使⑦脚上右声道放音信号对地分流
C101	开路	右声道放音可能出现高频啸叫（不一定都会出现），因为开路，右声道前置放大器电路无高频消振作用
	短路	右声道放音时无声，使集成电路 A1 的⑤、⑥脚直流电压相等，短路破坏了内电路右声道前置放大器正常工作的直流条件
	漏电	右声道放音声音小，严重时无声，因为漏电破坏了右声道前置放大器电路正常工作
R96	开路	右声道放音声音大，出现声音堵塞而无声，集成电路 A1 的⑤、⑥脚电压异常
	短路	同 C101 短路时一样
C99	开路	右声道放音声音小，因为这时右声道前置放大器交流负反馈量最大，放大器放大倍数最小
	短路	右声道放音时无声，因为 C99 短路使集成电路 A1 的⑥脚直流电压下降，破坏了内电路中右声道前置放大器的正常工作
	漏电	右声道放音声音小，严重时无声，因为 C99 漏电使集成电路 A1 的⑥脚直流电压下降，破坏了内电路中右声道前置放大器的正常工作
C105	开路	同 C101 开路时一样
	短路	右声道放音时无声，因为 C105 短路使集成电路 A1 的⑤脚直流电压为零，破坏了内电路中右声道前置放大器的正常工作
	漏电	右声道放音声音小，严重时无声，因为 C105 漏电使集成电路 A1 的⑤脚直流电压下降，破坏了内电路中右声道前置放大器的正常工作

元器件	故障现象	故 障 分 析
C111	开路	同 C93 开路时一样
	短路	右声道放音声音小，因为 C111 短路使集成电路 A1 的⑤脚直流电压下降，破坏了内电路中右声道前置放大器的正常工作
	漏电	同 C93 漏电一样，只是噪声没有 C93 漏电时大，因为 C93 产生的噪声被右声道前置放大器放大了，所以更大些
R91	开路	同 C99 开路时一样
	短路	右声道放音声音很大，音质差，因为这时右声道前置放大器没有交流负反馈，放大器的放大倍数最大
	阻值变大	右声道放音声音小，因为这时右声道前置放大器交流负反馈量变大，放大器的放大倍数减小
	阻值变小	右声道放音声音大，因为这时右声道前置放大器交流负反馈量变小，放大器的放大倍数增大
C116	开路	左、右声道可能出现交流声大或低频自激，因为集成电路 A1 没有电源滤波和退耦电路
	短路	左、右声道放音无声，烧坏 R106，因为这时集成电路 A1 的电源引脚⑯脚直流工作电压为零
	漏电	左、右声道放音声音轻，严重时出现左、右声道放音无声，因为这时集成电路 A1 的电源引脚 ⑯ 脚直流工作电压下降
R106	开路	左、右声道放音无声，因为这时集成电路 A1 的电源引脚 ⑯ 脚直流工作电压为零
	短路	基本无影响
R108	开路	对放音无影响，录音时无静噪作用
	短路	对放音无影响，录音时有可能烧坏集成电路内电路中的两种静噪管
R113	开路	同 C111 开路时一样
	短路	对放音无影响，在录音时有可能烧坏集成电路 A1 的右声道前置放大器电路
R109	开路	同 C111 开路时一样
	短路	影响不大

11. 有源音箱套件电路详解 11

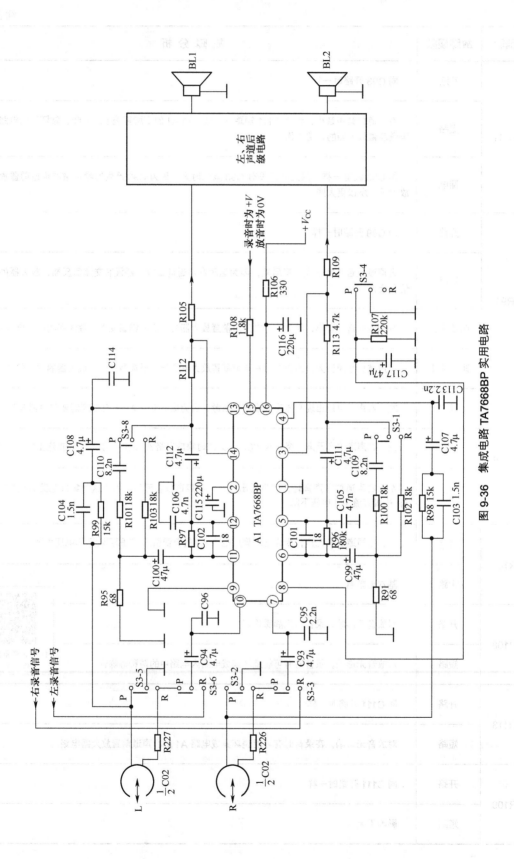

图 9-36　集成电路 TA7668BP 实用电路

第10章

万用表检修电路板常用单元电路故障方法

在检修电子设备的过程中，关键是对某一单元电路进行故障的检查，在这一步检查中要找出具体的故障部位，即找出损坏的元器件或线路，并做相应的处理。本章中主要介绍使用万用表来进行电源电路、放大器电路、音量控制器电路、扬声器系统电路、振荡器电路等的检修。

单元电路的故障检修是根据电路工作原理，对照故障现象，综合运用各种检查方法和手段，一步步缩小故障范围，最后查出故障的具体部位。

12. 有源音箱套件电路详解12

10.1 万用表检修电源电路和电压供给电路故障方法

在使用交流供电的电子电器中都设有电源电路，这一电路将220V交流市电转换成所需要的直流工作电压。电压供给电路的作用是将直流工作电压加到各部分的有源单元电路中（即需要直流工作电压的电路）。

10.1.1 故障种类

（1）无直流工作电压输出。

电源电路没有直流工作电压输出时，将导致整机电路不工作，电源指示灯不亮。

（2）直流输出电压低。

当电源电路出现直流输出电压低故障时，将导致整机电路不能正常工作，当电压低得不太多时，会导致放大器电路的增益下降，将会出现各种各样的具体故障现象，当直流电压很低时整机电路将不能工作。

（3）电源电路过电流。

当整机电路出现电源电路过电流故障时，流过电源电路的电流太大，表现为屡烧熔丝，或损坏电源电路中的其他元器件。

（4）直流输出电压中的交流成分多。

当出现直流输出电压中交流成分多故障时，在音频放大器电路中会导致交流声大，在视频电路中会导致图像垂直方向扭动。

（5）直流输出电压升高。

当电源电路出现直流输出电压升高故障时，整机电路工作因电压高而出现各种故障现象，如烧坏元器件、声音很响、噪声大等。

电源电路一般由电源变压器降压电路、整流电路、滤波电路等构成，下面分别介绍这些电路的检查方法。

10.1.2 万用表检修交流降压电路故障

典型的电源变压器降压电路如图10-1所示。T1是电源变压器，F1是一次绕组回路中的熔丝，F2 是二次绕组回路中的熔丝，这一电路中的 T1 只有一组二次绕组，二次绕组的一端接地。

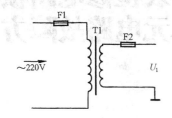

图 10-1　典型电源变压器降压电路

在正常情况下，电源变压器通电后，在 T1 的二次侧能够测量到交流电压，由于电源变压器一般都是降压变压器，所以二次侧的交流电压低于 220V，具体多大在各种情况下是不同的，但许多情况下可以通过电路图等有关资料算出二次侧交流输出电压的大小，方法是：设已知电源电路的直流输出电压（平均值）为 +V，二次侧交流输出电压（有效值）为 U_o，采用不同整流电路时的计算公式如下。

（1）半波整流电路：$+V=0.45U_o$，$U_o=2.2(+V)$。

（2）全波整流电路：$+V=0.9U_o$，$U_o=1.1(+V)$。

（3）桥式整流电路：与全波整流电路计算公式相同。

了解直流工作电压大小和整流电路类型的方法如下。

（1）当机器采用电池供电时，电池电压一般等于电源电路的直流输出电压，了解使用几节电池，便可知道直流工作电压的大小。

（2）有些电源电路图中，标出了直流电压的大小。当机器不采用电池供电或电路图中没有标出直流电压数据时，便不能准确知道电源电路直流输出电压的大小。

（3）电源电路采用什么整流电路可以通过查看电源电路图知道，或直接查看电源电路的电路板，一般情况下整流电路中只用一只整流二极管的是半波整流电路，用两只的是全波整流电路，用 4 只的是桥式整流电路。当用 4 只整流二极管而变压器二次绕组有抽头时仍然为全波整流电路（能够输出正、负电源电压的全波整流电路）。

电源电路出故障后，变压器二次侧测得的电压会发生改变，通过这一现象可追查电路的故障部位。检查电源电路时，要保证 220V 交流市电正常。

关于电源电路的故障检修主要说明如下。

1. 二次侧没有交流电压输出故障检修方法

（1）直观检查熔丝 F1 和 F2 是否熔断。若有熔断的更换一只试试，更换又熔断的为屡烧熔丝故障。

（2）用电阻检查法测量 T1 一次绕组是否开路，检查一次绕组回路是否开路。

（3）直观检查二次绕组的接地是否正常，用电阻检查法测量 T1 的二次绕组是否开路（二次绕组的线径较粗而一般不会出现断线故障，主要查引线焊点处）。

2. 屡烧熔丝故障检修方法

（1）屡烧熔丝 F1，不烧 F2。

对于这种故障，如果将熔丝 F2 断开后不烧 F1 的话，说明变压器电路没有问题，问题出在二次绕组的负载电路中，即整流电路及之后的电路中。若仍然烧 F1，再将二次绕组的地端断开，不烧 F1 的话，则是二次绕组上端引线碰变压器铁芯、金属外壳或碰地端。若仍然烧 F1，用电阻检查法测量 T1 的一次绕组是否存在匝间短路、一次绕组是否与变压器外壳相碰。

（2）屡烧熔丝 F2，不烧 F1。

对于这种故障，可将 F2 右端的电路断开，若此时不再烧 F2，说明二次负载回路过电流，存在短路故障。另外，检查一下 F1、F2 的熔丝熔断电流大小，若 F1 太大，在二次回路出现过电流故障时屡烧 F2，F1 不能起到过电流保护作用。

3. 电源变压器电路其他故障检修方法

图 10-2 是另外几种形式的电源变压器电路示意图，由于电源变压器绕组结构不同，所以检修时也有所不同，关于这些电路的故障检修主要说明以下几点。

（1）图 10-2（a）所示电路中，因变压器一次回路有多个交流电压转换开关 S1，当二次侧没有交流输出电压时，要用电阻检查法测量 S1 的接通情况，看它是否处于开路状态。当二次侧交流输出电压低时，要测量 S1 是否接触电阻大。当二次侧交流输出电压升高一倍时，要直观检查 S1 是否在 110V 挡位置上。

（2）图 10-2（b）所示电路中，由于二次绕组设中心抽头，当两组二次绕组的交流输出电压不相等时（相差 1V 以下是正常的），说明二次绕组存在匝间短路故障，要用代替检查法代替电源变压器。当两组二次绕组均没有电压输出时，再测量 1、3 端有没有交流电压输出，有电压输出时用电阻检查法测量中心抽头 2 是否接地良好。

（3）图 10-2（c）所示电路中，因二次绕组不是中心抽头，3 端接地，测得交流电压 U_2 大于 U_1 是正常的。U_1、U_2 均为零而 1、2 端之间有电压时，用电阻检查法测量 3 端接地是否良好。

（4）图 10-2（d）所示电路中，二次抽头 2 不是中心抽头，若测得交流电压 U_1 大于 U_2 是正常的，当抽头不接地时，U_1、U_2 均为零。

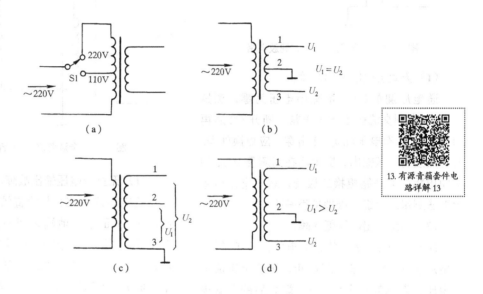

13. 有源音箱套件电路详解 13

图 10-2　几种形式的电源变压器电路示意图

10.1.3　万用表检修整流和滤波电路故障

下面介绍的检查整流、滤波电路的方法是以电源变压器降压电路工作正常为前提的，当整流、滤波电路出现故障时，也会造成电源变压器降压电路表现为工作不正常，但故障部位出现在整流或滤波电路中。

1. 故障种类

（1）无直流输出电压故障。

当整机电路出现没有直流输出电压的故障时，整机电路不能工作，并且电源指示灯也不亮，这是常见故障之一。

（2）直流输出电压低故障。

当整机电路出现直流输出电压低故障时，整机电路的工作可能不正常，当直流输出电压太低时，整机电路不能工作，根据直流输出电压低多少，其具体故障现象有所不同。

（3）直流输出电压中交流成分多故障。

当出现交流声大故障时，这说明直流输出电压中的交流成分太多，主要是电源滤波电路没有起到滤波作用。

（4）屡烧熔丝故障。

当出现屡烧熔丝故障时，整机电路也不能工作，根据电源电路的具体情况和熔断熔丝情况的不同，整机电路的具体故障表现也不同。

2. 半波整流、电容滤波电路故障检修方法

这里以图 10-3 所示的半波整流、电容滤波

电路为例，介绍对这种整流、滤波电路故障的检修方法。电路中，T1 是电源变压器，VD1 是整流二极管，C2 是滤波电容，C1 是抗干扰电容，并有保护整流二极管的作用，+V 是整流、滤波电路输出的直流电压。

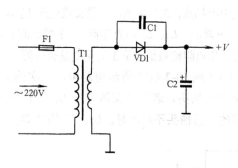

图 10-3　半波整流、电容滤波电路

（1）无直流电压输出故障。

通电后测量 C2 上的输出电压为零，测量 T1 的二次侧交流输出电压正常，断开 C2 后再测量 +V，若有电压说明 C2 击穿，应更换处理。若仍然没有电压输出，断电后在路测量 VD1 的正向电阻，若开路更换二极管，若正常用电阻检查法测量二次绕组接地是否开路。

（2）直流输出电压低故障。

通电后测量 C2 上的直流电压低于正常值，断电后将 +V 端铜箔线路切断，再测量直流输出电压，若恢复正常说明 +V 端之后的负载电路存在短路故障，若直流输出电压仍然低，再将 C2 断开，若测得的直流输出电压恢复正常，说明 C2 漏电，更换之，若仍然低，更换 VD1 试一试。当 VD1 正向电阻大时直流输出电压会低（在带负载情况下低，并且 VD1 有一定热度）。

（3）交流声大故障。

若存在交流声大的同时输出电压低，更换 C2 试一试，无效后断开 +V 端，测量直流输出电压仍然低的话，说明 +V 端之后的负载存在短路故障。若只是交流声大而没有直流输出低的现象，更换 C2。

（4）屡烧熔丝 F1 故障。

如果断开 C2 后不烧熔丝的话，更换 C2，无效后在路测量 C1 是否击穿（这一故障比较

常见），最后在路测量 VD1 是否击穿。如果上述检查没有发现问题的话，断开 C1 后开机，若 F1 不熔断，说明 C1 在加电后才击穿，这种故障在实际修理中比较常见，要注意这一点。

3. 全波整流、电容滤波电路故障检修方法

这里以图 10-4 所示的全波整流、电容滤波电路为例，介绍对这种电路故障的检修方法。电路中，T1 是电源变压器，VD1、VD2 是整流二极管，C1 是滤波电容，+V 是直流输出电压。

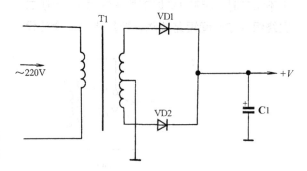

图 10-4　全波整流、电容滤波电路

（1）无直流电压输出故障。

通电后测量 C1 上的直流输出电压为零，测量 VD1 正极与地端之间的交流电压，若没有电压时用电阻检查法测量二次绕组抽头接地是否正常。若 T1 的二次侧交流输出电压正常，断开 C1 后再测量 +V，若有电压说明 C1 击穿，更换处理。若仍然没有电压输出，断电后在路测量 VD1、VD2 是否同时开路（这种故障的可能性很小，但对于人为故障要特别注意这一点）。

（2）直流输出电压低故障。

如果测得直流输出电压比正常值低一半，断电后可在路检测 VD1、VD2 是否有一只二极管开路。直流输出电压不是低一半的话，用电阻法测量 T1 的二次绕组接地电阻是否太大。最后，断电后将 +V 端铜箔线路切断，再测量直流输出电压，如果恢复正常，则说明 +V 端之后的负载电路存在短路故障，如果直流输出电压仍然低，更换 C1 试一试。

（3）交流声大故障。

出现交流声大故障时，在 C1 上并联一只

足够耐压的 $2200\mu F$ 滤波电容，若交流声消失，则说明 C1 容量小，更换 C1；若无效，直接更换 C1。如仍然无效的话，说明 $+V$ 端之后的负载电路存在短路故障。

4. 桥式整流、电容滤波电路故障检修方法

这里以图 10-5 所示的桥式整流、电容滤波电路为例，介绍这种电路的故障检修方法。电路中，T1 是电源变压器，VD1 ～ VD4 构成桥式整流电路，C1 是滤波电容，$+V$ 是直流输出电压。

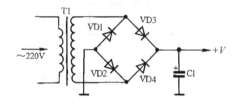

图 10-5　桥式整流、电容滤波电路

关于这一电路的故障检修主要说明如下。

（1）无直流电压输出故障。

通电后测量 C1 上的输出电压为零，测量 T1 二次侧的交流输出电压正常。用电阻法检查 VD1、VD2 正极的接地是否良好，若没有发现问题更换滤波电容 C1 试一试，无效后用电阻法在路检查 4 只整流二极管是否存在多只二极管开路的故障。

（2）直流输出电压低故障。

若测得直流输出电压比正常值低一半，断电后在路检测 4 只整流二极管其中是否有一只存在开路故障。若直流输出电压不是低一半的话，用电阻法测量 VD1、VD2 正极的接地是否良好，另外，测量 4 只整流二极管中是否有一只正向电阻大。无效时断电后将 $+V$ 端铜箔线路切断，再测量直流输出电压，若恢复正常，说明 $+V$ 端之后的负载电路存在短路故障，若直流输出电压仍然低，更换 C1 试一试。

（3）交流声大故障。

用一只滤波电容并接在滤波电容 C1 上试一试，交流声消失说明 C1 失效，更换 C1。若无效，直接更换 C1。仍然无效的话，说明 $+V$ 端之后的负载电路存在短路故障。

10.1.4　万用表检修直流电压供给电路故障

图 10-6 所示是一种常见的直流电压供给电路。电路中，VT1 构成电子滤波器电路，C1 是第一只滤波电容，C2 是电子滤波器中的滤波电容，R4 是这一滤波器中的熔断电阻器。R2 和 C3、R3 和 C4 分别构成两节 RC 滤波电路。

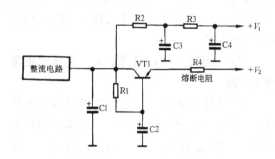

图 10-6　直流电压供给电路

1. 电子滤波器电路故障检修方法

电路中，VT1、R1、C2 和 R4 构成电子滤波器电路，这种滤波电路滤波效果好，但故障发生率比较高，对这一电路的故障检修说明如下。

（1）当出现无直流输出电压故障时，重点用电阻检查法检查电子滤波管发射结是否开路和熔断电阻器 R4 是否熔断。

14. 有源音箱套件电路详解14

（2）当出现交流声大故障时，重点检查 VT1 基极上的滤波电容 C2 是否开路和容量变小。

2. 直流电压供给电路故障检修方法

在整流、滤波电路输出的直流电压正常时，对这一电路的故障检修主要说明以下几点。

（1）直流电压 $+V_1$ 正常，$+V_2$ 电压为零故障。

当出现这种故障时，用电压法测量 VT1 集电极上的电压，若没有电压说明 VT1 集电极与 C1 正极端之间的铜箔线路开路。若 VT1 集电极电压正常，测量其发射极上的直流电压，若这一电压为零，断电后用电阻法检测 VT1 的发射结是否开路。另外，用代替法检查 C2 是否击穿，用电阻检查法检测 R1 是否开路

（R1 开路后 VT1 截止，发射极没有电压输出）。若 VT1 发射极上电压正常，断电后用电阻法检测熔断电阻器 R4 是否开路（这是一个常见故障）。

（2）直流电压 +V_2 正常，+V_1 电压为零故障。

出现这种故障时，用电压法测量 C3 上直流电压，若为零，断电后用电阻法检测 R2 是否开路，另外查 C3 是否击穿。若 C3 上直流电压正常，则断电后用电阻法检测 R3 是否开路、C4 是否击穿。

（3）直流电压 +V_1 正常，+V_2 电压比正常值高故障。

当出现这种故障时，往往伴有交流声大故障，此时断电后用电阻法检测 VT1 集电极与发射极之间是否击穿，或 R1 阻值是否变小（这一原因不常见）。

（4）直流电压 +V_1 正常，+V_2 电压比正常值低故障。

当出现这种故障时，用电压法测量 VT1 基极的直流电压，如果也低的话更换 C2 试一试（C2 漏电会使 VT1 基极电压低，导致 +V_2 电压低），无效后用电阻法测量 R1 阻值是否增大，再更换 VT1 试一试。

（5）直流电压 +V_2 正常，+V_1 电压比正常值低故障。

当出现这种故障时，主要查电容 C3、C4 是否存在漏电故障，无效后重新熔焊 R2、R3 的引脚焊点（当它们的引脚焊点未焊好时，接触电阻大，压降大，使 +V_1 电压低）。仍然无效后，断开 +V_1 端，若电压恢复正常，说明 +V_1 端之后的电路存在短路故障。

（6）交流声大故障。

当出现这种故障时，通过试听检查确定交流声是来自 +V_1 还是 +V_2 供电线路的放大器，若是前者，用一只耐压足够的 220 μF 电解电容分别并在 C3、C4 上，并上后若交流声大有改善，说明原滤波电容失效，更换之。若来自 +V_2 供电电路，则用 220 μF 电解电容器并在 C2 上试一试。

10.1.5　万用表检修稳压电路故障

1. 简易稳压二极管稳压电路故障检修方法

图 10-7 所示是由稳压二极管构成的简易稳压电路。A1 是集成电路，①脚是它的电源引脚；+V 是直流工作电压，经电阻 R1 加到 A1 的①脚上；VD1 是稳压二极管；C1 是滤波电容。

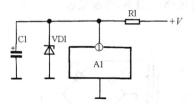

图 10-7　简易稳压二极管稳压电路

这一电路的主要故障是集成电路 A1 的电源引脚①脚上没有直流工作电压，或直流工作电压升高故障。

（1）①脚上无直流工作电压故障。

当测得集成电路 A1 的①脚上没有直流工作电压时，测量直流工作电压 +V，如果也没有直流电压，则检查直流电压供给电路。如果 +V 正常，断电后检测稳压二极管的正、反向电阻，检查它是否击穿，通常是出现击穿故障。如果 VD1 正常，断开 C1 后再测量 A1 ①脚上的直流工作电压，若恢复正常说明 C1 击穿。

（2）①脚上直流工作电压升高故障。

如果测得 A1 的①脚上直流电压比正常值高，说明稳压二极管 VD1 开路，断电后对 VD1 进行正、反向电阻检测。若 VD1 正常，则测量直流工作电压 +V 是否比正常值高，若高说明电源电路有故障。

2. 调整管稳压电路故障检修方法

图 10-8 所示是调整管稳压电路。VT1 是调整管，VT2 是比较放大管，RP1 是直流输出电压微调可变电阻器，+V 是来自整流、滤波电路输出端的直流工作电压（这一电压不稳定），+V_1 是经过稳压电路稳压后的直流工作电压。关于这一电路的故障检修说明以下几个问题。

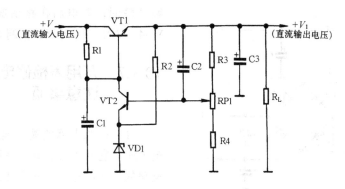

图 10-8　调整管稳压电路

（1）无直流输出电压 $+V_1$ 故障。

如果测得直流输出电压 $+V_1$ 为零，则测量直流输入电压 $+V$，若此电压也为零，说明故障与这一稳压电路无关，要检查前面的整流、滤波电路等。若测得 $+V$ 正常，说明故障出在这一稳压电路中，这时可按下列步骤进行检查。

① 测量 VT1 基极直流电压，若基极电压为零，检查 R1 是否开路，C1 是否击穿。若测得 VT1 基极电压略低于 $+V_1$，说明 VT1 发射结开路，可对 VT1 用电阻检查法进行检测。

② 如果 VT1 正常，检测电容 C3 是否击穿。

③ 如果 C3 正常，断电后测量 VT1 发射极对地端电阻，若为接近零，说明稳压电路输出回路存在短路故障，将输出端 $+V_1$ 电路断开后分段检查负载回路，查出短路处，主要注意负载回路中的滤波电容是否击穿，铜箔线路和元器件引脚是否相碰等。

（2）直流输出电压 $+V_1$ 升高故障。

如果测得 $+V_1$ 高于正常值，先调整 RP1，如果调整 RP1 时直流输出电压大小无变化，检查 RP1 及 R3、R4。查 RP1 动片与定片之间接触是否良好。此外，还对下列元器件进行检查。

① 查调整管 VT1 的集电极与发射极之间是否击穿。

② 检测比较放大管 VT2。

③ 检查稳压电路的负载是否断开。

④ 测量直流输出电压 $+V_1$ 是否升高。

⑤ 检查电阻 R1 是否阻值变小。

⑥ 检查 VT2 是否截止。

⑦ 检查 R2 和 VD1 是否开路。

（3）直流输出电压 $+V_1$ 变小故障。

关于这一故障主要检查以下元器件。

① 调整 RP1 动片试一试，检测它是否存在动片与定片之间接触不良故障。

② 检测 C1 和 C3 是否存在漏电故障，可进行代替检查。

③ 检测 VT1 是否存在内阻大问题，检测 VT2 是否处于饱和状态。

④ 检测 R4 是否开路，检测 R3 是否阻值变小。

⑤ 检测 VD1 是否击穿。

⑥ 测量直流输出电压 $+V_1$ 是否偏低。

⑦ 检查稳压电路的负载是否太重，即测量 $+V_1$ 端对地电阻是否偏小。

10.1.6　万用表检修实用电源电路故障

这里以图 10-9 所示的电源电路为例，从整体上介绍检查电源电路故障的步骤和方法。电路中，T1 是电源变压器，它共有两组二次绕组，VD1 构成半波整流电路，C1 是滤波电容，$+V_1$ 是这一组整流、滤波电路的直流输出电压。VD2 ～ VD5 构成另一组能够输出正、负电压的全波整流电路，C2、C3 分别是两个整流电路的滤波电容，$+V$ 是正极性直流电压，$-V$ 是负极性直流电压。这里要注意，4 只二极管不是构成桥式整流电路。这一电源电路能够输出 3 组直流电压。

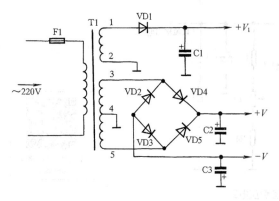

图 10-9　电源电路

关于这一电源电路中各部分单元电路的故障检查基本步骤和方法与前面介绍的相同，不同之处说明如下。

（1）这一电源电路能够输出 3 组直流电压，所以当某一组直流输出电压出现问题时，要测量一下其他各组的直流电压输出情况，以便分析故障的产生部位。当 3 组电压均有相同问题时，说明问题出在电源变压器的一次回路中，如果不是同时出现相同问题时，就是在有问题的这组二次回路中。

（2）对于屡烧熔丝故障，首先确定是哪一个二次回路存在短路故障，将二次绕组的 1 端断开，若不烧熔丝了，说明是这一二次回路存在短路故障，否则是另一个二次回路存在短路故障。当下面一级二次绕组存在短路时，除前面介绍的检查项目外，还要用电阻法在路检测 4 只整流二极管中是否有一只击穿，因为当某一只二极管击穿后，二次绕组 3、5 端之间的交流电压有半周是短路的。

（3）当出现 3 组直流电压输出均为零故障时，直观检查熔丝 F1 是否熔断，用电阻法检测 T1 的一次绕组是否开路。

（4）当出现直流电压 $+V_1$ 正常，而 $+V$ 和 $-V$ 均为零故障时，用电阻法检测变压器中心抽头④脚是否接地良好。

（5）当出现直流电压 $+V$ 正常，而 $-V$ 为零故障时，断电后在路情况下用电阻法检测 VD2、VD3 是否开路，检测 C3 是否击穿。

（6）当出现直流电压 $-V$ 正常，而 $+V$ 为

零故障时，断电后在路情况下用电阻法检测 VD4、VD5 是否开路，检测 C2 是否击穿。

10.1.7　万用表检修电源电路故障注意事项

（1）电源电路的输入电压是 220V 交流市电电压，它对人身有触电危险，所以检修电源电路的输入回路时，一定要注意安全问题。如果更换了电源变压器，一定要包好变压器一次绕组的接线点，以防止短路或碰到其他元器件。

（2）电源电路的变化比较多，不同的电路有不同的检查方法，不一定要求完全按照上面介绍的去检查，但在初学时由于对电源电路故障检查方法的不了解，可以按部就班地去做，待有了修理经验后，有许多检查步骤是可以省去的，检查的顺序根据具体故障现象也可以调整。

（3）屡烧熔丝故障不可为了通电检查而用更大熔断电流的熔丝代用，更不能用铜丝去代替熔丝，否则会烧坏电路中某些元器件，不但不能修理故障，反而会扩大故障范围。

（4）在更换整流二极管时，新装上的二极管要注意正、负极性，接反了会使电路短路。在更换滤波电容时，也要注意它的正、负极性，如果接反了电解电容器可能会爆炸，这很危险。

（5）二极管、滤波电容器进行代替检查时，若怀疑它们是开路故障，可不拆下二极管，再用一只二极管、电容器直接焊在背面焊点上，但怀疑是击穿故障时，一定要先拆下原来的二极管、电容器。

（6）在测量直流输出电压时，万用表切不可在电流挡测量直流电压。

（7）当电源变压器的外壳带电时，说明变压器的一次绕组与铁芯之间的绝缘已经不好了，要及时更换电源变压器。

（8）一般电源变压器的一次绕组引线接点是用绝缘套管套起来的，在测量时要去掉这一套管，但测量完毕要及时套好，以保证安全。

（9）电源变压器的一次回路有 220V 的交

流市电，检查中要注意安全。金属零部件不要落到电源电路的线路板上，否则会造成短路故障。

（10）检查电源电路过程中，不要使直流电压输出端与地线之间短路。

（11）电源电路中故障发生率比较高的是：滤波电容漏电、击穿，整流二极管开路，并联在整流二极管上的小电容击穿，熔丝熔断。

10.1.8　万用表检修开关电源电路故障

⚠ 重要提示

许多电子电器采用开关电源电路，在彩色电视机中它是故障多发点，这种电源有以下两大特点。

（1）不用电源变压器，对 220V 交流市电直接整流，这使得电路板的地线或部分地线（底板）带电，给调试和维修带来不便。

（2）采用开关型稳压电路，使电源电路复杂化，加上各种保护电路设在开关电源中，给检修带来诸多不便。

开关电源稳压电路中的开关管工作在饱和、截止的开关状态。

1．开关电源电路故障与检修

在彩色电视机中，开关电源电路出故障时必定出现无光栅、无伴音故障。彩色电视机的开关电源故障发生率比较高，与行扫描电路的故障发生率基本相同，所以对开关电源电路的检查是修理彩色电视机的重要一环。

2．四步法检查开关电源电路

（1）测量整流、滤波电路输出端的非稳定直流电压。

测量开关管集电极上的直流电压，一般为 250～300V。这一电压为零或很小时，说明整流、滤波或交流市电输入回路出了故障；若测量这一直流电压正常，说明交流输入电压、整流和滤波电路工作正常。

（2）测量开关管基极上的直流电压。

测量这一电压为 −0.2V 左右，说明开关管已进入振荡状态，开关管、振荡电路、开关变压器电路工作正常；若测量开关管基极电压为零，则说明启动电路中的电阻有开路现象，可一一检查启动电路中的元器件；若测量开关管基极上的直流电压为 +0.2V 左右，说明启动电路正常，正反馈电路出现开路故障，此时检查正反馈电路中的阻容元件及开关变压器的反馈线圈是否开路。若经上述检查仍然没有发现问题，可以更换开关管试一试。

（3）确定故障出在稳压电路还是出在负载电路的方法。

测量稳压电路主直流电压输出端的直流电压，若比正常值高出 20V 左右，说明稳压电路出了故障；若测量直流电压为零或很低，则断开主直流电压输出端，用假负载（220V、60W 灯泡）接在输出端与地之间，再测量这一直流电压。若恢复正常，说明负载电路存在短路故障；若电压仍然低或为零，说明稳压电路出了故障。

16. 有源音箱套件电路详解 16

（4）确定行逆程脉冲是否加到电源电路的方法。

测量主直流电压输出端直流电压，若这一直流电压比正常值略低，且听到"吱吱"的叫声，说明行逆程脉冲没有加到开关电源电路，可检查行逆程脉冲供给电路中的阻容元件是否开路。

3．开关电源主要单元电路故障检修方法

（1）消磁电路检修。

消磁电路的主要故障是消磁电阻短路，此时将出现无光栅、无伴音故障，一般是熔丝管玻璃壳炸裂，通过测量消磁电阻的阻值可发现故障所在。

（2）整流二极管损坏。

这时出现无光栅、无伴音故障，熔丝一般不炸裂，但管壳烧黑，可测量整流二极管的正向和反向电阻大小。整流二极管损坏的情况较多，造成这一故障的原因主要是整流电路的负载电路存

在短路故障，所以要检查它的负载电路。

（3）整机滤波电容漏电。

当整机滤波电容漏电时，整流电路输出的非稳定直流电压低，并且整流二极管有发热现象。在更换滤波电容时要注意：一是耐压不能低；二是焊接时的引脚极性切不可接反，否则会发生新换上滤波电容爆炸事故。

（4）开关管击穿。

这是常见故障之一，若是调频式开关电源电路则不会熔断熔丝，若是调宽式开关电源电路则会熔断熔丝。测量开关管集电极与发射极之间的电阻可以确定开关管是否击穿。

10.2　万用表检修单级放大器和多级放大器电路故障方法

单级放大器是组成一个多级放大器系统的最小放大单元，检查多级放大器电路时是通过一些简单的检查，将故障范围压缩到某一个单级放大器电路中，所以检查单级放大器电路是检修电路故障的基础。这里介绍几种常见单级放大器电路的故障检修方法。

> ⚠️ **重要提示**
>
> 多级放大器电路是由几级单级放大器通过级间耦合电路连接起来的，根据级间耦合电路的不同，检修多级放大器电路的方法也有所不同。

10.2.1　万用表检修单级音频放大器电路故障

这里以图 10-10 所示的单级音频放大器电路为例，介绍对单级音频放大器电路故障的检修方法。电路中，VT1 接成共发射极放大器电路，R1 是 VT1 基极偏置电阻，R2 是集电极负载电阻，R3 是发射极负反馈电阻，R4 是滤波、退耦电阻。C1 是输入端耦合电容，C2 是滤波、退耦电容，C3 是 VT1 发射极旁路电容，C4 是输出端耦合电容，U_i 是音频输入信号，U_o 是经过这一放大器放大后的音频输出信号。

1. 单级音频放大器电路故障种类

单级音频放大器电路故障主要有以下几种。

（1）无信号输出（无声）故障。

放大器的输入信号 U_i 输入正常，但放大器没有信号输出，这时放大器电路表现为无声现

象。这是音频放大器电路中最为常见的一种故障，其故障处理也是比较简单的。

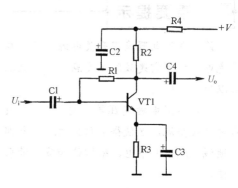

图 10-10　单级音频放大器电路

（2）输出信号 U_o 小（声音轻）故障。

当放大器有信号输出但比正常值要小时，放大器电路表现为声音轻现象，这也是音频放大器电路的常见故障之一，一般情况下这种故障的处理难度要比无声故障大些，特别是对于声音略轻故障，由于一般情况下受修理仪器设备的限制，检修起来比较困难。

（3）噪声大故障。

噪声大故障就是放大器有信号输出（或没有信号输出），但在输出信号的同时还有较大的噪声输出。从处理难度上讲，这一故障要比前两种故障困难一些，主要是检修仪器跟不上。噪声大故障根据噪声的具体表现形式，也可以分成许多种故障。

（4）非线性失真大故障。

当给音频放大器输入标准正弦信号时，经放大器放大后输出的信号不是正弦信号了，这说明放大器电路出现了非线性失真。在只有万

用表检修情况下，对这一故障的检修相当困难。

下面以这一单级音频放大器电路为例，介绍上述几种故障的具体检查步骤和方法。

2. 无声故障

（1）无声故障部位确定方法。

当干扰放大器输出端（即图中的耦合电容 C4 负极）时，扬声器中的干扰响声正常，再干扰输入端（C1 负极）时，无响声，这说明无声故障出在这一级放大器电路中。如果上述检查不是这样的结果，则说明无声故障与本级放大器电路无关。

（2）测量直流工作电压 +V。

用万用表直流电压挡测量电路中 +V 端的直流电压，这是在测量该级放大器电路的直流工作电压，此点的直流电压应为几伏（视具体电路作出估计）。若测得的电压为零，断开 C2 后再次测量，若恢复正常，则说明 C2 击穿，若仍然为零，则说明是直流电压供给电路出了问题，检查这一电压送来的电路，放大器电路本身可以不必去检查了。

（3）运用干扰检查法。

在测量直流电压 +V 正常后，用干扰检查法干扰 VT1 集电极，输出端（C4 之后）没有干扰信号输出时，用代替法检查 C4 是否开路，无效后重新熔焊 C4 的两根引脚焊点。上述检查无效后干扰 VT1 基极，输出端没有干扰信号输出时做下一步检查。

（4）测量 VT1 各电极直流工作电压。

在上述检查之后，可以进行 VT1 各电极直流工作电压的检查。先测量集电极电压 U_C，再测量基极电压 U_B，最后测量发射极电压 U_E，这 3 个电压之间的关系对于 NPN 型三极管而言，是 $U_C > U_B > U_E$，其中 U_B 应比 U_E 大 0.6V 左右（硅三极管）。若不符合上述关系，说明这一放大器电路存在故障。关于测得各电极直流电压的情况说明如下。

① 如果测得 U_C=0V，用电阻法检查 R2 和 R4 是否开路或假焊。

② 若 U_C=+V，用直观检查法检查 VT1 集电极是否与 +V 端相碰。

③ 若测得 U_B=0V，用电阻法检查 R1 是否

开路或假焊。

④ 若测得 U_E=0V，用电阻法检测 VT1 的发射结是否开路或 C3 是否击穿、R3 是否短路。

⑤ 若测得 U_B=U_E，用电阻法检测 R2 是否开路。

⑥ 若测得 U_{CE}=0.2V（测量集电极与发射极之间的电压），说明三极管饱和，用电阻法检查 R1 是否太小或两根引脚是否相碰。

⑦ 若测得 U_{CE}=0V，用电阻法在路测量 VT1 集电极与发射极之间是否击穿。

（5）检查输入回路。

若干扰 VT1 的基极时输出端有干扰信号输出，可再干扰输入端（C1 的左端）；若输出端无干扰信号输出，重新熔焊 C1 的两根引脚焊点，无效后用代替法检查 C1 是否开路。

3. 声音轻故障

（1）声音轻故障部位确定方法。

当干扰放大器输出端时，干扰响声正常，而干扰输入端时声音轻，这说明声音轻故障出在这一级放大器电路中。对于声音轻故障，说明放大器电路是能够工作的，只是增益不足，所以检查的出发点与无声故障的检查有所不同。

1.认识收音机中元件 1

（2）检查发射极旁路电容 C3。

用代替法检查发射极旁路电容 C3 是否开路，因为当 C3 开路时，R3 将存在交流负反馈作用，使这一级放大器的放大倍数下降，导致声音轻。当出现声音很轻故障时，检查旁路电容 C3 是没有意义的，因为 C3 开路后只会造成声音较轻故障，不会造成声音很轻的故障现象。

（3）测量直流工作电压 +V。

测量直流工作电压 +V 是否低（在没有具体电压数据时这一检查往往效果不明显），若低，断开 C2 后再次测量，恢复正常的话是 C2 漏电（更换之），否则是电压供给电路故障。

当放大器的直流工作电压偏低时，导致放大管的静态偏置电流减小，放大管的电流放大倍数 β 下降，使放大器增益下降，出现声音轻故障。但是，当直流工作电压太低时，由于

VT1 进入截止状态，所以会出现无声故障而不是声音轻。

（4）测量 VT1 集电极直流工作电流。

在上述检查无明显异常情况或不能明确说明问题时，应测量 VT1 的集电极电流 I_C，在没有三极管静态电流数据的情况下，这一检查很难说明问题。I_C 的大小视具体放大器电路而定，但 I_C 太大，说明三极管接近进入饱和区（放大器增益下降），用电阻法查 R1 阻值是否太小，用代替法查 C3 是否漏电，用电阻法查 R3 是否阻值变小。I_C 太小，说明三极管工作在接近截止区（放大器增益也要下降），用电阻法查 R1、R3 是否阻值变大或引脚焊点焊接不良。

上述检查无收效时更换 VT1 试一试。

4．噪声大故障

（1）噪声大故障部位确定方法。

当将输出端耦合电容 C4 断开后电路无噪声（重新焊好 C4），再断开 C1 时噪声仍然存在时，说明噪声大故障出在这一放大器电路中。

（2）检修方法。

对于噪声大故障，可能同时伴有其他故障，如还存在声音轻故障，此时可以按噪声大故障检查，也可以按声音轻故障处理，一般以噪声大故障检查比较方便。对于这一故障的检查步骤和方法如下。

① 重新熔焊 C1、C4、VT1 的各引脚。

② 将 C3 脱开电路，若噪声消失，说明 C3 漏电，更换之。

③ 更换三极管 VT1 试一试。

④ 更换 C1、C4 试一试。

⑤ 测量 VT1 的集电极静态工作电流，若偏大，用电阻法查 R1、R3 的阻值是否变小了（可能是焊点相碰、铜箔毛刺相碰等）。

5．非线性失真故障

这种故障只能通过示波器观察输出端的输入信号波形才能发现。示波器接在输出端观察到失真波形，而接在输入端时波形不失真，这说明非线性失真故障出在这一放大器电路中，这时主要检查 VT1 的集电极静态工作电流是否偏大或偏小，更换三极管 VT1 试一试。

⚠ 重要提示

（1）对单级音频放大器电路的电压测量次序应该是 +V 端、U_C、U_B 和 U_E，在这一测量过程中有一步的电压异常时，故障部位就发现了，下一步的测量就可以省去。

（2）对直流工作电压 +V 的检查在不同故障时的侧重点是不同的，无声故障时查该电压有没有，声音轻时查它是否小，噪声大时查它是否偏大。

（3）对三极管的检查方法是：无声时查它是否开路或截止、饱和，集电极与发射极之间是否击穿；声音轻时查它的电流放大倍数是否太小，集电极静态工作电流是否偏大或偏小。

（4）对电容器的检查主要是检查其是否漏电、容量变小。

（5）电阻器在单级音频放大器电路中的故障发生率很低，因为这种电路工作在小电流、低电压下，流过电阻器的电流不大。

（6）根据修理经验，当出现无声故障时，主要测量电路中的直流电压来发现问题，出现声音轻故障时主要查三极管的电流放大倍数，出现噪声大故障时主要查三极管本身及它的静态工作电流是否太大，查元器件引脚是否焊接不良，查电解电容器是否漏电。

10.2.2 万用表检修单级选频放大器电路故障

这里以图 10-11 所示的单级选频放大器电路为例，介绍这种放大器电路的故障检修方法。电路中，VT1 是放大管，构成共发射极放大器电路。R1 是上偏置电阻，R2 是下偏置电阻，R3 是发射极负反馈电阻，T1 是变压器，C1 是输入端耦合电容，C3 是滤波、退耦电容。C2

与 T1 的一次绕组构成 LC 并联谐振回路（设谐振频率为 f_0），作为 VT1 的集电极负载。U_i 是输入信号，U_o 是输出信号，其频率为 f_0，因为这一放大器只放大频率为 f_0 的信号。

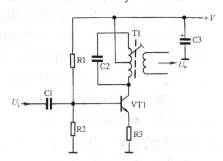

图 10-11　单级选频放大器电路

关于这一单级选频放大器电路的故障检查步骤和具体方法说明如下。

1. 无信号输出故障

干扰放大器输出端（T1 二次绕组的上端），干扰信号大小输出正常（可以通过后级电路中的扬声器来监听干扰声，也可以用示波器接在这一放大器的输出端，通过观察输出信号波形有无或其大小来监视干扰结果），而干扰输入端（C1 的左端）时无干扰信号输出，这说明无信号输出故障出在这一级放大器电路中，对这种故障的检查顺序如下。

（1）测量直流工作电压 +V。若测得的电压为零，断开 C3 后再次进行测量，若恢复正常，说明 C3 击穿，若仍然为零，说明直流电压供给电路出问题，放大器本身可以不必去检查了。

（2）用电阻法测量 T1 的二次绕组是否开路。

（3）在测得直流电压 +V 正常后，用干扰检查法干扰 VT1 基极，输出端没有干扰信号输出时做下一步检查。

（4）测量 VT1 各电极直流工作电压。若测得 $U_C=0V$，用电阻法检查 T1 的一次绕组是否开路或假焊。若测得 $U_C=+V$，说明集电极直流电压正常，因为 T1 的一次绕组直流电阻很小。若测得 $U_B=0V$，用电阻法检查 R1 是否开路或假焊；若测得 U_B 大于正常值，用电阻法检查 R2 是否开路或假焊。若测得 $U_E=0V$，用电阻法检测 VT1 的发射结是否开路。若测得 U_{CE} 为 0.2V 左右，用电阻法检查 R2 是否开路。

（5）若干扰 VT1 基极时输出端有干扰信号输出，可再干扰输入端（C1 的左端），若输出端无干扰信号输出，可重新熔焊 C1 的两根引脚焊点，无效后用代替法查 C1 是否开路。

（6）上述检查无效后，用电阻法检查 C2 是否失效，可进行代替检查。

（7）必要时进行 T1 电感量的调整。

2. 输出信号小故障

当干扰放大器输出端时干扰信号输出正常，而干扰输入端时干扰信号输出小，这说明输出信号小的故障出在这一级放大器电路中，这一故障的检查顺序如下。

2. 认识收音机中元器件 2

（1）在有信号输出的情况下调整 T1 的电感量，使信号输出量大。

（2）测量直流电压 +V 是否偏低。

（3）更换三极管 VT1 试一试。

3. 噪声大故障

断开 T1 二次绕组后无噪声（再焊好 T1），再断开 C1 时噪声仍然存在时，说明噪声大故障出在这一放大器电路中，这种故障的检查顺序如下。

（1）重新熔焊 C1，无效时更换试一试。

（2）用代替法检查 VT1。

> ⚠️ **重要提示**
>
> （1）这种放大器不是音频放大器，往往是中频放大器，所以在放大器输出端不能听到音频信号的声音，可用真空管毫伏表监测，也可利用整机电路中的低放电路监听。
>
> （2）对于变压器电感量的调整要注意，一般情况下不要随便调整，必须调整时，调整前在磁芯上做一个记号，以便在调整无效时可以恢复到原来的状态。
>
> （3）这种放大器电路工作频率比较高，所以滤波、退耦电容的容量比较小，小电容器的漏电故障发生率没有电解电容器高。

10.2.3 万用表检修阻容耦合多级放大器电路故障

这里以图 10-12 所示的双管阻容耦合放大器电路为例介绍双管阻容耦合放大器电路的检修方法。电路中，两级放大器之间采用耦合电容 C3 连接起来，VT1 构成第一级放大器，VT2 构成第二级放大器，两级都是共发射极放大器电路。R1 是 VT1 的偏置电阻，R2 是 VT1 的集电极负载电阻，R3 是 VT1 的发射极负反馈电阻，R4 是级间退耦电阻，R5 是 VT2 的上偏置电阻，R6 是 VT2 的下偏置电阻，R7 是 VT2 的集电极负载电阻，R8 是 VT2 的发射极电阻。C1 是滤波、退耦电容，C2 是输入端耦合电容，C3 是级间耦合电容，C4 是输出端耦合电容。U_i 是输入信号，U_o 是经过两级放大器放大后的输出信号。

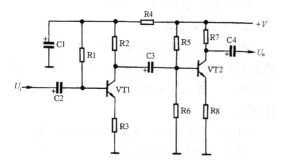

图 10-12　阻容耦合多级放大器电路

1. 无声故障

当干扰 C4 右端时干扰响声正常，而干扰输入端（C2 左端）时无干扰响声，说明无声故障出在这两级放大器电路中，这一故障的检查步骤和具体方法如下。

（1）干扰 VT2 集电极，若输出端有干扰信号输出，说明 VT2 集电极之后的电路工作正常。再干扰 VT2 基极，若干扰响声更大，说明 VT2 基极之后的电路正常。若干扰时输出端没有干扰信号输出，说明故障出在 VT2 放大级电路中，进一步的检查方法同前面介绍的单级放大器电路相同。

（2）在干扰检查 VT2 放大级正常后，再干扰 VT1 集电极，若干扰时的响声与干扰 VT2 基极时大小一样，说明 VT1 集电极之后的电路工作正常。若无干扰响声，可重新熔焊 C3 两引脚，无效时用代替法检查 C3。

（3）在干扰检查 VT1 集电极电路工作正常之后，下一步干扰检查 VT1 基极，若干扰响声比 VT1 集电极时更大，说明 VT1 基极之后的电路工作正常，若没有响声则是 VT1 放大级出现故障，用前面介绍的单级音频放大器电路检查方法对 VT1 放大级做进一步检查。

（4）在干扰检查 VT1 基极正常后，干扰输入端（C2 左端），若没有干扰响声，可重新熔焊 C2 两引脚，无效时用代替法检查 C2。若干扰响声与 VT1 基极一样响，说明这一多级放大器电路没有故障。

2. 声音轻故障

当干扰 C4 右端时干扰响声正常，而干扰输入端（C2 左端）时干扰响声轻，说明声音轻故障出在这两级放大器电路中。若声音很轻，其检查方法同无声故障一样，采用干扰检查法将故障范围缩小到某一级电路中，然后再用前面介绍的单级音频放大器电路声音轻的故障检查方法检查。若声音只是略轻，可以用一只 20μF 的电解电容器并联在 R3 上，或并联在 R8 上试一试。

3. 噪声大故障

当断开 C4 后无噪声，焊好 C4 后再断开 C2，此时噪声出现的话，说明噪声大故障出在这两级放大器电路中，这一故障的检查步骤和具体方法如下。

（1）将 VT2 的基极与发射极之间用镊子直接短接，若噪声消失，再将 VT1 的基极与发射极之间直接短接，若噪声出现，说明噪声故障出在 VT2 放大器电路中，用前面介绍的单级音频放大器电路的噪声大故障检查方法检查。

（2）若直接短接 VT1 基极与发射极之后噪声也消失，将电容 C1 断开电路，若此时噪声出现，则噪声故障出在 VT1 放大器电路中，用前面介绍的噪声大故障检查方法检查。

4. 非线性失真大故障

当用示波器接在输出端出现非线性失真波形，再将示波器接在输入端没有失真时，说明这两级放大器电路中存在非线性失真大故障，此时将示波器接在 VT1 集电极上，若波形失真说明故障出在 VT1 放大器电路中，若波形没有失真的话，说明故障出在 VT2 放大器电路中，用前面介绍的单级音频放大器电路非线性失真大的故障检查方法检查。

> **⚠ 重要提示**
>
> （1）由于级间耦合采用电容器，所以两级放大器电路之间的直流电路是隔离的，可以通过干扰检查法、短路检查法将故障范围进一步缩小到某一级放大器电路，这样就同单级放大器电路的故障检查一样。
>
> （2）无声和声音轻故障用干扰检查法缩小故障范围，噪声大故障用短路检查法缩小故障范围。
>
> （3）对声音略轻故障，采用干扰检查法缩小故障范围是无效的，此时可采取辅助措施，如在 VT1 发射极电阻 R3 上并联一只 20μF 的发射极旁路电容，以减小这一级放大器的交流负反馈量，提高放大器增益，达到增大输出信号的目的。

10.2.4 万用表检修直接耦合多级放大器电路故障

这里以图 10-13 所示的直接耦合多级放大器电路为例，介绍直接耦合多级放大器电路的检修方法。电路中，VT1 集电极与 VT2 基极之间直接相连，这是直接耦合电路。电路中，VT1 构成第一级放大器，VT2 构成第二级放大器，R1 是 VT1 的集电极负载电阻，同时也是 VT2 的上偏置电阻，R2 是 VT1 的发射极负反馈电阻，R3 是 VT1 的偏置电阻，R4 是 VT2 的集电极负载电阻，R5 是 VT2 的发射极负反馈电阻。C1 是输入端耦合电容，C3 是输出端耦合

电容，C4 是 VT2 发射极旁路电容，U_i 是输入信号，U_o 是经过两级放大器放大后的输出信号。

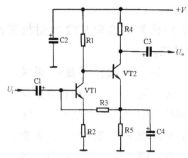

图 10-13　直接耦合多级放大器电路

1. 无声故障

当干扰 C3 右端时干扰响声正常，而干扰输入端（C1 左端）时无干扰响声，说明无声故障出在这两级放大器中，检查步骤和具体方法如下。

（1）测量直流工作电压 +V，若该电压为零，断开 C2 后再次测量，若恢复正常的话更换 C2，否则是直流电压供电电路故障，与这两级放大器电路无关。

（2）测量 VT2 的集电极直流电压，若等于 +V，再测量 VT2 的基极直流电压，若为零，用电阻法检查 R1 是否开路，无效后重焊 R1、VT2 各引脚。若 VT2 的基极上有电压，用电阻法检查 VT2 的发射结是否开路，检测 VT2 两个 PN 结的正向和反向电阻是否有开路故障。

3. 认识收音机中元件 3

（3）若测得 VT2 集电极电压低于正常值，用电阻法检查 VT1 是否开路、是否截止，若测得 VT1 基极电压为零，用电阻法查 R3 是否开路、C4 是否击穿。测得 VT1 基极有电压时，用电阻法检测 VT1 是否开路、R2 是否开路。

（4）在 VT1、VT2 各电极直流电压检查均正常时，主要是用代替法检查 C1、C3 是否开路。

2. 声音轻故障

当干扰 C3 右端时干扰响声正常，而干扰输入端（C1 左端）时干扰响声轻，说明声音轻故障出在这两级放大器电路，这一故障的检查步骤和具体方法如下。

（1）测量直流工作电压 +V，若该电压低，

断开 C2 后再次测量，若恢复正常的话更换 C2，否则是直流电压供电电路故障，与这两级放大器电路无关。

（2）用代替法检查 VT2 发射极旁路电容 C4 是否开路。

（3）若声音轻故障不是很明显，即声音轻得不太多，可用一只 20μF 电解电容并联在 VT1 发射极电阻 R2 上（正极接 VT1 发射极），通过减小 VT1 放大器交流负反馈来提高增益。

（4）若故障表现为声音很轻，通过上述检查后可像检查无声故障一样检查 VT1、VT2 放大器电路，但不必怀疑 C1、C3 开路。

3. 噪声大故障

当断开 C3 后噪声消失，再接好 C3 后断开 C1，若噪声仍然存在，说明噪声大故障出在这两级放大器电路，这一故障的检查步骤和具体方法如下。

（1）重新熔焊 C1、C3、VT1、VT2 各引脚。

（2）用代替法检查 C1、C3、VT1、VT2。

（3）用代替法检查 C4。

⚠ **重 要 提 示**

（1）由于两级放大器电路之间采用直接耦合，VT1、VT2 两管各电极的直流电压是相互联系的，当两只三极管电路中有一只三极管的直流电压发生变化时，在 VT2 的各电极直流电压上都能够反映出来，所以检查中主要是测量 VT2 的各电极直流电压。

（2）由于两只三极管的直流电路相互关联，所以要将这两级放大器电路作为一个整体来检查，而不能像阻容耦合多级放大器那样，通过干扰法或短路法将故障再缩小到某一级放大器中。

（3）当 R1、R2、R3、R4、R5 和 VT1、VT2 中的任一个元器件出现故障时，VT1、VT2 两管的各电极直流电压都将发生改变，这给电路检查带来了许多不便，所以检查直接耦合放大器电路比检查阻容耦合多级放大器电路要困难得多，当直接耦合的级数更多时，检查起来更加困难。

（4）当测得 VT2 有集电极电流而 VT1 没有集电极电流时，用电阻法查 R3 和 R2 是否开路、VT1 是否开路。当测得 VT1 有集电极电流而 VT2 没有集电极电流时，用电阻法查 R4 是否开路。

10.2.5 万用表检修差分放大器电路故障

检查差分放大器电路故障有效的方法是：分别测量两只三极管的集电极直流工作电压，图 10-14 是检修时的接线示意图。如果两只三极管集电极直流工作电压相等，说明差分放大器直流电路工作正常，只需要检查电路中的电容是否开路即可。如果两只三极管集电极直流工作电压不相等，说明差分放大器直流电路工作不正常，要检查电路中的电阻、三极管和电容是否有漏电等故障。

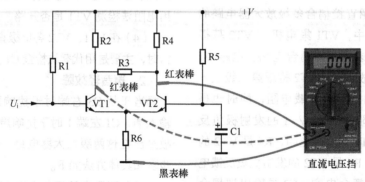

图 10-14　数字式万用表测量差分放大器时接线示意图

10.2.6 万用表检修正弦波振荡器故障

图 10-15 是万用表测量正弦波振荡器时接线示意图，检修时使用数字式万用表。

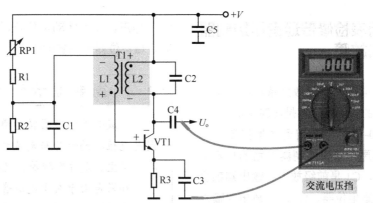

图 10-15 数字式万用表测量正弦波振荡器时接线示意图

关于正弦波振荡器的故障处理方法主要说明以下几点。

（1）在没有示波器测量仪器的情况下，主要检查方法是测量振荡管 3 个电极上的直流电压是否正常，因为振荡管的直流电压不正常时振荡器就不能正常工作。

（2）如果振荡频率不是很高，可以用数字式万用表的交流电压挡测量振荡器振荡信号输出端，以粗略估计振荡器是否能够输出振荡信号，图 10-15 是测量时的接线示意图。给振荡器电路通电，如果测量结果有交流信号电压，可以粗略说明振荡器工作正常，否则说明振荡器没有振荡信号输出。

> ⚠ **重要提示**
>
> 如果具备示波器，则检查振荡器电路故障就比较方便，可以直接观察振荡器输出端是否有振荡信号输出，图 10-16 是测量时接线示意图。示波器两根测量引线中的一根接振荡器输出端，另一根接电路中的地线，测量时给振荡器通电，使之进入工作状态。
>
>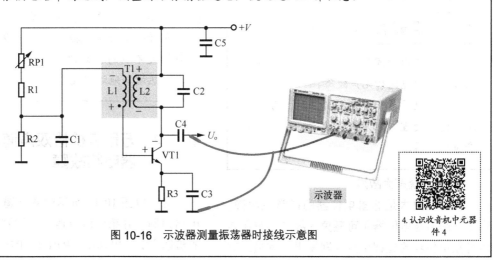
>
> 4.认识收音机中元器件 4
>
> 图 10-16 示波器测量振荡器时接线示意图

10.3 万用表检修音量控制器、音频功率放大器和扬声器电路故障方法

10.3.1 万用表检修普通音量控制器电路故障

音量控制器电路是音频放大系统中的常用电路，这一电路的故障发生率是比较高的。

这里以图 10-17 所示的普通音量控制器电路为例，介绍单声道音量控制器电路的故障检修方法。电路中，C1 是前级放大器输出端耦合电容，RP1 是音量电位器，C2 是低放电路输入端耦合电容，音量电位器处于前置放大器和低放电路之间。

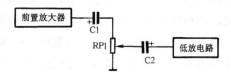

图 10-17 普通音量控制器电路

1. 无声故障

将音量电位器调到最大音量位置，干扰其动片时扬声器中有很响的干扰响声，再干扰电位器的热端时扬声器中无声，这说明无声故障出在音量控制器电路中。对这一故障主要用电阻法检测电位器动片与碳膜之间是否开路，即测量动片引脚与另一根引脚之间是否开路。

> **重要提示**
>
> 对于使用时间较长的机器，音量电位器最容易出现这种无声故障。
>
> 音量电位器出现这种故障时，可以先进行清洗处理，在清洗无收效时可以更换音量电位器。

2. 转动噪声大故障

转动噪声大是音量电位器的最常见故障，也是一般音量电位器不可避免的故障。若在转动音量电位器的过程中扬声器发出"喀啦、喀啦"噪声，而不转动电位器时无此噪声，则说明音量电位器存在转动噪声大故障。

> **重要提示**
>
> 造成音量电位器转动噪声大的主要原因是电位器的动片与定片之间接不好，如存在灰尘、定片磨损等情况。
>
> 如果是由于灰尘造成音量电位器转动噪声大故障，可以通过清洗电位器来解决这一问题。对于磨损造成的转动噪声大故障，最好是更换电位器。

3. 音量无法控制且声音最大故障

当调整音量电位器时音量大小没有变化，声音一直处于最大状态，此时直观检查电位器的地端引线是否开路，无效时用电阻法检测地端引脚与另一根引脚之间是否开路。

> **重要提示**
>
> （1）音量控制器电路主要出现上述几种故障。
>
> （2）这一电路最常见的故障是电位器转动噪声大。
>
> （3）在更换音量电位器后若出现电位器刚开一些音量就很大，进一步开大时音量增大不多的现象时，说明将新换上电位器的热端与地端搞反了。

10.3.2 万用表检修双声道音量控制器电路故障

这里以图 10-18 所示的双声道音量控制器电路为例，介绍对双声道音量控制器电路故障的检修方法。电路中，RP1-1、RP1-2 是双联同

轴电位器,分别作为左、右两个声道的音量电位器。

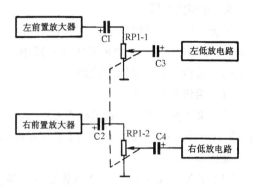

图 10-18 双声道音量控制器电路

关于这一音量控制器电路故障的检修,主要说明以下几点。

(1)这一电路的检修同单声道电路是基本相同的。

(2)这一电路若出现两个声道同时无声等相同的故障时,主要是用直观检查法查电位器的引线接插件是否松动、脱落,看是转动音量电位器时噪声大故障,还是电位器本身的故障。

(3)当某一个声道出现各种故障时,检查方法与前面介绍的相同。

10.3.3 万用表检修变压器耦合推挽功率放大器电路故障

在一个音频放大系统中,功率放大器电路工作在最高的直流工作电压、最大的工作电流下,所以这部分电路的故障发生率远比小信号放大器电路要高。下面介绍分立元器件功率放大器电路的故障检查步骤和方法。

这里以图 10-19 所示的变压器耦合推挽功率放大器电路为例,介绍对这种电路的故障检修方法。电路中,VT1、VT2 两管构成推挽输出级放大器,T1 是输入耦合变压器,T2 是输出耦合变压器,BL1 是扬声器,R1 和 R2 为两只放大管提供静态偏置电流,C1 是旁路电容,R3 是两管共用的发射极负反馈电阻,C2 是电源电路中的滤波电容。

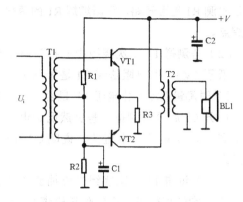

图 10-19 变压器耦合推挽功率放大器电路

1. 完全无声故障

这是功率放大器电路,所以会出现完全无声故障,对这一故障的检查步骤和具体方法如下。

(1)用电压检查法测量直流工作电压 +V,若为零,断开 C2 后再次测量,若仍然为零说明功率放大器电路没有问题,需要检查电源电路。若断开 C2 后恢复正常,则是 C2 击穿,更换 C2。

5.认识收音机中元器件5

(2)用电压检查法测量 T2 一次绕组中心抽头上的直流电压,若为零,说明这一抽头至 +V 端的铜箔线路存在开路故障,用电阻法断电后检测铜箔开路处。

(3)若测量 T2 一次绕组中心抽头上直流电压等于 +V,断电后用电阻法检测 BL1 是否开路,检查 BL1 的地端与 T2 二次绕组的地端之间是否开路,检测 T2 的二次绕组是否开路。

(4)上述检查均正常时,用电阻检查法检测 R3 是否开路,重新熔焊 R3 的两根引脚焊点,以消除可能出现的虚焊现象。

2. 无声故障

当干扰 T1 一次绕组热端时,若扬声器中没有干扰响声,说明无声故障出在这一功率放大器电路中,对这一故障的检查步骤和具体方法如下。

(1)用电压检查法测量 T1 二次绕组中心抽头的直流电压,若为零,断开 C1 后再次测量,若恢复正常说明 C1 击穿，若仍然为零，用电阻法检测 R1 是否开路，重新熔焊 R1 的两根引脚焊点。

（2）若测得 T1 二次绕组中心抽头电压很低（低于 1V），用电阻法查 C1 是否漏电，若 C1 正常时测量直流工作电压 +V 是否太低，若低可断开 C2 后再次测量，若仍然低是电源电路故障，若恢复正常电压值，说明 C2 漏电，更换之。

（3）若测得 T1 二次绕组中心抽头的直流电压比正常值高得多，用电阻法检查 R2 是否开路，重新熔焊 R2 的两根引脚焊点。

（4）分别测量 VT1、VT2 两管的集电极静态工作电流，若有一只三极管的这一电流很大时，更换这只三极管试一试。

（5）用电阻检查法检测 T1 的一次和二次绕组是否开路。

3. 声音轻故障

当干扰 T1 一次绕组热端时，若扬声器中的干扰响声很小，说明声音轻故障出在这一功率放大器电路中，若扬声器中有很大的响声，说明声音轻故障与这一功放电路无关。对这一故障的检查步骤和具体方法如下。

（1）用电压检查法测量直流工作电压 +V 是否太低，若太低，主要检查电源电路直流输出电压低的原因。

（2）用电流检查法分别测量 VT1 和 VT2 两管的集电极静态工作电流，若有某只三极管的静态工作电流为零，更换这只三极管；若仍无效，用电阻检查法检测 T2 的一次绕组是否开路。

（3）用一只 20μF 的电解电容并联在 C1 上试一试（负极接地端），若并上后声音明显增大，说明 C1 开路，重新熔焊 C1 的两根引脚焊点，若无效则更换 C1。

（4）用电阻检查法检测 R3 的阻值是否太大（一般为小于 10Ω）。

（5）同时用代替法检查 VT1、VT2。

（6）如果是声音略轻故障，适当减小 R3 的阻值。可以用一只与 R3 阻值相同的电阻器与 R3 并联，但要注意并上的电阻器功率要与 R3 相同，否则会烧坏并上的电阻器。

4. 噪声大故障

断开 T1 一次绕组后若噪声仍然存在，说明噪声大故障出在这一功率放大器电路中，这一故障的检查步骤和具体方法如下。

（1）用代替法检查 C1。

（2）交流声大时用代替法检查 C2，也可以在 C2 上再并一只 1000μF 的电容（负极接地端，不可接反）。

（3）分别测量 VT1、VT2 两管集电极静态工作电流，若比较大（一般在 8mA 左右），分别代替 VT1、VT2，无效后适当加大 R1 的阻值，使两管的静态工作电流减小一些。

5. 半波失真故障

在扬声器上用示波器观察到只有半波信号时，用电流检查法分别测量 VT1、VT2 两管的集电极电流，若一只三极管的集电极为零时更换这只三极管。两只三极管均正常时，用电阻检查法检测 T2 一次绕组是否开路。

6. 冒烟故障

当出现冒烟故障时，主要是电阻 R3 过电流，使电阻 R3 冒烟，这时分别测量 VT1、VT2 两管的集电极静态电流，若都很大，用电阻法检测 R2 是否开路。若只是其中的一只三极管电流大，说明这只三极管已击穿，更换这只三极管。

> **⚠ 重要提示**
>
> （1）VT1、VT2 两管各电极直流电路是并联的，即两管基极、集电极、发射极上的直流电压相等，所以在确定这两只三极管中哪一只开路时，只能用测量三极管集电极电流的方法。
>
> （2）VT1、VT2 两管的性能要求相同，更换其中一只后，若出现输出信号波形正、负半周幅度大小不等，说明换上的三极管与原三极管性能不一致，这时应使两只三极管配对（性能一致）。

（3）由于有输入耦合变压器，所以功放输出级与前面的推动级电路在直流上分开，这样可以将故障压缩到功放输出级电路中。

（4）处理冒烟故障时，先要打开机壳，找到功放输出管发射极回路中的发射极电阻，通电时注视着它，一旦见到它冒烟要立即切断电源。

（5）这种电路中的输入、输出变压器外形相同，分辨它们的方法是：用电阻检查法分别测量两只变压器的两根引脚线圈直流电阻，阻值小的一只是输出变压器。

10.3.4 万用表检修普通扬声器电路故障

⚠ 重要提示

扬声器电路比较简单，其故障检查也简单，这里介绍各种扬声器电路的故障检查方法。在一些 OCL 和 BTL 功率放大器输出回路中，设有扬声器保护电路，这一电路的作用是防止功率放大器出现故障时损坏扬声器。

下面以图 10-20 所示最简单的扬声器电路为例，介绍对扬声器电路故障的检修方法。电路中，C1 是功率放大器输出端的耦合电容，CK1 是外接扬声器插座，BL1 是机器内部的扬声器。

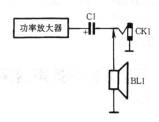

图 10-20　最简单的扬声器电路

1. 完全无声故障

由于电路中设外接扬声器插座，此时可以另用一只好的扬声器（或扬声器系统）插入CK1 中，若插入的扬声器响声正常，说明故障出在扬声器电路中，检查步骤和具体方法如下。

（1）用电阻法检测 BL1 是否开路。

（2）用电阻法检测插座CK1 的动、定片之间是否开路。

（3）用电阻法测量扬声器的接地是否良好，检查扬声器的地线是否与整机电路地线之间开路。

6. 认识收音机中元件 6

2. 声音轻故障

用另一只扬声器插入 CK1 中，若插入的扬声器响声正常，说明声音轻故障出在扬声器电路中，检查步骤和具体方法如下。

（1）用电阻法检测插座 CK1 的动、定片之间的接触电阻是否太大，大于 0.5Ω 就是接触不良故障，可更换 CK1。

（2）直观检查扬声器纸盆是否变形，用代替法检查扬声器。

3. 音质不好故障

将另一只扬声器系统插入 CK1 中，若插入的扬声器系统响声正常，音响效果良好，说明音质不好故障出在扬声器电路中，检查步骤和具体方法如下。

（1）直观检查扬声器纸盆有无破损、受潮腐烂现象。

（2）用代替法检查扬声器。

⚠ 重要提示

（1）用另一只扬声器进行代替检查，可很快确定是否是扬声器电路出了故障。

（2）主要使用电阻检查法和代替检查法。

（3）外接扬声器插座的故障发生率比较高。

（4）扬声器电路的主要故障是完全无声。

（5）图 10-21 所示是另一种不含机内扬声器的电路，CK1 是外接扬声器插座，外部的扬声器通过这一插座与功率放大器电路相连。当这种电路出现完全无声故障时，用电阻法检测 CK1 的地线是否开路；当出现声音轻故障时，用电阻法测量 CK1 的接触电阻是否太大。

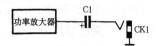

图 10-21　不含机内扬声器的电路

10.3.5　万用表检修特殊扬声器电路故障

图 10-22 所示是一种特殊扬声器电路，电路中 CK1 是扬声器插座，BL1、BL2 是两只型号相同的扬声器，它们是并联的。由于这一电路与图 10-21 所示电路有所不同，所以检查故障时也有不同之处。

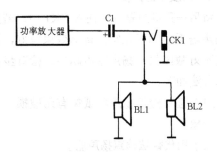

图 10-22　特殊扬声器电路

1．两只扬声器同时完全无声故障

用另一只扬声器系统插入 CK1 中，若插入的扬声器系统响声正常，说明故障出在扬声器电路中，检查步骤和具体方法如下。

（1）用电阻法检测 CK1 的动、定片之间是否开路。

（2）有些电路中 BL1 和 BL2 的地线是通过一根引线接电路总地线的，此时直观检查该地线是否开路。

2．只有一只扬声器完全无声故障

由于另一只扬声器工作是正常的，此时只要用电阻法检测无声的这只扬声器是否开路，注意它的地线是否开路。

> ⚠ **重要提示**
>
> （1）其他故障的检查方法与前面介绍的相同。
>
> （2）由于有两只扬声器并联，可以通过试听功能判别法缩小故障范围，所以检查起来更方便。

10.3.6　万用表检修二分频扬声器电路故障

这里以图 10-23 所示的二分频扬声器电路为例，介绍对二分频扬声器电路故障的检修方法。电路中，C1 是输出端耦合电容，C2 是分频电容，BL1 是低音扬声器，BL2 是高音扬声器。

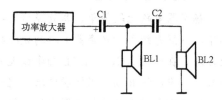

图 10-23　二分频扬声器电路

1．两只扬声器同时完全无声故障

对这一故障主要用直观检查法检查扬声器的两根引线是否开路。

2．只是高音扬声器完全无声故障

对于这种故障主要用电阻法检测高音扬声器 BL2 是否开路，检测分频电容 C2 是否开路。

3．只是低音扬声器完全无声故障

对于这种故障主要用电阻法检查低音扬声器 BL1 是否开路。

10.3.7　万用表检修扬声器保护电路故障

在一些采用 OCL、BTL 功放电路的中、高档音响电器中，设有扬声器保护电路，这一电路能够同时对左、右声道扬声器进行保护，所以会出现两声道同时完全无声的现象。为了说明检查这种保护电路的方法，以常见的扬声器保护电路为例，如图 10-24 所示。

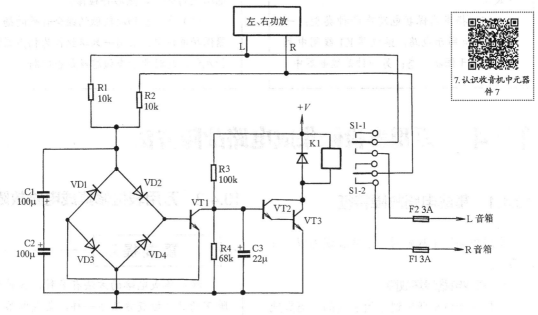

7.认识收音机中元件 7

图 10-24 扬声器保护电路

左、右声道功放采用 OCL 电路，这种电路的输出端与扬声器之间是直接耦合，在静态时功放电路的输出端电压为零。若功放电路出问题，将导致输出端直流电压不为零，由于扬声器直流电阻很小，便有很大的电流流过扬声器而将扬声器烧坏，为此要设扬声器保护电路。

1. 两个声道同时完全无声故障

（1）检查这一电路时，在给机器通电后首先用万用表的直流电压挡测量 VT2 的基极电压，若小于 1V，说明电路处于保护动作状态。然后测量左、右声道功放电路输出的直流电压，若不为零，则说明功放电路故障导致保护电路动作。此时，检查的重点不在保护电路中，而在功放电路中，即在输出端直流电压不为零的那个声道功放电路中。

（2）若左、右声道功放电路的输出端电压均为零，这说明保护电路自身出了问题。重点查 C3 是否严重漏电，VT2 或 VT3 是否开路，以及 K1 线圈是否开路等。

2. 开机有冲击噪声故障

在这种扬声器保护电路中，设有软开机电路，即在开机时可以自动消除接通电源扬声器中的响声。当出现开机冲击噪声时，检查电容 C3 是否开路。

⚠ **重要提示**

在音响电器中，扬声器是十分重要的部件，在检修扬声器保护电路和功放电路的过程中，一不小心是会损坏扬声器的，为此要注意以下几点。

（1）切不可为了检修电路的方便而将保护电路断开。

（2）修理中，最好换上一对普通扬声器系统，原配扬声器系统烧坏后很难配到原型号扬声器。待修好机器后，先用普通扬声器系统试听一段时间，无问题后再换上原配扬声器系统。

（3）若是功放电路故障导致扬声器保护电路动作，此时可以在断开扬声器的情况下进行检修，待修好功放电路，测得功放电路输出端直流电压为零后再接入扬声器，以免检修过程中不小心损坏扬声器。

（4）检修中，组合音响的音量不要开得太大。

（5）扬声器保护电路有两种类型：一是图 10-24 所示电路，继电器 K1 线圈中无电流时处于保护状态；另一种是继电器中

有电流时处于保护状态，检修前先对保护电路进行分析，然后再检修。

（6）在一些档次较低的组合音响的扬声器保护电路中，采用一只熔丝作为扬声器保护元件，此时要检查该熔丝是否熔断。

10.4 万用表检修集成电路故障方法

10.4.1 集成电路故障特征

集成电路发生故障时，主要表现为以下几种情况。

1. 集成电路烧坏故障

这是由于过电压或过电流引起的，当集成电路烧坏时从外表上一般看不出什么明显的痕迹。严重时，集成电路上可能出现一个小洞之类的痕迹。功率放大器集成电路容易出现这种故障。

2. 增益严重不足故障

当集成电路发生这种故障时，集成电路的放大器已基本丧失放大能力，需要更换。另外，对于增益略有下降的集成电路，可采取减小负反馈量的方法来补救。

3. 噪声大故障

当集成电路出现这种故障时，集成电路虽然能够放大信号，但噪声也很大，使信噪比下降，影响了信号的正常放大和处理。

4. 内部某部分电路损坏故障

当集成电路出现这种故障时，得更换集成电路。

5. 引脚断故障

这种故障不常见，集成电路引脚断的故障往往是人为造成的，即拨动集成电路引脚不当所致。

8. 认识收音机中元器件 8

10.4.2 万用表检修集成电路故障

重要提示

检测集成电路的方法有多种，各种故障下的具体检查方法不一样，集成电路装在电路中和不装在电路中时的检测方法也不同，这里介绍几种最基本的检查方法。

1. 电压检查法

电压检查法是指使用万用表的直流电压挡，测量电路中有关测试点的工作电压，根据测得的结果来判断电路工作是否正常。

对集成电路工作情况的检测方法是：给集成电路所在电路通电，并不给集成电路输入信号（即使之处于静态工作状态下），用万用表直流电压挡的适当量程，测量集成电路各引脚对地之间的直流工作电压（或部分有关引脚对地的直流电压），根据测得的结果，通过与这一集成电路各引脚标准电压值的比较（各种集成电路的引脚直流电压有专门的资料），判断是集成电路有问题，还是集成电路外围电路中的元器件有故障。

这里以图 10-25 所示的集成电路为例，介绍电压检查法的具体实施步骤和方法。电路中，A1 是集成电路，它共有 12 根引脚，其中⑧脚是它的电源引脚，⑥脚为接地引脚，①脚为输入引脚，⑦脚为输出引脚。检查步骤和具体方法如下。

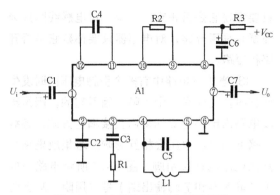

图 10-25　电压检测集成电路示意图

（1）找出集成电路的标准工作电压数据。

查找有关集成电路资料手册，找出 A1 的各引脚电压数据，设各引脚直流工作电压如表 10-1 所示。

表 10-1　集成电路 A1 各引脚直流电压数据

引脚	①	②	③	④	⑤	⑥
标准电压（V）	1.5	0.7	1.5	5	5	0
引脚	⑦	⑧	⑨	⑩	⑪	⑫
标准电压（V）	3	9	6	3.1	2.7	3.4

（2）测量 A1 的直流工作电压。

用万用表直流电压挡，测量 A1 电源引脚⑧脚的直流工作电压。这一引脚电压的测量结果可能有下列几种情况。

① 若测得为零，说明集成电路 A1 的电源引脚上没有直流工作电压，此时可断开 C6 的一根引脚后再测量 A1 的⑧脚电压，若恢复正常，说明 C6 被击穿；若仍为零，则是 +V_{CC} 端没有电压，要查 +V_{CC} 电压的供给电路。

② 若测得⑧脚电压远低于 9V 正常值，也可断开 C6 后再测。若恢复正常，说明 C6 严重漏电；若仍低，可断开⑧脚的铜箔线路（用刀片沿 A1 的⑧脚铜箔线路根部切断，不必担心这样会损坏铜箔线路），测量 +V_{CC} 端的电压。若为 9V，说明 A1 的⑧脚内部与地线之间出现击穿的可能性很大（也可用后面介绍的电流检

查法进一步检查）；如测得 +V_{CC} 端的电压仍低，说明 V_{CC} 供给电路出了故障，即从电源电路送过来的直流电压就低。

③ 当测得 A1 的⑧脚为 9V 正常电压值时，说明集成电路的直流电压供给电路工作正常，可以进行下一步的检测。

（3）测量 A1 接地引脚⑥脚电压。

A1 的⑥脚为接地引脚，应该是零。若测得的结果不是零，说明 A1 的⑥脚上铜箔线路开裂（与地线之间断开了），或 A1 的⑥脚假焊（重新熔焊）。在测得 A1 的⑥脚电压正常后，进行下一步检查。

（4）测量集成电路各引脚直流电压。

全面测量集成电路 A1 各引脚直流工作电压，然后与标准电压数据进行比较，发现有相差较大者（一般为 0.2～0.5V），对该引脚上的外围电路进行故障分析和检查。下面以图 10-25 所示电路为例，分析各引脚出现电压异常时的各种可能故障原因。

① 当 A1 的②脚电压低于正常值时，由于②脚与地之间只有电容 C2，电容具有隔直作用，当 C2 开路时不影响②脚的直流电压，当它击穿时将使②脚电压为零，当它漏电时将使②脚电压下降，且 C2 漏电愈严重，②脚的直流电压下降得愈多。通过上述故障分析可知，当②脚直流电压下降时，不怀疑 C2 开路或击穿，只怀疑 C2 漏电。此时，为了进一步确定是否是 C2 漏电造成 A1 的②脚电压下降，可断开 C2 后再测量②脚电压，若恢复正常，说明与②脚外电路有关（与 C2 有关，漏电故障）。若仍然低，说明 A1 内电路有问题。

② 当测得 A1 的③脚电压值情况时，故障原因的判断是：从电路中可以看出，③脚外电路与②脚的外电路是基本相同的，③脚与地之间是一个 RC 串联电路，由于 C3 的隔直作用，这一 RC 串联电路正常时对③脚的直流电压无影响。即当 C3 或 R1 开路时，不影响③脚的直流电压；当 R1 出现任何故障时，由于 C3 的隔直作用，也不影响③脚的直流电压；只有当 C3 击穿或漏电时，才使③脚电压有下

降的变化。当 A1 的③脚直流电压下降时，与A1 的②脚直流电压下降的故障处理步骤和方法相同。另外，若 A1 的③脚直流电压为零，也说明与 R1 和 C3 无关，因为即使 C3 击穿，由于③脚流出的电流要流过 R1，在 R1 上有压降，③脚直流电压是不为零的。这样，当③脚直流电压为零时，说明集成电路 A1 有问题了。

③ A1 的④脚和⑤脚直流电压应该一样大小，即使无 A1 的各引脚标准电压数据也应该知道这一点，因为④、⑤脚之间接有线圈 L1，L1 对直流电几乎无压降。所以，④脚与⑤脚上的直流电压应该是相等的。若④脚和⑤脚上的直流电压不相等，应首先检查 L1 是否开路（在断电后可用万用表 R×1 挡测量④、⑤脚之间的直流电阻）。

④ A1 的⑨脚和⑩脚直流电压是相关的，因为⑨脚与⑩脚之间只有电阻 R2，电阻可以通直流电，这里的 R2 用来构成⑨脚和⑩脚内电路直流通路。若⑨脚和⑩脚上直流电压有一个明显变小，说明 R2 开路的可能性很大。

⑤ A1 的⑪脚与⑫脚直流电压不相等，因为这两根引脚之间接的是具有隔直特性的电容 C4，若这两根引脚的直流电压正常时相等，就可以省去电容 C4。当这两根引脚直流电压发生异常时，只要检查 C4 是否漏电或击穿。当⑪脚和⑫脚的直流电压相等时，说明 C4 已经击穿。

⑥ A1 的①脚或⑦脚上直流电压异常时，也只要查 C1 或 C7 是否漏电或击穿，而不必怀疑电容出现开路故障。

（5）用电压检查法检查集成电路时的注意事项。

① 在没有所要检查的集成电路各引脚标准工作电压数据时，要利用各引脚外围电路的特征（如上分析）来判别引脚电压的明显异常现象。实在无法确定时，可找另一台相同型号的家用电器，通过实测相同部位的集成电路各引脚直流电压来进行比较、分析。

② 集成电路引脚电压发生异常时，对电容

只要怀疑它是否击穿、漏电，对电感线圈只要怀疑它是否开路，对电阻器只要怀疑它是否开路和短路。

③ 当集成电路中有多个引脚电压同时发生变化时，往往是一个故障原因引起的，因为集成电路内电路各级间采用直接耦合方式，各级电路之间直流电压会相互影响。若集成电路与其他电路的连接引脚（图 10-25 所示电路中的①脚输入端和⑦脚输出端）是采用阻容耦合时（图 10-25 所示电路中的 C1、C7 为耦合电容），那么各引脚电压偏差故障是由于集成电路 A1 本身造成的。若输入端或输出端是采用直接耦合（无隔直电容），那么也有可能是前级或后级电路故障造成本级 A1 集成电路的多个引脚直流电压发生偏差。

④ 当集成电路电源引脚直流工作电压不正常时，若其他各引脚电压也不正常，应重点查电源引脚上的外电路。在排除外电路出故障的可能后，说明集成电路有问题。

⑤ 对一些专用集成电路，有些引脚的直流工作电压与电源引脚上的工作电压之间有固定的比例关系，无论什么具体型号，这一关系均不变，这对在无集成电路各引脚标准电压的情况下检查故障是很有用的。

⑥ 各种集成电路中，电源引脚上直流电压最高，在没有任何资料时也应该知道这一点。

⑦ 用电压检查法检查集成电路故障是一个主要检查手段，而且行之有效，操作简便。通常，应在已经确定故障出在集成电路这部分电路中之后，再用电压检查法。用电压检查法还不能确定故障时，可用后面介绍的其他检查法进一步检查。

⑧ 电压检查法检查集成电路时最好有集成电路引脚直流电压数据，否则也是比较困难的。

2. 干扰检查法

干扰检查法对集成电路故障的检查可以如图 10-26 所示电路为例。电路中，A1 为集成音频功率放大器电路，①脚为输入引脚，②脚为输出引脚，②脚与地之间接有扬声器 BL1。

9. 认识收音机中元器件9

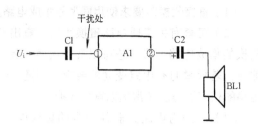

图10-26 干扰检查法检查集成电路示意图

具体操作方法是：给集成电路所在电路通电，手握住螺丝刀的金属部位，用螺丝刀去断续接触（称为干扰）集成电路的输入端①脚，此时相当于给集成电路A1送入一个干扰信号，若扬声器中有很大的响声，说明集成电路工作正常，整个电路也工作正常；若扬声器中无响声，说明集成电路①脚之后的电路有问题，集成电路出故障的可能性较大（并不能肯定是集成电路出故障，也有可能是集成电路之外的元器件出故障）；若响声很小，也说明①脚之后的电路工作不正常，应做进一步的检查。

使用干扰检查法检查集成电路时，要注意以下几个方面的问题。

① 干扰检查法不能准确判断集成电路的好坏，但能说明集成电路所在的电路是不是存在故障。

② 通常干扰检查法只用于检查无声或声音很轻的故障，其他故障则不适用。

③ 对图10-26所示电路而言，只能干扰集成电路的输入端①脚，干扰输出端②脚时扬声器中应该无任何响声，因为②脚之后没有放大电路，干扰信号很小，是不能直接激励扬声器的，所以干扰A1的②脚是错误的。

④ 干扰检查法不适合检查所有功能的集成电路，只适合检查电路中含放大器的集成电路。

3. 电流检查法

在检测集成电路时，电流检查法主要用来测量集成电路电源引脚回路中的静态电流大小，以测得的静态电流大小来判别故障是否与集成电路有关。图10-27是采用电流检查法检查集

成电路静态工作电流的接线示意图。图中，A1为集成电路，①脚为电源引脚，电流表串联在电源引脚①脚回路中。

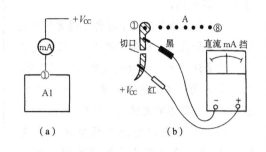

图10-27 测量集成电路静态电流示意图

检查步骤和具体方法如下。

（1）根据电路图指示，找出集成电路的电源引脚是哪一根引脚，即图10-27（a）所示中A1的①脚为电源引脚。

（2）在电路板上找到集成电路A1的实物，再运用集成电路的引脚分布规律找到A1的①脚。

（3）将A1的①脚上的铜箔线路切断，如图10-27（b）所示，然后将万用表置于直流电流挡（适当量程），黑表棒接①脚端铜箔线路断口，红表棒接断口的另一端，让直流电流从红表棒流入，从黑表棒流出。

（4）电路通电，不给电路加入信号，此时表中所指示电流值为集成电路A1的静态工作电流。

（5）查有关集成电路手册，对照测得的实际电流。若实际所测得的电流在最小值和最大值之间，说明集成电路的直流电路基本工作正常，不存在内部短路或开路故障，重点检查集成电路外围电路中的电容是否开路；若实际电流大于最大值许多，说明集成电路有短路故障的可能；若实际电流为零或远小于最小值，则说明集成电路有开路或局部开路故障的可能。

⚠ 重要提示

使用电流检查法检查集成电路静态电流的过程中，要注意以下几个方面的问题。

（1）需要有所要检查集成电路的静态工作电流数据，这一资料在集成电路手册中能查到。

（2）电流检查法由于操作不够方便（电流表要串联在电源引脚回路中），往往是在电压检查法已大体认为集成电路有问题后，为了多方面证实故障原因才采取的一种检查步骤。一般不首先使用电流检查法。

（3）集成电路静态工作电流要在无输入信号的情况下才能测得准确，不加输入信号的方法有多种，各种用途的集成电路有不同的方法。

（4）要注意红、黑表棒的接线位置，否则会使指针反向偏转。另外，在测试完毕后要记住焊好断口。还要注意，铜箔断开后，由于铜箔线路表面有一层绿色的绝缘漆，要去掉这一层绝缘漆后再接表棒，或将表棒接在与断口铜箔相连的焊点上。

（5）对集成电路的电流检查主要是用来判断集成电路的静态工作电流大小与一些集成电路的软性故障，由于在集成电路静态工作电流上不能明显反映出来，采用电流检查法收效不佳。

4. 代替检查法

在对集成电路进行代替检查时，往往已是检查的最后阶段，当很有把握认为集成电路出毛病时，才采用代替检查法。这里就用于集成电路故障的代替检查作以下两点说明。

（1）切不可在初步怀疑集成电路出故障后便采用此法，这是因为拆卸和装配集成电路不方便，而且容易损坏集成电路和电路板。

（2）代替检查法往往用于电压检查法或电流检查法认为集成电路有故障之后。

10.4.3　集成电路选配方法

集成电路出毛病后，一般情况下是无法修复的，需要做更换处理。在选配集成电路时，要注意以下几个方面的问题。

（1）直接代换时要求使用同型号集成电路。

（2）可查有关集成电路置换手册，查出可代换的集成电路型号。若可以直接代换，装上即可；若代替时有电路变动的要求，则还要做电路的相应调整。通常提倡直接代换。

（3）有些内电路元器件很少的集成电路，实在无法配到代替型号的集成电路时，可以用分立元器件构成电路作代替。

（4）当一块集成电路的部分电路损坏时（指已确定只是部分电路损坏），并具备有关内电路资料时，可用分立元器件构成这部分损坏的电路。但这样做比较困难，需要有详细的资料。所以，一般情况下集成电路的部分电路出问题，也作整块集成电路的更换。

（5）国产仿制集成电路与进口集成电路之间可直接代替，例如TA766损坏，可用D7668直接代替。在集成电路型号中，字头符号后数字相同时，可直接代替。

（6）关于集成电路的代换资料，可查有关集成电路代换手册。查代换资料时要注意，有的代换资料是有误的，如某集成电路可以用两种型号的集成电路代换，当选用一种做代换后，故障现象发生变化（原来的故障现象消失，但出现了新的故障现象），此时要用另一种可代换集成电路进行代换，因为一些代换资料没有详细说明代换时是否要作电路改动，而资料表明同时可以用两种型号的集成电路代换时，很可能选择其中一种代换时要进行电路的改动。

10.4.4　万用表检修电子音量控制器电路故障

这里以图10-28所示的电子音量控制器电路为例，介绍对电子音量控制电路故障的检修方法。电路中，A1是含电子音量控制电路的集成电路，这是一个双声道电路，①、⑥脚分别是同一声道的输入和输出引脚，②、⑤脚是另一个声道的输入和输出引脚，③脚输出一个直流电压供音量控制电路使用，④脚是音量大小控制引脚（输入脚），RP1是音量电位器，C3是滤波电容。

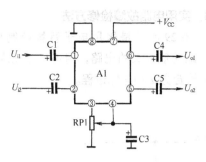

图 10-28 电子音量控制器电路

1. 两个声道同时无声故障

当这一电路出现两个声道同时无声故障时，可将音量电位器调整到最大音量状态下，分别干扰集成电路 A1 的⑤、⑥脚，两声道扬声器中均有很大响声，而分别干扰集成电路 A1 的①、②脚时，两声道扬声器中均没有干扰响声，这说明无声故障出在这一音量控制器电路中，对这一故障的检查步骤和具体方法如下。

（1）用电压法测量集成电路 A1 的④脚直流电压，若为零，再测量③脚上的直流电压，若也为零，再测量⑦脚上的直流电压，若也为零的话，故障与该音量控制器电路无关，可用电压检查法检查该集成电路的直流电压供给电路。若⑦脚上电压正常，用电阻法测量⑧脚接地是否良好，良好时代替检查集成电路 A1。

（2）若测得⑦脚上电压正常，而③脚上电压为零，用代替检查法检查集成电路 A1。

（3）若测得③脚上电压等于⑦脚上电压的一半，说明③脚上电压正常，而④脚上电压为零时，用电阻法测量④脚对地是否呈通路，③脚与④脚之间是否开路，电容 C3 是否击穿。

（4）当测得④脚对地呈通路时，断开④脚的铜箔线路后，在断电条件下用电阻法直接测量④脚与⑧脚之间是否呈通路，若为通路用代替法检查集成电路 A1。

2. 两个声道同时声音轻故障

（1）将音量电位器 RP1 调整到最大音量位置，测量集成电路 A1 ④脚上的直流电压，若低于 $+V_{CC}$ 的一半，断开 C3 后再次测量④脚上的直流电压，若恢复正常说明 C3 漏电。

（2）若断开 C3 后④脚上的直流电压仍然低于

$+V_{CC}$ 的一半，用电压法测量③脚上的直流电压，若也是低于 $+V_{CC}$ 的一半，用代替法检查集成电路 A1。

（3）在最大音量下若测得④脚电压低于③脚电压，用电阻检查法测量③脚与④脚之间的电阻，若不为通路，用电阻法检测 RP1 的动片与热端引脚之间的电阻（在最大音量下，断电后测量），不为通路时说明 RP1 动片与碳膜之间存在接触不良故障。

10. 测量和安装收音机套件中 9 只电阻器 1

（4）在最大音量下测得④脚上的直流电压等于 $+V_{CC}$ 的一半时，测量 $+V_{CC}$ 大小也正常，说明集成电路 A1 有问题，代替检查之。

3. 两个声道同时音量最大且控制无效故障

对这一故障可将音量电位器置于最小音量状态下，用电压法测量集成电路 A1 ④脚上的直流电压，若等于 $+V_{CC}$ 的一半，用电阻法检测 RP1 的地线是否开路。若测得 A1 的④脚直流电压为零，更换集成电路 A1 试一试。

4. 调节音量时两个声道同时出现噪声故障

对这一故障用代替检查法查 C3 是否开路，并代替检查 RP1。

5. 一个声道故障

当一个声道音量控制正常，而另一个声道无论出现什么故障时，都进行集成电路 A1 的代替检查。

⚠️ **重 要 提 示**

（1）这是一个双声道音量控制器电路，集成电路的外电路同时控制集成电路内部两个声道音量控制器电路，所以当一个声道正常时，就能说明外电路是正常的，此时可以进行集成电路 A1 的代替检查。

（2）电路中的音量电位器是单连电位器，电位器上的电压是直流电压，不像普通音量控制器电路，电位器上通过的是音频信号，所以主要是通过测量直流电压的大小来判别故障部位。

（3）干扰这种电路中的电位器动片或热

端时，扬声器没有干扰响声是正常的，不要与普通音量控制器电路相混淆，以免产生错误的检查结果。

6. 实用电路故障检修方法

图 10-29 所示是采用电子音量控制电路、集成电路功能开关的电路，用这一电路来说明电路的检查方法和具体过程。

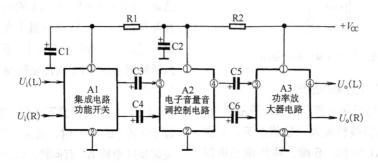

图 10-29 实用电子音量和功能开关控制器电路

（1）两个声道同时无声故障。

① 用万用表的直流电压挡分别测量 A1 和 A2 的电源引脚①脚的直流电压，若 A1 的①脚无电压，则查 R1 是否开路和 C1 是否短路。若 A2 的①脚无电压，则查 R2 是否开路和 C2 是否短路。

② 若各集成电路的直流工作电压均正常，则用万用表的欧姆挡分别测量各集成电路的地线引脚接地是否良好。

③ 测量集成电路 A1 功能开关转换控制引脚上的直流电压是否正常，不正常时用电阻法检查功能开关是否存在接触不良问题。

（2）某一声道无声故障。

① 只有一个声道存在无声故障时，不必去测量各集成电路电源引脚的直流工作电压，有一个声道工作正常，就能说明各集成电路的直流工作电压正常，因为左、右声道电路的直流工作电压是由同一条线路供给的。

② 在个别机器中，左、右声道各用一块单声道的集成电路作为放大器，此时虽然直流电压供给线路是共用的一条，但仍要测量有无声故障的这一声道集成电路电源引脚上的电压，以防铜箔线路存在开裂故障。

③ 在放大器电路直流工作电压检查正常后，再用干扰检查法进行故障范围的再压缩。

这里以左声道出现无声故障为例，介绍干扰法的具体运用过程。

a. 首先用螺丝刀去断续接触（干扰）集成电路 A3 的输入端③脚，此时若左声道扬声器中没有"喀啦、喀啦"的响声，则说明集成电路 A3 工作不正常，故障就出在这一集成电路中，对此集成电路进行进一步的检查。若干扰时有较大的响声，则说明这一集成电路工作正常，应继续向前级电路检查。

b. 在检查 A3 正常之后，再干扰 A2 的左声道输出端④脚，若此时无声则是耦合电容 C5 开路，或是 A2 的④脚与 A3 的③脚之间铜箔线路出现开裂故障。若干扰时扬声器中有较大的响声（与干扰 A3 的③脚时一样大小的响声），说明 A2 ④脚之后的电路工作均正常。

c. 下一步干扰 A2 的左声道输入端③脚，此时若无响声则是 A2 出了问题，对该集成电路进行进一步的检查。若干扰时的响声比干扰 A3 的③脚时还要响，则说明集成电路 A2 工作也正常。用上述干扰方法进一步向前级电路进行检查。

④ 某一声道出现无声故障时，不必检查集成电路 A1 的功能开关转换引脚上的直流电压，因为 A1 是一个双声道集成电路，有一个声道工作正常，就能说明控制电压正常，此时要对 A1 的有故障声道集成电路外电路中的元器件进

行检测，没有发现问题时更换集成电路 A1 试一试。

10.4.5　万用表检修单声道 OTL 功放集成电路故障

这里以图 10-30 所示的单声道 OTL 功放集成电路为例，介绍对单声道音频功放集成电路

的故障检修方法。电路中，A1 是功放集成电路，接成 OTL 电路形式，RP1 是音量电位器，BL1 是扬声器，C1 是输入端耦合电容，C2 是交流负反馈回路中的耦合电容，C3 是自举电容，C4 是输出端耦合电容，C5 是电源滤波电容，C6 是电源电路中的高频滤波电容，R1 是交流负反馈电阻，$+V_{CC}$ 是这一集成电路的直流工作电压。

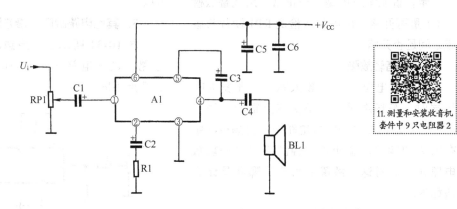

11. 测量和安装收音机套件中 9 只电阻器 2

图 10-30　单声道 OTL 功放集成电路

1. 完全无声故障

（1）用电压检查法测量直流工作电压 $+V_{CC}$，若测得为零，断开 C5、C6（C6 容量较小，一般不会击穿）后再次测量，若仍为零说明功放电路没有问题，应检查电源电路。若断开电容后直流电压恢复正常，则是 C5 或 C6 击穿，用电阻检查法检测之。

（2）在直流工作电压正常后，测量 A1 的输出端④脚的直流工作电压，应该为 $+V_{CC}$ 的一半，若这一电压为零，直接测量 A1 的电源引脚⑥脚上的直流电压，若等于 $+V_{CC}$，说明集成电路 A1 损坏，更换之。若 A1 的⑥脚上直流电压为零，用电阻检查法查 $+V_{CC}$ 端到⑥脚之间的铜箔线路是否开裂。

（3）当测得 A1 的⑥脚直流电压正常后，用电阻检查法检测扬声器是否开路，扬声器接地是否良好，扬声器的地线与 A1 的地线之间铜箔线路是否开裂。

（4）上述检查均没有发现问题时，用代替检查法查 C4 是否开路，重新熔焊 C4 的两根引

脚焊点，用电阻检查法检测 C4 的两根引脚铜箔线路是否开裂。

2. 无声故障

将音量电位器开到最大音量位置，当干扰 RP1 热端时，若扬声器中没有干扰响声，说明无声故障出在这一功放电路中；若扬声器中有响声，说明无声故障与这一功放电路无关。对这一故障的检查步骤和具体方法如下。

（1）用电压检查法测量 A1 输出引脚④脚上的直流电压，若不等于 $+V_{CC}$ 的一半，说明无声故障出在集成电路 A1 中。

（2）若测得 A1 的④脚直流电压低于 $+V_{CC}$ 的一半，断开 C4 后再次测量④脚直流电压，若恢复正常，则是 C4 漏电，若仍然低，可断开 C1 后测量④脚直流电压，如果恢复正常，则是 C1 漏电，若仍然低，说明集成电路 A1 有问题，可以用代替检查法试一试。

（3）若测得 A1 的④脚直流电压高于 $+V_{CC}$ 的一半，断开 C3 后再次测量④脚直流电压，若恢复正常，则是 C3 漏电。若仍然高，再断

开 C2 后测量④脚直流电压，若恢复正常，则是 C2 漏电，若仍然高，则说明集成电路 A1 有问题，可以进行集成电路 A1 的代替检查。

（4）用电阻检查法测量集成电路 A1 的③脚与地线之间是否开路。

（5）在对外电路中元器件检测没有发现问题后，更换集成电路 A1 试一试。

（6）若测量 A1 的④脚直流电压等于 $+V_{CC}$ 的一半，说明集成电路工作正常，用代替法检查 C1 是否开路，用电阻法检测 RP1 动片与碳膜之间是否开路。

3. 声音轻故障

将音量电位器开到最大状态，干扰 RP1 热端时，若扬声器中的干扰响声很小，说明声音轻故障出在这一功放电路中；若扬声器中有很大的响声，说明声音轻故障与这一功放电路无关。对这一故障的检查步骤和具体方法如下。

（1）用电压检查法测量直流工作电压 $+V_{CC}$ 是否太低，如果电压太低，可断开 C5 和 C6，再次测量 $+V_{CC}$，若此时直流电压 $+V_{CC}$ 恢复正常，说明 C5 或 C6 击穿。如果 $+V_{CC}$ 仍然太低，可将 A1 的⑥脚铜箔线路断开，再测量 $+V_{CC}$。如果仍然低，则要检查电源电路。如果此时电压恢复正常，说明集成电路 A1 损坏，更换之。

（2）电压检查法测量 A1 的④脚直流电压，若偏离 $+V_{CC}$ 的一半，用前面介绍的方法进行检查。

（3）重新熔焊 C1 的两根引脚焊点。

（4）用电阻检查法检测 RP1 动片与碳膜之间是否接触电阻太大。

（5）适当减小 R1 的阻值，可以用一只与 R1 阻值相同的电阻并在 R1 上。

（6）用电阻法检测 C2、R1 是否开路，重新熔焊这两个元件的引脚焊点。

（7）上述检查无效后对 A1 做代替检查。

4. 噪声大故障

在关死音量电位器 RP1 后，噪声消失，说明噪声大故障与这一功率放大器电路无关，若关死后噪声仍然存在或略有减小，说明噪声大

故障出在这一电路中，对这一故障的检查步骤和具体方法如下。

（1）交流声大时，用代替法检查 C5，也可以在 C5 上再并一只 $1000\mu F$ 的电容（负极接地端）。

（2）重新熔焊集成电路的各引脚和外电路中的元器件。

（3）上述检查无效后，代替检查集成电路 A1。

5. 其他电路故障检修方法

图 10-31 所示是单声道的 OTL 功放集成电路，这一电路与图 10-30 所示的电路有下列几点不同。

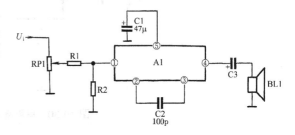

图 10-31　单声道的 OTL 功放集成电路

（1）输入引脚①脚回路中没有隔直电容，而是输入引脚通过 R2 接地，①脚内电路与地线之间有直流通路。

（2）在②脚、③脚之间接有高频消振电容 C2。

（3）在⑤脚与地之间接有开机静噪电容 C1。

关于这一电路的故障检修主要说明以下几点。

（1）当测得集成电路输出端④脚的直流电压不正常时，还要用电阻检查法检测 R2 是否开路。

（2）当电路出现高频自激时，要用代替检查法检查 C2 是否开路。

（3）当接通电源瞬间扬声器中有较大噪声时（开机噪声），用代替法检查 C1 是否开路。

（4）当电路出现无声故障时，用电压法测量静噪控制脚⑤脚的直流电压是否太低（一般为几伏），电压低时还要用代替检查法检查 C1 是否击穿或严重漏电。

（1）检查这种功放电路最关键的一点是输出端直流电压应等于电源电压的一半，这一点电压正常则集成电路没有故障，外电路中的电容不存在击穿、漏电问题，但不能排除电容开路的可能性。

（2）当功放集成电路外壳上出现裂纹、小孔等时，说明集成电路已经烧坏。

（3）功放集成电路的故障发生率比较高。

（4）当功放集成电路烧坏（击穿）后，会引起屡烧熔丝的故障。

（5）功放集成电路最多的故障是无声或声音很轻故障。

（6）若没有给功放集成电路输入信号，通电后集成电路的散热片就很烫手，说明集成电路存在自激。

10.4.6　万用表检修双声道OTL功放集成电路故障

这里以图 10-32 所示的双声道 OTL 功放集成电路为例，介绍对双声道音频功放集成电路的故障检修方法。电路中，A1 是双声道 OTL 功放集成电路，上面是一个声道电路，下面是另一个声道电路，两个声道电路对称。

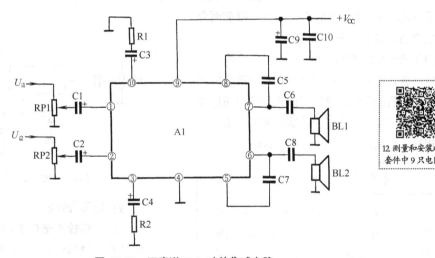

12. 测量和安装收音机套件中 9 只电阻器 3

图 10-32　双声道 OTL 功放集成电路

1. 两个声道同时完全无声故障

（1）由于两个声道输出回路不太可能同时开路，所以这一故障的主要原因是集成电路没有直流工作电压。

（2）测量集成电路 A1 ⑨脚上的直流电压 $+V_{CC}$ 是否为零，若为零，检测 C9、C10 是否击穿，用电阻检查法测量集成电路 A1 的⑨脚对地是否短路，如果是短路，更换集成电路 A1。如果 C9、C10 和 A1 正常，$+V_{CC}$ 仍然为零，则检查电源电路。

（3）如果直流工作电压 $+V_{CC}$ 正常，可重新熔焊集成电路 A1 接地脚④脚，无效时用代替

法检查集成电路。

2. 某一个声道完全无声故障

（1）由于有一个声道工作正常，说明直流工作电压是正常的，此时测量无声声道的输出端直流电压，若输出端直流电压等于 $+V_{CC}$ 的一半时，用电阻法检测输出回路的耦合电容和扬声器是否开路。

（2）若输出端直流电压不等于 $+V_{CC}$ 的一半，分别测量两个声道对应引脚上的直流电压，如测量③脚和⑩脚上的电压，它们是相同作用的引脚，其直流电压应该相等。

（3）发现某引脚上直流电压不相同时，重

点检查该引脚外电路中的元器件。

（4）上述检查无效后，用代替法检查集成电路。

3. 两个声道同时声音轻故障

对这一故障先测量集成电路的电源引脚直流电压是否低，若低，查电源滤波电容是否漏电。然后，通过试听检查确定是声音很轻还是略轻，若是很轻，用代替法检查集成电路试一试，若是略低，可以同时减小电阻 R1 和 R2。

4. 某一个声道声音轻故障

（1）试听检查确定哪一个声道出故障，方法是：分别干扰集成电路的①脚和②脚，当 BL1 中的干扰响声低于 BL2 中的响声时，说明上面一个声道有故障，否则是下面一个声道有故障。

（2）测量有故障声道的输出端直流电压是否等于 $+V_{CC}$ 的一半，不等于一半时，用前面介绍的检查方法进行检查。

（3）若一个声道的声音只是比另一个声道声音略低一些，可适当减小声音轻的那个声道的交流负反馈电阻的阻值，具体阻值大小可以通过减小后试听两声道声音大小来决定，使两声道声音大小相等。负反馈电阻愈小，声音愈响。

> ### ⚠ 重要提示
>
> （1）凡是一个声道工作正常，另一个声道有故障时，不必检查集成电路的电源引脚直流工作电压，但对于左、右声道采用两块单声道集成电路构成的双声道电路，还是要测量集成电路电源引脚上的直流电压。
>
> （2）凡是一个声道工作正常，另一个声道有故障时，可测量两个声道相同作用引脚上的直流电压，然后进行对比，如有不同之处，就是要重点检查之处，主要是检查引脚外电路中的元器件，外电路元器件正常时，可更换集成电路试一试。
>
> （3）两个声道出现相同故障时，是两个声道的共用电路出了故障，主要是电源引脚外电路和接地引脚等。

10.4.7 万用表检修 OCL 功放集成电路故障

这里以图 10-33 所示的 OCL 功放集成电路为例，介绍对双声道 OCL 功放集成电路故障的检修方法。电路中，A1 是双声道功放集成电路，RP1 是音量电位器，C1 是输入端耦合电容，C2 是交流负反馈回路的耦合电容，C3 是负电源电路中的滤波电容，C4 是负电源电路中的高频滤波电容，C5 是正电源电路的滤波电容，C6 是正电源电路中的高频滤波电容，R1 是交流负反馈电阻，F1 是扬声器回路中的熔丝，BL1 是扬声器，$+V_{CC}$ 是正极性直流工作电压，$-V_{CC}$ 是负极性直流工作电压，OCL 功放集成电路采用正、负对称电源供电。

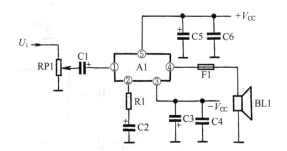

图 10-33   OCL 功放集成电路

1. 完全无声故障

（1）用直观检查法查 F1 是否熔断。

如果 F1 已经熔断，在不更换新熔丝的情况下，测量输出端④脚的直流电压，若为零，可以重新更换熔丝，若不为零，更换熔丝后会再次熔断。

（2）检查输出端直流电压不为零。

若测得集成电路 A1 的输出端④脚直流电压不等于零，用电压检查法测量 $+V_{CC}$ 和 $-V_{CC}$ 是否相等，若不相等，将电压低的一组电源电路中的滤波电容断开后再次测量，若电压恢复正常，说明是该滤波电容漏电，否则是电源电路故障，与这一功放电路无关。

在测得 $+V_{CC}$、$-V_{CC}$ 正常，④脚直流电压不等于零时，用电阻法或代替检查法对外电路中的电容（主要是电解电容）进行检测，检查是否存在击穿或漏电问题。上述检查无效后可代替检查集成电路A1。

（3）检查输出端为零。

当测得集成电路A1的输出端④脚直流电压为零时，在熔断熔丝F1后，还要用电阻检查法检测扬声器BL1是否开路。

2. 无声故障

（1）当测得集成电路A1的输出端④脚直流电压等于零时，主要是用电阻法检测C1是否开路，以及RP1动片与碳膜之间是否开路。

（2）测量集成电路A1的各引脚直流电压，有问题时重点检查外电路中的元器件，重点注意电容漏电问题。

（3）对集成电路做代替检查。

> **⚠ 重要提示**
>
> （1）由于在扬声器回路设有过电流熔丝，一旦电路出现故障使输出端的直流电压不等于零时，将引起扬声器回路过电流，熔丝熔断，此时便出现完全无声故障，所以这种功放电路出现完全无声故障的机会多。
>
> （2）检查这种功放电路的关键是测量输出端的直流电压，应该等于零，在等于零时可以排除集成电路问题，以及排除外电路中各电容击穿和漏电故障的可能性。
>
> （3）测量这种功放电路正、负直流电压是否相等是另一个重要检测项目，在这两个电压大小不相等时，功放电路输出端的直流电压不会为零。
>
> （4）熔丝有时并不保险，所以有些情况下F1没有熔断，而是扬声器BL1已经烧成开路。
>
> （5）在检查这种功放电路的过程中，当测得输出端直流电压不等于零时，不能将扬声器接入电路中，否则会烧坏扬声器，一定要等输出端的直流电压正常后再接入扬声器。

（6）检查这种功放电路最容易烧坏扬声器，所以在检查时最好用一只普通扬声器接入电路试听，以免烧坏原配的扬声器。

（7）在许多采用OCL功放电路的机器中，在功放输出回路中接有扬声器保护电路，这一电路开路（处于保护状态），将使扬声器完全无声，当然保护电路进入保护状态也与功放电路故障有关，即输出端的直流电压不等于零。

（8）对这种功放电路的故障检查基本上与OTL功放电路相同。

10.4.8　万用表检修BTL功放集成电路故障

这里以图10-34所示的BTL功放集成电路为例，介绍BTL功放集成电路故障的检修方法。电路中，VT1构成负载放大器，它的集电极和发射极同时输出两个大小相等、相位相反的信号，分别加到A1、A2的输入端。A1和A2构成BTL功放输出级电路，这两个集成电路是同型号的，每个集成电路接成OCL功放电路形式。BL1是扬声器，F1是扬声器回路中的熔丝。C1是输入端耦合电容，C2是退耦电容，C3、C4分别是A1、A2的输入端耦合电容，C5和C6分别是这两块集成电路交流负反馈回路中的耦合电容，C7和C8分别是正极性电源的滤波和高频滤波电容，C9和C10分别是负极性电源的滤波和高频滤波电容。R1、R2分别是VT1的上、下偏置电阻，R3和R4分别是VT1集电极负载电阻和发射极电阻（两电阻的阻值相等），R5、R6分别是VT1、VT2输入端的直流回路电阻，R8、R9分别是A1、A2交流负反馈电阻，R10和R11分别是A1、A2的直流偏置电阻和负反馈电阻。

13.测量和安装收音机套件中6只瓷片电容器1

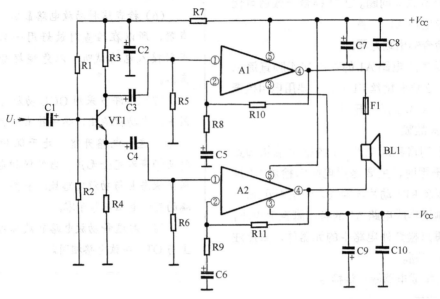

图 10-34　BTL 功放集成电路

1. 完全无声故障

对这一故障的检查步骤和具体方法如下。

（1）用直观检查法查 F1 是否熔断，若已经熔断，在不更换新熔丝的情况下分别测量 A1、A2 输出端④脚的直流电压，若都为零，可以重新更换熔丝，用电阻法检测扬声器是否已烧成开路。

（2）若 A1 或 A2 中有一个集成电路的输出端直流电压不等于零，用前面介绍的 OCL 功放电路输出端不为零的故障检查方法去检查。

（3）只有两块集成电路的输出端直流电压均为零时，才能接入扬声器，否则会烧坏扬声器。

2. 无声故障

（1）分别测量 A1 和 A2 输出端的直流电压，在均为零的情况下，主要检查 VT1 放大级。

（2）用电压法测量 C2 上的直流电压，若电压为零，断开 C2 后再次测量，仍然为零时，用电阻法检测 R7 是否开路。

（3）在测得 C2 上直流电压正常后，用单元电路检查法检查 VT1 放大级。

（4）用代替检查法查 C1、C3、C4 是否开路。

14. 测量和安装收音机套件中 6 只瓷片电容器 2

⚠ 重要提示

（1）对这种功放电路各种故障的检查方法与 OTL、OCL 功放电路相同。

（2）检查中由于扬声器回路中没有隔直元件，当 A1 或 A2 由于故障使输出端的直流电压不为零时，都有可能烧坏扬声器，所以要注意保护扬声器。

（3）检查中，不能将扬声器的一根引线接地线（其他功放电路中扬声器的一根引线都是接地线的），否则会烧坏扬声器。在没有搞清楚是什么类型的功放电路时，很容易出这种问题。

（4）这种功放电路的输出回路也会设有扬声器保护电路，检修时要注意这一电路对故障现象的影响，有关扬声器保护电路的故障检修在前面已有介绍。

10.4.9　万用表检修电子音调控制器电路故障

电子音调控制器主要会出现的 4 种故障及其检修方法说明如下。

1．无声故障

无声故障又分成下列两种情况：一是左、右声道同时出现无声；二是只有一个声道存在无声，另一个声道工作正常。

检查方法	对于无声故障，首先要确定故障部位是否在电子音调控制器电路中。具体方法是：对于左、右声道均无声故障可以任选一个声道，对于一个声道无声故障可选无声这个声道，适当开大音量电位器，干扰电子音调控制器电路的输出端。若此时扬声器中有很大的干扰响声，再干扰该声道电子音调控制器的输入端。若此时无干扰响声，这就说明故障出在电子音调控制器电路中。 　　对于左、右声道均无声故障，此时重点用干扰检查法进一步缩小故障范围，通常是这个声道信号传输电路开路或声道音频放大器电路故障。在用干扰检查法缩小故障范围后，可用电压检查法等进一步检查
故障原因及处理措施	（1）电子音调控制器中的电源电路故障，如熔丝熔断、电子滤波管开路、三端稳压电路损坏等，可更换新件。 　　（2）信号传输回路中的接插件出现装配不当、引线开路、耦合电容开路和假焊等现象，可重新焊接或更换新件。 　　（3）音频放大器故障，如放大管、集成电路损坏，可更换新件。 　　（4）直流控制电压供给电路故障，如滤波电容击穿或严重漏电、退耦电阻烧成开路等，可更换新件。 　　（5）电子音调控制器输入、输出回路元器件开路，如耦合元器件开路、铜箔线路开裂等，可更换新件或重新焊接。 　　这里提示一点，在处理无声故障时不必具体检查某一个频段的音调控制电路

2．声音轻故障

　　声音轻故障范围的判别方法和具体检查方法同无声故障十分类似，这里仅作以下几点提示。

　　（1）声音轻说明信号传输通路未完全开路，这一点与无声故障不同，所以检查的侧重点也不同，不是检查开路故障，而是重点检查电子元器件性能变劣的原因。但是，要注意对放大管发射极旁路电容是否开路进行检查。

　　（2）如果是声音很轻，一是直流控制电压低，二是放大管或集成电路损坏的可能性较大。特别是左、右声道声音均轻时应重点测量集成

电路电源引脚直流工作电压。注意：此时不会出现无直流工作电压的情况。

　　（3）某个声道声音略轻时，可采取适当减少该声道交流负反馈的辅助措施来处理。

　　（4）声音轻故障原则上也不必去检查某个频段控制器电路。

3．噪声大故障

　　电子音调控制器噪声大的故障主要分为以下3种：一是左、右声道都有噪声，这时一般是交流声故障；二是某个声道有噪声，另一个声道工作正常；三是在调节某个频段音量控制电位器时，扬声器中出现噪声，调节停止时噪声也消失，这是该电位器转动噪声，维修方法是清洗电位器。

检查方法	确定噪声部位的方法是：将有噪声的声道电子音调控制器输出端断开，若此时扬声器中无噪声，接好断口，再将该声道电子音调控制器输入回路断开，若此时噪声仍然存在，则说明故障出现在该声道电子音调控制器电路中。 　　对于交流声故障主要是检查电源滤波电容是否开路，检查电子滤波管集电极和发射极之间是否击穿，可用万用表 R×1k 挡测量电子滤波管集电极、发射极之间电阻。 　　对于某一声道噪声大的故障，可用短路检查法进一步缩小故障范围。一般情况下是音频放大器或集成电路本身噪声大，可用代替检查法验证。此外，输入、输出回路中的耦合电容是否击穿、漏电等故障，也可用代替检查法验证
故障原因及处理措施	电子音调控制器噪声大的故障原因及处理措施说明如下。 　　（1）音调控制电位器转动噪声大，可清洗电位器。 　　（2）电源滤波电容开路或电子滤波管集电极、发射极之间击穿，可更换新件。 　　（3）放大管或集成电路本身噪声大，可更换新件。 　　（4）电解电容漏电，可更换新件

4．某频段电子音调控制器控制失灵故障

　　当调节某频段音调控制电位器时，对该频段信号无衰减、无提升作用而其他控制器控制正常，这种故障的检查范围就在该频段音调控制电路中。

检查方法	首先直观检查该频段音频控制器电路中有无引线断、电子元器件明显的异常现象，然后用电阻检查法、代替检查法检查这一电路中的阻容元件是否开路。对于集成电路图示电子音调控制器电路可采用与相邻电路代替检查的方法判别集成电路是否损坏。具体方法可用如图10-35所示的电路来说明。 图 10-35 检修示意图 假设RP1控制器失灵，已排除C1、C2开路的可能性后，可将A1的①～④脚上的铜箔线路断开，然后再按图中虚线所示将RP1控制电路连接到③、④脚电路上。由于③、④脚内电路和①、②脚内电路是完全一样的，这样连接后RP1控制恢复正常，则可以说明A1的①、②脚内电路已损坏；若代换后仍不正常，也可以排除A1出现故障的可能性
故障原因及处理措施	（1）音调控制电位器动片与定片之间接触不良，可清洗电位器。 （2）电位器引线断或电位器损坏，可重新焊接或更换新件。 （3）电容开路、电阻虚焊等，可重新焊接或更换新件。 （4）集成电路或电子模拟电感电路故障，可更换新件

10.4.10 万用表检修LED电平指示器电路故障

电平指示器电路出现故障时主要表现为以下3种形式：指示器不亮、指示器始终亮和指示器亮度不足（发光级数不够）。

1. 指示器不亮故障

指示器不亮故障有多种，如左、右声道电平指示器同时不亮，只有一个声道电平指示器不亮，只有某一只指示灯不亮等。

检查方法	出现左、右声道都不能发光指示时，主要测量电平指示器集成电路的电源引脚是否有直流工作电压，对于双声道LED驱动集成电路，还要检查该集成电路是否已损坏。 只有一个声道不亮，在测量集成电路电源引脚上直流工作电压正常时，检查是否有输入信号馈入指示器，可用一只10μF电容从另一声道引入音频信号进行一试。对于只有一个指示灯不亮的情况，可先更换LED一试，无效后说明该LED的驱动管已损坏。对于最后一级LED不亮时，要检查是否有足够大的音频信号输入
故障原因及处理措施	（1）电平指示器无直流工作电压，例如退耦电容击穿，可更换新件。 （2）电平指示器线路的接插件脱落、接触不良，应重新安装。 （3）音频信号输入回路开路，如输入电容开路、假焊等，更换新元器件，重新焊牢。 （4）某只LED损坏，可更换。 （5）LED驱动集成电路损坏，或局部损坏，更换新件

2. 指示器始终亮故障

如果这类故障只表现为某一只LED始终亮着，此时LED驱动管击穿的可能性最大，应更换新件。如果是前几级LED都亮着，并且扬声器中有噪声现象，表明不是电平指示器电路故障，只要排除噪声故障后电平指示器就会恢复正常。

3. 指示器亮度不足故障

这类故障可分成以下两种情况。

（1）某一只LED发光亮度不足，可更换这只LED。如果更换无效，应检查和排除驱动管的故障。

（2）发光级数少，即后几只LED不发光或很少发光，说明直流控制电平小了，可检查输入音频信号是否小，将左、右声道电平指示器输入端线路互换。另一个原因是整流、放大器输出端的滤波电容漏电，可暂时将它断开。此外，LED驱动集成电路性能不好也是一个原因。

有的电平指示器输入回路中设有灵敏度调整电路，如图10-36所示。电路中的RP1、RP2分别是左、右声道电平指示器灵敏度微调电阻器，A1是双声道LED驱动集成电路。当一个声道指示灵敏度略低于另一个声道时，可将RP1（或RP2）动片向上调节一些，但在调整时要左、右声道信号 $U_i(L)$、$U_i(R)$ 一样大小，调整时用单声道磁带放音。

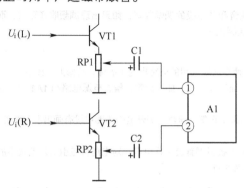

图 10-36　电平指示器灵敏度调整电路

10.4.11　万用表检修调幅收音集成电路故障

⚠ **重要提示**

收音机、调谐器的故障按波段划分可以分成以下 3 种。

（1）各波段都有相同的故障。

（2）只有某个波段有故障，例如只是调幅波段（中波和短波）有故障，或只是调频波段有故障。

（3）对于调幅波段而言，有以下两种情况：一是所有调幅波段都有故障，二是只有一个调幅波段有故障。

这里只介绍调幅波段的故障（指调频波段收音正常）处理方法。根据调频和调幅收音电路结构，可以排除收音机、调谐器的电源电路部分出现故障的可能性，因为调频波段工作正常就可以说明收音机、调谐器的电源电路工作正常。

调幅波段的故障主要有收音无声、收音声音轻、收音噪声大、收音电台少等。这里以图 10-37 所示的调幅收音电路为例，介绍调幅收音电路的各种故障检修方法。

15. 测量和安装收音机套件中 6 只瓷片电容器 3

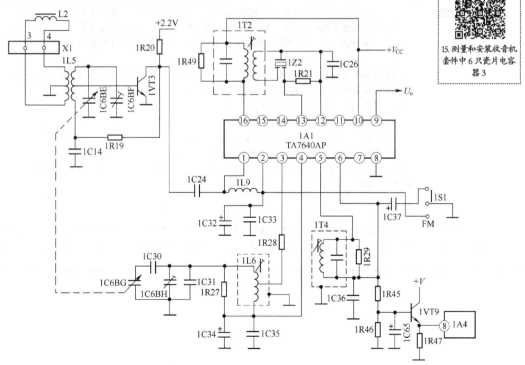

图 10-37　集成电路 TA7640AP 构成的调幅收音电路

1. 收音无声故障

调幅波段收音无声故障分成两种：一种是

只是调幅中波或只是调幅短波收音无声，另一种是调幅各个波段均收音无声。

故障部位确定方法	给收音机或调谐器通电，分别试听调频收音和各波段的调幅收音，如果出现调频收音正常，而调幅收音无声，说明故障出现在调幅收音集成电路中
调幅和调频各波段收音无声故障	调幅和调频各波段均收音无声，说明是这两个波段共用的电路出现了故障，检修方法如下。 （1）测量集成电路 1A1 电源引脚⑩上的直流工作电压，如果为零，检查电源电路和 1A1 的电源引脚⑩脚是否对地短路。 （2）测量 1A1 ⑨脚上的直流工作电压，如果不正常，检查⑨脚外电路（图中没有画出）元器件。 （3）清洗波段开关。 经上述检查没有发现问题时，全面测量 1A1 各引脚直流工作电压，对电压偏差引脚外电路中的电子元器件进行检测，没有发现问题时可更换 1A1
调幅各个波段均收音无声故障	对于中波、短波均收音无声故障，应重点检查调幅波段各波段共用的电路，即调幅混频器、调幅中频放大器、检波级电路，在缩小故障范围后采用电压检查法测量集成电路有关引脚上的直流工作电压，然后检查相关引脚的外电路。 干扰 1A1 的⑬脚，如果扬声器中无响声，测量 1A1 的⑫、⑬、⑤脚上的直流工作电压，若与标准电压值相比较后有异常，应检查该引脚外电路中的电子元器件；如果干扰 1A1 的⑬脚时扬声器中响声大，可测量 1A1 的①、②、③、④、⑯脚上的直流工作电压，与标准值相比较后如果有异常，检查该引脚外电路中的电子元器件。具体检查说明如下。 （1）如果测量 1A1 的①脚和②脚直流工作电压不相等，应检查线圈 1L9 是否开路，正常时与线圈相连的两根引脚上的直流工作电压应该相等。如果②脚直流工作电压低，可检查 1C32 和 1C33 是否漏电，特别是 1C32。 （2）测量 1A1 ③脚和④脚上的直流工作电压应该相等，因为两根引脚之间有线圈 1L6。如果③脚和④脚上的直流工作电压低，主要检查 1C34 和 1C35 是否漏电，特别是 1C34。如果④脚上的直流工作电压为零，在检查 1C34、1C35 没有击穿时，说明 1A1 损坏。如果③脚没有直流工作电压，检查线圈 1L6 是否开路，因为③脚上的直流工作电压是由④脚输出的直流工作电压通过 1L6 供给的。 （3）如果测量 1A1 的⑤脚和⑥脚的直流工作电压不相等，检查中频变压器 1T4 内部的线圈是否开路。 （4）如果测量 1A1 的⑯脚直流工作电压为零，检查中频变压器 1T2 线圈是否已经开路。 （5）如果测量 1VT3 基极电压为零，检查线圈 1L5 二次侧是否开路。 （6）检查输入端耦合电容 1C24 是否开路。清洗波段开关。 （7）用一只 0.01μF 电容跨接在陶瓷滤波器 1Z2 的输入端和输出端之间，若收音的声音出现（只要有很小的声音即可），说明陶瓷滤波器 1Z2 损坏。 （8）电阻检查法检测电路上的各线圈是否存在开路故障。 （9）检查 1A1 外电路中的电子元器件都正常，如果 1A1 某引脚的直流工作电压不正常，但查不出原因，可以更换 1A1
调幅某个波段收音无声故障	对于只有一个波段收音无声的故障，则用电阻检查法检查该波段的输入调谐回路、本机振荡器选频电路，重点检查有无开路现象。另外波段开关接触不良也是常见故障，可用纯酒精清洗波段开关

2. 收音轻故障

收音轻故障也分成一个波段或调幅各波段

均存在收音轻故障，这类故障一般还同时伴有收音电台少的现象。

调幅各波段收音轻故障	调幅各波段收音轻故障范围落在共用的调幅混频器、调幅中频放大器、检波器电路中，关于这类故障的检修要点说明如下几点。 （1）测量集成电路 1A1 电源引脚⑩脚上的直流工作电压是否偏低,如果偏低检查⑩脚外电路中的电容(图中未画出)是否漏电。 （2）在收到电台声音的情况下，分别小心调整中频变压器 1T4、1T2 的磁芯，如果能够解决问题，说明中频变压器谐振频率偏移。如果调整后声音更小，说明与中频变压器无关，仍然将中频变压器的磁芯调整在声音最大状态。 （3）用一只 0.01μF 电容跨接在陶瓷滤波器 1Z2 的输入端和输出端之间，若收音的声音有所增大，说明陶瓷滤波器 1Z2 损坏，应予更换。 （4）用纯酒精清洗波段开关。 （5）全面测量 1A1 各引脚的直流工作电压，对电压异常引脚上的阻容元件进行检查（主要检查电容），上述检查无效时更换 1A1
调幅某波段收音轻故障	（1）只有一个波段出现收音声音轻故障时，可用手抓住磁棒天线，若声音明显增大，说明要进行统调。 　　统调方法是：在波段低端收一个电台，通过移动磁棒线圈在磁棒上的位置使声音最大。然后在波段高端收一个电台，调整输入调谐回路中的高频补偿微调电容，使声音最大。再试听波段低端电台的收音，若手抓住磁棒天线后声音仍有增大现象，还要进行上述的低端、高端调整，以获得最佳收音效果。 （2）中波天线线圈若出现引线头断线故障时，要重新将线头焊好。 （3）当天线线圈受潮时，要用电吹风烘干线圈。 （4）清洗波段开关
噪声大故障	对于调幅收音集成电路的调幅收音噪声大的故障检修方法说明如下几点。 （1）通过试听调幅各波段的收音，确定是一个波段还是各个波段都有噪声。一般可变电容器故障发生率较多，此时表现为各个波段均有噪声。 （2）可变电容器故障，用纯酒精清洗可变电容器，无效后更换新件。 （3）波段开关接触不良，应清洗开关。注意：在清洗液未挥发干时试听收音仍会出现噪声大的现象。 （4）测量 1A1 电源引脚⑩脚上的直流工作电压是否偏高（噪声大的同时收音声音也大），如果偏高，检查⑩脚的直流工作电压供给电路，找出电压升高的原因。 （5）全面测量 1A1 各引脚的直流工作电压，对存在电压偏差的引脚外电路进行检查，无收效时可更换 1A1

10.4.12 万用表检修调频头集成电路 TA7335P 故障

⚠️ **重要提示**

　　调频波段收音故障也分成收音无声故障、收音声音轻故障、收音噪声大故障等，这几种故障的检修方法与调幅收音类故障基本相同。

1. 调频收音无声故障

　　图 10-38 所示调频头集成电路 TA7335P 应用电路无声故障的检修方法如下。

16.测量和安装收音机套件中 6 只瓷片电容器 4

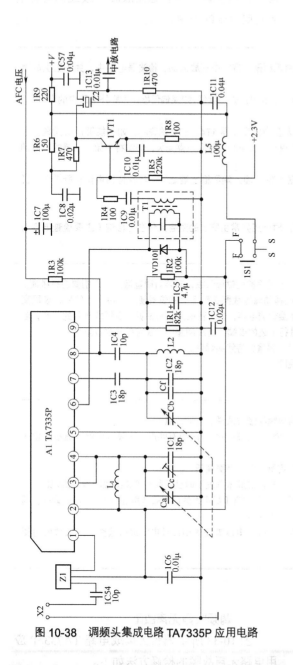

图 10-38　调频头集成电路 TA7335P 应用电路

| 检修方法 | （1）用纯酒精反复清洗波段开关。
（2）测量 A1 电源引脚②脚上直流工作电压，若没有电压或电压很低，应检查波段开关 1S1 是否接触不良，检查线圈 L5 是否开路，检查 1R9 是否开路，检查 1C12、1C6、1C11 是否击穿或严重漏电。
（3）全面测量 A1 其他引脚上的直流工作电压，对有电压偏差的引脚外电路中的电子元器件进行检查。
（4）检查 1C54 是否开路。用一只 0.01μF 的电容跨接在带通滤波器 Z1 两端，若收音有声，说明 Z1 损坏，需要更换 Z1。
（5）检查电路中的线圈是否开路。
（6）经上述检查没有发现问题，可小心调整 T1 的磁芯，全面检查电路中的电子元器件，若没有发现问题应更换 A1 |

2. 声音轻和噪声大故障

| 声音轻故障 | （1）将收音声音轻故障确定在调频头集成电路 TA7335P 中的方法与收音无声故障一样，但对于声音略轻故障无法进行准确的判断。
（2）重点检查集成电路 A1 电源引脚直流工作电压是不是偏低。
（3）调整中频变压器 T1 的磁芯。
（4）检查 Z1 是否损坏，可进行代替检查。
（5）全面测量 A1 各引脚直流工作电压，重点检查电压偏差引脚外电路中的电子元器件，没有发现问题时用代替法检查 A1 |
| 噪声大故障 | （1）断开电路中的 1C9，如果噪声仍然存在，说明故障出现在 1C9 之后的电路中。如果断开 1C9 后噪声消失，说明故障出在调频头集成电路 TA7335P 中。
（2）如果只是在调频调台过程中出现"沙、沙"的噪声，是正常现象，这是调频收音电路所特有的调谐噪声。在一些调频收音机、调谐器中设置了调频调谐静噪电路，这样调谐噪声就没有了，如果有就是调谐静噪电路出现了故障。
（3）主要用代替检查法检查电路中的电容是否漏电。
（4）调频联噪声大也是一个重要原因，特别是机器使用的时间长，这一故障发生率比较高，可进行代替检查 |

| 故障部位确定方法 | 在调频收音工作状态下，干扰集成电路 A1 的信号输出引脚⑥脚，如果扬声器中没有响声，说明故障出在调频头集成电路之后的电路中，与集成电路 TA7335P 无关；如果干扰⑨脚时扬声器中有很大的响声，再干扰 A1 的信号输入①脚，扬声器无响声，说明故障出在 A1 电路中 |

10.4.13　万用表检修调频中频放大器和鉴频器集成电路 LA1260S 故障

图 10-39 所示是调频中频放大器、鉴频器集成电路 LA1260S 的应用电路。

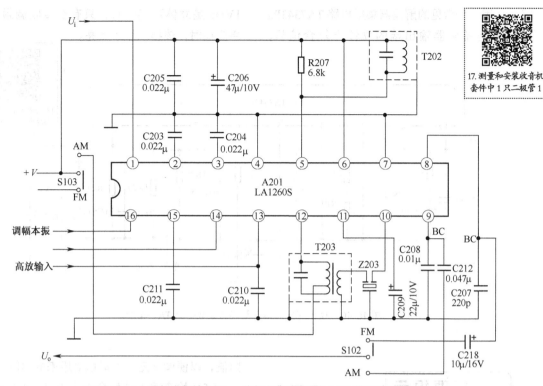

17. 测量和安装收音机套件中 1 只二极管 1

图 10-39　调频中频放大器、鉴频器集成电路 LA1260S 应用电路

重要提示

当调幅收音正常而调频收音出现故障时，就有必要检查调频中频放大器、鉴频器集成电路 LA1260S。

故障部位确定方法	如果调幅收音正常，而只是调频波段收音无声或收音声音轻，此时干扰集成电路 A201 的①脚，若扬声器中没有干扰响声，说明无声故障出现在 A201 电路中。若干扰响声低，说明收音声音轻故障出现在 A201 中。
故障检修说明	调频中频放大器、鉴频器集成电路 LA1260S 各种故障的检修说明如下。 （1）认真清洗波段开关。 （2）收音无声时测量 T202 线圈是否开路。 （3）全面测量 A201 各引脚的直流工作电压，依照检查集成电路的常规方法进行检查

10.4.14　万用表检修立体声解码器集成电路 TA7343P 故障

重要提示

立体声解码器在工作过程中需要 38MHz 的副载波，该信号由收音电路产生。获得这种副载波信号的方式有两种。

（1）直接从立体声复合信号中取出 19kHz 的导频信号，再经倍频电路后得到 38MHz 副载波。

（2）采用锁相环电路获得副载波信号，锁相环立体声解码电路中只是获得副载波的方式不同，解码电路部分仍然采用开关式电路。

图 10-40 所示是锁相环式立体声解码器电

路，采用十分常见的解码器集成电路 TA7343P。U_i 是来自鉴频器输出端的立体声复合信号，

1VD6 是立体声指示灯，只有在接收调频立体声广播时，该指示灯才点亮。

18. 测量和安装收音机套件中 1 只二极管 2

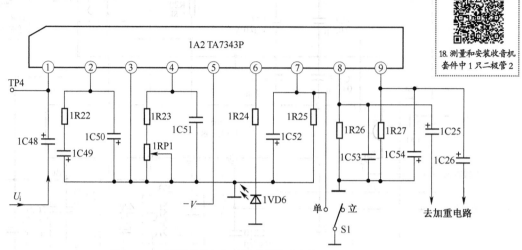

图 10-40　锁相环式立体声解码器集成电路 TA7343P

重要提示

立体声解码器集成电路 TA7343P 除常见的收音无声、收音声音轻、收音噪声大外，还有收不到立体声广播、立体声分离度低、立体声指示灯不亮等故障。

在许多调频/调幅两用收音机、调谐器中，将调幅收音电路中的检波器输出信号也加到调频收音电路的立体声解码器电路中，这样立体声解码器集成电路出现故障时，将使调频收音和调幅收音出现相同的故障现象，这一点在检修中要通过识图分清。

1. 收音无声故障

（1）当立体声解码器电路出现故障时，将出现左、右声道无声故障。

（2）清洗波段开关。

（3）测量集成电路 1A2 的电源引脚⑤脚上是否有直流工作电压，无电压时检查该引脚外电路的直流电压供给电路。

（4）检查 1RP1 是否损坏，没有损坏时可小心进行阻值调整，在调整前先测量 1RP1 的

阻值，以便调整无效时能恢复原来的阻值。

（5）检查输入端耦合电容 1C48 是否开路。如果是某一声道无声故障，可检查输出端耦合电容 1C25 或 1C26。

（6）全面测量 1A2 各引脚上的直流工作电压，对电压有偏差的引脚外电路进行检查，无效时应更换 1A2。

2. 收音声音轻故障

（1）测量集成电路 1A2 的电源引脚⑤脚上的直流工作电压是否偏低，若有偏低现象时检查该引脚外电路中的滤波电容是否漏电（图中未画出）。

（2）全面测量 1A2 各引脚上的直流工作电压，对有电压偏差的引脚外电路进行检查，没有发现故障时可对 1A2 进行代替检查。

3. 收不到立体声广播故障

（1）检查单声道/立体声转换开关 S1 的位置是否正确，在单声道位置时收不到立体声广播是正常的。必要时清洗和检测开关 S1。

（2）如果此时立体声指示灯 1VD6 能点亮，说明立体声复合信号已经进入集成电路 1A2，可重点测量集成电路各引脚的直流工作电压，对有电压偏差的引脚外电路进行检查。

10.5　万用表检修扬声器电路和保护电路故障

重要提示

扬声器电路比较简单，故障检查也是简单的，这一节介绍各种扬声器电路的故障处理方法。在一些 OCL 和 BTL 功率放大器输出回路中，设有扬声器保护电路，这一电路的作用是防止功率放大器出现故障时损坏扬声器。

10.5.1　万用表检修扬声器电路故障

这里以如图 10-41 所示最简单的扬声器电路为例，介绍扬声器电路故障处理方法。电路中，C1 是功率放大器输出端的耦合电容，CK1 是外接扬声器插座，BL1 是机器内部的扬声器。

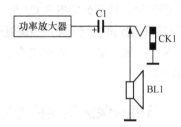

图 10-41　扬声器电路

1. 完全无声故障处理方法

由于电路中设外接扬声器插座，此时可以另用一只好的音箱插入 CK1 中，如果插入的音箱响声正常，说明故障出在扬声器电路中，检查步骤和具体方法如下。

（1）用电阻法检测 BL1 是否开路。

（2）用电阻法检测插座 CK1 的动、定片之间是否开路。

（3）用电阻法测量扬声器的接地是否良好，检查扬声器的地线是否与整机电路地线之间开路。

2. 声音轻故障处理方法

用另一只音箱插入 CK1 中，若插入的音箱响声正常，说明声音轻故障出在此扬声器电路

中，检查步骤和具体方法如下。

（1）用电阻法检测插座 CK1 的动、定片之间的接触电阻是否大，大于 0.5Ω 就是接触不良故障，可更换 CK1。

（2）直观检查扬声器纸盆是否变形，用代替法检查扬声器。

3. 音质不好故障处理方法

用另一只音箱插入 CK1 中，若插入的音箱响声正常，音响效果良好，说明音质不好故障出在扬声器电路中，检查步骤和具体方法如下。

（1）直观检查扬声器纸盆有无破损、受潮腐烂现象。

（2）代替检查法检查扬声器。

重要提示

对这种扬声器电路故障在处理过程中要注意以下几点。

（1）用另一只音箱进行代替检查，可很快确定是否是扬声器电路出了故障。

（2）主要使用电阻检查法和代替检查法。

（3）外接扬声器插座的故障发生率比较高。

（4）扬声器电路的主要故障是完全无声。

（5）图 10-42 所示是另一种不含机内扬声器的电路，CK1 是外接扬声器插座，外部的音箱通过这一插座与功率放大器电路相连。当这种电路出现完全无声故障时，用电阻法检测 CK1 的地线是否开路，出现声音轻故障时用电阻法测量 CK1 的接触电阻是否太大。

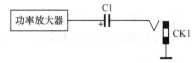

图 10-42　不含机内扬声器的电路

10.5.2 万用表检修特殊扬声器电路故障

图 10-43 所示是一种特殊扬声器电路，电路中 CK1 是扬声器插座，BL1、BL2 是两只型号相同的扬声器，它们是并联关系。

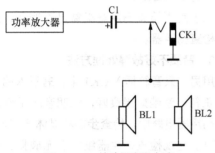

图 10-43 特殊扬声器电路

1. 两只扬声器同时完全无声故障处理方法

用另一只音箱插入 CK1 中，如果插入的音箱响声正常，说明故障出在扬声器电路中，检查步骤和具体方法如下。

（1）用电阻法检测 CK1 的动、定片之间是否开路。

（2）有些电路中 BL1 和 BL2 的地线是通过一根引线接电路总地线的，此时直观检查该地线是否开路。

2. 只有一只扬声器完全无声故障处理方法

由于另一只扬声器工作是正常的，此时只要用电阻法检测这只无声扬声器是否开路，它的地线是否开路。

⚠ **重 要 提 示**

关于这种扬声器电路故障的处理主要说明以下两点。

（1）其他故障的检查方法同前面介绍的相同。

（2）由于有两只扬声器并联，可以通过试听功能判别法缩小故障范围，所以检查起来更方便。

10.5.3 万用表检修二分频扬声器电路故障

这里以图 10-44 所示的二分频扬声器电路为例，介绍对二分频扬声器电路故障的检修方法。电路中，C1 是输出端耦合电容，C2 是分频电容，BL1 是低音扬声器，BL2 是高音扬声器。

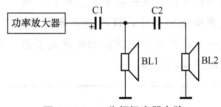

图 10-44 二分频扬声器电路

1. 两只扬声器同时完全无声故障处理方法

对这一故障主要用直观检查法查音箱的两根引线是否开路。

2. 只是高音扬声器完全无声故障处理方法

对于这种故障主要用电阻法检测高音扬声器 BL2 是否开路，检测分频电容 C2 是否开路。

3. 只是低音扬声器完全无声故障处理方法

对于这种故障主要用电阻法检查低音扬声器 BL1 是否开路。

10.5.4 扬声器保护电路检修方法

扬声器保护电路能够同时对左、右声道扬声器进行保护，所以会出现两声道同时完全无声的现象。为了说明检查这种保护电路的方法，举常见的扬声器保护电路为例，如图 10-45 所示。

1. 两个声道同时完全无声故障处理方法

关于这一故障处理方法主要说明以下几点。

（1）检查这一电路时，在给机器通电后首先用万用表的直流电压挡测 VT2 基极电压，若小于 1V，则说明电路处于保护动作状态。然后，再测量左、右声道功放电路输出的直流电压，如果不为零，则说明功放电路故障导致保护电路动作。此时，检查的重点不在保护电路中，而在功放电路中，即在输出端直流电压不为零的那个声道功放电路中。

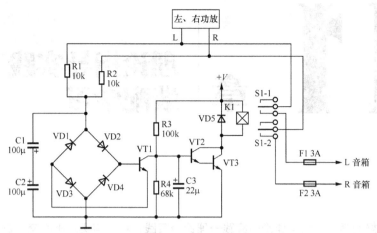

图 10-45　扬声器保护电路

（2）如果左、右声道功放电路的输出端电压均为零，这说明保护电路自身出了问题。重点检查 C3 是否严重漏电，VT2 或 VT3 是否开路，以及 K1 线圈是否开路等。

2．开机有冲击噪声故障

在这种扬声器保护电路中设有软开机电路，即在开机时可以自动消除接通电源扬声器中的响声。当出现开机冲击噪声时，检查电容 C3 是否开路。

⚠ 重要提示

音响电器中，两只音箱是十分重要的部件，在检修扬声器保护电路和功放电路过程中，一不小心就会损坏扬声器，为此要注意以下几点。

（1）切不可为了检修电路方便而将保护电路断开。

（2）修理中，最好换上一对普通的音箱，因为原配音箱烧坏后是很难配到原型号扬声器的。待修好机器后，先用普通音箱试听一段时间，没有问题后再换上原配的音箱。

（3）如果是功放电路故障导致扬声器电路保护，此时可以在断开扬声器的情况下进行检修，待修好功放电路并测量功放电路输出端直流电压为零后再接入音箱，以免在检修过程中不小心损坏扬声器。

（4）检修中，音响的音量不要开得较大。

（5）音箱保护电路有两种类型：一种是它的继电器线圈中无电流时处于保护状态，另一种电路是继电器中有电流时处于保护状态。检修前先对保护电路进行分析，然后再进行检修。

（6）一些档次较低的音响音箱保护电路采用一只熔丝作为音箱保护元件，此时要检查该熔丝是否熔断。

19.测量和安装收音机套件中1只二极管3

第**11**章 | 理论指导实践下套件装配学习

电子技术最好的学习方法是理论→实践→理论→实践，理论与实践不断交替进行，分层次推进学习深度，用理论指导实践，通过实践提高理论知识的认识层次和加深记忆。

> ⚠ **重要提示**
>
> 学习电子技术过程中免不了需要进行动手操作，以建立感性认识和培养动手能力，那么装置一个较复杂的电子装置套件是一个较好的方法，主要体现在以下两方面。
>
> （1）可以系统地学习一个电子装置的电路工作原理、元器件检测方法、故障检查和修理方法、万用表的使用方法和焊接技术。
>
> （2）可以节省时间和精力，如果自己购置散件进行装配学习，由于元器件的购置比较烦琐，自制电路板需要的材料较多，操作起来存在诸多不便。

11.1 电源套件装配指导书

> ⚠ **重要提示**
>
> 电子电路是需要直流电源供电的，即所有的电子电路都需要直流电源电路，所以需要首先掌握电源电路知识。

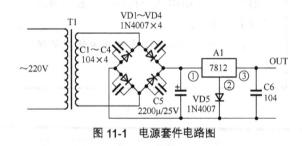

图 11-1 电源套件电路图

11.1.1 了解电源套件

1. 电路图

图 11-1 所示是电源套件电路图，这是一个比较简单的采用三端稳压集成电路构成的直流稳压电源电路。

20. 测量和安装收音机套件中 5 只电解电容器 1

2. 装配实物

图 11-2 所示是电源套件装配完成后的电源实物图。

图 11-3 所示是装配完成但没有装配外壳时的电源实物图。

图 11-4 所示是电源套件全部元器件装配完成后的电路板实物图。

图 11-2 电源实物图

图 11-3 电源内部实物图

图 11-4 电路板上元器件实物图

图 11-5 是电源套件中电路板正面示意图，这也是印制电路图。

图 11-5 电路板正面示意图

图 11-6 是电源套件中电路板背面示意图。

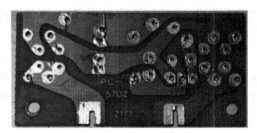

图 11-6 电路板背面示意图

11.1.2 电源变压器降压电路知识点"微播"

> ⚠ **重 要 提 示**
>
> 装配套件除了要求动手技能外，还要求对电路工作原理有一个深入的掌握，这就是理论指导实践，只有理论指导下的实践才有意义，所以以下内容将对各套件的电路工作原理进行详细而深入的讲解。

图 11-7 所示是一种最简单的电源变压器电路，电源套件中就是采用这种电源变压器电路。电路中的 S1 是电源开关，T1 是电源变压器，VD1 是整流二极管。从 T1 一次绕组输入的是 220V 交流市电，二次绕组输出的是电压较低的交流电压，这一电压加到整流二极管 VD1 正极。

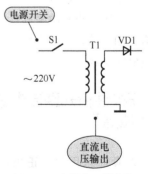

图 11-7 电源变压器电路

1．工作原理分析

电源开关 S1 闭合时，220V 交流市电电压经 S1（图中未闭合）加到电源变压器 T1 的一次绕组两端，交流电流经 S1 从 T1 一次绕组的上端流入，从一次绕组的下端流出。

在 T1 一次绕组流有交流电流时，T1 二次绕组两端输出一个较低的交流电压。这样，T1 将 220V 交流市电电压降低到合适的低电压。

> ⚠ **重要提示**
>
> 电路中的电源变压器只有一组二次绕组，所以 T1 输出一个交流电压，这一电压直接加到整流二极管 VD1。

2. 电路分析关键点

这一电源变压器降压电路工作原理分析主要抓住以下两个关键点。

（1）从电路中看清电源变压器有几组二次绕组，这关系到这一电路能输出几组交流低电压，关系到对电源电路工作原理的进一步分析（分析整流电路等）。上面的电源变压器降压电路中 T1 只有一组二次绕组，所以是最为简单的电源变压器降压电路。

（2）分析电源变压器二次侧电路的另一个关键是找出二次绕组的哪一个端接地线。从图中可以看出，电源变压器 T1 二次绕组的下端接地，这样二次绕组的其他各端点（图中只有上端）电压大小都是相对于接地端而言的。这一识图对检修电源变压器降压电路故障十分重要，因为电源变压器电路故障检修过程中主要使用测量电压的方法，而测量电压过程中找出电路的地线相当重要。

11.1.3 正极性桥式整流电路知识点"微播"

本书电源套件采用的是正极性桥式整流电路。

图 11-8 所示是典型的正极性桥式整流电路，VD1～VD4 是一组整流电路中的整流二极管，T1 是电源变压器。

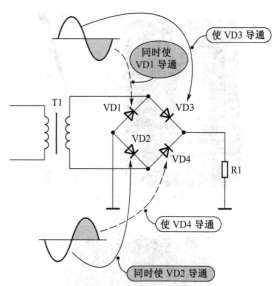

图 11-8　正极性桥式整流电路

1. 正半周电路分析

T1 二次绕组上端和下端输出的交流电压相位是反相的，上端为正半周时下端为负半周，上端为负半周时下端为正半周，如图中二次绕组交流输出电压波形所示。

当 T1 二次绕组上端为正半周期间，上端的正半周电压同时加在整流二极管 VD1 负极和 VD3 正极，给 VD1 加反向偏置电压而使之截止，给 VD3 加正向偏置电压而使之导通。

与此同时，T1 二次绕组下端的负半周电压同时加到 VD2 负极和 VD4 正极，给 VD4 加反向偏置电压而使之截止，给 VD2 加正向偏置电压而使之导通。

> ⚠ **重要提示**
>
> T1 二次绕组上端为正半周、下端为负半周期间，VD3 和 VD2 同时导通。

2. 负半周电路分析

T1 二次绕组两端的输出电压变化到另一个半周时，二次绕组上端为负半周电压，下端为正半周电压。

二次绕组上端的负半周电压加到 VD3 正极，给 VD3 加反向偏置电压而使之截止，这一电压同时加到 VD1 负极，给 VD1 加正向偏置电压而使之导通。

与此同时，T1 二次绕组下端的正半周电压同时加到 VD2 负极和 VD4 正极，给 VD2 加反向偏置电压而使之截止，给 VD4 加正向偏置电压而使之导通。

重要提示

当 T1 二次绕组上端为负半周、下端为正半周期间，VD1 和 VD4 同时导通。

3. VD3 和 VD2 导通电流回路分析

如图 11-9 所示，T1 二次绕组上端→ VD3

正极→ VD3 负极→负载电阻 R1 →地端→ VD2 正极→ VD2 负极→ T1 二次绕组下端→通过二次绕组回到线圈的上端。

4. VD4 和 VD1 导通电流回路分析

T1 二次绕组下端→ VD4 正极→ VD4 负极→负载电阻 R1 →地端→ VD1 正极→ VD1 负极→ T1 二次绕组上端→通过二次绕组回到线圈的下端。流过整流电路负载电阻 R1 的电流方向为自上而下，在 R1 上的电压为正极性单向脉动性直流电压。

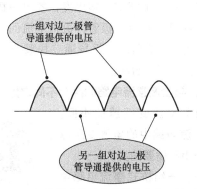

21. 测量和安装收音机套件中 5 只电解电容器 2

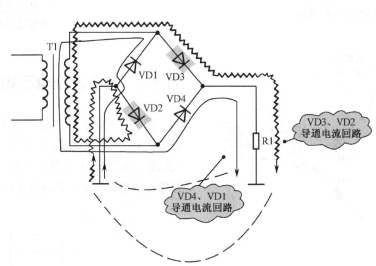

图 11-9 正极性桥式整流电路电流回路示意图

重要提示

流过整流电路负载电阻 R1 的电流方向为自上而下，在 R1 上的电压为正极性单向脉动性直流电压。

5. 整流二极管工作规律

在交流输入电压的一个半周内，桥路的对边两只整流二极管同时导通，另一组对边的两只整流二极管同时截止，交流输入电压变化到另一个半周后，两组整流二极管交换导通与截止状态。

6. 输出电压波形

图 11-10 是桥式整流电路的输出端电压波

形示意图，通过桥式整流电路将交流输入电压负半周转换到正半周，桥式整流电路作用同全波整流电路一样。

一组对边二极管导通提供的电压

另一组对边二极管导通提供的电压

图 11-10 正极性桥式整流电路的输出电压波形示意图

重要提示

桥式整流电路输出的单向脉动性直流电压利用了交流输出电压的正、负半周，所以这一脉动性直流电压中的交流成分频率是 100Hz，频率是交流输入的 2 倍。

7. 判断输出电压极性方法

4 只整流二极管接成桥式电路，在正极与负极相连的两个连接点处接交流输入电压，如图 11-11 所示，在负极与负极相连处为正极性电压输出端，在正极与正极相连处接地，这是正极性桥式整流电路的电路特征。

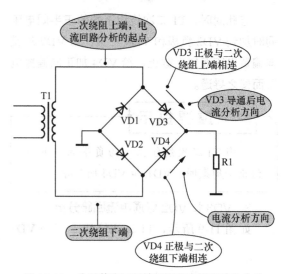

图 11-12　分析整流二极管导通后电流回路的方法

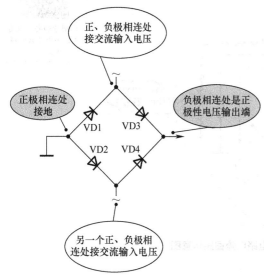

图 11-11　正极性桥式整流电路接线特征示意图

8. 分析二极管导通电流方法

分析流过整流二极管导通的回路电流时，应从二次绕组上端或下端出发，找出正极与线圈端点相连的整流二极管，进行电流回路的分析，如图 11-12 所示，沿导通二极管电路符号中箭头方向进行分析。

9. 与全波整流电路的两个不同之处

（1）电源变压器的不同，桥式整流电路中的电源变压器二次绕组不需要抽头。

（2）一组桥式整流电路中需要有 4 只整流二极管。

22. 测量和安装收音机套件中 5 只电解电容器 3

11.1.4　电容滤波电路知识点"微播"

图 11-13 所示是典型的电容滤波电路。电路中的 C1 是滤波电容，它接在整流电路输出端（整流二极管 VD1 负极）与地线之间，整流电路输出的单向脉动性直流电压加到电容 C1 上。

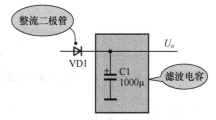

图 11-13　典型的电容滤波电路

1. 电路分析

整流电路输出的单向脉动性的直流电压如图 11-14 所示，从图中可以看出，它是一连串的半周正弦波。滤波电路紧接在整流电路之后，加了滤波电路之后的输出电压是直流电压 U_o。

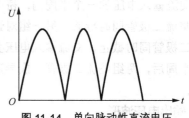

图 11-14　单向脉动性直流电压

电容滤波的工作过程是：整流电路输出的单向脉动性直流电压加到电容 C1 上，在脉动性直流电压从零增大过程中，这一电压开始对滤波电容 C1 充电，如图 11-15 所示，这一充电使 C1 上充至脉动性电压的峰值。此时，电容 C1 上的充电电压最大，C1 中的电荷最多，电容具有储能特性，电容 C1 保存了这些电荷。在上述电容充电期间，整流电路输出的电压一方面对电容 C1 充电，另一方面与电容上所充的电压一起对负载电阻 R1 供电。

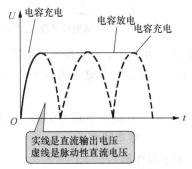

图 11-15　滤波电容充电和放电示意图

在脉动性电压从峰值下降时，整流电路输出的电压降低，此时电容 C1 对负载放电。由于滤波电容 C1 的容量通常是很大的，存储了足够多的电荷，对负载电阻 R1 的放电很缓慢，即 C1 上的电压下降很缓慢，很快，整流电路输出的第二个半波电压到来，再次对电容 C1 恢复充电，以补充 C1 放掉的电荷。

⚠ 重要提示

整流电路输出的单向脉动性直流电压不断变化，电容 C1 不断充电、放电，这样负载电阻 R1 上得到连续的直流工作电压，完成电容滤波任务。

在真正掌握了电容滤波电路工作原理后，电路分析中只要认出哪一只电容是滤波电容即可，不必每一次都对滤波电容的滤波工作过程进行一次详细的分析。

2. 整流二极管两端的保护电容电路

从滤波角度上讲，滤波电容的容量愈大愈

好，但是，第一节的滤波电容其容量太大对整流电路中的整流二极管是一种危害，如图 11-16 所示的电路可以说明大容量滤波电容对整流二极管的危害。

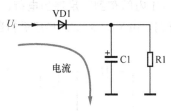

图 11-16　大容量滤波电容危害整流二极管原理图

电路中的 VD1 是整流二极管，C1 是滤波电容，R1 是整流电路的负载电阻。在整机电路没有通电前，滤波电容 C1 内部没有电荷，所以 C1 两端的电压为零。

在整机电路刚通电瞬间，整流二极管在交流输入电压的作用下导通，对滤波电容 C1 开始充电，由于原先 C1 两端的电压为零，这相当于将整流电路的负载电阻 R1 短路，这时有很大的电流流过整流二极管 VD1，对滤波电容 C1 的充电电流如图 11-16 所示。

不仅如此，由于 C1 的容量很大，C1 两端的充电电压上升很慢，这意味着有比较长的时间内整流二极管中都有大电流流过，这会烧坏整流二极管 VD1。第一节滤波电容 C1 的容量愈大，大电流流过 VD1 的时间愈长，损坏整流二极管 VD1 的可能性愈大。

为了解决大容量滤波电容与整流二极管长时间过电流之间的矛盾，实用电路中有以下两种解决方法。

（1）多节滤波电路。 采用多节滤波电路（后面将要介绍的 π 形 RC 滤波电路），这样可以将第一节滤波电容的容量适当减小，以防止损坏整流二极管。

（2）加接保护电容电路。 在整流二极管两端并接一只小电容，图 11-17 所示是整流二极管两端的保护电容电路，在整流二极管两端并联一只 0.01μF 的小电容 C1，C1 保护整流二极管 VD1。

这一保护电路的原理是： 电源开关（电路中未画出）接通时，由于电容 C1 内部原先没有电荷，C1两根引脚之间电压为零，C1相当于短路，这样开机期间的最大电流（冲击电流）通过C1对电容滤波电容C2充电，而没有流过整流二极管VD1，达到保护VD1的目的。开机之后，C1内部充到了足够的电荷，这时C1相当于开路，由VD1对交流电压进行整流。

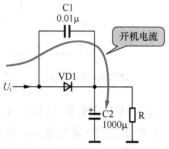

图11-17　整流二极管两端保护电容电路

11.1.5　三端稳压集成电路知识点"微播"

图11-18所示是三端稳压集成电路典型应用电路。三端稳压集成电路A1的外电路非常简单。三端稳压集成电路接在整流滤波电路之后，输入集成电路A1的是未稳定的直流电压，输出的是经过稳定的直流电压。

1. 引脚外电路分析

①脚是集成电路的直流电压输入引脚，从整流滤波电路输出的未稳定直流电压从这一引脚输入到A1内电路中。

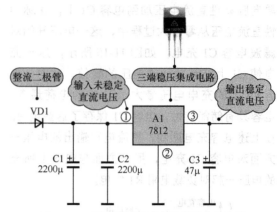

图11-18　三端稳压集成电路典型应用电路

②脚是接地引脚，在典型应用电路中接地，如果需要进行直流输出电压的调整时，这一引脚不直接接地。

③脚是稳定直流电压输出引脚，其输出的直流电压加到负载电路中。

2. 元器件作用

电路中的C1为滤波电容，其容量比较大。

C2为高频滤波电容，用来克服C1的感抗特性。

C3是三端稳压集成电路输出端滤波电容，一般容量较小。

3. 三端稳压集成电路输出电压调节电路

图11-19所示是三端稳压集成电路输出电压大小任意调节电路。这一电路与典型应用电路的不同之处是在②脚与地线之间接入一只可变电阻器RP1。

②脚流出电流流过RP1存在电压降，该电压降是这一电路输出电压的增大量。设A1采用7809，那么③脚相对于②脚是9V。而③脚相对于地线电压是9V加上在RP1上的电压降。

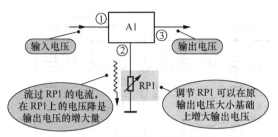

图 11-19 三端稳压集成电路输出电压大小任意调节电路

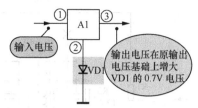

图 11-20 三端稳压集成电路 A1 ②脚串联二极管电路

> **⚠ 重要提示**
>
> 　　调节 RP1 的阻值，可以改变 RP1 的阻值大小，从而可以调节 RP1 上的电压降，达到调整稳压电路输出电压大小的目的。
>
> 　　当 RP1 的阻值调到零时，就是典型的三端稳压电路；当 RP1 阻值增大时，这一电路的输出电压增大。

4. 串联二极管电路

　　图 11-20 所示是三端稳压集成电路 A1 ②脚串联二极管电路，本书电源套件中就是采用这种电路。电路中的 VD1 是二极管，正极接 A1 的②脚，VD1 在②脚输出电压作用下导通，VD1 上的压降为 0.7V，所以这一稳压电路输出电压比典型电路高 0.7V。如果多串联几只二极

5. 串联稳压二极管电路

　　图 11-21 所示是三端稳压集成电路 A1 ②脚串联稳压二极管电路。VD1 是稳压二极管，集成电路 A1 ②脚输出电压使 VD1 导通，这样②脚对地之间的电压就是 VD1 的稳压值，所以这一稳压电路的输出电压大小就是在 A1 输出电压值基础上加 VD1 的稳压值。

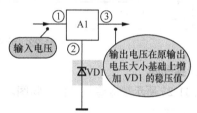

图 11-21 三端稳压集成电路 A1 ②脚串联稳压二极管电路

23. 测量和安装收音机套件中 5 只电解电容器 4

11.2 调幅收音机套件装配指导书

> **⚠ 重要提示**
>
> 　　本书所用收音机套件购买相当方便，网上有大量的套件购买信息，也可以去淘宝网的"古木电子胡斌@读者伴随服务"网店，获取邮购方法和后续装配的伴随服务。

11.2.1 了解收音机套件

> **⚠ 重要提示**
>
> 　　收音机"古老"而现代，"古老"是指收音机历史悠久，现代是指收音机在现

代生活中无处不在，收音机可以称得上是历史最长的家用电子电器之一。

　　老一代无线电爱好者或电子专业技术人员，无不从矿石收音机起步学习电子技术，并对矿石收音机、单管直放式收音机、五管外差式收音机的装配进行了系统学习，具备了深厚系统的理论知识和较强的实践能力。

1. 电路原理图

　　图 11-22 所示是收音机套件整机电路图。

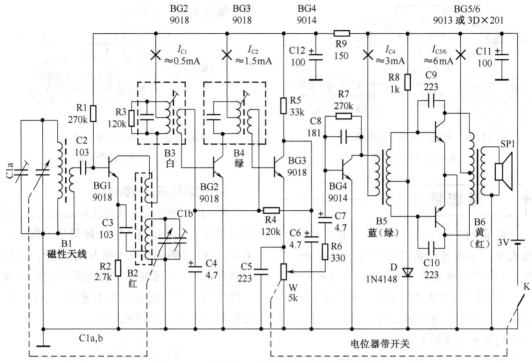

图 11-22　分立元器件调幅中波收音机整机电路

2. 实物图

图 11-23 所示是收音机套件实物图。

（a）装配成品图

（b）套件装配完成后内部图

（c）安装好后的电路板正面图

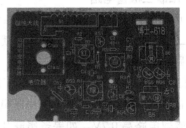

（d）电路板正面

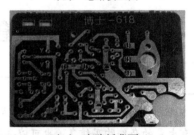

（e）电路板背面

图 11-23　收音机套件实物图

11.2.2 学好收音机的作用"广博"

这里将通过对分立元器件调幅中波收音机装配套件的电路工作原理、套件装配和电路故障检测的详尽讲解，使读者掌握电子电路基本工作原理、整机电路分析方法，具备一定的动手技能、故障判断和处理能力，从而全面提高电子技术水平。

学习或是说掌握了收音机电路工作原理和故障检修技术后，能达到什么样的水平呢？读者一定会有这样的疑惑。

1. 电路工作原理分析能力

收音机涉及的电子电路面比较广，学好收音机电路工作原理可以掌握以下电子电路工作原理。

（1）可以掌握基本的电子元器件知识，包括外形识别、电路符号识别、重要特性、检测方法等。

（2）可以掌握常用电子元器件的典型应用电路。

（3）可以掌握常用的串联电路、并联电路、分压电路等电路的工作原理。

（4）可以掌握LC谐振电路的工作原理，例如收音机的输入调谐电路就使用了LC串联谐振电路，选频放大器中也使用了LC并联谐振电路。

（5）可以掌握放大器电路的工作原理，包括直流电路和交流电路。收音机中的中频放大器、音频功率放大器都采用了放大电路。

（6）可以掌握振荡器电路的工作原理。例如，收音机中的本机振荡器就是一种正弦波振荡器电路，等等。

（7）可以掌握检波电路的工作原理，例如调幅收音机中的检波器电路。

2. 电路故障检修能力

通过学习收音机电路的故障检修方法，可以使自己达到以下水平。

（1）掌握了焊接技术，电子技术所需的动手能力就会有一定水平的提高。

（2）掌握了万用表的欧姆挡、直流电压挡、直流电流挡、交流电压挡的操作方法，并学会了使用万用表检测电子元器件和检修电子电路的常见故障。

（3）初步具备了电路故障的逻辑分析和推理能力，学会了从故障现象分析故障原因的方法。

3. 收音机是整机电路基础

在掌握了收音机整机电路的工作原理之后，学习电视机等整机电路的工作原理就会简单得多（电视机中的许多单元电路的工作原理与收音机电路基本相同），为日后学习其他电子电器整机电路的工作原理打下了坚实的基础。

24. 测量和安装收音机套件中6只三极管1

11.2.3　调幅收音整机电路工作原理知识点"微播"

这里以中波收音电路为例，介绍调幅收音电路的基本工作原理。

1. 接收信号

无线电波被天线所接收，如图11-24所示。

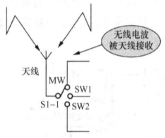

图11-24　接收信号示意图

图11-25是调幅收音机中天线输出的调幅高频信号波形示意图。

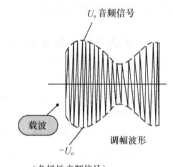

（负极性音频信号）

图11-25　调幅收音机中天线输出的调幅高频信号波形示意图

2. 输入调谐

从天线（中波的天线是磁棒线圈）下来的各电台高频信号加到中波输入调谐电路，通过调谐选出所要接收的某电台高频信号，如图11-26所示。

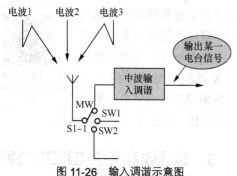

图 11-26　输入调谐示意图

3. 变频

已经选出的某电台高频信号经波段开关 S1-2 加到变频器。中波本振电路通过波段开关 S1-3 与变频电路相连，这样中波本振信号也加到变频器。图 11-27 是变频器的两个输入信号示意图，这两个输入信号分别来自输入调谐电路输出端的高频信号和来自本机振荡器输出的本机振荡信号。

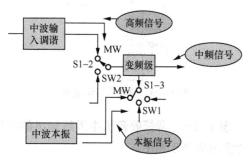

图 11-27　变频器的两个输入信号示意图

两个不同的输入信号加到变频器，通过变频器得到两个信号频率之差的一个新频率信号。

> **重要提示**
>
> 通过变频器中的选频电路，取出本振信号和高频信号的差频——465kHz 中频信号。465kHz 是调幅收音电路中的中频信号频率，中波和各波段短波都是这一频率的中频信号。

4. 中频放大

中频信号加到中频放大器进行放大，以放大中频信号的幅度，在达到一定的幅度后送入检波器。

5. 检波和音频放大

通过检波器检波，从中频信号中取出音频信号。检波输出的音频信号送到音频功率放大器进行放大，以驱动扬声器。

11.2.4　输入调谐电路知识点"微播"

> **重要提示**
>
> 需要深入掌握 LC（电感和电容）并联谐振电路和串联谐振电路的工作原理，这是输入调谐电路的核心。

1. 典型输入调谐电路

> **重要提示**
>
> 收音机能从众多广播电台中选出所需要的电台是由输入调谐电路来完成的，输入调谐电路又称天线调谐电路，因为这一调谐电路中存在收音机的天线。
>
> 中波收音机中，中波段频率范围为 $535 \sim 1605\text{kHz}$，这一频率范围内有许多中波电台的频率，如 600kHz 是某一电台频率，900kHz 为另一个电台频率，通过输入调谐电路就是要方便地选出频率为 600kHz 的电台，或是频率为 900kHz 的电台等。

图 11-28 所示是典型的输入调谐电路。电路中 L1 是磁棒天线的一次绕组，L2 是磁棒天线的二次绕组。C1-1 是双联可变电容器的一个联，为天线联。C2 是高频补偿电容，为微调电容器，它通常附设在双联可变电容器上。

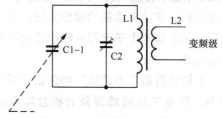

图 11-28　典型的输入调谐电路

磁棒天线中的 L1、L2 相当于一个变压器，其中 L1 是一次绕组，L2 是二次绕组，L2 输出 L1 上的信号。

磁棒的作用使磁棒天线聚集了大量的电磁波。由于天空中的各种频率电波很多，为了从众多电波中选出所需要频率的电台高频信号，需要输入调谐电路。

> **⚠ 重要提示**
>
> 分析输入调谐电路工作原理的核心是掌握 LC 串联谐振电路特性。

输入调谐电路的工作原理是：磁棒天线的一次绕组 L1 与可变电容器 C1-1、微调电容器 C2 构成 LC 串联谐振电路。当电路发生谐振时 L1 中的能量最大，即 L1 两端谐振频率这个信号的电压幅度远远大于非谐振频率信号的电压幅度，这样通过磁耦合从二次绕组 L2 输出的谐振频率信号幅度为最大。

输入调谐电路采用了串联谐振电路，这是因为在这种谐振电路中，在电路发生谐振时线圈两端的信号电压升高许多（这是串联谐振电路的一个重要特性），可以将微弱的电台信号电压大幅度升高。

在选台过程中，就是改变可变电容器 C1-1 的容量，从而改变了输入调谐电路的谐振频率，这样只要有一个确定的可变电容容量，就有一个与之对应的谐振频率，L2 就能输出一个确定的电台信号，达到调谐之目的。

2．实用输入调谐电路分析

图 11-29 所示是本书收音机套件中的实用输入调谐电路。

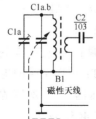

图 11-29　实用输入调谐电路

在掌握了前面的输入调谐电路的工作原理之后，对这一电路的分析就相当方便。电路中，

B1 为磁棒天线，C1a 为微调电容器，C1a.b 是调谐连。磁棒天线的一次绕组与 C1a.b、C1a 构成 LC 串联谐振电路，用来进行调谐，调谐后的输出信号从二次绕组输出，经耦合电容 C2 加到后级电路中，即加到变频级电路中。

11.2.5　变频级电路知识点"微播"

> **⚠ 重要提示**
>
> 在收音机电路中，变频级用来产生固定的中频信号，在我国调幅收音电路的中频频率为 465kHz。
>
> 变频级电路又称变频器。

1．变频的目的

变频级电路是外差式收音机中的一个特色电路，其目的是取得一个频率低于电台高频信号的中频信号。

25.测量和安装收音机套件中 6 只三极管 2

图 11-30 是变频级电路在收音机整机电路中位置示意图，它处于输入调谐电路和中频放大器之间。

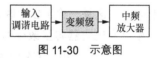

图 11-30　示意图

> **⚠ 重要提示**
>
> 通过变频后，可用一个频带很狭的放大器去放大信号，这一放大器就是变频级电路之后的中频放大器。

2．变频器基本工作原理

图 11-31 是变频器工作原理示意图。当给变频器送入两个不同频率信号 f_1 和 f_2 时，由于变频管的非线性作用，变频器的输出端会输出许多与频率 f_1 和 f_2 相关的信号，其中主要有 4 个频率信号：f_1、f_2、f_1+f_2、f_1-f_2。在收音机电路中用 f_1-f_2 信号，即差频信号，超外差式收音机中的"差"就是由此命名的。

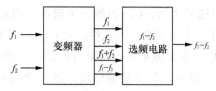

图 11-31　变频器工作原理示意图

3. 典型变频级电路分析

图 11-32 所示是典型变频级电路。

（1）本机振荡器电路分析。 本机振荡器用来产生一个等幅的高频正弦信号，使用一个高频正弦波振荡器，由三极管 VT1 和振荡线圈 L2、L3 等构成。

我国采用超外差式收音制式，所谓超外差就是本机振荡器超出外来的高频信号一个中频频率，VT1 为变频管兼振荡管，L1 是磁棒天线的二次绕组，L2 和 L3 为本机振荡线圈，T1 是中频变压器，C4-1 是双联可变电容器的振荡联，C5 是微调电容器。

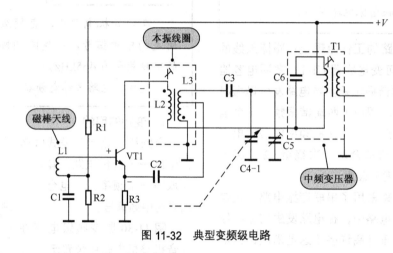

图 11-32　典型变频级电路

26. 测量和安装收音机套件中 6 只三极管 3

（2）选频原理分析。 选频电路由 L3、C3、C5 和 C4-1 构成，这是一个 LC 并联谐振选频电路。当双联可变电容器容量改变时，选频电路谐振频率也发生变化。由于 C4-1 容量与天线调谐电路中另一个调谐联同步变化，这样便能做到振荡信号频率始终比选频电路的谐振频率高出一个中频 465kHz。

（3）变频电路分析。 直流电压 +V 经 R1、R2 分压后，由 L1 加到 VT1 基极，给 VT1 提供偏置电流。直流工作电压 +V 经 T1 一次侧、L2 加到 VT1 集电极，这样 VT1 就建立了静态工作电路。

L1 输出的高频信号从基极馈入变频管 VT1，而本机振荡信号由 C2 加到 VT1 发射极，这样两输入信号在 VT1 非线性的作用下，从集电极输出一系列新频率信号，这些信号加到中频变压器 T1 一次绕组回路中，T1 一次侧是 VT1 的集电极负载。

中频选频电路的工作原理是：中频选频电路由 T1 一次侧和 C6 构成，这是 LC 并联谐振电路，该电路谐振在中频 465kHz 上，这一谐振电路是 VT1 集电极负载电阻。

由于 LC 并联谐振电路在谐振时阻抗最大，这样 VT1 集电极负载电阻最大，VT1 电压放大倍数最大，而其他频率信号由于谐振电路失谐，其阻抗很小，VT1 放大倍数小，这样从 T1 二次侧输出的信号为 465kHz 中频信号，即本振信号与 L1 输出高频信号的差频信号（本振信号减高频信号称为差频信号），实现从众多频率中选出中频信号。

T1 设有可调节的磁芯，当磁芯上下位置变动时，可改变 T1 一次绕组的电感量，从而可以改变中频变压器 T1 一次侧的谐振频率，使之准确地调谐在 465kHz 上。

电路中的 C1 为旁路电容，将 L1 的下端交流接地。C3 为垫整电容，用来保证本振频率的变化范围。C5 是高频补偿电容，用来进行高频段的频率跟踪。

4. 中频变压器谐振频率调整方法

振荡线圈和中频变压器在电路中主要是工作在谐振状态下，调整它们的谐振频率，这一谐振频率的调整可以采用专用仪器进行，在没有仪器的情况下通过试听可以调整振荡线圈、中频变压器的电感量（即磁帽上下位置），这实际上是调整工作频率。

调整中频变压器的目的是让它的一次绕组所在谐振回路谐振在中频频率上，具体方法如下。

（1）**接收一个电台信号**。这一电台很弱也没有关系，但是要调准确，改变机器方向（实际是在改变磁棒方向），使收音机获得最好接收效果。

（2）**控制音量电位器使音量较小**。音量较小时人耳对声音大小的变化灵敏度较高。用无感螺丝刀从最后一级中频变压器开始逐级向前调节各中频变压器的磁帽，通过旋入、旋出磁帽使扬声器中的声音最响，可以先粗调一遍，再进行细调。

如果原中频变压器谐振频率有偏差的话，在调节时声音会增大。在调节中频变压器过程中，要注意不能用普通的金属螺丝刀去调整，否则调到声音最响位置，但是螺丝刀移开磁帽后声音又下降，应该用有机玻璃螺丝刀或竹螺丝刀来调整。

⚠️ 重 要 提 示

在不能收到电台声音时，最好不要去调整各中频变压器的磁帽，否则调乱后就无法用试听的方法调准确了。

5. 判别本振是否振荡方法

收音机的本机振荡器不能振荡，收音电路将无法收到电台信号，此时判别本机振荡器工作是否正常是修理中的重要一环，在没有仪器的情况下可以进行这样的判别。

图 11-33 是万用表检测本振电路接线示意图。万用表直流电压挡测量变频（或混频）三极管发射极直流电压，然后用手指接触振荡线圈各引脚，如果指针有偏转，说明本机振荡工作正常；如果指针不偏转，说明本机振荡未振荡。

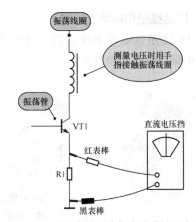

图 11-33　万用表检测本振电路接线示意图

⚠️ 重 要 提 示

当手指接触振荡线圈时，人体电阻将振荡线圈的正反馈回路消除，使之无正反馈，如果原电路是振荡的，因正反馈消失而停振，而振荡与不振荡时三极管的发射极电流大小、电压大小不一样，以此来判别振荡器工作是否正常。

11.2.6　收音机套件变频级电路分析

图 11-34 所示是本书收音机套件中的实用变频级电路。电路中，BG1（过去电路中的三极管用 BG 表示）为变频管，B2 为振荡线圈，B3 为中频变压器，C1a.b 是双联中的振荡联。

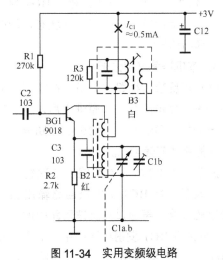

图 11-34　实用变频级电路

1. 振荡线圈和中频变压器

图 11-35 所示是本书收音机套件中的振荡线圈和中频变压器实物照片。

B2 （振荡线圈）　　B3 （中频变压器）

图 11-35　振荡线圈和中频变压器实物照片

收音机中的振荡线圈和中频变压器的外形特征和内部线圈相似，通常通过磁帽的颜色来分辨，磁帽为红色是振荡线圈，磁帽为白色为第一中频变压器。

2. 变频级直流电路分析

（1）集电极直流电路分析。直流工作电压 $+V$ 经过第一中频变压器 B3 一次绕组和振荡线圈加到 BG1 集电极，构成了 BG1 直流电路。

（2）发射极直流电路分析。BG1 发射极通过电阻 R2 接地，构成 BG1 发射极直流电路。

（3）基极偏置电路分析。电阻 R1 接在 BG1 基极与直流电压 +3V 之间，它构成典型的固定式偏置电路。

这样三极管 BG1 具备了工作的直流电流条件，可以进入振荡和变频工作状态。改变电阻 R1 的阻值大小，就能改变三极管 BG1 静态工作电流，从而能够改变频级工作状态，即改变收音机输出信号大小。

3. 本机振荡过程分析

（1）正反馈过程等效分析。在掌握了变压器耦合振荡器电路的工作原理之后，就可以进行等效分析，即进行简单的分析，知道这一电路中各振荡环节就可以。

振荡线圈 B2 的一次绕组和二次绕组之间存在正反馈，将 BG1 集电极回路输出振荡信号通过磁耦合，再通过正反馈回路中的耦合电容 C3 反馈到 BG1 发射极回路中，对于电路中的 BG1 而言发射极回路是输入回路，所以在

这一电路中构成正反馈回路的元器件是振荡线圈 B2。

（2）谐振选频电路分析。电路中的 B2 一次绕组与可变电容器振荡联 C1a.b、微调电容器 C1b 构成 LC 并联谐振选频电路，这一并联谐振电路的频率随振荡联 C1a.b 的调节而改变，所以本振的振荡频率在不断改变。

由于双联中的调谐联和振荡联是同步变化的，所以本机频率随输入调谐电路的工作频率同步变化，本机频率始终比输入调谐频率高一个中频频率。

4. 变频过程分析

输入变频管的信号有两个：一是从 C2 耦合过来的某一电台高频信号，它从基极输入到 BG1 中；二是与之对应的本机振荡信号，它通过 C3 从发射极输入到 BG1 中。

BG1 的静态电流设置得很小，BG1 工作在非线性状态，这样两个输入信号在 BG1 非线性作用下进行变频。

5. 选频过程分析

变频后会产生 4 个主要频率信号，但是只需要中频信号，所以采用第一中频变压器 B3 一次绕组与内部电容（电路中无编号）构成一个选频电路。这一 LC 并联谐振电路的谐振频率为中频频率 465kHz，且这一 LC 并联谐振电路串联在 BG1 集电极回路中，作为 BG1 集电极负载电阻。

由于 LC 并联谐振电路在谐振时阻抗最大，且为纯阻性，这样在中频频率时 BG1 集电极负载电阻为最大，BG1 的放大倍数为最大。而对于频率高于或低于中频频率的信号，由于 LC 并联谐振电路失谐，其阻抗很小，BG1 的放大倍数很小，这样相对而言中频信号在三极管 BG1 中得到了最大的放大，从而通过 B3 二次侧输出的信号主要是中频信号，达到选出中频信号的目的。

电路中的 R3 为阻尼电阻，它的阻值大小决定了 B3 一次绕组回路的 LC 并联谐振电路的频带宽度。

27.测量和安装收音机套件中 6 只三极管 4

6. 变频管集电极电流测量口

如图 11-36（a）所示，在 BG1 集电极电路中有一个"×"标记，这表明在电路板中预留了一个集电流测量口，如图 11-36（b）所示。

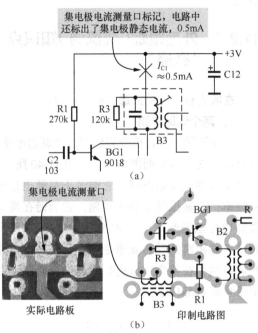

图 11-36　集电极电流测量口示意图

7. 共基调发振荡器

收音机中的本机振荡器有多种电路组态，根据振荡器输入端和输出端共用三极管哪个电极的不同会有共基、共发组态，同时根据 LC 谐振电路与三极管哪个电极相连接方式的不同会有调发、调基、调集电路，例如共基调发电路、共发调集电路、共发调基电路。

共基调发振荡器电路中的振荡器输入端和输出端共用基极，LC 谐振电路接在发射极上，所以称为共基调发振荡器，图 11-37 所示是本书收音机套件中的这一电路。

电路中，L1 为磁棒天线的二次绕组，它的匝数很少（几圈），所以对于本振信号而言它

的感抗非常小，电路分析中可以认为对本振信号不存在感抗，这样三极管 BG1 基极通过电容 C2 交流接地，所以这是基极电路。

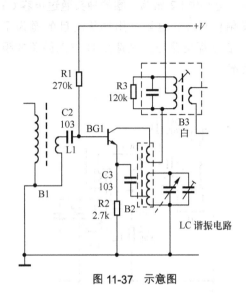

图 11-37　示意图

⚠ **重要提示**

判断共什么电路与一般的三极管放大器判断方法一样，三极管的哪个电极交流接地就是共什么电路。

从电路中可以看出，LC 谐振电路通过耦合电容 C3 接在三极管 BG1 发射极上，所以它是调发电路，这一本振电路为共基调发电路。

判断调什么电路的方法相当简单，LC 谐振电路与三极管哪个电极相连就是调哪个极的电路。

由于共基电路中的三极管工作频率可以比较高，所以使振荡比较稳定，或是在要求相同振荡频率的情况下，可以选用工作频率较低的三极管，当三极管工作频率较低时价格比较低。所以，在收音机中常用这种共基电路。

共发电路相对于共基电路而言比较容易起振，这是因为共发电路的功率增益比大。

8．阻抗匹配问题

如图 11-38 所示的电路可以说明振荡器中的阻抗匹配问题，这也是本书收音机套件中的电路。电路中 L2 振荡线圈的抽头通过电容 C3 与发射极相连。这里采用抽头的目的是为了 L2 所在谐振电路与三极管 BG1 输入回路的阻抗匹配。

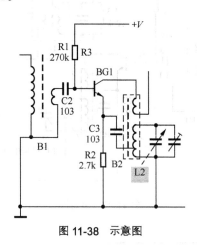

图 11-38　示意图

由前面的分析可知，BG1 接成共基放大器电路，而由共基放大器特性可知，这种放大器的输入阻抗非常小，而 L2 所在谐振电路的阻抗很大，如果这两个电路简单地并接在一起，将严重影响 L2 所在谐振电路的特性，所以需要一个阻抗匹配方式，即电路中 L2 的抽头通过电容 C3 接在 BG1 发射极上。

如图 11-39 所示的电路可以说明这一阻抗匹配电路的工作原理。当一个线圈抽头之后就相当于一个自耦变压器，为了更加方便地理解阻抗变换的原理，将等效电路中的自耦变压器画成了一个标准的变压器。

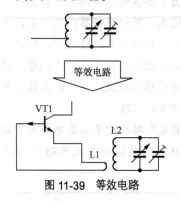

图 11-39　等效电路

电路中，一次绕组 L1（抽头以下线圈）的匝数很少，二次绕组 L2 匝数很大，根据变压器的阻抗变换特性可知，L2 所在回路很高的阻抗在 L1 回路大幅降低，这样 L1 接在 VT1 低输入阻抗回路中时达到了阻抗的良好匹配。

11.2.7　外差跟踪（或统调）知识点"微播"

在收音机中外差跟踪又称为统调。

1．两个调谐电路

众所周知，收音机变频级有两个调谐电路，即双联所在的两个调谐电路，如图 11-40 所示，一个是调谐联调谐电路，它调谐于高频电台信号频率；二是振荡联调谐电路，它调谐在高于高频电台信号频率一个 465kHz 处。对这两个调谐电路频率的理想要求是，振荡联调谐电路的调谐频率在整个频段内始终高出调谐联调谐电路频率 465kHz。

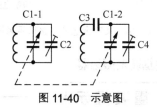

图 11-40　示意图

电路中，与外差跟踪相关的元器件有 3 只，即微调电容 C2 和 C4，还有电容 C3。其中，C2 并联在输入调谐电路上，称为调谐高频补偿电容，它通常是附设在双联上的微调电容。

C3 串联在本振谐振电路中，称为垫整电容，在中波电路中的全称为中波本振槽路垫整电容，中波段该电容在几百皮法，短波段电路中还会有专门的短波本振槽路垫整电容。

C4 并联在本振谐振电路中，称为高频补偿电容，通常是附设在双联上的微调电容。

2．理想跟踪要求

图 11-41 所示是理想情况下的外差跟踪特性，从图中可以看出，理想本振谐振曲

线始终比输入调谐谐振曲线高 465kHz。为了实现这一理想的跟踪要求，对双联可变电容器采取特殊设计，即本振联和调谐联的容量不同（差容双联），且容量变化的特性要改变，这使双联的技术难度加大，制造成本增加。

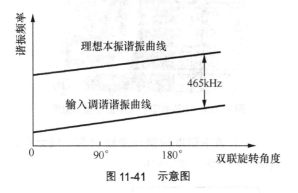

图 11-41　示意图

在多波段收音机中无法实现双联的上述要求，因为多波段收音机中的双联为各波段电路所共用，只能采用等容双联（调谐联和振荡联容量相等），为此只能在电路中寻找解决方法，电路措施就是在电路中加入几只固定电容、微调电容。

3. 三点跟踪特性

实际中是无法做到理想的外差跟踪的，所以采用三点跟踪方式来实现接近理想的外差跟踪方式。图 11-42 是三点外差跟踪示意图。

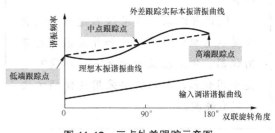

图 11-42　三点外差跟踪示意图

4. 实用电路分析

图 11-43 所示是本书收音机套件中的变频级的两个调谐电路，从图中可以看出，它没有垫整电容，这是因为该机为中波收音机，没有短波段，采用了差容双联可变电容器，这时电路中可以不设垫整电容。

28. 测量和安装收音机套件中 6 只三极管 5

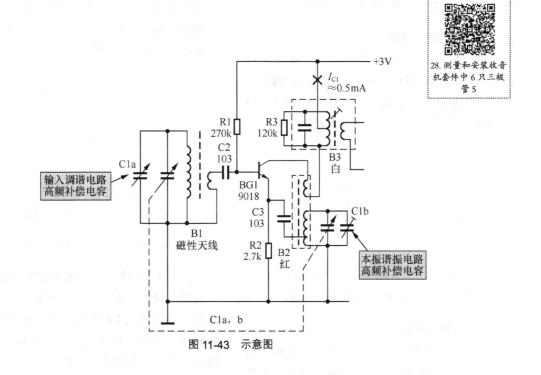

图 11-43　示意图

5. 中波频段划分

重要提示

　　我们将接近理想跟踪过程的电路调整称为统调，或称为外差跟踪。新的收音机装配完成或是修理中的收音机都需要进行统调。

　　统调可以采用专用仪器进行，统调仪是收音机的频率刻度和外差跟踪的专用仪器。但是在业余情况下往往没有这类专用仪器，所以需要采用简便的方法来完成统调。

　　通常将中波频段划分为3段，如图11-44所示，在中波段频率范围内取两个频率点800kHz和1200kHz，得到3个频段区间，分别称为低端、中间和高端。

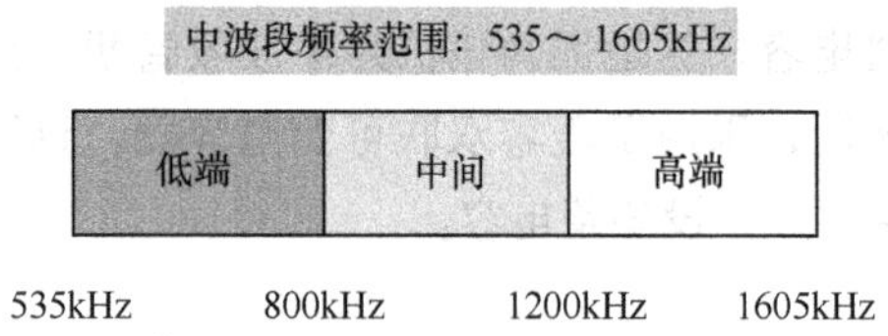

中波段频率范围：535～1605kHz

低端	中间	高端

535kHz　　　800kHz　　　1200kHz　　1605kHz

图 11-44　中波频段划分示意图

6. 三点频率跟踪

　　图11-45是三点统调中的3个频点示意图，分别是600kHz、1000kHz和1500kHz，其中600kHz称为低端跟踪频率点，1500kHz称为高端频率跟踪点，1000kHz为中间频率跟踪点。

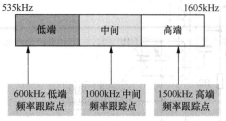

图 11-45　三点统调中3个频点示意图

7. 校准频率刻度方法

　　图11-46是本书收音机套件中频率刻度盘示意图。校准频率刻度过程就是让收音机电路实际工作频率与频率刻度盘一致，以方便日常调台操作。

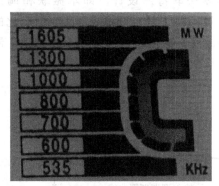

图 11-46　中波收音机频率刻度盘示意图

　　校准频率刻度应该在中频调谐完成之后，且收音机应该能收听到电台。

重要提示

　　由于本振谐振电路频率对刻度影响比较大，所以校对频率刻度时首先是调整本振谐振电路的振荡频率。

　　（1）首先校对低端。在低端接收一个中波广播电台信号，用无感螺丝刀调整本振线圈中的磁芯，如图11-47所示，左右旋转螺丝刀，使收音机声音处于最响状态。

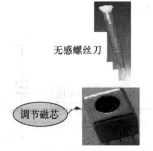

无感螺丝刀

调节磁芯

图 11-47　调节本振线圈磁芯示意图

　　这一步的调整相当于对电路中本振线圈L2的电感量调整，如图11-48所示。将磁芯向里面旋时，会提高L2的电感量，降低了本振谐振频率；将磁芯向外面旋时，会减小L2的电感量，提高了本振谐振频率。

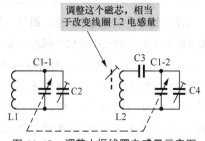

图 11-48　调整本振线圈电感量示意图

（2）其次校对高端。 再在高端接收一个中波广播电台信号，这时用无感螺丝刀调整本振谐振电路中的高频补偿电容，如图 11-49 所示，左右旋转螺丝刀，使收音机声音处于最响状态。

29. 测量和安装收音机套件中 5 只振荡线圈和变压器 1

图 11-49　调节本振谐振电路中高频补偿电容示意图

这一步的调整相当于对电路中本振高频补偿电容 C4 的容量调整，如图 11-50 所示。当改变该微调电容容量时，就能改变本振谐振频率。

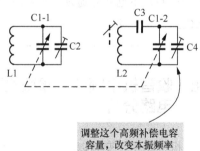

图 11-50　调整本振高频补偿电容示意图

在高端校好之后，再去低端试听一下，因为高端统调后还会影响到低端的统调，要经过几次低端→高端→低端→高端，几个来回往复。

（3）检验中间频点。 在低端和高端校对好后，在中间选一个频点，即 1000kHz 左右的频点，检验一下刻度是不是正常。

通常在低端和高端统调好后，中间频点的误差是比较小的，如果相差很大，则要检查双联可变电容器和垫整电容是否良好。

8. 调整输入调谐电路方法

（1）低端统调方法。 在低端 600kHz 附近接收某一电台信号，调谐准确使收到的声音为最大状态。然后，转动收音机方向（实际是转动磁棒天线方向），找到一个角度使收音机声音较小，接着移动天线线圈在磁棒上的位置，如图 11-51 所示，使声音达到最响状态。

图 11-51　调整天线线圈示意图

当天线线圈向磁棒中间移动时会增加电感量，否则相反。

这一步的调整实际上是调整输入调谐电路中 L1 的电感量，如图 11-52 所示。

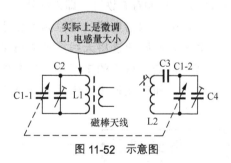

图 11-52　示意图

（2）高端统调方法。 在高端 1500kHz 附近接收某一电台信号，用无感螺丝刀调整输入调谐电路中高频补偿电容的容量，使声音达到最响状态，如图 11-53 所示，就是在调整输入调谐电路中的微调电容 C2 的容量。

在高端统调后，会影响到低端的统调，所以还要再次去微调低端，即低端→高端→低端→高端，几个来回往复，直到高端和低端均处于最佳状态。

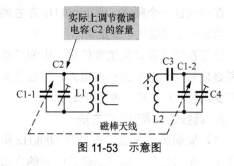

实际上调节微调电容 C2 的容量

图 11-53　示意图

9. 检验跟踪点

对于中波而言，主要检验 3 点，即 600kHz、100kHz 和 1500kHz，先检验低端，再检验高端，最后检验中间，分别接收这 3 点处的某一电台信号。

（1）铜升检验方法。 在低端接收一电台信号，用测试棒的铜头一端接近收音机的磁棒天线，如果在铜头接近过程中收音机声音增大，说明存在铜升，即天线线圈的电感量偏大，输入调谐电路的谐振频率高于电台信号频率，此时应该将天线线圈向磁棒外侧移动一些，以减小天线线圈的电感量，使其恰好不出现铜升，即铜头接近磁棒天线时声音有所减小的现象。

（2）铁升检验方法。 铜升正常后，用测试棒的铁头接近磁棒天线，如果接近过程中收音机声音增大，说明存在铁升，即天线线圈的电感量偏小，输入调谐电路的谐振频率低于电台信号频率，此时应该将天线线圈向磁棒里移动一些，以增大线圈的电感量，使其恰好不出现铁升，即铁接近磁棒天线时声音有所减小的现象。

> ⚠ **重 要 提 示**
>
> 　　上述调整可能会有几个来回，直至不存在铜升和铁升现象。然后再进行高端校验，低端和高端检验后在中间进行检验，对中间点的检验要求不要太高，只要失谐不太严重就可以。
>
> 　　关于收音机中波统调小结以下几点。
>
> 　　（1）业余条件下的统调过程中主要靠听声音的大小来进行判断，要让收音机声音小

些，这样调整时耳朵听起来敏感，因为人耳在音量较小时对声音大小变化的敏感度更高。

（2）整个统调步骤是：先调本振调谐电路进行刻度盘校对，再调输入调谐电路跟踪，最后用测试棒检验。上述调试过程中每一步都是从低端开始，然后调试高端，最后检验中间。这个次序不能搞错。且记住，每一步的调试需要几个来回重复，因为低端和高端的统调会相互影响。

（3）无论是输入调谐电路还是本振调谐电路，都是低端调电感量，高端调电容量，这是因为低端电感量大小对谐振频率影响更为敏感，在高端电容量大小对谐振频率影响更为敏感。

（4）一般情况下统调只是针对低端和高端，中间只是检验，如果中间失谐严重就需要进行一系列的故障检修，不是通过统调能完成的。

（5）统调完成后，用石蜡将线圈封死在磁棒上，以固定天线线圈。如果用手接触磁棒天线时出现声音增大现象，说明统调没有好。

对于短波段统调方法与中波段一样，只是在低端移动短波天线的效果不明显，所以增大和减小电感是通过增加或减少短波天线匝数来实现的。

11.2.8　收音机中频放大器和检波电路分析

收音机电路中，变频以后得到的中频信号将送入中频放大器中进行信号电压放大，以便使信号幅度满足要求，使检波级电路工作，进而检波出音频信号。

1. 中频放大器和检波电路位置

图 11-54 是中频放大器和检波电路在整个电路中的位置示意图。

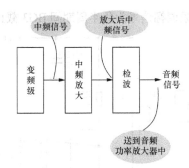

图 11-54 中频放大器和检波电路在整个电路中的位置示意图

⚠ **重要提示**

在整机电路中了解某一个单元电路的位置，对故障检修非常重要，在信号追踪时可以知道在整机电路的哪部分电路中能够找到这一电路。

2. 中频放大器

本书套件中的收音机中频放大器电路比较简单，是一个典型的单调谐中频放大器电路，如图 11-55 所示。这一中频放大器由一级电路组成，BG2 为中频放大管，BG3 为检波放大管。从变频级输出的信号通过中频变压器 B3 加到 BG2 级放大器中。

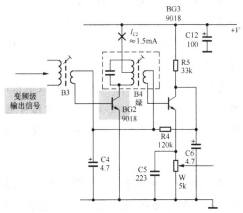

图 11-55 收音机套件中的中频放大器电路

（1）**直流电路分析**。BG2 集电极直流电压通路是：直流工作电压 +V 经中频变压器 B4 一次绕组抽头加到 BG2 集电极，建立 BG2 集电极直流工作电压。

BG2 基极直流电压通路是：直流工作电压 +V 经电阻 R5 和 R4，通过中频变压器 B4 二次绕组加到 BG2 基极，为 BG2 提供直流工作电流。BG2 发射极直接接地。

（2）**中频信号放大分析**。BG2 构成一级共发射极放大器，进行中频信号的电压放大。电路中，中频变压器 B4 一次绕组与内部一只电容构成 LC 并联谐振电路，谐振在中频频率 465kHz 上，作为 BG2 集电极负载电阻。

对于中频信号而言，由于中频变压器 B4 一次侧 LC 并联谐振电路处于谐振状态，此时阻抗为最大，共发射极放大器的重要特性之一就是在集电极负载电阻大时电压放大倍数大，所以这时 BG2 放大级对中频信号进行了放大。

对于频率偏离中频的信号，由于 LC 并联谐振电路失谐，其阻抗很小，所以 BG2 放大级的放大能力大大降低。这样，中频信号相对而言得到了很大的放大。

电路中，中频变压器 B4 一次绕组带有抽头，这是为了进行阻抗匹配。

（3）**信号传输分析**。中频放大器中的中频信号传输过程是：来自变频级输出端的中频信号→中频变压器 B3 二次绕

30. 测量和安装收音机套件中 5 只振荡线圈和变压器 2

组下端（耦合，B3 二次绕组上端通过 C4 交流接地，构成二次绕组回路）→BG2 基极→BG2 集电极回路中的中频变压器 B4 一次绕组（调谐放大）→中频变压器 B4 二次绕组下端（耦合，B4 二次绕组上端通过 C4 交流接地，构成二次绕组回路）→BG3 基极，进入检波级电路。

3. 三极管检波电路分析

⚠ **重要提示**

经过中频放大器放大后的中频信号已达满足检波级电路正常工作所需要的信号幅度，通过检波电路将得到音频信号。

图 11-56 所示是本书收音机套件中的检波级电路，电路中 BG3 构成检波级电路，这是一个三极管检波电路。C5 是高频滤波电容，R5

是 BG5 集电极负载电阻，W 是音量电位器，它是 BG3 发射极电阻。这里要特别注意一点，检波后的音频信号是从 BG3 发射极输出的，BG3 集电极输出经过放大后的 AGC 电压。

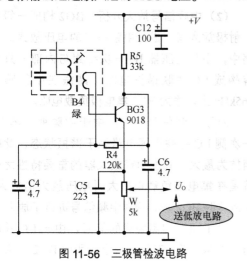

图 11-56　三极管检波电路

（1）直流电路分析。 这一检波级电路中的三极管需要有特殊的静态工作点，由于是工作在检波状态，只是使用了 BG3 基极与发射极之间的 PN 结，所以 BG3 的静态电流很小。如果 BG3 静态工作电流大了，那三极管进入放大状态，没有检波作用了。

直流工作电压 +V 经过 R5 和 R4，通过中频变压器 B4 二次绕组加到 BG3 基极，为 BG3 提供很小的基极电流。

图 11-57 所示是工作在检波状态时的等效电路。电路中的检波二极管是 BG3 基极与发射极之间的 PN 结，通过这个等效电路可以知道，该电路与前面介绍的二极管检波电路工作原理是一样的。

（2）检波过程分析。 从中频变压器 B4 二次绕组下端输出的幅度足够大的中频信号加到 BG3 基极。由于中频调幅信号的幅度已足够大，这样正半周的中频调幅信号给 BG3 正向偏置电压，使 BG3 导通且放大正半周信号，这一正半周信号从 BG3 发射极输出。

当 BG3 基极出现负半周的中频调幅信号时，由于 BG3 的基极静态工作电流很小，负半周中频调幅信号又对 BG3 为反向偏置电压，这

样在中频调幅信号为负半周期间 BG3 截止。

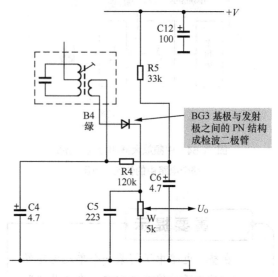

图 11-57　工作在检波状态时的等效电路

⚠ 重要提示

利用 BG3 很小的静态工作电流设置完成检波任务。经过 BG3 检波后的信号从其发射极输出，其发射极电流流过音量电位器 W，在 W 上的信号电压就是检波后得到的音频信号。

在音量电位器 W 上的音频信号，通过其动片对音量大小控制后送到后面的音频功率放大器电路（或称低放电路）中去。

对于这种检波电路而言，它在完成检波任务的同时，也对正半周的中频调幅信号进行了放大，且从 BG3 发射极输出，所以这是一级共集电极放大器，对信号电流具有放大能力，但是对信号电压没有放大作用。

（3）高频滤波电容 C5 作用分析。 电路中的 C5 是接在检波级输出端的高频滤波电容，对于音频信号而言，由于频率低，它的容量小，容抗大，相当于开路，所以 C5 对音频信号不起作用。

对于 BG3 发射极输出的中频载波信号，由于频率高，C5 的容抗小，这样中频载波被 C5

滤波到地。

4. 实用自动增益控制电路分析

图 11-58 所示是收音机套件 AGC 电路。电路中，由 BG3 构成 AGC 电压放大管（同时它也构成了检波器）对 AGC 电压进行放大。电路中的 C6 是 AGC 电路中的滤波电容，用来滤掉中频载波和音频信号。

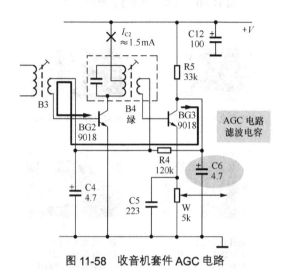

图 11-58 收音机套件 AGC 电路

讲解检波电路时已经知道，在 BG3 基极为正半周中频调幅信号期间，BG3 处于导通放大状态。当中频调幅信号幅度愈大时，其中的直流成分也愈大，即 BG3 基极上的 AGC 电压愈大；反之，中频调幅信号幅度愈小时，其中的直流成分也愈小，即 BG3 基极上的 AGC 电压愈小。

对于 AGC 信号而言，BG3 接成共发射极放大器电路，因为 AGC 电压取自 BG3 集电极。从 BG3 集电极取出的 AGC 电压，经 C6 滤掉中频载波和音频信号后，通过 R4 和 C4 再次进行中频载波和音频信号滤波，得到的 AGC 电压通过中频变压器 B3 二次绕组加到 BG2 基极，对 BG2 静态电流进行控制，以达到控制 BG2 放大倍数的目的，实现 AGC。

这一电路中的 BG2 为中放管，它是反向 AGC 管，处于反向 AGC 工作状态。中频信号幅度愈大，在 BG3 基极的 AGC

31.测量和安装收音机套件中 5 只振荡线圈和变压器 3

电压愈大，从 BG3 集电极输出的 AGC 电压愈小（共发射极放大器的反向特性），通过 R4 加到 BG2 基极的 AGC 电压愈小，使 BG2 基极电流减小得愈多，BG2 放大能力下降得愈多，实现 AGC。

图 11-59 是 AGC 电压滤波电路示意图，从图中可以看出，BG3 集电极输出的 AGC 电压，首先经过 C6 滤波，然后经过 R4 和 C4 进一步滤波。

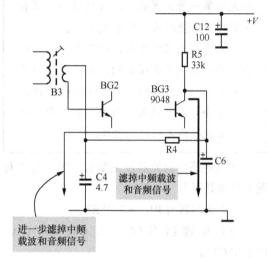

图 11-59 AGC 电压滤波电路示意图

> ⚠ **重 要 提 示**
>
> 一些高级的收音机中还设有二次 AGC 电路和高放 AGC 电路。

11.2.9 测试收音机套件低放电路中元器件

> ⚠ **重 要 提 示**
>
> 收音机套件可以有两种方式。第一种方式是从低放电路开始装配，这是因为低放电路装配完成后，低放电路就可以作为一个信号寻迹器来使用，以方便收音电路的装配。

第二种方式是先全部安装套件中最小的元器件电阻器（本书光盘收音机套件装配视频辅导就是采用这种方式），然后再装配体积大一些的元器件，最后装配体积最大的元器件，这种装配方式的优点是元器件装配比较方便。

为了达到更好的学习效果，可以分别采用这两种方式进行收音机套件的装配，即先用第一种方式装配，成功后拆下所有元器件，再使用第二种方式进行装配。

在安装元器件之前，对所有元器件进行一次测试是非常必要的，测试过程中不仅可以学习元器件的检测知识和操作方法，还会对安装结果有帮助，测试中还可能会发现性能不好的元器件。

低放电路中的元器件主要有以下一些（对照套件电路图）。

（1）电阻器有 R6、R7 和 R8。

（2）电容器有 C6、C7、C8、C9、C10、C11 和 C12。

（3）二极管 VD。

（4）三极管 BG5 和 BG6。

（5）音频输入变压器 B5 和音频输出变压器 B6。

（6）音量电位器 W。

（7）扬声器 SP1。

（8）1 号电池 2 节。

1. 电阻器测试

图 11-60 是低放电路中 3 只电阻示意图，它们是色环电阻器，用万用表欧姆挡分别测量它们的阻值是否正常。

2. 电容器测试

图 11-61 是低放电路中 7 只电容示意图，对于电解电容主要用指针式万用表测量它们的充放电情况，对于瓷片电容如果有数字式万用表可以测量其容量，上述各电容不能出现短路和漏电现象。

32. 测量和安装收音机套件中 5 只振荡线圈和变压器 4

电阻 R6
色环颜色：橙橙棕金
标称阻值：330Ω
误差：±5%

电阻 R7
色环颜色：红紫黄金
标称阻值：270kΩ
误差：±5%

电阻 R8
色环颜色：棕黑红金
标称阻值：1kΩ
误差：±5%

图 11-60　低放电路中 3 只电阻示意图

电解电容 C6 和 C7
4.7μF

电解电容 C11 和 C12
100μF

瓷片电容 C8
3 位数表示：181
标称容量：180pF

瓷片电容 C9 和 C10
3 位数表示：223
标称容量：22000pF

图 11-61　低放电路中 7 只电容示意图

3. 二极管测试

（1）引脚识别。图 11-62 是低放电路中二极管示意图，有黑圈的这端是负极。

负极

二极管 VD

图 11-62　低放电路中二极管 VD 示意图

（2）正向和反向电阻测量。测量正向电阻为 4kΩ 左右，反向电阻在测量时指针几乎不动（MF368 表，R×1k 挡测量），图 11-63 是测试时接线示意图。

4. 三极管 BG5 和 BG6 测试

（1）引脚识别。图 11-64 是低放电路中三极管 BG4 和 BG5、BG6 示意图，三极管引脚分布如图中所示，即正面朝向自己，引脚向下，从左向右分别是 E（发射极）、B（基极）和 C（集电极）。

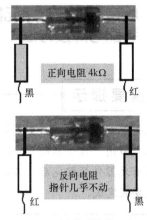

图 11-63 测试时接线示意图

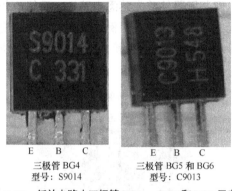

E B C	E B C
三极管 BG4	三极管 BG5 和 BG6
型号：S9014	型号：C9013

图 11-64 低放电路中三极管 BG4、BG5 和 BG6 示意图

（2）PN 结正向电阻测量。图 11-65 是测量三极管发射结和集电结正向电阻接线示意图，S9014 和 C9013 管的接线方法相同，正向电阻阻值相同，均为 5.5kΩ 左右。如果正向电阻太大，说明三极管性能已变劣，不能使用。

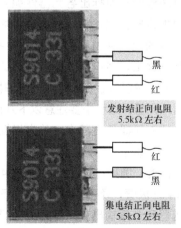

图 11-65 测量三极管发射结和集电结正向电阻接线示意图

（3）PN 结反向电阻测量。图 11-66 是测量三极管发射结和集电结反向电阻接线示意图，

S9014 和 C9013 管的接线方法相同，此时指针几乎不动，如果反向电阻阻值太小，那说明三极管已损坏，不能使用。

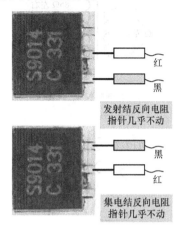

图 11-66 测量三极管发射结和集电结反向电阻接线示意图

5. 音频输入变压器 B5 和音频输出变压器 B6 测试

图 11-67 是低放电路中音频输入变压器 B5 和音频输出变压器 B6 示意图。对音频变压器主要是测量线圈直流电阻。测量方法是：用万用表 R×1 挡测量，音频输入变压器 B5 一次绕组直流电阻为 200Ω 左右，二次绕组抽头至绕组两端的电阻各为 85Ω 左右。音频输出变压器 B6 一次绕组抽头至绕组两端的电阻各为 5.7Ω 左右，二次绕组电阻等于 1.3Ω 左右，如图 11-68 所示。

音频输入变压器

音频输出变压器

图 11-67 低放电路中音频输入变压器 B5 和音频输出变压器 B6 示意图

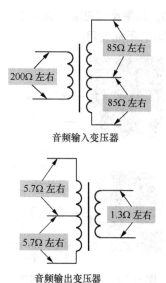

图 11-68 音频变压器绕组直流电阻示意图

6. 检测扬声器和电池电压

用万用表 R×1 挡测量扬声器的直流电阻，应该比扬声器的阻抗值略小些。

因为电池电压为 1.5V，所以采用直流 2.5V 挡。直流电压挡红、黑表棒测量时一定要分清极性。红表棒接高电位，即电池的正极；黑表棒接低电位，即电池的负极，如图 11-69 所示。如果接反，指针将反向偏转。

33. 测量和安装收音机套件中音量电位器

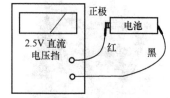

图 11-69 测量电池直流电压接线示意图

指针指示 1.5V 说明电池电压正常，如图 11-70 所示。

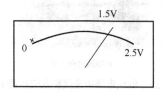

图 11-70 指示 1.5V 示意图

11.2.10 收音机低放电路元器件装配与焊接方法

重要提示

首先将低放电路中的所有元器件从套件中取出，另用一盒子装起来，这样在盒子里的所有元器件装配完后，低放电路的元器件就安装完成。

1. 熟悉电路板

安装元器件前先熟悉电路板，了解一些关键元器件的安装位置，例如三极管、音频变压器等。图 11-71 是三极管 BG5 和 BG6 安装位置示意图。

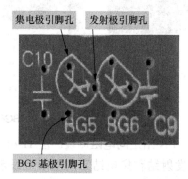

图 11-71 三极管 BG5 和 BG6 安装位置示意图

2. 插入元器件操作方法

在电路板的正面标出各元器件编号和引脚位置，根据这些标记，将低放电路中的各元器件插入相应的元器件引脚孔中，然后用一块海绵盖在元器件上，将电路板翻一面，这时元器件引脚朝上，可以对各引脚焊点进行焊接。

在插入元器件过程中要注意以下几点。

（1）插入元器件过程中，首先根据电路板上印刷的电路编号与所插入的元器件进行核对，不要插错位置。例如，插入三极管 BG4 时，要插入 9014 三极管，不要插成 9013。还有音频输入变压器和音频输出变压器不要插错，这两只变压器可以通过外壳颜色来分辨，在电路板上会标出变压器的颜色。

（2）一些元器件引脚是有极性的或是引脚

不能互换的，插入时要分清引脚。例如，三极管的 3 个引脚，有极性电解电容的两根引脚不能插错，图 11-72 是电解电容 C11 引脚孔示意图。有极性电解电容正、负引脚插反会引起漏电故障，严重时会造成该电解电容爆炸。

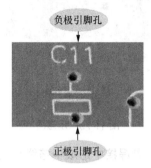

图 11-72　有极性电解电容引脚孔示意图

（3）一些元器件的引脚孔有固定的方向，方向反了插不进去，图 11-73 是音频输出变压器 B6 引脚孔示意图。从图中可以看出，它一边是 3 个孔，用来插音频输出变压器一次绕组的 3 根引脚，另一边的 2 个引脚孔用来插入二次绕组的引脚，变压器方向反了无法插入孔中。注意：切不可在此位置装配音频输入变压器。

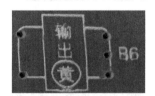

图 11-73　音频输出变压器 B6 引脚孔示意图

（4）瓷片电容和电阻器两根引脚不分，装配时可以任意方向插入两根引脚，图 11-74 是电容 C10 和电阻 R9 安装位置示意图。

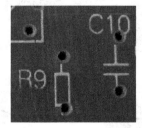

图 11-74　示意图

（5）插入元器件时，为了操作方便，可以先插入一些体积较小的元器件，特别是一些高度相近的元器件，然后先对它们进行焊接，再插入一些体积较大的元器件。这样操作的优点是，由于一批焊接的元器件高度相近，在电路板反面进行焊接时元器件不会因为高度不同而出现脱落现象。例如，先插入和焊接低放电路中的电阻，再插入和焊接电路中的电容器、三极管，最后安装两只变压器。

（6）如果电路板上元器件引脚孔之间距离足够，可以采用卧式安装方式，如果引脚孔之间距离不够则采用立式安装方式，如图 11-75 所示。

图 11-75　示意图

（7）收音机套件中的二极管 VD 极性不能插反，否则两只功放输出管的工作电流会相当大，两只功放输出管发烫，严重时会损坏这两只输出管。

3. 元器件焊接操作方法

插好元器件后，将电路板背面朝上，对元器件引脚进行一一焊接，焊接时电烙铁和细的焊锡丝同时接触引脚焊盘，理想情况下焊锡应该迅速均匀地熔入引脚孔和引脚四周，焊接要领详见前面焊接方法部分。图 11-76 是焊盘示意图。

图 11-76　焊盘示意图

对于已焊好的元器件，用斜口钳或剪刀剪

去多余的引脚。如果剪去引脚过程中焊点发生了松动，说明焊接质量不过关，需要进行补焊。

在焊接操作过程中需要注意以下几点。

（1）焊接动作要迅速，即电烙铁在电路板上停留的时间要尽可能地短，否则会烫坏电路板上的铜箔线路，或烫坏元器件。如果焊盘很难吃上焊锡，说明焊盘质量不好，表面被氧化，或是元器件引脚表面氧化，要用刀片刮干净后再焊接，切不可长时间在该焊盘上焊接。

（2）焊点大小要适中，两焊盘相距较近时注意各焊点之间不要相碰，如图 11-77 所示。同时，在焊接一个焊点时，如果另一个相距较近的焊盘中还没有插入元器件，这时注意焊锡不要堵塞该引脚孔，以免下一个元器件引脚无法插入。

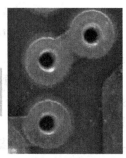

上下两个焊盘相距很近，注意各焊点的焊锡不要相碰

图 11-77　示意图

（3）焊接音量电位器时要注意，由于焊盘和引脚都比较大，如果电烙铁功率不够很容易造成假焊、虚焊，这时应更换功率较大的电烙铁，如 30W 内热式电烙铁，冬季时更容易出现这种情况，图 11-78 是音量电位器焊接示意图。

图 11-78　音量电位器焊接示意图

（4）焊接操作过程中不要损坏电路板铜箔线路上的绝缘保护漆。焊盘之外的部分都有保护漆，它是用来绝缘的，如图 11-79 所示。

线路上保护漆

焊盘上没有保护漆

图 11-79　示意图

（5）如果焊接中造成铜箔线路断裂，可以有多种方法处理。如果只是裂纹，可以用刀片小心刮去裂纹两端的绝缘漆，然后用焊锡焊接好，如图 11-80 所示。

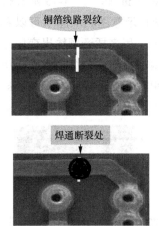

铜箔线路裂纹

焊通断裂处

图 11-80　示意图

如果整条铜箔线路都起皮了，那只能另用一根引线焊通这条线路，如图 11-81 所示。

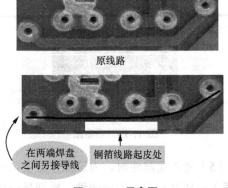

原线路

在两端焊盘之间另接导线

铜箔线路起皮处

图 11-81　示意图

4. 焊接电源和扬声器

将低放电路中的电子元器件全部安装在电路板上后，开始焊接电池夹，为电路供电进行准备，从如图 11-82 所示的电路可以看出电源供电电路的连接方式，电源的正极与电容 C11 正极的铜箔线路相连，电源负极接在音量电位器开关的一根引脚铜箔线路上。注意：电源的正、负引线稍长一些，以使电路板能够翻转。

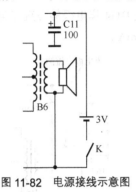

图 11-82　电源接线示意图

重要提示

根据电路图将扬声器两根引线接上，由于这一机器中只使用了一只扬声器，所以扬声器的两根引脚可以不分极性。

11.2.11 收音机套件低放电路调试方法

在低放电路全部安装完毕后将进入对低放电路的调试过程。

1. 功放输出级电路静态电流测量方法

重要提示

一个放大器电路的交流工作状态是由静态电流状态决定的，所以进行静态电流的测量非常重要，这样可以了解放大器电路的工作状态。

图 11-83 是低放电路中静态电流测量示意图，电路中"×"表示这是一个静态电流测量

位置，图中标出了 6mA 的标准值。

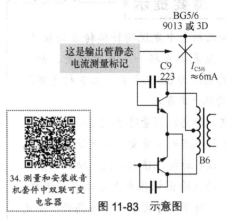

34. 测量和安装收音机套件中双联可变电容器

图 11-83　示意图

根据电路图中的测量口位置，在电路板铜箔线路上寻找这一测量口，图 11-84 所示是电路板上的功放输出管集电极静态电流测量口。从图中可以看出，测量口的铜箔线路人为地被断开了，这是为了测量电流的方便，因为测量电流时表棒是串入电路中的。

图 11-84　电路板上的功放输出管静态电流测量口

给电路通电，将音量电位器旋转，接通电路中的直流工作电压。万用表调至直流电流适合量程（如 25mA 挡），红、黑表棒分别接测量口的两端，如图 11-85 所示。

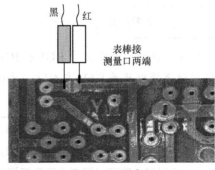

图 11-85　示意图

如果测量中发现指针偏转方向反了，将红、黑表棒互换一下再次测量。如果测量的电流为6mA左右，上下相差不到1mA均属于正常。

这一静态的测量对于判断功放输出级电路工作状态非常重要，当测量的静态电流等于或接近标准值时，说明功放级装配正常，功放输出级基本上可以正常工作。当然，这对于初学者来说非常高兴，但是对于学习电子技术来说可能不一定是好事，因为没有遇到故障就没有检修故障的机会。

在测量功放输出管静态电流正常后，可以将这个测量口用焊锡焊好，即将这个铜箔断口焊通。

2. 功放输出管静态工作电流测量及处理对策

如果这一静态电流测量的结果不正常，就得进行故障检修，具体说明如下。

（1）测量电流非常大。 此时应立即切断电源开关，检查电路中二极管VD是不是装配反了。因为当它接反后不能导通，此时功放输出级的基极偏置电路变成了固定式偏置电路，两只功放管电流大幅增加。

如果检查发现二极管VD没有接反，那检查二极管两引脚焊点是不是没有焊好。此时，可以用万用表直流电压挡的适当量程分别测量二极管VD正极对地电压和负极对地电压，如果相等说明二极管VD接地引脚没有焊好。

只有测量到功放输出管BG5和BG6基极对地直流电压为0.6V左右时，才说明二极管VD工作正常。

（2）测量电流为零。 如果测量功放管静态电流为零，首先直观检查电路板上各元器件焊点是否正常，必要时对一些可疑焊点进行重新焊接。

然后，测量功放管BG5和BG6集电极对地直流电压，如果为零，说明有两个原因：一是电池电压供给电路不正常，二是音频输出变压器一次绕组回路没有接通。前者用测量直流电压的方法追踪故障点，后者用万用表欧姆挡分段检查，找出原因。

3. 测量推动管静态工作电流及故障对策

图11-86是推动管静态电流测量口示意图，这测量的是BG4集电极静态直流电流，标准直流电流为3mA。

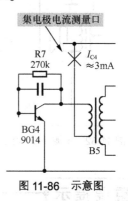

集电极电流测量口

R7
270k

I_{C4}
≈3mA

BG4
9014

B5

图11-86 示意图

根据推动级电路图，在电路板背面的铜箔线路上找到BG4静态电流测量口，如图11-87所示。

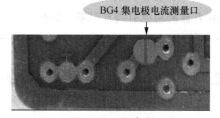

BG4 集电极电流测量口

图11-87 示意图

万用表直流电流挡测量推动管静态直流电流，如果为3mA，或误差不到0.2mA，说明推动级电路工作基本正常，这时将该测量口焊通。

如果测量的电流为零，检查推动级元器件焊接是否正常，然后检查电阻R7是否已正常接入电路中。

4. 检查整个低放电路

在上述功放输出级和推动级电路静态电流正常后，将音量电位器开到最大位置，此时用手接触音量电位器热端引脚时，扬声器应该能够发出比较响的干扰声音。如果是这样，那说明整个低放电路安装调试完成。

　　低放电路的工作正常，对安装中频放大器等电路有着重要的作用。

11.2.12　收音机套件其他电路装配方法

　　安装完成低放电路后，读者已具备了一定的安装和焊接经验，对套件余下的收音部分电路安装就比较方便了。

35. 测量和安装收音机套件中磁棒天线

　　对于收音部分元器件安装方法与前面介绍的低放电路元器件安装方法一样，只是由于收音电路的一些特点，还需要注意一些问题。

1. 检测各元器件

　　对收音部分电路中的各元器件进行检测，这里主要说明以下几点。

　　（1）收音部分的 BG1、BG2 和 BG3 采用 9018，它的集电结和发射结正向电阻均为 6.3kΩ，测量反向电阻时指针几乎不动。

　　（2）测量中频变压器和振荡线圈的一次、二次绕组的直流电阻，中频变压器的一次绕组直流电阻为 12Ω 左右，二次绕组直流电阻略大于 1Ω。振荡线圈的两个线圈直流电阻更小，一个为 3.6Ω 左右，一个为 0.3Ω。上述测量中不能出现开路现象，否则表示其已经损坏。

　　（3）天线线圈的直流电阻也相当小，一个线圈为 1Ω 左右，另一个为 4.5Ω 左右。

2. 插入和焊接元器件

　　关于收音电路部分元器件的插入和焊接主要说明以下几点。

　　（1）各中频变压器和振荡线圈位置不能插错，电路板正面标有各中频变压器的颜色，要插入相应颜色的中频变压器，如绿色位置的要插入磁芯颜色为绿色的中频变压器。

　　（2）由于低放电路中的元器件已经焊在电路板上，这时安装收音电路部分元器件时最好插入一只焊接一只，这样比较方便。

　　（3）将双联和磁棒天线固定在电路板上。

　　（4）双联引脚的焊盘比较大，且引脚比较粗，要保证足够高的焊接温度，否则容易出现假焊现象。

　　（5）收音部分的焊盘相距较近，在焊接时注意焊点要适当小些，以免相邻的焊点之间相碰。

11.2.13　收音机套件电路静态电流测量方法和调试方法

1. 测量静态电流方法

　　收音电路中有 3 只三极管，其中 BG1 和 BG2 两管在电路板上留有集电极测量口，BG3 没有这一测量口。

　　对于 BG1 和 BG2 集电极直流工作电流的测量方法与低放电路中三极管集电极直流电流测量方法一样，首先在电路板中找到测量口，测量正常后将测量口焊通。

　　对于 BG3，原电路板中没有设置集电极电流测量口，拆下元器件一根引脚也可以做成电流测量口，此时只拆下三极管的集电极，其他两根引脚仍然焊在电路板上，如图 11-88 所示，将万用表直流电流挡置于最小量程，红表棒接电路板上集电极引脚焊孔，黑表棒接拆下的集电极。这种方法不适合集成电路这样的元器件，因为集成电路电源引脚无法拆下。

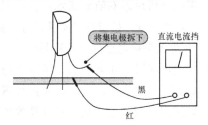

图 11-88　拆元器件引脚示意图

⚠ **重要提示**

　　正常情况下，BG3 的集电极直流电流为 0.01mA，在收音机收到信号时电流会增大，且随着电台信号的大小变化而变化，最大可达 0.05mA。

2. 整体电路工作状态初步判断

⚠️ 重要提示

在确定低放电路工作的情况下，才可以进行收音电路的调整，否则会使调整和对故障判断更加复杂和困难。

收音机各三极管静态电流测量正常后，将音量电位器开到最大音量位置，在旋转双联转换过程中扬声器会发出"咕噜"或"哗啦"的流水声，这说明整机电路基本能够进入工作状态。

这时可以进行整机电流测量，利用整机直流电源开关，在开关断开状态下进行测量，图 11-89 是测量时接线示意图，红表棒接电源正极端的开关引脚，黑表棒接另一个开关引脚。注意：整流电流较大，要选择好测量的量程。

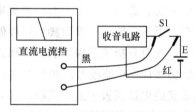

图 11-89　测量时接线示意图

3. 检查本振是否起振

如果在开机后没有听到流水声，可以进行本机振荡器的检查，检查它是不是已经起振。

4. 试听调整中频变压器谐振频率

在上述电路调整正常之后，可以进行中频变压器谐振频率的调整。在没有专用仪器的情况下可以采用试听调整方法，具体调整方法和步骤如下。

（1）最大音量状态下，在低端接收某一电台信号，调节双联使之为最响，再将本振停振，方法是用手指直接触碰振荡线圈让本振电路停振，如果这时电台声音消失，说明这是通过外差后得到的收音信号，可以进行下一步的调整。

否则，这一电台信号不能用来进行中频调整，需要再选一个电台信号，因为这个电台信号是从变频级直接混入的信号，如果以此信号进行调整则会更加调乱电路。

（2）转动收音机方向，使电台声音最弱，这样做的目的是为了听觉能灵感地反应声音的大小变化，可提高调整灵敏度。移动磁棒天线线圈在磁棒上的位置，使声音达到最佳状态，这样可使中频调整过程中出现较少的峰点。

移动磁棒天线线圈后，再调节双联使该电台声音处于最响状态。

（3）用无感螺丝刀调节中频变压器中的磁芯，先从最后一只中频变压器调起（即先调中频变压器 B4），旋转磁芯可以听到电台声音的大小变化，使声音达到最大状态。

调整好最后一只中频变压器后，再调前面一只中频变压器，最终将所有中频变压器调整好。注意：切不可去调整振荡线圈，因为从外形上本振线圈与中频变压器一样，容易搞错。

如果原来中频变压器的谐振频率没有谐振在中频频率上，在进行调整时会明显地感觉到声音在增大。

（4）经过一个回合的调整之后，收音机的声音又响了许多，再转动收音机方向，使收音机声音减小，然后再从最后一只中频变压器向前一级一级地进行细调。

通过上述两次调整，中频变压器调整完成。

5. 高频信号发生器调整中频频率方法

采用仪器调整中频频率有多种方法，采用不同的仪器有不同的调整方法，图 11-90 是采用高频信号发生器调整时的接线示意图。

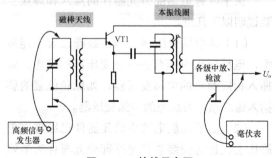

图 11-90　接线示意图

使高频信号发生器输出 465kHz、调制度为 30% 的调幅信号，高频输出信号可以用环形天线以电波形式输出，也可以按图中所示，接在天线输入调谐电路两端，将真空管毫伏表或示波器接在检波级之后或直接接在扬声器上。

为了可靠起见，将中波本振线圈一次绕组用导线接通，然后从最后一级开始逐级向前调整各中频变压器磁芯，使输出为最大，这样中频便能调准。

36. 连接引线和安装零部件

11.3　有源音箱装配指导书

⚠ **重要提示**

本书所用有源音箱套件为典型双声道音频集成电路功率放大器，套件购买相当方便，网上有大量的套件购买信息，也可以去淘宝网的"古木电子胡斌@读者伴随服务"网店，获取邮购方法和后续装配的伴随服务。

本套件装配完成可以作为计算机的有源音箱使用，所以不仅可以用来学习电子技术，还有一定的实用价值。

音频功率放大电路是电子电路中一个十分常用和重要的电路，为了配合音频功率放大器工作原理和故障检修的深入学习，通过理论联系实际来加深对电路工作原理的理解，亲自体验动手装配、调试和检修。

图 11-91 所示是有源音箱套件内部图。

图 11-91　有源音箱套件内部图

图 11-92 所示是有源音箱装配成品图。

图 11-93 所示是有源音箱套件中的电路板实物照片。

图 11-92　有源音箱装配成品图

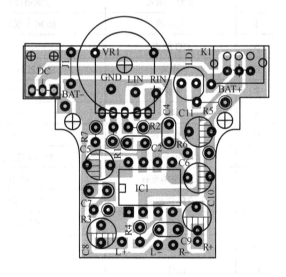

图 11-93　有源音箱电路板

11.3.1　有源音箱套件相关资料

1. 电路图

图 11-94 所示是有源音箱套件的电路图。

2. 有源音箱套件元器件清单

表 11-1 所示是有源音箱套件元器件清单。

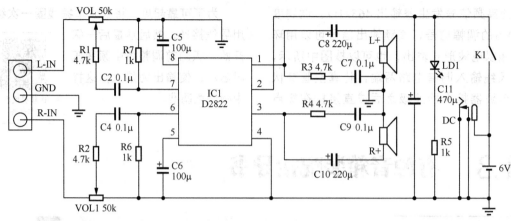

图 11-94　有源音箱套件的电路图

表 11-1　有源音箱套件元器件清单

序号	名　　称	规　　格	用　　量	位　　号
1	电路板	HX-2822	1 片	
2	集成电路	D2822	1 块	IC1
3	发光二极管	φ3mm 绿色	1 支	LD1
4	电位器	B50K（双声道）	1 只	VR1
5	DC 插座		1 只	DC
6	开关	SK22D03VG2	1 只	K1
7	电阻	4.7Ω/4.7kΩ	各 2 只	R3、R4、R1、R2
8	电阻	1kΩ	3 只	R5、R6、R7
9	瓷介电容	0.1μF	4 只	C2、C4、C7、C9
10	超小电解电容	100μF/220μF	各 2 只	C5、C6、C8、C10
11	超小电解电容	470μF/16V	1 只	C11
12	立体声插头	双芯屏蔽线	1 根	LI、RI、T
13	扬声器	4Ω/5W	2 只	
14	电池片		1 套	
15	动作片		4 片	
16	导线	1.0×90mm×2P	2 根	L+、L-、R+、R-
17	导线	1.0×60mm	2 根	BAT+、BAT-
18	螺钉	PA 2×6	10 粒	底壳、机板、动作片
19	螺钉	PA 2×8	8 粒	喇叭座
20	说明书		1 份	
21	Qc 贴纸		1 个	
22	胶袋		1 个	
23	塑胶		1 套	

3. 集成电路 D2822 引脚作用

表 11-2 所示是集成电路 D2822 引脚作用。

表 11-2　集成电路 D2822 引脚作用

引　　脚	作　　用
①脚	左声道输出引脚
②脚	电源引脚
③脚	右声道输出引脚
④脚	接地引脚
⑤脚	右声道负反馈引脚
⑥脚	右声道输入引脚
⑦脚	左声道输入引脚
⑧脚	左声道负反馈引脚

4. 元器件作用

（1）R1 的作用：左声道输入回路电阻，用来消除可能出现的高频自激。

（2）R2 的作用：右声道输入回路电阻，用来消除可能出现的高频自激。

（3）R3 的作用：左声道"茹贝尔"网络电阻，用来抵制高频自激，改善音质。

（4）R4 的作用：右声道"茹贝尔"网络电阻，用来抵制高频自激，改善音质。

（5）R5 的作用：电源指示发光二极管 LED1 限流保护电阻，保证 LED1 的工作电流不超过规定值。

（6）VOL 的作用：双声道音量电位器，调节左、右声道音量大小。

（7）C2 的作用：左声道输入端耦合电容，用来耦合来自外部的左声道音频信号。

（8）C4 的作用：右声道输入端耦合电容，用来耦合来自外部的右声道音频信号。

（9）C5 的作用：左声道负反馈回路电容，隔直通交。

（10）C6 的作用：右声道负反馈回路电容，隔直通交。

（11）C7 的作用：左声道"茹贝尔"网络电容，用来抑制高频自激，改善音质。

（12）C8 的作用：左声道功放输出端耦合电容，输出左声道信号到左声道扬声器 L。

（13）C9 的作用：右声道"茹贝尔"网络电容，用来抑制高频自激，改善音质。

（14）C10 的作用：右声道功放输出端耦合电容，输出右声道信号到右声道扬声器 R。

（15）C11 的作用：整机电源滤波、退耦电容。

（16）IC1 集成电路 2822 的作用：双声道 OTL 功放集成电路，用来进行左、右声道音频信号的功率放大。

（17）LED1 的作用：发光二极管电源指示器，用来指示电池电压高低。

1. 某学员公司开发产品指导实例（噪声故障）1

（18）K1 的作用：整机电源开关，为直流电源开关。

（19）插口 DC 的作用：它是外接直流电源插口。

5. 集成电路 IC1 关键测试点

集成电路 IC1 的关键测试点是它的左、右声道输出端，即 IC1 的①脚和③脚，当这两根引脚的直流电压等于电源直流工作电压的一半时，说明集成电路 IC1 工作正常。在套件中集成电路 IC1 采用 6V 电压供电，所以集成电路 IC1 的①脚和③脚直流工作电压正常时均等于 3V。以下两种情况说明了电路故障的状态。

（1）集成电路 IC1 的①脚或③脚直流工作电压有一个大于 3V 时，说明集成电路 IC1 已损坏。

（2）集成电路 IC1 的①脚或③脚直流工作电压有一个低于 3V 时，断开输出回路中的输出端耦合电容，如果还是低，说明集成电路 IC1 已损坏，否则说明断开的耦合电容漏电。

11.3.2　音频功率放大器知识点"微播"

⚠ 重要提示

建议看完下面的理论知识后再进行安装，用理论指导实践，学习效果会更好。

1. 音频功率放大器电路组成方框图

音频功率放大器用来对音频信号进行功率放大。所谓功率放大就是通过先放大信号电压，再放大信号电流，实现信号的功率放大。

掌握音频功率放大器工作原理就可以更容易地学习其他功率放大器。习惯上，音频功率放大器又称为低放电路（低频信号放大器）。

音频功率放大器放大的是音频信号，在不同机器中由于对输出信号功率等要求不同，所以采用了不同类型的音频功率放大器，音频功率放大器的类型比较多。

图 11-95 是音频功率放大器电路组成方框图。这是一个多级放大器，它由最前面的电压放大级、中间的推动级和最后的功放输出级共 3 级电路组成。

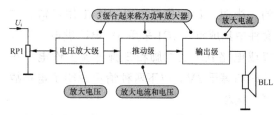

图 11-95　音频功率放大器电路组成方框图

电路分析中，时常需要识别一个电路的前、后相关联电路，这有利于了解信号的"来龙去脉"。与音频功率放大器前、后连接的电路是负载为扬声器的电路，输入信号 U_i 来自音量电位器 RP1 动片的输出信号。

2. 功率放大器中各单元电路作用

（1）音量控制器作用。音响控制器 RP1 用来控制输入功率放大器的信号大小，从而可以控制功率放大器输出到扬声器中的信号功率大小，达到控制声音大小（音量）的目的。

（2）电压放大级作用。用来对输入信号进行电压放大，使加到推动级的信号电压达到一定程度。根据机器对音频输出功率要求的不同，电压放大器的级数不等，可以只有一级电压放大器，也可以是采用多级电压放大器。

（3）推动级作用。用来推动功放输出级，对信号电压和电流进行进一步放大，有的推动级还要完成输出两个大小相等、方向相反的推动信号。推动放大器也是一级电压、电流放大器，它工作在大信号放大状态下。

（4）输出级作用。它用来对信号进行电流放大。电压放大级和推动级已经对信号电压进行了足够的放大，输出级再进行电流放大，以达到对信号功率放大的目的，这是因为输出信号功率等于输出信号电流与电压之积。

（5）扬声器作用。它是功率放大器的负载，功率放大器输出信号用来激励扬声器（或音箱）发出声音。

一些要求输出功率较大的功率放大器中，功放输出级分成两级，除输出级之外，在输出级前再加一级末前级，这一级电路的作用是进行电流放大，以便获得足够大的信号电流来激励功率输出级的大功率三极管。

3. 信号传输线路

图 11-96 是音频功率放大器信号传输线路示意图。

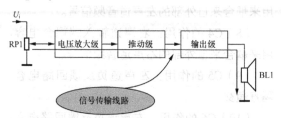

图 11-96　音频功率放大器信号传输线路示意图

4. 功率放大器种类

功率放大器以功放输出级的电路形式来划

分种类,常见的音频功率放大器如下。

（1）**变压器耦合甲类功率放大器。**这种电路主要用于一些早期的半导体收音机和其他一些电子电器（如小功率的电子管功率放大器）中,现已很少见到。

（2）**变压器耦合推挽功率放大器。**这种电路主要用于一些输出功率较大的收音机中,常用于电子管功率放大器中。

（3）**OTL功率放大器。**它是目前广泛应用的一种功放电路,在收音机、录音机、电视机等许多场合中都使用。

（4）**OCL功率放大器。**它主要用于一些输出功率要求较大的场合,如扩音机和组合音响中。

（5）**BTL功率放大器。**它主要用于一些要求输出功率比较大的场合下,还用于一些低压供电的机器中。

（6）**矩阵式功率放大器。**它主要用于低电压供电情况下的机器中,采用这种功率放大器后,可以使低压供电机器左、右声道输出较大的功率。

> ⚠️ **重要提示**
>
> OTL功率放大器应用最多,所以必须深入掌握。掌握了典型的分立元器件OTL功率放大器工作原理之后,才能比较顺利地分析各种OTL功率放大器的变形电路、集成电路OTL功率放大器、OCL功率放大器和BTL功率放大器。

5. 甲类放大器

根据功放输出三极管在放大信号时的信号工作状态和三极管静态电流大小划分,常见的放大器有甲类放大器、乙类放大器和甲乙类放大器3种。

在单级放大器中已经介绍了共发射极、共集电极和共基极放大器,这几种放大器是根据三极管输入、输出回路共用哪个电极划分的。如果根据三极管在放大信号时的信号工作状态和三极管静态电流大小划分,放大器主要有甲

类、乙类和甲乙类3种,此外还有超甲类等许多种放大器。

> ⚠️ **重要提示**
>
> 甲类放大器就是给放大管加入合适的静态偏置电流,这样用一只三极管同时放大信号的正、负半周。在功率放大器中,功放输出级中的信号幅度已经很大,如果仍然让信号的正、负半周同时用一只三极管来放大,这种电路称为甲类放大器。

在功放输出级电路中,甲类放大器的功放管静态工作电流设得比较大,要设在放大区的中间,以便在信号的正、负半周有相同的线性范围,这样当信号幅度太大（超出放大管的线性区域）时,信号的正半周进入三极管饱和区而被削顶,信号的负半周进入截止区而被削顶,此时对信号正半周与负半周的削顶量相同,如图11-97所示。

2. 某学员公司开发产品指导实例（噪声故障）2

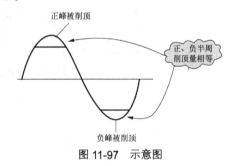

图 11-97　示意图

6. 甲类放大器特点

对甲类放大器的主要特点说明以下几点。

（1）**音质好。**由于信号的正、负半周用一只三极管来放大,如图11-97所示,这样信号的非线性失真很小,声音的音质比较好,这是甲类功率放大器的主要优点之一,所以一些音响中采用这种放大器作为功率放大器。

（2）**输出功率不够大。**信号的正、负半周用同一只三极管放大,使放大器的输出功率受到了限制,即一般情况下甲类放大器的输出功率不可能做得很大。

（3）电源消耗大。 功率三极管的静态工作电流比较大，没有输入信号时对直流电源的消耗比较大，当采用电池供电时这一问题更加突出，因为对电源（电池）的消耗大。

7. 乙类放大器

> ⚠️ **重要提示**
>
> 所谓乙类放大器就是不给三极管加静态偏置电流，而且用两只性能对称的三极管来分别放大信号的正半周和负半周，在放大器的负载上将正、负半周信号合成一个完整周期的信号。

图 11-98 是没有考虑这种放大器非线性失真时的乙类放大器工作原理示意图。关于乙类放大器工作原理说明以下几点。

（1）输出管无直流偏置电流。 如图 11-99 所示，电路中 VT1 和 VT2 两管构成功率放大器输出级电路，两只三极管基极没有偏置电路，所以它没有静态直流电流。输入信号 U_{i1} 加到 VT1 基极，输入信号 U_{i2} 加到 VT2 基极，这个输入信号大小相等、相位相反，且幅度足够大，这样由输入信号电压直接驱动 VT1、VT2 两管进入放大工作状态。

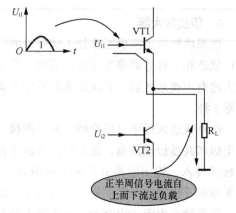

3. 某学员公司开发产品指导实例（噪声故障）3

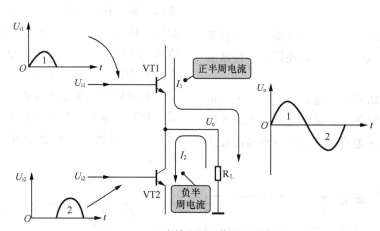

图 11-98　乙类放大器工作原理示意图

一信号经 VT1 放大后加到负载 R_L，其信号电流方向如图 11-100 所示，即自上而下流过 R_L，在负载 R_L 上得到半周信号 1。VT1 进入放大状态时，VT2 处于截止状态。

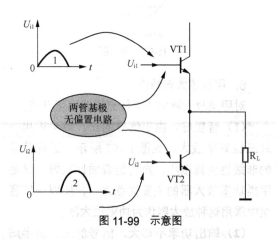

图 11-99　示意图

（2）正半周情况分析。 由于加到功放级的输入信号 U_{i1}、U_{i2} 的幅度已经足够大，所以可以用输入信号 U_{i1} 本身使 VT1 进入放大区，这

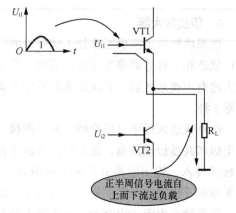

图 11-100　正半周信号回路示意图

（3）**负半周情况分析**。半周信号1过去后，另半周信号 U_{i2} 加到VT2基极，由输入信号 U_{i2} 使VT2进入放大区，VT2放大这一半周信号，VT2的输出电流方向如图11-101所示，自下而上地流过负载电阻 R_L，这样在负载电阻上得到负半周信号2。VT2进入放大状态时，VT1处于截止状态。

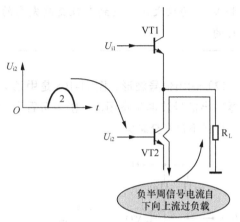

图11-101　负半周信号回路示意图

这样在负载 R_L 上能够得到一个完整的信号，图11-102是负载 R_L 上的信号波形示意图。

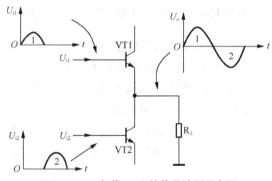

图11-102　负载 R_L 上的信号波形示意图

8. 乙类放大器特点

（1）**交越失真**。由于三极管工作在放大状态下，三极管又没有静态偏置电流，而是用输入信号电压给三极管加正向偏置，这样在输入信号较小时或在大信号的起始部分时，信号落到了三极管的截止区，由于截止区是非线性的，所以将产生如图11-103所示的失真。

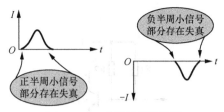

图11-103　失真波形示意图

图11-104是将正、负半周信号合成起来之后的信号波形示意图，从乙类放大器输出信号波形中可以看出，其正、负半周信号在幅度较小时存在失真，放大器的这种失真称为交越失真，这种失真是非线性失真中的一种，对声音的音质有严重影响，所以乙类放大器不能用于音频放大器中，只可以用于一些对非线性失真没有要求的功率放大场合。

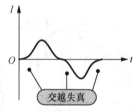

图11-104　乙类放大器交越失真波形示意图

（2）**输出功率大**。输入信号的正、负半周各用一只三极管放大，这样可以有效地提高放大器的输出功率，即乙类放大器的输出功率可以做得很大。

（3）**省电**。在没有输入信号时，三极管处于截止状态，不消耗直流电源，这样比较省电，这是这种放大器的主要优点之一。

9. 甲乙类放大器

为了克服交越失真，必须使输入信号避开三极管的截止区，可以给三极管加入很小的静态偏置电流，如图11-105所示，电路中的VT1、VT2两管构成功率放大器输出级电路，电阻R1和R2分别给VT1和VT2提供很小的静态偏置电流，以克服两管的截止区，使两管进入微导通状态，这样输入信号便能直接进入三极管的放大区。

（1）**输出管基极电流回路**。图11-106是输出管基极直流电流回路示意图。

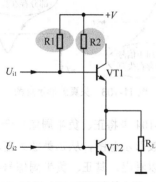

图 11-105　甲乙类放大器

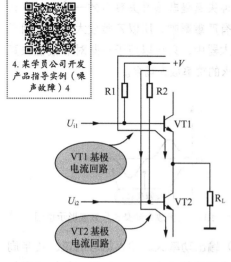

4.某学员公司开发产品指导实例（噪声故障）4

图 11-106　输出管基极直流电流回路示意图

在甲乙类放大器中，给输出管加较小的直流偏置电压后，可以使输入信号"骑"在很小的直流偏置电流上，如图 11-107 所示，这样就避开了三极管的截止区，使输出信号不失真。

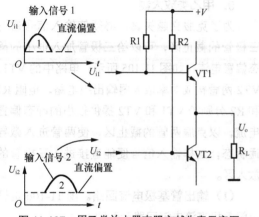

图 11-107　甲乙类放大器克服交越失真示意图

重要提示

从图中可以看出，输入信号 U_{i1} 和 U_{i2} 分别"骑"在一个直流偏置电流上，用这一很小的直流偏置电流克服三极管的截止区，使两个半周信号分别工作在 VT1 和 VT2 的放大区，达到克服交越失真的目的。

（2）**输出信号波形**。图 11-108 是甲乙类放大器输出信号波形示意图，从图中可看出，输出信号已不存在交越失真。

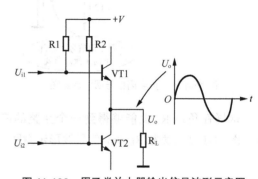

图 11-108　甲乙类放大器输出信号波形示意图

10. 甲乙类放大器特点

甲乙类放大器主要有以下几个特点。

（1）**功放管刚进入放大区**。甲乙类放大器同乙类放大器一样，用两只三极管分别放大输入信号的正、负半周信号，但是给两只三极管加入了很小的直流偏置电流，使三极管刚刚进入放大区。

（2）**具有甲类和乙类放大器的优点，且克服了它们的缺点**。由于给三极管所加的静态直流偏置电流很小，在没有输入信号时放大器对直流电源的消耗比较小（比起甲类放大器要小得多），这样就具有乙类放大器的省电优点，同时因为加入的偏置电流克服了三极管的截止区，对信号不存在失真，又具有甲类放大器无非线性失真的优点。

所以，甲乙类放大器具有甲类和乙类放大

器的优点，同时克服了这两种放大器的缺点。甲乙类放大器无交越失真和省电的优点使其广泛地应用于音频功率放大器中。

（3）也会产生交越失真。当这种放大电路中的三极管静态直流偏置电流太小或没有时，就成了乙类放大器，将产生交越失真；如果这种放大器中的三极管静态偏置电流太大，就失去了省电的优点，同时也会造成信号动态范围的减小。

11. 互补推挽放大器

图 11-109 所示是互补推挽放大器工作原理电路。VT1 是 NPN 型大功率三极管，VT2 是 PNP 型大功率三极管，要求两只三极管极性参数十分相近，VT1 和 VT2 构成互补推挽输出级电路。两只三极管基极直接相连，在两管基极加有一个音频输入信号 U_i。

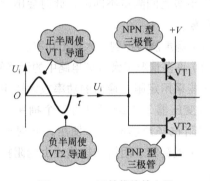

图 11-109　互补推挽放大器

利用不同极性三极管输入极性不同，用一个信号来激励两只三极管，这样可以不需要两个大小相等、相位相反的激励信号。

两管基极相连，由于两只三极管的极性不同，基极上的输入信号电压对两管而言一个是正向偏置，一个是反向偏置。

输入信号为正半周时，两管基极电压同时升高，输入信号电压给 VT1 加正向偏置电压，VT1 进入导通和放大状态；基极电压升高对 VT2 是反向偏置电压，所以 VT2 处于截止状态。

当输入信号变化到负半周后，两管基极电压同时下降，使 VT2 进入导通和放大状态，VT1 进入截止状态。

> **重要提示**
>
> 利用 NPN 型和 PNP 型三极管的互补特性，用一个信号来同时激励两只三极管的电路，称为"互补"电路。由互补电路构成的放大器称为互补放大器。
>
> 两只不同极性的三极管工作时，一只导通放大，另一只截止，工作在推挽状态，称为互补推挽放大器。

12. 复合管电路

复合管电路共有 4 种。复合管用两只三极管按一定方式连接起来，等效成一只三极管，功率放大器中常采用复合管构成功放输出级电路。表 11-3 所示是复合管电路说明。

表 11-3　复合管电路说明

复合管电路	等效电路	说明
VT1 VT2	PNP 型	两只同极性PNP型三极管构成的复合管，等效成一只 PNP 型三极管
VT1 VT2	NPN 型	两只 NPN 型三极管构成的复合管，等效成一只 NPN 型三极管
VT1 VT2	PNP 型	VT1 是 PNP型三极管，VT2 是 NPN型三极管，且极性不同，由它们构成的复合管等效成一只 PNP 型三极管
VT1 VT2	NPN 型	不同极性构成的复合管，VT1 是 NPN型三极管，VT2 是 PNP型三极管，等效成一只 NPN 型三极管

关于复合管需要掌握以下几个电路细节。

（1）VT1 为输入管，VT2 为第二级三极管。 VT1 是小功率的三极管，VT2 则是功率更大的三极管。

（2）复合管总的电流放大倍数 β 为各管电流放大倍数之积。 复合管总的 $\beta = \beta_1 \times \beta_2$（$\beta_1$ 为 VT1 电流放大倍数，β_2 为 VT2 电流放大倍数），可见采用复合管可以大幅提高三极管的电流放大倍数。

（3）复合管的集电极 - 发射极反向截止电流（俗称穿透电流）I_{CEO} 很大。 这是因为 VT1 的 I_{CEO1} 全部流入了 VT2 基极，经 VT2 放大从其发射极输出后很大。三极管 I_{CEO} 大，对三极管工作的稳定性十分不利。为了减小复合管的 I_{CEO}，常采用如图 11-110 所示的电路。

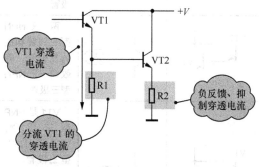

图 11-110　减小复合管 I_{CEO} 电路措施

R1 的作用是： 接入分流电阻 R1 后，使 VT1 输出的部分 I_{CEO} 经 R1 分流到地，减小了流入 VT2 基极的电流，达到减小复合管 I_{CEO} 的目的。当然，R1 对 VT1 输出信号也同样存在分流衰减作用。

R2 的作用是： 电阻 R2 构成 VT2 发射极电流串联负反馈电路，用来减小复合管的 I_{CEO}，因为加入电流负反馈能够稳定复合管的输出电流，这样可以抑制复合管的 I_{CEO}。另外，串联

负反馈有利于提高 VT2 的输入电阻，这样 VT1 的 I_{CEO} 流入 VT2 基极的量更少，流过 R1 的量更多，也能达到减小复合管 I_{CEO} 的目的。

13. 功率放大器定阻式输出

变压器耦合的功率放大器为定阻式输出特性，在这种输出式电路中要求负载阻抗确定不变，在功率放大器输出级电路中的输出变压器一次绕组和二次绕组匝数确定后，扬声器的阻抗便不能改变。

例如，原来采用 4Ω 扬声器，则不能采用 8Ω 等其他阻抗的扬声器，否则扬声器与功率放大器输出级之间阻抗不匹配，此时会出现以下一些现象。

（1）扬声器得不到最大输出功率。

（2）许多情况下会烧坏电路中的元器件。

一些采用定阻式输出的功率放大器中，输出耦合变压器二次绕组设有多个抽头，供接入不同阻抗扬声器时选择使用，此时要注意扬声器（或音箱）阻抗与接线柱上的阻抗标记一致。

14. 功率放大器定压式输出

在定压式输出的功率放大器中，对负载

（指功率放大器的负载）阻抗要求没有定阻式输出那么严格，负载阻抗可以有些变化而不影响放大器的正常工作，但是负载所获得的功率将随负载阻抗不同而有所变化。负载上的信号功率由下式决定：

$$P_o = \frac{U_o^2}{Z}$$

式中：P_o 为功率放大器负载所获得的信号功率，单位 W；

U_o 为功率放大器输出信号电压，单位 V；

Z 为功率放大器的负载阻抗，单位 Ω。

从上式可以看出，由于 U_o 基本不随 Z 变化，所以 P_o 的大小主要取决于负载阻抗 Z。负载阻抗 Z 愈小，负载获得的功率愈大，反之则愈小。

⚠️ **重要提示**

OTL、OCL、BTL 功率放大器中，为了使负载获得较大信号功率，扬声器大多采用 3.2Ω、4Ω 的，而很少采用于 8Ω 和 16Ω 的。

11.3.3 分立元器件 OTL 功率放大器电路知识点"微播"

⚠️ **重要提示**

OTL 是英文 Output TransformerLess 的缩写，意思是无输出变压器，OTL 功率放大器就是没有输出耦合变压器的功率放大器。

图 11-111 所示是分立元器件构成的 OTL 功率放大器电路。通过这一分立元器件电路可以掌握 OTL 功率放大器工作原理。

VT1 构成推动级放大器。VT2～VT5 这 4 只三极管构成复合互补推挽式输出级，其中 VT2 和 VT3 组成一个复合管，等效成一只 NPN 型三极管，VT4 和 VT5 构成一只 PNP 型三极管。为了方便电路分析，可以用等效极性的三极管进行电路分析。VT2 和 VT4 采用小功率不同极性三极管，VT3 和 VT5 采用同极性大功率三极管。

5. 某学员公司开发产品指导实例（噪声故障）5

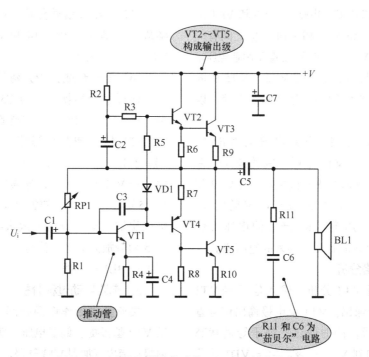

图 11-111 分立元器件构成的 OTL 功率放大器电路

1. 直流电路分析

（1）**RP1 可以调节静态电流**。RP1 和 R1 对输出端的直流电压进行分压，分压后的电压给 VT1 提供基极直流偏置电压，调节 RP1 阻值大小可改变 VT1 静态偏置状态，从而可改变 VT2～VT5 静态偏置状态。图 11-112 是 VT1 直流电流回路示意图。

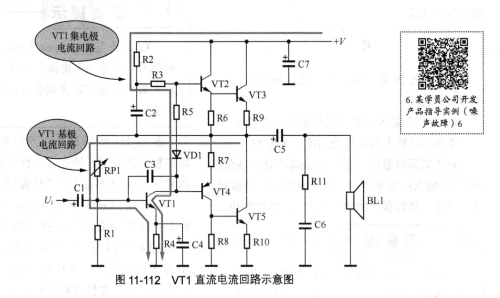

6. 某学员公司开发产品指导实例（噪声故障）6

图 11-112　VT1 直流电流回路示意图

通过调节 RP1 的阻值，可以使功放输出级放大器输出端直流电压为 +V 的一半，这样整个放大器直流电路进入正常的工作状态。

（2）**复合管偏置电路分析**。+V 提供的直流电流流过 R5 和 VD1 偏置电路，在 R5 和 VD1 两端产生了电压降，使 VT2 和 VT4 基极之间有一定的电压降，为 VT2～VT5 建立直流偏置电压。

R5 和 VD1 是复合输出管 VT2～VT5 的静态偏置电路，它提供很小的静态偏置电流，以克服交越失真。

（3）**电阻 R5 作用分析**。设置电阻 R5 的目的是加大 VT2 和 VT4 基极之间的电压，采用复合管后需要更大的正向偏置电压（VT2 和 VT3 发射结串联），而 VD1 只有 0.6V 管压降，加入电阻 R5，利用电阻 R5 产生的电压降使 VT2 和 VT4 基极之间存在足够大的电压降。

2. 交流电路分析

（1）**推动管 VT1 分析**。输入信号经 VT1 放大后从集电极输出。VT1 集电极输出信号直接加到 VT4 基极，同时通过已处于导通状态的 VD1 和 R5 加到 VT2 基极，由于 VD1 导通后内阻小，R5 阻值也很小，这样加到 VT2 和 VT4 基极上的信号可以认为大小一样。

（2）**正半周信号分析**。VT1 集电极输出正半周信号期间，使 VT2 和 VT3 导通、放大，VT4 和 VT5 截止。

（3）**负半周信号分析**。VT1 集电极输出负半周信号期间，使 VT4 和 VT5 导通、放大，VT2 和 VT3 截止。

（4）**信号合成分析**。两只复合管输出的信号，通过输出端耦合电容 C5 加到扬声器 BL1 中，在 BL1 中得到一个完整的信号。

（5）**信号传输过程分析**。输入信号 U_i→C1（耦合）→VT1 基极→VT1 集电极（推动放大）→VT2 基极（通过导通的 VD1 和电阻很小的 R5）、VT4 基极→VT2、VT3 两管发射极（射极输出器，电流放大）放大半周信号和 VT4、VT5 两管放大另半周信号→C5（输出端耦合电容）→BL1→地线。

3. 电路启动过程分析

接通直流工作电源瞬间，+V 经 R2 和 R3 给 VT2 基极提供偏置电压，使 VT2 导通，其发射极直流电压加到 VT3 基极，VT3 导通，其发射极输出电压经 R9、RP1 和 R1 分压后加到 VT1 基极，给 VT1 提供静态直流偏置电压，VT1 导通。

VT1 导通后，其集电极电压下降，也就是 VT4 基极电压下降，使 VT4 也处于导通状态，VT5 导通，这样电路中的 5 只三极管均进入导通状态，电路完成启动过程。

4. 电路中元器件作用

C1 为输入端耦合电容；C4 为 VT1 发射极旁路电容；C5 为输出端耦合电容；C3 为 VT1 高频负反馈电容，用来消除放大器自激，并且抑制放大器的高频噪声；C7 为滤波电容。

R6、R9、R8 和 R10 用来减小两只复合管的穿透电流。

R11 和 C6 构成"茹贝尔"电路，消除可能出现的高频自激，改善放大器音质。

5. OTL 功率放大器电路中输出端电容电路分析

图 11-113 所示是 OTL 功率放大器电路输出端耦合电容电路。VT1 和 VT2 是 OTL 功率放大器输出管，C1 是输出端耦合电容，BL1 是扬声器。

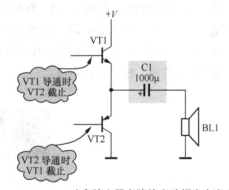

图 11-113　OTL 功率放大器电路输出端耦合电容电路

> **⚠ 重要提示**
>
> 输出端耦合电容 C1 具有以下两个作用。
>
> 一是将功率放大器输出端的交流信号耦合到扬声器 BL1 中，同时将输出端的直流电压与扬声器隔离。扬声器的直流电阻很小，没有 C1 输出端将直流短路。
>
> 二是负半周放大管电源作用。VT2 进入导通、放大状态时，C1 可作为 VT2 的直流电源。

（1）输出端耦合电容充电过程分析。 通电后，直流工作电压 +V 对电容 C1 充电电流回路是：如图 11-114 所示，直流工作电压 +V → VT1 集电极 → VT1 发射极（VT1 已在静态偏置电压下导通）→ C1 正极 → C1 负极 → BL1（直流电阻很小）→ 地线。很快电容 C1 充电完毕，C1 中无电流流过，扬声器 BL1 中也没有直流电流流过。

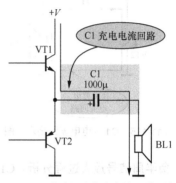

图 11-114　电容 C1 充电电流回路示意图

> **⚠ 重要提示**
>
> 静态时 OTL 功率放大器输出端直流电压等于 +V 的一半。
>
> 电容 C1 一端接输出端，另一端通过扬声器 BL1 接地，根据电容充电特性可知，静态时在 C1 上充到 +V 一半大小的直流电压，极性为左正右负，即 C1 两端的直流电压就是输出端的直流电压。

（2）+V 无法对 VT2 供电分析。 VT2 进入导通、放大状态时，VT1 截止（推挽放大器中一只三极管导通，另一只截止），VT1 集电极与发射极之间相当于开路，直流电压 +V 不能通过 VT1 加到 VT2 发射极，在此期间直流电压 +V 不对 VT2 供电。

（3）输出耦合电容上电压是 VT2 电源分析。 静态时，电容 C1 上已经充到左正右负的电压，其值为 +V 的一半。

VT2 导通、放大期间，C1 上电压供电就是 C1 的放电过程，其放电电流回路是：如图 11-115 所示，C1 正极→VT2 发射极→VT2 集电极→地端→BL1→C1 负极，构成回路。

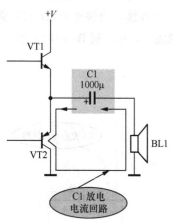

图 11-115　C1 放电电流回路示意图

（4）负半周信号放大过程分析。C1 放电过程中，它的放电电流大小受 VT2 基极上所加信号控制，所以 C1 放电电流变化的规律为负半周信号电流的变化规律。

（5）输出端耦合电容容量要足够大。为了改善放大器的低频特性，并能够为 VT2 提供充足的电能，要求输出端耦合电容容量很大，在音频放大器中 C1 一般取 470～

1000mF。输出功率愈大，输出端耦合电容容量要求愈大。

11.3.4　单声道 OTL 音频功率放大器集成电路知识点"微播"

> **重要提示**
>
> 在所有集成电路中，功率放大器集成电路的故障发生率最高，这是因为这种集成电路工作在高电压、大电流、大功率的状态下，比较容易出现故障。
>
> OTL 功率放大器集成电路有两种：一是单声道的 OTL 功率放大器集成电路，二是双声道的 OTL 功率放大器集成电路。这两种集成电路工作原理是一样的，只是双声道电路多了一个完全相同的声道。

图 11-116 所示是典型的单声道 OTL 音频功率放大器集成电路。电路中，A1 为单声道 OTL 音频功率放大器集成电路，U_i 为输入信号，这一信号来自前级的电压放大器输出端。RP1 是音量电位器，BL1 是扬声器。

7. 某学员公司开发产品指导实例（噪声故障）7

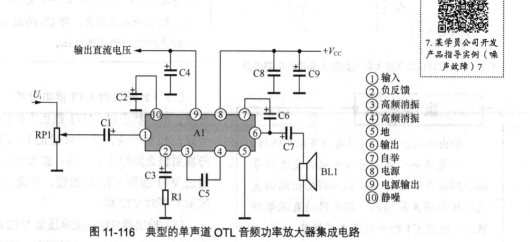

① 输入
② 负反馈
③ 高频消振
④ 高频消振
⑤ 地
⑥ 输出
⑦ 自举
⑧ 电源
⑨ 电源输出
⑩ 静噪

图 11-116　典型的单声道 OTL 音频功率放大器集成电路

对典型的单声道 OTL 音频功率放大器集成电路工作原理的分析需要分成以下几个部分进行。

1. 掌握集成电路 A1 各引脚作用

分析集成电路工作原理的关键之一是了解各引脚的作用。这一集成电路共有 10 根引脚，各引脚作用如表 11-4 所示。

表 11-4　引脚作用

引脚	作　用
①脚	信号输入引脚，用来输入所要放大的音频信号，与音量电位器 RP1 动片相连
②脚	交流负反馈引脚，与地之间接入交流负反馈电路，以决定 A1 闭环增益
③脚	高频消振引脚，接入高频消振电容，防止放大器出现高频自激
④脚	另一个高频消振引脚，接入高频消振电容，防止放大器出现高频自激
⑤脚	接地引脚，是整个集成电路 A1 内部电路的接地端
⑥脚	信号输出引脚，用来输出经过功率放大后的音频信号，与扬声器电路相连
⑦脚	自举引脚，供接入自举电容
⑧脚	电源引脚，为整个集成电路 A1 内部电路提供正极性直流工作电压
⑨脚	直流工作电压输出引脚，其输出的直流电压供前级电路使用
⑩脚	开机静噪引脚，接入静噪电容，以消除开机冲击噪声

2. 直流电路分析

直流工作电压 $+V_{CC}$ 从集成电路 A1 的⑧脚加到内部电路中，集成电路内部所有的电流从 A1 的⑤脚流出，经过地线到电源的负极。

3. 交流电路分析

音频信号传输和放大过程是：输入信号 U_i 加到音量电位器的热端，通过 RP1 动片控制后的音频信号通过 C1 耦合，加到 A1 的信号输入引脚①脚，经过集成电路 A1 内电路功率放大后的信号从信号输出引脚⑥脚输出，通过输出端耦合电容 C7 加到扬声器 BL1 中。

4. 集成电路输入引脚①脚电路分析

⚠ 重要提示

集成电路分析主要是外电路的分析，关键是要搞清楚各引脚的作用和各引脚外电路中元器件的作用，为了做到这两点首先要掌握各种作用引脚的外电路特征。

输入引脚用来输入信号，从①脚输入的信号直接加到集成电路 A1 内部的输入级放大器电路中。①脚外电路接入耦合电容 C1，称为输入端耦合电容，其作用是将集成电路 A1 的①脚上直流电压与外部电路隔开，同时将音量电位器 RP1 动片输出的音频信号加到集成电路 A1 的①脚内电路中。

音频功率放大器的输入电容一般在 $1\sim10\mu F$ 之间，集成电路 A1 输入端的输入阻抗愈大，这一输入耦合电容 C1 的容量就可以愈小，减小输入耦合电容的容量可以降低整个放大器的噪声。这是因为耦合电容的容量小了，其漏电流就小，而漏电流就是输入到下级放大器电路中的噪声。

5. 集成电路交流负反馈引脚②脚外电路分析

如图 11-117 所示，集成电路 A1 的②脚与地端之间接一个 RC 串联电路 C3 和 R1，这是交流负反馈电路，一般情况下负反馈引脚的外电路就有这样的特征，利用这一特征可以方便地在集成电路 A1 的各引脚上找出哪个是负反馈引脚。

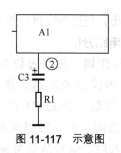

图 11-117 示意图

6. 集成电路高频消振引脚③脚和④脚外电路分析

　　在集成电路 A1 的③脚和④脚之间接入一只小电容 C5（几百皮法），这是用来消除可能出现高频自激的高频消振电容，具有这种作用的电容在音频功率放大器集成电路和其他音频放大器集成电路中比较常见，这里用如图 11-118 所示的电路可以说明这一电容的工作原理。

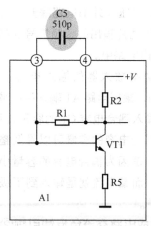

图 11-118 示意图

　　电路中，集成电路 A1 的③脚和④脚内电路中是一只放大管 VT1，③脚是该管的基极，④脚是该管的集电极，所以这一消振电容 C5 实际上是接在放大管 VT1 的基极与集电极之间，构成高频电压并联负反馈电路，用来消除可能出现的高频自激。

7. 集成电路高频消振电路的变异电路分析

　　音频放大器集成电路高频消振引脚也有例外情况，就是集成电路的某一引脚与地之间接入一只几千皮法的小电容，如图 11-119（a）所示，图 11-119（b）是这一引脚的内电路示意图，用这一内电路示意图可以说明这种消振电路的工作原理。

8. 某学员公司开发产品指导实例（噪声故障）8

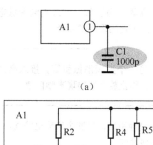

(a)

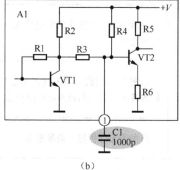

(b)

图 11-119 示意图

　　通过集成电路内电路可以明显地看出，这是滞后式消振电路，消振电容一般取几千皮法。

8. 信号输出引脚⑥脚外电路分析

　　如图 11-120 所示的电路，集成电路 A1 的⑥脚是信号输出引脚，**这一引脚的外电路特征是**：它与扬声器之间有一只容量很大的耦合电容（一般大于几百微法）。

　　同时还有一只几十微法的电容与自举引脚⑦脚相连，根据这一外电路特征可以方便地找出 OTL 功率放大器集成电路 A1 的信号输出引脚。注意：在一些输出功率很小的 OTL 功率放大器集成电路中不设自举电容，也没有自举引脚。

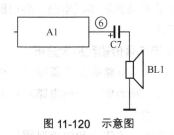

图 11-120　示意图

重要提示

对于 OTL 功率放大器集成电路而言，信号输出引脚外电路没有什么变化，记住这种集成电路信号输出引脚外电路的特征即可分析各种型号 OTL 功率放大器集成电路的信号输出引脚外电路。

9. 自举引脚⑦脚外电路分析

如图 11-121 所示的电路，集成电路 A1 的⑦脚是自举引脚，这一引脚的外电路特征是：该引脚与信号输出引脚之间接有一只几十微法的自举电容 C6，且电容的正极接自举引脚，负极接信号输出引脚，在确定了信号输出引脚之后，根据这一外电路特征可以方便地找出自举引脚。

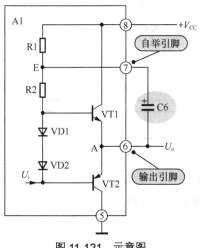

图 11-121　示意图

功率放大器集成电路自举引脚及自举电容的工作原理可以用如图 11-121 所示的内电路来理解，这是集成电路 A1 的自举引脚和信号输出引脚内电路示意图，也是 OTL 功率放大器的自举电路。

集成电路 A1 的内电路中，VT1 和 VT2 两管构成功率放大器的输出级电路，⑥脚是信号输出引脚，⑦脚是自举引脚，⑧脚是直流工作电压引脚，外电路中的 C6 与内电路中的 R1、R2 构成自举电路。其中，C6 为自举电容，R1 为隔离电阻，R2 的作用是将自举电压加到 VT1 的基极。

重要提示

从电路中可以看出，这是一个标准的自举电路。分析 OTL 功率放大器集成电路时，主要是能识别出哪个是自举引脚，哪个是自举电容。

11.3.5　双声道OTL音频功率放大器集成电路知识点"微播"

重要提示

音频电器中，双声道电路是一种十分常见的电路形式，所谓双声道就是有左、右两个电路结构和元器件参数完全相同的电路。双声道电路在立体声调频收音机、音响等中有着广泛应用。

双声道 OTL 音频功率放大器集成电路有以下两种组成方式，如图 11-122 所示。

（1）采用两个单声道的集成电路构成一个双声道电路，这两个单声道集成电路的型号、外电路结构、元器件参数等完全一样。

（2）直接采用一个双声道的集成电路，这种电路形式最为常见。

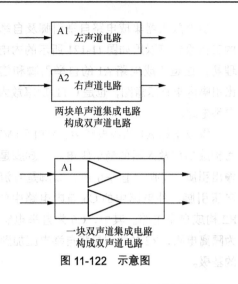

图 11-122　示意图

图 11-123 所示是双声道 OTL 功率放大器集成电路。电路中，RP1-1 和 RP1-2 分别是左、右声道的音量电位器，这是一个双联同轴电位

器，BL1 和 BL2 分别是左、右声道的扬声器。

1. 集成电路 A1 引脚作用

集成电路 A1 共有 10 根引脚，为双声道 OTL 音频功率放大器集成电路，各引脚作用如表 11-5 所示。

2. 交流信号传输和放大分析

左、右声道电路的工作原理是一样的，这里以左声道电路为例，分析电路左声道的信号传输和放大过程。

左声道信号的传输和放大过程是：左声道输入信号 $U_i(L)$ 经 C1 耦合从集成电路 A1 的信号输入引脚①脚送到内电路中，经内电路中左声道功率放大器的功率放大后，从集成电路的信号输出引脚⑥脚输出，通过输出端耦合电容 C8 加到左声道扬声器 BL1 中。

9. 某学员公司开发产品指导实例（噪声故障）9

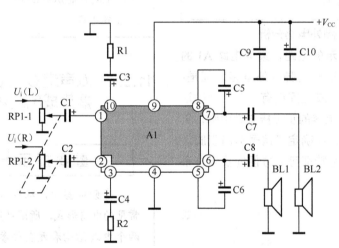

图 11-123　双声道 OTL 音频功率放大器集成电路

表 11-5　引脚作用

引　　脚	作　　用
①脚	左声道信号输入引脚，用来输入左声道信号 $U_i(L)$
②脚	右声道信号输入引脚，用来输入右声道信号 $U_i(R)$
③脚	左声道交流负反馈引脚，用来接入左声道交流负反馈电路 C4 和 R2
④脚	接地引脚，这是左、右声道电路共用的接地引脚

续表

引 脚	作 用
⑤脚	左声道自举引脚,用来接入左声道自举电容 C6
⑥脚	左声道信号输出引脚,用来输出经功率放大后的左声道音频信号
⑦脚	右声道信号输出引脚,用来输出经功率放大后的右声道音频信号
⑧脚	右声道自举引脚,用来接入右声道自举电容 C5
⑨脚	电源引脚,这是左、右声道电路共用的电源引脚
⑩脚	右声道交流负反馈引脚,用来接入右声道交流负反馈电路 C3 和 R1

右声道电路与左声道电路对称,分析省略。

3. 各引脚外电路分析

双声道 OTL 音频功率放大器集成电路与单声道 OTL 音频功率放大器集成电路相比,各引脚外电路的情况与单声道电路基本一样,只是多了一个声道电路。

双声道集成电路中,有的功能引脚左、右声道各一根,有的则是左、右声道共用一根。

(1)输入和输出引脚电路。集成电路的信号输入引脚左、右声道各有一根,且外电路完全一样;集成电路的信号输出引脚左、右声道也是各有一根,而且外电路完全相同。

(2)负反馈引脚电路。集成电路的交流负反馈引脚左、右声道各有一根,且外电路完全一样。

(3)高频自激消振引脚电路。如果集成电路中有高频自激消振引脚(有的集成电路中没有这一引脚),也是左、右声道电路各一根引脚,外电路也一样。

(4)旁路电容引脚电路。如果集成电路中有旁路电容引脚(多数集成电路中没有这一引脚),也是左、右声道各一根这样的引脚,外电路相同。

4. 双联同轴音量电位器电路分析

电路中,RP1-1 和 RP1-2 分别是左、右声道的音量电位器,这是一个双联同轴电位器,这种电位器与普通的单联电位器不同,它的两个联共用一个转柄来控制,当转动转柄时左、

右声道电位器 RP1-1、RP1-2 同步转动,这样能保证左、右声道音量是同步、等量控制的,这是双声道电路所要求的。

5. 电路分析小结

关于 OTL 功率放大器集成电路引脚外电路分析说明以下几点。

(1)除上述几种集成电路引脚之外,有些 OTL 音频功率放大器集成电路还有这么一些引脚:一是旁路引脚,它用来外接发射极旁路电容,该引脚外电路特征是该引脚与地之间接入一只几十微法的电容,如图 11-124 所示;二是开关失真补偿引脚,该引脚与地端之间接入一只 0.01μF 左右的电容。

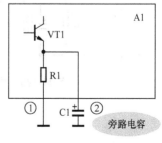

图 11-124 示意图

(2)并不是所有的单声道 OTL 功率放大器集成电路中都有上述各引脚,前级电源引脚、旁路引脚一般很少见,高频消振引脚在一些集

成电路中也没有。

（3）当集成电路中同时有旁路电容引脚和开机静噪引脚时，这两个引脚的功能通过识图就很难分辨出来，因为这两个引脚的外电路特征基本一样，即引脚与地之间接入容量相差不大的电容。

分辨方法是：可将这两根引脚分别对地直接短路，若短路后扬声器中没有声音，说明该引脚是静噪引脚；另一种方法是分别测量这两根引脚的直流电压，电压高的一根引脚是静噪引脚。

（4）在进行引脚作用分析过程中，自举引脚和输出引脚之间容易搞错，记住经过一只电容后与扬声器相连的引脚是信号输出引脚，如果错误地将自举引脚作为输出引脚的话，它要经过自举电容和输出端耦合电容这两只电容后才与扬声器相连。

（5）在采用两块单声道集成电路构成双声道电路时，一般情况下左、右声道电路在绘图时上下对称，一般上面是左声道电路，下面是右声道电路。

（6）对于双声道电路，在进行交流电路分析时，只要对其中的一个声道电路进行分析即可，因为左、右声道电路是相同的。

（7）双声道电路的分析方法同单声道电路基本一样，只是要搞清楚哪些引脚是左声道的，哪些引脚是右声道的。

11.3.6 套件功放电路信号传输分析

1. 直流电压供给电路

图 11-125 是套件功放（功率放大器的简称）电路的直流电压供给电路示意图。

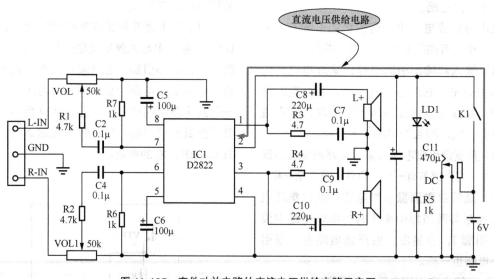

图 11-125　套件功放电路的直流电压供给电路示意图

2. 左声道信号传输线路

图 11-126 是套件功放电路中左声道信号传输线路示意图。

3. 右声道信号传输线路

图 11-127 是套件功放电路中右声道信号传输线路示意图。

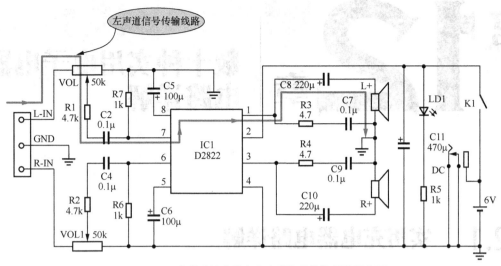

图 11-126 套件功放电路中左声道信号传输线路示意图

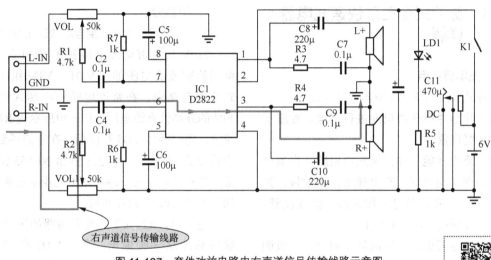

图 11-127 套件功放电路中右声道信号传输线路示意图

10. 某学员公司开发产品指导实例（噪声故障）10

第12章 | 数十种实用电子电器电路详解

12.1 实用充电器电路详解

12.1.1 脉冲式全自动快速充电器详解

1. 充电器特点

脉冲式全自动快速充电器的特点如下。

（1）用脉冲电压对电池进行充电，克服了电池的记忆现象。

（2）充电器能自动检测充电电压，当电池电压接近额定电压时，充电速度自动放慢，并且充电一段时间后放电一段时间，如此反复，使电池电压维持在额定电压上。

（3）充电器的充电电流能够调节，一般调在 500mA 以上。

2. 电路分析

图 12-1 所示是脉冲式全自动快速充电器电路。

220V 交流市电经电源变压器 T1 降压后，得到的交流低电压加到 VD1～VD4 组成的桥式整流电路中，在整流电路输出端 A 点得到 20V 的脉动性直流电压，这一电压经过 R4、C1 滤波，同时经过 VD5 稳压后，在 B 点得到 14V 的稳定直流电压，此电压供给 NE555 使其振荡，并从③脚输出脉冲头朝下的矩形振荡脉冲，加到发光二极管 VD7 负极。

电路中，R2、C2 组成振荡器的定时电路，振荡脉冲从③脚输出，通过 VD7 和 R3 加到 VT1 基极，对 VT1 进行导通与截止的控制。

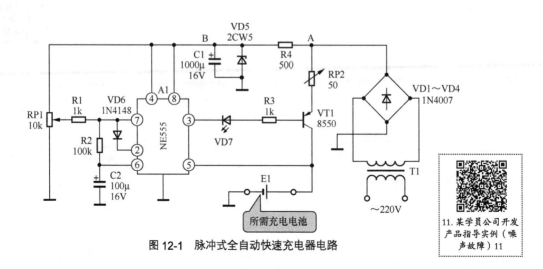

图 12-1 脉冲式全自动快速充电器电路

RP1 在电路中起分压作用，用来设定基准电压，即需充电电池组的电压，一般调节后 RP1 动片电压比需充电电池组额定电压稍高一点。

> **⚠ 重要提示**
>
> 刚开机时，由于 C2 两端电压不能突变，NE555 的⑥脚为低电位，整流电路输出的直流电压通过 R4、RP1、R1 和 R2 对 C2 开始充电，此时③脚输出高电位，发光二极管 VD7 截止，VT1 无基极电流而截止，电源因 VT1 截止不能向电池 E1 充电。

随着 C2 充电的进行，NE555 ⑥脚电压逐渐升高，当此电压大于⑤脚电压时，NE555 内部电路被触发，⑦脚对地呈通路状态，C2 上的电压得到释放，在 C2 放电过程中，③脚输出脉冲为低电平，即③脚为低电位，使发光二极管 VD7 导通，VD7 发光，指示电路正在充电。

同时，VT1 因基极电位降低而导通，VT1 导通后的内阻很小，构成了充电回路，A 点的电源电压经过 RP2 和饱和导通的 VT1 向电池 E1 充电，其充电电流回路是：电路中 A 点→RP2→VT1 发射极→VT1 集电极→电池 E1 正极→电池 E1 负极→地。

当 C2 上的电压因放电而低于⑤脚电压的一半时，NE555 内部电路再次被触发，电路翻转，⑦脚与地之间呈开路状态，C2 再次充电，③脚由低电位翻转成高电位，充电器电路重复刚开机时的状态。

> **⚠ 重要提示**
>
> 当电池的充电即将完成时，因为集成电路 A1 的⑤脚电压已接近 RP1 动片设定电压，C2 的放电过程逐渐延长，③脚也长时间处于高电位，VD7 熄灭，VT1 截止，电池的充电间歇延长，最后电池电压将动态地维持在电池的充电电压上。

调整 RP2 可以改变充电回路的总电阻，可以控制充电时的充电电流。

改变 R2 与 C2 的数值，可以改变振荡的频率，调整充电的速度。

电路中的 VD6 用于在电池充电初期缩短 C2 的充电时间，可以提高充电初期的充电效率。

3. 电路分析说明

关于这一脉冲式全自动快速充电器的电路分析还要说明以下几点。

（1）电路所示元器件参数和型号是对两节镍镉电池充电时的数据。

（2）电路中 RP2 的功率不能太小，最好大于 5W。

（3）对两节镍镉电池充电时，RP1 动片电压调整至 2.8V 左右，调节 RP2 使充电电流达到 500mA。

（4）对 12V 蓄电池充电时，VT1 应采用大功率管（如 3AD6、3AD30），电源变压器也要有足够的功率，将 RP1 动片电压调整到 12.3V 左右，再调整 RP2 使电流达到 1A 左右。

（5）C2、R2 主要决定充电脉冲的长短和频率，对蓄电池脉冲要长一些，频率要低一点，可加大 R3 的阻值；对一般电池的充电，脉冲要短一些，频率要高一点，可减小 R3 的阻值。

12.1.2 可调恒流型自动充电器详解

1. 电路特点

这一充电器的特点如下。

（1）本充电器可对电池或蓄电池进行充电，电池或蓄电池充满时能自动停止充电。

（2）恒流充电电流连续可调，充电电流能从 0～1.5A 可调。

（3）停止充电时，充电阈值电压从 0～15V 连续可调。

2. 电路分析

图 12-2 所示是可调恒流型自动充电器电路。

220V 市电经变压器 T1 降压后，输出 15V 的交流电压，再经 VD1～VD4 组成的桥式整流电路整流，由电容 C1 滤波，在 C1 两端得到直流电压，供电路使用。此时电源电压经 R4 加到 VD5 上，使 VD5 发光，指示充电器的电源已经接通。

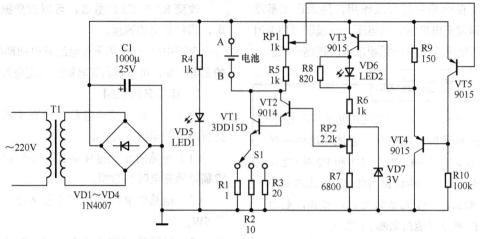

图 12-2　可调恒流型自动充电器电路

当电池从 A、B 两点接入电路时，电池电压经 R5 与 RP1 组成的分压电路，在 RP1 的动片上得到分压，注意这一电压是以电池的正极相对于 RP1 动片而言的。当电压不足的电池接入电路时，RP1 动片上的分压值不能使 VT5 有足够的基极电流，于是 VT5 截止，相当于开路。

电源电压经 R9、VT4 的发射极、基极、R10 构成回路，VT4 得到基极电流而导通，于是 VT4 的发射极电压下降，VT3 基极电压下降，VT3 流过基极电流而导通，其集电极电流经 R8、VD6、R6、RP2、R7 到地，这是一个分压电路，将在 RP2 的动片上得到分压。同时 VT3 的集电极电流流过 VD6 时，使 VD6 发光，指示充电器正处于充电状态。

在 RP2 动片上的分压，使 VT2 与 VT1 导通，构成了电池的充电回路。电源电压经电池的负极加到导通后的 VT1 到地构成回路，流过 VT1 的集电极电流就是电池的充电电流，通过调节 RP2 可改变 VT1 和 VT2 的基极电流，使 VT1 的导通内阻得到改变，即改变了电池的充电电流。

充电电流流经的回路为：电源的正极→电池正极→电池负极→VT1 的集电极→VT1 的发射极→R1（R2、R3）→地。

随着电池充电的进行，电池的两端电压也逐渐升高。当升高到一定值（即电池充满电）时，RP1 动片的分压值也得到升高，使 VT5 饱和导通，VT5 的集电极电压升高至接近电源电压，使

VT4 因基极电压升高而截止。VT4 截止后，其发射极电压升高，使 VT3 的基极电压升高，VT3 无基极电流而截止。VT3 截止后无集电极电流，VD6 也因无电流而熄灭，指示充电已结束。

这时 RP2 因无电流，其动片上也无分压，使 VT1 和 VT2 也无基极电流，而 VT1 截止后，其内阻增大，切断了电池的充电电流的回路，充电结束。

3. 电路分析说明

在电路中，VT1 发射极通过开关 S1 接入 3 种不同阻值的电阻，这样可以改变不同的充电电流的负反馈量，能提高恒流型自动充电器的稳定性。R1、R2、R3 为电流挡切换电阻，切换电流分别为 0～150mA、150～750mA、0.75～1.5A。

12.1.3　简易镍镉电池充电器详解

1. 充电器特点

简易镍镉电池充电器电路的特点如下。

（1）采用恒流式充电方式，能对 4 节电池同时充电，也可以只对一节电池进行充电。

（2）充电时发光管点亮，指示充电正在进行，充电器能很方便地对电池进行快速充电和正常充电两种充电方式的切换。

（3）充电器能不用市电而用蓄电池对镍镉电池充电。

2. 电路分析

图 12-3 所示是简易镍镉电池充电器电路。

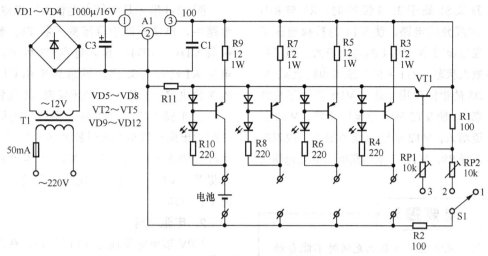

图 12-3 简易镍镉电池充电器电路

12. 某学员公司开发产品指导实例（噪声故障）12

电源电路由降压变压器 T1、整流二极管 VD1～VD4、滤波电容 C3 和稳压集成电路 A1 组成。220V 市电经变压器 T1 降压后，得到 12V 的低压交流电压，经由二极管 VD1～VD4 组成的桥式整流电路整流后，再由电容 C3 为电源滤波，在 C3 的两端得到电源电压，经三端稳压集成电路 A1 稳压后，输出稳定的电源电压供电路使用。

电路中三极管 VT1、电阻 R1 和 R11、可调电阻 RP1 和 RP2 以及开关 S1 组成控制和充电电流调节电路。R1 与 RP1 或 RP2 构成 VT1 的偏置电路，向 VT1 提供偏置电流。其中 R1 为上偏置电阻，如果 RP1 或 RP2 接入电路，RP1 或 RP2 则为 VT1 的下偏置电阻。R11 为 VT1 的发射极电阻。

充电部分的电路由三极管 VT2～VT5、二极管 VD5～VD8、发光管 VD9～VD12 以及电阻 R3～R10 组成。

充电电路分为 4 路，均为相同的电路，可单独工作也可同时工作。这里对其中一路说明其工作原理，其他类推。

（1）电池未接入时分析。 从稳压集成电路 A1 输出的电源电压加到 VT1 的集电极，同时经 R1 加到 VT1 基极，由发射极输出，加到 R11 到地构成回路，形成 VT1 的基极电流，VT1 导通，其发射极电流在 R11 上形成电压降，此电压降加到 VD5 的正极，经 VD5 加到 VT2 的基极。

电源电压经 R9 加到 VT2 的发射极，但由于没有电池接入，所以不能构成 VT2 基极电流回路，不能形成 VT2 的基极电流，所以 VT2 截止。此时 VT2 的基极电压比 R11 上的电压略高，VD5 处于反偏状态而截止。

（2）电池接入时分析。 当需要充电时，由于电池无电且电压很低，R10 的下端由原来的悬浮状态转变为接通状态，并且为低电压。由于 VT2 的基极电压比电池电压高，VD9 得到正向偏置处于导通状态。由于二极管两端导通压降不变，负极电压下降时，其正极电压也下降，所以 VT2 的基极电压也随之降低。

VT2 的基极电压下降后，电源电压经 R9、VT2 发射极／基极、VD9 正极、VD9 负极、R10 到电池构成回路，形成 VT2 的基极电流，VT2 导通，电源经 R9 与导通后的 VT2 向电池充电。

电池充电电流回路是： 电源→R9→VT2 发射极→VT2 集电极→电池正极→电池负极→地。

VT2 的基极电压因电池电压的原因下降，VD5 的负极电压低于 R11 上的电压降（也就是 VT1 有发射极电压）时，VD5 导通，此电流流过 VD9，使发光管 VD9 导通发光，指示此时为充电状态。

当开关 S1 处于 2、3 位置时，R1 与 RP1 或 RP2 构成分压电路，使 VT1 的基极电压下降，基极电流减小，VT1 的内阻增大，但仍处于线性放大状态，R11 上的电压降也随之减小，通过 VD5 的钳位作用（此时 VD5 仍处于线性导通状态），使 VT2 的基极电压下降，VT2 的基极电流增大，VT2 的导通能力加大，内阻减小，电源经 R9、VT2 向电池充电的电流也随之增大。

> ⚠ **重 要 提 示**
>
> 这一充电电路在电池充满时不能自动切断充电，所以充电时要掌握好充电时间。

12.1.4 镍镉电池快速充电器

1. 电路特点

镍镉电池快速充电器电路的特点如下。

（1）由于镍镉电池容易产生记忆效应，若充电不当会使电池过早失效。

（2）本电路采用脉冲调宽技术，对电池先进行大电流充电，然后在短时间对电池进行放电，充分保持电池内压力的平衡，达到大电流充电的目的。

图 12-4 所示是镍镉电池快速充电器电路。电路中，电源电路由降压变压器 T1、整流二极管 VD1～VD4、滤波电容 C3 组成。集成电路 A1 构成振荡器，振荡频率由 C1 与 R1 的参数决定，⑤脚接入稳压管向 A1 提供基准电压。④脚为电路复位端。振荡后的脉冲由③脚输出向后级电路提供脉冲控制信号。VT4 为向电池充电用三极管，VT5 为电池放电用三极管。VD6～VD8 为发光二极管，指示电路工作状态。

2. 电源电路

220V 市电经变压器 T1 降压后，在二次侧得到 12V 左右交流电压，经整流二极管 VD1～VD4 组成的桥式整流电路整流，再经滤波电容 C3 滤波后，在 C3 两端得到直流电压，供充电使用。

3. 脉冲产生过程

（1）C1 充电过程分析。接通电源后，直流电压经 RP1、R1 向电容 C1 充电，由于电容 C1 两端电压不能突变，所以 A1 的②脚为低电位，经 A1 内电路后，使 A1 的⑦脚对地呈开路状态，此时 A1 的③脚输出的脉冲为高电位。

随着 C1 充电的进行，C1 两端的电压升高，A1 的②脚电压也在升高。C1 的充电时间由 RP1 与 R1 串联后的总阻值和 C1 的容量决定。

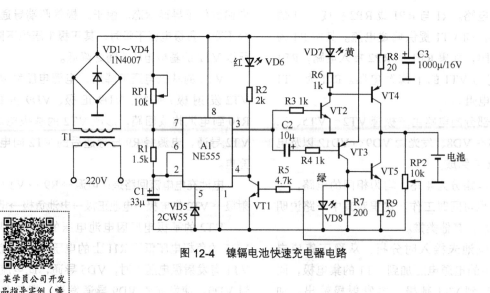

图 12-4 镍镉电池快速充电器电路

13. 某学员公司开发产品指导实例（噪声故障）13

（2）C1放电过程分析。当C1的充电电压大于A1的⑤脚基准电压时，A1的内电路翻转，A1的⑦脚对地呈通路状态，电容C1上的电能经R1、A1的⑦脚、A1的内电路放电，放电时间由C1容量和R1阻值决定，此时A1的③脚输出的脉冲为低电位。

C1充电时，其充电时间常数由RP1与R1串联后的总阻值和C1的容量决定。C1放电时，其时间常数由C1与R1以及A1的⑦脚经内电路对地的导通内阻决定，因为A1的⑦脚经内电路导通后的内阻很小，可以忽略不计，C1的放电时间主要由C1与R1的参数决定，所以C1的充电时间比C1的放电时间要长。

在C1充电时，A1的③脚输出的脉冲为高电位，C1放电时，A1的③脚输出的脉冲为低电位，所以A1的③脚输出的是占空比不相等的脉冲，并且脉冲高电位的时间大于脉冲低电位的时间。图12-5所示是脉冲波形。

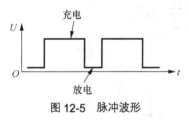

图12-5 脉冲波形

4. 电池充/放电过程

（1）电池充电过程分析。当A1的③脚输出的脉冲为高电位时，这一电压经R3加到三极管VT2基极，VT2饱和导通，其集电极为低电位，使三极管VT4基极为低电位，VT4也饱和导通，电源直流电压通过VT4向电池充电。电池的充电回路为：电源正极→R8→VT4发射极→集电极→电池正极→电池负极（地）。

由于三极管VT2导通，发光二极管VD7也正向导通，VD7点亮发黄光，指示电路正处于充电状态。此时因A1的③脚为高电位，C2放电使三极管VT3发射结反偏截止，其集电极电压为低电位，使三极管VT5因基极电压为零而截止，发光二极管VD8因无电压而截止不发光。

（2）电池放电过程分析。当③脚输出为低电位时，电容C2得到充电，其充电回路为：电源→VT3发射极→基极→R4→C2正极→C2负极→A1的③脚→A1内电路→A1的①脚→地。

C2的这一充电过程，使三极管VT3流过基极电流而饱和导通，其集电极电压升高，三极管VT5基极电压升高，VT5基极电流增大，VT5饱和导通。

VT5饱和导通后，电池上的电压经导通后的VT5进行放电。电池的放电回路为：电池正极→VT5集电极→VT5发射极→R9→地（电池负极）。

此时因为三极管VT3导通，发光二极管VD8得到正向偏置而导通发光，指示充电器正在对电池放电。

随着C2充电的进行，C2两端电压在逐渐升高，流过三极管VT3的基极电流在逐渐减小，当C2充电结束时，VT3因为无基极电流而截止，三极管VT5也随之截止，停止了对电池的放电。

由于A1的③脚输出的脉冲占空比是不相等的，高电位的时间大于低电位的时间，因此三极管VT4饱和导通的时间大于三极管VT5饱和导通的时间。电池的充电时间大于电池放电的时间，电池在大电流的充电下，再进行短时间的放电，使电池的内压力保持平衡，以达到消除电池记忆效应的目的。

三极管VT3截止后，VT3无集电极电流，发光二极管VD8无工作电压而截止，VD8熄灭。

这样在振荡器的作用下，A1的③脚不断地输出高低电位变化的脉冲，充电器不断地重复上面的过程。

5. 充电结束

随着电池充电的进行，电池两端电压逐渐升高，电池电压经可变电阻RP2分压后，在动片上的电压升高，三极管VT1基极电压也升高。当电池的充电电压达到额定电压时，RP1动片上的电压使三极管VT1饱和导通，其内阻很小，将A1的④脚对地短路，使A1复位，A1停止振荡，A1的③脚无脉冲输出，对电池的充电完成。

由于三极管 VT1 饱和导通，构成了发光二极管 VD6 的导通回路，VD6 发光，指示电池充电结束。

6. 充电速度和充电电压调整

（1）**充电速度调整**。调整 RP1 可调整充电速度，加大 RP1 的同时增加了 C1 的充电时间，A1 的③脚高电位的时间加长，于是三极管 VT4 向电池充电的时间也加长，但由于 C2 的放电时间并不改变，所以这样就加大了

对电池的充电时间，放电时间没有改变，可加快对电池的充电速度。反之则放慢对电池的充电速度。

（2）**充电电压调整**。调整 RP2 可改变电池的充电电压，调整 RP2 可改变其动片上的分压，使这一电压符合需充电电池的电压要求。也就是当电池被充满电时，RP2 的动片上的分压正好能让三极管 VT1 饱和导通，让 A1 复位并停止振荡，充电器结束充电。

12.2 灯光控制电路详解

12.2.1 触摸式延迟开关详解

触摸式延迟开关现在已广泛应在楼道作为

照明开关使用，具有方便、实用、节能的特点。图 12-6 所示是触摸式延迟开关电路。

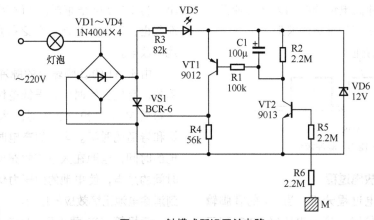

图 12-6　触摸式延迟开关电路

电路中，晶闸管 VS1、三极管 VT1 与 VT2 等组成开关电路的主电路，其中三极管 VT1 与 VT2 等组成延迟控制电路。

1. 静态电路分析

平时三极管 VT1 与 VT2 处于截止状态，晶闸管 VS1 也为截止状态，电灯泡不亮。此时 220V 交流电经电灯泡加到由 VD1～VD4 构成的桥式整流电路，经整流后输出直流电压。

这一直流电压经降压电阻 R3、发光二极管 VD5 和稳压管 VD6 构成回路，在稳压管 VD6 两端得到 12V 的直流工作电压，供电路使用。

同时，这一回路中的电流使发光二极管 VD5 点亮发光，用于夜间指示开关位置。此时，电路处于等待状态，流过电路的电流仅为 3mA 左右。

2. 灯泡控制过程分析

（1）**启动过程分析**。当需要开灯时，只要触摸一下金属片 M，这时人体的感应电压经 R5、R6 加到三极管 VT2 基极。由于晶体三极管所需的基极电流是很小的，只有几十微安，人体的感应电压足以让 VT2 饱和导通。

当三极管 VT2 饱和导通时，其集电极电压下降，为低电位，通过电阻 R1 使 VT1 基极电

压下降，VT1 随之饱和导通。此时，由于三极管 VT2 的饱和导通，其内阻很小，相当于短路，接通了电容 C1 的充电回路，C1 被迅速充电至 12V 的电压。

在三极管 VT1 饱和导通后，VT1 的集电极电流流过 R4，在 R4 上形成电压降。这一电压降加到晶闸管 VS1 的控制极上，对 VS1 进行触发，VS1 饱和导通。

由于晶闸管 VS1 饱和导通，构成了电灯泡的电流回路，电灯泡得电点亮。

（2）延时过程分析。 当人手从金属片离开后，三极管 VT2 失去基极电流而截止，电容 C1 的充电回路被切断。此时 C1 上的充电电压经 VT1 发射极 / 基极、R1 构成回路，开始放电。在放电的过程中，继续向 VT1 提供基极电流，维持 VT1 的导通状态。

当 C1 中的电荷基本放完时，VT1 恢复截止状态，其集电极电流为零，电阻 R4 上也无电流流过，电压降为零。晶闸管 VS1 的控制极失去触发电流，当 220V 交流电从正半周转为负半周时，或从负半周转为正半周时，晶闸管 VS1 因小于最小维持电流而截止，切断电灯泡的电流回路，灯泡熄灭。电路恢复等待状态。

电路中延迟时间由电容 C1 的放电时间决定，合理选择 C1、R1、R2 可得到不同的延迟时间，图中给出的是延迟时间为 30s 的参数。

另外，晶闸管的触发灵敏度和 VT1 的放大倍数也会对延迟时间有所影响。

12.2.2　简易光控开关详解

图 12-7 所示是简易光控开关电路。

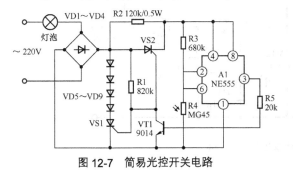

图 12-7　简易光控开关电路

电路中，220V 交流电经电灯泡及 VD1～VD4 组成的桥式整流电路整流后，获得直流电压。这一电压通过降压电阻 R2 为集成电路 A1 供电。R3 与 R4 组成分压电路，R4 为光敏电阻。

当光线较强时，光敏电阻 R4 的阻值变小；当光线较弱时，光敏电阻 R4 的阻值较大。这样，光线发生强弱变化时，光敏电阻 R4 与 R3 分压后的输出电压发生了改变，使集成电路 A1 的②脚、⑥脚电压也随光线的强弱变化而发生改变。

1.　当外界光线较强时分析

光敏电阻 R4 的阻值变小，与 R3 分压后的电压较小，为低电位，集成电路 A1 的②脚、⑥脚也为低电位，经 A1 内电路后，A1 的③脚输出高电位，经过电阻 R5 加到三极管 VT1 的基极，VT1 的基极电流增大，VT1 饱和导通，其集电极电压下降，为低电位。

由于 VT1 的集电极为低电位，晶闸管 VS1、VS2 的控制极也为低电位，晶闸管 VS1、VS2 因无触发电压而截止，切断了电灯泡的电流回路，电灯泡处于熄灭状态。

2.　当外界光线较弱时分析

光敏电阻 R4 的阻值变大，与 R3 分压后的电压升高，为高电位，集成电路 A1 的②脚、⑥脚电压也为高电位，经 A1 内电路后，从 A1 的③脚输出低电位，经电阻 R5 加到三极管 VT1 的基极，使 VT1 因无基极电流而截止，其集电极电压升高，为高电位。

由于 VT1 的集电极为高电位，晶闸管 VS1、VS2 的控制极也为高电位，晶闸管 VS1、VS2 饱和导通，接通了电灯泡的电流回路，电灯泡处于点亮状态。

电路中 VD5～VD9 是为 A1 提供直流工作电压而设置的。

12.2.3　楼道节能照明灯详解

图 12-8 所示是楼道节能照明灯电路。这个电路具有电路简单、使用方便、不使用时不消

耗电能等特点。电路采用 V-MOS 管，这种管子的输入阻抗高。

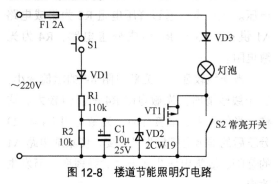

图 12-8 楼道节能照明灯电路

1．静态分析

平时场效应管 VT1 控制栅极因无控制电压而处于截止状态，源极与漏极间的内阻很大，相当于开路，切断了灯泡的电流回路，电灯泡处于熄灭状态。

2．触发分析

当按延时开关 S1 后，220V 交流电压经二极管 VD1 整流、电阻 R1 降压向电容 C1 充电。C1 充电后，向 VT1 提供栅极控制电压，场效应管 VT1 饱和导通，220V 电压经二极管 VD3、电灯泡、VT1 构成回路，电灯泡点亮发光。

3．自动熄灭分析

行人离开后，刚才在电容 C1 上的充电电压，开始向场效应管 VT1 和电阻 R2 放电，由于 VT1 是 V-MOS 场效应管，有着很大的输入阻抗，所以放电主要在 R2 上进行。

随着电容 C1 放电的进行，C1 上的电压按指数规律下降，当电压下降到 VT1 的阈值电压时，VT1 由饱和状态转向截止状态，切断了电灯泡的通电回路，电灯泡因无电流而熄灭，电路再次进入等待状态。

> ⚠ **重要提示**
>
> 这一电路的延时时间由电容 C1 和电阻 R2 的时间常数决定，增大 C1 可加大延时的时间，最好不要通过增加或减小 R2 的阻值来改变延时的时间，以免电压增高击穿 VT1。电路中稳压管 VD2 是用来保护场效应管 VT1 的，使其不会因为控制栅极上的电压过高而损坏。
>
> 电路中设计了一个常亮开关 S2，接通 S2 后，S2 将场效应管 VT1 的源极与漏极短路，使电灯泡上一直有电流流过，处于常亮状态。

12.2.4 振荡式触摸节电开关详解

图 12-9 所示是振荡式触摸节电开关电路，它采用自激振荡方式以增强触摸的灵敏度，实用可靠。电路中的三极管 VT2 与 VT3 构成振荡器电路，电容 C2 为振荡器的正反馈电容。

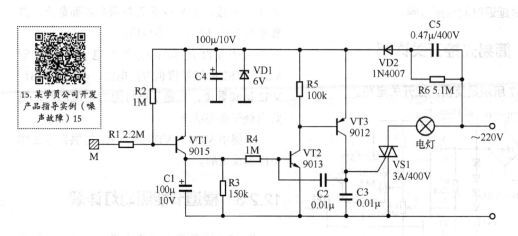

图 12-9 振荡式触摸节电开关电路

220V 交流电压经降压电容 C5 和降压电阻 R6 后，由二极管 VD2 半波整流，在电容 C4 上滤波，稳压管 VD1 稳压，在 C4 两端上得到约 6V 的直流电压，向电路供电。

1. 静态分析

平时，三极管 VT1、VT2、VT3 均处于截止状态，由于 VT3 为截止状态，其集电极电压为低电位，晶闸管 VS1 的控制极也为低电位，晶闸管 VS1 因无触发而截止，切断了电灯泡的通电回路，电灯泡处于熄灭状态。

2. 灯泡点亮过程分析

当有人经过需要开灯时，只要触摸一下金属片 M，这时人体的感应电压加至三极管 VT1 基极，VT1 流过基极电流而饱和导通。电源电压经过饱和导通后的 VT1 向电容 C1 充电。

电容 C1 充电后，两端电压逐渐升高。随着这一电压升高至一定值时，直流电压经过饱和导通后的 VT1 和电阻 R4 向三极管 VT2 提供基极电流，VT2 开始导通。

三极管 VT2 导通后，其集电极电压下降，VT3 的基极电压下降，VT3 也开始导通，其集电极电压升高，这一升高的电压开始向 C2 充电。C2 充电时，增大了 VT2 的基极电流，使 VT2 进一步导通，集电极电压进一步下降，VT3 也进一步导通，形成正反馈过程，振荡器起振。

> **重要提示**
>
> 振荡器起振后，从三极管 VT3 集电极输出振荡脉冲，加到晶闸管 VS1 控制极，VS1 得到振荡器的振荡脉冲触发而饱和导通，接通电灯泡的电流回路，电灯泡点亮发光。

3. 自动熄灭过程分析

使用者离开后，三极管 VT1 的基极因无基极电流而截止。VT1 截止后，电源对电容 C1 的充电结束，C1 的充电电压开始经过 R3、R4 和 VT2 的基极与发射极放电，在 C1 放电期间，VT2 能继续流过基极电流，VT2 继续保持导通，

振荡器继续维持振荡。

随着电容 C1 放电的进行，C1 上的电压按指数规律下降，当电压下降到不能维持 VT2 继续保持导通时，VT2 截止，振荡器停止振荡。

> **重要提示**
>
> 振荡器停振后，三极管 VT2 与 VT3 截止，没有振荡脉冲输出。晶闸管 VS1 因无触发而截止，切断电灯泡的通路，电灯泡也熄灭。

电路中电阻 R3 的作用是将电容 C1 上的残留电压彻底放完，保证三极管 VT2 与 VT3 能保持良好的截止状态。C3 用于吸收 VT3 在截止时产生的干扰脉冲，使晶闸管能可靠截止。

电路中电灯泡点亮的时间由电容 C1 与电阻 R3 的放电时间常数决定，如果要延长或缩短电灯泡的发光时间，可适当增减 C1、R3 的容量和阻值，图中参数为延时 15s 时的参数。

12.2.5 简易灯光调节器详解

图 12-10 所示是简易灯光调节器电路，这一电路可用于调光台灯中。

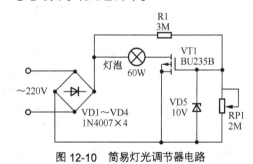

图 12-10 简易灯光调节器电路

电路中，电灯泡与场效应管 VT1 组成串联电路，采用场效应管作为调整元件，由于 V-MOS 管是电压控制器件，改变其栅极偏压的大小，就可以改变导通内阻的大小，使其与电灯泡串联后的总电阻发生改变，从而改变流过电灯泡的电流大小，改变了电灯的亮度。

接通电源后，220V 交流电压经 VD1～VD4 组成的桥式整流电路，变成脉动直流电，

加到电灯泡以及控制电路上。

电阻 R1 与电位器 RP1 组成分压电路，对电源电压进行分压，分压后的电压加到场效应管 VT1 的控制栅极上，向控制栅极提供偏压，在这一电压的作用下，场效应管 VT1 导通，整流后的电源电压经过电灯泡和场效应管 VT1 构成回路，电灯泡上流过电流，电灯泡点亮发光。

1. 增大 RP1 阻值时分析

RP1 与 R1 的阻值分压得到改变，由于 RP1 的增大，RP1 上的分压也增大，这样加到场效应管 VT1 的控制栅极上的电压也增大，VT1 的内阻减小，流过电灯泡的电流也增大，灯光亮度增大。

2. 减小 RP1 阻值时分析

RP1 与 R1 的阻值分压得到改变，由于 RP1 的减小，RP1 上的分压也在减小，这样加到场效应管 VT1 的控制栅极上的电压也减小，VT1 的内阻增大，流过电灯泡的电流减小，灯光亮度减小。

3. RP1 阻值调到最小时分析

场效应管 VT1 的控制栅极电压与源极电压相等，且均为零，VT1 截止，相当于开路，切断了电灯泡的电流回路，电灯泡熄灭。

> ⚠ **重 要 提 示**
>
> 并联在场效应管 VT1 栅极与源极之间的稳压管在电路中起保护作用，限制加到 VT1 控制栅极的电压不能超过 10V，以保证场效应管 VT1 安全。

12.2.6 石英射灯软启动电路详解

石英射灯是一种低电压、大电流的灯光器件，因为在冷却状态时电阻较小，炽热状态时电阻较大，经常在冷却状态下开启时，容易受大电流的冲击而损坏。图 12-11 所示是石英射灯软启动电路，可保护石英射灯不会因大电流而损坏。

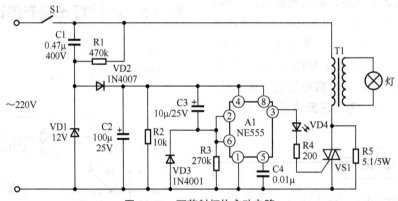

图 12-11　石英射灯软启动电路

电路中，电容 C1、电阻 R1 组成交流降压电路。VD2 为整流二极管，C2 为滤波电容。电阻 R2 为 C1 的放电电阻。集成电路 A1 与其外围元器件构成了一个触发电路。

接通电源开关 S1 后，220V 市电经电容 C1、电阻 R1 降压后，在稳压管 VD1 的负极上得到单向脉动直流电，经二极管 VD2 整流和电容 C2 滤波后，在 C2 的正极上得到 12V 的直流电压，供电路使用。

通电后，电源电压直接加到集成电路 A1 的电源引脚⑧脚上。同时电源电压经电阻 R3 对电容 C3 充电，由于电容两端电压不能突变，此时集成电路 A1 的②脚和⑥脚为高电位，即电源电压 12V。这时集成电路 A1 内的触发器翻转，由于②脚和⑥脚为高电位，所以 A1 的③脚输出低电位。由于集成电路 A1 的③脚为低电位，所以发光二极管 VD4 截止，晶闸管 VS1 也截止。

1. 软启动分析

因为晶闸管 VS1 截止，它相当于开路。

220V 交流电压经石英射灯降压变压器 T1 和电阻 R5 构成回路，由于电阻 R5 的存在，限制了流过变压器 T1 一次绕组的电流，在变压器 T1 的二次侧输出电压较低，石英射灯在低电压下工作，处于微亮状态，发出暗红光。

2. 正常启动

随着电容 C3 充电电压的升高，集成电路 A1 的②脚和⑥脚电压在下降，当电压下降到 4V 左右时，集成电路 A1 内的触发器翻转，使③脚输出高电位。

集成电路 A1 的③脚输出的高电位控制电压，通过发光二极管 VD4、电阻 R4 加到晶闸管 VS1 控制极上，使 VS1 触发导通。

由于晶闸管 VS1 导通后内阻很小，将限流电阻 R5 短路，降压变压器 T1 的一次绕组得到正常电压，二次侧的输出电压也转为正常，灯泡正常启动。

此时因为集成电路 A1 的③脚电压为高电位，发光二极管 VD4 也导通发光，指示电路此时处于工作状态。

> **⚠ 重要提示**
>
> 本电路的延时时间由电阻 R3 对电容 C3 的充电时间决定，改变 R3 与 C3 的参数能改变电路的延时时间，图中给出的是延时 3s 的参数。
>
> 在断开电源开关 S1 后，电容 C3 上的充电电压经电阻 R2 使二极管 VD3 导通，电容 C3 通过二极管 VD3 与 R2 放电，为下次重新启动做好准备。

12.3　实用定时器电路详解

12.3.1　60 秒定时器电路详解

图 12-12 所示是 60 秒定时器电路，它能在 6～60 秒（s）的时间内，对用电器进行定时通电或定时断电，可用于对电器的短时间定时控制。电路中，集成电路 A1 与外围元器件构成单稳态电路，起定时器的时间控制作用，电阻 R1、电位器 RP1 与电容 C1 为定时器的定时元件，三极管 VT1、继电器 K 等构成执行电路。

1. 未定时状态电路分析

接通电源后，电源电压加到集成电路 A1 的⑧脚向 A1 提供电压。由于集成电路 A1 的②脚经上拉电阻 R2 接在电源上，处于高电位状态，集成电路 A1 的⑦脚经内电路与地接通，定时电容 C1 被短路，电阻 R1 和电位器 RP1 对 C1 的充电不能进行，集成电路 A1 的③脚输出低电位。

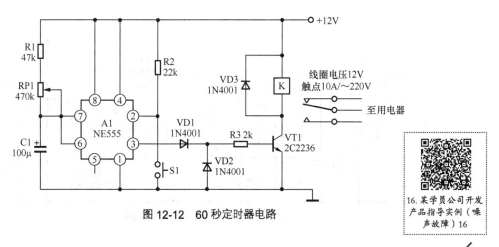

图 12-12　60 秒定时器电路

16. 某学员公司开发产品指导实例（噪声故障）16

由于集成电路 A1 的③脚为低电位，二极管 VD1 截止，三极管 VT1 也截止，继电器 K 因为 VT1 截止而无工作电压，处于释放状态。继电器的常闭触点接通用电器的电源，常开触点断开用电器电源。

2. 进入定时状态分析

当按下定时按钮 S1 后，集成电路 A1 的②脚电压被短路，下降到零，为低电位，A1 得到触发，A1 的内电路翻转，A1 的⑦脚在内电路对地断开，呈开路状态。

由于集成电路 A1 的⑦脚对地呈开路状态，定时电容 C1 在电阻 R1 与电位器 RP1 的作用下充电，C1 的充电电压按指数规律上升，引起 A1 的⑦脚电压也升高，单稳态电路处于暂稳状态。

电路进入暂稳状态后，A1 的③脚输出高电位，这一高电位经二极管 VD1、电阻 R3 加到三极管 VT1 的基极，VT1 流过基极电流而饱和导通，接通了继电器 K 的通电回路，继电器 K 动作，常闭触点断开，实现对已接通电源的电器断电，常开触点接通，实现对未接通电源的电器接通电源，完成定时工作。

当集成电路 A1 的⑦脚的电压升到电源电压的 2/3 时，A1 的内电路再次翻转，由暂稳状态转为稳定状态，A1 的⑦脚经内电路对地短路，定时电容 C1 上的电能经 A1 的⑦脚和 A1 的内电路构成回路而放电。

进入稳定状态后，集成电路 A1 的③脚由暂稳状态时的高电位变成低电位，二极管 VD1、三极管 VT1 因 A1 的③脚为低电位而截止，继

电器 K 失去工作电压而释放。电路在 A1 的②脚的上拉电阻 R2 作用下保持稳定状态。

> **⚠ 重要提示**
>
> 电路中，电阻 R1、电位器 RP1 与电容 C1 为定时元件，改变 RP1 的阻值，可以改变电路暂稳状态的时间，从而改变定时器的定时时间。
>
> 电路中，二极管 VD3 是三极管 VT1 保护用二极管，防止当 VT1 从饱和导通转到截止时，继电器 K 的线圈产生的自感电动势击穿 VT1。

12.3.2 通、断两用定时器电路详解

图 12-13 所示是通、断两用定时器电路，这一电路能对用电器进行定时开启和定时关闭，定时时间能在 150 分钟（min）内连续可调。电路中，降压电容 C1 和降压电阻 R1 构成简单降压电路，经整流二极管 VD2 整流以及滤波电容 C2 滤波后得到的直流工作电压，加到集成电路 A1 的⑧脚。

集成电路 A1 及外围元器件构成单稳态电路，由于 A1 的②脚因上拉电阻 R2 而处于高电位，单稳态电路处于稳定状态，⑦脚的内电路与地之间短路，定时电容 C3 得不到充电，③脚输出低电位。

17. 某学员公司开发产品指导实例（噪声故障）17

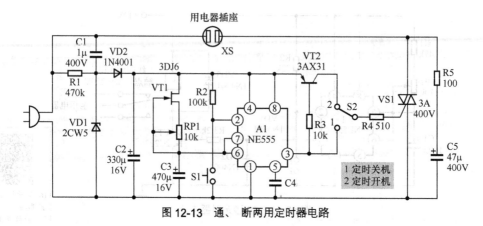

图 12-13　通、断两用定时器电路

1. 定时关机控制过程分析

如果转换开关 S2 位于 1 的位置，则集成电路 A1 的③脚为低电位，使双向晶闸管 VS1 因无触发电压而截止，用电器无电不能工作。

这时按下定时开关 S1，集成电路 A1 的②脚经定时开关 S1 接地，A1 内电路被触发，单稳态电路进入暂稳状态，A1 的⑦脚对地呈现开路状态，③脚输出电压为高电位。

这一高电位电压经 R4、转换开关 S2，加到晶闸管 VS1 的控制极，使晶闸管导通，接通用电器回路，用电器得到工作电压而工作。

此时由于集成电路 A1 的⑦脚的内电路对地呈开路状态，由场效应管 VT1 构成的恒流源开始向定时电容 C3 充电。

当定时电容 C3 上的充电电压约为电源电压的 2/3 时，单稳态电路由暂稳状态翻转成稳定状态，③脚输出低电位，晶闸管 VS1 因没有触发电压而截止，切断了用电器的电流回路，用电器失去工作电压而停止工作，实现了对用电器的定时关机。

> **⚠ 重要提示**
>
> 当电路进入稳定状态时，集成电路 A1 的⑦脚经内电路对地呈现通路状态，对定时电容 C3 上的电能进行放电，为下一次定时做好准备。

2. 定时开机控制过程分析

若 S2 处于 2 的位置时，情况与上面的情况正好相反，按下定时开关 S1 后，集成电路 A1 的③脚输出电压为高电位，三极管 VT2 的基极因 A1 的③脚为高电位而截止，VT2 的集电极为低电位，晶闸管 VS1 因没有触发电压而处于截止状态，不能接通用电器的用电回路，插在插座 XS 上的用电器断电不能工作。

此时恒流源开始向定时电容 C3 充电，当定时电容 C3 上的充电电压约为电源电压的 2/3 时，单稳态电路由暂稳状态翻转成稳定状态，集成电路 A1 的③脚为低电位。

由于集成电路 A1 的③脚为低电位，三极管 VT2 基极也为低电位，电源经 VT2 的发射极 / 基极、电阻 R3 加到 A1 的③脚，形成了基极电流，VT2 饱和导通，VT2 的集电极输出高电位电压，经转换开关 S2 和电阻 R4 加到晶闸管 VS1 的控制极，VS1 得到触发而导通，在插座 XS 上输出交流电，从而实现对用电器的定时开机。

> **⚠ 重要提示**
>
> 电路中的 RP1 为定时用电位器，调整 RP1 的大小，可以改变恒流源的电流大小，实现对定时电容 C3 的充电速度的控制，使定时时间得到调整。
>
> 增大 RP1 的阻值，将减小对 C3 的充电电流，C3 的充电时间延长，定时器的定时时间加长。
>
> 减小 RP1 的阻值，将增大对 C3 的充电电流，C3 的充电时间缩短，定时器的定时时间也将缩短。

12.3.3 可调定时自动开关电路详解

图 12-14 所示是可调定时自动开关电路，这一电路能够实现周期性的定时开 / 关机。整个电路由电源、定时开、定时关和执行电路构成。

1. 电源电路分析

电源电路由电源变压器 T1、整流二极管 VD1 ～ VD4 和滤波电容 C1 构成。

市电 220V 交流电压经 T1 降压后，再由整流二极管 VD1 ～ VD4 组成的桥式整流电路整流，由滤波电容 C1 滤波后，在 C1 上得到直流工作电压，供定时电路使用。

2. 定时开电路分析

定时开电路由定时电阻 R1、电位器 RP1、定时电容 C1 和单结管 VT1 构成。

开关 S2 是定时开的单边自动延时开关，开关 S1 为定时开的快速启动按钮。

3. 定时关电路分析

定时关电路由定时电阻 R4、电位器 RP2、定时电容 C3 和单结管 VT2 构成。开关 S4 是定时关的单边自动延时开关。

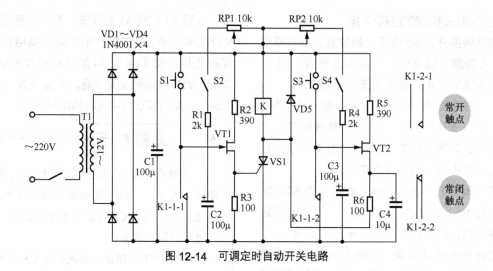

图 12-14　可调定时自动开关电路

S3 为定时关的快速启动按钮。

4. 执行电路

由单向晶闸管 VS1 和继电器 K 构成。

5. 继电器触点

继电器 K 的 K1-1-1 触点为常开触点，K1-1-2 触点为常闭触点，用于对定时电容 C2 和 C3 进行彻底放电，以保证定时时间准确无误。

继电器 K 的触点 K1-2-1 与 K1-2-2 是另外一组触点，用于对用电器的供电控制。

接通电源后，因单结管 VT1 处于截止状态，晶闸管 VS1 无控制电压而截止，切断了继电器 K 的通电回路，继电器 K 不能吸合。

6. 开机过程分析

当接通 S2 和 S4 后，由于此时继电器 K 没有吸合，触点 K1-1-2 为常闭状态，将定时电容 C3 短路，C3 的充电不能进行。触点 K1-1-1 为常开状态，定时电容 C2 得到充电的条件开始充电。此时电源电压经 RP1、R1 向 C2 充电，充电时间由 RP1、R1 和 C2 的时间常数决定，为定时开机时间。

由于定时电容 C2 刚开始充电时，电容 C2 两端电压不能突变，C2 上的电压按指数规律上升，当 C2 上的电压高于单结管 VT1 的触发电压时，VT1 呈负阻状态，立即导通，向 R3 上输出一个正脉冲。

这一脉冲加到晶闸管 VS1 的控制极，触发晶闸管 VS1 导通，接通继电器 K 的电流回路，

继电器 K 流过电流而吸合，触点 K1-2-1 与 K1-2-2 同时动作去控制用电器，实现对用电器的开机动作。

7. 关机过程分析

在继电器 K 吸合后，触点 K1-1-1 接通，对电容 C2 放电，单结管 VT1 恢复截止。由于电路使用的是直流电压，对晶闸管 VS1 来说是无过零电压的，所以 VS1 一直处于导通状态，继电器 K 一直吸合。因为 VS1 的导通相当于 VS1 的阳极与阴极短路，也就是电阻 R6 的下端与地因 VS1 的导通而接通。

在 K 吸合时，触点 K1-1-2 由常闭转为断开，定时电容 C3 得到充电条件，电源电压经 RP2、R4 向定时电容 C3 充电，充电时间由 RP2、R4 和 C3 的时间常数决定，为定时关机时间。

当定时电容 C3 上的电压高于单结管 VT2 的触发电压时，VT2 呈负阻状态，立即导通，向 R6 上输出一个正脉冲，经 C4 耦合到 VS1 阳极与阴极之间，晶闸管 VS1 迅速截止，切断了继电器 K 的电流回路，继电器 K 因没有电流流过而释放，触点 K1-2-1 与 K1-2-2 同时动作去控制用电器，实现对用电器的关机动作。

由于继电器 K 的释放，触点 K1-1-1 与 K1-1-2 又恢复了常态，触点 K1-1-2 接通，对电容 C3 放电。触点 K1-1-1 断开，恢复定时电容 C2 的充电条件，定时开电路再次向电容 C2 充电，进入下一个定时周期，实现了周而复始的周期性

的自动开、关机。

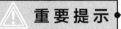

重 要 提 示

当需要快速开启时，按下开关 S1，可快
速向定时电容 C2 充电，完成对用电器的开启
动作。当需要快速关闭时，按下开关 S4，可
快速向 C3 充电，完成对用电器的关闭动作。

12.4　实用报警器

12.4.1　简易声光报警器

图 12-15 所示是简易声光报警器电路。这
是一种断线报警器电路，当有人破窗而入防盗
引线被扯断时，报警器发出"嘟嘟"的报警声，
同时发光管闪烁，提醒有人非法闯入。

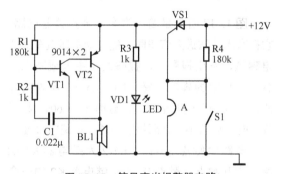

图 12-15　简易声光报警器电路

电路中三极管 VT1 与 VT2 构成互补振荡
器。电阻 R1 为 VT1 的偏置电阻，电阻 R2 与
电容 C1 为振荡器的正反馈元件。

1．报警器在监控状态时分析

由于晶闸管 VS1 的控制极经引线 A 与地短
接，所以 VS1 处于截止状态，相当于开路，切
断了报警器工作电源，报警器因无工作电压而
不工作。

2．当有人非法闯入时分析

将引线 A 扯断时，电源经
R4 向 VS1 提供控制电压，使
VS1 导通，接通了报警器的电
源，报警器得电工作。

18. 某学员公司开发
产品指导实例（噪
声故障）18

电路中的电位器 RP1 与 RP2 分别用于调
整定时开机时间和定时关机时间。调整 RP1 与
RP2 可改变对定时电容 C2 和 C3 的充电时间，
实现定时时间的调整控制。

电路中的二极管 VD5 为保护用二极管，用
于继电器 K 在晶闸管 VS1 由导通转向截止时，
将 K 内的线圈产生的自感电动势短路，以保护
晶闸管 VS1 不被击穿。

3．报警状态分析

接通电源后，直流电压经偏置电阻 R1 向
VT1 提供基极电流，使 VT1 进入放大状态，
VT1 导通后，三极管 VT2 基极得到电流而导通，
VT2 集电极电压因 VT1 的导通而升高，这一升
高的电压经正反馈电容 C1 与电阻 R2 加到 VT1
基极，形成正反馈过程，振荡器振荡。

振荡器振荡后，在扬声器中发出"嘟嘟"
声，同时电源经电阻 R3 加到发光二极管 VD1 上，
VD1 得到工作电压发出闪光，电路进入报警状态。

4．解除报警分析

当需要解除报警时，可以合上开关 S1，这
样晶闸管 VS1 的控制极被开关 S1 短路，无触
发电压而截止，切断了振荡器电路的电源，振
荡器停止振荡，从而解除报警。

调整正反馈电阻 R2 与电容 C1 的大小，可
改变振荡器的正反馈量，扬声器的响度也得到
改变，最好让扬声器处于最响状态。

12.4.2　简易低水位报警器电路详解

图 12-16 所示是简易低水位报警器电路。
这一报警器能在水位降低时自动报警，如用于
监测水箱的水位。这一电路由电源电路、水位
监测电路和报警电路 3 个部分构成。

1．电源电路分析

电源电路由变压器 T1、整流二极管 VD1～
VD4 和滤波电容 C3 组成。

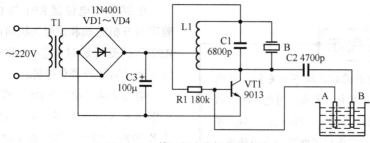

图 12-16　简易低水位报警器电路

220V 交流电经变压器 T1 降压后，再经 VD1～VD4 组成的桥式整流电路整流，由电容 C3 滤波后，得到直流工作电压供电路使用。

2. 水位监测电路分析

水位监测电路由伸入水体中的两根金属棒 A、B 和电容 C2 组成。金属棒最下端的位置为水体的低水位极限位置，用来检测水位是否在金属棒以下。

3. 报警电路分析

报警电路由三极管 VT1、谐振电感 L1、谐振电容 C1、正反馈电阻 R1 以及蜂鸣器 B 组成。三极管 VT1、电感 L1、电容 C1、电阻 R1 构成一个振荡器。

接通电源后，电源电压经电感 L1 的抽头分成两路：一路向上经电感 L1 的上半部分通过 R1 加到三极管 VT1 的基极，向 VT1 提供基极电流；另一路向下经电感 L1 的下半部分加到 VT1 的集电极，向 VT1 提供集电极反偏电压，于是 VT1 进入到放大状态。

这一电路中存在两个反馈电路：一个是正反馈电路，由电感 L1 的上半部分和电阻 R1 构成；另一个是负反馈电路，由电容 C2 和两金属棒之间的水体电阻构成。

电路中的谐振电容 C1 与电感 L1 组成并联谐振电路，谐振频率为报警器的报警声响频率。

4. 当水箱内的水位较高时分析

金属棒浸入水中，相当于在金属棒 A、B 间接入一个电阻。这个电阻阻值较小，与反馈电容 C2 串联后，接入电路，组成 VT1 的集电极与基极间的 RC 负反馈电路，形成强烈的负反馈，抵消了振荡器的正反馈，迫使振荡器处于停振状态，B 无声。

5. 当水位下降到金属棒以下时分析

金属棒 A、B 间的水体不再存在，金属棒 A、B 间的电阻也不存在，这样就断开了原有的 RC 负反馈电路。振荡器经由电感 L1 的上半部分和电阻 R1 构成正反馈电路，振荡器起振，B 发出报警声，提示水箱内水位已经下降，需要进行补充。

由于电容 C2 的隔直作用，所以没有直流电流过金属棒，金属棒不会发生电镀现象，所以金属棒的使用寿命较长，工作稳定可靠。

12.4.3 简易汽车防盗报警器电路详解

图 12-17 所示是简易汽车防盗报警器电路。它在有人非法进入汽车时，能自动接通汽车上的电喇叭，发出报警声，提醒汽车主人或路人注意。电路中的集成电路 A1（NE555）与外围元器件组成一个延时电路，能延时 30～60s，超过延时时间后若不能切断报警电路，电路将报警。

电路中触点 K1-1 和 K1-2 为继电器 K1 的两个常开触点，触点 K2-1 是继电器 K2 的一个常开触点。开关 S3 为报警解除开关，S2 为报警触发开关，S1 为电源开关。

1. 正常状态分析

汽车停好，锁好车门车主离开，电源开关 S1 接通，报警器处于监控状态，开关 S2 处于断开状态，继电器 K1 因无工作电压而不工作，触点 K1-1 与 K1-2 均断开，不能向集成电路 A1 供电。

2. 车门非正常打开分析

当车门被打开时，开关 S2 接通，电源经开关 S1、S2 向继电器 K1 供电，K1 吸合，触点 K1-1 和 K1-2 接通，K1-1 代替 S2 对继电器 K1 自保，维持 K1 的吸合状态。K1-2 接通后，延时电路得到工作电压开始工作。

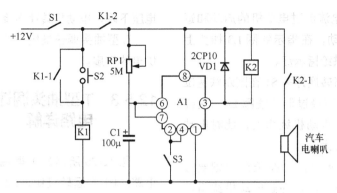

图 12-17 简易汽车防盗报警器电路

电路开始通电时，A1 的⑦脚对地呈开路状态。电源电压经电位器 RP1 向定时电容 C1 充电，此时 A1 的③脚输出电压为高电位，此电压接近电源电压，继电器 K2 线圈两端因无电位差，不能构成 K2 的电流回路，继电器 K2 不能吸合，触点 K2-1 为断开状态。

随着定时电容 C1 充电的进行，集成电路 A1 的⑦脚电压也随 C1 充电电压的升高而升高，当升高到电源电压的 2/3 时，如果在此延时期间报警解除 S3 未能接通，说明进入汽车的不是汽车主人，集成电路 A1 的内电路翻转，A1 的③脚电压由高电位变成低电位，电源经继电器 K2、集成电路 A1 的③脚、A1 的内电路到地构成回路，形成电流，继电器 K2 吸合，接通汽车的电喇叭，发出报警声。

3. 车门正常打开分析

如果是汽车的主人，进入汽车后，在报警器延时的时间内，接通报警解除开关 S3，集成电路 A1 的④脚被对地短路，A1 的内电路被复位，电路提前翻转。

A1 的⑦脚内电路对地呈通路状态，定时电容 C1 所充的电能得到释放，A1 的③脚仍然处于高电位状态，继电器 K2 没有工作电压，不能吸合，报警器则不会报警。

电路中 VD1 用于吸收继电器 K2 从吸合状态到释放状态时产生的自感电动势，防止集成电路 A1 被损坏。

12.5 风扇控制电路和洗衣机控制电路详解

12.5.1 电抗法调速电风扇控制电路详解

重要提示

家用的各种电风扇电路是相似的，且电路并不复杂，主要是调速电路有些变化。调速电路有以下两大类。

（1）分挡调速电路，这是普通电风扇采用的方式，这其中也分为电抗法调速电路、抽头法调速电路。

（2）电子无级调速电路。

图 12-18 所示是电抗法调速电风扇控制电路。电动机采用电容式电动机，L1 为运转绕组，C1 为启动电容，L2 为启动绕组，L3 为指示线圈，L4 为调速线圈，L3 和 L4 绕在同一铁芯上，S1 为转速转换开关。

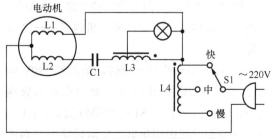

图 12-18 电抗法调速电风扇控制电路

接通电源后，电流流过电动机的启动和运转绕组，电动机启动，在指示线圈 L3 抽头上获得合适的电压，供给指示灯。

调速原理是： 当转换开关 S1 在图示快速位置时，220V 交流电不经过调速线圈 L4，这样全部 220V 电压加到电动机绕组上，此时电动机转速最快，风量最大。

当 S1 在中挡位置时，220V 交流电则要经过 L4 的一部分线圈之后才加到电动机绕组两端，这样电动机两端的实际工作电压下降，转速下降，风量减小。

同理，改变 S1 的位置可以获得不同的电动机转速，得到不同的风量，实现调节。

12.5.2　L 型抽头调速电风扇控制电路详解

图 12-19 所示是 L 型抽头调速电风扇控制电路。

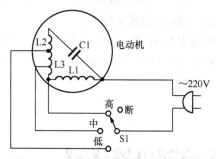

图 12-19　L 型抽头调速电风扇控制电路

L1 为运转绕组，L2 为启动绕组，L3 为调速绕组，L1、L2、L3 全部在电动机内，其中 L2 与 L3 嵌在同一槽内，连线为串联，L3 绕组在空间上相差 90° 电角度。S1 为转速转换开关。

这种调速电路与前面介绍的电路基本相同，只是一个将调速线圈设在电动机内部，一个设在外部。

当 S1 在图示高挡转速时，输入的 220V 电压全部加到运转绕组 L1 上，此时电动机转速最快，风量最大。当 S1 在中挡位置时，L3 的一部分与运转绕组相串联，使运转绕组两端的

电压下降，电动机转速下降，风量减小。

L 型抽头调速电风扇控制电路适用于 220V 供电的风扇。

12.5.3　T 型抽头调速电风扇控制电路详解

图 12-20 所示是 T 型抽头调速电风扇控制电路。L1 为运转绕组，L2 为启动绕组，L3 为调速绕组，L1、L2、L3 设在电动机内部，C1 为启动电容，S1-1、S1-2、S1-3 分别为高、中、低 3 挡转速转换开关。

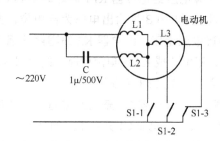

图 12-20　T 型抽头调速电风扇控制电路

这一电路的工作原理与前面介绍的电路相同。

12.5.4　无级调速电风扇控制电路详解

图 12-21 所示是一种无级调速电风扇控制电路。电路中的 VS1 是晶闸管，VT1 是 N 型双基极单结管。这实际上是一个晶闸管调压电路，这种调节电路可以连续调节供给电动机的电压大小，从而没有分级调节。

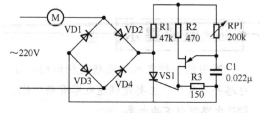

图 12-21　无级调速电风扇控制电路

VD1～VD4 构成桥式整流电路，将 220V 交流电整流成单相脉冲性直流电，加到 VS1 的阳极与阴极之间，VS1 作为整流电路的负载。

整流电路输出的直流电压经 R1 降压后，加到 VT1、R2、R3、R4、RP1 和 C1 构成的张弛振荡器电路中，这一电路为 VS1 的控制极提供触发脉冲。

这一振荡器的工作原理是： 单相脉动性直流电流在每个半周内通过 RP1 对 C1 充电，当 C1 上充电电压增大到 VT1 的峰点电压时，VT1 导通，这样 C1 上的充电电压通过 VT1、R3 放电，在 R3 上获得正尖顶脉冲电压，加到 VS1 控制极，VS1 导通，电流流过电风扇电动机绕组和 VD1～VD4、VS1，电动机转动。

由于 VS1 导通后阳、阴极之间的压降很小，这样 VT1 停振，VS1 在触发后维持导通。

当脉冲电压下降至零点时，VS1 因阳、阴极电压为零而截止。下半周脉冲性电压再次出现，经 RP1 等对 C1 充电，VT1 再度导通，又触发 VS1，电动机又获得工作电流而转动。

由于整流后获得的是 100Hz 脉冲性直流电，频率较高，加上电动机转子的惯性，所以电动机是连续转动的。

调速原理是： 调节 RP1 阻值大小时便能改变 C1 充电回路的时间常数，从而可以改变 C1 充电电压的上升速度，这样就改变了 VS1 在一周内的导通角大小，从而控制了电动机的工作电压大小，达到调整电动机转速的目的。

12.5.5　排风扇自动开关电路详解

一般排风扇（或抽油烟机）的控制电路同电风扇电路一样，其实质是控制一个电风扇。图 12-22 所示是一种能够根据油烟浓度情况自动控制排风扇电动机工作的自动开关电路。电路

20. 某学员公司开发产品指导实例（噪声故障）20

中，M 是排风扇电动机，它的工作受继电器 K1 控制。VT4 是继电器驱动管，VT1、VT2、VT3 是控制管。QH-II 是气敏半导体器件，作为油烟传感器。

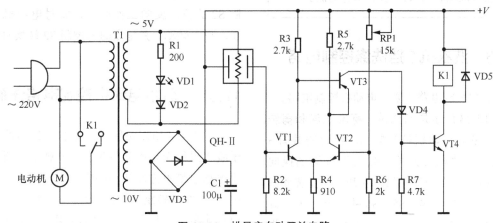

图 12-22　排风扇自动开关电路

1. QH-II 特性

在正常空气下，QH-II 呈高阻状态，在油烟浓度到达一定程度后它呈现低阻特性。T1 是电源变压器，共有两组二次绕组，其中 5V 绕组供给 QH-II 的灯丝，10V 绕组电压经整流后作为电子电路的直流工作电压。

电路中，10V 电压经 VD3 桥式整流、C1 滤波后，其输出的直流电压加到 QH-II 和各管电路中。

2. 没有油烟时分析

QH-II 阻值大，与 R2 分压后给 VT1 基极偏置电压小，不足以使 VT1 导通。RP1 和 R6 分压给 VT2 基极足够的电压，VT2 导通，其集电极为低电平，这样 VT3 截止，VT4 也截止，K1 中没有电流，K1 不闭合，电动机因没有电流而不转动。

3. 油烟达到一定程度后分析

QH-II 阻值下降，使 VT1 基极电压升高而

导通，其发射极电流流过 R4 而使 VT2 发射极电压升高，这使 VT2 正向偏置减小而导致 VT2 集电极电压升高，VT3 发射极电压升高，VT3 导通，其集电极电压升高，经 VD4 加到 VT4 基极，使 VT4 导通，其集电极电流流过 K1，电动机转动，排风扇工作，进行抽油烟工作。

4. 当空气中油烟浓度下降到一定程度后分析

QH-Ⅱ阻值又升高使 VT1 截止，经 VT2、VT3、VT4 电路控制，K1 断开，切断排风扇电动机的工作电压。

> **重要提示**
>
> 调整 RP1 的阻值可改变 VT2 的静态电流，从而可以调节排风扇在什么油烟浓度下自动接通。VD5 为 VT4 的保护二极管，VD1 为发光二极管，以指示排风扇控制电路已进入自动控制状态。VD1、VD2 构成半波整流电路，给 VD1 提供工作电流。

12.5.6 洗衣机 3 挡洗涤控制电路

洗衣机控制电路主要是电动机控制电路。

图 12-23 所示是有强洗、标准洗涤和弱洗 3 挡的洗衣机电动机控制电路。定时器共有 3 组开关，S1 为电源开关，S2 为弱洗时的换向开关，S3 为标准洗涤时的换向开关。在洗涤方式控制开关中有 S4、S5、S6 共 3 个开关，分别用来控制弱、中、强 3 种洗涤方式。C1 为启动电容。

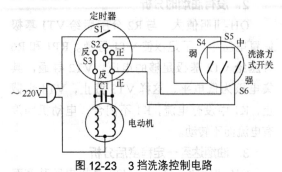

图 12-23　3 挡洗涤控制电路

定时器在控制电路中不仅作为计时器装置，而且具有程序控制作用，控制 S1、S2、S3 各开关的通、断状态和转换位置。

1. 强洗分析

强洗时，S6 洗涤方式开关接通（S4、S5 断开），S1 接通后定时器工作，220V 电压经 S1、S6 加到电动机上，电动机启动，工作在正向转动状态，且为单方向转动。当定时器走到预定时间后，S1 自动断开，切断电动机电源，洗衣机停止工作。

2. 标准洗涤分析

当选择标准洗涤方式时，S5 接通，定时器开始工作，S1 接通，220V 电压经 S1、S5、S3 加到电动机上，由定时器控制 S3 开关按一定程序接通正、反向触点，使电动机正、反向转动，工作在标准洗涤状态。

3. 弱洗分析

当选择弱洗时，S4 接通，220V 电压经 S1、S4、S2 加到电动机上，由定时器的弱洗程序控制 S2 的正、反向工作时间，此时电动机也有正、反向转动，只是定时器控制 S2 转换时间的程序不同。

12.5.7 脱水电动机控制电路详解

图 12-24 所示是脱水电动机控制电路。由于脱水过程无须电动机正、反向转动，所以所用电动机是单方向转动的电容式电动机。电路中，L1 为运转绕组，L2 为启动绕组，与启动电容串联。定时器的定时时间由 S2 控制。S1 是联动开关，它的开关动作由脱水盖板控制，盖板合上时 S1 接通，盖板打开时 S1 断开，以保证只有脱水盖板合上时脱水电动机才能转动，以免伤到手指。

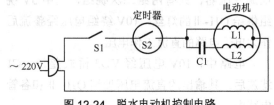

图 12-24　脱水电动机控制电路

S1、S2 接通后，220V 电压经 S1、S2 加到电动机上，电动机转动。当定时器走到预定时间时，S2 自动断开，电动机停转，或者脱水盖板打开时 S1 也断开，使脱水电动机停止转动。

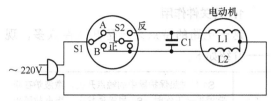

图 12-25　套缸洗衣机电动机控制电路

12.5.8　套缸洗衣机电动机控制电路详解

图 12-25 所示是套缸洗衣机电动机控制电路，它只有一只电动机，该电动机既作为洗涤用电动机，又作为脱缸电动机。电路中的电动机为可以正、反转的电容式电动机，两组绕组对称，C1 为启动电容。定时器有两组开关，其中 S1 是洗涤、脱水开关，只在洗涤时起作用；S2 为正、反转控制开关。

当 S1 在 A 位置时（洗涤），220V 电压要经过 S2 才能加到电动机上，定时器控制 S2 转换在正向或反向位置上，使电动机可以做正、反向转动。

当 S1 在 B 位置时（脱水），220V 电压经 S1 直接加到电动机上，L1 作为运转绕组，L2 作为启动绕组，此时电动机只能向一个方向转动，进行脱水。

12.6　电炊具控制电路详解

12.6.1　家用微波炉控制电路详解

图 12-26 所示是一种家用微波炉控制电路。电路中，电源供给对象是磁控管，当给磁控管灯丝（兼阴极）加热，再给板、阴极之间加上正极性直流高压时，磁控管将产生 1450MHz 的微波，以进行烹调加热。这一电路中共有 3 只电动机，分别是定时器动力电动机 M1、鼓风电动机 M2、风扇电动机 M3。

1. 电台采访胡减电子技术在线教育问题实况 1

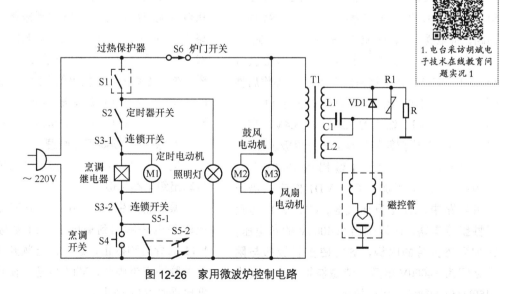

图 12-26　家用微波炉控制电路

1. 开关件作用

这一电路的特点之一是开关件众多，现——介绍如下。

S1	S1是过热保护器中的触点开关，微波炉在正常温度下工作时，S1呈接通状态，当有故障出现过电流、过温升时S1自动断开而切断电源
S2	S2是定时器中的触点开关，其动作受定时器控制
S3	S3-1、S3-2是两组联动开关，由炉的把手来控制，是微波炉的一个重要开关。当门未关好或打开时，它呈断开状态，以切断电源
S4	S4是烹调开关，由手动操作，在需要加热时按下S4，S4可视为电源开关
S5	S5-1、S5-2、S5-3是3组烹调继电器触点开关，它们的开关动作由继电器控制，即当有电流流过继电器时，它们呈接通状态，断电时它们呈断开状态
S6	S6是炉门开关，当炉门未关好时S6呈断开状态，当关好后通过机械装置使S6接通

从图中可以看出，S1、S2、S3、S4串联在一个回路中，S5、S6串联在电源回路中，S4则控制S5，当然S3与S6也有联系。

2. 工作原理

使用时，将炉门关好，S6接通，连锁开关S3-1、S3-2接通，设定时间（S2随之接通），再按下烹调开关S4，S4也接通，这样220V电压经S1、S3-1、烹调继电器线圈、S3-2、S4构成回路，继电器动作，使S5-1、S5-2、S5-3接通。

S5-1代替S4接通，给烹调继电器提供维持S5-1、S5-2、S5-3接通的电流，S4操作后便断开，这样220V电压加到电源变压器T1一次侧，二次绕组L2输出的3.2V（或3.4V）交流电压直接加到磁控管的灯丝上，给阴极加热。

同时，二次绕组L1输出的1900V（或2000V）交流电压加到C1、VD1构成的倍压整流电路中，L1是升压线圈，C1、VD1是负极性整流电路，所以输出约4000V的负电压，它加到磁控管的阴极，这样磁控管板极与阴极之间为+4000V电压，使磁控管工作，发出2450MHz的微波，以供加热。

> ⚠ **重要提示**
>
> 当定时器走到预定时间时，S2自动断开，使烹调继电器线圈断电，继电器复位，S5-1、S5-2、S5-3恢复到常开状态（图示位置）。这样，由于S5-2、S5-3的断开，T1一次侧无电流而停止工作。
>
> 电路中，S5-2、S5-3并联运用，以提高开关寿命。照明灯用来提供照明之用，鼓风电动机的作用是产生炉内气流流动，风扇电动机带动叶片使气流均匀，使微波均匀反射到炉腔各处。

12.6.2 电磁灶控制电路详解

图12-27所示是电磁灶控制电路。电路中，加热线圈L2是整个电路的主要控制对象。S1是电源开关，受手动控制。S2-1、S2-2是两组继电器触点开关，同步动作，受继电器K1的控制，为常开触点。T1是电源变压器，用来获取电子电路所需的低直流工作电压。

1. 接通电源开关S1分析

接通开关S1后变压器和风扇电动机得电。C4用来消除高频干扰。

变压器二次侧输出电压经整流、滤波后获得直流电压，这一电压加到振荡、驱动等电路中，同时继电器K1得电，K1动作，S2-1、S2-2吸合而接通，将220V交流电压加到VD1桥式整流电路中，其输出的直流电压经C1、L1、C2构成的π形LC滤波器滤波后（$+V_1$），加到L2、VT1、VD2、C3等构成的高频变换器中。

2. 高频变换器工作原理

这一高频变换器的工作原理与电视机中的行输出级电路相似。

振荡器产生20～50kHz的开关脉冲信号，经驱动电路后加到输出管VT1基极，以控制VT1的导通和截止，这好似行频开关脉冲。在开关脉冲正半周时，VT1导通，在开关脉冲为低电平时VT1截止。

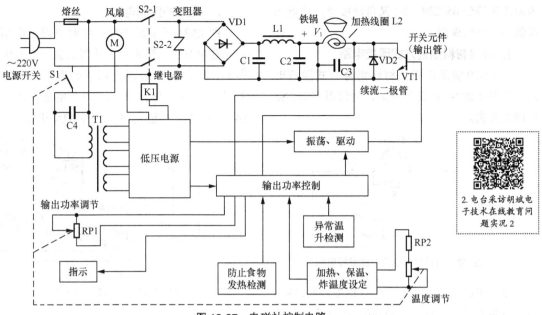

图 12-27　电磁灶控制电路

电路中，VD2 相当于电视机行输出级中的阻尼二极管。在 VT1 导通时，$+V$ 产生的电流经加热线圈 L2、VT1 集电极和发射极构成回路。

在 VT1 截止时，L2 和 C3 构成 LC 并联谐振回路，L2 对 C3 充电，C3 再对 L2 放电……然后 VT1 在开关脉冲的作用下再度导通，再次进入上述振荡状态，开始下一个循环。这样，加热线圈 L2 中便有高频电流流过，产生加热效果。

3. 输出功率调节器 RP1 分析

RP1 为输出功率调节器，调节 RP1 通过电路可以控制加到 VT1 基极开关脉冲的宽度，从而调节了 VT1 在一个开关脉冲周期内的导通时间长短（好似脉冲调宽电路），从而可以改变流过加热线圈的平均电流大小，达到温度调整的目的。RP2 也是温度调节器，它用于加热和保温等工作状态下的温度设定。

12.6.3　电饭锅两种控制电路详解

重要提示

电饭锅控制电路主要是温度的控制，一般有两种电路，即双金属片与继电器组合方式、磁性材料组合方式。

1. 双金属片与继电器组合方式温控电路

图 12-28 所示是双金属片与继电器组合方式温控电路。电路中的电热丝是整个电路的控制对象，是电饭锅的热源。S1、S2 是双金属片触点开关，S3 是常闭触点，S2 是保温时（$65\pm5℃$）双金属片开关，S1 是继电器回路双金属片开关（动作温度为 $103\pm2℃$）。

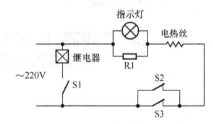

图 12-28　双金属片与继电器组合方式温控电路

开始时，S2、S3 均为接通状态，这样 220V 市电由 S2 和 S3 构成回路，给电热丝供电，此时指示灯也发光指示。

S1 处于断开状态，故继电器线圈中没有电流。当锅内温度达到 65℃时，S2 受温度控制而自动断开（S2 在高于 65℃时自动断开，低于 65℃时自动接通），此时因 S3 接通而继续给电热丝供电。当到达 103℃时，饭已煮熟，S1 在温度控制下接通，使继电器线圈获得工作电流，将常闭触点 S3 断开，这样电热丝便断电。当锅内温度下降到 65℃时，S2 又自动接通，给电热丝供电，开始保温。

2. 磁性材料组合方式温控电路

图 12-29 所示是磁性材料组合方式温控电路。电路中的 S1 是常闭开关，为保温开关；S2 是饭熟开关。

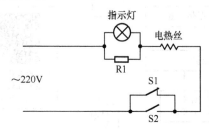

图 12-29　磁性材料组合方式温控电路

接通电源后，通过常闭的 S1 给电热丝供电，但进行煮饭时（非保温）必须将 S2 接通，这样 220V 市电由 S1、S2 构成回路，给电热丝加热。

当锅内温度达到 65℃时，S1 受温度控制而自动断开，S2 仍接通。当锅内温度达到 103℃时，由于 S1 是一个由软、硬磁材料复合而成的磁性控制开关，103℃时由于软磁材料失磁而通过有关装置使 S2 断开，这样电热丝断电。

当锅内温度下降到 65℃时，在温度控制下 S1 又自动接通，进入保温状态。

12.6.4　电煎锅控制电路、电烤炉控制电路和电咖啡壶控制电路详解

1. 电煎锅控制电路

图 12-30 所示是电煎锅控制电路。电路中有两个电热元件，上电热元件装在锅盖上，下电热元件装在锅底，上、下电热元件相串联，同时发热。

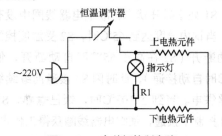

图 12-30　电煎锅控制电路

2. 电烤炉控制电路

图 12-31 所示是电烤炉控制电路。电路中，定时器中有一个开关 S1，定时装置由电动机 M1 带动，定时器用来设定烤炉的通电工作时间。S2 为下电热元件开关，S3 为上电热元件开关，S4-1、S4-2 为上电热元件和托盘电动机控制开关。

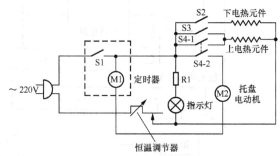

图 12-31　电烤炉控制电路

定好定时器时间，S1 随之接通。

当按下 S2 后，下电热元件接入电路，由于 S3、S4-1、S4-2 未接通，故此时只有下电热元件工作。若需要增加温度，再按下 S3 开关，此时上、下电热元件同时工作。若需要托盘电动机转动，则可按下 S4，即 S4-1、S4-2 接通。S4-1 将上热元件接入电路，同时 S4-2 将托盘电动机接入电路，托盘电动机带动食品托架以 6～9r/min 的转速转动，使烘烤均匀。

由控制电路可知，选择接入 S2、S3、S4 的不同组合，可获得多种工作方式。当定时器走到预定时间后，使 S1 自动断开，电路断电而停止工作。调节恒温调节器可改变炉内温度。

3. 电咖啡壶并联双热控制电路

重要提示

电咖啡壶的种类较多，按电热元件数目划分有单热和双热元件两种，双热元件电路又分为串联和并联两种电路。

图 12-32 所示是电咖啡壶并联双热控制电路。电路中设有低、高热两个元件，这两个元件并联。低热元件的阻值为 50～300Ω，消耗功率为 25～100W；高热元件的阻值为 5～25Ω，消耗功率为 500～1500W。恒温器可改

变壶内温度。

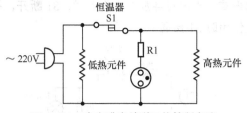

图 12-32　电咖啡壶并联双热控制电路

当恒温器触点开关 S1 接通时，低、高热元件同时工作，当 S1 断开时只有低热元件工作。指示灯用来指示高热元件是否工作。

4．电咖啡壶串联双热控制电路

图 12-33 所示是电咖啡壶串联双热控制电路。这一电路中的低、高热元件是串联的，当温控器触点开关 S1 断开时，高、低热元件同时投入工作；当 S1 接通时只有高热元件工作，指示灯也不亮，指示灯只在高、低热元件同时工作时才发光指示。

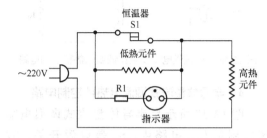

图 12-33　电咖啡壶串联双热控制电路

12.7　其他 6 种实用电子电器具控制电路详解

12.7.1　多种电热毯控制电路详解

电热毯控制电路有多种，主要作用是对温度的调节控制。

1．电热毯基本原理

图 12-34 所示是最简单的电热毯控制电路。电路中，R_L 为电热丝，F1 是熔断器，S1 是双刀电源开关。

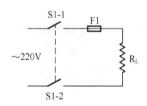

图 12-34　最简单的电热毯控制电路

当接通电源开关后，它的两组刀 S1-1、S1-2 同时接通，给电热丝通上 220V 交流市电，电热毯工作。F1 起过电流保护作用（自动熔断）。

2．电容降压调温式控制电路

图 12-35 所示是一种能够调节电热毯温度的控制电路，其采用的是电容降压原理。

电路中，S2 是温度选择开关，共有 3 挡；C1 和 C2 是降压电容；S1 是电源开关。

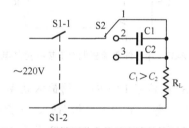

图 12-35　能够调节电热毯温度的控制电路

当 S2 置于不同位置时，加到电热丝 R_L 上的交流电压不同，故 R_L 的发热程度不同，从而可以调节温度。

S2 在图示位置时，220V 交流电压全部加到 R_L 上，此时温度最高。当 S2 在最下端时，R_L 上的电压最小，因为 C2 容量最小，在 C2 上的交流电压降比较大，R_L 上的电压较小，所以此时温度最低。

3．低压供电式调温电热毯控制电路

图 12-36 所示是低压供电式安全型调温电热毯控制电路。由于采用变压器将 220V 降至 36V 安全电压之下，所以提高了电热毯的使用安全性。

3. 电台采访胡斌电子技术在线教育问题实况 3

电路中，S1 是电源开关，T1 是降压变压器，S2 是温度选择开关。当 S2

选择不同位置时，R_L 获得的电压大小不同，所以电热毯的温度不同。

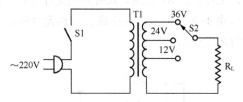

图 12-36　低压供电式安全型调温电热毯控制电路

4. 半导体整流式调温电热毯控制电路

图 12-37 所示是半导体整流式调温电热毯控制电路。电路中，S1 是电源开关，S2 是温度选择开关，VD1 是整流二极管，R_L 是电热丝。

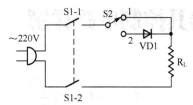

图 12-37　半导体整流式调温电热毯控制电路

当 S2 在位置 1 时 R_L 获得最大功率，所以此时温度最高。当 S2 在 2 位置时，交流市电经 VD1 整流后加到 R_L 上，此时只用了交流电的半周，故温度较低。

VD1 的反向耐压要在 400V 以上，电流在 1A 左右。

12.7.2　3 种电熨斗控制电路详解

图 12-38 所示是 3 种电熨斗控制电路。图 12-38（a）和（b）所示电路中的电热丝与调温器相串联，调温器用来控制电熨斗的工作温度。图 12-38（a）所示电路中，指示灯采用小电珠，R1 是分流电阻；图 12-38（b）所示电路中，指示灯采用氖泡，R1 是限流保护电阻。

图 12-38（c）所示是节能型电熨斗控制电路。电路中的 S1 是节电控制开关，VD1 是整流二极管。在 S1 接通时，220V 交流电压全部加到电热丝上，此时温度高。当 S1 断开时，220V 交流电压通过 VD1 加到电热丝上，此时电热丝消

耗功率较小，温度较低。也可将 S1 做成自动控制形式，当电熨斗放在桌面上时，S1 断开，提起使用时 S1 接通。

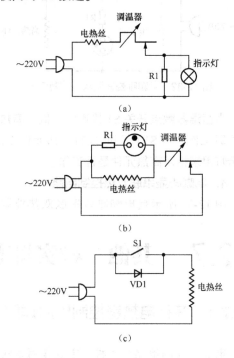

图 12-38　3 种电熨斗控制电路

12.7.3　两种电热水器控制电路详解

电热水器有两种，包括即热式电热水器和贮水式电热水器。

1. 即热式电热水器控制电路

图 12-39 所示是即热式电热水器控制电路。电路中的 S1 是一个受水压控制的微动开关，在用热水时拧开水龙头，S1 便处于接通状态，关掉水龙头 S1 便呈断开状态。S2-1、S2-2 是继电器的两组常开触点，受继电器控制。S3 是水温选择开关。DR1、DR2、DR3 分别是 3 组独立的电热丝，受 S3 控制。

插上电源插头，打开水龙头，S1 自动接通，使继电器得电，S2-1、S2-2 在继电器动作下接通，此时指示灯发光指示。

当 S3 在 0 位置时，3 组电热丝均不接入电路，所以此时出的是冷水。

当 S3 置于 1 位置时，只有 DR1 接入电路，

S3 置于不同位置可接入不同数量的电热丝，所以出水的温度也不同。

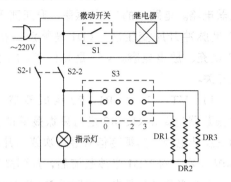

图 12-39 即热式电热水器控制电路

在关掉水龙头后，微动开关 S1 断开，使继电器失电，S2-1、S2-2 恢复到图示断开位置，指示灯也熄灭。

2. 贮水式电热水器控制电路

图 12-40 所示是贮水式电热水器控制电路。电路中，F1是熔丝，S1 受恒温器中的开关控制，调节恒温器可改变电热水器中的水温。当水温达到设定温度时 S1 自动断开。

4. 电台采访胡斌电子技术在线教育问题实况 4

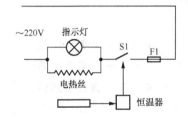

图 12-40 贮水式电热水器控制电路

插上电源插头，因电热水器水箱中是冷水，所以 S1 是接通的，这样电热丝获得工作电压而加热冷水，当水温达到设定温度后 S1 自动断开，切断电热丝电源。

12.7.4 电吹风控制电路、电子按摩器控制电路和电子点火器详解

1. 电吹风控制电路

图 12-41 所示是电吹风控制电路。

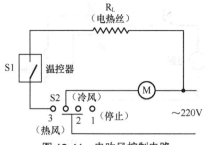

图 12-41 电吹风控制电路

电路中的 M 为吹风电动机，R_L 为电热丝。S1 是温控器开关，S1 的动作受温控器控制，当电吹风温度达到设定温度时，S1 自动断开，在低于设定温度时 S1 呈接通状态。S2 是工作方式转换开关，兼作电源开关。

插上插头，S2 在位置 1 时为停止工作状态。

当 S2 在位置 2 时，电热丝 R_L 不工作，此时只有电动机在工作，吹出冷风。当 S2 在 3 位置时，电动机和电热丝同时工作，吹出热风。

当电吹风出故障使温度过高时，S1 自动断开，起保护作用。

2. 电子按摩器控制电路

⚠️ **重要提示**

电子按摩器的基本工作原理是：给线圈通入交变电流，有电流时产生磁场吸合可动铁芯，当交变电流过零点时，线圈中没有电流便无磁场，可动铁芯在簧片弹性力作用下分开，这样便能产生振动（可变铁芯）效果。

改变振动强度的方法有两种，即改变磁场强度方式和改变交流电频率方式。

图 12-42 所示是两种电子按摩器控制电路。图 12-42（a）所示电路中，通过线圈的抽头来改变磁场强度，达到改变振动强度的目的。

图 12-42（b）所示电路中，当接入整流二极管 VD1 后，送入线圈的电压波形如图所示，只有正半周，没有负半周，在一个周期内线圈只有一个零电流点。而不接入 VD1 时，通过线圈的电流是一个完整的正弦波，在一个周期内波形有两个过零点（线圈中有两次为零电流），显然振动频率提高。

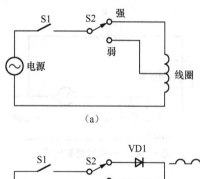

（a）

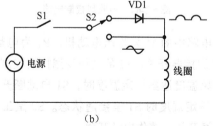

（b）

图 12-42　两种电子按摩器控制电路

3. 电子点火器

图 12-43 所示是一种 1.5V 供电的电子点火器电路。电路中的 T1 是振荡、升压变压器，T2 是脉冲升压变压器，VD1 是整流二极管，C2 是充、放电电容。VS1 是晶闸管，S1 为点火开关。

T1、VT1、VT2、R1、R2 构成双管推挽式振荡器电路，R1、R2 是两只振荡管的偏置和正反馈电阻，其振荡信号经二次绕组升压至 100V 左右，经 VD1 半波整流后，加到晶闸管 VS1 阳极并对 C2 充电，同时经 R3 使 VD2 导通，加到 VS1 的控制极。在 VS1 截止时，VD1 输出电压对 C2 充电。

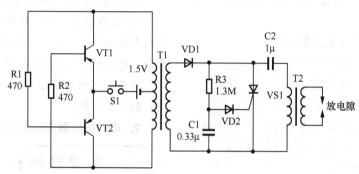

图 12-43　电子点火器电路

重要提示

在 VS1 导通时（在 VD2 加来的触发电压作用下），VS1 阳、阴极之间内阻很小，C2 经 VS1 和 T2 一次绕组回路放电，放电时 T2 二次侧升压后达 10000V 高压脉冲，在两尖针之间放电、打火，起到点火作用。

在 VS1 导通时，因 VS1 作为振荡器的负载，导通的 VS1 阳、阴极内阻很小使振荡器负载太重，振荡器被迫停振。在 C2 放电完毕时，VS1

阳、阴极之间电压为零使 VS1 截止，这样振荡器再次起振，电路进入第二次循环。只要开关 S1 接通，电路就将一直按上述过程循环下去。

电路中，R3、C1 构成移相触发电路，控制着 VS1 的导通发生在 C2 充电完毕之后。由于 R1 和 C1 充电时间常数较大，而对 C2 的充电时间常数很小，保证了对 C2 先充完电，才使 C1 上的电压上升到能够触发 VS1 的程度。VD2 用来降掉 0.6V 电压。

12.8　调谐器整机电路方框图及单元电路作用

调谐器又称收音电路。图 12-44 所示是具有 3 个波段（中波、短波和立体声调频波段）

的调谐器整机电路方框图。

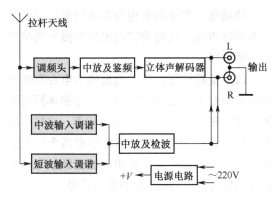

图 12-44　三波段调谐器整机电路方框图

（1）调频收音电路部分主要由调频头、中放及鉴频和立体声解码器组成。

（2）调幅收音电路主要由中波输入调谐、短波输入调谐、中放和检波电路构成。

（3）电源电路将 220V 交流电压转换成直流工作电压，电源电路是各波段收音电路的共用电路，输出插口电路也是各波段收音电路的共用电路。

12.8.1　调幅收音电路整机方框图及各单元电路作用

图 12-45 所示是调幅收音电路的整机电路方框图，这是一个 3 个波段的调幅收音电路，3 个波段分别是中波、短波 1 和短波 2。

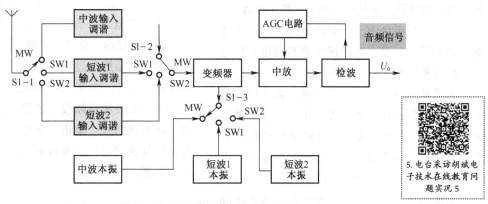

图 12-45　调幅收音整机电路方框图

1．输入调谐电路

3 个波段有各自独立的输入调谐电路，从天线下来的高频信号通过波段开关加到输入调谐电路。

输入调谐电路从众多的调幅广播电台中取出所需要的某一个电台的高频信号。由于各波段的工作频率相差较大，因此在多波段收音电路中各波段的输入调谐电路彼此独立，通过波段开关转换各波段的输入调谐电路。

2．本机振荡器

3 个波段有各自独立的本机振荡器，严格地讲，只是本机振荡器的本振选频电路是各波段独立的电路，而本机振荡器其他部分是各波段共用的电路。各波段本振的选频电路通过波段开关转换。

3．变频器

变频器是调幅各波段所共用的。变频器通过变频获得中频信号。现在的收音电路都是外差式收音电路。所谓外差式，就是指通过收音电路中的变频器将输入调谐电路取出的高频信号转换成一个频率低一些且固定的新频率信号，这一信号称为中频信号。

将高频信号转换成中频信号的目的是为了更好地放大、处理各广播电台的高频信号，以提高收音信号的质量。

4．中频放大器

中频放大器放大中频信号。通过变频得到的中频信号其幅度比较小，为了能够对这一信号进行进一步的处理（检波），要对中频信号进行放大，这一任务由中频放大器完成。

中频放大器只放大中频信号，不允许放大其他频率的信号，这样才能提高收音质量。为了使中频放大器只放大中频信号，要求中频放大器具有选择中频信号的能力，所以中频放大器是一个调谐放大器。

5．检波器

检波器将调幅的中频信号转换成音频信号。

没有检波之前，收音电路中的信号是调幅信号，这一信号因频率远高于音频信号，人耳听不到，要通过检波电路从调幅信号中取出音频信号。

6．AGC电路

AGC电路就是自动增益控制电路，这一电路用来自动控制中频放大器的放大倍数，使加到检波器的中频信号幅度不因高频信号的大小波动而过分波动，保持收音电路的稳定工作。

不同广播电台由于发射功率的不同以及传送距离的不同，收音电路接收到不同电台信号后，其信号的大小是不同的。

为了使不同大小的高频信号在到达检波器时能够基本保持相同的幅度大小，收音电路中设置了AGC电路。这一电路能够自动控制收音电路中放大器的增益，使放大器自动做到小信号进行大放大，对大信号进行少量的放大。

下面简述一下调幅收音整机电路的工作原理。这里以中波收音电路为例，介绍调幅收音电路的基本工作原理。中波收音电路的基本工作过程如下。

（1）接收信号过程。 从天线（中波的天线是磁棒线圈）下来的各电台高频信号加到中波输入调谐电路，通过调谐选出所要接收的某电台高频信号。

（2）变频过程。 已经选出的某电台高频信号经波段开关S1-2加到变频器。中波本振电路通过波段开关S1-3与变频电路相连，这样中波本振信号也加到变频器。变频器有两个输入信号：来自输入调谐电路输出端的高频信号，来自本机振荡器输出端的本机振荡信号。

两个不同的输入信号加到变频器，通过变频器得到两个信号频率之差的一个新频率信号（该信号频率为两个输入信号频率之差）。

通过变频器中的选频电路取出本振信号和高频信号的差频——465kHz中频信号。465kHz是调幅收音电路中的中频信号频率，中波和各波段短波都是这一频率的中频信号。

（3）中频放大过程。 中频信号加到中频放大器进行放大，达到一定的幅度后送入检波器。

（4）检波和音频放大过程。 通过检波器检波，从中频信号中取出音频信号。检波输出的音频信号送到音频功率放大器进行放大，以推动扬声器。

12.8.2 调频收音电路整机方框图及各单元电路作用

图12-46所示是立体声调频收音电路整机方框图。

6.电台采访胡斌电子技术在线教育问题实况6

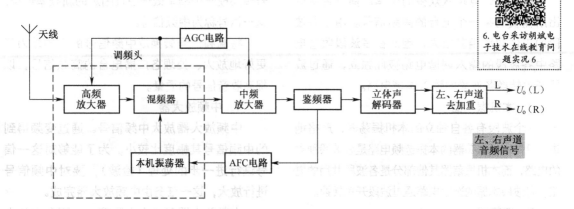

图 12-46 立体声调频收音电路整机方框图

1．调频头

高频放大器、混频器和本机振荡器 3 个部分合起来称为调频头。

（1）高频放大器用来放大高频信号，并进行调谐，以取出某一电台的高频信号。

（2）本机振荡器产生本振信号。

（3）混频器用来获得中频信号。

调频收音电路与调幅收音电路相比，调频收音电路多一个高频放大器，调幅收音电路只在高级机器中才设高频放大器。

2．中频放大器

调频收音电路中的中频放大器用来放大 **10.7MHz** 中频信号，使中频信号达到鉴频器所需要的幅度。

调频收音电路的中频信号频率比调幅收音电路的中频信号频率高出许多，单声道和立体声调频收音电路的中频信号都是 10.7MHz。

3．AGC 电路

AGC 电路自动控制高频放大器的增益，这一点与调幅收音电路不同，调幅收音电路控制中频放大器的增益。对于调频收音中频放大器而言，由于中放末级设有限幅放大器，因此可以不设 AGC 电路。这样，AGC 电路要控制高频放大器的增益。

4．AFC 电路

AFC 电路就是自动频率控制电路，它自动控制本机振荡器的振荡频率，以保证混频器输出的中频信号频率为 **10.7MHz**。

调频收音电路中设有 AFC 电路，这是因为调频收音电路的中频频率必须更加稳定，频率变化将直接影响鉴频器的输出信号。

5．鉴频器

鉴频器相当于调幅收音电路中的检波电路，将调频的中频信号转换成音频信号或立体声复合信号。收到普通调频广播电台节目时，鉴频器输出的是音频信号；当收到立体声调频广播电台节目时，鉴频器输出立体声复合信号。

普通调频收音电路鉴频器输出的音频信号直接加到去加重电路，然后送到低放电路；对于立体声调频收音电路，鉴频器输出的立体声复合信号还要加到立体声解码器电路。

6．立体声解码器

立体声解码器将输入的立体声复合信号转换成左、右声道音频信号。注意：左、右声道信号在大小和相位上有所不同，具有立体声信息。

若鉴频器输出的是音频信号（不是立体声复合信号），立体声解码器将音频信号从左、右声道输出，但左、右声道的音频信号大小、相位相同，所以虽然从两个声道输出，但仍然是单声道的音响效果。

7．去加重电路

去加重电路左、右声道各一个，对左、右声道高频段音频信号进行衰减，以降低高频噪声，这就是去加重处理。

下面简述立体声调频收音整机电路的工作原理。这里以收到立体声调频广播电台信号为例，说明电路的工作原理。

从天线下来的各电台高频信号加到高频放大器，经放大和调谐后取出所要收听的某电台高频信号。高频信号加到混频器，同时本机振荡器产生的本振信号也加到混频器。

经过混频得到两个输入信号的差频信号，即 **10.7MHz** 调频中频信号，该信号经中频放大器放大后加到鉴频器，通过鉴频器，得到立体声复合信号。立体声复合信号经立体声解码器解码，得到左、右声道音频信号，经去加重电路得到双声道音频信号。

结合前面的内容，对调频和调幅收音电路进行比较。调频收音和调幅收音电路从结构上讲有许多相似之处，如输入调谐电路、混频电路、中频放大器等，它们之间的不同之处主要有以下几个方面。

（1）调频收音电路设有高频放大器，所以对高频信号有放大作用。

（2）两种收音电路所处理的高频信号不同，一个是处理调频信号，一个是处理调幅信号。调频收音的音质远比调幅收音好。

（3）两种收音电路的工作频率不同，中

频频率也不同，一个是 465kHz，一个是 10.7MHz，频率相差很大。

（4）AGC 电路有所不同，一个控制高频放大器，一个控制中频放大器。

（5）调频收音电路设有 AFC 电路，调幅收音电路则没有。

（6）调幅收音电路采用检波器，电路比较

简单。调频收音电路则采用鉴频器，电路比较复杂。

（7）立体声调频收音电路设有立体声解码器，这种收音电路能够获得立体声效果。

（8）立体声调频收音电路需要两套独立的低放电路，而调幅收音电路只有一套低放电路。

12.9　双卡录音座和功率放大器方框图及各单元电路作用

12.9.1　双卡录音座方框图及各单元电路作用

双卡录音座主要由放音通道、录音通道、功能电路和辅助电路组成。此外，它还有一套机械机构，即机芯机构。

放音通道用来放大、处理放音卡和录放卡放音时的放音信号，录音通道用来放大和处理各节目源的录音信号，功能电路和辅助电路用来完善卡座放音、录音。图 12-47 所示是双卡录音座的放音通道和录音通道方框图。

放音卡放音通道主要由放音卡和录放卡前置均衡放大器（前置放大器和放音低频补偿电路）、后级放大器、杜比降噪电路等组成，从后级放大器开始之后的电路两卡共用。

录音通道主要由录音前置放大器、录音输出级、录音输出电路、ALC 电路和超音频振荡器等组成，从录音前置放大器开始之后的电路是各节目源录音信号的共用电路。从方框图中了解哪些电路共用、哪些不共用，对缩小故障范围十分重要。

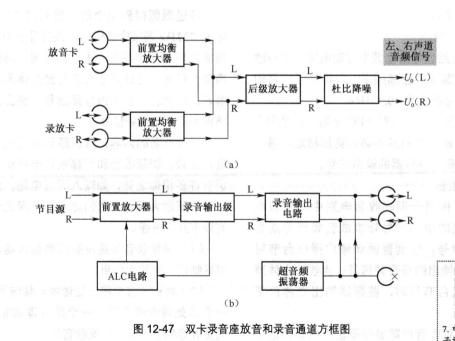

（a）

（b）

图 12-47　双卡录音座放音和录音通道方框图

7. 电台采访胡斌电子技术在线教育问题实况7

1. 放音卡前置均衡放大器

这一电路用来对放音磁头输出的放音信号进行电压放大,左、右声道放大器彼此对称(相同)和独立(除直流电压供给电路是共用外,其他电路均分开)。

低频补偿电路设在放音前置均衡放大器中,用来提升放音信号中的低频信号,因为从磁头输出的放音信号其低频受到了损耗。

2. 后级放大器

这一电路用来对两卡前置放大器的输出信号进行进一步的电压放大。

3. 杜比降噪电路

这一电路用来降低放音时磁带上的噪声,以提高放音信噪比。并不是所有卡座中都设置杜比降噪电路,杜比降噪电路只出现在一些档次较高的卡座中。

4. 放音通道工作原理简述

卡座进入放音状态后,放音磁头(或录放磁头)输出的放音信号加到前置放大器进行电压放大,同时在低频补偿电路的作用下对低频信号进行提升(对低频信号放大量大于对中频、高频信号放大量,频率愈低,放大量愈大)。

从前置放大器输出的放音信号已经得到低频补偿,这一输出信号加到后级放大器进一步放大,输出信号通过线路输出(LINE OUT)插座送出卡座,并送到主功率放大器。

5. 录放卡录音通道各单元电路作用

(1)录音前置放大器设在录放卡电路中,用来放大录音信号,进行电压放大。

(2)录音输出级放大器对录音信号进一步电压放大。

(3)录音输出电路用来将录音输出级输出的信号加到录音磁头中,这一电路包括恒流录音电路、录音高频补偿电路、偏磁阻波电路、偏磁供给电路。其中,恒流录音电路保证在录音信号电平一样大小时,流入录音磁头的各频率录音电流大小相等;录音高频补偿电路用来补偿录音高频信号,因为录音时主要是高频信号损耗;偏磁阻波电路用来防止录音时超音频偏磁电流窜入录音输出级电路;偏磁供给

电路为录音磁头提供偏磁电流,使录音磁头工作在最佳状态,得到最佳的录音效果。

(4)ALC电路用来自动控制加到录音磁头中的录音信号大小。

(5)偏磁振荡器用来产生超音频电流,作为抹音电流加到抹音磁头,还作为偏磁电流加到录音磁头。

6. 录音通道电路工作原理简述

录音信号首先加到录音前置放大器进行电压放大,放大过程中由于ALC电路的控制作用,放大器对不同大小的录音信号具有不同的放大量,对小信号的放大量较大,对大信号的放大量较小,录音信号愈大,放大量愈小,这一过程由ALC电路自动完成。经过前置放大器放大后的录音信号加到录音输出级进一步放大,再通过录音输出电路加到录音磁头。同时,偏磁振荡输出的偏磁电流加到录音磁头,以克服磁带的非线性,获得最佳录音效果。

12.9.2 功率放大器方框图及各单元电路作用

图12-48所示是音频功率放大器方框图。这种放大器是一个多级放大器,主要由最前面的电压放大器、中间的推动级和最后的功放输出级组成。音频功率放大器的负载是扬声器电路,功率放大器的输入信号来自音量电位器动片的输出信号。

图12-48 音频功率放大器方框图

1. 电压放大器

电压放大器根据音频输出功率要求的不同,一般由一级或数级电路组成。电压放大器对输入信号进行电压放大,使加到推动级的信号电压达到一定的幅度。

电压放大器处于功率放大器的最前级,由于功率放大先进行电压放大,再进行电流放大,因此电压放大器对信号的功率放大相当重要。

来自前级的信号虽然也是电压信号，但是它们的电压幅度还不够大，所以要通过电压放大器进一步放大。

2．推动级放大器

推动级放大器用来推动功放输出级，对信号电压和电流进一步放大，有的推动级还要完成输出两个大小相等、方向相反的推动信号。

推动级是一级电压、电流双重放大的放大器，它工作在大信号放大状态下，该级放大器中放大管的静态电流比较大。

3．功放输出级放大器

功放输出级是整个功率放大器的最后一级，用来对信号进行电流放大。电压放大级和推动级对信号电压已进行了足够的放大，输出级再进行电流放大，以达到对信号功率放大的目的，这是因为输出信号功率等于输出信号电流与电压之积。

4．功放末前级放大器

在一些要求输出功率较大的功率放大器中，功放输出级分成两级，除输出级之外，在输出级前再加一级末前级，进行电流放大，以便获得足够大的信号电流来激励功率输出级中的三极管。

12.10 组合音响、CD、VCD、DVD、卡拉OK和MD整机方框图及单元电路作用

12.10.1 组合音响整机方框图和单元电路作用

图12-49所示是组合音响整机方框图。组合音响的节目源通常由双卡录音座、调谐器、电唱盘和CD唱机组成，现在许多中、低档次的组合音响中还设有卡拉OK功能。除节目源电路之外，还有前置放大器、功率放大器、左/右声道音箱，以及音调控制器、电平指示器、电源电路、多种保护电路等。

1．双卡录音座

录音座就是录音机中除去低放电路所剩下的电路和机芯。组合音响中的双卡录音座与录音机电路相比，具有下列一些特点。

（1）电路结构更加复杂，放音和录音性能更好。各种辅助电路比较多，且极其复杂，如设有各种静噪电路、音箱保护电路等。

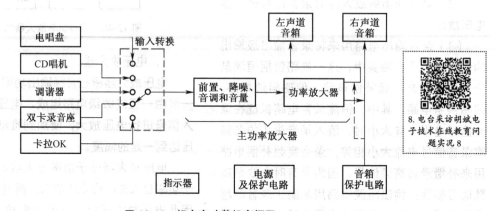

图12-49 组合音响整机方框图

（2）电路中所采用的集成电路型号一般不同于录音机中的集成电路，但这些集成电路的具体功能与录音机中基本相同。许多开关电路采用电子开关电路，这样降低了开关噪声，提高了整机电路工作的可靠性。

（3）大部分双卡录音座设有专门的电源电路。

（4）高档次双卡录音座中设有杜比磁带降噪电路，或是动态降噪电路，使磁带的重放性能进一步改善。

（5）中、高档次双卡录音座中的机芯质量比较好，不少录音座采用电子控制机芯和旋转磁头，以便能够实现多种形式的连续放音功能。

2．调谐器

调谐器就是收音机中除去低放电路所剩下的电路。调谐器往往是多波段的，一般设有中波、短波（短波1、短波2或更多波段）和调频波段、立体声调频波段。调谐器电路与收音机电路相比，具有下列一些特点。

（1）电路结构比较复杂，性能好，功能比较多。不少调谐器具有数字调谐功能、红外遥控功能。

（2）各种电子开关电路和辅助电路比较多，一般设有独立的电源电路。

3．电唱盘

电唱盘是用来播放唱片的装置，它与电唱机相比只是少了低放电路。另外，组合音响中的电唱盘一般质量比较好，都是立体声电唱盘，不少还是自动唱盘。不过现代电唱盘由于受唱片（LP）来源的限制和其他原因，许多组合音响中已不再配备电唱盘，特别是CD唱机的普及，这种电唱盘应用愈来愈少。

4．CD唱机

CD唱机是一种用来播放CD唱片的装置，它只有小信号处理电路，不设低放电路。在组合音响的各种节目源中，CD唱机使用方便。质量好的CD唱机其音质好、失真小、频响宽、信噪比大、动态范围大。现在几乎所有的中档次以上组合音响中都配置CD唱机。

5．功能转换开关电路

功能转换开关电路用来对各节目源进行选择。例如选择调谐器时，该开关转换到调谐器位置，此时组合音响进入收音工作状态，从左、右声道扬声器中出来的是广播电台节目的声音。

从功能转换开关电路开始，之后的电路是各节目源所共用的电路，了解这一点对检修故障很重要。例如，双卡录音座放音正常，但不能接到广播电台节目。由于卡座工作正常，说明功能转换开关之后的电路工作正常，这样可以知道故障出在调谐器电路本身。

6．功率放大器

功率放大器用来对音频信号进行功率放大，在组合音响中这是很重要的电路，对音质的影响比较大。组合音响中的功率放大器具有下列一些特点。

（1）一般采用OCL电路，也有采用OTL或BTL电路的。OCL电路输出功率大，且失真小、频响宽、动态范围大。

（2）采用正、负对称直流电源供电的情况多，直流工作电压高，有的可达100V以上。

（3）当组合音响具有环绕声道时，功率放大器除左、右声道外，还有专门的环绕声道功率放大器，不过这一功率放大器的输出功率比左、右声道的要小。

（4）功率放大器中还设有音箱保护电路，以保护左、右声道音箱。此外，许多功率放大器还设有过电压、过电流、过温等保护电路。

7．立体声音箱

立体声音箱是指左、右声道音箱。组合音响都是双声道结构的，左、右声道两只音箱的性能好且一致，这样的音箱称为立体声音箱。立体声音箱对音响效果的影响在组合音响各部件中最大。组合音响中的音箱一般是二分频的。注意：一般档次的三分频音箱由于分频设计不够精确，其音响效果还没有二分频音箱好。

8．音调控制器

音调控制器用来进行音调的控制，以适合不同听音口味听众的需要。组合音响中一般采用多频段（5频段或10频段）的图式音调控制器，低档次的采用高、低音音调控制器。

有些机器中设有声场效果电路，称为DSP，在听不同类型的音乐节目时，可以选择相应的效果控制。

9．电平指示器

电平指示器用来实时指示重放信号电平或录音信号电平的大小，这一电路的实用意义不大，主要是装饰性的。组合音响中主要采用光柱式电平指示器和频谱式电平指示器，前者只显示整个频段内信号电平的大小，后者则能将信号分成 10 个频段来分别显示各频段内信号电平的大小。

10．电源电路

组合音响中的电源电路分成以下两种情况。

（1）整个机器只有一套电源电路，该电路输出的直流工作电压供给卡座、调谐器、功放等各部分电路，一般台式组合音响中采用这种方式。

（2）整个机器设有多套独立的电源电路，如调谐器、双卡录音座、电唱机、CD 唱机和功率放大器中都设自己专用的电源电路，其中功率放大器中的电源电路最复杂，要求输出的功率最大，对电路的性能要求也最高。

11．组合音响整机电路工作过程简述

接通电源后，电路进入工作状态，选择功能开关，如选择卡座放音，此时原声磁带上的信号通过卡座中的放音通道放大和处理，从卡座输出端（插座）输出，送到功能选择开关电路，通过该电路将放音信号加到功率放大器中的前置放大器放大，并完成音调控制，再送到功率放大级放大，然后推动左、右声道音箱，完成磁带重放。

在收音或播放 CD 唱片时，只要选择相应功能开关即可，从功能转换开关之后的电路对各节目源信号的放大和处理过程一样。

12.10.2 CD机整机方框图和单元电路作用

CD 机是一种高技术产物，它是一种融激光技术、精密机械技术、高精度伺服技术、微处理器和大规模集成电路技术为一体的激光播放器材。

CD 机主要由机械系统、光学系统和电信号处理系统三大部分构成。其中，光学系统用来拾取 CD 唱片上的各种信号，机械系统完成 CD 光碟的转动、拾音臂的自动循迹运动，以及 CD 光碟的自动换片等机械运动、转换动作。电信号处理系统则更加复杂，它要控制 CD 机的整个工作过程，处理、放大 CD 光碟上的各种信号，最终得到左、右声道的模拟音频信号。图 12-50 所示是 CD 机电信号处理系统方框图。

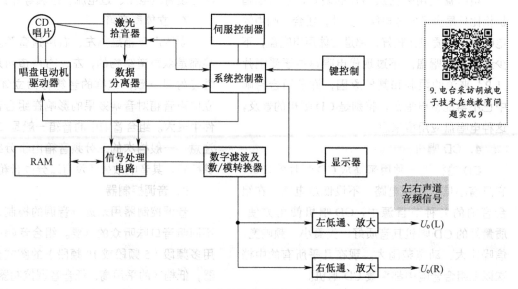

图 12-50　CD 机电信号处理系统组成方框图

1．激光拾音器的作用

激光拾音器从 CD 光碟上拾取各种数字信号，相当于普通唱机中的拾音器。

直径为 0.78μm 的激光束由物镜聚焦成直径更小的光束，通过聚焦伺服使光束聚焦在 CD 光碟信号坑轨迹所在平面上，激光束在有凹坑的部位产生散射，而在无凹坑的地方产生反射。这一反射光信号返回物镜，通过棱镜折射后射到光敏二极管检测器上，激励光敏检测器，由它将 CD 光碟上记录的信息转换成电信号，完成信号的拾取工作。

2．电动机驱动电路

电动机驱动器用来控制唱盘按规定要求进行转动。LP 唱盘电动机的角速度是恒定的，它的拾音器循迹速度不恒定；而 CD 机恰好相反，唱盘电动机转速不恒定，其电动机转速时刻都在改变，而循迹速度保持不变。

CD 光碟上的储存单元（信号坑）以螺旋线形式分布。重放时，激光拾音器对这一螺旋线上的信号坑以 1.2m/s 的恒定线速度进行扫描（循迹），所以要求电动机的转速不断变化。拾音器激光束从 CD 光碟的里圈向外圈进行循迹，电动机的转速开始时快（500 转左右），然后愈来愈慢，直到最后的 200 转左右。电动机的这一转速变化由专门的控制电路（微处理器通过计算获得转速数据）控制，再通过唱机驱动器来完成。

3．数据分离器

数据分离器分离出 CD 光碟上各种作用的信号。

激光拾音器拾取的电信号先经过前置放大电路放大，然后输入数据分离电路。

在 CD 光碟上记录有左、右声道音频信号和多种其他信号，数据分离器能够正确识别从 0.9～3.3μm 变化的各种信号坑的长度和彼此的间隔，从而分离出 CD 光碟上的各种信号代码。

4．信号处理电路

信号处理电路将代表音频信号的数字信号转换成模拟信号，这是解码过程，因为 CD 光碟在录制过程中进行了编码。

各种档次 CD 机在电路上的区别主要有下列两个方面。

（1）DAC（数/模转换器）的位数不同，档次高的机器采用 18 位 PCM(脉冲编码调制)，普通机为 16 位。

（2）采样频率的倍数不同（标准采样频率为 44.1MHz），档次高的机器为 8 倍，普通机为 4 倍或 2 倍。

从激光拾音器输出的信号先经过处理后变成标准 PCM，再将这一数字信号经过数/模转换器还原成左、右声道音频信号。

为了抑制高频上限频率的倍频信号和噪声，在 PCM 信号进入数/模转换器之前，让这一信号先经过数字滤波器的滤波，以滤除噪声。

5．伺服系统

CD 机中的伺服系统包括激光拾音器伺服和唱盘电动机伺服两个方面。

激光拾音器中设有一只驱动电动机，用来驱动激光拾音器在 CD 光碟上作径向移动，当 CD 光碟转动一圈时，激光拾音器向外侧移动只有 1.6μm，所以这是一个非常精密的伺服过程。

同时，为了使激光束正确跟踪 CD 光碟上的记录轨迹，还设有循迹伺服和聚焦伺服。

12.10.3 DVD 整机方框图及工作原理简述

图 12-51 所示是 DVD 整机电路方框图。DVD 光碟在光碟驱动系统作用下旋转，光学拾音器拾取 DVD 光碟上的信息，经解调电路后，再加到纠错电路中进行处理，其输出信号分成下列两路。

第一路加到 MPEG-2 解码器，对视频信号进行解压，解压后的数字视频信号加到视频 DAC（数/模转换器），得到模拟的视频信号，通过 NTSC/PAL 编码器输出两种制式的彩色全电视信号，然后加到视频显示器中。

第二路信号加到音频信号处理器，其输出的数字音频信号加到音频 DAC 电路，并将完成数/模转换后的音频信号送出 DVD 播放机。

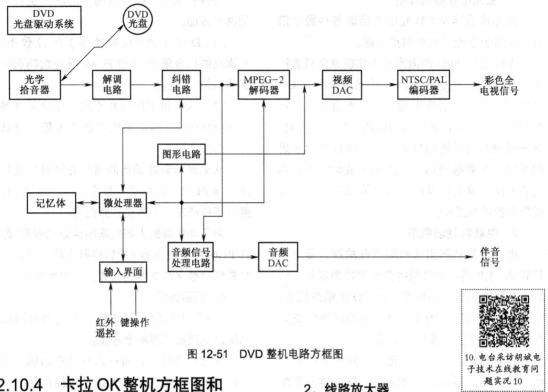

图 12-51　DVD 整机电路方框图

12.10.4　卡拉 OK 整机方框图和单元电路作用

卡拉 OK 意为无人乐队，是 20 世纪 70 年代中期由日本人发明的一种自娱自乐形式。图 12-52 所示是一般卡拉 OK 电路的方框图。节目源输出的信号与传声器信号混合，再送到左、右声道后级放大器，话筒输出信号与节目源信号便混合起来。

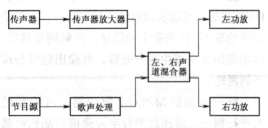

图 12-52　卡拉 OK 电路方框图

1．传声器放大器

卡拉 OK 中的传声器输出信号电平很小，与节目源输出信号电平相差很大，为此要设置传声器放大器，对传声器输出信号进行放大后再与节目源信号进行混合。

2．线路放大器

线路放大器是为了补偿平衡电路的插入损耗而设置的，其增益约为 6dB。

3．话筒电平控制及声像调整电路

唱卡拉 OK 时，可以调整传声器的声音大小，以便与伴奏和谐。此外，还可以调节传声器声音的声像位置，以增加效果。

4．混合器

混合器的作用是将多种音频信号混合，输出一个合成信号。

5．歌声消除器

歌声消除器又称消歌声电路。使用普通原声节目源而不是专门的卡拉 OK 节目源时，要用歌声消除器将原节目源中的左、右声道歌声消除，保留原节目源中的伴奏声。

歌声消除器的设计是出于这么一个基本原理，即在双声道节目源中，中、高频段信号是立体声效果，低频段乐器声和歌唱声是单声道，也就是说左、右声道信号中的中频、高频段乐器信号是不同的，而歌唱声和低频段乐器声是相同的，并且歌唱声的频率范围主要集中在中频段，利用这一特性可以消除原声节目源中的歌唱声。

6．混响器

混响器是音响效果中的一个重要基本电路，它通过模拟手段重现听音条件良好的音乐大厅的听音效果。

室内听音时，从声源发出的声波传到听众耳朵中的主要有下列3种成分。

（1）直达声：是由声源直接传播到耳朵的声波，这是主要成分。

（2）近次反射声：是声源发出的声波经墙壁等物体很少几次反射后到达的声波。

（3）多次反射声：是声源声波经过多次反射后才传到耳朵的声波。

显然，直达声因传播距离最短而首先到达耳朵，近次反射声其次，多次反射声最后。在高质量的听音中，上述3种声音缺一不可，并且相互之间的比例要合适。在专业听音室中，为了满足合适的声学条件，对听音室进行了精心的设计，但在普通家庭中做这种工作显然是不可能的，所以要借助于模拟混响器。

所谓混响声，是指在声源停止发声后，由于多次反射声的存在，听音者感到余音不断，这一余音称为混响声。

混响时间是在声源停止发声后，声压降低60dB所需要的时间。混响时间的长短决定了混响效果。并不是混响时间愈长愈好，也不是愈快愈好，要根据听音环境实际情况来选择。混频器中有专门的混响时间调节旋钮，混响时间太长，听音含糊，层次不清。

12.10.5　MD机原理

MD机普及率还很低，远低于CD机的普及率。

1992年由日本索尼公司发表了MD格式。MD机作为随身听的新贵具有良好的性能表现，强大的功能和抗振性能，小巧玲珑的身躯和高压缩的数字录音功能，是CD随身听所无法实现的。

MD机有单放型机器和录放型机器两种。前者只能播放MD碟片；后者则既能够播放MD碟片，也能使用可录可放式MD碟片进行录音。

1．MD机特点

将MD机与CD机进行比较后发现，它有两个明显的特点。

（1）碟片的尺寸更小。MD碟片有盒套保护，CD光碟没有这种保护盒套。MD机所用碟片尺寸更加小（只有64mm），只是CD光碟尺寸的一半，MD碟片的可记录物理面积只有CD光碟的1/4，可是记录节目的时间等于（80min）甚至超过CD光碟的时间。

（2）具有录音功能。MD机所使用的光碟有两种：一是只能播放的碟片，二是可录可放的碟片。可录可放式MD碟片使用的是磁光膜（MO），这种碟片有上下两层：上面为磁性层，下面是光学层，保护盒套为上下两面开窗。

2．记录原理

MD机的机芯结构与CD机的机芯类似，但更为复杂，在MD碟片的磁性层上方有磁头，在光学层下面有光头。

MD机还要有同步良好的磁头和光头配合起来一起工作，所以机械机构更为复杂。

记录时，数字信号加在磁头上，用较强的激光束对聚焦点加热，光头发出的激光是非常强的。因为要对MD碟片进行加热，对一个信号轨加热至居里温度（即180℃），在此温度下所有的磁性品质均被中和，即完成记录前的抹音。同时，磁头发出与从录音源所接收的信号相对应的电磁场，把所要记录的数据准确地刻录到熔解了聚酯的坑轨上。MD机记录时，抹音和记录过程是同时完成的。

3．重放原理

MD碟片有单放式和可录可放式两种，MD机在播放这两种不同碟片时的播放原理（拾音原理）有所不同。

（1）单放式碟片播放原理。只能播放的MD碟片与CD光碟一样，播放时依靠反射面上的微小信号坑来表征记录信号，普通激光束照射到信号坑上，根据反射光的强弱不同来表达数字信号中的"1"和"0"两种信号。

（2）可录可放式碟片播放原理。可录可放式碟片播放时，采用偏振激光来照射碟片，这时反射回来的激光的偏振轴会按该点上面的磁极性不同而改变方向。接收端对接收到的激光检测偏振轴方向，然后转换成数字信号的"1"和"0"两种信号。

从以上所述可知，两种MD碟片的播放原理不同。单放片MD碟片是与CD一样采用传统的检测激光强弱来读出数字信号中的"1"和"0"两种信号的，可录可放式碟片则是采用检测偏振轴方向来读出数字信号中的"1"和"0"两种信号的。

4．五大系统

MD机的整机电路可以分成信号处理系统、音频系统、控制系统、伺服系统和电源系统5个部分。

（1）**信号处理系统。记录时，通过模／数转换器将模拟信号转换成数字信号。MD机对信号的压缩采用称为自适应传输声学编码（ATRAC）的技术；而CD机将模拟信号转换成数字信号之后不进行压缩，加入一些纠错码后直接进行光碟刻录。**

MD机采用ATRAC的声音压缩技术编码，使原始数据量压缩到1/5。所谓ATRAC压缩，是指先对声音的频率成分进行分析，然后根据最低听阈和掩蔽频率效应，将人耳听阈以下的微弱信号和在强频率边上的弱频率成分去掉，只记录下人耳能够实实在在听到的声音成分，这样所需要记录的数据量就大幅下降。

经过压缩后的数字音频信号再加入ACIRC纠错码（这种纠错码是CD采用的CIRC纠错编码的升级版本），然后再进行与CD相同的EFM调制，以减少因为碟片上记录而引起的误差。

通过上述处理后的数字编码信号通过磁头往MD碟片的磁性层上写入，完成信号的记录过程。

重放时，光头读出信号，经放大后进行EFM解调，再经ACIRC纠错码处理进入存储器，然后从存储器中取出，由ATRAC/ATRAC3模块解压缩后还原出数字音频信号，再经过数／模转换得到模拟音频信号。

（2）**音频系统。记录时从传声器或线路输入的模拟信号经自动增益控制电路对电平进行自动控制后，送入模／数转换器，得到数字音频信号。这一信号送到ATRAC信号处理电路，进行原始数据的压缩。对于从光学输入端输入的数字信号，则直接送入ATRAC/ATRAC3系统进行压缩。**

MD机有耳机和线路两种输出端。播放时，还原的信号可以通过耳机放大器的放大，使用立体声耳机来听音；也可以通过线路输出插口送到外面的音频功率放大器进行放大，然后使用音箱放音。

（3）**控制系统。控制系统**中的微控制器完成对整个MD机工作状态的各种控制，主要有控制显示、设定工作模式、遥控、扫描键入信号等。

3-91.零起点学电子测试题讲解

（4）**伺服系统。伺服系统是一个重要的系统，为了数据的记录和播放，光学放大器要发射激光，并要聚焦到所需要的光迹上，上部的磁头也要对准相同的区域。**

MD机在记录和播放过程中共有下列4种伺服：一是聚焦伺服，用来使激光聚焦的光点能时刻正确地落在碟片的信号面上；二是滑行伺服，用来控制光头的径向运动；三是跟踪伺服，用来控制沿着光迹轨道运行；四是速度伺服，用来控制主轴电动机的转速。速度伺服有两种运行模式：一是保持光迹稳定的线速度（CLV），二是保持碟片稳定的等角速度（CAV）。使用不同运行模式记录的碟片在播放时要用相同的运行模式来控制主轴电动机的转动。

（5）**电源系统。电源系统要产生几路稳定的直流工作电压（通过稳压电路获得）提供给各系统，其中某些重要电路设有专门的电源电路，以提高音质。**

5．播放特点

MD 机播放的特点是采用存储器，这一点与 CD 机播放原理是完全不同的。MD 机无论是记录还是播放，数据都要经过存储器一次。

播放时，从碟片上读出的数据送到存储器中存储。由于碟片上的数据是以 **5 倍比例压缩**的，当 **MD 碟片以与 CD 光碟相同的转速读取数据时，进入存储器的数据量就相当于 5 倍音乐节目时间的信息量，换言之，就是从存储器中读出 1s 的数据，就可以按正常速度播放 5s**的时间。

这样，MD 机的光头就可以读读停停，当存储器中的数据存满后，光头就可以不读碟片。

MD 机从存储器中一段段地读出数据，解压成 5 倍的音乐数据慢慢播放。

在存储器中的数据快用完时，光头再开始读出数据，给存储器送入数据，如此反复完成播放过程。

3-92. 零起点学电子测试题讲解

MD 机的这种播放方式比 CD 机具有更强的抗振能力。当某个偶然因素使光头偏离光迹时，只要存储器中还有没有用完的数据，光头及时回到原来的位置，播放信号就不会出现中断现象，播放中不会出现"嗒嗒"响声。存储器的存储量愈大，抗振的时间就愈长。

第 **13** 章 | 直面招聘面试官（试题平台）

设置此章的目的，一是为让读者自我检测一下学习的效果，二是为就业考试时应对考试官猜题，三是为就业考试官提供考题。如果考试官采纳了本章的考题，恰好您又阅读了本章，哈哈！稳操胜券是逻辑必然。

本试题平台也可用于各类学校的考试。

⚠️ **重 要 提 示**

细节决定成败。

本章的考试题以考细节为特色，要求解答精细。

考试题以模拟电路为主体，主要分为元器件应用电路和单元电路两大类。

全部考题均有答案，如果需要进行更为详细的学习，可参考《电子工程师必备——元器件应用宝典（强化版）》和《电子工程师必备——九大系统电路识图宝典》两本书。

13.1 电阻类元器件考题及参考答案

13.1.1 电阻类元器件应用电路考题

题 1：

画两个电阻限流电路，并说明其工作原理。

题 2：

说出 3 个电阻隔离电路的名称，并画一个电阻隔离电路，说明其工作原理。

题 3：

画出一种采样电阻电路，并说明其工作原理。

题 4：

图 13-1 所示是不同电平信号输入插口电路，电阻 R1 和 R2 构成什么电路？分析其工作原理。

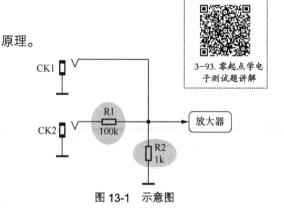

3-93. 零起点学电子测试题讲解

图 13-1　示意图

题 5：

画出下拉电阻电路，并说明其工作原理。

题 6：

画出上拉电阻电路，并说明其工作原理。

13.1.2 电阻类元器件应用电路考题参考答案

题1解答：

（1）发光二极管电阻限流保护电路。

电路名称	发光二极管电阻限流保护电路
电路图	
说明	在直流电压 +V 大小一定时，电路中加入电阻 R1 后，流过发光二极管 VD1 的电流减小，防止因流过 VD1 的电流太大而损坏 VD1。电阻 R1 阻值愈大，流过 VD1 的电流愈小
提示	电阻 R1 与 VD1 串联起来，流过 R1 的电流等于流过 VD1 的电流，R1 使电路中的电流减小，所以可以起保护 VD1 的作用

（2）三极管基极电流限制电阻电路。

电路名称	三极管基极电流限制电阻电路
电路图	 3-94. 零起点学电子测试题讲解
说明	一些放大器中为了调节三极管基极静态电流，将基极偏置电阻设置成可变电阻器，即电路中的 RP1。 如果电路中没有电阻 R1，当 RP1 的阻值调到最小时，直流工作电压 +V 直接加到三极管 VT1 基极，会有很大的电流流过 VT1 基极而烧坏三极管 VT1，而三极管在过电流时容易损坏，所以要加入限制电流太大的电路
提示	电路中的 R1 可防止可变电阻器阻值调到最小时，使三极管 VT1 基极电压等于 +V。因为当 RP1 调到最小时，还有电阻 R1 串联在直流工作电压 +V 与 VT1 基极之间，R1 限制了三极管 VT1 基极电流很大的情况发生，起到保护作用

题2解答：

（1）自举电路中电阻隔离电路。

（2）静噪电路中电阻隔离电路。

（3）信号源电阻隔离电路。

电路名称	信号源电阻隔离电路
电路图	
说明	电路中的信号源1放大器通过 R1 接到后级放大器输入端，信号源2放大器通过 R2 接到后级放大器输入端，显然这两路信号源放大器输出端通过 R1 和 R2 合并成一路。 如果电路中没有 R1 和 R2 这两只电阻，那么信号源1放大器的输出电阻成了信号源2放大器负载的一部分。同理，信号源2放大器输出电阻成了信号源1放大器负载的一部分。这样两个信号源放大器之间就会相互影响，不利于电路的稳定工作。 电路中加入隔离电阻的目的是防止两个信号源放大器输出端之间相互影响。加入了隔离电阻 R1 和 R2 后，两个信号源放大器的输出端之间被隔离，这样有害的影响大大降低，实现电路的隔离作用
提示	电路中加入隔离电阻 R1 和 R2 后，两个信号源放大器输出的信号电流可以不流入对方的放大器输出端，而会更好地流到后级放大器输入端

题3解答：

电路名称	功率放大器中过电流保护电路中的采样电路
电路图	
说明	三极管 VT1 发射极电流流过电阻 R1 时，在 R1 上产生电压降，流过 R1 的电流愈大，在 R1 上的电压降愈大，这样 R1 上的电压大小就代表了流过 R1 的电流大小

提示	流过 R1 的电流可以是直流电流，也可以是交流电流，但是过电流保护电路的输入端有一只耦合电容 C1，由此可以知道保护电路采样交流信号，而不是流过 R1 的直流电流。 R1 上的电压加到过电流保护电路中，作为保护电路的控制信号。当流过 R1 的交流电流大到一定程度（有危险）时，R1 上的电压也大到一定值，使过电流保护电路动作，电路进入保护状态

题 4 解答：

电路中的 R1 和 R2 构成交流信号分压衰减电路。CK1 是小信号输入插口，CK2 是大信号输入插口。

（1）**CK1 输入信号分析。** 从插口 CK1 输入的低电平信号直接加到放大器的输入端。从高电平输入插口 CK2 输入的信号由于太大，不能直接加到放大器的输入端，否则将引起放大器的大信号堵塞，所以要在 CK2 电路中加入交流信号分压衰减电路。

（2）**CK2 输入信号分析。** 从 CK2 输入的信号加到 R1 和 R2 构成的分压电路中，其输出信号加到放大器的输入端。从电路中 R1 和 R2 的标称阻值可知，分别是 $100k\Omega$ 和 $1k\Omega$，这一分压电路对输入信号衰减约 100 倍，这样信号幅度大大减小，可以直接输入到放大器的输入端。

题 5 解答：

电路名称	下拉电阻电路
电路图	 3-95. 零起点学电子测试题讲解
说明	这是数字电路中的反相器，输入端 U_i 通过下拉电阻 R1 接地，这样在没有高电平输入时，可以使输入端稳定地处于低电平状态，防止了可能出现的高电平干扰使反相器误动作。 如果没有下拉电阻 R1，反相器输入端悬空，而输入端为高阻抗，外界的高电平干扰很容易从输入端加入到反相器中，从而引起反相器朝输出低电平方向翻转的误动作

提示	接入下拉电阻 R1 后，电源电压在 +5V 时，下拉电阻 R1 一般取值在 $100\sim470\Omega$，由于 R1 阻值很小，所以将输入端的各种高电平干扰短接到地，达到抗干扰的目的

题 6 解答：

电路名称	上拉电阻电路
电路图	
说明	这是数字电路中的反相器，当反相器输入端 U_i 没有输入低电平时，上拉电阻 R1 可以使反相器输入端稳定地处于高电平状态，防止了可能出现的低电平干扰使反相器出现误动作。 如果没有上拉电阻 R1，反相器输入端悬空，外界的低电平干扰很容易从输入端加入到反相器中，从而引起反相器朝输出高电平方向翻转的误动作
提示	在接入上拉电阻 R1 后，电源电压在 +5V 时，上拉电阻 R1 一般取值 $4.7\sim10k\Omega$，上拉电阻 R1 使输入端为高电平状态，没有足够的低电平触发，反相器不会翻转，达到抗干扰的目的

13.1.3 电阻器知识点考题

在下列对的题号上打个"√"，错的题号上打个"×"，并加以更正。

题 1：

电子电路中使用量最大的元器件是电阻器。在常用元器件中，电阻器的特性最为"单纯"，变化不多。电阻器的种类很多，普通电阻器是使用量最大的电阻器。

题 2：

电阻器只能为电路提供交流电回路，或是只能为电路提供直流电回路，但是不能为直流和交流混合信号提供电流回路。

题3：

电阻器使用中最为关心的是标称阻值，其次为误差。一只 100kΩ 误差为 ±5% 的电阻器，如果测量它的阻值只有 97kΩ，那可以说明它已损坏。

题4：

现在需要一只 100kΩ 误差为 ±5% 的电阻器，可以同时在 E6、E12 和 E24 标称阻值系列选用。

题5：

某贴片电阻器上标出 224 三个数字，它表示标称阻值为 220kΩ。另一贴片电阻器上标出 331 三个数字，它表示标称阻值为 330Ω。

题6：

在直流或交流电路中电阻器对电流所起的阻碍作用一样。在交流电路中，同一个电阻器对不同频率信号所呈现的阻值则不相同。电阻器对正弦波信号、脉冲信号和三角波信号呈现的阻值相同。

13.1.4　电阻器知识点考题参考答案

题1解答：对。

题2解答：错。也能提供电流回路。

题3解答：错。在 95～105kΩ 范围内均为正常。

题4解答：错。只能在 E24 标称阻值系列中选用，因为 E24 标称阻值系列的误差为 ±5%，其他标称阻值系列的误差均大。

题5解答：对。

题6解答：错。同一个电阻器对不同频率信号所呈现的阻值也相同。

13.2　电容类元器件考题及参考答案

13.2.1　电容类元器件应用电路考题

题1：

图 13-2 所示是典型的整流滤波电路，说明电路中电容 C2 的作用，以及 C2 的工作原理和 C2 与 C1 之间的关系。

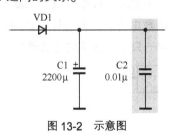

VD1
C1 2200μ
C2 0.01μ

图 13-2　示意图

题2：

图 13-3 所示是整流滤波电路，VD1 是整流二极管，C2 是滤波电容，请问 C1 是什么电容？试解说 C1 的具体作用。

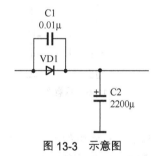

C1 0.01μ
VD1
C2 2200μ

图 13-3　示意图

题3：

图 13-4 所示是用于开关电源等交流输入回路中的瞬变滤波电路（EMI 滤波器），电路中 C1、C2 为何电容，C3 又为何电容，其工作原理如何？

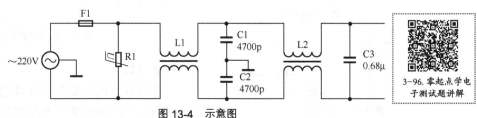

~220V
F1
R1
L1
C1 4700p
C2 4700p
L2
C3 0.68μ

3-96. 零起点学电子测试题讲解

图 13-4　示意图

题 4：

图 13-5 所示是由 VT1 构成的一级共发射极音频放大器电路，试问电路中的 C1 起什么作用？并解释其工作原理。

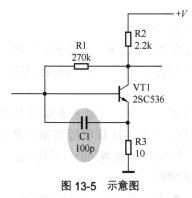

图 13-5　示意图

题 5：

图 13-6 所示是电子音量控制电路，RP1 为音量电位器，当 RP1 上下滑动时改变了压控增益器①脚直流电压大小，从而控制了压控增益器输出信号大小，达到音量控制的目的。试问电路中的电容 C1 起何作用？并说明其工作原理。

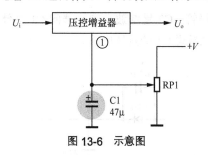

图 13-6　示意图

题 6：

图 13-7 所示是常用的典型静噪电路，当开关 S1 接通时电路处于静噪状态，S1 断开时 VT1 和 VT2 截止，这时无静噪作用，左、右声道信号正常传输。试问电路中的电容 C1 起何作用？并具体说明它的工作原理。

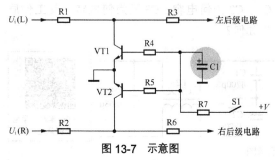

图 13-7　示意图

题 7：

图 13-8 所示是音频放大器中的高频消振电容电路。电路中的 C1 是音频放大器中常见的高频消振电容，它接在放大管 VT1 的集电极与基极之间，容量为 100pF，说明它的工作原理。

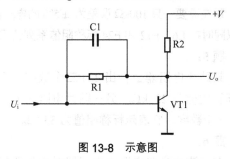

图 13-8　示意图

题 8：

画一个电容降压电路，并说明其工作原理。

题 9：

画一个电容分压电路，并说明其电路工作原理。

题 10：

画一个退耦电容电路，并说明其工作原理。

题 11：

图 13-9 所示是两个等容量小电容并联电路，为温度补偿型电容并联电路，C1 的容量等于 C2 的容量。这是彩色电视机行振荡器电路中的行定时电容电路，集成电路 A1 的⑥脚与地之间接有定时电容 C1 和 C2。其中，C1 是聚酯电容，是正温度系数电容；C2 是聚丙烯电容，是负温度系数电容。请问为什么 C1 和 C2 容量相等而不用一只二倍容量的电容器？

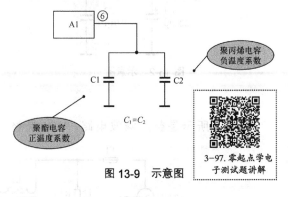

图 13-9　示意图

题 12：

图 13-10 所示是多个小电容串并联电路，这是电视机行扫描输出级的逆程电容电路，请

问为什么不用一只电容而用许多只电容进行串联和并联？

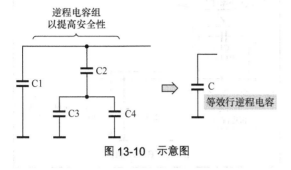

图 13-10 示意图

题 13：

图 13-11 所示是部分发射极电阻加接旁路电容的电路。请问为什么要采用 R1 和 R2 串联电路形式作为发射极负载电阻？

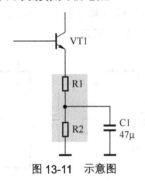

图 13-11 示意图

题 14：

图 13-12 所示电路中接有两个不同容量的发射极旁路电容。电路中的 VT1 构成音频放大器，它有两只串联起来的发射极电阻 R2 和 R3，另有两只容量不等的发射极旁路电容 C2 和 C3。分析电容 C2 和 C3、电阻 R2 和 R3 的工作原理。

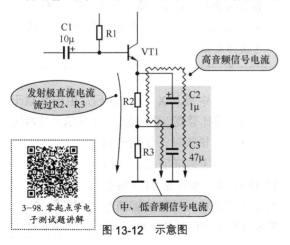

图 13-12 示意图

题 15：

图 13-13 所示是电容复位电路。A1 是 CPU 集成电路，①脚是集成电路 A1 的复位引脚，复位引脚一般用 RESET 表示，①脚内电路和外电路中元件构成复位电路，C1 是复位电容，S1 是手动复位开关。说明这一电路中的手动复位电路工作原理。

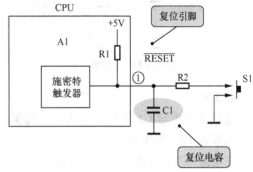

图 13-13 示意图

13.2.2 电容类元器件应用电路考题参考答案

题 1 解答：

C2 起高频滤波作用。

（1）高频干扰。 由于交流电网中存在大量的高频干扰，所以要求在电源电路中对高频干扰成分进行滤波。电源电路中的高频滤波电容就是起这一作用的。

（2）理论容抗与实际情况矛盾。 从理论上讲，在同一频率下容量大的电容其容抗小，图中这样一大一小两电容相并联，容量小的电容 C2 似乎不起什么作用。但是，由于工艺等原因，大容量电容器 C1 存在感抗特性，在高频情况下它的阻抗为容抗与感抗的串联，因为频率高，所以感抗大，限制了它对高频干扰的滤除作用。

（3）高频滤波电容。 为了补偿大电容 C1 在高频情况下的这一不足，再并联一个小电容 C2。小电容的容量小，制造时可以克服感抗特性，所以小电容 C2 几乎不存在电感。电路的工作频率高时，小电容 C2 的容抗已经很小，这样，高频干扰成分通过小电容 C2 滤波到地。

（4）小电容的工作状态。 对于高频成分而言，频率比较高，大电容 C1 因为感抗特性而处于开路状态，小电容 C2 容抗远小于 C1 的阻抗，处于工作状态，它滤除各种高频干扰，所以流过 C2 的是高频成分，图 13-14 是高频成分电流回路示意图。

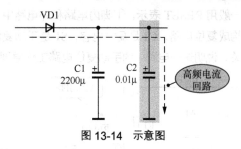

图 13-14　示意图

题 2 解答：

电路中小电容 C1 只有 0.01μF，它起保护整流二极管 VD1 的作用。

在电源开关（电路中未画出）接通时，由于电容 C1 内部原先没有电荷，C1 两根引脚之间电压为零，C1 相当于短路，这样，开机瞬间的最大电流（冲击电流）通过 C1 对滤波电容 C2 充电，图 13-15 是开机时冲击电流回路示意图。这样，开机时最大的冲击电流没有流过整流二极管 VD1，从而达到了保护 VD1 的目的。开机之后，C1 内部很快充到了足够的电荷，这时 C1 相当于开路，由 VD1 对交流电压进行整流。

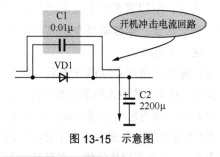

图 13-15　示意图

重要提示

如果交流电网中存在高频干扰，这一干扰成分通过 VD1 的整流而窜入整流电路输出电压之中，如图 13-16 所示。加入小电容 C1 之后，由于高频干扰的频率高，C1 对它的容抗很小，高频干扰成分直接通过 C1（而不通过 VD1 整流），被滤波电路中的高频电容 C3 滤掉，这样，消除了交流电网中的高频干扰，达到净化直流输出电压的目的。

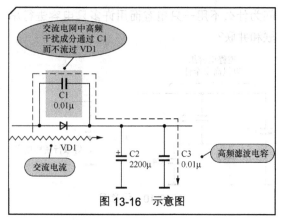

图 13-16　示意图

题 3 解答：

（1）C3 为 X 电容。

220V 交流电进线为两根，一根是相线，另一根是零线。这两根引线上会产生两种高频干扰信号，即差模高频干扰信号和共模高频干扰信号，如图 13-17 所示。

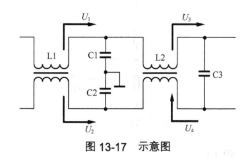

图 13-17　示意图

重要提示

从图中可以看出，高频干扰信号 U_1 和 U_2 方向相同，且它们大小相等，这样的两个信号称为共模信号。高频干扰信号 U_3 和 U_4 方向相反，且它们大小相等，这样的两个信号称为差模信号。

在电路中接入 X 电容 C3 后，由于高频干扰信号频率比较高，C3 对高频干扰信号的容抗小，这样差模高频干扰信号通过 X 电容 C3 构成回路，如图 13-18 所示，而不能加到后面的整流电路中，这样达到消除差模高频干扰信号的目的。

3-99. 零起点学电子测试题讲解

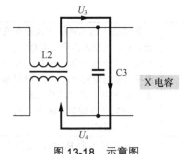

图 13-18　示意图

（2）C1 和 C2 是 Y 电容。

图 13-19 是 Y 电容消除共模高频干扰信号示意图，抑制共模高频干扰信号必须用两只 Y 电容，因为相线和零线上都有高频干扰信号。

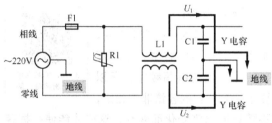

图 13-19　示意图

相线上的共模高频干扰信号通过 Y 电容 C1 到地线，零线上的共模高频干扰信号通过 Y 电容 C2 到地线，这样共模高频干扰信号就不能加到后面电路中，达到抑制共模高频干扰信号的目的。

题 4 解答：

C1 用来消除无线电干扰。

加到 VT1 基极的无线电波被电容 C1 旁路到发射极，再通过 R3 流入地，没有加到 VT1 中，这种无线电波就不会被 VT1 检波，从而就不会出现广播电台的声音，达到消除无线电波干扰的目的。

由于无线电波的频率相当高，所以电容 C1 的容量很小就行，通常为 100pF。

3-100. 零起点学电子测试题讲解

题 5 解答：

C1 是静噪电容。

电容 C1 的工作原理是： RP1 动片上是直流电压，如果 RP1 动片滑动过程中出现噪声（一种交流干扰），这一交流信号叠加到直流电压上，加到压控增益器的①脚上，使其直流电压

大小发生波动，结果出现音量控制过程中的噪声。在加入静噪电容 C1 后，RP1 上的任何交流噪声都被 C1 旁路到地线，因为 C1 容量大，对这些交流噪声的容抗很小，达到消除音量电位器转动噪声的目的。

题 6 解答：

电容 C1 可消除开关 S1 动作时（接通和断开）产生的噪声，其原理是：若没有 C1，在 S1 接通瞬间，由于 VT1 和 VT2 两管突然从截止进入导通，电路会产生噪声，同样在 VT1 和 VT2 两管从导通转换到截止时，也会产生噪声。

接入 C1 后，当 S1 接通时，由于电容 C1 两端的电压不能发生突变，随着电容 C1 通过电阻 R7 的充电，C1 上的电压渐渐增大，这样 VT1 和 VT2 两管由截止较缓慢地进入导通，这样可以消除上述噪声。

同理，当 S1 断开之后，C1 中的电荷通过 R4、R5 向两管的发射结放电，使两管渐渐由导通转换成截止，这样可以消除上述噪声。

题 7 解答：

电容 C1 对高频信号具有强烈的负反馈作用，使放大器对高频信号的放大倍数很小，达到消除放大器高频自激的目的。

（1）无直流负反馈。 三极管 VT1 集电极上的直流电压不能通过 C1 负反馈到基极，所以 C1 不存在直流负反馈。

（2）不存在音频负反馈。 三极管 VT1 构成音频放大器，C1 只有 100pF，这么小的电容对音频信号的容抗很大而相当于开路，音频信号也就不能通过 C1 加到 VT1 基极，所以 C1 对音频信号也不存在负反馈作用。

题 8 解答：

电路名称	电源指示电路中的电容降压电路
电路图	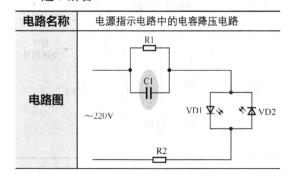

说明	C1 是降压电容，VD1 和 VD2 是发光二极管，R2 是限流保护电阻，R1 是泄放电阻。 由于 C1 的容抗比较大，回路中的电流得到限制，这样流过发光二极管 VD1、VD2 的电流大小适合，使之进入发光工作状态。交流电的正半周使 VD1 导通发光。在 VD1 导通期间，VD2 截止。 交流电的负半周使 VD2 导通发光。在 VD2 导通期间，VD1 截止。 虽然是发光二极管 VD1 和 VD2 交替导通，但是由于导通频率比较高和视觉惰性，感觉 VD1 和 VD2 是始终发光的
提示	R1 用来尽快泄放 C1 中存储的电荷。交流电源断开后，C1 内部存储的电荷通过 R1 这个回路放电，以放掉内部电荷，使 C1 两端无电压，只有这样这一电路的安全性才较高，否则会有触电的生命危险

题 9 解答：

电路名称	电容分压电路
电路图	输入电压 ——┤├ C1 ——→ 输出电压 ——┤├ C2
说明	C1 和 C2 构成电容分压电路。 对某一频率的输入信号电容 C1 和 C2 各自呈现一个容抗，这两个容抗就构成了对输入信号的分压衰减，这样就能降低输出信号的幅度
提示	电容分压电路主要用于对交流信号的分压衰减电路中

题 10 解答：

电路名称	退耦电容电路
电路图	B A R3 有害 交连信号 ± C1 R2 R4 100μ R1

说明	多级放大器的两级放大器直流电压供给电路之间加入退耦电容 C1 后，电路中 A 点上的正极性信号被 C1 旁路到地端，而不能通过电阻 R1 加到 VT1 基极，这样，多级放大器中不能产生正反馈，也就没有级间的交连现象，达到了消除级间有害交连的目的
提示	加入退耦电阻 R3 后，可以进一步提升退耦效果，因为电路中 B 点的信号电压被 R3 和 C1（容抗）构成的分压电路进行了衰减，比不加入 R3 时的 A 点信号电压还要小，直流电流流过退耦电阻 R3 后有压降，这样降低了前级电路的直流工作电压

题 11 解答：

3-101. 零起点学电子测试题讲解

在电视机的行扫描电路中，由于定时电容的容量大小决定了行振荡器的振荡频率，所以要求定时电容的容量非常稳定，不随环境温度变化而变化，这样才能使行振荡器的振荡频率稳定，所以采用正、负温度系数的电容并联，进行温度互补。

当工作温度升高时，C_1 的容量在增大，而 C_2 的容量在减小，两只电容并联后的总电容 $C = C_1 + C_2$。由于一个容量在增大而另一个在减小，所以总容量基本不变。

同理，在温度降低时，一个电容的容量在减小而另一个在增大，总的容量基本不变，稳定了振荡频率，实现温度补偿的目的。

题 12 解答：

行扫描电路中，行逆程电容不能开路，否则高压会升高许多而造成打火现象，所以在行逆程电容电路设计时采取了安全措施，这就出现了多只电容串联、并联的电路。

如果电路中只采用一只电容器作为行逆程电容，万一该电容出现开路故障，则高压将升高许多。在采用了图中这样有许多电容串联、并联形式的电路后，即使其中的一个电容出现开路故障，还有其他电容在工作，不会造成高压升高许多的现象。

题 13 解答：

发射极电路中，有时为了获得合适的直流

和交流负反馈，将发射极电阻分成两只电阻串联。

R1 和 R2 串联起来后作为 VT1 总的发射极负反馈电阻，构成 R1 和 R2 串联电路的形式是为了方便形成不同量的直流和交流负反馈。

三极管 VT1 发射极的直流电流流过 R1 和 R2，所以这两个电阻都有直流负反馈作用，直流负反馈能稳定三极管的工作状态。

三极管 VT1 发射极交流电流通过 R1 和 C1 到地，没有流过 R2，所以只有 R1 存在交流负反馈作用。

> **⚠ 重要提示**
>
> 采用这种发射极电阻的目的是获得更大的直流负反馈，同时减小交流负反馈，因为交流负反馈量太大，会使放大器的增益下降得太多。
>
> 对于这种多个发射极电阻串联的电路，分析哪只电阻起直流还是交流负反馈作用，关键看流过该电阻的电流。如果只有直流电流流过该电阻，就只有直流负反馈作用；如果除直流电流外还有交流电流流过该电阻，则该电阻有交流和直流的双重负反馈作用。

题 14 解答：

（1）**高频旁路电容 C2 分析。** 由于它的容量较小，只有 $1\mu F$，在音频电路中，它只能作高音频信号的旁路电容，这样，没有高音频信号流过电阻 R2，但是低、中音频信号仍流过 R2。

（2）**旁路电容 C3 分析。** 由于它的容量较大，为 $47\mu F$，这一容量对音频信号中的所有频率成分的容抗都非常小，所以它是音频旁路电容，这样 R3 上没有音频信号流过。

（3）**负反馈电阻 R2 分析。** 在 R2 中流有直流和中、低音频信号电流，所以存在直流和中、低音频负反馈，C2 只让高音频信号流过。

（4）**负反馈电阻 R3 分析。** 在 R3 中流有直流电流，所以只存在直流负反馈，C3 让音频信号中的低、中、高音频信号都通过。

题 15 解答：

复位电路的作用是： 使集成电路 A1 的复位引脚①脚上直流电压的建立滞后于集成电路 A1 的 +5V 直流工作电压一段规定的时间。

手动复位电路的工作原理是： 按一下复位开关 S1（按钮开关）时，在 S1 接通期间，电容 C1 中的电荷通过电阻 R2 和导通的 S1 很快放电完毕，使 C1 中没有电荷，集成电路 A1 的①脚电压为零，此时 CPU 停止工作。

释放按钮后，S1 断开，+5V 直流电压通过提拉电阻 R1 对电容器 C1 充电，使集成电路 A1 的①脚上电压有一个缓慢上升过程，这样可以达到复位的目的。

13.2.3　电容器知识点考题

在下列对的题号上打个"√"，错的题号上打个"×"，并加以更正。

题 1：

电容器最简单的一个电路作用是在交流和直流混合信号中，取出交流信号，同时去掉直流信号，这是电容器的隔直通交特性。

题 2：

电容器的结构非常简单，两极板之间是绝缘的。电容器电路符号如果没有表示出引脚的正、负极性，那说明该电容是无极性电容器。

3–102. 零起点学电子测试题讲解

题 3：

在采用 3 位数表示的电容器中，其容量单位是皮法。例如，某电容器上标注 681，它是 680pF。如果电容器采用 4 位数表示时，如某电容器上标注 6800，说明这只电容器的容量是 6800pF。

题 4：

电容器的容抗与频率高低、电容量大小相关。对于某一只电容而言，频率高容抗大，反之频率低容抗小。

题 5：

两只相同容量的电容并联后等于一只容量增大一倍的电容，两只相同容量的电容串联后等于一只容量减小一半的电容。两只耐压相同的电容无论是并联还是串联，其等效电容的耐压等于原电容耐压。

题6：

电解电容可以有极性，也可以无极性。有极性电解电容使用时，正极电压要高于负极电压，否则电容器性能将大幅下降，严重时还会损坏电容器。

题7：

有极性电解电容的电路符号上表示了它的两根引脚有极性之分；无极性电解电容的电路符号与普通的电容电路符号一样，无极性标记。

题8：

当两只有极性电解电容顺串联之后就成为一只无极性电容。当两只有极性电解电容并联运用时，一定要正极与正极相连，负极与负极相连。

题9：

当有极性电解电容在电路中极性接反后会爆炸，那是因为它的质量不好所致。

题10：

对于大容量的电解电容而言，工作频率愈高其容抗愈小。

题11：

当怀疑电路板中某只电容漏电时，可以不拆下这只电容，直接取一只相同容量和耐压相等的电容并联上去进行试验。

13.2.4　电容器知识点考题参考答案

题1解答：对。

题2解答：对。

题3解答：对。

题4解答：错。频率高容抗小，反之频率低容抗大。

题5解答：错。并联后等于原电容耐压，串联后则增大一倍。

题6解答：对。

题7解答：对。

题8解答：错。还是有极性，只有在逆串联后才成为无极性。

题9解答：错。是因为有极性电容不能反向运用，是它的结构所决定的。

题10解答：对。

题11解答：错。对于怀疑电路板中电容开路故障时可以这样做。

3-103. 零起点学电子测试题讲解

13.3　电感器和变压器考题及参考答案

13.3.1　电感器和变压器应用电路考题

题1：

图13-20所示是一种实用的三分频电路。电路中BL1是低音单元，BL2是中音单元，BL3是高音单元。说明其电路工作原理。

题2：

画一个π形LC滤波电路，并说明其工作原理。

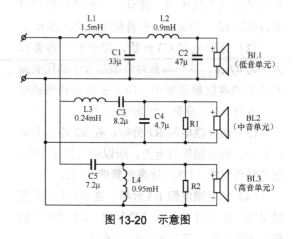

图13-20　示意图

题3：

图 13-21 所示是共模和差模电感器电路，这也是开关电源交流市电输入回路中的 EMI 滤波器，电路中的 L1、L2 是差模电感器，L3 和 L4 为共模电感器，C1 为 X 电容，C2 和 C3 为 Y 电容，该电路输入 220V 交流市电，输出电压加到整流电路中。说明差模电感器和共模电感器的工作原理。

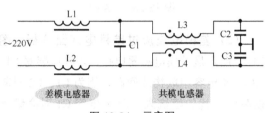

图 13-21 示意图

题4：

图 13-22 所示是收音电路中的变频级电路，电路中 L2 振荡线圈的抽头通过电容 C3 与 VT1 发射极相连。这里采用抽头的目的是使 L2 所在谐振电路与三极管 VT1 输入回路的阻抗匹配。请说明这一电路如何利用变压器的阻抗变换作用进行阻抗匹配。

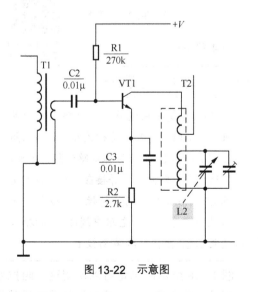

图 13-22 示意图

题5：

图 13-23 所示是交流输入电压可转换的电源变压器电路。电路中的 T1 是电源变压器，交流电压转换电路主要是电源变压器一次绕组设置抽头。S1 是交流电压转换开关，这是一个工作在 110V/220V 交流市电电压下的电源转换开关。请说明这一变压器电路转换交流输入电压的原理。

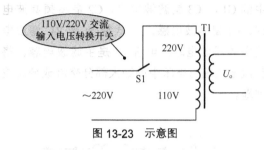

图 13-23 示意图

题6：

图 13-24 所示是音频输出变压器耦合电路，T2 是音频输出耦合变压器，VT2 和 VT3 是放大管，BL1 是扬声器。写出 VT2 导通时电流回路，并画出 VT3 导通时的电流回路。

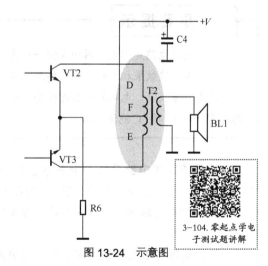

图 13-24 示意图

3-104. 零起点学电子测试题讲解

题7：

画一个线间变压器电路，关说明其工作原理。

13.3.2 电感器和变压器应用电路考题参考答案

题1解答：

L1 和 C1、L2 和 C2 将中、高频信号滤除，让低频信号加到 BL1 中。L3 和 C3、C4 将低频和高频信号滤除，让中频信号加到 BL2 中。C5 和 L4 将低频和中频信号滤除，让高频信号加到 BL3 中。

题 2 解答：

图 13-25 所示是 π 形 LC 滤波电路。电路中的 C1 和 C3 是滤波电容，C2 是高频滤波电容，L1 是滤波电感，L1 代替 π 形 RC 滤波电路中的滤波电阻。电容 C1 是主滤波电容，将整流电路输出电压中的绝大部分交流成分滤波到地。

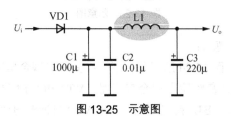

图 13-25 示意图

⚠ **重要提示**

电感滤波电路是用电感器构成的一种滤波电路，其滤波效果相当好，只是要求滤波电感的电感量较大，电路的成本比较高。电路中常使用 π 形 LC 滤波电路。

（1）直流等效电路分析。 由于电感 L1 的直流电阻很小，所以直流电流流过 L1 时在 L1 上产生的直流电压降很小，这一点比滤波电阻要好。

（2）交流等效电路分析。 对于交流成分而言，因为电感 L1 感抗的存在，且这一电感很大，这一感抗与电容 C3 的容抗（容抗很小）构成分压衰减电路，见交流等效电路，对交流成分有很大的衰减作用，达到滤波的目的。

题 3 解答：

（1）共模电流流过共模电感器分析。 当共模电流流过共模电感器时，电流方向如图 13-26 所示，由于共模电流在共模电感器中为同方向，线圈 L3 和 L4 内产生同方向的磁场，这时增大

了线圈 L3、L4 电感量，也就是增大了 L3、L4 对共模电流的感抗，使共模电流受到了更大的抑制，达到衰减共模电流的目的，起到了抑制共模干扰噪声的作用。

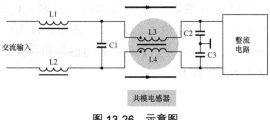

图 13-26 示意图

（2）差模电流流过差模电感器分析。 图 13-27 所示是差模电感器电路，差模电感器 L1、L2 与 X 电容串联构成回路，因为 L1、L2 对差模高频干扰的感抗大，而 X 电容 C1 对高频干扰的容抗小，这样将差模干扰噪声滤除，而不能加到后面的电路中，达到抑制差模高频干扰噪声的目的。

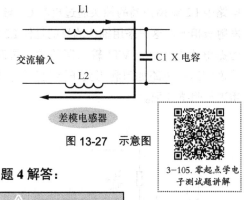

图 13-27 示意图

3-105. 零起点学电子测试题讲解

题 4 解答：

⚠ **重要提示**

VT1 接成共基极放大器电路，而由共基极放大器特性可知，这种放大器的输入阻抗非常小，而 L2 所在谐振电路的阻抗很大，如果这两个电路简单地并接在一起，将严重影响 L2 所在谐振电路的特性，所以需要一个阻抗匹配方式，即电路中线圈 L2 的抽头通过电容 C3 接在 VT1 发射极上。

图 13-28 所示的电路可以说明这一阻抗匹配电路的工作原理。当一个线圈抽头之后就相当于一个自耦变压器，为了更加方便地理解阻

抗变换的原理，将等效电路中的自耦变压器画成了一个标准的变压器。

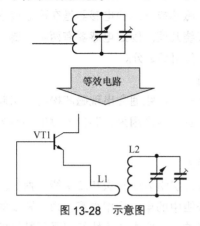

图 13-28　示意图

电路中，一次绕组 L1（抽头以下线圈）的匝数很少，二次绕组 L2 匝数很多，根据变压器的阻抗变换特性可知，L2 所在回路很高的阻抗在 L1 所在回路大幅降低，这样 L1 接在 VT1 低输入阻抗回路中时达到了阻抗的良好匹配。

题 5 解答：

对于交流电压转换原理主要说明以下 4 点。

（1）交流电压转换电路利用了变压器的一次绕组抽头。

（2）变压器有一个特性，即一次绕组和二次绕组每伏电压的匝数相同。

（3）假设电源变压器一次绕组共有 2200 匝，二次绕组共有 50 匝，二次绕组输出 5V 交流电压，也就是每 10 匝绕组 1V，一次绕组和二次绕组一样也是每 10 匝绕组 1V。

（4）这种电路中的电源变压器一次侧设有抽头，不同的交流输入电压接入一次绕组的不同位置，只要保证每 1V 电压的匝数相同，就能保证电源变压器二次绕组输出的交流低电压相同。

题 6 解答：

（1）VT2 电流回路。VT2 导通时电流回路是：直流工作电压 +V→T2 一次绕组上半部分→VT2 集电极→VT2 发射极→R6→地。

（2）VT3 电流回路。VT3 导通时电流回路是：如图 13-29 所示，直流工作电压 +V→T2 一次绕组下半部分→VT3 集电极→VT3 发射极→R6→地。

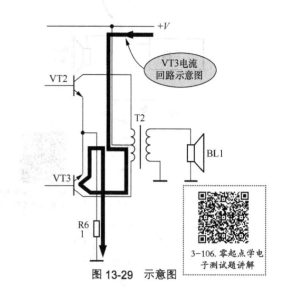

图 13-29　示意图

题 7 解答：

图 13-30 所示是线间变压器电路，电路中有 3 只线间变压器并联，然后接在输出阻抗为 250Ω 的扩音机上。线间变压器的一次阻抗是 1000Ω，二次阻抗是 8Ω，与 8Ω 扬声器连接，这样扬声器能获得最大功率。3 只 1000Ω 线间变压器并联后的总阻抗约为 333Ω，与扩音机的输出阻抗匹配。

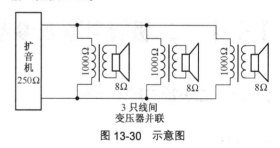

图 13-30　示意图

在长距离传输音频功率信号（一种可以直接驱动扬声器的音频信号）时，为了防止音频功率消耗在传输线路上，采用了线间变压器。

图 13-31 是长距离传送信号时的导线电阻示意图，如果距离在 50m，两根导线的电阻各为约 20Ω，而扬声器的阻抗只有 8Ω，于是大量的音频信号功率降在了导线上。为此要采用高输出阻抗的扩音机，以减小传输线路中的电流。

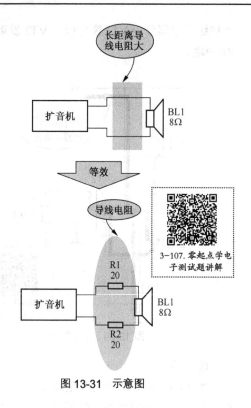

图 13-31　示意图

13.3.3　电感器知识点考题

在下列对的题号上打个"√"，错的题号上打个"×"，并加以更正。

题 1：

最简单的电感线圈就是用导线空心地绕几圈，有磁芯或铁芯的电感器是在磁芯或铁芯上用导线绕几圈。固定电感器有两根引脚，它没有正、负引脚之分。

题 2：

一些微调线圈会出现磁芯松动而引起电感量的改变，这是因为磁芯位置对电感量大小有影响。

题 3：

天线绕组分成一次和二次绕组两组。由于天线绕组中的电流频率很高，为了降低集肤效应的影响，一般中波天线绕组采用特制的多股纱包线来绕制，例如采用 7 股、9 股等，一次和二次绕组除匝数不同外，股数也不同。

13.3.4　电感器知识点考题参考答案

题 1 解答：对。

题 2 解答：对。

题 3 解答：错。天线绕组一次和二次绕组股数相同。

13.4　二极管考题及参考答案

13.4.1　二极管应用电路考题

题 1：

画一个正、负极性半波整流电路，并说明其工作原理。

题 2：

画一个负极性全波整流电路，并分析两只整流二极管导通后的电流回路。

题 3：

图 13-32 所示是一个整流电路，请问这是一个什么整流电路？简要讲解这个电路的工作原理。

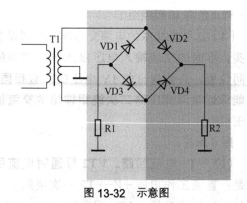

图 13-32　示意图

题 4：

画一个正极性桥式整流电路，并说明这一

电路的特点。

题 5：

画一个二倍压整流电路，并分析电流回路。

题 6：

比较半波、全波、桥式和倍压整流电路的特性。

题 7：

图 13-33 所示的电路中 VD1、VD2 和 VD3 是普通二极管，它们串联起来后构成一个什么电路？并说明其原理。

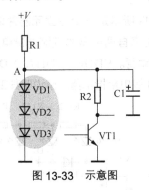

图 13-33 示意图

题 8：

图 13-34 所示是利用二极管温度特性构成的温度补偿电路。请分析二极管 VD1 的作用。

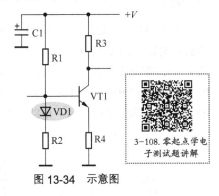

3-108.零起点学电子测试题讲解

图 13-34 示意图

题 9：

图 13-35 所示是一种常见的二极管开关电路。请说明 VD1 的工作原理。

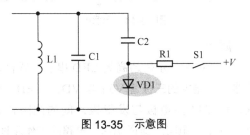

图 13-35 示意图

题 10：

图 13-36 所示是继电器驱动电路中的二极管保护电路，电路中的 K1 是继电器，VD1 是驱动管 VT1 的保护二极管，R1 和 C1 构成继电器内部开关触点的消火花电路。请说明 VD1 的工作原理。

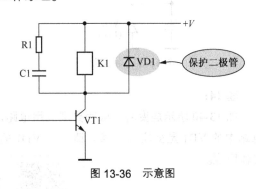

图 13-36 示意图

题 11：

如图 13-37 所示，电路中的 ZL1 是桥堆，分析 ZL1 的工作原理。

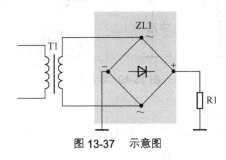

图 13-37 示意图

题 12：

图 13-38 所示是由稳压管构成的典型直流稳压电路，电路中的 VD1 是稳压管，R1 是 VD1 的限流保护电阻。请说明 VD1 的稳压过程。

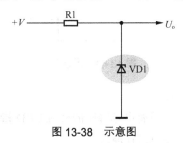

图 13-38 示意图

题 13：

图 13-39 所示是电子滤波器中的稳压管应用电路，电路中的 VD1 是稳压管，VT1 是电子

滤波管，C1 是 VT1 基极滤波电容，R1 是 VT1 偏置电阻。请说明 VD1 是如何稳定 +12V 直流输出电压的。

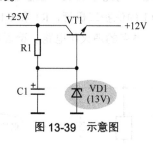

图 13-39　示意图

题 14：

图 13-40 所示是变容二极管典型应用电路，电路中的 VD1 是变容二极管。请说明 VD1 的工作原理。

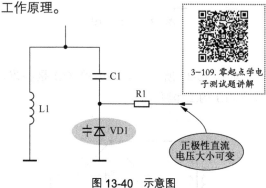

图 13-40　示意图

题 15：

图 13-41 所示是 LED 交流电源指示灯电路，请说明其工作原理。

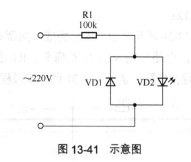

图 13-41　示意图

题 16：

画一个具有电容降压的交流 LED 指示灯电路，并说明其工作原理。

题 17：

图 13-42 所示是 LED 闪烁式（一闪一闪）指示灯电路，请说明其工作原理。

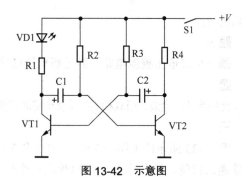

图 13-42　示意图

题 18：

图 13-43 所示是一个分立元器件调谐指示器电路。U_i 是来自调谐器的直流调谐电压，VT107 是 LED 推动管。VD116、VD117、VD118 这 3 只 LED 构成 3 级电平指示器。请说明其工作原理。

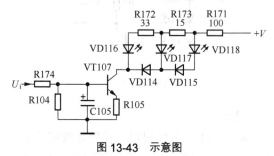

图 13-43　示意图

题 19：

图 13-44 所示是超高亮 LED 并联型线性调节器，电路中的 VD1 是 LED，电路中只画出一只 LED，实际上电路中可以是多只 LED 串联。R1 为限流保护电阻，VT1 为分流管，A1 为运放，R2 为采样电阻。请说明这一电路的工作原理。

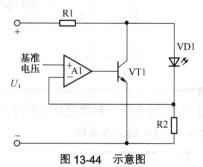

图 13-44　示意图

题 20：

图 13-45 所示是超高亮 LED 串联型线性调节器，电路中的三极管 VT1 与 VD1（LED）串联，用 VT1 集电极与发射极之间的内阻作为 LED 的限流电阻。请说明这一电路的工作原理。

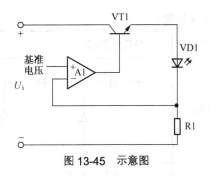

图 13-45　示意图

13.4.2　二极管应用电路考题参考答案

题 1 解答：

图 13-46 所示是正、负极性半波整流电路。电路中 T1 是电源变压器，它的二次绕组中有一个抽头，抽头接地，这样抽头之上和之下分成两个绕组，分别输出两组 50Hz 交流电压，VD1 和 VD2 是两只整流二极管。

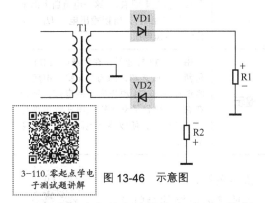

3-110. 零起点学电子测试题讲解　　图 13-46　示意图

这种电路也是半波整流电路，只是将两种极性的半波整流电路整合在一起。

这种半波整流电路有变化，主要是电源变压器二次绕组结构不同，不同结构的二次绕组有不同的正、负极性半波整流电路。

一组半波整流电路中使用一只整流二极管，正、负极性半波整流电路中各使用一只整流二极管。

（1）VD1 整流电路分析。流过整流二极管 VD1 的电流回路是：二次绕组上端→整流二极管 VD1 正极→ VD1 负极→负载电阻 R1 →地线→二次绕组抽头→二次抽头以上绕组，构成回路。

二极管 VD1 导通时的回路电流自上而下地流过负载电阻 R1，在 R1 上的电压降方向是上正下负，所以是正极性电压。

（2）VD2 整流电路分析。流过整流二极管 VD2 的电流回路是：地线→负载电阻 R2 →整流二极管 VD2 正极→ VD2 负极→二次绕组下端→二次抽头以下绕组→二次绕组抽头，构成回路。

二极管 VD2 导通时的回路电流自下而上地流过负载电阻 R2，在 R2 上的电压降方向是上负下正，所以是负极性电压。

题 2 解答：

电路名称	负极性全波整流电路
电路图	
说明	VD1 和 VD2 是两只整流二极管，它们的负极与电源变压器 T1 的二次绕组相连，R1 是这一全波整流电路的负载。 VD1 导通后的电流回路是：地线→负载电阻 R1 →整流二极管 VD1 正极→ VD1 负极→二次绕组上端→二次抽头以上绕组→二次绕组抽头，构成回路。 整流二极管 VD2 导通后的电流回路是：地线→负载电阻 R1 →整流二极管 VD2 正极→ VD2 负极→二次绕组下端→二次抽头以下绕组→二次绕组抽头，构成回路
提示	从地线流出的电流流过整流电路负载电阻时，输出的是负极性的单向脉动直流电压；而电流经过负载流到地线则输出的是正极性单向脉动直流电压

题 3 解答：

这是能够输出正、负极性单向脉动直流电压的全波整流电路。电路中的 T1 是电源变压器，它的二次绕组有一个中心抽头，抽头接地。电路由两组全波整流电路构成，VD2 和 VD4 构成一组正极性全波整流电路，VD1 和 VD3 构成另一组负极性全波整流电路，两组全波整流电路共用二次绕组。

在电源变压器二次绕组上端输出正半周电压期间，VD2 导通，VD2 导通时的电流回路是：T1 二次绕组上端→ VD2 正极→ VD2 负极→负载电阻 R2 →地线→ T1 的二次绕组抽头→二次抽头以上绕组，构成回路。流过负载电阻 R2 的电流方向是自上而下，输出正极性单向脉动直流电压。

在交流电压变化到另一个半周后，电源变压器二次绕组上端输出负半周电压，使VD2截止。这时，二次绕组下端输出正半周电压使VD4导通，**其电流回路是**：T1二次绕组下端→VD4正极→VD4负极→负载电阻R2→地线→T1二次绕组抽头→二次抽头以下绕组，构成回路。流过负载电阻R2的电流方向是自上而下，输出正极性单向脉动直流电压。

题4解答：

电路名称	正极性桥式整流电路
电路图	
说明	桥式整流电路具有以下几个明显的电路特征和工作特点。 （1）每一组桥式整流电路中要用4只整流二极管，或用一只桥堆（一种由4只整流二极管组装在一起的器件）。 （2）电源变压器二次绕组不需要抽头。 （3）对桥式整流电路的分析与全波整流电路基本一样，将交流输入电压分成正、负半周两种情况进行
提示	每一个半周交流输入电压期间内，有两只整流二极管同时串联导通，另两只整流二极管同时串联截止，这与半波和全波整流电路不同，分析整流二极管导通电流回路时要了解这一点

题5解答：

电路名称	二倍压整流电路
电路图	
说明	电路中的 U_i 为交流输入电压，是正弦交流电压，U_o 为直流输出电压（未画出），VD1、VD2和C1构成二倍压整流电路，R1是这一电路的负载电阻。 交流输入电压 U_i 为正半周1时，这一正半周电压通过C1加到VD1负极，给VD1反向偏置电压，使VD1截止。同时，这一正半周电压加到VD2正极，给VD2正向偏置电压，使VD2导通。 二极管VD2导通后的电压加到负载电阻R1上，VD2导通时的电流回路是：交流输入电压 U_i→C1→VD2正极→VD2负极→负载电阻R1。这一电流自上而下地流过电阻R1，所以输出电压 U_o 是正极性的直流电压
提示	由于VD2导通时，在负载电阻R1上是两个电压之和，即为交流输入电压 U_i 峰值电压和C1原先充上的电压，所以在R1上得到了交流输入电压峰值两倍的直流电压，所以称此电路为二倍压整流电路

题6解答：

4种整流电路的特性比较如下。

3-111. 零起点学电子测试题讲解

项　　目	半波整流电路	全波整流电路	桥式整流电路	倍压整流电路
脉动性直流电的频率	50Hz，不利于滤波	100Hz，有利于滤波	100Hz，有利于滤波	
整流效率	低，只用半周交流电	高，使用正、负半周交流电	高，使用正、负半周交流电	高，使用正、负半周交流电
对电源变压器的要求	不要求有抽头，变压器成本低	要求有抽头，变压器成本高	不要求有抽头，变压器成本低	不要求有抽头，变压器成本低
整流二极管承受的反向电压	低	高	低	低
电路结构	简单	一般	复杂	一般
所用二极管数量	1只	2只	4只	最少2只

题 7 解答：

电路中，3 只二极管在直流工作电压的正向偏置作用下导通，导通后对这一电路的作用是稳定了电路中 A 点的直流电压。

二极管内部是一个 PN 结的结构，PN 结除单向导电特性之外还有许多特性，其中之一是二极管导通后其管压降基本不变，对于常用的硅二极管而言导通后正极与负极之间的电压降为 0.6V。那么 3 只串联之后的直流电压降是 $0.6 \times 3 = 1.8V$。

题 8 解答：

假设温度升高，VT1 的基极电流会增大一些。当温度升高时，二极管 VD1 的管压降会下降一些，VD1 管压降的下降导致 VT1 基极电压下降一些，结果使 VT1 基极电流下降。加入二极管 VD1 后，原来温度升高使 VT1 基极电流增大，现在通过 VD1 电路可以使 VT1 基极电流减小一些，这样起到稳定三极管 VT1 基极电流的作用，所以 VD1 可以起温度补偿的作用。

三极管的温度稳定性能不良还表现在温度下降的过程中。在温度降低时，三极管 VT1 基极电流要减小，这也是温度稳定性能不好的表现。接入二极管 VD1 后，温度下降时，它的管压降稍有升高，使 VT1 基极直流工作电压升高，结果 VT1 基极电流增大，这样也能补偿三极管 VT1 温度下降时的不稳定电流。

题 9 解答：

VD1 为开关二极管。

（1）开关 S1 断开时电路分析。 直流电压 +V 无法加到 VD1 的正极，这时 VD1 截止，其正极与负极之间的电阻很大，相当于 VD1 开路，这样 C2 不能接入电路，L1 只是与 C1 并联构成 LC 并联谐振电路。

（2）开关 S1 接通时电路分析。 直流电压 +V 通过 S1 和 R1 加到 VD1 的正极，使 VD1 导通，其正极与负极之间的电阻很小，相当于 VD1 的正极与负极之间接通，这样 C2 接入电路，且与电容 C1 并联，L1 与 C1、C2 构成 LC 并联谐振电路。

3-112. 零起点学电子测试题讲解

由于 LC 并联谐振电路中的电容不同，一种情况只有 C1，另一种情况是 C1 与 C2 并联，在电容量不同的情况下 LC 并联谐振电路的谐振频率不同。所以，VD1 在电路中的真正作用是控制 LC 并联谐振电路的谐振频率。

题 10 解答：

（1）正常通电情况下电路分析。 直流电压 +V 加到 VD1 负极，VD1 处于截止状态，VD1 内阻相当大，所以二极管在电路中不起任何作用，也不影响其他电路的工作。

（2）电路断电瞬间电路分析。 继电器 K1 两端产生下正上负、幅度很大的反向电动势，这一反向电动势正极加在二极管正极上，负极加在二极管负极上，使二极管处于正向导通状态，反向电动势产生的电流通过内阻很小的二极管 VD1 构成回路。二极管导通后的管压降很小，这样继电器 K1 两端的反向电动势幅度被大大减小，达到保护驱动管 VT1 的目的。

题 11 解答：

在掌握了分立元器件的正极性桥式整流电路工作原理之后，只需要围绕桥堆 ZL1 的 4 根引脚进行电路分析。

（1）两根交流电压输入脚"～"与电源变压器二次绕组相连，这两根引脚没有正、负极性之分。

（2）正极性端"+"与整流电路负载连接，输出正极性直流电压。

（3）负极性端"–"与地线连接，在输出正极性电压的电路中，负极性端必须接地。

题 12 解答：

未经稳定的直流工作电压 +V 通过 R1 加到稳压管上，由于 +V 远大于 VD1 稳压值，所以 VD1 进入工作状态，其两端得到稳定的直流电压，作为稳压电路的输出电压。

当直流工作电压大小波动时，流过 R1 和 VD1 的电流大小随之波动，由于稳压管 VD1

稳压不变，这样直流电压 +V 大小波动的电压降在电阻 R1 上。

题 13 解答：

3-113. 零起点学电子测试题讲解

+25V 直流电压通过 R1 加到 VD1 上，使之导通。在稳压管导通后，将 VT1 基极电压稳压在 13V，根据三极管发射结导通后的结电压基本不变特性可知，这时 VT1 发射极直流输出电压也是稳定的，达到稳定直流输出电压的目的。

题 14 解答：

电容 C1 与变容二极管 VD1 结电容串联，然后与 L1 并联构成 LC 并联谐振电路。正极性的直流电压通过电阻 R1 加到 VD1 负极，当这一直流电压大小变化时，给 VD1 加的反向偏置电压大小改变，其结电容大小也改变，这样 LC 并联谐振电路的谐振频率也随之改变。

题 15 解答：

LED 在交流 220V 电源下使用时，应接反向保护二极管 VD1，保护二极管的反向耐压要大于交流电源电压的峰值。

这一电路的工作原理是：在 220V 交流电正半周期间，交流电通过 R1 加到 VD2（LED）正极，VD2 导通发光，R1 起限流保护作用。这时，保护二极管 VD1 处于反向截止状态。

在 220V 交流电负半周期间，交流电通过 R1 加到保护二极管 VD1 正极，VD1 导通，其导通后两端的 0.6V 管降加到 VD2 上，使 VD2 两端的反向电压很小，达到保护 VD2 的目的。电阻 R1 仍然起着限流保护作用，这时保护二极管 VD1。

> ⚠ **重要提示**
>
> LED 只在交流电的正半周期间导通发光，在交流电的负半周期间 LED 不发光。
>
> 由于交流电的频率为 50Hz，这样 LED 在 1s 内发光、截止变化 25 次。
>
> 由于人眼的视觉惰性，感觉 LED 始终在发光指示。

题 16 解答：

电路名称	具有电容降压的交流 LED 指示灯电路
电路图	**220V/230V 电路**（~230V/50Hz，C1 330n/DC630V，R1 1M/350V，R2 1.8k 1W，VD1 1N4148，VD2 LED） **110V 电路**（~110V/60Hz，C1 470n/DC400V，R1 1M/250V，R2 1k 1W，VD1 1N4148，VD2 LED）
说明	这是两种具有电容降压的交流 LED 指示灯电路，电路中的 VD1 是保护二极管，VD2 是 LED，C1 是降压电容，R2 是限流保护电阻，R1 是电容 C1 的泄放电阻。 电容 C1 利用容抗来进行降压，这样加到 LED 上的交流电压减小，可以减小限流保护电阻 R1 的阻值，这样可以减小整个指示灯电路的耗电量
提示	电路中的 LED 平均电流约 10mA。 电阻 R1 是电容 C1 的泄放电阻，不能省略，否则会造成电击。 由于这一电路中没有电源变压器的隔离，所以整个电路带电，要注意安全

题 17 解答：

电路中的 VD1 是 LED，VT1、VT2 和其他阻容元件构成一个多谐振荡器。由多谐振荡器工作原理可知，VT1 和 VT2 始终是一只导通、另一只截止，并且交替变化。

在 VT2 导通期间，其集电极电流流过 VD1，使 VD1 发光指示。当 VT1 截止时 VD1 中没有电流流过，此时它不能发光指示。只要振荡器的振荡频率不高，VT1 便会一闪一闪地闪烁发光指示。

题 18 解答：

直流调谐电压 U_1 经 R174 加到 VT107 基极，使 VT107 导通，VD116 发光指示，其电流回路为：

+V→R171→R173→R172→VD116→VT107集电极→VT107发射极→R105→地端。

U_i进一步增大时，VT107集电极电流增大，除使VD116继续导通发光外，由于在R172上的压降增大，VD117也发光指示。同理，当输入电压U_i进一步加大时，VT107的导通电流更大，R173上的压降增大，使VD118获得正向偏置电压而导通发光。

R172是VD116的限流保护电阻，R173是VD117的限流保护电阻，R171是VD118的限流保护电阻。加入二极管VD114、VD115的目的是利用二极管导通后的一个管压降，拉开3只LED的导通电平。

题19解答：

分流三极管VT1与LED（VD1）并联，当输入电压增大时，通过A1的控制，流过分流调节器（VT1）的电流将会增大，这时会增大限流电阻上的压降，使流过LED（VD1）的电流保持恒定。同理，当输入电压减小时，流过VT1的电流会减小，使电阻R1上的压降减小，保持流过VD1的电流恒定。

重要提示

由于分流调节器需要串联一个电阻R1，所以效率不高，并且在输入电压变化范围比较大的情况下很难做到恒定的调节。

题20解答：

当输入电压增大时，通过A1的控制，VT1集电极与发射极之间内阻增大，使流过VD1（LED）的电流保持恒定。同理，当输入电压减小时，VT1集电极与发射极之间内阻减小，保持流过VD1的电流恒定。

重要提示

由于功率三极管或场效应管都有一个饱和导通电压，因此，串联型线性调节器电路中的输入最小电压必须大于该饱和电压与负载电压之和，电路才能正常地工作。

13.5　三极管考题及参考答案

3-114.零起点学电子测试题讲解

13.5.1　三极管应用电路考题

题1：

甲类放大器中，三极管静态工作点对放大器性能有何影响，请列举3种情况说明。

题2：

图13-47所示是典型的固定式偏置电路，分析电阻R1的工作原理。

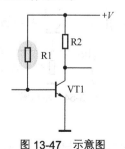
图13-47　示意图

题3：

如图13-48所示，电路中的VT1是NPN型三极管，−V是负极性直流电源，R1是电阻器，分析R1的作用和工作原理。

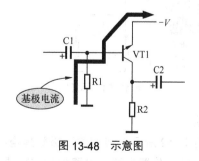
图13-48　示意图

题4：

如图13-49所示，电路中的电阻R1接在三极管的基极与+V端之间，VT1是PNP型三极管。请问 R1 是 VT1 的偏置电阻吗？为什么？

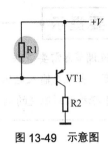

图 13-49　示意图

题 5：

图 13-50 所示是一种分压式偏置电路的变形电路。电路中的 RP1 是可变电阻器，分析 RP1 的工作原理。

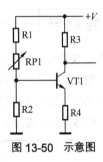

图 13-50　示意图

题 6：

图 13-51 所示是一种为了提高放大器输入电阻的分压式偏置电路。电路中的 R1、R2 和 R3 构成特殊的分压式偏置电路。请分析 R1、R2 和 R3 的工作原理。

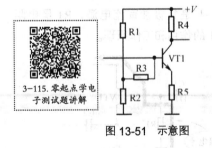

3-115. 零起点学电子测试题讲解

图 13-51　示意图

题 7：

图 13-52 所示是典型的三极管集电极－基极负反馈式偏置电路。电路中的 VT1 是 NPN 型三极管，R1 是集电极－基极负反馈式偏置电阻。说明 R1 为 VT1 提供基极电流的回路。

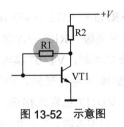

图 13-52　示意图

题 8：

图 13-53 所示是三极管放大器中的集电极负载电阻电路。R2 是 VT1 的集电极负载电阻，R2 有哪些具体作用？

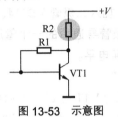

图 13-53　示意图

题 9：

说明放大器耦合电容对交流信号的影响。

题 10：

如何理解三极管的放大作用？

题 11：

说明共发射极放大器的主要特性。

题 12：

画一个典型的共集电极放大器电路，并说明信号传输过程。

题 13：

说明共集电极放大器的主要特性。

题 14：

图 13-54 所示是共基极放大器，分析它的直流电路工作原理。

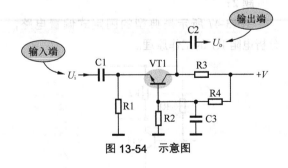

图 13-54　示意图

题 15：

对 3 种放大器的特性进行比较。

题16：

说明共发、共集和共基放大器的主要应用。

13.5.2 三极管应用电路考题参考答案

4-1. 零起点学电子测试题讲解

题1解答：

三极管的静态工作点其实是相当复杂的，总的来讲静态电流大小在放大器中与放大倍数、噪声、非线性失真等相关。

（1）三极管静态电流与噪声之间关系。静态电流愈大，噪声愈大，反之则小。小信号放大器中静态工作点较低，在负半周最大信号不落入截止区的前提下尽可能地小，这样可以抑制三极管噪声。

（2）**三极管静态电流大小与放大倍数之间关系。**在基极电流为某一值时，放大倍数β为最大；基极电流大于或小于这一值时，放大倍数β要都下降。

（3）**推动级静态电流。**大信号的甲类放大器中，如推动级放大管工作点要在交流负载线中间，这样非线性失真会最小。这是因为在正、负半周对称削顶的情况下，信号的非线性失真小于非对称（如大小头失真，正半周削顶量大于负半周削顶量）时的非线性失真。

（4）**在乙类放大器中的三极管无静态工作电流，**所以它只能放大交流信号的半周（正半周或是负半周），且所放大的半周信号也存在交越失真，这种放大器用于对信号失真没有要求的功率放大场合下。

（5）**在甲乙类放大器中静态工作电流很小，**只要克服交越失真即可。这种放大器应用广泛，如OTL、OCL、BTL功率放大器中均采用这种方式，甲乙类放大器中用两只三极管分别放大交流信号的正、负半周。

（6）**三极管开关电路。**三极管无静态电流，三极管的工作电流有两种状态：一是为零时开关断开，二是很大时开关接通。

（7）**收音机变频级三极管只有很小很小的静态电流。**三极管工作在非线性区，这样三极管才具有变频功能。

（8）**差分放大器中的两只三极管静态电流相等，**以有效地克服共模信号和零点漂移。

（9）**正弦波振荡器中的振荡管静态电流大小影响起振和振荡输出信号的幅度大小。**

（10）**一些对温度稳定要求很高的放大器中，**要求设置温度补偿电路，以稳定三极管的静态工作电流。

（11）**在一些电路中为了防止直流工作电压波动造成三极管静态电流的不稳定，**要求在三极管直流工作电压电路中设置直流稳压电路。

题2解答：

在直流工作电压 +V 和电阻 R1 的阻值大小确定后，流入三极管的基极电流就是确定的，所以 R1 称为固定式偏置电阻。

直流工作电压 +V 产生的直流电流通过 R1 流入三极管 VT1 内部，**其基极电流回路是：**直流工作电压 +V →固定式偏置电阻 R1 →三极管 VT1 基极→ VT1 发射极→地线。

基极电流 $I_B=($ +V-0.6V $)/R_1$，式中的 0.6V 是 VT1 发射结压降。

> ⚠ **重 要 提 示**
>
> 无论是采用正极性直流电源还是负极性直流电源，无论是 NPN 型三极管还是 PNP 型三极管，三极管固定式偏置电阻只有一个。

题3解答：

电路中的 R1 构成 VT1 的固定式基极偏置电路，R1 为 VT1 提供基极电流。基极电流从地线（也就是电源的正极端）经电阻 R1 流入三极管 VT1 基极。

对于采用负电源供电的 NPN 型三极管固定式偏置电路而言，偏置电阻 R1 的电路特征是：它的一端与三极管基极相连，另一端与地线相连，根据电阻 R1 的这一电路特征，可以方便地在电路中确定哪个电阻是固定式偏置电阻。

题4解答：

如果电阻 R1 是三极管 VT1 的固定式偏置

电阻，它提供基极电流的回路可能是：+V端→VT1发射极→VT1基极→R1→+V端，而在此回路中没有直流工作电源的地端，R1所在回路只是有一个端点与直流工作电压+V端相连，所以电阻R1不能为三极管VT1提供基极电流，R1不是VT1的基极偏置电阻。

题5解答：

R1和RP1串联后作为上偏置电阻，由于RP1的阻值可以进行微调，所以这一电路中上偏置电阻器的阻值可以方便地调整。

串联可变电阻器RP1的作用是进行上偏置电阻的阻值调整，进行三极管VT1的基极直流偏置电流的调整，从而可以调整三极管VT1的静态工作状态。

在调整RP1的阻值时，实际上是改变了分压电路的分压比，即改变了三极管VT1基极上的直流偏置电压，从而可以改变三极管VT1的静态电流。

改变三极管的静态工作电流，可以改变三极管的动态工作情况，有时可以在一定范围内调整三极管VT1这一级放大器的放大倍数等。

题6解答：

图13-55所示是这一分压式偏置电路的等效电路。由于加入了电阻R3，电阻R1和R2并联后与R3串联（串联电阻电路总电阻增大），然后再与三极管VT1的输入电阻并联，这样提高了这一级放大器的输入电阻。所以，这种变形的分压式偏置电路中，电阻R3是为了提高放大器输入电阻而设置的。

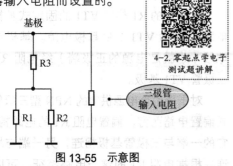

图13-55 示意图

题7解答：

R1为VT1提供的基极电流回路是： 直流工作电压+V端→R2→VT1集电极→R1→VT1基极→VT1发射极→地端，这一回路中有电源+V，所以能有基极电流。

由于R1接在集电极与基极之间，并且R1具有负反馈的作用，所以称为集电极–基极负反馈式偏置电路。

题8解答：

它有如下两个具体作用。

（1）为三极管提供集电极直流工作电压和集电极电流。

（2）将三极管集电极电流的变化转换成集电极电压的变化。

集电极电压U_C等于直流电压+V减去在R1上的压降。当集电极电流I_C变化时，集电极负载电阻R1上的压降也变化。由于+V不变，所以集电极电压U_C相应变化，可见通过集电极负载电阻能将集电极电流的变化转换成集电极电压的变化。

题9解答：

输入端和输出端耦合电容对交流信号的影响是多方面的，有时还是相互矛盾的，例如耦合电容的容量增大了，对低频信号有益，但是增大了电路的噪声。

（1）对信号幅度影响。 耦合电容的容量大，则容抗小，对信号幅度衰减小，反之则大。放大器工作频率低，则要求的耦合电容容量大，因为频率低电容的容抗大，加大容量才能降低容抗。音频放大器中耦合电容的容量比高频放大器中的大，因为音频信号频率低，高频信号频率高。

（2）对噪声影响。 耦合电容串联在信号传输回路中，它产生的噪声直接影响放大器的噪声，特别是前级放大器中的耦合电容；输入端耦合电容比输出端耦合电容的影响更大，因为耦合电容产生的噪声被后级放大器所放大。由于耦合电容的容量愈大，其噪声愈大，所以在满足了足够小容抗的前提下，耦合电容容量要尽可能地小。

（3）对各频率信号的影响。 放大器工作频率有一定范围，耦合电容主要对低频率信号幅度衰减有影响，因为频率低，它的容抗大，所以选择耦合电容时其容量要使它对低频信号的容抗足够小。

题10解答：

在放大器电路中，三极管是核心元器件，放大作用主要靠三极管。

在放大器中，输出信号比输入信号大，也就是说输出信号能量比输入信号能量大，而三极管本身是不能增加信号能量的，它只是将电源的能量转换成输出信号的能量。

图13-56可以说明三极管放大信号的实质。三极管是一个电流转换器件，它按照输入信号的变化规律将电源的电流转换成输出信号的能量，整个信号放大过程中都是由电源提供能量的。

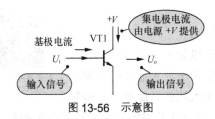

图13-56　示意图

三极管有一个特性，即集电极电流大小由基极电流大小控制。三极管基极电流大小的变化规律是受输入信号控制的，三极管集电极电流由直流电源提供，这样，按输入信号变化规律而变化的输出信号能量比输入信号大，这就是放大。

有一个输入信号电流，就有一个相应的三极管基极电流，就有一个相应的由电源提供的更大的集电极信号电流。

有一个基极电流就有一个相对应的更大的集电极电流，三极管的这一特性必须由直流电压来保证，没有正常的直流条件，三极管就不能实现这一特性。

题11解答：

放大器对信号的放大有以下几种情况。

（1）只放大信号电压，不放大信号电流。

（2）只放大信号电流，不放大信号电压。

（3）同时放大信号电压和信号电流。

3种类型的放大器对信号放大的情况是不同的，只有共发射极放大器能够同时放大信号的电流和电压。

题12解答：

电路名称	共集电极放大器
电路图	（电路图） 4-3. 零起点学电子测试题讲解
说明	这一电路的信号传输过程是：输入信号 U_i（所需要放大的信号）→输入端耦合电容 C1（隔直通交，对信号无放大也无衰减）→VT1 基极→VT1 发射极（对信号进行了电流放大）→输出端耦合电容 C2（隔直通交，对信号无放大也无衰减）→输出信号 U_o。
提示	发射极电阻 R2 为 VT1 提供直流电流回路，将发射极电流的变化转换成发射极电压的变化，具有负反馈作用

题13解答：

（1）共集电极放大器只有电流放大能力，没有电压放大能力。

（2）共集电极放大器输出信号电压与输入信号电压具有同相位特性。

（3）共集电极放大器具有输出阻抗小和输入阻抗大的特性。

题14解答：

集电极负载电阻 R3 将直流电压 $+V$ 加到 VT1 集电极，同时将集电极电流的变化转换成集电极电压的变化。

集电极直流电流回路是：直流工作电压 $+V$→集电极负载电阻R3→VT1 集电极，流入三极管内。

R1 是 VT1 发射极电阻，构成发射极直流电流回路。发射极电流回路是：VT1 发射极→发射极电阻 R1→地端。

电阻 R4 和 R2 构成 VT1 典型的分压式偏置电路，其分压后的输出电压加到 VT1 基极，为 VT1 提供基极偏置电压。基极电流回路是：直流工作电压 $+V$→电阻 R4→VT1 基极，流入三极管内。

题15解答：

项目	共发射极放大器	共集电极放大器	共基极放大器
电压放大倍数	远大于1	小于、接近于1	远大于1
电流放大倍数	远大于1	远大于1	小于、接近于1
输入阻抗	一般	大	小
输出阻抗	一般	小	大
输出、输入信号电压相位	反相	同相	同相
应用情况	最多	其次	最少
频率响应	差	较好	好
高频特性	一般	一般	好

题16解答：

（1）3种放大器中，共发射极放大器应用最为广泛，在各种频率的放大系统中都有应用，是信号放大的首选电路。

（2）共集电极放大器由于输入阻抗大、输出阻抗小的特点，主要用在放大系统中起隔离作用，例如用作多级放大系统中的输入级、输出级和缓冲级，使共集电极放大器前级电路与后级电路之间的相互影响减至最小。

（3）共基极放大器由于高频特性优良，所以主要用在工作频率比较高的高频电路中，例如视频电路中，在一般音频放大电路中不用。

13.5.3 三极管知识点考题

在下列对的题号上打个"√"，错的题号上打个"×"，并加以更正。

题1：

三极管有3根引脚，这3根引脚之间不能互用。NPN型三极管是目前常用的三极管，它的发射极电流是从管内流出管外的，集电极电流是从管外流入管内的，基极电流也是从管外流入管内的。

题2：

NPN型三极管3个电极中，基极电流远远小于集电极电流和发射极电流，但是PNP型三极管则相反，3个电极电流中基极电流最大。

题3：

三极管能将直流电源的电流按照输入电流信号的变化规律转换成相应的集电极电流和发射极电流，由于集电极电流和发射极电流均远远大于基极电流，所以三极管具有放大信号的能力。

4-4.零起点学电子测试题讲解

题4：

三极管有3个工作状态，三极管用于放大信号时必须工作在放大状态，此时的三极管工作电流比工作在饱和区状态时的电流还要大。

题5：

如果信号落到了三极管的截止区或是饱和区，信号将出现削顶失真，这是一种严重的非线性失真，在放大器中是不允许出现的，合适的静态工作电流可以克服这一问题。

题6：

低频三极管用于高频电路时，三极管容易被击穿，所以低频三极管是不能用于高频电路中的。

题7：

当三极管的集电极电流增大时，集电极与发射极之间的内阻减小。当三极管饱和时，集电极与发射极之间的电压约为0.2V，这也是判断三极管是否饱和导通的一个重要依据。

题8：

三极管进入放大状态后，发射结是处于导通状态的，但是在饱和状态时发射结则处于截止状态。

题9：

在三极管进入放大状态后，只要有集电极电流，就必有发射极电流和基极电流，没有基极电流就必然没有集电极电流和发射极电流。

题10：

在固定式偏置电路中，该电阻是不能开路的，否则三极管会因基极电流很大而烧坏。

题11：

在集电极－基极负反馈式偏置电路中，当偏置电阻短路后，三极管基极电流、集电极电流和发射极电流均很大，会损坏三极管。

题12：

在分压式偏置电路中，任何一只偏置电阻开路都不会造成三极管电流增大。

题13：

在小信号放大器中，如果输出信号出现了削顶失真，这说明三极管的静态电流偏小了，应该适当加大，但是也不能加得太大，否则三极管的噪声将增大。

题14：

在集电极－基极负反馈式偏置电路中，三极管输出端有一部分信号通过这只偏置电路加到了三极管输入端，使三极管放大能力大幅下降了。

13.5.4　三极管知识点考题参考答案

题1解答：对。

题2解答：错。PNP型三极管同NPN型三

极管一样，也是基极电流最小。

题3解答：对。

题4解答：错。饱和状态时的工作电流小于放大状态时的工作电流。

题5解答：对。

题6解答：错。由于低频三极管特征频率低，当它工作在高频时放大倍数大幅下降，甚至放大倍数小于1而没有放大能力。

题7解答：对。

题8解答：错。饱和状态时发射结处于导通状态。

题9解答：对。

题10解答：错。固定式偏置电路中偏置电阻开路后三极管无基极电流。

题11解答：错。这时三极管的集电极与基极直接相连，三极管只使用了发射结，三极管当二极管使用了，由于集电极电阻的限流作用不会使三极管有很大电流，也不会损坏三极管，但是三极管没有放大功能。

题12解答：错。当下偏置电阻开路后，基极电流明显增大，导致三极管集电极电流和发射极电流明显增大。

题13解答：对。

题14解答：错。没有大幅下降，因为在这种偏置电路中，偏置电阻的阻值比较大，只有少量的信号从输出端反馈到输入端。

13.6　数字电路考题及参考答案

13.6.1　概述类考题

在下列对的题号上打个"√"，错的题号上打个"×"，并加以更正。

题1：

正弦信号是一个模拟信号，矩形脉冲信号是一个数字信号，它们之间的根本区别是信号的幅值大小不同。

题2：

数字电路只能放大、处理数字信号，对于

模拟信号要通过变换电路，将模拟信号转换成数字信号之后才能送入数字电路中。

题3：

对于模拟信号而言，其信号幅度直接表达了信号的幅值大小。对于数字信号的幅值大小不能只代表信号的幅值，只能表示数字信号的一种状态，如幅值大为高电平，幅值小为低电平。

题4：

数字信号中的"0"表示低电平，"1"表示

4-5.零起点学电子
测试题讲解

高电平。数字电路中的三极管主要工作在饱和状态、截止状态，这两种状态能够表示出数字信号中的"0"和"1"，这一点与模拟电路中的三极管工作状态完全不同。

题5：

在数字电路中，电路所放大和处理的信号只有"0"与"1"两种状态。对于高电平"1"信号而言，当它的信号幅度在一定范围内发生改变时，并不影响作为高电平"1"信号本身的特性，低电平"0"信号也是同样。但是，当"1"信号和"0"信号的幅度相差很小时，由于电路无法分清是"1"信号还是"0"信号，此时数字电路也无法正常工作。由此可见，在数字电路中也不是对高电平"1"和低电平"0"信号幅度没有要求的。

题6：

数字电路的优点有抗干扰能力强、电路工作的可靠性高、电路结构可以得到简化、在数字式记录重放系统中对记录媒体和机械系统的要求比较低；缺点是数字电路的通用性比较差。

题7：

数字集成电路与模拟集成电路从引脚排列、封装形式上就能看出它们的不同。数字集成电路内电路是数字电路，模拟集成电路内电路是模拟电路，它们所放大、处理的信号是不同的，两种集成电路之间不能互换使用。

题8：

大规模集成电路与中规模集成电路的区别是内电路中三极管的数目不等，大规模集成电路内电路中有1000～10000只三极管。一般情况下，集成电路引脚数目与集成电路的规模成正比关系。当集成电路的引脚数目较多时，集成电路引脚一般采用四列排列方式。

题9：

数字集成电路有这样一些特点：电路工作在小信号状态，电路工作电压和工作电流比较小，功耗较小，所以数字集成电路一般情况下没有散热片。

题10：

集成电路的内电路是相当复杂的，一般情况下对集成电路的内电路是没有必要进行详细

分析的，只要了解集成电路的内电路方框图和功能即可。在集成电路内电路中，一般情况下二极管是由三极管变换而来的。

题11：

集成电路的引脚分布是有规律性的，了解这种引脚的排列对识图和修理都是十分有益的。对于各种排列的集成电路，其第一根引脚一般都有一个标记。对四列集成电路而言，正面对着有标记的是第一根引脚，然后逆时针方向依次是集成电路的其他各引脚。

题12：

在数字式家用电器的整机电路中，所有的电路都是数字电路，没有模拟电路。整机电路图是各种电路图中最为复杂、最为全面的电路图。一些家用电器的整机电路图比较大，可能是分成几小张的。

题13：

一些功能的数字集成电路的输入引脚数目要比模拟集成电路的输入端数目多得多，输出引脚数目也是这样。另外，数字集成电路的一些引脚不仅能输入信号，而且还能输出信号。

题14：

数字集成电路中的控制引脚数目要比模拟集成电路中的控制引脚数目多得多。

题15：

对数字集成电路的工作原理分析与模拟集成电路有所不同，对信号输入或输出引脚外电路分析主要进行信号传输的识图，对于控制引脚外电路分析主要是该引脚上电平高低对电路的具体控制作用。

13.6.2 概述类考题参考答案

题1解答：错。正弦信号是一个连续变化量，而脉冲信号是一个离散量。

题2解答：对。

题3解答：对。

题4解答：对。

题5解答：对。

4-6.零起点学电子测试题讲解

题6解答：错。数字电路的通用性比较好。

题 7 解答：错。数字集成电路与模拟集成电路从引脚排列、封装形式上是无法区别的，但可以从型号上区别它们。

题 8 解答：对。

题 9 解答：对。

题 10 解答：对。

题 11 解答：对。

题 12 解答：错。在数字式家用电器的整机电路中，不是所有的电路都是数字电路，总是有一部分是模拟电路。

题 13 解答：对。

题 14 解答：对。

题 15 解答：对。

4–7. 零起点学电子测试题讲解

13.6.3 二进制数与二进制编码考题

在下列对的题号上打个"√"，错的题号上打个"×"，并加以更正。

题 1：

在十进制数中只有 0～9 十个不同的数字，而在二进制中只有 0、1 两个数字，但是它们都能表示出许许多多的数字。用二进制数也能表示出十进制数字，例如二进制数中的 1111 就是十进制数中的 15，而十进制中的 9 可以用二进制数中的 1001 表示。

题 2：

在二进制数中，进行加法运算时有这样几个公式：1 + 1 = 10，1 + 0 = 1，0 + 1 = 1，0 + 0 = 0。在进行减法运算时也有这样几个公式：1–1 = 0，0–0 = 0，1–0 = 1，10–1 = 1。

题 3：

由于二进制数中只有 0 和 1 两个数码，在数字电路中 0 和 1 只是电路的两种不同状态，例如三极管的饱和用 1 来表示，三极管的截止用 0 来表示，那么电子电路表示这两种不同状态是相当方便的，所以数字电路中主要使用二进制编码。数字电路可以对这种二进制数码进行加、减等各种运算和逻辑运算等。

题 4：

一个 3 比特的数码最大只能表示十进制数

中的 7，如果要表示十进制数中的 13 必须使用 4 比特数码，但是若使用 6 比特数码时就无法表示十进制中的 13 了。这是因为 6 比特数只能用来表示 64 以上的数字。

题 5：

二进制数字 0111 是一个 3 比特数码，因为 MSB 位中的 0 没有意义，如果是 1110 就是一个 4 比特数码了，在这一数码中的 0 是 LSB 位。字是二进制数的基本单位，国际上统一将 8 位二进制数定义为一个字节，而 4 位称为半字节。在习惯上，把 2^{10} = 1024 个字节称为 1K 字节。

题 6：

8421 BCD 码是一种用二进制码来表示十进制数的码制。这种码的权是 8421，它的具体含义是：MSB 位权为 8，2SB 位权是 4，3SB 位权是 2，LSB 位权是 1。利用这一关系可以方便地算出一个 4 比特二进制数码的十进制数，如 1111 就是 1×8 + 1×4 + 1×2 + 1×1 = 15。

题 7：

在 8421 BCD 码中，若表示十进制数中的 25 就应该是 2 用 0010 表示，5 用 0101 表示，这样就是 0010 0101，如果是一个 3 位数也是用同样的方法表示。

题 8：

目前，世界上普遍采用 ASCII 码，即美国标准信息交换码。ASCII 码用 7 位二进制数码来表示，可表示 128 种不同的字符，这其中包括 10 个十进制数字符号 0～9、26 个大小写英文字母、17 个标点符号、9 个运算符号以及 50 个其他符号等。8421 BCD 码只有 4 位，它不能表示字母、符号。

题 9：

自然二进制码不能表示电信号的负值，所以在数字系统中有许多能够表示电信号负值的二进制码，例如 2 的补码、1 的补码、带正 / 负号的自然二进制码、偏移二进制码、偏移反射二进制码等，这些都是二进制码，但具体的编码规则是各不相同的。

题 10：

在 CD 机中使用 2 的补码，这是因为这种编码方便，且该码与十进制数中的 0 只有一个对应码 0000。

题 11：

二进制码的传输有两个方式：一是并行传输，二是串行传输。前者传输速度较快，但需要有相应多的传输线路；后者传输速度较慢，但只需要一条传输线路即可。这两种传输方式通过有关电路转换后可以改变。

题 12：

在模拟电路中没有能够记忆信号的电路，而在数字电路中的信息可以存放在有关具有记忆功能的电路中，并且在数字电路工作过程中随时可以读取这些所存放的信息，也可以将有关信息存放在能够记忆信息的电路中，这一点数字电路与模拟电路有着很大的不同。

13.6.4 二进制数与二进制编码考题参考答案

4-8. 零起点学电子测试题讲解

题 1 解答：对。

题 2 解答：对。

题 3 解答：对。

题 4 解答：错。使用 6 比特数码时可以表示十进制中的 13，因为 6 比特数可以用来表示 64 以下的所有数字。

题 5 解答：错。0111 也是 4 比特数码。

题 6 解答：对。

题 7 解答：对。

题 8 解答：对。

题 9 解答：对。

题 10 解答：错。采用补码的原因是这种码在电路出现故障时噪声较小。

题 11 解答：对。

题 12 解答：对。

13.6.5 逻辑门电路和触发器电路考题

在下列对的题号上打个"√"，错的题号上打个"×"，并加以更正。

题 1：

数字电路中最基本的器件为电子开关电路，逻辑门电路就是一种电子开关电路。最常见的逻辑门电路主要有或门电路、与门电路、非门电路、或非门电路和与非门电路等。这些门电路可以由二极管构成，也可以由三极管构成，还可以由 MOS 器件构成。

题 2：

当三极管工作在开关状态时，它有两个工作状态：一是饱和导通状态，此时三极管集电极与发射极之间的内阻很小；二是截止状态，此时集电极与发射极之间的内阻很大。三极管截止时相当于开关断开，三极管饱和时相当于开关接通。三极管截止、饱和时的集电极与发射极之间内阻相差很大。

题 3：

有一个四输入端的或门电路，只有当它的所有输入端都是高电平 1 时，这一或门电路才输出高电平 1。反过来讲，对于这一或门电路而言，4 个输入端中只要有一个输入端是低电平 0 时，该或门电路就输出低电平 0。

题 4：

有一个五输入端的与门电路，当 5 个输入端都是输入高电平 1 时，该门才会输出 1，如果有一个输入端是低电平 0，则该门必定是输出低电平 0。当 5 个输入端都是输入低电平 0 时，这一与门电路也是输出高电平 1。

题 5：

非门电路必须使用三极管或 MOS 器件才能构成，二极管不能构成非门电路。非门电路是一种反相器，当输入低电平时，该门电路输出高电平，当输入高电平时则输出低电平。非门电路只有一个输入端和一个输出端，不像与门电路和或门电路有多个输入端，同时也有多个输出端。

题 6：

在 CMOS 非门电路中，有两只不同沟道的 MOS 管，其中一只 MOS 管是控制管，另一只是负载管，负载管相当于控制管的有源电阻。无论非门电路的输入状态如何，负载管始终处于导通状态，但控制管是否导通则受输入信号的控制。

题7：

与非门电路的结构是在与门的基础上再接一个非门，这种门电路的逻辑功能是先对各输入信号进行与逻辑，然后再对与逻辑的结果进行非逻辑。与非门电路同或非门电路一样，可以有多个输入端，但只有一个输出端。

题8：

所谓 CMOS 电路就是采用互补型的 MOS 管构成的电路。所谓 TTL 电路就是晶体管－晶体管－逻辑电路。所谓与或非电路是两个或两个以上与门和一个或门，再加一个非门串联起来的门电路。

题9：

异或门电路只有两个输入端和一个输出端，输出端与输入端之间的逻辑关系是：当两个输入端一个为 1，另一个为 0 时，输出端为 1；当两个输入端都是 1 时输出端为 0；当两个输入端都是 0 时输出端为 1。

题10：

DTL 门就是二极管－三极管逻辑门电路，这种门电路是最简单的集成门电路。OC 门就是集电极开路与非门，它的逻辑功能就是与逻辑。TSL 门就是三态门电路，它除了输出高电平和低电平外，还有一态是高阻态，此时输出端对地之间相当于开路。

题11：

STTL 门是抗饱和 TTL 门电路，或称为肖特基钳位 TTL 门电路。带有肖特基势垒二极管钳位的三极管在饱和时其饱和度不深，这是因为存在着肖特基势垒二极管，它有分流作用。ECL 门就是射极耦合逻辑门电路，又称为电流开关型电路，即 CML 逻辑门电路。I^2L 门就是集成注入逻辑门电路。

题12：

CMOS 传输门就是用 CMOS 电路构成的传输门，传输门是一种可控开关电路，它接近于一个理想的电子开关，它在开关接通时的电阻很小，而在开关断开时的电阻很大。

13.6.6 逻辑门电路和触发器电路考题参考答案

题1解答： 对。

题2解答： 对。

题3解答： 错。对于或门电路而言，只要输入端有一个为高电平，该门就输出 1。输入端中只有一个输入低电平时，该门仍然输出高电平 1。

题4解答： 错。当 5 个输入端都输入低电平 0 时，这一与门电路也是输出低电平 0。

题5解答： 错。与门和或门电路可以有多个输入端，但只有一个输出端。

题6解答： 对。

题7解答： 对。

题8解答： 对

题9解答： 错。两个输入端都是 1 或都是 0 时，输出端都是输出 0。

4-9. 零起点学电子测试题讲解

题10解答： 对。

题11解答： 对。

题12解答： 对。

13.6.7 组合逻辑电路考题

在下列对的题号上打个"√"，错的题号上打个"×"，并加以更正。

题1：

组合逻辑电路简称组合电路，这种电路的特点是：电路中的某一输出端在某一时刻的输出状态仅由该时刻的电路输入端状态决定，与电路原状态无关。组合逻辑电路不具有记忆功能。组合逻辑电路包括：一是基本运算器电路，二是比较器电路，三是判奇偶电路，四是数据选择器，五是编码器电路，六是译码器电路，七是显示器电路。

题2：

半加器电路可完成两个一位二进数的求和运算。半加器是一个由加数、被加数、和数、向高位进位数组成的运算器，它仅考虑本位数相加，不考虑低位来的进位。全加器比半加器电路多一个输入端，共有 3 个输入端。全加器仍然是一个 1 比特加法器电路，与半加器相比只是多了一个低位进位数端。

题 3：

比较器有两种电路：一是大小比较器，二是同比较器。大小比较器电路有 3 个输出端，一个是 A = B 输出端，二是 A > B 输出端，三是 A < B 输出端。对于多位比较器，在进行比较时，从最高位向下一位一位地比较，当比较到哪一位有结果时便有输出信号，若比完最后一位仍然是相等的话，就是 A = B，输出端输出高电平 1。

题 4：

判奇、判偶电路的输入端有多个，具体输入端数量视具体电路而定，但是这种电路的输出端只有一个。判奇电路的输出端状态是：当输出端为 1 时，说明输入信号中高电平 1 的数目为奇数。对于判偶电路而言，当输出端为 0 时，说明输入信号中高电平 1 的数目为偶数。

题 5：

数据选择器又称为多路选择器或多路开关电路，这种电路就相当于一个单刀单掷选择开关电路。当有控制信号时，该选择器处于接通状态，传输数据，相当于开关的接通状态。当没有控制信号时，该选择器处于断开状态，此时不能传输数据。

题 6：

数据分配器与数据选择器的功能相反，它能将一个数据分配到许多电路中。

题 7：

在二－十进制编码中，可以用 3 位的二进制数来表示十进制数中的 0～9，这样的编码过程称为二－十进制编码。在 8421 BCD 码中，十进制数中 5 的码是 0101，7 的码是 0111。

题 8：

没有键控输入电路对按键操作信号的编码，数字系统电路将无法识别各种按键的操作控制。数字系统电路中常用的键控输入电路主要有非编码键盘和编码键盘两种电路。数字式家用电器的键控操作有本机和遥控操作两种，

它们都存在着键控输入电路，其基本工作原理是相同的。

题 9：

从广义角度上讲，译码器的功能是将一种编码转换到另一种编码，译码是编码的反过程。二－十进制译码器电路所输出的控制信号仍然是一组高、低电平组合信号，只是十进制数中的控制信号，这一组控制信号通过显示驱动电路和显示器件才能显示出十进制数中的数字。

题 10：

数字式显示电路主要由译码器、驱动器电路和显示器 3个部分组成。译码器电路要将二进制数码转换成数码管能够

4-10. 零起点学电子测试题讲解

接收的控制信号，驱动电路的作用是加大这一控制信号，显示器显示十进制数字或其他字符。

题 11：

数码管主要有三大类：一是字形重叠式数码管，二是分段式数码管，三是点矩阵式数码显示器件。分段式数码管将一个数字分成若干个笔画，通过驱动相应的笔画发光来显示某一个数字，荧光数码管就是这种类型的数码管。分段式数码管有 8 段式和 7 段式两种，在数字显示方面分段式数码管是主要显示器件。

题 12：

发光二极管（LED）数码管可以用三极管构成驱动电路，也可以用 TTL 门构成驱动电路。荧光数码管可以用 HTL 集成门直接驱动。液晶显示器由于驱动电流很小，所以可用译码器输出信号直接驱动。

题 13：

各显示器电路中的译码器功能是相同的，但电路工作原理是不同的，分段式数码管的译码器电路最为复杂。对于分段式数码管的译码器电路而言，只要分段的数目相同（如 7 段或8 段数码管），那么译码器电路就是相同的。

题 14：

液晶是一种有机化合物，液晶在一定的温度范围内既具有液体的流动性，又有晶体的某些光学特性，液晶的透明度和颜色随电场、光、

磁场和温度等外界条件的变化而变化。液晶在电场作用下会出现电光效应，利用这一效应可制成显示器。

题15：

数字式显示器在各种数字式家用电器中有着广泛的应用，如 VCD 播放机中的多功能显示器，在实用电路中都是一个多位数字显示器，同时也能显示各种字母和符号。

13.6.8　组合逻辑电路考题参考答案

题1解答：对。

题2解答：对。

题3解答：对。

题4解答：错。当判偶电路输出端为 0 时，说明输入信号中高电平 1 的数目不为偶数。

题5解答：错。数据选择器电路相当于一个单刀数掷选择开关电路。

题6解答：对。

题7解答：错。在二–十进制编码中，表示十进制数中的 0～9 必须要用 4 位的二进制码，3 位是不够的。

题8解答：对。

题9解答：对。

题10解答：对。

题11解答：对。

题12解答：对。

题13解答：对。

题14解答：对。

题15解答：对。

4–11. 零起点学电子测试题讲解

13.6.9　时序电路考题

在下列对的题号上打个"√"，错的题号上打个"×"，并加以更正。

题1：

所谓时序电路就是在组合逻辑电路的基础上再加输出端与输入端之间的反馈回路，并在反馈回路中设有存储单元电路而构成的电路。时序电路的特点是在任意时刻的输出信号不仅

取决于该时刻输入信号的状态，而且还取决于电路的原来状态。一般情况下时序电路中的存储单元由 RS 触发器或 JK 触发器、D 触发器构成。时序电路主要有寄存器电路、计数器电路等。

题2：

时序电路有两大类电路：一是异步时序电路，所谓异步时序电路是指其存储电路中各触发器没有统一的时钟脉冲，或者没有时钟脉冲控制，因此各触发器状态翻转变化不是发生在同一时刻；二是同步时序电路，在同步时序电路中存储电路的各触发器都受同一时钟脉冲 CP 的触发控制，因此所有触发器的状态变化都在同一时刻发生，如在时钟脉冲 CP 的作用下在 CP 脉冲的上升沿或下降沿发生翻转。

题3：

寄存器由触发器组成，一个触发器能存放一位二进制数码，如果需要存放几位数码就要使用几个触发器。寄存器主要有两大类，即数码寄存器和移位寄存器。两种寄存器的不同之处就是后者能够对存放的数码进行左移或右移，但一个移位寄存器不能做到又能左移又能右移。

题4：

寄存器中的数码输入方式有两种：一是串行输入方式，其缺点是输入速度较慢；二是并行输入方式，它的输入速度较快。寄存器中的数码输出方式也是有两种：一是串行输出方式，二是并行输出方式。寄存器是在移位脉冲 CP 作用下接收输入数码的，并且只在 CP 从高电平变为低电平的下降沿接收输入数码。

题5：

D 触发器也可以构成寄存器电路，分析这种电路时注意 D 触发器的逻辑功能。当输入端 D 为 0 时，再加一个移位正脉冲，D 触发器输出端 Q = 0。如果输入端 D = 1，在移位正脉冲作用下输出 1，即 Q = 1。这种触发器必须有移位正脉冲的作用。

题6：

两拍式数码寄存器每次接收数码都要分成两步来完成，而单拍式数码寄存器只需要在寄

存指令到来时一次性接收输入数码。一位寄存器只能寄存一位二进制数码，如果要寄存4位的二进制数码就要使用4位的数码寄存器电路。

题7：

对于串行输入的寄存器电路，如果要输入一个8位的数码，必须通过8个CP脉冲的作用才将8位数码输入，因为这种输入方式只有一个一个地输入数码。并行输入方式就不同，需要输入8位数码时，只要一次CP脉冲触发就能同时将8个输入数码同时输入到寄存器中。

题8：

计数器是数字系统电路中应用最为广泛的基本部件，因为数字系统电路中许多电路需要具有脉冲计数功能的电路，计数器能够对输入脉冲进行加法计数或减法计数。计数器除进行脉冲计数运用外，没有其他作用。

题9：

计数器种类很多，按照脉冲输入方式分有串行计数器和并行计数器。在二进制加法计数器电路中，它必须遵循"逢二进一"的原则。在二-十进制计数器中并不是直接使用了0～9数码，而是用8421 BCD码来表示0～9，只是这种十进制计数器中的进位原则是"逢十进一"。

题10：

所谓异步计数器就是计数脉冲是从最低位触发器的输入端输入，其他各级触发器则是由它相邻且低一位的触发器来触发，在异步计数器中的各触发器没有统一的计数脉冲触发。所谓同步计数器就是计数器中的各触发器都由统一的计数脉冲或时钟脉冲触发，计数器中的各触发器输出状态改变与唯一的脉冲源同步。

题11：

同步计数器根据进位信号触发方式不同有串行进位同步计数器和并行进位同步计数器两种电路。串行计数器的优点是无论有多少位，只要用一种两个输入端的与门就能传输进位控制信号了。并行计数器的优点是计数速度比较快。

题12：

对于8421 BCD码同步十进制加法计数器电路，当输入的计数脉冲达到第10个时，加法

计数器回0，同时给出一个进位信号。当第11个计数脉冲出现时，进位信号消失，同时加法计数器输出数码为0001。

题13：

在五进制计数器电路中要用5个触发器才行，在三进制计数器电路中要用3个触发器。

题14：

利用计数器电路可以对输入脉冲信号进行分频。所谓分频就是降低输入脉冲信号的频率，例如输入脉冲信号的频率是10MHz，当对其进行五分频后的频率就是5MHz。

题15：

减法计数器在进行减法计数时，若本位出现0-1就得向高位借1，此时本位输出是1。若出现1-1就不必向高位借1，也就没有借1信号输出，此时本位输出0。

13.6.10 时序电路考题参考答案

题1解答：对。

题2解答：对。

题3解答：错。双向移位寄存器在控制信号的作用下可以左移，也可以右移。

题4解答：错。寄存器只在移位脉冲CP从低电平变为高电平上升沿接收输入数码。

题5解答：对。

题6解答：对。

题7解答：对。

题8解答：错。计数器的基本功能是脉冲计数，它也可以进行数字运算，还可以用作分频器、定时及程序控制等。

题9解答：对。

题10解答：对。

题11解答：对。

题12解答：对。

4-12. 零起点学电子测试题讲解

题13解答：错。在五进制计数器电路中只要用3个触发器就行，在三进制计数器电路中只要用2个触发器。

题14解答：错。对10MHz信号进行五分频后的信号频率是2MHz。

题15解答： 对。

13.6.11 脉冲信号产生电路和整形电路考题

在下列对的题号上打个"√"，错的题号上打个"×"，并加以更正。

题1：

RC微分电路的特性是：当输入一个矩形脉冲信号，脉冲从低电平突变到高电平时，电路输出正尖顶脉冲；脉冲从高电平突变到低电平时，电路输出负尖顶脉冲。对于微分电路而言，要求电路的RC时间常数远大于输入脉冲宽度。

题2：

限幅电路可以用来对输入信号进行整形，上限幅电路可以将输入信号的正半周全部去掉，也可以只是去掉正半周信号的顶部一部分。串联上限幅电路和并联上限幅电路对输入信号的限幅作用是一样的。双向限幅电路可以对输入信号的正、负半周信号同时进行限幅处理。

题3：

双稳态电路又称为双稳态触发器，这种电路有两个稳定的输入状态，如果没有有效的触发信号进行触发，这种稳态电路将保持一种稳定状态。双稳态电路的输出信号波形是矩形脉冲波形，这种电路的两个输出端输出信号相位相反，即一个输出高电平时另一个输出低电平。

题4：

分立元器件构成的双稳态触发器有两种电路：一是集电极－基极耦合双稳态电路，二是发射极耦合双稳态电路。两种双稳态电路都有两个稳定的状态，但电路的工作原理不同，对于集－基耦合的双稳态电路而言，它的工作状态转换是受触发信号控制的，而射耦双稳态电路受输入电压大小控制。

题5：

采用RS触发器可以构成施密特触发器电路，这种电路又称发射极耦合双稳态触发器电路，这种电路存在回差现象。对于一个具体的施密特触发器电路，电路中元器件的参数已经确定后它的动作电压和返回电压值大小是不变的，利用这一点可以用施密特触发器作为整形器和甄别器。

题6：

由于单稳态触发器电路触发后能够保持一段暂稳状态，所以这种电路具有记忆功能，即将触发信号保持一段时间。单稳态触发器只有一个稳定输出状态，另有一个暂稳输出状态，电路在暂稳态下会自动返回到稳定输出状态，电路只有在有效输入触发信号触发下才会从稳态进入暂稳态。

题7：

单稳态触发器根据电路不同有两种：一是集－基耦合单稳态触发器电路，二是发射极耦合单稳态触发器电路。单稳态触发器电路可以用分立元器件构成，也可以用集成逻辑门构成。在逻辑门构成的单稳态触发器电路中，根据电路不同又有微分型电路和积分型电路两种。

题8：

在单稳态触发器的输入端触发电路中，可以采用基极触发电路，也可以采用集电极触发电路。根据有效触发脉冲的极性不同又有正尖顶脉冲触发和负尖顶脉冲触发两种。

题9：

单稳态触发器电路和双稳态触发器电路一样，在输入触发脉冲信号作用下电路通过负反馈回路进行翻转，使电路从一种状态翻转到另一种状态，没有负反馈回路的作用，这两种触发器电路都不能进行自动翻转。

题10：

微分型单稳态触发器电路和积分型单稳态触发器电路对输入触发脉冲宽度的要求是不 4-13. 零起点学电子测试题讲解

同的，对于微分型单稳态触发器要求输入触发脉冲宽度较狭，对积分型单稳态触发器则要求输入脉冲较宽。另外，这两种电路对输入脉冲信号的极性要求也不同，前者负脉冲是有效触发，后者则是正脉冲为有效触发。

题11：

多谐振荡器电路又称为无稳态电路，或是

自激多谐振荡器电路，这是因为这种电路工作在振荡状态。这是一种矩形脉冲信号产生电路，在数字系统电路中应用广泛。多谐振荡器电路可以由分立元器件构成，也可以由集成逻辑门电路来构成，实际应用中后者居多。

题 12：

多谐振荡器电路与单稳态触发器、双稳态触发器的一个明显不同之处是这种电路没有输入触发器信号，所以电路没有输入端，只有输出端，其输出的信号是一个标准的正弦信号。

题 13：

对多谐振荡器电路的分析也同单稳态触发器、双稳态触发器一样，主要是对电路中正反馈回路和电容充电、放电回路的分析。多谐振荡器电路不像正弦波振荡器电路那样，在振荡器电路设有一个 LC 选频回路。

题 14：

采用 TTL 门电路构成的自激多谐振荡器电路与分立元器件电路具有相同的电路特性。对这种电路的分析方法主要是对非门电路的翻转分析，以及对电路中的电容充电、放电回路分析。

题 15：

在石英晶体自激多谐振荡器电路中，振荡器的振荡频率只与石英晶体本身的参数有关，与电路中的 RC 元件参数无关。这种振荡器的优点是振荡频率稳定、可靠，这些优点就是由石英晶体的优良特性所决定的。

13.6.12 脉冲信号产生电路和整形电路考题参考答案

题 1 解答： 错。对于微分电路而言，要求电路的 RC 时间常数远小于输入脉冲宽度。

题 2 解答： 对。

题 3 解答： 错。双稳态电路是指电路的输出端有两种稳定状态，不是指输入端。

题 4 解答： 对。

题 5 解答： 对。

题 6 解答： 对。

题 7 解答： 对。

题 8 解答： 对。

题 9 解答： 错。电路状态翻转是通过正反馈回路完成的，不是负反馈电路。

题 10 解答： 对。

题 11 解答： 对。

题 12 解答： 错。多谐振荡器电路输出的是矩形脉冲信号，不是正弦信号。

题 13 解答： 对。

题 14 解答： 对。

题 15 解答： 对。

4-14. 零起点学电子测试题讲解

13.7 收音机套件装配考题及参考答案

13.7.1 综合类考题

题 1：

调幅收音机中有中波、短波和长波，它与调频收音机的工作方式不同，电路比调频收音机简单，但是音质没有调频收音机好，所以在听音乐时使用调频波段比较好。

题 2：

常见的收音机是直放式收音机，它需要将高频信号变频成中频信号，这样收音机的收音效果将得到大幅提升。

题 3：

调幅收音机中频频率为 465kHz，为国标规定。灵敏度表示收音机接收微弱无线电波的能力，灵敏度高的收音机能接收到更多的电台。

题 4：

图 13-57 所示是三波段调幅收音机方框图，在该图中画出中波信号传输线路，并写出信号传输过程。

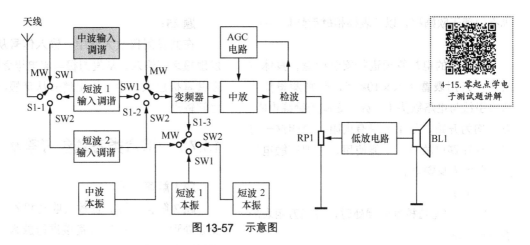

图 13-57 示意图

题 5:

收音机中会用到一些常用的电子元器件，如电阻器、电容器、可变电容器、天线绕组、三极管等。

题 6:

从天线（中波的天线是磁棒绕组）下来的各电台高频信号加到中波输入调谐电路，通过调谐选出所要接收的某电台高频信号，选台过程就是选择电台高频信号过程。

题 7:

输入变频器的信号有两个：一是来自输入调谐电路输出端的高频信号，二是来自本机振荡器输出的本机振荡信号。

题 8:

所有的收音机中都设有中频放大器，它用来对中频信号进行有效放大。

题 9:

收音机中，音频信号是从检波器输出的。检波输出的音频信号送到音频功率放大器进行放大，推动扬声器发出声音。

题 10:

收音机中的中频放大器只对中频信号进行放大，这样能提高收音质量。为了使中频放大器只放大中频信号，要求中频放大器具有选择中频信号的能力，所以中频放大器是一个调谐放大器。

题 11:

整机电路表明整个机器的电路结构、各单元电路的具体形式和它们之间的连接方式，从而表达了整机电路的工作原理。但是，它不给出电路中各元器件的具体参数，如不给三极管型号等。

题 12:

对整机电路图的识图，需要在学习了一些单元电路工作原理之后进行，否则学习起来会比较困难。

题 13:

印制电路图是直接为故障检修服务的，只在故障检修时才会去阅读印制电路图。

题 14:

铜箔线路排布、走向比较"乱"，但是有一定的规律，当需要在整机电路板上寻找某只电阻时，可以在电路板上方便地找到它。

题 15:

电路原理图与印制电路图是对应的，电路原理图中有一段电路，印制电路图中就有与之对应的线路；电路原理图中有一只元器件，电路板上就会有一只相应的元器件。例如，电路原理图中有三极管 VT3，那电路板上必有 VT3 这只三极管。

题 16:

一些微调绕组会出现由磁芯松动而引起电感量改变的现象，这是因为磁芯位置对电感量大小有影响。

题 17:

万用表使用完毕应将挡位开关置于空挡，没有空挡时置于最高电压挡，千万不要置于电流挡，以免下次使用时不注意就去测量电压。

也不要置于欧姆挡，以免表棒相碰而烧坏表头。

题18：

新买来的电烙铁要进行安全检查，具体方法是：万用表置于 R×10k 挡，分别测量插头两根引线与电烙铁头（外壳）之间的绝缘电阻，应该均为开路。如果测量有电阻，说明这一电烙铁存在漏电故障，不能使用，否则有触电危险，危害人身安全。

题19：

R×1 挡无法校准到零处时，说明万用表的表头已损坏。

题20：

天线绕组分成一次绕组和二次绕组两组。由于天线绕组中的电流频率很高，为了降低集肤效应的影响，一般中波天线绕组采用特制的多股纱包线来绕制，例如采用7股、9股等，一次和二次绕组除匝数不同外，股数也不同。

题21：

直放式收音机中采用单联可变电容器，只有中波段的超外差式收音机中采用差容双联可变电容器，具有多波段的调幅超外差式收音机中采用等容双联可变电容器，具有调幅调频波段的超外差式收音机中使用四联可变电容器。

题22：

放大器输出电阻小有利于向后级电路输出更大的电流，放大器输入电阻大有利于减轻前级放大器负担，所以共发射极放大器最常用，因为它的输入电阻比较大，且输出电阻也比较大。

题23：

在一定范围内加大集电极负载电阻阻值，可以提高共发射极放大器的输出信号电压幅度。如果发射极与地之间接有容量较大的旁路电容，那这个电路一定不是共集电极放大器，因为共集电极放大器中从三极管的发射极输出信号。

题24：

三极管哪个电极与地之间接有一只大电容（对工作电路而言容量比较大），那该电路一定就是共该电极的放大器。例如，三极管基极与地之间接有一只较大电容，那么就是共基极放大器电路。

题25：

在共发射极放大器中，输入信号从基极与发射极之间输入，从发射极与集电极之间输出。在共基极放大器中，输出信号从基极与集电极之间输出。

13.7.2 综合类考题参考答案

题1解答：对。

题2解答：错。直放式收音机不需要进行变频处理，对高频信号直接进行放大，进入检波得到音频信号。

题3解答：对。

题4解答：天线→波段开关 S1-1 MW（中波）→中波输入调谐→波段开关 S1-2（MW）→变频级→中放→检波→音量电位器 RP1 →低放电路→扬声器 BL1。

题5解答：对。

题6解答：对。

题7解答：对。

题8解答：错。直放式收音机中没有中频放大器。

4-16. 零起点学电子测试题讲解

题9解答：对。

题10解答：对。

题11解答：错。给出了三极管型号等重要资料。

题12解答：对。

题13解答：对。

题14解答：错。当电路板上元器件比较多时应该先寻找该电阻与哪只三极管或是集成电路相连，然后找到三极管或是集成电路，再寻找该电阻，这样比较方便。

题15解答：对。

题16解答：对。

题17解答：错。欧姆挡位置两表棒相碰会造成表内电池构成回路，会消耗表内电池。

题18解答：对。

题19解答：错。R×1 挡无法校到零处时，说明万用表内的一个 1.5V 电池电压不足，要更换这节电池。

题 20 解答：错。天线绕组一次和二次绕组股数相同。

题 21 解答：对。

题 22 解答：错。是共集电极放大器具有输入电阻大、输出电阻小的特性。

题 23 解答：对。

题 24 解答：对。

题 25 解答：对。

4-17. 零起点学电子测试题讲解

13.7.3　收音机输入调谐电路和变频级电路考题

在下列对的题号上打个"√"，错的题号上打个"×"，并加以更正。

题 1：

收音机选台时调整调谐旋钮，实际上就是在调整输入调谐电路中的调谐联容量的大小，就是在改变输入调谐电路的谐振频率。

题 2：

在收音机电路中，输入调谐电路中使用 LC 串联谐振电路，从天线绕组两端取出电台的高频信号。

题 3：

当 LC 并联电路发生谐振时，谐振电路的阻抗达到最大，并且为纯阻性。当 LC 并联电路发生失谐时，LC 并联电路阻抗下降。当 LC 串联电路发生谐振时，谐振电路的阻抗为最小，并且为纯阻性。当 LC 串联电路发生失谐时，LC 并联电路阻抗增大。

题 4：

在调幅中波收音机电路中，当调谐联的容量调到最大位置时，输入调谐电路的工作频率达到 1605kHz，此时收到的是频率最高的广播电台。

题 5：

变压器有一次绕组和二次绕组之分，其中二次绕组的变化比一次绕组多。在降压变压器中，一次绕组的直流电阻大于二次绕组的直流电阻，在升压变压器中恰好相反。

题 6：

小型收音机如果采用分立元器件电路时就会用到音频输入变压器和音频输出变压器，这两只变压器不能互换使用，因为音频输入变压器属于升压变压器，音频输出变压器属于降压变压器。

题 7：

变压器具有隔直流的特性，一次绕组回路的直流电不会耦合到二次绕组电路中。变压器还有阻抗变换作用，例如音频输出变压器的二次绕组电路阻抗小，而一次绕组电路阻抗则大。

题 8：

收音机变频级电路的输入信号是两个，而变频中会出现 4 个频率信号，其中只需要中频频率信号。在变频过程中，收音机所需要的音频信号成分也出现在变频后的中频信号中。

题 9：

在变压器耦合的本机振荡器电路中，正反馈电路的作用是从振荡放大器输出端向放大器输入端送入振荡信号，使放大器中的振荡信号幅度愈来愈大。

题 10：

振荡器要求输出某一特定频率的信号，这就要靠选频电路来实现，LC 并联谐振电路是常见的选频电路。

题 11：

振荡器电路中的三极管没有放大能力，这是因为正反馈会使振荡信号幅度愈来愈大。

题 12：

图 13-58 所示是变压器耦合振荡器电路。

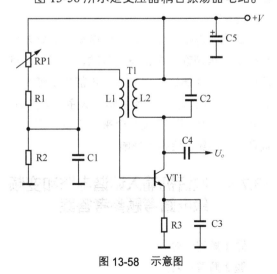

图 13-58　示意图

（1）RP1可以调节振荡输出信号幅度大小。

（2）C2开路后不影响振荡管进入放大状态，但是振荡器输出的振荡信号频率会升高。

（3）C4是振荡信号输出耦合电容。

（4）如果绕组L1的头、尾反方向接，那么振荡器将无法振荡，因为没有正反馈过程。

（5）C3开路后振荡器输出的振荡信号将减小。

题13：

当变频和本振用一只三极管时称为变频级，如果变频和本振各用一只三极管时称为混频器，在一般收音机中用变频级电路。

题14：

变频级电路中会有中频变压器和本振线圈，它们之间是不能互换的，前者用来选出中频信号，后者用来完成振荡。中频变压器和本振线圈在外形上十分相似，但是它们的磁芯颜色不同。

题15：

变频管的集电极回路通常设有集电极电流测量口，这是为了方便对变频管工作时的集电极交流电流的测量，如果测量到变频管集电极交流电流便能说明变频管工作正常。注意：测量完这一电流后要焊好测量口。

题16：

中频变压器、振荡线圈中都有抽头，它用来进行阻抗匹配，因为阻抗不匹配时电路工作性能会变差。

题17：

统调步骤是：先调本振调谐电路进行刻度盘校对，再调输入调谐电路跟踪，最后用测试棒检验。上述调试过程中每一步都是从低端开始，后调试高端，再检验中间，次序不能搞错。上述每一步的调试需要几个来回重复，因为低端和高端的统调会相互影响。

13.7.4 收音机输入调谐电路和变频级电路考题参考答案

题1解答：对。

题2解答：对。

题3解答：对。

题4解答：错。当调谐联的容量调到最大位置时，输入调谐电路的工作频率为535kHz，因为容量大时谐振频率低，此时收到的是频率最低的广播电台。

题5解答：对。

题6解答：对。

题7解答：对。

题8解答：对。

题9解答：对。

题10解答：对。

4-18. 零起点学电子测试题讲解

题11解答：错。有放大能力，放大管会有一个平衡点。

题12解答：错。（2）错，C2开路后无选频电路，无振荡信号输出。

题13解答：对。

题14解答：对。

题15解答：错。测量变频管集电极直流电流。

题16解答：对。

题17解答：对。

13.7.5 中频放大器和检波电路考题

题1：

收音机中的中频放大器处于变频级电路之后、检波级电路之前，它的作用是放大中频信号幅度，主要是进行信号电压放大，放大信号电压的目的是为检波级提供足够大的中频信号。

题2：

为了使中频放大器只放大中频信号而不放大其他频率的信号，对中频放大器的频率特性有具体要求，这一特性是靠中频放大器中的选频电路或是中频滤波器实现的。注意一点，不同广播电台的中频信号频率是不同的。

题3：

我国调幅收音机中的中波和短波中频频率为465kHz。中波频率范围为535～1605kHz。

题4：

中频放大器采用参差调谐电路方式时，一

级中放调谐电路有一个中放电路和中频调谐电路，如果收音机中有多级中频放大器，这种调谐方式中也只需要一个中频调谐电路。

题5：

一些收音机中频放大器中会设有中和电路，设置这一电路的原因是：处于基极与集电极之间的集电结电容会导致一部分从三极管集电极输出的信号电流，通过这一结电容在三极管内部流回基极，造成寄生振荡，影响中频放大器工作稳定性。

题6：

图13-59所示是一级中频放大器电路。

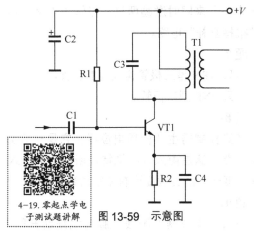

4-19. 零起点学电子测试题讲解

图13-59 示意图

（1）R1为固定式基极偏置电阻，R2为发射极电阻，电路中没有集电极负载电阻，所以VT1构成的是共集电极放大器电路。

（2）C1是输入端耦合电容，T1是中频变压器，二次绕组输出经过放大后的中频信号。

（3）C4是发射极旁路电容，用来旁路流过电阻R2的中频信号，以消除由于接入R2带来的中频信号负反馈，提高中频放大器的放大能力。

（4）当电阻R1开路时，VT1无静态电流，VT1不能工作在放大状态，此时没有中频信号输出，所以收音机出现无声故障。

（5）在需要测量VT1静态工作电流时，可以将中频变压器T1一次绕组抽头断开，串入直流电流表进行测量。

题7：

分析收音机的中频放大器电路工作原理同分析其他放大器电路一样，分别分析直流电路、交流电路和元器件作用，因为中频放大器也是一种放大器，只是用来放大中频信号。

题8：

收音机中的检波级电路位于最后一级中频放大器电路之后，检波级电路利用PN结的单向导电特性进行检波，将中频信号中的音频取出，所以检波级电路通常用二极管，称为检波二极管，而不可以用三极管作为检波器。

题9：

检波电路将中频信号的正包络取出，这一包络信号中主要有3种成分信号：一是音频信号，二是中频载波（已取掉半周），三是直流成分（AGC电压）。其中的中频载波信号检波后由滤波电容滤掉，其余的两个信号都是有用成分。

题10：

图13-60所示是二极管检波电路。

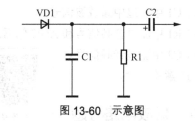

图13-60 示意图

（1）写出电路中各元器件名称。

（2）说明C1中流过的信号电流名称。

（3）说明R1中流过的信号电流名称。

（4）说明C2中流过的信号电流名称。

（5）在电路中画出中频载波信号、AGC信号、音频信号流动线路示意图。

题11：

AGC电压大小随中频信号的幅度大小变化而变化，中频信号幅度大则AGC电压大，反之则小。AGC电路用来控制中频放大器放大倍数，使接收强电台信号时中频放大器放大倍数较小，在接收弱电台信号时中频放大器放大倍数较大。

13.7.6 中频放大器和检波电路考题参考答案

题1解答：对。

题2解答：错。不同广播电台的中频信号频率相同。

题3解答：对。

题4解答：错。是一级中频放大器中就有一个中频调谐电路。

题5解答：对。

题6解答：错。（1）错，T1一次绕组并联谐振电路构成了VT1集电极负载电阻，VT1构成的是共发射极放大器。

题7解答：对。

题8解答：错。可以用三极管的发射结这个PN结构成检波电路，但是这时的三极管静态工作电流要很小很小。

题9解答：对。

题10解答：（1）VD1是检波二极管，C1是检波滤波电容，C2是输出耦合电容，R1是检波级负载电阻。

（2）C1中流过中频载波信号。

（3）R1中流过音频信号和AGC信号。

（4）C2中流过音频信号。

题11解答：对。

13.7.7　低放电路考题

4-20.零起点学电子测试题讲解

在下列对的题号上打个"√"，错的题号上打个"×"，并加以更正。

题1：

目前音频放大器主要使用甲类和甲乙类放大器，其中甲类放大器用一只三极管同时放大音频信号的正、负半周，而甲乙类放大器用两只三极管分别放大音频信号的正、负半周。

题2：

收音机整机电路中，低放电路处于最后，即在检波级电路之后，低放电路的负载是扬声器，低放电路主要对音频信号进行功率放大，所谓功率放大就是先放大信号电压，再放大信号电流。

题3：

功率放大器中，因为信号幅度已经比较大，所以在甲类功率放大器中的三极管基极静态电流比较大，而在甲乙类放大器中三极管的静态电流则相当小。但是，从音质角度上讲，甲类放大器优于甲乙类放大器。

题4：

在推动级放大器中，要求三极管的工作点在交流负载线的中间，这是因为推动管工作在大信号状态下，只有这样推动级才能获得最大的动态范围。

题5：

在甲乙类放大器中，如果三极管的静态工作电流设置得不好就会出现交越失真，特别是静态工作电流设得太大时就更容易出现交越失真。

题6：

利用NPN型和PNP型三极管的互补特性，用一个信号来同时激励两只三极管的电路，称为"推挽互补"电路。

题7：

两只NPN型三极管构成的复合管，可以等效成一只PNP型三极管。

题8：

音量控制器主要使用电位器，它是一只Z型电位器，这是由人耳听觉特性所决定的。人耳在较低音量的灵敏度没有在较高音量时高。

题9：

当音量电位器的地线引脚与地线断开时，音量电位器已不能控制音量大小，这时扬声器中的声音很响。

题10：

在变压器耦合的甲乙类功放电路中，如果功放输出管有一只开路，那么扬声器中仍然有声音，只是声音小了一些，且音质不好。

题11：

如果转动音量电位器时扬声器中出现了"喀啦、喀啦"的响声，在不转动音量电位器时无此响声，说明音量电位器出现了转动噪声大故障，可以通过清洗来处理。

题12：

如果电路中使用了两只扬声器，这时两只扬声器的两根引脚不能随意接，有正、负之分，否则低音比高音受到的衰减更大。

题13：

扬声器铭牌上会标出它的阻抗，如8Ω，测量扬声器直流电阻应该略低于它的阻抗。

题14：

用万用表测量扬声器直流电阻时，因为表内采用的是电池，是直流电，所以在测量时扬声器不会发出任何响声。

题15：

如果扬声器中没有任何一点噪声，应重点检查扬声器是不是开路，检查整机直流工作电压是不是为零。

题16：

对如图13-61所示的电路，说明下面的问题。

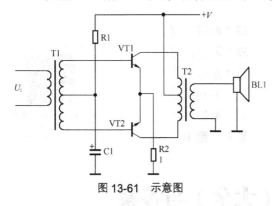

图13-61　示意图

（1）这是一级变压器耦合功率放大器，T1和T2分别为音频输入和输出耦合变压器。

（2）C1是电源滤波电容，同时将T1二次绕组的中心抽头交流接地。

（3）R1为VT1和VT2两只三极管同时提供静态工作电流，使两只三极管工作在甲乙类放大状态。

（4）VT1和VT2分别放大信号的正、负半周信号，通过音频输出变压器T2在扬声器BL1上得到一个完整的信号。

（5）当VT1或VT2有一只开路时，不影响另一只三极管的正常工作。

13.7.8　低放电路考题参考答案

题1解答：对。

题2解答：对。

题3解答：对。

题4解答：对。

4-21.零起点学电子测试题讲解

题5解答：错。是静态工作电流设得低时

出现交越失真。

题6解答：对。

题7解答：错。是NPN型三极管。

题8解答：错。人耳在较低音量的灵敏度高。

题9解答：对。

题10解答：对。

题11解答：对。

题12解答：错。是高音比低音受到的衰减更大。

题13解答：对。

题14解答：错。在表棒接触扬声器瞬间会听到"喀嚓"响声。

题15解答：对。

题16解答：对。

13.7.9　装配与调试方法考题

题1：通电后的电烙铁较长时间不用时要拔下电源引线，否则会烧死电烙铁，使电烙铁的焊接效果大大降低。

题2：

如果焊点表面不光滑，有气孔，则说明该焊点质量不好，需要重新焊接。

题3：

电路板的背面有许多形状不同的长条形铜箔线路，它们是用来连接各元器件的线路，其中圆形的是焊盘。

题4：

如果电路板上的元器件引脚孔之间距离足够，可以采用卧式安装方式，以降低元器件在电路板上的高度，如果引脚孔之间距离不够则用立式安装方式。

题5：

当元器件引脚孔被焊锡堵塞后，可以用电烙铁和钢针清除引脚孔中的焊锡。

题6：

写出焊接操作的方法。

题7：

填写下列收音机实验报告书。

名称	测量集电极静态电流（mA）	测量集电极直流电压（V）
BG1		
BG2		
BG3		
BG4		
BG5、BG6		

电池电压（V）：

测量万用表型号：

题8：

写一份装配完收音机的报告（不少于500字）。要求如下。

（1）写出第一时间通电后收音机所表现的现象，当时有何感想，之后是如何处理的？

（2）写出收音机装响后的感受。

（3）写出装配和检修中是如何解决遇到的问题的。

（4）通过装配收音机学到了哪些知识，印象最深的是什么？

（5）感觉装配和检修中最难的是什么？

题9：说说实践对理论知识学习有没有作用，为什么？实验难还是理论知识学习难？

题10：通过收音机套件装配取得的最大收获是什么？

13.7.10 装配与调试方法考题参考答案

题1解答：对。

题2解答：对。

题3解答：对。

题4解答：对。

题5解答：对。

题6～题10：略。

4-22. 零起点学电子测试题讲解

13.8　万用表知识测试题（大全）与答案

13.8.1　万用表及测量功能

【测试】一　初步熟悉万用表1

选择题：在下列测试题空格填写恰当的选项（A、B、C和D中选一）。

1. 万用表最基本的测量功能有欧姆挡、___、直流电流挡、交流电压等。

A：直流功率挡；　　B：交流功率挡；

C：直流电压挡；　　D：交流电流挡。

2. 电子电路故障检修中使用最多的、最方便的仪表是___。

A：示波器；　　　　B：万用表；

C：电压表；　　　　D：电流表。

判断题：判断下列讲述是否正确。

1. 使用万用表测量220V交流电压时一定要注意安全。（答：___）

2. 万用表采用保险型表棒时，如果万用表无法测量要检查保险丝是否熔断。（答：___）

3. 万用表测量前正确选择测量功能开关，否则测量不准确。（答：___）

4. 万用表使用完毕将测量功能开关置于空挡或最高电压挡。（答：___）

5. 万用表使用完毕不要置于电流挡，以免下次使用时不注意去测量电压。（答：___）

6. 万用表使用完毕不要置于电流挡，以免表棒相碰而造成表内电池放电。（答：___）

答案：

选择题：1：C；2：B。

判断题：1：对；2：对；3：错（否则会损坏万用表）；4：对；5对；6：错（万用表使用完毕不要置于欧姆挡，以免表棒相碰而造成表内电池放电）。

【测试】二　初步熟悉万用表2

选择题：在下列测试题空格填写恰当的选项（A、B、C和D中选一）。

1. 图13-62所示是___。

4-23.零起点学电子测试题讲解

图 13-62　示意图

A：数字式电流表；B：数字式万用表；
C：指针式万用表；D：数字式电压表。

2．图 13-63 所示是 ___。

图 13-63　示意图

A：数字式电流表；B：数字式万用表；
C：数字式电压表；D：指针式万用表。

3．万用表有 ___。
A：指针式和数字式两大类；
B：指针式一大类；
C：指针式和数字式等数大类；
D：数字式一类。

4．数字式万用表通常 ___ 阻值等。
A：通过语音报出；B：通过指针刻度指示；
C：直接用数字显示；D：有多种形式指示。

5．指针式万用表通常 ___ 阻值等。
A：直接用数字显示；B：通过语音报出；
C：通过指针刻度指示；D：有多种形式指示。

6．万用表又称为多用表、复用表、___、繁用表等。

A：电流表；　　　　B：电压表；
C：三用表；　　　　D：毫伏表。

7．指针式万用表使用 ___ 块电池，数字式万用表使用 1 块电池。

A：1；B：多块；C：3；D：2。

8．一些数字式万用表可以直接测量 ___。

A：三极管额定功率；B：电容器耐压；C：三极管电流放大倍数；D：二极管击穿电压。

判断题：判断下列讲述是否正确。

1．有些万用表测量功能开关和量程开关是分开的。（答：___）

2．万用表测量时，先选择量程开关，再选择测量功能开关。（答：___）

3．有些万用表将测量功能开关与量程开关合二为一，用一个开关进行选择。（答：___）

4．一般指针式万用表设有交流电流测量功能。（答：___）

5．一些指针式万用表设有测量频率功能。（答：___）

6．部分数字式万用表设有专门测量电路通断的挡位，用声响提示。（答：___）

7．数字式万用表的测量功能比指针式万用表测量功能更加丰富。（答：___）

8．数字式万用表设有专门的测量二极管、三极管、电容功能。（答：___）

答案：

选择题：1：B；2：D；3：A；4：C；5：C；6：C；7：D；8：C。

判断题：1：对；2：错（先选择测量功能开关，再选择量程开关）；3：对；4：错（一般指针式万用表没有交流电流测量功能）；5：错（部分数字式万用表设有测量频率功能）；6：对；7：对；8：对。

【测试】三　万用表欧姆挡操作方法 1

选择题：在下列测试题空格填写恰当的选项（A、B、C 和 D 中选一）。

1．指针式万用表 ___ 校不到零位，这时更换表内一节 1.5V 电池。

A：R×10v 挡；　　　B：×1mA 挡；
C：×10mV 挡；　　　D：R×10Ω 挡。

2．指针式万用表在测量开关件接触电阻前，先要进行 ___ 。

A：更换表内电池；B：R×1Ω 表头校零；

C：电压挡校零；　　D：电流挡校零。

3．指针式万用表测量 510kΩ 电阻器时，先进行 ___ 校零。

A：R×10Ω ；　　　B：R×100Ω ；

C：R×10kΩ ；　　　D：R×1Ω 。

4．如果指针式万用表 R×10kΩ 校不到零，更换 ___ 。

A：表头；　　　　B：叠层式电池；

C：1 号电池；　　D：万用表。

5．下列哪个项目万用表欧姆挡无法测量。___

A：电容耐压；B：电子元器件质量判断；

C：电阻器阻值；D：电路通与断。

6．测量下列元器件时指针式万用表欧姆挡不分红、黑表棒，哪种测量是错的。___

A：电容漏电阻；B：有极性电容漏电阻；

C：电阻器阻值；D：线圈直流电阻。

7．测量 5.1kΩ 电阻器时应该选择 ___ 挡。

A：R×10Ω ；　　　B：R×10kΩ ；

C：R×1Ω ；　　　D：R×1kΩ 。

判断题：判断下列讲述是否正确。

1．数字式万用表欧姆挡不分红、黑表棒。（答：___ ）

2．指针式万用表脱开电路测量电阻时红、黑表棒不分。（答：___ ）

3．指针式万用表欧姆挡量程选择中，如果测量时指针落在中央区域，说明量程选择正确。（答：___ ）

4．万用表欧姆挡量程选择与测量精度无关。（答：___ ）

答案：

选择题：1：D；2：B；3：C；4：B；5：A；6：B；7：D。

判断题：1：对；2：对；3：对；4：错（影响测量精度）。

【测试】四　万用表欧姆挡操作方法 2

选择题：在下列测试题空格填写恰当的选项（A、B、C 和 D 中选一）。

1．指针式万用表测量阻值小于 50Ω 电阻器时，首先要进行 ___ 挡校零。

A：R×1kΩ ；　　　B：R×1Ω ；

C：R×10Ω ；　　　D：R×100Ω 。

2．测量电阻器阻值时，两手不能同时接触表棒，测量电阻器的 ___ ，对测量的影响大。

A：阻值小；　　　B：小于 100Ω ；

C：小于 1kΩ ；　　D：阻值大。

3．开关件脱开电路后测量断开电阻，应该测到的阻值为 ___ 。

A：100kΩ ；　　　B：无穷大；

C：8kΩ ；　D：50kΩ 。

4．测量 15kΩ 电阻器时，万用表要置于 ___ 挡。

A：R×1Ω ；　　　B：R×10kΩ ；

C：R×100Ω ；　　D：R×1kΩ 。

5．数字式万用表测量 7kΩ 电阻器，显示 7.09kΩ ，___ 。

A：查该电阻器的误差参数再定是否正常；

B：说明该电阻器不正常；

C：说明该电阻器正常；

D：这时不确定它的好坏。

6．测量电阻器时，如果 ___ 会影响测量精度。

A：红、黑表棒接反；B：量程选择不恰当；

C：电阻器阻值太大；D：电阻器功率太大。

7．图 13-64 所示是一个实用电路板，为了方便确定电路板中 A、B 两点铜箔电路是否是同一根电路，可以采用万用表 ___ 来测量。

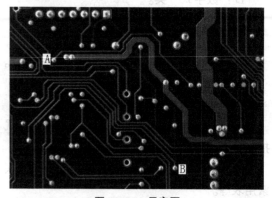

图 13-64　示意图

4-24. 零起点学电子测试题讲解

A：电压挡；B：电流挡；C：直流电压挡；D：R×1Ω 挡。

判断题：判断下列讲述是否正确。

1. 测量阻值 50～500Ω 电阻器时万用表置于欧姆 R×1Ω 挡。（答：___）

2. 测量阻值小于 50Ω 电阻器时万用表置于欧姆 R×10Ω 挡。（答：___）

3. 测量阻值 500～1kΩ 电阻器时万用表置于欧姆 R×10Ω 挡。（答：___）

4. 测量阻值 1～50kΩ 电阻器时万用表置于欧姆 R×10kΩ 挡。（答：___）

5. 测量阻值大于 50kΩ 电阻器时万用表置于欧姆 R×1kΩ 挡。（答：___）

6. 无论是数字式还是指针式万用表，欧姆挡量程选择是相同的。（答：___）

7. 数字式万用表欧姆挡如果无法显示正常数值，而显示"1"，说明量程选择不对。（答：___）

答案：

选择题：1：B；2：D；3：B；4：D；5：A；6：B；7：D。

判断题：1：错（万用表置于欧姆 R×10Ω 挡）；2：错（万用表置于欧姆 R×1Ω 挡）；3：错（万用表置于欧姆 R×100Ω 挡）；4：错（万用表置于欧姆 R×1kΩ 挡）；5：错（万用表置于欧姆 R×10kΩ 挡）；6：对；7：对。

【测试】五　万用表欧姆挡操作方法3

选择题：在下列测试题空格填写恰当的选项（A、B、C 和 D 中选一）。

1. 在路测量电阻时，电阻的 ___，外电路受影响小。

A：阻值小；　　B：阻值大；

C：体积大；　　D：体积小。

2. 在路测量电阻时，如果测到的阻值远大于电阻标称值，该电阻器 ___。

A：肯定损坏；　　B：不一定损坏；

C：允许偏差太大；D：温度稳定性差。

3. 在路测量电阻时，如果测到的阻值远小于电阻标称值，该电阻器 ___。

A：肯定损坏；　　B：允许偏差太大；

C：不一定损坏；　D：温度稳定性差。

4. 在路检测电阻时，一定要切断机器 ___。

A：电源；　　　　B：内部电阻器；

C：内部电容器；　D：内容电感器。

5. 在路测量电阻无法判断测量结果时，需要将该电阻器 ___。

A：更换；　　　　B：加温后测量；

C：扶正后测量；　D：脱开电路测量。

6. 在路测量互换万用表红黑表棒可防止外电路中 ___ 对测量的影响。

A：电容器；　　　B：含 PN 结元器件；

C：电感；　　　　D：二极管。

判断题：判断下列讲述是否正确。

1. 断电后，万用表欧姆挡在路测量不受其他元器件影响。（答：___）

2. 万用表欧姆挡在路测量铜箔电路两个点之间阻值为零，说明这两点之间的铜箔电路是同一条。（答：___）

3. 万用表欧姆挡在路测量阻值时，需要根据实际情况选择恰当量程。（答：___）

4. 指针式万用表欧姆挡黑表棒上的直流电压低于红表棒上电压。（答：___）

5. 将电路板上电阻器脱开电路测量时，只需要脱开它一根引脚即可。（答：___）

6. 万用表测量电阻时，人体电阻与被测量电阻是串联关系。（答：___）

7. 万用表欧姆挡只能在路测量电阻器的阻值。（答：___）

答案：

选择题：1：A；2：A；3：C；4：A；5：D；6：B。

4-25. 零起点学电子测试题讲解

判断题：1：错（测量受其他元器件影响）；2：对；3：对；4：错（黑表棒上的直流电压高于红表棒上电压）；5：对；6：错（是并联关系）；7：错（也可以在路测量其他元器件引脚间的阻值）。

【测试】六　万用表交流电压挡测量操作方法

选择题：在下列测试题空格填写恰当的选项（A、B、C 和 D 中选一）。

1. 下列哪个项目不是万用表交流电压挡测量项目。___

A：测量 220V 交流市电；

B：测量电源变压器一次线圈两端电压；

C：测量滤波电容两端直流电压；

D：测量电源变压器二次线圈两端电压。

2. 指针式万用表交流电压挡可测量 ___ 电压。

A：音频； B：50Hz 交流；

C：直流； D：脉冲性直流。

判断题：判断下列讲述是否正确。

1. 万用表交流电压测量挡红、黑表棒不分。(答：___)

2. 测量交流电压时，万用表没有量程之分。(答：___)

3. 数字式万用表交流电压挡测量的是 50Hz 交流电。(答：___)

4. 指针式万用表的交流电压测量频率很宽。(答：___)

5. 在整机电路中测量交流电压时，要给整机电路断电。(答：___)

答案：

选择题：1：C；2：B。

判断题：1：对；2：错（有许多万用表交流电压挡有量程选择开关）；3：错（指针式万用表只能测量 50Hz 交流电压）；4：错（数字式万用表的交流电压测量频率很宽）；5：错（要给整机电路供电）。

【测试】七 万用表直流电压挡测量操作方法1

选择题：在下列测试题空格填写恰当的选项（A、B、C 和 D 中选一）。

1. 指针式万用表直流电压测量中，如果红、黑表棒接反，___。

A：表针不偏转； B：表针会反向偏转；

C：读数不正确； D：读数会偏大。

2. 数字式万用表直流电压测量中，如果红、黑表棒接反，___。

A：不显示； B：显示值偏大；

C：显示值偏小； D：显示负值。

3. 万用表直流电压测量中，___。

A：红表棒接高电位，黑表棒接低电位；

B：黑表棒接高电位，红表棒接低电位；

C：红、黑表棒可不分；

D：红、黑表棒极性不一定分清。

4. 万用表直流电压挡不能测量 ___ 电压。

A：整机直流工作；

B：电源变压器二次线圈两端；

C：集成电路电源引脚；

D：三极管发射极直流。

5. 万用表直流电压挡测量整机电路中某点直流电压时，有一根表棒接测试点，另一根表棒接 ___。

A：整机电源开关端； B：整机滤波电容端；

C：集成电路接地引脚； D：地线。

6. 数字式万用表直流电压挡测量时，如果显示负值，说明 ___。

A：红、黑表棒接反； B：电路出故障；

C：电路工作正常；

D：电压挡量程选择不对。

7. 万用表直流电压挡测量整机电路输出端直流电压的方法是：一根表棒接地，另一根接 ___。

A：集成电路接地引脚；

B：整机滤波电容正极；

C：整机电源开关端；

D：某滤波电容正极。

4-26. 零起点学电子测试题讲解

判断题：判断下列讲述是否正确。

1. 检修电子电路故障时，万用表测量电路中某点直流电压是常用方法。(答：___)

2. 数字式万用表游丝需要校零，否则电压和电流测量存在误差。(答：___)

3. 万用表直流电压挡测量三极管集电极直流电压时要给整机电路断电。(答：___)

4. 数字式万用表直流电压挡显示 12V，这 12V 是测得的直流电压。(答：___)

5. 指针式万用表测量直流电压时表针过分偏向左侧，说明所选量程偏小。(答：___)

6. 指针式万用表测量直流电压时表针偏出左侧指示区，说明量程选择不当。(答：___)

7. 指针式万用表测量直流电压时表针过分偏向右侧，应该减小一挡量程。（答：___）

答案：

选择题：1：B；2：D；3：A；4：B；5：D；6：A；7：B。

判断题：1：对；2：错（指针式万用表游丝需要校零）；3：错（要给整机电路供电）；4：对；5：错（说明所选量程偏大）；6：错（说明红、黑表棒接反）；7：错（应该增大一挡量程）。

【测试】八　万用表直流电压挡测量操作方法 2

判断题：判断下列讲述是否正确。

1. 万用表不能测量电路板上某电阻器两端直流电压。（答：___）

2. 万用表直接测量大于 2500V 直流电压时要附加高压探头。（答：___）

3. OTL 功率放大器输出端直流电压等于直流工作电压的一半。（答：___）

4. OCL 功率放大器输出端直流电压等于 0V。（答：___）

5. BTL 功率放大器输出端直流电压等于 0V 或等于直流工作电压的一半。（答：___）

6. 如果测量三极管集电极与发射极间直流电压为 0.2V 左右，说明该三极管已经截止。（答：___）

7. 如果测量三极管集电极与发射极间直流电压等于该级放大器直流工作电压，说明该三极管已经饱和。（答：___）

8. 万用表直流电压挡测量时不必断开电路，操作很方便，是一种常用测量方法。（答：___）

答案：

判断题：1：错（能测量）；2：对；3 对；4：对；5：对；6：错（说明该三极管已经饱和）；7：错（说明该三极管已经截止）；8：对。

【测试】九　万用表直流电流挡测量操作方法 1

选择题：在下列测试题空格填写恰当的选项（A、B、C 和 D 中选一）。

1. 指针式万用表直流电流挡绝对不能测量 ___ 电压，否则万用表损坏。

A：直流或交流；　B：交流；

C：直流；　D：220V 交流。

2. 万用表直流电流挡测量时 ___ 在电路回路中。

A：并联；　B：并联或串联；

C：串联；　D：根据具体情况用串联或并联。

3. 测量整机直流电流时，可在整机直流电源开关 ___ 状态下串入万用表直流电流挡。

A：接通；　　　B：断开；

C：拆卸；　　　D：脱开一根引脚。

4. 下列哪些项目电流是不常测量的。___

A：电容器充电电流；

B：集电极电流；

C：集成电路工作电流；

D：整机直流工作电流。

4-27. 零起点学电子测试题讲解

判断题：判断下列讲述是否正确。

1. 一些电路中为了测量电流的方便，在电路板上调置了电流测量口。（答：___）

2. 测量直流电流中，如果万用表指针偏向左侧空白区域，说明红、黑表棒接反。（答：___）

3. 测量直流电流时，万用表红黑表棒有极性之分。（答：___）

4. 电路板上电流测量口在平时用焊锡连通，测量时要将测量口的焊锡去掉。（答：___）

5. 测量电路板上直流电流时，须将整机电源断开。（答：___）

6. 测量直流电流时要选择恰当的量程，否则测量精度不够。（答：___）

7. 交流电流可用数字式万用表直流电流挡来测量。（答：___）

8. 测量电流比测量电压更加简便。（答：___）

9. 电路检修中往往先测量电流再测量电压。（答：___）

答案：

选择题：1：A；2：C；3：B；4：A。

判断题：1：对；2：对；3：对；4：对；5：错（将整机电源接通）；6：错（更严重的是损

坏万用表）；7：错（万用表直流电流挡不能测量交流电流）；8：错（操作上更为复杂）；9：错（为操作方便，先测量电压再测量电流）。

【测试】十　万用表直流电流挡测量操作方法 2

判断题：判断下列讲述是否正确。

1. 数字式和指针式万用表具有交流电流测量功能。（答：＿＿）

2. 测量交流电流时表棒并联在电路上。（答：＿＿）

3. 数字式和指针式万用表具有频率测量功能。（答：＿＿）

4. 一些数字式万用表具有专门测量电池电压的功能。（答：＿＿）

5. 数字式万用表测量电池电压时万用表已给电池加上了适当负载。（答：＿＿）

6. 一些数字式万用表具有数据保持功能。（答：＿＿）

7. 一些万用表具有音频电平测量功能。（答：＿＿）

8. 一些万用表具有测量负载电压和负载电流参数功能。（答：＿＿）

4-28. 零起点学电子测试题讲解

答案：

判断题：1：错（通常指针式万用表没有交流电流测量功能）；2：错（串联在电路中）；3：错（指针式万用表没有频率测量功能）；4：对；5：对；6：对；7：对；8：对。

13.8.2　万用表检测和分辨元器件

【测试】一　万用表检测电阻类元器件 1

判断题：判断下列讲述是否正确。

1. 熔断电阻器检测方法采用万用表欧姆挡，测量它两根引脚之间电阻大小。（答：＿＿）

2. 当万用表测量熔断电阻器阻值为无穷大时，说明它已熔断。（答：＿＿）

3. 测量熔断电阻采用万用表 R×1kΩ 欧姆挡。（答：＿＿）

4. 熔断电阻器在路检测时测量它的阻值，由于它本身电阻很小，外电路对检测结果影响较小。（答：＿＿）

5. 用保险丝管代替熔断电阻器时，可以将保险丝直接焊在电路板上。（答：＿＿）

6. 可变电阻器的检测方法是用万用表欧姆挡测量有关引脚之间阻值大小。（答：＿＿）

7. 万用表欧姆挡两根表棒接可变电阻器两根定片引脚，测量的阻值应该远大于该可变电阻器标称阻值。（答：＿＿）

8. 万用表欧姆挡一根表棒接可变电阻器一个定片，另一根表棒接动片，调节可变电阻器阻值从零增大到标称值。（答：＿＿）

9. 可变电阻器最常见故障是接触不良。（答：＿＿）

10. 可变电阻器使用时间愈长故障发生率愈低。（答：＿＿）

11. 万用表测量电位器方法与测量可变电阻器基本方法不相同。（答：＿＿）

12. 测量电位器动片至某一个定片之间阻值时，旋转转柄过程中，表针指示突然有较大摆动是正常现象。（答：＿＿）

13. 测量电位器引脚间阻值时可以不考虑万用表欧姆的量程。（答：＿＿）

14. 电位器长时间使用后主要发生阻值下降故障。（答：＿＿）

15. X 型、Z 型、D 型电位器之间可互相代替使用。（答：＿＿）

16. 转柄式、直滑式电位器之间不能相互代替，因为阻值特性不同。（答：＿＿）

17. 电位器的所有故障都可以通过清洗来修复。（答：＿＿）

18. 电位器最常见故障是引脚断路。（答：＿＿）

答案：

判断题：1：对；2：对；3：错（采用 R×1Ω 挡，因为熔断电阻器的阻值很小）；4：对；5：对；6：对；7：错（阻值应该等于该可变电阻器的标称阻值）；8：对；9：对；10：错（使用时间愈长故障发生率愈高）；11：错（相同）；12：错（说明电位器的动片存在接触不良故障）；13：错（需要根据标称阻值大小选择恰当的量程）；14：错（主要出现接触不良引起的噪声大故障）；15：错（不可互相代替使用）；16：错（因为安装方式不同）；17：错（对碳膜已磨损严重的故障，清洗往往不能获得良好效果）；18：错（电位器最常见故障是接触不良）。

【测试】二　万用表检测电阻类元器件2

判断题：判断下列讲述是否正确。

1. 万用表 R×1kΩ 挡测量 PTC 热敏电阻器，常温下其电阻值应远大于该 PTC 热敏电阻器标称阻值。（答：___）

2. 万用表 R×1kΩ 挡测量 PTC 热敏电阻器，测量阻值稳定后用电烙铁靠近 PTC 热敏电阻器，这时阻值会下降。（答：___）

3. 常温下，万用表 R×1Ω 挡测量彩电消磁电阻器阻值，应该接近该消磁电阻器标注阻值。（答：___）

4. 万用表 R×1kΩ 挡测量 NTC 热敏电阻器，测量阻值稳定后用电烙铁靠近 NTC 热敏电阻器，这时阻值会增大。（答：___）

5. 万用表 R×1kΩ 挡测量压敏电阻器两引脚之间正、反向绝缘电阻，应该均为 100kΩ 左右。（答：___）

6. 万用表 R×1kΩ 挡测量压敏电阻器两引脚之间正、反向绝缘电阻，如果测量阻值均无穷大，说明压敏电阻器一定开路。（答：___）

7. 通过摇表和万用表可以测量压敏电阻器的标称电压。（答：___）

8. 通过摇表和万用表测量压敏电阻器标称电压时，正向和反向标称电压值应该不相同。（答：___）

9. 用黑纸片将光敏电阻器透光窗口遮住，万用表 R×1kΩ 挡测量光敏电阻器两根引脚之间阻值，应该接近无穷大。（答：___）

10. 用黑纸片将光敏电阻器透光窗口遮住，测量光敏电阻器两根引脚之间阻值，阻值愈小说明光敏电阻性能愈好。答：___）

11. 将光源对准光敏电阻器透光窗口，万用表 R×1kΩ 挡测量光敏电阻器两根引脚之间阻值，应该接近无穷大。（答：___）

答案：

判断题：1：错（应接近该 PTC 热敏电阻器标称阻值）；2：错（这时阻值会增大一些）；3：对；4：错（这时阻值会下降）；5：错（应该均为无穷大）；6：错（说明压敏电阻器正常，阻值不为无穷大时说明漏电流大）；7：对；8：错（正向和反向标称电压值应该相同）；9：对；10：错（两根引脚之间阻值愈大说明光敏电阻性能愈好）；11：错（阻值愈小愈好）。

【测试】三　万用表检测电容器1

选择题：在下列测试题空格填写恰当的选项（A、B、C 和 D 中选一）。

1. 指针式万用表检测小容量电容器质量时，表要置于 ___ 挡。

A：R×10Ω；　　　B：R×100Ω；

C：R×10kΩ；　　D：R×1kΩ。

2. 指针式万用表检测电容器质量时，如果最后表针不能回到原位无穷大，说明该电容器 ___。

A：容量不足；　　B：漏电；

C：正常；　　　　D：耐压不足。

3. 数字式万用表检测电容器质量时，通过测量 ___ 来判断质量。

A：容量；　　　　B：耐压；

C：漏电；　　　　D：容量偏差。

4. 数字式万用表检测电容器质量时，如果测量值与标称容量有一个偏差值，___。

A：该电容器损坏；

B：这时不能确定质量好坏；

C：查允许偏差后确定质量；

D：改用指针式万用表检测。

5. 下列哪种方法无法用来测量电容器质量好坏。___

A：万用表欧姆挡检测；

B：代替检查；

C：数字式万用表测量电容量；

D：烙铁熔焊电容器引脚焊点。

4-29.零起点学电子测试题讲解

判断题：判断下列讲述是否正确。

1. 对于无极性电容器，指针式万用表欧姆挡测量它时红、黑表棒要分清。（答：___）

2. 指针式万用表欧姆挡测量 6800pF 左右小电容时，表针会有很小摆动。（答：___ ）

3. 对于 470pF 这样容量很小的电容器，指针式万用表欧姆挡测量它时表针偏转角度很大。（答：___ ）

4. 指针式万用表欧姆挡测量电容，如果最后指示存在一定电阻值，说明该电容正常。（答：___ ）

5. 如果对电路板上电容器进行代替检查，必须将原电容完全脱开电路。（答：___ ）

6. 小电容使用时间长后失效的故障比较多。（答：___ ）

答案：

选择题：1：C；2：B；3：A；4：C；5：D。

判断题：1：错（红、黑表棒不必分清）；2：对；3：错（表针偏转角度很小而几乎看不清偏转）；4：错（说明该电容器存在漏电故障）；5：对；6：对。

【测试】四　万用表检测电容器 2

判断题：判断下列讲述是否正确。

1. 电解电容器使用时间长后，漏电和容量减小是一个常见故障。（答：___ ）

2. 更换新的有极性电解电容器时，如果正、负引脚接反会爆炸。（答：___ ）

3. 指针式万用表欧姆挡测量电解电容器时，如果指针无偏转说明该电容器正常。（答：___ ）

4. 指针式万用表欧姆挡测量电解电容器时，如果指针偏转一定角度后停止，说明该电容量减小。（答：___ ）

4-30. 零起点学电子测试题讲解

5. 指针式万用表欧姆挡检测有极性电容器，红表棒接电容正极引脚。（答：___ ）

6. 指针式万用表欧姆挡测量电解电容器时，表针偏转角度大，说明电容量小。（答：___ ）

7. 指针式万用表欧姆挡测量大容量电解电容器时，表针偏转速度比较慢。（答：___ ）

答案：

判断题：1：对；2：对；3：错（该电容器已开路）；4：错（说明该电容漏电大）；5：错（红表棒接电容负极引脚）；6：错（说明电容量大）；7：对。

【测试】五　万用表检测电容器 3

判断题：判断下列讲述是否正确。

1. 数字式万用表能够测量电容器的漏电流。（答：___ ）

2. 数字式万用表测量电容器时要选择恰当的量程。（答：___ ）

3. 数字式万用表测量电容器容量明显小于标称容量，说明该电容不正常。（答：___ ）

4. 数字式万用表测量电容器时不需要专用测试座。（答：___ ）

5. 数字式万用表测量电容时显示"1"，说明该电容器漏电或超出表的最大测量容量。（答：___ ）

6. 电容器配件相当丰富，选配比较方便，一般可选用同型号、同规格电容器替换。（答：___ ）

7. 电容器选配中，各种作用电容器的标称容量一定要相同。（答：___ ）

8. 电容器选配中，滤波电容器的耐压参数可以低一些。（答：___ ）

9. 有些场合下，电容器选配要考虑工作温度范围、温度系数等参数。（答：___ ）

10. 万用表检测微调电容器和可变电容器质量时，要使用 $R \times 10k\Omega$ 挡。（答：___ ）

答案：

判断题：1：错（不能）；2：对；3：对；4：错（需要专用测试座）；5：对；6：对；7：错（不同作用电容器对这一要求有所不同，如滤波电容器的容量可稍大些）；8：错（滤波电容器的耐压参数可以高一些）；9：对；10：对。

【测试】六　万用表检测电感类元器件

判断题：判断下列讲述是否正确。

1. 检测电感器质量的最简单方法是万用表欧姆挡测量它的直流电阻。（答：___ ）

2. 万用表欧姆挡测量电感器直流电阻时，通常都在数百千欧。（答：___ ）

3. 万用表欧姆挡测量电感器直流电阻时，

使用 $R \times 10k\Omega$ 挡。（答：___ ）

4. 万用表欧姆挡能够有效检测电感器内部线圈是否存在局部短路故障。（答：___ ）

5. 万用表欧姆挡测量电感器直流电阻时，如果阻值为零，说明电感器已开路。（答：___ ）

6. 万用表欧姆挡测量电感器直流电阻时，如果阻值为无穷大，说明电感器已短路。（答：___ ）

7. 一些电感器容易出现内部线圈断线故障，特别是引脚处引线容易断线。（答：___ ）

8. 对于各种线圈结构的元器件，如磁棒天线，最简单有效的检测方法是万用表欧姆挡测量直流电阻大小。（答：___ ）

9. 许多情况下电感器的选配需要选用同型号，否则会由于电感量大小不同从而影响电路正常工作。（答：___ ）

10. 对于滤波电感器的选配，电感量稍大些是允许的。（答：___ ）

答案：

判断题：1：对；2：错（在几至几百欧之间）；3：错（因为电感器直流电阻很小，应采用 $R \times 1\Omega$ 挡或 $R \times 10\Omega$ 挡）；4：错（由于电感器内部线圈局部短后直流电阻下降很小，所以万用表欧姆挡不能进行有效测量）；5：错（说明电感器已短路）；6：错（说明电感器已开路）；7：对；8：对；9：对；10：对。

【测试】七 万用表检测各类变压器 1

判断题：判断下列讲述是否正确。

1. 万用表欧姆挡测量电源变压器一次线圈直流电阻时红、黑表棒要分清。（答：___ ）

2. 利用万用表无法分清楚电源变压器（降压）的一次和二次线圈。（答：___ ）

3. 万用表测量电源变压器一次与二次线圈之间绝缘电阻时使用 $R \times 10\Omega$ 挡。（答：___ ）

4. 万用表欧姆挡测量电源变压器线圈直流电阻时要断电。（答：___ ）

5. 测量电源变压器两组二次线圈之间绝缘电阻应该是 $1k\Omega$ 左右。（答：___ ）

6. 如果测量电源变压器二次线圈与金属外壳之间绝缘电阻为 $1k\Omega$，说明该电源变压器二次线圈存在匝间短路。（答：___ ）

7. 万用表测量电源变压器一次线圈直流电阻为无穷大，说明该变压器一次线圈开路，或是线圈内部熔断器熔断。（答：___ ）

8. 万用表测量电源变压器二次线圈中心抽头至两端线圈的直流电阻明显不相同，说明该变压器正常。（答：___ ）

9. 万用表在路测量电源变压器二次线圈直流电阻时受外电路影响大。（答：___ ）

10. 万用表测量电源变压器质量最简单、有效的方法是测量线圈直流电阻和有关绝缘电阻。（答：___ ）

答案：

判断题：1：错（红、黑表棒不必分清）；2：错（能分清楚，直流电阻小的是二次线圈）；3：错（使用 $R \times 10k\Omega$ 挡，因为绝缘电阻很大）；4：对；5：错（绝缘电阻应该接近为无穷大）；6：错（说明二次线圈与金属外壳之间存在漏电故障，必须更换电源变压器）；7：对；8：错（不正常，中心抽头至两端线圈的直流电阻应该相等）；9：错（影响不大，因为线圈的直流电阻小）；10：对。

【测试】八 万用表检测各类变压器 2

判断题：判断下列讲述是否正确。

1. 万用表测量各类变压器质量基本方法是测量线圈直流电阻和有关绝缘电阻。（答：___ ）

2. 万用表测量各类变压器质量具体操作方法有所不同。例如，测量行输出变压器比较复杂。（答：___ ）

3. 万用表测量各类变压器线圈直流电阻和有关绝缘电阻时最好具备线圈结构图，这样测量比较方便。（答：___ ）

4. 音频输入变压器和输出变压器是成对出现的，无法通过万用表测量的方法分清它们。（答：___ ）

5. 测量行输出变压器绕组间绝缘电阻时要用兆欧表。（答：___ ）

答案：

判断题：1：对；2：对；3：对；4：错（有

方法，一组线圈直流电阻约为1Ω的是音频输出变压器）；5：对。

【测试】九　万用表检测扬声器

判断题：判断下列讲述是否正确。

1. 测量电动式扬声器直流电阻时，万用表欧姆挡置于最大量程。（答：___）

2. 一只4Ω电动式扬声器，万用表欧姆挡测量的阻值应该是略大于4Ω。（答：___）

3. 测量扬声器线圈电阻时不应该听到"喀啦"响声。（答：___）

4. 利用万用表欧姆挡能够识别扬声器两根引脚极性。（答：___）

5. 测量扬声器线圈电阻是判断质量好坏的一个简单方法。（答：___）

6. 当扬声器纸盆损坏后，测量扬声器线圈电阻为无穷大。（答：___）

答案：

判断题：1：错（置于最小量程）；2：错（应该接近4Ω）；3：错（应该听到，且声音愈响愈好）；4：错（用万用表直流电流挡识别）；5：对；6：错（不影响扬声器线圈电阻大小）。

13.8.3 万用表测量晶体管和其他几十种元器件

【测试】一　万用表检测普通二极管

判断题：判断下列讲述是否正确。

1. 数字式和指针式万用表测量二极管质量时原理和方法一样。（答：___）

2. 指针式万用表测量二极管正向电阻正常时应该达几十千欧。（答：___）

3. 指针式万用表测量二极管反向电阻正常时应该小于几千欧。（答：___）

4. 指针式万用表测量二极管正向电阻正常时指示不稳定，说明该二极管内部有接触不良故障。（答：___）

5. 指针式万用表测量二极管正向电阻接近零，说明该二极管性能优良。（答：___）

6. 指针式万用表测量二极管正向电阻为几百千欧，说明该二极管已损坏。（答：___）

7. 指针式万用表测量二极管正向电阻为十几至几十千欧，说明该二极管正向特性已无法使用。（答：___）

8. 指针式万用表测量二极管正向电阻时，红表棒接正极，黑表棒接负极。（答：___）

9. 指针式万用表测量二极管反向电阻时，红表棒接负极，黑表棒接正极。（答：___）

10. 数字式万用表测量二极管正向电阻时，红表棒接负极，黑表棒接正极。（答：___）

11. 数字式万用表测量二极管反向电阻时，红表棒接正极，黑表棒接负极。（答：___）

12. 数字式万用表PN结挡正向测量二极管时，显示二极管正向电阻大小。（答：___）

13. 测量二极管正向和反向电阻正常接近，说明该二极管已损坏。（答：___）

14. 万用表测量硅二极管和锗二极管反向电阻时，硅二极管反向电阻小于锗二极管反向电阻。（答：___）

15. 数字式万用表PN结挡正向测量二极管时显示"200"，说明这是硅二极管。（答：___）

4-32. 零起点学电子测试题讲解

答案：

判断题：1：错（不一样，前者通过测量导通时管压降来判断，后者通过测量正反向电阻来判断）；2：错（正向电阻应该只有几千欧）；3：错（反向电阻应该大于几百千欧）；4：错（是热稳定性能差）；5：错（说明该二极管已击穿）；6：对；7：对；8：错（红表棒接负极，黑表棒接正极）；9：错（红表棒接正极，黑表棒接负极）；10：错（红表棒接正极，黑表棒接负极）；11：错（红表棒接负极，黑表棒接正极）；12：错（显示二极管正向管压降大小）；13：对；14：错（硅二极管反向电阻大于锗二极管反向电阻）；15：错（是锗二极管）。

【测试】二　检测其他常用二极管方法1

判断题：判断下列讲述是否正确。

1. 采用万用表R×1kΩ挡可测量全桥堆、半桥堆质量好坏。（答：___）

2. 万用表R×1kΩ挡测量全桥堆某只二极

管正向电阻时会受到其他二极管影响，所以这种测量方法不正确。（答：___）

3. 万用表 R×1kΩ 挡测量全桥堆某只二极管正向电阻时，其阻值应该比普通二极管正向电阻大许多。（答：___）

4. 万用表 R×1kΩ 挡测量全桥堆、半桥堆质量好坏时，要对每一只二极管进行正向和反向电阻测量。（答：___）

5. 检测高压硅堆采用万用表 R×1kΩ 挡测量其正向、反向电阻值。（答：___）

6. 万用表 R×10kΩ 挡测量高压硅堆正向电阻值为200kΩ，说明该高压硅堆已损坏。（答：___）

7. 万用表 R×10kΩ 挡测量高压硅堆正向电阻值为 2kΩ，说明该高压硅堆正常。（答：___）

答案：

判断题：1：对；2：错（这种影响很小，可以不计）；3：错（正向电阻大小与普通二极管正向电阻一样）；4：对；5：错（采用 R×10kΩ 挡测量其正向、反向电阻值，因为它的正向电阻高达200kΩ）；6：错（它是正常的）；7：错（已损坏）。

【测试】三　检测其他常用二极管方法 2

判断题：判断下列讲述是否正确。

1. 指针式万用表检测稳压二极管质量的基本方法是：测量稳压二极管 PN 结正向和反向电阻大小。（答：___）

2. 通过测量稳压二极管稳压值可以判断它的质量好坏。（答：___）

3. 测量稳压二极管 PN 结反向电阻，先用 R×1kΩ 挡，再转换到 R×10kΩ 挡，这时阻值明显下降，说明该稳压二极管质量不好。（答：___）

4. 数字万用表可以直接测量稳压值 9V 以下稳压二极管的稳压值。（答：___）

5. 数字万用表测量稳压二极管稳压值时，红表棒接正极，黑表棒接负极。（答：___）

6. 一台直流稳压电源和一只万用表，再加一只电阻可以测量稳压二极管的稳压值。（答：___）

7. 测量稳压二极管稳压值正常，说明该稳压二极管正常。（答：___）

8. 在路不可以检测稳压二极管质量情况。（答：___）

9. 万用表测量稳压二极管正向管压降为 2V 左右，说明该稳压二极管正常。（答：___）

10. 通过万用表直流电流挡可以分清稳压二极管正极和负极。（答：___）

11. 数字式万用表不可以测量稳压二极管正向管压降。（答：___）

12. 数字式万用表可以测量稳压二极管正向管压降，明显大于普通二极管正向管压降。（答：___）

4-33. 零起点学电子测试题讲解

答案：

判断题：1：对；2：对；3：错（说明稳压二极管质量良好）；4：对；5：错（一般不能测量稳压值，测量低于 2V 稳压值稳压二极管时，红表棒接负极，黑表棒接正极）；6：对；7：对；8：错（可以通过测量稳压值来判断）；9：错（不正常，稳压二极管正向管压降为 0.6V 左右）；10：错（通过测量 PN 结正向和反向电阻分清，或用数字万用表 PN 挡分清）；11：错（可以测量）；12：错（一样大小）。

【测试】四　检测其他常用二极管方法 3

判断题：判断下列讲述是否正确。

1. 指针式万用表可以检测发光二极管质量，通过测量它的正向和反向电阻大小来判断好坏。（答：___）

2. 数字式万用表可以检测发光二极管质量，通过测量它的正向压管降大小来判断好坏。（答：___）

3. 指针式万用表测量发光二极管正向电阻时，采用 R×10kΩ 挡，黑表棒接负极，红表棒接正极。（答：___）

4. 指针式万用表测量发光二极管正向电阻小于 1kΩ。（答：___）

5. 指针式万用表测量发光二极管正向电阻时能见到管芯有一个亮点。（答：___）

6. 数字式万用表检测发光二极管质量可以采用 PN 结挡，测量它的正向管压降。（答：___）

7. 指针式万用表测量发光二极管反向电阻应该大于几十千欧。（答：___）

8. 无法采用万用表分清发光二极管正极和负极引脚。（答：___）

9. 指针式万用表测量红外发光二极管反向电阻时，采用 R×1kΩ 挡和 R×10kΩ 挡测量结果一样。（答：___）

10. 指针式万用表 R×10kΩ 挡测量红外发光二极管正向电阻值应该为 15 ~ 40kΩ，正向电阻愈小愈好。（答：___）

11. 利用万用表检测可以分清红外发光二极管正极和负极引脚。（答：___）

12. 指针式万用表 R×1kΩ 挡测量红外光敏二极管正向阻值应该为 3 ~ 10 kΩ。（答：___）

13. 指针式万用表 R×1kΩ 挡测量红外光敏二极管反向阻值应该大于 500 kΩ。（答：___）

14. 指针式万用表 R×1kΩ 挡测量红外光敏二极管反向阻值时黑表棒接负极，红表棒接正极。（答：___）

15. 指针式万用表 R×1kΩ 挡测量红外光敏二极管反向阻值，再用电视机遥控器对着接收窗口，按动遥控器上按键时阻值应该减小至 50 ~ 100 kΩ。（答：___）

16. 指针式万用表 R×1kΩ 挡测量光敏二极管，黑纸遮住光信号接收窗口，测量正向电阻值应该在 10 ~ 20kΩ。（答：___）

17. 指针式万用表 R×1kΩ 挡测量光敏二极管，黑纸遮住光信号接收窗口，测量反向阻值应该接近无穷大。（答：___）

18. 指针式万用表 R×1kΩ 挡测量光敏二极管正、反向阻值，去掉黑纸后正、反向电阻值应该均变小，阻值变化愈大灵敏度愈低。（答：___）

19. 数字式万用表 PN 结挡测量变容二极管正向电压降应该显示为 580 ~ 650。（答：___）

20. 数字式万用表 PN 结挡测量变容二极

管反向电压降应该显示为溢出符号"1"。（答：___）

4-34. 零起点学电子测试题讲解

答案：
判断题：1：对；2：对；3：错（应该是黑表棒接正极，红表棒接负极）；4：错（发光二极管正向电阻一般小于 50kΩ）；5：对；6：对；7：错（发光二极管反向电阻应该大于几百千欧）；8：错（可分清发光二极管正极和负极引脚）；9：错（不一样，用 R×10kΩ 挡测量时反向电阻大于 200kΩ，R×1kΩ 挡测量时反向电阻大于 500kΩ）；10：对；11：对；12：对；13：对；14：错（黑表棒接正极，红表棒接负极）；15：对；16：对；17：对；18：错（阻值变化愈大灵敏度愈高）；19：对；20：对。

【测试】五　检测其他常用二极管方法 4
判断题：判断下列讲述是否正确。

1. 指针式万用表 R×1Ω 挡测量二端型肖特基二极管正向电阻应该为 2.5 ~ 3.5Ω。（答：___）

2. 指针式万用表 R×10kΩ 挡测量二端型肖特基二极管反向电阻应该接近无穷大。（答：___）

3. 指针式万用表 R×1Ω 挡可以分清三端型肖特基二极管的三根引脚。（答：___）

4. 指针式万用表 R×1kΩ 挡测量双基极二极管两个基极之间正向、反向电阻值应该在 2 ~ 10kΩ 范围内。（答：___）

5. 指针式万用表 R×1kΩ 挡测量双向触发二极管正、反向电阻值均应该接近无穷大。（答：___）

6. 指针式万用表 R×1kΩ 挡测量快恢复、超快恢复二极管正向阻值应该为 4 ~ 5kΩ。（答：___）

7. 指针式万用表 R×1kΩ 挡测量快恢复、超快恢复二极管反向阻值应该接近无穷大。（答：___）

8. 指针式万用表 R×1kΩ 挡测量单极型瞬态电压抑制二极管正向阻值应该为 4kΩ 左右。（答：___）

9. 指针式万用表 R×1kΩ 挡测量单极型瞬态电压抑制二极管反向阻值应该接近无穷大。（答：___）

10. 指针式万用表 R×1kΩ 挡测量双向极型瞬态电压抑制二极管反向阻值应该接近无穷大。（答：___）

11. 指针式万用表 R×1kΩ 挡测量双向极型瞬态电压抑制二极管正向阻值应该为 2kΩ 左右。（答：___）

12. 指针式万用表 R×1kΩ 挡测量高频变阻二极管正向阻值应该为 5kΩ 左右。（答：___）

13. 指针式万用表 R×1kΩ 挡测量高频变阻二极管反向阻值应该接近无穷大。（答：___）

14. 指针式万用表 R×1kΩ 挡测量硅高速开关二极管正向阻值应该 5~10kΩ。（答：___）

15. 指针式万用表 R×1kΩ 挡测量硅高速开关二极管反向阻值应该接近无穷大。（答：___）

答案：

判断题：1：对；2：对；3：对；4：对；5：对；6：对；7：对；8：对；9：对；10：对；11：错（正向阻值应该接近无穷大）；12：对；13：对；14：对；15：对。

4-35.零起点学电子测试题讲解

【测试】六　三极管检测方法 1

判断题：判断下列讲述是否正确。

1. 指针式和数字式万用表可以检测 NPN 型三极管质量，但无法检测 PNP 型三极管质量。（答：___）

2. 指针式万用表检测 NPN 型三极管质量时使用 R×1kΩ 挡。（答：___）

3. 指针式万用表测量 NPN 型三极管发射结正向电阻时，红表棒接基极，黑表棒接发射极。（答：___）

4. 指针式万用表测量 NPN 型三极管发射结反向电阻时，黑表棒接基极，红表棒接发射极。（答：___）

5. 指针式万用表测量 NPN 型硅三极管发射结正向电阻应该为几千欧。（答：___）

6. 指针式万用表测量 NPN 型硅三极管发射结反向电阻应该不小于几百千欧。（答：___）

7. 指针式万用表测量 NPN 型三极管集电结正向电阻时，红表棒接基极，黑表棒接集电极。（答：___）

8. 指针式万用表测量 NPN 型硅三极管集电结正向电阻应该为几千欧。（答：___）

9. 指针式万用表测量 NPN 型三极管集电结反向电阻时，红表棒接基极，黑表棒接集电极。（答：___）

10. 指针式万用表测量 NPN 型硅三极管集电结反向电阻应该不小于几百千欧。（答：___）

11. 指针式万用表测量 NPN 型三极管集电极与发射极间正向电阻时，红表棒接发射极，黑表棒接集电极。（答：___）

12. 指针式万用表测量 NPN 型硅三极管集电极与发射极间正向电阻应该大于几十千欧。（答：___）

13. 指针式万用表测量 NPN 型三极管集电极与发射极间反向电阻时，红表棒接发射极，黑表棒接集电极。（答：___）

14. 指针式万用表测量 NPN 型硅三极管集电极与发射极间反向电阻大于几百千欧。（答：___）

15. 指针式万用表估测 NPN 型三极管放大倍数时，黑表棒接发射极，红表棒接集电极。（答：___）

16. 指针式万用表估测 NPN 型三极管放大倍数时，用嘴同时接触集电极和基极，表针偏转角度越大，放大倍数越小。（答：___）

17. 三极管穿透电流增大、电流放大倍数 β 变小是软故障，电路检修中比较难。（答：___）

18. 三极管主要有开路故障、噪声大故障、击穿故障、性能变劣故障，其中击穿故障主要发生在低电压、小电流场合。（答：___）

19. 三极管开路故障、击穿故障发生后会影响电路中相关点的直流电压大小。（答：___）

20. 当小信号放大器中三极管出现噪声大

故障时，对电路危害大。（答：___）

答案：

判断题：1：错（可以检测NPN型和PNP型三极管质量）；2：对；3：错（应该是黑表棒接基极，红表棒接发射极）；4：错（应该是红表棒接基极，黑表棒接发射极）；5：对；6：对；7：错（黑表棒接基极，红表棒接集电极）；8：对；9：对；10：对；11：对；12：对；13：错（应该是黑表棒接发射极，红表棒接集电极）；14：对；15：错（应该是红表棒接发射极，黑表棒接集电极）；16：错（表针偏转角度越大，放大倍数越大）；17：对；18：错（击穿故障主要发生在高电压、大电流场合）；19：对；20：对。

4-36. 零起点学电子测试题讲解

【测试】七　三极管检测方法 2

判断题：判断下列讲述是否正确。

1. 指针式万用表检测 PNP 型三极管质量时使用 R×1kΩ 挡。（答：___）

2. 指针式万用表测量 PNP 型三极管发射结正向电阻时，黑表棒接基极，红表棒接发射极。（答：___）

3. 指针式万用表测量 PNP 型三极管发射结反向电阻时，红表棒接基极，黑表棒接发射极。（答：___）

4. 指针式万用表测量 PNP 型硅三极管发射结正向电阻应该为几千欧。（答：___）

5. 指针式万用表测量 PNP 型硅三极管发射结反向电阻应该不小于几百千欧。（答：___）

6. 指针式万用表测量 PNP 型三极管集电结正向电阻时，红表棒接基极，黑表棒接集电极。（答：___）

7. 指针式万用表测量 PNP 型硅三极管集电结正向电阻应该为几千欧。（答：___）

8. 指针式万用表测量 PNP 型三极管集电结反向电阻时，红表棒接基极，黑表棒接集电极。（答：___）

9. 指针式万用表测量 PNP 型硅三极管集电结反向电阻应该不小于几百千欧。（答：___）

10. 指针式万用表测量 PNP 型三极管集电

极与发射极间正向电阻时，红表棒接发射极，黑表棒接集电极。（答：___）

11. 指针式万用表测量 PNP 型硅三极管集电极与发射极间正向电阻应该大于几十千欧。（答：___）

12. 指针式万用表测量 PNP 型三极管集电极与发射极间反向电阻时，黑表棒接发射极，红表棒接集电极。（答：___）

13. 指针式万用表测量 PNP 型硅三极管集电极与发射极间反向电阻大于几百千欧。（答：___）

14. 指针式万用表估测 PNP 型三极管放大倍数时，红表棒接发射极，黑表棒接集电极。（答：___）

15. 指针式万用表估测 PNP 型三极管放大倍数时，用嘴同时接触集电极和基极，表针偏转角度越小，放大倍数越大。（答：___）

答案：

判断题：1：对；2：错（应该是红表棒接基极，黑表棒接发射极）；3：错（应该是黑表棒接基极，红表棒接发射极）；4：对；5：对；6：对；7：对；8：错（黑表棒接基极，红表棒接集电极）；9：对；10：错（黑表棒接发射极，红表棒接集电极）；11：对；12：错（应该是红表棒接发射极，黑表棒接集电极）；13：对；14：错（应该是黑表棒接发射极，红表棒接集电极）；15：错（表针偏转角度越大，放大倍数越大）。

【测试】八　三极管检测方法 3

判断题：判断下列讲述是否正确。

1. 指针式万用表可以分清高频和低频三极管。（答：___）

2. 指针式万用表判断高频和低频三极管时，R×1kΩ 挡测量发射结反向电阻，再转换到 R×10kΩ 挡，反向电阻基本不变是高频三极管。（答：___）

3. 指针式万用表判断高频和低频三极管时，R×1kΩ 挡测量发射结反向电阻，再转换到 R×10kΩ 挡，反向电阻明显减小则是低频管。（答：___）

4. 指针式万用表可以测量出高频和低频三

极管发射结反向耐压的不同。（答：＿＿＿）

5. 指针式万用表不能分辨是硅三极管还是锗三极管。（答：＿＿＿）

6. 指针式万用表测量发射结正向电阻为 $500 \sim 1000\Omega$，它是锗管。（答：＿＿＿）

7. 指针式万用表可根据硅管、锗管正向和反向电阻大小不相同原理分辨它们。（答：＿＿＿）

8. 数字式万用表可以分辨是硅三极管还是锗三极管。（答：＿＿＿）

9. 数字式万用表分辨是硅、锗三极管的方法是测量发射结正向压降大小。（答：＿＿＿）

10. 数字式万用表测量三极管的发射结正向压降为 200 时是硅三极管。（答：＿＿＿）

11. 数字式万用表分辨是硅三极管还是锗三极管时使用欧姆挡。（答：＿＿＿）

12. 指针式万用表检测大功率三极管时使用 $R \times 10\Omega$ 挡或 $R \times 1\Omega$ 挡。（答：＿＿＿）

13. 数字式万用表测量三极管放大能力时使用 h_{FE} 挡。（答：＿＿＿）

14. 数字式万用表测量三极管放大能力时显示 176 为放大倍数。（答：＿＿＿）

15. 数字式万用表通过测量三极管放大能力来判断它的质量。（答：＿＿＿）

16. 数字式万用表测量三极管需要使用专用测试座。（答：＿＿＿）

答案：

判断题：1：对；2：错（反向电阻基本不变是低频三极管）；3：错（反向电阻明显减小则是高频管）；4：对；5：错（可以分辨硅管还是锗管）；6：对；7：对；8：对；9：对；10：错（是锗三极管）；11：错（使用 PN 结挡）；12：对；13：对；14：对；15：对；16：对。

【测试】九　其他三极管检测方法 1

判断题：判断下列讲述是否正确。

1. 通过万用表可以识别普通达林顿管的基极、集电极和发射极。（答：＿＿＿）

2. 通过万用表不能区分 PNP 和 NPN 型普通达林顿管。（答：＿＿＿）

3. 通过万用表可以估测普通达林顿管的放大能力。（答：＿＿＿）

4. 万用表测量普通达林顿管方法与普通三极管基本一样。（答：＿＿＿）

5. 指针式万用表测量普通达林顿管基极与发射极之间 PN 结正向和反向电阻时使用 $R \times 1k\Omega$ 挡。（答：＿＿＿）

6. 万用表测量大功率达林顿管有关电极之间阻值与普通三极管相同。（答：＿＿＿）

7. 万用表 $R \times 10k\Omega$ 挡测量大功率达林顿管集电结正向和反向阻值时，有明显单向导电性能。（答：＿＿＿）

8. 万用表 $R \times 10k\Omega$ 挡测量大功率达林顿管发射结正向和反向阻值有明显大小区别。（答：＿＿＿）

4-37.零起点学电子测试题讲解

答案：

判断题：1：对；2：错（可以区分 PNP 和 NPN 型普通达林顿管）；3：对；4：对；5：错（使用 $R \times 10k\Omega$ 挡，因为达林顿管基极与发射极之间有二个 PN 结，$R \times 10k\Omega$ 挡表内电池电压高）；6：错（有所不同，因为大功率达林顿管内部设置了保护稳压二极管和电阻）；7：对；8：错（没有区别，大约均为几百欧）。

【测试】十　其他三极管检测方法 2

判断题：判断下列讲述是否正确。

1. 带阻尼行输出三极管内部设有二极管和电阻，所以万用表测量各电极间电阻时与普通三极管有所不同。（答：＿＿＿）

2. 万用表测量带阻尼行输出三极管集电极和发射极之间正向电阻应该明显小于反向电阻。（答：＿＿＿）

3. 万用表测量带阻尼行输出三极管集电极和发射极之间正向电阻应该大于 $300k\Omega$。（答：＿＿＿）

4. 万用表测量带阻尼行输出三极管集电极和发射极之间反向电阻应该很小。（答：＿＿＿）

5. 万用表测量带阻尼行输出三极管基极与发射极之间正向电阻非常接近 25Ω。（答：＿＿＿）

6. 万用表测量带阻尼行输出三极管基极与发射极之间反向电阻非常接近 25Ω。（答：＿＿＿）

7. 万用表 h_{FE} 挡可以直接测量带阻尼行输

出三极管放大倍数。(答:___)

答案:

判断题: 1: 对; 2: 错（正向电阻应该明显大于反向电阻）; 3: 对; 4: 对; 5: 对; 6: 对; 7: 错（不可以直接测量带阻尼行输出三极管放大倍数）。

【测试】十一　万用表检测场效应晶体管

判断题: 判断下列讲述是否正确。

1. 万用表测量结型场效应晶体管某两电极之间正向、反向电阻值为 0 或为无穷大时该管已击穿或已开路损坏。(答:___)

2. 万用表欧姆挡无法识别结型场效应晶体管的三个电极。(答:___)

3. 万用表欧姆挡无法识别 P 沟道还是 N 沟道结型场效应晶体管。(答:___)

4. 万用表欧姆挡无法识别双栅型场效应晶体管的 4 个电极引脚。(答:___)

5. 万用表欧姆挡可以估测双栅型场效应晶体管的放大能力。(答:___)

6. 万用表欧姆挡测量结型场效应晶体管时，表需要置于 R×100Ω 挡或 R×10Ω 挡。(答:___)

7. 万用表测量结型场效应晶体管漏极和源极之间正向和反向电阻值均为几千欧。(答:___)

8. 测量绝缘栅型场效应管不能使用测量结型场效应管的方法。(答:___)

答案:

判断题: 1: 对; 2: 错（可以）; 3: 错（可识别 P 沟道还是 N 沟道结型场效应晶体管）; 4: 错（可以识别双栅型场效应晶体管的 4 个电极引脚）; 5: 对; 6: 对; 7: 对; 8: 对。

【测试】十二　万用表检测电磁式继电器

判断题: 判断下列讲述是否正确。

1. 万用表欧姆挡测量电磁式继电器常闭触点与动触点之间电阻应该为无穷大。(答:___)

2. 万用表欧姆挡测量电磁式继电器常开触点与动触点之间阻值应该为 0Ω。(答:___)

3. 万用表 R×10Ω 挡测量电磁式继电器线圈阻值通常为几欧姆。(答:___)

4. 万用表欧姆挡能够测量干簧式继电器，不需要任何配件就能直接测量质量好坏。(答:___)

4-38. 零起点学电子测试题讲解

答案:

判断题: 1: 错（阻值应为 0Ω）; 2: 错（应为无穷大）; 3: 错（通常为几百欧姆）; 4: 错（需要一块永久磁铁配合）。

【测试】十三　万用表检测开关件方法

判断题: 判断下列讲述是否正确。

1. 使用万用表检测开关件质量简便而有效。(答:___)

2. 开关件最为常见故障是接触电阻大，测量开关件接触电阻可确定这一故障。(答:___)

3. 万用表测量开关件接触电阻时使用 R×10kΩ 挡。(答:___)

4. 万用表测量开关件断开电阻时使用 R×100Ω 挡。(答:___)

5. 万用表测量开关件接触电阻应该为 0Ω。(答:___)

6. 万用表测量开关件断开电阻应该接近无穷大。(答:___)

7. 万用表测量开关件断开电阻时应该使开关处于断开状态。(答:___)

8. 万用表测量开关件接触电阻时应该使开关处于接通状态。(答:___)

答案:

判断题: 1: 对; 2: 对; 3: 错（使用 R×1Ω 挡）; 4: 错（使用 R×10kΩ 挡）; 5: 对; 6: 对; 7: 对; 8: 对。

【测试】十四　万用表检测接插件方法

判断题: 判断下列讲述是否正确。

1. 使用万用表直流电压挡检测接插件质量方法简便而有效。(答:___)

2. 接插件常见故障是接触电阻不良，测量接插件接触电阻可确定这一故障。(答:___)

3. 万用表测量接插件接触电阻时使用 R×1Ω 挡。(答:___)

4. 万用表测量接插件断开电阻时使用 R×100Ω 挡。(答:___)

5. 万用表测量接插件接触电阻应该为 0Ω。（答：___）

6. 万用表测量接插件接触电阻应该接近无穷大。（答：___）

7. 万用表测量接插件断开电阻时应该使触点处于断开状态。（答：___）

8. 万用表测量接插件接触电阻时应该使触点处于接通状态。（答：___）

判断题：1：错（欧姆挡测量简便而有效）；2：对；3：对；4：错（使用 R×10kΩ 挡）；5：对；6：对；7：对；8：对。

【测试】十五 万用表检测其他元器件

判断题：判断下列讲述是否正确。

1. 万用表 R×1kΩ 挡测量石英晶体两引脚之间电阻为无穷大，说明它很可能是好的。（答：___）

2. 万用表 R×1kΩ 挡测量石英晶体两引脚之间电阻时表棒有红、黑之分。（答：___）

3. 万用表 R×1kΩ 挡测量石英晶体两引脚之间电阻有几十千欧时，说明它性能变劣，但还能使用。（答：___）

4. 万用表 R×1kΩ 挡测量石英晶体两引脚之间电阻为无穷大时，说明它一定是好的。（答：___）

5. 指针式万用表可以检测驻极体电容式话筒质量好坏。（答：___）

6. 指针式万用表检测驻极体电容式话筒质量好坏时，表棒不分红、黑。（答：___）

7. 万用表可以检测干簧管质量好坏。（答：___）

答案：

判断题：1：对；2：错（表棒没有红、黑之分）；3：错（已经损坏，不能使用）；4：错（不一定）；5：对；6：错（需要分清）；7：对。

13.8.4 万用表检修元器件典型电路故障

【测试】一 万用表检修电阻器单元电路故障1

判断题：判断下列讲述是否正确。

1. 万用表检修电阻串联电路故障方法是检修其他串联电路故障的基础，须深入掌握。（答：___）

2. 万用表测量直流电路中电阻串联电路有关电压时，需将表置于直流电压挡。（答：___）

4-39.零起点学电子测试题讲解

3. 万用表检修交流电路中电阻串联电路故障时，数字式万用表交流电压挡不能测量交流信号电压。（答：___）

4. 万用表检修 R1、R2 电阻串联电路故障，测量一只电阻两端有电压，说明该电阻串联电路没有开路。（答：___）

5. 采用测量电流方法检修电阻串联电路故障比测量电压方法更加方便。（答：___）

6. 电路通电情况下，测量电阻串联电路中某只电阻上电压为零，说明该串联电路出现短路故障。（答：___）

7. 电路通电情况下，测量电阻串联电路中某只电阻有电流流过，不能说明该串联没有出现开路故障。（答：___）

8. 电阻 R1 和 R2 串联，测量 R1 上有电压，测量 R2 上无电压，说明 R1 开路，无电流流过 R1。（答：___）

答案：

判断题：1：对；2：对；3：错（能测量有关交流信号电压）；4：错（恰好测量到开路这只电阻时仍然能够测量到电压）；5：错（测量电压更加方便，同时也有效）；6：错（说明该串联电路出现开路故障）；7：错（能说明该串联没有出现开路故障）；8：对。

【测试】二 万用表检修电阻器单元电路故障2

判断题：判断下列讲述是否正确。

1. 万用表检修电阻并联电路故障方法是检修其他并联电路故障的基础，须深入掌握。（答：___）

2. 万用表检修电阻并联电路故障时，测量有关点电压是非常有效的方法。（答：___）

3. 万用表检修交流电路中电阻并联电路故障时，数字万用表交流电压挡不能测量交流信

号电压。（答：___）

4. 万用表检修 R1 和 R2 电阻并联电路故障，测量一只电阻上有电压，说明 R1 和 R2 均不存在开路故障。（答：___）

4-40. 零起点学电子测试题讲解

5. R1 和 R2 电阻并联电路，供电情况下万用表测量 R1 上电压为 0V，说明 R1 已开路。（答：___）

6. 检修电阻并联电路故障，采用测量流过电阻电流的方法比测量电阻两端电压更加准确。（答：___）

7. R1 和 R2 电阻并联电路，通电情况下测量流过 R1 的电流正常，说明流过 R2 的电流也正常。（答：___）

8. 电阻 R1 和 R2 并联后与 R3 串联，测量 R3 上有电压，说明 R3 没有开路。（答：___）

答案：

判断题：1：对；2：错（许多情况需采用测量电流的方法）；3：错（能测量交流信号电压）；4：错（不能确定开路故障）；5：错（R1 开路时两端仍然有电压）；6：对；7：错（不能说明流过 R2 的电流也正常）；8：错（不一定）。

【测试】三　万用表检修电阻器单元电路故障 3

判断题：判断下列讲述是否正确。

1. 检修直流电路中电阻分压电路故障，可用万用表直流电压挡测量有关电压。（答：___）

2. 检修交流电路中电阻分压电路故障，可用数字式万用表交流电压挡测量有关电压。（答：___）

3. 测量电阻分压电路输出电压为 0V，说明可能无输入电压。（答：___）

4. 测量电阻分压电路输出电压为 0V，说明可能分压电路中一只电阻开路。（答：___）

5. 测量电阻分压电路输出电压为 0V，说明可能分压电路中一只电阻短路。（答：___）

6. 测量电阻分压电路输出电压明显小于输入电压，说明可能分压电路中一只电阻开路。（答：___）

7. 测量电阻分压电路输出电压等于输入电压，说明可能分压电路中有一只电阻开路。（答：___）

8. 测量电阻分压电路输出电压等于输入电压，说明可能分压电路中一只电阻短路。（答：___）

9. 测量 LED 限流保护电阻两端有电压，说明有电流流过 LED。（答：___）

10. 测量 LED 限流保护电阻两端电压为 0V，说明没有电流流过 LED。（答：___）

11. 测量 LED 限流保护电阻两端电压等于直流工作电压，说明限流电阻短路。（答：___）

答案：

判断题：1：对；2：对；3：对；4：对；5：对；6：错（如果有电阻开路故障，分压电路输出电压等于输入电压或为 0V）；7：对；8：对；9：错（不一定，当限流电阻开路时仍然能够测量到电压）；10：对；11：错（说明限流电阻开路）。

【测试】四　万用表检修电容和变压器电路故障

判断题：判断下列讲述是否正确。

1. 检修滤波电容电路最简单、有效的方法是测量滤波电容两端直流输出电压。（答：___）

2. 测量滤波电容两端直流输出电压正常，说明电源变压器、整流和滤波电路工作均正常。（答：___）

3. 检修滤波电容电路故障时，不必怀疑电源变压器和整流电路故障。（答：___）

4. 测量滤波电容两端直流输出电压偏低，说明滤波电容开路。（答：___）

5. 测量滤波电容两端直流输出电压为 0V，说明滤波电容漏电。（答：___）

6. 测量滤波电容两端直流输出电压为 0V，故障只会在滤波电路本身。（答：___）

7. 测量退耦电容两端直流电压偏低，故障原因之一是退耦电容漏电。（答：___）

8. 测量退耦电容两端直流电压为 0V，故障原因之一是退耦电容开路。（答：___）

9. 测量退耦电容两端直流电压为 0V，故障原因之一是退耦电阻开路。（答：___）

答案：

判断题：1：对；2：对；3：错（电源变压

器和整流电路故障也会引起滤波电容上直流
电压不正常）；4：错（滤波电容漏电才会影响
滤波电容上电压偏低）；5：错（滤波电容漏电
只会使滤波电容两端电压下降）；6：错（还会
与电源变压器和整流电路相关）；7：对；8：错
（故障原因之一是退耦电容短路）；9：对。

**【测试】五　万用表检修各类二极管电路故
障1**

判断题：判断下列讲述是否正确。

1. 检修二极管整流电路
基本方法之一是测量整流电路
输出端电压。（答：＿＿）

2. 检修二极管整流电路
故障时，断电后可以测量整流
二极管正向和反向电阻。（答：＿＿）

4-41. 零起点学电
子测试题讲解

3. 对于全波整流电路要分别检查两只整流
二极管。（答：＿＿）

4. 对于桥式整流电路要分别检查4只整流
二极管。（答：＿＿）

5. 测量二极管整流电路输出端直流电压为
0V，故障原因肯定是整流二极管开路。（答：＿＿）

6. 测量二极管整流电路输出端直流电压偏
低，故障原因肯定是整流二极管损坏。（答：＿＿）

7. 测量二极管整流电路输出端直流电压正
常，说明电源变压器、整流和滤波电路正常。
（答：＿＿）

8. 测量桥式整流电路输出端直流电压偏低，
故障原因是桥堆内部所有二极管损坏。（答：＿＿）

9. 测量二极管整流电路输出端直流电压时
万用表表针反向偏转，说明整流二极管损坏。
（答：＿＿）

10. 万用表检修二极管倍压整流电路故障
基本方法是测量整流电路输出端直流电压和检
查整二极管正向和反向电阻。（答：＿＿）

答案：

判断题：1：对；2：对；3：对；4：对；5：
错（还有其他故障原因，如电源变压器二次线
圈没有输出电压）；6：错（还有其他故障原因，
如滤波电容漏电）；7：对；8：错（桥堆内部全
部二极管损坏时输出电压为0V）；9：错（万用

表红、黑表棒接反）；10：对。

**【测试】六　万用表检修各类二极管电路故
障2**

判断题：判断下列讲述是否正确。

1. 万用表检修二极管构成的稳压电路故障
基本方法是测量直流电压和检查二极管质量。
（答：＿＿）

2. 测量二极管构成的稳压电路中直流电
压升高时，故障原因是某只二极管短路。（答：
＿＿）

3. 万用表检修二极管开关电路故障方法之
一是测量开关管控制电压是否正常。（答：＿＿）

4. 万用表检修稳压二极管电路故障有效而
简单的方法是测量稳压二极管上直流电压。（答：
＿＿）

5. 测量稳压二极管上直流电压升高时，说
明稳压二极管短路。（答：＿＿）

6. 测量稳压二极管上直流电压为0V时，
故障肯定出在稳压二极管。（答：＿＿）

7. 测量稳压二极管上直流电压明显低于稳
压值时，稳压二极管损坏。（答：＿＿）

答案：

判断题：1：对；2：错（是某只二极管开
路）；3：对；4：对；5：错（很可能是稳压二极
管开路）；6：错（也可能是没有直流电压加到
稳压二极管）；7：对。

【测试】七　万用表检修三极管电路故障1

判断题：判断下列讲述是否正确。

1. 检修三极管放大器电路故障时，最为有
效和简单的方法之一是测量三极管集电极直流
电压。（答：＿＿）

2. 对于三极管固定式偏置电路，测量三极
管集电极与发射极之间直流电压等于0.2V，说
明固定式偏置电阻开路。（答：＿＿）

3. 对于三极管固定式偏置电路，测量三极
管集电极直流电压等于该级电路直流工作电压，
说明固定式偏置电阻短路。（答：＿＿）

4. 怀疑三极管固定式偏置电阻出现故障时，
可以测量该电阻阻值加以确认。（答：＿＿）

5. 对于三极管分压式偏置电路，测量三极

4-42. 零起点学电子测试题讲解

管集电极直流电压等于该级电路直流工作电压，说明下偏置电阻开路。（答：___）

6. 对于三极管分压式偏置电路，测量三极管集电极与发射极之间直流电压等于0.2V，说明上偏置电阻开路。（答：___）

7. 对于三极管集电极-基极负反馈式偏置电路，测量三极管集电极与发射极之间直流电压等于0.2V，说明偏置电阻开路。（答：___）

8. 对于三极管集电极-基极负反馈式偏置电路，测量三极管集电极直流电压等于该级电路直流工作电压，说明偏置电阻开路。（答：___）

答案：

判断题：1：对；2：错（说明固定式偏置电阻阻值大幅减小）；3：错（说明固定式偏置电阻开路）；4：对；5：错（说明上偏置电阻开路）；6：错（说明下偏置电阻开路）；7：错（说明偏置电阻阻值大幅减小）；8：对。

【测试】八　万用表检修三极管电路故障2

判断题：判断下列讲述是否正确。

1. 万用表检修三极管集电极直流电路故障时，主要通过测量三极管集电极直流电压来判断故障。（答：___）

2. 对于共发射极放大器而言，测量三极管集电极直流电压等于该级电路直流工作电压，说明三极管基极或发射极回路可能开路。（答：___）

3. 万用表检修三极管发射极直流电路故障时，通过测量三极管发射极直流电压来判断故障。（答：___）

4. 测量三极管发射极直流电压等于该级电路直流工作电压，说明三极管发射极回路可能开路。（答：___）

答案：

判断题：1：对；2：对；3：对；4：对。

13.8.5　万用表检修单元电路故障

【测试】一　万用表检修电源电路故障方法1

判断题：判断下列讲述是否正确。

1. 检修电源变压器故障最简单和有效的方法是测量电源变压器二次线圈输出的直流电压。（答：___）

2. 测量电源变压器二次线圈输出的交流电压正常，说明电源变压器工作正常。（答：___）

3. 测量电源变压器二次线圈输出的交流电压偏低，说明有可能电源变压器处于轻载状态。（答：___）

4. 测量电源变压器二次线圈输出的交流电压偏低，说明故障与整流和滤波电路无关。（答：___）

5. 测量电源变压器二次线圈输出的交流电压为0V，这时需要测量电源变压器一次线圈的220V交流电压。（答：___）

6. 测量电源变压器空载下二次线圈输出电压，高于负载下二次线圈输出电压。（答：___）

答案：

判断题：1：错（应该是测量电源变压器二次线圈输出的交流电压）；2：对；3：错（说明有可能电源变压器处于重载状态）；4：错（是有关的）；5：对；6：对。

【测试】二　万用表检修电源电路故障方法2

判断题：判断下列讲述是否正确。

1. 对于电源电路总烧保险丝故障，测量滤波电容两端直流电压是一个好方法。（答：___）

2. 测量全波整流、滤波电路输出端直流电压明显下降，说明两只整流二极管全部开路。（答：___）

3. 检修电源电路交流声大故障时，重点检查电源变压器。（答：___）

4. 检查调整稳压电路故障时，最好先确定整流和滤波电路正常。（答：___）

答案：

判断题：1：错（不是一个好方法，要从检查过电流角度出发进行检查）；2：错（故障原因之是一只整流二极管开路，两只全开路时无直流电压输出）；3：错（主要检查滤波电容是否开路或是容量明显减小）；4：对。

【测试】三　万用表检修电源电路故障方法3

图13-65所示是一个实用电源电路，检修这一电路故障中下列讲述是否正确。

图 13-65　实用电源电路

4-43.零起点学电子测试题讲解

1. 测量电源电路输出端无直流电压输出，下一步需要测量 C1 上直流电压是否正常。(答：___)

2. 调节 RP1 时，测量 A1 输入引脚上直流电压应该大小不变化。(答：___)

3. 测量 T1 上面的二次线圈 W2 交流电压为 0V，下一步测量 T1 是否有 220V 交流输入，如果有交流电压输入就需要测量 T1 初级线圈是否短路。(答：___)

4. 万用表直流电压挡测量 T1 二次线圈两端电压。(答：___)

5. 电路检修中，测量 C1 正极向右电路的电压时用直流电压挡。(答：___)

6. 输出电压调不到 0V，检查 C1 是否开路。(答：___)

7. 测量 A1 输入引脚上直流电压大幅偏低，检查 C2 是否开路。(答：___)

8. 测量 A1 输入引脚上直流电压大幅偏低，检查桥堆中是否有某只二极管开路。(答：___)

9. 测量 A1 输入引脚上直流电压大幅偏低，检查 C1 是否存在严重漏电。(答：___)

10. 测量 C1 上直流电压为 0V，下一步需要检查桥堆是否开路。(答：___)

11. 输出电压调不到 0V，测量 C3 上是否有负极性直流输出电压。(答：___)

12. 测量输出端直流电压达不到 35V，测量 C1 上直流电压大小。(答：___)

13. 输出端直流电压无法进行0~35V调节，检查 VD5 这路整流电路工作是否正常。(答：___)

14. 测量输出端直流电压无法进行 0~35V 调节，调节 RP1 时测量其动片上直流电压是否变化。(答：___)

15. 测量输出端直流电压无法进行 0~35V 调节，检查 R1 是否开路。(答：___)

16. 调节 RP1，测量其动片上电压不能变为负值，检查 VD5 这路整流电路。(答：___)

17. 测量 C3 负极对地直流电压应该为正极性电压。(答：___)

18. 测量稳压二极管 VS 两端无直流电压，检查 R2 是否短路。(答：___)

19. 测量稳压二极管 VS 两端无直流电压，检查 VD5 是否开路。(答：___)

20. 当电源电路交流声大时，检查 C1 是否失效。(答：___)

答案：

判断题：1：对；2：对；3：错（测量 T1 初级线圈是否开路）；4：错（用交流电压挡测量）；5：对；6：错（应该检查 VD5 这路整流电路）；7：错（C2 开路不会造成这种故障）；8：对；9：对；10：错（下一步测量 T1 上面二次线圈 W2 是否有 35V 交流电压输出）；11：对；12：对；13：错（检查可变电阻 RP1 是否正常）；14：对；15：对；16：对；17：错（应该是负极性直流电压）；18：错（检查 R2 是否开路）；19：对；20：对。

【测试】四　万用表检修单级放大器和多级放大器电路故障 1

判断题：判断下列讲述是否正确。

1. 万用表检修单级放大器和多级放大器电路故障，最常用和简便的方法之一是测量电路中关键点直流工作电压。(答：___)

2. 单级放大器和多级放大器中关键测量点

之一是三极管集电极静态直流工作电压。（答：
___ ）

3. 对于单级放大器无声故障，测量该级放大器直流工作电压是有效方法之一。（答：___ ）

4. 对于单级音频放大器声音略轻故障，采用测量电路中有关点直流电压的效果不明显。（答：___ ）

5. 对于单级音频放大器噪声大故障，采用测量电路中有关点直流电压的方法效果不明显。（答：___ ）

6. 对于单级音频放大器非线性失真大故障，采用测量电路中有关点直流电压的方法效果不明显。（答：___ ）

答案：

判断题：1：对；2：对；3：对；4：对；5：对；6：对。

【测试】五　万用表检修单级放大器和多级放大器电路故障 2

判断题：判断下列讲述是否正确。

1. 采用万用表检修选频放大器故障与检修一般放大器故障基本方法相同。（答：___ ）

2. 测量共发射极 LC 选频放大器的三极管集电极直流电压时，它应该等于该级直流工作电压。（答：___ ）

3. 检修阻容耦合多级放大器故障时，测量某一级放大器直流电压不正常，除级间耦合电容外，不必检查另一级放大器的直流电路。（答：___ ）

4. 检查多级放大器故障可以从后面向前级进行检查。（答：___ ）

答案：

判断题：1：对；2：对；3：对；4：对。

【测试】六　万用表检修单级放大器和多级放大器电路故障 3

图 13-66 所示是一个实用多级音频放大器，判断下列讲述是否正确。

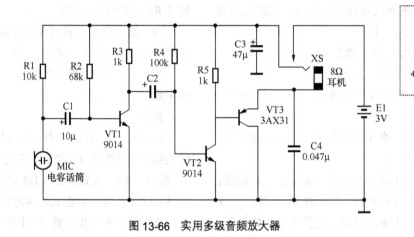

图 13-66　实用多级音频放大器

1. 测量 C3 正极与地线之间直流电压为 2V，电池 E1 电压不足是唯一原因。（答：___ ）

2. 耳机无响声，测量 MIC 两端直流电压为 0V，下一步需要测量 C3 两端直流电压。（答：___ ）

3. 测量 MIC 两端直流电压为 0V，测量 C3 两端直流电压为 3V，R1 开路是重要原因之一。（答：___ ）

4. 测量 VT1 基极直流电压为 0V，测量 C3 两端直流电压为 3V，R2 短路。（答：___ ）

5. 测量 VT1 集电极直流电压为 3V，检查 R2 是否短路。（答：___ ）

6. 测量 VT1 集电极直流电压为 3V，检查 C2 是否开路。（答：___ ）

7. 测量 VT1 基极直流电压为 3V，故障原因之一是 VT1 发射极回路开路。（答：___ ）

8. 测量 VT1 管集电极直流电压低于基极直流电压，说明 VT1 管进入截止状态。（答：___ ）

9. 测量 VT1 管集电极直流电压不正常，

与 VT2 和 VT3 管工作无关。（答：___）

10. 测量 VT2 管集电极直流电压等于 3V，说明 VT2 管进入饱和状态。（答：___）

11. 测量 VT2 管集电极直流电压等于 3V，故障原因之一是 VT2 管发射极回路开路。（答：___）

12. 测量 VT2 管集电极直流电压等于 3V，故障原因之一是 C2 严重漏电。（答：___）

13. 测量 VT3 管集电极直流电压不等于 0V，说明 VT3 管集电极引脚的铜箔电路与地线之间开路。（答：___）

14. 测量 VT3 管基极直流电压不正常，与电阻 R4 无关。（答：___）

15. 测量 VT3 管基极直流电压不正常，与电阻 R5 无关。（答：___）

16. 测量 VT3 管基极直流电压不正常，与 VT2 管工作无关。（答：___）

17. 测量 VT3 管基极直流电压不正常，与 VT1 管工作无关。（答：___）

18. 测量 VT3 管发射极直流电压 0V，与耳机质量无关。（答：___）

19. 测量 VT3 管发射极直流电压远低于 3V，与耳机插座无关。（答：___）

20. 当耳机没有插入插座时，整机电路消耗的电能很小。（答：___）

答案：

判断题：1：错（插座 XS 接触不良也是常见原因之一）；2：对；3：对；4：错（R2 开路）；5：错（检查 R2 是否开路）；6：错（与 C2 任何故障无关）；7：对；8：错（说明 VT1 管进入饱和状态）；9：对；10：错（说明 VT2 管进入截止状态）；11：对；12：错（C2 严重漏电只会使 VT2 管集电极直流电压下降）；13：对；14：错（相关，因为这是直接耦合电路）；15：错（相关）；16：错（相关，因为这是直接耦合电路）；17：对；18：错（相关，因为耳机线圈构成了 VT3 管发射极直流回路）；19：错（相关，因为耳机插座接触不良会使 VT3 发射极直流电压下降）；20：错

4-45. 零起点学电子测试题讲解

（不消耗电能，因为整机电源没有接通）。

【测试】七　万用表检修音频功率放大器故障 1

判断题：判断下列讲述是否正确。

1. 检修变压器耦合推挽功率放大器故障时，测量某只三极管集电极直流电压就能判断两只功放输出管是否开路。（答：___）

2. 检修变压器耦合推挽功率放大器故障时，确认哪只三极管截止时需要测量该管集电极静态电流。（答：___）

3. 测量变压器耦合推挽功率放大器两只功放管集电极静态电流应该相等。（答：___）

4. 测量变压器耦合推挽功率放大器两只功放管集电极静态电流不相等，说明偏置电路故障。（答：___）

答案：

判断题：1：错（不能，因为两只功放输出管直流电路是并联的）；2：对；3：对；4：错（两管是共用一个偏置电路，说明某只功放输出管性能不佳）。

【测试】八　万用表检修音频功率放大器故障 2

图 13-67 所示是一个实用双声道集成电路 OTL 功放电路，判断下列讲述是否正确。

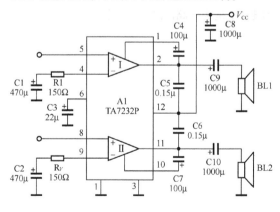

图 13-67　实用双声道集成电路 OTL 功能电路

1. 检修这一功放电路最关键的测量点是测量 A1 的 2 脚和 11 脚直流电压。（答：___）

2. 测量 A1 的 2 脚直流电压不等于 V_{cc} 一半，说明 2 脚所在声道有故障。（答：___）

3. 测量 A1 的 2 脚直流电压低于 V_{cc} 一半，C10 可能漏电。（答：___）

4. 测量 A1 的 2 脚直流电压高于 V_{cc} 一半，C9 可能漏电。（答：___）

5. 测量 A1 的 2 脚直流电压低于 V_{cc} 一半，断开 C9 后再次测量 2 脚直流电压。（答：___）

6. 测量 A1 的 2 脚直流电压低于 V_{cc} 一半，断开 C5 后再次测量 2 脚直流电压。（答：___）

7. 测量 A1 的 12 脚直流电压低于正常值，可能是 C8 开路。（答：___）

8. 测量 A1 的 1 脚和 2 脚直流电压接近相等，可能是 C4 开路。（答：___）

9. 测量 A1 的 5 脚和 8 脚直流电压应该相等。（答：___）

4-46. 零起点学电子测试题讲解

10. 测量 A1 的 5 脚和 4 脚直流电压应该不相等。（答：___）

11. 测量 A1 的 4 脚和 9 脚直流电压应该不相等。（答：___）

12. 测量 A1 的 1 脚和 10 脚直流电压应该不相等。（答：___）

13. 测量 A1 的 12 脚直流电压应该在 A1 各引脚中为最高。（答：___）

14. 测量 A1 的 4 脚直流电压低于正常值，检查 C1 是否开路。（答：___）

15. 测量 A1 的 6 脚直流电压低于正常值，检查 C3 是否漏电。（答：___）

16. 测量 A1 的 2 脚和 11 脚直流电压相等，且均低于直流电压 V_{cc} 一半，A1 损坏。（答：___）

17. 测量 A1 的 2 脚和 11 脚直流电压相等，但不等于直流电压 V_{cc} 一半，这时 A1 出故障的可能性低。（答：___）

18. 测量 A1 的 11 脚直流电压高于直流电压 V_{cc} 一半，A1 损坏的可能性没有。（答：___）

19. 断电后测量 BL1 直流电阻应该为几欧。（答：___）

20. 如果交流声大，检查 C8 是否容量减小。（答：___）

答案：

判断题：1：对；2：对；3：错（可能是 C9 漏电）；4：错（C9 漏电只可能使 2 脚电压下降）；5：对；6：对；7：错（可能是 C8 漏电，漏电愈严重 A1 的 12 脚电压愈低）；8：错（C4 短路的可能性大）；9：对；10：错（应该相等）；11：错（应该相等）；12：错（应该相等）；13：对；14：错（断开 C1 后再测量 A1 的 4 脚直流电压，如果正常是 C1 漏电）；15：对；16：错（应该测量直流电压 V_{cc} 是否低）；17：对；18：错（A1 损坏的可能大）；19：对；20：对。

附录 1 | 词头符号含义（适用于各种电子元器件）

词头符号含义（适用于各种电子元器件）见附表 1-1。

附表 1-1 词头符号含义（适用于各种电子元器件）

词头符号	名　称	表示数
E	艾	10^{18}
P	拍	10^{15}
T	太	10^{12}
G	吉	10^{9}
M	兆	10^{6}
k	千	10^{3}
h	百	10^{2}
da	十	10^{1}
dt	分	10^{-1}
c	厘	10^{-2}
m	毫	10^{-3}
μ	微	10^{-6}
n	纳	10^{-9}
p	皮	10^{-12}
f	飞	10^{-15}
a	阿	10^{-18}

4-47. 零起点学电子测试题讲解

附录 2 | 电阻器标称阻值系列

4-48. 零起点学电子测试题讲解

在使用中，我们最关心的是电阻器的阻值有多大，这一阻值称为电阻器的标称阻值。

我国电阻器和电容器采用 E 系列。E 系列由国际电工委员会（IEC）于 1952 年发布为国际标准，但该系列只适用于无线电电子元件方面。

我国无线电行业标准 SJ 618《电阻器标准阻值系列》以及 SJ 616《固定式电容器标准容量系列》，都分别采用 E6、E12 和 E24 系列。在我国的无线电行业标准 SJ 619《精密电阻器标准阻值系列、精密电容器标准容量系列及其允许偏差系列》中还规定采用 E48、E96 和 E192 这 3 个系列。

电阻的标称阻值分为 E6、E12、E24、E48、E96、E192 六大系列，分别适用于允许偏差为 ±20%、±10%、±5%、±2%、±1% 和 ±0.5% 的电阻器。其中 E24 系列为常用系列，E48、E96、E192 系列为高精密电阻系列。

在电路设计中，需要根据电路要求选用不同等级允许偏差的电阻器，这就要在不同系列中寻找电阻器。同时，根据电路设计中计算的结果得到电阻值后，也需要在不同系列中寻找电阻器，因为有些阻值只在特定的系列中才出现。

六大系列具体标称阻值见附表 2-1～附表 2-6。

附表 2-1　E6 阻值公差表　（±20%）					
10	15	22	33	47	68

附表 2-2　E12 阻值公差表　（±10%）											
10	12	15	18	22	27	33	39	47	56	68	82

附表 2-3　E24 阻值公差表　（±2%、　±5%、　±10%）											
10	11	12	13	15	16	18	20	22	24	27	30
33	36	39	43	47	51	56	62	68	75	82	91

附表 2-4　E48 阻值公差表　（±2%）											
1.00	1.05	1.10	1.15	1.21	1.27	1.33	1.40	1.47	1.54	1.62	1.69
1.78	1.87	1.96	2.05	2.15	2.26	2.37	2.49	2.61	2.74	2.87	3.01
3.16	3.32	3.48	3.65	3.83	4.02	4.22	4.42	4.64	4.87	5.11	5.36
5.62	5.90	6.19	6.49	6.81	7.15	7.50	7.87	8.25	8.66	9.09	9.53

附表 2-5　E96 阻值公差表（±1%）

10.0	10.2	10.5	10.7	11.0	11.3	11.5	11.8	12.1	12.4	12.7	13.0
13.3	13.7	14.0	14.3	14.7	15.0	15.4	15.8	16.2	16.5	16.9	17.4
17.8	18.2	18.7	19.1	19.6	20.0	20.5	21.0	21.5	22.1	22.6	23.2
23.7	24.3	24.9	25.5	26.1	26.7	27.4	28.0	28.7	29.4	30.1	30.9
31.6	32.4	33.2	34.0	34.8	35.7	36.5	37.4	38.3	39.2	40.2	41.2
42.2	43.2	44.2	45.3	46.4	47.5	48.7	49.9	51.1	52.3	53.6	54.9
56.2	57.6	59.0	60.4	61.9	63.4	64.9	66.5	68.1	69.8	71.5	73.2
75.0	76.8	78.7	80.6	82.5	84.5	86.6	88.7	90.9	93.1	95.3	97.6

附表 2-6　E192 阻值公差表（±0.1%、±0.25%、±0.5%）

10.0	10.1	10.2	10.4	10.5	10.6	10.7	10.9	11.0	11.1	11.3	11.4
11.5	11.7	11.8	12.0	12.1	12.3	12.4	12.6	12.7	12.9	13.0	13.2
13.3	13.5	13.7	13.8	14.0	14.2	14.3	14.5	14.7	14.9	15.0	15.2
15.4	15.6	15.8	16.0	16.2	16.4	16.5	16.7	16.9	17.2	17.4	17.6
17.8	18.0	18.2	18.4	18.7	18.9	19.1	19.3	19.6	19.8	20.0	20.3
20.5	20.8	21.0	21.3	21.5	21.8	22.1	22.3	22.6	22.9	23.2	23.4
23.7	24.0	24.3	24.6	24.9	25.2	25.5	25.8	26.1	26.4	26.7	27.1
27.4	27.7	28.0	28.4	28.7	29.1	29.4	29.8	30.1	30.5	30.9	31.2
31.6	32.0	32.4	32.8	33.2	33.6	34.0	34.4	34.8	35.2	35.7	36.1
36.5	37.0	37.4	37.9	38.3	38.8	39.2	39.7	40.2	40.7	41.2	41.7
42.2	42.7	43.2	43.7	44.2	44.8	45.3	45.9	46.4	47.0	47.5	48.1
48.7	49.3	49.9	50.5	51.1	51.7	52.3	53.0	53.6	54.2	54.9	55.6
56.2	56.9	57.6	58.3	59.0	59.7	60.4	61.2	61.9	62.6	63.4	64.2
64.9	65.7	66.5	67.3	68.1	69.0	69.8	70.6	71.5	72.3	73.2	74.1
75.0	75.9	76.8	77.7	78.7	79.6	80.6	81.6	82.5	83.5	84.5	85.6
86.6	87.6	88.7	89.8	90.9	92.0	93.1	94.2	95.3	96.5	97.6	98.8

这些系数再乘以 10^n（其中 n 为整数），即为某一具体电阻器的阻值。

从表中可以看出 E12 系列中找不到 1.1×10^n 的电阻器，只能在 E24 系列中找到它。表中各数乘以 10^n 可得到不同的电阻值。

例如：$1.1 \times 10^n (n=3)$ 为 1.1kΩ 电阻器。n 是正整数或负整数。1×10 为 10Ω 电阻器。

4-49. 零起点学电子测试题讲解

附录3 | 贴片电阻封装与尺寸、封装尺寸与功率关系

1. 贴片电阻封装与尺寸

贴片电阻的封装与尺寸之间的关系见附表3-1。

附表3-1 贴片电阻的封装与尺寸之间的关系

英制（mil）	米制（mm）	长（L）（mm）	宽（W）（mm）	高（t）（mm）	a（mm）	b（mm）
0201	0603	0.60 ± 0.05	0.30 ± 0.05	0.23 ± 0.05	0.10 ± 0.05	0.15 ± 0.05
0402	1005	1.00 ± 0.10	0.50 ± 0.10	0.30 ± 0.10	0.20 ± 0.10	0.25 ± 0.10
0603	1608	1.60 ± 0.15	0.80 ± 0.15	0.40 ± 0.10	0.30 ± 0.20	0.30 ± 0.20
0805	2012	2.00 ± 0.20	1.25 ± 0.15	0.50 ± 0.10	0.40 ± 0.20	0.40 ± 0.20
1206	3216	3.20 ± 0.20	1.60 ± 0.15	0.55 ± 0.10	0.50 ± 0.20	0.50 ± 0.20
1210	3225	3.20 ± 0.20	2.50 ± 0.20	0.55 ± 0.10	0.50 ± 0.20	0.50 ± 0.20
1812	4832	4.50 ± 0.20	3.20 ± 0.20	0.55 ± 0.10	0.50 ± 0.20	0.50 ± 0.20
2010	5025	5.00 ± 0.20	2.50 ± 0.20	0.55 ± 0.10	0.60 ± 0.20	0.60 ± 0.20
2512	6432	6.40 ± 0.20	3.20 ± 0.20	0.55 ± 0.10	0.60 ± 0.20	0.60 ± 0.20

2. 贴片电阻封装尺寸与功率之间的关系

贴片电阻封装尺寸与功率之间的关系通常如下。

0201 1/20W

0402 1/16W

0603 1/10W

0805 1/8W

1206 1/4W

4-50. 零起点学电子测试题讲解

1. 4 环电阻器色环表

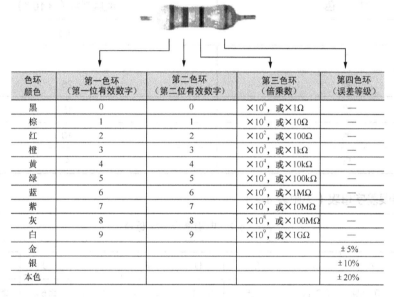

色环颜色	第一色环（第一位有效数字）	第二色环（第二位有效数字）	第三色环（倍乘数）	第四色环（误差等级）
黑	0	0	$\times 10^0$，或 $\times 1\Omega$	—
棕	1	1	$\times 10^1$，或 $\times 10\Omega$	—
红	2	2	$\times 10^2$，或 $\times 100\Omega$	—
橙	3	3	$\times 10^3$，或 $\times 1k\Omega$	—
黄	4	4	$\times 10^4$，或 $\times 10k\Omega$	—
绿	5	5	$\times 10^5$，或 $\times 100k\Omega$	—
蓝	6	6	$\times 10^6$，或 $\times 1M\Omega$	—
紫	7	7	$\times 10^7$，或 $\times 10M\Omega$	—
灰	8	8	$\times 10^8$，或 $\times 100M\Omega$	—
白	9	9	$\times 10^9$，或 $\times 1G\Omega$	—
金				±5%
银				±10%
本色				±20%

2. 5 环电阻器色环表

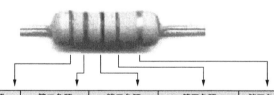

4-51. 零起点学电子测试题讲解

色环颜色	第一色环 第一位有效数字	第二色环 第二位有效数字	第三色环 第三位有效数字	第四色环 倍乘数	第五色环 误差等级
黑	0	0	0	$\times 10^0$，或 $\times 1\Omega$	—
棕	1	1	1	$\times 10^1$，或 $\times 10\Omega$	±1%
红	2	2	2	$\times 10^2$，或 $\times 100\Omega$	±2%
橙	3	3	3	$\times 10^3$，或 $\times 1k\Omega$	—
黄	4	4	4	$\times 10^4$，或 $\times 10k\Omega$	—
绿	5	5	5	$\times 10^5$，或 $\times 100k\Omega$	±0.5%
蓝	6	6	6	$\times 10^6$，或 $\times 1M\Omega$	±0.25%
紫	7	7	7	$\times 10^7$，或 $\times 10M\Omega$	±0.1%
灰	8	8	8	$\times 10^8$，或 $\times 100M\Omega$	—
白	9	9	9		—
金	—	—	—	$\times 10^{-1}$，或 $\times 0.1\Omega$	
银	—	—	—	$\times 10^{-2}$，或 $\times 0.01\Omega$	

3. 6环电阻器温度系数参数识别方法（见附表4-1）

第六条色环表示温度系数参数

4-52. 零起点学电子测试题讲解

附表 4-1　色环颜色与温度系数对应关系

颜　　色	温度系数（×10⁻⁶）
棕	100
红	50
黄	25
橙	15
蓝	10
白	1

4. 电阻器误差字母表（见附表4-2）

附表 4-2　电阻器误差字母表

误差字母	A	B	C	D	F	G	J	K	M
误差	±0.05%	±0.1%	±0.25%	±0.5%	±1%	±2%	±5%	±10%	±20%

附录 5 | 常用电容器主要参数快速查询表

附表 5-1 为常用电容器主要参数快速查询表，供电路设计中选用电容器时参考。

附表 5-1　常用电容器主要参数快速查询表

类型	容量范围	直流工作电压（V）	工作频率（MHz）	容量误差	漏电阻（MΩ）
中小型纸介电容器	470pF ～ 0.22 μF	63 ～ 630	< 8	I ～ III	>5000
金属壳密封纸介电容器	0.01 ～ 10 μF	250 ～ 1600	直流、脉冲电流	I ～ III	1000 ～ 5000
中、小型金属化纸介电容器	0.01 ～ 0.22 μF	160、250、400	< 8	I ～ III	>2000
金属壳密封金属化纸介电容器	0.22 ～ 30 μF	160 ～ 1600	直流、脉冲电流	I ～ III	30 ～ 5000
薄膜电容器	3pF ～ 0.1 μF	63 ～ 500	高频、低频	I ～ III	>10000
云母电容器	10pF ～ 0.51 μF	100 ～ 7000	75 ～ 250		>10000
瓷介电容器	1pF ～ 0.1 μF	63 ～ 630	高频		>10000
铝电解电容器	1 ～ 10000 μF	4 ～ 500	直流、脉冲电流		
钽、铌电解电容器	0.47 ～ 1000 μF	6.3 ～ 160	直流、脉冲电流		
瓷介微调电容器	2/7 ～ 7/25pF	250 ～ 500	高频		1000 ～ 10000
可变电容器	7 ～ 1100pF	>100	低频、高频		>500

4-53. 零起点学电子测试题讲解

附录 6 | 电容器误差、工作温度和工作电压色标含义

4-54. 零起点学电子测试题讲解

1. 电容器误差等级（见附表 6-1）

附表 6-1　电容器误差等级

误差标记	02	I	II	III
误差含义	±2%	±5%	±10%	±10%
误差标记	IV	V	VI	
误差含义	+20%/−30%	+50%/−20%	+100%/−10%	

2. 电容器对称允许偏差字母含义（见附表 6-2）

附表 6-2　电容器对称允许偏差字母含义

字母	允许偏差	字母	允许偏差
X	±0.001 %	P	±0.02 %
E	±0.005 %	B	±0.1 %
L	±0.01 %	C	±0.25 %
D	±0.5 %	K	±10 %
F	±1 %	M	±20 %
G	±2 %	N	±30 %
J	±5 %	H	+100 % ~ −0 %
R	+100 % ~ −10 %	S	+50 % ~ −20 %
T	+50 % ~ −10 %	Z	+80 % ~ −20 %
Q	+30 % ~ −10 %	不标注	+ 不确定 ~ −20 %

3. 电容器不对称允许偏差字母含义（见附表 6-3）

附表 6-3　电容器不对称允许偏差字母含义

字母	H	R	T	Q	S	Z	无标记
含义	+100% 0%	+100% −10%	+50% −10%	+30% −10%	+50% −20%	+80% −20%	+ 不规定 −20%

4. 电容器绝对允许偏差字母含义（见附表 6-4）

附表 6-4　电容器绝对允许偏差字母含义

字母	B	C	D	E
含义	± 0.1	± 0.25	± 0.5	± 5

5. 电容器工作温度符号含义（见附表 6-5）

附表 6-5　电容器工作温度符号含义

符号	A	B	C	D	E	0	1	2	3	4	5	6	7
温度（℃）	−10	−25	−40	−55	−65	+ 55	+ 70	+ 85	+ 100	+ 125	+ 155	+ 200	+ 250

6. 工作电压色标方法（见附图 6-1）

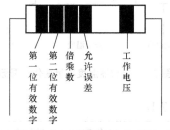

4-55. 零起点学电子测试题讲解

附图 6-1　工作电压色标方法

电容器工作电压色环颜色含义见附表 6-6。

附表 6-6　电容器工作电压色环颜色含义

颜　　色	工作电压（V）
银	/
金	/
黑	4
棕	6.3
红	10
橙	16
黄	25
绿	32
蓝	40
紫	50
灰	63
白	/
无色	/

附录 7 无极性电容器温度范围与容量变化范围标注

电容器的最低温度、最高温度和容量变化范围采用"字母 + 数字 + 字母"的表示形式，如附图 7-1 所示。

4-56.零起点学电子测试题讲解

附图 7-1　电容器温度容量变化范围标注

字母和数字的具体含义见附表 7-1。

附表 7-1　字母和数字的具体含义

第一位字母：最低温度含义（℃）		第二位数字：最高温度含义（℃）		第三位字母：容量变化含义	
X	−55	4	+65	A	±1.0%
Y	−30	5	+85	B	±1.5%
Z	+10	6	+105	C	±2.2%
		7	+125	D	±3.3%
		8	+150	E	±4.7%
		9	+200	F	±7.5%
				P	+10%
				R	±15%
				S	±22%
				T	+22%/−33%
				U	+22%/−56%
				V	+22%/−82%

附录 8 | 常用电容器标称容量系列和直流电压系列

1. 常用电容器的标称容量系列（见附表 8-1）

附表 8-1　常用电容器的标称容量系列

电容类别	允许误差	容量范围	标称容量系列
纸介电容、金属化纸介电容、纸膜复合介质电容、低频（有极性）有机薄膜介质电容	±5% ±10% ±20%	100pF～1μF	1.0、1.5、2.2、3.3、4.7、6.8
		1～100μF	1、2、4、6、8、10、15、20、30、50、60、80、100
高频（无极性）有机薄膜介质电容、瓷介电容、玻璃釉电容、云母电容	±5%	1pF～1μF	1.1、1.2、1.3、1.5、1.6、1.8、2.0、2.4、2.7、3.0、3.3、3.6、3.9、4.3、4.7、5.1、5.6、6.2、6.8、7.5、8.2、9.1
	±10%		1.0、1.2、1.5、1.8、2.2、2.7、3.3、3.9、4.7、5.6、6.8、8.2
	±20%		1.0、1.5、2.2、3.3、4.7、6.8
铝、钽、铌、钛电解电容	±10% ±20% +50%/-20% +100%/-10%	1～1000000μF	1.0、1.5、2.2、3.3、4.7、6.8

2. 常用电容器直流电压系列（有"*"的数值只限电解电容使用，见附表 8-2）

附表 8-2　常用电容器直流电压系列

1.6	4	6.3	10	16	25	32*	40	50	63
100	125*	160	250	300*	400	450*	500	630	1000

4-57. 零起点学电子测试题讲解

附录 9 ｜ 铝电解电容器加套颜色含义

4-58. 零起点学电子测试题讲解

铝电解电容器加套颜色含义识别方法及使用特性见附表 9-1。

附表 9-1　铝电解电容器加套颜色含义识别方法及使用特性

系列	加套颜色	特点	应用范围	电压范围	容量范围	通用	小型化	薄型化	低ESR	双极性	低漏电
MG	黑	小型标准	通用电路	6.3～250V	0.22～10000μF	是	是				
MT	橙	105℃小型标准	高温电路	6.3～100V	0.22～1000μF	是	是				
SM	蓝	高度7mm	微型机	6.3～63V	0.1～190μF	是	是	是			
MG-9	黑	高度9mm	薄型机	6.3～50V	0.1～470μF	是	是	是			
BP	浅蓝	双极性	极性反转电路	6.3～50V	0.47～470μF		是			是	
EP	浅蓝	高稳	定时电路	16～50V	0.1～470μF		是			是	是
LL	黄	低漏电	定时电路、小信号电路	10～250V	0.1～1000μF		是				是
BPC	深蓝	耐高纹波电流	S校正电路	25～50V	1～12μF		是			是	是
BPA	海蓝	音质改善	音频电路	25～63V	1～10μF		是	是	是	是	
HF	灰	低阻抗	开关电路	6.3～63V	22～2200μF		是		是		
HV	西太青蓝	高耐压	高压电路	160～4000V	1～100MF						

实验发现，当滤波电容的容量达到一定值后，再加大电容量对提高滤波效果也无明显作用，有时甚至可能对一些指标是有害的，所以盲目追求大容量滤波电容器是不科学的。

通常情况下，根据负载电阻和输出电流大小来选择滤波电容器的最佳电容量，附表 10-1 所示是滤波电容器容量和输出电流的关系，可作为滤波电容器容量取值的参考。

附表 10-1　滤波电容器容量和输出电流关系

输出电流（mA）	2000～3000	1000～1500	500～1000	100～500	50～100	50
电容器容量（μF）	4700	2200	1000	500	200～470	200

电路设计提示：关于工频电源电路滤波电容器容量取值设计再说明以下几点。

（1）滤波电容器容量取值偏小后，滤波效果下降，交流声会增大；滤波电容器容量选偏大后，增加了成本，同时也会带来其他一些问题。

（2）在同品牌电容器的情况下，电容器容量大其漏电流还会增大，从而带来新的问题。

（3）电容器容量增大后，电容器的体积增大，安装空间相应增加，通风条件要更好。

（4）电源滤波电容器容量大，对前级的整流二极管开机过电流危害性加大。

4-59. 零起点学电子测试题讲解

附录 11 | 电路设计中降压电容和泄放电阻选择方法

1. 降压电容选择方法

电路中的降压电容器容量大小决定了降压电路中的电流大小，可以根据负载电流需要选择降压电容器的容量大小。

在 220V、50Hz 的电容降压电路中，附表 11-1 所示是电容降压电路中电流大小与容量之间的关系，表中所示电流为特定降压电容器容量下的最大电流值。

附表 11-1　电容降压电路中电流大小与容量之间关系

名　称	数　值											
容量（μF）	0.33	0.39	0.47	0.56	0.68	0.82	1.0	1.2	1.5	1.8	2.2	2.7
电流（mA）	23	27	32	39	47	56	69	81	105	122	157	183
容抗（kΩ）	9.7	8.2	6.8	5.7	4.7	3.9	3.2	2.7	2.1	1.8	1.4	1.2

2. 泄放电阻选择方法

附表 11-2 所示是泄放电阻与降压电容之间的关系，降压电容大时要求泄放电阻小。

附表 11-2　泄放电阻与降压电容之间关系

名　称	数　值				
容量（μF）	0.47	0.68	1	1.5	2
泄放电阻阻值	1MΩ	750kΩ	510kΩ	360kΩ	300kΩ

关于电容降压电路需要注意以下两点。

（1）降压电容器耐压最好在 400V 以上，使用无极性电容器，不能使用有极性电容器，因为这是纯交流电路。最理想的电容为铁壳油浸电容。

（2）电容降压电路不能用于大功率条件，不适合动态负载条件，也不适合容性和感性负载。

4-60. 零起点学电子测试题讲解

附录 12 | 安规电容认证标记

附表 12-1 所示是主要国家（或组织）安规电容认证标记。

附表 12-1 主要国家 （或组织） 安规电容认证标记

认证标记	**ᴿᴸ**	CQC	Ⓓ	⒮ᴀ	△ⱽᴰᴱ
国家（或组织）	美国(USA)	中国（China）	丹麦（Denmark）	加拿大（Canada）	德国（Germany）
认证标记	CE	Ⓢ	Ⓕ I	Ⓢ	Ⓝ
国家（或组织）	欧盟(EEC)	瑞典（Sweden）	芬兰（Finland）	瑞士（Switzerland）	挪威（Norway）

4-61.零起点学电
子测试题讲解

附录 13 | 电路设计思路

4-62. 零起点学电子测试题讲解

电路设计并非完全创新，更多的是一种现有电路资源的有机整合和单元电路的局部创新或变化，所以电路设计并非高不可攀、深不可及。

电路设计与电路识图完全不同，电路设计是依据自己的电子技术知识水平进行思维输出的过程，识图则是知识输入的过程，两种思维方式不同。

电路设计有以下两种基本思想。

自主创新思想	凭借自己雄厚的电路设计能力，紧扣电路功能的主题，自主创新设计所需功能电路
借鉴和移植思想	借鉴同功能电路的成功经验，运用移植和修改技术加以改良，以供我用，实现电路所需的功能

一、细数电路设计中的自主创新思想

设计中的自主创新思想是：直奔电路功能的主题，运用自己所掌握的电子技术知识，直接实现。

1. 思考步骤

审题	搞清楚所需功能的内在含义，明确所需功能的核心目标，并分解成各个具体的子目标
初步确定可实现途径	不考虑成本等其他因素的前提下，罗列可能实现设计功能的各种有效途径
论证各种实现途径的科学性	从可靠性、可操作性、成本、工艺、性价比、先进性等诸多角度对罗列的可实现设计功能的各种途径进行仔细论证，初步确定一至两种可实现设计功能的方案

扩展方案的积极性因素	积极寻找初步确定所采用设计方案的科学性支持材料和理由，进一步确定该方案的可行性和可操作性
制订具体的技术方案	根据确定的设计方案，制订技术实施的详细方案

2. 电路功能审题是设计的首步

电路设计的起步是研究电路功能，即所要设计的电路能够实现什么样的功能，对这一点的掌握要求深入、具体、细化、量化。

引例为证：大学外语听力教学中所使用的语音室设备，每个学生座位都有一副带有传声器的头戴式学生耳机。实际教学过程中，学生的频繁使用和理工科学生的好奇心的驱使，屡屡发生耳机损坏现象。

设计命题：如何通过电路或其他设计，克服耳机这种形式的损坏问题。

3. 罗列可实现设计功能的有效途径

上述实例中，耳机可避免损坏的可能设计方案如下。

加强耳机管理	这需要投入大量的人力资源，在耳机大量、频繁使用的情况下，管理工作量和工作难度增大许多，不符合命题的解决要求
提高耳机质量	这一方案虽然可以减少耳机的自然损坏，但是在人为因素损坏面前毫无作用，同时提高耳机质量增加了设备的投入，也不能从根本上、技术上解决这个问题
让学生耳机脱离课桌自行保管	学生自行保管自己的耳机可从根本上解决人为因素损坏耳机，自己的东西自己爱护。但是，耳机脱离课桌（耳机脱离语音系统）与接入课桌（耳机接入语音系统）需要有一种最新的电路设计，来保证耳机与系统之间的接合

4．全面论证可行性方案

深入挖掘一切有利因素，研究方案的科学性，重点论证设计方案的可操作性如下。

大学生人人有耳机	CET4 考试使用，其他时间耳机闲置，这是一种资源浪费。这一耳机如果能带入语音室替代听力课耳机将是一个突破性的耳机使用上的"革命"，依据这一点可以将设计思想转向于 CET 耳机如何替代听力课耳机这个方向，进行可操作性研究
CET 耳机调频接收功能	如果使用这种耳机的调频接收功能进行语音室的听音，必须对语音室的语音信号进行调频发射处理，同时要求每个学生在使用时进行调谐，这将增加学生上听力课时的操作难度，这个方案从方便学生操作角度上讲有较大欠缺
CET 耳机音频接收功能	如果使用这种耳机的音频接收功能进行语音室的听音，需要对语音室的语音信号进行音频发射处理，学生使用时可以不必调谐，打开音量开关即可听音，操作的方便性与前一种设计方案相比大大提高，具有良好的进一步深入论证前景
使用 CET 耳机的扬声功能	不使用 CET 耳机的任何接收功能，只使用耳机中的扬声器，通过电路改制与课桌上的语音系统连接起来。这个方案最为简单，也可以实现 CET 耳机学生自行带走的功能

如果设计方案严重缺乏可操作性，要么实施过程中付出沉重代价，要么影响性价比等具有商业色彩的指标，甚至颠覆了整个设计方案。所以，设计思想中技术方案的可操作性具有举足轻重的影响。

5．制订技术方案

制订技术方案是整个设计思路中的实质性一步，成败在此一举，设计者需要具备以下一些基本条件。

扎实的电路理论知识	需要比较全面地了解电子技术知识，至少在电子技术的某一领域有扎实的理论基础知识，如掌握音频电路技术、视频电路技术、自动控制电路技术等
大量单元电路知识	掌握大量单元电路知识对电路设计非常有益，有利于设计方案中的技术方案形成、方案优化，有利于设计过程中的各种困难迅速解决，这是电路设计者最需要掌握的

电路调试能力和高超的解决问题能力	理论设计完成后要在实践中不断完善，电路调试就是设计过程中的实践过程，调试过程中会不断挑战理论设计的正确性和科学性，也会不断遇到一个个未曾预见的技术难题，这需要设计者不断克服和解决

6．耳机脱离课桌设计方案

为了使学生耳机能带走自行保管，从技术角度有以下两种较为可行的方案。

耳机移动，有线连接	学生耳机与课桌控制器之间用插头连接，学生耳机和连接线可以同时由学生带走保管
耳机移动，无线连接	学生耳机与课桌控制器之间采用磁耦合，使学生耳机可以自己带走，无连接线，使用更为方便，但是需要磁耦合器

7．自主创新设计中的基本功要求

扎实的电路知识功底	要求设计者具备单元电路知识，熟悉各种类型电路的设计，如音频电路、视频电路、振荡电路、控制电路等
电路设计的计算能力	在具体电路形式确定后要进行电路细节的设计，这其中涉及许多的电路设计计算，如计算三极管的静态工作点、放大器中的负反馈量大小等
电路细节分析能力	要求具备同功能不同电路形式的电路细节分析能力，这可以为电路设计提供思路和空间
制板及电路调试能力	电路初步设计只是整个设计工作的第一个阶段，还需要将电路制成电路板，并进行实际调试。实践证明，理论设计与最终定型之间存在较大差异，电路设计中的许多细节需要通过调试过程中的修改才能不断完善

二、细数电路设计中的借鉴和移植思路

4-63.零起点学电子测试题讲解

1．电路设计中的借鉴和移植

在许多的电路设计中，并不需要推翻前人的电路而进行全面的电路设计，而是可以运用现有的电路设计框架，运用借鉴、移植、整合、

改良、扩展等技术手段，实现自己设计中所需要的电路功能。

2. 借鉴和移植设计中的思考步骤

审题	深入研究后搞清楚所需功能的核心目标，初步选定实现核心目标所需的电路类型
论证电路类型正确性	这一步相当关键，涉及所选取的电路类型能否按质量要求实现电路功能
收集具体电路进行研究	确定电路类型后进行具体电路的收集、整理和研究工作，力求收全符合要求的各种具体电路，结合功能目标进行比较，以便确定更合理、更科学的具体电路
制订具体的技术方案	根据确定的电路设计方案进行细化设计，如参数的调整设计、局部电路的修改设计等

3. 收集具体设计电路的方法和思路

这里以设计音箱保护电路为例，解说收集具体设计电路时的方法和思路。

了解音箱保护电路种类	（1）最简单的是在扬声器回路串联过电流熔丝。（2）采用继电器音箱保护电路，这其中又分为触点常闭式电路和触点常开式电路两种。（3）聚合开关保护电路，这其中又分为串联式电路、分流电阻式电路、流灯泡式电路等多种
音箱保护电路收集方法和思路	（1）查阅音响类或功率放大器保护电路类的技术文献。主要途径有技术文献、正式出版物、产品技术说明书等。（2）采用网络搜索功能，关键词可用"音箱保护"或"扬声器保护电路"等
分析和研究收集资料	（1）结合设计目标对已收集的电路资料进行分析，选择最适合的电路种类，主要是根据设计要求进行电路种类的选择，设计目标要求比较高时要采用比较完善和性能良好的保护电路种类。（2）对初步选定的电路种类进行深入分析和研究，确定具体电路的框架

移植和修改	（1）考虑电路的接口电路（输入电路与输出电路）是不是与设计要求相同，如果接口存在问题，需要进行修改。（2）直流工作电压等级是否符合要求，这一点非常重要，因为直流工作电压等级很多，有时电路中的元器件对直流工作电压有严格要求，必要时应进行直流工作电压的降压设计，例如采用RC降压电路或稳压二极管降压电路、三端稳压电路，也可以利用电子滤波器特性进行降压设计。（3）局部电路功能的增加或删减。例如有的音箱保护电路中设有开机静音电路，根据设计目标进行附加功能电路的增加或删减

三、制作电路板方法

4-64. 零起点学电子测试题讲解

电路设计完成后需要制成电路板，然后需要进行实际调试，以检验电路设计的可行性、科学性和可靠性。

1. 两种制板方法

根据设计电路的具体情况有以下两种制板方法。

电路非常简单	由于电路非常简单，可以直接采用成品的面包板（一种电路设计用的电路板）进行电路焊制。面包板有多种规格，应选择恰当的规格。面包板上已有元器件引脚孔，元器件可以直接装配，并焊在面包板上，完成制板
电路比较复杂	电路比较复杂（有数十个元器件）时需要进行电路板专门设计，可以采用专门的设计软件，如Protel

2. 焊接试验性电路板方法

电路板制成后可以进行元器件的焊接，焊接中的注意事项如下。

检验元器件引脚孔和位置的设计合理性	将元器件焊接在电路板上，检验元器件位置是否合理，检验元器件引脚孔大小、数目是否正确，特别是一些集成电路，有的集成电路引脚是曲插的，容易在设计电路板时出错

检验输入和输出接口是否合理	电路板与其他电路相连通过接插件实现，检验它们的安装位置是否合理，设计的原则是这些接口与外部电路连接比较可靠并操作方便
确定电路板安装是否合理	设计的电路板或安装在外壳内，或安装在机箱内，它的安装要求方便，固定必须牢靠

四、通电测试方法

通电测试是设计中的重要一环，可以从电性能指标上检验设计是否达到目标。

1. 通电前的检查工作

首次通电前的电路检查工作关系到设计电路的通电试验安全，所以要加倍小心。

电路核对	根据设计的原理电路图，核对电路板上的元器件和电路，检查有没有出错
检查电源供给电路	检查电源电路有以下两项。 （1）采用万用表 R×10k 挡，断开电源电路，测量电路板的电源输入端与地线之间的阻值，不应该短路，阻值也不能太小（视具体情况而定），如果接有电容，可等充电结束后读出阻值。 （2）如果电源电路也是自己设计的，需要给电源电路单独通电，测量电源电路输出电压是否正常

核对电源正、负极性	通电前仔细核对电源的正、负极性，以防止接反烧坏电路

2. 必要时分步通电试验和测试

电源电路通电检验	通电后用直流电压表测量电源电路输出电压，由于是没有带负载的通电测量，所以直流电压比设计值略高是正常的。 通电过程中如果有元器件发热、冒烟等现象应立即关机。 通电半小时后再次测量输出端直流电压，如果正常，可以初步说明电源电路正常
分系统通电检验	如果设计电路比较复杂，并且电路板是分成若干块的，可以分成若干子系统分别进行通电检验，从大系统的最后一块电路板开始通电检验
通电测试	通电没有异常后，使用测量仪表进行参数的测量，不同设计电路有不同的具体测量参数，如增益、失真度、噪声大小等

3. 72 小时老化试验

在电路达到设计功能后，连续通电 72 小时（h），进行老化试验。老化合格后才能说明电路设计正常。

4-65. 零起点学电子测试题讲解

附录 14 | 集成电路引脚中心距

附表 14-1 所示是部分集成电路引脚中心距，供电路设计时参考。

附表 14-1　部分集成电路引脚中心距

封 装 名 称	引脚中心距（mm）
BGA（ball grid array）	1.5
Cerdip	2.54
DIP（dual in-line package）	2.54
FQFP（fine pitch quad flat package）	0.65
CQFP（quad flat package with guard ring）	0.5
LGA（land grid array）	1.27、2.54
MQFP（metric quad flat package）	0.65
PGA（pin grid array）	2.54、1.27
QFI（quad flat I-leaded package）	1.27
QFN（quad flat non-leaded package）	1.27、0.65、0.5
QFP（FP）（QFP fine pitch）	0.55、0.4、0.3
QUIP（quad in-line package）	1.27、2.5
SIMM（single in-line memory module）	2.54、1.27
SK-DIP（skinny dual in-line package）	2.54
SOI（small out-line I-leaded package）	1.27
SOP（small out-line package）	1.27
BQFP（quad flat package with bumper）	0.635
Cerquad	1.27、0.8、0.65、0.5、0.4
Pin grid array（surface mount type）	1.27
L-QUAD	0.5、0.65
PCLP（printed circuit board leadless package）	0.55、0.4
PLCC（plastic leaded chip carrier）	1.27
QFJ（quad flat j-leaded package）	1.27
QFP（quad flat package）	1.0、0.8、0.65、0.5、0.4、0.3
SDIP（shrink dual in-line package）	1.778
SIP（single in-line package）	2.54
SL-DIP（slim dual in-line package）	2.54
SOJ（small out-line j-leaded package）	1.27

4-66. 零起点学电子测试题讲解

1. 低速和高速常用电平标准

现在常用的电平标准分为低速和高速两大类：低速的有 TTL、CMOS、LVTTL、LVCMOS、ECL、PECL、LVPECL、RS232、RS485 等，高速的有 LVDS、GTL、PGTL、CML、HSTL、STL 等。

了解它们的供电电源、电平标准以及使用注意事项非常有用。

2. TTL 电平标准

附图 15-1 所示是 TTL 电平标准示意图。

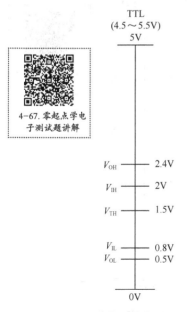

附图 15-1　TTL 电平标准示意图

V_{CC} 为直流工作电压。

V_{OH} 为输出阈值高电平。

V_{IH} 为输入阈值高电平。

V_{TH} 为阈值电平，它决定电路截止和导通的分界线，也决定输出高、低电压的分界线。

V_{IL} 为输入阈值低电平。

V_{OL} 为输出阈值低电平。

对于 TTL 电平标准而言：$V_{CC} = 5V$，$V_{OH} \geqslant 2.4V$，$V_{OL} \leqslant 0.5V$，$V_{IH} \geqslant 2V$，$V_{IL} \leqslant 0.8V$。

输入高电平范围是 $2.0 \sim 5.0V$，输入低电平范围是 $0 \sim 0.8V$。

输出高电平范围是 $2.4 \sim 5.0V$，输出低电平范围是 $0 \sim 0.5V$。附图 15-2 所示是 TTL 电平标准中输入电平范围示意图。

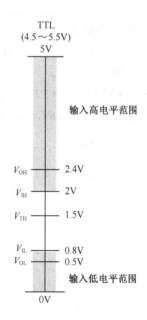

附图 15-2　TTL 电平标准中输入电平范围示意图

附图 15-3 所示是 TTL 电平标准中输出电平范围示意图。

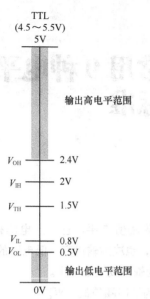

附图 15-3　TTL 电平标准中输出电平范围示意图

> **⚠ 重要提示**
>
> TTL 电平一般过冲都会比较严重，可在始端串 22Ω 或 33Ω 的电阻；TTL 电平输入脚悬空时内部认为是高电平。要下拉的话应用 1kΩ 以下电阻下拉。TTL 输出不能驱动 CMOS 输入。

3. LVTTL 电平标准

LVTTL 又分 3.3V、2.5V 以及更低电压的 LVTTL（Low Voltage TTL）。

（1）**3.3V LVTTL**。V_{CC} = 3.3V，$V_{OH} \geqslant$ 2.4V，$V_{OL} \leqslant$ 0.4V，$V_{IH} \geqslant$ 2V，$V_{IL} \leqslant$ 0.8V，如附图 15-4 所示。

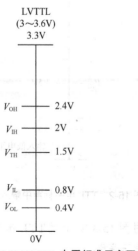

附图 15-4　3.3V LVTTL 电平标准示意图

（2）**2.5V LVTTL**。V_{CC} = 2.5V，$V_{OH} \geqslant$ 2.0V，$V_{OL} \leqslant$ 0.2V，$V_{IH} \geqslant$ 1.7V，$V_{IL} \leqslant$ 0.7V，如附图 15-5 所示。

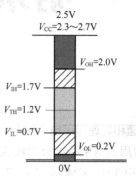

附图 15-5　2.5V LVTTL 电平标准示意图

4. CMOS 电平标准

附图 15-6 所示是 CMOS 电平标准示意图。V_{CC} = 5V，$V_{OH} \geqslant$ 4.44V，$V_{OL} \leqslant$ 0.5V，$V_{IH} \geqslant$ 3.5V，$V_{IL} \leqslant$ 1.5V。

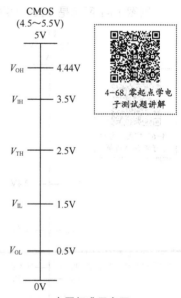

附图 15-6　CMOS 电平标准示意图

5. 3.3V LVCMOS 电平标准

附图 15-7 所示是 3.3V LVCMOS 电平标准示意图。V_{CC} = 3.3V，$V_{OH} \geqslant$ 3.2V，$V_{OL} \leqslant$ 0.1V，$V_{IH} \geqslant$ 2.0V，$V_{IL} \leqslant$ 0.7V。3.3V LVCMOS 可以与 3.3V 的 LVTTL 直接相互驱动。

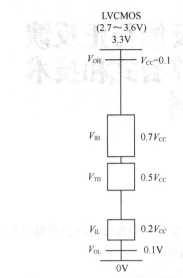

附图 15-7　3.3V LVCMOS 电平标准示意图

6. 2.5V LVCMOS 电平标准

$V_{CC} = 2.5V$，$V_{OH} \geqslant 2V$，$V_{OL} \leqslant 0.1V$，$V_{IH} \geqslant 1.7V$，$V_{IL} \leqslant 0.7V$。

> ⚠ **重要提示**
>
> CMOS 结构内部寄生有晶闸管结构，当输入或输入引脚高于 V_{CC} 一定值（比如一些芯片是 0.7V）时，电流足够大的话，可能引起阈锁效应，导致芯片的烧毁。

7. ECL 电平标准

ECL 是 Emitter Coupled Logic 的缩写，意为发射极耦合逻辑电路（差分结构）。

$V_{CC} = 0V$，$V_{EE} = -5.2V$，$V_{OH} = -0.88V$，$V_{OL} = -1.72V$，$V_{IH} = -1.24V$，$V_{IL} = -1.36V$。

> ⚠ **重要提示**
>
> ECL 速度快，驱动能力强，噪声小，但是其功耗大，需要负电源。为简化电源，出现了 PECL（即 ECL 结构但改用正电压供电）和 LVPECL。

8. PECL 电平标准

PECL 是 Pseudo/Positive ECL 的缩写。

$V_{CC} = 5V$，$V_{OH} = 4.12V$，$V_{OL} = 3.28V$，$V_{IH} = 3.78V$，$V_{IL} = 3.64V$。

9. LVPECL 电平标准

LVPECL 是 Low Voltage PECL 的缩写。

$V_{CC} = 3.3V$，$V_{OH} = 2.42V$，$V_{OL} = 1.58V$，$V_{IH} = 2.06V$，$V_{IL} = 1.94V$。

4-69.零起点学电子测试题讲解

附录 16 | 负反馈与正反馈计算公式和技术名词

负反馈与正反馈是电子电路中的难点之一，学习、分析、计算反馈电路过程中要掌握这几个关键性技术名词的含义，有益于反馈电路工作原理的理解和计算。

1. 反馈过程

放大器的信号都是从放大器的输入端传输到放大器输出端，但是反馈过程不同，它是从放大器输出端取出一部分输出信号作为反馈信号，再加到放大器的输入端，与原放大器输入信号进行混合，这一过程称为反馈。

附图 16-1 所示是反馈方框图。从图中可以看出，输入信号 U_i 从输入端加到放大器中进行放大，放大后的输出信号 U_o 中的一部分信号经过反馈电路后成为反馈信号 U_F，与输入信号 U_i 合并，作为净输入信号 U_1 加到放大器中。

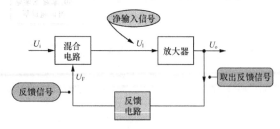

附图 16-1 反馈方框图

2. 负反馈电路举例

附图 16-2 所示是实际电路中的反馈电路举例，电路中的三极管 VT1 构成一级放大器，基极是这一放大器的输入端，集电极是放大器的输出端，VT1 集电极与基极之间接有电阻 R1，R1 构成了反馈电路。

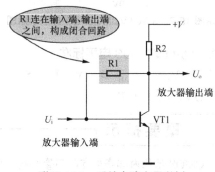

附图 16-2 反馈电路应用举例

3. 反馈回路

反馈电路使原本放大器输入端和输出端不相连的电路构成了一个闭合回路，如附图 16-3 所示，这个闭合回路是各种反馈电路的基本电路特征。

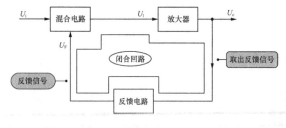

附图 16-3 反馈回路

4. 正反馈

反馈电路在放大器输出端和输入端的接法不同会对电路产生两种截然不同的效果（指对输出信号的影响），所以反馈电路有两种，即正反馈电路和负反馈电路，这两种反馈的结果完全相反。

4-70. 零起点学电子测试题讲解

正反馈可以举一个通俗的例子来说明，吃某种食品，由于它很可口，所以在吃了之后更想吃，这是正反馈过程。

5. 正反馈电路方框图

附图16-4所示是正反馈电路方框图。当反馈信号 U_F 与输入信号 U_i 是同相位时，这两个信号混合后是相加的关系，所以净输入放大器的信号 U_1 比输入信号 U_i 更大，而放大器的放大倍数没有变化，这样放大器的输出信号 U_o 比不加入反馈电路时的大，这种反馈称为正反馈。

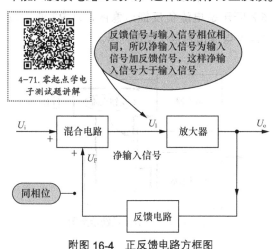

4-71.零起点学电子测试题讲解

附图 16-4 正反馈电路方框图

在加入正反馈之后的放大器中，输出信号愈反馈愈大（当然不会无限制地增大，电路会自动稳幅），这是正反馈的特点。正反馈电路在放大器中通常不用，它只是用于振荡器中。

6. 负反馈电路方框图

负反馈也可以举一例说明，一盆开水，当手指不小心接触到热水时，手指很快缩回，而不是继续向里面伸，手指的回缩过程就是负反馈过程。

附图16-5所示是负反馈电路方框图。当反馈信号 U_F 的相位与输入信号 U_i 的相位相反时，它们混合的结果是相减，结果净输入放大器的信号 U_1 比输入信号 U_i 要小，使放大器的输出信号 U_o 减小，引起放大器这种反馈过程的电路称为负反馈电路。

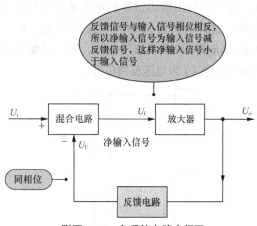

附图 16-5 负反馈电路方框图

7. 反馈量

反馈量通俗地讲就是从放大器输出端取出的反馈信号，经反馈电路加到放大器输入端的反馈信号量，即反馈信号大小。

负反馈的结果使净输入放大器的信号变小，放大器的输出信号减小，这等效成放大器的增益在加入负反馈电路之后减小了。

负反馈电路造成的净输入信号愈小，即负反馈量愈大，负反馈放大器的增益愈小；反之负反馈量愈小，负反馈放大器的增益愈大。

负反馈量愈大，虽然使放大器的放大倍数减小量愈大，但是对放大器的性能改善效果愈好。

正反馈也有同样的正反馈量问题。

8. 4种典型负反馈电路

负反馈电路接在放大器的输出端和输入端之间，根据负反馈放大器输入端和输出端的不同组合形式，负反馈放大器共有以下4种电路。

（1）电压并联负反馈放大器。

（2）电压串联负反馈放大器。

（3）电流并联负反馈放大器。

（4）电流串联负反馈放大器。

9. 电压负反馈电路

电压负反馈是针对负反馈电路从放大器输出端取出信号而言的。电压负反馈是指从放大器输出端取出输出信号的电压来作为负反馈信号，而不是取出输出信号的电流来作为负反馈信号，这样的负反馈称为电压负反馈。附图16-6所示是电压负反馈示意图，图中从输出端取出的信号 U_F 为电压反馈信号。

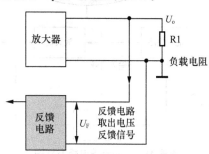

附图 16-6　电压负反馈示意图

10. 实用电压负反馈电路

附图16-7所示是实用的电压负反馈电路，以便与方框图对应参照理解。从电路中可以看出，电阻R1接在三极管VT1集电极，而集电极是这级放大器的输出端，且集电极输出的是信号电压。

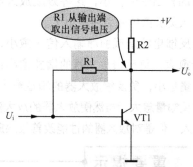

附图 16-7　电压负反馈电路应用举例

11. 电压负反馈电路的特征

电压负反馈电路的特征是：负反馈电路是并联在放大器输出端与地之间的，只要放大器输出信号电压，就有负反馈的存在，所以负反馈信号直接取自输出信号电压。

电压负反馈电路的一种简单的判断方法是：当负反馈电阻与放大器输出端直接相连时便是电压负反馈。

4-72. 零起点学电子测试题讲解

电压负反馈能够稳定放大器的输出信号电压。

> **重要提示**
>
> 由于电压负反馈元件是并联在放大器输出端与地之间的，所以能够降低放大器的输出电阻。

12. 电流负反馈电路

电流负反馈也是针对负反馈电路从放大器输出端取出信号而言的。电流负反馈是指从放大器输出端取出输出信号的电流来作为负反馈信号，而不是取出输出信号的电压来作为负反馈信号，这样的负反馈称为电流负反馈。附图16-8所示是电流负反馈示意图，从R3取出输出信号电流作为电流反馈信号。

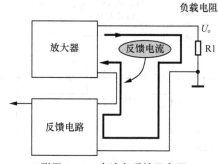

附图 16-8　电流负反馈示意图

13. 实用电流负反馈电路

附图16-9所示是实用的电流负反馈电路。从电路中可以看出，VT1集电极是该级放大器的输出端，而负反馈电阻R3接在VT1发射极与地线之间。VT1发射极电流流过电阻R3，而发射极电流也是这级放大器的输出信号电流，所以这是电流负反馈电路。

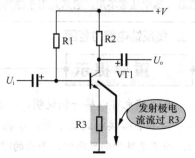

附图 16-9　电流负反馈电路应用举例

14．电流负反馈电路的特征

电流负反馈电路的特征是：负反馈电路是串联在放大器输出回路中的，只要放大器输出回路有信号电流，就有负反馈的存在，所以负反馈信号取自输出信号的电流。

电流负反馈电路的一种简单的判断方法是：当负反馈电阻没有与放大器输出端直接相连时便是电流负反馈。

电流负反馈能够稳定放大器的输出信号电流。

⚠ 重要提示

由于电流负反馈元件是串联在放大器输出回路中的，所以提高了放大器的输出电阻。

15．串联负反馈电路

电压和电流负反馈都是针对放大器输出端而言的，指负反馈信号从放大器输出端的取出方式。串联和并联负反馈则是针对放大器输入端而言的，指负反馈信号加到放大器输入端的方式。

附图 16-10 所示是串联负反馈电路示意图。串联负反馈是指负反馈电路取出的负反馈信号同放大器的输入信号以串联形式加到放大器的输入回路中，这样的负反馈称为串联负反馈。如图所示，放大器输入阻抗与负反馈电阻串联，这样输入信号与负反馈信号以串联形式加入到放大器中。

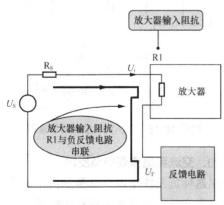

附图 16-10　串联负反馈电路示意图

16．实用串联负反馈电路

附图 16-11 所示是实用的串联负反馈电路，电路中的负反馈电阻 R3 串联在 VT1 发射极回路中，

同时它也串联在放大器输入回路中，因为放大器的输入信号 U_i 产生的基极信号电流回路是：$U_i \rightarrow$ 电容 C1 $\rightarrow$ VT1 基极 $\rightarrow$ VT1 发射极 $\rightarrow$ R3 $\rightarrow$ 地端。

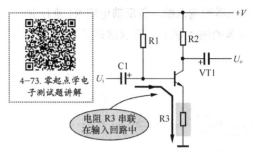

4-73. 零起点学电子测试题讲解

电阻 R3 串联在输入回路中

附图 16-11　串联负反馈电路应用举例

17．串联负反馈电路的特征

串联负反馈电路的特征是：负反馈电阻（或电路）不与放大器的输入端直接相连，而是串联在输入信号回路中。

串联负反馈可以降低放大器的电压放大倍数，稳定放大器的电压增益。

⚠ 重要提示

由于串联负反馈元件是串联在放大器输入回路中的，所以这种负反馈可以提高放大器的输入阻抗。

18．并联负反馈电路

附图 16-12 所示是并联负反馈电路示意图。并联负反馈是指负反馈电路取出的负反馈信号同放大器的输入信号以并联形式加到放大器的输入回路中。从电路上可以看出，放大器输入阻抗与负反馈电阻并联，这样输入信号和负反馈信号以并联形式输入到放大器中。

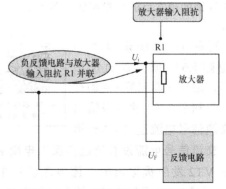

附图 16-12　并联负反馈电路示意图

19．实用并联负反馈电路

附图 16-13 所示是实用的并联负反馈电路，电路中的电阻 R1 并联在三极管 VT1 基极，基极是这一放大器的输入端，负反馈电阻 R1 直接并联在放大器的输入端上，所以这是并联负反馈电路。

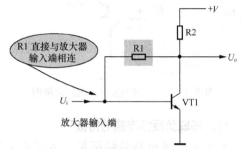

附图 16-13　并联负反馈电路应用举例

20．并联负反馈电路的特征

并联负反馈电路的特征是：负反馈电阻（或电路）直接与放大器的输入端相连。

并联负反馈降低放大器的电流放大倍数，稳定放大器的电流增益。

重要提示

由于并联负反馈元件是与放大器输入电阻并联的，所以这种负反馈降低了放大器的输入阻抗。

21．直流负反馈

它是指参加负反馈的信号只有直流电流，没有交流电流。直流负反馈的作用是稳定放大器的直流工作状态，放大器的直流工作状态稳定了，它的交流工作状态也就稳定了，所以直流负反馈的根本目的是稳定放大器的交流工作状态。

附图 16-14 所示电路中的电阻 R6 构成直流负反馈电路，由于旁路电容 C4 的存在，三极管 VT2 发射极输出的交流信号电流通过 C4 到地

4-74．零起点学电子测试题讲解

端，交流信号电流没有流过负反馈电阻 R6，只是 VT2 发射极输出的直流电流流过电阻 R6，所以 R6 只是构成了直流负反馈电路。

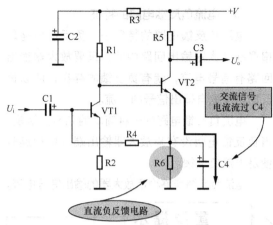

附图 16-14　直流负反馈电路示意图

22．交流负反馈

它是指参加负反馈的信号只有交流电流，没有直流电流。交流负反馈的作用是改善放大器的交流工作状态，从而改善放大器输出信号的质量。

附图 16-15 所示电路中的电阻 R4 构成交流负反馈电路，因为电路中的电容 C4 具有隔直通交作用，这样直流电流不能流过电阻 R4，只有交流信号电流流过 R4，所以 R4 构成的是交流负反馈电路。

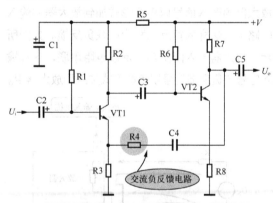

附图 16-15　交流负反馈电路示意图

23．交流和直流双重负反馈

在这种负反馈电路中，参加负反馈的信号是直流和交流，因此该电路可同时具有直流和交流两种负反馈的作用。

附图 16-16 所示电路中的电阻 R1 构成了交流和直流双重负反馈电路，因为 VT1 集电极输出的交流和直流都能通过电阻 R1。

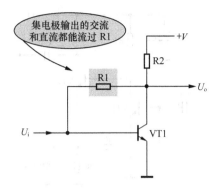

附图 16-16　交流和直流双重负反馈电路示意图

24. 高频负反馈

它是指只有电路中的高频信号参加负反馈，低频和中频信号没有参加负反馈。

25. 低频负反馈

它是指只有电路中的低频信号参加负反馈，高频和中频信号没有参加负反馈。

26. 某一特定频率信号的负反馈电路

它是指某一特定频率或某一很窄频带内信号的负反馈。

27. 本级局部负反馈电路

负反馈电路接在本级放大器输入端和输出端之间时称为本级负反馈电路，附图 16-17 所示电路中的 R2 构成局部的负反馈电路，它在 VT1 放大器电路中。

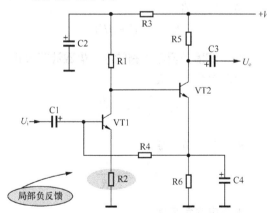

附图 16-17　局部负反馈电路示意图

28. 多级大环路负反馈电路

当负反馈电路接在多级放大器之间时（在前级放大器输入端和后级放大器输出端之间），称为大环路负反馈电路。附图 16-18 所示电路

中的电阻 R4 构成了两级放大器之间的负反馈电路，R4 一端接在第一级放大器放大输入端 VT1 基极，另一端接在第二级放大器 VT2 发射极。

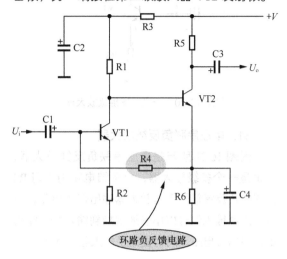

附图 16-18　两级放大器之间的负反馈电路

29. 电压并联负反馈放大器

附图 16-19 所示是电压并联负反馈放大器，电阻 R1 构成电压并联负反馈电路，C2 构成高频电压负反馈电路。负反馈信号取自放大器输出端的电压，再与放大器输入信号以并联形式加到输入端，能稳定输出信号电压，同时降低了放大器的输入阻抗。

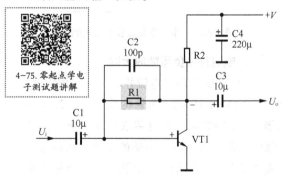

附图 16-19　电压并联负反馈放大器

30. 电流串联负反馈电路

附图 16-20 所示是一级共发射极放大器，电阻 R3 构成电流串联负反馈电路。负反馈信号取自放大器输出端的电流，再与放大器输入信号以并联形式加到输入端，能稳定输出信号电流，同时增加了放大器输入阻抗。

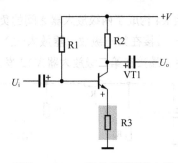

附图 16-20　一级共发射极放大器

31. 电压串联负反馈放大器

附图 16-21 所示是电压串联负反馈放大器，这也是一个多级放大器，负反馈电路由电阻 R4 构成。负反馈信号取自放大器输出端的电压，再与放大器输入信号以串联形式加到输入端，能稳定输出信号电压，同时提高了放大器输入阻抗。

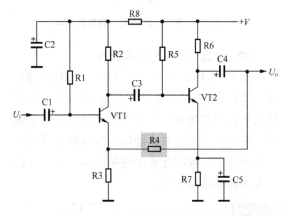

附图 16-21　电压串联负反馈放大器

32. 电流并联负反馈放大器

附图 16-22 所示是电流并联负反馈放大器。电路中的 VT1 和 VT2 两管构成第一、二级放大器，电阻 R2 构成电流并联负反馈电路。负反馈信号取自放大器输出端的电流，再与放大器输入信号以并联形式加到输入端，能稳定输出信号电流，同时降低了放大器输入阻抗。

33. 闭环放大倍数计算公式

$$A_f = \frac{U_o}{U_i} = \frac{A}{1+AF}$$

式中：U_o 为放大器输出信号电压；

U_i 为放大器输入信号电压；

A 为开环放大倍数；

F 为反馈系数。

4-76. 零起点学电子测试题讲解

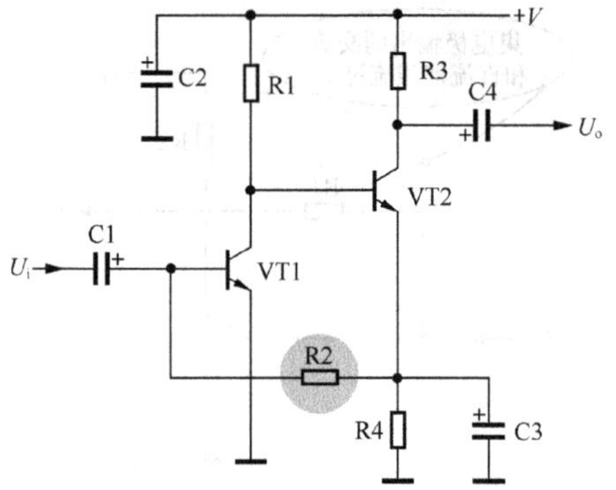

附图 16-22　电流并联负反馈放大器

开环放大倍数为放大器没有加入负反馈电路时的放大倍数，加入负反馈电路后的放大倍数称为闭环放大倍数。

34. 输入电阻计算公式

串联负反馈：

$$R_{if} = \frac{U_i}{I_i} = R_I(1+AF)$$

并联负反馈：

$$R_{if} = \frac{U_i}{I_i} = \frac{R_i}{1+AF}$$

35. 输出电阻计算公式

电压负反馈：

$$R_{of} = \frac{R_o}{1+AF}$$

电流负反馈：

$$R_{of} = R_o(1+AF)$$

36. 深度负反馈电路的放大倍数计算公式

电压串联负反馈：

$$A_{uf} = \frac{U_o}{U_i} = 1 + \frac{R_f}{R_I}$$

电压并联负反馈：

$$A_{uf} = \frac{U_o}{U_i} = -\frac{R_f}{R_I}$$

电流串联负反馈：

$$A_{uf} = \frac{U_o}{U_i} = \frac{R'_L}{R_I}$$

电流并联负反馈：

$$A_{usf} = \frac{U_o}{U_i} = -\left(1 + \frac{R_f}{R_2}\right) \cdot \frac{R'_L}{R_I}$$

37．反馈系数计算公式

反馈系数 $\dot{F}$ 计算公式如下：

$$\dot{F} = \frac{\dot{X}_{\text{f}}}{\dot{X}_{\text{o}}}$$

附图 16-23 所示是式中各参量的含义。

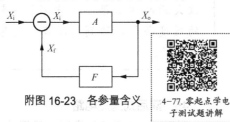

附图 16-23　各参量含义

4-77. 零起点学电子测试题讲解

38．反馈深度

反馈深度的定义为：放大器开环电压放大倍数 $|\dot{A}|$ 与闭环电压放大倍数 $|\dot{A}_{\text{f}}|$ 的比值，即

$$\frac{|\dot{A}|}{|\dot{A}_{\text{f}}|} = 1 + |\dot{A}||\dot{F}|$$

由上式可知，反馈深度反映了放大器加入负反馈后电压放大倍数衰减的倍数，也描述了负反馈放大器反馈量的大小，反馈量大的，放大倍数衰减得多。

将反馈深度大于 1 的负反馈放大器称为深度负反馈。处在深度负反馈状态下的放大器，其闭环电压放大倍数的表达式为：

$$\dot{A}_{\text{f}} = \frac{\dot{A}}{1 + \dot{A}\dot{F}} \approx \frac{1}{\dot{F}}$$

从上式中可以看出，处在深度负反馈状态下的放大器，其放大倍数与基本放大电路无关，只与反馈电路有关。由于反馈电路通常是无源电路（通常由电阻器构成），受外界环境因素的影响较小，所以深度负反馈放大器有非常高的放大倍数稳定性。

39．负反馈放大器自激振荡

分析计算时，若发现 $\dot{A}\dot{F} < 1$，则 $|\dot{A}_{\text{f}}|$ 将大于 $|\dot{A}|$，说明这时负反馈放大器的反馈结果是放大器的净输入信号将大于输入信号，放大器工作在正反馈状态下。工作在正反馈状态下的放大器，若 $\dot{A}\dot{F} = -1$，则 $|\dot{A}_{\text{f}}|$ 为无穷大，说明该放大器在没有输入信号的情况下，也会有信号输出，工作在这种状态下的放大器称为自激振

荡，这是负反馈放大器所不允许的，也是负反馈放大器的一个重大缺点，需要通过补偿电路加以抑制，即所谓的消振电路。

40．负反馈放大器的消振电路

放大器电路中加入负反馈电路之后，可以改善放大器的诸多性能指标，但同时也会给放大器带来一些不利之处，最主要的问题是负反馈放大器会出现高频自激。

⚠ 重要提示

　　所谓负反馈放大器高频自激就是负反馈放大器会自行产生一些高频振荡信号，这些信号不仅不需要，而且对负反馈放大器稳定工作十分有害，甚至出现高频的啸叫声。为此，要在负反馈放大器中采取一些消除这种高频自激的措施，即采用消振电路。

41．消振电路工作原理

负反馈放大器出现自激后，就会影响放大器对正常信号的放大，所以必须加以抑制，这由称为消振电路的电路来完成，消振电路又称为补偿电路。

消振电路是根据自激产生的机理设计的。根据产生自激的原因可知，只要破坏它两个条件中的一个，自激就不能发生。由于破坏相位条件比较容易做到，所以消振电路一般根据这一点进行设计。

⚠ 重要提示

　　一般情况下，消振电路用来对自激信号的相位进行移相，通过这种附加移相，使产生自激的信号相位不能满足正反馈条件。

42．消振电路种类

负反馈放大器中的消振电路种类比较多，但是它们的基本工作原理相似。消振电路主要有以下几种常见电路。

（1）超前式消振电路。

（2）滞后式消振电路。

（3）超前 - 滞后式消振电路。

（4）负载阻抗补偿电路。

43．超前式消振电路

附图 16-24 所示是由分立元器件构成的音频放大器，其中 R5 和 C4 构成超前式消振电路。电路中，VT1 和 VT2 构成一个双管阻容耦合音频放大器，在两级放大器之间接入一个 R5 和 C4 的并联电路，R5 和 C4 构成超前式消振电路，这一电路又称为零 - 极点校正电路。

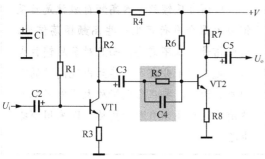

附图 16-24　分立元器件构成的音频放大器

> **重要提示**
>
> 由于在信号传输回路中接入了 R5 和 C4，这一并联电路对信号产生了超前的相移，即加在 VT2 基极上的信号相位超前于 VT1 集电极上的信号相位，破坏了自激的相位条件，达到了消除自激的目的。

44．集成电路放大器中的超前消振电路

附图 16-25 所示是集成电路放大器中的超前消振电路。电路中，A1 是集成电路，它构成音频放大器，"+" 端是 A1 的同相输入端（即①脚），"–" 端是它的反相输入端（即②脚），俗称负反馈端。

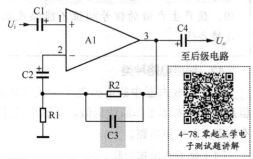

4-78.零起点学电子测试题讲解

附图 16-25　集成电路放大器中的超前消振电路

> **重要提示**
>
> 由于负反馈电容 C3 与 R2 并联，对于高频信号而言，C3 容抗很小，使集成电路 A1 放大器的负反馈量很大，放大器的增益很小，破坏了高频自激的幅度条件，达到消除高频自激振荡的目的。

45．滞后式消振电路

附图 16-26 所示是音频负反馈放大器，其中 R5 和 C4 构成滞后式消振电路，滞后式消振电路又称主极点校正电路。

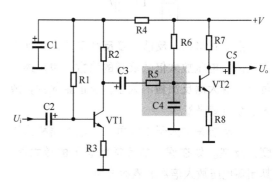

附图 16-26　音频负反馈放大器

> **重要提示**
>
> R5 和 C4 构成对高频自激信号的分压电路，由于产生自激的信号频率比较高，电容 C4 对产生自激的高频信号容抗很小，这样由 R5、C4 构成的分压电路对该频率信号的分压衰减量很大，使加到 VT2 基极的信号幅度很小，达到消除高频自激的目的。

46．超前 - 滞后式消振电路

附图 16-27 所示是双管阻容耦合放大器电路，电路中的 R5、R7 和 C4 构成超前 - 滞后式消振电路，这种消振电路又称为极 - 零点校正电路。

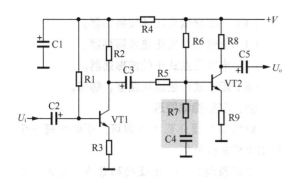

附图 16-27　双管阻容耦合放大器电路

⚠ 重要提示

R7 和 C4 串联电路阻抗对加到 VT2 基极上的信号进行对地分流衰减，这一电路的阻抗愈小，对信号的分流衰减量愈大，达到消振目的。

相对滞后式消振电路而言，放大器的高频特性得到改善。

47. 负载阻抗补偿电路

在有些情况下，负反馈放大器的自激是由放大器负载引起的，此时可以采用负载阻抗补偿电路来消除自激。附图 16-28 所示是负载阻抗补偿电路。电路中，扬声器 BL1 是功率放大器的负载。这一电路中的负载阻抗补偿电路由两部分组成：一是由 R1 和 C1 构成的负载阻抗补偿电路，这一电路又称为"茹贝尔"电路；二是由 L1 和 R2 构成的补偿电路。

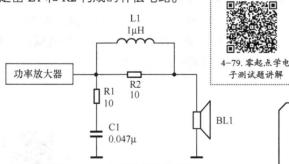

附图 16-28　负载阻抗补偿电路

4-79. 零起点学电子测试题讲解

电路中的扬声器 BL1 不是纯阻性的负载，是感性负载，它与功率放大器的输出电阻构成对信号的附加移相电路，这是有害的，会使负

反馈放大器电路产生自激。

⚠ 重要提示

在加入由 R1 和 C1 构成的电路后，由于这一 RC 串联电路是容性负载，它与扬声器 BL1 感性负载并联后接近为纯阻性负载，一个纯阻性负载接在功率放大器输出端不会产生附加信号相位移，所以不会产生高频自激。

如果不接入这一"茹贝尔"电路，扬声器的高频段感抗明显增大，放大器产生高频自激的可能性增大。

电路中的 L1 和 R2 用来消除由扬声器 BL1 分布电容引起的功率放大器高频段不稳定影响，也具有消除高频段自激的作用。

48. 正弦波振荡器方框图

附图 16-29 所示是正弦波振荡器组成方框图，从图中可以看出，它主要由放大器及稳幅环节、正反馈电路和选频电路组成。

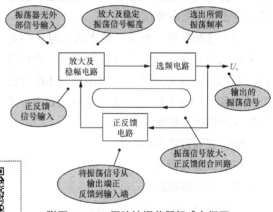

附图 16-29　正弦波振荡器组成方框图

⚠ 重要提示

从方框图中看出，振荡器没有输入信号，但有输出信号，这是振荡器电路的一个明显特征，这一特征在整机电路分析中很重要，有助于分辨哪个是振荡器电路，因为其他电路都是有输入信号的。

49. 振荡器电路工作条件

要使正弦波振荡器电路能够正常工作，必须具备以下几个条件。

（1）放大条件。振荡器电路中的振荡管对振荡信号要有放大能力，只有这样，通过正反馈和放大电路信号才能不断增大，实现振荡。

（2）相位条件。相位条件具体地讲是要求有正反馈电路，由于是正反馈，从振荡器输出端反馈到振荡器输入端的信号加强了原先的输入信号，即反馈信号与原输入信号是同相位关系，这样负反馈信号进一步加强了振荡器原先的输入信号。

相位条件和放大条件（也称幅度条件）是振荡器电路必不可少的两个条件，也是最基本的两个条件。

（3）振荡稳幅。振荡器中的正反馈和放大环节对振荡信号具有愈反馈、放大，振荡信号愈大的作用，若没有稳幅环节振荡信号的幅度是愈来愈大的，显然这是不可能的，也是不允许的，稳幅环节要稳定振荡信号的幅度，使振荡器输出的信号是等幅的。

（4）选频电路。振荡器要求输出某一特定频率的信号，这就靠选频电路来实现。这里值得一提的是，在正弦波振荡器中常用 LC 谐振选频电路，而在 RC 振荡器电路中通过 RC 电路等来决定振荡频率。

50. 正弦波振荡器种类

正弦波振荡器种类很多，以下几种是常用的正弦波振荡器电路。

（1）RC 移相式正弦波振荡器。

（2）采用 RC 选频电路的正弦波振荡器。

（3）变压器耦合正弦波振荡器。

（4）电感三点式正弦波振荡器。

（5）电容三点式正弦波振荡器。

（6）差动式正弦波振荡器，等等。

51. 了解稳幅原理

对稳幅原理只要了解即可，不必对每一个具体电路进行分析。

稳幅原理是：在正反馈和振荡管放大的作用下，信号幅度增大，导致振荡管的基极电流也增大，当基极电流大到一定程度之后，基极电流的增大将引起振荡管的电流放大倍数 β 减小，振荡信号电流愈大 β 愈小，最终导致 β 很小，使振荡器输出信号幅度减小，即振荡管基极电流减小，β 又增大，振荡管又具备放大能力，使振荡信号再次增大，这样反复循环总有一点是动平衡的，此时振荡信号的幅度处于不变状态，达到稳幅的目的。

52. 了解起振原理

振荡器的起振原理也是只要了解即可，不必对每一个电路都进行分析。

起振原理是：在分析正反馈过程时，假设某瞬间振荡管的基极信号电压为正，其实振荡器是没有外部信号输入的，而是靠电路本身自激产生振荡信号。

开始振荡时的振荡信号是这样产生的，在振荡器电路的电源接通瞬间，由于电源电流的波动，这一电流波动中含有频率振荡范围很宽的噪声，这其中必有一个频率等于振荡频率的噪声（信号），这一信号被振荡器电路放大和正反馈，信号幅度愈来愈大，形成振荡信号，完成振荡器的起振过程。

4-80. 零起点学电子测试题讲解

附录 17 | 多种 RC 电路特性曲线和计算公式

1. RC 串联电路和阻抗特性曲线

附图 17-1 所示是 RC 串联电路和阻抗特性曲线，图中 x 轴方向为频率，y 轴方向为这一串联网络的阻抗。

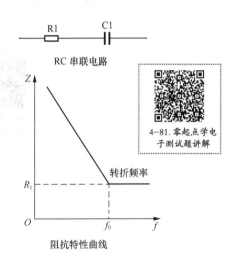

附图 17-1　RC 串联电路和阻抗特性曲线

从曲线中可看出，曲线在频率 f_0 处改变，这一频率称为转折频率，这种 RC 串联电路只有一个转折频率 f_0，计算公式如下：

$$f_0 = \frac{1}{2\pi R_1 C_1}$$

2. RC 并联电路和阻抗特性曲线

附图 17-2 所示是 RC 并联电路和阻抗特性曲线，它也是只有一个转折频率 f_0，计算公式如下：

$$f_0 = \frac{1}{2\pi R_1 C_1}$$

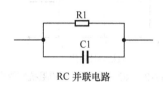

RC 并联电路

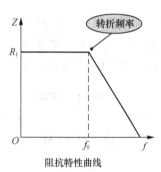

阻抗特性曲线

附图 17-2　RC 并联电路和阻抗特性曲线

从上式中可以看出，这一转折频率公式与串联电路的一样。当电容 C_1 取得较大时，f_0 很小，若转折频率小于信号的最低频率，则此时该电路对信号而言阻抗几乎为零，这种情况的 RC 并联电路在一些旁路电路中时常用到，如放大器电路中的发射极旁路电容。

3. RC 串并联电路和阻抗特性曲线

附图 17-3 所示是 RC 串并联电路和阻抗特性曲线，这一电路存在两个转折频率 f_{01} 和 f_{02}，这两个转折频率由以下公式决定：

$$f_{01} = \frac{1}{2\pi R_2 C_1}$$

$$f_{02} = \frac{1}{2\pi C_1 \times [R_1 \times R_2/(R_1 + R_2)]}$$

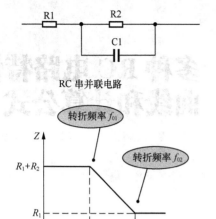

RC 串并联电路

附图 17-3　RC 串并联电路和阻抗特性曲线

附图 17-4 所示是另一种 RC 串并联电路和阻抗特性曲线。电路中，要求 R_2 大于 R_1，C_2 大于 C_1，这一 RC 串并联电路有 3 个转折频率。

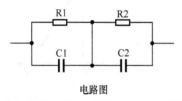

电路图

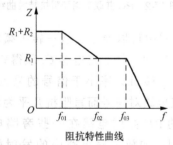

阻抗特性曲线

附图 17-4　另一种 RC 串并联电路和阻抗特性曲线（一）

附图 17-5 所示是另一种 RC 串并联电路及阻抗特性曲线，从这一电路的阻抗特性曲线中可看出，它有两个转折频率。

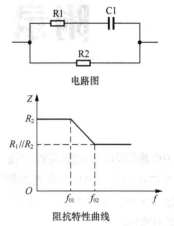

电路图

阻抗特性曲线

附图 17-5　另一种 RC 串并联电路和阻抗特性曲线（二）

4-82. 零起点学电子测试题讲解

附录 18 | 常用元器件实物图

一、电阻类元器件实物图

4-83. 零起点学电子测试题讲解

1. 普通电阻器实物图

部分普通电阻器实物图见附表 18-1。

附表 18-1 部分普通电阻器实物图

碳膜电阻器	氧化膜电阻器	金属膜电阻器
金属氧化膜电阻器	高频型金属膜电阻器	高阻型金属膜电阻器
精密金属膜电阻器	高精密电阻器	功率耐冲击玻璃釉膜电阻器
高阻型玻璃釉电阻器	线绕低感（无感）电阻器	水泥电阻器（氧化膜心）

续表

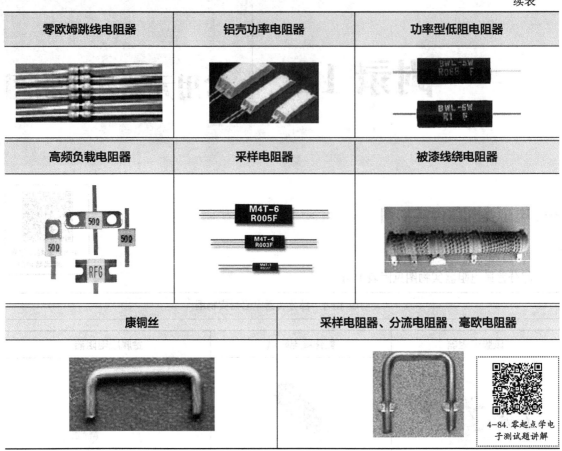

2. 熔断电阻器实物图

几种熔断电阻器实物图见附表18-2。

附表18-2　几种熔断电阻器实物图

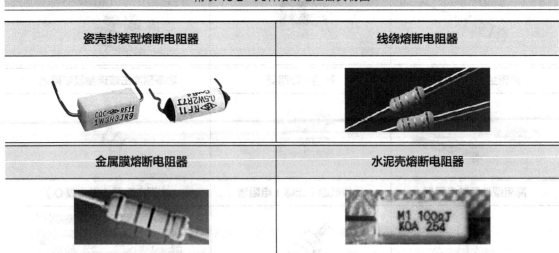

3. 网络电阻器实物图

部分网络电阻器实物图见附表18-3。

附表 18-3　部分网络电阻器实物图

单列直插网络电阻器	双列直插网络电阻器

高精密网络电阻器	
	 4-85.零起点学电 子测试题讲解

4. 敏感电阻器实物图

部分敏感电阻器实物图见附表 18-4。

附表 18-4　部分敏感电阻器实物图

湿敏电阻器	热敏电阻器

光敏电阻器	压敏电阻器
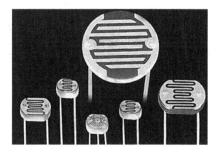	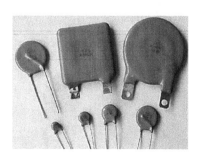

续表

差分磁敏电阻器	气敏电阻器

力敏电阻器	

4-86. 零起点学电
子测试题讲解

5. 可变电阻器实物图

可变电阻器实物图见附表 18-5。

附表 18-5　可变电阻器实物图

膜式可变电阻器	线绕式可变电阻器

卧式可变电阻器	立式可变电阻器

小型可变电阻器	精密可变电阻器

6. 电位器实物图

电位器实物图见附表 18-6。

附表 18-6　电位器实物图

直滑式单联电位器	旋转式单联电位器
旋转式多联电位器	旋转式双联电位器
线绕多圈电位器	直滑式双联电位器
步进电位器	精密电位器
	 4-87. 零起点学电子测试题讲解
带开关小型电位器	带开关碳膜电位器
有机实心电位器	无触点电位器

二、电容类元器件实物图

1. 固定电容器实物图

部分固定电容器实物图见附表 18-7。

4-88. 零起点学电子测试题讲解

附表 18-7　部分固定电容器实物图

低频瓷介电容器	高压瓷介电容器	金属氧化膜电容器
云母电容器	金属箔式聚丙烯膜介质电容器	薄膜电容器
涤纶电容器	高压涤纶电容器	金属化纸介电容器
电容器	独石电容器	电磁炉电容器

续表

有极性电解电容器	无极性电解电容器	穿心电容器

交流电动机启动电容器	空调电容器	

4-89. 零起点学电子测试题讲解

2. 可变电容器和微调电容器实物图

部分可变电容器和微调电容器实物图见附表 18-8。

附表 18-8　部分可变电容器和微调电容器实物图

单联可变电容器	双联可变电容器
空气双联可变电容器	双联可变电容器

续表

高频陶瓷微调电容器	微调电容器

微调电容器	
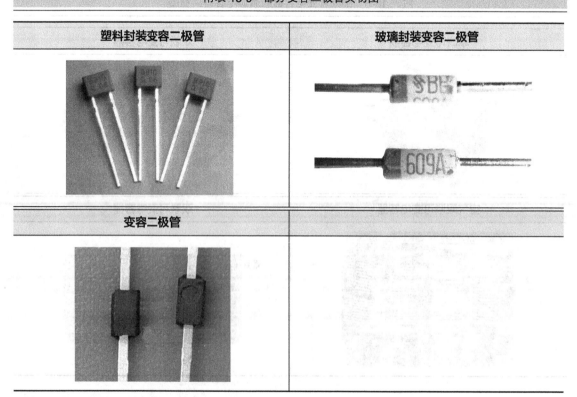

4-90. 零起点学电子测试题讲解 |

3. 变容二极管实物图

变容二极管是二极管中的一种，电路中主要运用它的结电容特性。部分变容二极管实物图见附表 18-9。

附表 18-9　部分变容二极管实物图

塑料封装变容二极管	玻璃封装变容二极管
变容二极管	

4-91. 零起点学电子测试题讲解

三、电感类元器件实物图

1. 固定电感器实物图

附表 18-10 所示是部分固定电感器实物图。

附表 18-10　部分固定电感器实物图

固定电感器	带磁芯线圈	固定电感器
工字形电感器	环形电感器	电感器
电感器	功率电感器	空心线圈
卧式电感器	固定电感器	电感器

2. 微调电感器实物图

附图 18-1 所示是部分微调电感器实物图。

附图 18-1 部分微调电感器实物图

3. 变压器实物图

变压器种类非常多，附表 18-11 所示是部分变压器实物图。

附表 18-11 部分变压器实物图

电源变压器	C 型变压器	高频变压器
EI 型变压器	ET 型变压器	R 型变压器

续表

脉冲变压器	行输出变压器	灌封式变压器
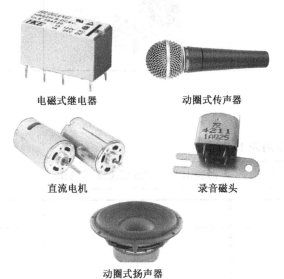		

4. 部分其他电感类元器件实物图

附图 18-2 所示是部分其他电感类元器件实物图，它们的共同特点是内部结构中有线圈。

电磁式继电器　　　　　　　动圈式传声器

直流电机　　　　　　　　　录音磁头

4-93. 零起点学电
子测试题讲解

动圈式扬声器

附图 18-2　部分其他电感类元器件实物图

四、部分二极管实物图

部分二极管实物图见附表 18-12。

附表 18-12　部分二极管实物图

普通二极管	发光二极管	稳压二极管
快恢复二极管	**红外发光二极管**	**大功率整流二极管**

续表

变容二极管	激光二极管	光敏二极管
恒流二极管	肖特基二极管	微波二极管

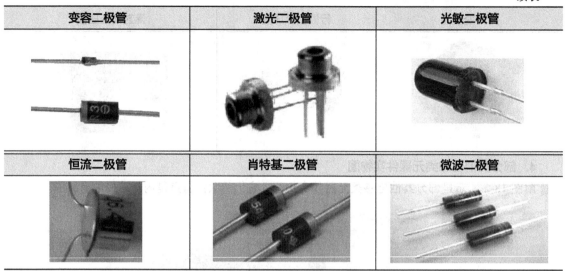

五、三极管实物图

部分三极管实物图见附表18-13。

附表18-13　部分三极管实物图

三极管	金属封装三极管	三极管
三极管	塑料封装三极管	金属封装大功率三极管

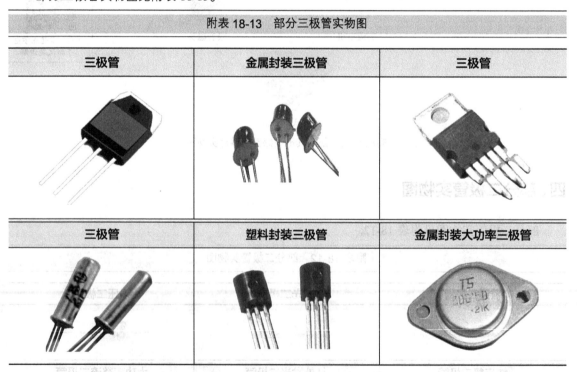

4-94.零起点学电
子测试题讲解

附录 19 | 数十种贴片元器件实物图

4-95. 零起点学电子测试题讲解

附表 19-1 所示是数十种贴片元器件实物图。

附表 19-1 数十种贴片元器件实物图

普通贴片电阻	抗蚀薄膜超精密贴片电阻	超精密贴片电阻
高精密薄膜贴片电阻	25W 贴片电阻	大功率贴片电阻
厚膜贴片排阻	贴片网络电阻	贴片可变电阻器
贴片压敏电阻器	贴片电位器	贴片电阻整盘包装
多层片状独石电容器	贴片电容器	贴片瓷微调电容

续表

贴片钽电解电容器 	贴片有极性电解电容器 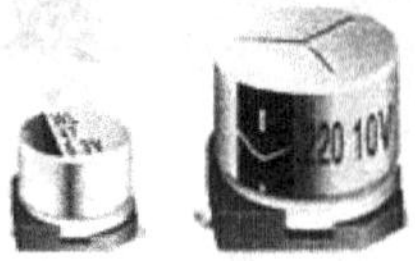	贴片功率电感器 
贴片功率电感器 	贴片空心电感器 	贴片高频电感器 
贴片变压器 	贴片变压器 	贴片二极管 
贴片瞬态抑制二极管	贴片发光二极管	贴片肖特基二极管
贴片瞬态抑制二极管 	贴片单色发光二极管 	贴片双色发光二极管 
贴片稳压二极管 	贴片稳压二极管 	贴片二极管 
贴片肖特基二极管 	贴片桥堆 	贴片桥堆 

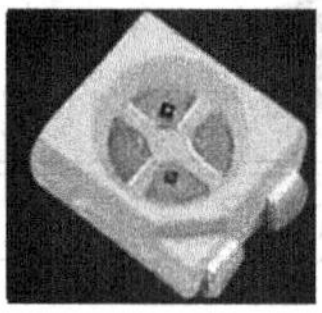

4-96. 零起点学电子测试题讲解

续表

贴片桥堆	贴片三极管	贴片三极管
	4-97. 零起点学电子测试题讲解	
贴片三极管	贴片带阻三极管	贴片三极管
贴片场效应管	贴片场效应管	贴片集成电路
贴片集成电路	贴片集成电路	贴片集成电路
贴片光电耦合器	贴片光电耦合器	贴片光电耦合器
贴片熔丝	贴片晶振	贴片晶振

贴片插座	贴片轻触开关	贴片插座
贴片层叠磁珠	贴片陶瓷滤波器	贴片陶瓷滤波器
贴片声表面波滤波器	贴片自恢复熔丝	贴片晶闸管
贴片排容	贴片干簧管	

4-98.零起点学电
子测试题讲解

附录 20

数十种元器件等效电路

4-99. 零起点学电子测试题讲解

电子元器件的等效电路对电路分析非常有用，可以帮助理解该元器件在电路中的工作原理，可以深入了解该元器件的相关特性。

1. 电阻器等效电路

附图 20-1 所示是电阻器等效电路。等效电路中，R 为标称电阻器，L 为分布电感，C 为分布电容。由于分布电感 L 和分布电容 C 均很小，所以当电阻器工作频率不是非常高时，它们的影响都可以不考虑。

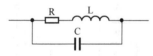

附图 20-1　电阻器等效电路

在工作频率很高的电路中，应该使用高频电阻器，它们的分布电感 L 和分布电容 C 比普通电阻器的更小。

2. 贴片电容器等效电路

附图 20-2 所示是贴片电容器等效电路，从等效电路中可以看出，电容器除电容外还有寄生电感 L 和寄生电阻 R，尽管 L 的值和 R 的值都很小，但是在工作频率很高时电感会起作用，电感 L 与电容 C 构成一个 LC 串联谐振电路。

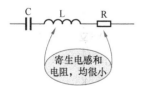

附图 20-2　贴片电容器等效电路

3. 有引脚电容器等效电路

附图 20-3 所示是有引脚电容器等效电路。

它与贴片电容器相比，其等效电路中多了引脚分布电感，它也有高频串联谐振的特性。

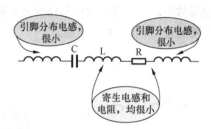

附图 20-3　有引脚电容器等效电路

4. 有极性电解电容器等效电路

附图 20-4 所示是有极性电解电容器等效电路，这是没有考虑引脚分布参数时的等效电路。等效电路中，C1 为电容，R1 为两电极之间漏电阻，VD1 为具有单向导通特性的氧化膜。

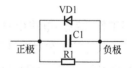

附图 20-4　有极性电解电容等效电路

5. 大容量电解电容器等效电路

电解电容器是一种低频电容器，即它主要工作在频率较低的电路中，不宜工作在频率较高的电路中，因为电解电容器的高频特性不好，容量很大的电解电容器其高频特性更差。附图 20-5 所示是大容量电解电容器等效电路，从图中可以找到大容量电解电容器高频特性差的原因。

从等效电路中可以看出，串联一只等效电感 L0，当电解电容器的容量愈大时，等效电感 L0 也愈大，高频特性愈差。

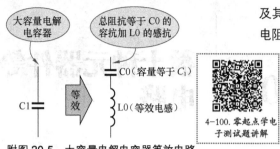

附图 20-5　大容量电解电容器等效电路

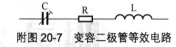

4-100. 零起点学电子测试题讲解

6. 电感器等效电路

电感器固有电容又称分布电容和寄生电容，它是由各种因素造成的，相当于并联在电感线圈两端的一个总的等效电容。附图 20-6 所示是电感器等效电路，电容 C 为电感器的固有电容，R 为线圈的直流电阻，L 为电感。

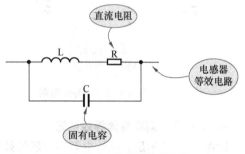

附图 20-6　电感器等效电路

电感 L 与等效电容 C 构成一个 LC 并联谐振电路，这一电路将影响电感器的有效电感量的稳定性。

当电感器工作在高频电路中时，由于频率高、容抗小，所以等效电容对电路工作影响大，为此要尽量减小电感线圈的固有电容。

当电感器工作在低频电路中时，由于等效电容的容量很小，工作频率低时它的容抗很大，故相当于开路，所以对电路工作影响不大。

不同应用场合对电感器不同参数的要求是不同的，只有了解了这些参数的具体含义，才能正确使用这些参数。

7. 变容二极管等效电路

附图 20-7 所示是变容二极管等效电路。等效电路中的 C 为可变结电容，它可以近似看成为变容二极管的总电容，它包括结电容、外壳电容

及其他分布电容；R 是串联电阻，它包括 PN 结电阻、引线电阻及接线电阻；L 是引线电感。

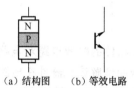

附图 20-7　变容二极管等效电路

8. 双向触发二极管等效电路

附图 20-8 所示是双向触发二极管结构示意图和等效电路。

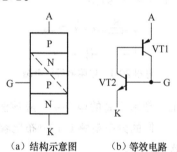

（a）结构图　　（b）等效电路

附图 20-8　双向触发二极管结构示意图和等效电路

9. 普通晶闸管等效电路

附图 20-9 所示是普通晶闸管结构示意图和等效电路。从等效电路中可以看出，普通晶闸管相当于两只三极管进行一定方式的连接后的电路。

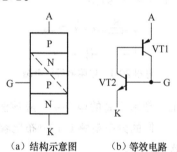

（a）结构示意图　　（b）等效电路

附图 20-9　普通晶闸管结构示意图和等效电路

10. 逆导晶闸管等效电路

附图 20-10 所示是逆导晶闸管等效电路。从等效电路中可以看出，逆导晶闸管相当于在普通晶闸管上反向并联一只二极管。

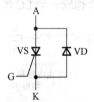

附图 20-10　逆导晶闸管等效电路

11. 双向晶闸管等效电路

附图 20-11 所示是双向晶闸管结构示意图

和等效电路。从等效电路中可以看出，双向晶闸管相当于两只普通晶闸管反向并联。

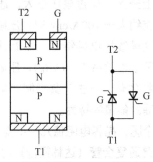

（a）结构示意图　　（b）等效电路

附图 20-11　双向晶闸管结构示意图和等效电路

12．四极晶闸管等效电路

附图 20-12 所示是四极晶闸管结构示意图和等效电路。

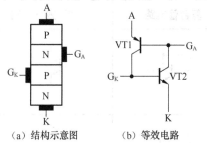

（a）结构示意图　　　（b）等效电路

附图 20-12　四极晶闸管结构示意图和等效电路

13．BTG 晶闸管等效电路

附图 20-13 所示是 BTG 晶闸管结构示意图和等效电路。

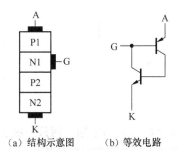

（a）结构示意图　　（b）等效电路

附图 20-13　BTG 晶闸管结构示意图和等效电路

14．光控晶闸管等效电路

附图 20-14 所示是光控晶闸管结构示意图和等效电路。

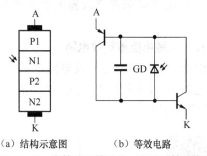

（a）结构示意图　　　（b）等效电路

附图 20-14　光控晶闸管结构示意图和等效电路

15．石英晶振等效电路

附图 20-15 所示是石英晶振等效电路。从等效电路中可以看出，石英晶振相当于一个 LC 串联谐振电路。

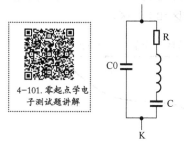

附图 20-15　石英晶振等效电路

16．陶瓷滤波器等效电路

附图 20-16 所示是陶瓷滤波器等效电路。陶瓷滤波器由一个或多个压电振子组成，双端陶瓷滤波器等效为一个 LC 串联谐振电路。由 LC 串联谐振电路特性可知，谐振时该电路的阻抗最小，且为纯阻性。不同场合下使用的双端陶瓷滤波器的谐振频率不同。

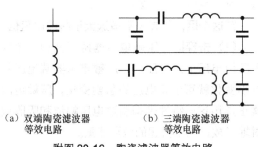

（a）双端陶瓷滤波器　　（b）三端陶瓷滤波器
　　等效电路　　　　　　　等效电路

附图 20-16　陶瓷滤波器等效电路

三端陶瓷滤波器相当于一个双调谐中频变压器，故比双端陶瓷滤波器的滤波性能要更好些。

17．压敏电阻器等效电路

附图 20-17 所示是压敏电阻器等效电路。等效电路中，Rn 是晶界电阻，C 是晶界电容，Rb 是晶粒电阻。

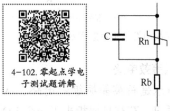

4-102．零起点学电子测试题讲解

附图 20-17　压敏电阻器等效电路

附图 20-18 是压敏电阻器伏 - 安特性曲线中的 3 个工作区示意图，它的 3 个工作区包括预击穿区、击穿区和上升区。

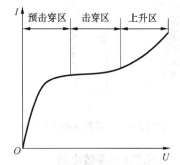

附图 20-18　压敏电阻器伏 - 安特性曲线中的
3 个工作区示意图

（1）**预击穿区**。在预击穿区域内，施加于压敏电阻器两端的电压小于其压敏电压，因此压敏电阻器相当于一个 10MΩ 以上的绝缘电阻，这时通过压敏电阻器的阻性电流仅为微安级，压敏电阻器可看作为开路。该区域是电路正常运行时压敏电阻器所处的状态。

在这个区，晶界电阻值远大于晶粒电阻值。

（2）**击穿区**。压敏电阻器两端施加一个大于压敏电压的过电压时，压敏电阻器端电压的微小变化就可引起电流的急剧变化，压敏电阻器正是用这一特性来抑制过电压幅值和吸收或对地释放过电压引起的浪涌能量。

在这个区，晶界电阻值与晶粒电阻值大小相当。

（3）**上升区**。当过电压很大，通过压敏电阻器的电流约大于 100A/cm² 时，压敏电阻器的伏 - 安特性呈线性电导特性，在上升区电流与电压几乎呈线性关系（$I=U/R_n$），压敏电阻器在该区域已经劣化，失去了其抑制过电压、吸收或释放浪涌的能量等特性。

在这个区，晶界电阻值几乎不变。

18．普通复合管（达林顿管）内电路

复合管电路共有 4 种。复合管用两只三极管按一定方式连接起来，等效成一只三极管，附表 20-1 所示是 4 种复合管等效电路。

附表 20-1　4 种复合管等效电路	
复合管电路	**等效电路**
VT1　VT2	PNP 型
VT1　VT2	NPN 型
VT1　VT2	PNP 型
VT1　VT2	NPN 型

复合管极性识别绝招：两只三极管复合后的极性取决于第一只三极管的极性。

19．大功率复合管内电路

附图 20-19 所示是两种大功率复合管内部电路。从内部电路中可以看出，它设有过电压保护电路（采用稳压二极管）。

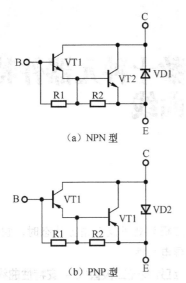

（a）NPN 型

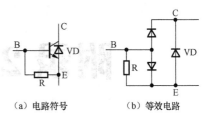

（a）电路符号　　　（b）等效电路

附图 20-20　带阻尼管的行管电路符号和等效电路

行输出级电路中需要一只阻尼二极管，在一些行输出三极管内部设置了这一阻尼二极管，在行输出管的电路符号中会表示出来。

这种三极管内部在基极和发射极之间还接入一只 25Ω 的小电阻 R。将阻尼二极管设在行输出管的内部，减小了引线电阻，有利于改善行扫描线性和减小行频干扰。基极与发射极之间接入的电阻是为了适应行输出管工作在高反向耐压的状态。

（b）PNP 型

附图 20-19　两种大功率复合管内电路

20．带阻尼管的行管等效电路

附图 20-20 所示是带阻尼管的行管电路符号和等效电路。

4-103.零起点学电子测试题讲解

附录 21 | 数十种元器件特性曲线

1. 二极管伏 – 安特性曲线

附图 21-1 所示是二极管的伏 – 安（U–I）特性曲线。

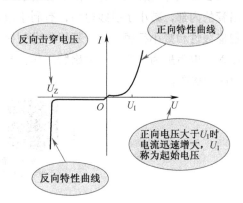

附图 21-1　二极管的伏 – 安特性曲线

曲线中 x 轴是电压（U），即加到二极管两极引脚之间的电压，正电压表示二极管正极电压高于负极电压，负电压表示二极管正极电压低于负极电压。y 轴是电流（I），即流过二极管的电流，正方向表示从正极流向负极，负方向表示从负极流向正极。

见正向特性曲线，给二极管加上的正向电压小于一定值时，正向电流很小，当正向电压大到一定程度后，正向电流则迅速增大，并且正向电压稍许增大一点，正向电流就增大许多。使二极管正向电流开始迅速增大的正向电压 U_1 称为起始电压。

见反向特性曲线，给二极管加的反向电压小于一定值时，反向电流始终很小；当所加的反向电压大到一定值时，反向电流迅速增大，二极管处于电击穿状态。使反向电流开始迅速增大的反向电压称为反向击穿电压 U_z。

当二极管处于反向击穿状态时，它便失去了单向导电特性。

2. 红外发光二极管伏 – 安特性曲线

附图 21-2 所示是红外发光二极管伏 – 安特性曲线，它与普通二极管极为相似。当电压超过正向阈值电压（约 0.8V）时开始有正向电流，而且是一很陡直的曲线，表明其工作电流对工作电压十分敏感。因此要求工作电压准确、稳定，否则影响辐射功率的发挥及其可靠性。

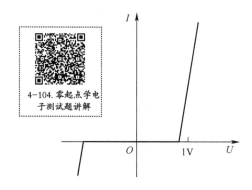

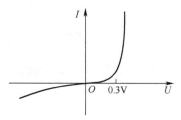

4-104. 零起点学电子测试题讲解

附图 21-2　红外发光二极管伏 – 安特性曲线

3. 肖特基二极管伏 – 安特性曲线

附图 21-3 所示是肖特基二极管伏 – 安特性曲线。

附图 21-3　肖特基二极管伏 – 安特性曲线

4. 普通发光二极管特性曲线

附图 21-4 所示是普通发光二极管正向伏 - 安特性曲线。发光二极管与普通二极管的伏 - 安特性相似,只是发光二极管的正向导通电压值较大。小电流发光二极管的反向击穿电压很小,为 6V 至十几伏,比普通二极管小。

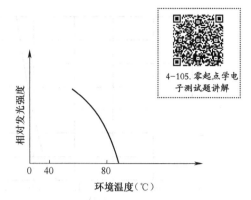

4-105. 零起点学电子测试题讲解

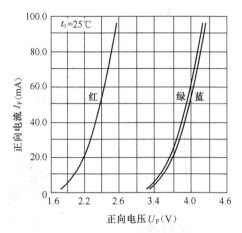

附图 21-4　发光二极管正向伏 - 安特性曲线

附图 21-5 所示是普通发光二极管工作电流与相对发光强度关系特性曲线。**对于红色发光二极管而言**,正向工作电流增大时相对发光强度也在增大,当工作电流大到一定程度后,曲线趋于平坦(饱和),说明相对发光强度趋于饱和;**对于绿色发光二极管而言**,工作电流增大,相对发光强度增大,但是没有饱和现象。

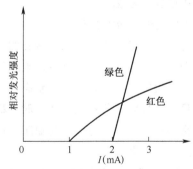

附图 21-5　普通发光二极管工作电流与相对发光强度关系特性曲线

附图 21-6 所示是普通发光二极管发光强度与环境温度关系特性曲线。**温度愈低,发光强度愈大。当环境温度升高后,发光强度将明显下降。**

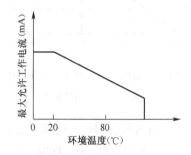

附图 21-6　普通发光二极管发光强度与环境温度关系特性曲线

附图 21-7 所示是普通发光二极管最大允许工作电流与环境温度关系特性曲线。**当环境温度大到一定程度后,最大允许工作电流迅速减小,最终为零,说明在环境温度较高场合下,发光二极管更容易损坏,这也是发光二极管怕烫的原因。**

附图 21-7　普通发光二极管最大允许工作电流与环境温度关系特性曲线

5. 超高亮发光二极管特性曲线

附图 21-8 所示是超高亮发光二极管的正向压降 U_F 和正向电流 I_F 的特性曲线。从曲线中可以看出,当正向电压超过某个阈值(约 2V,导通电压)后,可近似认为 I_F 与 U_F 成正比。当前超高亮发光二极管的最高 I_F 可达 1A,而 U_F 通常为 $3 \sim 4V$。

附图 21-9 所示是超高亮发光二极管的光通量 Φ_V 与正向电流 I_F 特性曲线。由于发光二极管的光特性通常都描述为电流的函数,而不是电压的函数,因此采用恒流源驱动可以更好地控制亮度。

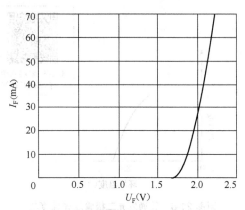

附图 21-8　超高亮发光二极管的正向压降 U_F 和
正向电流 I_F 的特性曲线

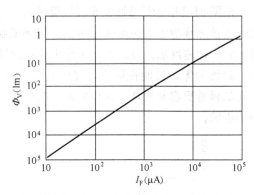

附图 21-9　超高亮发光二极管的光通量 Φ_V 与
正向电流 I_F 的特性曲线

附图 21-10 所示是一种超高亮发光二极管的温度与光通量 Φ_V 特性曲线。从曲线中可以看出，光通量与温度成反比，85℃时的光通量是 25℃时的一半，而 −40℃时的光通量是 25℃时的 1.8 倍。温度的变化对发光二极管的波长也有一定的影响，因此，良好的散热是发光二极管保持恒定亮度的保证。

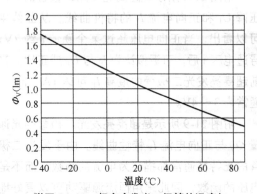

附图 21-10　超高亮发光二极管的温度与
光通量 Φ_V 的特性曲线

6. 稳压二极管伏 – 安特性曲线

附图 21-11 所示是稳压二极管伏 – 安特性曲线，它可以说明稳压二极管的稳压原理。从图中可以看出，这一特性曲线与普通二极管的伏 – 安特性曲线基本一样。x 轴方向表示稳压二极管上的电压大小，y 轴方向表示流过稳压二极管的电流大小。

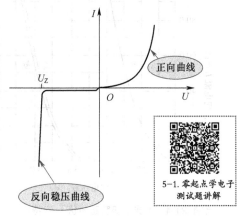

5–1.零起点学电子
测试题讲解

附图 21-11　稳压二极管伏 – 安特性曲线

从第一象限的曲线可以看出，它同普通二极管的正向特性曲线一样，此时相当于给稳压二极管 PN 结加正向偏置电压。稳压二极管在进行稳压运用时不用这种偏置方式，这一点与普通二极管明显不同。

（1）在反向电压较低时，稳压二极管截止，它不工作在这一区域。

（2）反向电压增大到 U_Z 时，曲线很陡，说明流过稳压二极管的电流在大小变化时，稳压二极管两端的电压大小基本不变，电压是稳定的，稳压二极管正是工作在这一状态下。换言之，当稳压二极管工作在稳压状态时，稳定电压有很微小的变化，就可以引起稳压二极管很大的反向电流变化。

（3）U_Z 是稳压二极管的稳定电压值，称为稳压值。不同的稳压二极管中，这一稳定电压大小不同。

7. 变容二极管特性曲线

附图 21-12 所示是 3 种变容二极管的电压 – 容量特性曲线。

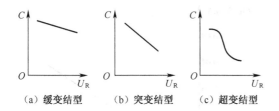

（a）缓变结型　（b）突变结型　（c）超变结型

附图 21-12　3 种变容二极管的电压 - 容量特性曲线

附图 21-13 所示是变容二极管频率 f 与 Q 值之间关系特性曲线。

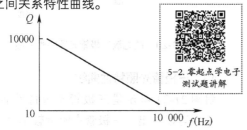

5-2. 零起点学电子测试题讲解

附图 21-13　变容二极管频率 f 与 Q 值之间关系特性曲线

附图 21-14 所示是变容二极管反向电压 - 容量特性曲线。

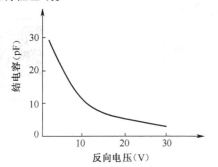

附图 21-14　变容二极管反向电压 - 容量特性曲线

8. 恒流二极管伏 - 安特性曲线

附图 21-15 所示是恒流二极管伏 - 安特性曲线。从曲线中可以看出，恒流二极管在正向工作时存在一个恒流区，在此区域内电流不随正向电压而变化。它的反向工作特性则与普通二极管的正向特性有相似之处。

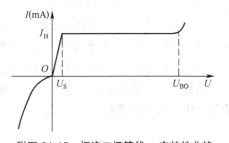

附图 21-15　恒流二极管伏 - 安特性曲线

9. 双向触发二极管伏 - 安特性曲线

附图 21-16 所示是双向触发二极管伏 - 安特性曲线，双向触发二极管正、反向伏 - 安特性几乎完全对称。当器件两端所加电压 U 低于正向转折电压 U_{BO} 时，二极管呈高阻态。当 U 大于 U_{BO} 时，二极管击穿导通进入负阻区，正向电流迅速增大。同样当 U 大于反向转折电压 U_{BR} 时，二极管同样能进入负阻区。

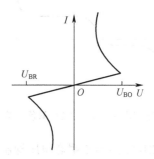

附图 21-16　双向触发二极管伏 - 安特性曲线

10. 隧道二极管伏 - 安特性曲线

附图 21-17 所示是隧道二极管的伏 - 安特性曲线，它与普通二极管特性曲线有很大不同。当正向偏置电压从零增大时，流过隧道二极管的电流从小开始增大，而且是电压 U 很小时电流 I 已经相当大。当正向偏置电压大到一定程度时，电流达到最大值而开始下降，即正向电压增大，电流减小，这时进入负阻区。

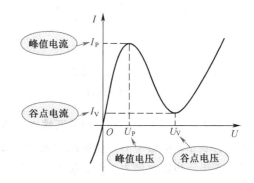

附图 21-17　隧道二极管的伏 - 安特性曲线

随着正向偏置电压的进一步增大，电流进一步减小到一个最小值（谷点电流），然后正向偏置电压增大，电流又开始增大。

电压 U 为负值并且不大时，也有相当大的反向电流。

11．瞬态电压抑制二极管伏 – 安特性曲线

附图 21-18 所示是瞬态电压抑制二极管伏 – 安特性曲线，它与普通稳压二极管的击穿特性没有什么区别，为典型的 PN 结雪崩器件。

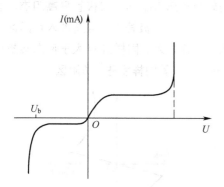

附图 21-18　瞬态电压抑制二极管伏 – 安特性曲线

附图 21-19 所示是瞬态电压抑制二极管时间 – 电压 / 电流特性曲线。曲线 1 是瞬态电压抑制二极管中的电流波形，它表示流过二极管的电流突然上升到峰值，然后按指数规律下降，造成这种电流冲击的原因可能是雷击、过压等。

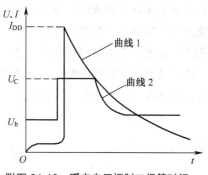

附图 21-19　瞬态电压抑制二极管时间 –

电压 / 电流特性曲线

曲线 2 是瞬态电压抑制二极管两端电压的波形，它表示二极管中的电流突然增大时，二极管两端电压也随之增大，但是最大只上升到 U_C 值，这个值比击穿电压略大，从而起到保护元器件的作用。

12．硅光敏二极管光照特性曲线

附图 21-20 所示是硅光敏二极管光照特性曲线，从图中可以看出，光敏二极管的光照特性曲线线性比较好。

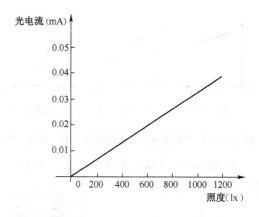

附图 21-20　硅光敏二极管光照特性曲线

13．三极管光照特性曲线

附图 21-21 所示是三极管光照特性曲线。从曲线中可以看出，三极管在照度较小时，光电流随照度增加较小，而在大电流（光照度为几千勒克斯）时出现饱和现象（图中未画出），因为三极管的电流放大倍数在小电流和大电流时都要下降。

5-3.零起点学电子
测试题讲解

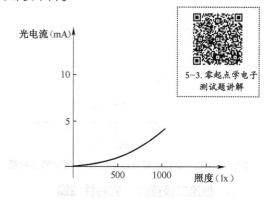

附图 21-21　三极管光照特性曲线

14．三极管输入特性曲线

附图 21-22 所示是三极管共发射极电路输入特性曲线。图中，x 轴为发射结的正向偏置电压大小，对于 NPN 型三极管而言，这一正向偏置电压用 U_{BE} 表示，即基极电压高于发射极电压；对于 PNP 型三极管而言为 U_{EB}，即发射极电压高于基极电压。y 轴为基极电流大小。

从曲线中可以看出，这一输入特性曲线同二极管的伏 – 安特性曲线十分相似。

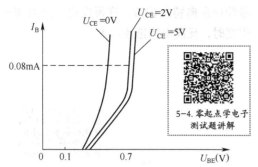

附图 21-22 三极管共发射极电路输入特性曲线

输入特性曲线与集电极和发射极之间的直流电压 U_{CE} 大小有关，当 $U_{CE}=0V$ 时，曲线在最左侧，这说明有较小的发射结正向电压时，便能有基极电流。当 U_{CE} 大到一定程度后，对输入特性的影响就明显减小了。

15. 三极管输出特性曲线

附图 21-23 所示是三极管共发射极电路输出特性曲线。三极管的输出特性表示在基极电流 I_B 大小一定时，输出电压 U_{CE} 与输出电流 I_C 之间的关系。从图中可以看出，在不同的 I_B 下，有不同的输出曲线。

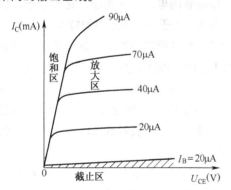

附图 21-23 某型号三极管共发射极电路的输出特性曲线

图中，x 轴为 U_{CE} 大小，y 轴为 I_C 大小。从这一图中还可以看出三极管的截止区、放大区、饱和区。不同型号三极管有不同的输出特性曲线。

16. 场效应管转移特性曲线

附图 21-24 所示是场效应管的转移特性曲线，它用来说明栅、源极之间电压 U_{GS} 对漏极电流 I_D 控制的特性。x 轴表示栅、源极之间的电压 U_{GS} 大小，y 轴表示漏极电流 I_D 的大小。

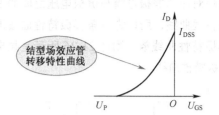

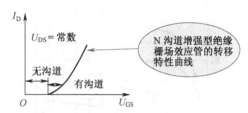

附图 21-24 场效应管的转移特性曲线

17. 场效应管漏极特性曲线

附图 21-25 所示是场效应管漏极特性曲线，它与三极管的输出特性曲线相似。电压 U_{GS} 一定时，漏极电流 I_D 会随漏、源极之间电压 U_{DS} 变化而改变，这一特性称为漏极特性。图中，x 轴表示漏、源极之间电压 U_{DS}，y 轴表示漏电流 I_D。

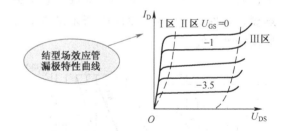

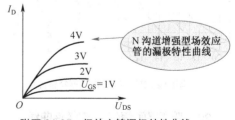

附图 21-25 场效应管漏极特性曲线

18. 电子管屏极特性曲线

屏极特性曲线是指栅极直流电压为某一确定值情况下，屏极电流与屏极电压之间的变化关系特性曲线。在不同的栅极电压下，便有一条与此相对应的屏极电流与屏极电压之间的变化关系特性曲线，所以许多条屏极特性曲线形成了屏极特性曲线族，附图21-26所示是某电子管屏极特性曲线。

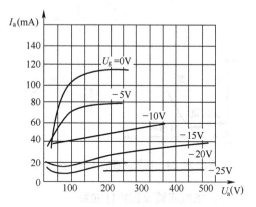

附图21-26　某电子管屏极特性曲线

从曲线中可以看出，曲线比较平坦，这说明屏极电压对屏极电流的控制能力是比较差的。

19. 电子管屏栅特性曲线

电子管屏栅特性曲线是指屏极直流电压为一定值时，屏极电流与栅极电压之间的变化关系特性曲线。不同的屏极直流电压值下，有与之相对应的屏栅特性曲线，它也是屏栅特性曲线族。附图21-27所示是电子管屏栅特性曲线。

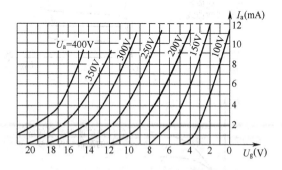

附图21-27　电子管屏栅特性曲线

20. 普通晶闸管伏－安特性曲线

附图21-28所示是普通晶闸管的伏－安特性曲线，分为正向和反向特性两部分。正向特性曲线是在控制极开路的情况下，电压、电流之间的关系特性曲线；反向特性曲线与普通二极管的反向特性相似，在反向电压加大到一定程度时，反向电流迅速增大。

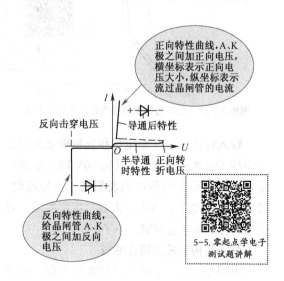

附图21-28　普通晶闸管伏－安特性曲线

正向特性曲线分成两部分。

（1）未导通的特性。正向电压在加到很大时，晶闸管的电流仍然很小。这相当于二极管的正向电压小于开启电压时的特性。

（2）导通后的特性。当正向电压大到正向转折电压时，曲线突然向左，而电流很快增大。导通后，晶闸管两端的压降很小，为0.6～1.2V，电压稍有一些变化时，电流变化很大，这一特性曲线同二极管导通后的伏－安特性曲线相似。

从正向特性曲线上可以得知，晶闸管在G、K极之间不加正向电压时，晶闸管也能导通，但是要在A、K极之间加上很大的正向电压才行。这种使晶闸管导通的方法在电路中是不允许的，因为这样很可能造成晶闸管的不可逆击穿，损坏晶闸管。所以，在使用中要避免这种情况的发生。

21. 普通晶闸管控制极电流对晶闸管正向转折电压影响的特性曲线

在晶闸管G、K极之间加上正向电压后，晶闸管便容易导通。附图21-29所示是控制极电流 I_G 对晶闸管正向转折电压影响的曲线。

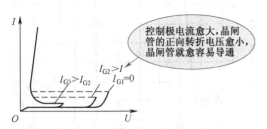

附图 21-29 晶闸管控制极电流 I_G 对晶闸管

正向转折电压影响的曲线

22. 逆导晶闸管伏 - 安特性曲线

附图 21-30 所示是逆导晶闸管伏 - 安特性曲线。逆导晶闸管伏 - 安特性具有不对称性，正向特性与普通晶闸管相同，实际上正向特性由逆导晶闸管内部的普通晶闸管正向特性决定。反向特性与硅整流管的正向特性相同，这也是反向并联在普通晶闸管上的二极管正向特性。

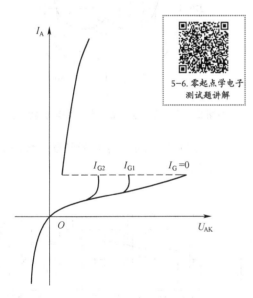

5-6. 零起点学电子
测试题讲解

附图 21-30 逆导晶闸管伏 - 安特性曲线

23. 双向晶闸管伏 - 安特性曲线

附图 21-31 所示是双向晶闸管伏 - 安特性曲线。从曲线中可以看出，第一和第三象限内具有基本相同的转换性能。双向晶闸管工作时，它的 T1 极和 T2 极间加正（负）电压，若门极无电压，只要阳极电压低于转折电压，它就不

会导通，处于阻断状态。若门极加一定的正（负）电压，则双向晶闸管在阳极和阴极间电压小于转折电压时被门极触发导通。

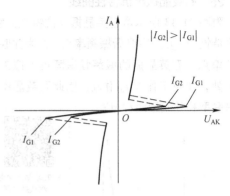

附图 21-31 双向晶闸管伏 - 安特性曲线

24. 显像管调制特性曲线

附图 21-32 所示是显像管调制特性曲线，y 轴是阴极电子束电流强度，x 轴是控制极与阴极之间的负电压。

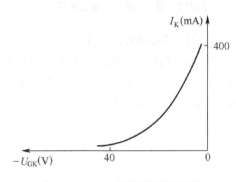

附图 21-32 显像管调制特性曲线

显像管正常工作时，要求控制极上的电压低于阴极上的电压，或者说是阴极上的电压要高于控制极上的电压。从曲线中可以看出，当阴极上的电压愈高于控制极上的电压时，电子束的电流愈小，反之则大。

当阴极电压比控制极电压高到一定程度时，电子束的电流为零，这时阴极不能发射电子，无光栅。

在修理中会遇到这样的情况，即无光栅故

障，指显像管阴极电压太高引起的无光栅故障。

显像管工作过程中，如果阴极电压低于控制极电压，此时电子束电流很大而会有烧坏阴极的危险，这是不允许的。

25. 石英晶振电抗特性曲线

附图 21-33 所示是石英晶振电抗特性曲线。电抗特性中，f_s 为串联谐振频率点，f_p 为并联谐振频率点。石英晶振的振荡频率既可近似工作于 f_s 处，也可工作在 f_p 附近，因此石英晶振可分串联型和并联型两种电路。

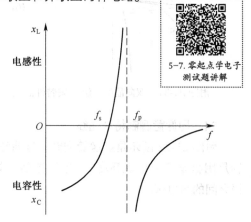

附图 21-33　石英晶振电抗特性曲线

26. 陶瓷滤波器频率特性

附图 21-34 所示是某陶瓷滤波器的频率特性曲线，从曲线中可以看到，该陶瓷滤波器的标称中心频率为 5500MHz。

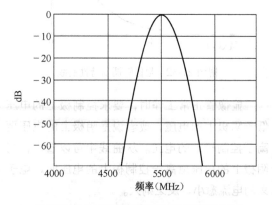

附图 21-34　某陶瓷滤波器的频率特性曲线

27. 声表面波滤波器频率特性曲线

附图 21-35 所示是某型号声表面波滤波器频率特性曲线。

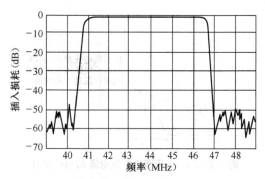

附图 21-35　某型号声表面波滤波器频率特性曲线

28. 动圈式传声器特性曲线

附图 21-36 所示是某型号动圈式传声器指向特性曲线。

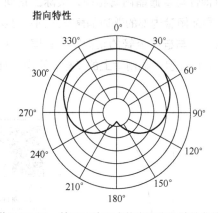

附图 21-36　某型号动圈式传声器指向特性曲线

附图 21-37 所示是某型号动圈式传声器频率特性曲线。

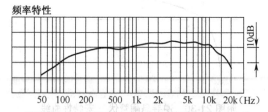

附图 21-37　某型号动圈式传声器频率特性曲线

29. 功放集成电路允许功耗曲线

附图 21-38 所示是某型号功放集成电路在加不同散热片时的允许功耗曲线。从这一曲线中可以看出，当不给这一集成电路加散热片时的最大允许功耗约为 2W；而在加了 100mm×100mm×2mm 的散热片后，其最大允

许功耗可达到 10W 以上。这就充分说明了散热
片在功放三极管和功放集成电路中的"积极"
作用。

5-8.零起点学电子
测试题讲解

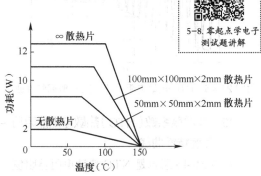

附图 21-38　某型号功放集成电路在加不同
散热片时的允许功耗曲线

30. 散热板式散热片热阻特性曲线

散热片本身也具有热阻，其热阻愈小散热
效果愈好。散热板式散热片的热阻不仅与散热
板的面积有关，还与散热板的厚度有关，并且
与散热板放置方式有关。附图 21-39 所示是散
热板式散热片热阻特性曲线，这一曲线可以说
明散热板面积与放置方式之间的关系。

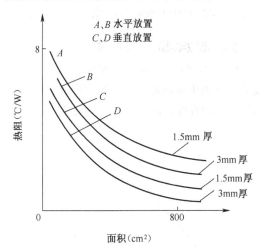

附图 21-39　散热板式散热片热阻特性曲线

31. 散热型材式散热片热阻特性曲线

附图 21-40 所示是散热型材式散热片的热
阻特性曲线。从图中可以看出，当散热型材的
包络体积增大时，可有效地降低散热片的热阻。

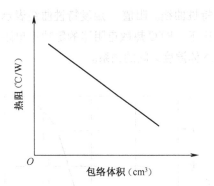

附图 21-40　散热型材式散热片热阻特性曲线

32. 聚合开关的温度－阻抗特性曲线

附图 21-41 所示是聚合开关的温度－阻抗
特性曲线。从曲线中可以看出，当温度达到一
定值后，聚合开关的阻抗迅速增大。聚合开关
动作前与动作后的阻抗之差达几个数量级。

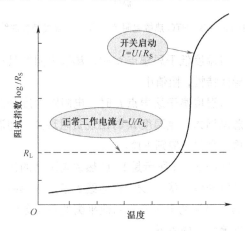

附图 21-41　聚合开关的温度－阻抗特性曲线

33. 压敏电阻器伏－安特性曲线

附图 21-42 所示是压敏电阻器伏-安特性曲线。

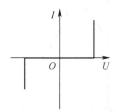

附图 21-42　压敏电阻器伏-安特性曲线

34. 正温度系数（PTC）热敏电阻器
三大特性曲线

附图 21-43 所示是 PTC 热敏电阻器的阻值－

温度特性曲线。阻值－温度特性曲线表示在规定电压下，PTC 热敏电阻器的零功率电阻值与电阻本体温度之间的关系。

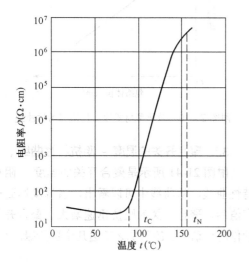

附图 21-43　PTC 热敏电阻器的阻值－温度特性曲线

当温度低于居里点 t_c 时，热敏电阻器具有半导体特性，阻值小。

当温度高于居里点 t_c 时，电阻随温度升高而急剧增大，至温度 t_N 时出现负阻现象，即温度再升高时阻值则下降。

附图 21-44 所示是 PTC 热敏电阻器的伏－安特性曲线。伏－安特性曲线表示加在热敏电阻器引出端的电压与达到热平衡的稳态条件下的电流之间的关系。

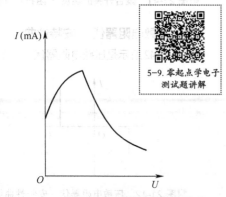

5-9.零起点学电子
测试题讲解

附图 21-44　PTC 热敏电阻器的伏－安特性曲线

附图 21-45 所示是 PTC 热敏电阻器的电流－时间特性曲线。从曲线中可以看出，通电瞬间产生强大的电流而后很快衰减。

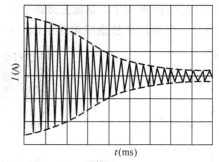

附图 21-45　PTC 热敏电阻器的电流－时间特性曲线

35. 负温度系数（NTC）热敏电阻器阻值－温度特性曲线

附图 21-46 所示是 NTC 热敏电阻器阻值－温度特性曲线。从曲线可以看出，随着温度的升高，阻值在下降。

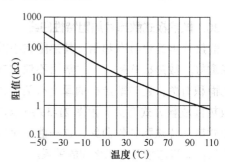

附图 21-46　NTC 热敏电阻器阻值－温度特性曲线

36. 光敏电阻器特性曲线

附图 21-47 所示是光敏电阻器伏－安特性曲线。从图中可以看出，光敏电阻器的伏－安特性近似为直线，而且没有饱和现象。

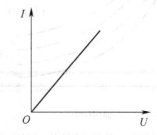

附图 21-47　光敏电阻器伏－安特性曲线

附图 21-48 所示是光敏电阻器光－电特性曲线。光敏电阻器的光电流与光照度之间的关系称为光－电特性。光敏电阻器的光－电特性呈非线性，因此光敏电阻器不适宜作检测元件，这是光敏电阻器的一个缺点。

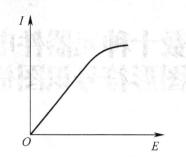

附图 21-48　光敏电阻器光－电特性曲线

37. 湿敏电阻器负电阻－相对湿度特性曲线

附图 21-49 所示是湿敏电阻器的负电阻－相对湿度特性曲线。从曲线中可以看出，相对湿度

增大时阻值下降，可见这是负电阻湿度特性。

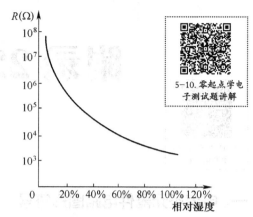

5-10. 零起点学电子测试题讲解

附图 21-49　湿敏电阻器的负电阻－相对湿度特性曲线

5-11. 零起点学电子测试题讲解

附录 22

数十种元器件电路图形符号识图信息

一、电容类元器件电路图形符号

1. 普通电容器电路图形符号识图信息

附图 22-1 是普通电容器电路图形符号识图信息解读示意图。

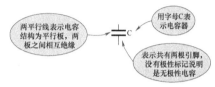

附图 22-1 普通电容器电路图形符号识图信息解读示意图

> ⚠ **重要提示**
>
> 这是电容器的一般电路图形符号，通过解读电容器电路图形符号可以得到如下识图信息。
>
> （1）电路图形符号中用大写字母 C 表示电容器，C 是英文 Capacitor（电容器）的缩写。

（2）电路图形符号中已表示出电容器有两根引脚，并指明这种普通电容器的两根引脚没有正、负极性之分。有一种有极性电解电容器，它的电路图形符号中要表示出正、负极性。

（3）电容器电路图形符号形象地表示了电容器的平行板结构。

2. 电解电容器电路图形符号识图信息

电解电容器电路图形符号识图信息见附表 22-1。

3. 可变电容器和微调电容器电路图形符号识图信息

可变电容器和微调电容器电路图形符号识图信息见附表 22-2，它是在普通电容器电路图形符号的基础上，加上一些箭头等符号来表示容量可变或微调。

附表 22-1 电解电容器电路图形符号识图信息

电路图形符号	名　称	说　明
⊥C	新的有极性电解电容器电路图形符号	这是国标最新规定的电路图形符号，符号中的 + 号表示电容器有极性，且该引脚为正极，另一根引脚为负极，一般不标出负极标记
⊟C	旧的有极性电解电容器电路图形符号	用空心矩形表示这根引脚为正极，另一根引脚为负极，现在许多电路图中仍采用这种有极性电解电容器的电路图形符号
+⊤C	国外有极性电解电容器电路图形符号	也用 + 号表示该引脚为正极，在进口电子电器电路图中常见到这种有极性电解电容器的电路图形符号
⊟C	旧的无极性电解电容器电路图形符号	无极性电解电容器的另一种电路图形符号
⊥C	新的无极性电解电容器电路图形符号	与普通固定电容器电路图形符号一样

附表 22-2　可变电容器和微调电容器电路图形符号识图信息

5-12. 零起点学电子测试题讲解

电路图形符号	名　称	说　明
动片　C 定片	单联可变电容器	这种可变电容器俗称单联可变电容器，有箭头的一端为动片，下端则为定片。 电路图形符号中的箭头形象地表示了电容量的可变，可以方便电路分析
C1-1　C1-2	双联可变电容器	这是双联可变电容器电路图形符号，用虚线表示它的两个可变电容器的容量调节是同步进行的。 它的两个联分别用 C1-1、C1-2 表示，以便电路中区分调谐联和振荡联
C1-1　C1-2　C1-3　C1-4	四联可变电容器	这是四联可变电容器的电路图形符号。四联可变电容器简称四联，用虚线表示它的 4 个可变电容器的容量是进行同步调整的 4 个联分别用 C1-1、C1-2、C1-3、C1-4 表示，以示区别
C 动片 定片	微调电容器	它与可变电容器电路图形符号的区别是一个是箭头，另一个不是箭头，这可以方便电路分析

4. 实用电路中电容器电路图形符号

附图 22-2 是电容器实用电路示意图，电路中 C9 是普通电容器，它没有极性，其他的都是有极性电解电容器。

二、电感器和变压器电路图形符号

1. 电感器电路图形符号识图信息

电感器电路图形符号识图信息见附表 22-3，电路中电感器用大写字母 L 表示。

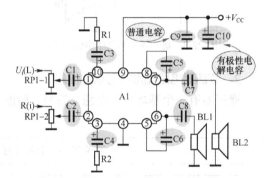

附图 22-2　电容器实用电路示意图

附表 22-3　电感器电路图形符号识图信息

电路图形符号	名　称	说　明
L	电感器新的电路图形符号	这是不含磁芯或铁芯的电感器电路图形符号，也是最新规定的电感器电路图形符号
	有磁芯或铁芯的电感器电路图形符号	这一电路图形符号过去只表示低频铁芯的电感器，电路图形符号中一条实线表示铁芯，现在统一用这一符号表示有磁芯或铁芯的电感器
	有高频磁芯的电感器电路图形符号	这是过去表示有高频磁芯的电感器电路图形符号，用虚线表示高频磁芯，现在用实线表示有磁芯或铁芯而不分高频和低频。现有的一些电路图中还会见到这种电感器电路图形符号
	磁芯中有间隙的电感器电路图形符号	这是电感器中的一种变形，它的磁芯中有间隙
	微调电感电路图形符号	这是有磁芯而且电感量可在一定范围内连续调整的电感器，也称微调电感，电路图形符号中的箭头表示电感量可调
	无磁芯有抽头的电感器电路图形符号	这一电路图形符号表示该电感器没有磁芯或铁芯，电感器中有一个抽头，这种电感器有 3 根引脚

根据电感器电路图形符号可以识别电路图中的电感器。附图 22-3 所示是含有电感器的扬声器分频电路的电路图，图中的 L1、L2、L3 和 L4 为电感器，称为分频电感。

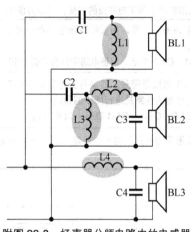

附图 22-3　扬声器分频电路中的电感器

2. 变压器电路图形符号识图信息

变压器有一个基本的电路图形符号。附图

22-4 所示的变压器有两组绕组：1—2 为一次绕组，3—4 为二次绕组。电路图形符号中的垂直实线表示这一变压器有铁芯。但是各种变压器的结构是不同的，所以它的电路图形符号也有所不同。在电路图形符号中变压器用字母 T 表示，其中 T 是英语 Transformer（变压器）的缩写。

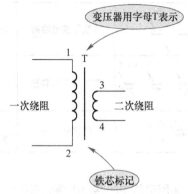

附图 22-4　变压器电路图形符号

几种变压器电路图形符号识图信息见附表 22-4。

附表 22-4　几种变压器电路图形符号识图信息

电路图形符号	说　明
T 3 1 二次1 一次 4 5 二次2 2 6	该变压器有两组二次绕组，3—4 为一组，5—6 为另一组。电路图形符号中虚线表示变压器一次绕组和二次绕组之间设有屏蔽层。屏蔽层一端接电路中的地线（绝不能两端同时接地），起抗干扰作用。这种变压器主要用作电源变压器
1 T 3 一次 二次 2 4	一次绕组和二次绕组一端画有黑点，是同名端的标记，表示有黑点端的电压极性相同，同名端点的电压同时增大，同时减小
1 T 3 一次 二次 2 4	变压器一次、二次间没有实线，表示这种变压器没有铁芯 5-12-1. 零起点学电子测试题讲解

续表

电路图形符号	说　　明
	变压器的二次绕组有抽头,即4是二次绕组3—5间的抽头,可有两种情况:一是当3—4之间匝数等于4—5之间匝数时,4称为中心抽头;二是当3—4、4—5之间匝数不等时,4是非中心抽头
	一次绕组有一个抽头2,可以输入不同电压大小的交流电
	这种变压器只有一个绕组,2是它的抽头。这是一个自耦变压器。若2—3之间为一次绕组,1—3之间为二次绕组,则它是升压变压器;当1—3之间为一次绕组时,2—3之间为二次绕组,则它是降压变压器

5-12-2. 零起点学电子测试题讲解

⚠ 重要提示

解读变压器电路图形符号时注意以下几点。

（1）变压器的电路图形符号与电感器电路图形符号有着本质的不同,电感器只有一个线圈,变压器有两个以上线圈。

（2）变压器电路图形符号没有一个统一的具体形式,变化较多。

（3）从电路图形符号上可以看出变压器的各线圈结构情况,对分析变压器电路及检测变压器都非常有益。

（4）自耦变压器电路图形符号与电感器电路图形符号类似,但是前者必有一个抽头,而后者没有抽头,要注意它们之间的这一区别。

附图 22-5 所示是变压器耦合音频功率放大器电路,电路中的 T1 和 T2 为音频耦合变压器。

三、二极管电路图形符号

1. 普通二极管电路图形符号识图信息

附图 22-6 所示是普通二极管电路图形符号

识图信息示意图。电路图形符号中用 VD 表示二极管,过去用 D 表示。二极管只有两根引脚,电路图形符号中表示出了这两根引脚。

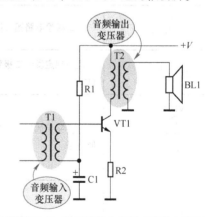

附图 22-5　变压器耦合音频功率放大器电路

附图 22-6　普通二极管电路图形符号识图信息示意图

电路图形符号中表示出二极管的正、负极性，三角形底边这端为正极，另一端为负极，如附图 22-6 中所示。

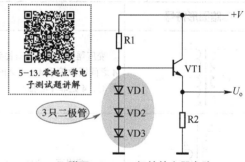

成一种特殊的偏置电路。

附图 22-7　三极管放大器电路

> **重要提示**
>
> 电路图形符号形象地表示了二极管工作电流流动的方向，流过二极管的电流只能从其正极流向负极，电路图形符号中三角形的指向是电流流动的方向。

2. 实用电路图中二极管电路图形符号

附图 22-7 所示是三极管放大器电路，电路中的 VD1、VD2 和 VD3 是二极管，它们用来构

3. 其他二极管电路图形符号识图信息

其他二极管电路图形符号识图信息见附表 22-5。

附表 22-5　其他二极管电路图形符号识图信息

电路图形符号	名　　称	说　　明
VD	新二极管电路图形符号	电路图形符号中表示出两根引脚，通过三角形标明了正极和负极。各类二极管电路图形符号中，用 VD 表示二极管
D	旧二极管电路图形符号	比较新旧两种电路图形符号的不同之处是，旧符号的三角形涂黑，新符号不涂黑
VD	最新规定发光二极管电路图形符号	这是一种能发光的二极管，简记为 LED（Light Emitting Diode）。 它在普通二极管符号基础上，用箭头形象地表示了这种二极管在导通后能够发光。 在同一个管壳内装有两只不同颜色的发光二极管有两种情况，一种是 3 根引脚，另一种是两根引脚，它们的内电路结构不同，所以发光的颜色也有所不同。 从发光二极管电路图形符号可以看出是单色发光二极管还是多色发光二极管
VD VD	过去采用的发光二极管电路图形符号	
R　G　VD　C	三色发光二极管电路图形符号	
VD	双色发光二极管电路图形符号	
VD	最新光敏二极管电路图形符号	光敏二极管电路图形符号中的箭头方向是指向管子的，与发光二极管电路图形符号中的箭头方向不同，它表示受光线照射时二极管反向电流会增大，反向电流大小受控于光线强弱
	过去采用的光敏二极管电路图形符号	

电路图形符号	名　称	说　明
⊣▷⊢VD	最新规定稳压二极管电路图形符号	它的电路图形符号与普通二极管电路图形符号的不同之处是负极表示方式不同。 对于两只逆串联特殊的稳压二极管，在电路图形符号中也表示出了它们的内电路结构，这种稳压二极管有3根引脚
⊣▷⊢　⊣◁⊢	过去采用的稳压二极管电路图形符号	
①③VD②	特殊稳压二极管电路图形符号	
⊣▷⊢	最新规定变容二极管电路图形符号	从电路图形符号中可以看出，它将二极管和电容器的电路图形符号有机结合起来，根据这一特征可以方便地识别出变容二极管的电路图形符号
D D D D D	过去采用的变容二极管电路图形符号	
◁▷	双向触发二极管电路图形符号	又称二端交流器件（DIAC，Diode Alternating Current Switch），其结构简单、价格低廉，常用来触发双向晶闸管，以及构成过电压保护等电路。 从电路图形符号中也可以看出它双向触发的功能
VD1	单极型瞬态电压抑制二极管电路图形符号	瞬态电压抑制二极管又称为瞬变电压抑制二极管，简称TVS（Transient Voltage Suppressor）管，它是一种新型过电压保护器件。它响应速度快、钳位电压稳定、体积小、价格低，广泛用于各种仪器仪表、自控装置和家用电器中的过电压保护器。 它分单极型和双极型两种
VD1	双极型瞬态电压抑制二极管电路图形符号	
VD	隧道二极管电路图形符号	隧道二极管又称为江崎二极管。由隧道二极管构成的电路结构简单，变化速度快，功耗小，在高速脉冲技术中得到广泛的应用
B1 E B2	双基极二极管电路图形符号	双基极二极管又称单结晶体管，是具有一个PN结的三端负阻器件。 它广泛应用于各种振荡器、定时器和控制器电路中
VD	恒流二极管电路图形符号	恒流二极管简称CRD，又称电流调节二极管或限流二极管（CLD），它属于两端结型场效应恒流器件。恒流二极管在正向工作时存在一个恒流区，所以可以用于恒流源电路中

四、三极管电路图形符号

5-14. 零起点学电子测试题讲解

1. 两种极性三极管电路图形符号

两种极性三极管电路图形符号识图信息见附表22-6。

2. 根据三极管电路图形符号记忆3个电极的方法

附图22-8所示是根据三极管电路图形符号记忆3个电极的方法。

附表 22-6　两种极性三极管电路图形符号识图信息

名　　称	电路图形符号	说　　明
NPN 型 三 极 管电路图形符号	集电极用C表示 B　C VT1 电路图形符号中用VT表示三极管 基极用B表示　E 发射极用E表示 VT1 发射极箭头从管内指向管外为NPN型三极管	电路图形符号中表示了三极管的 3 个电极
PNP 型 三 极 管电路图形符号	发射极箭头从外指向管内为PNP型三极管，用发射极箭头方向可判断是什么极性的三极管 VT1	它与 NPN 型三极管电路图形符号的不同之处是发射极箭头方向不同，PNP 型三极管电路图形符号中的发射极箭头朝管内，而NPN 型三极管电路图形符号中的发射极箭头朝管外，以此可以方便地区别电路中这两种极性的三极管

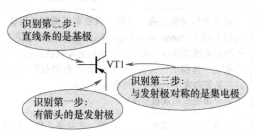

识别第二步：直线条的是基极
VT1
识别第三步：与发射极对称的是集电极
识别第一步：有箭头的是发射极

附图 22-8　根据三极管电路图形符号记忆

3 个电极的方法

　　电子元器件的电路图形符号中包含了一些识图信息，三极管电路图形符号中的识图信息比较丰富，掌握这些识图信息能够轻松地分析三极管电路工作原理。

　　三极管电路图形符号的各电极电流方向识图信息见附表 22-7。

　　3. 其他几种三极管电路图形符号识图信息

　　其他几种三极管电路图形符号识图信息见附表 22-8。

附表 22-7　三极管电路图形符号的各电极电流方向识图信息

名　　称	图　　解	说　　明
NPN 型 三 极 管电路图形符号 （二维码） 5-15.零起点学电子测试题讲解	基极电流从管外流向管内　集电极电流从管外流向管内 发射极箭头朝外，所以发射极电流从管内流向管外。发射极电流等于基极电流加集电极电流	电路图形符号中发射极箭头的方向指明了三极管 3 个电极的电流方向，分析三极管直流电压时，这个箭头指示方向也非常有用。 　　判断各电极电流方向时，首先根据发射极箭头方向确定发射极电流的方向，再根据基极电流加集电极电流等于发射极电流，判断基极和集电极电流方向

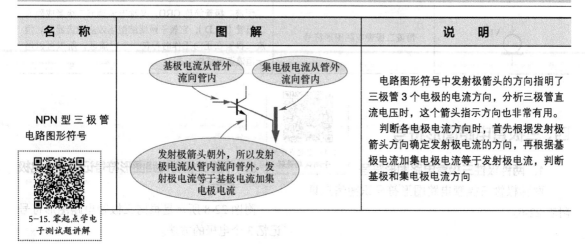

续表

名　称	图　解	说　明
PNP 型三极管电路图形符号	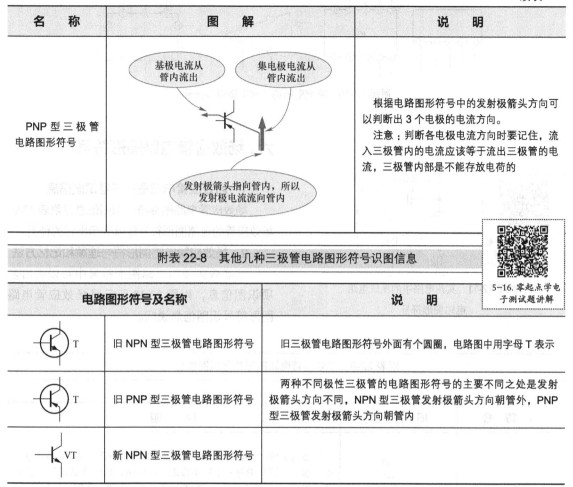	根据电路图形符号中的发射极箭头方向可以判断出 3 个电极的电流方向。 注意：判断各电极电流方向时要记住，流入三极管内的电流应该等于流出三极管的电流，三极管内部是不能存放电荷的

附表 22-8　其他几种三极管电路图形符号识图信息

电路图形符号及名称		说　明
T	旧 NPN 型三极管电路图形符号	旧三极管电路图形符号外面有个圆圈，电路图中用字母 T 表示
T	旧 PNP 型三极管电路图形符号	两种不同极性三极管的电路图形符号的主要不同之处是发射极箭头方向不同，NPN 型三极管发射极箭头方向朝管外，PNP 型三极管发射极箭头方向朝管内
VT	新 NPN 型三极管电路图形符号	

4.实用电路中三极管电路图形符号

附图 22-9 所示是三极管放大器电路，电路中的 VT1 和 VT2 是三极管，初步熟悉实际电路中的三极管电路图形符号。

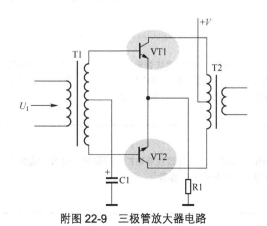

附图 22-9　三极管放大器电路

五、集成电路电路图形符号

1.集成电路的电路图形符号识图信息

集成电路的电路图形符号比较复杂，变化比较多。附图 22-10 所示是集成电路的几种电路图形符号。

集成电路的电路图形符号所表达的具体含义很少（这一点不同于其他电子元器件的电路图形符号），通常只能表达这种集成电路有几根引脚，至于各个引脚的作用、集成电路的功能是什么等，电路图形符号中均不能表示出来。

2.实用电路中集成电路的电路图形符号识图信息

附图 22-11 所示是实用电路中的集成电路电路图形符号，电路中 A1 是集成电路，从电路图形符号中可以知道它有 5 根引脚。

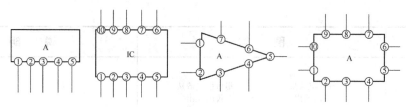

附图 22-10　集成电路的几种电路图形符号

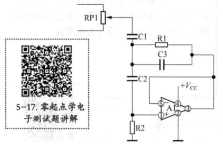

5-17. 零起点学电子测试题讲解

附图 22-11　实用电路中的集成电路电路图形符号

六、场效应管电路图形符号

1. 场效应管电路图形符号识图信息

场效应管电路图形符号识图信息见附表 22-9，场效应管的电路图形符号能够表示出它的种类。

2. 场效应管电路图形符号理解和记忆方法

从场效应管的电路图形符号中可以看出多项识图信息，附图 22-12 所示是场效应管电路图形符号识图信息说明。

附表 22-9　场效应管电路图形符号识图信息

新 符 号	旧 符 号	说 明
G↓ S D	G⊕ D S	N 型沟道结型场效应管电路图形符号如左图所示，场效应管共有 3 个电极，电路图形符号中用字母表示各电极，栅极用 G 表示，源极用 S 表示，漏极用 D 表示。电路图形符号中表示出了结型与 N 型沟道，栅极的箭头方向表示是 P 型还是 N 型沟道，N 型沟道场效应管的栅极箭头朝里，旧 N 型沟道结型场效应管电路图形符号中有个圆圈
G↑ S D	G⊕ D S	P 型沟道结型场效应管电路图形符号如左图所示，它的栅极箭头向外，以表示是 P 型沟道，旧 P 型沟道结型场效应管的电路图形符号中有个圆圈
G S D	G⊕ D S	左图为增强型 P 沟道绝缘栅场效应管电路图形符号，符号中表示出它是绝缘栅场效应管（见栅极 G 的画法与结型场效应管不同），旧 P 沟道绝缘栅场效应管电路图形符号中有个圆圈
G S D	G⊕ D 衬底 S	左图为增强型 N 沟道绝缘栅场效应管电路图形符号，旧 N 沟道绝缘栅场效应管电路图形符号中有个圆圈

续表

新　符　号	旧　符　号	说　　明
G〔S D〕		耗尽型 N 沟道绝缘栅场效应管的电路图形符号与增强型场效应管电路图形符号的不同之处是用实线表示
G〔S D〕		耗尽型 P 沟道绝缘栅场效应管的电路图形符号与增强型场效应管电路图形符号的不同之处是用实线表示
G1 G2〔S D〕		耗尽型双栅 N 沟道绝缘栅场效应管的电路图形符号如左图所示，这种场效应管有两个栅极，即 G1、G2
D1 D2 G1 — — G2 S1 S2		N 沟道结型场效应对管的电路图形符号如左图所示，它是在一个管壳内装上两只性能参数相同（十分相近）的场效应管

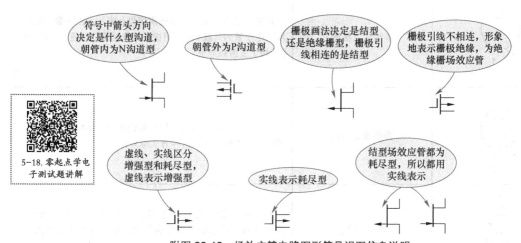

5-18. 零起点学电子测试题讲解

附图 22-12　场效应管电路图形符号识图信息说明

　　场效应管电路图形符号的理解和记忆从 3 个方面进行，理解和记忆方法说明见附表 22-10。掌握了场效应管电路图形符号就掌握了场效应管的种类，可以方便场效应管电路的工作原理分析。

3. 实用电路中场效应管电路图形符号

　　附图 22-13 所示是实用的场效应管电路，电路中的 VT1 是场效应管。

七、电子管电路图形符号

　　几种电子管电路图形符号识图信息见附

表 22-11，不同功能和结构的电子管其电路图形符号不同。在电路图形符号中，电子管用 G 表示。

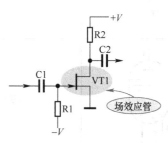

附图 22-13　实用的场效应管电路

附表 22-10　场效应管电路图形符号理解和记忆方法说明

名　称	符　号	说　明
两种栅极符号		栅极符号的画法决定了是结型还是绝缘栅型场效应管，相连的是结型，不相连的是绝缘栅型
箭头符号		箭头方向在电路图形符号中用来表示沟道类型，箭头朝管内的是 N 沟道型，箭头朝管外的是 P 沟道型
实线和虚线符号		电路图形符号中的实线和虚线用来表示增强型还是耗尽型，实线表示耗尽型，虚线表示增强型

附表 22-11　几种电子管电路图形符号识图信息

5-19. 零起点学电子测试题讲解

电路图形符号	名　称	说　明
	直热式二极管	屏极用字母 a 表示，阴极用字母 k 表示，由于是直热式，所以电子管的灯丝 f 就是阴极，工作时给灯丝通电，由灯丝（阴极）发射热电子
	旁热式二极管	它的阴极与灯丝分开，给灯丝通电后，由灯丝加热阴极，使阴极发射热电子，这种方式称为旁热式
	稳压二极管	它的作用相当于稳压二极管，用来起稳压作用。从电路图形符号中可看出，它没有灯丝，在工作时不需要加热。它只有阴极和屏极
	三极管	它相当于三极管，用来起放大作用。从电路图形符号中可看出，它除了有阴极、屏极和灯丝外，还多了一个栅极 g。这种电子管中，阴极相当于三极管发射极，屏极相当于集电极，栅极相当于基极
	五极管	它也是一种放大管，只是在栅极与屏极之间加了两个栅极，构成五极管。3 个栅极中，第一栅极 g1 称为控制栅极，简称栅极；第二栅极 g2 称为帘栅极；第三栅极 g3 称为抑制栅极

续表

电路图形符号	名　称	说　明
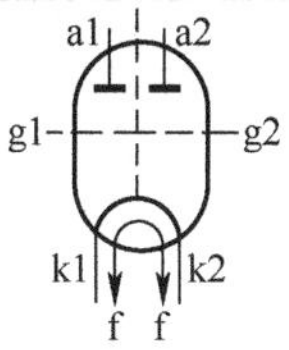 a1 a2 g1 g2 k1 k2 f f	双三极管	在一个管壳内装了两只三极管,相当于三极管中的对管

八、晶闸管电路图形符号

1. 普通晶闸管电路图形符号识图信息

附图 22-14 所示是晶闸管的电路图形符号。

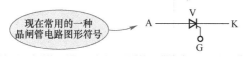

现在常用的一种
晶闸管电路图形符号　A —— V —— K
　　　　　　　　　　　　G

附图 22-14　晶闸管电路图形符号

在电路图形符号中,现在规定用字母 VS 表示,过去是用字母 T,还有的用 KP 等表示。晶闸管共有 3 个电极:阳极用字母 A 表示,阴极用字母 K 表示,控制极用字母 G 表示。

2. 其他晶闸管电路图形符号

其他晶闸管电路图形符号见附表 22-12。

附表 22-12　其他晶闸管电路图形符号

名　称	电路图形符号
普通晶闸管	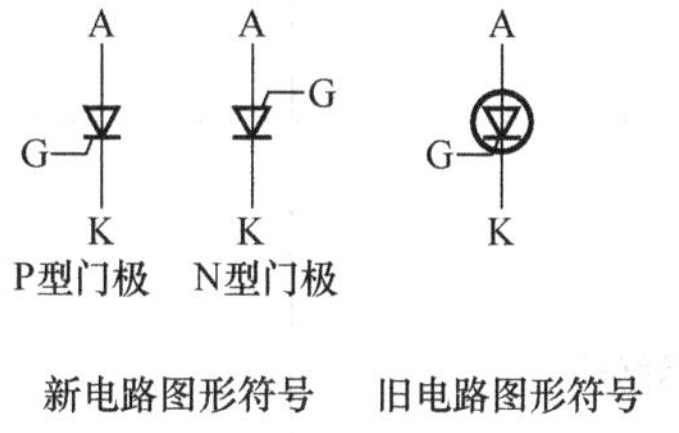 A —— G ／ A —— G ／ A —— G P型门极　　N型门极 新电路图形符号　　旧电路图形符号
门极关断晶闸管	 A G —— K
逆导晶闸管	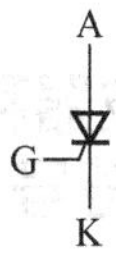 A G —— K 5-20.零起点学电子测试题讲解

名　　称	电路图形符号
双向晶闸管	 新电路图形 符号　旧电路图形 符号
四极晶闸管	
BTG 晶闸管	 5-21. 零起点学电 子测试题讲解
温控晶闸管	一般单向晶闸管是P型控制极，阴极侧受控，温控晶闸管为N型控制极，阳极侧受控，电路图形符号中控制极位置有所不同
光控晶闸管	 新电路图形　旧电路图形 符号　　　　符号
晶闸管模块	

九、石英晶振、陶瓷滤波器和声表面波滤波器电路图形符号

1. 石英晶振电路图形符号识图信息

附图 22-15 所示是石英晶振电路图形符号，

它与双端陶瓷滤波器的电路图形符号相同，文字符号一般用 X 等字母表示。

附图 22-16 所示是晶振的两种典型应用电路，电路中的 X1 是晶振电路图形符号。晶振 X1 与电路中其他元器件构成振荡器，这种振荡

器的振荡频率十分准确和稳定。

附图 22-15　石英晶振电路图形符号

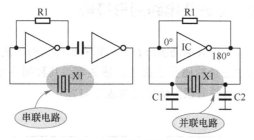

附图 22-16　晶振的两种典型应用电路

2. 陶瓷滤波器电路图形符号识图信息

陶瓷滤波器电路图形符号见附表 22-13。

附表 22-13　陶瓷滤波器电路图形符号

双端陶瓷滤波器电路图形符号	三端陶瓷滤波器电路图形符号	组合型陶瓷滤波器电路图形符号

各种陶瓷滤波器的电路图形符号是有区别的，这样可以通过电路图形符号来区分它们。三端和组合型陶瓷滤波器的电路图形符号中，左侧是输入端，右侧是输出端，中间是接地端。

5-22.零起点学电子测试题讲解

附图 22-17 所示是双端陶瓷滤波器应用电路。电路中的 LB1 是双端陶瓷滤波器，它并联在发射极负反馈电阻 R3 上。

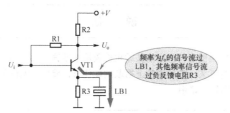

附图 22-17　双端陶瓷滤波器应用电路

3. 声表面波滤波器电路图形符号识图信息

附图 22-18 所示是声表面波滤波器电路图形符号。声表面波滤波器输入回路有两根引脚，输出回路也有两根引脚。当有第五根引脚时，它是外壳的接地引脚。

附图 22-18　声表面波滤波器电路图形符号

十、继电器电路图形符号

1. 继电器电路图形符号

附图 22-19 所示是几种继电器电路图形符号，通常电路图形符号中用 K 表示继电器。

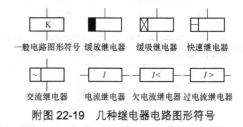

附图 22-19　几种继电器电路图形符号

2. 继电器触点符号说明

3 种基本的继电器触点符号说明见附表 22-14，规定触点符号一律按不通电时的状态画。

附表 22-14　3 种基本的继电器触点符号说明

触 点 符 号	说　　明
	动断（常闭）触点用 D 表示（国外称为 B 型）。线圈不通电时两触点闭合，通电后两个触点就断开
	动合（常开）触点用 H 表示（国外 A 型）。线圈不通电时两触点断开，通电后两个触点闭合
	转换型触点用 Z 表示（国外称 C 型）。一组中有 3 个触点，包括一个动触点，两个静触点。不通电时，动触点和其中一个静触点断开，与另一个静触点闭合。通电后动触点移动，原来断开的闭合，原来闭合的断开

其他的继电器触点符号说明见附表 22-15。

十一、光电耦合器电路图形符号

附图 22-20 所示是一种光电耦合器电路图形符号，从符号中可以看出有发光二极管和光敏三极管。

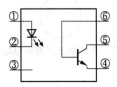

附图 22-20　光电耦合器电路图形符号

十二、直流有刷电动机电路图形符号

直流有刷电动机电路图形符号识图信息见附表 22-16。

十三、磁头电路图形符号

从磁头电路图形符号可以看出磁头的功能，例如是录放磁头还是放音磁头等。几种磁头电路图形符号识图信息见附表 22-17。

附表 22-15　其他的继电器触点符号说明

先断后合转换触点	先合后断转换触点	双动合触点	双动断触点
延时闭合动合触点	延时断开动合触点	延时闭合动断触点	延时断开动断触点
或	或	或	或

5-23. 零起点学电子测试题讲解

附表 22-16　直流有刷电动机电路图形符号识图信息

电路图形符号	名　称	说　明
Ⓜ	单速电动机电路图形符号	这种电动机有两根引线，一根是电源正极引线，一根是接地引线
Ⓜ	双速电动机电路图形符号	这种电动机有 4 根引线，一根是电源正极引线，一根是接地引线，另两根是转速控制引脚，没有极性之分

附表 22-17　几种磁头电路图形符号识图信息

电路图形符号	名　称	说　明
	放音磁头	电路图形符号中箭头朝里形象地表示这一磁头功能是放音磁头，它从磁带上拾取剩磁信号，转换成电信号加到后面电路中

续表

电路图形符号	名　　称	说　　明
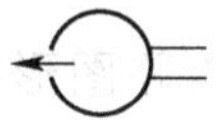	录音磁头	电路图形符号的箭头表示这种磁头将电信号转换成磁信号去磁化磁带，所以这是录音磁头
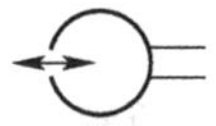	录放磁头	它的箭头是双向的，形象地表示能放音也能录音
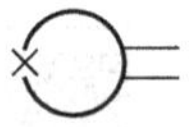	电磁式抹音磁头	电路图形符号中的"×"形象地表示抹去，它的两根引脚表示这种抹音磁头需要通入抹音电流才能正常工作
	永磁抹音磁头	这种抹音磁头在工作时，不需要给磁头加入抹音电流它就能正常工作
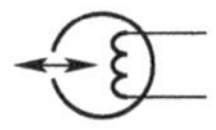	录放磁头	进口机器中常见的录放磁头电路图形符号

附图 22-21 所示是双声道放音磁头电路，电路中的 L 和 R 分别是左、右声道放音磁头。

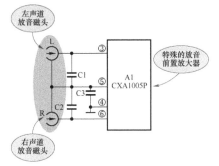

附图 22-21　双声道放音磁头电路

十四、驻极体电容传声器电路图形符号

附图 22-22 所示是两根引脚和 3 根引脚的驻极体电容传声器的电路图形符号。在两根引脚的传声器中，电源和信号输出共用一根引脚。

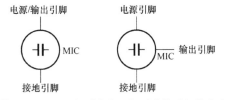

附图 22-22　两根引脚和 3 根引脚的驻极体电容
传声器的电路图形符号

附图 22-23 所示是驻极体电容传声器实用电路。电路中的 MIC 表示驻极体电容传声器，C1 是传声器信号耦合电容，通过 C1 的隔直流通交流作用，将传声器信号输出。

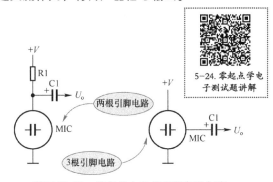

附图 22-23　驻极体电容传声器实用电路

两根引脚传声器电路中有一只电阻 R1，它是传声器内部场效应管的漏极负载电阻（相当于三极管集电极负载电阻）。在一定范围内，R1 的阻值大，传声器输出信号幅度大。

十五、扬声器电路图形符号

附图 22-24 所示是扬声器电路图形符号，电路图形符号中只表示出两根引脚这一识图信息。扬声器可以用 BL 表示，过去用 SP 表示。

附图 22-24　扬声器电路图形符号

附图 22-25 所示是实用的扬声器电路，电路中的 BL1、BL2 和 BL3 都是扬声器。

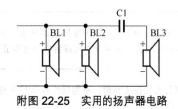

附图 22-25　实用的扬声器电路

十六、熔断器电路图形符号

附图 22-26 所示是熔断器电路图形符号，用字母 FU（或 F）表示。

附图 22-26　熔断器电路图形符号

5-25. 零起点学电子测试题讲解

附录 23 | 数字器件电路图形符号

1. 或门电路图形符号

附图 23-1 所示是或门电路图形符号。

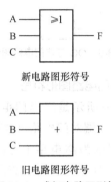

新电路图形符号

旧电路图形符号

附图 23-1　或门电路图形符号

2. 与门电路图形符号

附图 23-2 所示是与门电路图形符号，从这一符号中可以知道与门电路中有几个输入端，其输入端不少于两个。

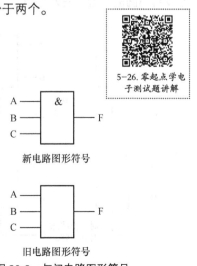

5-26.零起点学电子测试题讲解

新电路图形符号

旧电路图形符号

附图 23-2　与门电路图形符号

3. 非门电路图形符号

附图 23-3 所示是非门电路图形符号，在过去的非门电路图形符号中没有 1 标记。

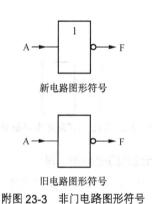

新电路图形符号

旧电路图形符号

附图 23-3　非门电路图形符号

4. 与非门电路图形符号

附图 23-4 所示是与非门电路图形符号。

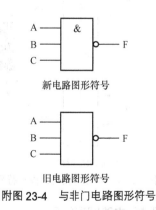

新电路图形符号

旧电路图形符号

附图 23-4　与非门电路图形符号

5. 或非门电路图形符号

附图 23-5 所示是或非门电路图形符号。

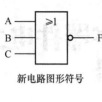

新电路图形符号

旧电路图形符号

附图 23-5　或非门电路图形符号

6. TTL 与扩展器电路图形符号

附图 23-6 所示是 TTL 与扩展器电路图形符号。

附图 23-6　TTL 与扩展器电路图形符号

7. 与或非门电路图形符号

附图 23-7 所示是与或非门电路图形符号。

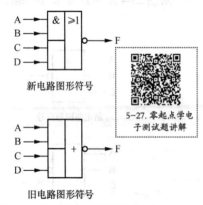

新电路图形符号

5-27. 零起点学电子测试题讲解

旧电路图形符号

附图 23-7　与或非门电路图形符号

8. 异或门电路图形符号

附图 23-8 所示是异或门电路图形符号。这种逻辑门电路只有两个输入端，一个输出端。

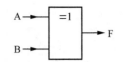

附图 23-8　异或门电路图形符号

9. OC 与非门电路图形符号

附图 23-9 所示是 OC 与非门电路图形符号，这是一个三输入端的电路图形符号。

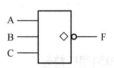

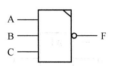

附图 23-9　OC 与非门电路图形符号

10. 三态门电路图形符号

附图 23-10 所示是三态门电路图形符号。三态门电路控制端对门电路控制状态有两种情况：一是控制端为高电平 1 时，门电路进入高阻状态，此时的三态门电路图形符号如附图 23-10（a）所示，控制端 C 上有一个小圆圈；二是控制端为低电平 0 时，门电路进入高阻状态，此时三态门电路图形符号如附图 23-10（b）所示，这时的三态门电路图形符号中控制端 C 上没有小圆圈，就是三态门电路。

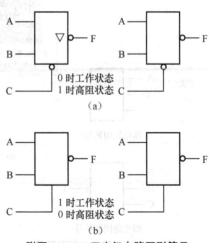

附图 23-10　三态门电路图形符号

11. I²L 门电路图形符号

附图 23-11 所示是 I²L 门电路图形符号。

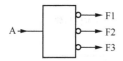

附图 23-11　I²L 门电路图形符号

12. CMOS 传输门电路图形符号

附图 23-12 所示是 CMOS 传输门电路图形符号。

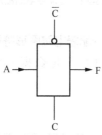

附图 23-12　CMOS 传输门电路图形符号

13. RS 触发器电路图形符号

（1）与非门构成的基本 RS 触发器。附图 23-13 所示是使用与非门构成的基本 RS 触发器的电路图形符号，输入端的两个小圆圈表示这种触发器是低电平 0 触发。

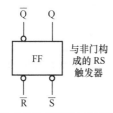

附图23-13　使用与非门构成的基本RS触发器电路图形符号

（2）两个或非门组成的 RS 触发器。附图 23-14 所示是两个或非门组成的 RS 触发器电路图形符号。

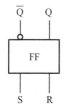

附图 23-14　两个或非门组成的 RS 触发器电路图形符号

14. 同步 RS 触发器电路图形符号

附图 23-15 所示是同步 RS 触发器电路图形符号。

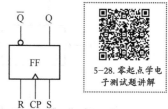

5-28.零起点学电子测试题讲解

附图 23-15　同步 RS 触发器电路图形符号

15. 主从触发器电路图形符号

附图 23-16 所示是主从触发器的电路图形符号。

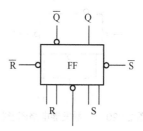

附图 23-16　主从触发器电路图形符号

16. 主从 JK 触发器电路图形符号

附图 23-17 所示是主从 JK 触发器电路图形符号。

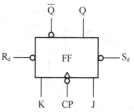

附图 23-17　主从 JK 触发器电路图形符号

17. D 触发器电路图形符号

附图 23-18 所示是 D 触发器电路图形符号。

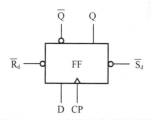

附图 23-18　D 触发器电路图形符号

18. T触发器电路图形符号

附图23-19所示是T触发器电路图形符号。

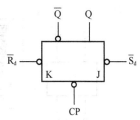

附图23-19　T触发器电路图形符号

19. T'触发器电路图形符号

附图23-20所示是T'触发器电路图形符号。

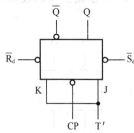

附图23-20　T'触发器电路图形符号

20. 半加器电路图形符号

附图23-21所示是半加器电路图形符号。

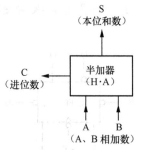

附图23-21　半加器电路图形符号

21. 全加器电路图形符号

附图23-22所示是全加器电路图形符号。

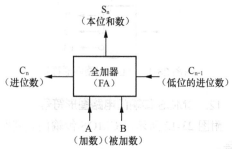

附图23-22　全加器电路图形符号

22. 数据分配器电路图形符号

附图23-23所示是数据分配器电路图形符号。

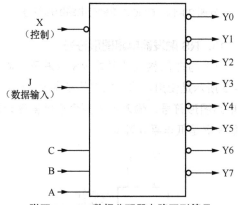

附图23-23　数据分配器电路图形符号

5-29.零起点学电子测试题讲解

附录 24 | 数十种元器件参数速查和运用平台

一、电阻器主要参数

1. 允许偏差

在电阻器生产过程中，由于生产成本的考虑和技术原因不可能制造与标称阻值完全一致的电阻器，不可避免地存在着一些偏差。所以，规定了一个允许偏差参数。

> ⚠ **重要提示**
>
> 不同电路中，由于对电路性能的要求不同，也就可以选择不同误差的电阻器，这是出于生产成本的考虑，误差大的电阻器成本低，这样整个电路的生产成本就低。
>
> 常用电阻器的允许偏差为 ±5%、±10%、±20%。精密电阻器的允许偏差要求更高，如 ±2%、±0.5% 等。

---

2. 额定功率

额定功率也是电阻器的一个常用参数。它是指在规定的大气压力下和特定的环境温度范围内，电阻器所允许承受的最大功率，单位用 W 表示。一般电子电路中使用 1/8W 电阻器。通常额定功率大，电阻器体积大。

对于电阻器而言，它所能够承受的功率负荷与环境温度有关。电阻器在高温下很容易烧坏。

3. 温度系数

它是温度每变化 1℃ 所引起的电阻值相对变化。阻值随温度升高而增大的为正温度系数，反之为负温度系数。温度系数越小，电阻的稳定性越好。

4. 噪声

它是产生于电阻器中的一种不规则的电压起伏，包括热噪声和电流噪声两部分。热噪声是由于导体内部不规则的电子自由运动，使导体任意两点的电压不规则变化引起的。噪声愈小愈好。

5. 最高工作电压

它是允许的最大连续工作电压。低气压工作时，最高工作电压较低。

6. 电压系数

它是规定的电压范围内，电压每变化 1V，电阻器的相对变化量。它愈小愈好。

7. 老化系数

它是电阻器在额定功率长期负荷下，阻值相对变化的百分数，它是表示电阻器寿命长短的参数。

二、熔断电阻器主要参数

熔断特性是熔断电阻器的最重要指标，它是指电路的实际功耗为额定功率数倍时，连续负荷运行一定时间后，在规定的环境温度范围内保证电阻器熔断。

附表 24-1 所示是膜式熔断电阻器主要参数。

5-30. 零起点学电子测试题讲解

附表 24-1　膜式熔断电阻器主要参数

额定功率（W）	阻 值 范 围	允 许 误 差	开路电压（V）	最高负载电压（V）
0.5	1～5.1kΩ	±0.5%	150	300
1				
2			200	400
3				

三、PTC 热敏电阻器主要参数

1. 室温电阻值 R_{25}

它又叫标称阻值，是指电阻器在 25℃下工作时的阻值。用万用表测其阻值时，其阻值不一定和标称阻值相符。

2. 最低电阻值 R_{min}

它是指曲线中最低点的电阻，对应的温度为 t_{min}。

3. 最大电阻 R_{max}

它是指元件零功率时阻值 - 温度特性曲线上的最大电阻。从曲线中可以看出，当温度比最大电阻值温度还要高时，PTC 热敏电阻器的阻值回落，成为负温度特性。由于电阻减小，功率增大，温度进一步升高，电阻再减小，这一循环将导致电阻器的损坏。

4. 温度 t_p

它是指元件承受最大电压时所允许达到的温度。

四、压敏电阻器主要参数

1. 压敏电压

压敏电压又称击穿电压、阈值电压。它是指在规定电流下的电压值，大多数情况下用 1mA 直流电流通入压敏电阻器时测得的电压值，其产品的压敏电压范围可以为 10～9000V 不等。

2. 最大允许电压

它是最大限制电压，分交流和直流两种情况。交流电压指的是该压敏电阻器所允许加的交流电压的有效值。

3. 通流容量

它是最大脉冲电流的峰值，即环境温度为 25℃情况下，对于规定的冲击电流波形和规定的冲击电流次数而言，压敏电压的变化不超过 ±10% 时的最大脉冲电流值。

4. 最大限制电压

它是指压敏电阻器两端所能承受的最高电压值，它表示在规定的冲击电流通过压敏电阻器时两端所产生的电压，这一电压又称为残压。

5. 最大能量

它又称能量耐量，它是压敏电阻器所吸收的能量。一般来说压敏电阻器的片径越大，它的能量耐量越大，耐冲击电流也越大。

6. 电压比

它是指压敏电阻器的电流为 1mA 时产生的电压值与压敏电阻器的电流为 0.1mA 时产生的电压值之比。

7. 额定功率

它是在规定的环境温度下所能消耗的最大功率。

8. 最大峰值电流

以 8/20μs 标准波形的电流作一次冲击的最大电流值，此时压敏电压变化率仍在 ±10% 以内。

9. 残压比

流过压敏电阻器的电流为某一值时，在它两端所产生的电压称为这一电流值的残压。残压比则是残压与标称电压之比。

5-31. 零起点学电子测试题讲解

10．漏电流

它又称等待电流，是指在规定的温度和最大直流电压下，流过压敏电阻器的电流。

11．电压温度系数

它是指在规定的温度范围（温度为 20～70℃）内，压敏电阻器标称电压的变化率，即在通过压敏电阻器的电流保持恒定时，温度改变 1℃时压敏电阻器两端电压的相对变化。

12．电流温度系数

它是指在压敏电阻器的两端电压保持恒定时，温度改变 1℃，流过压敏电阻器电流的相对变化。

13．电压非线性系数

它是指压敏电阻器在给定的外加电压作用下，其静态电阻值与动态电阻值之比。

14．绝缘电阻

它是指压敏电阻器的引出线（引脚）与电阻体绝缘表面之间的电阻值。

15．静态电容

它是指压敏电阻器本身固有的电容容量。

五、光敏电阻器主要参数

1．暗电阻

光敏电阻器在室温和全暗条件下测得的稳定电阻值称为暗电阻，或称暗阻。

2．亮电阻

光敏电阻器在室温和一定光照条件下测得的稳定电阻值称为亮电阻，或称为亮阻。光敏电阻器的暗阻越大越好，而亮阻越小越好，这样光敏电阻器的灵敏度高。

3．暗电流

它是指在无光照射时，光敏电阻器在规定的外加电压下通过的电流。

4．亮电流

它是指光敏电阻器在规定的外加电压下受到光照时所通过的电流。亮电流与暗电流之差称为光电流。

5-32.零起点学电子测试题讲解

5．最高工作电压

光敏电阻器最高工作电压是指光敏电阻器在额定功率下所允许承受的最高电压。

6．时间常数

它是指光敏电阻器从光照跃变开始到稳定亮电流的 63% 时所需的时间。

7．电阻温度系数

它是指光敏电阻器在环境温度改变 1℃时，其电阻值的相对变化。

8．灵敏度

它是指光敏电阻器在有光照射和无光照射时电阻值的相对变化。

六、湿敏电阻器主要参数

1．相对湿度

它是指在某一温度下，空气中所含水蒸气的实际密度与同一温度下饱和密度之比，通常用"RH"表示。例如：20%RH，则表示空气相对湿度为 20%。

2．湿度温度系数

它是指在环境湿度恒定时，湿敏电阻器在温度每变化 1℃时其湿度指示的变化量。

3．灵敏度

它是指湿敏电阻器检测湿度时的分辨率。

4．测湿范围

它是指湿敏电阻器的湿度测量范围。

5．湿滞效应

它是指湿敏电阻器在吸湿和脱湿过程中电气参数表现的滞后现象。

6．响应时间

它是指湿敏电阻器在湿度检测环境快速变化时，其电阻值的变化情况（反应速度）。

七、气敏电阻器主要参数

1．加热功率

它是加热电压与加热电流的乘积。

2．允许工作电压范围

在保证基本电参数的情况下，气敏电阻器

工作电压允许的变化范围。

3．工作电压

它是指工作条件下，气敏电阻器两极间的电压。

4．加热电压

它是指加热器两端的电压。

5．加热电流

它是指通过加热器的电流。

6．灵敏度

它是指气敏电阻器在最佳工作条件下，接触气体后其电阻值随气体浓度变化的特性。如果采用电压测量法，其值等于接触某种气体前后负载电阻上的电压降之比。

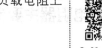

5-33. 零起点学电子测试题讲解

7．响应时间

它是指气敏电阻器在最佳工作条件下，接触待测气体后，负载电阻的电压变化到规定值所需的时间。

8．恢复时间

它是指气敏电阻器在最佳工作条件下，脱离被测气体后，负载电阻上的电压恢复到规定值所需要的时间。

八、磁敏电阻器主要参数

1．磁阻比

它是指在某一规定的磁感应强度下，磁敏电阻器的阻值与零磁感应强度下的阻值之比。

2．磁阻系数

它是指在某一规定的磁感应强度下，磁敏电阻器的阻值与其标称阻值之比。

3．磁阻灵敏度

它是指在某一规定的磁感应强度下，磁敏电阻器的电阻值随磁感应强度的相对变化率。

4．电阻温度系数

它是指在规定的磁感应强度和温度下，电阻值随温度的相对变化率与电阻值之比。

5．最高工作温度

它是指在规定的条件下，磁敏电阻器长期连续工作所允许的最高温度。

九、电位器主要参数

1．标称阻值

标称阻值指两定片引脚之间的阻值，电位器分线绕和非线绕电位器两种，常用的非线绕电位器标称系列是 1.0、1.5、2.2、3.2、4.7、6.8，再乘上 10 的 n 次方（n 为正整数或负整数），单位为 Ω。

2．允许偏差

非线绕电位器允许偏差分为 3 个等级，Ⅰ级为 ±5%，Ⅱ级为 ±10%，Ⅲ级为 ±20%。

3．额定功率

它是指电位器在交流或直流电路中，当大气压力为 650～800mmHg（1mmHg=133.322Pa）、在规定环境温度下，所能承受的最大允许功耗。非线绕电位器的额定功率系列为 0.05W、0.1W、0.25W、0.5W、1W、2W、3W。

4．噪声

这是衡量电位器性能的一个重要参数，电位器的噪声有以下 3 种。

（1）热噪声。

（2）电流噪声。热噪声和电流噪声是动片触点不滑动时两定片之间的噪声，又称静噪声。静噪声是电位器的固定噪声，很小。

（3）动噪声。动噪声是电位器的特有噪声，是主要噪声。产生动噪声的原因很多，主要原因是电阻体的结构不均匀，及动片触点与电阻体的接触噪声，后者随着电位器使用时间的增加而变得越来越大。

十、电容器主要参数

1．电容器容量概念

电容器的容量大小表征了电容器存储电荷多少的能力，它是电容器的重要参数，不同电路功能会选择不同容量大小的电容器。电容器容量大小用大写字母 C 表示，容量大小 C 由下式决定：

$$C = \varepsilon \frac{S}{d}$$

式中：ε 为介质的介电常数；

S 为两极板相对重叠部分的极板面积；
d 为两极板之间的距离。

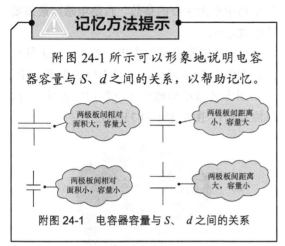

记忆方法提示

附图 24-1 所示可以形象地说明电容器容量与 S、d 之间的关系，以帮助记忆。

两极板间相对面积大，容量大

两极板间距离小，容量大

两极板间相对面积小，容量小

两极板间距离大，容量小

附图 24-1　电容器容量与 S、d 之间的关系

电容器的容量单位是法拉，用 F 表示，法拉这一单位太大，平时使用微法（用 μF 表示）和皮法（用 pF 表示），3 个单位之间的换算关系如下：

$$1\mu F = 10^6 pF$$

$$1F = 10^6 \mu F = 10^{12} pF$$

电路图中，标注电容量时常将 μF 简化成 μ，将 pF 简化成 p。例如，3300p 就是 3300pF，10μ 就是 10μF，附图 24-2 所示电路中的 C1 就是这种情况。

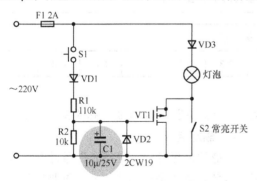

附图 24-2　示意图

2．标称容量

电容器同电阻器一样，也有标称电容量参数。标称电容量也分许多系列，常用的是 E6、E12 系列，这两个系列的设置同电阻器一样。

3．允许偏差

电容器的允许偏差含义与电阻器相同，固定电容器允许偏差常用的是 ±5%、±10% 和 ±20%。通常容量愈小，允许偏差愈小。

4．额定电压

额定电压是指在规定温度范围内，可以连续加在电容器上而不损坏电容器的最大直流电压或交流电压的有效值。

重要提示

额定电压是一个重要参数，在使用中如果工作电压大于电容器的额定电压，电容器是要损坏的。如果电路故障造成加在电容器上的工作电压大于它的额定电压时，电容器将会被击穿。

电容器的额定电压也是成系列的。

5．绝缘电阻

它又称为漏电电阻。由于电容两极板之间的介质不是绝对的绝缘体，所以它的电阻不是无限大，一般在 1000MΩ 以上，电容两极板之间的电阻叫做绝缘电阻。

5-34.零起点学电子测试题讲解

重要提示

绝缘电阻大小等于额定工作电压下的直流电压与通过电容的漏电流的比值。漏电电阻愈小，漏电愈严重。电容漏电会引起能量损耗，这种损耗不仅影响电容的寿命，而且会影响电路的工作，因此，漏电电阻愈大愈好。

6．温度系数

一般情况下，电容器的电容量是随温度变化而变化的，电容器的这一特性用温度系数来表示。

重要提示

温度系数有正、负之分，正温度系数电容器表明电容量随温度升高而增大，负温度系数电容器则是随温度升高而电容量下降。

使用中，希望电容器的温度系数愈小愈好。当电路工作对电容的温度有要求时，会采用温度补偿电路。

7．介质损耗

电容器在电场作用下消耗的能量，通常用损耗功率和电容器的无功功率之比，即损耗角的正切值表示。损耗角愈大，电容器的损耗愈大，损耗角大的电容不适合在高频电路中工作。

十一、电感器主要参数

1．电感量

电感器的电感大小如同电容器的电容量大小一样，是电感器使用中的一个重要参数。另外，当电感器中流有较大工作电流时，对它的额定工作电流参数也倍加关注。

> ⚠️ **重要提示**
>
> 电感器的电感大小与线圈的结构有关，线圈绕的匝数越多，电感越大。在同样匝数情况下，线圈加了磁芯后，电感量增大。

电感单位为亨，用 H 表示，H 太大，常用毫亨（mH）和微亨（μH）表示。1H=1000mH，

1mH=1000μH。

标称电感量表示了电感器的电感大小，它是使用中最为关心的参数，也是电感器最重要的参数之一。

标称电感量会标注在电感器上，以方便使用，如附图 24-3 所示，这是 3 位数表示方法，其识别方法与电容器的 3 位数识别方法一样，单位是 μH，图中 331 为 330μH。

附图 24-3　电感量标注示意图

一般高频电感器的电感量较小，为 0.1～100μH，低频电感器的电感量为 1～30mH。小型固定电感器的标称电感量采用 E12 系列，如附表 24-2 所示。

附表 24-2　小型固定电感器标称电感量系列

名称	系 列 值										
E12	1	1.2	1.5	1.8	2.2	2.7	3.3	3.9	4.7	5.6	6.8	8.2

注：上述值再乘 10 的 n 次方得到电感量标称值。

2．允许偏差

电感器的允许偏差表示制造过程中电感量偏差大小，通常有 I、II、III 3 个等级，I 级允许偏差为 ±5%，II 级允许偏差为 ±10%，III 级允许偏差为 ±20%。在许多体积较小的电感器上不标出允许偏差这一参数。

3．品质因数

品质因数又称为 Q 值，用字母 Q 表示。Q 值表示了线圈的"品质"。Q 值越高，说明电感线圈的功率损耗越小，效率越高。

这一参数不标在电感器外壳上。并不是对电路中所有的电感器都有品质因数的要求，主要是对 LC 谐振电路中的电感器有品质因数要求，因

为这一参数决定了 LC 谐振电路的有关特性。

4．额定电流

电感器的额定电流是指允许通过电感器的最大电流，这也是电感器的一个重要参数。当通过电感器的工作电流大于这一电流值时，电感器将有烧坏的危险。在电源电路中的滤波电感器因为工作电流比较大，加上电源电路的故障发生率比较高，所以容易烧坏。

5．固有电容

电感器固有电容又称分布电容和寄生电容，它是由各种因素造成的，相当于并联在电感线圈两端的一个总的等效电容。

5-35.零起点学电子测试题讲解

十二、变压器主要参数

1．变压比 n

变压器的变压比表示了变压器一次绕组匝数与二次绕组匝数之间的关系，变压比参数表征是降压变压器、升压变压器，还是 1：1 变压器。变压比 n 由下式计算：

$n = N_1$（一次绕组匝数）$/N_2$（二次绕组匝数）$=U_1$（一次电压）$/U_2$（一次电压）

> ⚠️ **重要提示**
>
> 变压比 $n<1$ 是升压变压器，一次绕组匝数少于二次绕组匝数。在一些点火器中用这种变压器。
>
> 变压比 $n>1$ 是降压变压器，一次绕组匝数多于二次绕组匝数。普通的电源变压器是这种变压器。
>
> 变压比 $n=1$ 是 1：1 变压器，一次绕组匝数等于二次绕组匝数。隔离变压器是这种变压器。

2．频率响应

频率响应参数是衡量变压器传输不同频率信号能力的重要参数。

在低频和高频段，由于各种原因（一次绕组的电感、漏感等）会造成变压器传输信号的能力下降（信号能量损耗），使频率响应变劣。

3．额定功率

额定功率是指在规定频率和电压下，变压器长时间工作而不超过规定温升的最大输出功率，单位为 VA（伏安），一般不用 W（瓦特）表示，这是因为在额定功率中会有部分无功功率。

对于某些变压器而言，额定功率是一个重要参数，如电源变压器，因为电源变压器有功率输出的要求。而对另一些变压器而言（如中频变压器等），这一项参数不重要。

4．绝缘电阻

绝缘电阻的大小不仅关系到变压器的性能和质量，在电源变压器中还与人身安全有关，所以这是一项安全性能参数。

理想的变压器在一次和二次绕组之间（自耦变压器除外）、各绕组与铁芯之间应完全绝缘，但是实际上做不到这一点。

绝缘电阻由试验结果获得，如下式所示：

$$\text{绝缘电阻} = \frac{\text{施加电压(V)}}{\text{产生漏电流}(\mu A)}(M\Omega)$$

绝缘电阻用 1kV 兆欧表测量时，应在 10MΩ 以上。

5．效率

变压器在工作时对电能有损耗，用效率来表示变压器对电能的损耗程度。

效率用 % 表示，它的定义如下：

$$\text{效率} = \frac{\text{输出功率}}{\text{输入功率}} \times 100\%$$

变压器不可避免地存在各种形式的损耗。显然，损耗越小，变压器的效率越高，变压器的质量越好。

6．温升

温升指变压器通电后，其温度上升到稳定值时，比环境温度高出的数值。此值越小变压器工作越安全。

这一参数反映了变压器发烫的程度，一般针对有功率输出要求的变压器，如电源变压器。要求变压器的温升越小越好。

有时这项指标不用温升来表示，而是用最高工作温度来表示，其意义一样。

7．变压器标注方法

变压器的参数表示方法通常用直标法，各种用途变压器标注的具体内容不相同，无统一的格式，下面举几例以加以说明。

（1）某音频输出变压器二次绕组引脚处标出 8Ω，说明这一变压器的二次绕组负载阻抗应为 8Ω，即只能接阻抗为 8Ω 的负载。

（2）某电源变压器上标注出 DB-50-2。DB 表示是电源变压器，50 表示额定功率为 50VA，2 表示产品的序号。

（3）有的电源变压器在外壳上标出变压器电路符号（各绕组的结构），然后在各绕组符号上标出电压数值，说明各绕组的输出电压。

5-36．零起点学电子测试题讲解

5-37. 零起点学电
子测试题讲解

8．变压器参数运用说明

关于变压器参数运用主要说明下列几点。

（1）在更换变压器时，由于不同型号变压器绕组结构等情况不同，需要用同一个型号变压器更换。对于电路设计时的变压器选择，则需要根据不同用途，对变压器参数进行优选。

（2）对于电源变压器主要考虑二次绕组结构和交流输出电压的大小，在采用不同的整流电路（半波还是全波、桥式）时对变压器二次绕组的结构和输出电压大小都有不同要求。此外，额定功率参数也是一个非常重要的参数，如果选择的变压器额定功率小了，使用中变压器会发热而影响安全。绝缘电阻参数更是一项安全指标，绝缘不够将导致电源变压器漏电，危及人身安全。

（3）对于音频变压器主要关心频率响应参数，因为这一参数达不到要求时，整个放大系统的频率响应指标就达不到要求。

十三、二极管主要参数

1．最大整流电流 I_M

最大整流电流是指二极管长时间正常工作下，允许通过二极管的最大正向电流值。各种用途的二极管对这一参数的要求不同，当二极管用来作为检波二极管时，由于工作电流很小，所以对这一参数的要求不高。

重要提示

当二极管用来作为整流二极管时，由于整流时流过二极管的电流比较大，有时甚至很大，此时最大整流电流 I_M 是一个非常重要的参数。

当正向电流通过二极管时，PN 结要发热（二极管要发热），电流越大，管子越热，当二极管热到一定程度时就要被烧坏，所以最大整流电流 I_M 参数限制了二极管的正向工作电流，在使用中不能让二极管中的电流超过这一值。在一些大电流的整流电路中，为了帮助整流二极管散热，给整流二极管加上了散热片。

2．最大反向工作电压 U_{rm}

最大反向工作电压是指二极管正常工作时所能承受的最大反向电压值，U_{rm} 约等于反向击穿电压的一半。反向击穿电压是指给二极管加反向电压，使二极管击穿时的电压值。在使用中，为了保证二极管的安全工作，实际的反向电压不能大于 U_{rm}。

重要提示

对于晶体管而言，过电压（指工作电压大于规定电压值）比过电流（工作电流大于规定电流）更容易损坏管子，因为电压稍增大一些，往往电流就会增大许多。

3．反向电流 I_{co}

反向电流是指给二极管加上规定的反向偏置电压情况下，通过二极管的反向电流值，I_{co} 的大小反映了二极管的单向导电性能。

给二极管加上反向偏置电压后，没有电流流过二极管，这是二极管的理想情况，实际上二极管在加上反向电压后或多或少地会有一些反向电流，反向电流是从二极管负极流向正极的电流。

重要提示

正常情况下，二极管的反向电流很小，而且是越小越好。这一参数是二极管的一个重要参数，因为当二极管的反向电流太大后，二极管失去了单向导电特性，也就失去了它在电路中的功能。

在二极管反向击穿之前，总是要存在一些反向电流，对于不同材料的二极管这一反向电流的大小不同。对于硅二极管，它的反向电流比较小，一般为 1μA，甚至更小；对于锗二极管，反向电流比较大，有几百微安。所以，现在一般情况下不使用锗二极管，而广泛使用硅二极管。

在二极管反向击穿前反向电流 I_{co} 的大小基本不变，即反向电压只要不大于反向击穿电压值，反向电流几乎不变，所以反向电流又称反向饱和电流。

4．最高工作频率 f_m

二极管可以用于直流电路中，也可以用于交流电路中。在交流电路中，交流信号的频率高低对二极管的正常工作有影响，信号频率高时要求二极管的工作频率也要高，否则二极管就不能很好地起作用，这就对二极管提出了工作频率的要求。

> **⚠ 重要提示**
>
> 由于二极管的材料、结构和制造工艺的影响，当工作频率超过一定值后，二极管将失去它良好的工作特性。二极管保持它良好工作特性的最高频率，称为二极管的最高工作频率。
>
> 在一般电路和低频电路中，如整流电路中，对二极管的 f_M 参数是没有要求的，主要是在高频电路中对这一参数有要求。

5．二极管参数运用说明

二极管在不同运用场合下，对各项参数的要求是不同的。

（1）对用于整流目的的整流二极管，重点要求它的最大整流电流和最大反向工作电压参数。

（2）对用于开关电路的开关二极管，重点要求它的开关速度；对于高频电路中的二极管，重点要求它的最高工作频率和结电容等参数。

十四、稳压二极管主要参数

1．稳定电压 U_Z

稳定电压 U_Z 就是伏－安特性曲线中的反向击穿电压，它是指稳压二极管进入稳压状态时二极管两端的电压大小。

> **⚠ 重要提示**
>
> 由于生产过程中的离散性，手册中给出的稳定电压不是一个确定值，而是给了一个范围，例如 1N4733A 稳压二极管，典型值为 5.1V，最小值为 4.85V，最大值为 5.36V。

2．最大稳定电流 I_{ZM}

它是指稳压二极管长时间工作而不损坏所允许流过的最大稳定电流值。稳压二极管在实际运用中，工作电流要小于最大稳定电流，否则会损坏。

3．电压温度系数 C_{TV}

它是用来表征稳压二极管的稳压值受温度影响程度和性质的一个参数。此系数有正、负之分，其值愈小愈好。电压温度系数一般在 $0.05\sim0.1$。

> **⚠ 重要提示**
>
> 稳压值大于 7V，稳压二极管是正温度系数的，当温度升高稳定电压值升高，反之则下降。
>
> 稳压值小于 5V，稳压二极管是负温度系数的，当温度升高稳定电压值下降，反之则升高。
>
> 稳压值在 $5\sim7V$ 之间，稳压二极管温度系数接近于零，即稳定电压值不随温度变化。

4．最大允许耗散功率 P_M

它是指稳压二极管击穿后稳压二极管本身所允许消耗功率的最大值。实际使用中稳压二极管的耗散功率如果超过这一值将被烧坏。

5．动态电阻 R_Z

动态电阻 R_Z 愈小，稳压性能就愈好，R_Z 一般为几到几百欧。

5-38. 零起点学电子测试题讲解

十五、变容二极管主要参数

1．品质因数 Q

品质因数 $Q = 1/2\pi f R_s C_d$，要求 Q 值必须足够大，以保证调谐电路的 Q 值。

串联电阻 R_s 会使变容二极管产生损耗，这种损耗愈大，品质因数 Q 愈小，变容二极管的质量愈差。

2．截止频率 f_t

当频率增高时，Q 值要下降，当 Q 值下降到 1 时的频率为截止频率。

3．电容变化比

变容二极管在零偏压时的结电容与在击穿电压时的结电容之比称为电容变化比。电容变化比大，调谐频率范围大。

变容二极管的容量变化范围一般为 5～300pF。

4．击穿电压

变容二极管击穿电压较高，一般为 15～90V。

5-39. 零起点学电子测试题讲解

十六、发光二极管主要参数

1．电参数

（1）**正向工作电流 I_f**。它是指发光二极管正常发光时的正向电流值。发光二极管工作电流一般为 10～20mA。

（2）**正向工作电压 U_F**。它是在给定正向电流下的发光二极管两端正向工作电压。一般是在 I_F=20mA 时测量的，发光二极管正向工作电压在 1.4～3V。外界温度升高时，发光二极管正向工作电压会下降。

（3）**伏 - 安特性**。它是指发光二极管电压与电流之间的关系。

2．极限参数

（1）**允许功耗 P_M**。它是允许加于发光二极管两端正向直流电压与流过它的电流之积的最大值，超过此值发光二极管发热、损坏。

（2）**最大正向直流电流 I_{FM}**。它是允许加的最大正向直流电流，超过此值可损坏二极管。

（3）**最大反向电压 U_{RM}**。它是允许加的最大反向电压，超过此值发光二极管可能被击穿损坏。

（4）**工作环境温度 t_{amp}**。它是发光二极管可正常工作的环境温度范围。低于或高于此温度范围，发光二极管将不能正常工作，效率大大降低。

十七、三极管主要参数

三极管的具体参数很多，可以分成三大类：直流参数、交流参数和极限参数。

1．直流参数

（1）**共发射极直流放大倍数**。它是指在共发射极电路中，没有交流电流输入时，集电极电流 I_C 与基极电流 I_B 之比。

（2）**集电极反向截止电流 I_{CBO}**。发射极开路时，集电结上加有规定的反向偏置电压，此时的集电极电流称为集电极反向截止电流。

（3）**集电极 - 发射极反向截止电流 I_{CEO}**。它又称为穿透电流，它是基极开路时，流过集电极与发射极之间的电流。

2．交流参数

（1）**共发射极电流放大倍数 β**。它是指三极管接成共发射极放大器时的交流电流放大倍数。

（2）**共基极电流放大倍数**。它是指三极管接成共基极放大器时的交流电流放大倍数。

（3）**特征频率**。三极管工作频率高到一定程度时，电流放大倍数 β 要下降，β 下降到 1 时的频率为特征频率。

3．极限参数

（1）**集电极最大允许电流**。集电极电流增大时三极管电流放大倍数 β 下降，当 β 下降到低中频段电流放大倍数的一半或 1/3 时所对应的集电极电流称为集电极最大允许电流。

（2）**集电极 - 发射极击穿电压**。它是指三极管基极开路时，加在三极管集电极与发射极之间的允许电压。

（3）**集电极最大允许耗散功率**。它是指三极管因受热而引起的参数变化不超过规定允许值时，集电极所消耗的最大功率。大功率三极管中设置散热片，这样三极管的功率可以提高许多。

十八、集成电路主要参数

这里以集成电路 SC1308 为例说明集成电路的主要参数。不同类型集成电路的参数还有区别，SC1308 是一个双声道音频功率放大集成电路。

1．极限参数

附表 24-3 所示是集成电路 SC1308L 的极限参数。

附表 24-3 集成电路 SC1308L 极限参数

参　　数	符　　号	参 数 范 围	单　位
工作电压	V_{DD}	8	V
储存温度	t_{STG}	−65～+150	℃
工作温度	t_{OPR}	−40～+80	℃

通常要注意的是工作电压，SC1308L 最大不能超过 8V，否则集成电路将有损坏危险。

2．电气参数

附表 24-4 所示是集成电路 SC1308L 的电气参数。

电气参数值分成最小值、典型值和最大值 3 项，不小于最小值、不大于最大值的数值通常为典型值。

附表 24-5 所示是电气参数含义说明。

附表 24-4 集成电路 SC1308L 的电气参数

参　　数	符号	测 试 条 件		最小值	典型值	最大值	单位
单电源供电	V_{DD}			2	3	4	V
双电源供电				+1.0	+1.5	+2.0	
单电源供电	V_{SS}			0	0	0	V
双电源供电				−1.0	−1.5	−2.0	
工作电流	I_{DD}	无负载 V_{DD}=3V		—	2	—	mA
功耗	P_D	无负载 V_{DD}=3V			15		mW
最大功率输出	P_O	THD=0.15%	V_{DD}=1.8V	—	4	—	mW
			V_{DD}=3V		15		
		THD=3%	V_{DD}=1.8V		5		
			V_{DD}=3V	—	20	—	
总谐波失真	THD	$V_{O(p-p)}$=2V			0.03%	0.06%	
		$V_{O(p-p)}$=2V，R_L=5kΩ			0.001%		
信噪比	S/N			100	110		dB
通道分离度	α_{CS}				70		dB
		R_L=5kΩ			105		
电源纹波抑制比	$PSRR$	f=100Hz，$V_{ripple(p-p)}$=100mV			90		dB

注：除非特别指定，t_{amp}=25℃。

二维码说明文字：5-40．零起点学电子测试题讲解

附表 24-5　电气参数含义说明

参　　数	说　　明
单电源供电	单电源供电时，最大不要超过 4V，最小不要低于 2V，否则集成电路工作将受到影响，最好是在 3V 下工作。 最大电压 4V 与极限电压 8V 之间的关系是，大于 4V 而小于 8V 时集成电路工作可能受到影响，而大于 8V 时集成电路将有损坏危险
双电源供电	双电源供电时必须为正、负对称电源，即正电源电压绝对值等于负电源电压绝对值，正、负电源电压的绝对值最大各为 2V，其之和最大也是 4V
工作电流	它是指不加负载时的工作电流，它表明了集成电路对电源的消耗情况，其值越小越好。有的集成电路参数中用静态电流来表述
功耗	它表明了对电源的消耗情况，其值越小越好
最大输出功率	它是指在规定的失真度和工作电压下，能够输出的信号最大功率，其值越大越好，说明集成电路对信号功率的放大能力强。 失真越大、直流工作电压越大，输出功率越大，所以如果不规定失真度和工作电压大小，最大输出功率参数意义不大
总谐波失真	放大器放大信号时不可避免地对所放大信号存在谐波失真，即放大器输出的所放大信号与输入放大器的信号不一样，输出信号中多出了输入信号中所没有的成分，这称为放大器的谐波失真，各种多出成分的总和称为总谐波失真。 谐波失真是放大器所不希望出现的，总谐波失真越小越好。在不同工作电压下，总谐波失真的大小是不同的，所以参数中要规定在指定电压下进行测量
通道分离度	对双声道电路而言，左、右两个声道电路是隔离的，理想情况下要求它们之间相互不影响，即用通道分离度来表征，其值越大越好，说明相互之间的影响越小
电源纹波抑制比 5-41. 零起点学电子测试题讲解	对于稳压集成电路，它是指在规定的纹波频率（例如 100Hz）下，输入电压中的纹波电压 $U_i\sim$ 与输出电压中的纹波电压 $U_o\sim$ 之比，即： 纹波电压抑制比 $=U_i\sim/U_o\sim$ 电源纹波抑制比越大越好。 纹波不同于噪声。纹波是出现在输出端的一种与输入电压的纹波频率相同的交流成分，用峰 - 峰（peak to peak）值表示，其值一般是小于输出电压的 0.5%。 纹波电压除纹波抑制比指标之外，还有最大纹波电压和纹波系数。 （1）最大纹波电压。这是指在额定输出电压和负载电流下，输出电压纹波（包括噪声）的绝对值大小，通常以峰 - 峰值或有效值表示。 （2）纹波系数 y（%）。它是指在额定负载电流下，输出纹波电压的有效值 U_{rms} 与输出直流电压 U_o 之比，即： $$y=U_{rms}/U_o\times100\%$$

十九、低压差线性稳压器主要参数

1. 输入输出电压差

输入输出电压差是低压差线性稳压器最重要的参数。在保证输出电压稳定的条件下，该电压的压差越低，线性稳压器的性能就越好。比如，5.0V 的低压差线性稳压器，只要输入

5.5V 电压，就能使输出电压稳定在 5.0V。

2. 输出电压

输出电压是低压差线性稳压器最重要的参数，也是电子设备设计者选用稳压器时首先应考虑的参数。低压差线性稳压器有固定输出电压和可调节输出电压两种类型。

固定输出电压稳压器使用比较方便，而且

由于输出电压是经过生产厂家精密调整的，所以稳压器精度很高。但是其设定的输出电压数值均为常用电压值，不可能满足所有的应用要求。

注意：外接元器件参数的精度和稳定性将影响稳压器的稳定精度。

3．最大输出电流

用电设备的功率不同，要求稳压器输出的最大电流也不相同。通常，输出电流越大的稳压器成本越高。为了降低成本，在多只稳压器组成的供电系统中，应根据各部分所需的电流值选择适当的稳压器。

4．接地电流

接地电流 I_{GND} 有时也称为静态电流，它是指串联调整管输出电流为零时，输入电源提供的稳压器工作电流。通常较理想的低压差线性稳压器的接地电流很小。

5．负载调整率

低压差线性稳压器的负载调整率越小，说明低压差线性稳压器抑制负载干扰的能力越强。

6．线性调整率

低压差线性稳压器的线性调整率越小，输入电压变化对输出电压影响越小，低压差线性稳压器的性能越好。

7．电源抑制比（PSRR）

低压差线性稳压器的输入源往往存在许多干扰信号。PSRR 反映了低压差线性稳压器对于这些干扰信号的抑制能力。

> ⚠ **重 要 提 示**
>
> 低压差线性稳压器最重要的指标有 4 个：输入输出电压差、电源抑制比、接地电流、噪声。

二十、晶闸管主要参数

5-42. 零起点学电子测试题讲解

附表 24-6 所示是晶闸管的主要参数。

附表 24-6　晶闸管的主要参数

参　　　数	说　　明
额定正向平均电流 I_F	它简称正向电流。它是指在规定的环境温度和散热标准下，晶闸管可连续通过的工频正弦半波电流（一个周期）的平均值。在使用中，说某只晶闸管是几毫安的，就是指正向电流有多大
维持电流 I_H	它是指在规定环境温度下和控制极 G 断开时，维持晶闸管继续导通的最小电流。当流过晶闸管的电流小于此值时，晶闸管将自动处于截止（断开）状态
浪涌电流定额	晶闸管流过很大的故障电流时，由于 PN 结的温度会升高而导致晶闸管损坏。一定时间内保证晶闸管不致损坏所允许流过晶闸管的故障电流倍数，称为浪涌电流定额
正向阻断峰值电压 U_{FDM}	它是指在晶闸管两端加上正向电压，即阳极 A、阴极 K 之间为正向电压，而未导通时的状态。正向阻断峰值电压是指在控制极 G 断开和正向阻断下，可以重复加在晶闸管阳极 A、阴极 K 之间的正向峰值电压。一般这一电压比正向转折电压小 100V
反向阻断峰值电压 U_{DRM}	它是指在控制极 G 断开时，可以重复加在晶闸管阳极 A、阴极 K 之间的反向峰值电压。一般这一电压比反向击穿电压小 100V
通态平均电压 U_F	它是指晶闸管导通后，通过正弦半波额定电流时，晶闸管阳极 A、阴极 K 之间在一个周期内的平均电压值，为管压降，一般为 0.6～1.2V。它的大小反映了晶闸管的管耗大小，此值愈小愈好
控制极触发电压 U_G	它是指在晶闸管阳极 A、阴极 K 之间加上一定的正向电压下，使晶闸管从截止转为导通在控制极 G、阴极 K 之间需要加的最小正向电压值，一般为 1.6～5V
控制极触发电流 I_G	它是指在晶闸管阳极 A、阴极 K 之间加上一定的正向电压下，使晶闸管从截止转为导通所需要的最小控制极电流，一般为几十到几百毫安
擎住电流 I_{La}	它是指晶闸管从断态到通态的临界电流，它为 2～4 倍的 I_H

二十一、场效应管主要参数

场效应管的参数分为直流参数、交流参数

和极限参数三大类。附表 24-7 给出了场效应管三大类参数的说明。

5-43. 零起点学电子测试题讲解

附表 24-7　场效应管的三大类参数

参数类型	参数名称	说　　明
直流参数	夹断电压 U_P	它是指在 U_{DS} 为一定值，使 I_D 等于一个很小电流（1μA、10μA）时，栅极与源极之间所加的偏置电压 U_{GS}。这一参数适用于结型和耗尽型场效应管
	开启电压 U_t	它是当 U_{DS} 为某一规定值时，使导电沟道可以将漏极 D、源极 S 连起来时的最小 U_{GS} 值。这一参数适用于增强型绝缘栅场效应管
	饱和漏电流 I_{DSS}	它指在 $U_{GS}=0V$，漏极 D、源极 S 之间所加电压大于夹断电压时的沟道电流。这一参数适用于耗尽型场效应管
	直流输入电阻 R_{GS}	它是指栅极 G、源极 S 之间所加直流电压与栅极 G 电流之比。R_{GS} 很大，为 $10^8 \sim 10^{15}\Omega$
	漏源击穿电压 U_{DS}	它是指在增加漏极 D、源极 S 之间电压过程中，使 I_D 开始急剧增大的 U_{DS}
	栅源击穿电压 U_{GS}	对于结型场效应管而言，栅源击穿电压 U_{GS} 是指反向饱和电流急剧增大时的 U_{GS}；对于绝缘栅场效应管而言，U_{GS} 是使二氧化硅绝缘层击穿的电压
交流参数（或称微变参数）	低频跨导 G_m	它是指在 U_{DS} 为规定值时，漏极电流变化量 ΔI_D 与引起 ΔI_D 的栅 - 源电压变化量 ΔU_{GS} 之比，公式为 $G_m=\Delta I_D/\Delta U_{GS}$。$G_m$ 是场效应管的一个重要参数，它的大小表征场效应管对电压信号的放大能力，与三极管的交流电流放大倍数相似。G_m 与管子的工作区域有关。I_D 愈大，管子的 G_m 也愈大
	输出电阻 r_d	它是指在 U_{GS} 为一定值时，漏极 D 与源极 S 之间电压变化量 ΔU_{DS} 与相对应的漏极电流变化量 ΔI_D 之比，公式为：$r_d=\Delta U_{DS}/\Delta I_D$。场效应管的 r_d 比晶体三极管的输出电阻大得多，一般为几十至几百欧。这是因为在放大区，U_{DS} 变化时 I_D 几乎不变
	低频噪声系数 NF	它是用来表征管子工作时低频范围内噪声大小的参数，单位为 dB。场效应管的 NF 比三极管小得多，一般为几分贝
	极间电容	在漏极 D、源极 S、栅极 G 3 个电极之间，同三极管一样存在极间电容。它们是栅源极间电容 C_{GS}，C_{GS} 为 1～3pF；栅漏极间电容 C_{GD}，C_{GD} 约为 1pF；漏源极间电容 C_{DS}，C_{DS} 为 0.1～1pF。它们由势垒电容和分布电容组成
极限参数	最大耗散功率 P_{DSM}	它是指场效应管性能不变坏时所允许的最大漏源耗散功率。使用时，场效应管实际功耗应小于 P_{DSM} 并留有一定余量
	最大漏源电流 I_{DSM}	它是指场效应管正常工作时，漏源间所允许通过的最大电流。场效应管的工作电流不应超过 I_{DSM}

二十二、电子管主要参数

1. 跨导的物理意义

跨导表示屏极电压固定不变，栅极电压变化 1V 时，屏极电流变化了多少毫安。显然，跨导表明了栅极电压对屏极电流的控制能力，跨导愈大，说明三极管栅极电压对屏极电流的

控制能力愈强，可以理解成类似晶体三极管中的电流放大倍数。

2. 内阻的物理意义

内阻表示栅极电压固定不变，屏极电流变化了 1mA，屏极电压需要变化多少伏。显然，内阻表明了屏极电压对屏流的控制能力，内阻愈小，

说明三极管屏极电压对屏极电流的控制能力愈强。

3．放大倍数

放大倍数是表示栅压对屏流的影响比屏压对屏流的影响大多少倍。例如，某三极管的放大倍数是30，意思就是栅压对屏流控制能力是屏压对屏流的控制能力的30倍。

二十三、小型直流电磁继电器主要参数

附表24-8所示是小型直流电磁继电器的主要参数。

附表24-8　小型直流电磁继电器的主要参数

参　数	说　明
线圈直流电阻	它是指线圈的电阻值
额定工作电压或额定工作电流	它是指继电器正常工作时，线圈的电压或电流值
吸合电压或电流	它是指继电器产生吸合时的最小电压或电流。如果只给继电器的线圈加上吸合电压，这时的吸合是不牢靠的。一般吸合电压为额定工作电压的75%左右
释放电压或电流	它是指继电器两端的电压减小到一定数值时，继电器从吸合状态转到释放状态时的电压值。释放电压要比吸合电压小得多，一般释放电压是吸合电压的1/4左右
触点负载	它是指继电器的触点在切换时能承受的电压和电流值

二十四、磁头主要参数

1．录放磁头主要参数

（1）**阻抗**。它是指录放磁头工作在1kHz下的阻抗，一般有低阻抗、中阻抗和高阻抗3种磁头，在更换录放磁头时这是一个主要依据。

（2）**频率响应**。它是表征录放磁头对信号进行电-磁转换、磁-电转换能力的重要指标，主要是指磁头的幅频特性，这一特性与磁头的工作缝隙宽度相关，工作缝隙愈狭，频率响应特性愈好。

（3）**偏磁电流**。这是对录音磁头工作在录音状态下的一项参数要求，每一个具有录音功能的磁头都有一个特定值，称为最佳录音偏磁电流，磁头只有工作在这一偏磁电流下才能获得最佳的录音效果，否则将出现录音轻、录音失真等问题。

（4）**使用寿命**。由于磁头与磁带之间是机械接触，这就存在磨损的问题，磁头的抗磨损能力愈强，磁头的使用寿命就愈长。磁头的使用寿命与磁头的铁芯材料相关，一般坡莫合金磁头的使用寿命为500～1000小时（h），铁氧化磁头的使用寿命为2000～3000h，更高级的铁硅铝磁头使用寿命为4000h。

> ⚠ **重要提示**
>
> 　　录放磁头和放音磁头都存在磨损问题，磁头在使用一段时间后要进行更换处理。
>
> 　　抹音磁头由于铁芯材料的原因，其抗磨损能力很强，基本上不存在磨损的问题，所以修理中也不存在更换抹音磁头的问题。

2．抹音磁头主要参数

（1）**抹音方式**。抹音存在多种方式，电磁式抹音有直流抹音和交流抹音，交流抹音中要规定交流抹音电流的频率和大小。当抹音电流的频率和大小最佳时才能获得最好的抹音效果。

（2）**抹音效果**。它是表征抹音磁头抹音能力的一项重指标，单位为dB，一般要求达到50～70dB。

（3）**交流阻抗**。这是交流抹音磁头的一项参数，表示抹音磁头在特定工作频率下的阻抗，一般为几百欧，但交流抹音磁头的直流电阻一般只有几欧。

二十五、直流有刷电动机主要参数

1．使用寿命

在机器上的使用寿命大于600h，连续转动寿命为1000h。

2．额定转矩

额定转矩愈大愈好。

5-44.零起点学电子测试题讲解

3．额定转速偏差

额定转速偏差要求小于等于 1%，稳速精度要求小于等于 2%。

4．转速

转速有多种规格，一般为 2000r/min、2200r/min 和 2400r/min，在双速电动机中为 1400r/min、2800r/min 和 2400r/min、2800r/min 等多种。

5．额定工作电流

额定工作电流一般为 100mA，这一参数对

判断电动机工作是否正常有重要作用。

二十六、石英晶振主要参数

附表 24-9 所示是石英晶振的主要参数。

二十七、陶瓷滤波器主要参数

附表 24-10 所示是陶瓷滤波器的主要参数。

5-45. 零起点学电子测试题讲解

附表 24-9　石英晶振的主要参数

参　　数	说　　明
标称频率	指晶振上标注的频率
激励电平	石英晶振工作时消耗的有效功率，也可用流过石英晶振的电流表示。使用时，激励电平可以适当调整。 激励强，容易起振，但是频率老化大，激励太强石英晶振甚至破碎。激励弱，频率老化可以改善，但是激励太弱则不起振
负载电容	从石英晶振引脚两端向振荡电路方向看进去的全部有效电容为该振荡电路加给石英晶振的负载电容。 负载电容与石英晶振一起决定它的工作频率。通过调整负载电容一般可以将振荡电路的工作频率调整到标称值。负载电容太大时，分布电容影响减小，但是微调率下降。负载电容太小时，微调率增加，但是分布电容影响增加、负载谐振电阻增加，甚至起振困难
基准温度	测量石英晶振参数时指定的环境温度。恒温晶振一般为工作温度范围的中心值，非恒温石英晶振为 25±2℃
调整频差	在规定条件下，基准温度时的工作频率相对于标称频率的最大偏离值
温度频差	在规定条件下，某温度范围内的工作频率相对于基准温度时的工作频率的最大偏离值
总频差	在规定条件下，工作温度范围内的工作频率相对于标称频率的最大偏离值
谐振电阻	在谐振频率时的电阻
负载谐振电阻	在规定条件下石英晶振和负载电容串联后在谐振频率时的电阻
泛音频率	它是石英晶振振动的机械谐波，近似为基频的奇数倍。某次泛音频率必须工作在相应的电路上才能获得

附表 24-10　陶瓷滤波器的主要参数

参　　数	说　　明
最大输出频率 f_M	它是指通带中衰减最小点的频率，换句话说就是 f_M 频率的信号通过陶瓷滤波器后受到的衰减最小，而其他各频率信号所受到的衰减均比对 f_M 的衰减大，单位为 Hz
中心频率 f_0	它等于通带上、下限频率（规定为相对衰减 −3dB、−6dB）的几何平均值，单位为 Hz

续表

参　　数	说　　明
通带宽度 Δf	它等于上、下限频率之间的频率范围，单位为 Hz
通带插入损耗	它是指陶瓷滤波器接入放大器电路后所带来的信号额外损耗量，单位为 dB
通带波动	它为通带内最大衰减与最小衰减之差，单位为 dB
输入阻抗	它是从输入端向陶瓷滤波器内部看所具有的阻抗，要求与信号源的输出阻抗相匹配，单位为 kΩ
输出阻抗	它是从输出端向陶瓷滤波器内部看所具有的阻抗，要求与下级放大器的输入阻抗相匹配，单位为 kΩ

二十八、扬声器主要参数

1．标称阻抗

扬声器的阻抗由电阻及机械振动系统、声辐射系统综合而成，扬声器在不同频率处的阻抗不同。扬声器铭牌上的阻抗是以 400Hz 正弦波作为测试信号时的阻抗。

2．额定功率

它又称标称功率，它是指扬声器在最大允许失真条件下，所允许输入扬声器的最大电功率。标称功率的单位是 VA（伏安）或 W（瓦）。

3．频率特性

它是用来表征扬声器转换各种频率电信号能力的指标，它反映了输入扬声器电信号电压不变条件下，改变输入信号频率所引起的扬声器声压大小变化。低音扬声器频率范围一般为 30Hz～3kHz，中音扬声器为 500Hz～5kHz，高音扬声器为 2～15kHz。

4．失真度

它主要指谐波失真，一般扬声器失真度小于等于 7%，高保真扬声器小于等于 1%。

5．指向特性

它用来表征扬声器在空间各个方向辐射的声压分布特性，频率愈高时指向性愈狭，纸盆愈大指向性愈强。

5-46.零起点学电
子测试题讲解

附录 25 | 电噪声简述

5-47. 零起点学电子测试题讲解

一、电噪声概念

1. 电噪声

电噪声的定义：它是一种电信号，它干扰有用信号在电路中的传输或使电路输出的信号产生失真。显然，在大多数情况下电噪声是不被需要的，是电路中全力避免、抑制的一种电信号。

附图 25-1 所示是电噪声的分类。

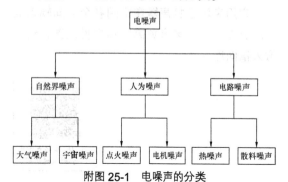

附图 25-1　电噪声的分类

附图 25-2 所示是变电站周围的等噪声线图。

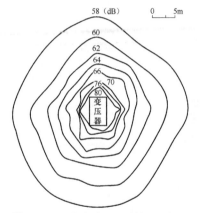

附图 25-2　变电站周围的等噪声线图

（1）大气噪声也称为天电噪声。它是由于闪电引起的放电和导致放电现象的其他自然界的电干扰所造成。

闪电对电子电路的干扰是显然的，附图 25-3 所示是一条导线上由闪电所引起的感应电压变化特性曲线，从曲线中可以看出，闪电 1.2 µs 左右时导线上的感应电压达到最大值，在 48.8 µs 左右后感应电压下降到一半左右，150 µs 左右后感应电压下降到 0V。

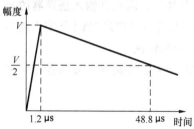

附图 25-3　导线上由闪电所引起的感应电压变化特性曲线

如果将这一导线上的感应电压进行频谱分析，发现其频谱随频率变化而缓慢下降，如附图 25-4 所示。

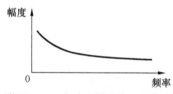

附图 25-4　闪电所感应电压的频谱

（2）宇宙噪声来源于太阳和更为遥远的星体，它的频率为 8~1500MHz。

（3）点火噪声为点火系统在点火时产生的噪声。开关在开关过程中也会产生开关火花，这也是噪声。当火花出现时，可能会产生大量的电磁辐射，它们会干扰正常工作的电路，从而产生噪声干扰。

（4）电机噪声来源于电机运行的全过程，它分为起动型和运转型噪声两种。

（5）热噪声是电子的热骚动以随机方式在电阻材料中运动造成的。它与温度有关，热噪声功率的变化与带宽成正比。

（6）散粒噪声又称散弹噪声。它是由于一些有源器件（如三极管）存在直流电平的随机波动而产生的，也就是说散粒噪声是由形成电流的载流子的分散性造成的。少数电子的速度与平均电子速度不同，这些少数电子的电平将围绕平均电平随机变化。

如果我们能听到这些变化，那么这些声音就像铅弹打到墙上的声音一样，所以称为散粒噪声。

重要提示

在大多数半导体器件中，散粒噪声是主要的噪声来源。散粒噪声有白噪声的特性。在低频和中频下，散粒噪声与频率无关（白噪声）。高频时，散粒噪声变得与频率有关。

有电阻部分的有源或无源元器件产生热噪声，而散粒噪声只产生于有源元器件中。散粒噪声电流可以流过无源元器件，但是必须是散粒噪声先产生于有源元器件中。

在电子电路系统中，抑制干扰与噪声的方法主要有屏蔽、合理接地、隔离、合理布线、净化电源、滤波、采用专用器件等措施。

2．噪声谱密度

附图25-5所示是时域（X轴为时间，Y轴为大小）中典型的噪声波形。观察这一噪声波形可以看出，它有一系列的频率分量，各频率分量的电压幅度可能不同。在时域中，波形愈密说明频率愈高，反之则频率愈低。

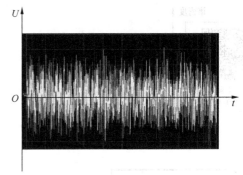

附图 25-5 时域中典型的噪声波形

对于各种频率情况下的噪声大小用时域表示很不方便，这时可用频域来表示，即X轴方向是频率高低，Y轴方向是噪声的大小，这时的噪声大小叫做噪声谱密度。附图25-6所示是电阻器中总噪声电压的谱密度，它的X轴是频率，Y轴是谱密度。谱密度与功率和电压有关，在没有指定的情况下通常用相对噪声功率密度来表示，单位是 V^2/Hz。

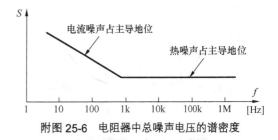

附图 25-6 电阻器中总噪声电压的谱密度

谱密度严格定义是这样：当信号的频带宽度趋近于零时，每单位带宽的均方根值。

二、白噪声、粉红色噪声和褐色噪声

1．白噪声（White Noise）

白噪声是一种功率谱密度为常数的随机信号或随机过程，附图25-7所示是白噪声功率谱密度，从图中可以看出，所有频率噪声的谱密度为一个常数，所以整个噪声功率与带宽成正比，带宽愈大，噪声功率愈大。如果带宽增加一倍，则噪声功率增加一倍，而噪声电压增加$\sqrt{2}$倍。

5-48. 零起点学电子测试题讲解

附图 25-7　白噪声谱密度

> **重要提示**
>
> 　　带宽是无穷大的，这样噪声功率是无穷大的，显然物理上是不可能的，所以白噪声是一个理想噪声。可以证明，在极高频率下，白噪声的功率谱密度将下降。

　　附图 25-8 所示是晶体管噪声频谱，从图中可以看出，在高频和低频之间的这一频段内为白噪声，其噪声大小基本一致。

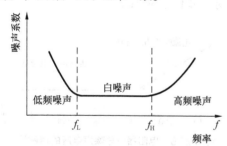

附图 25-8　晶体管噪声频谱

　　白噪声的由来是这样的，由于白色光是由各种颜色（不同颜色的光其频率不同）的单色光混合而成，因而将具有平坦谱密度性质的噪声称为白噪声。相对而言，其他不具有这一性质的噪声被称为有色噪声。

　　白噪声频率分量的功率在整个可听范围（20～20000Hz）内都是均匀的，由于人耳对高频敏感一点，这样白噪声听上去是"沙沙"声。

> **重要提示**
>
> 　　严格地说，白噪声只是一种理想化模型，因为实际噪声的功率谱密度不可能具有无限宽的带宽，否则它的平均功率将是无限大，在物理上不可能实现。

2. 粉红色噪声（Pink Noise）

　　粉红色噪声又称为频率反比 (1/f) 噪声，因为它的能量分布与频率成反比，或者说在对数坐标中其幅度每倍频程（一个八度音程）能量就衰减3dB。通俗地讲，粉红色噪声从功率（能量）的角度来看，其能量从低频向高频不断衰减，频率增加一倍，能量就衰减 3dB，曲线为 $1/f$。附图 25-9 所示是粉红噪声在频谱仪中的波形图。

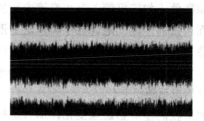

附图 25-9　粉红噪声在频谱仪中的波形图

　　粉红色噪声是最常用于进行声学测试的声音。利用粉红色噪声可以模拟出瀑布或者下雨的声音。

> **重要提示**
>
> 　　通过与白噪声的对比可以进一步了解这两种噪声之间的区别。
>
> 　　（1）在线性坐标里，白噪声的能量分布是均匀的，粉红色噪声是以每倍频程下降 3dB 的规律分布的。
>
> 　　（2）在对数坐标里，白噪声的能量是以每倍频程增加 3dB 的规律分布的，粉红色噪声是均匀分布的。
>
> 　　可见这两种噪声的重大区别在于，在不同频率下它们的功率大小是不同的。
>
> 　　在白噪声中加入一个每倍频程衰减 3dB 的衰减滤波器，就能得到粉红色噪声。

3. 褐色噪声（Brown Noise）

　　褐色噪声的能量也是从低频向高频不断衰减，其幅度与频率的平方成反比，曲线为 $1/f^2$，频率分量功率主要集中在低频段。

　　附图 25-10 所示是上述 3 种噪声的特性曲线。

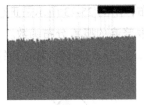 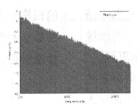 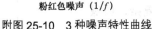 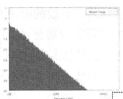

白噪声　　　　　　粉红色噪声（$1/f$）　　　　褐色噪声（$1/f^2$）

附图25-10　3种噪声特性曲线

5-50. 零起点学电子测试题讲解

重要提示

从曲线中可以看出这3种噪声的区别：在整个频率范围内，白噪声幅度大小不变；粉红色噪声随频率升高，噪声幅度减小；褐色噪声随频率升高，噪声幅度也是减小，且褐色噪声减小得更快（粉红色噪声是$1/f$，褐色噪声是$1/f^2$）。

附图25-11所示是3种噪声在示波器上的波形对比示意图。

白噪声

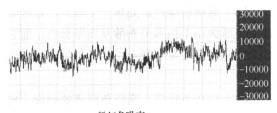

粉红色噪声

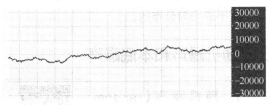

褐色噪声

附图25-11　3种噪声在示波器上的波形对比示意图

三、知识点扩展——白噪声抗干扰应用

1. 白噪声的抗干扰手机

附图25-12所示是一款能够产生白噪声的抗干扰手机示意图。

附图25-12　一款能够产生白噪声的抗干扰手机示意图

研究发现，与有少量噪声的环境相比，背景音乐让记忆力显著下降，而白噪音则让记忆力显著上升。

当周围有人聊天或歌声时，就会吸引你的注意力，让你无法集中精神做自己的事情，你要抗干扰难免心烦意乱。研究发现，白噪声确实可以掩盖其他声音源，这种情况下白噪声可以改善情绪和提高工作效率。白噪声在人的听觉频率范围内的功率是均匀的，它最大特点就是"没有特点"，只要声量不大，人的大脑很快就会适应，感觉不到它的存在。

当你需要专心工作，而周围有说话的繁杂声音时，用粉红色噪声来进行遮蔽比较好，因为粉红色噪声是特别针对说话声的遮蔽材料。

有的学者认为，连续的噪声有利于集中精神，而间断的噪声则容易分神。因此，连续纯粹的白噪声也许比丛林鸟叫的声音效果更好。

研究表明，白噪声可提升患有注意力缺陷障碍的初中生的认知能力，但是会降低正常人的认知能力。如果你做的事情比较复杂，白噪声也会降低效率。在完全安静和十分吵闹的环境中，白噪声没什么好处。

2. 白噪声测试频响

一般电子电路系统中，噪声被视为有害信号，是千方百计要加以抑制的信号。但是，在一些应用领域内噪声则被作为有用信号对待。例如，可以应用于专业级、高端的家庭立体声系统或者一些高端的汽车收音机中，利用白噪声可以测试放大器或者电子滤波器的频率响应。

利用白噪声测试频响的基本原理是这样：系统发出的白噪声送入扬声器，话筒接收到扬声器发出的白噪声，然后在每个频率段进行自动均衡从而得到一个平坦的响应。

用白噪声测试频响是利用了白噪声的功率谱密度特性。

四、相位噪声和高斯噪声

1. 相位噪声

相位噪声一般是指在系统内各种噪声作用下引起的输出信号相位的随机起伏。

通常相位噪声又分为频率短期稳定度和频率长期稳定度。

所谓频率短期稳定度是指由随机噪声引起的相位起伏或频率起伏。

由于温度、老化等引起的频率慢漂移称之为频率长期稳定度。通常我们主要考虑的是频率短期稳定度问题，可以认为相位噪声就是频率短期稳定度。

2. 高斯噪声（Gaussian Noise）和高斯白噪声（White Gaussian Noise）

（1）高斯分布。在讲述高斯噪声前首先需要了解高斯分布。高斯分布又称正态分布，它是一个在数学、物理、工程等领域都非常重要

的概率分布，附图25-13所示是正态分布曲线，它是一种很普遍的概率分布函数。因为这一曲线呈钟形，因此人们又经常称之为钟形曲线。

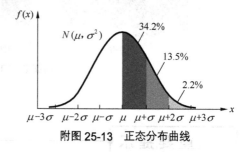

附图 25-13　正态分布曲线

正态分布公式如下：

$$f(x)=\frac{1}{\sqrt{2\pi}\sigma}\,e^{\frac{(x-\mu)^2}{2\sigma^2}}$$

曲线的形状由两个参数决定：均值和方差。正态曲线呈钟型，两头低，中间高，左右对称，曲线与横轴间的总面积等于1。

曲线的形状有两个参数，即均数 μ 和标准差 σ。均数 μ 决定正态曲线的中心位置；标准差 σ 决定正态曲线的陡峭或扁平程度。σ 越小，曲线越陡峭；σ 越大，曲线越扁平。

（2）高斯噪声。高斯噪声是一种随机噪声。在任选瞬时中任取 n 个，其值（噪声电压大小）按 n 个变数的高斯概率定律分布。也就是说高斯噪声是一类概率密度函数服从高斯分布的噪声。

（3）高斯白噪声。如果一个噪声，它的幅度（电压大小）概率分布服从高斯分布，而它的功率谱密度又是均匀分布的，则称它为高斯白噪声。

（4）高斯色噪声。高斯色噪声的幅度（电压大小）概率分布服从高斯分布，而它的功率谱密度不是均匀分布的。

五、随机噪声和本底噪声

1. 随机噪声（random noise）

某些类型的噪声是确知的。虽然消除这些噪声不一定

5-51.零起点学电子测试题讲解

很容易，但是在原理上可以消除或基本消除。另一些噪声则往往不能准确预测其波形，这种不能预测的噪声统称为随机噪声，电子电路中主要关心随机噪声。

常见的随机噪声可分为3类：单频噪声、脉冲噪声和起伏噪声。

（1）单频噪声。单频噪声是一种连续波的干扰，其幅度、频率和相位是事先不能预知的。这种噪声的主要特点是占有极窄的频带，但在频率轴上的位置可以实测，比较容易防止。

（2）脉冲噪声。脉冲噪声是突发出现的幅度高而持续时间短的离散脉冲。这种噪声的主要特点是其突发的脉冲幅度大，但持续时间短，且相邻突发脉冲之间往往有较长的安静时间。在频谱上，脉冲噪声通常有较宽的频谱，但频率愈高，其频谱强度就愈小。

脉冲噪声在数字通信中的影响不容忽视。

脉冲噪声主要来自机电交换机和各种电气干扰、雷电干扰、电火花干扰、电力线感应等。

（3）起伏噪声。起伏噪声是最令人头疼的噪声，它以热噪声、散弹噪声及宇宙噪声为主。这些噪声的特点是：无论在时域内还是在频域内它们总是普遍存在而且不可避免。

> **重要提示**
>
> 由以上分析可见，单频噪声不是所有的通信系统中都有的。
>
> 脉冲噪声由于具有较长的安静期，故对模拟话音信号的影响不大。
>
> 起伏噪声不能避免，且始终存在。它是影响通信质量的主要因素之一。

2. 本底噪声（Noise Level）

本底噪声又称为背景噪声，在电声系统中它是指电声系统中除有用信号以外的总噪声。例如，在听磁带过程中，当磁带节目声音间隙时会听到"沙沙"的声音，这就是磁带的本底噪声。

过强的本底噪声，给人的听音感觉是烦躁，同时淹没声音中较弱的细节部分。从技术指标上讲，本底噪声大将降低信噪比，同时影响了小信号成分，使动态范围减小。

本底噪声破坏了音质，为此在一些高级的磁带录放系统中采取了技术手段，如杜比降噪系统，以抑制磁带的本底噪声。

六、图像噪声

5-52. 零起点学电子测试题讲解

> **重要提示**
>
> 图像噪声是图像信号中的噪声。
>
> 图像是传输视觉信息的媒介，图像信息认识理解由人的视觉系统所决定。人的噪声视觉特性决定了不同的图像噪声，给人的感觉程度是不同的。

图像噪声按其产生的原因可以分为外部噪声和内部噪声两大类。

1. 外部噪声

引起图像噪声的外部因素是干扰，它以电磁波或经电源串进系统内部而产生的图像噪声，如电气设备、天体放电现象等引起的噪声。

2. 内部噪声

图像噪声的内部因素可分为以下4种情况。

（1）由光和电的基本性质所引起的噪声。如电流的产生是由电子或空穴粒子的集合、定向运动所形成。因这些粒子运动的随机性而形成的散粒噪声；导体中自由电子的无规则热运动所形成的热噪声；根据光的粒子性，图像是由光量子所传输，而光量子密度随时间和空间变化所形成的光量子噪声等。

（2）电器的机械运动产生的噪声。如各种接头因抖动引起电流变化所产生的噪声；磁头、磁带等抖动或一起抖动所产生的噪声等。

（3）器材材料本身引起的噪声。如正片和负片的表面颗粒性和磁带磁盘表面缺陷所产生的噪声。随着材料科学的发展，这些噪声有望不断减少，但在目前来讲，还是不可避免的。

（4）系统内部设备电路所引起的噪声。如电源引入的交流噪声；偏转系统和箝位电路所引起的噪声等。

附记：作者自我讲述

5-53.零起点学电子测试题讲解

作者近影 （2012 年秋）

笔者投身电子技术写作工作近 30 年，正是因为受到百万读者的认可，才一直坚持到现在。近 10 年来，笔者亲临网络一线，与数万读者进行了讨论、交流、辅导、答疑，为数不少的读者持续支持和关注笔者，给笔者信心和动力，关心笔者的动向和近况，给予笔者如潮的好评，这里借出版社本书的一角，感谢大家。

一、笔者无线电爱好之梦

这里请允许笔者引用一段无线电爱好的亲身经历，以让读者感受兴趣的培养、引导和发展的过程。

我喜好无线电是因为中学物理老师汪庭义所做的一个无线电收发实验，汪老师将一台电子管收音机改制成发射机，另用一个半导体收音机接收所发信号，汪老师在隔壁的教室通过这种形式给我们讲授无线电知识，"无知"的我被眼前的一幕惊呆、征服，立即被神奇的无线电技术所深深吸引，兴趣由此蒙发，并一发不可收拾，自己始终坚定不移地"爱好"且作为事业延续至今天，相信会坚守一生。

发现我的兴趣、培养我的兴趣、引导我的兴趣、支持我的兴趣的是我伟大的母亲。

这堂物理课后回到家里，我对妈妈说："我喜欢无线电。"从事强电工程技术工作的她笑了："可以。"之后，她对我是有求必应。她花了 1 元钱（当时一个月工资才 63 元）买了一只晶体管，又带回两根钢锯条和几根导线，买了电烙铁，借了万用表，没有铜箔电路板，她设法找了一块绝缘板（还不是铜箔电路板）。

第一次动手装配时，她教我检查电烙铁是否安全的方法，教我如何使用万用表；装配结束，一通电，没有响声是逻辑的必然，在我急得满头大汗时，她只是浅笑："急是没用的，失败才是进入电子世界的阶梯，解决困难的钥匙是动脑子。"

聪明的我，不仅学了她教我的技术，还悟出了成功的道理：失败是成功的大门，战胜失败是接近成功的通道，带着问题思考是走向成功的加速器。

为了提高我的动手能力，假期她带我走进工厂，学钳工，接触各类仪器，我的动手能力和解决实际问题的能力飞速增长；为了提高我的理论水平，她为我借了许多电子图书，也是她第一次让我知道还有《无线电》和《电子世界》杂志，她给我借了一本前苏联出版的电子类图书，我开始懂得理论指导实践的哲学道理。

在我搞定了 10 多项电子实验后，在我感觉走进电子世界很容易的时候，她的话又在我耳边响起："装电视机"。在装配电视机过程中，我感受到世界最难的事情不是困难，而是复杂。挑战复杂是培养自己综合能力的良机。

她还带着我去了一趟上海，为的是到上海无线电三厂排队买只显像管，先是坐午夜的火车，凌晨5点多又坐上海的有轨电车，赶到上海无线电三厂排长队，直到太阳高高升起，我俩笑嘻嘻地带回了那只9英寸的显像管。电视机出现的第一个画面是《红楼梦》。

回乡读高中了，她邮来了许多套件。

考大学了，我的唯一志愿是电子技术，她笑了！

我要写电子技术方面的书了，她点头了！

我的处女作《盒式录音机修理技术》出版了，她激动了！

伟大的母亲，感激您的引导和教诲！

儿子今天已经完成了这样的目标：著作百本，文章千篇。儿子的成功归功于引发兴趣的汪老师，归功于伟大母亲的引导和培养！

二、笔者入门之初的兴趣与竞争

笔者的无线电爱好入门之初，充分体现了兴趣的使然和学习中竞争的力量。

20世纪70年代，我一次又一次地跑进市里仅有的两家新华书店，一次又一次地翻遍书店里的破旧书架，就是找不到一本无线电入门图书，跨出书店大门时的失望心情丝毫没有动摇我强烈的求知欲望，相反冒出了不达目的绝不收兵的"逆反"心态。黄天不负有心人，终于有一天在书店的电子书架前遇到了我的第一个无线电爱好者知友陈哲明。

我和他素不相识，但有共同的兴趣。两人因兴趣的相同，也引发了相互之间学习中的竞争，这竞争激发了我的学习热情和源源不断的干劲，引数例为证。

他有本《少年无线电爱好者》，我用了两周的时间全文抄写，这成了我电子技术入门的第一本手抄本；他先装响了电视伴音机，我先装成了单管直放式收音机；他装响了双管直放式收音机，

我装成了五管超外式收音机；他装响了落地式扩音机，我俩一起装配好了9寸黑白电视机。这种你追我赶的劲头，使彼此的学习热情始终高涨，专业技能不断提高。

那时的我俩没有什么大的志向，只是喜欢无线电，凭着这种喜欢将所有的业余时间都交给了神秘的电子世界。正是这种喜欢、兴趣，为我长大后的志向选择奠定了殷实的基础。高二的我有了比较清晰的志向——毕生献身于电子技术事业，并写下一行大字："壮志未酬誓不休，甘洒热血写春秋"，以此来激励自己。

我的这位朋友也是因为兴趣的使然，将毕生的精力投入了与电子相关的行业，在20世纪90年代彩色电视机大行其道期间，他凭借从小对无线电技术近似痴迷的爱好，敏锐地捕捉到彩电销售这一商机，一举创业成功，成为江南大地晓有名气的家用电器销售公司老总，事业有成。

无数的成功者都有这样的体会：在事业的成功中，早年的兴趣爱好似起到"决定性"的作用。

培养兴趣，发展兴趣，让兴趣为自己日后漫长的事业之旅奠定坚如磐石的意志基础吧！

三、抉择著书立说

5-54.零起点学电子测试题讲解

30年前的笔者

笔者网络昵称"古木"。

古木在他22岁那年开始写书，两年后出版了他的处女作。20世纪80年代初期，改革开放刚起步，改变人们的观念应该说是当时政府的主要工作之一，封闭了几十年的大门要打开，各种新思想、新观念、新东西要进入国门，各种旧体制、老观念、习惯势力与之明争暗斗。古木这时期大学毕业。

大学毕业数月后的一天，古木与几位要好同学小聚，交流毕业后各自的情况。几位考试能手毕业后考上研究生，一位很要好的同学考到美国读硕士。不少同学报到后被单位送出去进修，更多同学继续深造。聚会晚宴上同学们兴高采烈，可古木在沉思。

宴席散了，古木思绪万千，自责地反复问自己，难道就这样"混"下去？古木取出笔和纸，用隶书写下4个大字"不进则退"。古木有一个良好的习惯，就是进行重大问题的思考和决策过程中，会将自己的各种想法都写在纸上，将各种可行的方案列出，然后一条一条地进行论证。古木认为要走出目前的情绪低谷，必须充实自己，而充实自己就必须有具体的事情干，并且所做的事情必须有意义，而且意义要重大，要深远。古木分析了能够实现自我价值的3种途径：温习功课，准备考研，这是其一；搞科研，出成果，这是其二；第三是著书立传，流芳百世。

对于第一种奋斗方式，古木缺少信心。古木自己很明白，他不是那种擅长考试的人，在大学期间除了对电子线路这门课由于兴趣浓厚而成绩优良外，其他功课的考试成绩平平，甚至机械制图落到了补考境地。所以，古木决定放弃这一想法。

搞科研古木很有兴趣，对自己的动手能力也相当有信心。古木自幼爱好无线电，从装配矿石收音机到电子管黑白电视机，动手能力和解决问题的能力都很强。刚毕业时古木也在学校实施过这一计划，但遭受到严重的挫折，一件使古木终身难忘的事情迫使古木放弃了这一计划。那是工作不多久，古木想对工作中常用

的一台仪器进行改进，需要一些电子元器件和工具，古木找了学校设备部门谈这件事，结果碰了一鼻子灰。20世纪80年代初期，干什么事都得论资排辈。"大学刚毕业，乳臭未干，搞什么科研，异想天开"，那位领导的话让古木心寒，至今记忆犹新。

最后一种奋斗方向更是胆大包天的事，在那个年代出版图书谈何容易，科技类图书每年国家总共才出版多少本，国内有那么多资深专家、学者、教授，一个刚毕业的大学生出书，这是大多数人想都不敢想的事。但是，古木就敢想一想。古木从另一个角度分3个方面来认识这一问题。

第一，20世纪80年代初期，国内家电业进入了发展的快车道，古木敏锐地预见到这一行业在未来的很长时间内都会得到高速发展。古木学的是机电一体化，与家电这一轻工业贴得较紧密，他认为所学专业在这一领域从纯技术角度讲有一定的优势，应该在这个领域深入下去。

第二，在考研、科研和出书这3种选择中，出书能最快和更好地实现自我人生价值，一旦能够出书，名有了，办起其他事情来就会容易些。

第三，写书这种形式的奋斗更适合古木，它不靠领导的赏识，不必看他人的脸色，只靠自己。

5-55. 零起点学电子测试题讲解

古木决定了，在家电领域从事写作事业。为了在家电领域选择一个具体的发展方向，古木反复调查、思考、研究，最后决定以家用音响专业作为自己的主攻方向。在古木看来，家用音响是一个新兴的领域，年轻人与老同志基本上处于同

一起点，老同志与古木在技术上没有太大的差距。古木还找到一个从心理上能够让自己绝对心服口服的理由，就是对艾滋病的诊断和治疗，老医生并不比年轻的医生强多少。相反，年轻人更容易接受新知识，思维更为敏锐、活跃，更具开拓性。

古木决定了以后的主攻方向，争取到进修的机会，先后去国内四大音响生产基地之一的北方某城市音响设备总厂和某名牌大学进修一年。从进修之日起，古木就明确了方向，开始了漫长和艰难的自我奋斗。

四、自我表述

1. 创新能力

思维活跃，敢于标新立异，具有较强的策划能力，而且金点子的可操作性强；判断力超群，善于在纷繁错杂的表象中发现问题的症结所在，并总能寻找到低成本高"回报"的创新型解决问题的方案，获得完美结果。

2. 素质层面

经过数千万字著作撰写的历练，在系统、层次、结构、逻辑、细节、重点、亮点、表现力上把握能力强；具有坚定不移的信念，坚忍不拔的毅力，有连续作战、多线作战、团队作战的良好习惯，具备愈是艰难愈向前的顽强作风；具有强烈的责任心和浓厚的危机意识。

3. 科研论著

"直流磁供电和充电方法及其装置"3项发明专利，科研成果丰硕，研发和升级的磁供电磁导型语音室15套，已成功应用于教学的教育技术10多项；著作等方面，至本书出版时发表文章400余篇，出版学术性专著2本和学术性编著130本，总字数数千万，总册数上百万。

五、列名鸣谢——合作出版社和合作编辑

30年前后与10多家中央一级出版社成功合作。合作的编辑中有两名为全国十大编辑家，具体合作编辑有（以时间为序）：原式溶、沈

5-56.零起点学电子测试题讲解

成衡、唐允祥、古松、赵大和、陈忠、王玉国、史明生、徐津津、唐素荣、李国中、周晓燕、牛新国、赵丽松、林大灶、申苹、吉玲、宋辉、王朝辉和张俊红等。

借此，感谢各出版社、策划和责任编辑这么多年来对笔者的支持和信任。

六、数套丛书引领业界且销售位列第一名

20世纪80年代中期，笔者的《盒式录音机修理技术》在细分方向出版和销售图书总册数方面在国内领先；《录音机修理技术自学读本》（1991年人民邮电出版社）入选"培养军地两用人才"用书；《组合音响原理与检修方法》（1993年人民邮电出版社）为国内第一本详细讲解组合音响原理的图书；以《无线电识图与电路故障分析入门》、《无线电元器件检测与修理技术入门》（1998年人民邮电出版社）为代表的"轻松入门丛书"连续30个月占据全国销售榜首，引领当时国内电子技术在该细分领域的出版走向；2004年，以《图表细说电子元器件》为代表的"图表细说丛书"引领了元器件图书的出版方向以及对传统图书版式的创新；近几年以《电子工程师必备——元器件应用宝典（强化版）》（人民邮电出版社）为代表的"电子工程师必备丛书"再创电子技术细分领域年均销售总册数和总码洋国内新高。

依据"开卷全国图书零售市场观测系统"近几年的数据统计，笔者在电子类图书销售总册数和总码洋两项指标中个人排名第一，且遥遥领先第二名4倍之多。

七、首创数个读者交流辅导平台

10年前在业界首次开设QQ免费读者辅导，交流人数达数千人次。

2008年，与国内知名电子类网站——与非网结成战略合作伙伴，建立了全国第一家以电子技术基础为特色的大型空中课堂平台，即

"古木电子社区"，并在网站中首创"我的500"为创新型成才平台。

两年前，笔者在业界首创了读者伴随服务，在淘宝开设了"古木电子＠读者伴随服务"店，欲拓展网络在线教育。

八、笔者一度涉足网络小说和网络休闲图书

2000年，国内网民刚刚通过电话线进入网络的花花世界时，笔者写作了《走进聊天室》（内蒙古人民出版社）一书，它是国内第一本集聊天风情、网络文化、聊天语言、专业聊天知识、网络科普常识和网络小说为一体的复合型图书。下面摘录一段——"网名艺术和中文昵称透析"。

网民在网上聊天室里的称谓叫昵称，或昵名、笔名、绰号、nickname等。

俗话说："名正言顺"。网下，拥有一个卓而不群、意味深长、意境高阔、言心言志的好名字，的确是一笔受益一生、取之不尽的无形财富。网上，有个与众不同、表情达意、优雅上口、光彩夺目的好昵称，则是进入网络的良好开端。

人，取一个好姓名从某种意义上讲可以传承人的情、意、志，蕴涵人的精、气、神，传达天地之玄机。

5-57. 零起点学电子测试题讲解

古时武大侠都有自己的绰号，现代作家也钟情于笔名，在网络这张巨网中由于不能谋面而便于畅所欲言，但顾及到万一，无不尽情地放纵使用匿名，网民们将匿名艺术在网络中发挥得淋漓尽致。

走进一间聊天室就会见到五花八门、无奇不有的昵名，那真是一个绰号的花花世界、笔名的海洋，初看乱七八糟，毫无章法，但是对它们进行仔细考察后发现，可以将它们归纳成四大家族，如下。

第一家族数字符号家族。在这一家族中，每个人都是用0～9的数字和一些符号起名，

如007、119、2000、999等。他们的家族首领是000，无论到哪间聊天室，它总是占据在线人员的第一把交椅。

第二家族英文字母家族，这类昵名扛着英文的大旗，如Love、Fish、Cat等。这一家族中为数不少是用的拼音，就将它们也纳入字母这一家族吧，如LuLu、MiMi等。

第三家族中文家族，这是网民的第一大家族，人丁兴旺，人数众多，已分成许多的派系。在这一家族中偶尔也能见到几个不伦不类的混血儿，用中文为姓，字母做名，可能这是想暗示父亲是国人，母亲是老外。

第四家族杂合型家族，较多是数字、符号和英文混血儿，如1988MM（这可能是想说明她是1988年出生的女孩）、M&M（这可能是想强调她是一个百分之百的女孩）等。

中文昵称可以粗略地分成六大类。

1. 性别化昵称

性别化的昵称是笔名中一道亮丽的风景线，从昵称的字面上可以看出是MM还是GG，如果就此信以为真，那你就是网络中的头号大笨蛋，嘿嘿，当然那不一定是真实的性别。性别化昵称中最露骨的要算是"好女孩"、"坏小子"这类昵称了。

"好女孩"说不准就是聊天室中一个十足的小妖精，到处打情骂俏，钟情于网上的私定终身，玩弄情感上的"一妻多夫"把戏，引得聊天室里的GG们争风吃醋，是引起一群少男在聊天室里惹是生非，你踢我IP地址、我踢你IP地址的"罪魁祸首"。

女人味很重的昵称为数虽然不多，但这种昵称太刺激少男们的视觉器官，她要是再来一句"我失恋，哪位阿哥帮帮忙"，那些自控力稍差些的少男就会前去惹花、搭腔，只恐自己迟一步花落他手。就是得手的GG也整天提心吊胆，担心稍不留神自己就会被明目张胆戴上一顶漂亮的"绿帽子"。最令人苦不堪言的是，为她付出了许多真情实意，这位"好女孩"可能实际上是一位长着胡须的变态狂。

"坏小子"也不一定就是坏分子，可能生活

中是一个十分严肃、品行兼优的好小子，在学校年年被评为三好生没准也大有可能，只是平时做好人太累了，想在网上表现一番做坏孩子技能的风采，这种聪明的"坏小子"在聊天室中坏起来比真的坏小子还要坏。

在女性化的昵称中，有一个奇特的现象，那就是日本女孩味的较多，请看山川顺子、幽子、已清子、野杏子、飞雪信子、木子、林子、情子、未婚先有子、久子等。

男性化的日本昵名也有，但数量较少，如乱太郎、狂笑魔君、朝三暮四郎等。也有比较野性化的女孩子昵称，如黑珍珠、虎姐。更多的是大胆表现自我靓丽的女性昵称，如漂亮女孩、文静妹、玫紫、玫雯、水玲珑、梦娜、玉玲、涓涛等。

网上自说自话"漂亮女孩"，说不定就是网下至今仍未嫁出门的"丑八怪"。

2．武侠小说人物类昵称

这类昵称以 GG 用得最多，如剑客、韦小宝、小鱼儿、李寻欢，女性的昵称如程灵素等。这类网民平时不上网时就进入金庸大师的迷魂阵，是金大师的忠实信徒，偏爱武侠小说，就是上网也念念不忘大师笔下的那些江湖义士。这类网民在聊天室里谈起他们大师的小说，眉飞色舞，时刻牢记恩师的教诲，行侠仗义，偶尔会对一些捣乱聊天秩序的坏分子大开杀戒，据说踢人 IP 地址这一招就是一位黑客看了九阴真经，灵气大发后的杰作。

3．自谦类昵称

这类昵称都有一个共同的特点，显得相当谦虚，或故意丑化自己，如丑小鸭、笨小孩、笨笨蛋、小人物、无能之人、失恋士兵、乡下人、泥巴、屡战屡败等。

小人物或许是一个响当当的某外企老总这样的大人物。屡战屡败没准却是商战中的常胜将军。乡下人可能是首都电信台的技师，只是从小在城郊长大，现在怀旧。

4．动物类昵称

这类昵称根据动物的大小分为大动物类和小动物类、飞行动物和爬行动物等多类。如飞

龙、东北虎等网民可能生于、长于祖国的东北一带，他们身材高大，或许觉得用小动物不过瘾。如松鼠、猫儿等网民可能生活在南方地区，可能对大动物有恐惧感或陌生感而更喜欢小动物。粉红色的蝴蝶飞起来或许是一个想在爱情王国里飞黄腾达的人。

5．科学类昵称

进入网络的民众中知识型年轻人是主力部队，他（她）们对新事物、新东西有特殊的感情和接纳能力，所以用一些高科技产品、技术名称作为自己的昵称。如克隆先生是一个梦想克隆自己的中学生；飞毛腿是一个想快快长大的高中生，也可能是一位伊拉克的爱国分子。

6．其他类昵称

什么名词、动词、形容词等都可以被网民用作昵称，吃的、用的、穿的、玩的都行，只要不犯法，你就放心、大胆地用。

九、网友评价

5-58.零起点学电子测试题讲解

笔者在网络中的昵称为古木，下面摘取一位网友的评价，全文如下。

网友古木

是因为他的名字我才主动去认识他。

就是现在，还是觉得他的名字好。古木——古老的木头？古时候的树木？怎么组词都是好看好听的啊！稳重，深厚，宽容，于不张扬中绿枝成荫，为一方小草遮风挡雨。

走近他的过程却是一个很困难的过程。网上没有视觉，没有听觉，只有标准的仿宋体文字语言，这种网络语言的表达总是有限，几句下来知道他的挑剔和骄傲。

我不气馁，继续缠着说话。

最后他说："你钓到一条大鱼。"

我忍着气回敬一句："所以就自恃价贵？"

他连忙说："不是这个意思。"

我不客气地给他话："那是什么意思？"

……

就这样我和他一句接一句地真"吵"起来。

语言打架是一件高水准的事，不是任何人都能胜任的，就像武林过招，一出拳脚便知对方斤两，家底因此漏光、泄尽。

究竟是个作家，他驾轻就熟地使用语言回敬我。我惊奇地看到他语言的机敏，思维的丰富，表达的宽广。

这架便越吵越长，越吵越深，直到上网对方不在竟有几分牵挂也有几分寂寞，心底深处盼着对方不亮的头像亮起来。一次吵累了，我和他好好说话的时候，他告诉我他的工作和他的简介。

他说他出版了 50 本书，而且还将继续出下去。这让我大吃一惊，真是一个庞大的数字。我连忙闭上眼睛一二三四五地数起来，要数多久才能数到啊！像重新认识他一样，我不由得再仔细看了看他的黑白 QQ 头像，觉得他真了不起。生命的价值是通过一定的载体来传递的，50 本书，400 篇文章，每一篇每一本都应该是个故事吧。

我看不懂他的专业术语，但我能看懂那上面记录着他的努力、执着，还有他的春夏秋冬，把这些故事连在一起，就是他的人生。不管是古老的木头还是古时候的树木，或是古树名木，都是靠着这样的积累，才形成它特有的厚重！

当我学会在线接收文件的时候，他给我传来他的照片。那应该是他的书房吧，书桌上书柜里还有地板上到处都是"书"楼林立，稿纸"满地遍野"。

5-59. 零起点学电子测试题讲解

他个子高高的，白衬衣扎在皮带里，下面是深色的长裤，脚上是拖鞋，半侧面地蹲在棕色地板上，很专注地看着什么。怎么那么好看呢？一下觉得他非常的立体，好像他随时可能在我面前站起来！照片给我极浓的文化气息，也给我极大的想象空间。

面对这样一个干净儒雅的男人，我竟几分心仪，非常想走到他的正面去，蹲下身偏着头看看他到底什么样？想去问问他，为什么没有墨矾文画？又为什么没有红袖添香？可他蹲在那里，不看我，不说话，只看书。于是我对着照片中的他微笑说，这样挺好，你看书，我看你，我就把你留在了这里，印在我的想象里。

后来他说想来看看我，也算休假也算写作，我连声"不行不行"，到处找借口搪塞他。可在心里却真想见一见我的网友——古木。

远方的网友　蝌

十、思想火花——细化、强化我的动机

人类的行为科学揭示，行为受动机支配，动机源于需求。倘若做一件大事前，动机不明确，目的不清楚，那么行动迟缓，精力投入不足是必然的。科学证明的事情谁怀疑谁负责，谁怀疑谁吃苦头，没商量。

好多年前，出版社策划我的一套丛书，我选择了主页作为我的形象代言人，意欲借助网络的快捷和"神通广大"开展为读者服务的在线答疑，同时推销自己，一箭双雕。

提起动机总给人一种贬义的感觉，其实动机存在于每个自己想去做的事件中，只是不愿意承认，只要不是害人的动机，没有什么不可告人的。

1. 强化动机争取更多源动力支援

细化动机的目的是为了强化动机，让动机在行动中发挥的作用更坚定，源动力更充沛。

决定用主页作为我的形象代言人，其动机在多层面展开细化。

第一，建立一个网络在线辅导对我的读者

非常有益，毋庸怀疑，在学习中遇到困难时进入网络，找作者提问，解决看书过程中碰到的具体困难，读者肯定欢迎，我还能受到欢迎，这虽然是大道理，但的确很实在。

第二，在线交流可以偶遇更多的读者，了解他们的困惑，发现自己书中的不足之处，或是写作中不够完善的段落，为改良写作方法提供了免费的机会，何乐而不为之。

第三，通过交流，了解读者的需求，掌握他们学习的意愿和动向，为以后的选题构思提供来自前线的第一手资料。没有对市场的亲身体验，判断市场就难免心虚。

第四，主页可以让更多的人了解自己，如果有这个实力为何不让别人来了解自己？推销自己并没有错。

第五，通过自己在线答疑，给读者建立良好的形象，可以促进丛书的销售，这也是一种实实在在的回报，是对自己埋头苦干的肯定，这种肯定和回报在不远的将来看得见。

你会善于挖掘自己的动机吗？

动机细化过程中主要是张扬良性层面，但是也不可轻视不利之面，如果有致命的因素必须高度加以重视，甚至放弃原先的动机。

2. 强化动机的快乐策略

做一件事情总希望成功，成功要付出，付出的过程是艰辛的，策划一下快乐的付出可以轻松地获得成功。

十一、写文章的思考

1. 关于文章结构、层次、细节、手法

掌握好全篇的结构和层次，文章就有"气质"了；细节再好了，文章就秀了；再有新的创意，文章就"亮"了；写作手法再"发烧"点，文章的可读性就强了。

发烧是指标题和写作手法运用得与众不同。

2. 关于书稿的章节标题

书有章节，则必有标题，如果把握好具体内容，让章节的标题更能体现具体的内容也是写作中的一个重点和"难点"之一。

说它是重点是因为读者在购书或阅读时，首先看到的是章节标题，起一个恰当的、"响亮"的、能吸引人的标题无疑对读者、作者和出版社三者都有益。

说它是一个难点是因为标题必须与具体内容相吻合，要求作者有把握结构、纵观全书内容的能力。而且很关键的一点是，一般的书在目录中只显示到章、节两级，或最多是第三级。读者购书时，第一是看内容提要，在产生购买兴趣、欲望之后会看前言、目录，老道的读者会详细阅读目录内容，以便全面了解全书内容。这时，目录中的章节标题对读者的购买行动就起了相当大的作用。所以，作者对章节标题的处理要尽心、用心，"苦其心志，劳其筋骨"。

十二、感悟大全

5-60.零起点学电子测试题讲解

1. 人的三层面

第一层面是学习层面，就是在不断地接收新知识，提高自己的阅历，在实践活动中认识这个世界，这是人的表层。

第二层面是能力层面，这是由学习、实践综合因素所决定的，平时所说的工作能力、独立生存能力等都是这一层面的内容，这是人的深层。

第三层面是素质层面，如果说人的五官是硬件的话，那么素质、气质、自信是人的软件，这就是人的核层。一般人是表层的成熟，只说不做；有些人是深层的成熟，只做不说；少数人是核层的成熟，边说边做。

2. 平时的古木

我终日足不出户，目不窥园，闭门造车，全身心埋在事业之中，事业不能说是我生命的唯一，但绝对是第一。以苦为乐，"苦其心志，劳其筋骨"，想成其功名，以惠其家人。

3. 网络聊天中的古木

网络中聊天若遇到对手，我就是高手；有幸碰到高手，我就是杀手。嘿嘿，目前打遍网络无敌手。

4. 股市中的古木

历经暴跌，大盘个股，满目凄凉，惨不忍

睹；散户庄家，意志消沉，心灰意冷。表面看来，山穷水尽，大势已去。然细品深究，却豁然开朗：最深重的"黑暗"降临之前，上帝总会赐给人们哪怕是短暂刹那的回光返照。

5. 多样的古木

我追求时尚，观察敏锐，谈起天来，可以娓娓道来，滔滔不绝；纵论天下事，细说情和爱。机趣横生的言辞，丰富多彩的思想，总是有让你拍案叫绝的地方。但是，做起事来，我可以废寝忘食，用汗水、生命确保我的事业蒸蒸日上，这就是古木真人。

6. 古木感悟

都市中的新新人类，徜徉在霓虹闪烁的假面舞会中，当曲终人散，顿时觉得四周寂静，犹如一个徒步感情荒漠的废人，伴生"西出阳关无故人"的失落，返回到苦难的单身世界，那颗疲惫的心牵念的还是本色的情感和那份平静。

十三、种菜休闲

笔者除写作、股票外，另一个大项目就是种菜，视为脑力劳动的调节，一种休闲。这里用一组图片来展示（笔者先后试种过40余种菜）。

黄瓜

西瓜

管理菜园

5-61. 零起点学电子测试题讲解

十四、创新教学模式建议

《电子工程师必备——关键技能速成宝典》出版以来受到如潮的好评，有学校教师建议将此书作为实训教学的教材，请作者提供一些思路，为此借本书一角，用该书作为参考教材，对各类学校、企业在岗技能培养的教学模式给点建议，抛砖引玉。

（一）适合阅读的理由

（1）该书理论与实践联系紧密，理论教学和实训环节可操作性强。

（2）本书采用了人性化写作方式，表现形式新颖，迎合了学生要求轻松阅读的心理。

（3）重要理论知识点讲解巨细无遗，通俗易懂，系统性强，层次分明，适合学生自学和复习。

（4）理论学习注重理解性分析和记忆，书中介绍了大量的等效理解方法和技巧，通俗而有效，是一本将思路、方法、讲解有机合一的教材，且适度加入了对学生励志教育、兴趣培养引导和学习方法的内容。

（5）书中介绍的对故障的逻辑分析、处理和检查方法是经典的修理理论、方法和手段，学生毕业后仍然可以将其作为工作中的工具书，长期参考和使用。本书兼备了教材和实用工具书的双重优势。全书体现了从实践入门、在理论学习中提高、用理论指导实践的科学教学思想。

（6）配套习题、思考题、试题等教学辅助资源丰富。

（7）作者本人是资深业内人士，通过网络提供各种教学资源的支援，以及开展对学生的网络辅导，助您一臂之力。

（二）建议采用两种评估形式

建议开展形成性评估和终结性评估，并根据学生个体实际学习情况在一定范围内调节这两种评估的比例。

1. 形成性评估

形成性评估可以采用课堂活动和课外自学活动记录、网上自主学习记录、学习档案记录、访谈和座谈等多种形式，以便对学生的学习过程进行观察、评价和监督，以营造一种朝个性化和自主学习方向发展的氛围，体现教学实用性、知识性和趣味性相结合的原则，促进学生有效学习，以及引导学生对自己所感兴趣的领域、方向个性化的深入学习和发展。

对于泛读性的知识更多地采用形成性评估方法，如通过调阅学习笔记、自主学习记录、课堂教学过程中对参与积极性的调动等；对于笔记和记录给予量的要求，如达到 5 万字可以记 30 分等。

2. 终结性评估

终结性评估主要包括期中和期末课程考试。

（三）建议采用 3 种创新的课堂教学形式

传统课堂教学是传授知识的主要阵地，再辅以创新型课堂教学形式将利于培养、提升学生的学习兴趣和主动性，可以进一步强化、体现传统课堂教学的优势。

1. 业界优秀人士做励志专题报告

在学习初期和课程教学过程中，择机邀请业界的优秀人士进入课堂做几次主旨报告。

（1）初期报告宜进行兴趣培养和励志宣传，初期的报告更为重要，可邀请电子整机厂一线的优秀人士，或是在行业中已做出突出成绩的校友，以亲身体会讲授奋斗、成才历程，调动新生学习热情，同时向学生介绍电子行业的光明前景、学习方向，让新生在学习初期充满希望，激励自己努力学习，早点成为社会有用之才。对于优

5—62. 零起点学电子测试题讲解

秀的报告人可长期合作，不定期来学校做这类报告。

（2）在学习的中期再次邀请业界优秀人士做报告，这次以就业前景为主题，辅以介绍大量的实际工作实例，介绍学习和工作的方法，展现给学生一个美丽、前途广阔的前景。

（3）择机请业界优秀人士进课堂讲授一节课，最好是工作中的攻关实例，或是产品维修实例等，让学生感受实际工作场景，拉近课本知识与实际工作之间的距离。

上述教学活动中的关键点是选择好报告人，要求经历丰富，讲解生动、活泼、幽默、绘声绘色。

上述报告中的后两次也可以将学生带到工厂里参观后进行，或是在生产车间现场进行。

2. 大力开展课堂实训教学，活跃传统课堂教学

电子技术课程中的许多实训教学内容不一定要在实训场地进行，选择一些内容放在课堂中进行，这样可以活跃课堂教学，还可以节省实训场地的资源，更可以提高教学效率、效果。建议下列教学内容在课堂中进行。

（1）课程教学的初期，对电子元器件的实物识别教学可以放在课堂中进行，便于集中管理，提高教学效果和效率。具体操作方法是，利用学生每人一份的实验元器件或是收音机等套件中的元器件，进行元器件实物的识别，同时讲解各种元器件的电路符号知识点，通过实物或是投影仪讲解同类元器件，以扩展学生对元器件的认识和知识点。

（2）对于万用表的使用方法可以搬进课堂，老师讲解万用表的基本使用方法、使用注意事项，学生可操作练习。例如，通过测量电池电压来练习直流电压挡的使用，通过检测电烙铁的绝缘电阻来练习万用表欧姆挡的操作方法。

（3）对于使用万用表检测电子元器件质量、识别元器件的引脚更是内容丰富，实用性强，学习效果好。例如，讲解电子元器件的检测方法时，可以让学生检测实验套件或收音机套件中的元器件，通过这种检测学生能大大加深对

万用表的使用方法、元器件质量检测的认识。由于在课堂中开展这种实训教学，所以老师便于对个别学生进行辅导，也便于整个实训过程的管理和控制，且实训的安全性得到提高。

（4）对于实验套件安装前的元器件质量检测可以放在课堂中进行，要求学生对套件中的每一个元器件进行质量检测，并做出相应的检测数据报告。

（5）对于实验套件的检测、检修内容也可以放在课堂中进行。例如，让学生测量电路板中三极管的静态电流，测量电路中一些关键测量点的直流工作电压等。在课堂中进行这些实训教学的优点是能及时向全体同学讲解检测过程中的注意事项，解释检测中出现的现象，以及对典型故障现象进行理论性的讲解。

（6）根据电路板画出电路原理图实训可以放在课堂中进行，学校可事先准备一些简单的实用电路板，如光控制器、音乐门铃、直流电源、单声道功率放大器等，让学生根据电路板画出电路原理图，这项训练实用性非常强，非常有利于提高学生的动手能力。进一步引申的实训还可以要求学生测量这些电路板中的关键点直流电压、对地点电阻值、全部元器件的标称值等。

另一种做法是，学校准备一些比较复杂的电路板，如一些旧的家用电器电路板，指定学生画出其中某一级的电路图，例如，画出整流和滤波电路图，画出 VT3 级放大电路等。

由于上述课堂实训教学是穿插在整个课堂教学的全过程中，课堂教学的形式不断地交替变化，让学生的学习过程始终充满着希望和变化，可防止学生出现课堂教学的疲劳感觉。

除将上述一些实训活动搬进课堂外，有条件的情况下可利用投影仪等先进教学手段将更多的内容放在课堂中进行，例如，播放一些教学视频材料，如电子元器件的展示、电子仪器的展示、装配厂的生产情况等。

3. 竞赛型课堂教学

让学生参与到教学中来是提高他们学习积极性和主动性的好方法，让竞争在课堂中展现

可以提升课堂教学的紧张感，活跃课堂教学，具体的做法可以有下列一些。

（1）在学习完元器件知识后，可以让两名学生同时到讲台前，比赛在单位时间内能够在黑板上画出多少个电子元器件符号。开展这项活动的前一天告诉学生，让他们事先有所准备，学生的准备过程就是自主学习的过程。

（2）初期可以开展写出元器件名称的竞赛，比谁能在单位时间内写出更多的电子元器件名称，如瓷片电容器、精密电阻器、阻尼二极管等，只要是元器件名称均可。

（3）在学习深入后，可以开展画电路图的竞赛，可以是命题画电路，也可以让学生随意发挥，如让学生画出桥式整流电路、共发射极放大器等。

5-63. 零起点学电子测试题讲解

（4）让学生画出电路图中的直流通路、信号传输通路、元器件名称等一系列活动，根据教学内容和程度，有机地选择一些这类课堂教学活动，积极地让学生参与到课堂教学中来，让他们成为教学活动中的一分子、参与者。

（5）学生主讲型教学活动，事先让一名或两名学生在老师辅导下做好准备，让学生上讲台进行讲授。一个班一定会有几名成绩好的学生，这样可以用学生的语言让学生们感受、理解知识。

竞赛型课堂教学活动的内容须在前一节课中宣传，让学生有一个充分准备的时间，不要搞突然袭击，以生为本，以鼓励、表扬为主，改变过去那种为难学生的教学形式和做法。

（四）创新型实训教学模式

实训教学中除要求一些基础性实训外，还要开展一些个性化实训内容，根据学生个体情况开展形式多样的实训教学活动。

1. 自由组合型实训教学活动

对于一些实训教学可以采用学生自由组合的形式，如两三个学生一组完成一项实训活动，让要好的同学在一起进行实训活动，并指导他们在一组中进行分工。

2. 拉开实训要求

除完成基本的实训教学外，对于不同层次的学生进行分层次实训教学，以自愿报名的形式分成一般、中级和更高 3 个层次。

（1）对于一般层次就是完成基本的实训教学。

（2）对于中级层次则进行一些更多的复杂性套件组装，如收录机、黑白电视机、楼宇控制系统。

（3）对于高级层次则进行一些产品设计活动，或是联系一些厂家进入生产线调试、维修工段进行实训。

对于实训课时建议拿出 20% 进行机动，用于中级和高级层次学生的教学或辅导，同时辅导建立多种活动小组，进行有组织的自主学习，以补充课堂教学。

3. 采用教学演示板

一些实训内容可以采用教学演示板在课堂中进行，具体内容如下。

（1）在装配收音机之前或过程中，使用收音机教学演示板。

（2）使用黑白电视机教学演示板进行高级层次实训教学。

（3）在故障检查方法、故障逻辑推理方法、故障处理等教学中采用教学演示板，直观、生动、明了。

教学演示板可以模拟许多故障现象，进行模拟的故障检查、修理，这是一种较好的教学形式，应不断加强和广泛使用。

建议参加一些教学仪器展览会，结合学校实际情况购置一些教学演示板。

4. 创新实训内容贴近实际

传统的一些实训内容实用性不强，可以进行一些创新和改良，建议如下。

（1）将一些实用性不强的实训教学改成实训演示，省下的实训教学时间用于学生的创新实训和自主实训。

（2）制作一些实用性、趣味性的套件，如简易对讲机（或是更简单的有线对讲机）、简易收发报机红外报警器、给小电源加装 LED 电源指示器等。

（3）有条件的情况下联系一些生产厂家，让学生们参与装配活动，或是产品检修活动。例

如，国内有许多生产 CET 耳机的厂家，他们也乐意接受这样的实训活动，因为学生们可以帮助他们做不少重复性的事情。

（4）创新实训可以围绕扬声器、话筒、LED、直流电机等这类元器件展开。

5. 填写实训报告应该常态化

大力培养学生写报告的习惯，每做完一项实训内容都需要学生写一份实训报告，写报告的过程是思考、总结、复习的过程。开始时只要求学生完成一定的字数，对质量可以不作严格要求，就是抄写也要完成规定的字数，告诉学生这是形成性评估的重要记录。

（1）实训报告可以是记录一些数据，如收音机套件中各元器件的检测数据等。

（2）实训报告可以是一次演示后的体会、认识、感想等。

（3）实训报告可以是一次实训的操作过程记录。

（4）实训报告可以是一份实际测绘的电路图。

5-64. 零起点学电子测试题讲解

（5）实训报告可以是测试仪器的操作说明书等。

6. 资料收集和整理能力也是实训教学内容

改变传统的实训教学模式，凡是有利于学生提高自己解决问题能力的活动都是实训教学内容，比如资料收集和整理能力的提高也是一项实训教学内容，且是一项重要的教学内容，具有培养学生"造血"能力的功效。

教会学生收集资料的方法，如网络搜索方法、手册查找方法、说明书中资料节录方法等。具体的资料收集和整理内容如下。

（1）让一部分学生收集各种类型电阻器的资料，另一部分学生收集各类电容器的资料等，然后以墙报形式展示大家的学习成果。这种活动也可以分小组进行，这样收集的资料更完整。

（2）让一些学生收集和整理单元电路，如收集各种整流电路、各种滤波电路等。

（3）让每个同学收集 30 种集成电路资料，包括功率、常用参数等。

（五）课堂教学的重点内容和教学模式的创新

课堂教学是主战场，但是不能放弃自主学习阵地，教学原则是以课堂教学为精讲内容，

自主学习为泛讲内容。具体做法建议如下。

1. 电路分析须精讲

现在普遍存在这样的一种观点，学生没有学好电子技术都是学校没有提供足够实训场地的错，这其实是在推诿责任，或是在自身之外、主观之外找客观理由。有一点十分明确，即实践必须由理论指导，否则就是盲目的乱折腾。

另外，动手能力可以在短时间内迅速提高，而理论学习短时间内则不会出现阶跃性突破。电子技术教学的难点和重点还是在理论教学中，要真正让学生吃透理论知识。

2. 典型单元电路工作原理的讲解是重中之重

在同一类电路讲解中，对于典型电路工作原理的讲解必须保证有足够的教学时间及讲透，将电路分析的细节充分讲清楚，使学生真正意义上掌握，这样才能使学生比较容易地接受同功能不同电路形式的单元电路的工作原理。

对于典型电路之外的电路分析可以在课堂上进行一般性讲解（泛讲），对重点内容进行详细讲解，其余内容可以作为课外自主学习的内容，在下节课时进行提问式讲解。

特别强调的是，对电阻电路要进行重点讲解，让学生深入掌握，这能够使后续内容更容易被理解和接受。

重点讲授过程中请注意下列几点。

（1）元器件特性是重点内容，凡与动手技能相关的元器件知识均采用泛讲形式，让学生自主学习。

（2）电路分析要分成直流电路分析、交流电路分析（信号传输分析）、元器件作用分析这三大块内容，均进行重点讲述，对于电路故障分析作为自主学习内容。

（3）对典型电路讲解之后进行反复操练，如让学生在黑板上画出典型电路图，或是让全体学生在座位上画3遍电路，以加深印象。

3. 创新课堂教学形式迎合学生心理

尽可能多地运用现代教育技术手段改良传统教学形式，以营造一个现代化的课堂气氛，主要建议下列几点。

（1）将重点教学内容精心制作成课件，比如讲解共发射极放大器电路时，首先进行整体讲解，然后对直流电路、交流电路和元器件作用分析3个大类分别通过课件进行讲解，再反复播放这些课件，加深学生的印象。

（2）有条件的情况下，围绕电路分析制作大量思考题和是非题课件，供学生反复学习，还可以挂在校园网中供学生自主学习。

（3）大量使用专题讲座的录音辅导，让学生对照电路图反复进行听音学习。

（4）尽可能多地使用演示板进行课堂教学，将尽可能多的实训内容搬进课堂，对照实物进行理论教学。

例如，在讲解耦合电容电路工作原理时，通过更换不同容量的耦合电容观察声音大小等变化来验证理论分析结果，这给学生的印象是非常直接和深刻的。类似的教学方式可以逐渐扩展到一些电路工作原理的分析中。

实现这种教学模式需要制作一些教具，也可以让学生参与其中，通过一两年的不断努力和积累，会形成一个体系（就这个方面我们可以进行深入的讨论和合作）。

4. 动手技能方面的知识点侧重实训演示教学和自主学习

由于动手技能方面的知识点与实践联系非常紧密，如果采用纯课堂教学的方式讲述，教学效果通常比较差，此时可以采取下列一些教学方式。

（1）课堂教学中采用一般性的快速讲解方式，让学生了解有这些知识点的存在，在实际需要时能在教材中的某章节找到它。

（2）在实训过程中如果再次遇到这些知识点，结合实际情况再次进行讲解，这时的效果会大大提高。

（3）让学生对这部分内容进行自主学习，特别是在实训过程中进行有针对性的学习，例如，需要测量三极管静态电流时，去学习万用表直流电流挡的使用方法，这时学习效果会事半功倍。当装配的收音机不响时，去学习无声故障的检查方法，这时学生的兴趣足，学习的目的性强。

5-65.零起点学电子测试题讲解

5-66.零起点学电子测试题讲解